Excel 2013高效办公实战从入门到精通（视频教学版）

刘玉红　王攀登　编著

清华大学出版社

北京

内 容 简 介

本书以零基础讲解为宗旨，用实例引导读者深入学习，采取“新手入门→修饰与美化工作表→公式与函数→高效分析数据→行业应用案例→高手办公秘籍”的讲解模式，深入浅出地讲解 Excel 办公操作及实战技能。

本书第 1 篇“新手入门”主要讲解 Excel 2013 入门基础、工作簿与工作表的基本操作、编辑工作表中的单元格、输入与编辑工作表中的数据、查看与打印工作表等内容；第 2 篇“修饰与美化工作表”主要讲解使用格式美化工作表、使用图片美化工作表、使用图形美化工作表、使用图表分析工作表数据等内容；第 3 篇“公式与函数”主要讲解单元格和单元格区域的引用、使用公式快速计算数据、Excel 函数的应用等内容；第 4 篇“高效分析数据”主要讲解数据的筛选与排序、定制数据的有效性、数据的分类汇总与合并计算、数据透视表与数据透视图等内容；第 5 篇“行业应用案例”主要讲解 Excel 在会计工作中的应用、Excel 在人力资源管理中的应用、Excel 在行政管理中的应用以及 Excel 在工资管理中的应用等内容；第 6 篇“高手办公秘籍”主要讲解使用宏的自动化功能提升工作效率、Excel 2013 与其他组件的协同办公、Excel 2013 数据的共享与安全、Excel 2013 在移动设备中的办公技能等内容。

本书适合任何想学习 Excel 2013 办公技能的人员，无论读者是否从事计算机相关行业，是否接触过 Excel 2013，通过学习本书均可快速掌握 Excel 2013 的使用方法和技巧。

图书在版编目 (CIP) 数据

Excel 2013高效办公实战从入门到精通：视频教学版 / 刘玉红，王攀登编著. —北京：清华大学出版社，2016
（实战从入门到精通：视频教学版）

ISBN 978-7-302-44327-8

Ⅰ. ①E… Ⅱ. ①刘… ② 王… Ⅲ. ① 表处理软件 Ⅳ. ①TP391.13

中国版本图书馆CIP数据核字（2016）第164350号

责任编辑：张彦青
封面设计：张丽莎
责任校对：吴春华
责任印制：杨 艳
出版发行：清华大学出版社
网 址：http://www.tup.com.cn， http://www.wqbook.com
地 址：北京清华大学学研大厦A座 邮 编：100084
社 总 机：010-62770175 邮 购：010-62786544
投稿与读者服务：010-62776969，c-service@tup.tsinghua.edu.cn
质量反馈：010-62772015，zhiliang@tup.tsinghua.edu.cn
印 装 者：清华大学印刷厂
经 销：全国新华书店
开 本：190mm×260mm 印 张：32.75 字 数：797千字
（附DVD 1张）
版 次：2016年9月第1版 印 次：2016年9月第1次印刷
印 数：1～3000
定 价：69.00元

产品编号：069568-01

前 言

PREFACE

“实战从入门到精通（视频教学版）”系列图书是专门为职场办公初学者量身定做的一套学习用书，整套书涵盖办公、网页设计等内容，具有以下特点。

前沿科技

无论是 Office 办公，还是 Dreamweaver CC、Photoshop CC，我们都精选较为前沿或者用户群最大的领域推进，帮助大家认识和了解最新动态。

权威的作者团队

组织国家重点实验室和资深应用专家联手编写该套图书，融合丰富的教学经验与优秀的管理理念。

学习型案例设计

以技术的实际应用过程为主线，全程采用图解和同步多媒体结合的教学方式，生动、直观、全面地剖析使用过程中的各种应用技能，降低难度，提升学习效率。

为什么要写这样一本书

Excel 2013 在办公领域有非常普遍的应用，正确熟练地操作 Excel 已成为信息时代对每个人的要求。为满足广大读者的学习需要，我们针对不同学习对象的接受能力，总结了多位 Excel 高手、实战型办公讲师的经验，精心编写了本书。主要目的是提高读者办公效率，不再加班，轻松完成任务。

通过本书能精通哪些办公技能

◇ 熟悉办公软件 Excel 2013。

◇ 精通工作表、工作簿和单元格的基本操作。

◇ 精通输入与编辑工作表中数据的应用技能。

◇ 精通查看和打印工作表的应用技能。

◇ 精通美化工作表的应用技能。

◇ 精通使用图表分析数据的应用技能。

◇ 精通使用公式和函数的应用技能。

◇ 精通筛选和排序数据的应用技能。

◇ 精通使用透视表和透视图的应用技能。

◇ 精通 Excel 在会计工作中的应用技能。

◇ 精通 Excel 在行政办公中的应用技能。

◇ 精通 Excel 在人力资源管理中的应用技能。

◇ 精通 Excel 在工资管理中的应用技能。

◇ 熟悉宏在提升工作效率中的应用技能。

◇ 精通 Excel 2013 组件之间协作办公的应用技能。

◇ 精通 Excel 2013 数据共享与安全的应用技能。

◇ 精通 Excel 2013 在移动设备中的应用技能。

本书特色

▶ 零基础、入门级的讲解

无论读者是否从事计算机相关行业，是否接触过Excel 2013，都能从本书中找到最佳起点。

▶ 超多实用、专业的范例和项目

本书在编排上紧密结合深入学习 Excel 办公技术的先后过程，从 Excel 软件的基本操作开始，带领读者逐步深入地学习 Excel 的各种应用技巧，侧重实战技能，使用简单易懂的实际案例进行分析和操作指导，让读者读起来简明轻松，操作起来有章可循。

▶ 职业范例为主，一步一图，图文并茂

本书在每一个技能点均配有与此行业紧密结合的行业案例辅助讲解，每一步操作均配有与此对应的操作截图，使知识易懂更易学。读者在学习过程中能直观、清晰地看到每一步的操作过程和效果，利于加深理解和快速掌握。

▶ 职业技能训练，更切合办公实际

本书在大部分章节的最后设有“高效办公技能实战”环节，此环节是特意为提高读者计算机办公实战技能安排的，案例的选择和实训策略均符合行业应用技能的需求，以便读者学习后能更好地使用计算机办公。

▶ 随时检测自己的学习成果

每章首页中均提供“学习目标”板块，以指导读者重点学习及学后检查。

每章最后的“疑难问题解答”板块均根据本章内容精选而成，帮助读者解决实战中遇到的问题，做到融会贯通。

▶ 细致入微、贴心提示

本书在讲解过程中还设置了“注意”“提示”等小栏目，使读者在学习过程中更清楚地了解相关操作，理解相关概念，并轻松掌握各种操作技巧。

▶ 专业创作团队和技术支持

读者在学习过程中遇到任何问题，均可加入智慧学习乐园 QQ 群（群号为 221376441）提问，群中随时有资深实战型讲师在旁指点，精选难点、重点在腾讯课堂直播讲授。

超值光盘

▶ 全程同步教学录像

涵盖本书所有知识点，详细讲解每个实例及项目的过程及技术关键点，使读者更轻松地掌握书中所有 Excel 2013 的相关技能，扩展的讲解部分可以使读者得到比书中更多的收获。

▶ 超多容量王牌资源大放送

赠送大量王牌资源，包括本书实例完整素材和结果文件、教学幻灯片、本书精品教学视频、600 套涵盖各个办公领域的实用模板、Office 2013 快捷键速查手册、Office 2013 常见问题解答 400 例、Excel 公式与函数速查手册、常用的办公辅助软件使用技巧、办公好助手——英语课堂、做个办公室的文字达人、打印机／扫描仪等常用办公设备使用与维护、快速掌握必需的办公礼仪等内容。

读者对象

◇ 没有任何 Excel 2013 办公基础的初学者。

◇ 有一定的 Excel 2013 办公基础，想实现 Excel 2013 高效办公的人员。

◇ 大专院校及培训学校的老师和学生。

创作团队

本书由刘玉红、王攀登编著，参加编写的人员还有刘玉萍、周佳、付红、李园、郭广新、侯永岗、蒲娟、刘海松、孙若淞、王月娇、包慧利、陈伟光、胡同夫、梁云梁和周浩浩。

在编写过程中，我们尽可能地将最好的讲解呈现给读者，但也难免有疏漏和不妥之处，敬请不吝指正。若您在学习中遇到困难、疑问，或有任何建议，可发送邮件至邮箱 357975357@qq.com。

编　者

目录

第1篇 新手入门

第1章 Excel 2013入门基础

第2章 工作簿与工作表的基本操作

第3章 编辑工作表中的单元格

第4章 输入与编辑工作表中的数据

第5章 查看与打印工作表

第2篇 修饰与美化工作表

第6章 使用格式美化工作表

第7章 使用图片美化工作表

第8章 使用图形美化工作表

第9章 使用图表分析工作表数据

第3篇 公式与函数

第10章 单元格和单元格区域的引用

第11章 使用公式快速计算数据

第12章 Excel函数的应用

第4篇 高效分析数据

第13章 数据的筛选与排序

第14章 定制数据的有效性

第15章 数据的分类汇总与合并计算

第16章 数据透视表与数据透视图

第5篇 行业应用案例

第17章 Excel在会计工作中的应用

第18章 Excel在人力资源管理中的应用

第19章 Excel在行政管理中的应用

第20章 Excel在工资管理中的应用

第6篇 高手办公秘籍

第21章 使用宏的自动化功能提升工作效率

第22章 Excel 2013与其他组件的协同办公

第23章 Excel 2013数据的共享与安全

第24章 Excel 2013在移动设备中的办公技能

第1篇

新手入门

Excel 2013是微软公司推出的Microsoft Office 2013办公系列软件的一个重要组成部分，主要用于电子表格处理，可以高效地完成各种表格和图的设计，并进行复杂的数据计算和分析，大大提高了数据处理的效率。本篇学习Excel 2013入门的基本操作。

Excel 2013入门基础

- **本章导读**

Excel 2013是微软公司推出的Office 2013办公系列软件的一个重要组成部分，主要用于电子表格处理，可以高效地完成各种表格和图的设计，并进行复杂的数据计算和分析。本章将为读者介绍Excel 2013的安装与卸载、启动与退出以及认识Excel 2013的工作界面等。

- **学习目标**

◎ 了解Excel 2013的应用领域

◎ 了解Excel 2013的工作界面

◎ 掌握Excel 2013的安装与卸载方法

◎ 掌握Excel 2013的启动与退出方法

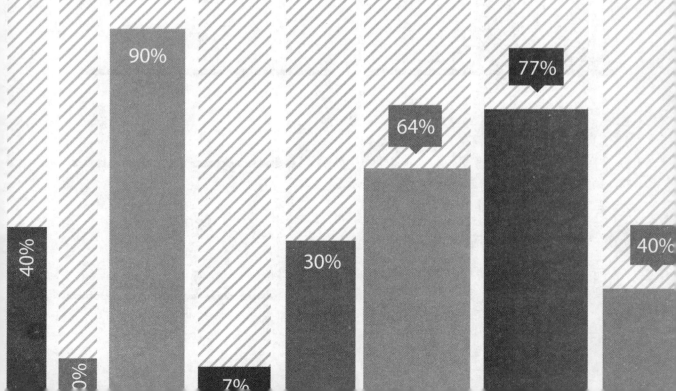

1.1 了解Excel的应用领域

Excel属于办公软件，其主要应用领域在于办公。一般来说，凡是制作表格，都可以使用Excel，而且对需要大量计算的表格特别适用。下面介绍Excel的主要应用领域。

1. 财务办公中的应用

Excel在财务办公中的应用主要表现在制作财务会计报表，常见的报表包括资产负债表、现金流量表、利润表等，使用Excel强大的计算功能可以快速计算报表中的数据，如图1-1所示为小企业会计准则下的现金流量表。

2. 预算办公中的应用

预算部门中的办公人员可以在Excel中创建任何类型的预算，例如，市场预算、活动预算或退休预算等，如图1-2所示为某公司促销活动费用预算表。

图1-1　现金流量表

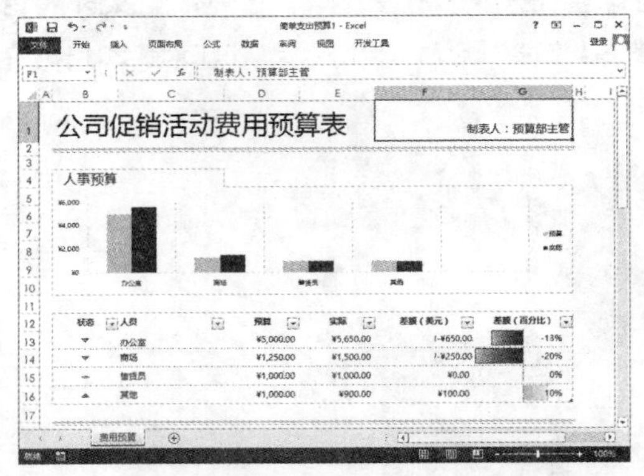

图1-2　预算表

3. 销售办公中的应用

Excel可以用于统计销售人员的销售数据，例如，销售统计表、产品销售清单等，如图1-3所示为汽车销售公司的季度销售报表。

产品	第1季度	第2季度	第3季度
车架	40,000	45,000	50,000
碟式刹车，前侧	2,940	2,499	3,234
卡钳刹车，前侧	2,000	1,700	2,200
碟式刹车，后侧	4,000	3,400	4,400
卡钳刹车，后侧	2,940	2,499	3,234
车座	2,350	1,998	320
前叉	1,000	850	1,100
刹车线	3,000	2,550	3,300
变速线	2,500	2,125	2,750
后链轮	4,000	3,400	4,400
前链轮	2,000	1,700	2,200
把手	18,950	16,108	34,450
刹车把手	5,440	4,624	5,984
座杆	2,000	1,700	2,200
车把夹	600	510	660
车座包	24,130	20,511	40,000
辐条	2,330	1,981	2,563

图1-3　销售报表

4. 人事办公中的应用

为了更好地展示公司的人事结构，人事办公人员需要制作人力资源组织结构图，使用Excel 2013强大的组织结构图功能可以快速制作出组织结构图，如图1-4所示为某学校的人事组织结构图。

 5. 工作计划中的应用

Excel是用于创建专业计划或有用计划程序（例如，每周课程计划、市场研究计划、年底税收计划，或者有助于安排每周膳食、聚会或假期的计划工具）的理想工具，如图1-5所示为一周课程计划表。

图1-4　人事组织结构图

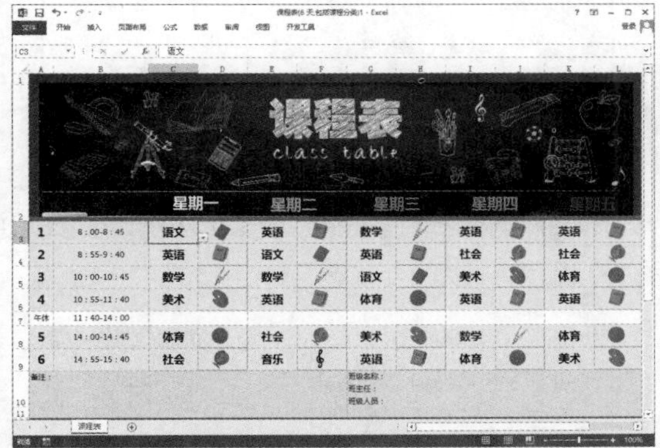

图1-5　一周课程计划表

1.2 Excel 2013的安装与卸载

在使用Excel 2013前，首先需要在计算机上安装该软件。同样地，如果不需要再使用Excel 2013，可以从计算机中卸载该软件。下面介绍Excel 2013安装与卸载的方法。

1.2.1 安装Excel 2013

Excel 2013是Office 2013的组件之一，若要安装Excel 2013，首先要启动Office 2013的安装程序，然后按照安装向导的提示一步一步地操作，即可完成Excel 2013的安装，具体操作步骤如下。

步骤 1 将Office 2013的安装光盘放入计算机的DVD光驱中，双击其中的可执行文件，即可打开安装对话框，进入【选择所需的安装】界面。如图1-6所示。

步骤 2 Office 2013提供了两种安装方式，这里选择自定义安装方式，单击【自定义】按钮，打开如图1-7所示的界面，在【升级】选项卡中选中【保留所有早期版本】单选按钮。

步骤 3 选择【安装选项】选项卡，在其中可以自定义Office程序的运行方式，这里可以采用系统默认设置，如图1-8所示。

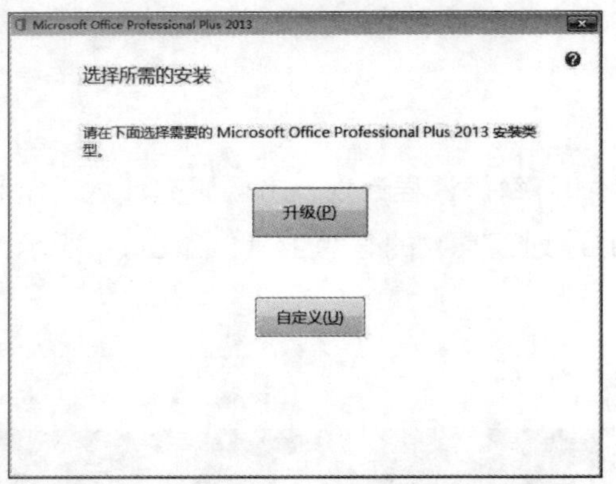

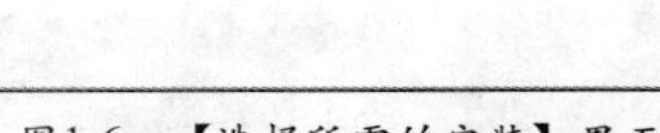
图1-6　【选择所需的安装】界面

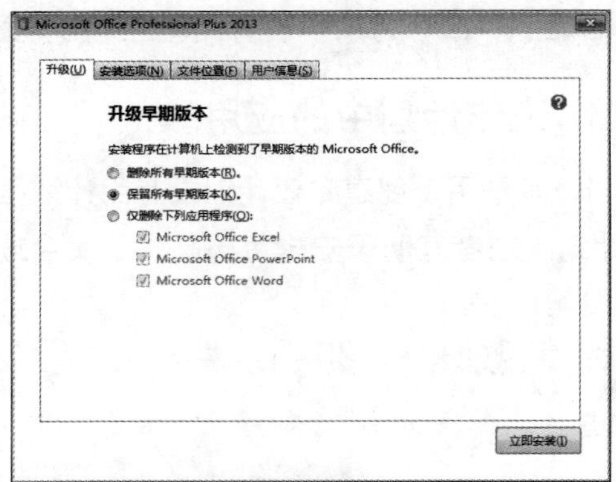

图1-7　【升级】选项卡

步骤 4　选择【文件位置】选项卡，可以通过单击【浏览】按钮设置Office的安装路径，如图1-9所示。

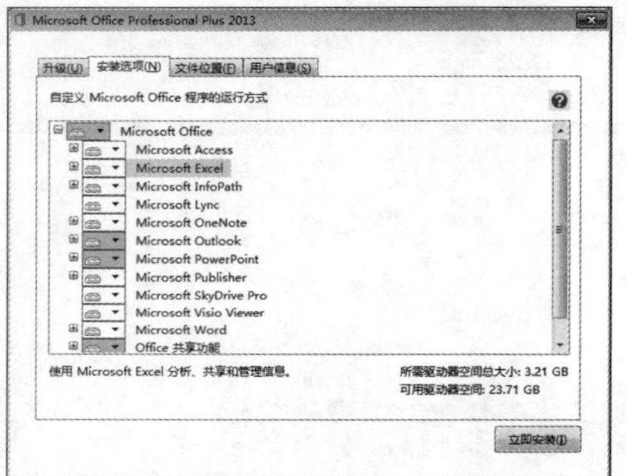

图1-8　【安装选项】选项卡

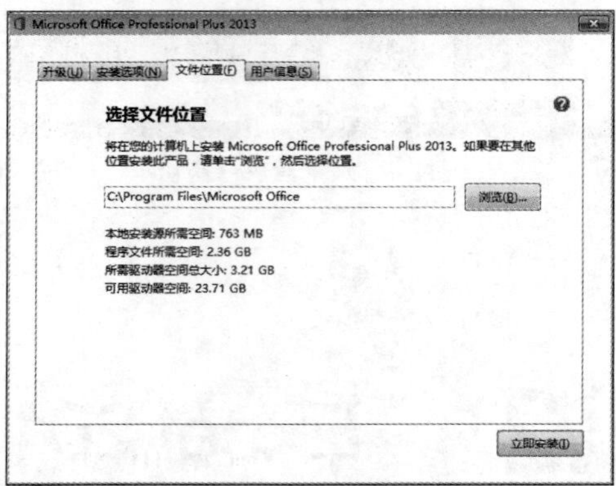

图1-9　【文件位置】选项卡

步骤 5　单击【立即安装】按钮，开始安装Office 2013办公组件，并显示安装的进度，如图1-10所示。

步骤 6　安装完毕后，进入如图1-11所示的界面，单击【关闭】按钮，完成Office 2013的安装，同时Excel 2013也安装成功。

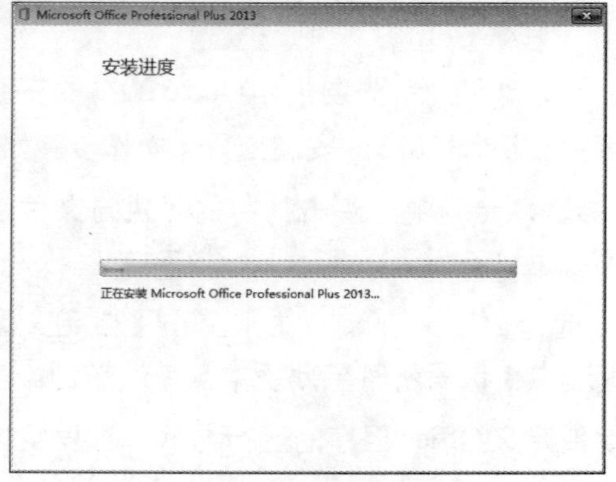

图1-10　【安装进度】界面

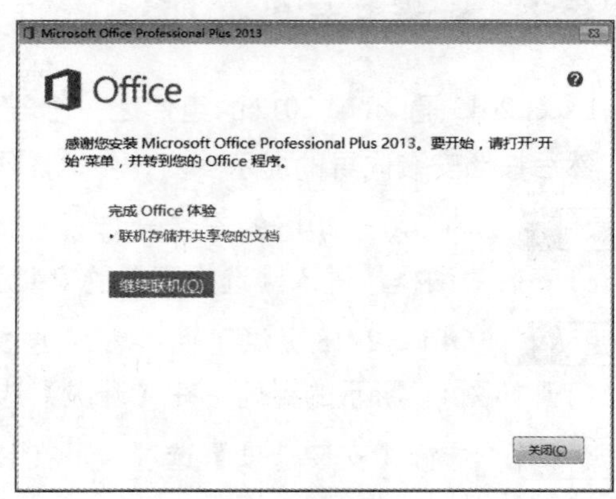

图1-11　安装完成

1.2.2 卸载Excel 2013

由于Excel 2013是Office 2013的组件之一，当不需要使用Excel 2013时，主要有两种方法可清除该组件：第一种是直接卸载Excel 2013组件，第二种是卸载Office 2013应用程序。两者之间的区别是，使用前者可保留Office 2013的其他组件。

1. 卸载Excel 2013组件

具体操作步骤如下。

步骤 1 单击任务栏中的【开始】按钮，在弹出的菜单中选择【控制面板】命令，如图1-12所示。

步骤 2 打开【控制面板】窗口，单击【程序】下的【卸载程序】超链接，如图1-13所示。

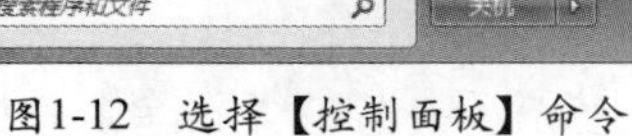

图1-12 选择【控制面板】命令

图1-13 【控制面板】窗口

步骤 3 进入【卸载或更改程序】界面，在列表框中选择Microsoft Office Professional Plus 2013选项，单击上方的【更改】按钮，如图1-14所示。

> **提示**
>
> 选择该选项后，右击，在弹出的快捷菜单中选择【更改】命令，可实现同样的功能。

步骤 4 弹出Microsoft Office Professional Plus 2013对话框，选中【添加或删除功能】单选按钮，单击【继续】按钮，如图1-15所示。

步骤 5 在【安装选项】选项卡中单击Microsoft Excel前面的下拉按钮，在弹出的下拉列表中选择【不可用】选项，单击【继续】按钮，如图1-16所示。

步骤 6 进入【配置进度】界面，显示出配置进度条，如图1-17所示。稍等几分钟，配置完成，单击【关闭】按钮，即可卸载Excel 2013组件。

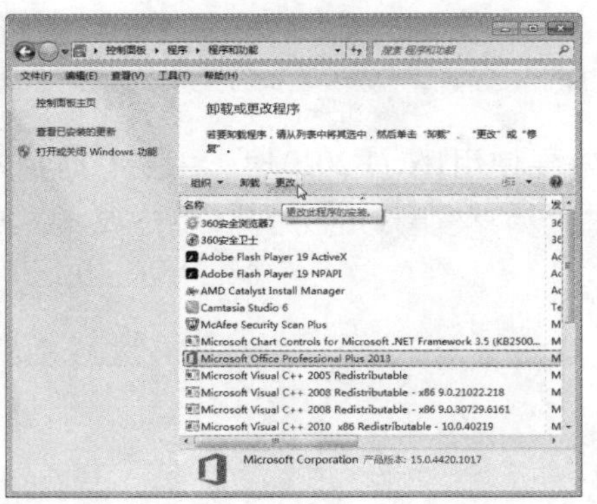

图1-14　【卸载或更改程序】界面

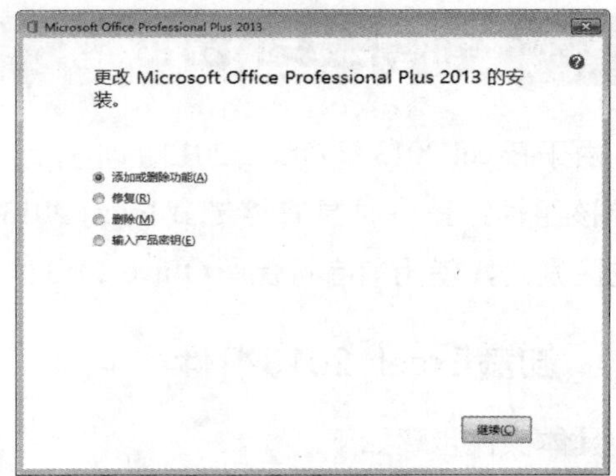

图1-15　Microsoft Office Professional Plus 2013对话框

图1-16　【安装选项】选项卡

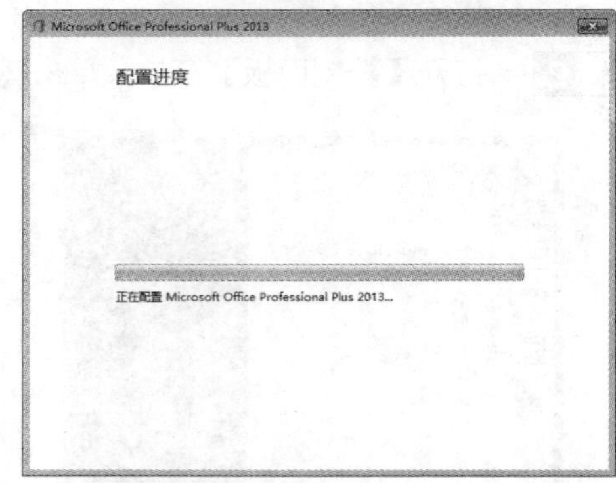

图1-17　【配置进度】界面

2. 卸载Office 2013程序

具体操作步骤如下。

步骤 1　在上面的步骤3中单击【卸载】按钮，或者在步骤4中选中【删除】单选按钮，然后单击【继续】按钮，将弹出【安装】对话框，询问是否从计算机上删除Office 2013应用程序及所有组件，单击【是】按钮，如图1-18所示。

步骤 2　进入【卸载进度】界面，显示出卸载进度条，如图1-19所示。稍等几分钟，卸载完成，单击【关闭】按钮，即可卸载Office 2013程序。

图1-18　【安装】对话框

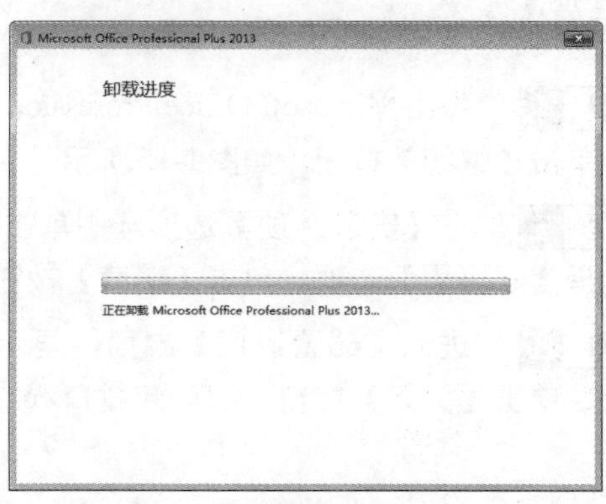

图1-19　【卸载进度】界面

1.3 Excel 2013的启动与退出

在系统中安装好Excel 2013之后，要想使用该软件编辑与管理表格数据，还需要启动Excel，下面介绍启动与退出Excel 2013的方法。

1.3.1 启动Excel 2013

用户可以通过3种方法启动Excel 2013，分别介绍如下。

1. 通过【开始】菜单启动

单击桌面任务栏中的【开始】按钮，在弹出的菜单中依次选择【所有程序】|Microsoft Office 2013 | Excel 2013命令，即可启动Excel 2013，如图1-20所示。

2. 通过桌面快捷方式图标启动

双击桌面上的Excel 2013快捷方式图标，即可启动Excel 2013，如图1-21所示。

图1-20 通过【开始】菜单启动

图1-21 通过桌面快捷方式图标启动

3. 通过打开已存在的Excel文档启动

在计算机中找到一个已存在的Excel文档（扩展名为.xlsx），双击该文档图标，即可启动Excel 2013，如图1-22所示。

> **提示** 通过前两种方法启动Excel 2013时，Excel 2013会自动创建一个空白工作簿，如图1-23所示。通过第三种方法启动Excel 2013时，Excel 2013会打开已经创建好的工作簿。

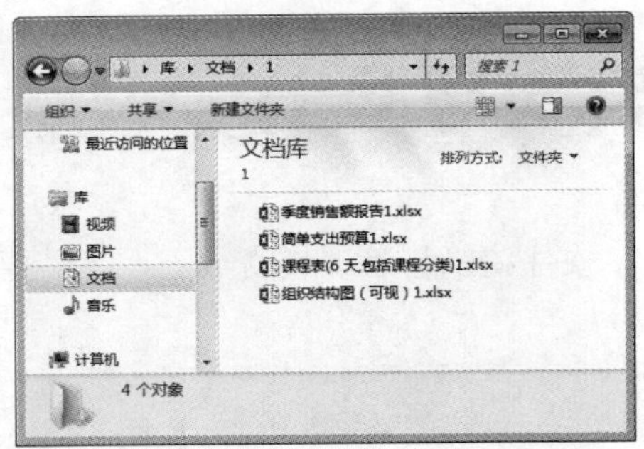

图1-22　选择已经存在的工作簿

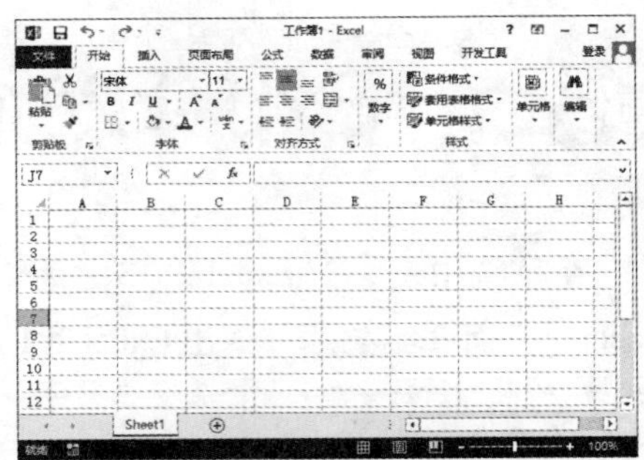

图1-23　创建的空白文档

1.3.2 退出Excel 2013

与退出其他应用程序类似，通常有5种方法可退出Excel 2013，分别介绍如下。

1. 通过文件操作界面退出

在Excel工作窗口中，选择【文件】选项卡，进入文件操作界面，选择左侧的【关闭】命令，即可退出Excel 2013，如图1-24所示。

2. 通过【关闭】按钮退出

该方法最为简单直接，在Excel工作窗口中，单击右上角的【关闭】按钮 ✕，即可退出Excel 2013，如图1-25所示。

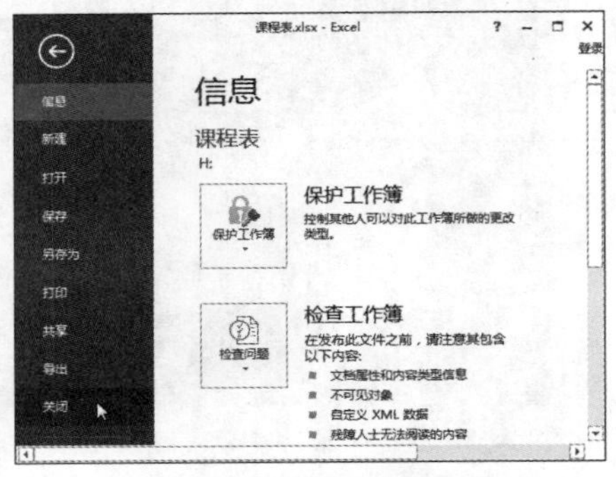

图1-24　通过文件操作界面退出

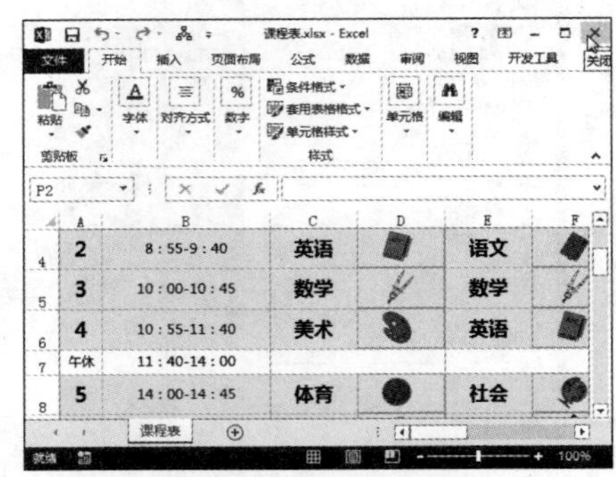

图1-25　通过【关闭】按钮退出

3. 通过控制菜单图标退出

在Excel工作窗口中，单击左上角的 图标，在弹出的菜单中选择【关闭】命令，即可退出Excel 2013，如图1-26所示。

4. 通过任务栏退出

在桌面任务栏中，选中Excel 2013图标，右击，在弹出的快捷菜单中选择【关闭窗口】命

令，即可退出Excel 2013，如图1-27所示。

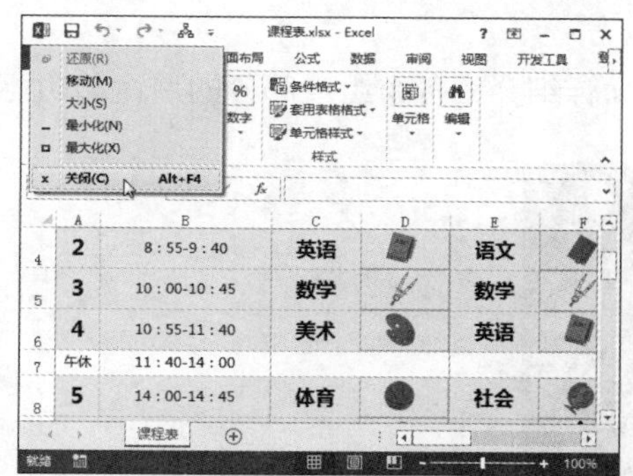

图1-26 通过控制菜单图标退出

图1-27 通过任务栏退出

5. 通过快捷键退出

单击选中Excel窗口，按Alt+F4快捷键，即可退出Excel 2013。

1.4 Excel 2013的工作界面

每个Windows应用程序都有其独立的窗口，Excel 2013也不例外。启动Excel 2013后将打开Excel 2013工作界面，主要由工作区、文件菜单、标题栏、功能区、编辑栏、快速访问工具栏和状态栏7部分组成，如图1-28所示。

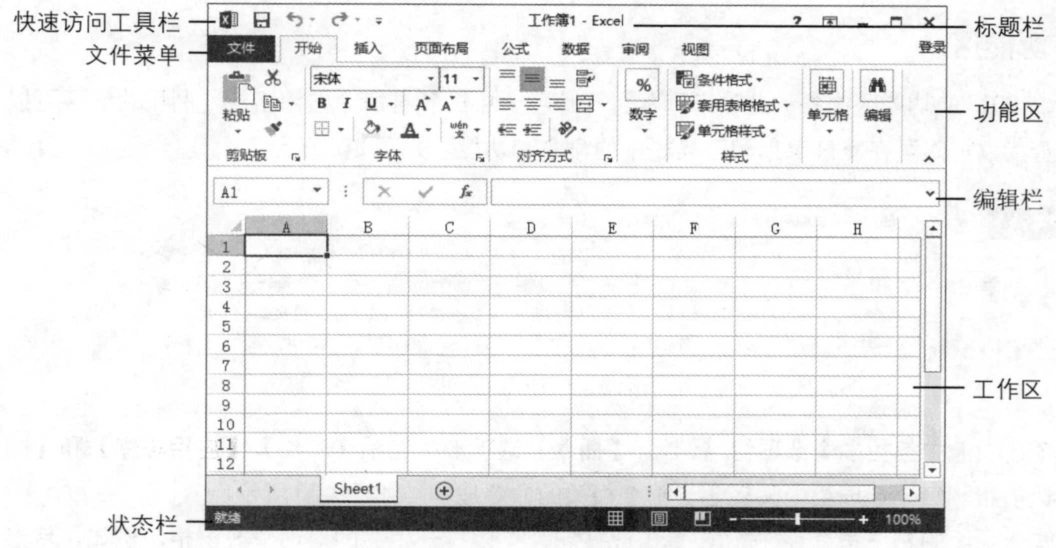

图1-28 Excel 2013工作界面

1.4.1 认识Excel 2013的工作界面

在了解了Excel 2013工作界面的基本结构后，下面详细介绍各个组成部分的用途和功能。

1. 工作区

工作区是在Excel 2013操作界面中用于输入数据的区域，由单元格组成，可输入和编辑不同的数据类型，如图1-29所示。

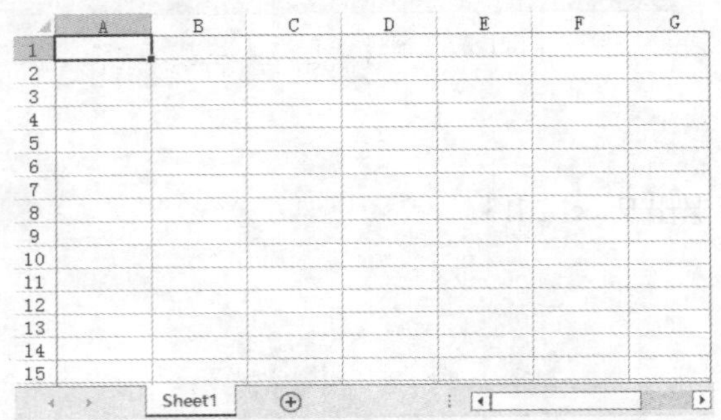

图1-29　工作区

2. 文件菜单

选择【文件】选项卡，会显示其下一些基本命令，包括【新建】、【打开】、【保存】、【打印】、【选项】等，如图1-30所示。

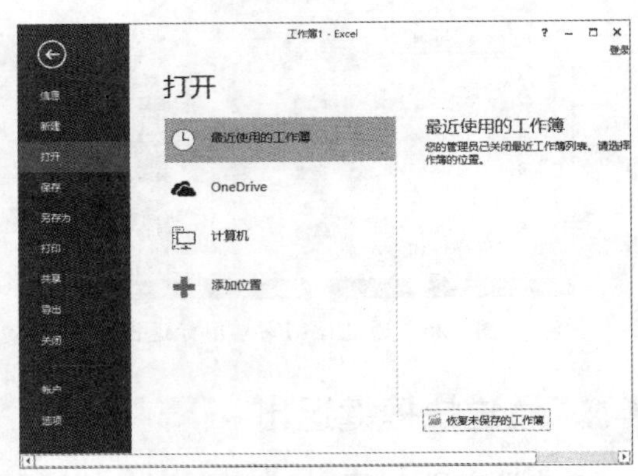

图1-30　文件菜单

3. 标题栏

默认状态下，标题栏左侧显示快速访问工具栏，标题栏中间显示当前编辑表格的文件名称，启动Excel时，默认的文件名为“工作簿1”，如图1-31所示。

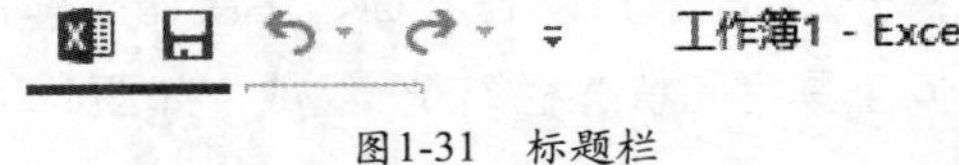

图1-31　标题栏

4. 功能区

Excel 2013的功能区由各种选项卡和包含在选项卡中的各种命令按钮组成，利用功能区可以轻松地查找以前隐藏在复杂菜单和工具栏中的命令和功能，如图1-32所示。

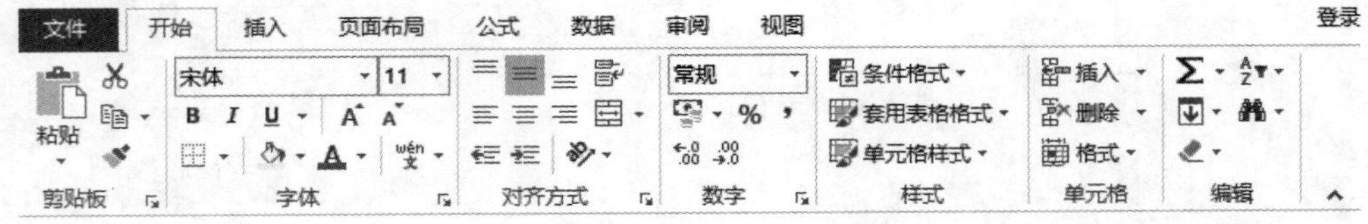

图1-32　功能区

每个选项卡中包括多个选项组，例如，【插入】选项卡中包括【表格】、【应用程序】和【图表】等选项组，每个选项组中又包含若干个相关的命令按钮，如图1-33所示。

某些选项组的右下角有 ⧉ 按钮，单击此按钮，可以打开相关的对话框或窗格，例如，单击【剪贴板】选项组右下角的 ⧉ 按钮，会弹出【剪贴板】窗格，如图1-34所示。

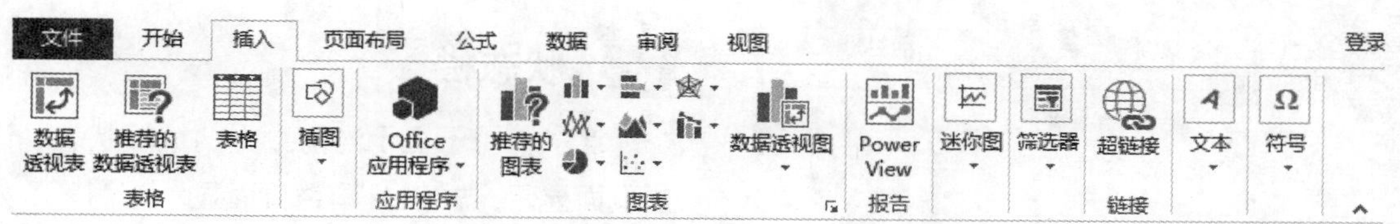

图1-33 【插入】选项卡

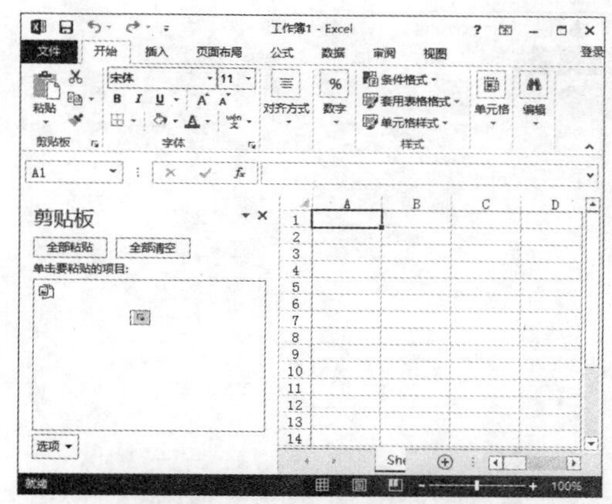

图1-34 【剪贴板】窗格

某些选项卡只在需要使用时才显示出来，例如，选择图表时，工作区中添加了【设计】和【格式】选项卡，这些选项卡为操作图表提供了更多适合的命令，如图1-35所示。当没有选定相应对象时，与对象相关的那些选项卡则会隐藏起来。

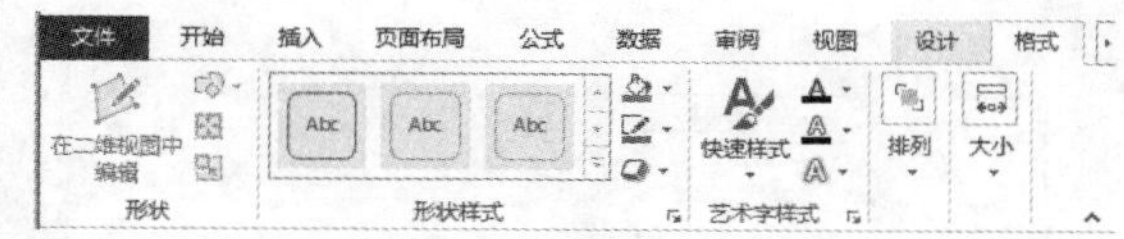

图1-35 【格式】选项卡

提示

Excel 2013默认选择的选项卡为【开始】选项卡，使用时，可以通过单击相应标签来选择其他需要的选项卡。

5. 编辑栏

编辑栏位于功能区的下方、工作区的上方，用于显示和编辑当前活动单元格的名称、数据或公式，如图1-36所示。

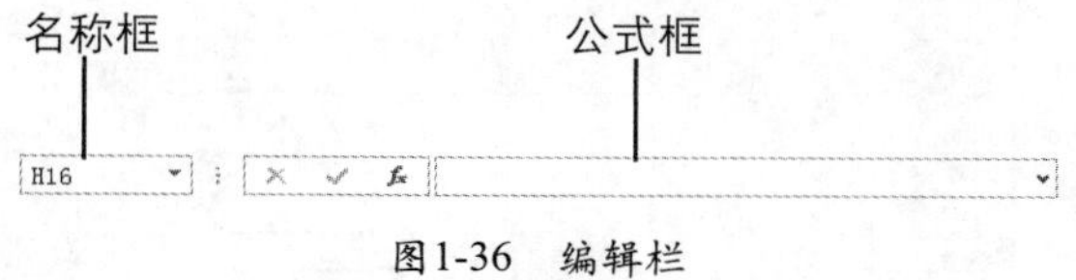

图1-36 编辑栏

名称框用于显示当前单元格的地址和名称，当选择单元格或区域时，名称框中将出现相应的地址名称。使用名称框可以快速转到目标单元格中，例如，在名称框中输入“D15”并按Enter键，即可将活动单元格定位为D列第15行，如图1-37所示。

公式框主要用于向活动单元格中输入、修改数据或公式。当向单元格中输入数据或公式时，就会激活名称框和公式框之间的【确定】按钮与【取消】按钮。单击【确定】按钮✔，可以确定输入或修改该单元格的内容，同时退出编辑状态；单击【取消】按钮✕，则可取消对该单元格的编辑，如图1-38所示。

另外，在名称框和公式框之间还有一个【插入函数】按钮f_x，该按钮主要用于在工作表中插入函数。

6. 快速访问工具栏

快速访问工具栏位于标题栏的左侧，它包含一组独立于当前显示的功能区上选项卡的命令按钮，默认的快速访问工具栏中包含【保存】、【撤销】和【恢复】等命令按钮，如图1-39所示。

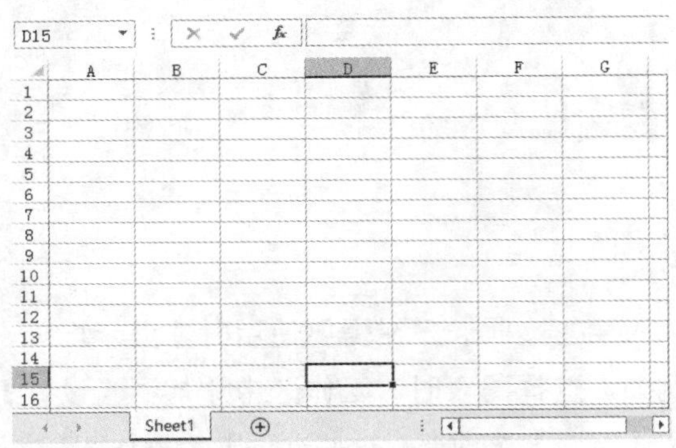

图1-37　定位单元格

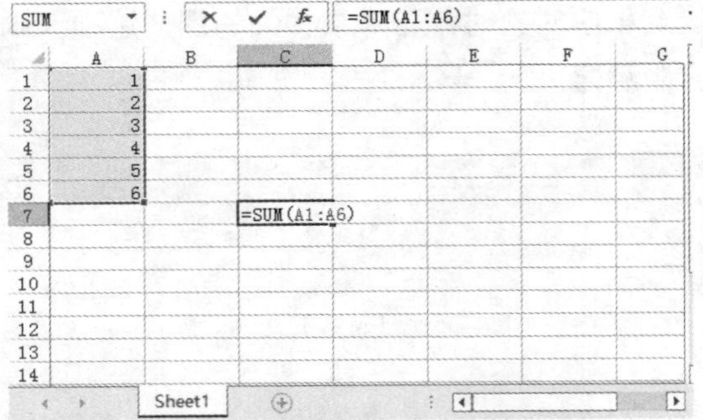

图1-38　编辑栏的公式框

图1-39　快速访问工具栏

单击快速访问工具栏右边的下拉按钮，在弹出的下拉列表中，可以自定义快速访问工具栏中的命令按钮，如图1-40所示。

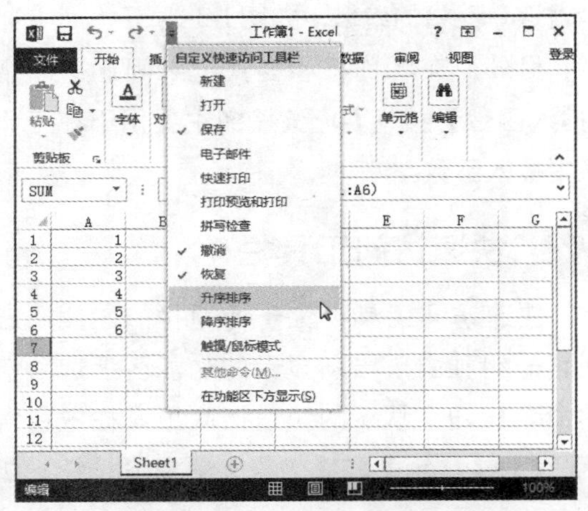

图1-40　自定义快速访问工具栏

7. 状态栏

状态栏用于显示当前数据的编辑状态、设置页面显示方式以及调整页面显示比例等，如图1-41所示。

图1-41　状态栏

在Excel 2013状态栏中显示的3种状态如下。

（1）对单元格进行任何操作，状态栏会显示“就绪”字样，如图1-42所示。

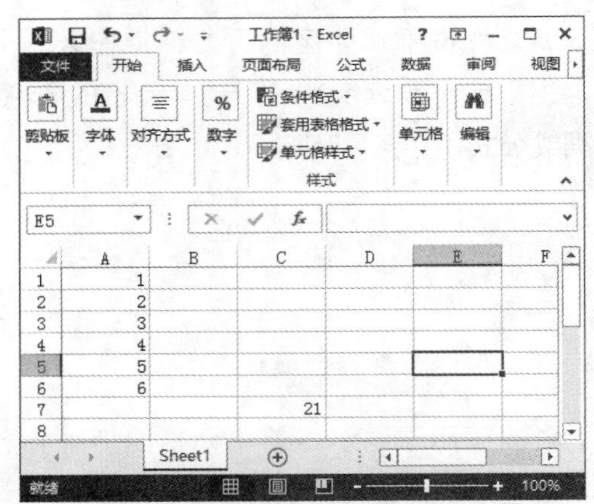

图1-42　显示“就绪”字样

（2）向单元格中输入数据时，状态栏会显示“输入”字样，如图1-43所示。

（3）对单元格中的数据进行编辑时，状态栏会显示“编辑”字样，如图1-44所示。

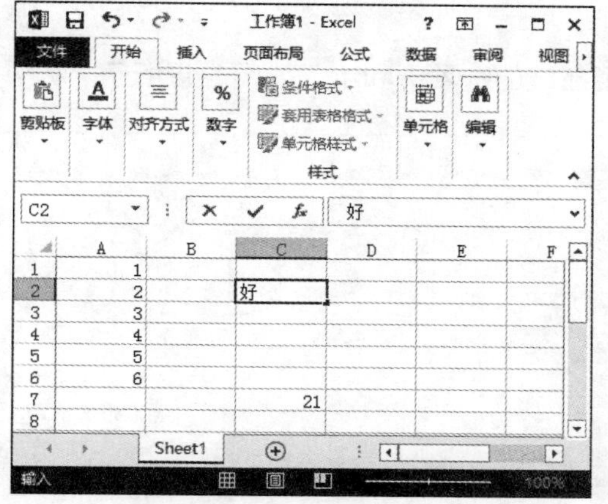

图1-43 显示“输入”字样

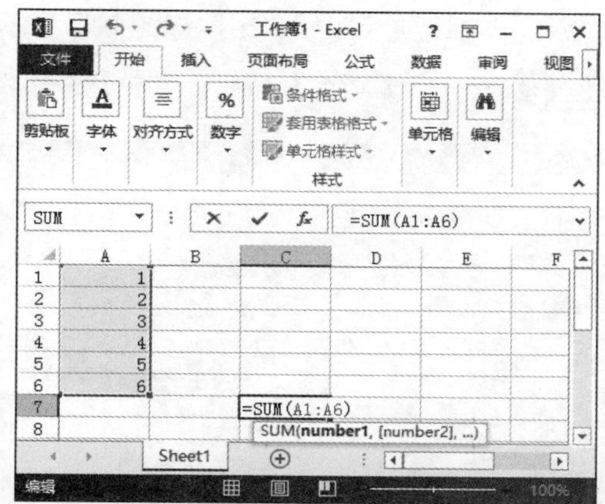

图1-44 显示“编辑”字样

1.4.2 自定义功能区

通过自定义Excel 2013的操作界面，用户可以将最常用的功能放在最显眼的地方，以便更加便捷地使用这些功能。其中，功能区中的各个选项卡可以由用户自定义，包括功能区中选项卡、组、命令的添加、删除、重命名、次序调整等。

自定义功能区的具体步骤如下。

步骤 1 在功能区的空白处右击，在弹出的快捷菜单中选择【自定义功能区】命令，如图1-45所示。

步骤 2 打开【Excel选项】对话框中的【自定义功能区】界面，从中可以实现功能区的自定义，如图1-46所示。

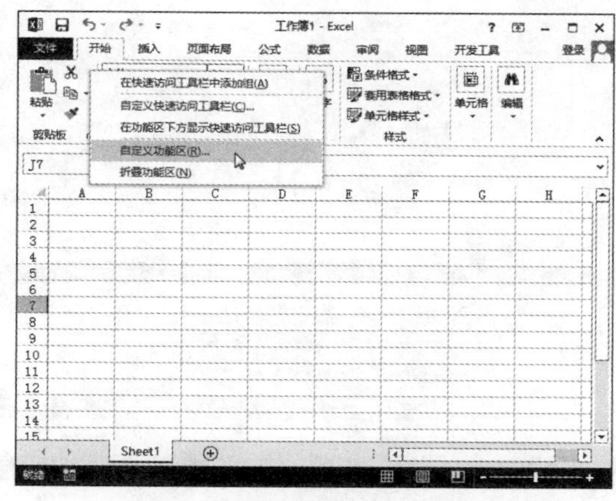

图1-45 选择【自定义功能区】命令

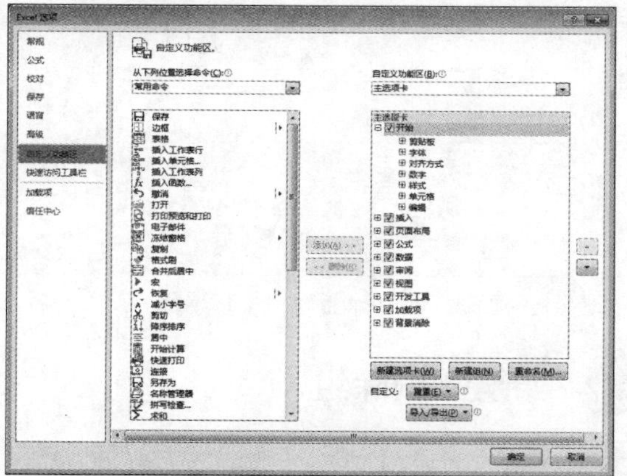
图1-46 【Excel选项】对话框

 1. 新建/删除选项卡

步骤 1 进入【自定义功能区】界面，单击右侧列表框下方的【新建选项卡】按钮，系统会

自动创建一个选项卡和一个组，如图1-47所示。

步骤 2 单击【确定】按钮，功能区中即会出现新建的选项卡和组，如图1-48所示。

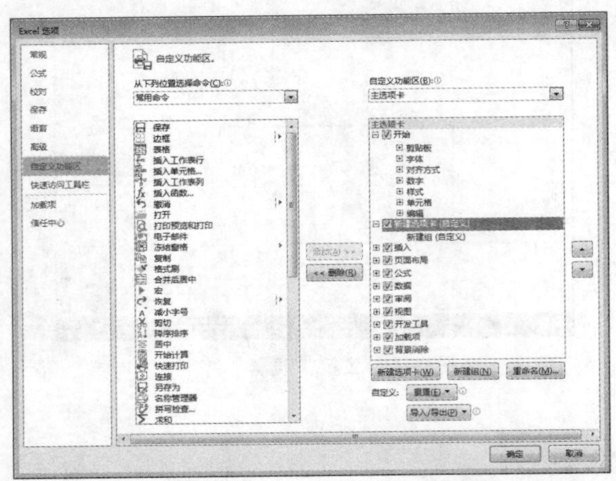

图1-47 单击【新建选项卡】按钮

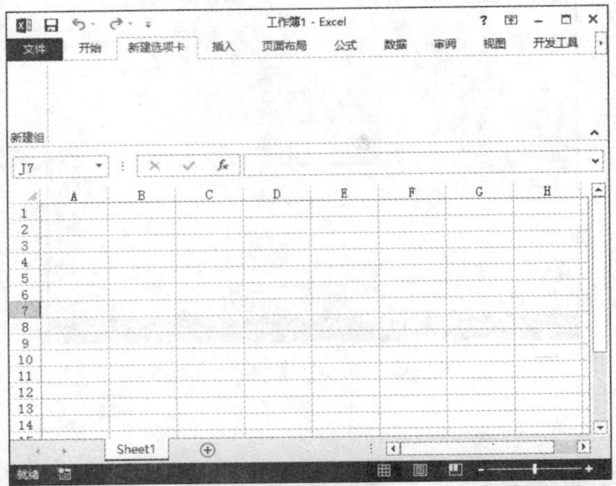

图1-48 添加新选项卡

步骤 3 在右侧列表框中选择新添加的选项卡，单击【删除】按钮，即可从功能区中删除此选项卡，如图1-49所示。

步骤 4 单击【确定】按钮，返回到Excel工作界面中，可以看到新添加的选项卡消失，如图1-50所示

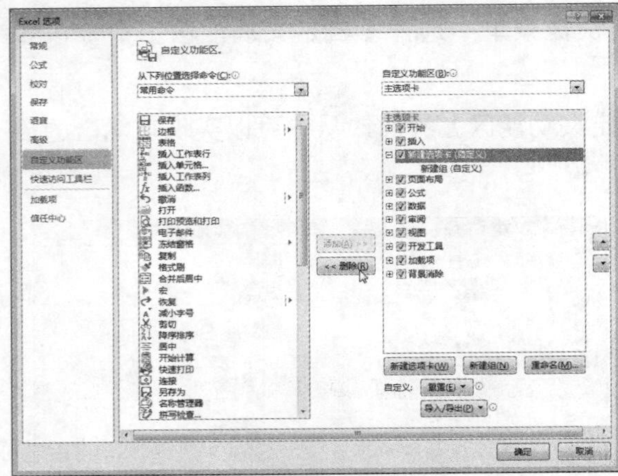

图1-49 单击【删除】按钮

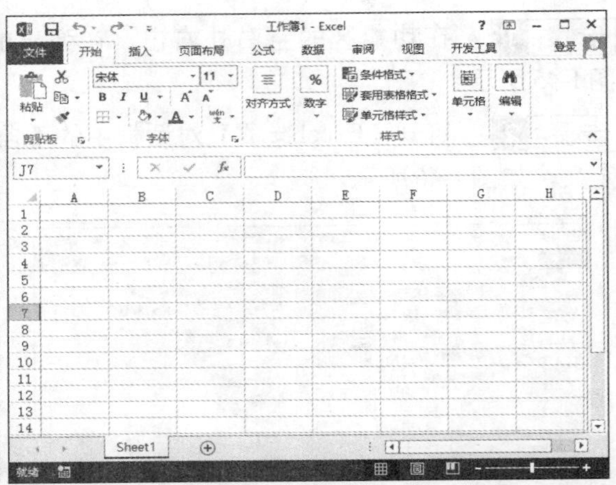

图1-50 删除新建的选项卡

2. 新建/删除组

步骤 1 进入【自定义功能区】界面，在右侧列表框中选择任一选项卡，单击下方的【新建组】按钮，系统则会在此选项卡中创建组，如图1-51所示。

步骤 2 单击【确定】按钮，返回到工作界面中，可以看到新添加的组，如图1-52所示。

步骤 3 在右侧列表框中选择新添加的组，单击【删除】按钮，即可从选项卡中删除此组。

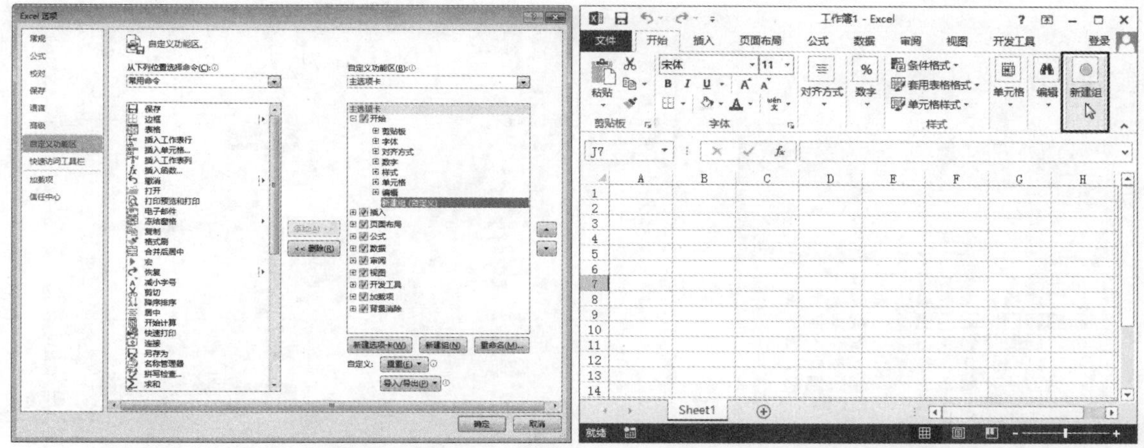

图1-51 单击【新建组】按钮　　　图1-52 添加新组

3. 添加/删除命令

步骤 1 进入【自定义功能区】界面，单击右侧列表框中要添加命令的组，选择左侧列表框中要添加的命令，然后单击【添加】按钮，即可将此命令添加到指定组中，如图1-53所示。

步骤 2 单击【确定】按钮，即可在功能区中找到新添加的命令，如图1-54所示。

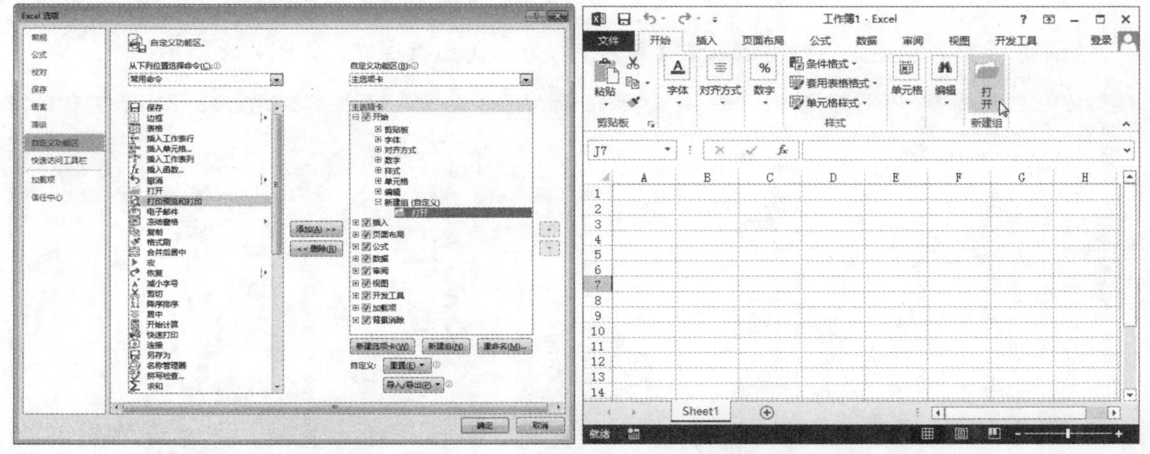

图1-53 单击【添加】按钮　　　图1-54 添加命令

步骤 3 在右侧列表框中选择要删除的命令，单击【删除】按钮，即可从组中删除此命令。

4. 重命名选项卡、组、命令

步骤 1 进入【自定义功能区】界面，在右侧列表框中选择任一选项卡，单击下方的【重命名】按钮，在弹出的【重命名】对话框中输入名称，如图1-55所示。

步骤 2 单击【确定】按钮，返回到【Excel选项】对话框中，如图1-56所示，再次单击【确定】按钮，返回到Excel工作界面中，即可完成重命名的操作。

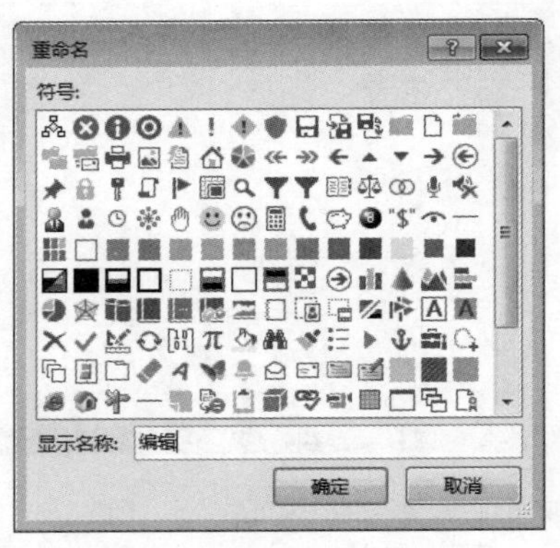

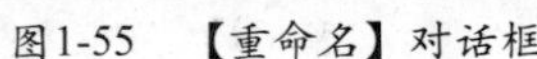
图1-55　【重命名】对话框

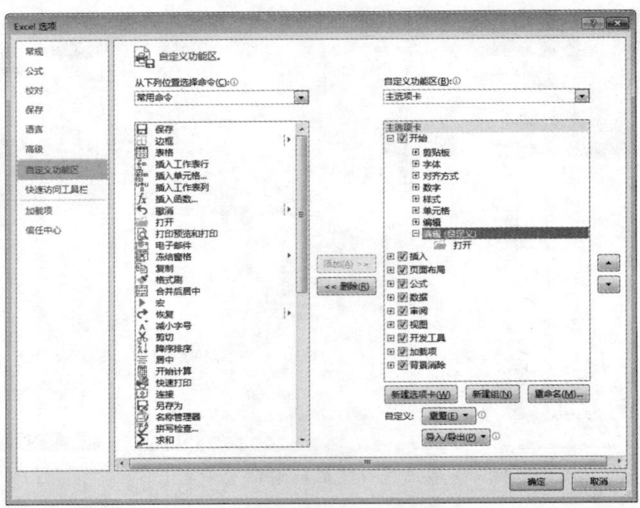

图1-56　【Excel选项】对话框

5. 调整选项卡、组、命令的次序

进入【自定义功能区】界面，在右侧的列表框中选择需要调整次序的选项卡、组或命令，然后单击【上移】按钮▲、【下移】按钮▼，可以调整选项卡、组、命令的次序，如图1-57所示。

如果想要重置功能区，则可以单击【重置】按钮进行重置操作，如图1-58所示。

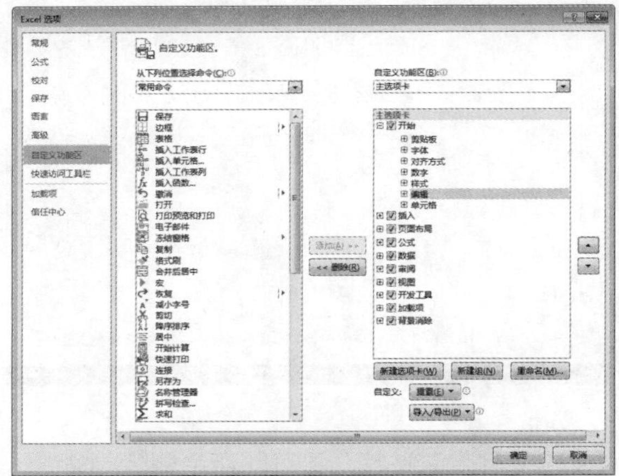

图1-57　调整次序

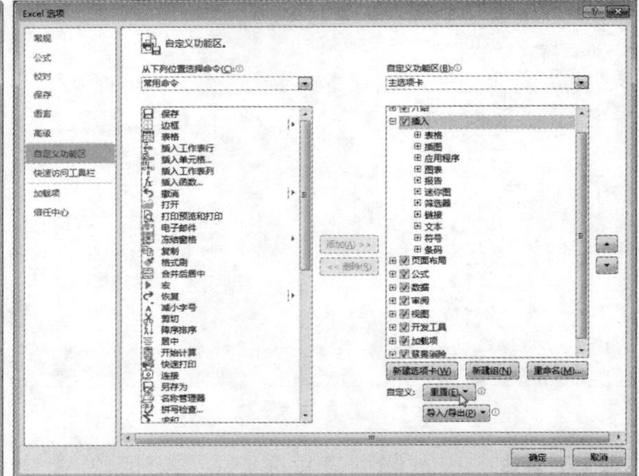

图1-58　重置功能区

1.4.3 自定义状态栏

在状态栏上右击，在弹出的快捷菜单中，可以通过选中或取消选中相关命令来实现在状态栏上显示或隐藏信息的目的，如图1-59所示。例如，这里取消选中【显示比例】命令，可以看到Excel 2013工作界面右下角的显示比例数据消失，如图1-60所示。

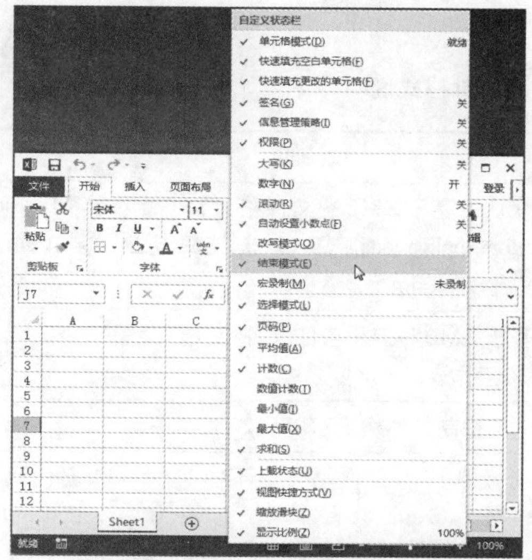

图1-59 右键快捷菜单

图1-60 隐藏显示比例数据

1.5 Excel文件的转换和兼容性

使用Excel 2013除了可以创建Excel表格文件外，还可以将制作的表格文件保存为其他格式，本节将介绍Excel 2013支持的文件格式以及将Excel表格保存为其他格式的方法。

1.5.1 Excel 2013支持的文件格式

Excel 2013所支持的文件格式有很多，用户可以在【另存为】对话框中单击【保存类型】下拉列表框右侧的下拉按钮，在弹出的下拉列表中查看Excel 2013所支持的文件格式，如图1-61所示。

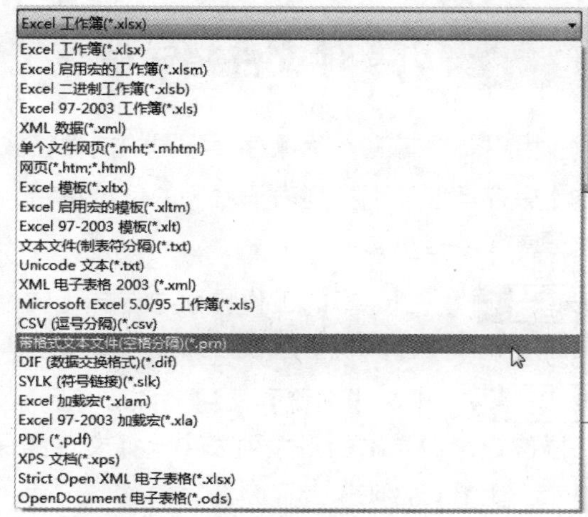

图1-61 保存类型

Excel 2013 支持的常用文件格式说明如表1-1 所示。

表1-1　Excel支持的常用文件格式说明

格　式	扩 展 名	说　明
Excel 工作簿	.xlsx	Excel 2013默认的基于XML的文件格式。不能存储 Microsoft Visual Basic for Applications（VBA）宏代码或 Microsoft Office Excel 4.0 宏工作表（.xlm）
Excel 启用宏的工作簿	.xlsm	Excel 2013基于XML和启用宏的文件格式。存储VBA宏代码或Excel 4.0宏工作表（.xlm）
Excel 二进制工作簿	.xlsb	Excel 2013的二进制文件格式（BIFF12）
Excel模板	.xltx	Excel 2013模板默认的文件格式。不能存储VBA宏代码或Excel 4.0宏工作表（.xlm）
Excel 启用宏的模板	.xltm	Excel 2013 启用宏的模板文件格式。存储VBA宏代码或 Excel 4.0 宏工作表（.xlm）
Excel 97- 2003 工作簿	.xls	Excel 97 - 2003 二进制文件格式（BIFF8）
Excel 97- 2003 模板	.xlt	Excel 模板的 Excel 97 - 2003 二进制文件格式（BIFF8）
Microsoft Excel 5.0/95 工作簿	.xls	Excel 5.0/95 二进制文件格式（BIFF5）
XML 电子表格 2003	.xml	XML 电子表格 2003 文件格式（XMLSS）
XML 数据	.xml	XML 数据格式
Excel 加载宏	.xlam	Excel 2013 基于 XML 和启用宏的加载项格式。加载项是用于运行其他代码的补充程序。支持 VBA 项目和 Excel 4.0 宏工作表（.xlm）的使用
Excel 97-2003 加载宏	.xla	Excel 97-2003 加载项，即设计用于运行其他代码的补充程序。支持VBA项目的使用

1.5.2 以其他文件格式保存工作簿

用户要想将工作簿保存为不同的文件格式（例如.xls或.txt），可以在【另存为】对话框中单击【保存类型】下拉列表框右侧的下拉按钮，从弹出的下拉列表中选择所需格式。

具体操作步骤如下。

步骤 1 在Excel的工作界面中选择【文件】选项卡，再选择【另存为】命令，并在右侧的界面中选择【计算机】选项，如图1-62所示。

步骤 2 单击【浏览】按钮，打开【另存为】对话框，单击【保存类型】下拉列表框右侧的下拉按钮，在弹出的下拉列表中选择文件的保存格式，即可完成以其他文件格式保存工作簿的操作，如图1-63所示。

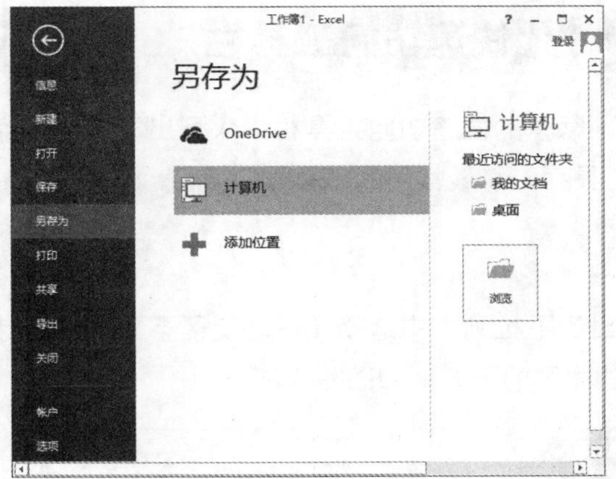

图1-62　选择【计算机】选项

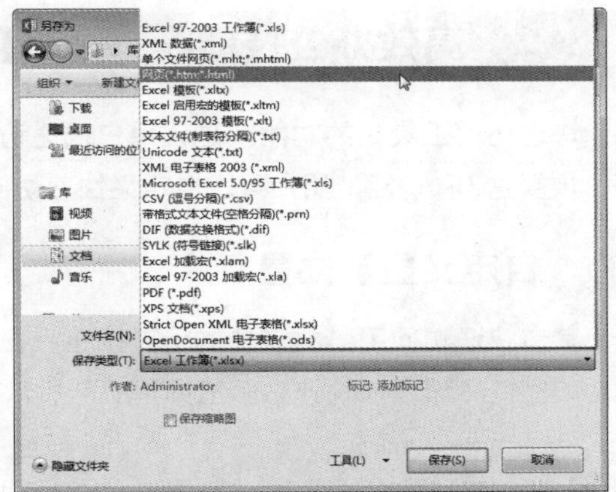

图1-63　选择保存类型

1.6　高效办公技能实战

1.6.1　高效办公技能1——最小化功能区

在Excel 2013中，可以将功能区最小化，以便扩大工作区的显示范围，具体操作步骤如下。

步骤 1　在Excel工作界面中单击选项卡右侧的 ^ 按钮，即可将功能区最小化，如图1-64所示。最小化后的功能区只显示选项卡的名称，选择任一选项卡，选项卡则会浮于工作区的上方，单击工作区，选项卡就会消失。

步骤 2　单击选项卡右侧的 ⇥ 按钮，即可将功能区按照默认形式显示，如图1-65所示。

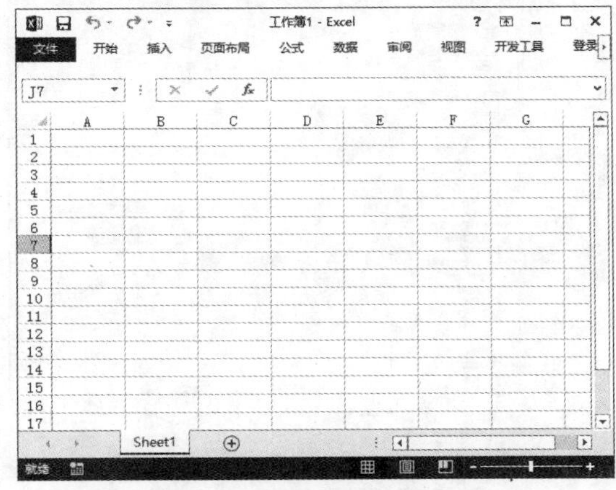

图1-64　最小化功能区

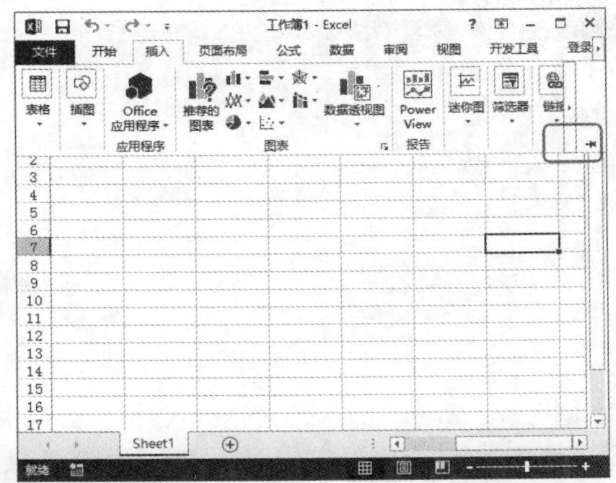

图1-65　显示功能区

1.6.2 高效办公技能2——设置个性化快速访问工具栏

快速访问工具栏的功能就是让用户快速访问。默认的快速访问工具栏中仅列出了保存、撤销、恢复这3种功能，用户可以自定义快速访问工具栏，将最常用的工具放到上面。

 自定义显示位置

单击快速访问工具栏右侧的下拉按钮，在弹出的下拉列表中选择【在功能区下方显示】选项，如图1-66所示，快速访问工具栏即可显示在功能区的下方，如图1-67所示。

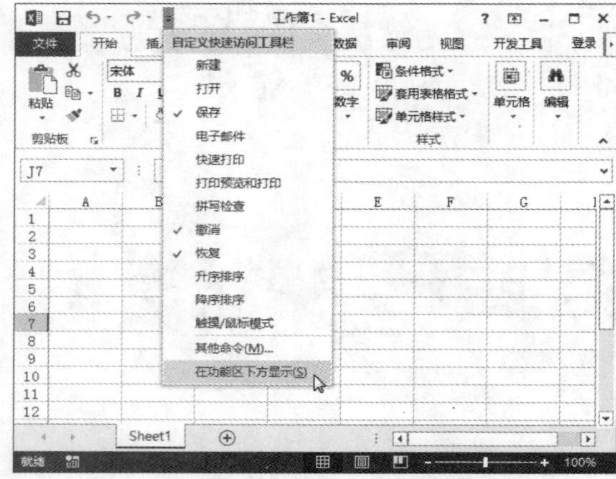

图1-66 选择【在功能区下方显示】选项

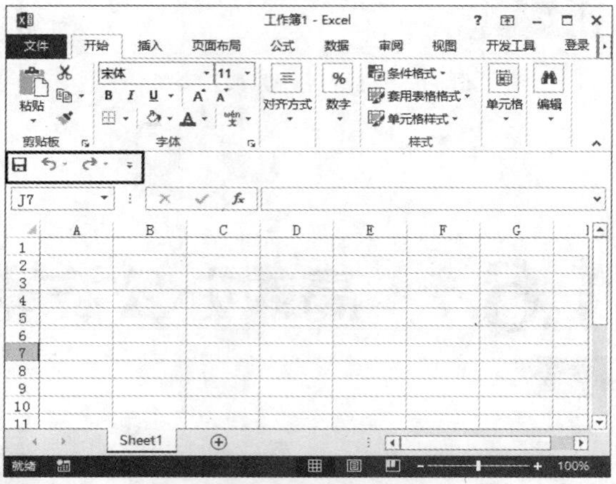

图1-67 调整位置

 添加功能

（1）单击快速访问工具栏右侧的下拉按钮，在弹出的下拉列表中选择相应的选项（如【新建】选项），即可将其添加到快速访问工具栏中，如图1-68所示。

（2）选择【其他命令】选项，会弹出【Excel选项】对话框，可以通过单击【添加】按钮，将左侧列表框中的命令添加到右侧列表框中，即添加到快速访问工具栏中，如图1-69所示。

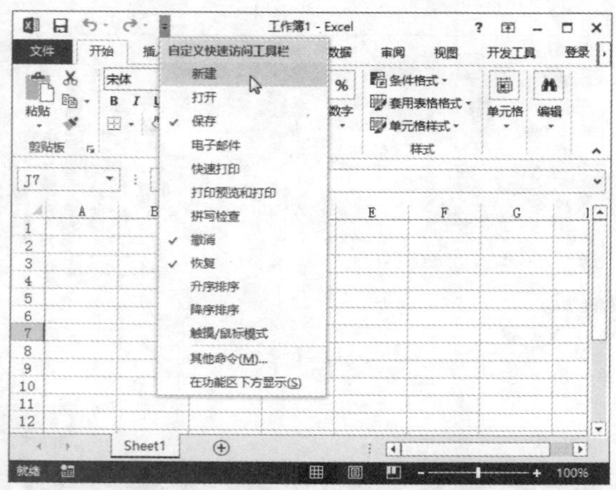

图1-68 选择【新建】选项

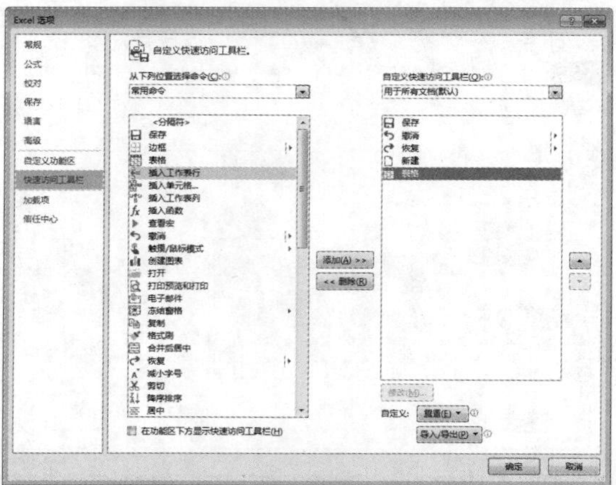

图1-69 添加命令

3. 移除功能

（1）单击快速访问工具栏右侧的下拉按钮，在弹出的下拉列表中选择要移除的命令（前提是此命令已被添加到快速访问工具栏），即可将其从快速访问工具栏中移除，如图1-70所示。

（2）在【Excel选项】对话框的【自定义快速访问工具栏】界面中，可以通过单击【删除】按钮，将右侧列表框中的命令移动到左侧列表框中，即从快速访问工具栏中移除，如图1-71所示。

图1-70　选择要移除的命令

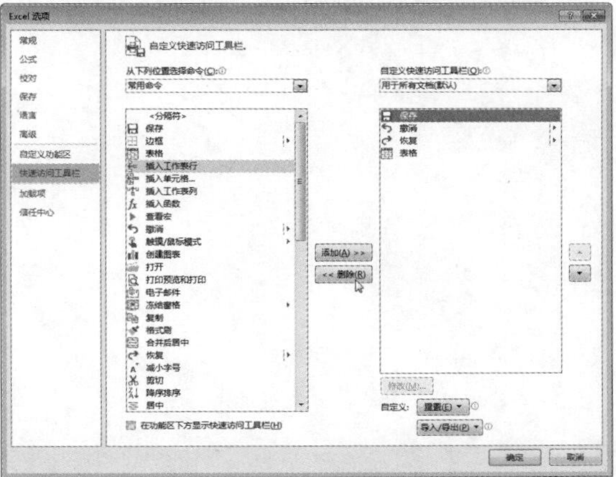

图1-71　单击【删除】按钮

1.7 疑难问题解答

问题1：为什么在【数据】选项卡下找不到【记录单】按钮？

解答：出现这种情况，需要选择【文件】选项卡，在其工作界面中选择【选项】命令，即可弹出【Excel 选项】对话框，在左侧选择【自定义功能区】选项，切换至【自定义功能区】界面，在右侧【主选项卡】列表框中选择【数据】选项，单击【新建组】按钮，即可在【数据】选项卡下方创建一个【新建组（自定义）】选项，再在【从下列位置选择命令】下拉列表框中选择【不在功能区中的命令】选项，在下方的列表框中选择【记录单】选项，单击【添加】按钮，此时【记录单】命令将添加到右侧的列表框中。单击【确定】按钮，关闭【Excel选项】对话框，即可在【数据】选项卡下看到【记录单】按钮了。

问题2：为什么用户设置了页眉和页脚后，在工作表中却无法显示出来呢？

解答：当出现这种情况时，在【插入】选项卡下的【文本】组中，单击【页眉和页脚】按钮，即可在工作表中显示出页眉和页脚，而且此时用户可以在页眉和页脚之间进行切换并编辑页眉和页脚，单击工作表的其他区域，即可确认对页眉和页脚的编辑。

工作簿与工作表的基本操作

本章导读

初学Excel的用户，有时分不清什么是工作簿，什么是工作表，但在Excel中，这两者是应该首先了解的。本章将为读者介绍Excel 2013中工作簿和工作表的概念和基本操作。

学习目标

◎ 掌握Excel工作簿的基本操作

◎ 掌握Excel工作表的基本操作

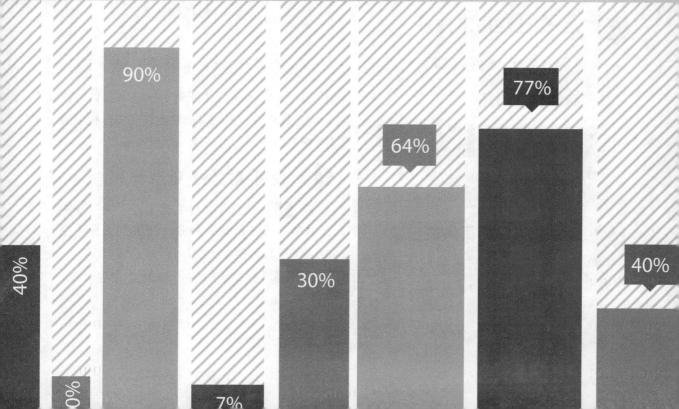

2.1 Excel工作簿的基本操作

与Word 2013中对文档的操作一样，Excel 2013中对工作簿的操作主要有新建、保存、打开、切换以及关闭等。

2.1.1 什么是工作簿

工作簿是Excel 2013中处理和存储数据的文件。工作簿由工作表组成，在Excel 2013中，工作簿中能够包括的工作表个数不再受限制，在内存足够的前提下，可以添加任意多个工作表。工作簿与工作表如图2-1所示。

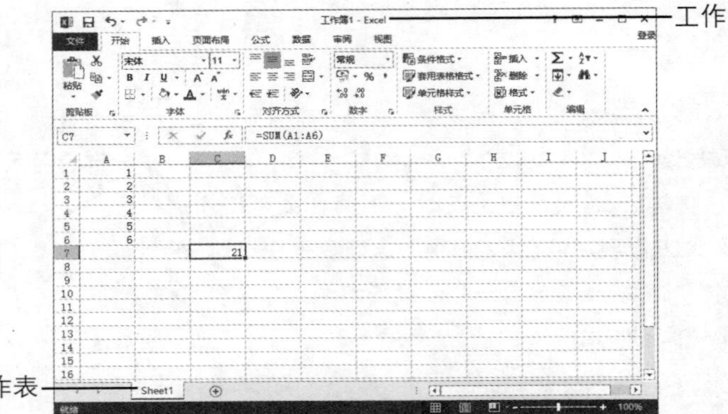

图2-1　工作簿与工作表

2.1.2 创建空白工作簿

使用Excel工作，首先要创建一个工作簿。创建空白工作簿的方法有以下几种。

1. 启动自动创建

启动Excel后，会自动创建一个名称为“工作簿1”的工作簿，如图2-2所示。

如果已经启动了Excel，还可以通过下面的3种方法创建新的工作簿。

2. 使用快速访问工具栏

单击快速访问工具栏右侧的下拉按钮，在弹出的下拉列表中选择【新建】选项，如图2-3所示，即可将【新建】按钮添加到快速访问工具栏中，然后单击快速访问工具栏中的【新建】按钮，即可新建一个工作簿。

3. 使用【文件】选项卡

步骤 1 选择【文件】选项卡，在打开的界面中选择【新建】命令，在右侧选择【空白工作簿】选项，如图2-4所示。

步骤 2 随即创建一个新的空白工作簿，如图2-5所示。

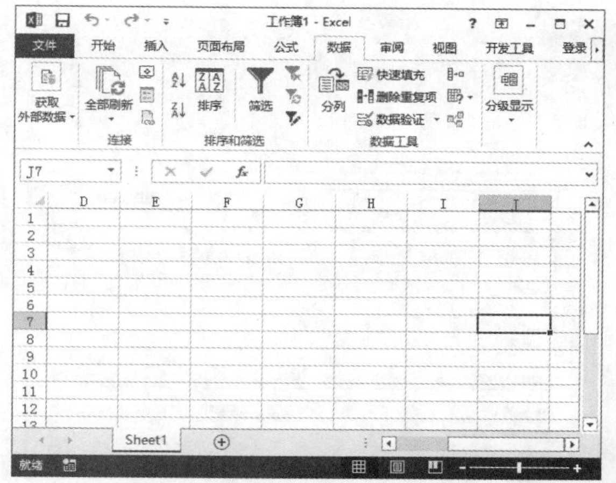

图2-2 空白工作簿

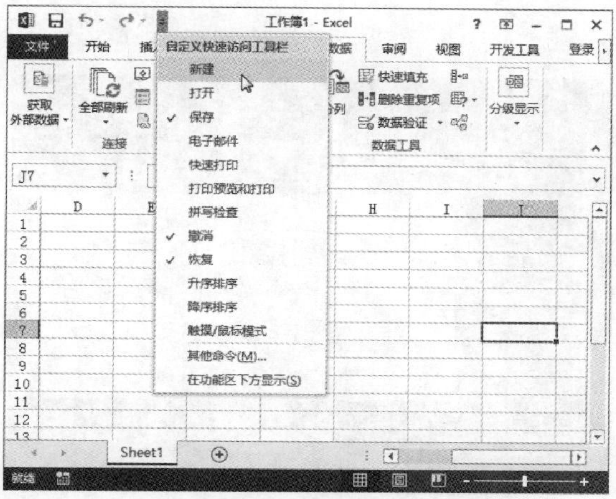

图2-3 选择【新建】选项

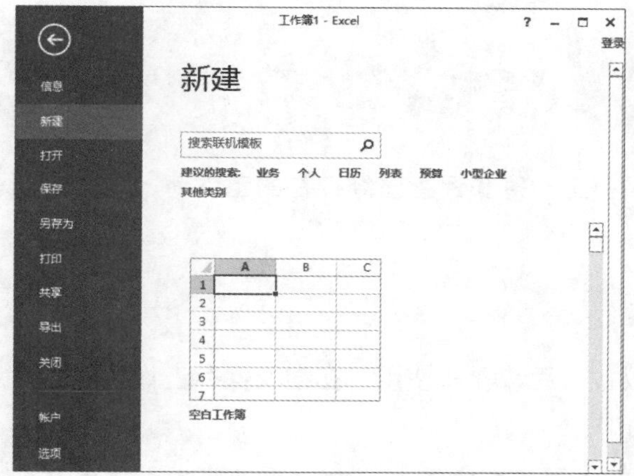

图2-4 【新建】界面

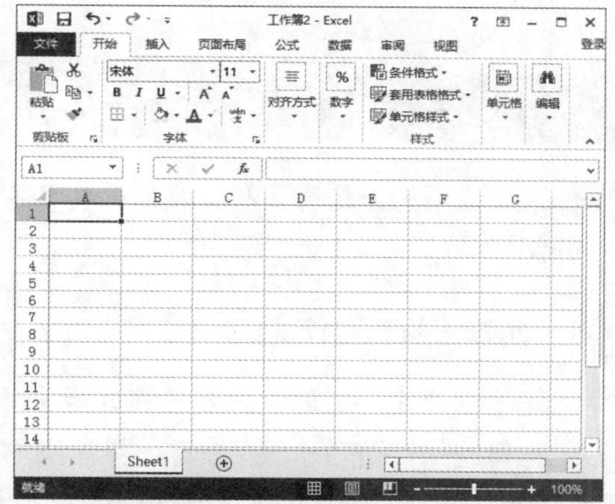

图2-5 新的空白工作簿

4. 使用快捷键

按Ctrl+N快捷键即可新建一个工作簿。

2.1.3 使用模板快速创建工作簿

Excel 2013提供很多默认的工作簿模板，使用模板可以快速地创建同类别的工作簿，具体操作步骤如下。

步骤 1 选择【文件】选项卡，在打开的界面中选择【新建】命令，进入【新建】界面，选择【资产负债表】选项，随即打开【资产负债表】对话框，如图2-6所示。

步骤 2 单击【创建】按钮，即可根据选择的模板新建一个工作簿，如图2-7所示。

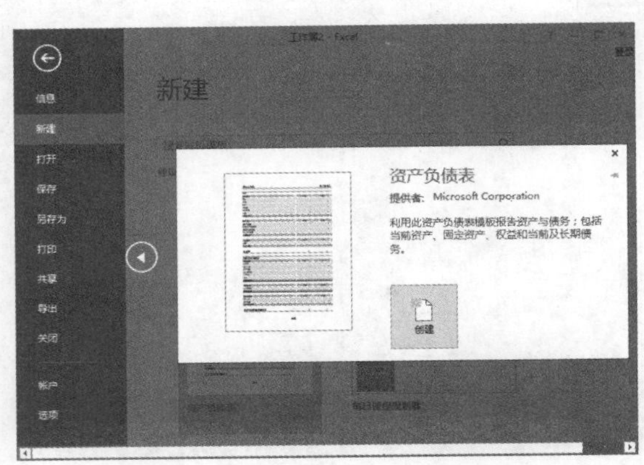

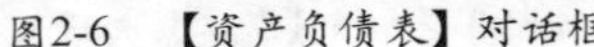
图2-6 【资产负债表】对话框

图2-7 使用模板创建工作簿

2.1.4 保存工作簿

保存工作簿的方法有多种，常见的有初次保存工作簿和保存已经存在的工作簿，下面分别进行介绍。

1. 初次保存工作簿

工作簿创建完毕之后，就要将其进行保存以备今后查看和使用，在初次保存工作簿时需要指定工作簿的保存路径和保存名称，具体操作如下。

步骤 1 在新创建的Excel工作界面中，选择【文件】选项卡，在打开的界面中选择【保存】命令，或按Ctrl+S快捷键，也可以单击快速访问工具栏中的【保存】按钮，如图2-8所示。

步骤 2 进入【另存为】界面，在其中选择工作簿的保存位置，这里选择【计算机】选项，单击【浏览】按钮，如图2-9所示。

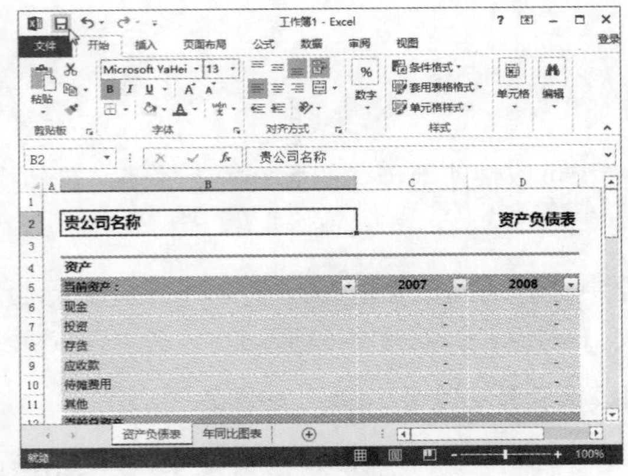

图2-8 单击【保存】按钮

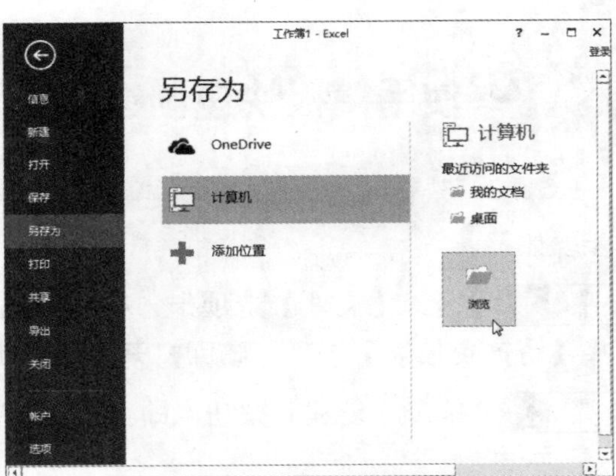

图2-9 【另存为】界面

步骤 3　打开【另存为】对话框，在【文件名】下拉列表框中输入工作簿的保存名称，在【保存类型】下拉列表框中选择文件保存的类型，设置完毕后，单击【保存】按钮即可，如图2-10所示。

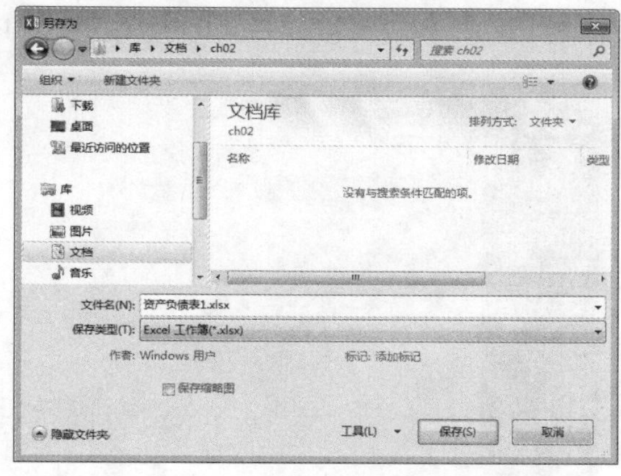

图2-10　【另存为】对话框

2. 保存已有的工作簿

对于已有的工作簿，当打开并修改完毕后，只需单击快速访问工具栏中的【保存】按钮，就可以保存已经修改的内容；还可以选择【文件】选项卡，在打开的界面中选择【另存为】命令，然后选择【计算机】选项，最后单击【浏览】按钮，打开【另存为】对话框，以其他名称保存或保存到其他位置。

2.1.5 打开和关闭工作簿

当需要使用Excel文件时，用户需要打开工作簿，而当用户不需要使用时，则需要关闭工作簿。

1. 打开工作簿

打开工作簿的方法如下。

▶ **方法1：**

在工作簿文件图标上双击，如图2-11所示，即可使用Excel 2013打开此文件，如图2-12所示。

图2-11　工作簿文件图标

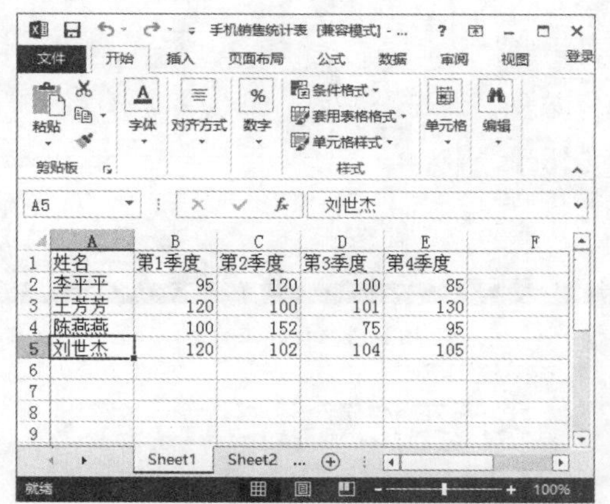

图2-12　打开Excel工作簿

▶ **方法2：**

在Excel 2013操作界面中选择【文件】选项卡，在打开的界面中选择【打开】命令，选择

【计算机】选项，如图2-13所示。单击【浏览】按钮，打开【打开】对话框，在其中找到文件保存的位置，并选中要打开的文件，如图2-14所示。

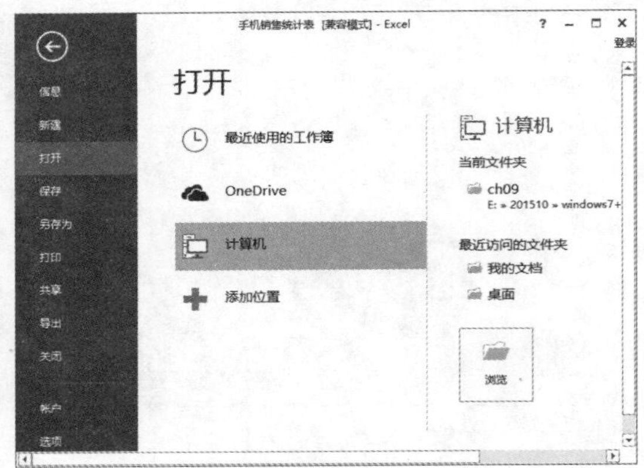

图2-13　【打开】界面

图2-14　【打开】对话框

单击【打开】按钮，即可打开Excel工作簿，如图2-15所示。

提示 也可以按Ctrl+O快捷键，打开【打开】界面，或者单击快速访问工具栏中的下拉按钮，在打开的下拉列表中选择【打开】选项，将【打开】按钮添加到快速访问工具栏中，再单击快速访问工具栏中的【打开】按钮，打开【打开】界面，然后选择文件保存的位置，一般选择【计算机】选项，再单击【浏览】按钮，打开【打开】对话框，在其中选择要打开的文件，进而打开需要的工作簿，如图2-16所示。

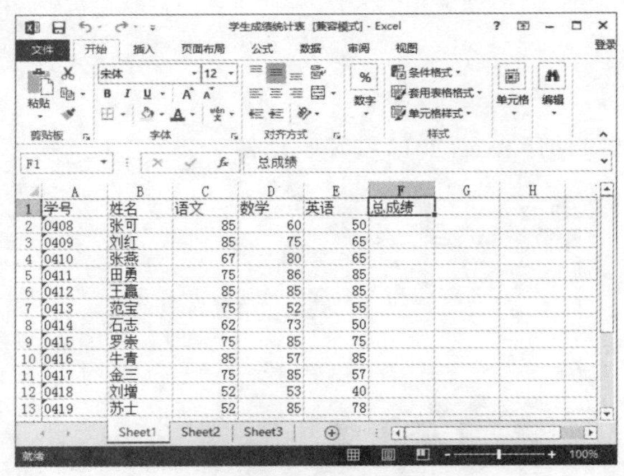

图2-15　打开工作簿

图2-16　选择【打开】选项

2. 关闭工作簿

可以使用以下两种方式关闭工作簿。

（1）单击Excel窗口右上角的【关闭】按钮，如图2-17所示。

（2）选择【文件】选项卡，在打开的界面中选择【关闭】命令，如图2-18所示。

在关闭Excel 2013文件之前，如果所编辑的表格没有保存，系统会弹出保存提示对话框，如图2-19所示。

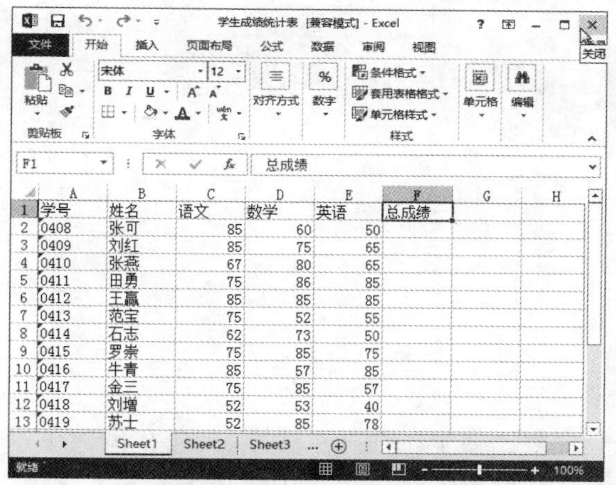

图2-17 单击【关闭】按钮

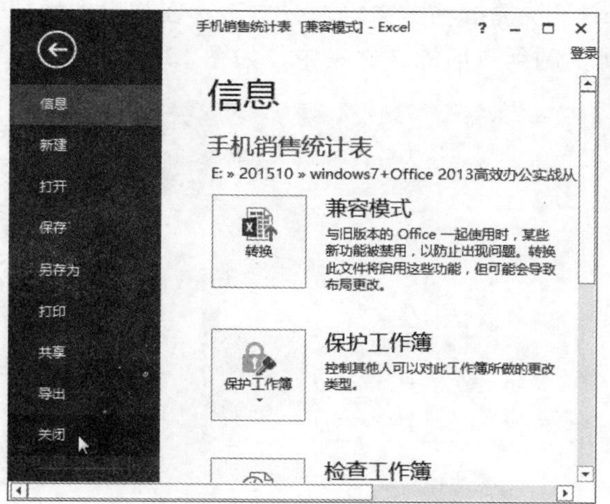

图2-18 选择【关闭】命令

图2-19 保存提示对话框

单击【保存】按钮，将保存对表格所做的修改，并关闭Excel 2013文件；单击【不保存】按钮，则不保存对表格的修改，并关闭Excel 2013文件；单击【取消】按钮，则不关闭Excel 2013文件，返回Excel 2013界面。

2.1.6 移动和复制工作簿

移动是指工作簿在原来的位置上消失，而出现在指定的位置上；复制是指工作簿在原来的位置上保留，而在指定的位置上建立源文件的副本。

1. 移动工作簿

步骤 1 单击选择要移动的工作簿文件，如果要移动多个，则可在按住Ctrl键的同时单击要移动的工作簿文件，如图2-20所示。

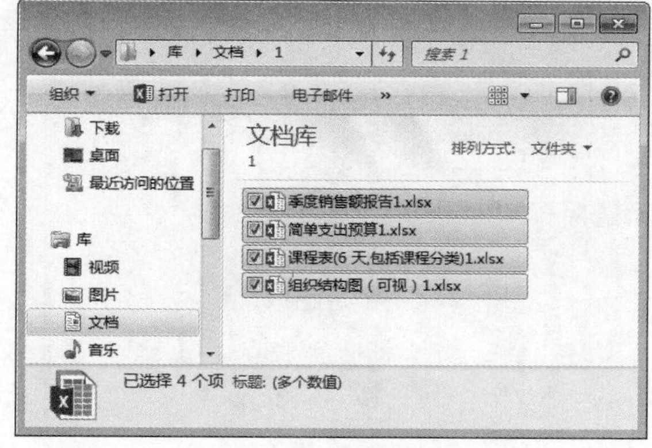

图2-20 选择要移动的工作簿文件

步骤 2 按Ctrl+X快捷键剪切选择的工作簿文件，或右击，在弹出的快捷菜单中选择【剪切】命令，Excel会自动将选择的工作簿移动到剪贴板中，如图2-21所示。

步骤 3 打开要移动到的目标文件夹，按Ctrl+V快捷键粘贴文档，或右击，在弹出的快捷菜单中选择【粘贴】命令，将剪贴板中的工作簿移动到当前的文件夹中，如图2-22所示。

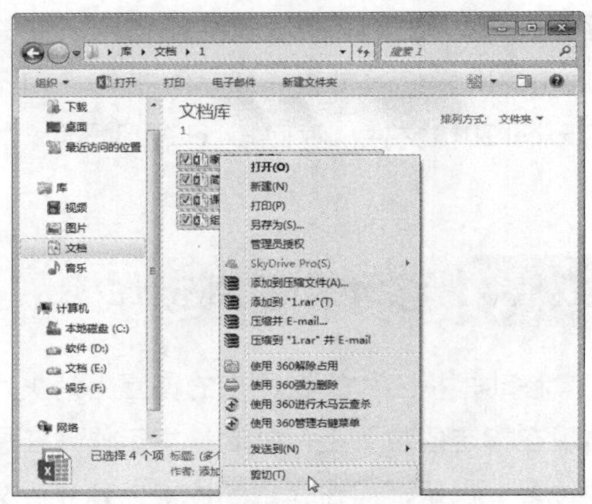

图2-21　选择【剪切】命令

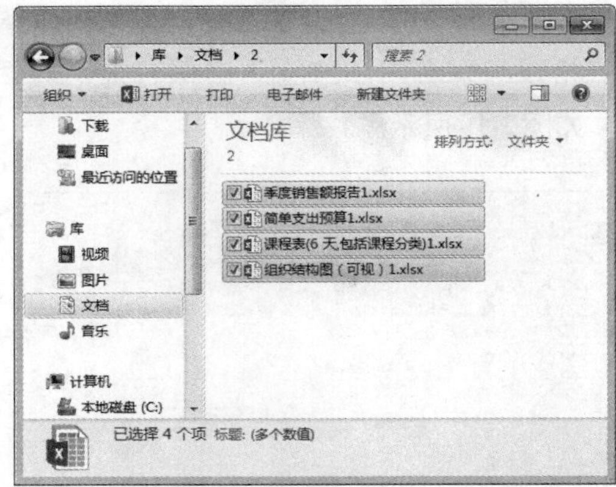

图2-22　粘贴要移动的工作簿

复制工作簿

步骤 1　单击选择要复制的工作簿文件，如果要复制多个，则可在按住Ctrl键的同时单击要复制的工作簿文件，按Ctrl+C快捷键，或右击，在弹出的快捷菜单中选择【复制】命令，复制选择的工作簿文件，如图2-23所示。

步骤 2　打开要复制到的目标文件夹，按Ctrl+V快捷键粘贴文档，或右击，在弹出的快捷菜单中选择【粘贴】命令，将剪贴板中的工作簿复制到当前的文件夹中，如图2-24所示。

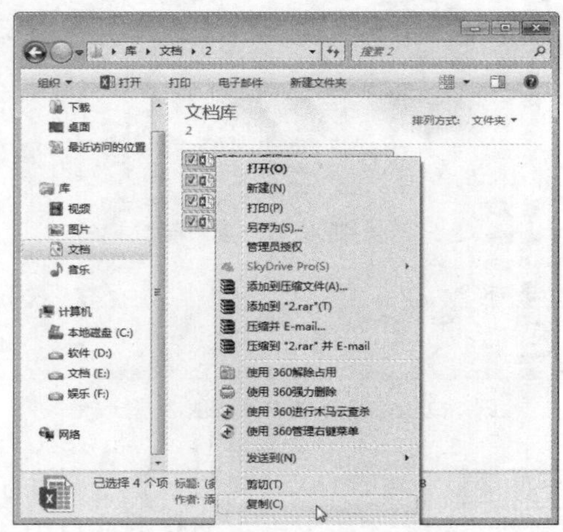

图2-23　选择【复制】命令

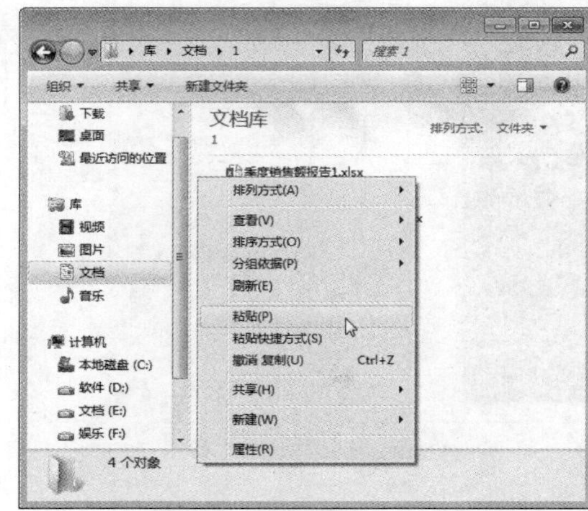

图2-24　选择【粘贴】命令

2.1.7 设置工作簿的属性

工作簿的属性包括大小、作者、创建日期、修改日期、标题、备注等信息，有些信息是由系统自动生成的，如大小、创建日期、修改日期等，有些信息是可以修改的，如作者、标题等。

修改信息的具体步骤如下。

步骤 1　选择【文件】选项卡，在打开的界面中选择【信息】命令，界面右侧就是此文档的信息，包括基本属性、相关日期、相关人员等，如图2-25所示。

步骤 2　单击【显示所有属性】超链接，即可显示更多的属性，如图2-26所示。

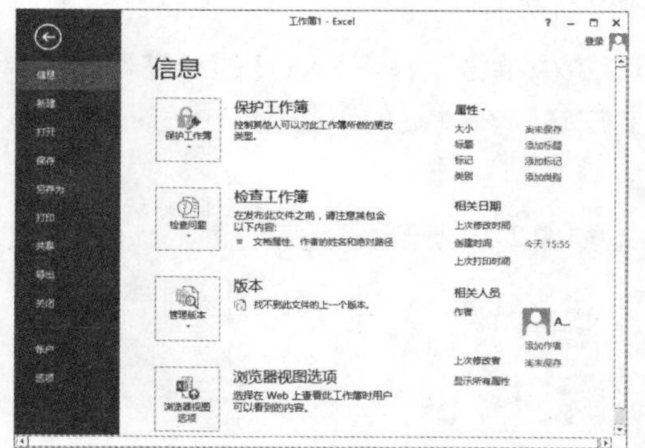

图2-25　【信息】界面

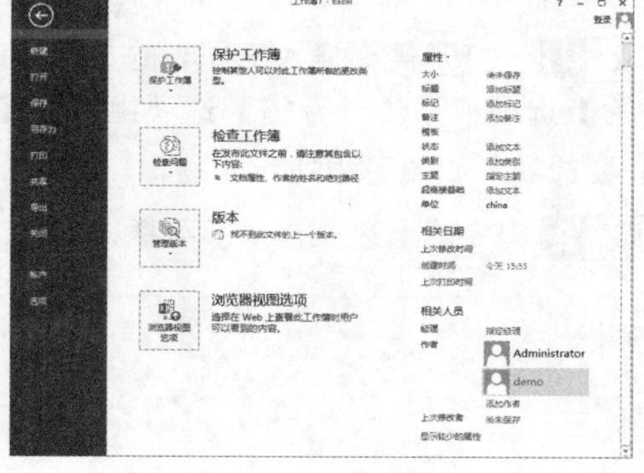

图2-26　显示更多属性

步骤 3　修改标题。在【标题】文本框中单击，然后输入标题名称即可，如图2-27所示。

步骤 4　修改作者。在【作者】右侧的作者名称处右击，在弹出的快捷菜单中选择【编辑属性】命令，会弹出【编辑人员】对话框，在【输入姓名或电子邮件地址】选择框中输入作者名称，然后单击【确定】按钮完成对作者的修改操作，如图2-28所示。

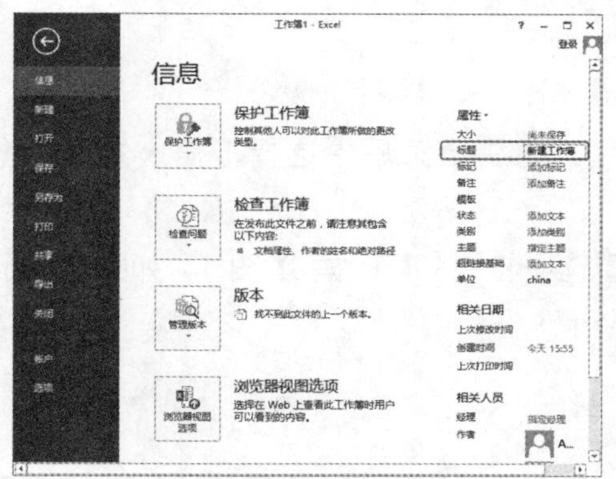

图2-27　修改标题

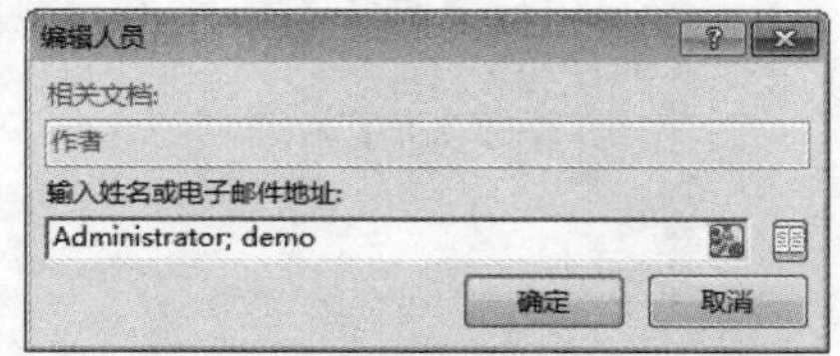

图2-28　【编辑人员】对话框

2.2 Excel工作表的基本操作

工作表是工作簿的组成部分，默认情况下，新创建的工作簿只包含一个工作表，名称为Sheet1，使用工作表可以组织和分析数据，用户可以对工作表进行重命名、插入、删除、显示、隐藏等操作。

2.2.1 插入工作表

在Excel 2013中，新建的工作簿中只有一个工作表，如果该工作簿需要保存多个不同类型的工作表，就需要在工作簿中插入新的工作表，具体操作如下。

步骤 1 打开需要插入工作表的文件，在文档窗口中单击工作表Sheet1的标签，然后单击【开始】选项卡下【单元格】选项组中的【插入】按钮，在弹出的下拉列表中选择【插入工作表】选项，如图2-29所示。

步骤 2 完成上述操作，即可插入新的工作表，如图2-30所示。

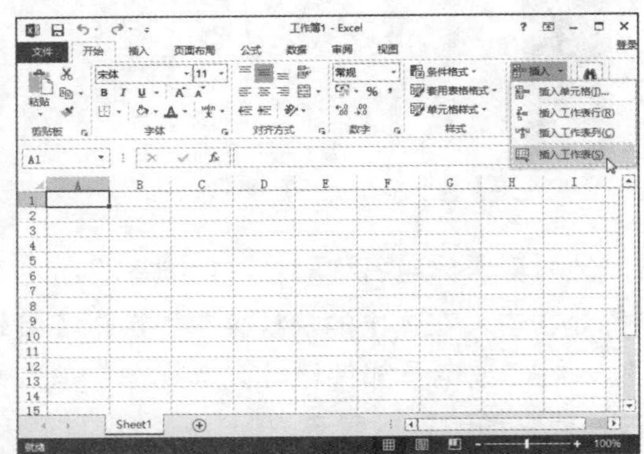

图2-29 选择【插入工作表】选项

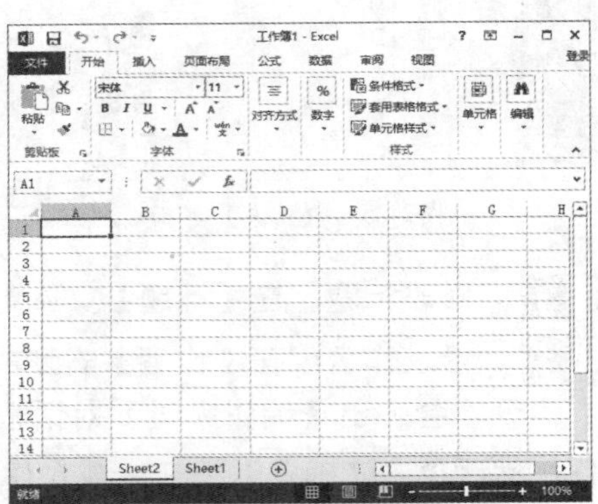

图2-30 插入一个工作表

另外，用户也可以使用快捷菜单插入工作表，具体操作步骤如下。

步骤 1 在工作表Sheet1的标签上右击，在弹出的快捷菜单中选择【插入】命令，如图2-31所示。

步骤 2 在弹出的【插入】对话框中单击【常用】选项卡中的【工作表】图标，如图2-32所示。

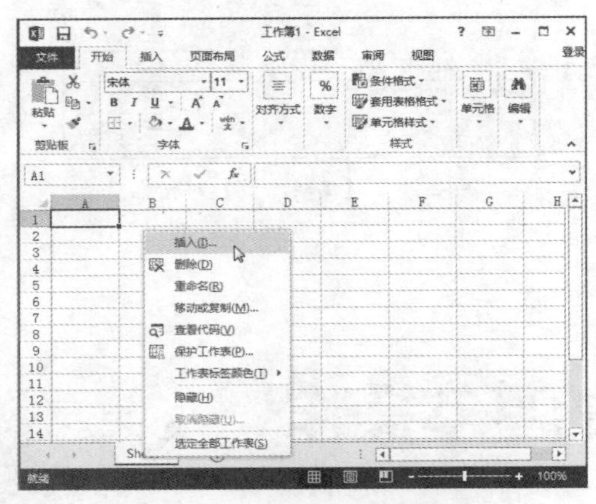

图2-31 选择【插入】命令

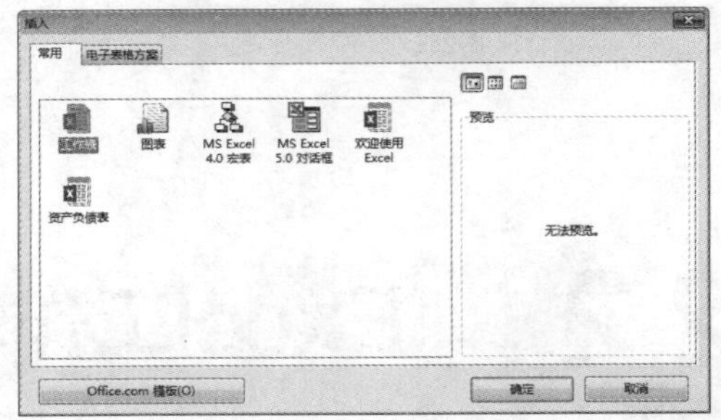

图2-32 【插入】对话框

步骤 3 单击【确定】按钮，即可插入新的工作表，如图2-33所示。

> **注意** 实际操作中，插入的工作表数会受所使用的计算机内存的限制。

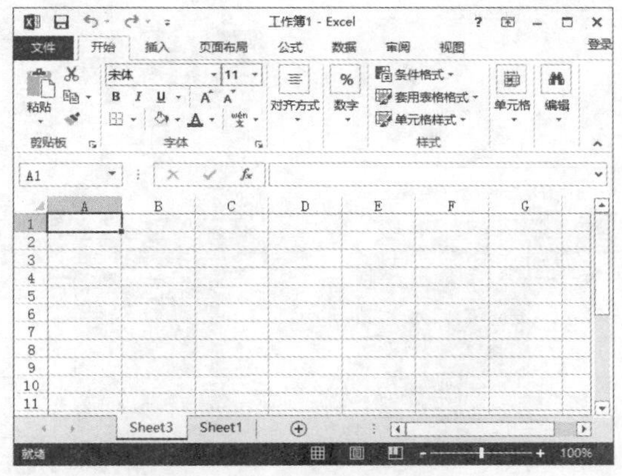

图2-33 插入新的工作表

2.2.2 选择单个或多个工作表

在操作Excel工作表之前必须先选择工作表，下面介绍选择工作表的方法。

1. 选定单个Excel表格

用鼠标选定Excel工作表是最常用、最快速的方法，只需在Excel工作表最下方的工作表标签上单击即可，不过，这样只能选定单个工作表，如图2-34所示。

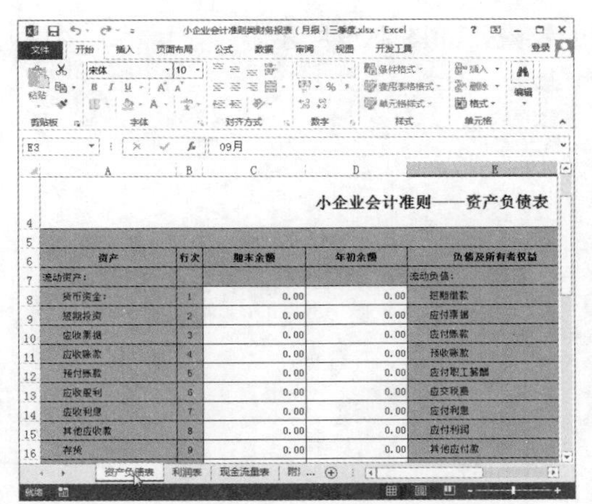

图2-34 选定单个工作表

2. 选定不连续的多个工作表

要选定不连续的多个Excel工作表，在按住Ctrl键的同时选择相应的Excel工作表即可，如图2-35所示。

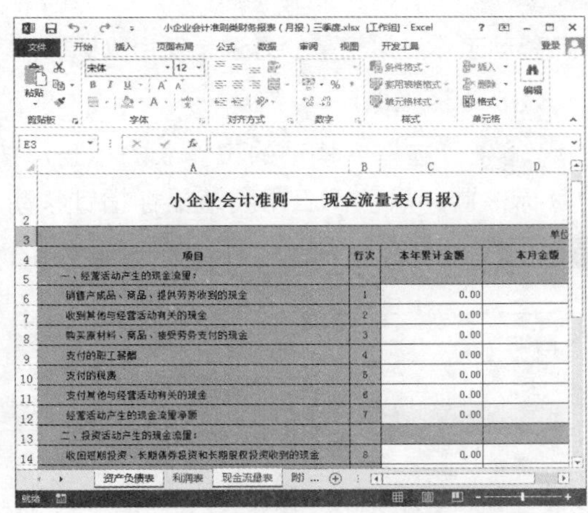

图2-35 选定不连续的多个工作表

3. 选定连续的多个工作表

步骤 1 在Excel工作表下方的第一个工作表标签上单击，选定该工作表，如图2-36所示。

步骤 2 在按住Shift键的同时单击最后一个工作表的标签，即可选定连续的多个Excel工作表，如图2-37所示。

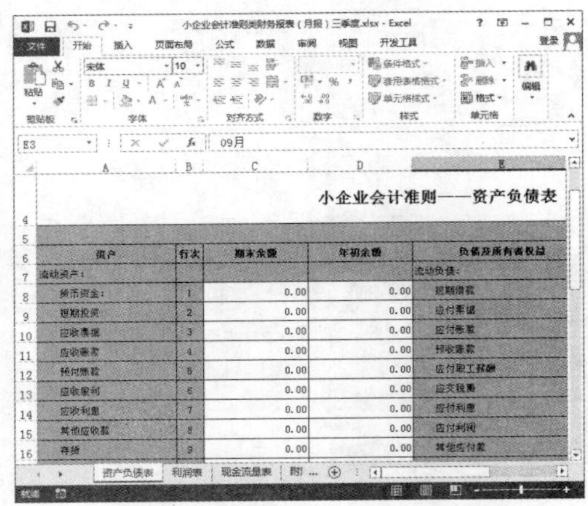

图2-36　选定第一个工作表

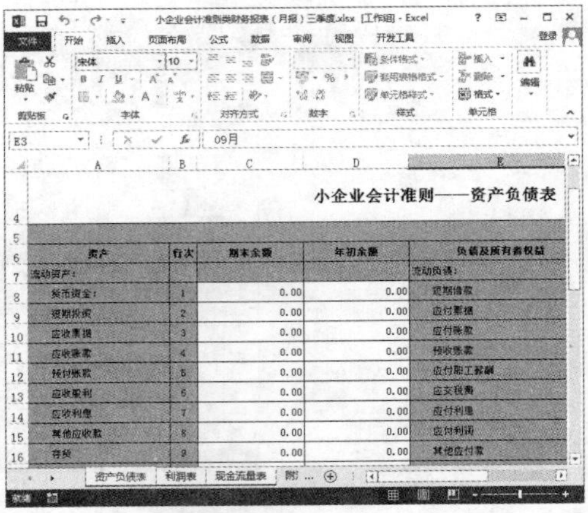

图2-37　选定连续的多个工作表

2.2.3 复制和移动工作表

Excel 2013工作簿中的工作表可以移动与复制，下面介绍如何移动与复制工作表。

1. 移动工作表

移动工作表最简单的方法是使用鼠标操作，在同一个工作簿中移动工作表的方法有以下两种。

（1）直接拖曳法。

步骤 1 选择要移动的工作表的标签，按住鼠标左键不放，拖曳鼠标让指针到工作表的移动目标位置，黑色倒三角会随鼠标指针移动，如图2-38所示。

步骤 2 释放鼠标左键，工作表即被移动到新的位置，如图2-39所示。

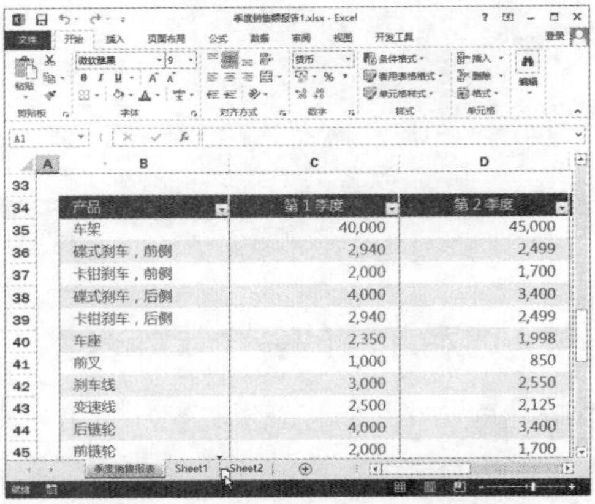

图2-38　移动黑色倒三角

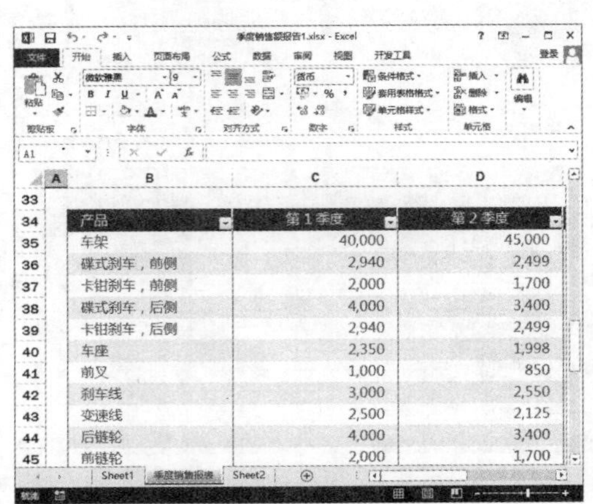

图2-39　移动工作表的位置

（2）快捷菜单法。

步骤 1 在要移动的工作表标签上右击，在弹出的快捷菜单中选择【移动或复制】命令，如图2-40所示。

步骤 2　在弹出的【移动或复制工作表】对话框中选择要插入的位置，如图2-41所示。

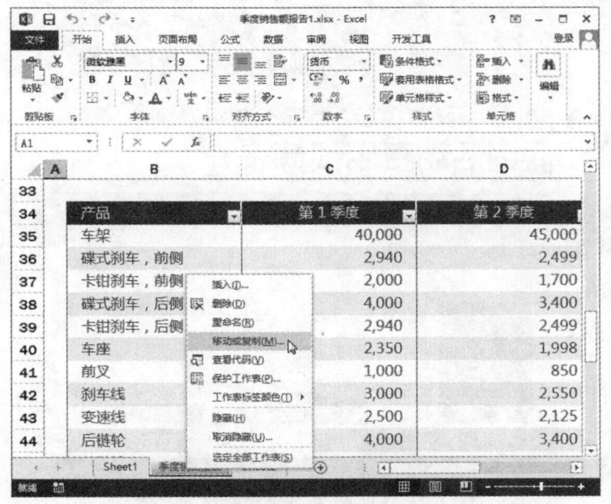

图2-40　选择【移动或复制】命令

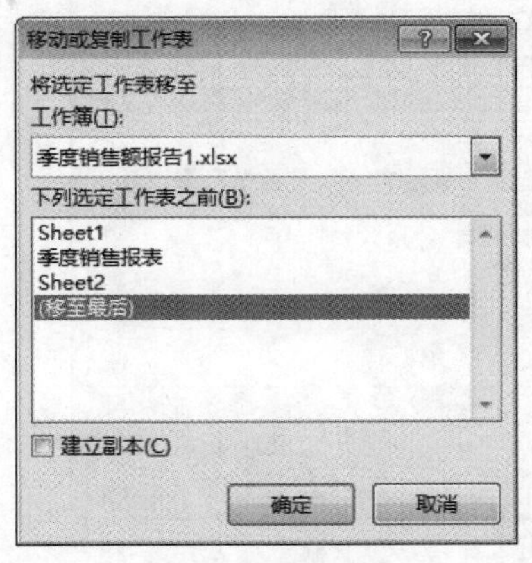

图2-41　【移动或复制工作表】对话框

步骤 3　单击【确定】按钮，即可将当前工作表移动到指定的位置，如图2-42所示。

另外，不但可以在同一个Excel工作簿中移动工作表，还可以在不同的工作簿中移动。若要在不同的工作簿中移动工作表，则要求这些工作簿必须是打开的，具体操作步骤如下。

步骤 1　在要移动的工作表标签上右击，在弹出的快捷菜单中选择【移动或复制】命令，如图2-43所示。

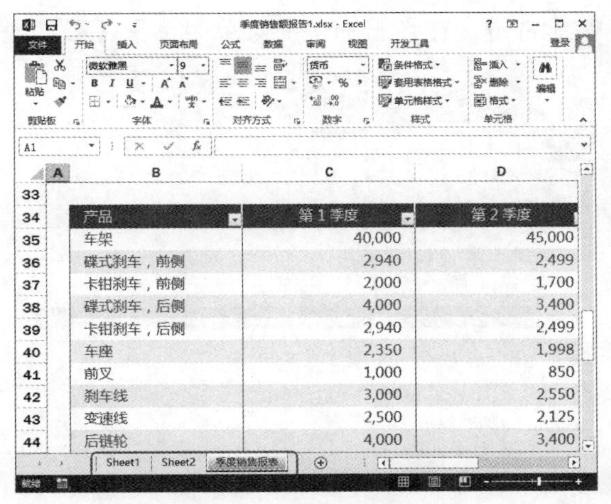

图2-42　移动工作表的位置

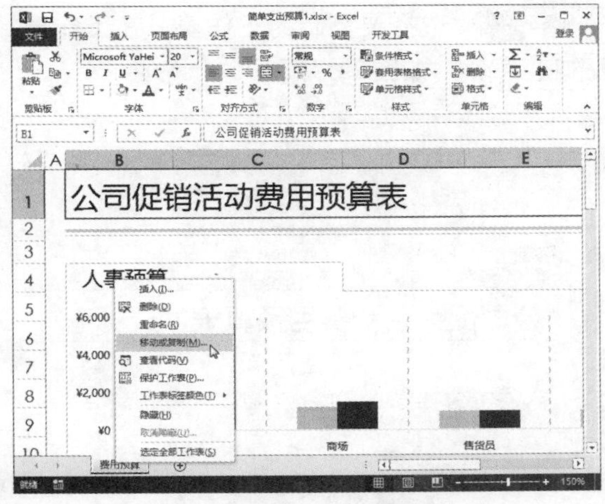

图2-43　选择【移动或复制】命令

步骤 2　弹出【移动或复制工作表】对话框，在【将选定工作表移至工作簿】下拉列表框中选择要移动的目标位置，在【下列选定工作表之前】列表框中选择要插入的位置，如图2-44所示。

步骤 3　单击【确定】按钮，即可将当前工作表移动到指定的位置，如图2-45所示。

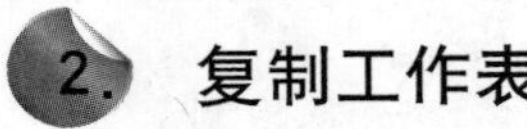

2. 复制工作表

用户可以在一个或多个Excel工作簿中复制工作表，有以下两种方法。

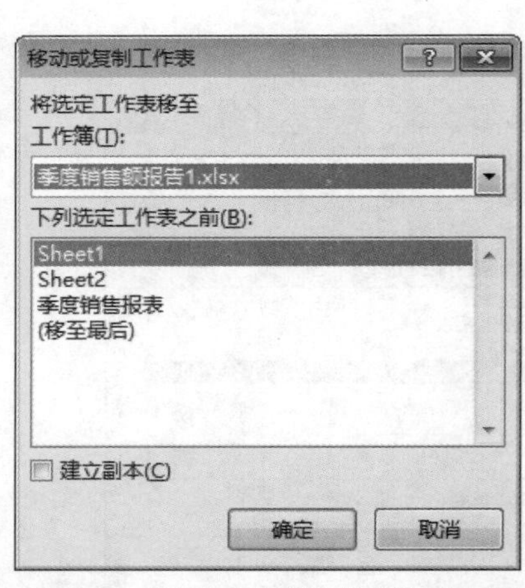

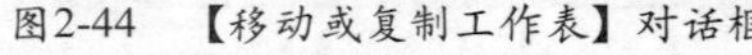
图2-44　【移动或复制工作表】对话框

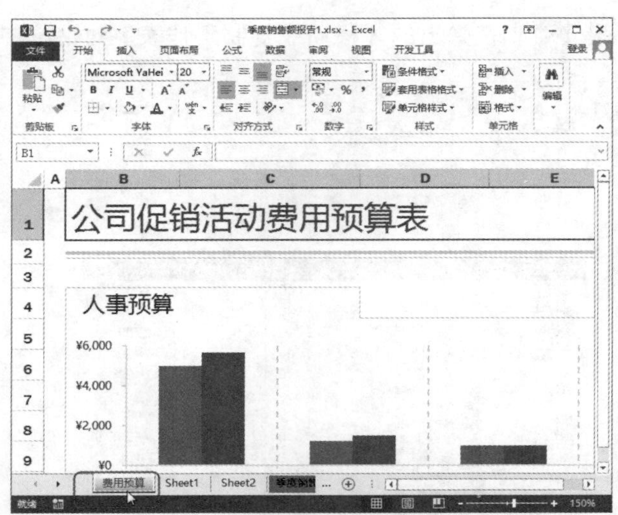

图2-45　移动工作表

（1）使用鼠标复制。

用鼠标复制工作表的步骤与移动工作表的步骤相似，只是在拖动鼠标的同时按住Ctrl键即可。具体方法为：选择要复制的工作表，在按住Ctrl键的同时单击该工作表，然后拖曳鼠标让指针到工作表的新位置，黑色倒三角会随鼠标指针移动，释放鼠标左键，工作表即被复制到新的位置，如图2-46所示。

（2）使用快捷菜单复制。

步骤 1　选择要复制的工作表，在工作表标签上右击，在弹出的快捷菜单中选择【移动或复制】命令，如图2-47所示。

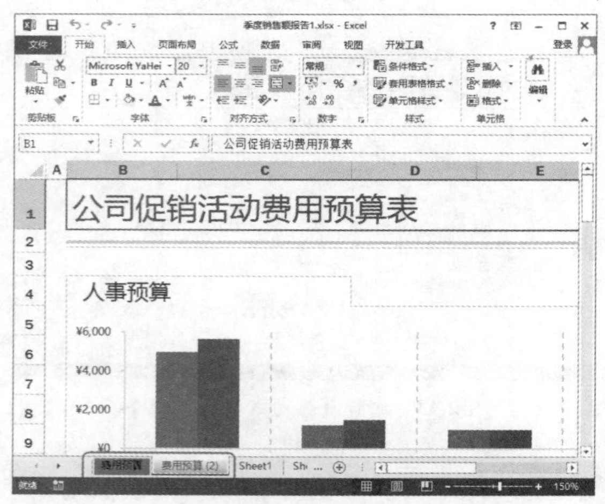

图2-46　复制工作表

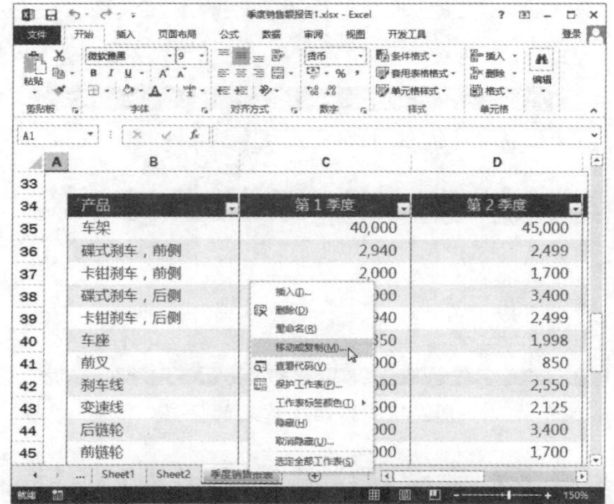

图2-47　选择【移动或复制】命令

步骤 2　在弹出的【移动或复制工作表】对话框中选择要复制的目标工作簿和插入的位置，然后选中【建立副本】复选框，如图2-48所示。

步骤 3　单击【确定】按钮，即可完成复制工作表的操作，如图2-49所示。

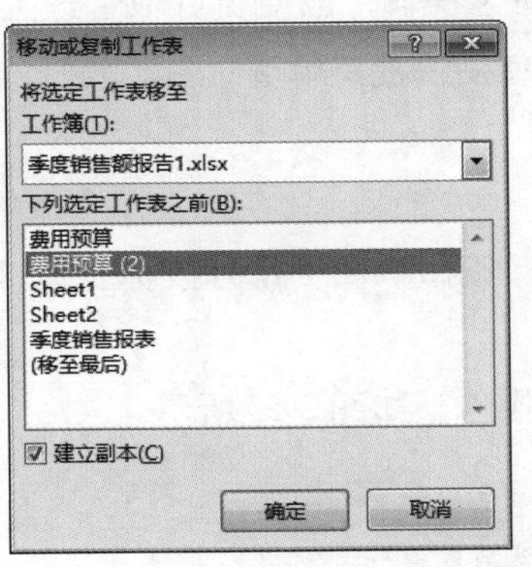

图2-48　【移动或复制工作表】对话框

产品	第 1 季度	第 2 季度
车架	40,000	45,000
碟式刹车，前侧	2,940	2,499
卡钳刹车，前侧	2,000	1,700
碟式刹车，后侧	4,000	3,400
卡钳刹车，后侧	2,940	2,499
车座	2,350	1,998
前叉	1,000	850
刹车线	3,000	2,550
变速线	2,500	2,125
后链轮	4,000	3,400
前链轮	2,000	1,700

图2-49　复制工作表

2.2.4 删除工作表

为了便于管理Excel表格，应当将无用的Excel表格删除，以节省存储空间。删除Excel表格的方法有以下两种。

▶ **方法1：**

选择要删除的工作表，然后单击【开始】选项卡下【单元格】选项组中的【删除】按钮，在弹出的下拉列表中选择【删除工作表】选项，即可将选择的工作表删除，如图2-50所示。

▶ **方法2：**

在要删除的工作表的标签上右击，在弹出的快捷菜单中选择【删除】命令，也可以将工作表删除，该删除操作不能撤销，即工作表被永久删除，如图2-51所示。

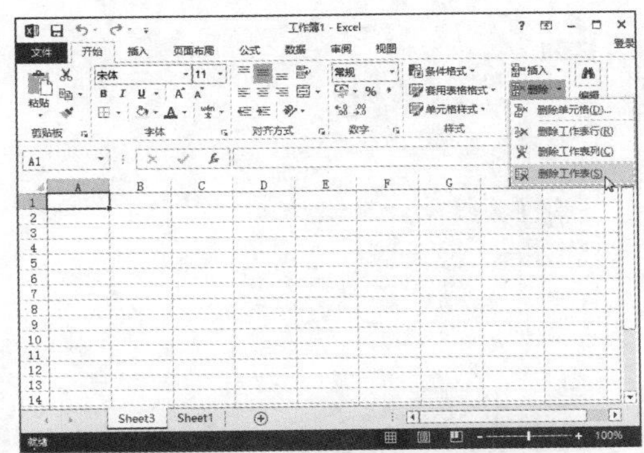

图2-50　选择【删除工作表】选项

图2-51　选择【删除】命令

2.2.5 改变工作表的名称

每个工作表都有自己的名称，默认情况下以Sheet1、Sheet2、Sheet3…命名工作表。这种命名方式不便于管理工作表，为此用户可以对工作表进行重命名操作，以便更好地管理工作表。重命名工作表的方法有两种，分别是在标签上直接重命名和使用快捷菜单重命名。

1. 在标签上直接重命名

步骤 1 新建一个工作簿，双击要重命名的工作表的标签Sheet1（此时该标签以高亮显示），进入可编辑状态，如图2-52所示。

步骤 2 输入新的标签名，即可完成对工作表的重命名操作，如图2-53所示。

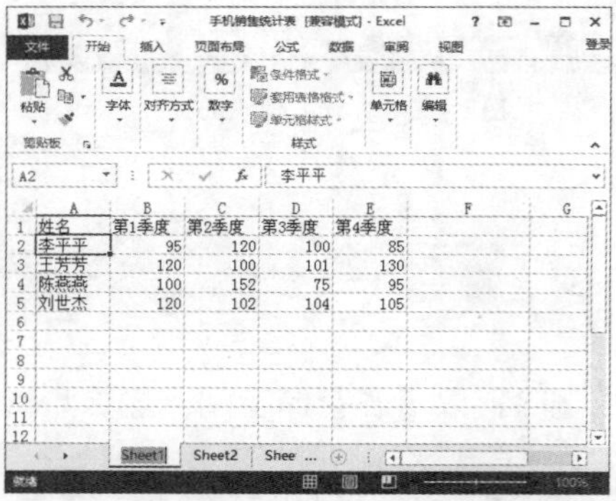

图2-52 进入编辑状态

图2-53 重命名工作表

2. 使用快捷菜单重命名

步骤 1 在要重命名的工作表标签上右击，在弹出的快捷菜单中选择【重命名】命令，如图2-54所示。

步骤 2 此时工作表标签以高亮显示，然后在标签上输入新的标签名，即可完成工作表的重命名，如图2-55所示。

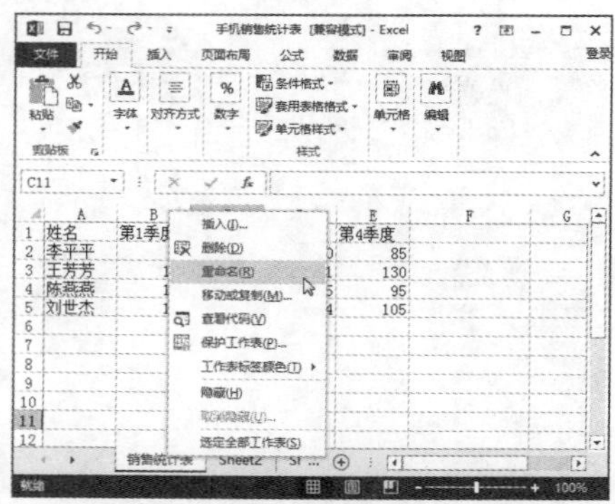

图2-54 选择【重命名】命令

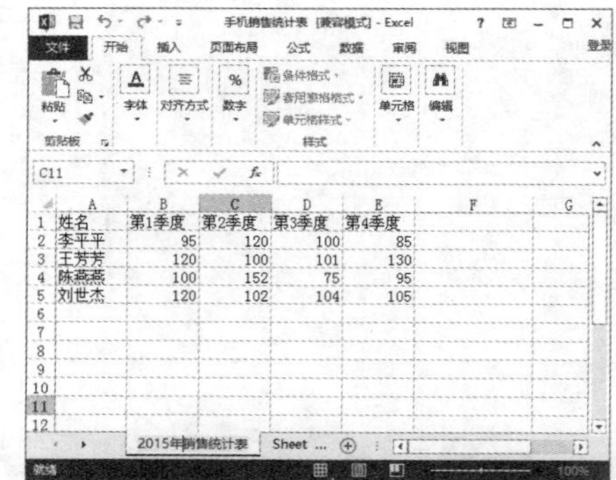

图2-55 重命名工作表

2.2.6 设置工作表标签颜色

Excel系统提供了工作表标签的美化功能，用户可以根据需要对标签的颜色进行设置，以便

区分不同的工作表。

步骤 1 选择要设置颜色的工作表标签，如这里选择工作簿当中的“费用预算”工作表，如图2-56所示。

步骤 2 单击【开始】选项卡下【单元格】选项组中的【格式】按钮，在弹出的下拉列表中选择【工作表标签颜色】选项，如图2-57所示。

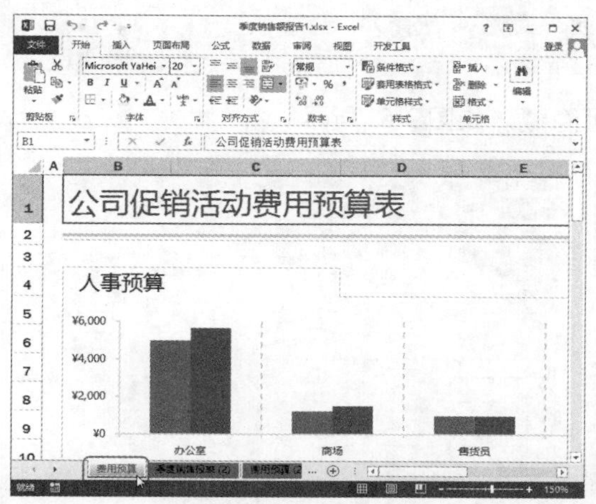

图2-56 选择工作表

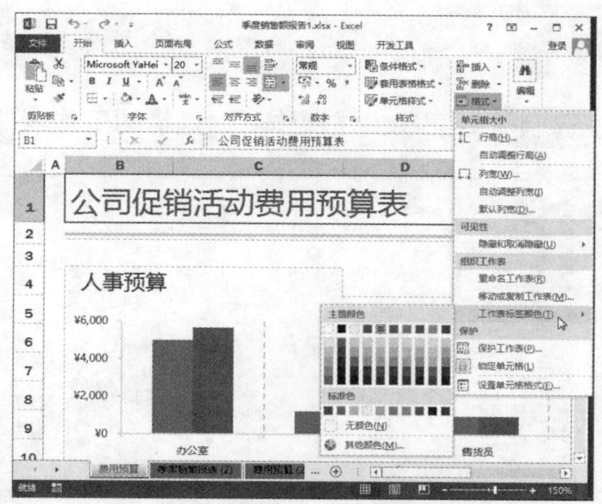

图2-57 选择【工作表标签颜色】选项

步骤 3 从弹出的子列表中选择需要的颜色，即可为工作表标签添加颜色，如图2-58所示。

另外，用户也可以在工作表标签上右击，在弹出的快捷菜单中选择【工作表标签颜色】命令，然后在弹出的颜色列表中选择需要的颜色即可，效果如图2-59所示。

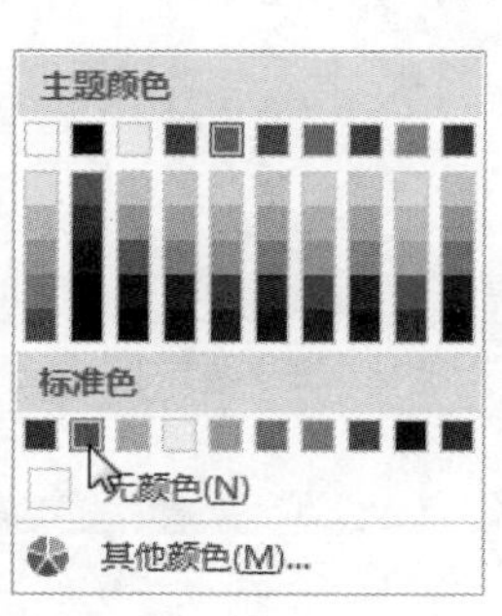

图2-58 选择颜色

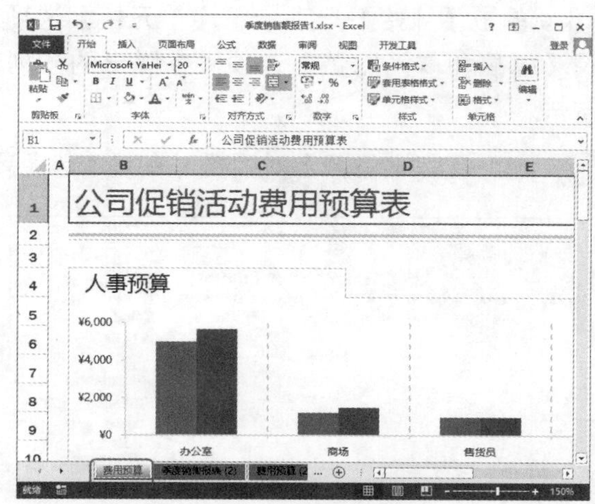

图2-59 添加标签颜色

2.2.7 显示和隐藏工作表

为了防止他人查看工作表中的数据，可以设置工作表的隐藏功能，将包含非常重要的数据的工作表隐藏起来，当想要查看隐藏后的工作表时，可取消工作表的隐藏状态。

隐藏和显示工作表的具体操作步骤如下。

步骤 1 选择要隐藏的工作表，单击【开始】选项卡下【单元格】选项组中的【格式】按钮，在弹出的下拉列表中选择【隐藏和取消隐藏】选项，在弹出的子列表中选择【隐藏工作表】选项，如图2-60所示。

> **注意** Excel不允许隐藏一个工作簿中的所有工作表。

步骤 2 完成上述操作后，选择的工作表即可隐藏，如图2-61所示。

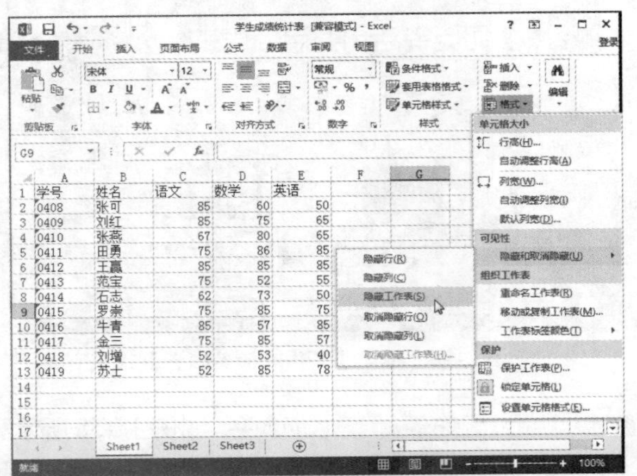

图2-60 选择【隐藏工作表】选项

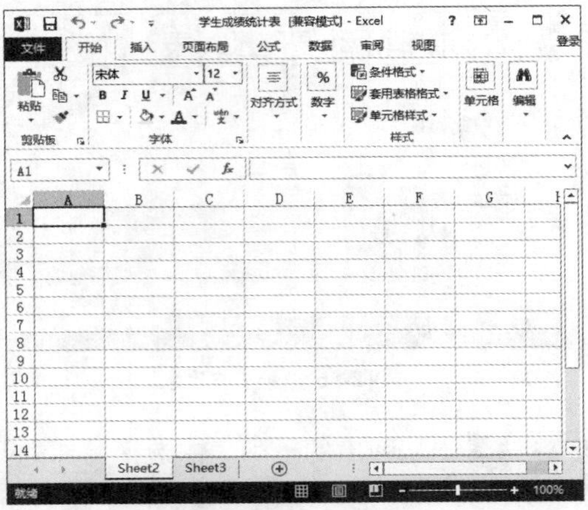

图2-61 隐藏选择的工作表

步骤 3 单击【开始】选项卡下【单元格】选项组中的【格式】按钮，在弹出的下拉列表中选择【隐藏和取消隐藏】选项，在弹出的子列表中选择【取消隐藏工作表】选项，如图2-62所示。

步骤 4 打开【取消隐藏】对话框，在其中选择要显示的工作表，如图2-63所示。

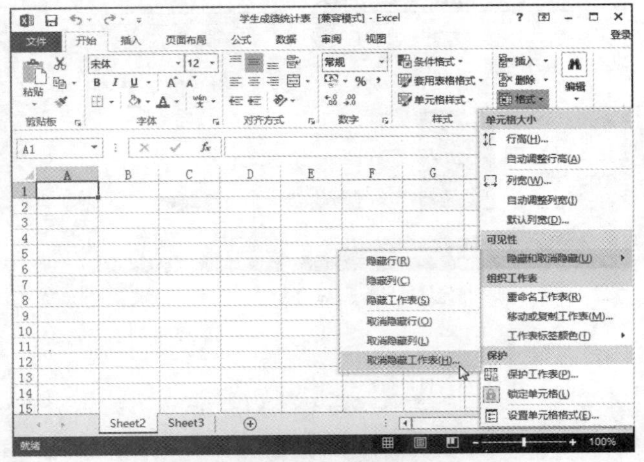

图2-62 选择【取消隐藏工作表】选项

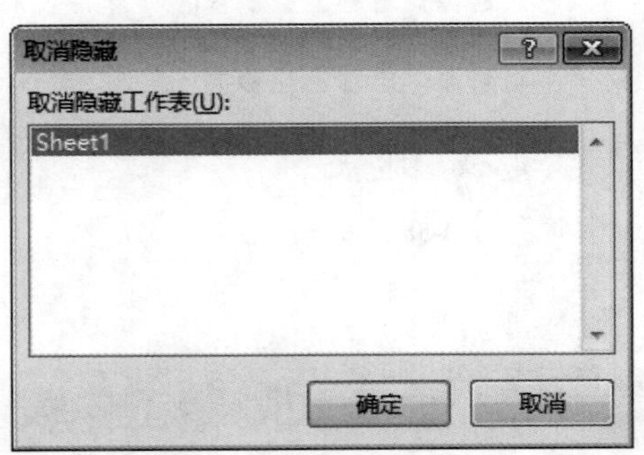

图2-63 【取消隐藏】对话框

步骤 5 单击【确定】按钮，即可取消工作表的隐藏状态，如图2-64所示。

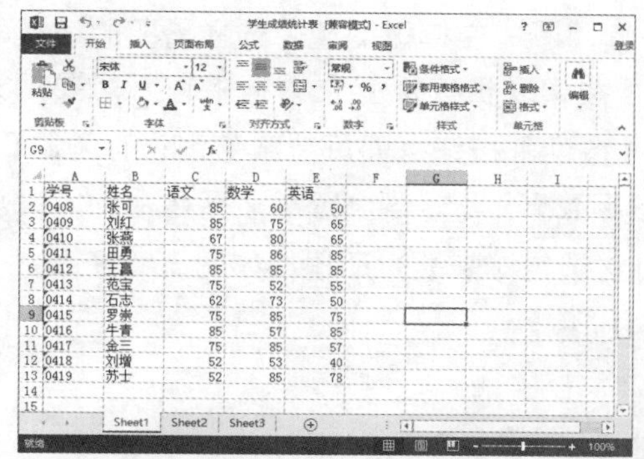

图2-64 取消工作表的隐藏状态

2.3 高效办公技能实战

2.3.1 高效办公技能1——使用模板快速创建销售报表

Excel 2013内置有多种样式的模板，使用这些模板可以快速创建工作表。这里以创建一个销售报表为例，来介绍使用模板创建报表的方法。

具体操作步骤如下。

步骤 1 单击桌面任务栏中的【开始】按钮，在弹出的【开始】菜单中选择Excel 2013命令，如图2-65所示。

步骤 2 启动Excel 2013，打开如图2-66所示的工作界面，在其中可以看到Excel 2013提供的模板类型。

图2-65 选择Excel 2013命令

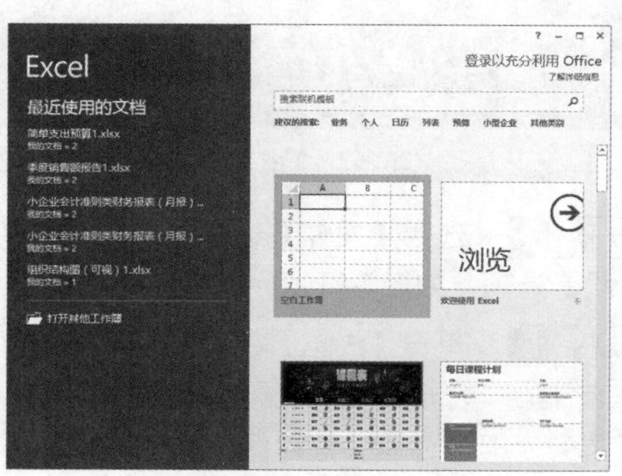

图2-66 启动Excel 2013工作界面

步骤 3 在模板类型中选择需要的模板，如果预设的模板类型中没有需要的模板，则可以在【搜索联机模板】文本框中输入想要搜索的模板类型，例如，这里输入“销售”，然后单击【搜索】按钮，即可搜索与销售有关的Excel模板，如图2-67所示。

步骤 4 选择自己需要的销售类型，例如，这里选择【日常销售报表】模板类型，则打开【日常销售报表】对话框，如图2-68所示。

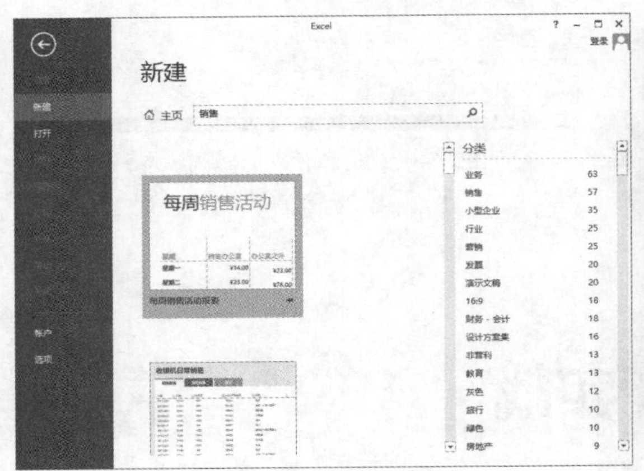

图2-67 搜索模板类型

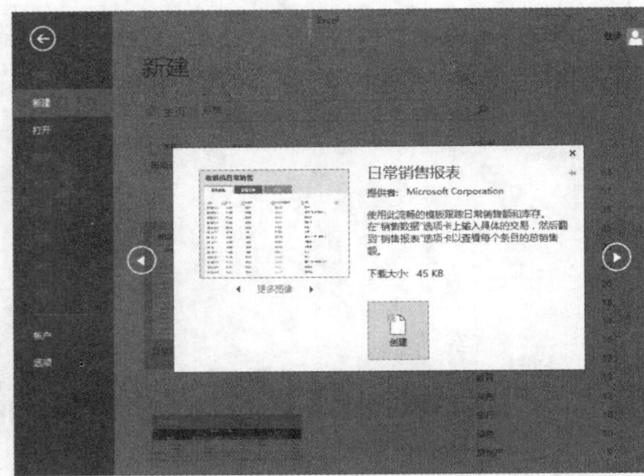

图2-68 【日常销售报表】对话框

步骤 5 单击【创建】按钮，即可开始下载所需要的模板，如图2-69所示。

步骤 6 下载完毕后，即可完成使用模板创建销售报表的操作，并进入销售报表编辑界面，如图2-70所示。

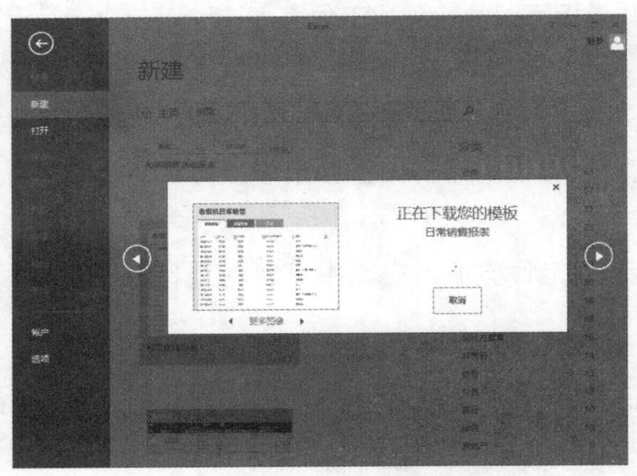

图2-69 下载模板

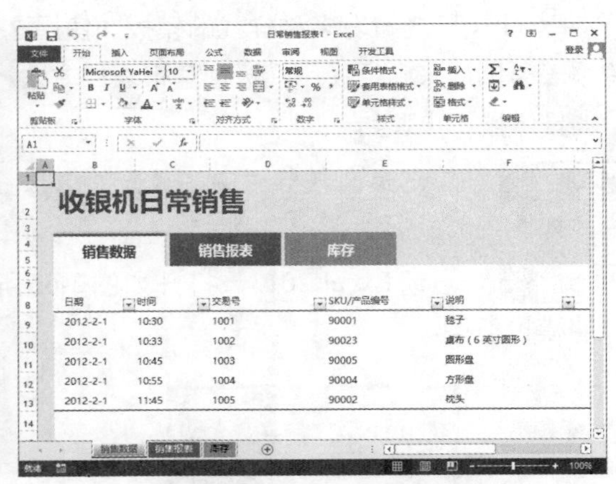

图2-70 销售报表编辑界面

步骤 7 选择【文件】选项卡，在工作界面左侧选择【另存为】命令，并在右侧选择【计算机】选项，如图2-71所示。

步骤 8 单击【浏览】按钮，打开【另存为】对话框，在保存位置下拉列表框中选择要保存文件的路径和文件夹，在【文件名】下拉列表框中输入“销售报表.xlsx”，在【保存类型】下拉列表框中选择文件的保存类型，单击【保存】按钮，将创建的销售报表保存到计算机的磁盘中，如图2-72所示。

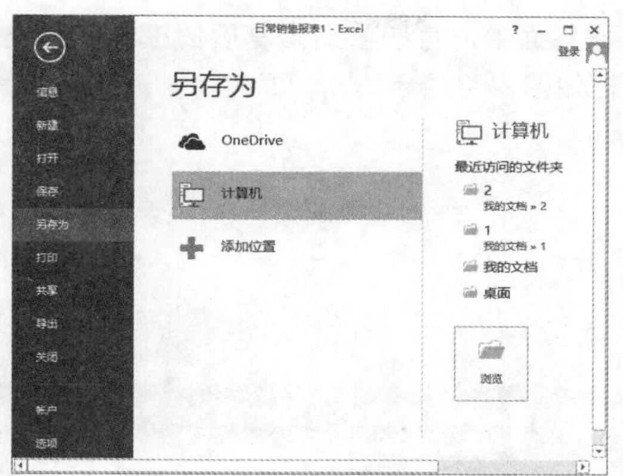

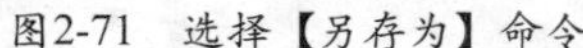
图2-71 选择【另存为】命令

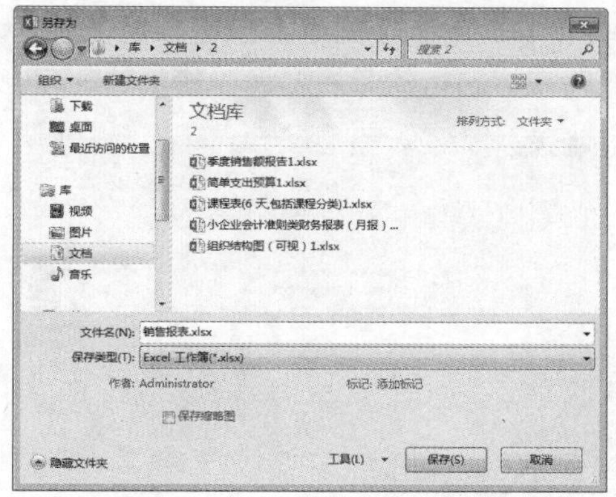

图2-72 【另存为】对话框

2.3.2 高效办公技能2——修复损坏的工作簿

如果工作簿损坏了不能打开，可以使用Excel 2013自带的修复功能修复，具体操作步骤如下。

步骤 1 启动Excel 2013，选择【文件】选项卡，进入工作界面，在左侧选择【打开】命令，在右侧选择【计算机】选项，如图2-73所示。

步骤 2 单击【浏览】按钮，打开【打开】对话框，从中选择要打开的工作簿文件，如图2-74所示。

图2-73 选择【打开】命令

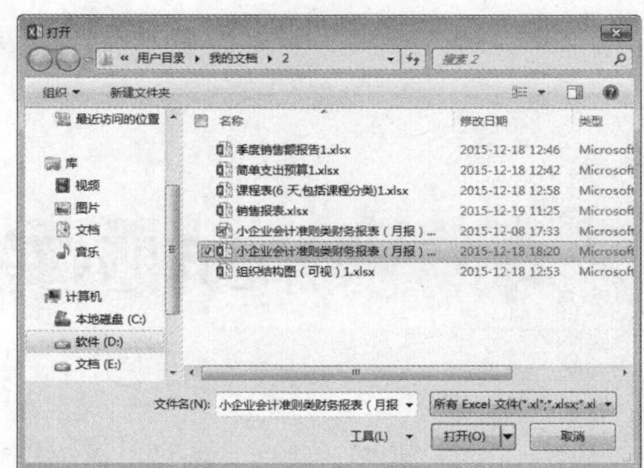

图2-74 【打开】对话框

步骤 3 单击【打开】按钮右侧的下拉按钮，在弹出的下拉列表中选择【打开并修复】选项，如图2-75所示。

步骤 4 弹出如图2-76所示的对话框，单击【修复】按钮，Excel将修复工作簿并打开；如果修复不能完成，则可单击【提取数据】按钮，只将工作簿中的数据提取出来。

步骤 5 单击【修复】按钮，即可开始修复工作簿，修复完毕后，弹出如图2-77所示的对话框，提示用户Excel已经完成文件的修复。

步骤 6 单击【关闭】按钮，返回到Excel工作界面中，可以看到修复后的工作簿已经打开，并在标题行的最后显示“修复的”信息提示，如图2-78所示。

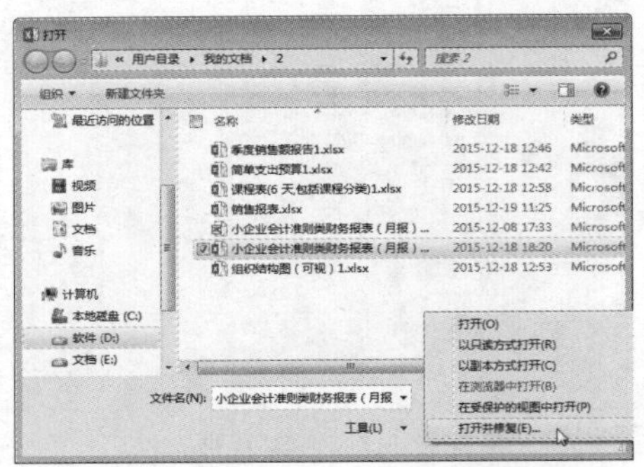

图2-75 选择【打开并修复】选项

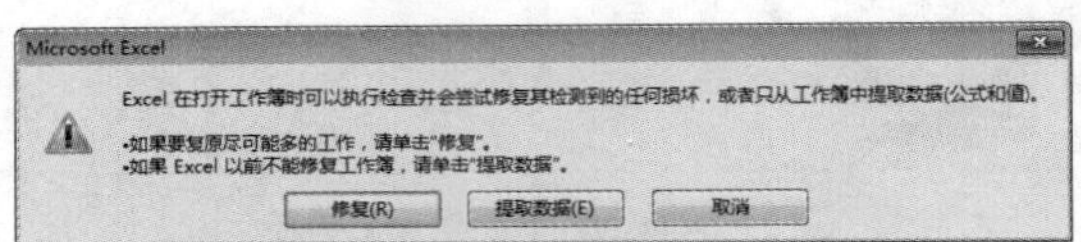

图2-76 信息提示对话框

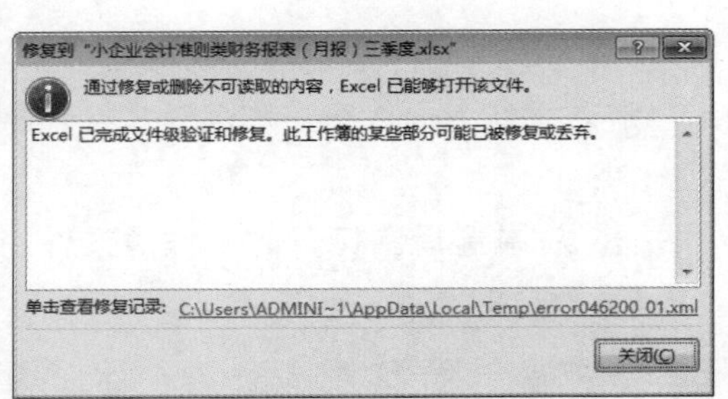

图2-77 修复信息提示对话框

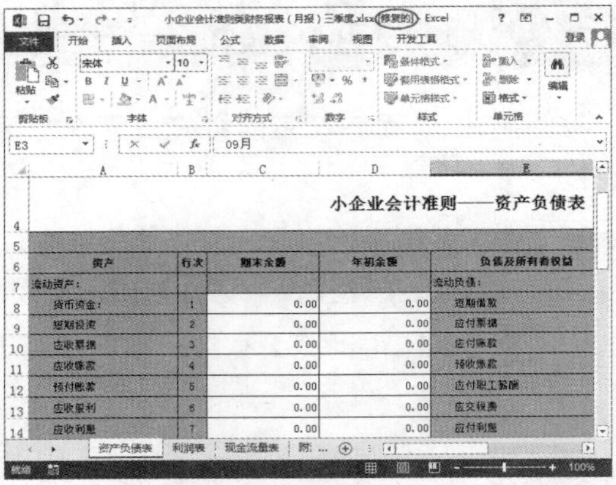

图2-78 修复完成的工作簿

2.4 疑难问题解答

问题1：在删除工作表时，为什么总弹出“此操作将关闭工作簿并且不保存……”的提示信息？

解答：出现这种情况，请检查要删除的工作表是否是该工作簿中唯一的工作表，如果是，则会弹出删除工作表时的错误提示信息。所以，若要避免该情况的出现，删除后要保证工作簿中至少保留一个工作表。

问题2：在将工作表另存为工作簿时，为什么总提示“运行时错误1004”的提示信息？

解答：出现这种情况时，请先检查文件要另存的路径是否不存在，或要保存的工作簿与当前打开的工作簿是否同名，如果是，请更改保存路径或文件名称。

编辑工作表中的单元格

- **本章导读**

单元格是工作表中行列交会处的区域，可以保存数值、文字和声音等数据。在Excel中，单元格是编辑数据的基本元素。因此，要学习好Excel，就必须掌握正确操作单元格的方法。本章将为读者介绍工作表中单元格的基本操作，如选择单元格、调整单元格、复制与移动单元格等。

- **学习目标**

◎ 掌握选择单元格的方法

◎ 掌握调整单元格的方法

◎ 掌握复制和移动单元格的方法

◎ 掌握插入和删除单元格的方法

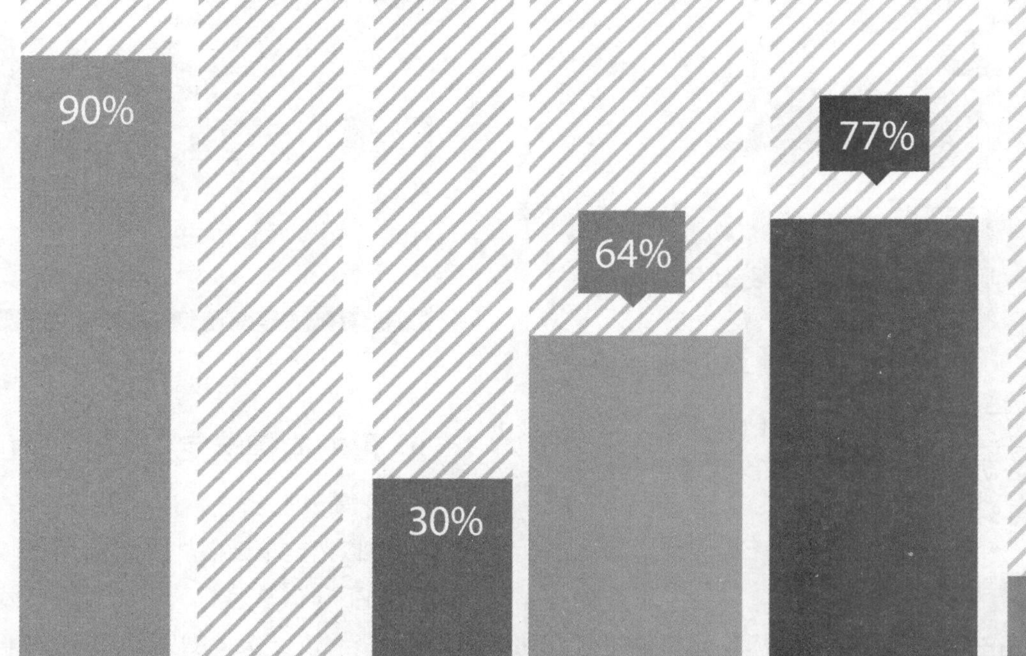

3.1 选择单元格

要对单元格进行编辑操作，必须先选择单元格或单元格区域。启动Excel并创建新的工作簿时，单元格A1处于自动选定状态。

3.1.1 选择一个单元格

单元格处于选定状态后，单元格边框线会变成深绿色粗线，此单元格为当前单元格。当前单元格的地址显示在名称框中，内容显示在当前单元格和编辑栏中。选定一个单元格的常用方法有以下3种。

1. 用鼠标选定

用鼠标选定单元格是最常用、最快速的方法，只需在单元格上单击即可，具体操作步骤如下。

步骤 1 在工作表格区内，鼠标指针会呈白色✥形状，如图3-1所示。

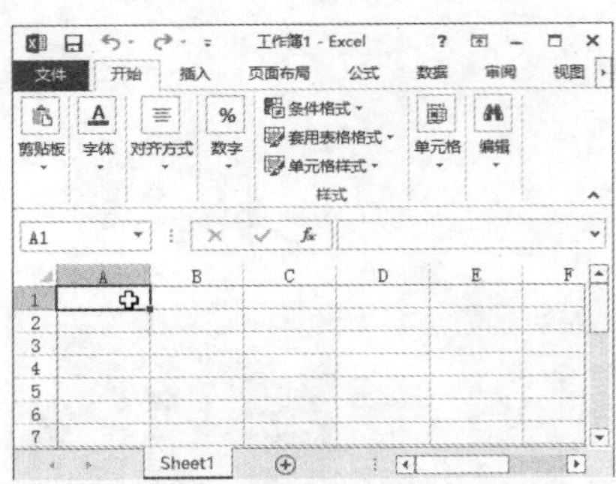

图3-1 鼠标指针呈✥形状

步骤 2 单击单元格即可选定，单元格变为活动单元格，其边框以深绿色粗线标识，如图3-2所示。

2. 使用名称框

在名称框中输入目标单元格的地址，如“C5”，按Enter键即可选定C列和第5行交会处的单元格，如图3-3所示。

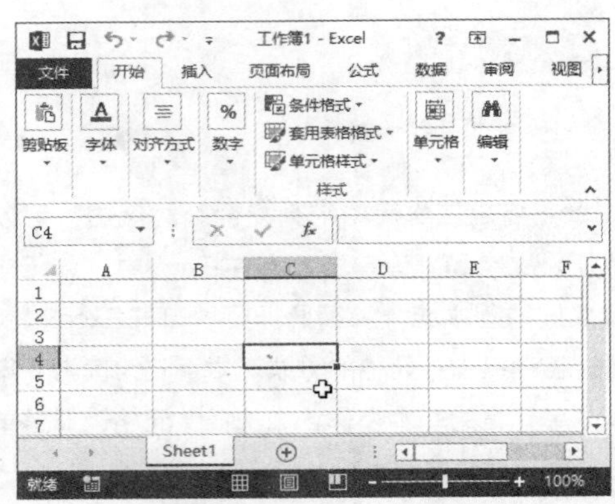

图3-2 选择单元格

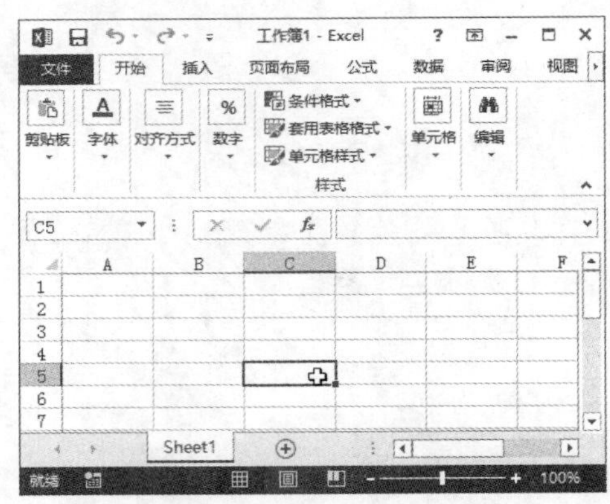

图3-3 使用名称框选择单元格

3. 用方向键选定

使用键盘上的上、下、左、右4个方向键，也可以选定单元格，按一次即可选定相应方向上的下一个单元格。例如，默认选定的是A1单元格，按一次↓键则可选定A2单元格，

再按一次→键则可选定B2单元格，如图3-4所示。

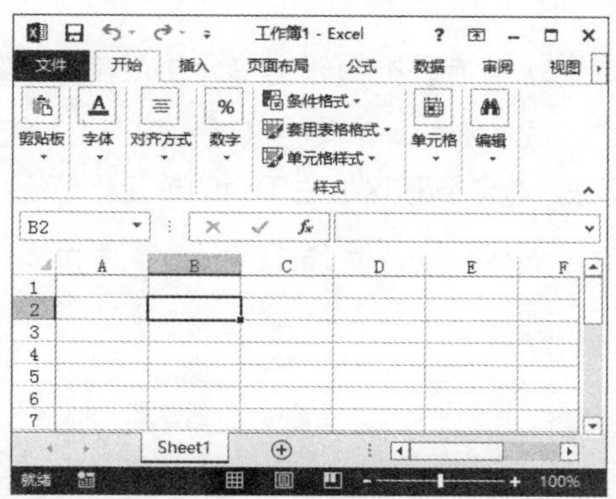

图3-4 使用方向键选择单元格

3.1.2 选择连续的区域

在Excel工作表中，若要对多个单元格进行相同的操作，可以先选择单元格区域。选择单元格区域的方法有3种，下面以选择A2、D6为对角点的矩形区域（A2:D6）为例进行介绍。

1. 鼠标拖曳法

将鼠标指针移到该区域左上角的单元格A2上，按住鼠标左键不放，向该区域右下角的单元格D6拖曳，即可将单元格区域A2:D6选定，如图3-5所示。

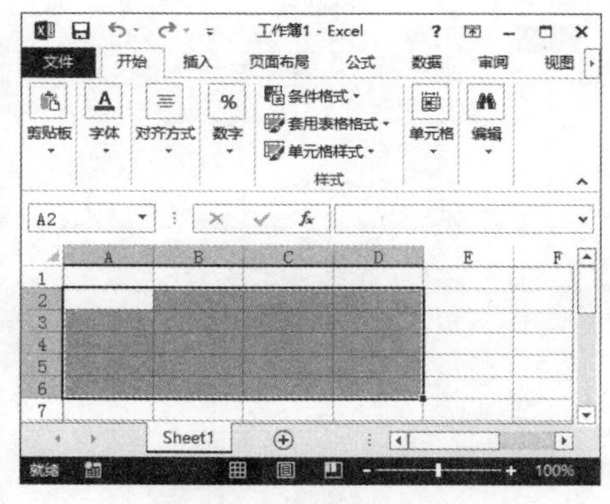

图3-5 选择单元格区域

2. 使用快捷键选择

单击该区域左上角的单元格A2，在按住Shift键的同时单击该区域右下角的单元格D6，即可选定单元格区域A2:D6，结果如图3-5所示。

3. 使用名称框

在名称框中输入单元格区域名称“A2:D6”，如图3-6所示，按Enter键，即可选定A2:D6单元格区域，结果如图3-5所示。

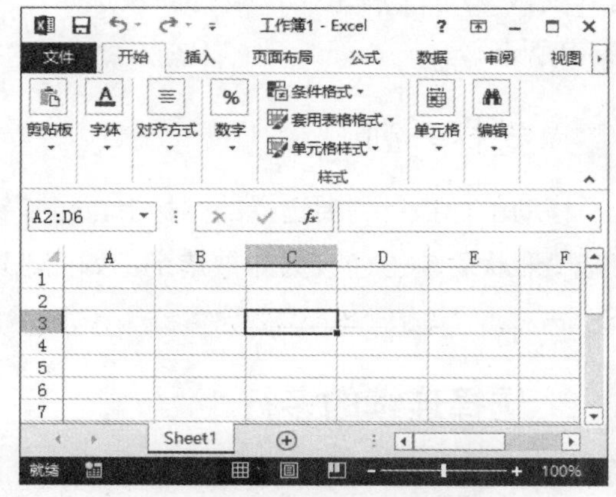

图3-6 使用名称框选择单元格区域

3.1.3 选择不连续的区域

选择不连续的单元格区域也就是选择不相邻的单元格或单元格区域，具体操作步骤如下。

步骤 1 选择第一个单元格区域（例如，单元格区域A2:C3）。将鼠标指针移到该区域左上角的单元格A2上，按住鼠标左键不放，拖动到该区域右下角的单元格C3后释放鼠标左键，如图3-7所示。

步骤 2 按住Ctrl键不放，拖动鼠标选择另外一个单元格区域（例如，单元格区域C6:E8），如图3-8所示。

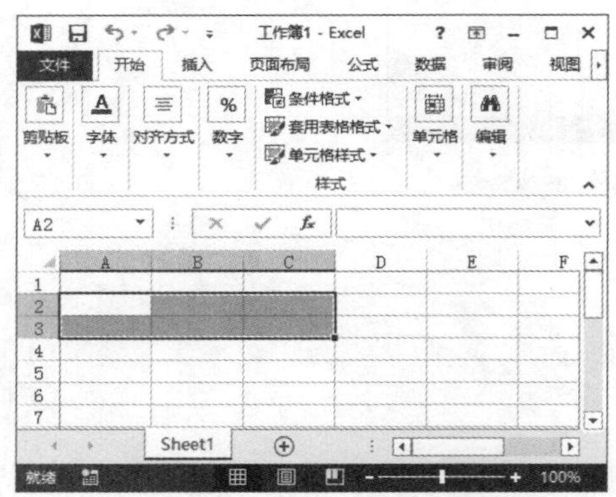

图3-7 选择第一个单元格区域

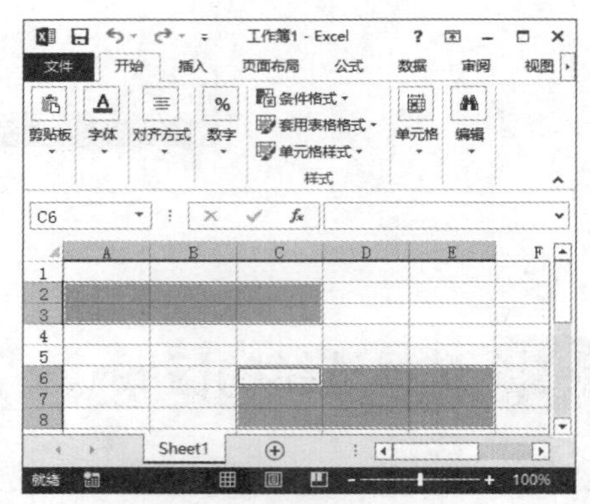

图3-8 选择另外一个单元格区域

步骤 3 使用同样的方法可以选择多个不连续的单元格区域。

3.1.4 选择行或列

要对整行或整列的单元格进行操作，必须先选定整行或整列的单元格。

1. 选择一行

将鼠标指针移动到要选择的行号上，当指针变成➡形状后单击，该行即被选定，如图3-9所示。

2. 选择一列

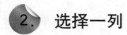

移动鼠标指针到要选择的列标上，当指针变成⬇形状后单击，该列即被选定，如图3-10所示。

3. 选择连续的多行

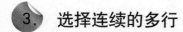

选择连续的多行的方法有以下两种。

图3-9 选择一行

▶ **方法1：**

步骤 1 将鼠标指针移动到起始行号上，指针变成✚形状，如图3-11所示。

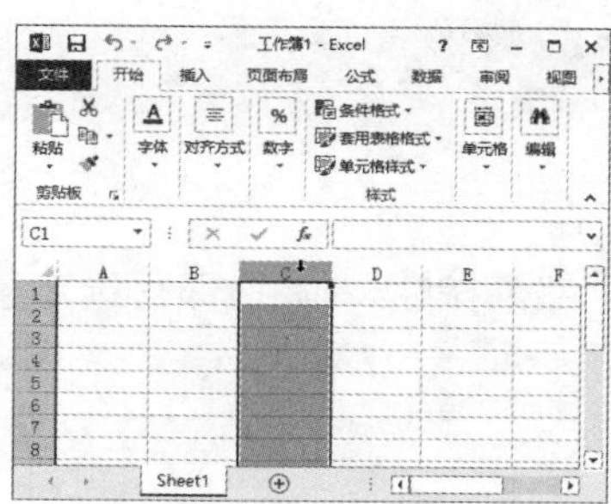

图3-10 选择一列

图3-11 鼠标指针放在起始行

步骤 2 单击并向下拖曳至终止行，然后松开鼠标左键即可，如图3-12所示。

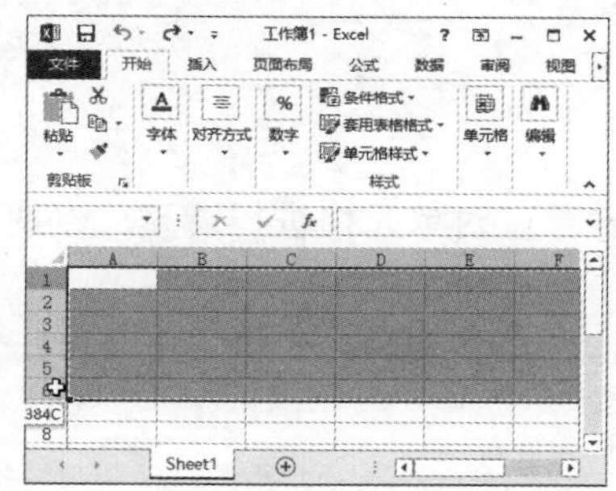

图3-12 向下拖动鼠标

▶ **方法2：**

步骤 1 单击连续行区域的第一行的行号，如图3-13所示。

步骤 2 在按住Shift键的同时单击该区域的最后一行的行号即可，如图3-14所示。

4. 选择不连续的多行

若要选择不连续的多行，按住Ctrl键，然后依次选择需要的行即可，如图3-15所示。

图3-13 选择第一行

图3-14 选择最后一行

图3-15 选择不连续的多行

5. 选择不连续的多列

若要选择不连续的多列，按住Ctrl键，然后依次选择需要的列即可，如图3-16所示。

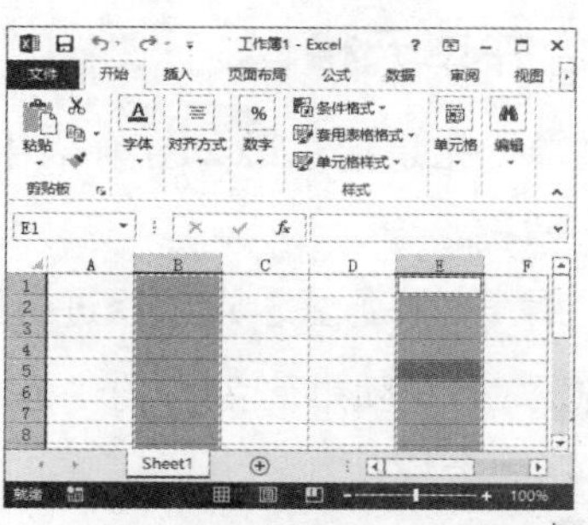

图3-16 选择不连续的多列

3.1.5 选择所有单元格

选择所有单元格，即选择整个工作表，方法有以下两种。

（1）单击工作表左上角行号与列标相交处的【选定全部】按钮，即可选定整个工作表，如图3-17所示。

（2）按Ctrl+A快捷键也可以选择整个表格，如图3-18所示。

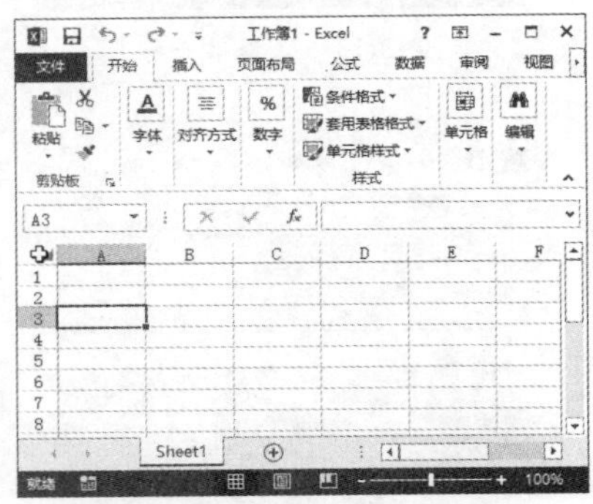

图3-17　用按钮选择整个表格

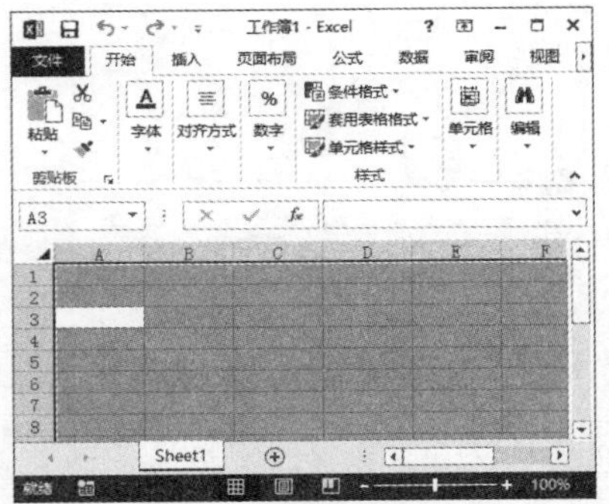

图3-18　用快捷键选择整个表格

3.2 调整单元格

通常单元格的大小是Excel默认设置的，根据需要可以对单元格进行调整，以使所有单元格的内容都显示出来。

3.2.1 单元格的合并与拆分

合并与拆分单元格是调整单元格最常用的方法。

1. 合并单元格

合并单元格是指在Excel工作表中，将两个或多个选定的相邻单元格合并成一个单元格。方法有以下两种。

（1）用【对齐方式】选项组进行设置，具体操作步骤如下。

步骤 1　打开随书光盘中的"素材\ch03\办公用品采购清单.xlsx"文件，选择单元格区域A1:F1，如图3-19所示。

步骤 2　在【开始】选项卡中，单击【对齐方式】选项组中【合并后居中】按钮右侧的下拉按钮，在弹出的下拉列表中选择【合并后居中】选项，如图3-20所示。

步骤 3　该表格标题行即合并且居中，如图3-21所示。

图3-19　选择单元格区域

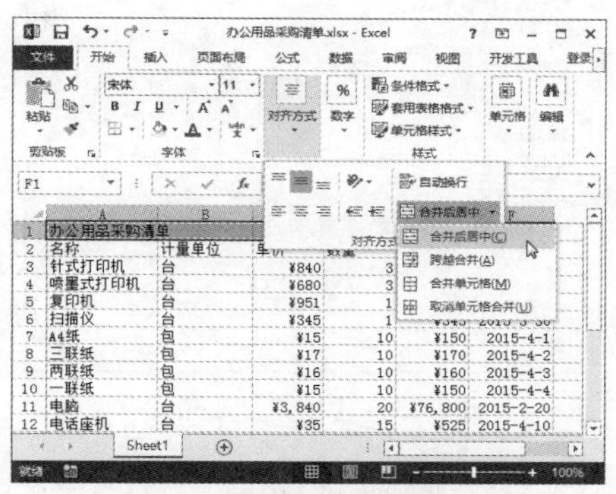

图3-20　选择【合并后居中】选项

（2）用【设置单元格格式】对话框进行设置，具体操作步骤如下。

步骤 1　选择单元格区域A1:F1，在【开始】选项卡中，单击【对齐方式】选项组右下角的 按钮，弹出【设置单元格格式】对话框，如图3-22所示。

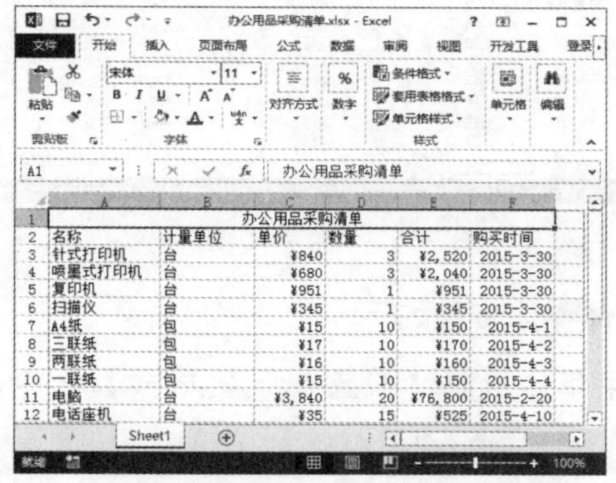

图3-21　合并后居中

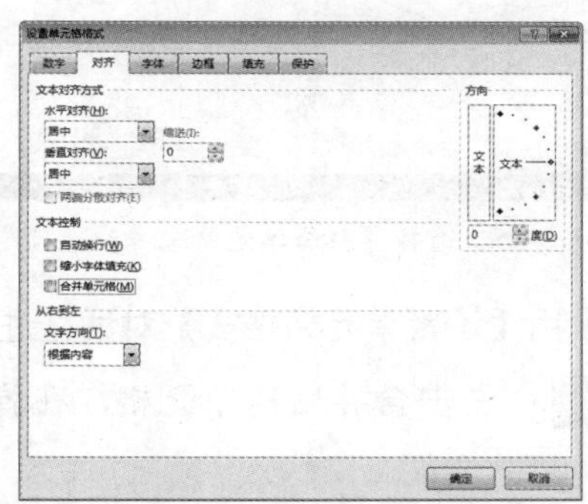

图3-22　【设置单元格格式】对话框

步骤 2　在【设置单元格格式】对话框中选择【对齐】选项卡，在【文本对齐方式】区域的【水平对齐】下拉列表框中选择【居中】选项，在【文本控制】区域中选中【合并单元格】复选框，然后单击【确定】按钮，如图3-23所示。

步骤 3　该表格标题行即合并且居中，结果如图3-24所示。

2. 拆分单元格

在Excel工作表中，拆分单元格就是将一个单元格拆分成多个单元格，方法有以下两种。

（1）用【对齐方式】选项组进行设置，具体操作步骤如下。

步骤 1　选择合并后的单元格，在【开始】选项卡中，单击【对齐方式】选项组中【合并后居中】按钮右侧的下拉按钮，在弹出的下拉列表中选择【取消单元格合并】选项，如图3-25所示。

步骤 2　该单元格即被取消合并，恢复成合并前的单元格，如图3-26所示。

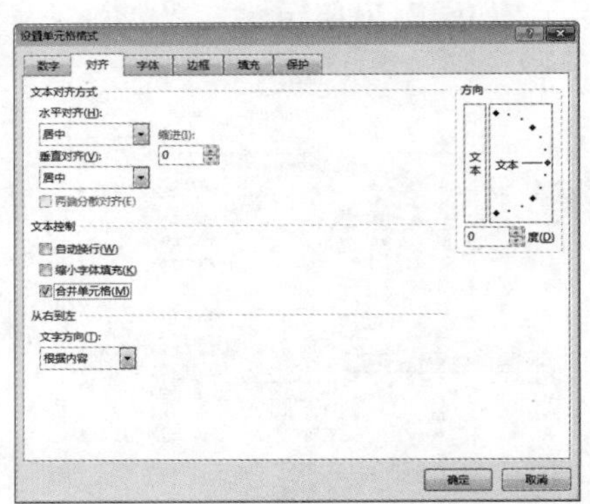
图3-23　【对齐】选项卡

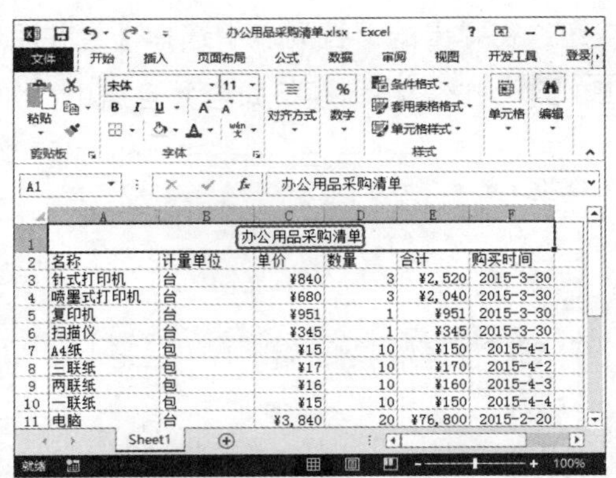
图3-24　合并后居中显示

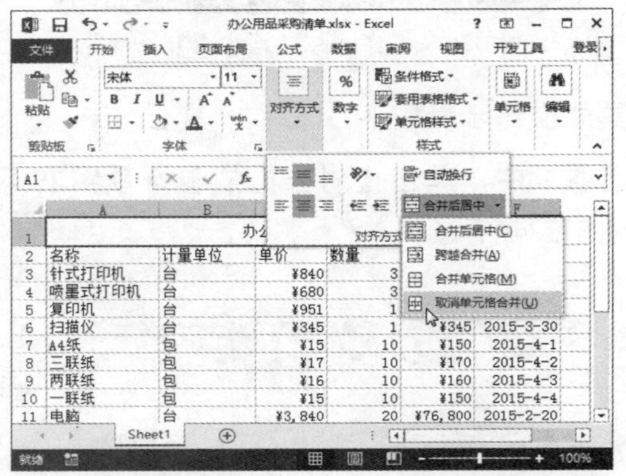
图3-25　选择【取消单元格合并】选项

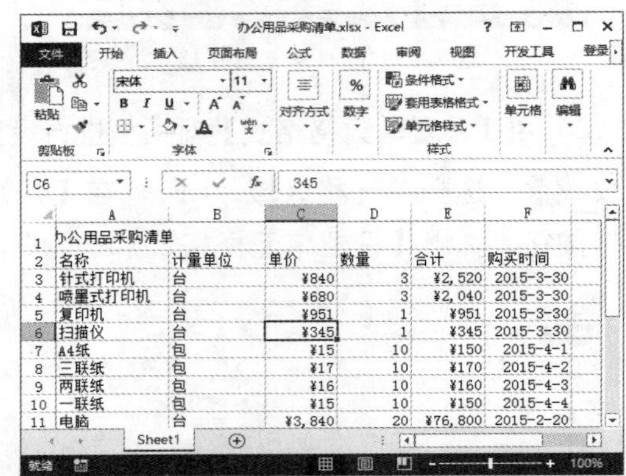
图3-26　取消单元格合并

（2）用【设置单元格格式】对话框进行设置，具体操作步骤如下。

步骤 1　右击合并后的单元格，在弹出的快捷菜单中选择【设置单元格格式】命令，如图3-27所示。

步骤 2　弹出【设置单元格格式】对话框，在【对齐】选项卡中取消选中【合并单元格】复选框，然后单击【确定】按钮，即可取消单元格的合并状态，如图3-28所示。

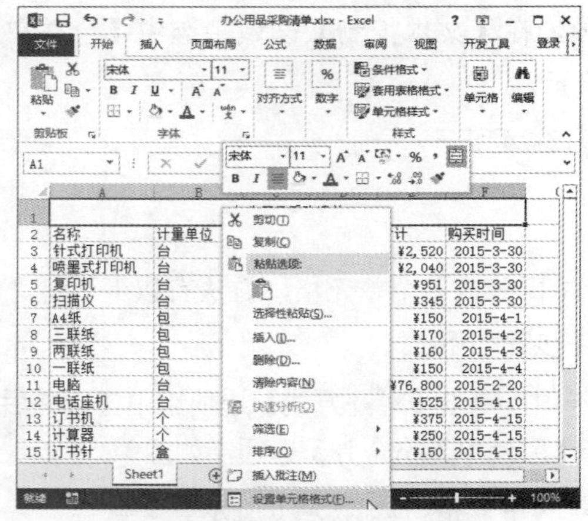
图3-27　选择【设置单元格格式】命令

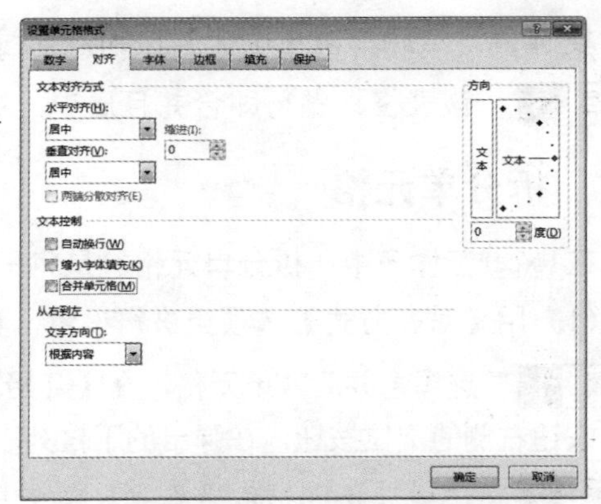
图3-28　【设置单元格格式】对话框

3.2.2 调整列宽

在Excel工作表中，如果单元格的宽度不足以使数据显示完整，数据在单元格里则会以科学记数法表示或被填充成“######”的形式。当列被加宽后，数据就会显示出来。根据不同的情况，可以选择以下方法调整列宽。

1. 拖动列标之间的边框

步骤 1 将鼠标指针移动到两列的列标之间，当指针变成✛形状时，按住鼠标左键向左拖动可以使列变窄，向右拖动则可使列变宽，如图3-29所示。

步骤 2 拖动时将显示出以点和像素为单位的宽度工具提示，拖动完成后，释放鼠标，即可显示出全部数据，如图3-30所示。

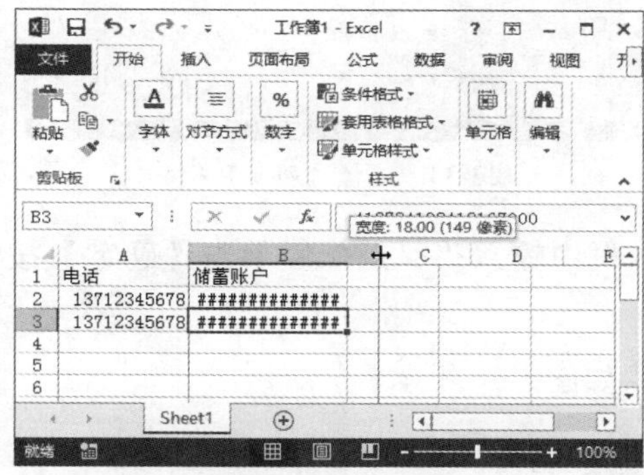

图3-29 拖动列宽

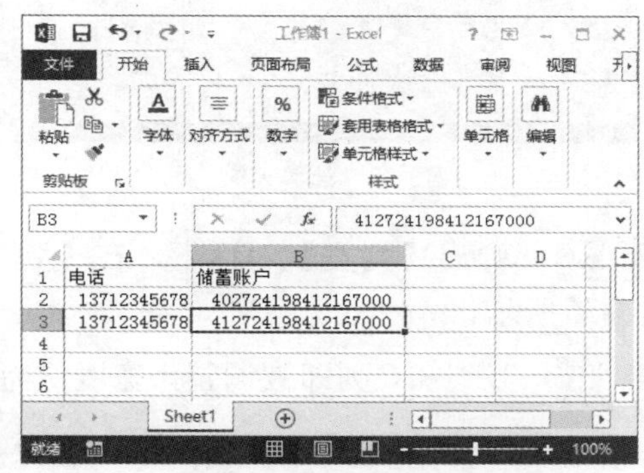

图3-30 正常显示数据

2. 调整多列的列宽

步骤 1 打开随书光盘中的“素材\ch03\办公用品采购清单.xlsx”文件，同时选择B、C和E这3列数据，将鼠标指针移动到E列的右边框上，按住鼠标左键并拖动到合适的位置，如图3-31所示。

步骤 2 释放鼠标左键，B列、C列和E列的宽度都会得到调整且宽度相同，如图3-32所示。

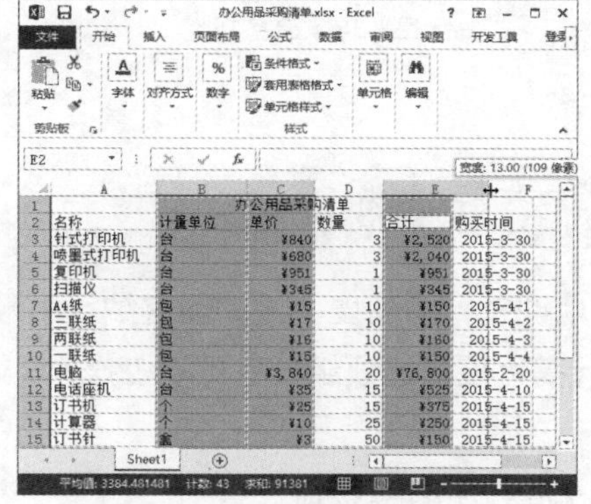

图3-31 选择列数据

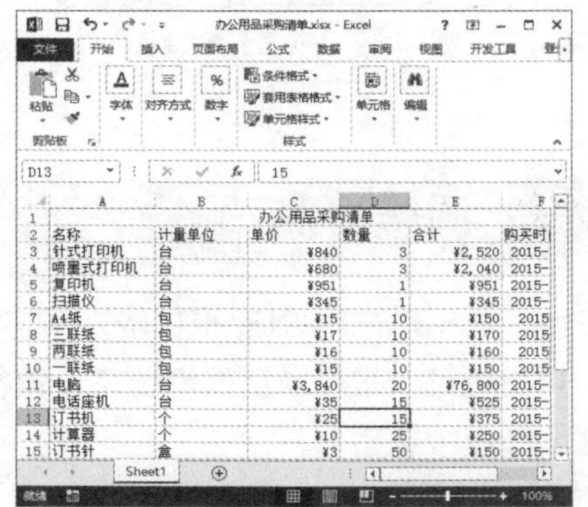

图3-32 调整列宽

3. 使用选项组调整列宽

步骤 1 打开随书光盘中的“素材\ch03\办公用品采购清单.xlsx”文件，同时选择B列和C列，如图3-33所示。

步骤 2 在列标上右击，在弹出的快捷菜单中选择【列宽】命令，如图3-34所示。

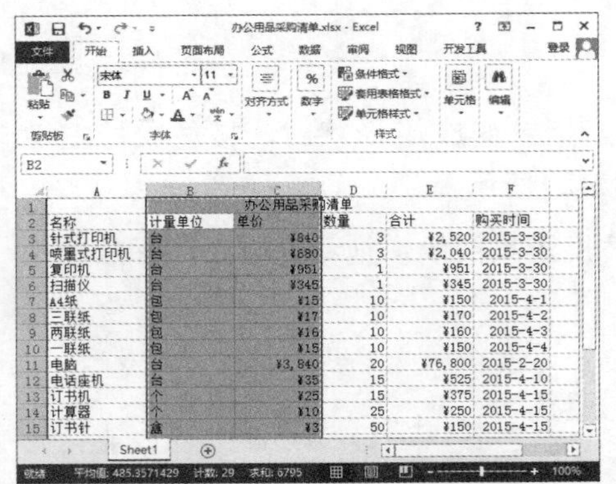

图3-33 选择两列

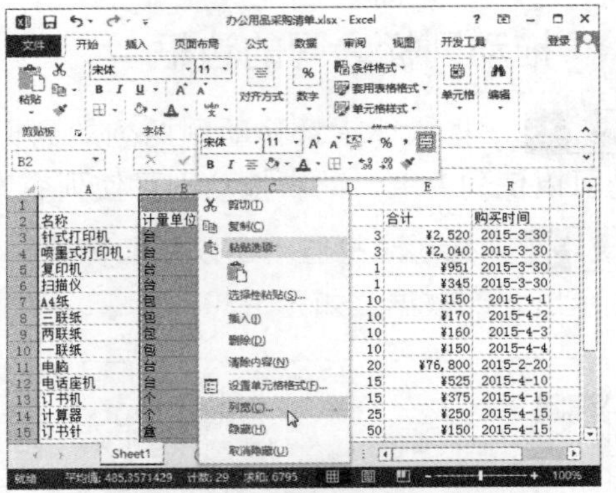

图3-34 选择【列宽】命令

步骤 3 弹出【列宽】对话框，在【列宽】文本框中输入“8”，然后单击【确定】按钮，如图3-35所示。

步骤 4 B列和C列即被调整为宽度均为8的列，如图3-36所示。

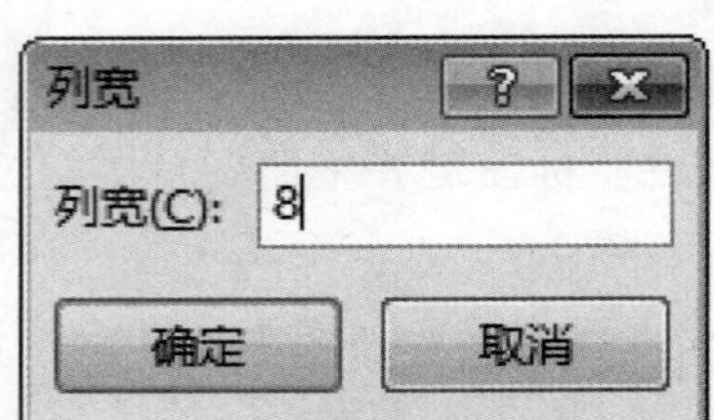

图3-35 【列宽】对话框

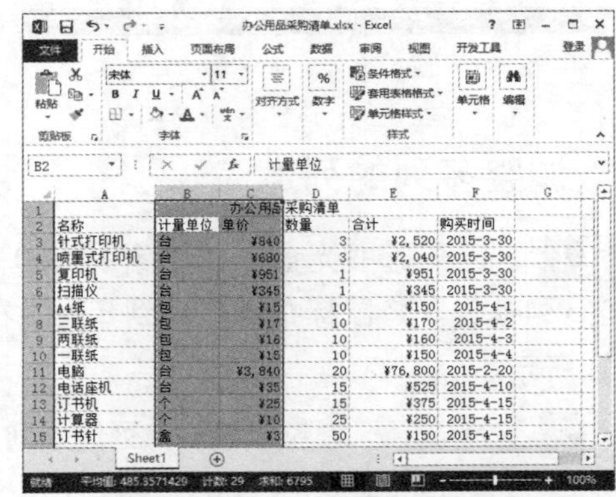

图3-36 调整列宽

3.2.3 调整行高

在输入数据时，Excel能根据输入字体的大小自动地调整行的高度，使其能容纳行中最大的字体，用户也可以根据自己的需要来设置行高，调整行高可使用选项组，也可手工操作。

具体操作步骤如下。

步骤 1 选择需要调整高度的第3行、第4行和第5行，如图3-37所示。

步骤 2　在行号上右击，在弹出的快捷菜单中选择【行高】命令，如图3-38所示。

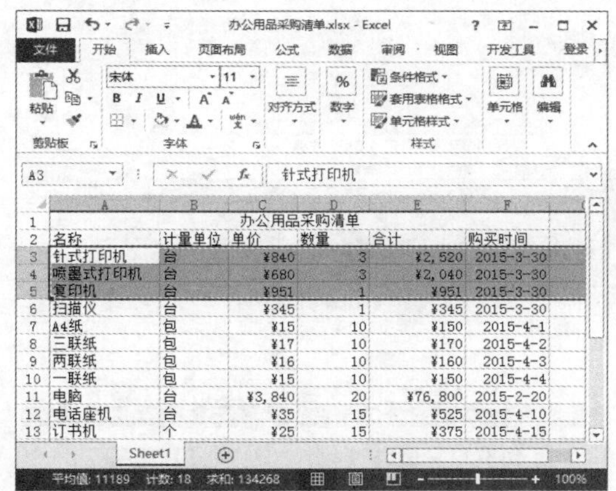

图3-37　选择3行

图3-38　选择【行高】命令

步骤 3　在弹出的【行高】对话框的【行高】文本框中输入“25”，然后单击【确定】按钮，如图3-39所示。

步骤 4　可以看到第3行、第4行和第5行的行高均被设置为25，如图3-40所示。

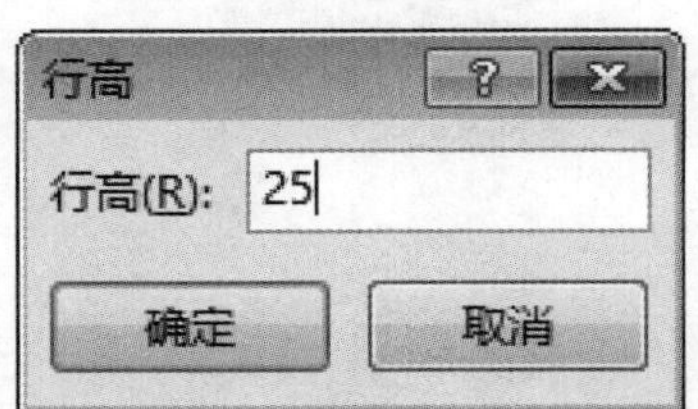

图3-39　【行高】对话框

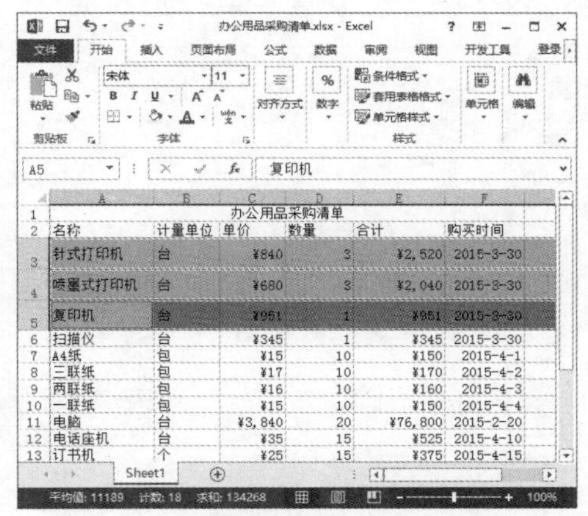

图3-40　调整行高

3.2.4 插入行和列

在编辑工作表的过程中，插入行和列的操作是不可避免的，下面介绍如何在工作表中插入行和列，具体操作步骤如下。

步骤 1　打开需要插入行和列的工作表，将鼠标指针移动到需要插入行的下面一行，例如，这里在第3行的行号上单击，选择第3行，如图3-41所示。

步骤 2　单击【开始】选项卡下【单元格】选项组中【插入】按钮下方的下拉按钮，在弹出的下拉列表中选择【插入工作表行】选项，如图3-42所示。

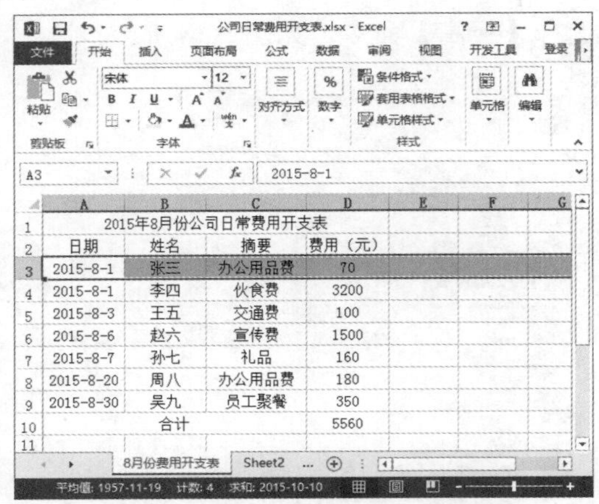

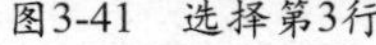

图3-41　选择第3行

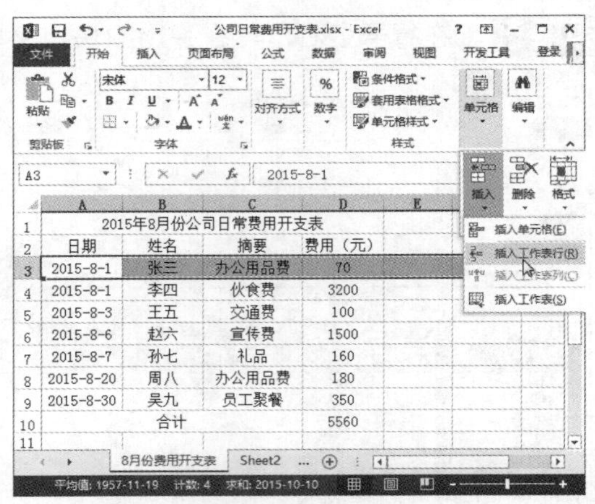

图3-42　选择【插入工作表行】选项

步骤 3　完成上述操作，即可在工作表的第2行和第3行中间插入一个空行，而选定的第3行变为第4行，如图3-43所示。

步骤 4　插入列的方法与插入行相同，选择需要插入列的左侧的列号，然后单击【开始】选项卡下【单元格】选项组中【插入】按钮下方的下拉按钮，在弹出的下拉列表中选择【插入工作表列】选项，即可在工作表中插入一列，如图3-44所示。

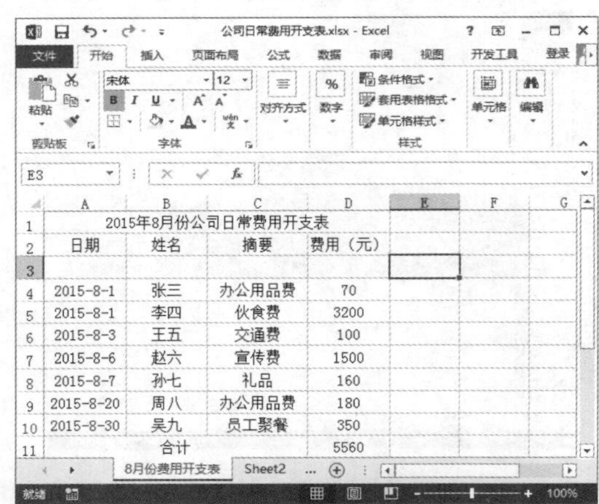

图3-43　插入一行

图3-44　插入一列

3.2.5 删除行和列

如果不需要某一个数据行或列，可以将其删除，具体操作步骤如下。

步骤 1　打开需要删除行或列的文件，将鼠标指针移动到第6行的行号上单击，选定第6行，如图3-45所示。

步骤 2　在【开始】选项卡中，单击【单元格】选项组中的【删除】按钮下方的下拉按钮，在弹出的下拉列表中选择【删除工作表行】选项，如图3-46所示。

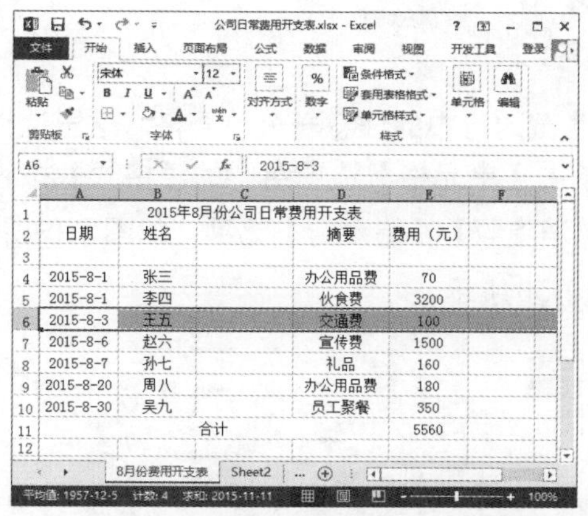

图3-45 选择第6行

图3-46 选择【删除工作表行】选项

步骤 3 工作表中的第6行记录即被删除，而原来处在第7行的内容自动调整为第6行，如图3-47所示。

步骤 4 删除列的方法与删除行相同。只需选择需要删除的列，然后单击【开始】选项卡下【单元格】选项组中的【删除】按钮下方的下拉按钮，在弹出的下拉列表中选择【删除工作表列】选项即可，如图3-48所示。

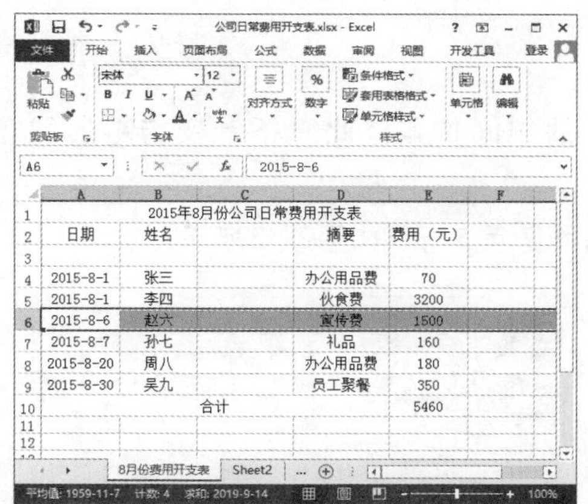

图3-47 删除选择的行

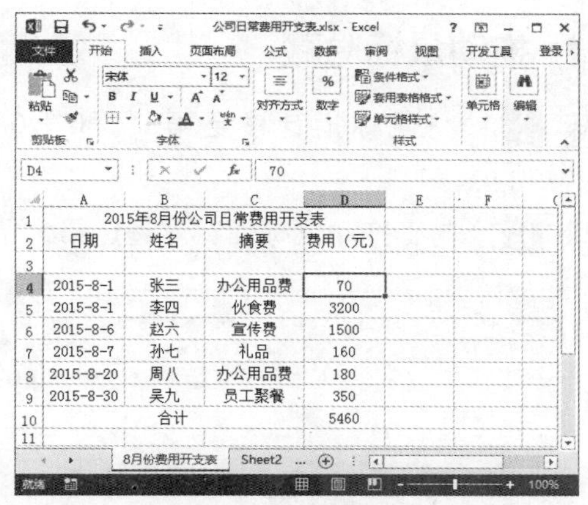

图3-48 删除选择的列

> **提示** 除了使用功能区中的【删除】按钮来删除工作表中的行和列外，还可以使用右键快捷菜单来删除，具体的操作为选定要删除的行与列，然后右击，在弹出的快捷菜单中选择【删除】命令即可。

3.2.6 隐藏行和列

在Excel工作表中，有时需要将一些不需要公开的数据隐藏起来。Excel提供了将整行或整列隐藏起来的功能。

1. 使用功能区隐藏

步骤 1 打开需要隐藏行与列的工作簿，选择要隐藏的行中的任意一个单元格，这里选择第5行中的任意单元格，然后在【开始】选项卡中，单击【单元格】选项组中的【格式】按钮下方的下拉按钮，在弹出的下拉列表中选择【隐藏和取消隐藏】|【隐藏行】选项，如图3-49所示。

步骤 2 工作表中选定的第5行即被隐藏，如图3-50所示。

图3-49 选择【隐藏行】选项

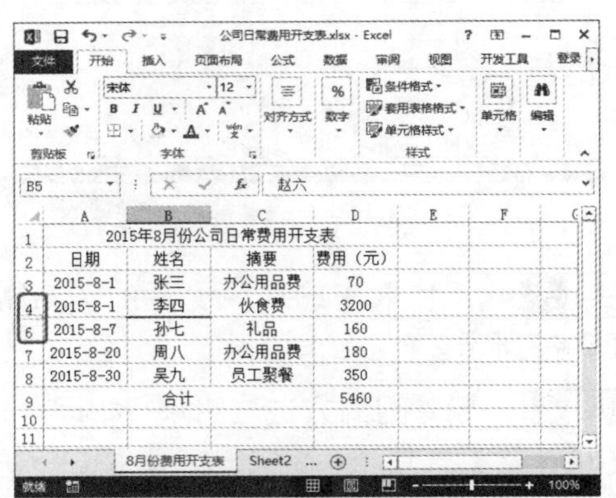

图3-50 选定的行被隐藏

2. 拖动鼠标隐藏

步骤 1 将鼠标指针移至第5行和第6行行号的中间位置，此时指针变为形状，如图3-51所示。

步骤 2 向上拖动鼠标使行号超过第5行，即可隐藏第5行，如图3-52所示。

图3-51 移动鼠标指针至行中间

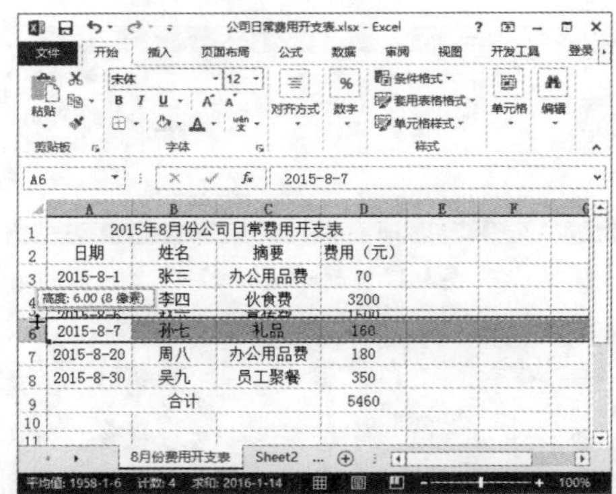

图3-52 隐藏行

3.2.7 显示隐藏的行和列

将行或列隐藏后，这些行或列中单元格的数据就变得不可见了。如果需要查看这些数据，就需要将这些隐藏的行或列显示出来。

1. 使用功能区显示隐藏的行

步骤 1　打开需要显示隐藏行的工作簿，如图3-53所示。

步骤 2　选择第4行和第6行，在【开始】选项卡中，单击【单元格】选项组中的【格式】按钮下方的下拉按钮，在弹出的下拉列表中选择【隐藏和取消隐藏】|【取消隐藏行】选项，如图3-54所示。

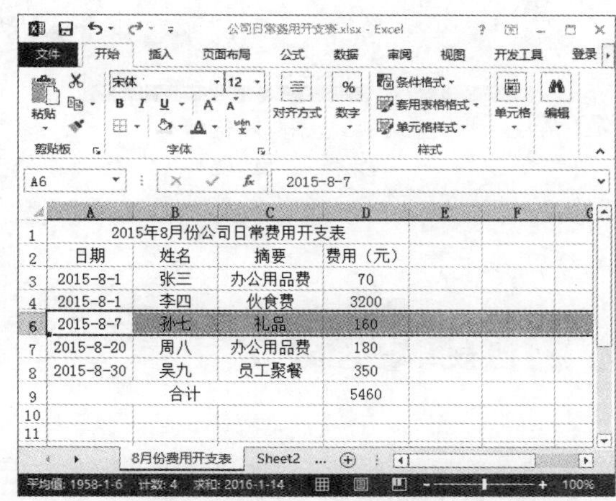

图3-53　打开工作簿

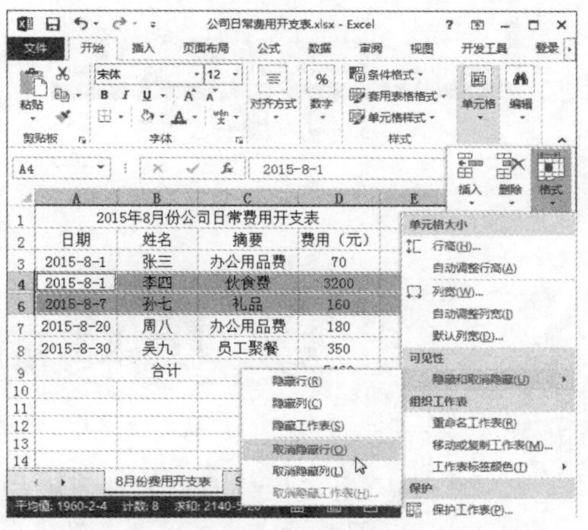

图3-54　选择【取消隐藏行】选项

步骤 3　工作表中被隐藏的第5行即可显示出来，如图3-55所示。

2. 拖动鼠标显示隐藏的列

步骤 1　打开随书光盘中的“素材\ch03\公司日常费用开支表.xlsx”文件，并隐藏C列数据，如图3-56所示。

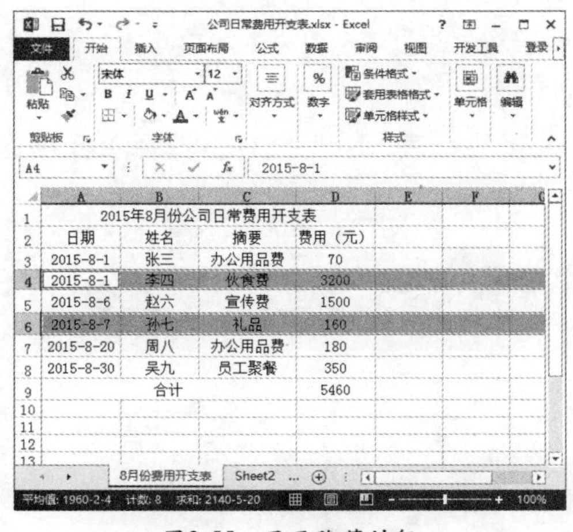

图3-55　显示隐藏的行

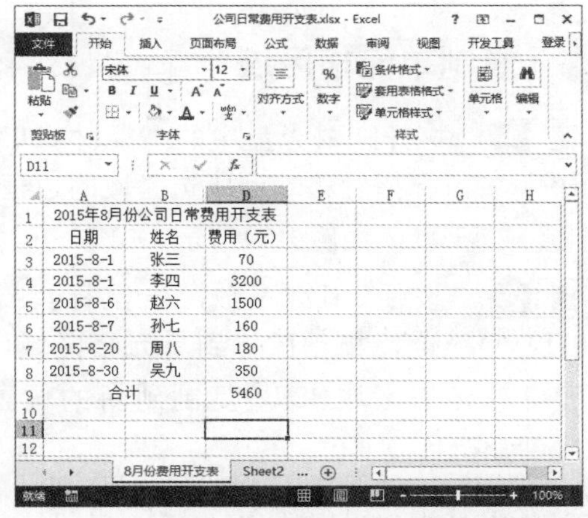

图3-56　隐藏C列数据

步骤 2　将鼠标指针移动到B列和D列中间偏右处，指针变成✛形状，如图3-57所示。

步骤 3　按住鼠标左键向右拖动，直到C列显示出来即可，如图3-58所示。

图3-57　移动鼠标指针

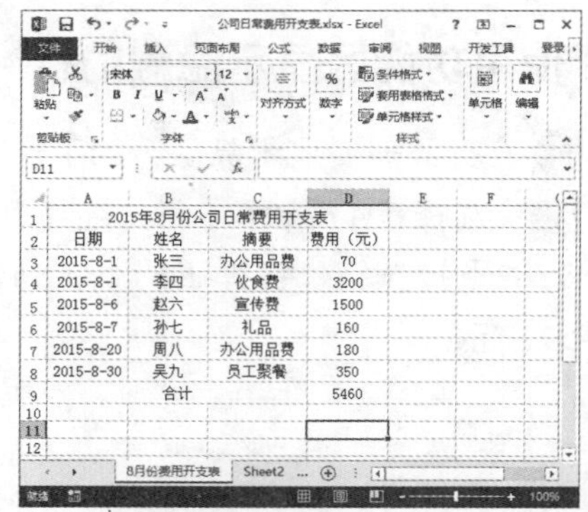
图3-58　显示隐藏的列

3.3 复制与移动单元格区域

在编辑Excel工作表时，若数据输错了位置，不必重新输入，可将其移动到正确的单元格区域；若单元格区域数据与其他区域数据相同，为了避免重复输入，提高效率，可采用复制的方法来编辑工作表。

3.3.1 使用鼠标复制与移动单元格区域

使用鼠标复制与移动单元格区域是编辑工作表最快捷的方法。

1. 复制单元格区域

步骤 1　打开随书光盘中的“素材\ch03\学院人员统计表.xlsx”文件，选择单元格区域B2:B9，将鼠标指针移动到所选区域的边框线上，指针变成✢形状，如图3-59所示。

步骤 2　按住Ctrl键不放，当鼠标指针右上角出现“+”时，拖动鼠标到单元格区域E2:E9，即可将单元格区域B2:B9复制到新的位置，如图3-60所示。

2. 移动单元格区域

在上述操作中，拖动单元格区域时不按Ctrl键，即可移动单元格区域，如图3-61所示。

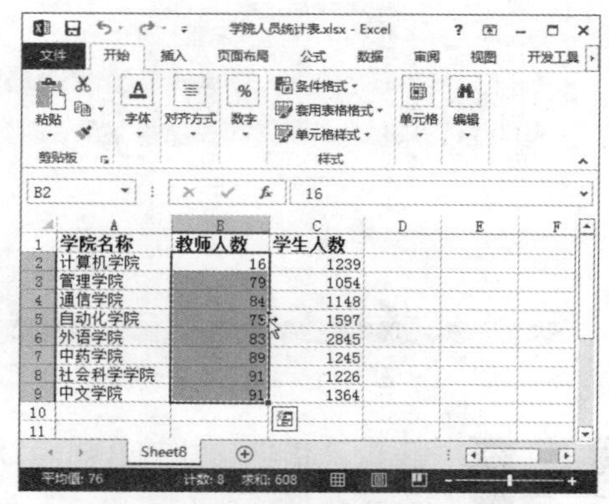
图3-59　选择要复制的单元格区域

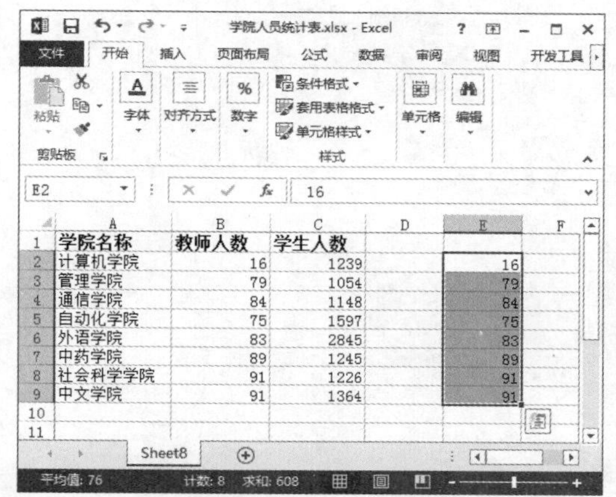

图3-60　复制单元格区域

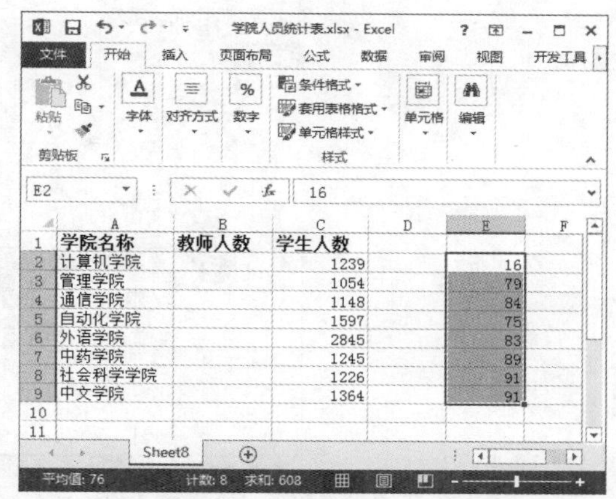

图3-61　移动单元格区域

3.3.2 利用剪贴板复制与移动单元格区域

利用剪贴板复制与移动单元格区域是编辑工作表常用的方法之一。

1. 复制单元格区域

步骤 1　打开随书光盘中的“素材\ch03\学院人员统计表.xlsx”文件，选择单元格区域A3:C3，并按Ctrl+C快捷键进行复制，如图3-62所示。

步骤 2　选择目标位置（如选定目标区域的第1个单元格A11），按Ctrl+V快捷键进行粘贴，单元格区域即被复制到A11:C11中，如图3-63所示。

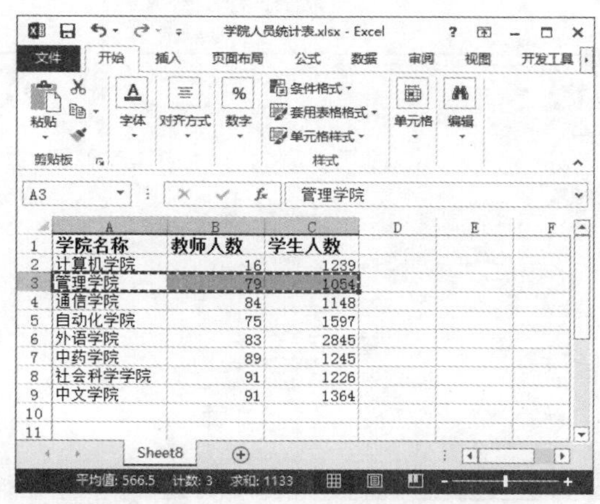

图3-62　复制单元格区域

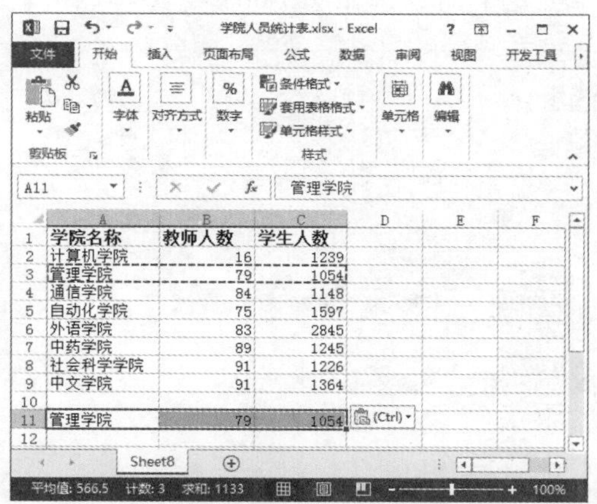

图3-63　粘贴单元格区域

2. 移动单元格区域

移动单元格区域的方法是先选择单元格区域，按Ctrl+X快捷键将此区域剪切到剪贴板中，然后通过粘贴的方式移动到目标区域，如图3-64所示。

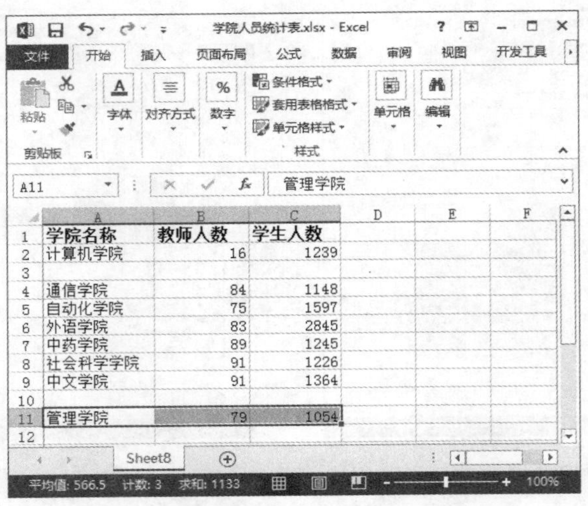

图3-64　移动单元格区域

3.3.3 用插入方式复制单元格区域

在Excel工作表编辑的过程中，有时根据需要会插入包含数据和公式的单元格。使用插入方式复制单元格区域的具体步骤如下。

步骤 1 打开随书光盘中的“素材\ch03\学院人员统计表.xlsx”文件，选择包含公式的单元格区域A5:C5，并按Ctrl+C快捷键进行复制，如图3-65所示。

步骤 2 选定目标区域的第一个单元格A13，右击，在弹出的快捷菜单中选择【插入复制的单元格】命令，如图3-66所示。

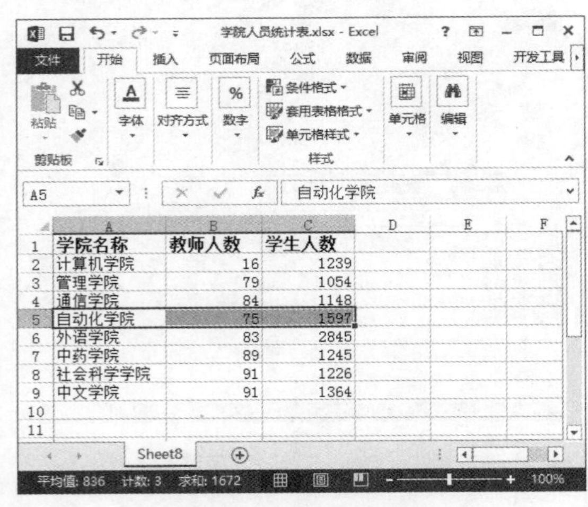

图3-65　复制单元格区域

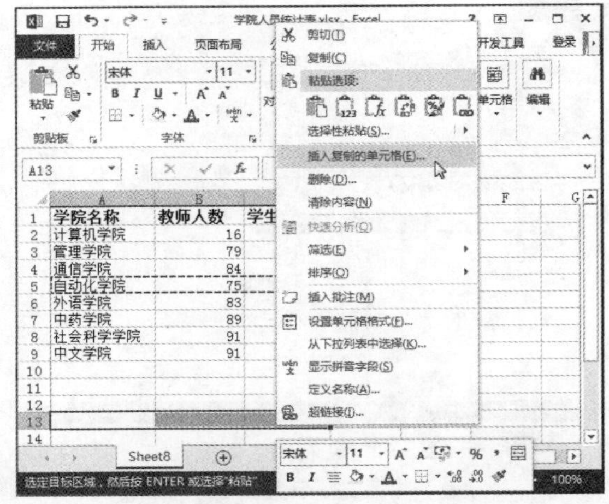

图3-66　选择【插入复制的单元格】命令

步骤 3 弹出【插入粘贴】对话框，选中【活动单元格下移】单选按钮，如图3-67所示。

步骤 4 单击【确定】按钮，即可将复制的数据插入目标单元格中，如图3-68所示。

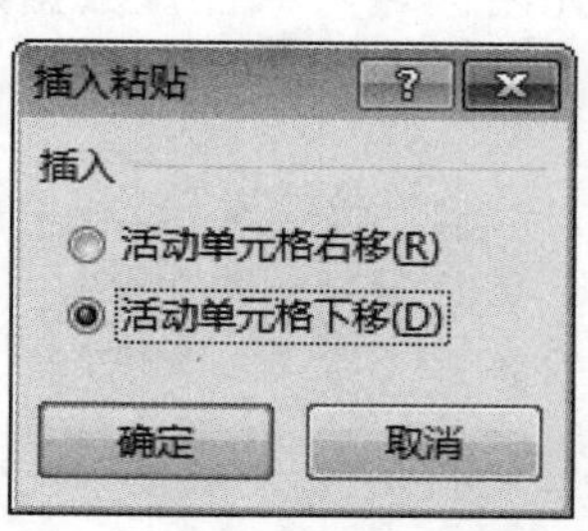

图3-67　【插入粘贴】对话框

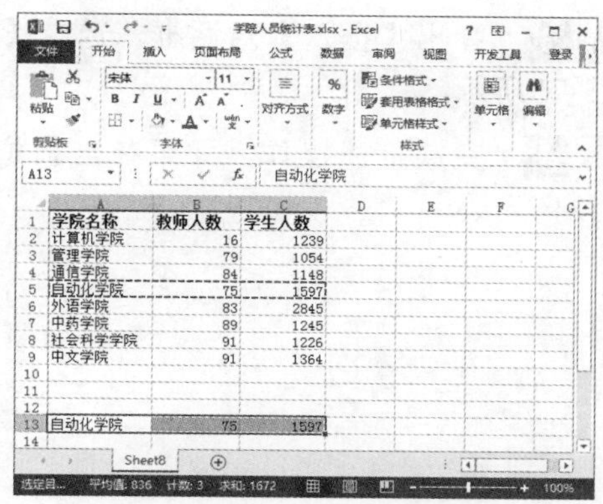

图3-68　插入复制的单元格区域

3.4 单元格的操作

在Excel工作表中，对单元格的操作包括插入、删除、清除等。

3.4.1 插入单元格

在Excel工作表中，可以在活动单元格的上方或左侧插入空白单元格，同时将同一列中的其他单元格下移或将同一行中的其他单元格右移，具体操作步骤如下。

步骤 1　打开随书光盘中的“素材\ch03\学院人员统计表.xlsx”文件，选择要插入空白单元格的单元格区域A4:C4，如图3-69所示。

步骤 2　在【开始】选项卡中，单击【单元格】选项组中的【插入】按钮下方的下拉按钮，在弹出的下拉列表中选择【插入单元格】选项，如图3-70所示。

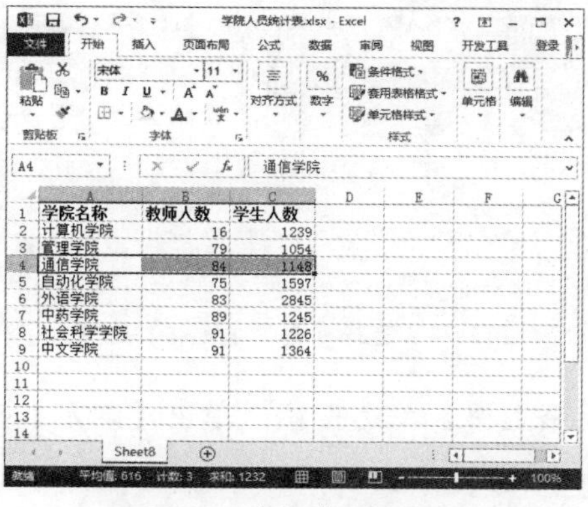

图3-69　选择单元格区域

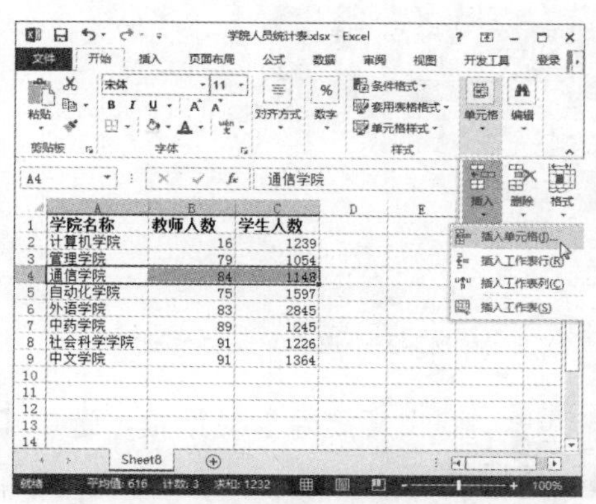

图3-70　选择【插入单元格】选项

步骤 3 弹出【插入】对话框，选中【活动单元格右移】单选按钮，单击【确定】按钮，如图3-71所示。

步骤 4 完成上述操作，即可在当前位置插入空白单元格区域，原位置数据则右移，如图3-72所示。

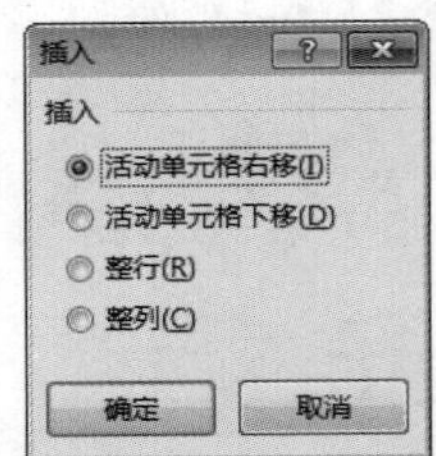

图3-71 【插入】对话框

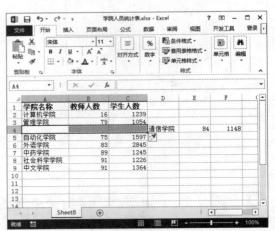

图3-72 右移数据

3.4.2 删除单元格

在Excel中可以删除不需要的单元格，具体操作步骤如下。

步骤 1 选择3.4.1节中插入的空白单元格区域A4:C4，如图3-73所示。

步骤 2 在【开始】选项卡中，单击【单元格】选项组中的【删除】按钮下方的下拉按钮，在弹出的下拉列表中选择【删除单元格】选项，如图3-74所示。

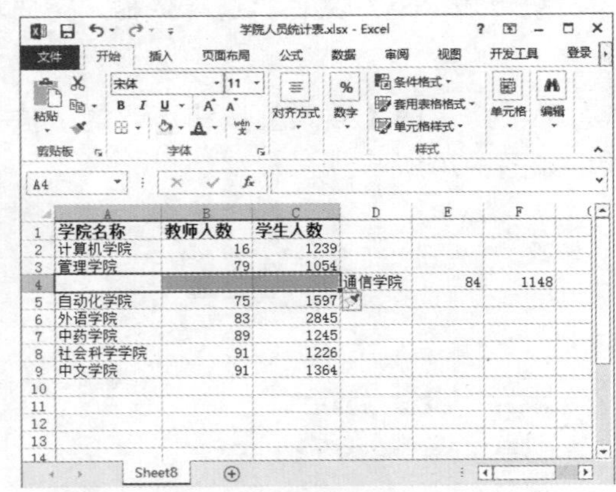

图3-73 选择单元格区域

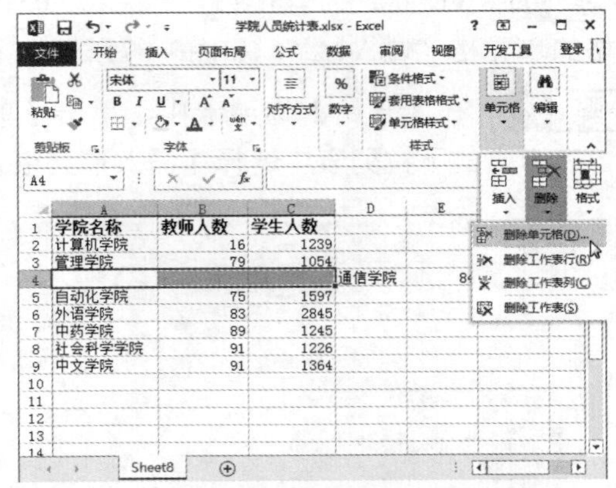

图3-74 选择【删除单元格】选项

步骤 3 弹出【删除】对话框，选中【下方单元格上移】单选按钮，单击【确定】按钮，如图3-75所示。

步骤 4 选中的单元格即被删除，同时下方的单元格上移一行，如图3-76所示。

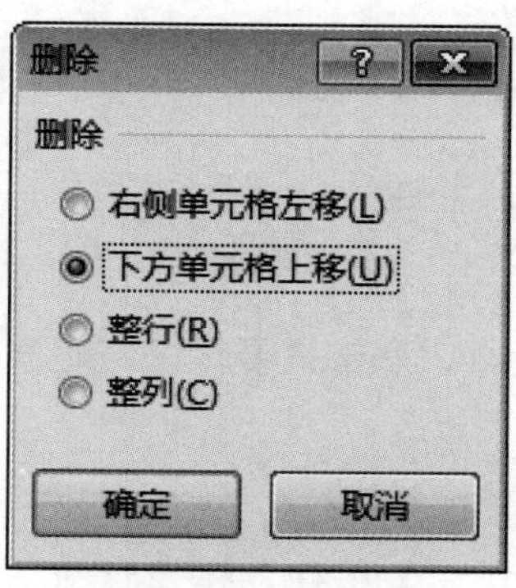

图3-75　【删除】对话框

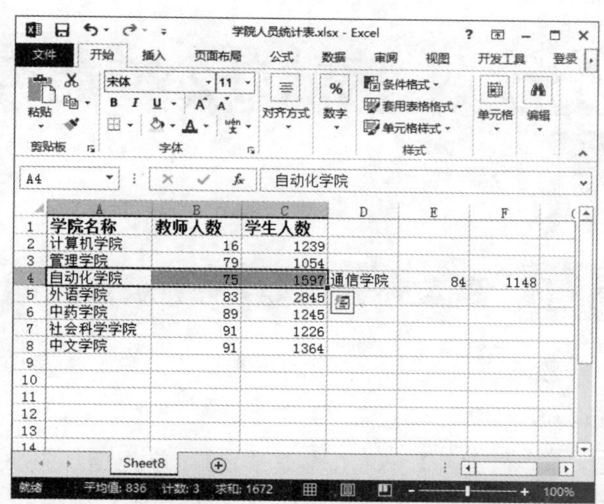

图3-76　删除选择的单元格

3.4.3 清除单元格

清除单元格即删除单元格内容（公式和数据）、格式（包括数字格式、条件格式和边框）以及任何附加的批注，具体操作步骤如下。

步骤 1　打开随书光盘中的“素材\ch03\学院人员统计表.xlsx”文件，选择要清除内容的单元格区域A7:C7。

步骤 2　在【开始】选项卡中，单击【编辑】选项组中的【清除】按钮下方的下拉按钮，在弹出的下拉列表中选择【全部清除】选项，如图3-77所示。

步骤 3　单元格区域A7:C7中的数据和公式会被全部删除，如图3-78所示。

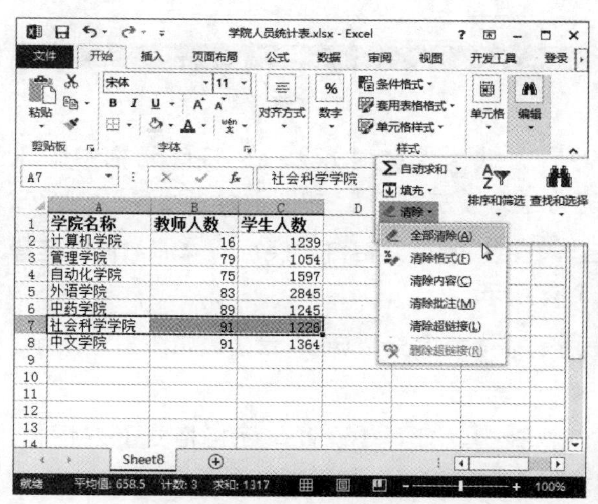

图3-77　选择【全部清除】选项

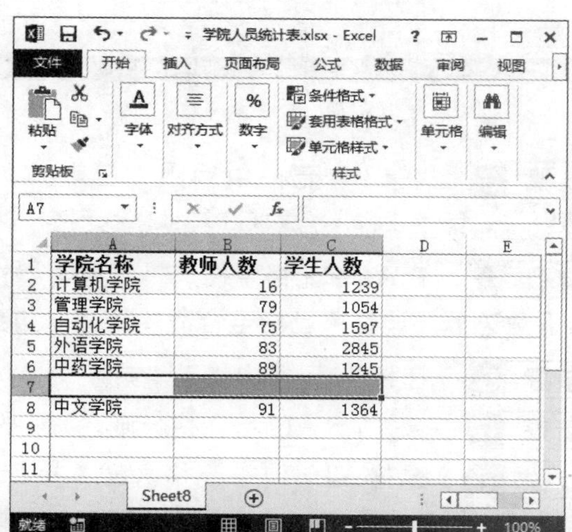

图3-78　清除单元格

3.5 高效办公技能实战

3.5.1 高效办公技能1——制作公司值班表

一般来说，为保证公司的正常运作，需要人员值班，为此，人事部需要做好值班表，制作值班表的具体操作如下。

步骤 1 打开Excel工作簿，在C1单元格中输入"****公司值班表"，选定C1:F2单元格区域，单击【开始】选项卡下【对齐方式】组中的【合并后居中】按钮，在弹出的下拉列表中选择【合并单元格】选项，合并C1:F2单元格区域，如图3-79所示。

步骤 2 设置C1单元格的对齐方式为【左对齐】，内容加粗，字号为20号，如图3-80所示。

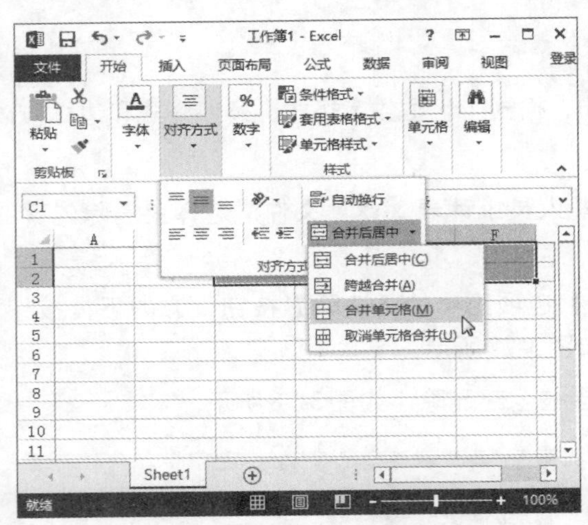

图3-79 合并单元格

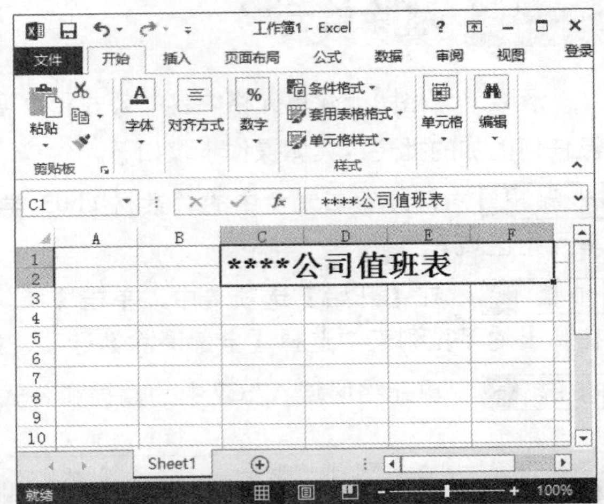

图3-80 左对齐

步骤 3 在F3单元格中输入"日期："，对齐方式为【右对齐】，在G3单元格中输入"20__年 第__周"，合并G3与H3单元格，对齐方式为【左对齐】，如图3-81所示。

步骤 4 在A4单元格中输入"　星期　姓名"，设置A4单元格自动换行，添加边框时选择右下角边框，调整单元格至合适的列宽，如图3-82所示。

步骤 5 在B4单元格中输入"星期一"，使用鼠标拖曳填充至H4单元格，如图3-83所示。

步骤 6 合并A5:A17单元格区域，如图3-84所示。

步骤 7 选择A4:H17单元格区域，按Ctrl+1快捷键，打开【设置单元格格式】对话框，选择【边框】选项卡，外边框选择粗实线，内边框选择细实线，如图3-85所示。

步骤 8 单击【确定】按钮为单元格区域添加边框，在G18单元格中输入"第__页"，如图3-86所示。

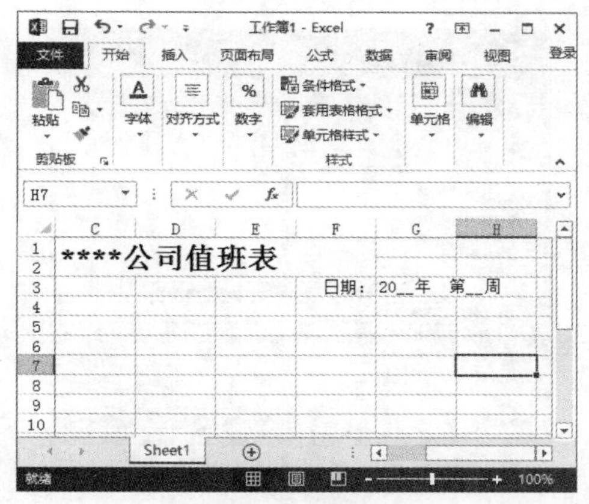

图3-81　输入日期信息

图3-82　调整单元格列宽

图3-83　输入信息

图3-84　合并单元格

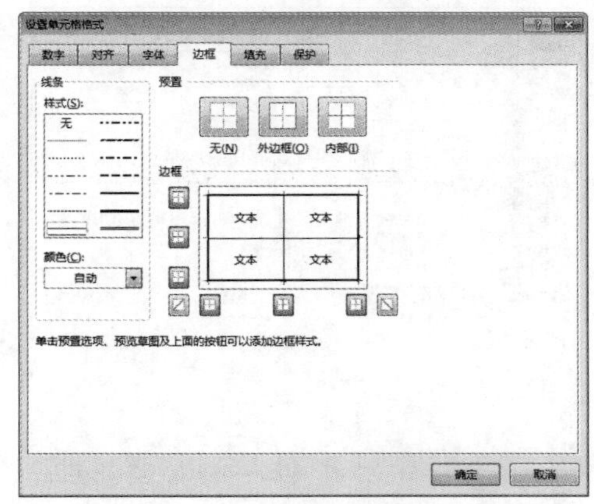

图3-85　设置单元格的边框

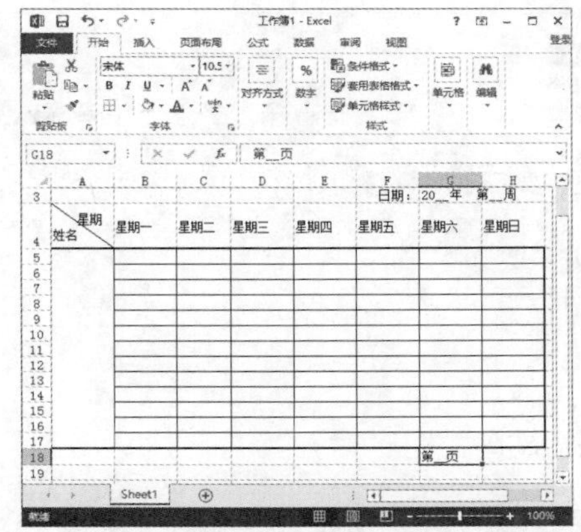

图3-86　显示效果

步骤 9　选择【文件】选项卡，在打开的界面中选择【另存为】命令，然后选择【计算机】选项，如图3-87所示。

步骤 10　单击【浏览】按钮，打开【另存为】对话框，在【文件名】下拉列表框中输入“公司值班表.xlsx”，然后单击【保存】按钮，即可将创建的值班表保存起来，如图3-88所示。

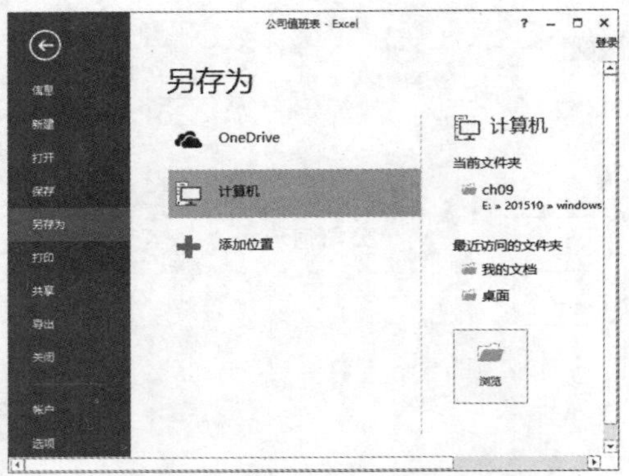

图3-87 【另存为】界面

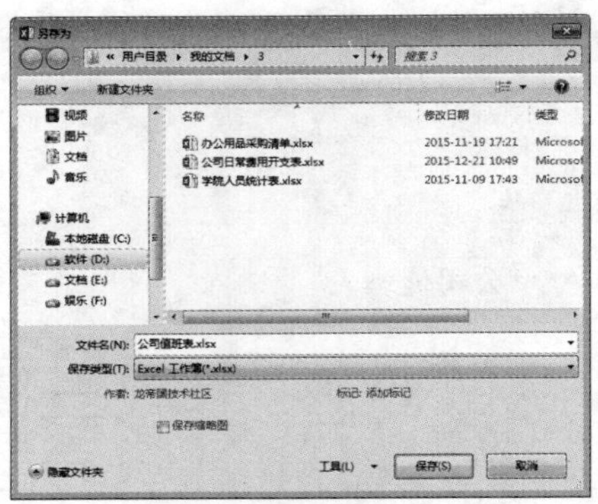

图3-88 【另存为】对话框

3.5.2 高效办公技能2——制作员工信息登记表

通常情况下，员工信息登记表中的内容会根据企业的不同要求来添加，通过制作员工信息登记表，读者可以熟练地掌握单元格的基本操作。下面介绍制作员工信息登记表的具体操作。

步骤 1 创建一个空白工作簿，同时对Sheet1进行重命名，将其命名为“员工信息登记表”，如图3-89所示。

步骤 2 输入表格文字信息。在“员工信息登记表”工作表中选中A1单元格，并在其中输入“员工信息登记表”标题信息，然后按照相同的方法，在表格的相应位置输入相应的文字信息，如图3-90所示。

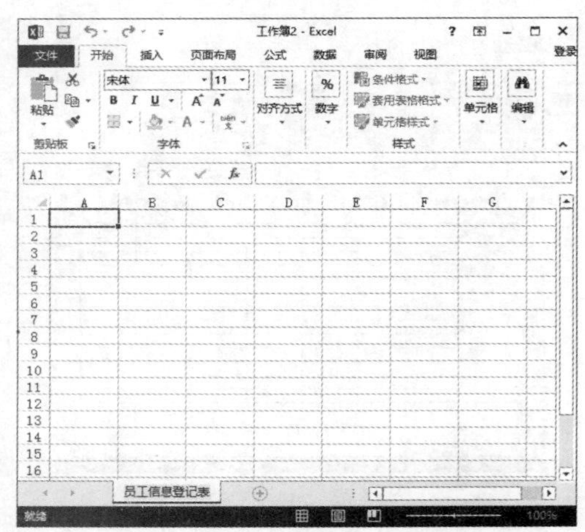

图3-89 新建空白文档

图3-90 输入表格中的文本信息

步骤 3 加粗表格的边框。在“员工信息登记表”工作表中选中A3:H24单元格区域，按Ctrl+1快捷键，打开【设置单元格格式】对话框，选择【边框】选项卡，然后单击【内部】按钮和【外边框】按钮，如图3-91所示。

步骤 4　设置完毕后，单击【确定】按钮，即可添加边框效果，如图3-92所示。

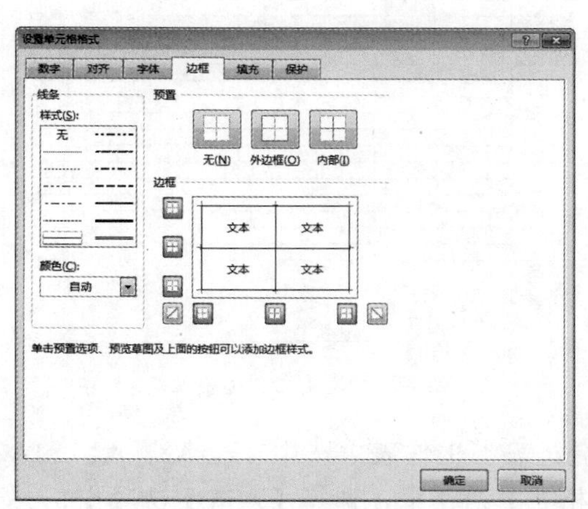

图3-91　【边框】选项卡

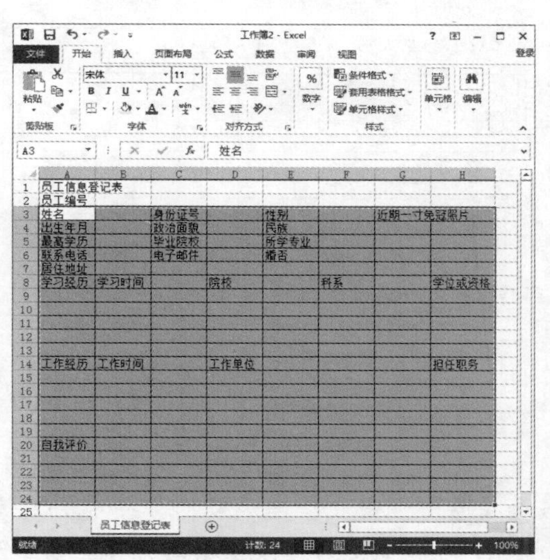

图3-92　添加表格边框效果

步骤 5　在“员工信息登记表”工作表中选中A1:H1单元格区域，右击，在弹出的快捷菜单中选择【设置单元格格式】命令，打开【设置单元格格式】对话框，选择【对齐】选项卡，并选中【合并单元格】复选框，如图3-93所示。

步骤 6　单击【确定】按钮，即可合并选中的单元格区域为一个单元格，然后按照相同的方式合并表格中其他的单元格区域为一个单元格，最终的显示效果如图3-94所示。

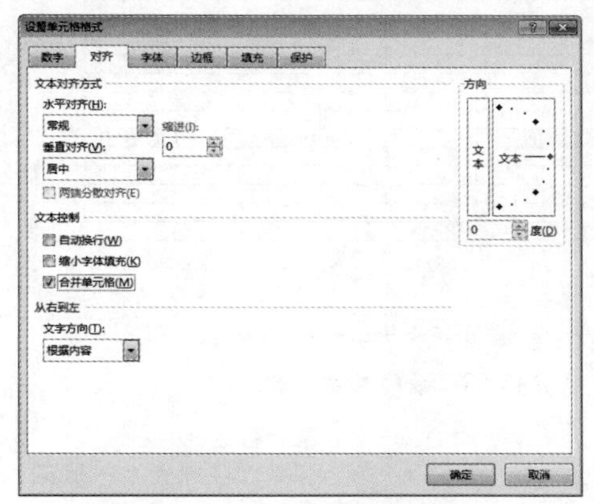

图3-93　【对齐】选项卡

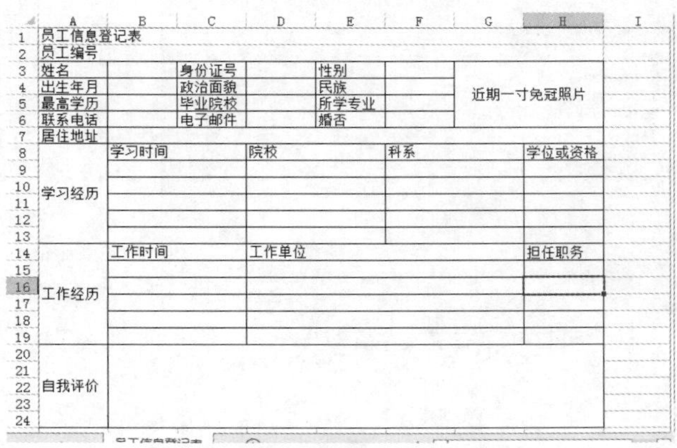

图3-94　合并单元格

步骤 7　设置字体和字号。在“员工信息登记表”工作表中选中A1单元格，在【字体】选项组中将标题字体设置为【华文新魏】，将字号设置为20，然后将“近期一寸免冠照片”文字的字号设置为10，如图3-95所示。

步骤 8　设置文本的对齐方式。在“员工信息登记表”工作表中选中A1和A2单元格，在【字体】选项卡中单击【居中】按钮，即可将表格的标题文字居中显示。参照同样的方式，将A3:A7、A8:D19单元格区域中的文本以【居中】的方式显示，将A20、H3、H8和H14单元格中的文本以【居中】的方式显示，设置完毕后的显示效果如图3-96所示。

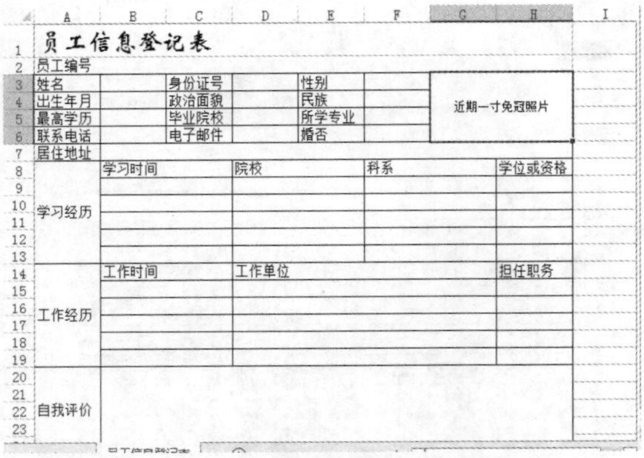

图3-95　设置字体和字号

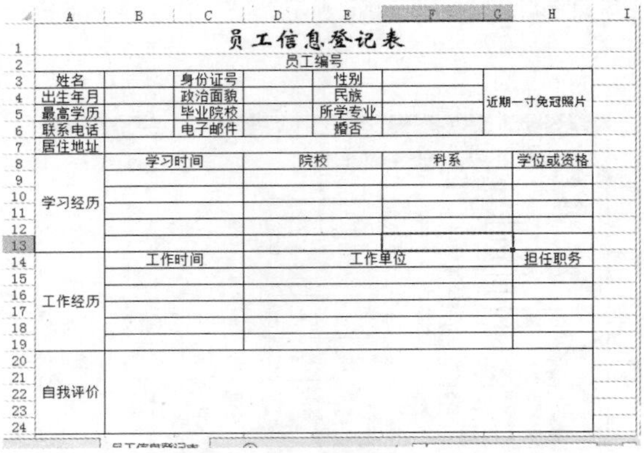

图3-96　设置文本对齐方式

步骤 9　设置文字自动换行。在“员工信息登记表”工作表中选中H3、A8、A14和A20单元格，然后按Ctrl+1快捷键打开【设置单元格格式】对话框，选择【对齐】选项卡，并选中【自动换行】复选框，如图3-97所示。

步骤 10　设置完毕后，单击【确定】按钮，即可将H3、A8、A14和A20单元格中的文本自动换行显示，如图3-98所示。

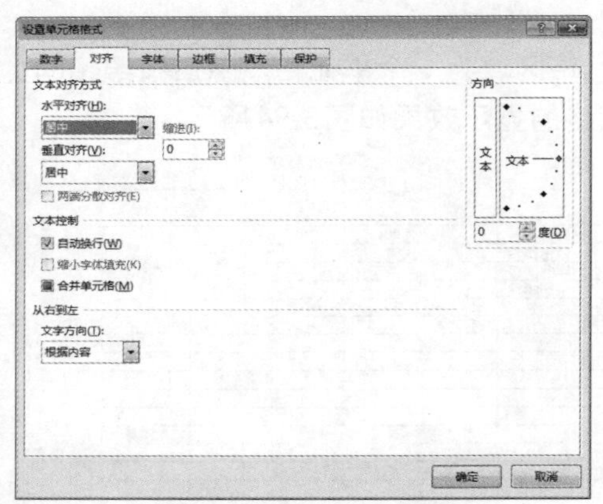

图3-97　设置文字自动换行

图3-98　最终的显示效果

3.6 疑难问题解答

问题1：如何选择工作表中的单元格？

解答：如果选择单个单元格，只需直接单击要选择的单元格即可；如果要选择多个连续的

单元格，则需要先选择第一个要选择的单元格，然后在按住Shift键的同时单击最后一个要选择的单元格；如果要选择不连续的单元格，则需要先选择第一个要选择的单元格，然后按住Ctrl键依次单击，直到选中最后一个要选择的单元格。

问题2：有时在单元格中输入“00001”时，为什么会直接显示一个“1”呢？

解答：出现这种情况，一般是由于单元格格式不相符造成的，用户可以对单元格的格式进行设置。只需要在该单元格中右击，在弹出的快捷菜单中选择【设置单元格格式】命令，即可弹出【设置单元格格式】对话框，选择【数字】选项卡，在左侧的【分类】列表框中选择【自定义】选项，在右侧的【类型】文本框中输入“00000”即可。

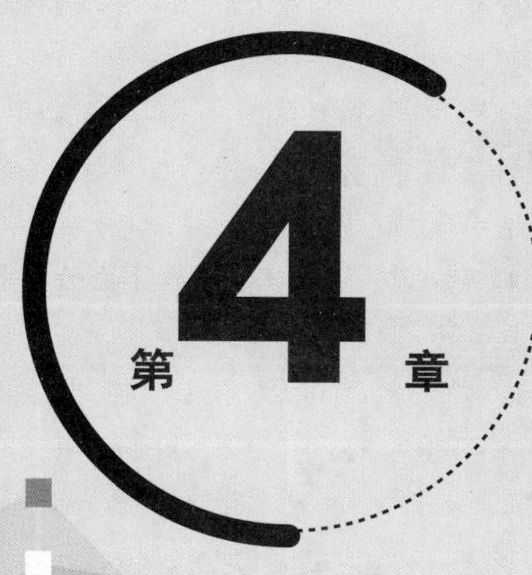

输入与编辑工作表中的数据

● **本章导读**

在Excel工作表中的单元格内可以输入各种类型的数据，包括常量和公式。常量是指直接从键盘上输入的文本、数字、日期和时间等；公式是指以等号开头并且由运算符、常量、函数和单元格引用等组成的表达式或函数等，公式的结果将随着引用单元格中数据的变化而变化。本章将为读者介绍在工作表中的单元格中输入与编辑数据的方法与技巧。

● **学习目标**

◎ 掌握Excel的输入技巧

◎ 掌握单元格的数据类型

◎ 掌握快速填充单元格数据的方法

◎ 掌握查找和替换功能的应用

◎ 掌握修改与编辑单元格数据的方法

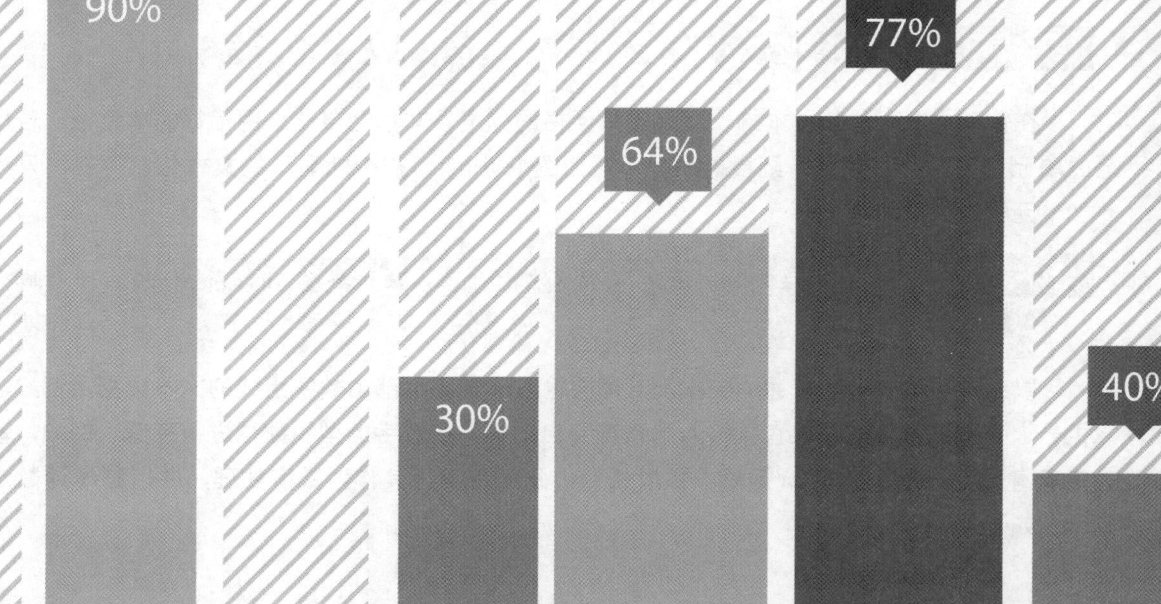

4.1 在单元格中输入数据

在单元格中输入的数值主要包括4种，分别是文本、数字、逻辑值和出错值，下面分别介绍输入的方法。

4.1.1 输入文本

单元格中的文本包括任何字母、汉字、数字、空格和符号等，每个单元格最多可包含32000个字符。文本是Excel工作表中常见的数据类型之一。当在单元格中输入文本时，既可以直接在单元格中输入，也可以在编辑栏中输入，具体操作步骤如下。

步骤 1 启动Excel 2013，新建一个工作簿。选中单元格A1，输入所需的文本。例如，输入“春眠不觉晓”，此时编辑栏中将会自动显示输入的内容，如图4-1所示。

步骤 2 选中单元格A2，在编辑栏中输入文本“处处闻啼鸟”，此时单元格中也会显示输入的内容，然后按Enter键，即可确定输入，如图4-2所示。

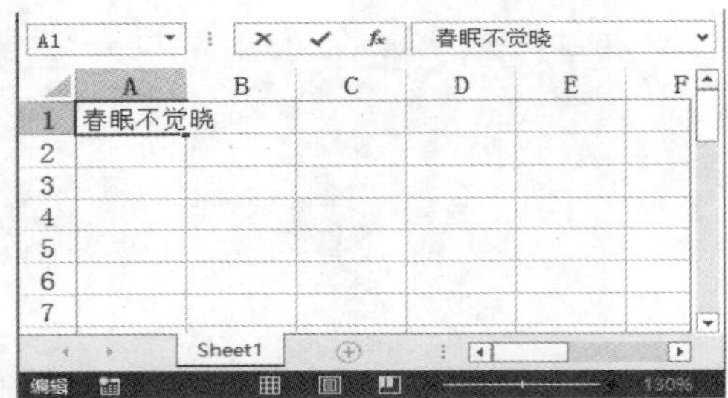

图4-1 直接在单元格中输入文本

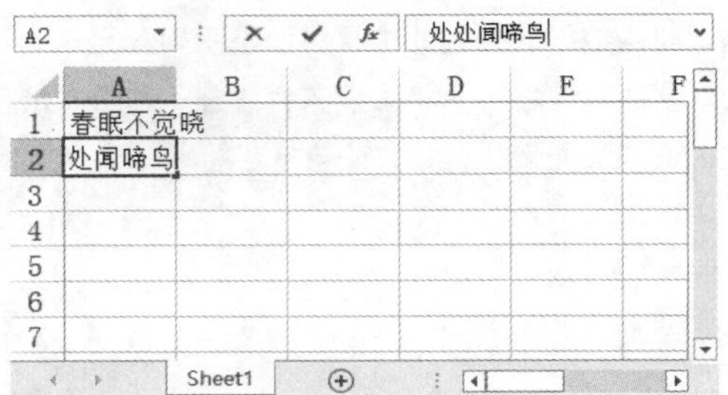

图4-2 在编辑栏中输入文本

> **提示** 在默认情况下，Excel会将输入文本的对齐方式设置为“左对齐”。

在输入文本时，若文本的长度大于单元格的列宽，文本会自动占用相邻的单元格，若相邻的单元格中已存在数据，则会截断显示，如图4-3所示。被截断显示的文本依然存在，只需增加单元格的列宽即可显示。

> **提示** 如果想在一个单元格中输入多行数据，在换行处按Alt+Enter快捷键即可换行，如图4-4所示。

以上只是输入一些普通的文本，若需要输入一长串全部由数字组成的文本数据，例如，手机号、身份证号等，如果直接输入，系统会自动将其按数字类型的数据进行存储。例如，输入任意身份证号码，按Enter键后，可以看到，此时系统将其作为数字处理，并以科学计数法显示，如图4-5所示。

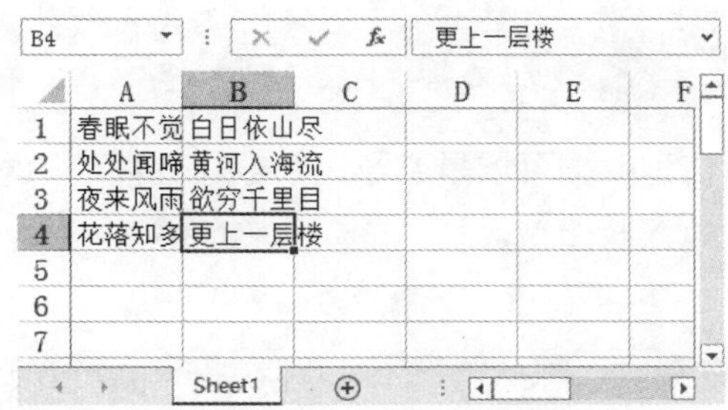

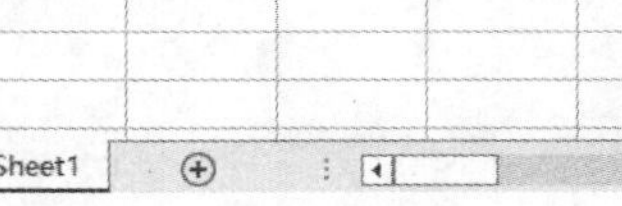

图4-3　文本截断显示

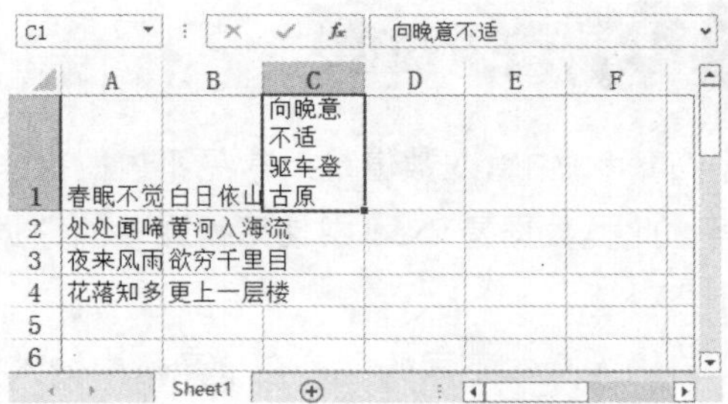

图4-4　换行显示数据

针对该问题，在输入数字时，在数字前面添加一个英文状态下的单引号“'”即可解决，如图4-6所示。

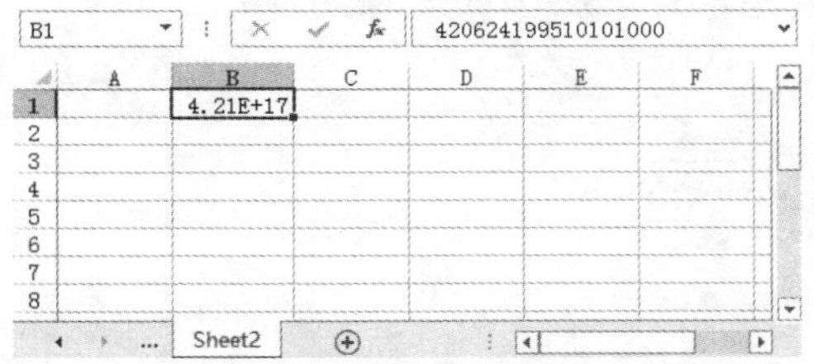

图4-5　按数字类型的数据处理

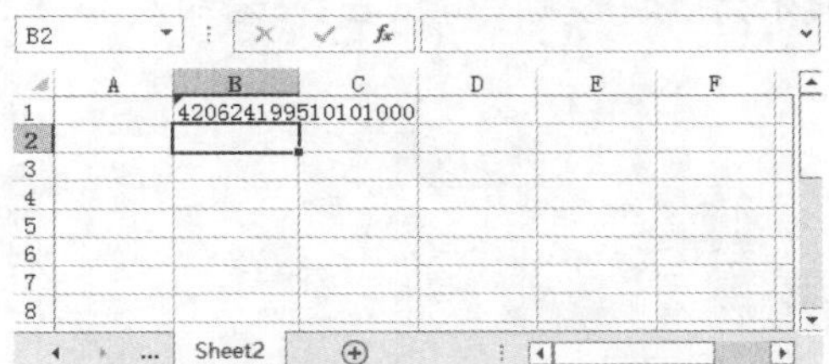

图4-6　在数字前面添加一个单引号

添加单引号后，虽然能够以数字形式显示完整的文本，但单元格左上角会显示一个绿色的倒三角标记，提示存在错误。选中该单元格，其前面会显示一个错误图标，单击图标右侧的下拉按钮，在弹出的下拉列表中选择【错误检查选项】选项，如图4-7所示。弹出【Excel选项】对话框，在【错误检查规则】区域取消选中【文本格式的数字或者前面有撇号的数字】复选框，单击【确定】按钮，如图4-8所示。经过以上设置以后，系统将不再对此类错误进行检查，即不会显示绿色的倒三角标记。

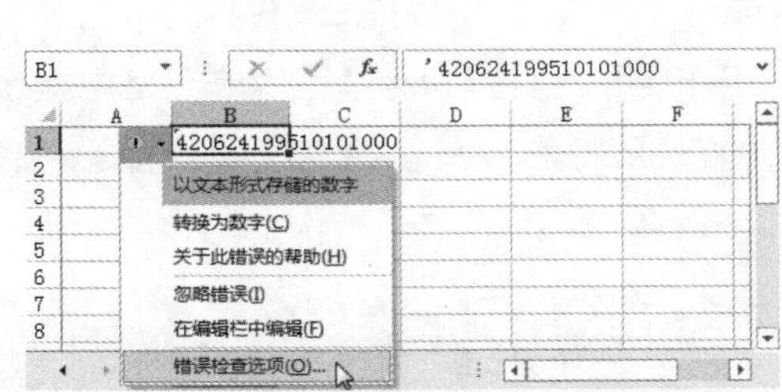

图4-7　选择【错误检查选项】选项

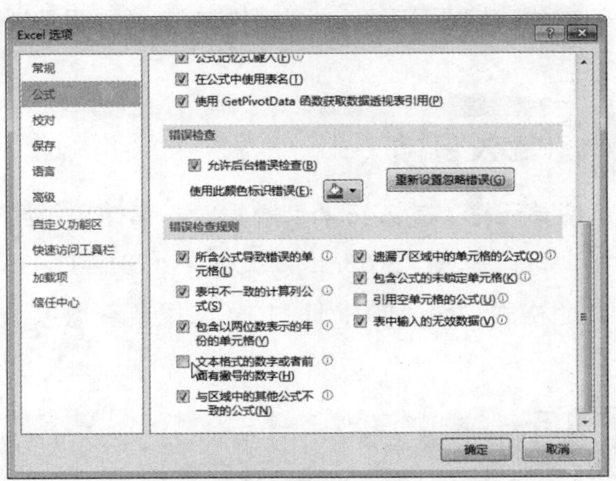

图4-8　【Excel选项】对话框

提示　若只是想隐藏当前单元格的错误标记，在图4-7中，选择【忽略错误】选项即可。

4.1.2 输入数值

在Excel中输入数值是最常见不过的操作了，数值型数据可以是整数、小数、分数或科学计数等，此类数据是Excel中使用得最多的数据类型。输入数值型数据与输入文本的方法相同，这里不再赘述。

与输入文本不同的是，在单元格中输入数值型数据时，默认情况下，Excel会将其对齐方式设置为“右对齐”，如图4-9所示。

另外，要在单元格中输入分数，如果直接输入，系统会自动将其显示为日期。因此，在输入分数时，为了与日期型数据区分，需要在其前面加一个零和一个空格。例如，若输入“1/3”，则显示为日期形式“1月3日”，若输入“0 1/3”，才会显示为分数“1/3”，如图4-10所示。

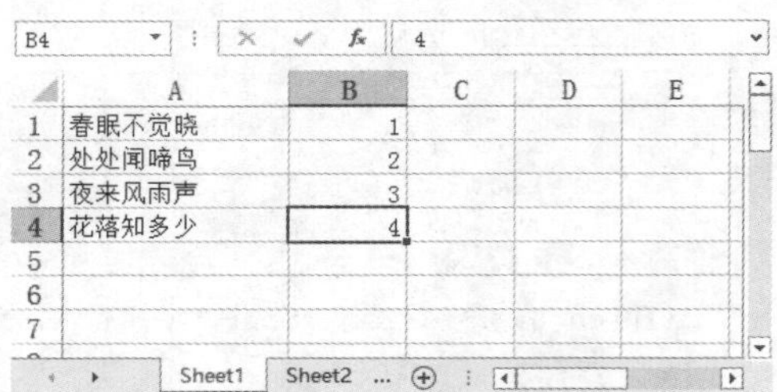

图4-9 输入数字并右对齐显示

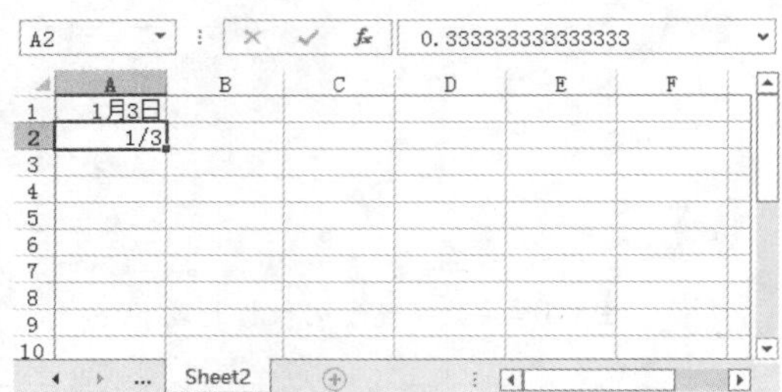

图4-10 输入分数

4.1.3 输入日期和时间

日期和时间也是Excel工作表中常见的数据类型之一。在单元格中输入日期和时间型数据时，在默认情况下，Excel会将其对齐方式设置为右对齐。若要在单元格中输入日期和时间，需要遵循特定的规则。

 1. 输入日期

在单元格中输入日期型数据时，请使用斜线“/”或者连字符“-”分隔日期的年、月、日。例如，可以输入“2015/11/11”或者“2015-11-11”来表示日期，但按Enter键后，单元格中显示的日期格式均为“2015/11/11”，如果要获取系统当前的日期，按Ctrl+;快捷键即可，如图4-11所示。

> **提示** 默认情况下，输入的日期以类似“2015/11/11”的格式来显示，用户还可设置单元格的格式来改变其显示的形式，具体操作步骤将在后面详细介绍。

 2. 输入时间

在单元格中输入时间型数据时，请使用冒号“:”分隔时间的小时、分、秒。若要按12小时

制表示时间，在时间后面添加一个空格，然后需要输入“AM”（上午）或“PM”（下午）。如果要获取系统当前的时间，按Ctrl+Shift+;快捷键即可，如图4-12所示。

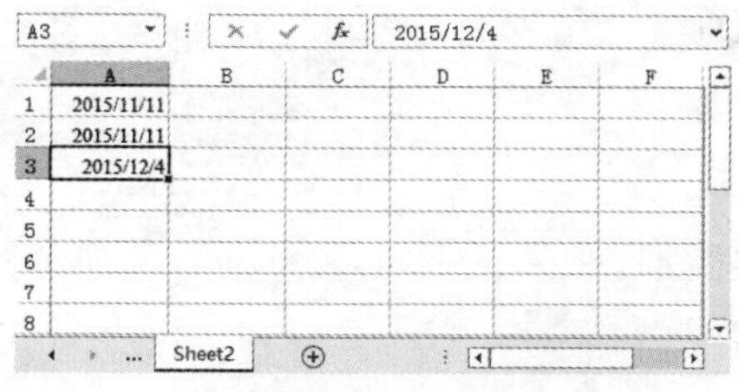
图4-11 输入日期

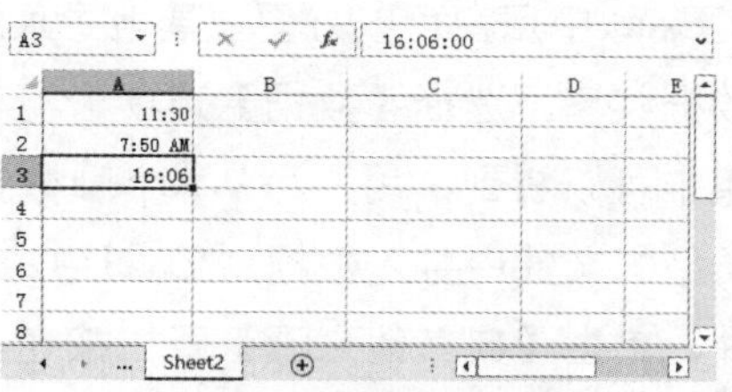
图4-12 输入时间

提示 如果Excel不能识别输入的日期或时间，则视其为文本进行处理，并在单元格中靠左对齐，如图4-13所示。

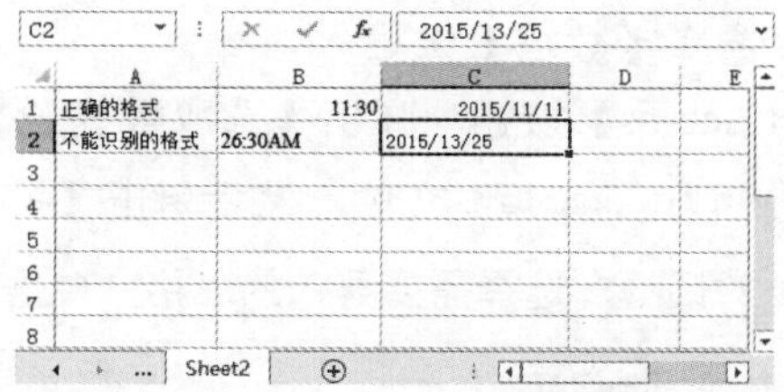
图4-13 输入不能识别的日期或时间

4.1.4 输入特殊符号

在Excel工作表中的单元格内可以输入特殊符号，具体操作如下。

步骤 1 选中需要插入特殊符号的单元格，如这里选择单元格A1，然后单击【插入】选项卡【符号】组中的【符号】按钮，即可打开【符号】对话框，选择【符号】选项卡，在【子集】下拉列表框中选择【数学运算符】选项，从弹出的列表框中选择√，如图4-14所示。

步骤 2 单击【插入】按钮，再单击【关闭】按钮，即可完成特殊符号的插入操作，如图4-15所示。

图4-14 选择特殊符号“√”

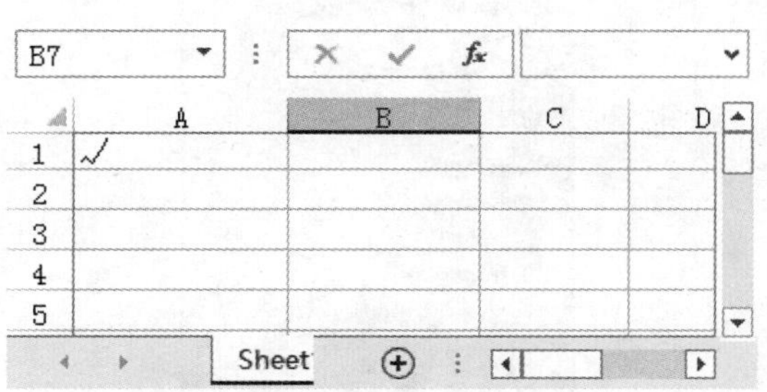
图4-15 插入特殊符号“√”

4.1.5 导入外部数据

在Excel中用户可以方便快捷地导入外部数据，从而实现数据共享。选择【数据】选项卡，在【获取外部数据】组中可以看到，用户可从Access数据库、网站、文本等类型的文件中导入数据到Excel中。除了这3种类型的文件，单击【自其他来源】下拉按钮，在弹出的下拉列表中可以看到，系统还支持从SQL Server、XML等文件中导入数据，如图4-16所示。

图4-16　【自其他来源】下拉列表

下面以导入Access数据库的数据为例介绍如何导入外部数据，具体操作步骤如下。

步骤 1 打开Excel表格，选择【数据】选项卡，单击【获取外部数据】组的【自Access】按钮，弹出【选取数据源】对话框，找到随书光盘中的"素材\ch04"目录，选择"图书管理.accdb"文件，然后单击【打开】按钮，如图4-17所示。

步骤 2 弹出【选择表格】对话框，选择需要导入的表格，单击【确定】按钮，如图4-18所示。

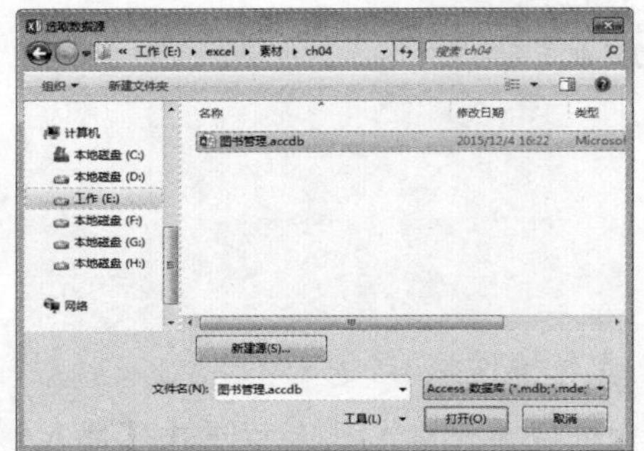

图4-17　【选取数据源】对话框

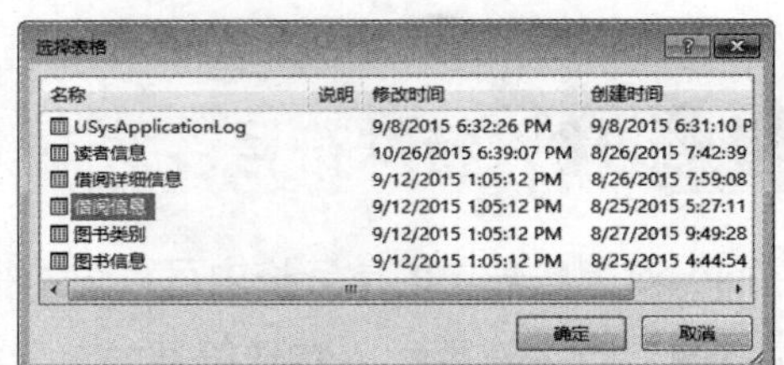

图4-18　【选择表格】对话框

步骤 3 弹出【导入数据】对话框，单击【确定】按钮，如图4-19所示。

步骤 4 此时Access数据库中的"借阅信息"表已经成功导入当前的Excel工作表中，如图4-20所示。

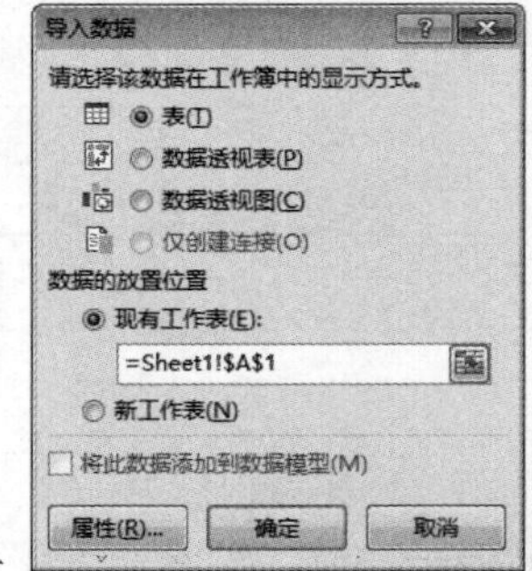

图4-19　【导入数据】对话框

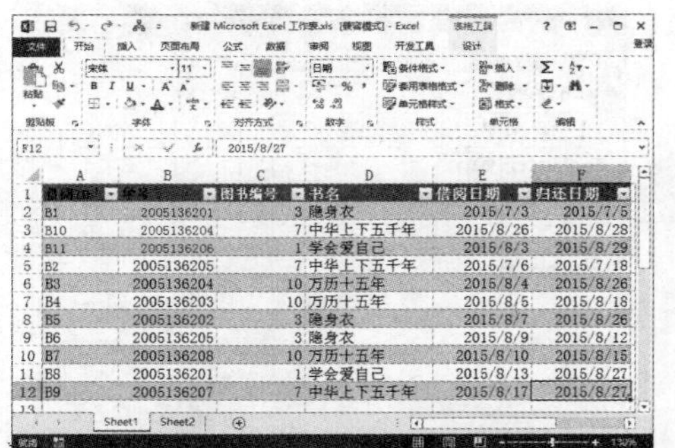

借阅ID	[illegible]	图书编号	书名	借阅日期	归还日期
B1	2005136201	3	隐身衣	2015/7/3	2015/7/5
B10	2005136204	7	中华上下五千年	2015/8/26	2015/8/28
B11	2005136206	1	学会爱自己	2015/8/3	2015/8/29
B2	2005136205	7	中华上下五千年	2015/7/6	2015/7/18
B3	2005136204	10	万历十五年	2015/8/4	2015/8/26
B4	2005136203	10	万历十五年	2015/8/5	2015/8/18
B5	2005136202	3	隐身衣	2015/8/7	2015/8/26
B6	2005136205	3	隐身衣	2015/8/9	2015/8/12
B7	2005136208	10	万历十五年	2015/8/10	2015/8/15
B8	2005136201	1	学会爱自己	2015/8/13	2015/8/27
B9	2005136207	7	中华上下五千年	2015/8/17	2015/8/27

图4-20　成功导入Access数据库中的数据表

使用同样的方法，用户还可导入网站、XML等类型的文件数据到Excel表中，这里不再赘述。

4.2 设置单元格的数据类型

有时Excel单元格中显示的数据和用户输入的数据不一致，这是由于未设置单元格的数据类型而造成的，Excel单元格的数据类型包括数值格式、货币格式、会计专用格式等。本节为读者介绍如何设置单元格的数据类型。

4.2.1 常规格式

Excel单元格的常规格式是不包含特定格式的数据格式，Excel中默认的数据格式即为常规格式。如图4-21所示，A列为常规格式的数据显示，B列为文本格式，C列为数值格式。

> **提示** 选定单元格后，按Ctrl + Shift +~组快捷，可以将选定的单元格设置为常规格式。

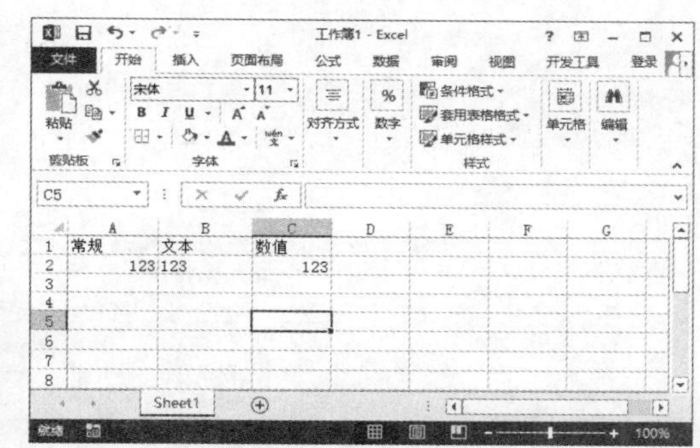

图4-21　常规格式

4.2.2 数值格式

数值格式主要用于设置小数点的位数，当使用数值表示金额时，还可设置是否使用千位分隔符，具体操作步骤如下。

步骤 1 打开随书光盘中的“素材\ch04\千古网络销售.xlsx”文件，选择区域B3:F7，右击，在弹出的快捷菜单中选择【设置单元格格式】命令，如图4-22所示。

步骤 2 弹出【设置单元格格式】对话框，选择【数字】选项卡，在【分类】列表框中选择【数值】选项，在右侧设置小数位数为2，然后选中【使用千位分隔符】复选框，如图4-23所示。

步骤 3 单击【确定】按钮，可以看到，选定区域中的数值会自动以千位分隔符的形式呈现出来，并保留2位小数位数，如图4-24所示。

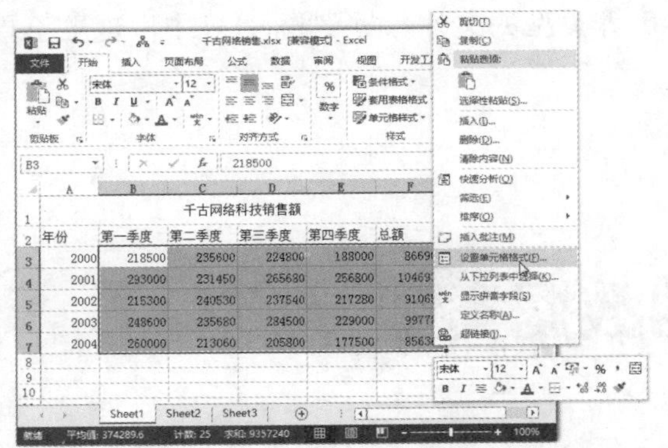
图4-22　选择【设置单元格格式】命令

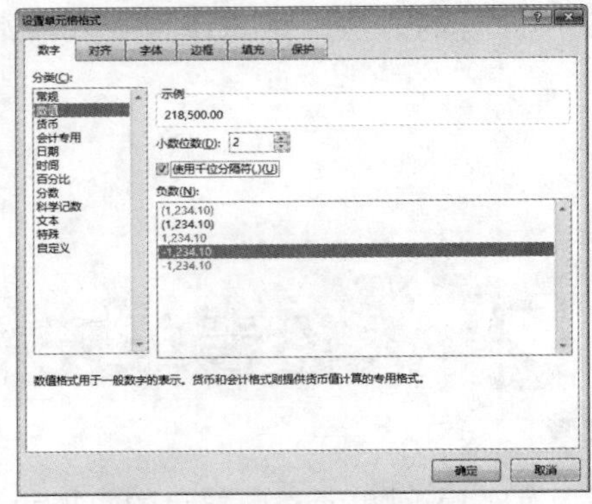
图4-23　【设置单元格格式】对话框

提示　选择区域以后，在【开始】选项卡中，单击【数字】组右下角的按钮，同样会弹出【设置单元格格式】对话框，用于设置格式。或者直接单击【常规】右侧的下拉按钮，在弹出的下拉列表中选择其他的格式，并通过下方的或%等按钮设置货币符号、千位分隔符等，如图4-25所示。

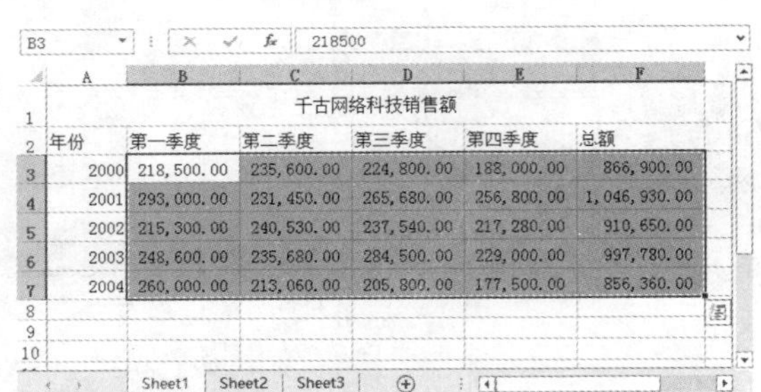
图4-24　设置数值格式

图4-25　选择数值格式

4.2.3 货币格式

货币格式主要用于设置货币的形式，包括货币类型和小数位数。当需要使用数值表示金额时，可以将格式设置为货币格式，具体操作步骤如下。

步骤 1　选择要设置数据类型的单元格或单元格区域，打开【设置单元格格式】对话框，选择【数字】选项卡，在【分类】列表框中选择【货币】选项，在右侧设置【小数位数】为1，单击【货币符号】右侧的下拉按钮，在弹出的下拉列表中选择￥，如图4-26所示。

步骤 2　单击【确定】按钮，可以看到，选定区域中的数值会自动带有“￥”符号，并保留1位小数位数，若在空白单元格中输入其他数值，会呈现出相同的货币格式，如图4-27所示。

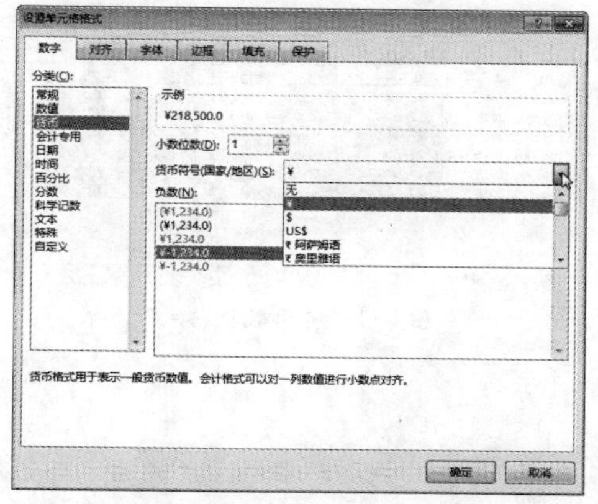

图4-26 【设置单元格格式】对话框

	A	B	C	D	E	F
1			千古网络科技销售额			
2	年份	第一季度	第二季度	第三季度	第四季度	总额
3	2000	¥218,500.0	¥235,600.0	¥224,800.0	¥188,000.0	¥866,900.0
4	2001	¥293,000.0	¥231,450.0	¥265,680.0	¥256,800.0	¥1,046,930.0
5	2002	¥215,300.0	¥240,530.0	¥237,540.0	¥217,280.0	¥910,650.0
6	2003	¥248,600.0	¥235,680.0	¥284,500.0	¥229,000.0	¥997,780.0
7	2004	¥260,000.0	¥213,060.0	¥205,800.0	¥177,500.0	¥856,360.0
8		¥21,400.0				

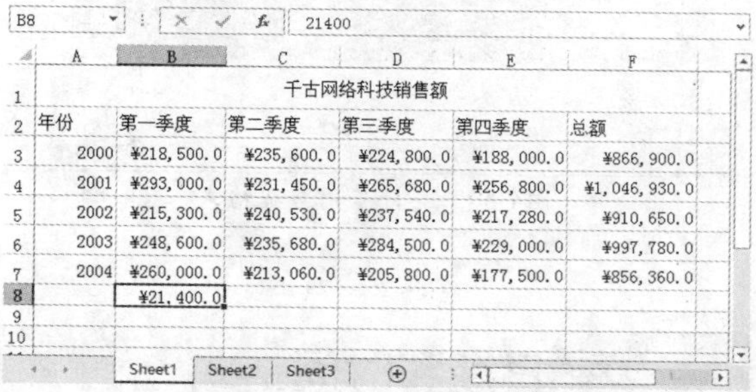

图4-27 设置货币格式

4.2.4 会计专用格式

会计专用格式也是用于设置货币的形式，与货币格式不同的是，会计专用格式可以将数值中的货币符号对齐，具体操作步骤如下。

步骤 1 打开随书光盘中的“素材\ch04\工资发放记录.xlsx”文件，选择区域D2:H7，右击，在弹出的快捷菜单中选择【设置单元格格式】命令，如图4-28所示。

步骤 2 弹出【设置单元格格式】对话框，选择【数字】选项卡，在【分类】列表框中选择【会计专用】选项，在右侧设置小数位数为1，单击【货币符号（国家/地区）】下拉列表框右侧的下拉按钮，在弹出的下拉列表中选择¥，如图4-29所示。

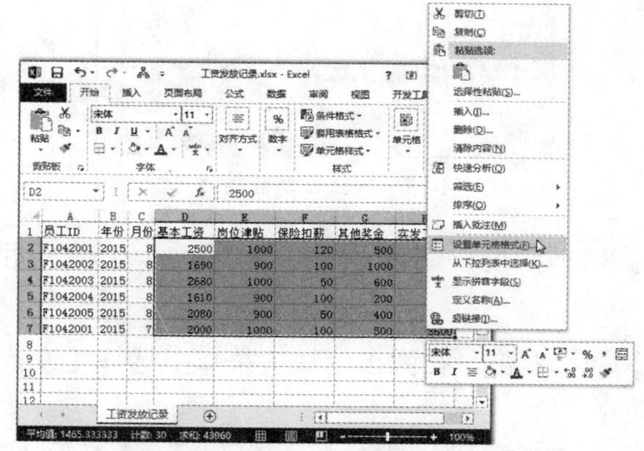

图4-28 选择【设置单元格格式】命令

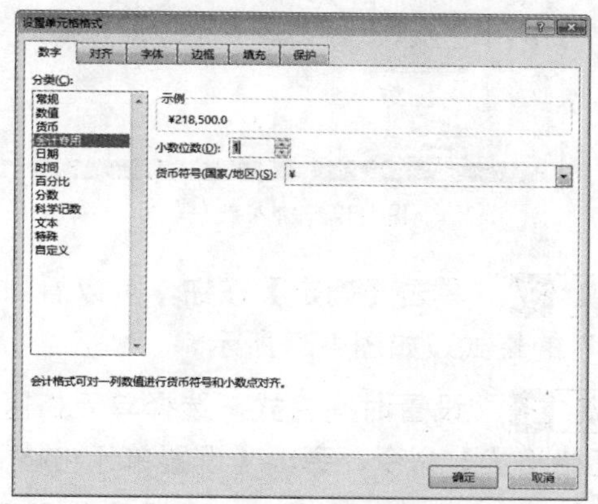

图4-29 选择会计专用数据设置

步骤 3 单击【确定】按钮，可以看到，选定区域中的数值会自动带有“¥”符号，并保留1位小数位数，且每个数值的货币符号均会对齐，如图4-30所示。

注意 将货币格式与会计专用格式比较，可以看到，货币数据格式的货币符号没有对齐，如图4-31所示。

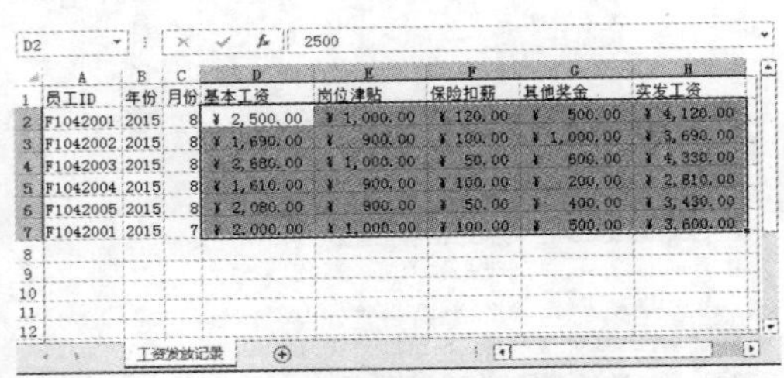
图4-30　会计专用数据格式

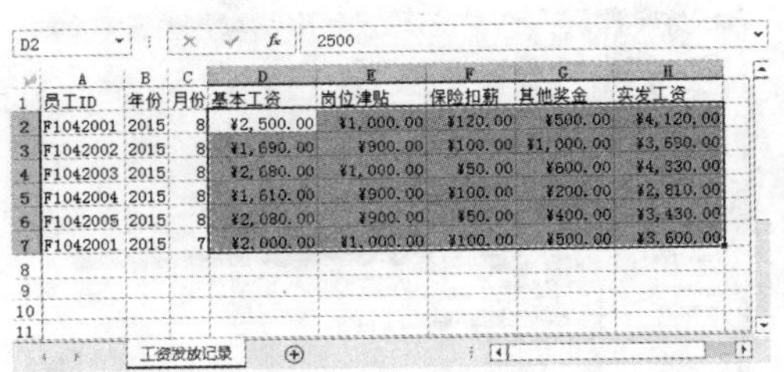
图4-31　货币数据格式

4.2.5 日期和时间格式

在单元格中输入日期和时间时，Excel以默认的日期/时间格式显示，下面通过设置，使其显示为不同的日期/时间格式，具体操作步骤如下。

步骤 1 启动Excel 2013，新建一个空白文档，在表格内输入相关数据内容，如图4-32所示。

步骤 2 选择单元格区域B3:B6，右击，在弹出的快捷菜单中选择【设置单元格格式】命令，弹出【设置单元格格式】对话框，选择【数字】选项卡，在【分类】列表框中选择【日期】选项，在右侧设置类型为【2012年3月14日】，如图4-33所示。

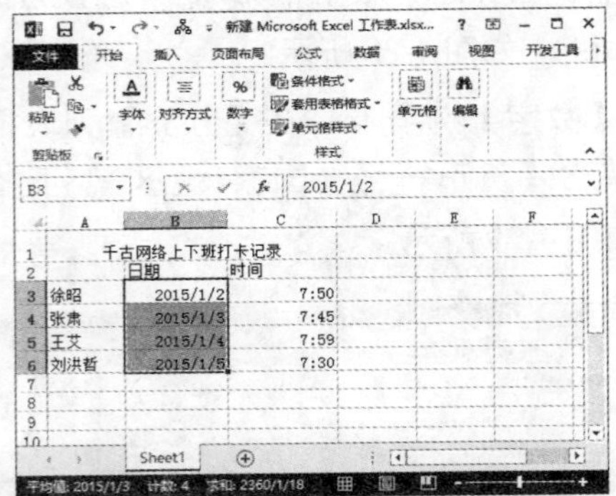
图4-32　输入数据

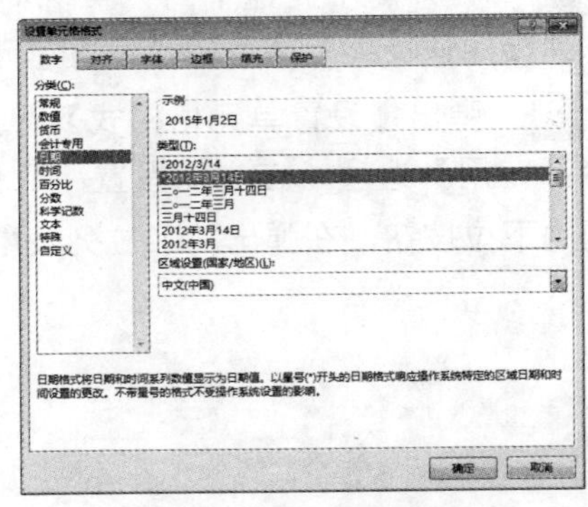
图4-33　选择日期数据格式

步骤 3 单击【确定】按钮，可以看到，选定区域中的日期会显示为类似于“2015年1月2日”的格式，如图4-34所示。

步骤 4 设置时间格式，选择单元格区域C3:C6，右击，在弹出的快捷菜单中选择【设置单元格格式】命令，弹出【设置单元格格式】对话框，选择【数字】选项卡，在【分类】列表框中选择【时间】选项，在右侧设置类型为“1:30:55 PM”，表示设置按12小时制输入，如图4-35所示。

步骤 5 单击【确定】按钮，可以看到，选定区域中的时间会显示为类似于“7:50:00 AM”的格式，如图4-36所示。

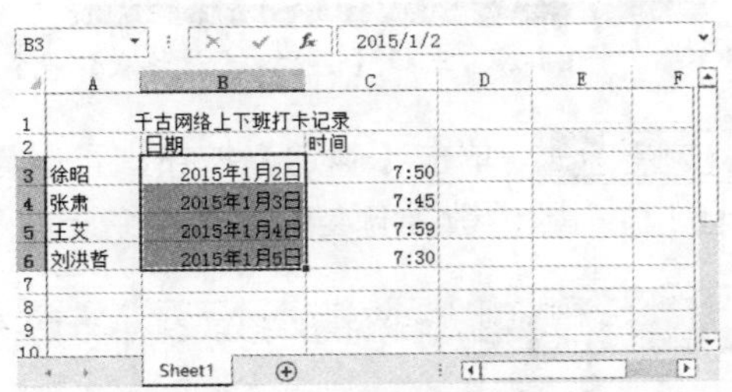
图4-34　以日期格式显示数据

图4-35　选择时间数据格式

图4-36　以时间数据格式显示

4.2.6 百分比格式

将单元格中的数值设置为百分比格式时，分为以下两种情况：先设置格式再输入数值和先输入数值再设置格式，下面分别介绍。

1. 先设置格式再输入数值

如果先设置单元格中的格式为百分比格式，再输入数值，系统会自动在输入的数值末尾添加百分号，具体操作步骤如下。

步骤 1　启动Excel 2013，新建一个空白文档，在表格内输入相关数据内容，如图4-37所示。

步骤 2　选择单元格区域A2:A4，右击，在弹出的快捷菜单中选择【设置单元格格式】命令，弹出【设置单元格格式】对话框，选择【数字】选项卡，在【分类】列表框中选择【百分比】选项，在右侧设置小数位数为1，如图4-38所示。

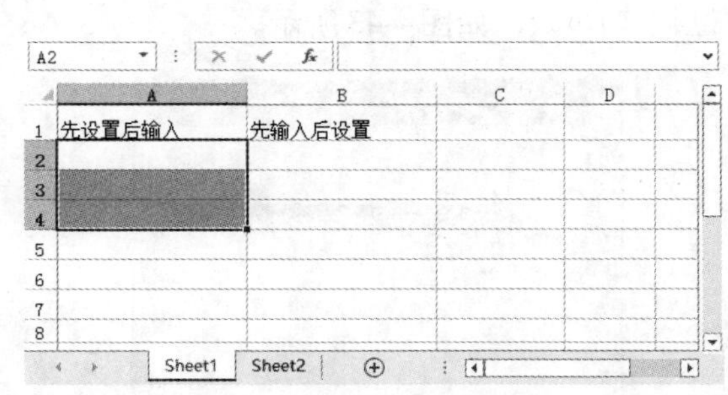

图4-37　选择单元格数据

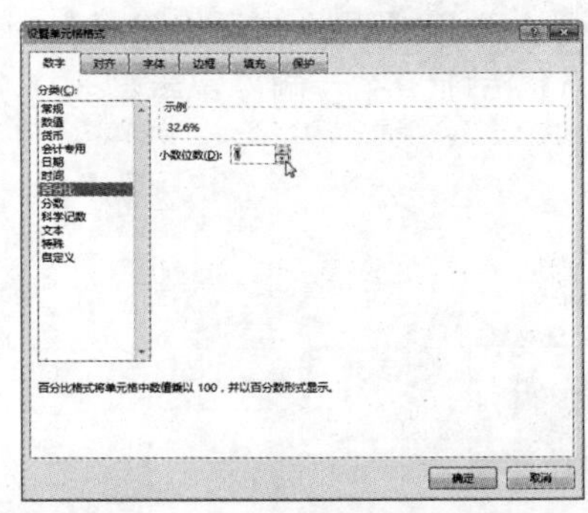

图4-38　【设置单元格格式】对话框

步骤 3　单击【确定】按钮，在A2:A4单元格区域内输入数值，可以看到，输入的数值保留了1位小数位数，且末尾会添加“%”符号，如图4-39所示。

2. 先输入数值再设置格式

该方法与先设置格式再输入数值不同的是，在改变格式的同时，系统会自动将原有的数值乘以100，具体操作步骤如下。

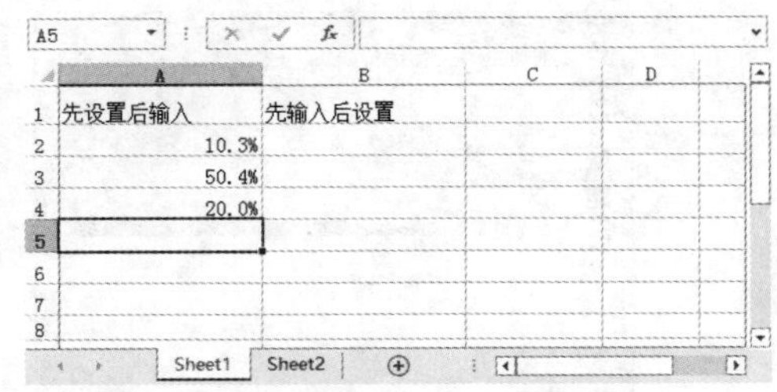
图4-39　以百分比方式显示数据

步骤 1　在单元格区域B2:B4中输入与前一列相同的数据，然后选择该区域，并在【设置单元格格式】对话框中设置单元格的格式为百分比格式，如图4-40所示。

步骤 2　设置完成后，单击【确定】按钮，可以看到，系统自动将输入的数值乘以100，然后保留了1位小数位数，且末尾会添加“%”符号，如图4-41所示。

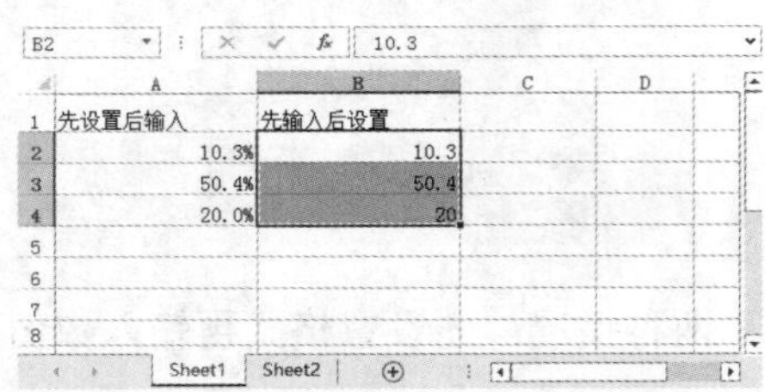
图4-40　输入数据

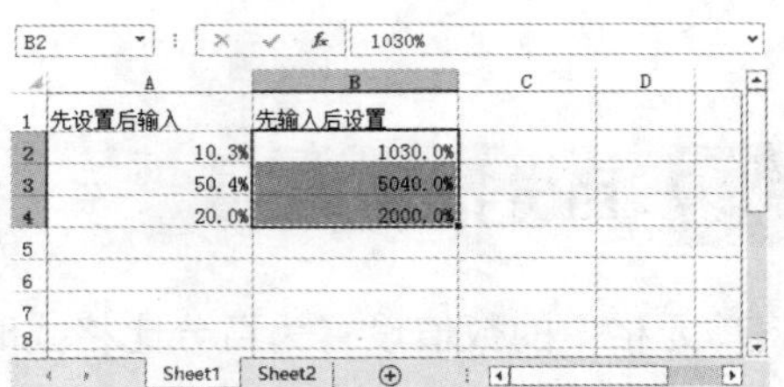
图4-41　设置数据格式

4.2.7 分数格式

当用户在单元格中直接输入分数时，若没有设置相应的格式，系统会自动将其显示为日期格式。下面介绍如何设置单元格的格式为分数格式，具体操作步骤如下。

步骤 1　启动Excel 2013，新建一个空白文档，选择单元格区域A1:A4，如图4-42所示，右击，在弹出的快捷菜单中选择【设置单元格格式】命令。

步骤 2　弹出【设置单元格格式】对话框，选择【数字】选项卡，在【分类】列表框中选择【分数】选项，在右侧设置类型为【分母为一位数（1/4）】，如图4-43所示。

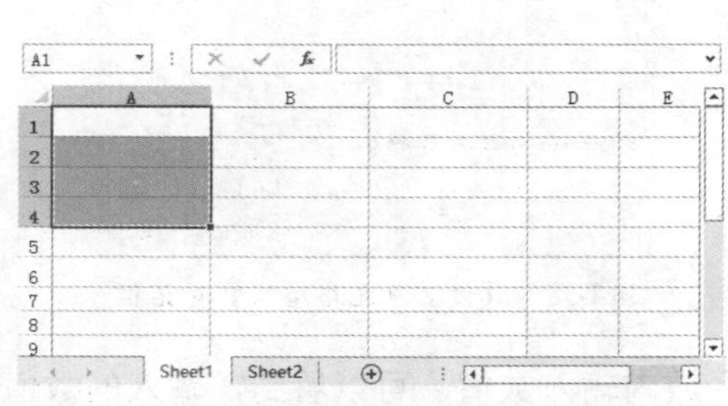
图4-42　选择单元格区域

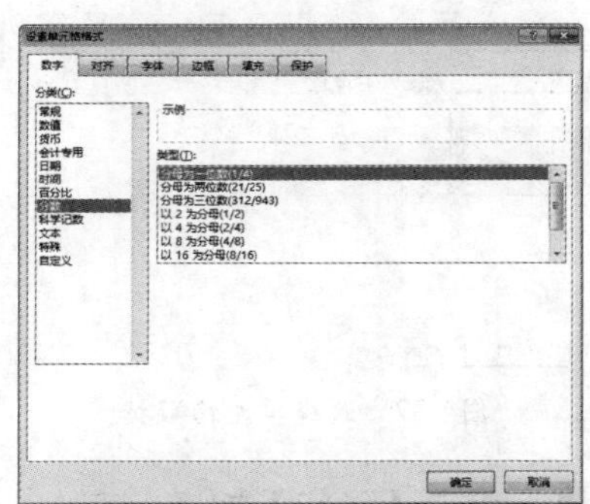
图4-43　【设置单元格格式】对话框

步骤 3　单击【确定】按钮，在A1:A4单元格区域内输入任意数字，可以看到，系统会将其转换为分数格式，且分数的分母只有一位，在编辑栏中还会显示出分数经过运算后的小数，如图4-44所示。

> **提示** 如果不需要对分数进行运算，在输入分数之前，将单元格的格式设置为文本格式即可。这样，输入的分数就不会减小或转换为小数。

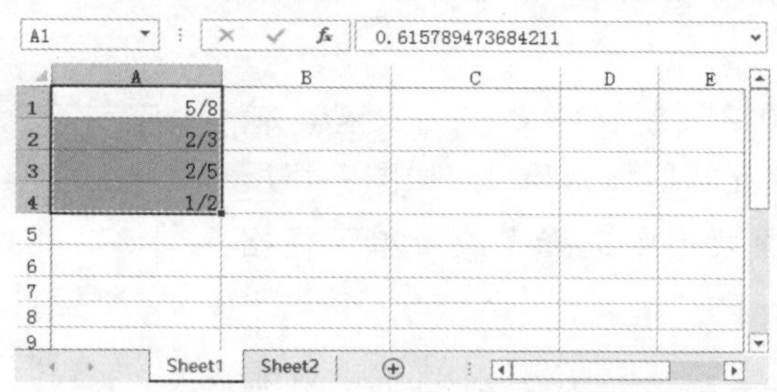

图4-44　以分数格式显示数据

4.2.8 科学记数格式

如果在单元格中输入的数值较大时，默认情况下，系统会自动将其转换为科学记数格式，也可以直接设置单元格的格式为科学记数格式，具体操作步骤如下。

步骤 1 启动Excel 2013，新建一个空白文档，选择单元格区域A1:A4，如图4-45所示，右击，在弹出的快捷菜单中选择【设置单元格格式】命令。

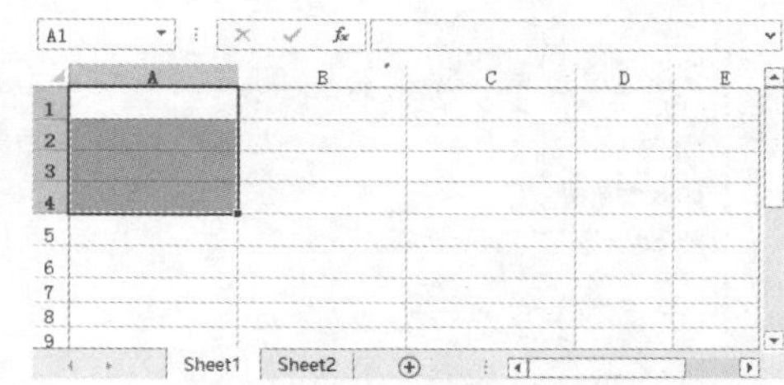

图4-45　选择单元格区域

步骤 2 弹出【设置单元格格式】对话框，选择【数字】选项卡，在【分类】列表框中选择【科学记数】选项，在右侧设置小数位数为1，如图4-46所示。

步骤 3 单击【确定】按钮，在A1:A4单元格区域内输入任意数字，可以看到，系统会将其转换为科学记数格式，如图4-47所示。

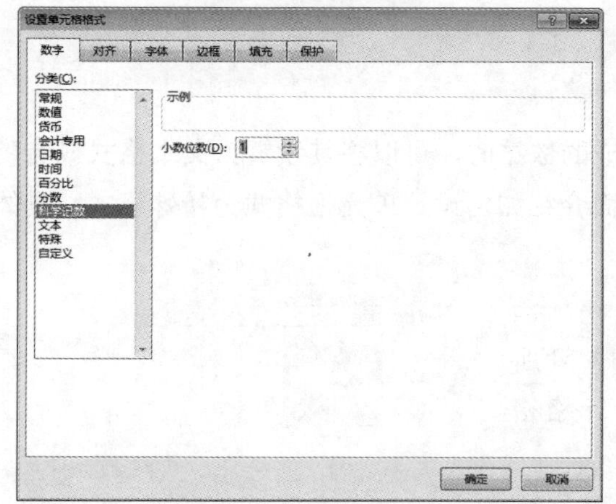

图4-46　设置数据格式

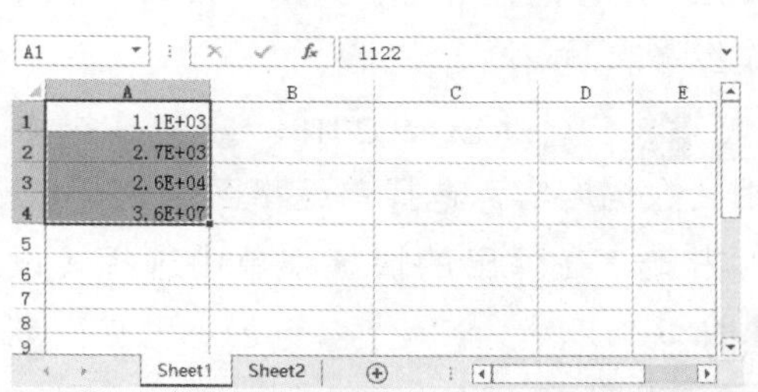

图4-47　以科学记数格式显示数据

4.2.9 文本格式

当设置单元格的格式为文本格式时，单元格中显示的内容与输入的内容是完全一致的，具体操作步骤如下。

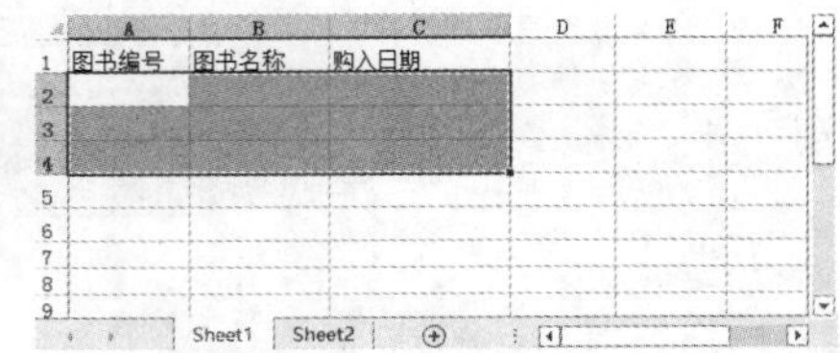

图4-48　选择单元格区域

步骤 1　启动Excel 2013，新建一个空白文档，输入相关数据内容，选择单元格区域A2:C4，如图4-48所示，右击，在弹出的快捷菜单中选择【设置单元格格式】命令。

步骤 2　弹出【设置单元格格式】对话框，选择【数字】选项卡，在【分类】列表框中选择【文本】选项，如图4-49所示。

步骤 3　单击【确定】按钮，在A2:C4单元格区域内输入内容，可以看到，输入的内容与显示的内容完全一致，如图4-50所示。若没有设置其为文本格式，在A2中输入“001”时，系统会默认将0忽略不计，只显示为“1”。

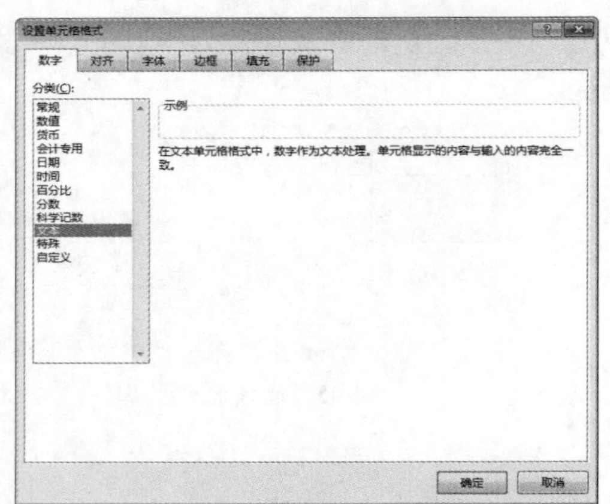

图4-49　设置数据格式

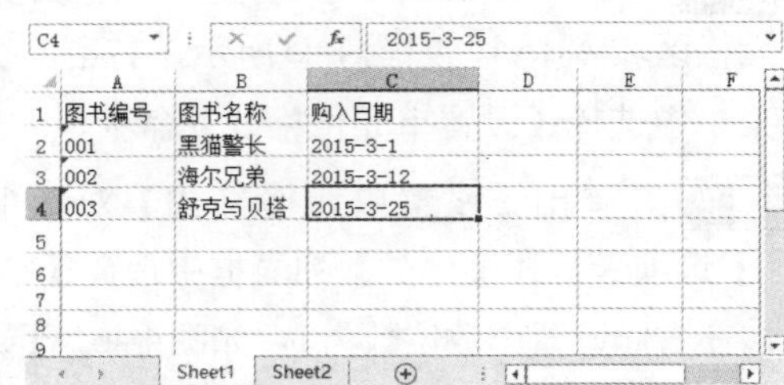

图4-50　以文本格式显示数据

4.2.10 特殊格式

当输入邮政编码、电话号码等全部由数字组成的数据时，可以将其设置为文本格式或者特殊格式，从而避免系统将其默认为数字格式。下面介绍如何设置单元格格式为特殊格式，具体操作步骤如下。

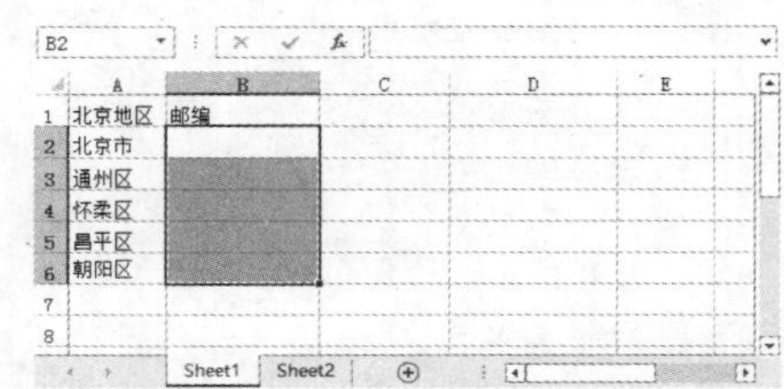

图4-51　选择单元格区域

步骤 1　启动Excel 2013，新建一个空白文档，输入相关数据内容，选择单元格区域B2:B6，如图4-51所示，右击，在弹出的快捷菜单中选择【设置单元格格式】命令。

步骤 2　弹出【设置单元格格式】对话框，选择

【数字】选项卡，在【分类】列表框中选择【特殊】选项，在右侧设置类型为【邮政编码】，如图4-52所示。

步骤 3　单击【确定】按钮，在B2:B6单元格区域内输入内容，可以看到，单元格的格式均为“邮政编码”格式，如图4-53所示。

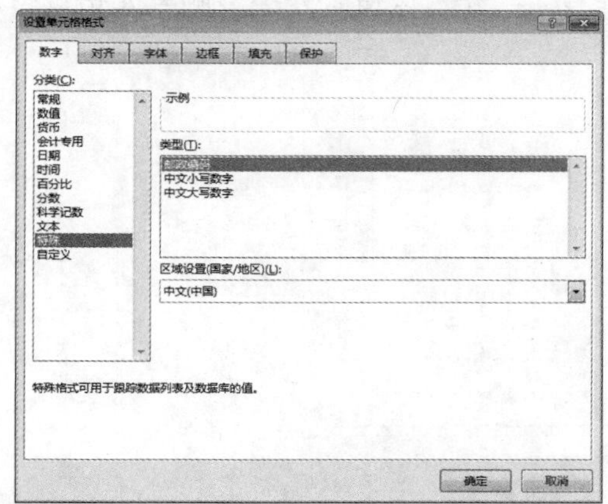

图4-52　设置数据格式

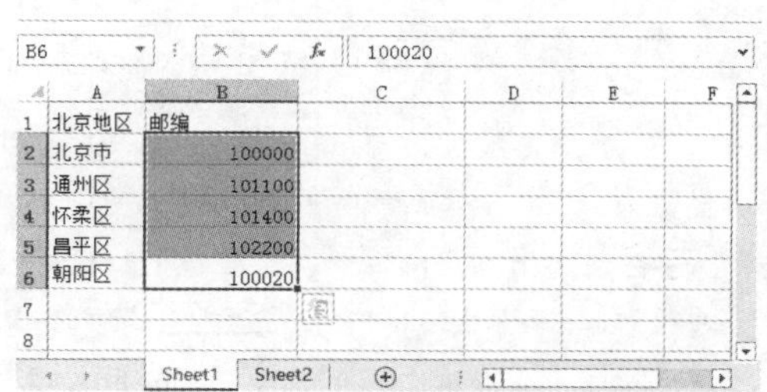

图4-53　以邮政编码的方式显示数据

4.2.11 自定义格式

若以上的格式均不能满足需求，用户还可以自定义格式。例如，若需要在单价后面添加货币单位“元”，如果直接把单位写在单价后面，单元格内的数字是无法进行数学运算的，这时可以设置自定义格式，具体操作步骤如下。

步骤 1　启动Excel 2013，新建一个空白文档，输入相关数据内容，选择单元格区域B2:B5，如图4-54所示，右击，在弹出的快捷菜单中选择【设置单元格格式】命令。

步骤 2　弹出【设置单元格格式】对话框，选择【数字】选项卡，在【分类】列表框中选择【自定义】选项，在右侧的【类型】文本框中输入“0.00 ‘元’”，如图4-55所示。

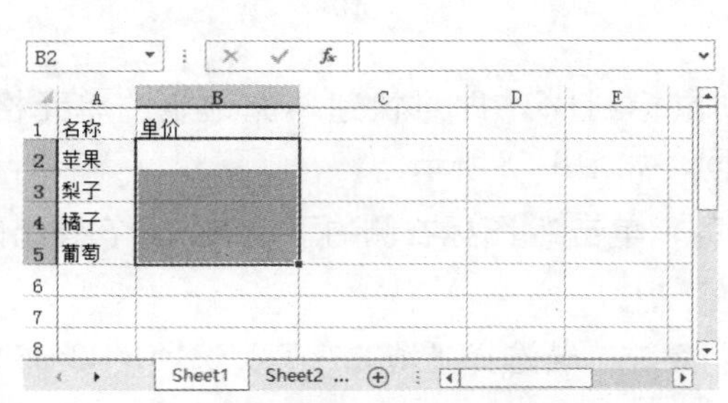

图4-54　选择单元格区域

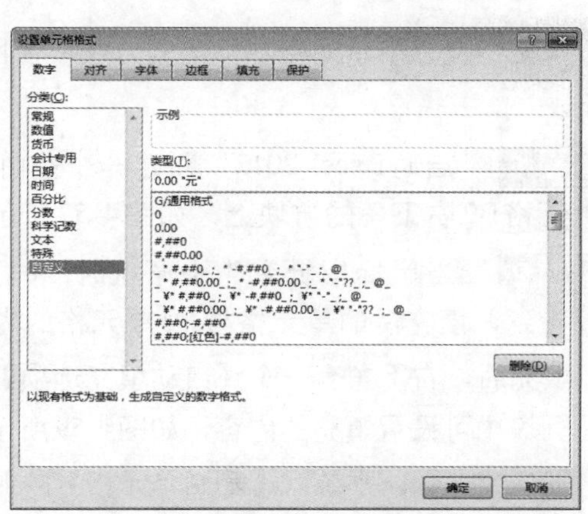

图4-55　设置数据格式

> **提示** 【类型】列表框中的“0”或者“#”都是Excel中的数字占位符，一个占位符表示一个数字。用户也可以选择【类型】列表框中系统提供的格式，用于设置其他的自定义格式。

步骤 3 单击【确定】按钮，在B2:B5单元格区域内输入单价，可以看到，系统会保留2位小数位数，在输入的单价值后面添加货币单位“元”，并且该格式并不影响单元格进行加减乘除等运算，如图4-56所示。

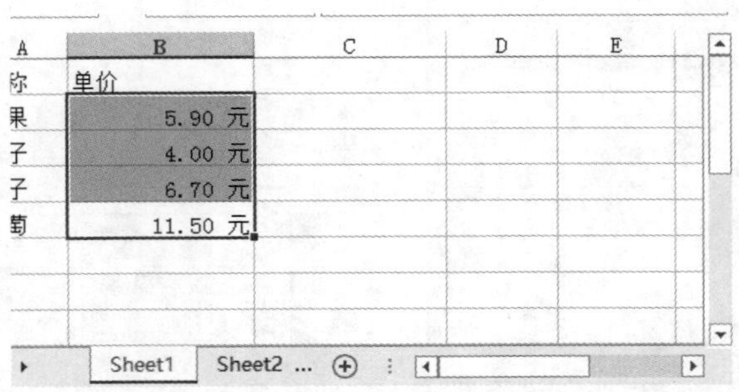

图4-56　以自定义格式显示数据

4.3 快速填充单元格数据

为了提高向工作表中输入数据的效率，降低输入错误率，Excel提供了快速输入数据的功能，常用的快速填充表格数据的方法包括使用填充柄填充、使用填充命令填充等。

4.3.1 使用填充柄

填充柄是位于单元格右下角的方块，使用它可以有规律地快速填充单元格，具体操作步骤如下。

步骤 1 启动Excel 2013，新建一个空白文档，输入相关数据内容，然后将鼠标指针定位在单元格B2右下角的方块上，如图4-57所示。

步骤 2 当鼠标指针变为＋形状时，向下拖动鼠标到B5，即可快速填充选定的单元格。可以看到，填充后的单元格与B2单元格的内容相同，如图4-58所示。

填充后，右下角有一个【自动填充选项】图标，单击图标右侧的下拉按钮，在弹出的下拉列表中可设置填充的内容，如图4-59所示。

默认情况下，系统以【复制单元格】的形式进行填充。若选择【填充序列】选项，B3:B5单元格区域中的值将以1为步长进行递增，如图4-60所示。若选择【仅填充格式】选项，B3:B5单

元格区域的格式将与B2的格式一致，但并不填充内容。若选择【不带格式填充】选项，B3:B5单元格区域的值将与B1一致，但并不应用B2的格式。

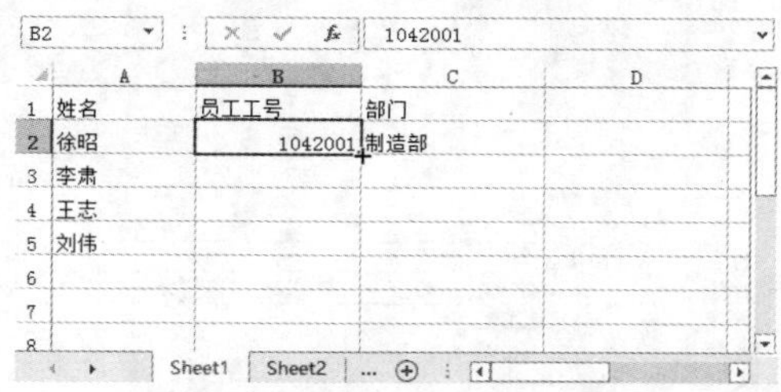

图4-57　定位鼠标指针位置

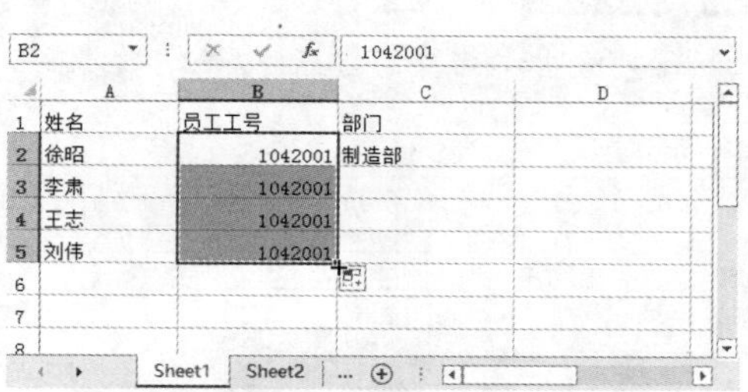

图4-58　快速填充数据

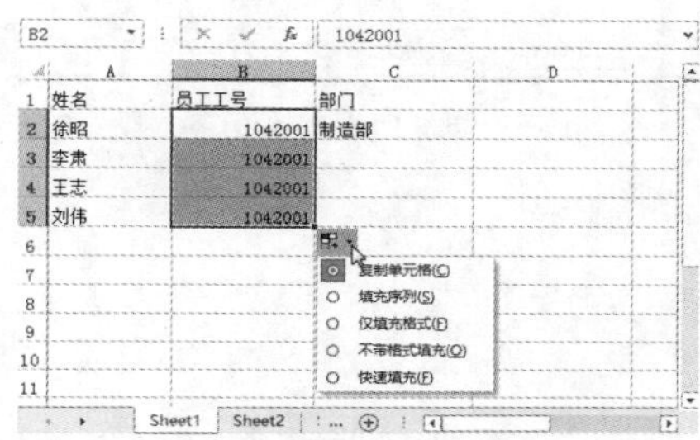

图4-59　设置填充内容

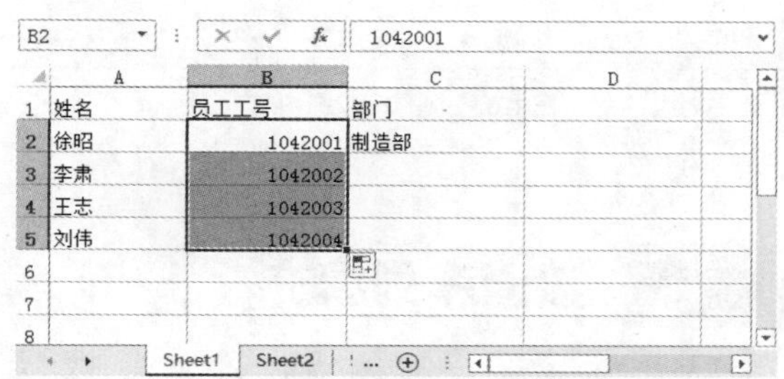

图4-60　以序列方式填充数据

提示　对于数值序列，在使用填充柄的同时按住Ctrl键不放，单元格会默认以递增的形式填充，类似于选择【填充序列】选项。

4.3.2　使用填充命令

除了使用填充柄进行填充外，还可以使用填充命令快速填充，具体操作步骤如下。

步骤 1　启动Excel 2013，新建一个空白工作簿，在其中输入相关数据，选择单元格区域C2:C5，如图4-61所示。

步骤 2　在【开始】选项卡的【编辑】组中，单击【填充】按钮右侧的下拉按钮，在弹出的下拉列表中选择【向下】选项，如图4-62所示。

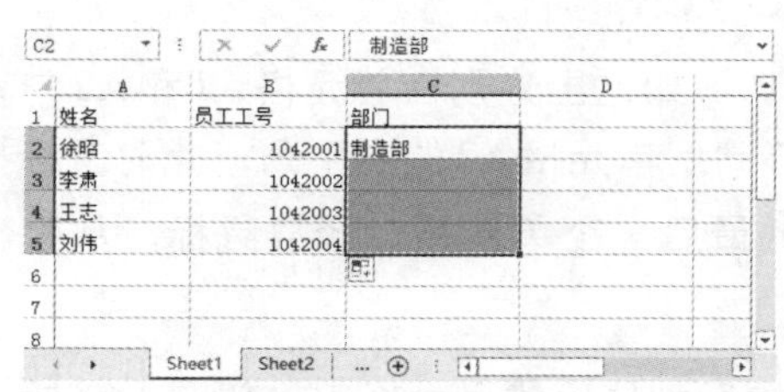

图4-61　选择单元格区域

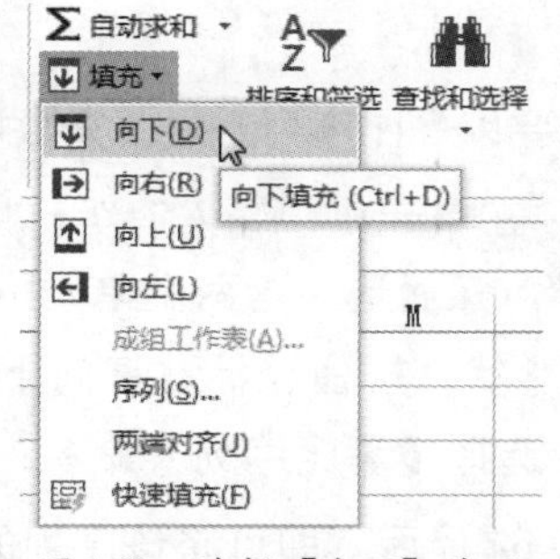

图4-62　选择【向下】选项

步骤 3　此时系统默认以复制的形式填充C3:C5单元格区域，如图4-63所示。

提示　在步骤2中若选择【向右】、【向上】等选项，可实现不同方向的快速填充。如图4-64所示为向右填充的显示效果。

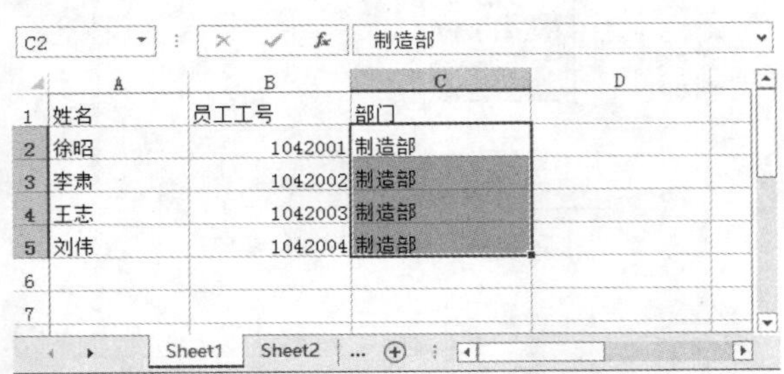
图4-63　向下填充内容

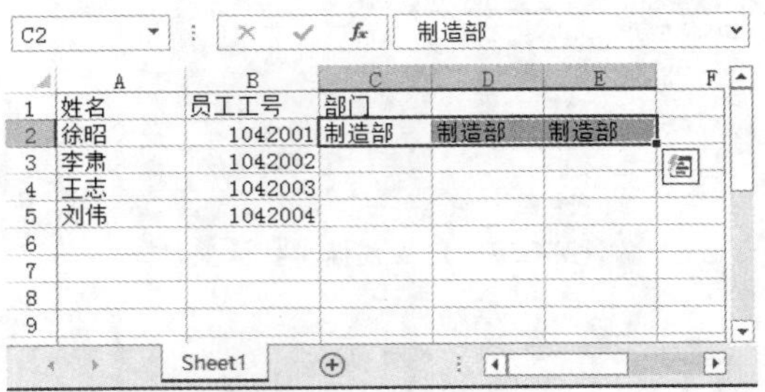
图4-64　向右填充内容

4.3.3 数值序列填充

对于数值型数据，不仅能以复制、递增的形式快速填充，还能以等差、等比的形式快速填充。使用填充柄可以以复制和递增的形式快速填充。下面介绍如何以等差的形式快速填充，具体操作步骤如下。

步骤 1　启动Excel 2013，新建一个空白文档，在单元格A1和A2中分别输入“1”和“3”，然后选择单元格区域A1:A2，将鼠标指针定位于单元格A2右下角的方块上，如图4-65所示。

步骤 2　当鼠标指针变为＋形状时，向下拖动鼠标指针到单元格A6，然后释放鼠标，可以看到，单元格按照步长值为2的等差数列的形式进行填充，如图4-66所示。

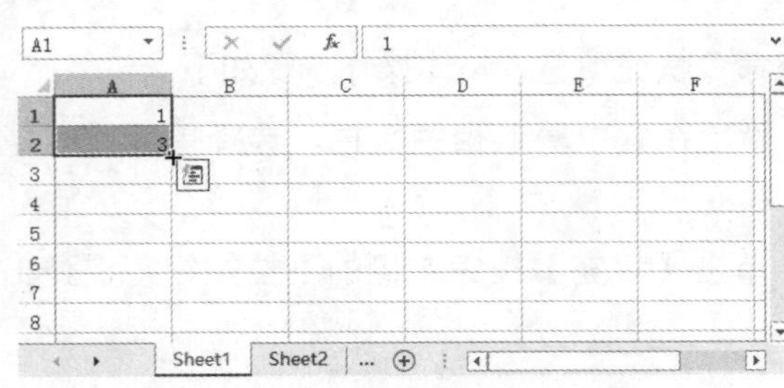
图4-65　放置鼠标位置

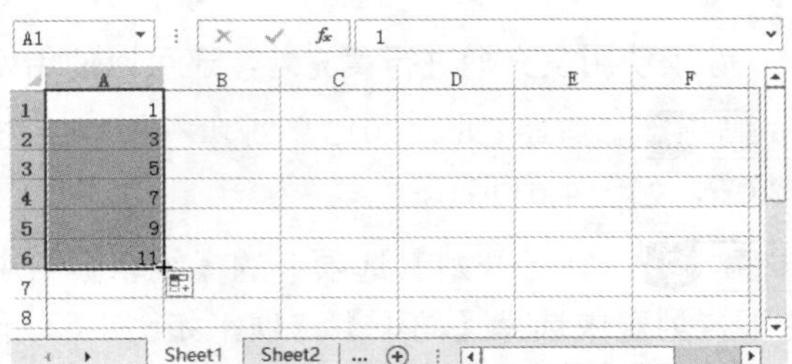
图4-66　以序列方式填充数据

如果想要以等比序列方法填充数据，则可以按照如下操作步骤进行。

步骤 1　在单元格中输入有等比序列的前两个数据，如这里分别在单元格A1和A2中输入“2”和“4”，然后选中这两个单元格，将鼠标指针移动到单元格A2的右下角，此时鼠标指针变成“+”形状，按住鼠标右键向下拖动至该序列的最后一个单元格，释放鼠标，从弹出的快捷菜单中选择【等比序列】命令，如图4-67所示。

步骤 2　选择后，即可将该序列的后续数据依次填充到相应的单元格中，如图4-68所示。

图4-67 选择【等比序列】命令　　图4-68 快速填充等比序列

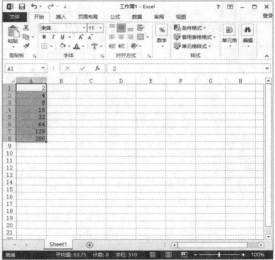

4.3.4 文本序列填充

使用填充命令可以进行文本序列的填充，除此之外，用户还可使用填充柄来填充文本序列，具体操作步骤如下。

步骤 1 启动Excel 2013，新建一个空白文档，在单元格A1中输入文本“床前明月光”，然后将鼠标指针定位于A1右下角的方块上，如图4-69所示。

步骤 2 当鼠标指针变为**+**形状时，向下拖动鼠标到单元格A5，然后释放鼠标，可以看到，单元格将按照相同的文本进行填充，如图4-70所示。

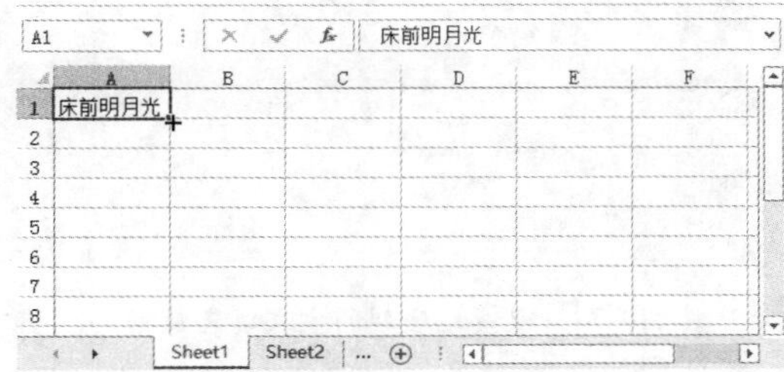

图4-69 放置鼠标指针位置

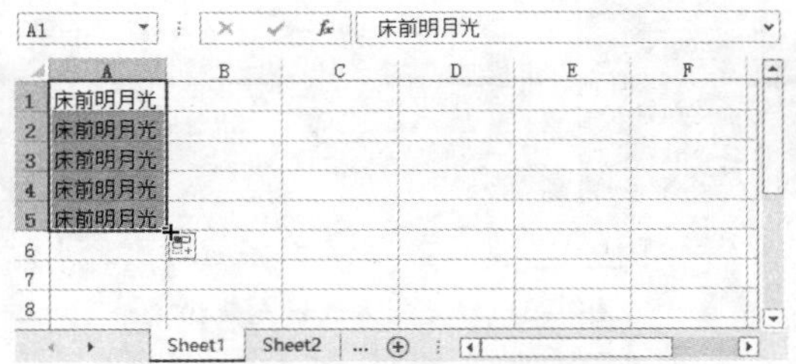

图4-70 以文本序列填充数据

4.3.5 日期/时间序列填充

对日期/时间序列填充时，同样有两种方法：使用填充柄和使用填充命令。不同的是，对于文本序列和数值序列填充，系统默认以复制的形式填充，而对于日期/时间序列，默认以递增的形式填充，具体操作步骤如下。

步骤 1 启动Excel 2013，新建一个空白文档，在单元格A1中输入日期“2015/12/24”，然后将鼠标指针定位于A1右下角的方块上，如图4-71所示。

步骤 2 当鼠标指针变为╋形状时，向下拖动鼠标到单元格A8，然后释放鼠标，可以看到，单元格默认以天递增的形式进行填充，如图4-72所示。

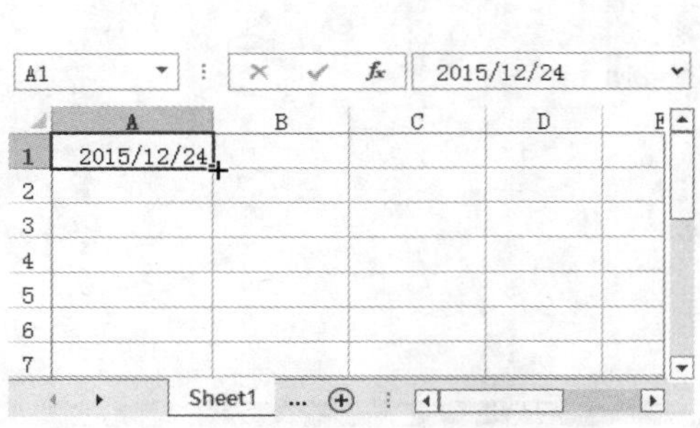

图4-71 输入日期

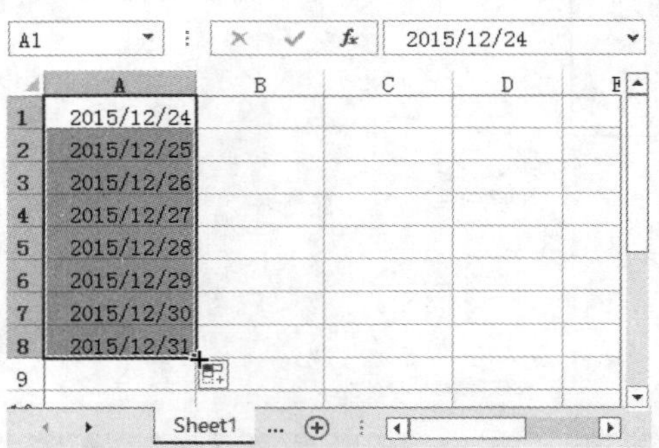

图4-72 以天递增方式填充数据

> **提示** 按住Ctrl键不放，再拖动鼠标，这时单元格将以复制的形式进行填充，如图4-73所示。

步骤 3 填充后，单击图标右侧的下拉按钮，会弹出填充的各个选项，可以看到，默认情况下，系统以填充序列的形式进行填充，如图4-74所示。

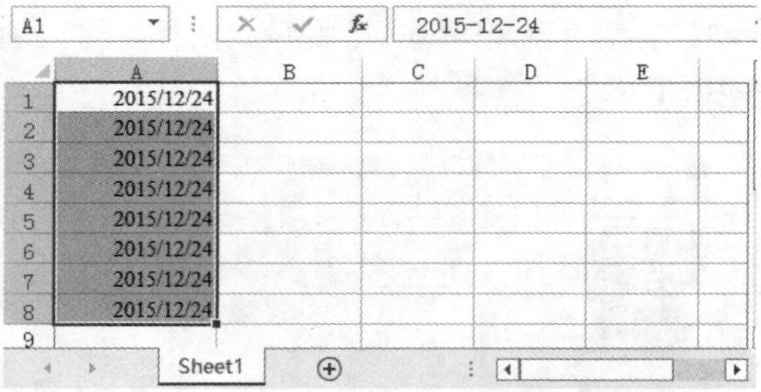

图4-73 以复制方式填充数据

图4-74 以填充序列的方式填充数据

步骤 4 若选择【以工作日填充】选项，每周工作日为6天，因此将以原日期作为周一，按工作日递增进行填充，不包括周日，如图4-75所示。

步骤 5 若选择【以月填充】选项，将按照月份递增进行填充，如图4-76所示。

步骤 6 若选择【以年填充】选项，将按照年份递增进行填充，如图4-77所示。

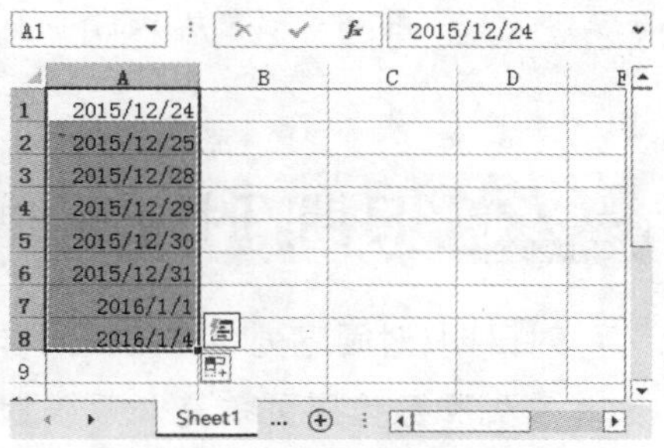

图4-75 以工作日方式填充数据

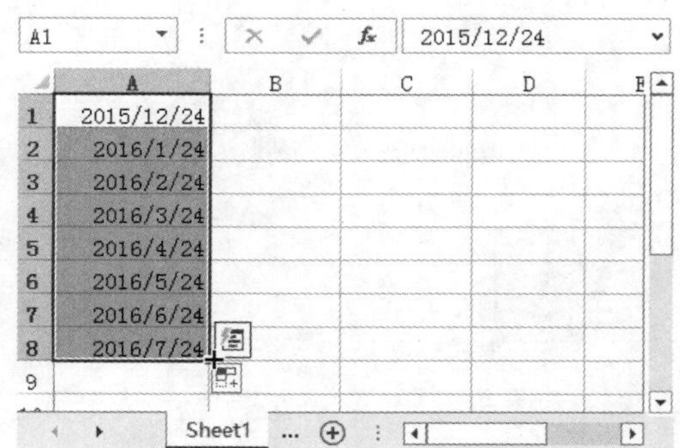

图4-76 以月份递增方式填充数据

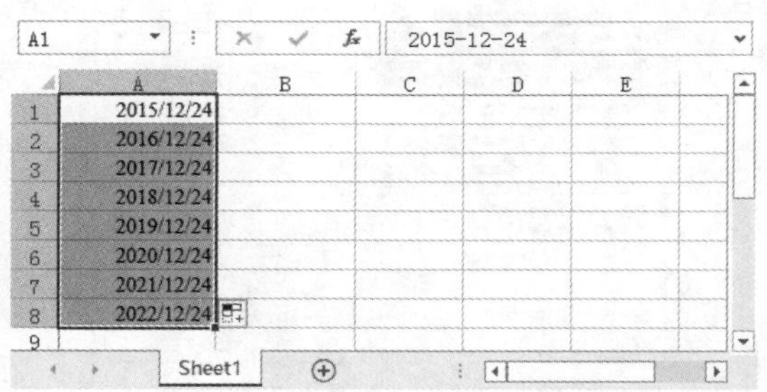

图4-77 以年递增方式填充数据

4.3.6 自定义序列填充

在进行一些较特殊的有规律的序列填充时，若以上的方法均不能满足需求，用户还可以自定义序列填充，具体操作步骤如下。

步骤 1 启动Excel 2013，新建一个空白文档，选择【文件】选项卡，进入文件操作界面，选择左侧的【选项】命令，如图4-78所示。

步骤 2 弹出【Excel选项】对话框，选择左侧的【高级】选项，然后在右侧的【常规】栏中单击【编辑自定义列表】按钮，如图4-79所示。

图4-78 文件操作界面

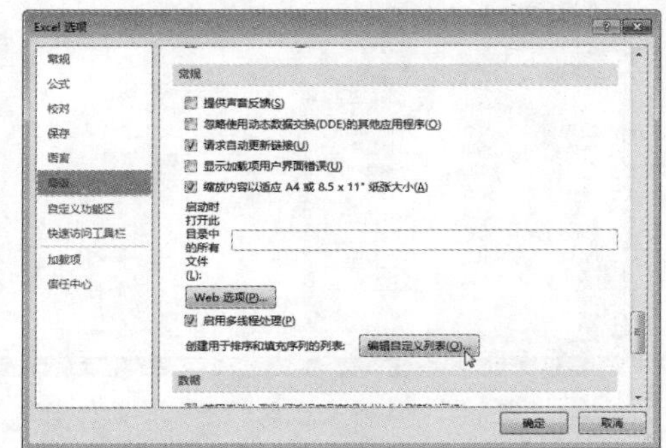

图4-79 【Excel选项】对话框

步骤 3 弹出【自定义序列】对话框，在【输入序列】列表框中依次输入自定义的序列，单击【添加】按钮，如图4-80所示。

步骤 4 添加完成后，依次单击【确定】按钮，返回到工作表中。在单元格A1中输入“人事部”，然后拖动填充柄，可以看到，系统将以自定义序列填充单元格，如图4-81所示。

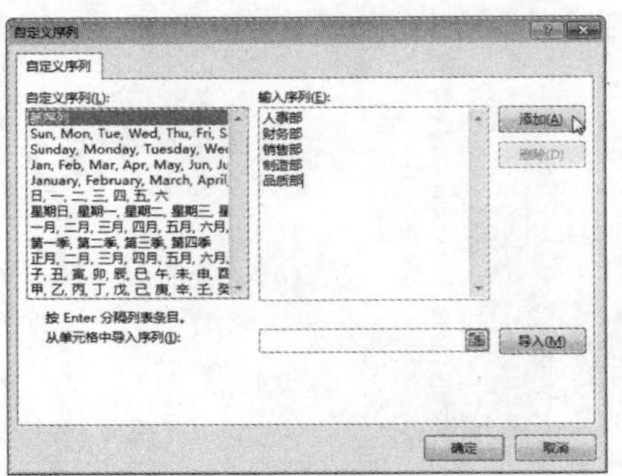

图4-80　【自定义序列】对话框

图4-81　自定义填充序列

4.4 修改与编辑数据

在工作表中输入数据后，需要修改时，可以通过编辑栏修改数据或者在单元格中直接修改。

4.4.1 通过编辑栏修改

选择需要修改的单元格，编辑栏中即显示该单元格的信息，如图4-82所示。单击编辑栏后即可修改，例如，将C9单元格中的内容“员工聚餐”改为“外出旅游”，如图4-83所示。

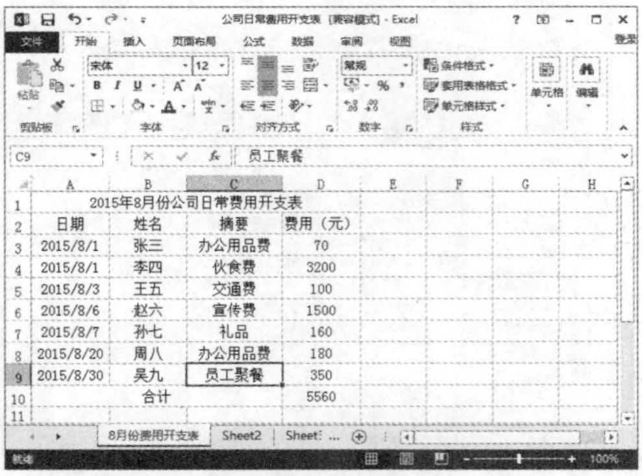

图4-82　选择要修改的单元格数据

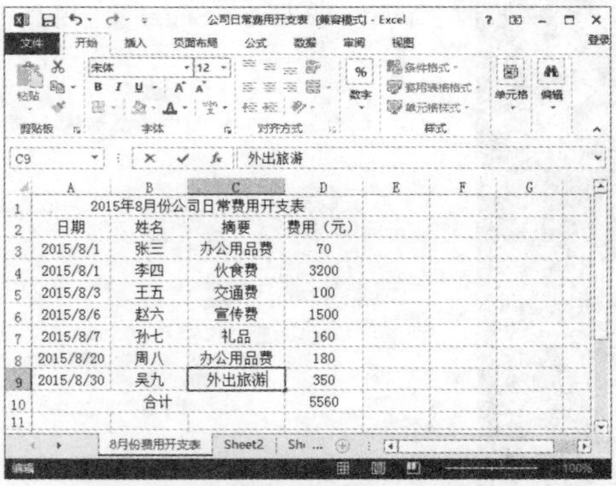

图4-83　修改单元格数据

4.4.2 在单元格中直接修改

选择需要修改的单元格，然后直接输入数据，原单元格中的数据将被覆盖，也可以双击单元格或者按F2键，单元格中的数据将被激活，然后即可直接修改。

4.4.3 删除单元格中的数据

若只是想清除某个（或某些）单元格中的内容，选中要清除内容的单元格，然后按Delete键即可，若想删除单元格，可使用菜单命令删除，删除单元格数据的具体操作如下。

步骤 1　打开需要删除数据的文件，选择要删除的单元格，如图4-84所示。

步骤 2　在【开始】选项卡的【单元格】选项组中单击【删除】按钮，在弹出的下拉列表中选择【删除单元格】选项，如图4-85所示。

图4-84　选择要删除的单元格

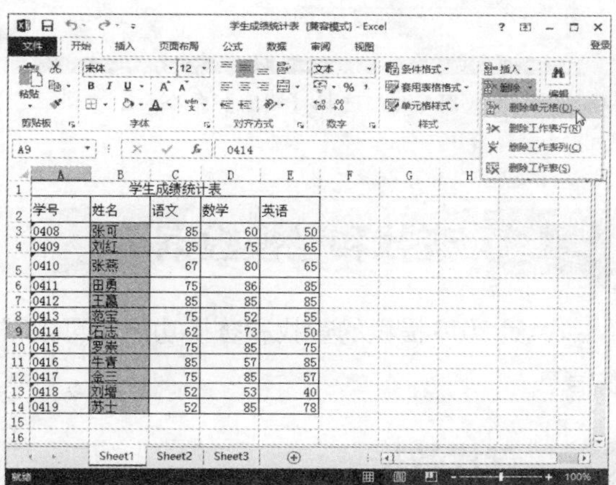

图4-85　选择【删除单元格】选项

步骤 3　弹出【删除】对话框，选中【右侧单元格左移】单选按钮，如图4-86所示。

步骤 4　单击【确定】按钮，即可将右侧单元格中的数据向左移动一列，如图4-87所示。

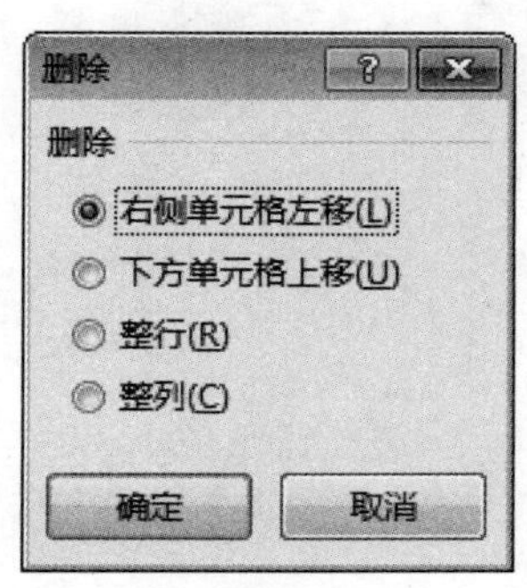

图4-86　【删除】对话框

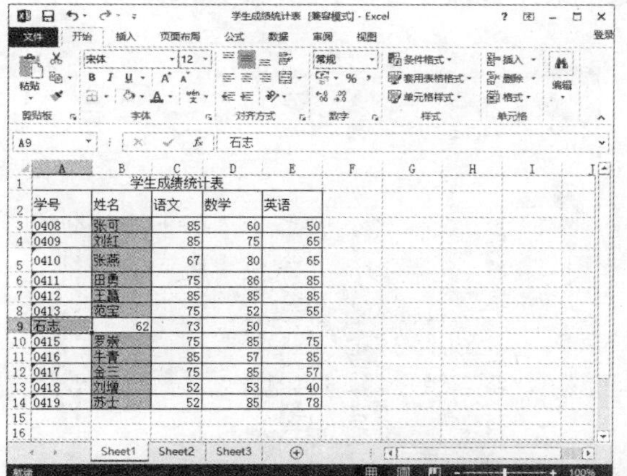

图4-87　删除后的效果

步骤 5　将鼠标指针移至D列标处，当鼠标指针变成⬇形状时右击，在弹出的快捷菜单中选择【删除】命令，如图4-88所示。

步骤 6　选择后，即可删除D列中的数据，同样，右侧单元格中的数据也会向左移动一列，如图4-89所示。

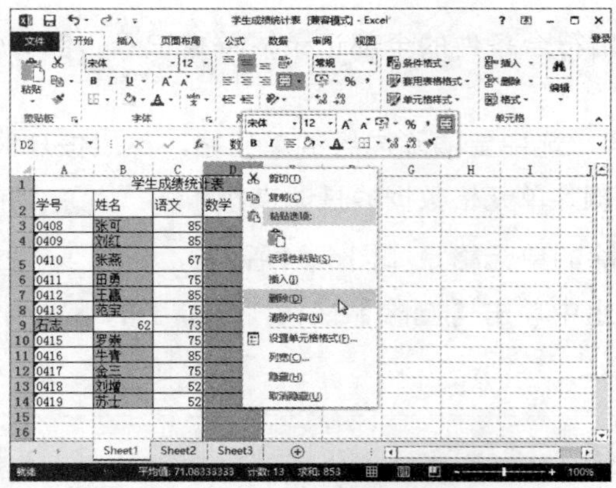

图4-88　选择【删除】命令

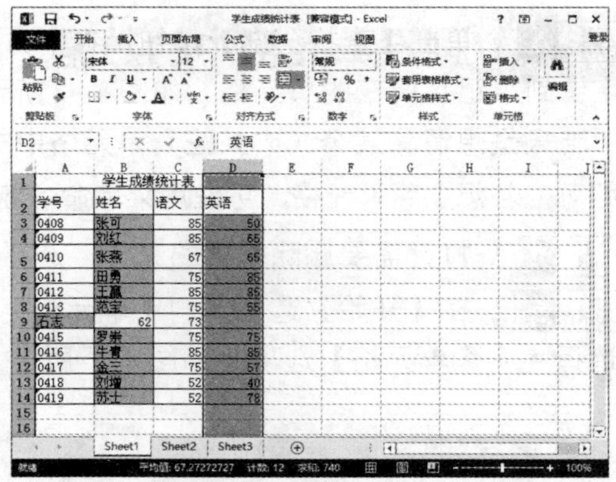

图4-89　删除数据

4.4.4 查找和替换数据

Excel 2013提供的查找和替换功能，可以帮助用户快速定位要查找的信息，还可以批量地修改信息。

1. 查找数据

下面以“图书信息”表为例，查找出版社为“21世纪出版社”的记录，具体操作步骤如下。

步骤 1 打开随书光盘中的“素材\ch04\图书信息.xlsx”文件，如图4-90所示。

步骤 2 在【开始】选项卡的【编辑】组中，单击【查找和选择】下拉按钮，在弹出的下拉列表中选择【查找】选项，如图4-91所示。

图4-90　打开素材文件

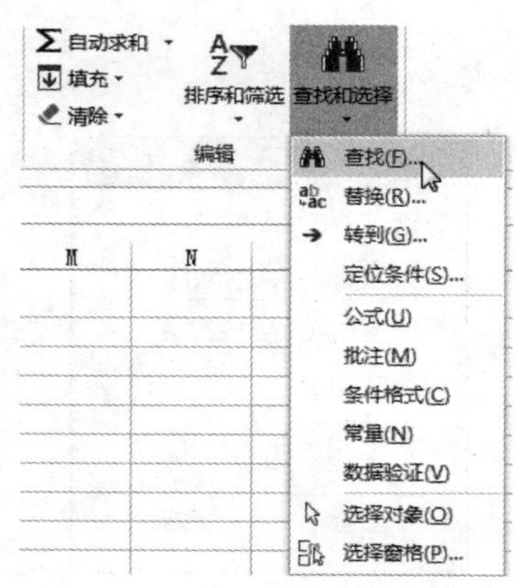

图4-91　选择【查找】选项

步骤 3 弹出【查找和替换】对话框，在【查找内容】下拉列表框中输入“21世纪出版社”，如图4-92所示。

> **提示**
> 按Ctrl+F快捷键，也可弹出【查找和替换】对话框。

步骤 4　单击【查找全部】按钮，在下方将列出符合条件的全部记录，单击记录，即可快速定位到该记录所在的单元格，如图4-93所示。

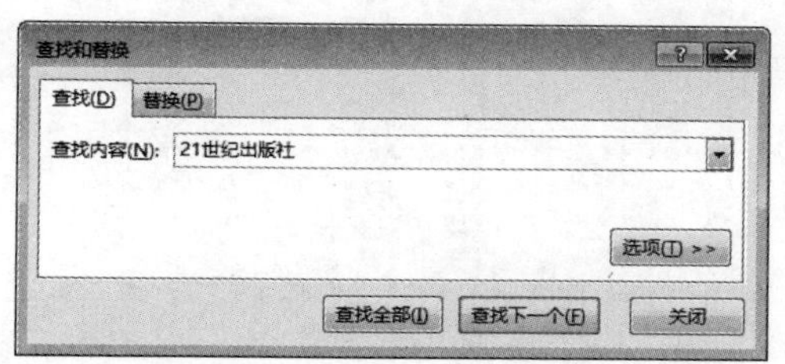

图4-92　【查找和替换】对话框

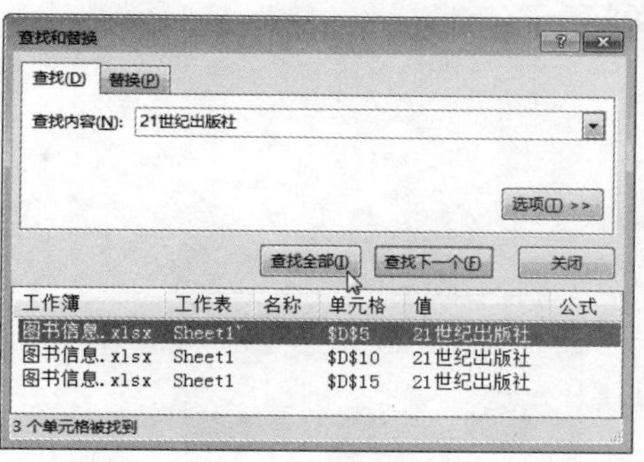

图4-93　开始查找

提示　单击【选项】按钮，还可以设置查找的范围、格式、是否区分大小写、是否单元格匹配等，如图4-94所示。

2. 替换数据

以上是使用Excel的查找功能，下面使用替换功能，将出版社为“21世纪出版社”的记录全部替换为“清华大学出版社”，具体操作步骤如下。

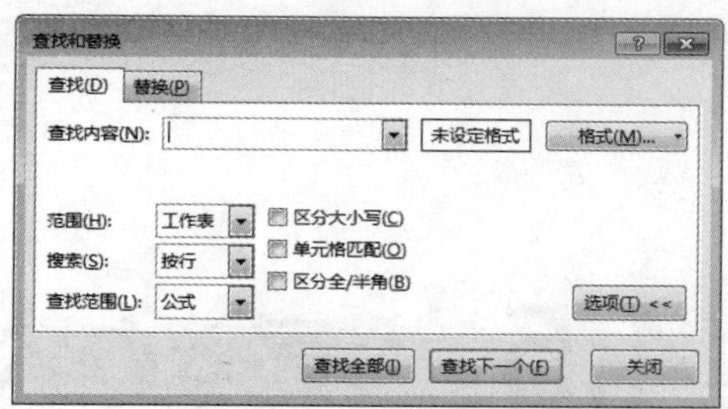

图4-94　展开【选项】设置参数

步骤 1　打开素材文件，单击【开始】选项卡下【编辑】组中的【查找和选择】按钮，在弹出的下拉列表中选择【替换】选项。

步骤 2　弹出【查找和替换】对话框，在【查找内容】下拉列表框中输入要查找的内容，在【替换为】下拉列表框中输入替换后的内容，如图4-95所示。

步骤 3　设置完成后，单击【查找全部】按钮，在下方将列出符合条件的全部记录，如图4-96所示。

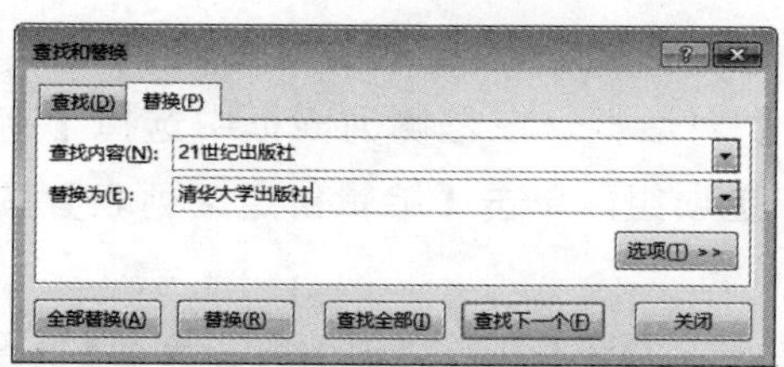

图4-95　查找和替换内容

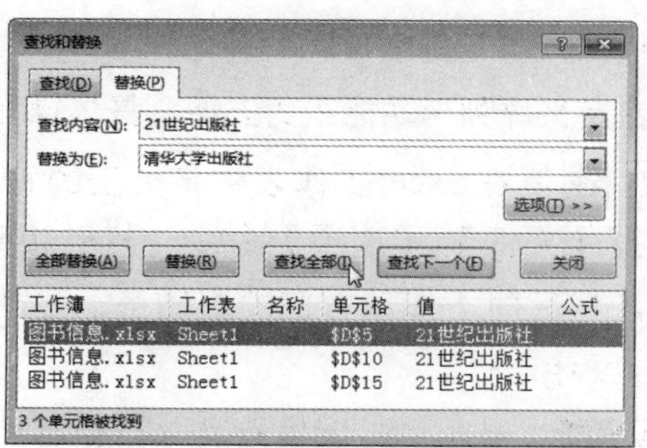

图4-96　开始查找

步骤 4　单击【全部替换】按钮，弹出Microsoft Excel对话框，提示已完成替换操作，如图4-97所示。

步骤 5 单击【确定】按钮，然后单击【关闭】按钮，关闭【查找和替换】对话框，返回到Excel表中，可以看到，所有为“21世纪出版社”的记录均替换为“清华大学出版社”，如图4-98所示。

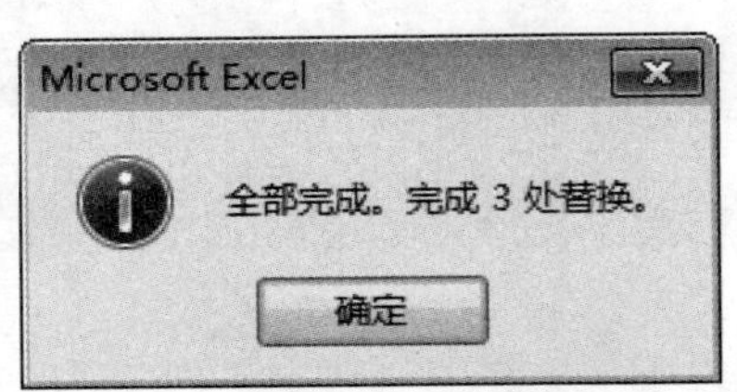

图4-97 信息提示框

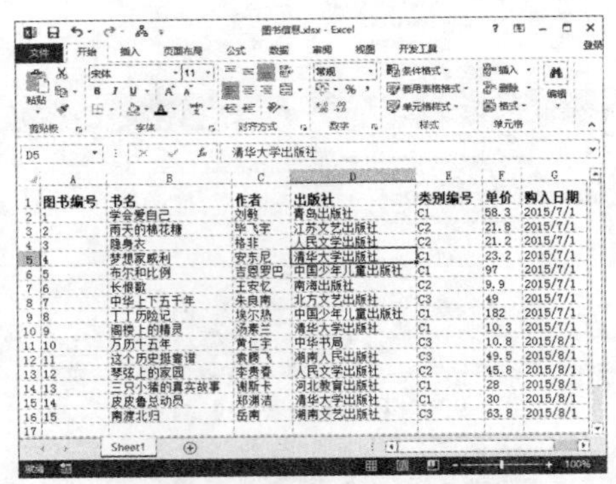

图书编号	书名	作者	出版社	类别编号	单价	购入日期
1	学会爱自己	刘毅	青岛出版社	C1	58.3	2015/7/1
2	雨天的棉花糖	毕飞宇	江苏文艺出版社	C2	21.8	2015/7/1
3	隐身衣	格非	人民文学出版社	C2	21.2	2015/7/1
4	梦想家威利	安东尼	清华大学出版社	C1	23.2	2015/7/1
5	布尔和比例	吉恩罗巴	中国少年儿童出版社	C1	97	2015/7/1
6	长恨歌	王安忆	南海出版社	C2	9.9	2015/7/1
7	中华上下五千年	朱良南	北方文艺出版社	C3	49	2015/7/1
8	丁丁历险记	埃尔热	中国少年儿童出版社	C1	182	2015/7/1
9	阁楼上的精灵	汤素兰	清华大学出版社	C1	10.3	2015/7/1
10	万历十五年	黄仁宇	中华书局	C3	10.8	2015/8/1
11	这个历史挺靠谱	袁腾飞	湖南人民出版社	C3	49.5	2015/8/1
12	琴弦上的家园	李贵春	人民文学出版社	C2	45.8	2015/8/1
13	三只小猪的真实故事	谢斯卡	河北教育出版社	C1	28	2015/8/1
14	皮皮鲁总动员	郑渊洁	清华大学出版社	C1	30	2015/8/1
15	南渡北归	岳南	湖南文艺出版社	C3	63.8	2015/8/1

图4-98 替换数据

> **提示** 在进行查找和替换时，如果不能确定完整的搜索信息，可以使用通配符“？”和“*”来代替不能确定的部分信息。其中，“？”表示一个字符，“*”表示一个或多个字符。

4.5 高效办公技能实战

4.5.1 高效办公技能1——使用自定义序列输入数据

Excel有一个“自定义序列”的功能，利用这个功能可以巧妙地输入枯燥、机械性的常用数据，例如，员工姓名序列、地名、公司名等，如果这些数据中存在生僻的字，且输入不便，使用“自定义序列”功能最为方便，具体操作如下。

步骤 1 在Excel工作表中将员工的姓名输入在连续的单元格中，并选中输入的内容，依次选择【文件】|【选项】命令，打开【Excel选项】对话框，在左侧列表框中选择【高级】选项，然后向下拖动右侧的滚动条，找到【常规】选项组，单击【编辑自定义列表】按钮，如图4-99所示。

步骤 2 单击后，即可打开【自定义序列】对话框，此时【从单元格中导入序列】文本框中显示为已选中的单元格区域，如图4-100所示。

步骤 3 单击【导入】按钮，此时的【输入序列】列表框中自动导入选中的数据，如图4-101所示。

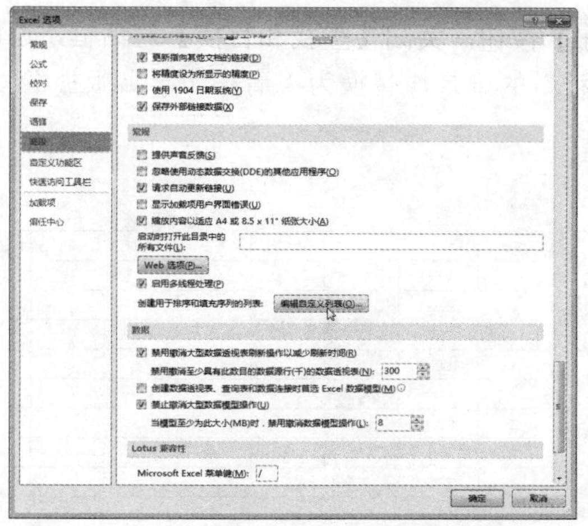

图4-99 单击【编辑自定义列表】按钮

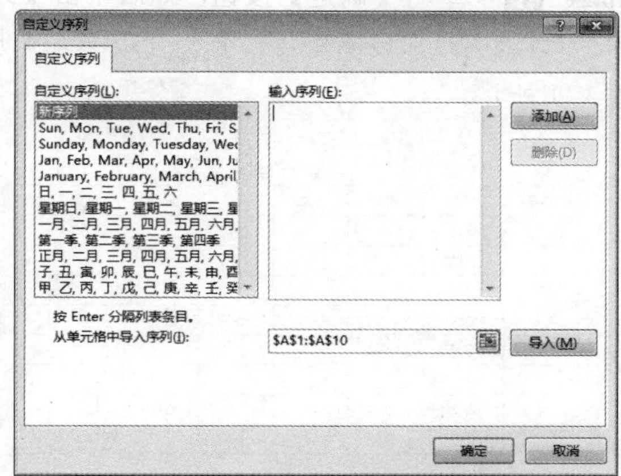

图4-100 【自定义序列】对话框

步骤 4 单击【确定】按钮，返回到Excel工作表界面，在任意一个单元格中输入某一员工的姓名，然后使用快速填充的方法将该员工后面的员工姓名快速填充到后续的单元格中，如图4-102所示。

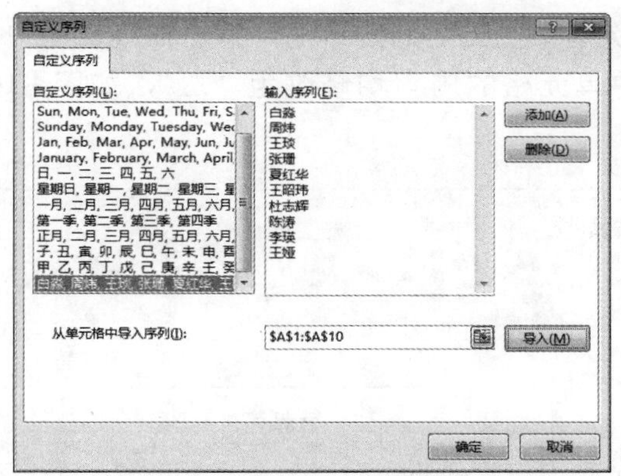

图4-101 导入选中的数据

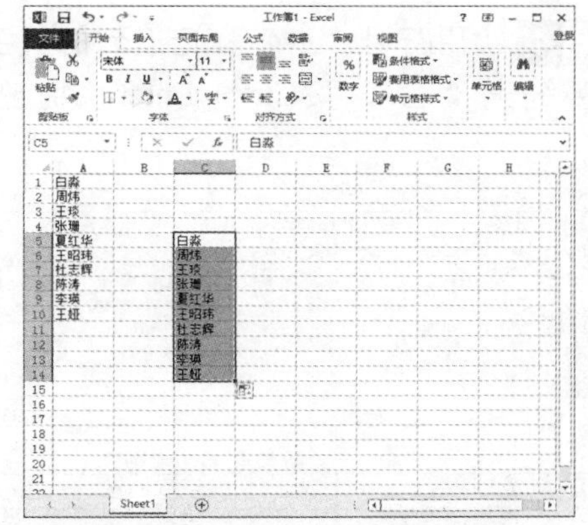

图4-102 自动填充员工姓名

4.5.2 高效办公技能2——快速填充员工考勤表

填写员工考勤表无疑是一件重复性的工作，特别是输入大量相同的符号，一般情况下大多数人都会采用“复制+粘贴”的方法进行操作，但是这种方法也会比较耗时，下面介绍一种更为简便的方法，具体操作如下。

步骤 1 打开随书光盘中的“素材\ch04\员工考勤表.xlxs”文件，在单元格D3中输入“√”，然后将鼠标指针移到该单元格的右下角，此时鼠标指针变成“+”形状，如图4-103所示。

步骤 2 按住鼠标左键不放，向下拖动至最后一位员工所在的单元格，释放鼠标，即可自动在后续单元格中填充相关内容，如图4-104所示。

图4-103　指针形状　　　　图4-104　自动填充效果（1）

步骤 3　将鼠标指针移到单元格D10的右下角，指针变为“+”形状，按住鼠标左键不放，向右拖动，即可将出勤表中的单元格都填充为“√”，如图4-105所示。

步骤 4　用符号“△”标记迟到的员工。依次选中员工迟到的日期，然后在编辑栏中插入特殊符号“△”，按Ctrl + Enter快捷键将选中单元格的内容均修改为“△”，如图4-106所示。

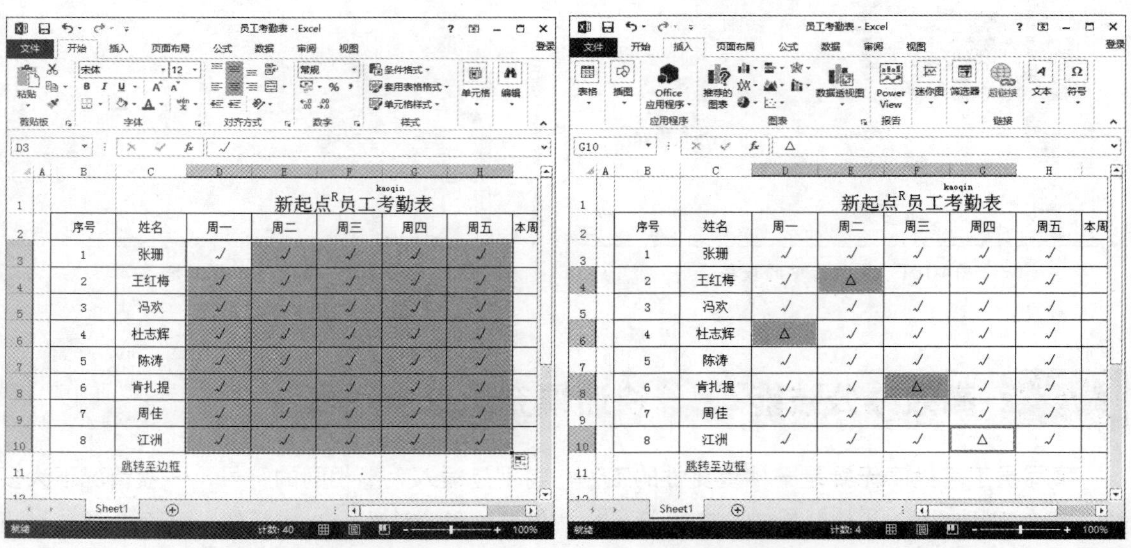

图4-105　自动填充效果（2）　　　　图4-106　标记员工迟到情况

步骤 5　将符号“○”标记为旷工的员工。按照步骤4的方法，将选中单元格的内容快速修改为“○”，如图4-107所示。

步骤 6　将符号“û”标记为请假的员工。同样参照步骤4的方法，将员工请假对应的单元格的数据内容修改为“û”，如图4-108所示。

新起点员工考勤表

序号	姓名	周一	周二	周三	周四	周五	本周
1	张珊	✓	✓	✓	✓	✓	
2	王红梅	✓	△	✓	✓	✓	
3	冯欢	✓	✓	✓	✓	○	
4	杜志辉	△	✓	✓	✓	✓	
5	陈涛	✓	✓	✓	✓	✓	
6	肯扎提	✓	✓	△	✓	✓	
7	周佳	○	✓	✓	✓	✓	
8	江洲	✓	✓	✓	△	✓	

跳转至边框

图4-107 标记员工旷工情况

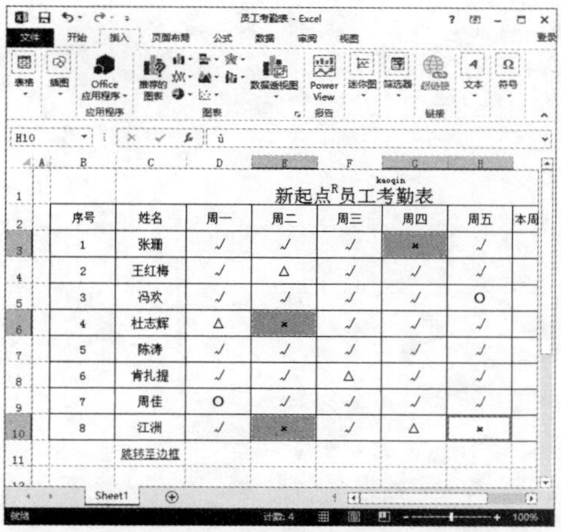

新起点员工考勤表

序号	姓名	周一	周二	周三	周四	周五	本周
1	张珊	✓	✓	✓	×	✓	
2	王红梅	✓	△	✓	✓	✓	
3	冯欢	✓	✓	✓	✓	○	
4	杜志辉	△	×	✓	✓	✓	
5	陈涛	✓	✓	✓	✓	✓	
6	肯扎提	✓	✓	△	✓	✓	
7	周佳	○	✓	✓	✓	✓	
8	江洲	✓	×	✓	△	×	

跳转至边框

图4-108 标记员工请假情况

4.6 疑难问题解答

问题1：如何在表格中输入负数？

解答：输入负数有两种情况，若不是分数，则直接在数字前输入减号；如果这个负数是分数，则需要将这个分数置于括号中。

问题2：当文本过长时，如何实现单元格的自动换行？

解答：当出现这种情况时，只需双击文本过长的单元格，将鼠标指针移至需要换行的位置，按Alt+Enter快捷键后，单元格中的内容即可强制换行显示。

查看与打印工作表

- **本章导读**

在学习使用Excel进行办公的过程中，首先要会查看报表，掌握报表的各种查看方式，从而可以快速地找到自己想要的信息。对于制作好的工作表，还需要将其打印出来，以方便文件存档。本章将为读者介绍查看与打印工作表的方法与技巧。

- **学习目标**

◎ 掌握查看工作表的方式

◎ 掌握设置打印页面的方法

◎ 掌握打印工作表的方法

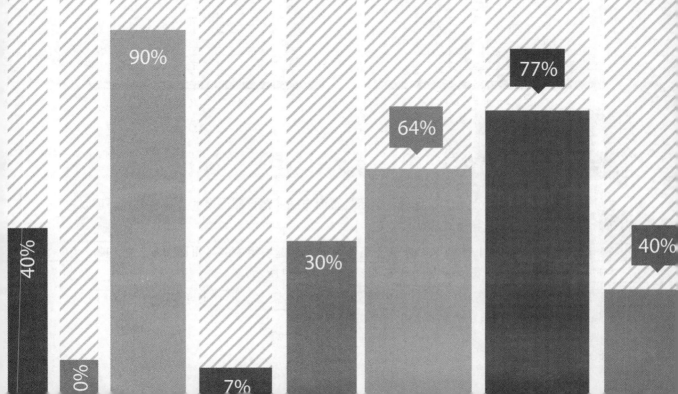

5.1 使用视图方式查看

Excel 2013为用户提供了多种视图方式来查看工作表，包括普通查看方式、页面布局查看方式和分页查看方式等。

5.1.1 普通查看

普通视图是默认的显示方式，即对工作表的视图不做任何修改。可以使用右侧的垂直滚动条和下方的水平滚动条来浏览当前窗口，显示不完全的数据。

步骤 1 打开随书光盘中的“素材\ch05\公司员工工龄统计表.xlsx”工作簿，在当前窗口中即可浏览数据，单击右侧的垂直滚动条并向下拖动，即可浏览下面的数据，如图5-1所示。

步骤 2 单击下方的水平滚动条并向右拖动，即可浏览右侧的数据，如图5-2所示。

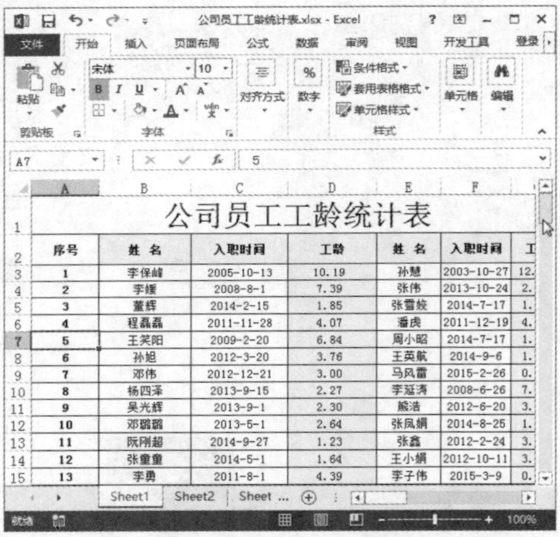

图5-1　打开素材文件

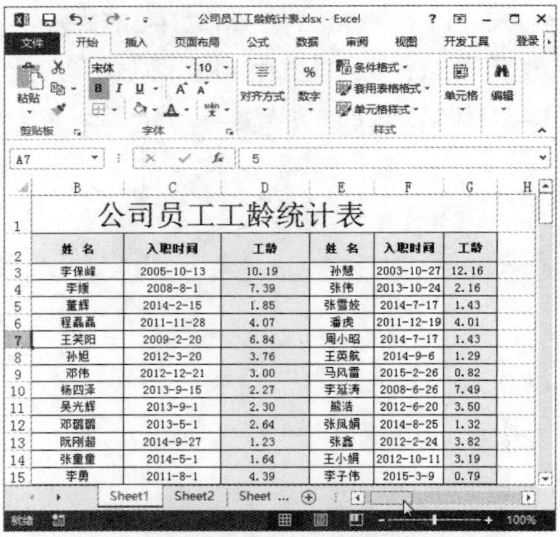

图5-2　浏览数据

5.1.2 页面布局查看

可以使用页面布局视图查看工作表，显示的页面布局即是打印出来的工作表形式，可以在打印前查看每页数据的起始位置和结束位置。

步骤 1 选择【视图】选项卡，单击【工作簿视图】选项组中的【页面布局】按钮，如图5-3所示，即可将工作表设置为页面布局形式，如图5-4所示。

步骤 2 将鼠标指针移动到页面的中缝处，当指针变成隐藏空格形状时单击，如图5-5所示，即可隐藏空白区域，只显示有数据的部分，如图5-6所示。

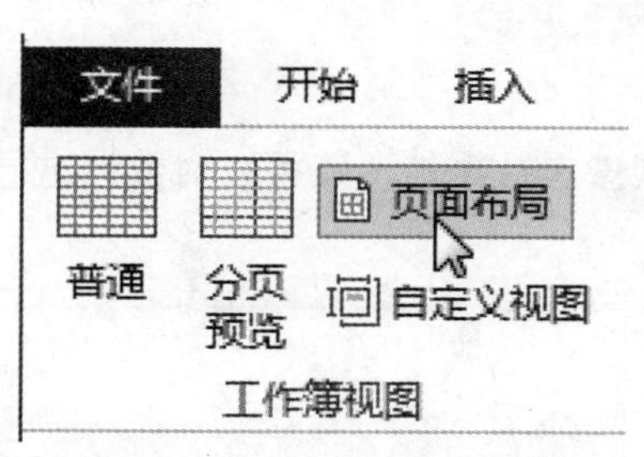

图5-3　单击【页面布局】按钮

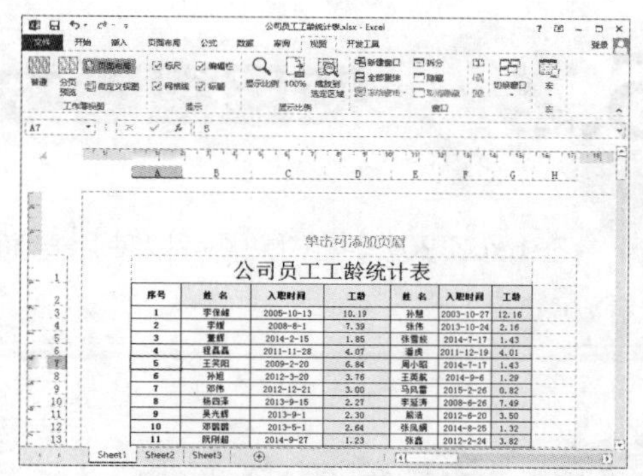

图5-4　以页面布局方式查看

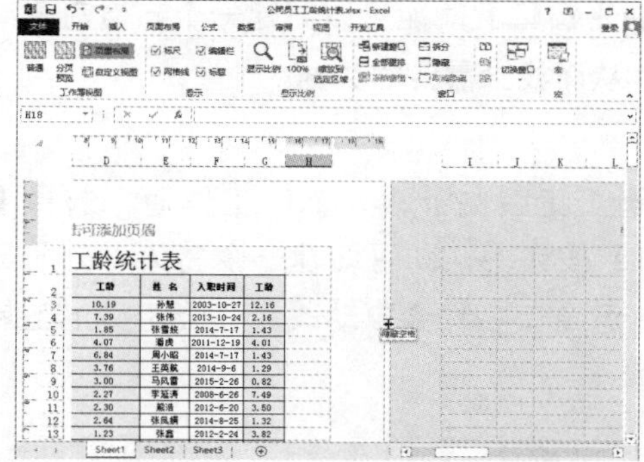

图5-5　移动鼠标指针至中缝处

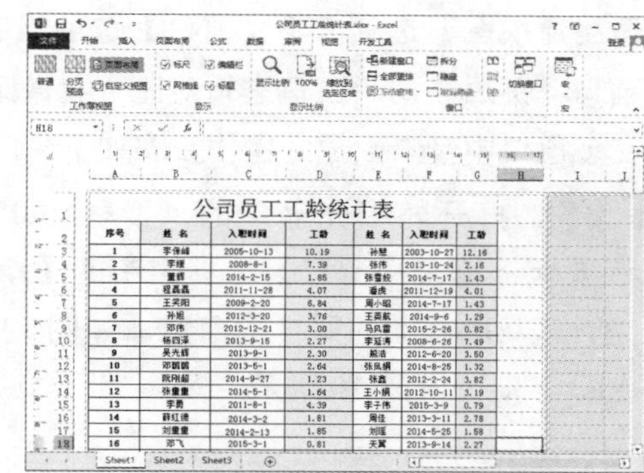

图5-6　显示数据部分

5.1.3 分页视图查看

使用分页预览功能可以查看打印内容的分页情况，具体操作步骤如下。

步骤 1　选择【视图】选项卡，单击【工作簿视图】选项组中的【分页预览】按钮，视图即可切换为分页预览视图，如图5-7所示。

步骤 2　将鼠标指针放至蓝色的虚线处，当指针变成↔形状时单击并拖动，可以调整每页的范围，如图5-8所示。

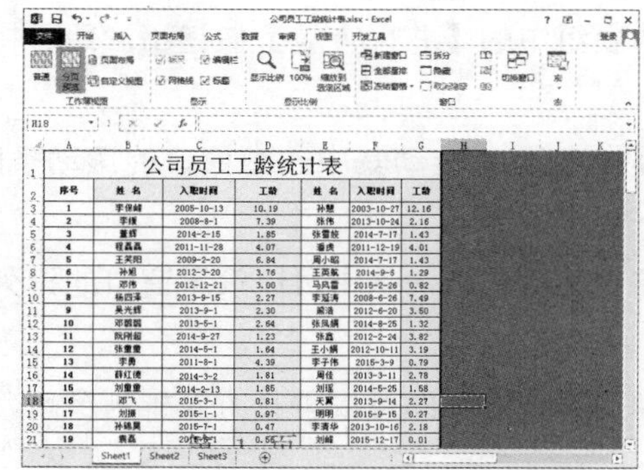

图5-7　分页预览查看数据

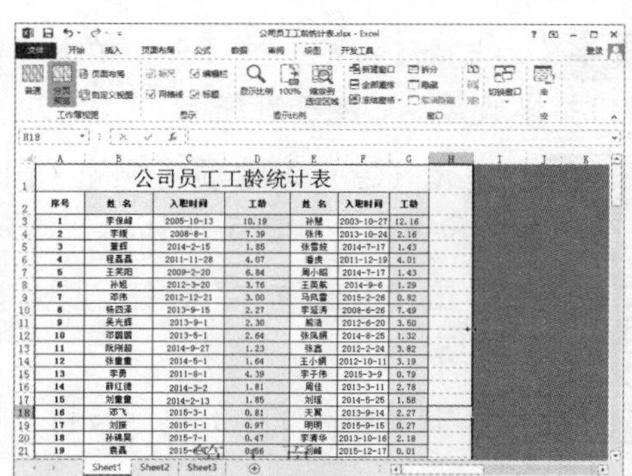

图5-8　调整页的范围

5.2 对比查看数据

在Excel 2013中，除了可以使用普通的视图方式查看数据外，还可以对数据进行对比查看。

5.2.1 在多窗口中查看

使用【视图】选项卡下【窗口】选项组中的【新建窗口】功能可以新建一个与当前窗口一样的窗口，然后将两个窗口进行对比查看、比较等，从而找出需要的数据。

在多窗口中查看数据的操作步骤如下。

步骤 1 打开随书光盘中的“素材\ch05\公司员工工龄统计表.xlsx”工作簿，选择【视图】选项卡，单击【窗口】选项组中的【新建窗口】按钮，即可新建一个名为“公司员工工龄统计表.xlsx:2”的同样的窗口，如图5-9所示。源窗口名称会自动改为“公司员工工龄统计表.xlsx:1”，如图5-10所示。

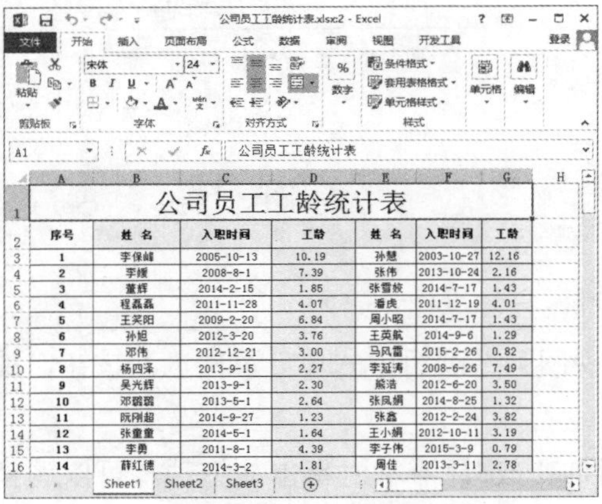

图5-9　新建一个工作簿

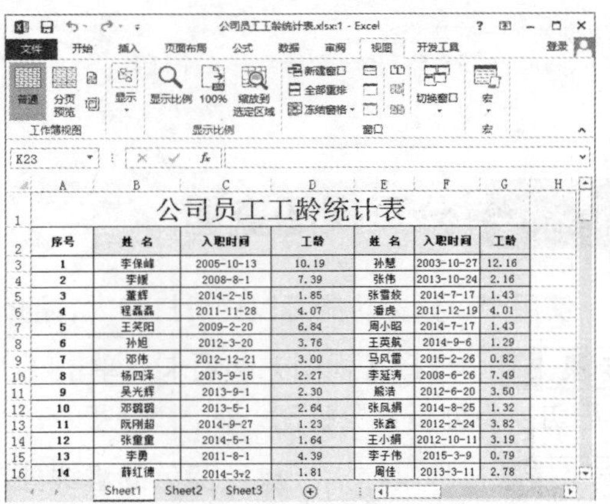

图5-10　更改原工作簿的名称

步骤 2 选择【视图】选项卡，单击【窗口】选项组中的【并排查看】按钮，即可将两个窗口并排放置，如图5-11所示。

步骤 3 单击【窗口】选项组中的【同步滚动】按钮，拖动其中一个窗口的滚动条时，另一个也会同步滚动，如图5-12所示。

步骤 4 单击【全部重排】按钮，弹出【重排窗口】对话框，从中可以设置窗口的排列方式，如图5-13所示。

步骤 5 选中【垂直并排】单选按钮，单击【确定】按钮，即可以垂直方式排列窗口，如图5-14所示。

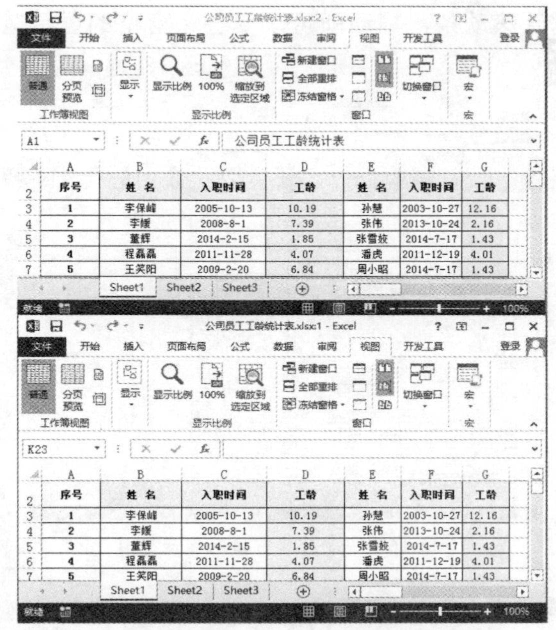

图5-11 并排查看数据

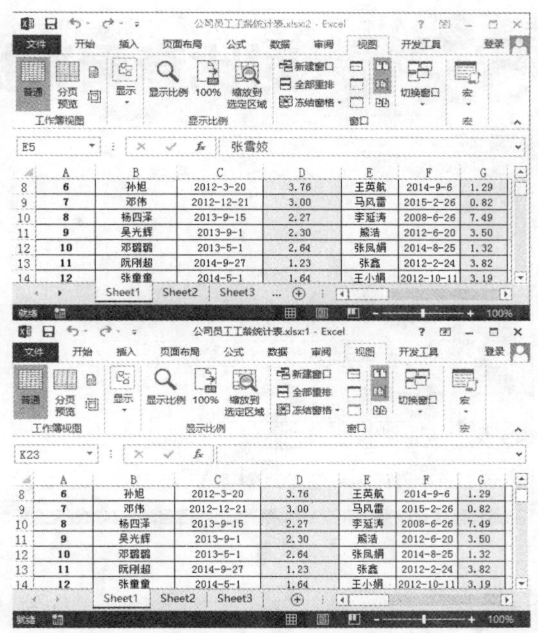

图5-12 同步滚动显示数据

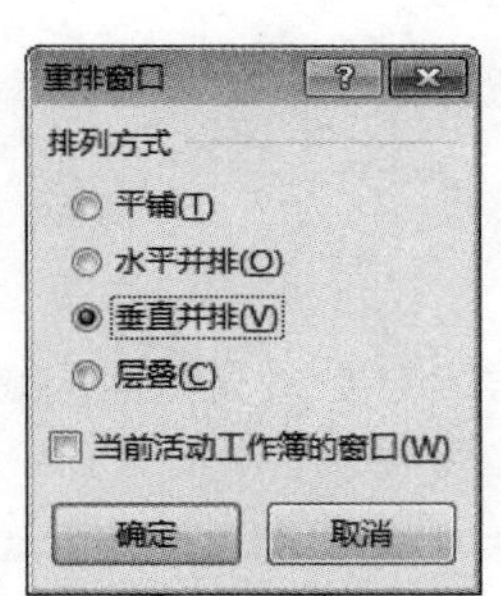

图5-13 【重排窗口】对话框

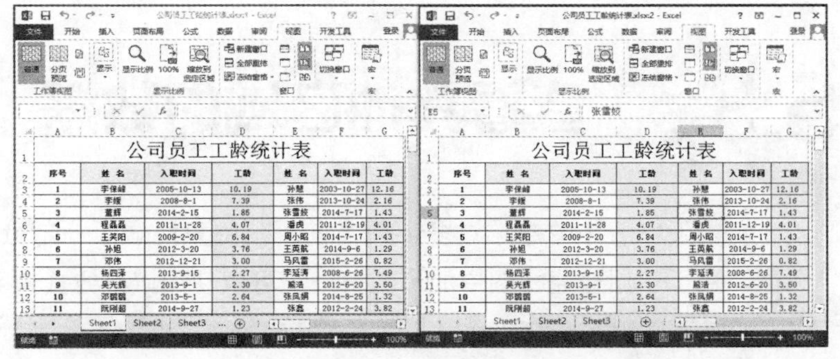

图5-14 垂直并排查看

步骤 6 单击“公司员工工龄统计表.xlsx:2”右上角的【关闭】按钮，即可恢复到普通视图状态。

5.2.2 拆分查看

拆分查看是指在选定单元格的左上角处拆分为4个窗格，可以分别拖动水平和垂直滚动条来查看各个窗格的数据。

拆分查看工作表的操作步骤如下。

步骤 1 打开随书光盘中的“素材\ch05\公司员工工龄统计表.xlsx”工作簿。选择一个单元格，选择【视图】选项卡，单击【窗口】选项组中的【拆分】按钮，即可在选择的单元格左上角处拆分为4个窗格，如图5-15所示。

步骤 2 窗口中有两个水平滚动条和两个垂直滚动条，拖动即可改变各个窗格的显示范围，如图5-16所示。

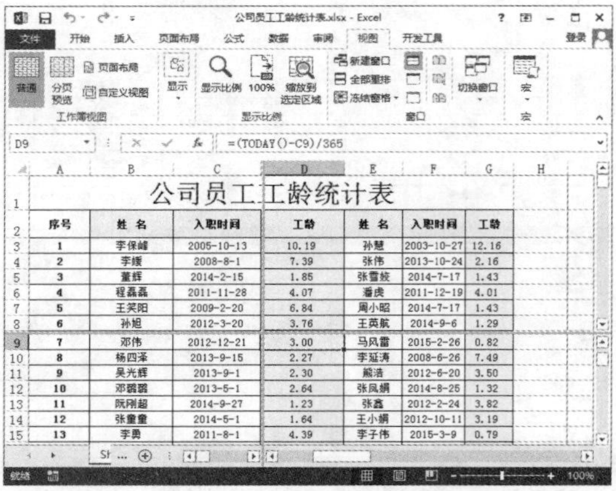

图5-15 拆分查看

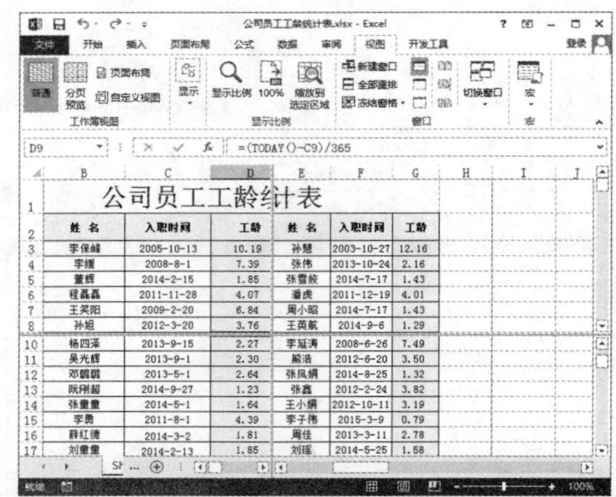

图5-16 拖动改变窗格的显示范围

步骤 3 再次单击【拆分】按钮，即可恢复到普通视图状态。

5.3 查看其他区域的数据

如果工作表中的数据过多，而当前屏幕中只能显示一部分数据，若要浏览其他区域的数据，除了使用普通视图中的滚动条，还可以使用以下方式查看。

5.3.1 冻结工作表中的行与列

冻结查看是指将指定区域冻结、固定，滚动条只对其他区域的数据起作用，具体操作步骤如下。

步骤 1 打开随书光盘中的“素材\ch05\工资统计表.xlsx”工作簿，选择【视图】选项卡，单击【窗口】选项组中的【冻结窗格】按钮，在弹出的下拉列表中选择【冻结首行】选项，在首行下方会显示一条灰色线，并固定首行，如图5-17所示。

步骤 2 向下拖动垂直滚动条，首行则一直会显示在当前窗口中，如图5-18所示。

步骤 3 在【冻结窗格】下拉列表中选择【取消冻结窗格】选项，即可恢复到普通状态，如图5-19所示。

步骤 4 在【冻结窗格】下拉列表中选择【冻结首列】选项，在首列右侧会显示一条灰色线，并固定首列，如图5-20所示。

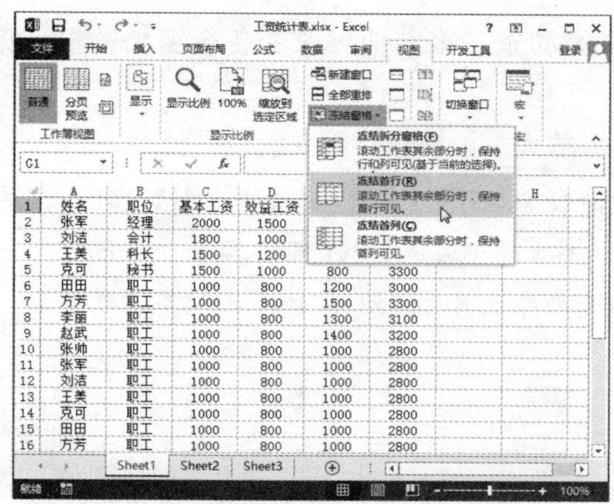

图5-17 冻结首行

图5-18 首行固定显示

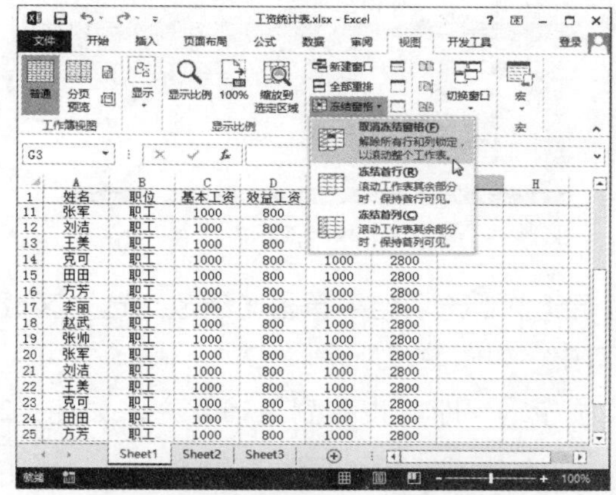

图5-19 取消冻结窗格

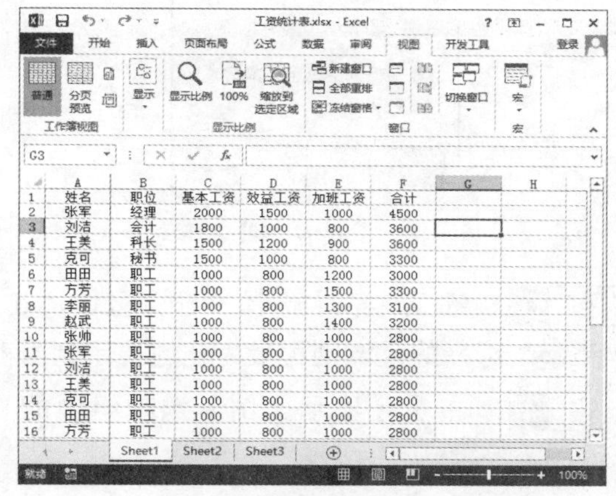

图5-20 冻结首列

步骤 5 如果想要自定义冻结的行或列，则可以先选择工作表中的单元格，如这里选择B2单元格，在【冻结窗格】下拉列表中选择【冻结拆分窗格】选项，如图5-21所示。

步骤 6 随即即可冻结B2单元格上面的行和左侧的列，如图5-22所示。

图5-21 冻结拆分窗格

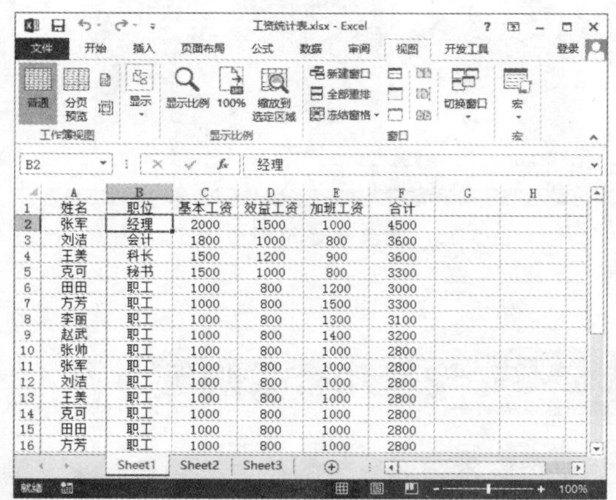

图5-22 冻结窗格

5.3.2 缩放查看工作表

缩放查看是指将所有的区域或选定的区域缩小或放大，以便显示需要的数据信息。

步骤 1 打开随书光盘中的“素材\ch05\工资统计表.xlsx”工作簿，选择【视图】选项卡，单击【显示比例】选项组中的【显示比例】按钮，弹出【显示比例】对话框，如图5-23所示。

步骤 2 选中75%单选按钮，当前区域即可缩至原来大小的75%，如图5-24所示。

图5-23　【显示比例】对话框

图5-24　缩放显示工作表

步骤 3 在工作表中选择一部分区域，在【显示比例】选项组中单击【缩放到选定区域】按钮，选择的区域则可最大化地显示到当前窗口中，如图5-25所示。

步骤 4 单击【显示比例】选项组中的100%按钮，即可恢复到普通状态，如图5-26所示。

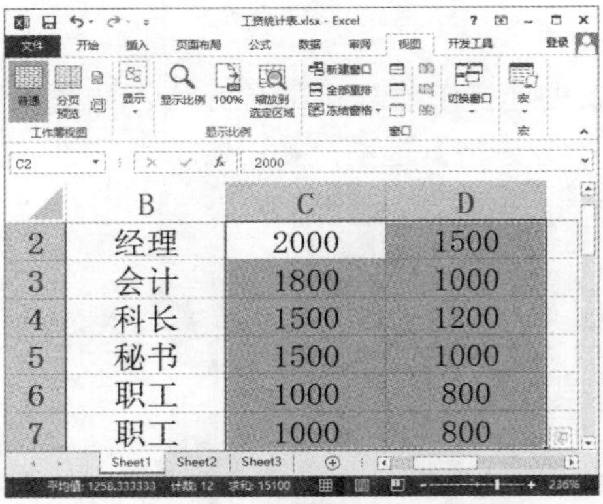

图5-25　最大化显示到当前窗口中

图5-26　100%显示工作表

5.3.3 隐藏和查看隐藏

可以将不需要显示的行或列隐藏起来，需要时再显示出来。隐藏与显示隐藏数据的操作步骤如下。

步骤 1 打开随书光盘中的“素材\ch05\工资统计表.xlsx”工作簿，选择B、C、D列，在B、C、D列中的任意位置右击，在弹出的快捷菜单中选择【隐藏】命令，如图5-27所示，即可隐藏这3列，如图5-28所示。

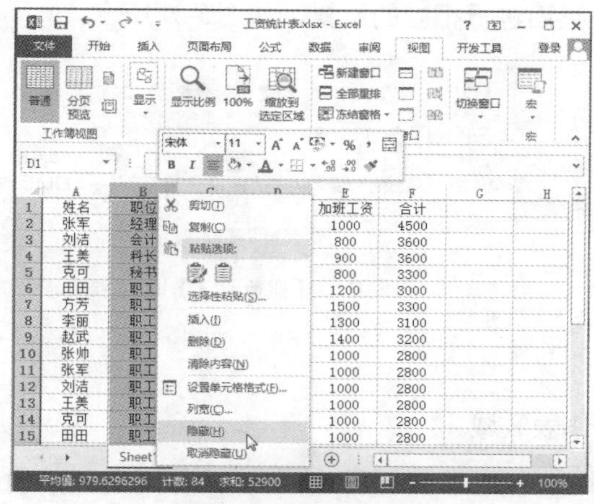

图5-27 隐藏选择的列

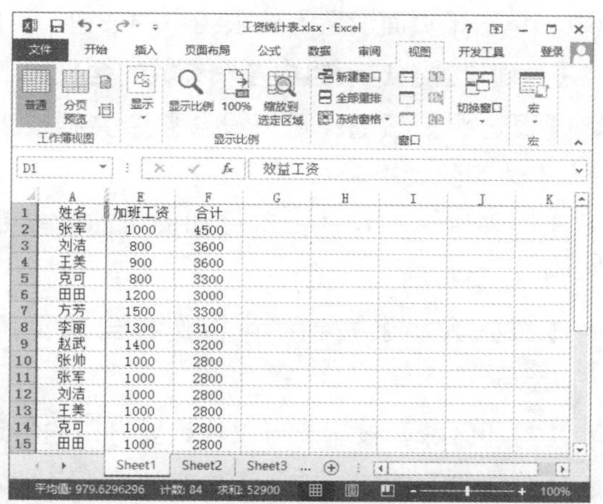

图5-28 隐藏列

步骤 2 需要显示出隐藏的内容时，选择A～E列，然后右击，在弹出的快捷菜单中选择【取消隐藏】命令，如图5-29所示，即可显示隐藏的内容，如图5-30所示。

图5-29 选择【取消隐藏】命令

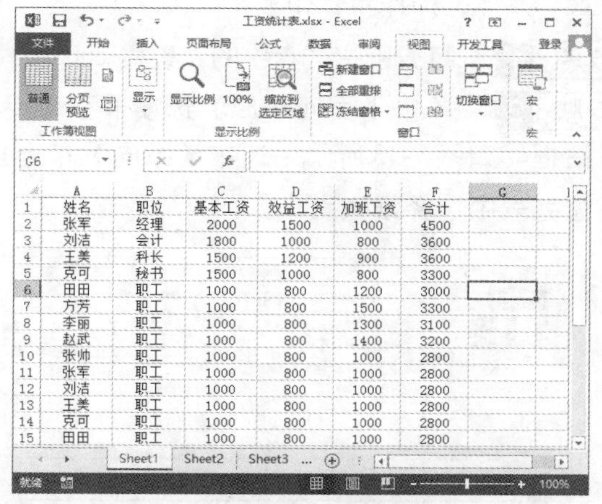

图5-30 显示隐藏的数据

5.4 设置打印页面

设置打印页面是对已经编辑好的文档进行版面设置，以使其达到满意的输出打印效果。合理的版面设置不仅可以提高版面的品位，而且可以节约办公费用的开支。

5.4.1 页面设置

在对页面进行设置时，可以对工作表的比例、打印方向等进行设置，在【页面布局】选项卡中，单击【页面设置】选项组中的按钮，可以对页面进行相应的设置，如图5-31所示。

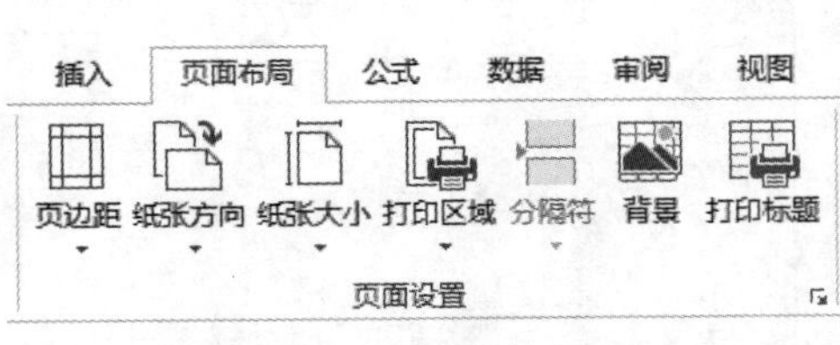

图5-31 【页面设置】选项组

【页面设置】选项组中各个参数的含义如下。

☆【页边距】按钮：可以设置整个文档或当前页面边距的大小。

☆【纸张方向】按钮：可以切换页面的纵向布局和横向布局。

☆【纸张大小】按钮：可以选择当前页的页面大小。

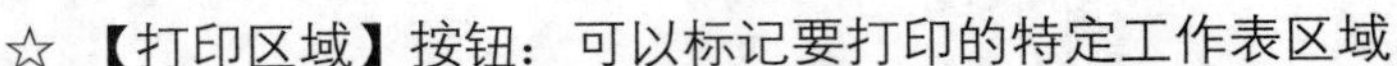

☆【打印区域】按钮：可以标记要打印的特定工作表区域。

☆【分隔符】按钮：在所选内容的左上角插入分页符。

☆【背景】按钮：可以选择一幅图像作为工作表的背景。

☆【打印标题】按钮：可以指定在每个打印页重复出现的行和列。

除了使用以上7个按钮进行页面设置操作外，还可以在【页面设置】对话框中对页面进行设置，具体的操作步骤如下。

步骤 1 打开随书光盘中的“素材\ch05\公司员工工龄统计表.xlsx”工作簿，如图5-32所示。

步骤 2 单击【页面布局】选项卡下【页面设置】选项组中的按钮，打开【页面设置】对话框，如图5-33所示。选中【纵向】单选按钮，并单击【纸张大小】下拉按钮，从弹出的下拉列表中选择纸张大小。

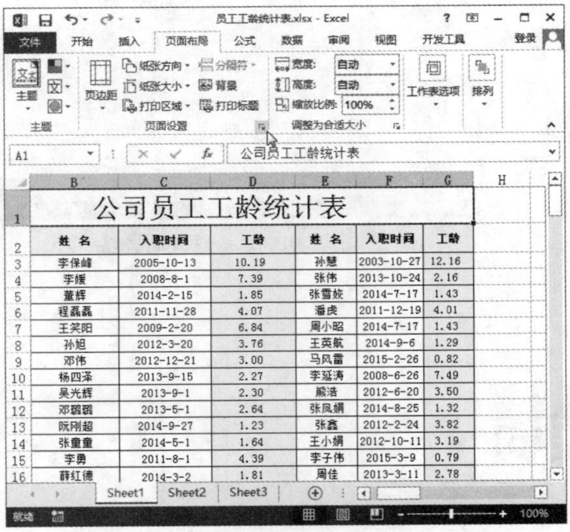

图5-32 打开素材文件

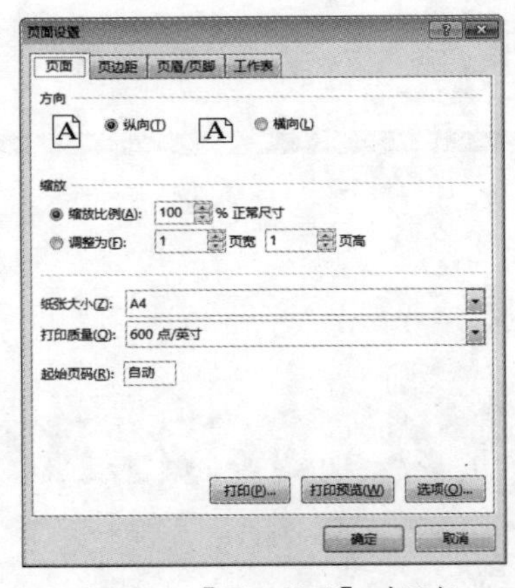

图5-33 【页面设置】对话框

步骤 3 最后单击【确定】按钮即可。

5.4.2 设置页边距

页边距是指纸张上打印内容的边界与纸张边沿间的距离，设置页边距的方法主要有以下两种。

▶ **方法1：**

在【页面设置】对话框中，选择【页边距】选项卡，如图5-34所示。

▶ **方法2：**

在【页面布局】选项卡中，单击【页面设置】选项组中的【页边距】按钮，在弹出的下拉列表中选择一种内置的布局方式，也可以快速地设置页边距，如图5-35所示。

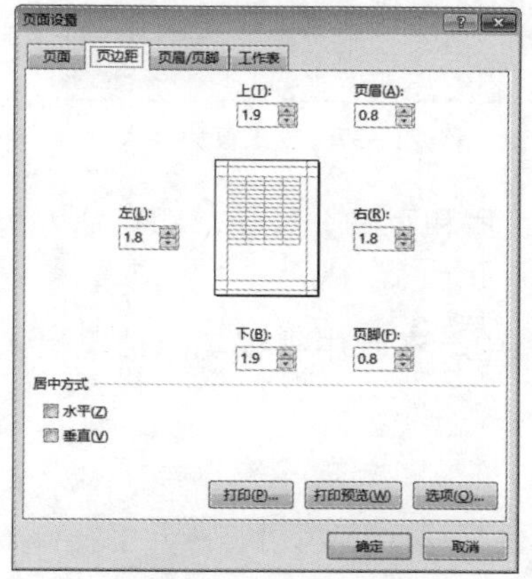

图5-34　【页边距】选项卡

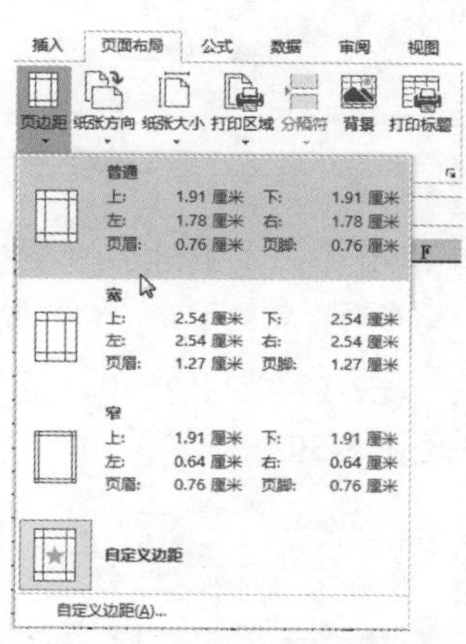

图5-35　【页边距】下拉列表

【页边距】选项卡中主要参数的含义如下。

☆ 【上】、【下】、【左】和【右】微调框：用来设置上、下、左、右页边距。

☆ 【页眉】、【页脚】微调框：用来设置页眉和页脚的位置。

☆ 【居中方式】区域：用来设置文档内容是否在页边距内居中以及如何居中，包括两个复选框。

△ 【水平】复选框：设置数据打印在水平方向的中间位置。

△ 【垂直】复选框：设置数据打印在顶端和底端的中间位置。

5.4.3 设置页眉和页脚

在Word文档中可以添加页眉和页脚，在Excel文档中同样能够根据需要添加页眉和页脚，具体操作步骤如下。

步骤 1 打开随书光盘中的“素材\ch05\办公用品采购清单.xlsx”工作簿，在【页面设置】对话框中选择【页眉/页脚】选项卡，单击【页眉】下拉按钮，从弹出的下拉列表中选择需要的页眉样式，如图5-36所示。

步骤 2 单击【页脚】下拉按钮，从弹出的下拉列表中选择需要的页脚样式，如图5-37所示。单击【确定】按钮，即可完成页眉和页脚样式的设置操作。

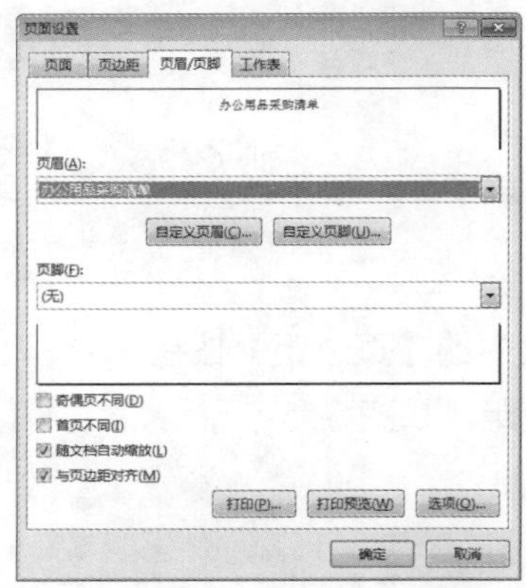

图5-36　设置页眉样式

图5-37　设置页脚样式

步骤 3 单击【插入】选项卡下【文本】组中的【页眉和页脚】按钮，即可插入页眉和页脚，如图5-38所示。

步骤 4 单击【确定】按钮，返回到Excel工作界面中，在其中根据实际情况输入页眉与页脚内容，如图5-39所示。

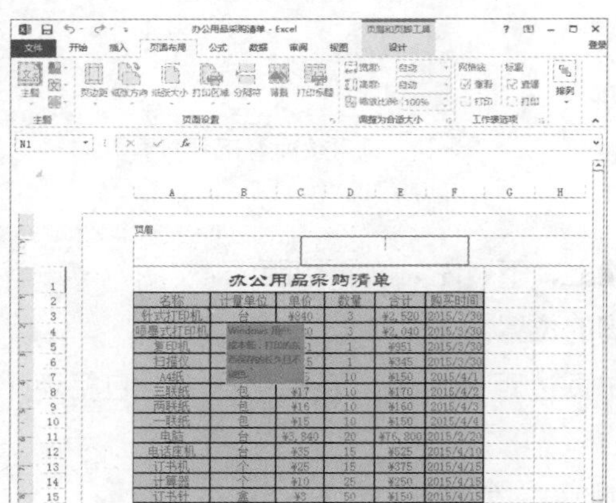

图5-38　插入页眉和页脚

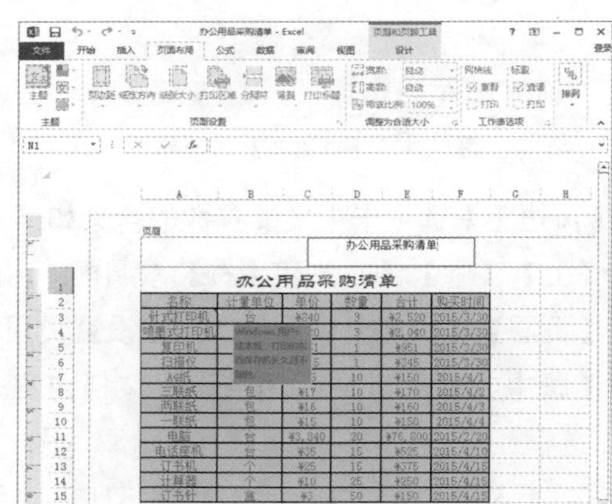

图5-39　输入页眉与页脚内容

5.5 添加打印机

要打印工作表，首先需要将计算机与打印机相连，然后安装打印机驱动，最后才能使用打印机打印工作表。

5.5.1 安装打印机

打印机接口有SCSI接口、EPP接口和USB接口3种。一般计算机使用的是EPP和USB两种。如果是USB接口打印机，可以使用其提供的USB数据线与计算机的USB接口相连接，然后连接电源就可以了，下面介绍安装EPP接口打印机的具体操作。

步骤 1 找出打印机的电源线和数据线，如图5-40和图5-41所示。

步骤 2 把数据线的一端插入计算机的打印机端口中，并拧紧螺丝，如图5-42所示。

图5-40 电源线

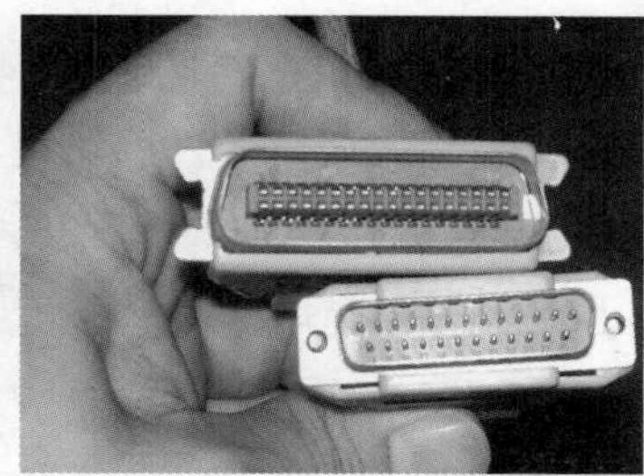

图5-41 数据线

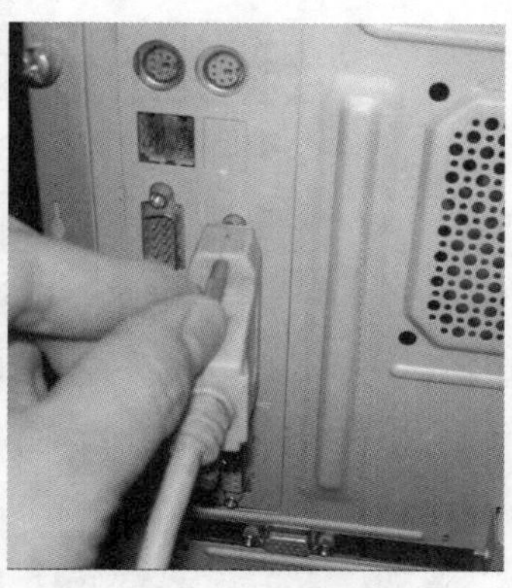

图5-42 连接数据线至计算机端口

步骤 3 把数据线的另一端插入打印机的数据线端口中，并扣上卡子，如图5-43所示。

步骤 4 将电源线插入打印机的电源接口处，如图5-44所示。

步骤 5 把电源线的另一端插入插座中，如图5-45所示。

图5-43 连接数据线至打印机端口

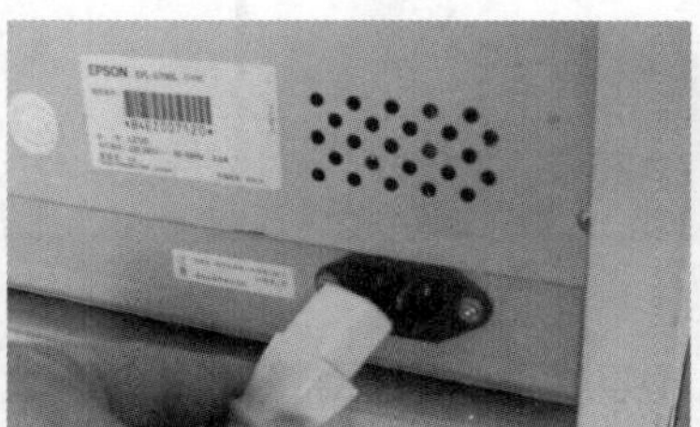

图5-44 连接电源线至打印机端口

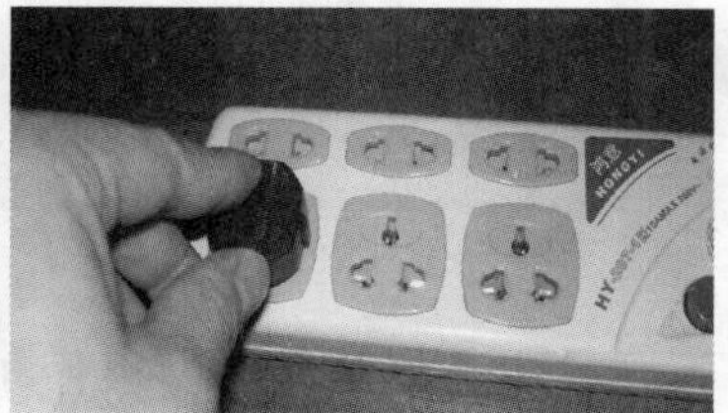

图5-45 连接电源线至插座

5.5.2 添加打印机驱动

连接好打印机硬件后，需继续安装打印机驱动，才能使用打印机打印工作表，具体操作步骤如下。

步骤 1 单击【开始】按钮，从弹出菜单中选择【设备和打印机】命令，如图5-46所示。

步骤 2 选择后，即可打开【设备和打印机】窗口，如图5-47所示，单击【添加打印机】按钮，即可打开【添加打印机】对话框。

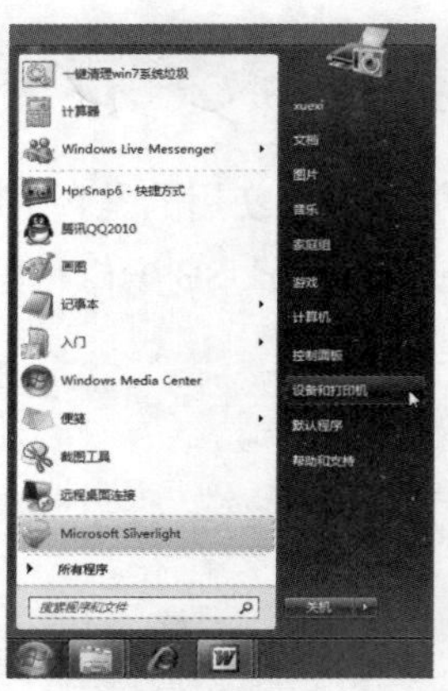
图5-46　选择【设备和打印机】命令

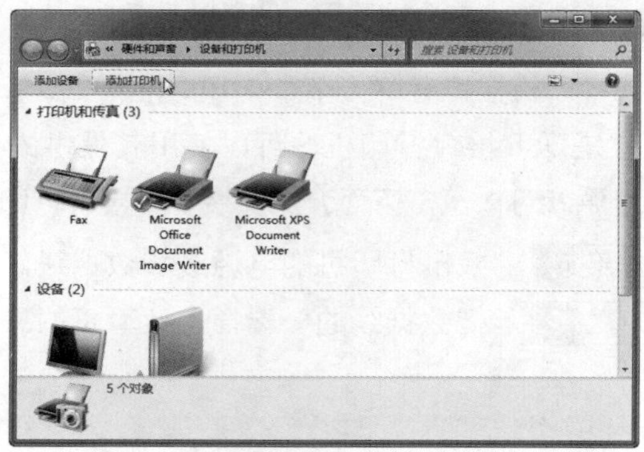
图5-47　【设备和打印机】窗口

步骤 3　选择【添加本地打印机】选项，单击【下一步】按钮。如果打印机不连接在本地计算机上，而连接在其他计算机上（本地计算机通过网络使用其他计算机上的打印机），则选择【添加网络、无线或Bluetooth打印机】选项，如图5-48所示。

步骤 4　进入【选择打印机端口】界面，采用默认的端口，单击【下一步】按钮。如果安装多个打印机，用户则需要安装多个端口，如图5-49所示。

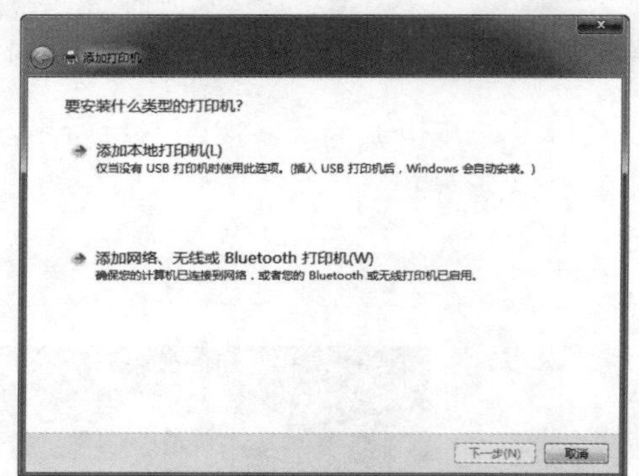

图5-48　选择要安装的打印机类型

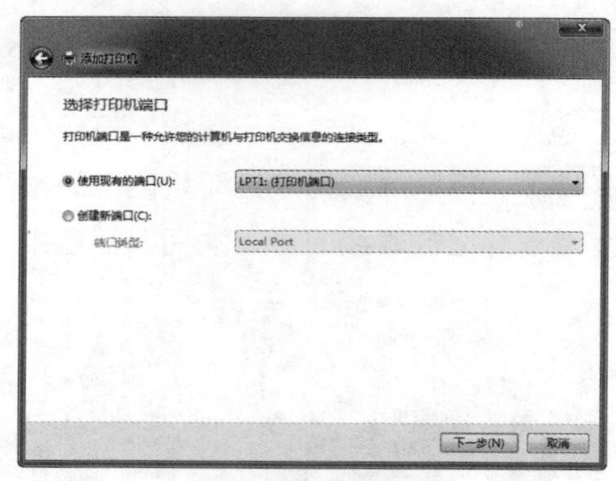

图5-49　选择打印机端口

步骤 5　进入【安装打印机驱动程序】界面，在【厂商】列表框中选择打印机的厂商名称，在【打印机】列表框中选择打印机的驱动程序型号，单击【下一步】按钮。如果有打印机的驱动光盘，可以单击【从磁盘安装】按钮，从弹出的对话框中选择驱动程序即可，如图5-50所示。

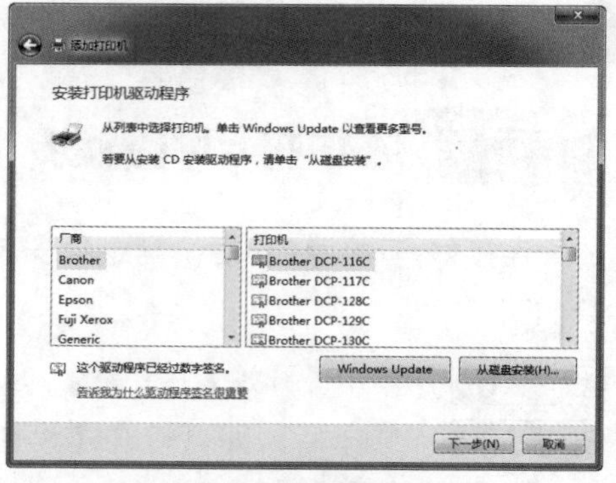

图5-50　安装打印机驱动程序

步骤 6　进入【键入打印机名称】界面，输入打印机的名称“我的打印机”，单击【下一步】按钮，如图5-51所示。

步骤 7　系统开始自动安装打印机驱动程序，并显示安装的进度，如图5-52所示。

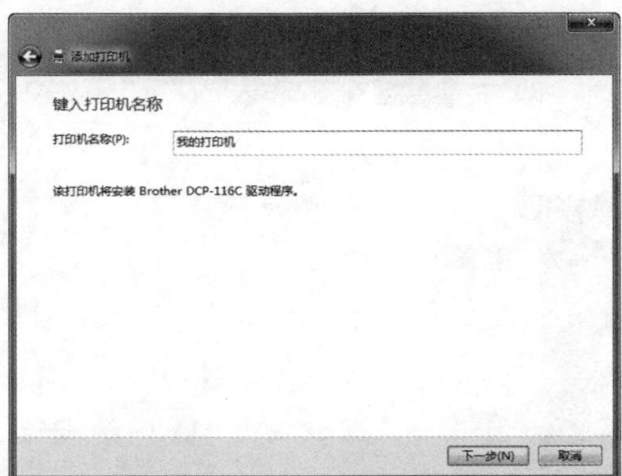

图5-51　输入打印机的名称

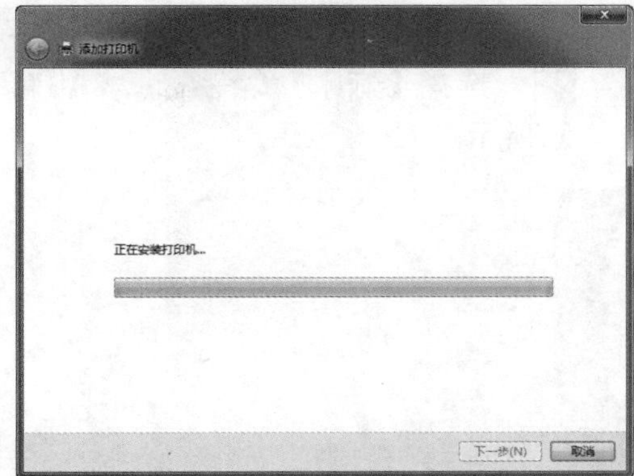

图5-52　安装打印机

步骤 8　打印机驱动程序安装完成后，单击【完成】按钮，如图5-53所示。

步骤 9　在【设备和打印机】窗口中，用户可以看到新添加的打印机，如图5-54所示。

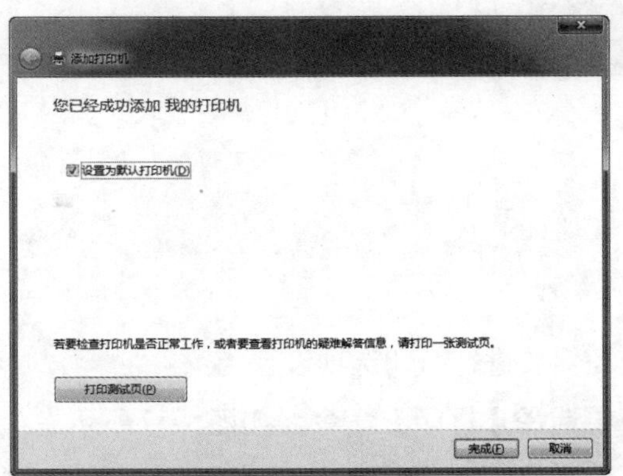

图5-53　成功添加打印机

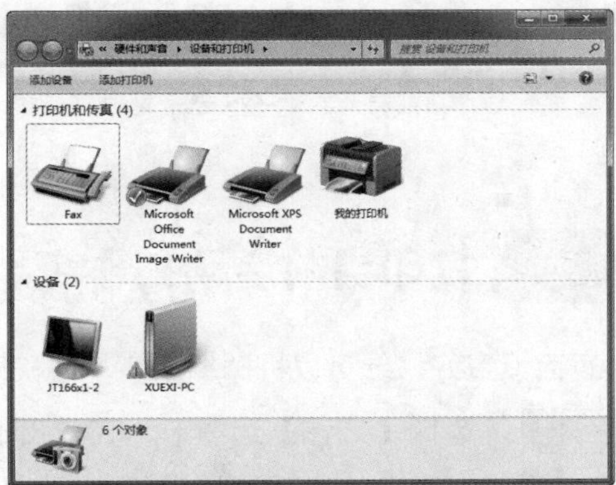

图5-54　新添加的打印机

5.6 打印工作表

用户如果要对创建的工作表进行打印，除要添加打印机外，在打印前还需要根据实际情况来设置工作表的打印区域和打印标题，预览打印效果，只有这样才能打印出符合条件的Excel文档。

5.6.1 打印预览

所有的参数设置完毕之后，就可以查看打印预览，方法很简单，具体操作步骤如下。

步骤 1　选择【文件】选项卡，进入到文件工作界面，如图5-55所示。

步骤 2　选择【打印】命令，进入【打印】界面，即可查看整个工作表的打印预览效果，如图5-56所示。

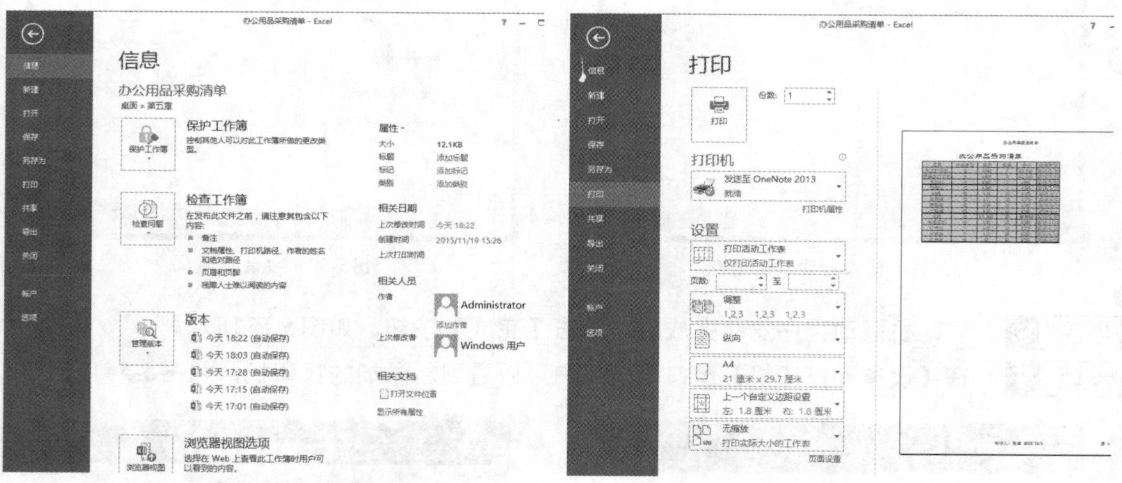

图5-55　文件工作界面　　图5-56　打印预览

5.6.2 打印当前活动工作表

页面设置好，就可以打印输出了，在打印之前还需要进行打印选项设置。

步骤 1　选择【文件】选项卡，在弹出的界面中选择【打印】命令，如图5-57所示。

步骤 2　在窗口的中间区域设置打印的份数，选择连接的打印机，设置打印的范围和页码范围，以及打印的方式、纸张、页边距和缩放比例等，在【打印整个工作簿】下拉列表框中选择【打印活动工作表】选项，如图5-58所示。

步骤 3　设置完成单击【打印】按钮，即可打印当前活动工作表。

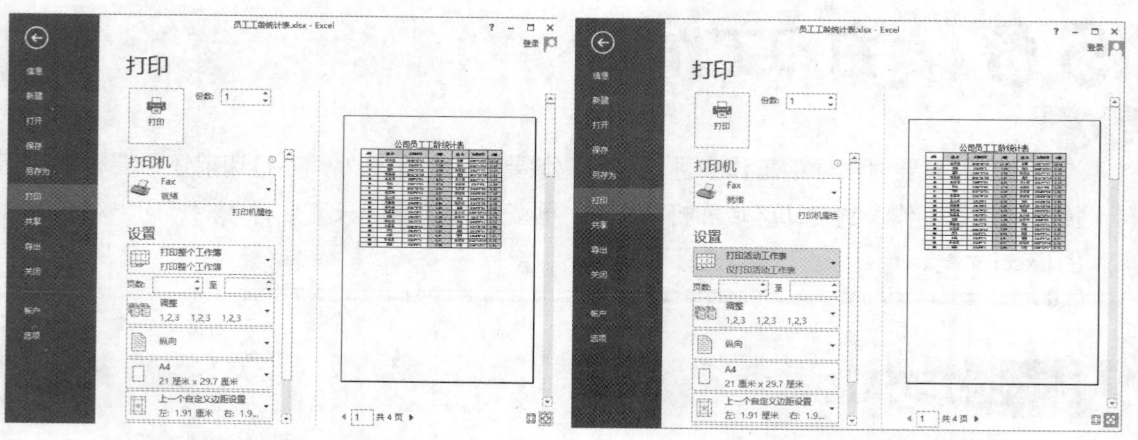

图5-57　【文件】工作界面　　图5-58　设置打印参数

5.6.3 仅打印指定区域

通过设置打印区域，可以仅打印指定的工作表区域，设置打印区域的方法有两种，如果使用【打印区域】按钮，则需要进行如下设置操作。

首先选择要打印的单元格区域，然后单击【页面布局】选项卡下【页面设置】组中的【打印区域】按钮，从弹出的下拉列表中选择【设置打印区域】选项，即可将选择的单元格区域设置为打印区域，如图5-59所示。

如果利用【页面设置】对话框设置打印区域，则具体操作步骤如下。

步骤 1 单击【页面布局】选项卡下【页面设置】组中的【页面设置】按钮，打开【页面设置】对话框，选择【工作表】选项卡，进入【工作表】设置界面，如图5-60所示。

图5-59 设置打印区域

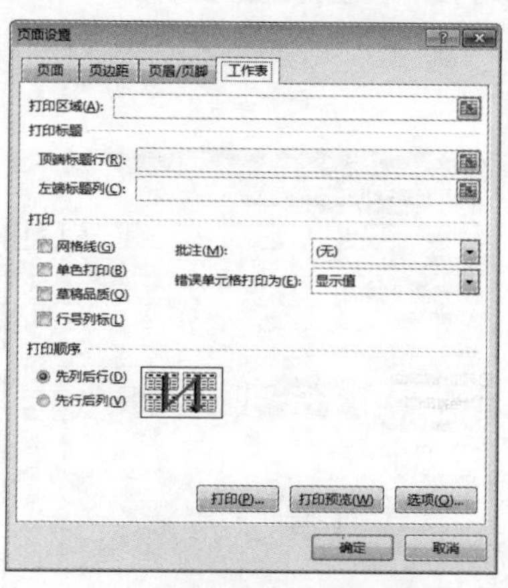

图5-60 【工作表】设置界面

步骤 2 单击【打印区域】文本框右侧的按钮，打开【页面设置-打印区域】对话框，并在工作表中选择打印区域，如图5-61所示。

步骤 3 单击按钮，返回到【页面设置】对话框，此时在【打印区域】文本框中显示的是工作表的打印区域，如图5-62所示。

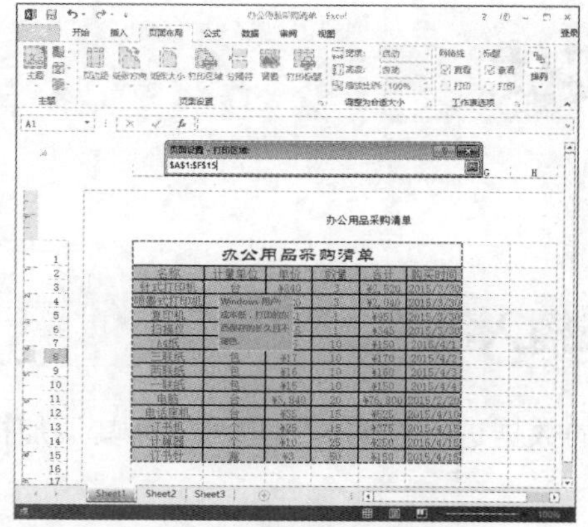

图5-61 选择打印区域

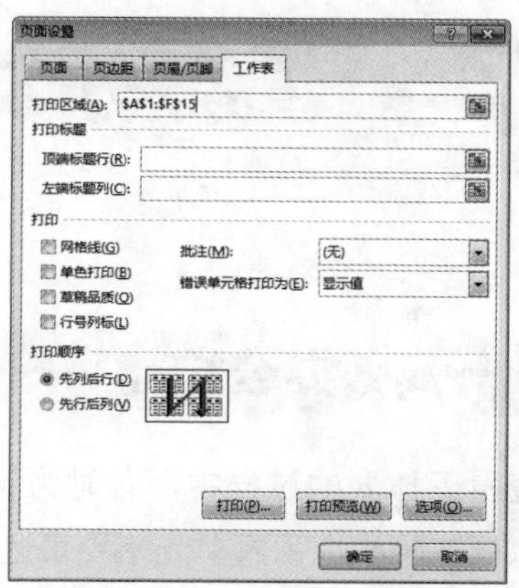

图5-62 显示工作表的打印区域

步骤 4 单击【确定】按钮，即可完成设置操作，单击【页面设置】对话框中的【打印】按钮，即可打印指定单元格区域。

5.6.4 添加打印标题

设置打印标题的方法与设置打印区域的方法不同，具体操作步骤如下。

步骤 1 在【页面设置】对话框中选择【工作表】选项卡，单击【顶端标题行】文本框右侧的按钮，如图5-63所示，即可在工作表中选择顶端打印标题，如图5-64所示。

步骤 2 选择完毕后单击按钮，返回到【页面设置】对话框，然后单击【确定】按钮，即可完成打印标题的设置操作。

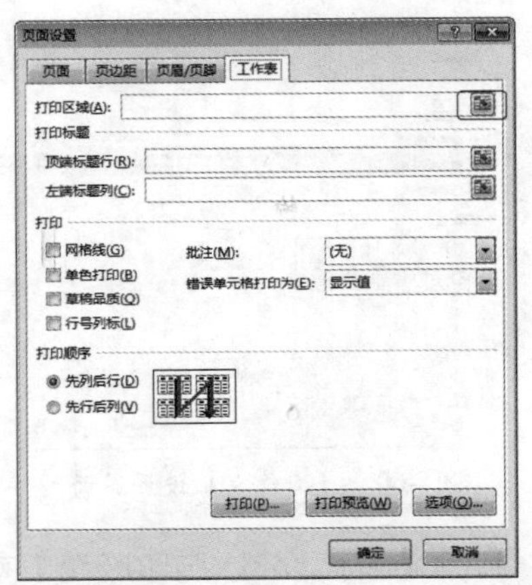

图5-63 单击【顶端标题行】文本框右侧的按钮

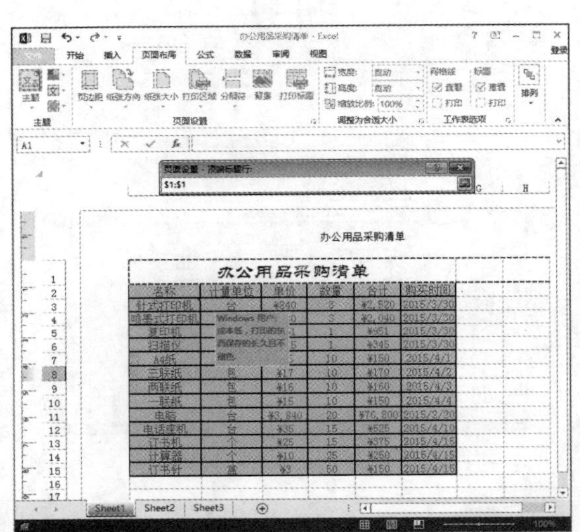

图5-64 选择标题区域

5.7 高效办公技能实战

5.7.1 高效办公技能1——为工作表插入批注

在查看工作表的过程中，有时为了对单元格中的数据进行说明，用户可以为其添加批注，这样可以更加轻松地了解单元格要表达的信息。

在Excel文档中插入批注的方法很简单，具体操作步骤如下。

步骤 1 选中要插入批注的单元格，然后右击，从弹出的快捷菜单中选择【插入批注】命令，即可在选中的单元格右侧打开批注编辑框，如图5-65所示。

步骤 2 根据实际需要输入相应的批注内容，如图5-66所示。

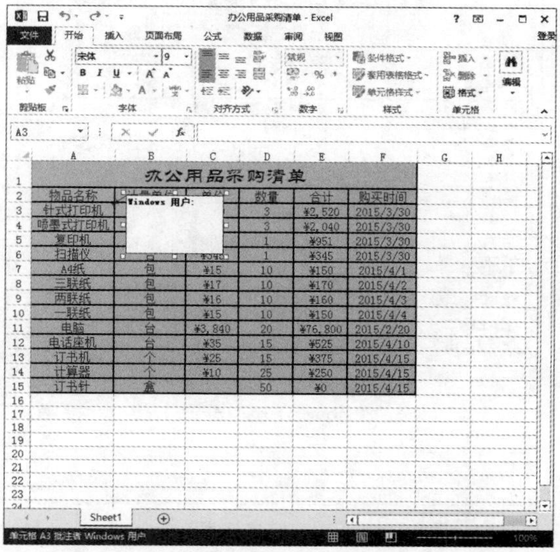

图5-65 打开批注编辑框

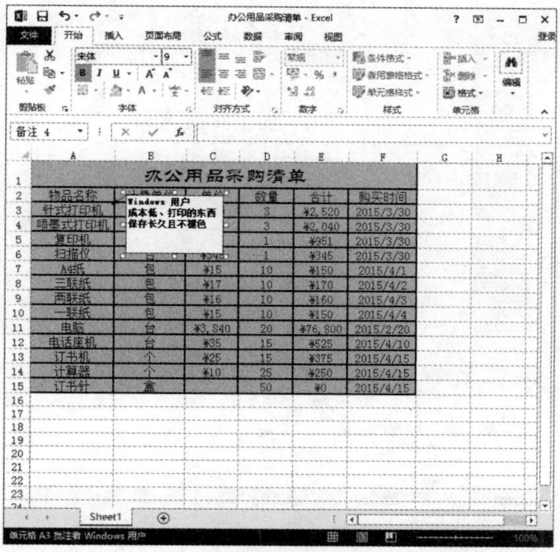

图5-66 输入批注内容

步骤 3 单击批注编辑框外侧的任何区域，添加的批注将被隐藏起来，只在批注所在的单元格右上角显示一个红色的三角形标志，如图5-67所示，如果要查看批注，则只需将鼠标指针移动到添加批注的单元格上，即可显示其中的批注内容，如图5-68所示。

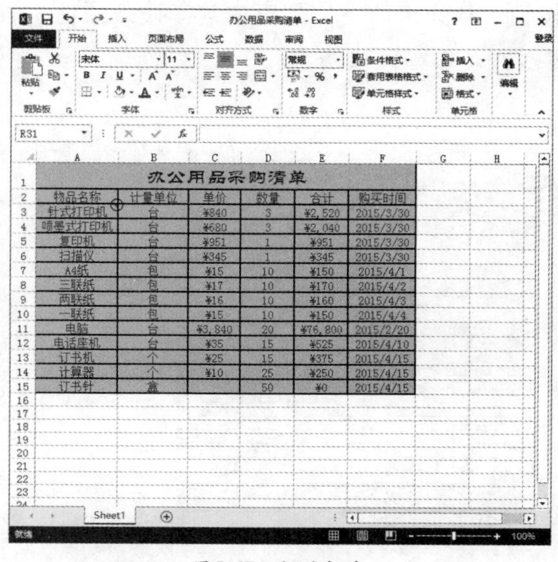

图5-67 批注标志

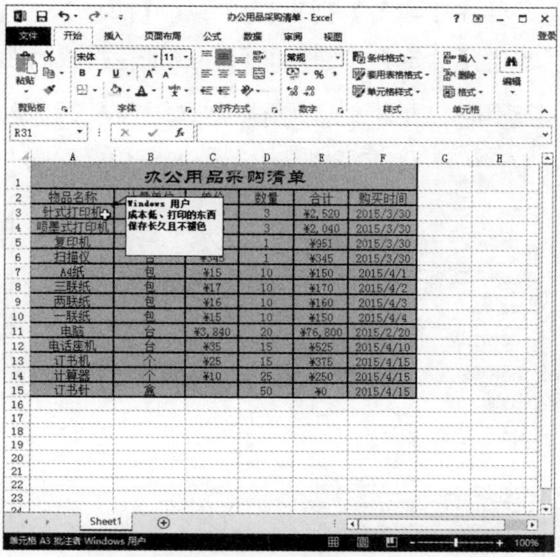

图5-68 查看批注

步骤 4 选中插入批注所在的单元格，然后右击，从弹出的快捷菜单中选择【显示/隐藏批注】命令，此时即可将隐藏的批注显示出来，如图5-69所示。

步骤 5　右击批注，从弹出的快捷菜单中选择【设置批注格式】命令，即可打开【设置批注格式】对话框，如图5-70所示。

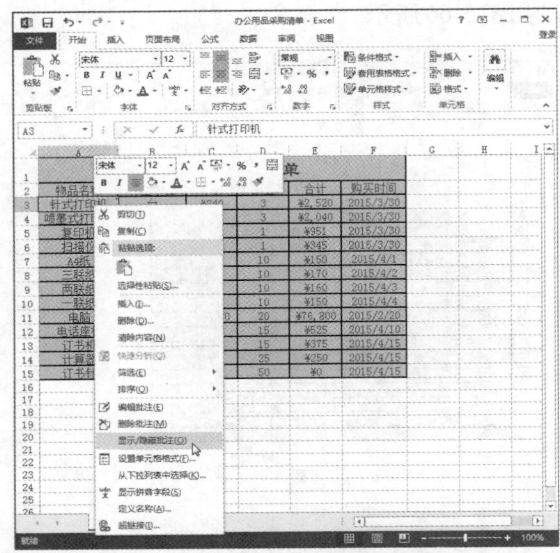
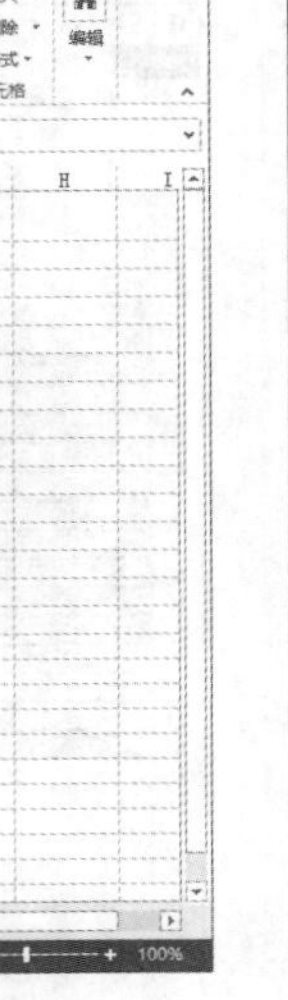

图5-69　选择【显示/隐藏批注】命令

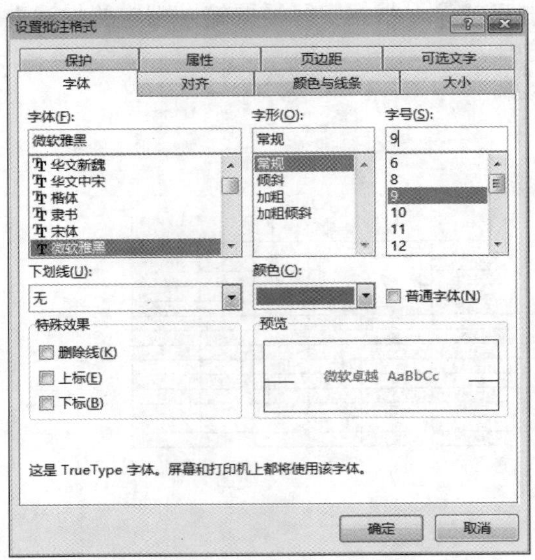

图5-70　【设置批注格式】对话框

步骤 6　根据实际情况设置字体、字号，并单击【颜色】下拉按钮，从弹出的下拉列表中选择字体的颜色，然后选择【颜色与线条】选项卡，即可进入【颜色与线条】设置界面，如图5-71所示。

步骤 7　在【填充】列表框中单击【颜色】下拉按钮，从弹出的下拉列表中选择填充颜色，并在【线条】列表框中单击【颜色】下拉按钮，从弹出的下拉列表中选择线条颜色，然后单击【确定】按钮，即可完成批注格式的设置操作，如图5-72所示。

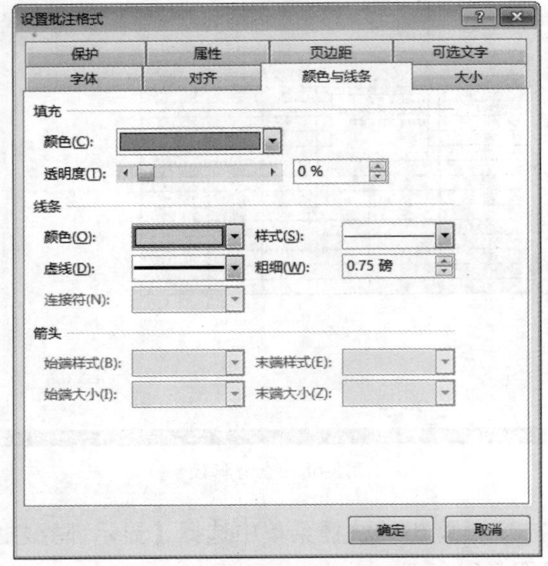

图5-71　【颜色与线条】设置界面

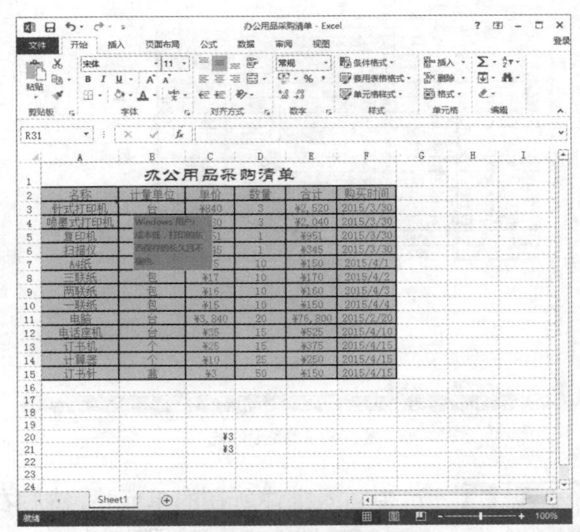

图5-72　设置批注的格式

5.7.2 高效办公技能2——连接局域网中的打印机

如果用户的计算机处于局域网中，那么就可以将自己的计算机与局域网中的打印机相连，从而完成打印工作表的工作，连接局域网中打印机的具体操作步骤如下。

步骤 1 单击【开始】按钮，从弹出菜单中选择【设备和打印机】命令，打开【设备和打印机】窗口，如图5-73所示。

步骤 2 单击【添加打印机】按钮，打开【添加打印机】对话框，如图5-74所示。

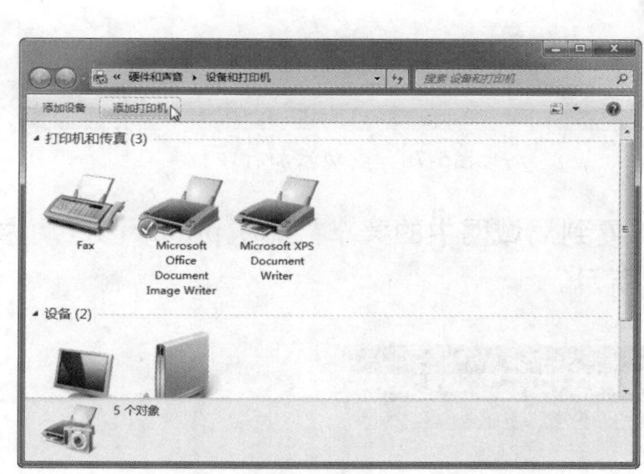

图5-73 【设备和打印机】窗口

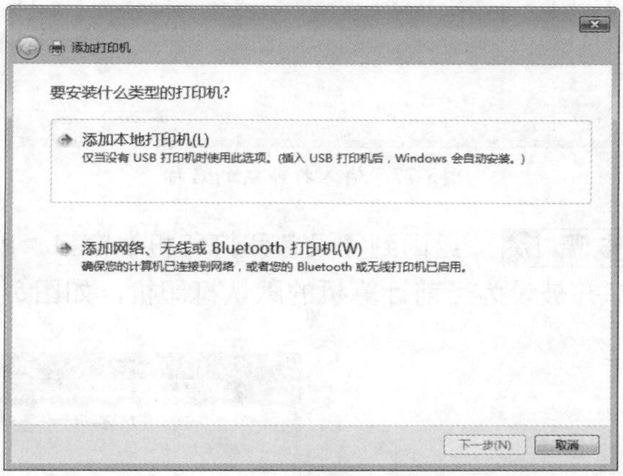

添加打印机

要安装什么类型的打印机?

添加本地打印机(L)

仅当没有 USB 打印机时使用此选项。(插入 USB 打印机后，Windows 会自动安装。)

添加网络、无线或 Bluetooth 打印机(W)

确保您的计算机已连接到网络，或者您的 Bluetooth 或无线打印机已启用。

下一步(N) 取消

图5-74 【添加打印机】对话框

步骤 3 选择【添加网络、无线或Bluetooth打印机】选项，如图5-75所示。

步骤 4 进入【正在搜索可用的打印机】界面，在【打印机名称】列表框中选择搜索到的打印机，单击【下一步】按钮，如图5-76所示。

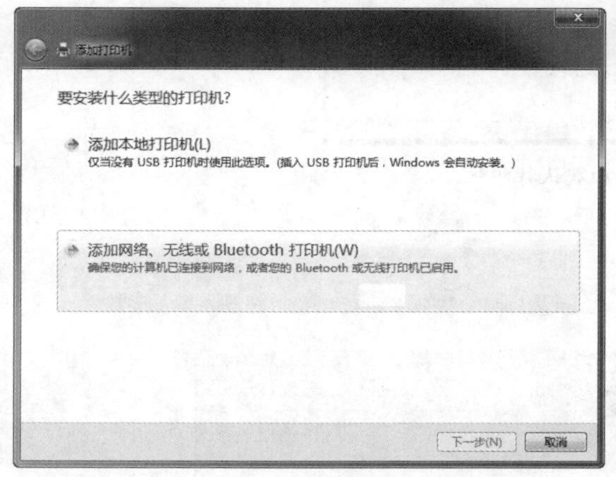

图5-75 选择打印机类型

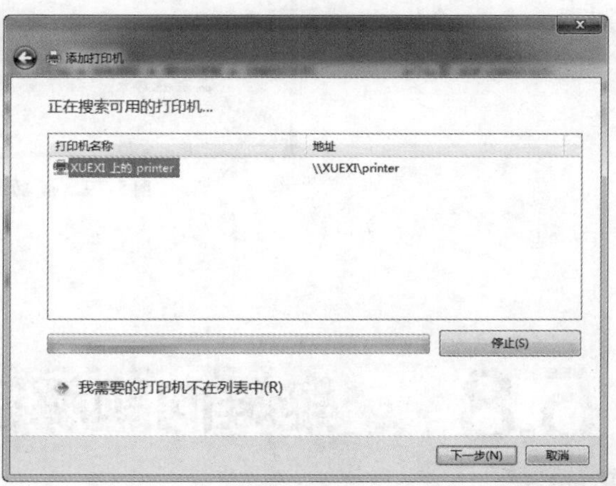

图5-76 搜索可用的打印机

步骤 5 进入【已成功添加printer】界面，在【打印机名称】文本框中输入名称“printer”，单击【下一步】按钮，如图5-77所示。

步骤 6 进入【您已经成功添加printer】界面，选中【设置为默认打印机】复选框，单击

【完成】按钮，如图5-78所示。

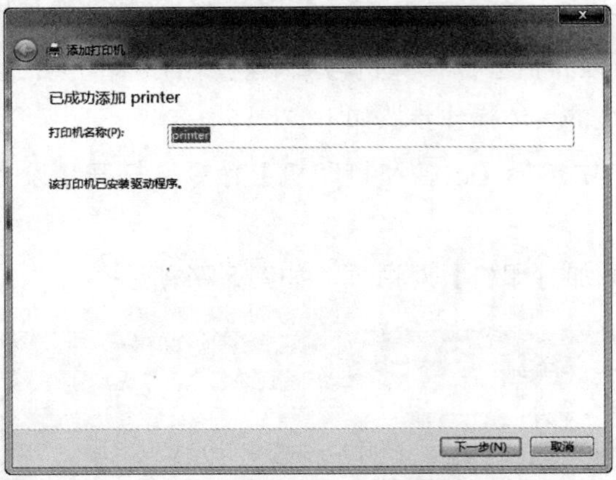

图5-77　输入打印机的名称

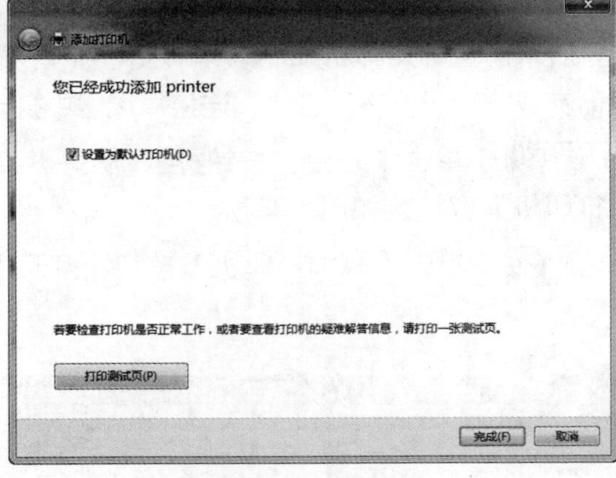

图5-78　成功添加打印机

步骤 7　返回到【设备和打印机】窗口，即可看到局域网中的共享打印机printer已成功添加并被设为当前计算机的默认打印机，如图5-79所示。

图5-79　成功添加默认打印机

5.8 疑难问题解答

问题1：对于大型表格来说，如何使得标题行或列始终显示在屏幕上呢？

解答：由于表格中的项目较多，需要滚动窗口查看或编辑时，标题行或标题列会被隐藏，这样非常不利于数据的查看，所以对于大型的表格来说，就可以通过冻结窗格的方法来使标题

行或列始终显示在屏幕上，这里只需要选定某个单元格，然后在【视图】选项卡下的【窗口】组中，单击【冻结窗格】右边的下拉按钮，从弹出的下拉列表中选择【冻结拆分窗格】选项即可。此时无论是向右还是向下滚动窗口，被冻结的行和列始终显示在屏幕上，同时工作表中还将显示水平和垂直冻结线。

问题2：有时在表格中会看到部分单元格中显示的是“##########”符号，这是什么原因呢？

解答：如果部分单元格显示为“##########”符号时，这并不表示复制公式有问题，而是因为数字太长，单元格无法全部显示出来，出现此种情况，可以通过拖动列标，或者直接双击来调整列宽，此时数据将完全地显示出来。

第2篇

修饰与美化工作表

整齐、美观的工作表阅读起来非常舒服、清晰，更能适合办公的需要。本篇学习工作表的美化设置，图画、形状和图形的绘制方法及技巧。

使用格式美化工作表

● **本章导读**

Excel 2013提供了许多美化工作表的格式，利用这些格式，可以使工作表更清晰、更形象、更美观，例如，通过设置单元格中文字的颜色、方向来美化工作表中的文字，通过设置工作表的边框线来美化工作表的整体显示效果等。本章将为读者介绍美化工作表的方法与技巧。

● **学习目标**

◎ 掌握单元格的设置方法

◎ 掌握快速设置表格样式的方法

◎ 掌握自动套用单元格样式的方法

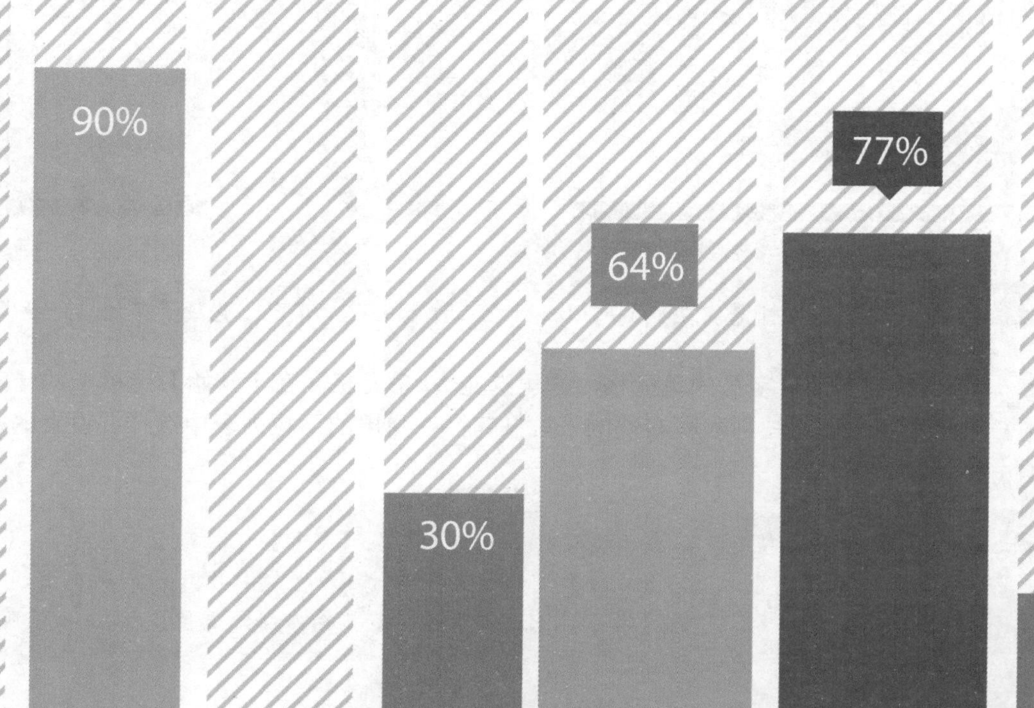

6.1 单元格的设置

单元格是工作表的基本组成单位，也是用户可以进行操作的最小单位。在Excel 2013中，用户可以根据需要设置单元格中文字的大小、颜色、方向等。

6.1.1 设置字体和字号

默认情况下，Excel 2013表格中的字体格式是黑色、宋体和11号，如果对此字体格式不满意，可以更改。下面以“工资表”工作簿为例介绍设置单元格文字字体和字号的方法与技巧，具体操作步骤如下。

步骤 1 打开随书光盘中的“素材\ch06\工资表.xlsx”文件，如图6-1所示。

步骤 2 选定要设置字体的单元格，这里选定A1单元格，选择【开始】选项卡，单击【字体】组中【字体】下拉列表框右侧的下拉按钮，在弹出的下拉列表中选择相应的字体样式，如这里选择【隶书】字体样式，如图6-2所示。

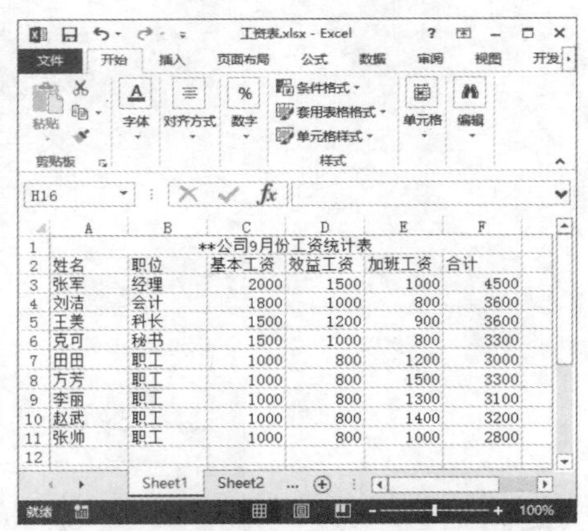

图6-1 打开素材文件

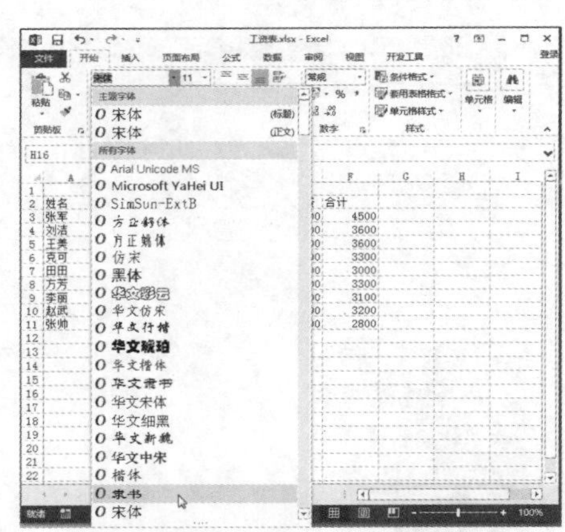

图6-2 选择字体样式

> **提示** 将鼠标指针定位在某个选项中，在工作表中用户可以预览设置字体后的效果。

步骤 3 选定要设置字号的单元格，这里选定A1单元格。在【开始】选项卡的【字体】组中，单击【字号】下拉列表框右侧的下拉按钮，在弹出的下拉列表中选择要设置的字号，如图6-3所示。

> **提示** 字号的数值越大，表示设置的字号越大。在【字号】下拉列表中可以看到，最大的字号是72号，但实际上Excel支持的最大字号为409磅。因此，若是在下拉列表中没有找到所需的字号，可在【字号】下拉列表框中直接输入字号数值，按Enter键确认。

步骤 4 使用同样的方法，设置其他单元格的字体和字号，最后的显示效果如图6-4所示。

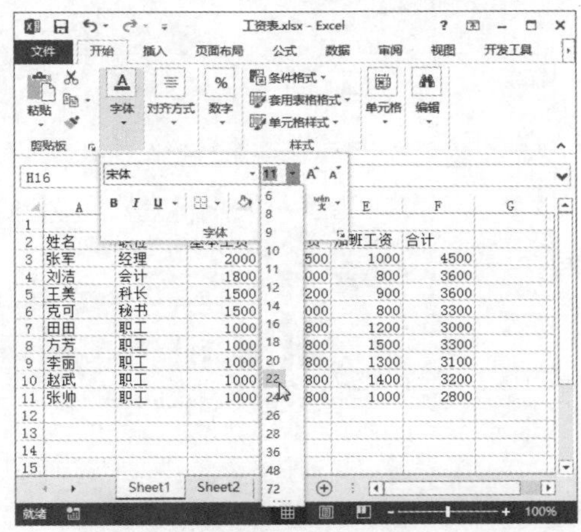

图6-3 选择字号

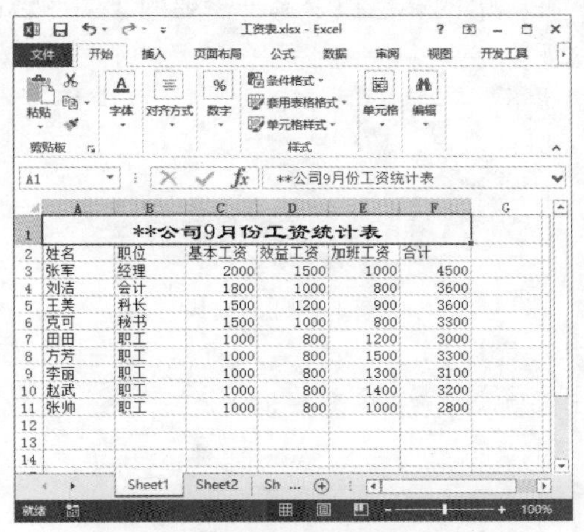

图6-4 显示效果

除此之外，选择区域后右击，将弹出浮动工具条和快捷菜单，通过浮动工具条中的【字体】和【字号】下拉列表框也可设置字体和字号，如图6-5所示。

另外，在弹出的快捷菜单中选择【设置单元格格式】命令，会弹出【设置单元格格式】对话框，选择【字体】选项卡，通过【字体】和【字号】列表框也可设置字体和字号，如图6-6所示。

图6-5 浮动工具条

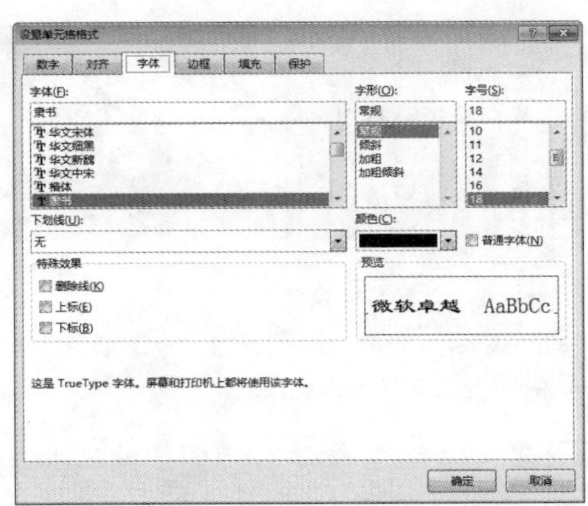

图6-6 【字体】选项卡

6.1.2 设置字体颜色

默认情况下，Excel 2013表格中的字体颜色是黑色的，如果对此字体的颜色不满意，可以更改。

步骤 1 选择需要设置字体颜色的单元格或单元格区域，如图6-7所示。

步骤 2 在【开始】选项卡中，单击【字体】选项组中【字体颜色】按钮右侧的下拉按钮，在弹出的调色板中单击需要的字体颜色即可，如图6-8所示。

图6-7 选择单元格区域

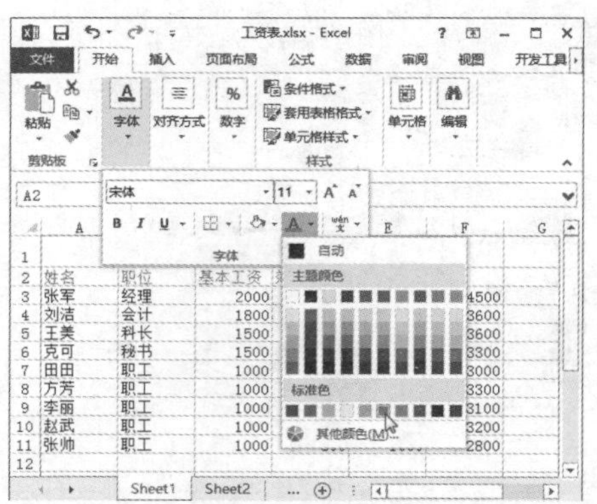

图6-8 选择字体颜色

步骤 3 如果调色板中没有所需的颜色，可以自定义颜色，在弹出的调色板中选择【其他颜色】选项，如图6-9所示。

步骤 4 弹出【颜色】对话框，在【标准】选项卡中选择需要的颜色，如图6-10所示。

步骤 5 如果【标准】选项卡中没有需要的颜色，还可以选择【自定义】选项卡，在其中调整适合的颜色，如图6-11所示。

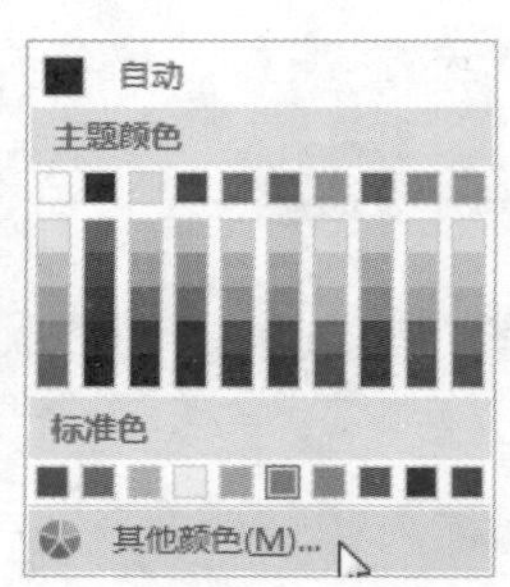

图6-9 选择【其他颜色】选项

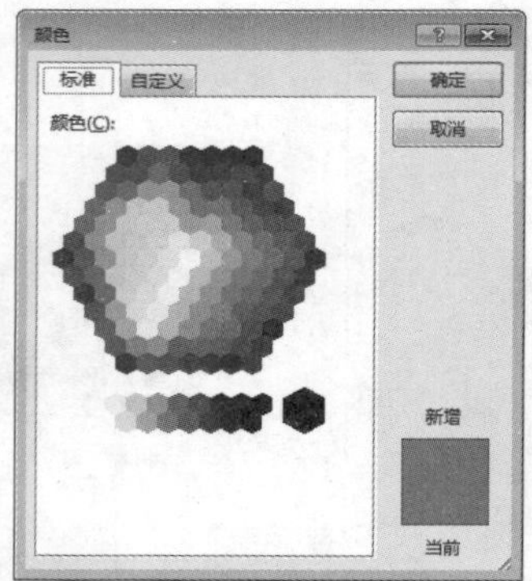

图6-10 【标准】选项卡

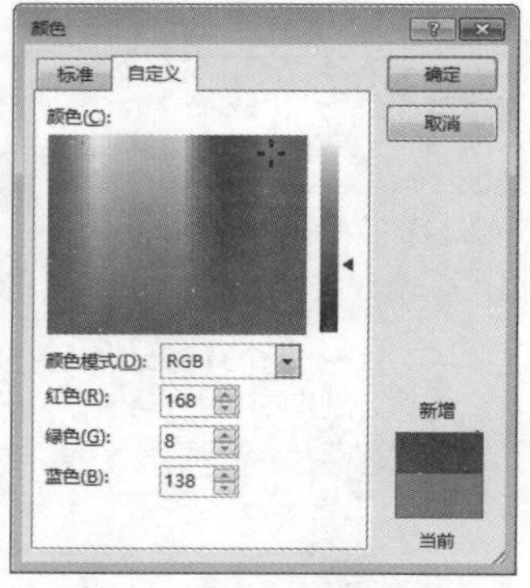

图6-11 【自定义】选项卡

步骤 6 单击【确定】按钮，即可应用重新定义的字体颜色，如图6-12所示。

> **提示** 此外，也可以在要改变字体颜色的文字上右击，在弹出的浮动工具条中，单击【字体颜色】下拉按钮进行设置。还可以单击【字体】选项组右侧的按钮，在弹出的【设置单元格格式】对话框中设置字体颜色。

图6-12 显示效果

6.1.3 设置背景颜色和图案

通过设置单元格的背景颜色和图案，可以使工作表更加美观、漂亮。单元格的背景颜色可设置为纯色、带图案样式的颜色和渐变色3种，下面以“工资表”工作簿为例进行介绍，具体操作步骤如下。

步骤 1 打开需要设置单元格背景颜色的工作表，选择要设置单元格背景颜色的单元格或单元格区域，如图6-13所示。

步骤 2 设置背景色为纯色。在【开始】选项卡的【字体】选项组中，单击【填充颜色】按钮右侧的下拉按钮，在弹出的调色板中选择需要的颜色即可，如图6-14所示。

图6-13 选择单元格区域

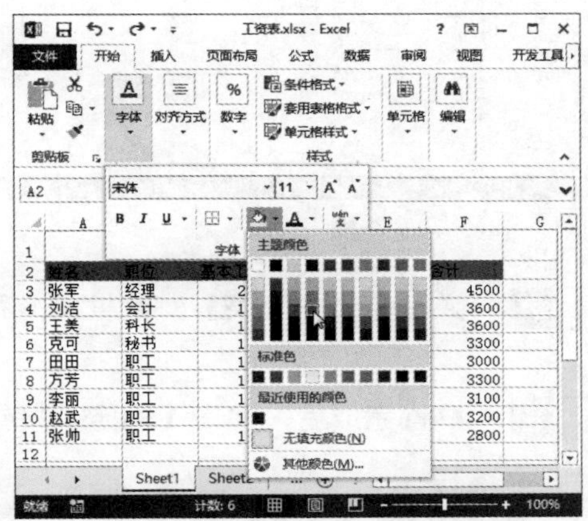

图6-14 选择颜色

步骤 3 设置背景色为带图案样式的颜色。选择单元格区域，右击，在弹出的快捷菜单中选择【设置单元格格式】命令，如图6-15所示。

步骤 4 弹出【设置单元格格式】对话框，选择【填充】选项卡，单击【图案样式】下拉列表框右侧的下拉按钮，选择要设置的样式，单击【图案颜色】下拉列表框右侧的下拉按钮，选择图案颜色，在底部的【示例】区域中可预览设置的效果，如图6-16所示。

图6-15 选择【设置单元格格式】命令

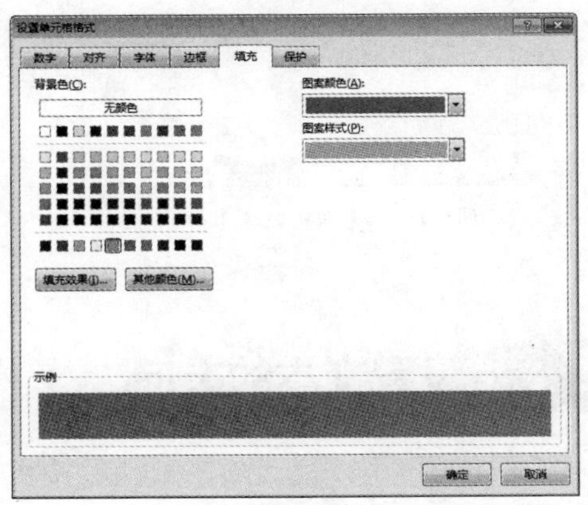

图6-16 【填充】选项卡

步骤 5 设置完成后，单击【确定】按钮，即可看到设置后的效果，如果6-17所示。

步骤 6 设置背景色为渐变色。在【设置单元格格式】对话框的【填充】选项卡中单击【填充效果】按钮，如图6-18所示。

图6-17 显示效果

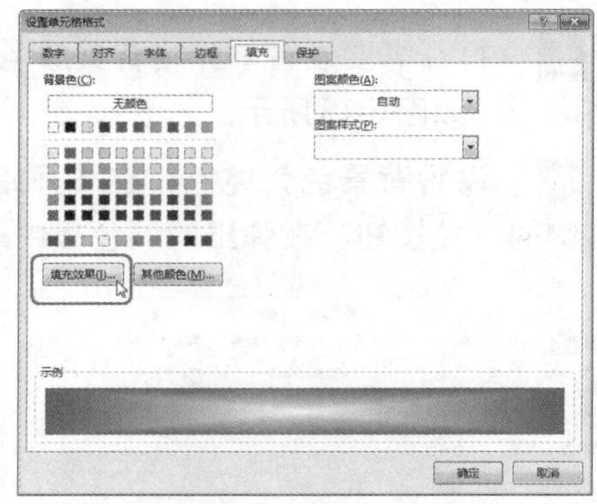

图6-18 单击【填充效果】按钮

步骤 7 弹出【填充效果】对话框，分别对【颜色】和【底纹样式】进行设置，如图6-19所示。

步骤 8 设置完成后，单击【确定】按钮，返回到工作表中，可以看到设置后的效果，如图6-20所示。

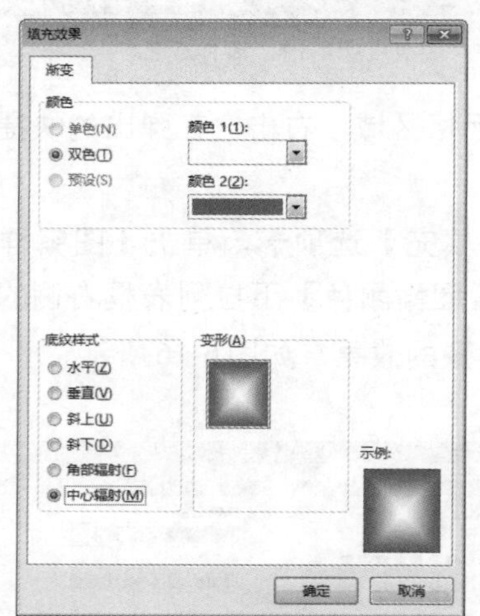

图6-19 【填充效果】对话框

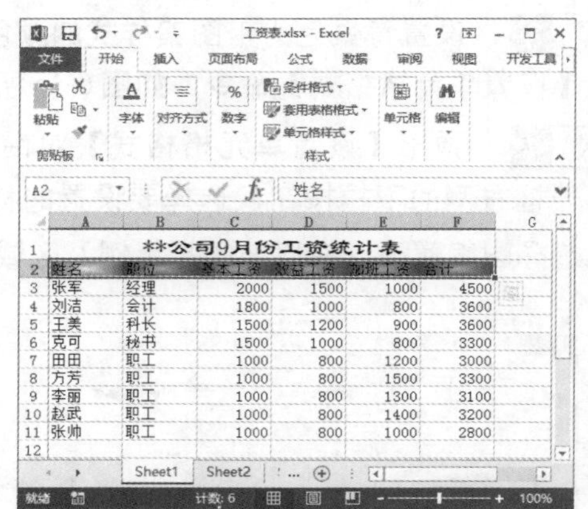

图6-20 显示效果

6.1.4 设置文本的方向

在Excel 2013中，文本除了默认的按水平方向显示外，还可以以多个方向显示在表格中。通常有两种方法可以设置文本的方向，分别介绍如下。

1. 通过功能区进行设置

下面以“工资表”工作簿为例进行介绍，具体操作步骤如下。

步骤 1 打开需要设置文本方向的工作表，然后选择需要设置文本方向的单元格区域A3:A11，如图6-21所示。

步骤 2 选择【开始】选项卡，在【对齐方式】选项组中单击【方向】按钮右侧的下拉按钮，在弹出的下拉列表中选择需要的文本方向类型，如选择【逆时针角度】选项，如图6-22所示。

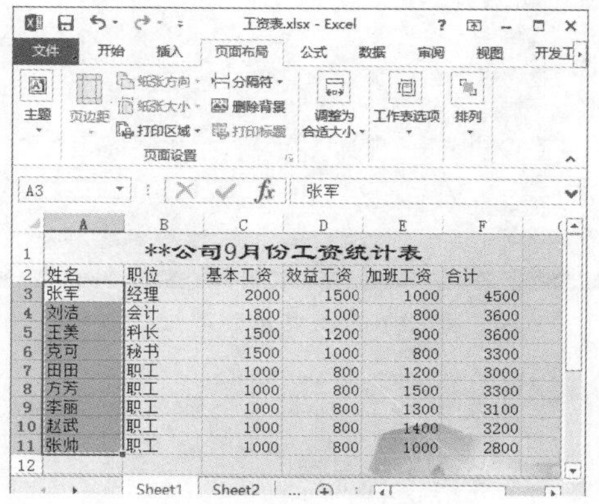

图6-21 选择单元格区域

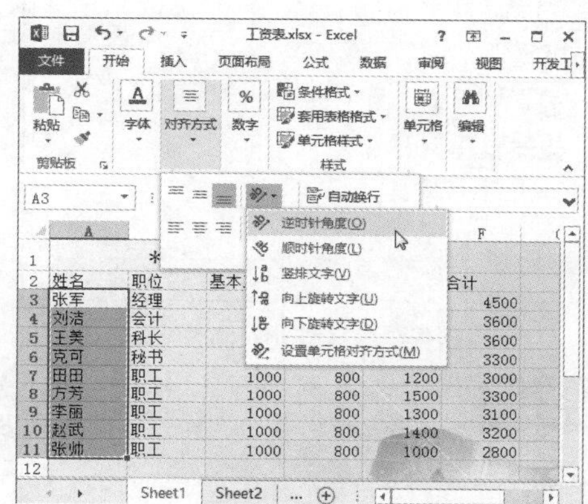

图6-22 选择【逆时针角度】选项

步骤 3 可以看到，选定的区域已按逆时针方向显示出来，如图6-23所示。

2. 通过对话框进行设置

通过【设置单元格格式】对话框来设置文本方向时，用户可以设置文本的具体旋转角度，具体操作步骤如下。

步骤 1 选择工作表中的单元格区域B3:B11，在【开始】选项卡中，单击【对齐方式】选项组右下角的按钮，如图6-24所示。

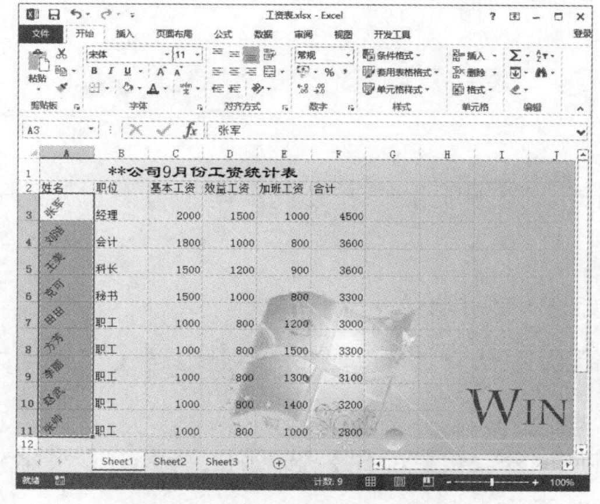

图6-23 按逆时针方向显示

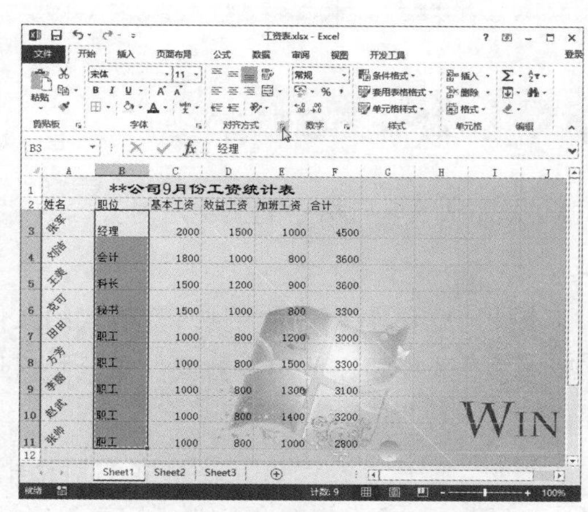

图6-24 选择单元格区域

步骤 2　弹出【设置单元格格式】对话框，在【对齐】选项卡的【方向】区域中拖动指针调整文本的方向，或者直接在下方的微调框中输入角度值，这里输入“50”，如图6-25所示。

步骤 3　设置完成后，单击【确定】按钮，可以看到最终的效果，如图6-26所示。

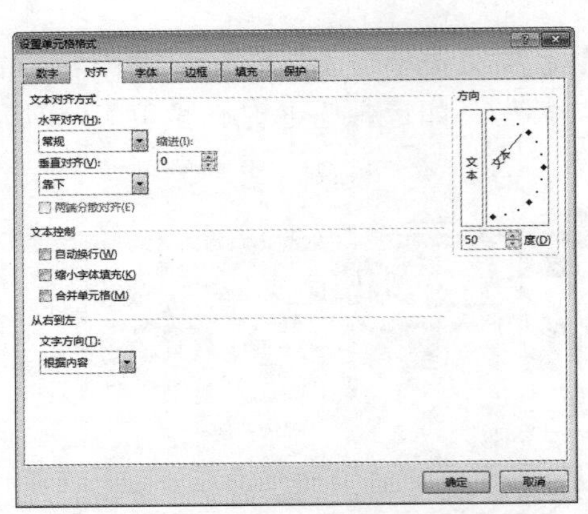
图6-25　【对齐】选项卡

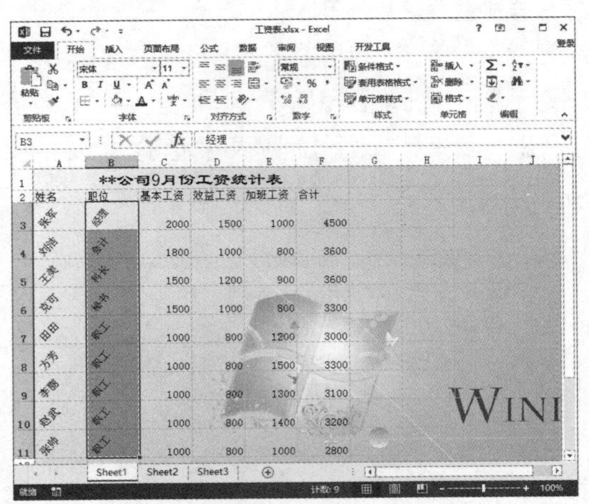
图6-26　显示效果

提示　在微调框中输入正数，表示逆时针旋转；相反地，在微调框中输入负数，表示顺时针旋转。

6.2 设置对齐方式

对齐方式是指单元格中的数据显示在单元格中上、下、左、右的相对位置。Excel 2013允许为单元格数据设置的对齐方式有左对齐、右对齐和合并居中对齐等。

6.2.1 对齐方式

默认情况下单元格中的文字左对齐，数字右对齐。为了使工作表美观，用户可以设置对齐方式。

步骤 1　打开需要设置数据对齐方式的文件，如图6-27所示。

步骤 2　选择要设置对齐方式的单元格区域，右击，在弹出的快捷菜单中选择【设置单元格格式】命令，如图6-28所示。

步骤 3　打开【设置单元格格式】对话框，在其中选择【对齐】选项卡，设置【水平对齐】为【居中】，【垂直对齐】为【居中】，如图6-29所示。

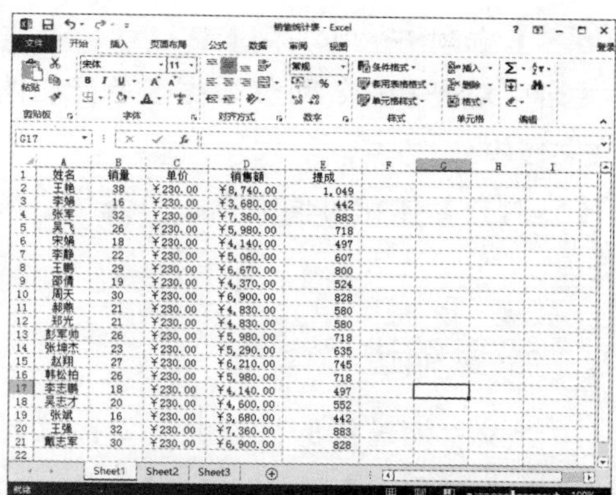

图6-27 打开素材文件

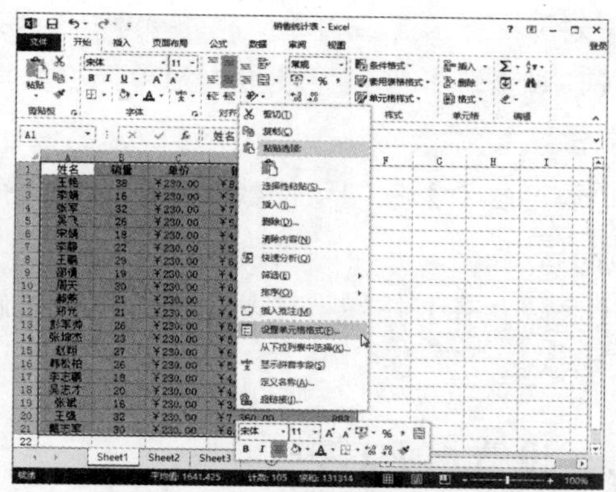

图6-28 选择【设置单元格格式】命令

步骤 4 单击【确定】按钮，即可查看设置后的效果，即每个单元格的数据都居中显示，如图6-30所示。

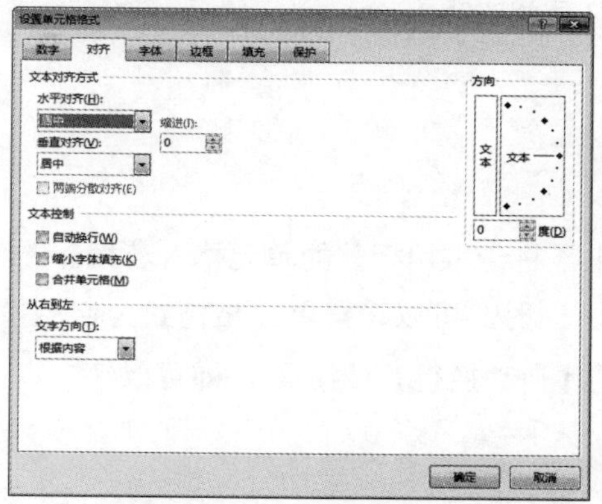

图6-29 【对齐】选项卡

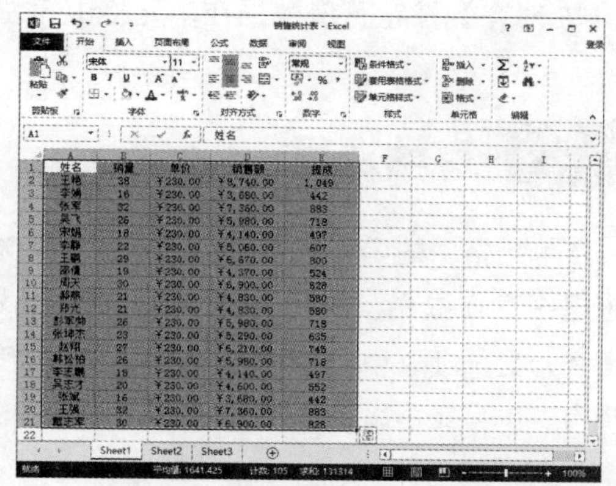

图6-30 居中显示单元格数据

提示 在【开始】选项卡的【对齐方式】选项组中，包含了设置对齐方式的相关按钮，用户可以单击相应的按钮来设置单元格的对齐方式，如图6-31所示。

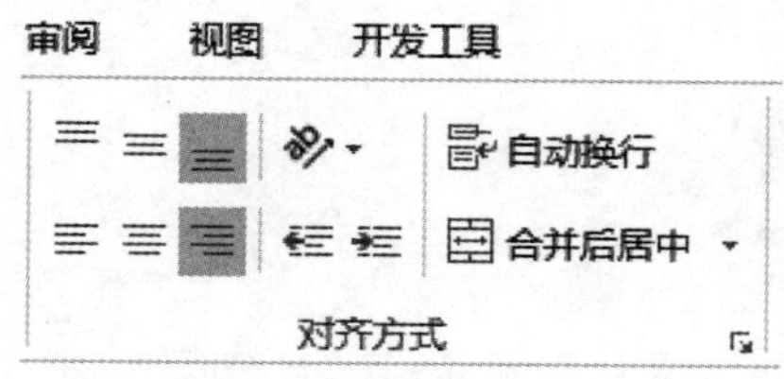

图6-31 【对齐方式】选项组

【对齐方式】选项组中有关对齐方式参数的介绍如下。

1. 设置垂直对齐

用于设置垂直对齐的按钮共有3个：【顶端对齐】按钮、【垂直居中】按钮和【底端对齐】按钮。

【顶端对齐】按钮可使数据沿单元格的顶端对齐。

【垂直居中】按钮可使数据在单元格的垂直方向居中。

【底端对齐】按钮可使数据沿单元格的底端对齐。

2. 设置水平对齐

用于设置水平对齐的按钮有3个：【左对齐】按钮、【居中对齐】按钮和【右对齐】按钮。

【左对齐】按钮可使数据在单元格中靠左对齐。

【居中对齐】按钮可使数据在单元格的水平方向居中。

【右对齐】按钮可使数据在单元格中靠右对齐。

3. 设置缩进量

用于设置缩进量的按钮共有2个：【减少缩进量】按钮和【增加缩进量】按钮。

【减少缩进量】按钮用于减少单元格边框与文字间的边距。

【增加缩进量】按钮用于增加单元格边框与文字间的距离。

6.2.2 自动换行

当单元格中的内容较多时，若需要完全显示出来，将会占用相邻的单元格，若相邻的单元格中已经存在数据，将会截断显示，如图6-32所示。这时，可以设置单元格格式为自动换行，在【开始】选项卡中，单击【对齐方式】选项组中的【自动换行】按钮，即可以使文本在单元格内以多行显示出来，如图6-33所示。

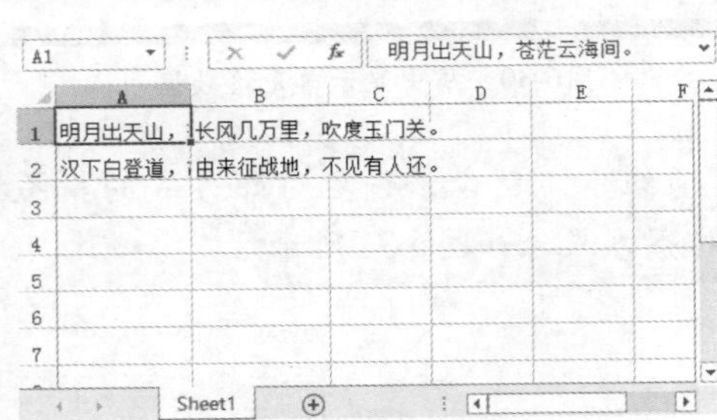

图6-32 输入数据

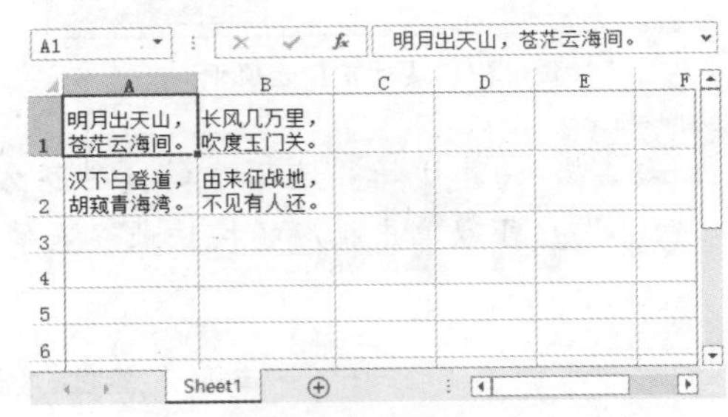

图6-33 自动换行

6.3 设置工作表的边框

在编辑Excel工作表时，工作表默认显示的表格线是灰色的，并且打印不出来。如果需要打印出表格线，就需要对表格边框进行设置。

6.3.1 使用功能区进行设置

下面以“水果销售日报表”为例，介绍如何使用功能区设置边框线，具体操作步骤如下。

步骤 1 打开随书光盘中的“素材\ch06\水果销售日报表.xlsx”文件，选择单元格区域A2:F10，如图6-34所示。

步骤 2 在【开始】选项卡的【字体】选项组中，单击【边框】按钮右侧的下拉按钮，在弹出的下拉列表中可以设置相应的边框，这里选择【所有框线】选项，如图6-35所示。

水果销售日报表

商品编号	水果名称	单价	销售量	货物总价	日期
10001	苹果	¥6.0	524	¥3,144.0	2015/8/1
10002	香蕉	¥8.5	311	¥2,643.5	2015/8/1
10005	芒果	¥11.4	134	¥1,527.6	2015/8/1
10006	杏子	¥5.6	411	¥2,301.6	2015/8/1
10007	西瓜	¥3.8	411	¥1,561.8	2015/8/1
10008	葡萄	¥5.8	153	¥887.4	2015/8/1
10009	梨子	¥3.5	182	¥637.0	2015/8/1
10010	橘子	¥2.5	300	¥750.0	2015/8/1

图6-34 打开素材文件

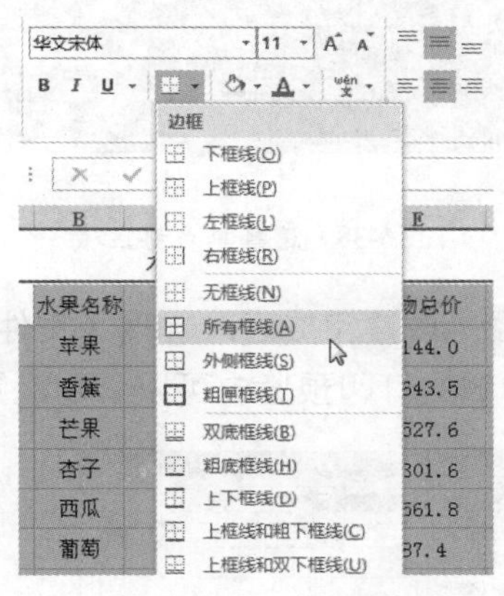

图6-35 选择【所有框线】选项

步骤 3 可以看到，选定区域内的每个单元格都会设置框线，如图6-36所示。

步骤 4 选择单元格区域A2:F10，重复步骤2，在弹出的下拉列表中选择【粗匣框线】选项，设置后的效果如图6-37所示。

水果销售日报表

商品编号	水果名称	单价	销售量	货物总价	日期
10001	苹果	¥6.0	524	¥3,144.0	2015/8/1
10002	香蕉	¥8.5	311	¥2,643.5	2015/8/1
10005	芒果	¥11.4	134	¥1,527.6	2015/8/1
10006	杏子	¥5.6	411	¥2,301.6	2015/8/1
10007	西瓜	¥3.8	411	¥1,561.8	2015/8/1
10008	葡萄	¥5.8	153	¥887.4	2015/8/1
10009	梨子	¥3.5	182	¥637.0	2015/8/1
10010	橘子	¥2.5	300	¥750.0	2015/8/1

图6-36 添加所有框线

水果销售日报表

商品编号	水果名称	单价	销售量	货物总价	日期
10001	苹果	¥6.0	524	¥3,144.0	2015/8/1
10002	香蕉	¥8.5	311	¥2,643.5	2015/8/1
10005	芒果	¥11.4	134	¥1,527.6	2015/8/1
10006	杏子	¥5.6	411	¥2,301.6	2015/8/1
10007	西瓜	¥3.8	411	¥1,561.8	2015/8/1
10008	葡萄	¥5.8	153	¥887.4	2015/8/1
10009	梨子	¥3.5	182	¥637.0	2015/8/1
10010	橘子	¥2.5	300	¥750.0	2015/8/1

图6-37 添加粗匣框线

6.3.2 打印网格线

如果不设置边框线，仅需打印时才显示边框线，可以通过设置打印网格线来实现，具体操作步骤如下。

步骤 1 打开“水果销售日报表”文件，选择单元格区域A1:F10，如图6-38所示。

步骤 2 在【页面布局】选项卡的【工作表选项】选项组中，选中【网格线】区域中的【打印】复选框，如图6-39所示。或者单击【工作表选项】选项组右下角的按钮，在弹出的【页面设置】对话框中选择【工作表】选项卡，选中【打印】区域中的【网格线】复选框，如图6-40所示。

图6-38 选择单元格区域

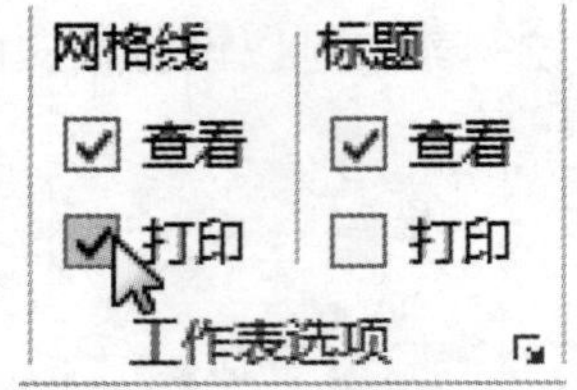

图6-39 选中【打印】复选框

步骤 3 设置完成后，选择【文件】选项卡，进入文件操作界面，选择左侧的【打印】命令，在右侧的打印预览中可以看到设置参数后的效果，如图6-41所示。

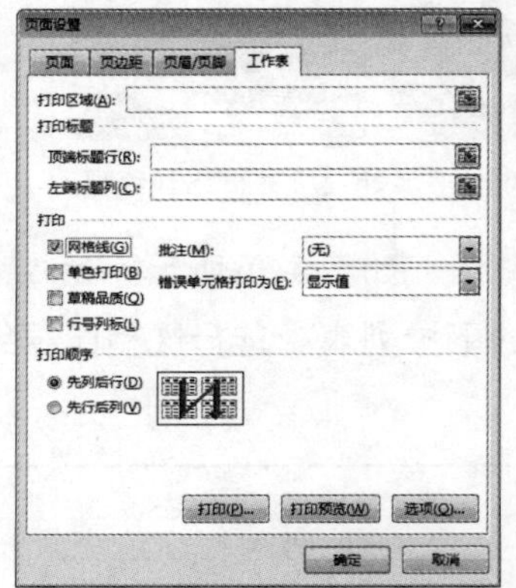

图6-40 【工作表】选项卡

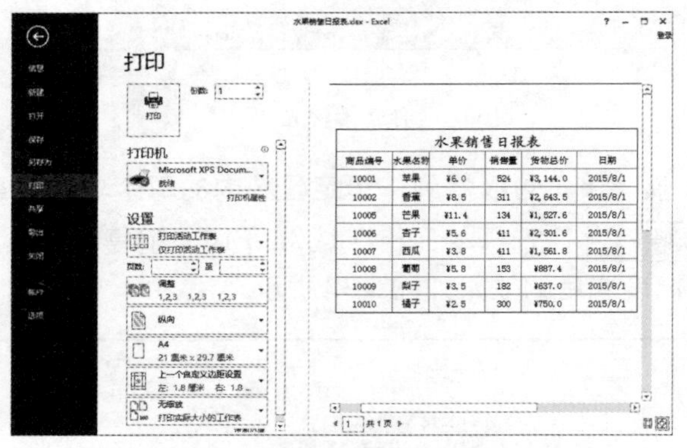

图6-41 打印预览效果

6.3.3 设置边框线型

为了使工作表看起来更清晰，重点更突出，结构更分明，可以为工作表添加边框线并设置边框线型，具体操作步骤如下。

步骤 1 打开需要设置边框和底纹的文件，选择要设置的单元格区域，如图6-42所示。

步骤 2 右击，在弹出的快捷菜单中选择【设置单元格格式】命令，在打开的【设置单元格格式】对话框中选择【边框】选项卡，在【样式】列表框中选择线条的样式，然后单击【外边框】按钮，如图6-43所示。

步骤 3 在【样式】列表框中再次选择线条的样式，然后单击【内部】按钮，如图6-44所示。

步骤 4 单击【确定】按钮，完成边框线型的设置，如图6-45所示。

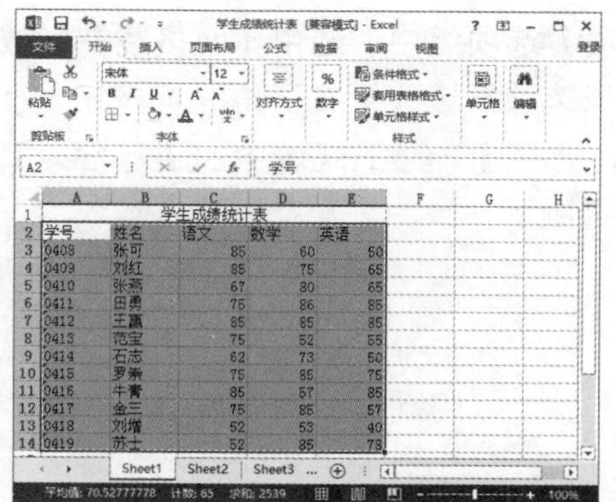

图6-42 选择要设置的单元格区域

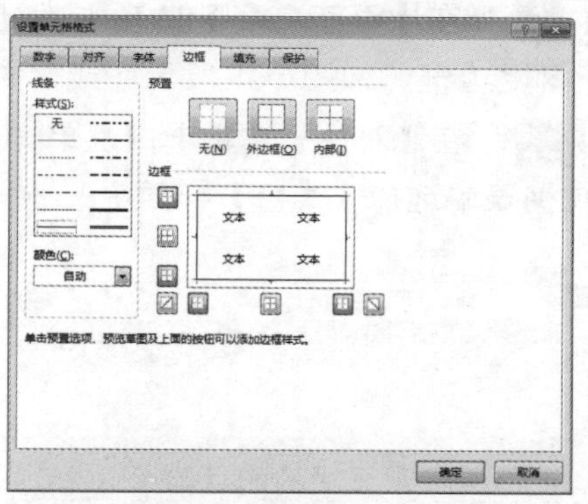

图6-43 【边框】选项卡

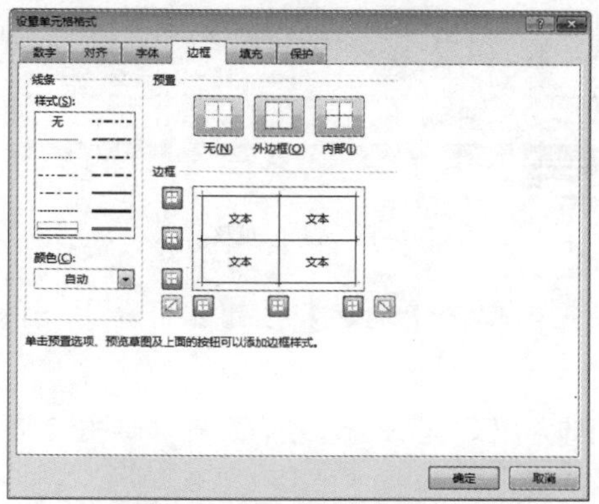

图6-44 单击【内部】按钮

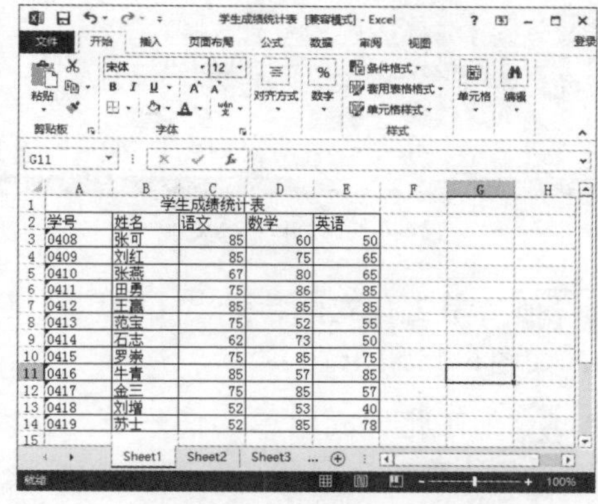

图6-45 边框线型设置效果

提示 在【开始】选项卡中，单击【字体】选项组中【边框】按钮右侧的下拉按钮，在弹出的下拉列表中选择【线型】选项，然后在其子列表中选择线型，也可以为工作表添加边框线。

6.4 快速设置表格样式

使用Excel 2013内置的表格样式可以快速地美化表格。

6.4.1 套用浅色样式美化表格

Excel预置有60种常用的格式，用户可以自动套用这些预先定义好的格式，以提高工作效率。

步骤 1 打开随书光盘中的“素材\ch06\员工工资统计表”文件，选择要套用表格样式的区域，如图6-46所示。

步骤 2 在【开始】选项卡中，单击【样式】选项组中的【套用表格格式】按钮，在弹出的下拉列表中选择【浅色】样式中的一种，如图6-47所示。

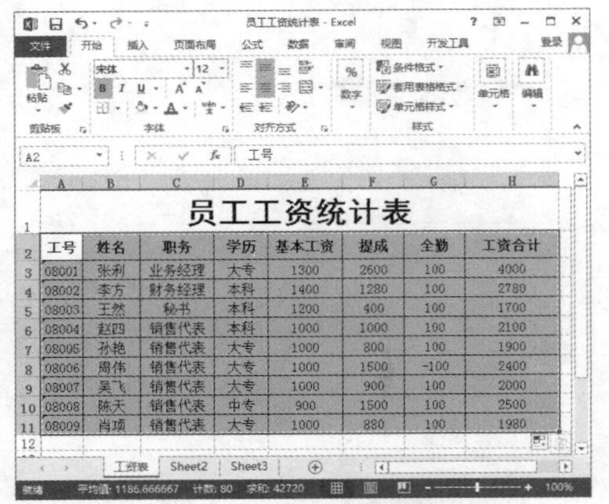

工号	姓名	职务	学历	基本工资	提成	全勤	工资合计
08001	张利	业务经理	大专	1300	2600	100	4000
08002	李方	财务经理	本科	1400	1280	100	2780
08003	王然	秘书	本科	1200	400	100	1700
08004	赵四	销售代表	本科	1000	1000	100	2100
08005	孙艳	销售代表	大专	1000	800	100	1900
08006	周伟	销售代表	大专	1000	1500	-100	2400
08007	吴飞	销售代表	大专	1000	900	100	2000
08008	陈天	销售代表	中专	900	1500	100	2500
08009	肖项	销售代表	大专	1000	880	100	1980

图6-46 打开素材文件

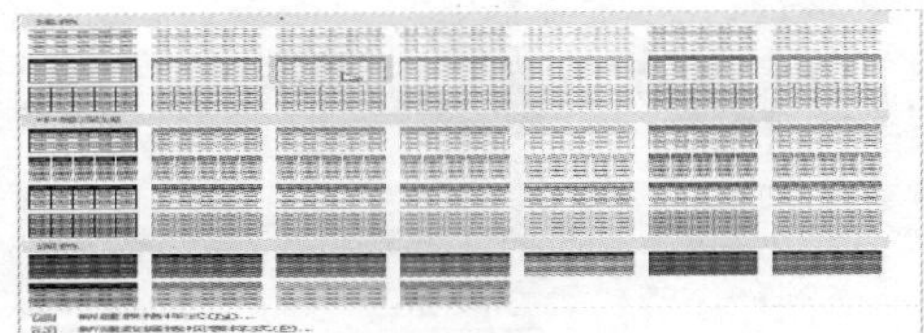

图6-47 浅色表格样式

步骤 3 单击样式，会弹出【套用表格式】对话框，单击【确定】按钮即可套用一种浅色样式，如图6-48所示。

步骤 4 在此样式中单击任一单元格，功能区则会出现【设计】选项卡，单击【表格样式】选项组中的任一样式，即可更改样式，如图6-49所示。

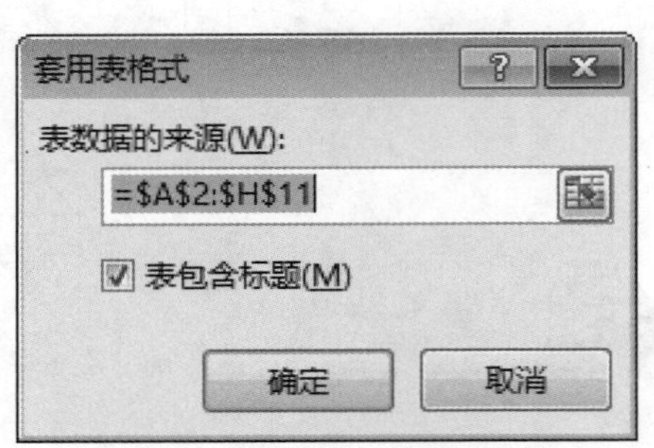

图6-48 【套用表格式】对话框

图6-49 显示效果

6.4.2 套用中等深浅样式美化表格

套用中等深浅样式更适合内容较复杂的表格，具体操作步骤如下。

步骤 1 打开随书光盘中的“素材\ch06\员工工资统计表”文件，选择要套用格式的区

域，然后单击【开始】选项卡下【样式】选项组中的【套用表格格式】按钮，在弹出的下拉列表中选择【中等深浅】样式中的一种，如图6-50所示。

步骤 2 单击即可套用一种中等深浅样式，如图6-51所示。

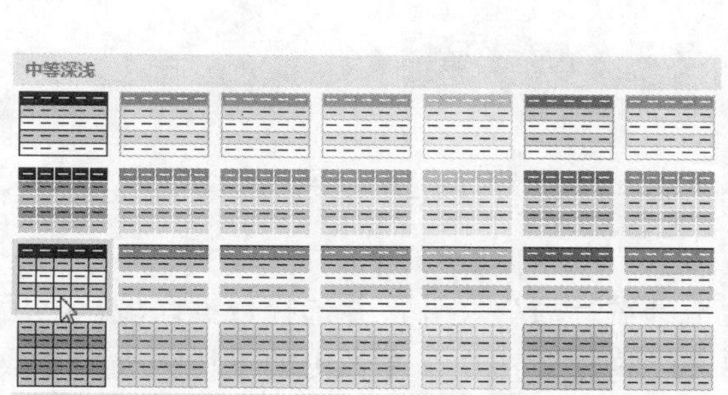

图6-50 中等深浅表格样式

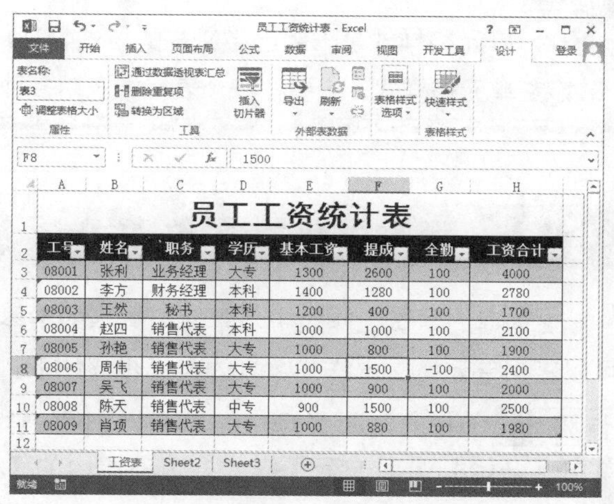

员工工资统计表

工号	姓名	职务	学历	基本工资	提成	全勤	工资合计
08001	张利	业务经理	大专	1300	2600	100	4000
08002	李方	财务经理	本科	1400	1280	100	2780
08003	王然	秘书	本科	1200	400	100	1700
08004	赵四	销售代表	本科	1000	1000	100	2100
08005	孙艳	销售代表	大专	1000	800	100	1900
08006	周伟	销售代表	大专	1000	1500	-100	2400
08007	吴飞	销售代表	大专	1000	900	100	2000
08008	陈天	销售代表	中专	900	1500	100	2500
08009	肖项	销售代表	大专	1000	880	100	1980

图6-51 显示效果

6.4.3 套用深色样式美化表格

套用深色样式美化表格时，为了将字体显示得更加清楚，可以对字体添加“加粗”效果。具体操作步骤如下。

步骤 1 打开随书光盘中的“素材\ch06\员工工资统计表”文件，选择要套用格式的区域，然后单击【开始】选项卡下【样式】选项组中的【套用表格格式】按钮，在弹出的下拉列表中选择【深色】样式中的一种，如图6-52所示。

步骤 2 单击即可套用一种深色样式，如图6-53所示。

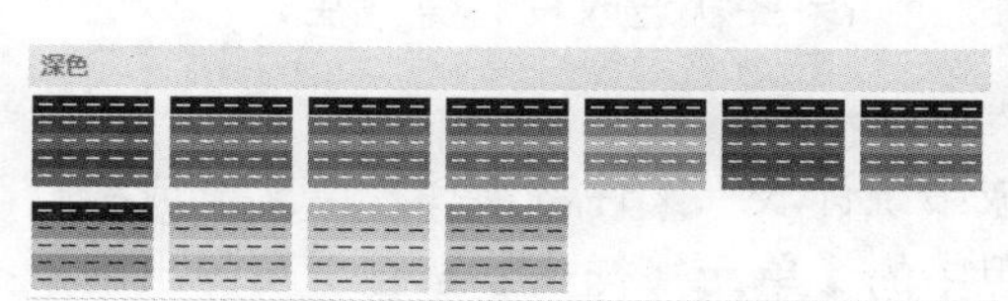

图6-52 深色表格样式

员工工资统计表

工号	姓名	职务	学历	基本工资	提成	全勤	工资合计
08001	张利	业务经理	大专	1300	2600	100	4000
08002	李方	财务经理	本科	1400	1280	100	2780
08003	王然	秘书	本科	1200	400	100	1700
08004	赵四	销售代表	本科	1000	1000	100	2100
08005	孙艳	销售代表	大专	1000	800	100	1900
08006	周伟	销售代表	大专	1000	1500	-100	2400
08007	吴飞	销售代表	大专	1000	900	100	2000
08008	陈天	销售代表	中专	900	1500	100	2500
08009	肖项	销售代表	大专	1000	880	100	1980

图6-53 显示效果

6.5 自动套用单元格样式

单元格样式是一组已定义好的格式特征，在Excel 2013的内置单元格样式中还可以创建自定义单元格样式。若要在一个表格中应用多种样式，就可以使用自动套用单元格样式功能。

6.5.1 套用单元格文本样式

在创建的默认工作表中，单元格文本的字体为宋体、字号为11。如果要快速改变文本样式，可以套用单元格文本样式，具体操作步骤如下。

步骤 1 打开随书光盘中的“素材\ch06\学生成绩统计表”文件，并选择数据区域，然后单击【开始】选项卡下【样式】选项组中的【单元格样式】按钮，在弹出的下拉列表的【数据和模型】区域中选择一种样式，如图6-54所示。

步骤 2 选择后即可改变单元格中文本的样式，最后的显示效果如图6-55所示。

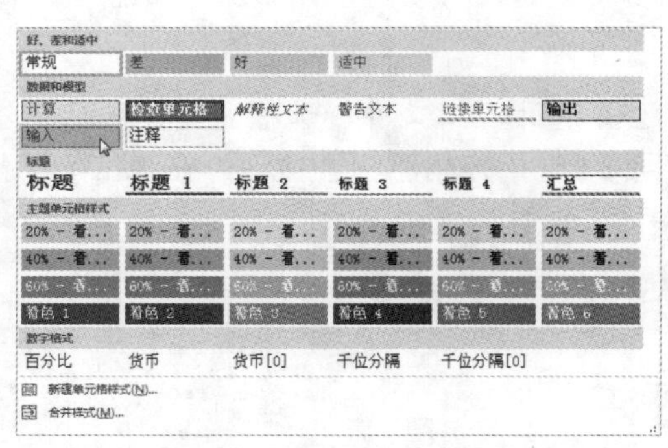

图6-54 选择单元格文本样式

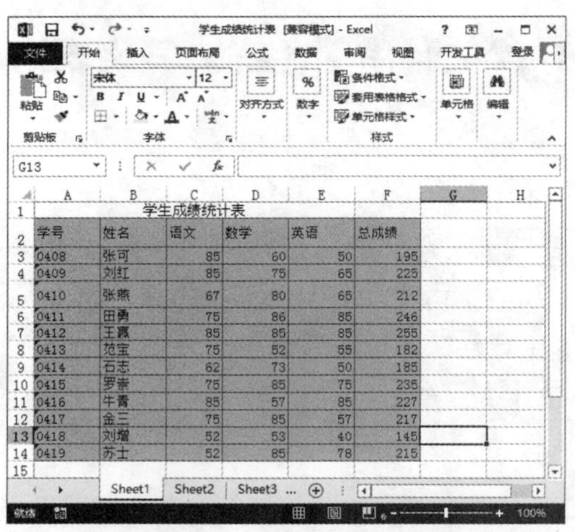

图6-55 应用文本样式的效果

6.5.2 套用单元格背景样式

在创建的默认工作表中，单元格的背景是白色的。如果要快速改变背景颜色，可以套用单元格背景样式，具体操作步骤如下。

步骤 1 打开随书光盘中的“素材\ch06\学生成绩统计表”文件，选择“语文”成绩的单元格，在【开始】选项卡中，单击【样式】选项组中的【单元格样式】按钮，在弹出的下拉列表中选择【好】样式，即可改变单元格的背景，如图6-56所示。

步骤 2　选择“数学”成绩的单元格，将其设置为【适中】样式，即可改变单元格的背景。按照相同的方法改变其他单元格的背景，最终的效果如图6-57所示。

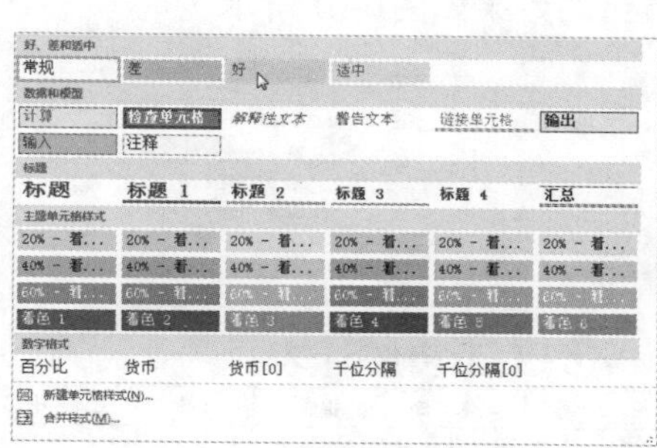

图6-56　选择单元格背景样式

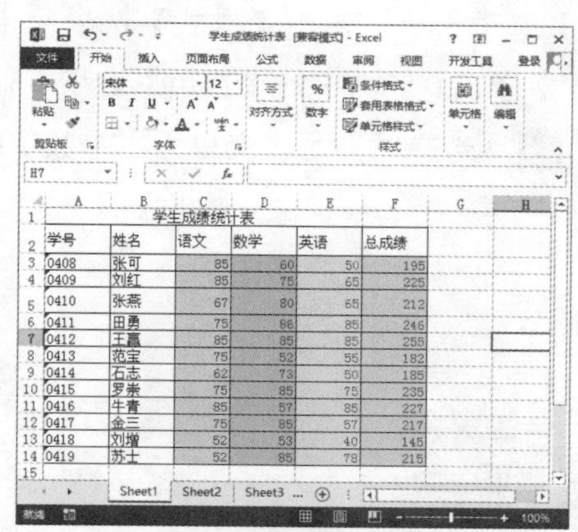

图6-57　应用背景样式的效果

6.5.3 套用单元格标题样式

自动套用单元格标题样式的具体步骤如下。

步骤 1　打开随书光盘中的“素材\ch06\学生成绩统计表”文件，并选择标题区域。在【开始】选项卡中，单击【样式】选项组中的【单元格样式】按钮，在弹出的下拉列表中选择一种标题样式，如图6-58所示。

步骤 2　选择后即可改变标题的样式，最终的效果如图6-59所示。

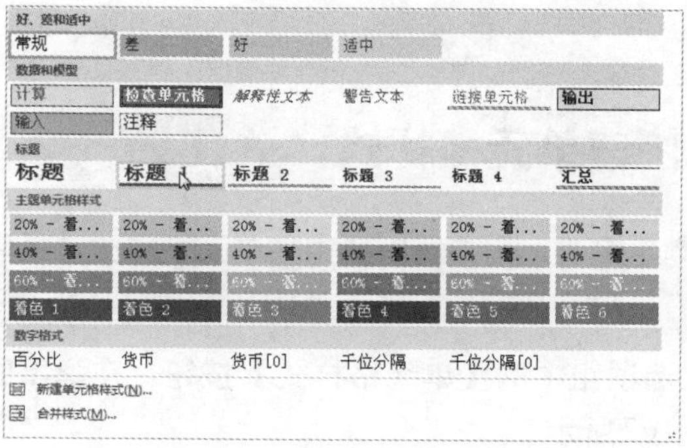

图6-58　选择单元格标题样式

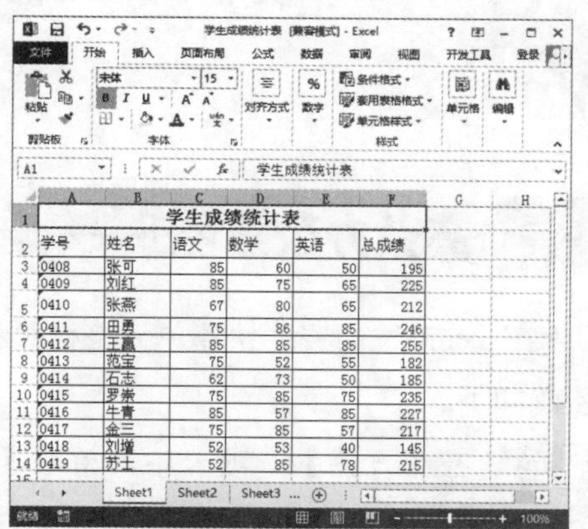

图6-59　应用标题样式后的效果

6.5.4 套用单元格数字样式

在Excel 2013中输入的数据，在单元格中默认是右对齐，小数点保留0位。如果要快速改变数字样式，可以套用单元格数字样式，具体操作步骤如下。

步骤 1 打开随书光盘中的“素材\ch06\员工工资统计表”文件，并选择数据区域。在【开始】选项卡中，单击【样式】选项组中的【单元格样式】按钮，在弹出的下拉列表中选择【数字格式】区域中的【货币】选项，如图6-60所示。

步骤 2 选择后即可改变单元格中数字的样式，最终的效果如图6-61所示。

图6-60 选择单元格数字样式

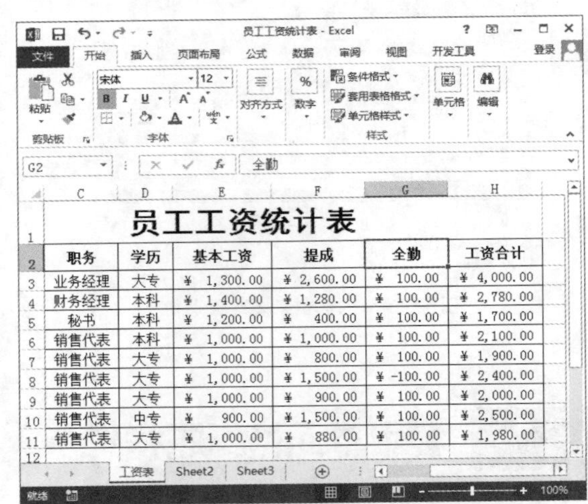

员工工资统计表

职务	学历	基本工资	提成	全勤	工资合计
业务经理	大专	¥ 1,300.00	¥ 2,600.00	¥ 100.00	¥ 4,000.00
财务经理	本科	¥ 1,400.00	¥ 1,280.00	¥ 100.00	¥ 2,780.00
秘书	本科	¥ 1,200.00	¥ 400.00	¥ 100.00	¥ 1,700.00
销售代表	本科	¥ 1,000.00	¥ 1,000.00	¥ 100.00	¥ 2,100.00
销售代表	大专	¥ 1,000.00	¥ 800.00	¥ 100.00	¥ 1,900.00
销售代表	大专	¥ 1,000.00	¥ 1,500.00	¥ -100.00	¥ 2,400.00
销售代表	大专	¥ 1,000.00	¥ 900.00	¥ 100.00	¥ 2,000.00
销售代表	中专	¥ 900.00	¥ 1,500.00	¥ 100.00	¥ 2,500.00
销售代表	大专	¥ 1,000.00	¥ 880.00	¥ 100.00	¥ 1,980.00

图6-61 应用数字样式后的效果

6.6 高效办公技能实战

6.6.1 高效办公技能1——自定义快速单元格样式

如果Excel系统内置的快速单元格样式都不能满足需要，用户可以自定义单元格样式，具体操作步骤如下。

步骤 1 在【开始】选项卡中，单击【样式】选项组中的【单元格样式】按钮，在弹出的下拉列表中选择【新建单元格样式】选项，如图6-62所示。

步骤 2 弹出【样式】对话框，在【样式名】文本框中输入样式名，这里输入“自定义”，如图6-63所示。

步骤 3 单击【格式】按钮，在弹出的【设置单元格格式】对话框中设置数字、字体、边框和填充等样式，然后单击【确定】按钮，如图6-64所示。

步骤 4 新建的样式即可出现在【单元格样式】下拉列表中，如图6-65所示。

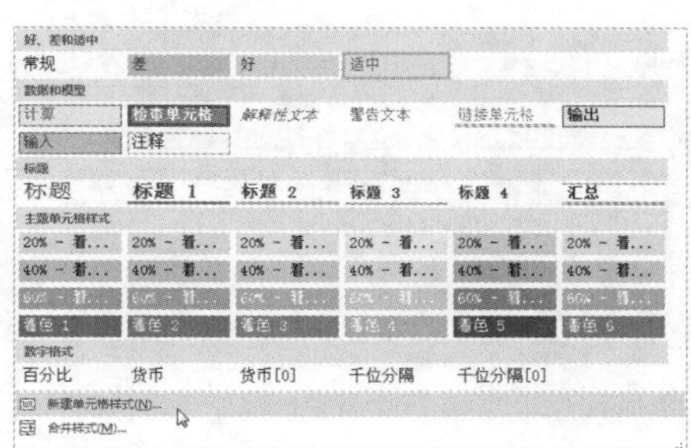

图6-62　选择【新建单元格样式】选项

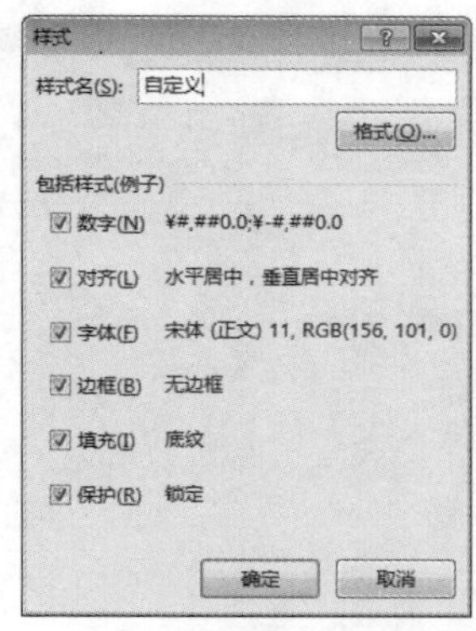

图6-63　【样式】对话框

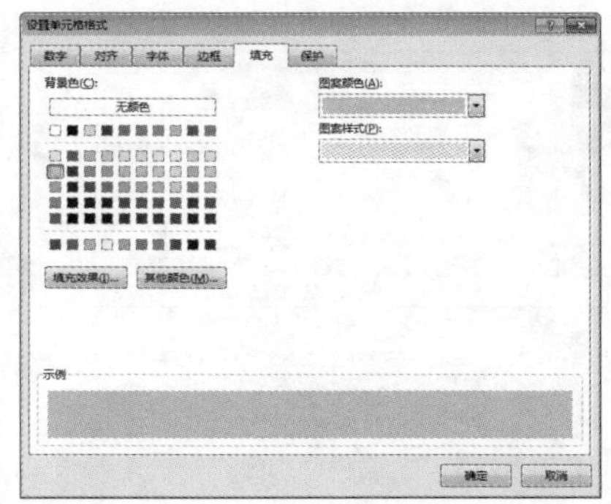

图6-64　【设置单元格格式】对话框

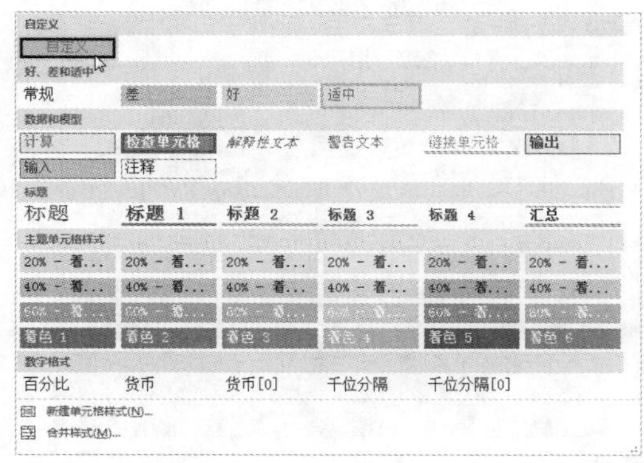

图6-65　自定义的单元格样式

6.6.2　高效办公技能2——美化物资采购清单

通过本例的练习，读者可以掌握设置单元格格式、套用单元格样式、设置单元格中数据的类型和对齐方式等方法。

步骤 1　打开随书光盘中的“素材\ch06\物资采购登记表.xlsx”文件，如图6-66所示。

步骤 2　选择单元格区域A1:G1，在【开始】选项卡中，单击【对齐方式】选项组中的【合并后居中】按钮，即可合并单元格，并将数据居中显示，如图6-67所示。

步骤 3　选择A1:G10单元格区域，在【开始】选项卡中，单击【对齐方式】选项组中的【垂直居中】按钮和【居中】按钮，即可完成居中对齐格式的设置，如图6-68所示。

步骤 4　选择单元格A1，在【开始】选项卡中，选择【字体】下拉列表框中的【黑体】选项，选择【字号】下拉列表框中的18选项，并单击【字体】选项组中的【加粗】按钮B，如图6-69所示。

步骤 5　选择A列、B列和C列，右击，在弹出的快捷菜单中选择【设置单元格格式】命令，弹出【设置单元格格式】对话框，选择【数字】选项卡，在【分类】列表框中选择【文本】选项，然后单击【确定】按钮，即可把选择区域设置为文本类型，如图6-70所示。

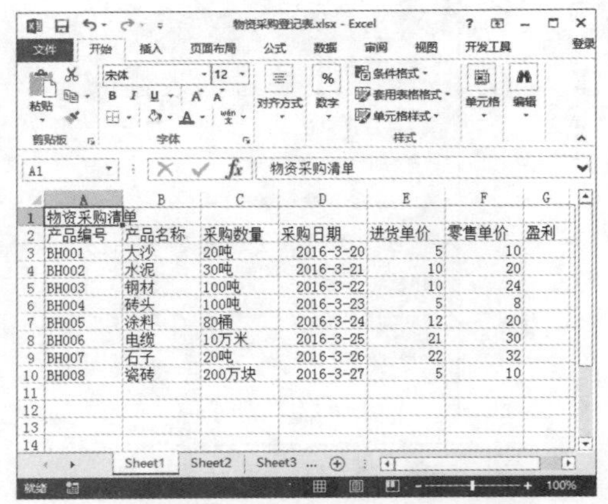
图6-66　打开素材文件

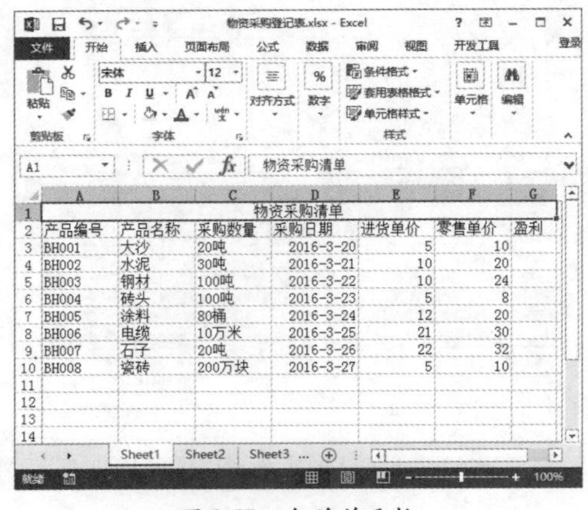
图6-67　合并单元格

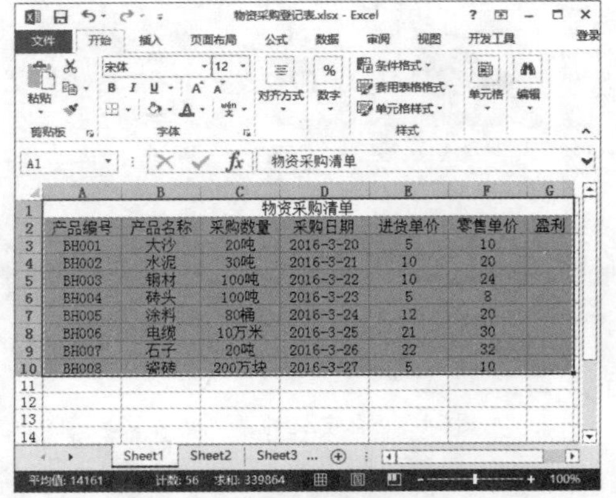
图6-68　居中显示

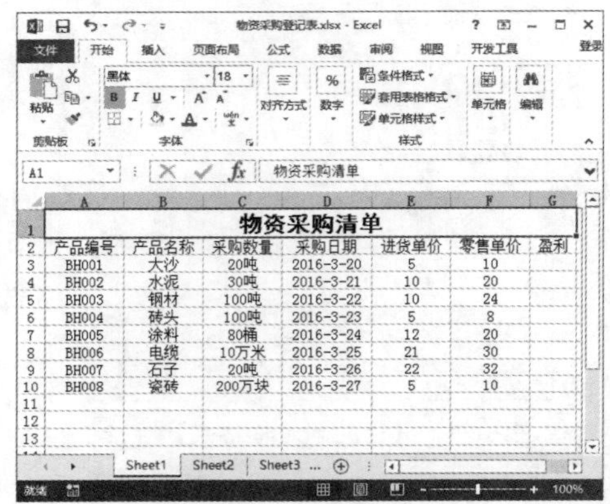
图6-69　加粗、加大字体

步骤 6　选择D列，右击，在弹出的快捷菜单中选择【设置单元格格式】命令，弹出【设置单元格格式】对话框，选择【数字】选项卡，在【分类】列表框中选择【日期】选项，然后单击【确定】按钮即可，如图6-71所示。

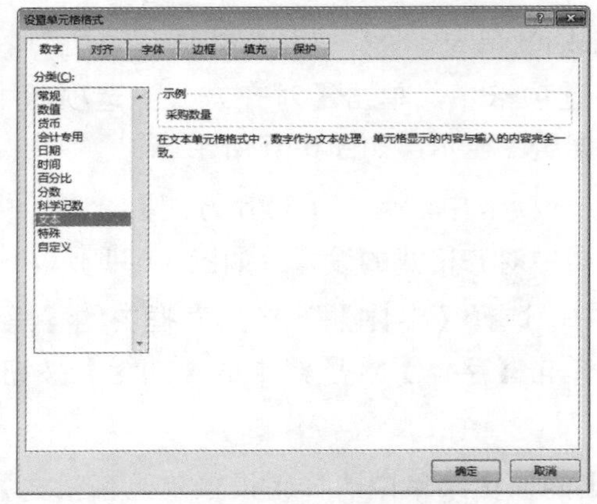
图6-70　设置文本类型格式

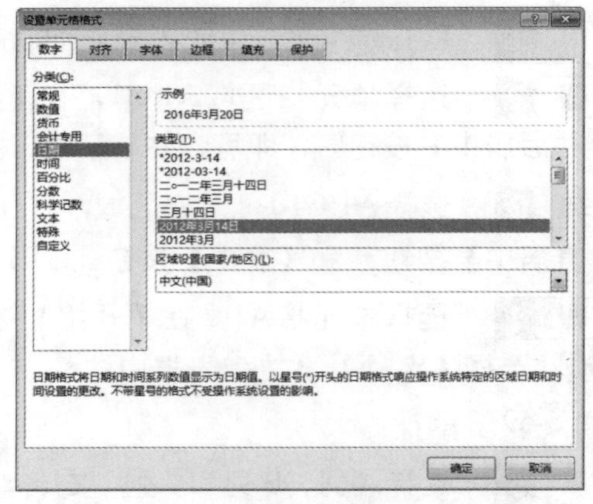
图6-71　设置日期数据格式

步骤 7　选择E列、F列和G列，右击，在弹出的快捷菜单中选择【设置单元格格式】命

令，弹出【设置单元格格式】对话框，选择【数字】选项卡，在【分类】列表框中选择【货币】选项，将【小数位数】设置为1，在【货币符号（国家/地区）】下拉列表框中选择¥选项，然后单击【确定】按钮，即可把选择区域中的数值设置为货币类型，如图6-72所示。

步骤 8 设置后的工作表如图6-73所示。

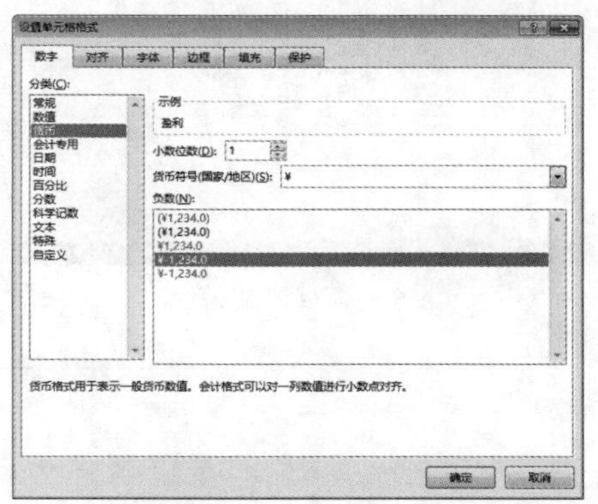

图6-72　设置货币数据类型

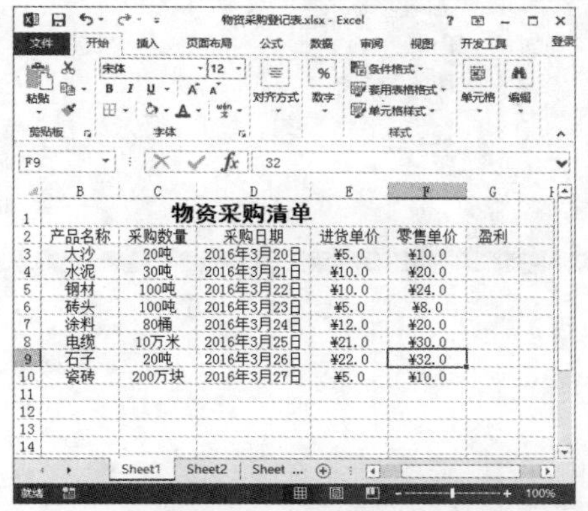

图6-73　工作表的显示效果

步骤 9 选择单元格区域A2:G10，在【开始】选项卡中，单击【样式】选项组中的【套用表格格式】按钮，在弹出的下拉列表中选择【中等深浅】样式中的一种。

步骤 10 弹出【套用表格式】对话框，如图6-74所示，单击【确定】按钮，即可对数据区域添加样式，如图6-75所示。

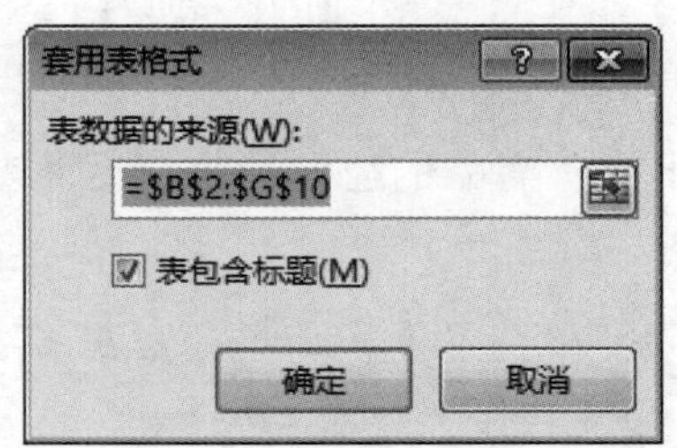

图6-74　【套用表格式】对话框

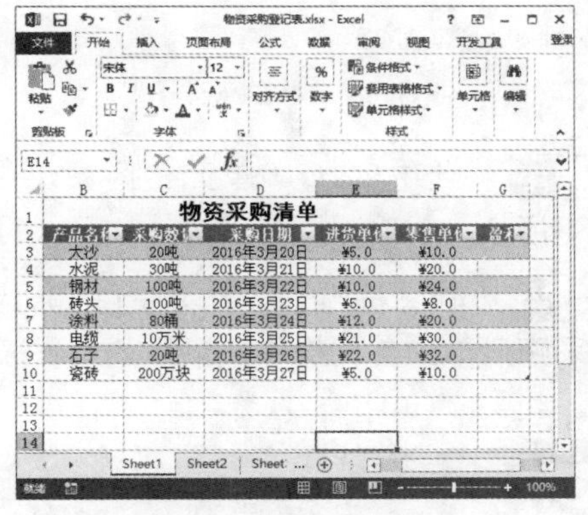

图6-75　应用表格式

步骤 11 套用表格格式后，表头中带有筛选功能，如果想要去掉筛选功能，则可以选择【开始】选项卡，单击【编辑】选项组中的【排序和筛选】按钮，在弹出的下拉列表中选择【筛选】选项，如图6-76所示。

步骤 12 选择后即可取消表格样式中的筛选功能，如图6-77所示。

步骤 13 选择G3:G10单元格区域，单击【开始】选项卡下【样式】选项组中的【单元格样式】按钮，在弹出的下拉列表中选择【适中】样式，如图6-78所示。

步骤 14 选择完毕后，即可为单元格区域添加预设的单元格样式，如图6-79所示。

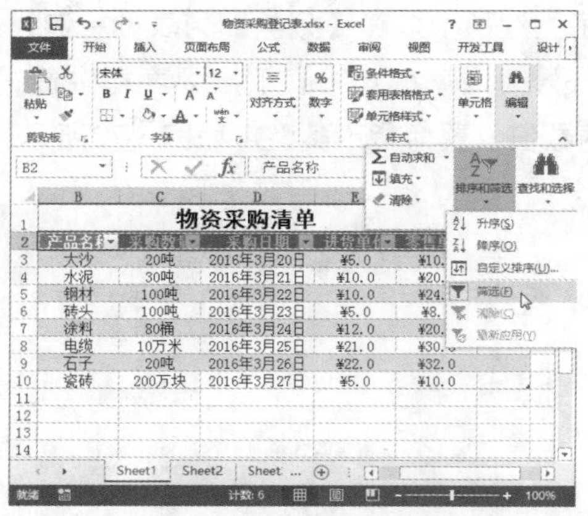

图6-76　选择【筛选】选项

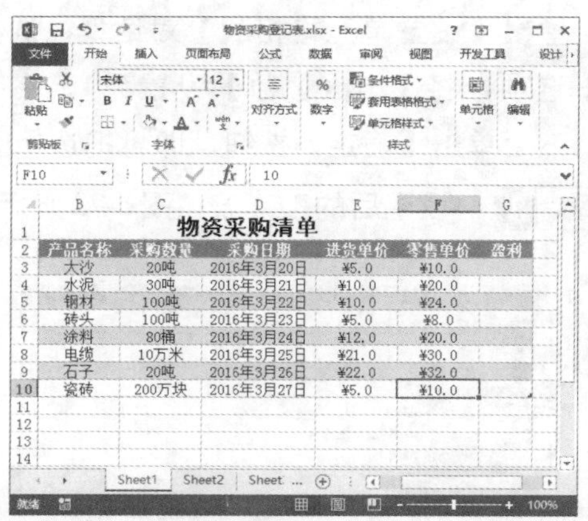

图6-77　取消筛选功能

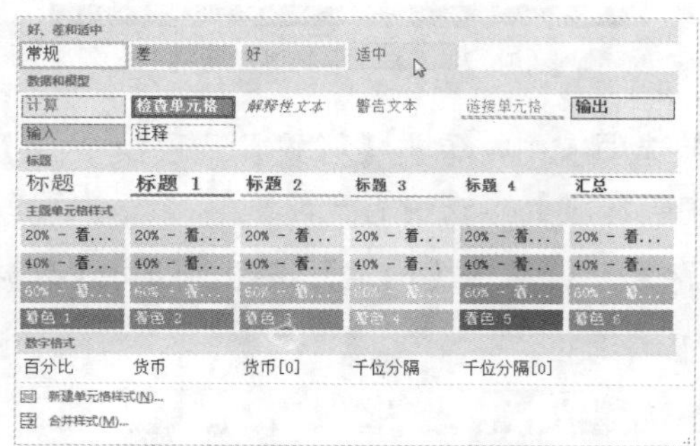

图6-78　选择单元格样式

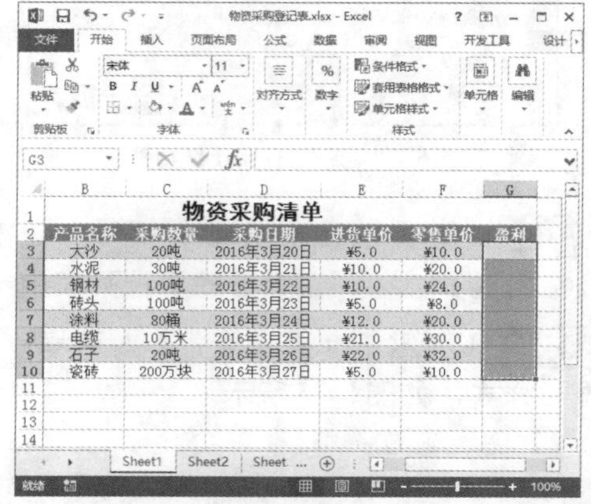

图6-79　应用单元格样式后的效果

步骤 15　选中G3:G10单元格区域，在编辑栏中输入用于计算盈利的公式“=F3-E3”，如图6-80所示。

步骤 16　输入完毕后，按Enter键确认，即可计算出所有商品的盈利数据，至此就完成了物资采购清单的美化操作，最后的工作表显示效果如图6-81所示。

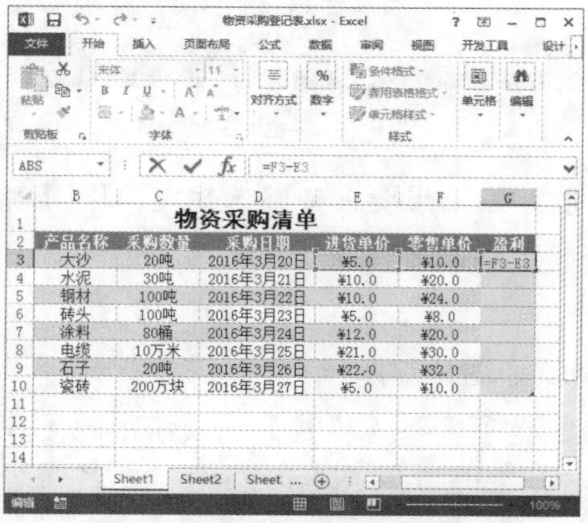

图6-80　输入公式计算数据

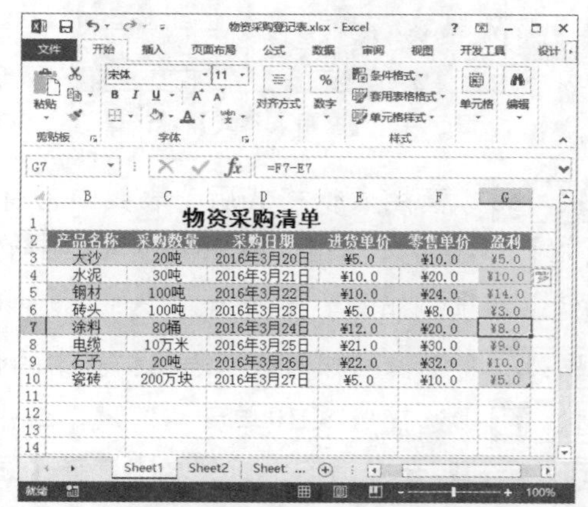

图6-81　快速计算所有盈利数据

6.7 疑难问题解答

问题1：在Excel中可以利用“条件格式”功能设置单元格的样式，那么如何在工作表中查找含有条件格式的单元格呢？

解答：在工作表中随意选中一个单元格，然后选择【开始】选项卡，在【编辑】选项组中单击【查找和选择】按钮，在弹出的下拉列表中选择【定位格式】选项，这时会弹出【定位条件】对话框，在其中选中【条件格式】单选按钮；如果要查找所有含有条件格式的单元格，则选中【全部】单选按钮；如果要查找特定条件的单元格，则选中【相同】单选按钮，单击【确定】按钮，即可将含有条件格式的单元格以高亮方式显示。

问题2：如何设置表格中文字的方向？

解答：首先选择需要设置文字方向的单元格区域，在【开始】选项卡下的【对齐方式】选项组中单击按钮，即可弹出【设置单元格格式】对话框，选择【对齐】选项卡，在【方向】区域中设置文字的方向，单击【确定】按钮后，即可成功设置文字的方向。

第7章 使用图片美化工作表

- **本章导读**

在工作表中除了可以通过设置格式美化工作表外，还可以插入图片等，从而使表格显得更加漂亮、美观。本章将为读者介绍在Excel中插入和编辑图片的操作方法。

- **学习目标**

◎ 掌握在Excel 2013中插入图片的方法

◎ 掌握在Excel 2013中编辑图片的方法

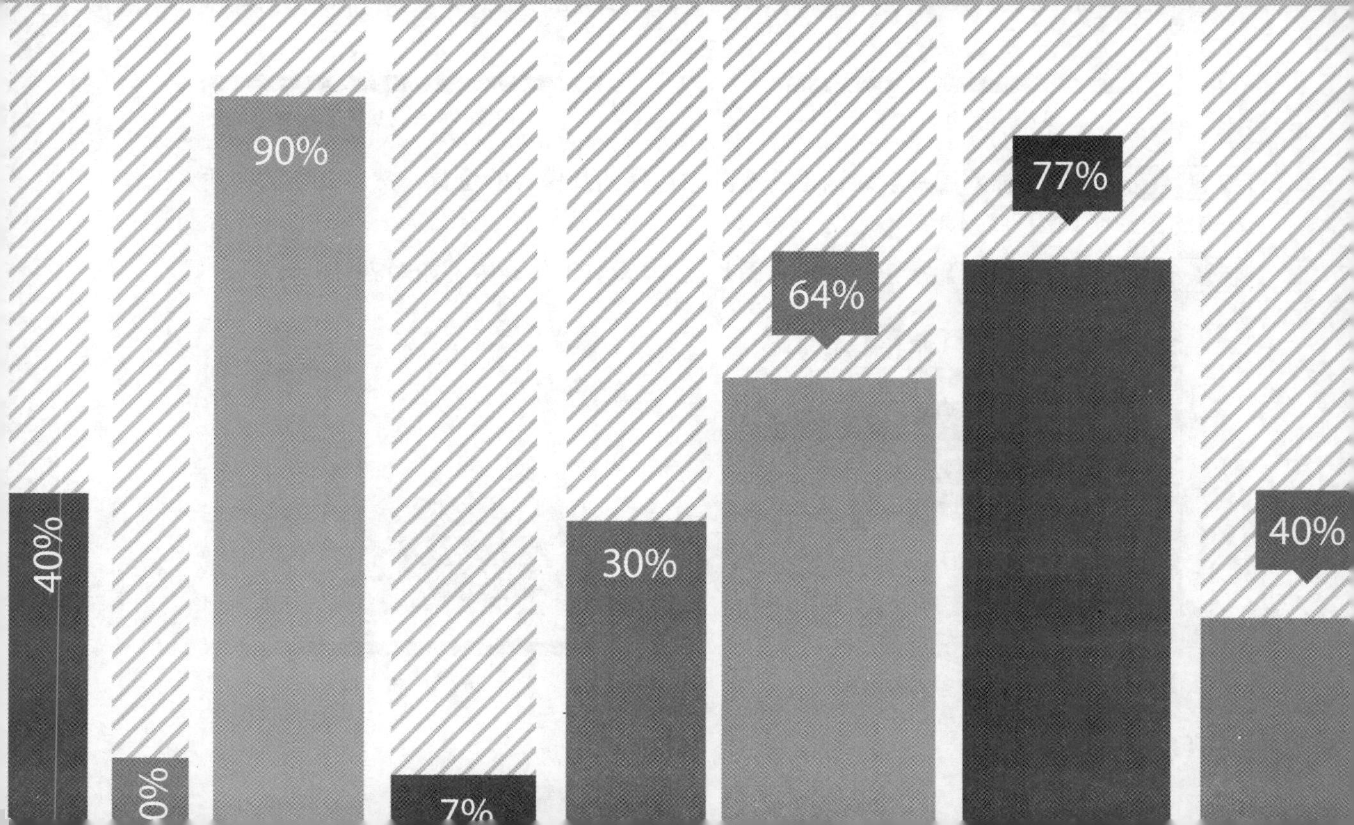

7.1 插入图片

为了使Excel工作表图文并茂，需要在工作表中插入图片或联机图片。Excel插图具有很好的视觉效果，可以美化文档，丰富工作表内容。

7.1.1 插入本地图片

Excel 2013支持的图形格式有位图文件格式和矢量图文件格式，其中，位图文件格式具体包括BMP、PNG、JPG和GIF格式；矢量图文件格式具体包括CGM、WMF、DRW和EPS等格式。

在Excel中，可以将本地存储的图片插入工作表中，具体步骤如下。

步骤 1 启动Excel 2013，新建一个空白工作簿，如图7-1所示。

步骤 2 单击【插入】选项卡下【插图】选项组中的【图片】按钮，如图7-2所示。

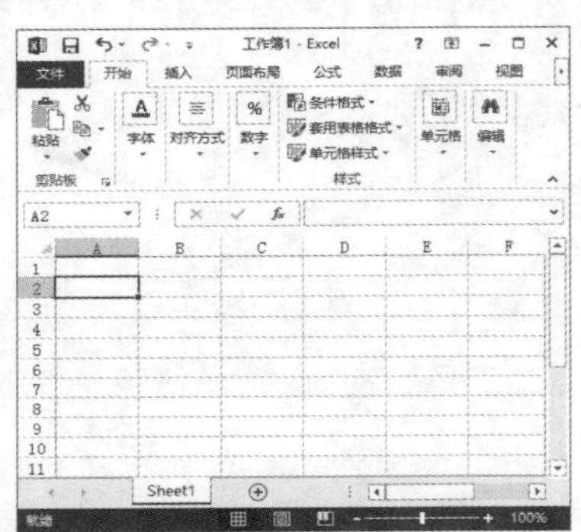

图7-1 空白工作簿

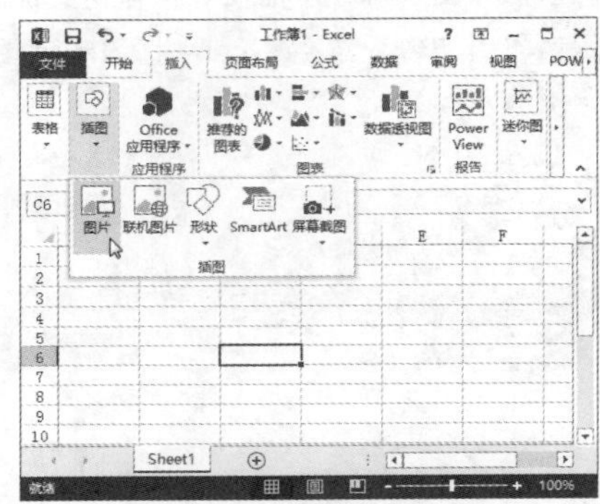

图7-2 单击【图片】按钮

步骤 3 弹出【插入图片】对话框，在其中选择图片保存的位置，然后选中需要插入工作表中的图片，如图7-3所示。

步骤 4 单击【插入】按钮，即可将图片插入Excel工作表中，如图7-4所示。

图7-3 选择要插入的图片

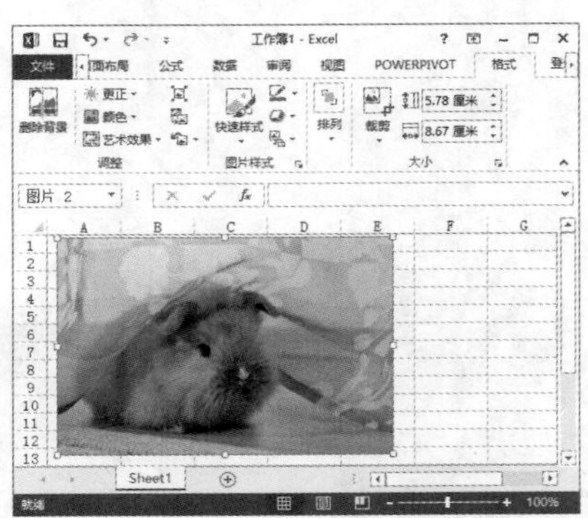

图7-4 插入图片

7.1.2 插入联机图片

联机图片是指网络中的图片，通过搜索找到喜欢的图片，将其插入工作表中，其具体操作步骤如下。

步骤 1 打开Excel工作表，单击【插入】选项卡【插图】选项组中的【联机图片】按钮，如图7-5所示。

步骤 2 弹出【插入图片】对话框，在其中可以插入Office.com剪贴画，也可以通过必应图像搜索网络中的图片，例如，这里在【必应图像搜索】文本框中输入“玫瑰”，单击【搜索】按钮，如图7-6所示。

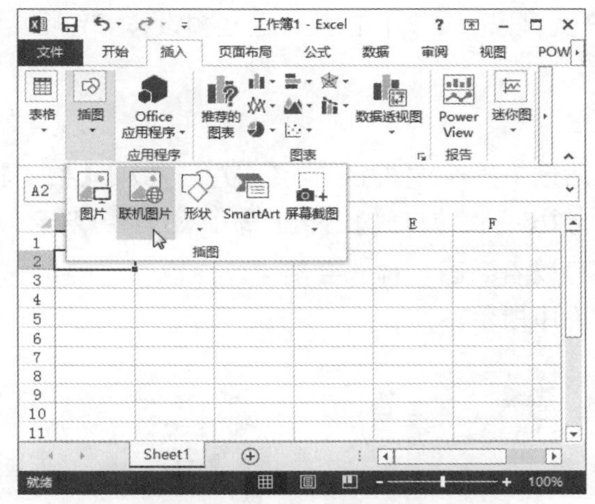

图7-5 单击【联机图片】按钮

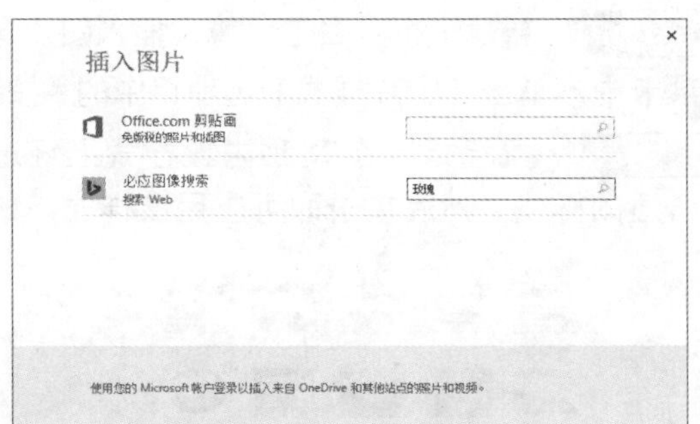

图7-6 【插入图片】对话框

步骤 3 在搜索的结果中，选择要插入工作表中的联机图片，单击【插入】按钮，如图7-7所示。

步骤 4 此时，即可将选择的图片插入工作表中，如图7-8所示。

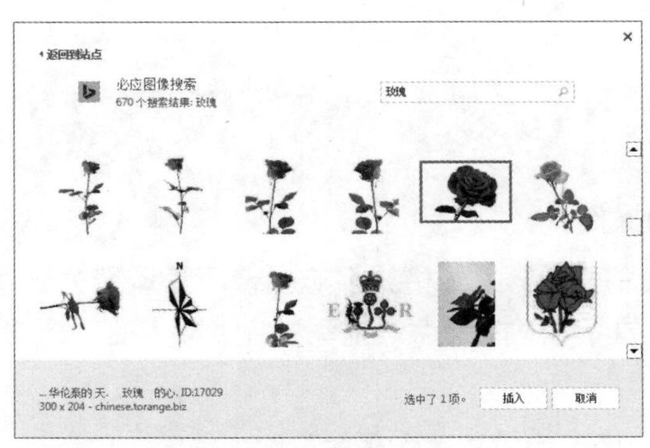

图7-7 选择要插入的联机图片

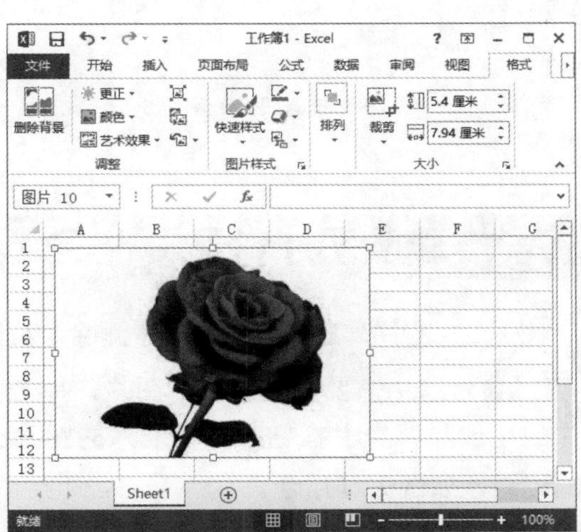

图7-8 插入联机图片

7.2 设置图片格式

将图片插入工作表后，可以根据需要设置图片的格式，例如，添加图片样式、调整图片大小、添加图片边框效果等。

7.2.1 应用图片样式

Excel 2013预设有多种图片样式，使用这些样式可以一键美化图片，这些预设样式包括旋转、阴影、边框和形状的多种组合。

为图片添加图片样式的操作步骤如下。

步骤 1 新建一个空白工作簿，插入图片，然后选中插入的图片，在【图片工具】|【格式】选项卡中，单击【图片样式】选项组中的▾按钮，弹出【快速样式】下拉列表，如图7-9所示。

步骤 2 鼠标指针在28种内置样式上经过，可以看到图片样式会随之发生改变，确定一种合适的样式，然后单击即可应用该样式，如图7-10所示。

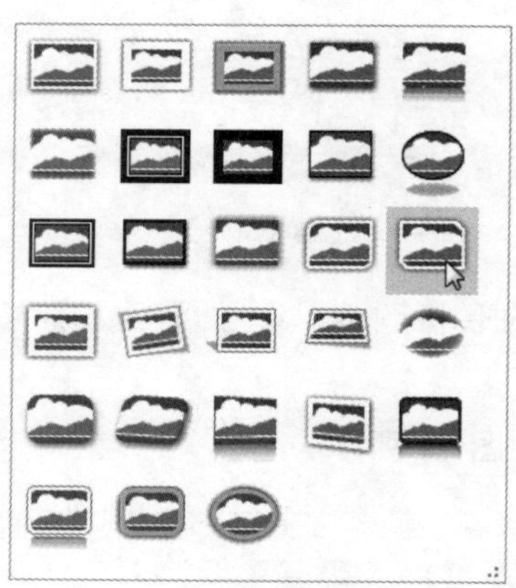

图7-9 选择图片样式

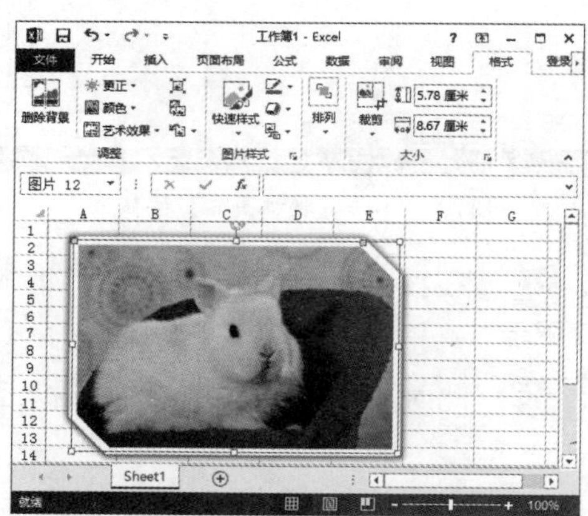

图7-10 应用图片样式

7.2.2 删除图片背景

对插入的图片，还可以将其背景删除，具体的操作步骤如下。

步骤 1 选中需要删除背景的图片，单击【图片工具】|【格式】选项卡下【调整】选项组中的【删除背景】按钮，在插入的图片上会显示8个控制点，拖动控制点，调整保留图片的范围，如图7-11所示。

步骤 2 调整完成之后，在工作表空白处单击，即可完成图片背景的删除，如图7-12所示。

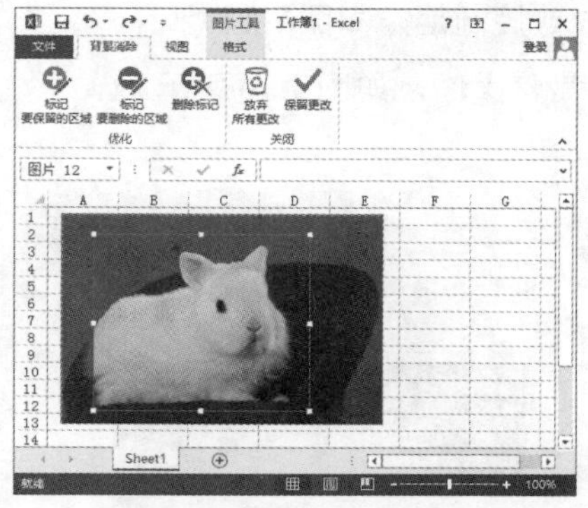

图7-11　调整图片保留范围

图7-12　删除图片背景

7.2.3 调整图片大小

通过裁剪图片可以调整图片的大小，在Excel 2013中可以通过两种方法裁剪图片，分别是通过调整高度与宽度裁剪和通过【裁剪】按钮裁剪，下面分别进行介绍。

1. 通过调整高度与宽度调整图片大小

步骤 1　选中要调整大小的图片，选择【图片工具】|【格式】选项卡，在【大小】选项组中的【高度】文本框输入图片的高度，在【宽度】文本框中输入图片的宽度，如图7-13所示。

步骤 2　输入完毕后，单击工作表中的任意位置，即可调整图片的大小，如图7-14所示。

图7-13　输入高度与宽度值

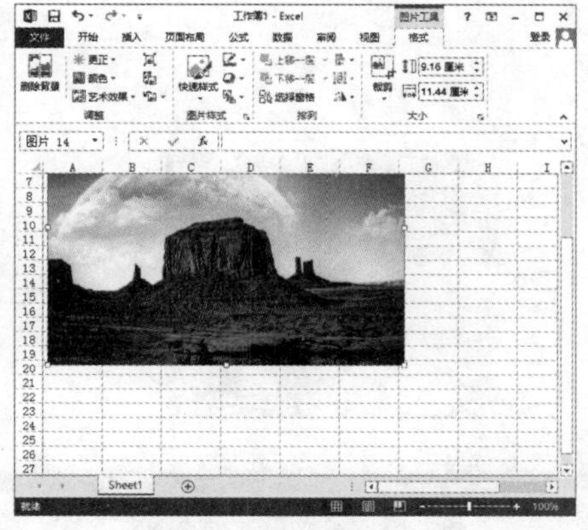

图7-14　调整图片大小

> **提示**　任意一个微调按钮的改变，都会导致另一个微调按钮为保持比例协调而同时改变。也可以拖动图片角上的控制柄调整图片的大小。

2. 通过【裁剪】按钮调整图片大小

步骤 1　选中要裁剪的图片，在【图片工具】|【格式】选项卡中，单击【大小】选项组

中的【裁剪】按钮，随即在图片的周围会出现8个裁剪控制柄，如图7-15所示。

步骤 2 拖动这8个裁剪控制柄，即可进行图片的裁剪操作，如图7-16所示。

图7-15 调整图片的控制柄

图7-16 剪裁图片

步骤 3 图片裁剪完毕，再次单击【大小】选项组中的【裁剪】按钮，即可退出裁剪模式，完成图片的裁剪，如图7-17所示。

步骤 4 在【图片工具】|【格式】选项卡中，单击【大小】选项组中【裁剪】按钮的下拉箭头，弹出裁剪选项的下拉列表，其中，选择【裁剪】选项就是拖动裁剪控制柄进行手动裁剪，如图7-18所示。

图7-17 完成图片的裁剪

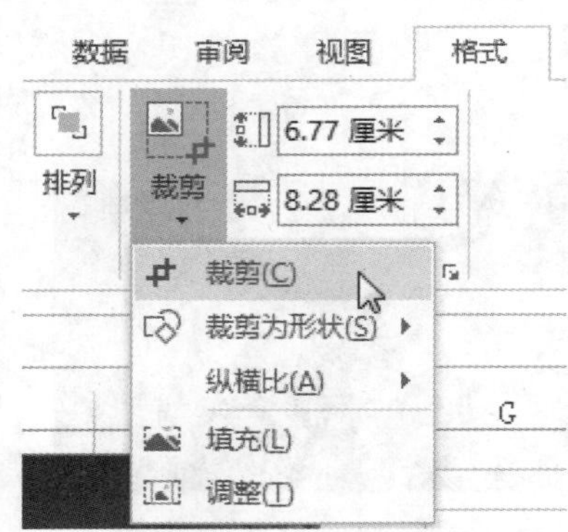

图7-18 选择【裁剪】命令

步骤 5 如果选择【裁剪为形状】选项，将自动根据选择的形状进行裁剪，如图7-19所示是选择形状后，系统自动裁剪的效果。

步骤 6 如果选择【纵横比】选项，系统会根据选择的宽、高比例进行裁剪，如图7-20所示是选择横纵向为3 ：2的比例效果。

步骤 7 如果选择【填充】选项，系统将调整图片的大小，以便填充整个图片区域，同时保持原始图片的纵横比，图片区域外的部分将被裁剪掉，如图7-21所示。

步骤 8　如果选择【调整】选项，系统将调整图片，以便在图片区域中尽可能多地显示整个图片，如图7-22所示。

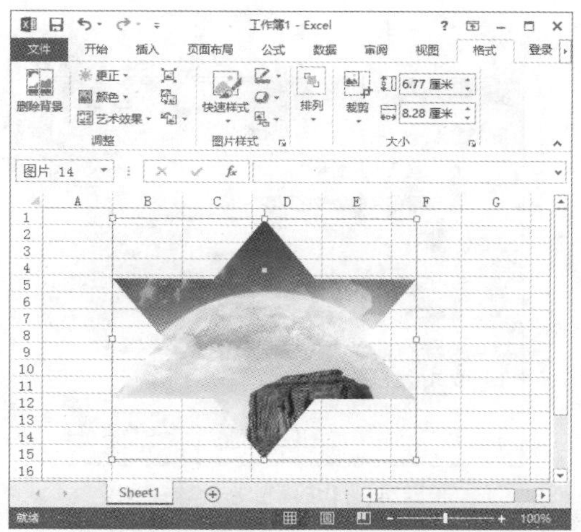

图7-19　根据形状裁剪

图7-20　根据纵横比裁剪

图7-21　根据填充样式裁剪

图7-22　根据调整样式裁剪

步骤 9　裁剪结束后，再次单击【调整】按钮或在空白位置处单击，即可完成图片裁剪操作。

7.2.4 压缩图片大小

在工作表中如果大量地使用位图，会大幅增加工作簿文件的大小，要想缩小工作簿，可以压缩工作表中的图形文件，具体操作步骤如下。

步骤 1　选择需要压缩的图像，在【格式】选项卡中，单击【调整】选项组中的【压缩图片】按钮，如图7-23所示。

步骤 2　打开【压缩图片】对话框，在其中设置相关的参数，如图7-24所示。

步骤 3 设置完成后，单击【确定】按钮即可完成图片的压缩操作。

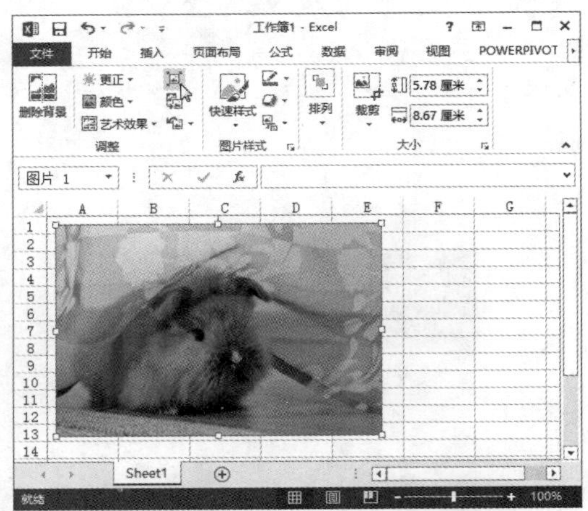
图7-23 单击【压缩图片】按钮

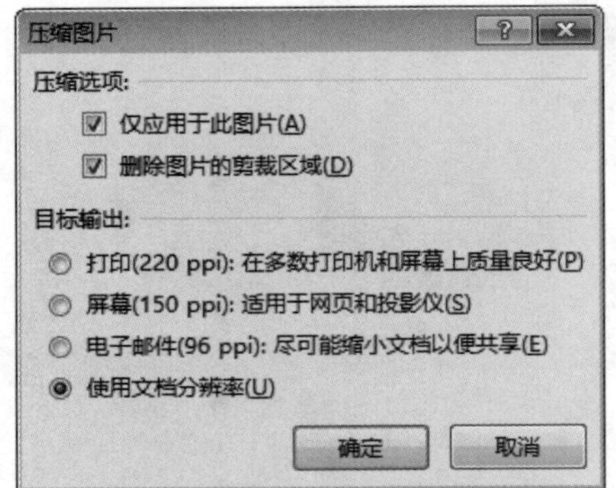

图7-24 【压缩图片】对话框

7.2.5 调整图片颜色

对插入的图片还可以进行颜色的调整，操作步骤如下。

步骤 1 选中图片，单击【图片工具】|【格式】选项卡下【调整】组中的【颜色】按钮 颜色▾，在弹出的下拉列表中选择【颜色饱和度】区域中的【饱和度：66%】样式，如图7-25所示。

步骤 2 随即可以通过调整图片的饱和度来改变图片的颜色，显示效果如图7-26所示。

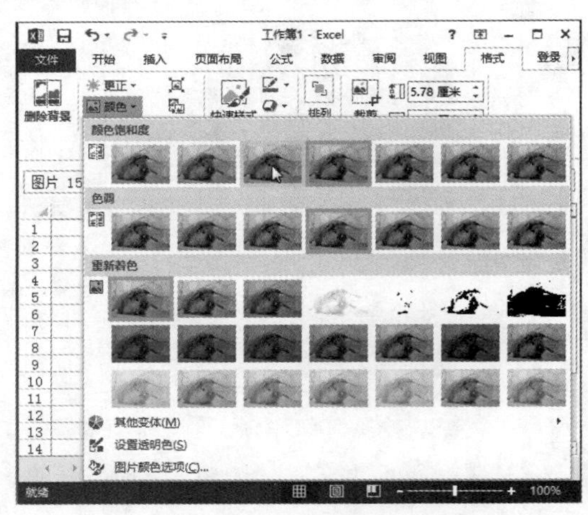
图7-25 调整图片的颜色饱和度

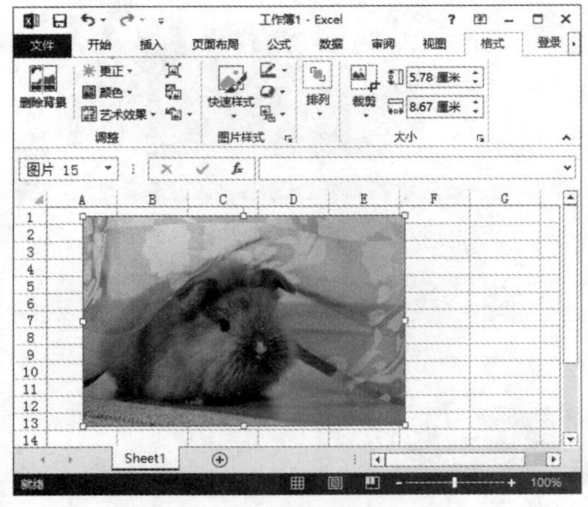
图7-26 显示效果

步骤 3 在图片【颜色】设置面板中选择【色调】设置区域的选项，随即可以通过调整图片的色调来改变图片的颜色，显示效果如图7-27所示。

步骤 4 在图片【颜色】设置面板中选择【重新着色】设置区域的选项，随即可以通过重新着色的方式来改变图片的颜色，显示效果如图7-28所示。

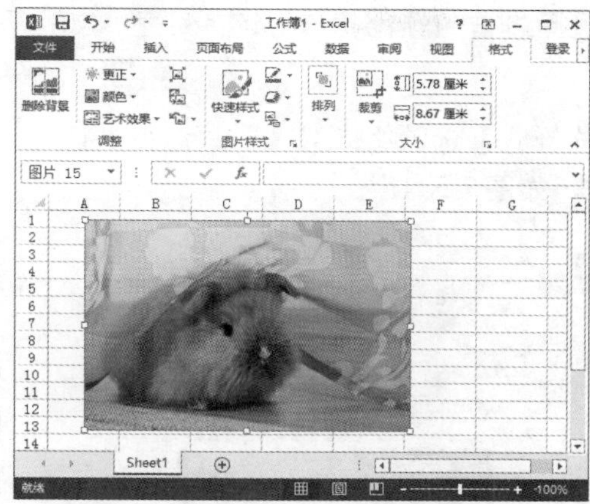
图7-27　调整图片的色调

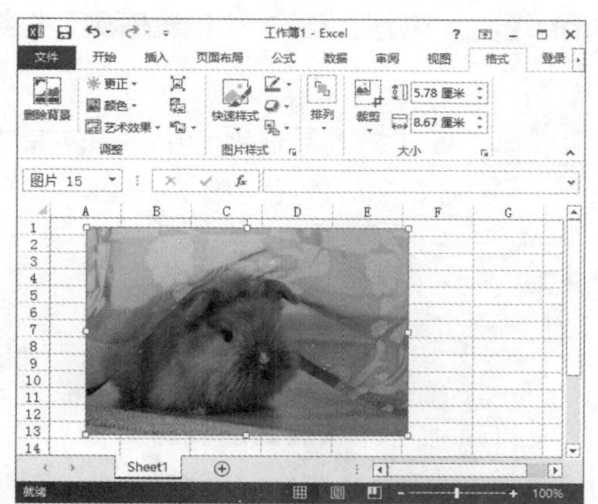
图7-28　重新着色图片

7.2.6 设置图片艺术效果

对图片设置艺术效果，使图片更能起到美化工作表的作用，为图片添加艺术效果的步骤如下。

步骤 1 选中图片，单击【图片工具】|【格式】选项卡下【调整】选项组中的【艺术效果】按钮，在弹出的下拉列表中选择艺术效果选项，这里选择【粉笔素描】选项，如图7-29所示。

步骤 2 最终显示效果如图7-30所示。

图7-29　选择图片的艺术效果样式

图7-30　显示效果

7.2.7 添加图片边框

插入的图片在工作表中显示不够明显，可以设置其边框，使图片突出显示。

步骤 1 选择插入的图片，在【图片工具】|【格式】选项卡中，单击【图片样式】选项

组中的【图片边框】按钮，在弹出的下拉列表中选择边框的颜色，这里选择红色，如图7-31所示。

步骤 2 在【格式】选项卡中，再次单击【图片样式】选项组中的【图片边框】按钮，在弹出的下拉列表中选择【粗细】|【2.25磅】选项，如图7-32所示。

图7-31 选择边框颜色

图7-32 选择边框线的粗细

步骤 3 在【格式】选项卡中，再次单击【图片样式】选项组中的【图片边框】按钮，在弹出的下拉列表中选择【虚线】选项，然后在其子列表中选择虚线的类型，如图7-33所示。

步骤 4 随即为图片添加虚线边框，最终显示效果如图7-34所示。

图7-33 选择边框线的线条样式

图7-34 图片显示效果

7.2.8 调整图片方向

通过旋转图片可以调整图片的显示方向，具体操作方法如下。

步骤 1 选择插入的图片，在【图片工具】|【格式】选项卡中，单击【排列】选项组中的【旋转】按钮，在弹出的下拉列表中选择【其他旋转选项】选项，如图7-35所示。

步骤 2 弹出【设置图片格式】窗格，在【大小属性】选项卡下【大小】组中的【旋转】微调框中输入旋转的度数，这里输入“70° ”，在工作表空白处单击，即可完成图片的旋转，如图7-36所示。

图7-35 选择【其他旋转选项】选项

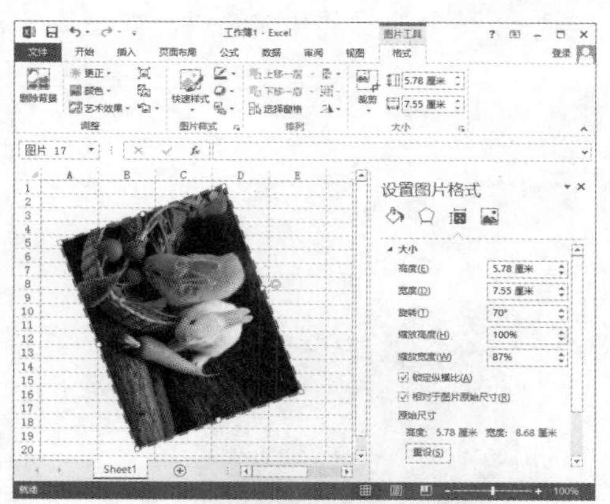

图7-36 调整图片的旋转角度

7.2.9 添加图片效果

如果想为图片添加更多的效果，可以单击【图片样式】选项组中的【图片效果】按钮，在弹出的下拉列表中选择相应的选项进行图片效果的添加操作。

添加图片效果的步骤如下。

步骤 1 选择插入的图片，在【图片工具】|【格式】选项卡中，单击【图片样式】选项组中的【图片效果】按钮，弹出【图片效果】下拉列表，如图7-37所示。

步骤 2 选择【预设】选项，在其子列表中包含12种可应用于相片中的效果，如图7-38所示为应用了【预设12】后的效果。

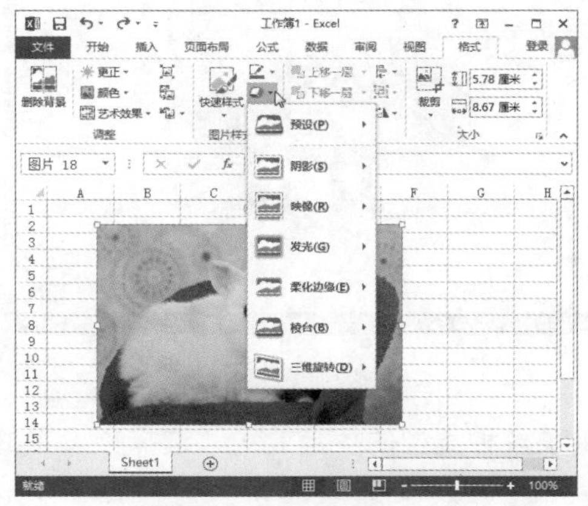

图7-37 选择图片效果样式

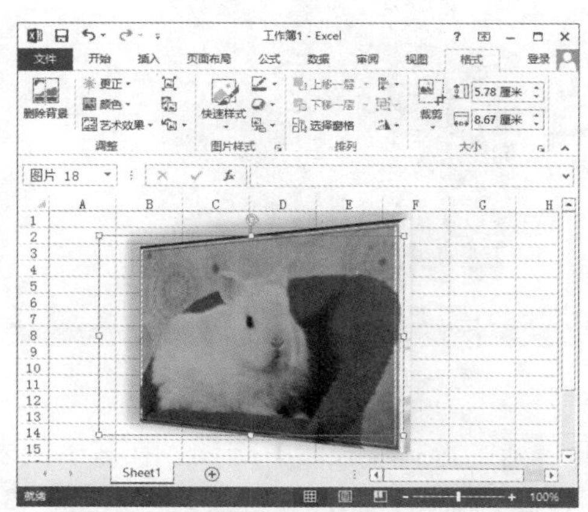

图7-38 添加图片效果

步骤 3 选择【阴影】选项，在其子列表中包括在图片背后应用的9种外部阴影、在图片之内使用的9种内部阴影，以及5种不同类型的透视阴影。如图7-39所示为应用了【右下对角透视】后的效果。

步骤 4 选择【映像】选项，在其子列表中包括了以1磅、4磅、8磅偏移量提供的紧密映像、半映像和全映像的9种效果，如图7-40所示为应用了【全映像，4pt偏移量】的效果。

图7-39 调整图片的阴影效果

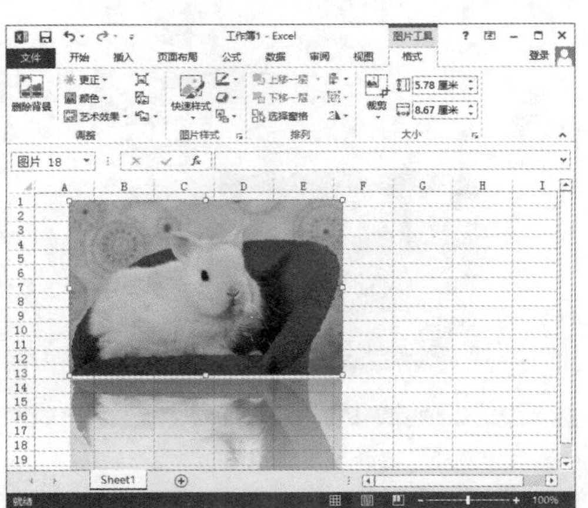

图7-40 调整图片的映像效果

步骤 5 选择【发光】选项，在其子列表中包括了多种发光效果，选择任意一种即可为图片添加发光效果，也可以通过选择底部的【其他亮色】选项，从1600万种颜色中任选一种发光颜色，如图7-41所示为添加发光效果的图片。

步骤 6 选择【柔化边缘】选项，在其子列表中包括了1、2.5、5、10、25和50磅来羽化图片边缘的值，如图7-42所示是应用了【25磅】的柔化效果。

图7-41 调整图片的发光效果

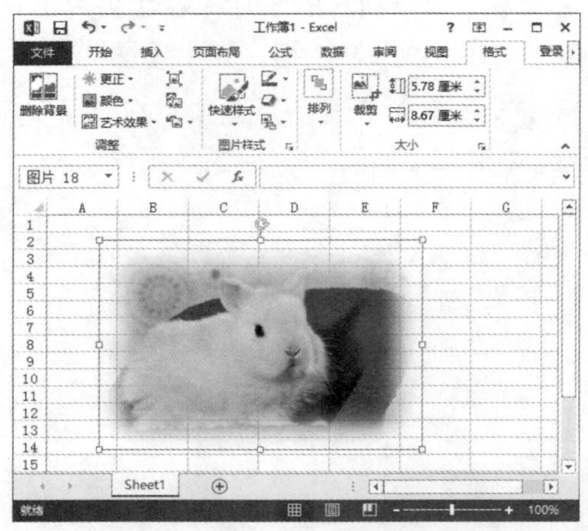

图7-42 调整图片的柔化边缘效果

步骤 7 选择【棱台】选项，在其子列表中提供了多种类型的棱台效果，选择预设中的一种后，即可为图片添加棱台效果，如图7-43所示。

步骤 8 选择【三维旋转】选项，在其子列表中提供了25种三维旋转效果；选择预设中的一种后，即可为图片添加三维旋转效果，如图7-44所示。

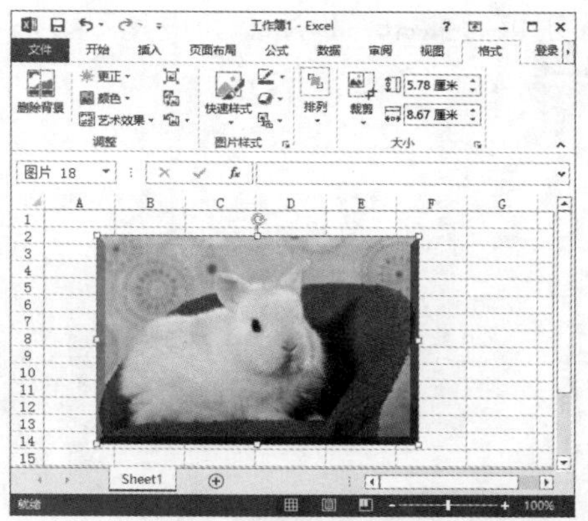

图7-43　调整图片的棱台效果

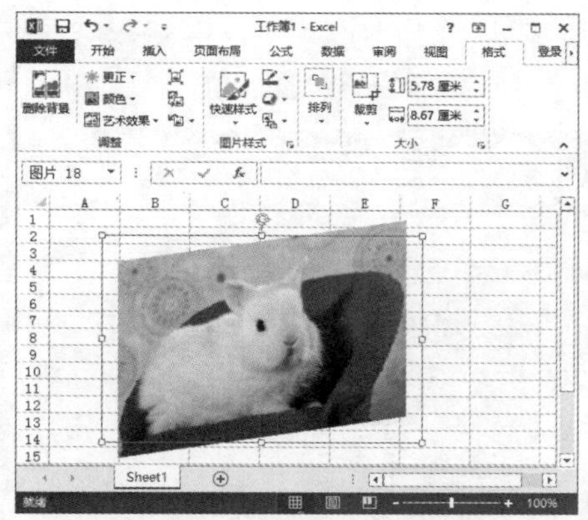

图7-44　调整图片的三维旋转效果

7.3 高效办公技能实战

7.3.1 高效办公技能1——为工作表添加图片背景

Excel 2013支持将JPG、GIF、BMP、PNG等格式的图片设置为工作表的背景，下面以工资表为例进行介绍，具体操作步骤如下。

步骤 1　打开需要设置图片背景的工作表，选择【页面布局】选项卡，单击【页面设置】选项组中的【背景】按钮，如图7-45所示。

步骤 2　弹出【插入图片】对话框，单击【来自文件】选项右侧的【浏览】按钮，如图7-46所示。

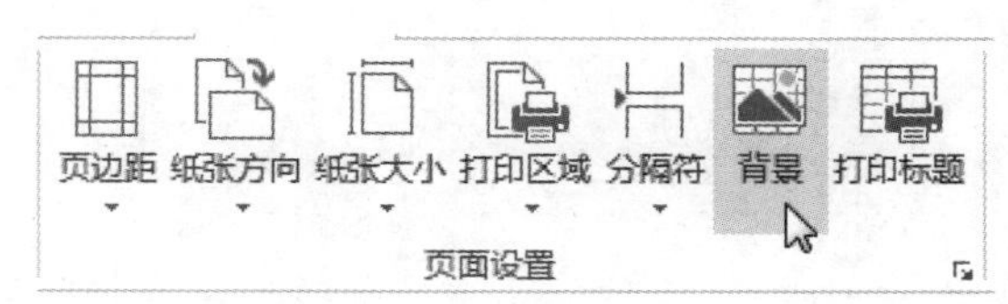

图7-45　单击【背景】按钮

图7-46　【插入图片】对话框

步骤 3　弹出【工作表背景】对话框，选择计算机中的某张图片作为背景图片，单击【插入】按钮，如图7-47所示。

步骤 4　返回到工作表中，可以看到插入背景图片后的效果，如图7-48所示。

图7-47　选择工作表的背景图片

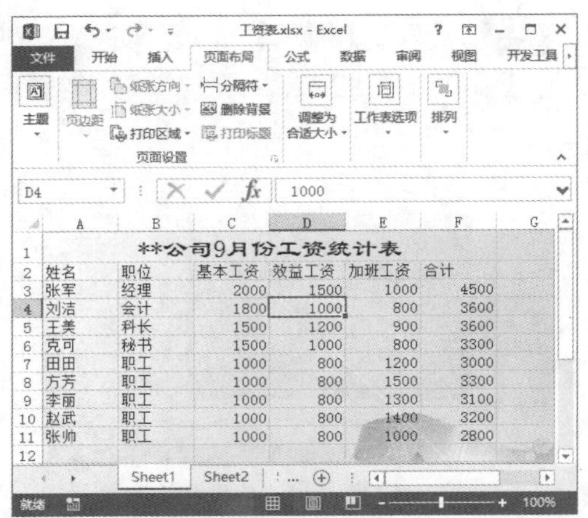

图7-48　添加图片背景

提示 用于背景图片的颜色尽量不要太深，否则会影响工作表中数据的显示。插入背景图片后，在【页面布局】选项卡中，单击【页面设置】组中的【删除背景】按钮，可以清除背景图片。

7.3.2 高效办公技能2——使用图片美化工作表

在制作好工作表之后，可以通过添加图片来美化工作表，下面通过制作一个培训学习费用报销单为例，来巩固使用图片美化工作表的方法与技巧。

具体操作步骤如下。

步骤 1 新建一个工作簿，并将其重新命名为“培训学习费用报销单”，然后根据实际情况依次输入培训学习费用报销单所包含的内容，如图7-49所示。

步骤 2 选中A1:I1单元格区域，打开【设置单元格格式】对话框，选择【字体】选项卡，在其中根据实际需要设置字体、字号和颜色，如图7-50所示。

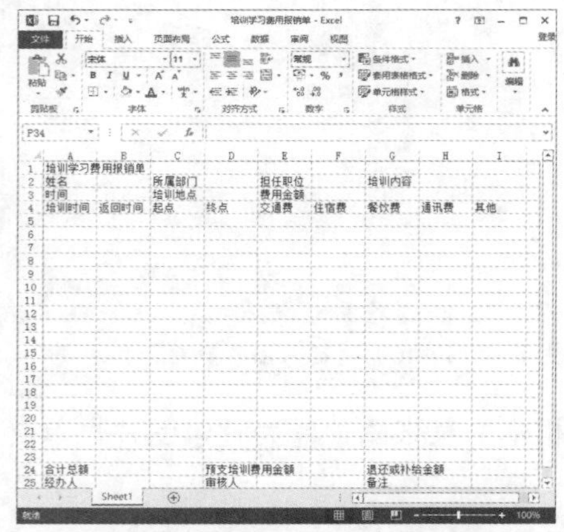

图7-49　输入培训学习费用报销单内容

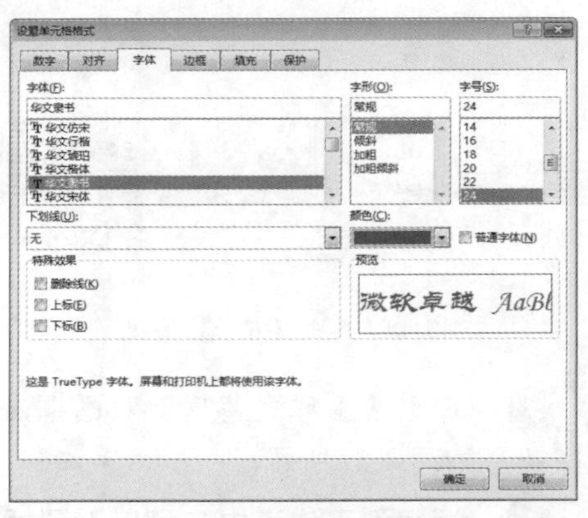

图7-50　设置标题字体格式

步骤 3　单击【确定】按钮，即可完成标题的设置操作，如图7-51所示。

步骤 4　选中A2:I25单元格区域，然后按照上述方法设置单元格区域内字体的对齐方式和字体格式，如图7-52所示。

图7-51　标题设置结果显示

图7-52　设置选中区域的字体格式

步骤 5　按照上述方法对工作表中部分单元格进行合并，并适当地调整行高和列宽，如图7-53所示。

步骤 6　选中A1:I25单元格区域，单击【开始】选项卡下【字体】选项组中的【边框】按钮，从弹出的下拉列表中选择【所有框线】选项，即可为选中的单元格区域添加边框，如图7-54所示。

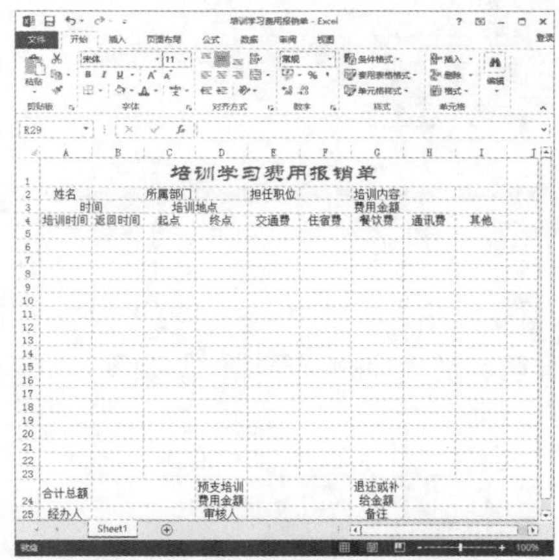

图7-53　合并部分单元格

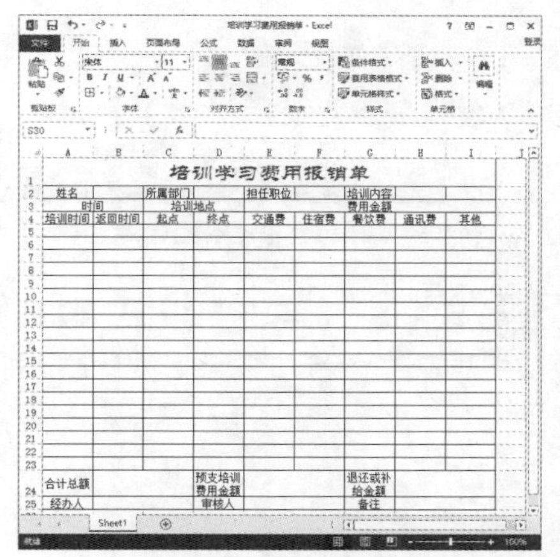

图7-54　添加边框

步骤 7　单击【插入】选项卡下【插图】选项组中的【图片】按钮，打开【插入图片】对话框，在【查找范围】下拉列表框中选择图片的保存位置，选中要插入的图片，如图7-55所示。

步骤 8　单击【插入】按钮，即可将选中的图片插入工作表中，如图7-56所示。

步骤 9　将鼠标指针移到插入的图片上，此时鼠标指针的形状如图7-57所示，按住鼠标左键，然后拖动鼠标，将图片移动到合适位置后释放鼠标左键即可，如图7-58所示。

步骤 10　将鼠标指针移动到图片四周的控制点上，当指针变成双箭头形状时按住鼠标左键进行拖动，调整到合适大小后释放鼠标左键，如图7-59所示。

图7-55 【插入图片】对话框

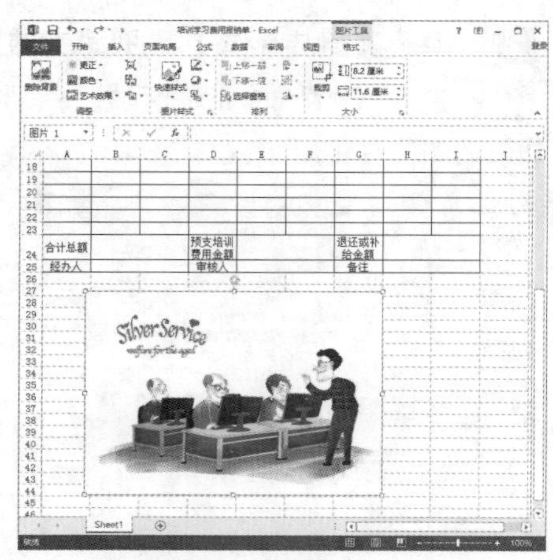

图7-56 插入图片

图7-57 移动鼠标指针到图片上

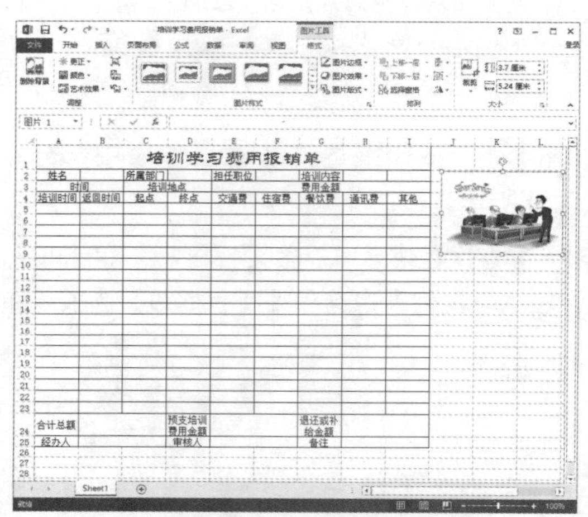

图7-58 移动图片位置

步骤 11 选中图片，单击【图片工具】|【格式】选项卡下【调整】选项组中的【更正】按钮，从弹出的下拉列表中选择合适的亮度和对比度，即可实现图片亮度和对比度的调整操作，如图7-60所示。

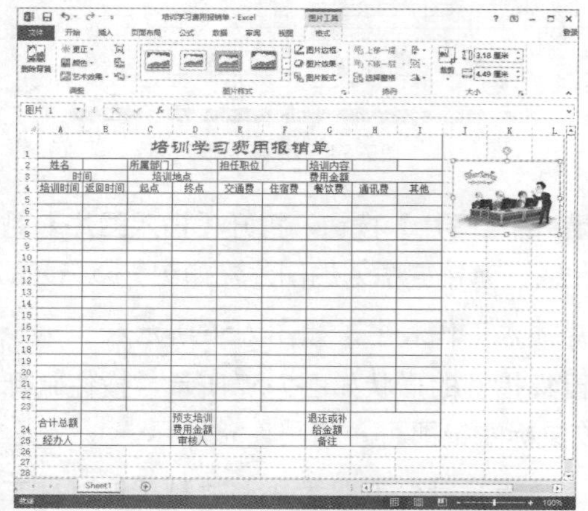

图7-59 调整图片大小

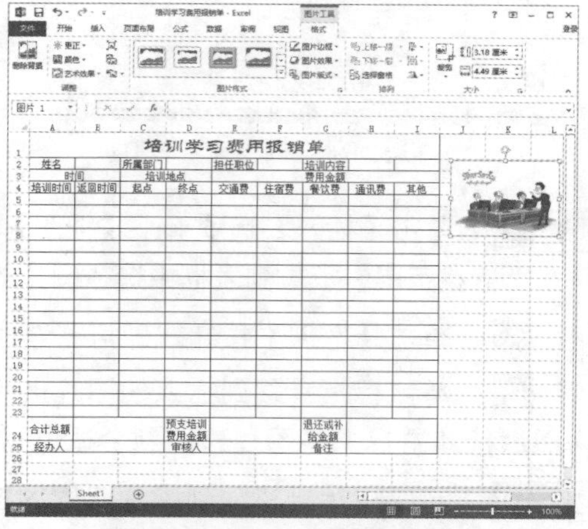

图7-60 调整图片亮度和对比度

步骤 12 单击【图片样式】选项组中的【其他】按钮，从弹出的下拉列表中选择合适的图片样式，即可实现图片样式的套用操作，如图7-61所示。

步骤 13 单击【图片样式】选项组中的【图片效果】按钮，从弹出的下拉列表中选择需要的效果，即可查看最终的设置效果，如图7-62所示。

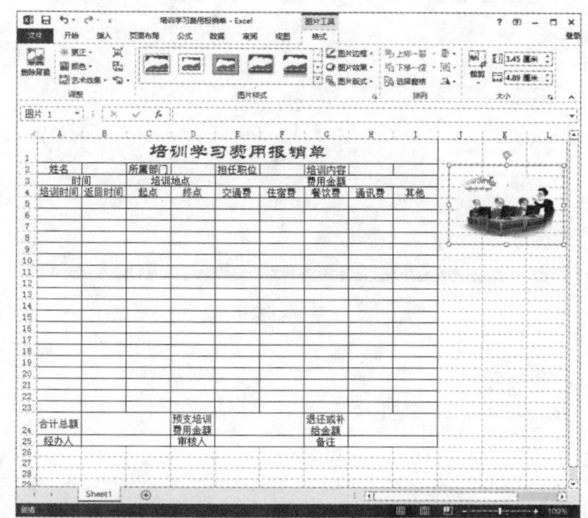

图7-61 套用图片样式

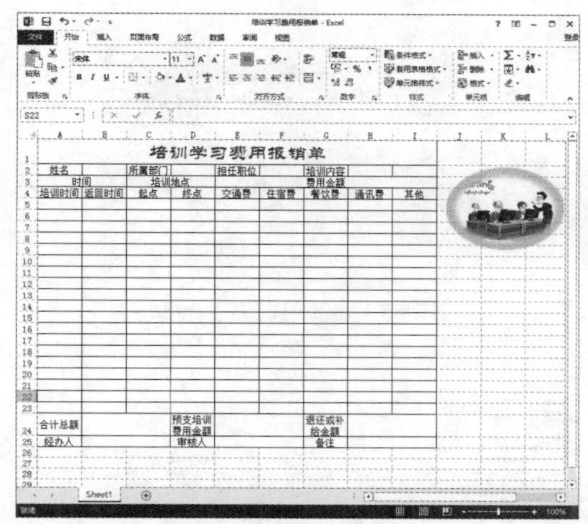

图7-62 设置图片效果

步骤 14 单击【插入】选项卡下【插图】选项组中的【联机图片】按钮，打开【插入图片】对话框，如图7-63所示。

步骤 15 在【必应图像搜索】搜索栏中输入需要搜索的内容，这里输入“风景”，然后单击搜索栏右侧的【搜索】按钮，即可显示出相应的搜索结果，如图7-64所示。

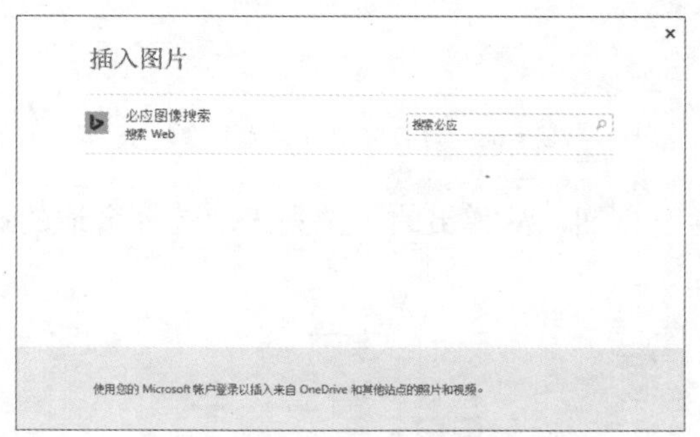

图7-63 【插入图片】对话框

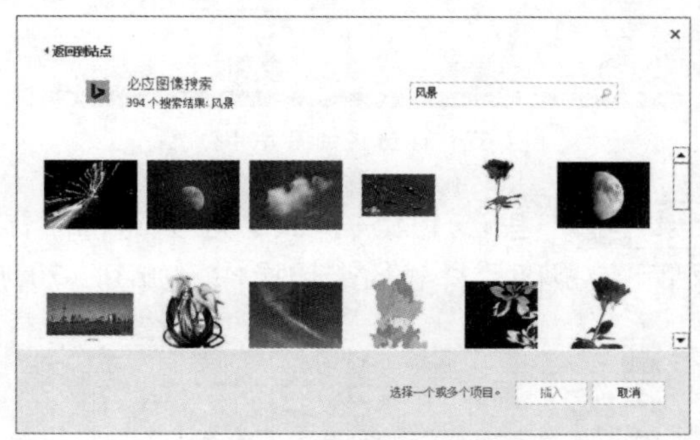

图7-64 搜索结果显示

步骤 16 选择需要的联机图片，然后单击【插入】按钮，如图7-65所示，即可将选择的联机图片插入工作表中，如图7-66所示。

步骤 17 选中插入的联机图片，此时鼠标指针变成✥形状，然后按住鼠标左键拖动，将联机图片移动到合适位置后释放鼠标，即可完成联机图片位置的移动操作，如图7-67所示。

步骤 18 单击【格式】选项卡下【大小】选项组中的⬊按钮，打开【设置图片格式】窗格，在【高度】微调框中调节高度值，如图7-68所示。

步骤 19 单击【关闭】按钮，即可实现联机图片高度的调整操作，如图7-69所示。

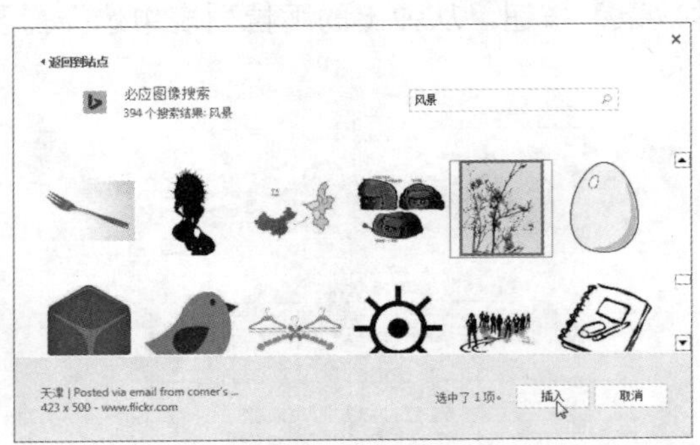

图7-65　单击【插入】按钮

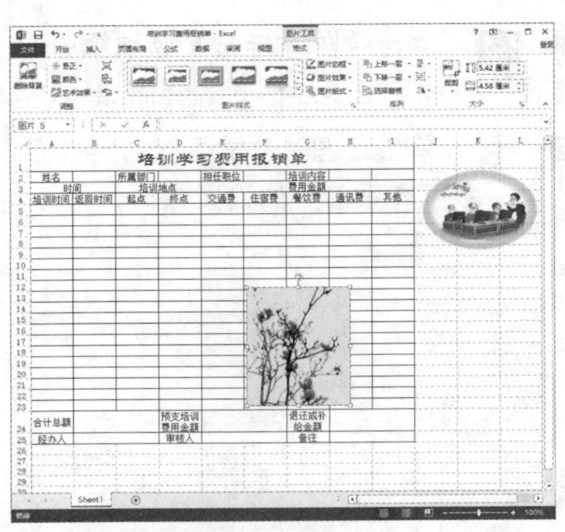

图7-66　插入联机图片

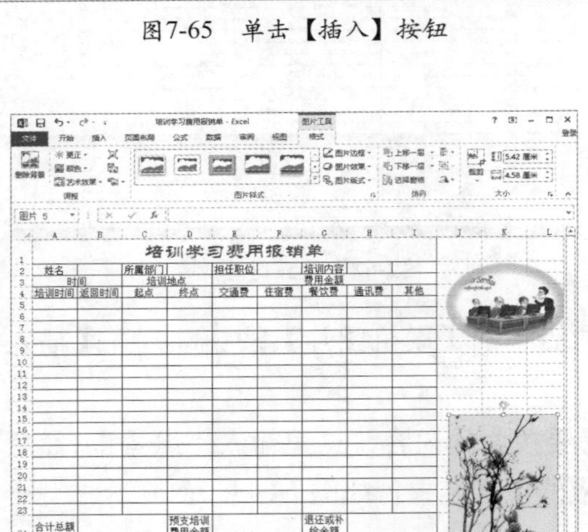

图7-67　移动联机图片的位置

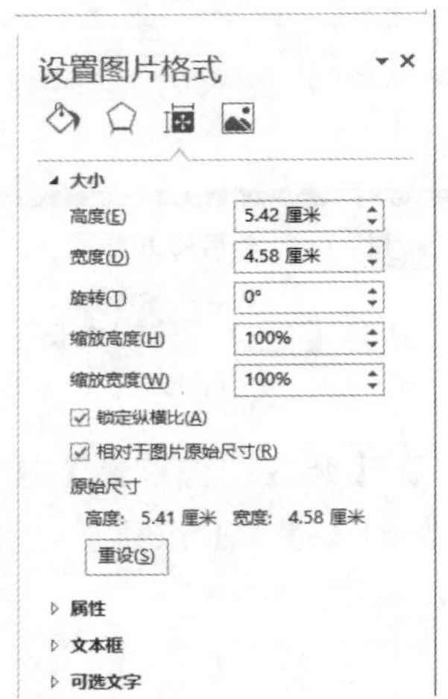

图7-68　【设置图片格式】窗格

步骤 20　单击【图片样式】选项组中的【其他】按钮，从弹出的下拉列表中选择合适的选项即可完成图片样式的套用操作，如图7-70所示。

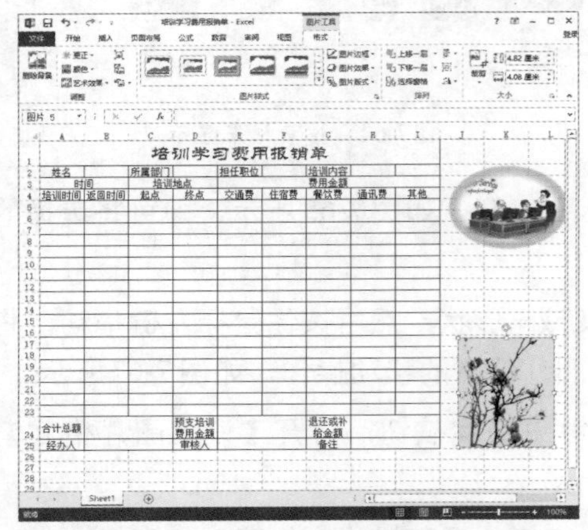

图7-69　调整图片高度

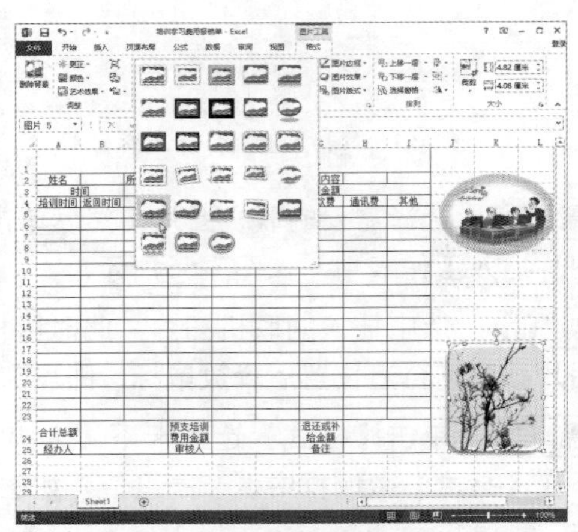

图7-70　套用图片样式

步骤 21　单击【图片样式】选项组中的【图片效果】按钮，从弹出的下拉列表中选择需要的选项，如图7-71所示，即可完成联机图片的最终设置，如图7-72所示。

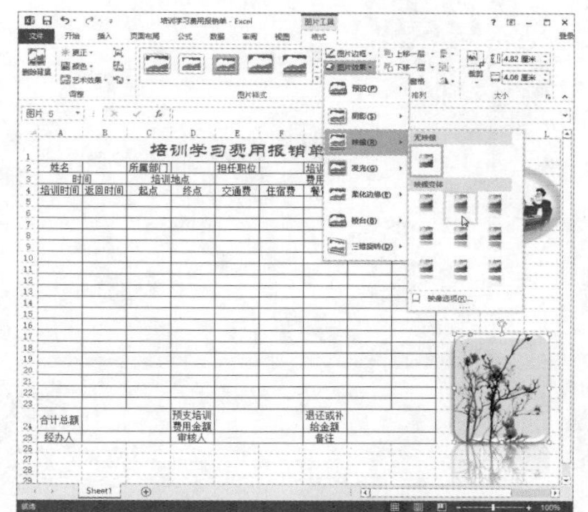

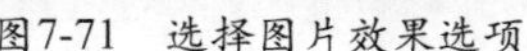
图7-71　选择图片效果选项

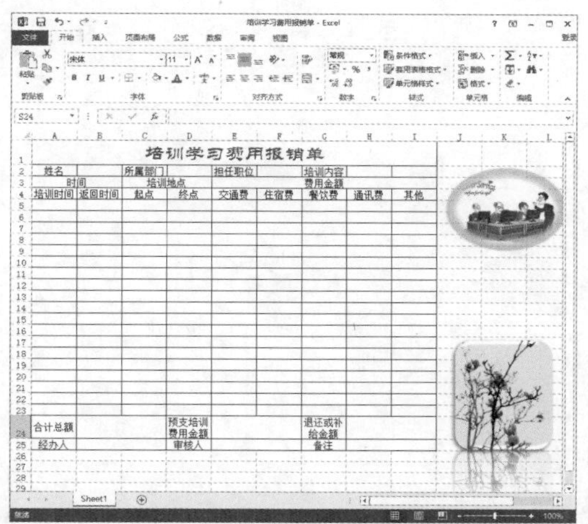

图7-72　联机图片的最终设置效果

步骤 22　单击【保存】按钮，保存制作完成的工作簿。

7.4　疑难问题解答

问题1：如何将插入的图片设置为灰度样式？

解答：首先将选中的图片插入工作表中，然后在【格式】选项卡下的【调整】选项组中单击【亮度】按钮，从弹出的下拉列表中选择图片修正选项，即可弹出【设置图片格式】对话框，接着在左侧列表中单击【图片】按钮，在右侧区域中单击【重新着色】按钮，从弹出的下拉列表中选择【颜色模式】下的【灰度】选项，即可将插入的图片设置为灰度样式。

问题2：如何创建数据图片？

解答：数据图片可以根据数据区域的变化而变化，而且可以对数据图片的格式进行单独设置而不影响原数据。创建数据图片的方法为：首先选中要创建数据图片的区域，按Ctrl+C快捷键，将数据区域复制，然后切换到【开始】选项卡，按下Shift键的同时，在【剪贴板】组中单击【粘贴】按钮，从弹出的下拉列表中选择【以图片格式】|【粘贴图片链接】选项，即可创建数据图片，该图片中的数据会随源数据的变化而变化。

使用图形美化工作表

● **本章导读**

在Excel 2013中，图形对象包括形状、SmartArt图形、文本框、艺术字等对象，设置图形对象可以起到美化工作表的作用。本章将为读者介绍使用图形对象美化工作表的方法与技巧。

● **学习目标**

◎ 掌握使用自选形状美化工作表的方法
◎ 掌握使用SmartArt图形美化工作表的方法
◎ 掌握使用文本框美化工作表的方法
◎ 掌握使用艺术字美化工作表的方法

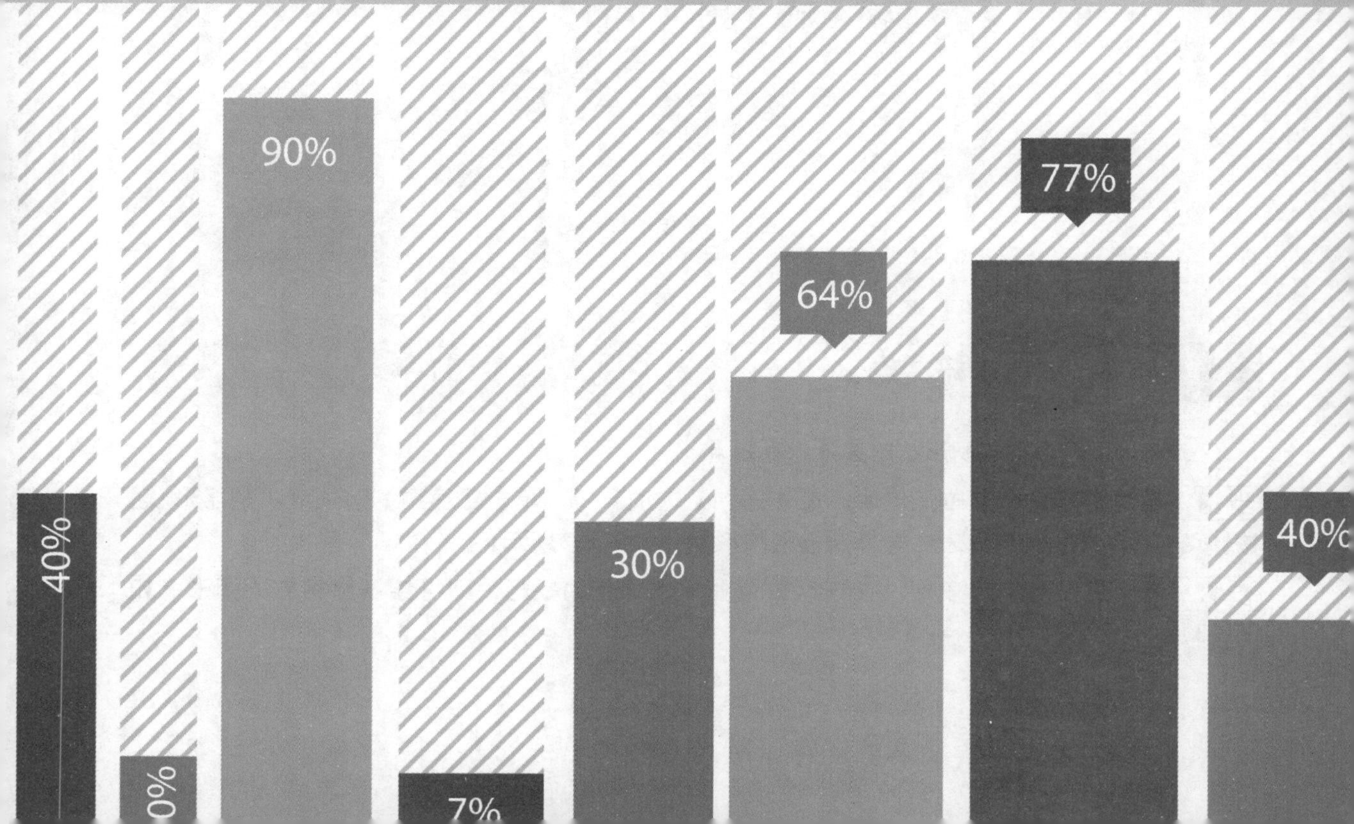

8.1 使用自选形状

Excel 2013提供了强大的绘图功能，利用Excel的形状工具可以绘制各种线条、基本形状、流程图、标注等。

8.1.1 形状类型

Excel 2013中内置有8大类图形，分别为线条、矩形、基本形状、箭头总汇、公式形状、流程图、星与旗帜和标注。单击【插入】选项卡下【插图】选项组中的【形状】按钮，在弹出的下拉列表中，根据需要从中选择合适的图形对象，如图8-1所示。

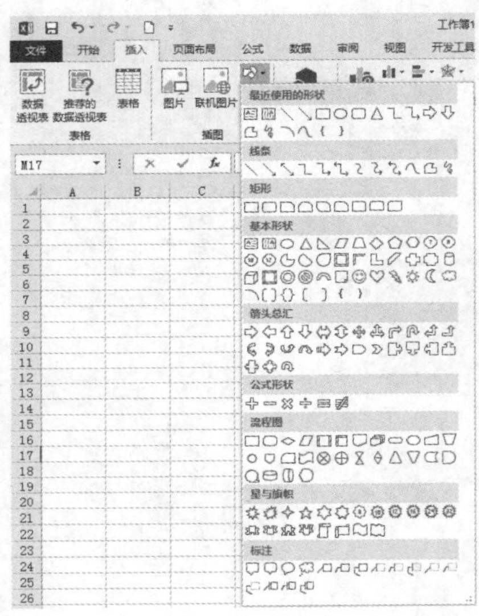

图8-1　形状列表

8.1.2 绘制规则形状

在Excel工作表中绘制形状的具体步骤如下。

步骤 1　新建一个空白工作簿，在【插入】选项卡中，单击【插图】选项组中的【形状】按钮，在弹出形状列表中选择要插入的形状，如图8-2所示。

步骤 2　返回到工作表中，在任意位置处单击并拖动鼠标，即可绘制出相应的图形，如图8-3所示。

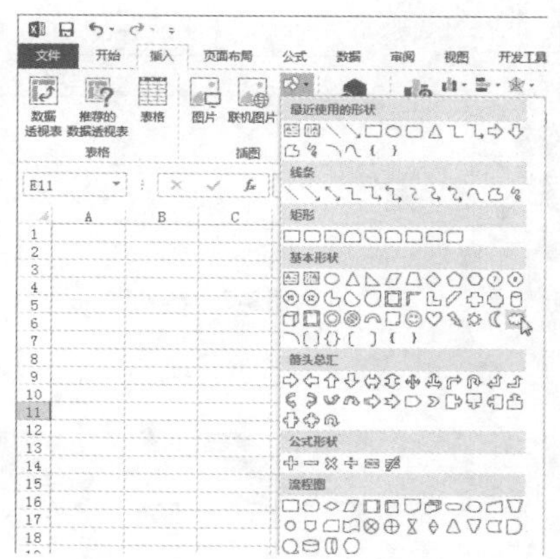

图8-2　选择要插入的形状

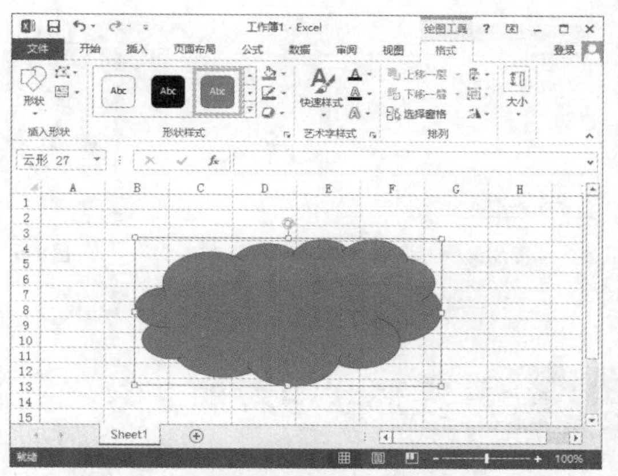

图8-3　插入形状

提示　当在工作表区域内添加并选择图形时，会在功能区中出现【格式】选项卡，在其中可以对形状对象进行相关格式的设置，如图8-4所示。

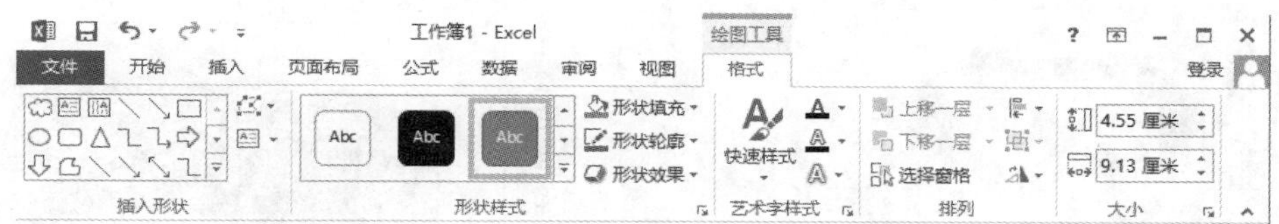

图8-4　【绘图工具】|【格式】选项卡

8.1.3 绘制不规则形状

使用Excel 2013的形状功能可以轻松绘制规则的形状，对于不规则图形的绘制则麻烦一些，例如，要绘制一条曲线，就需要确定多个定点，与其他形状的绘制稍有差别，绘制曲线的具体步骤如下。

步骤 1　在【插入】选项卡中，单击【插图】选项组中的【形状】按钮，在弹出的下拉列表中选择【线条】|【曲线】选项，如图8-5所示。

步骤 2　在工作表中单击，确定曲线的起点，拖曳鼠标到适当的位置再次单击，确定曲线第二点的位置，然后拖曳鼠标确定前面两点之间曲线的弧度，满足需要后双击，一条曲线即可绘制好，如图8-6所示。

注意　在上面绘制的曲线中，只确定了两个点之间的弧度。还可以确定第3点、第4点的位置，拖曳鼠标确定每一段的弧度，这样可以绘制连续的曲线，如图8-7所示。

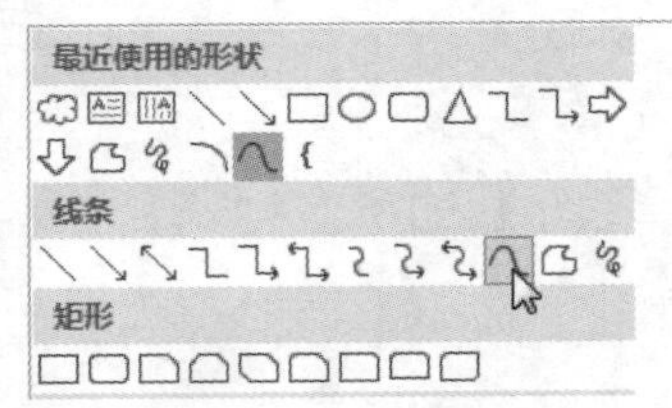

图8-5　选择曲线形状

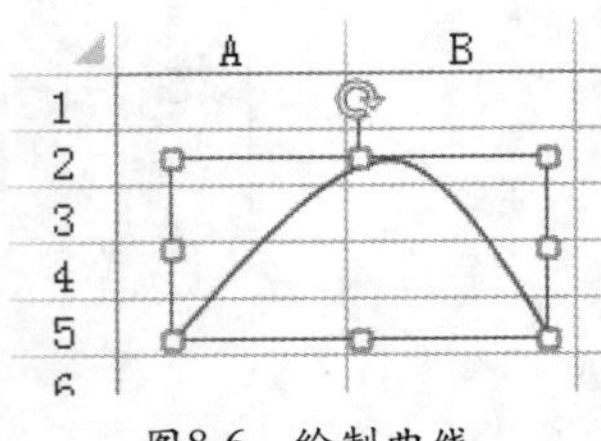
图8-6　绘制曲线

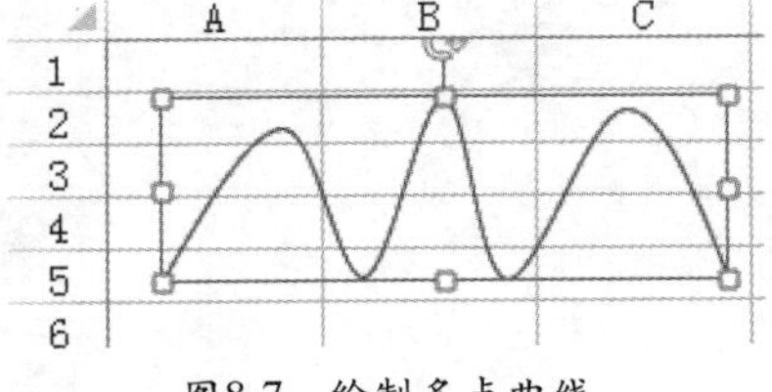
图8-7　绘制多点曲线

8.1.4 在形状中添加文字

许多形状中提供有插入文字的功能，具体操作步骤如下。

步骤 1 在Excel工作表中插入形状后，右击，在弹出的快捷菜单中选择【编辑文字】命令，形状中会出现输入光标，如图8-8所示。

步骤 2 在光标处输入文字即可，如图8-9所示。

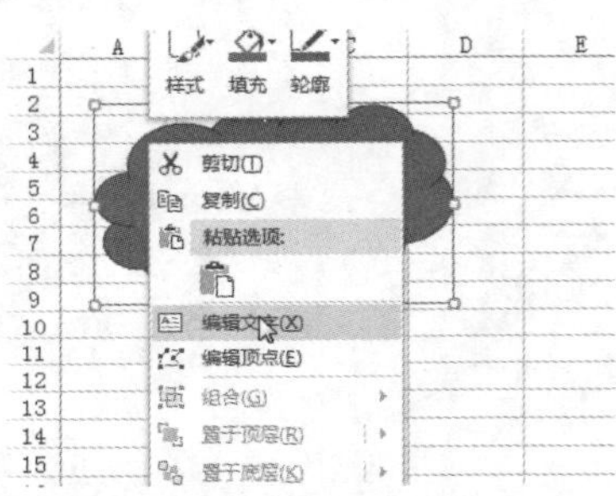

图8-8　选择【编辑文字】命令

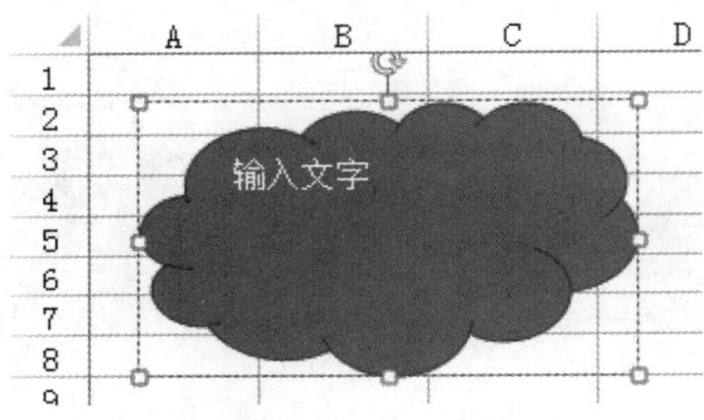

图8-9　输入文字

> **提示** 当形状包含文本时，单击对象即可进入编辑模式。若要退出编辑模式，首先确定对象被选中，然后按Esc键即可。

8.1.5 选择多个形状对象

如果想对多个形状同时进行操作，可以单击第一个形状，然后按住Ctrl键或Shift键，再依次单击其他需要选定的形状即可，如图8-10所示。

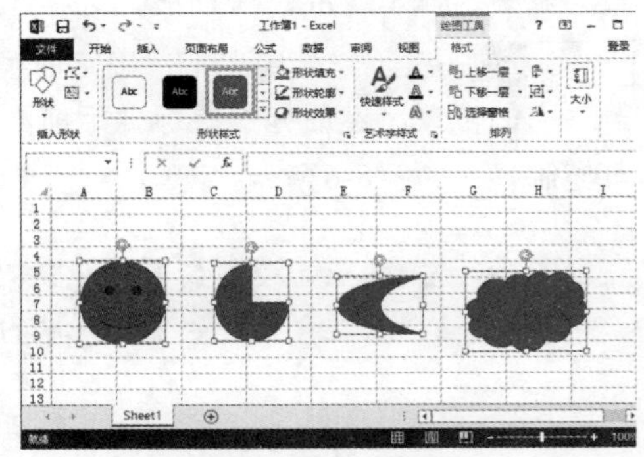
图8-10　选择多个形状

如果要选择工作表中的所有对象，可以使用快捷键Ctrl+A，也可以使用【定位条件】对话框。使用【定位条件】对话框选择全部对象的具体操作步骤如下。

步骤 1 单击【开始】选项卡下【编辑】选项组中的【查找和选择】按钮，弹出下拉列表，选择

【定位条件】选项，如图8-11所示。

步骤 2 在弹出的【定位条件】对话框中，选中【对象】单选按钮，然后单击【确定】按钮即可，如图8-12所示。

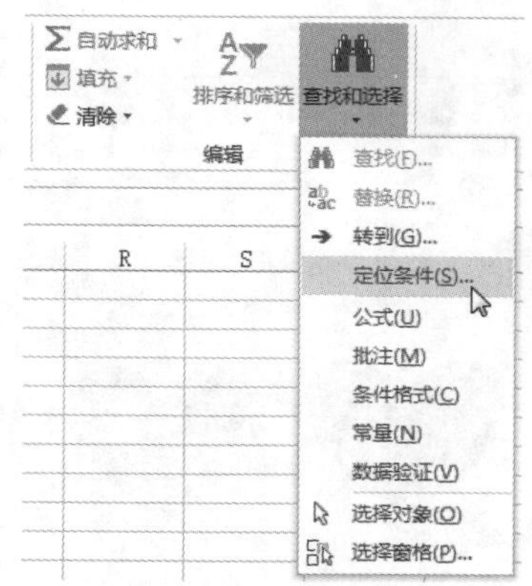

图8-11 选择【定位条件】选项

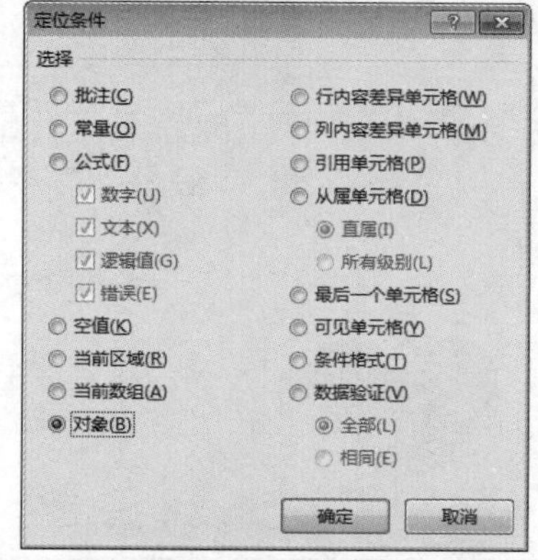

图8-12 【定位条件】对话框

提示 按Ctrl+G快捷键可以打开【定位】对话框，单击【定位条件】按钮，打开【定位条件】对话框，从中选中【对象】单选按钮。

8.1.6 移动和复制形状

在工作表中插入形状后，可以对其进行移动和复制。

1. 移动形状

如果对形状对象在工作表中的位置不满意，可以移动形状对象，具体操作步骤如下。

步骤 1 新建一个空白工作簿，并插入形状，选中插入的形状对象，如图8-13所示。

步骤 2 按住鼠标左键拖动形状对象到满意的位置，然后释放即可，如图8-14所示。

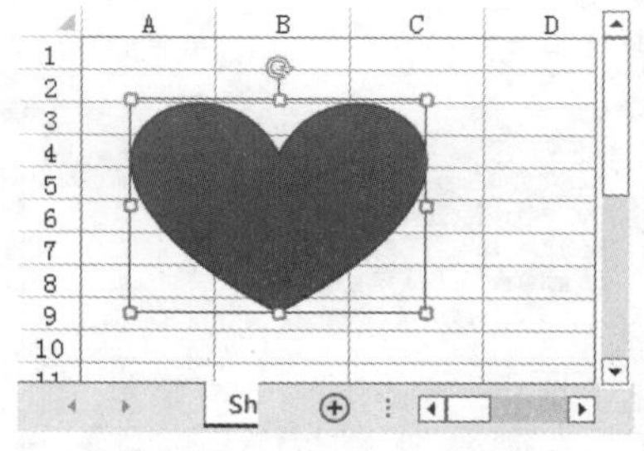

图8-13 选择插入的形状

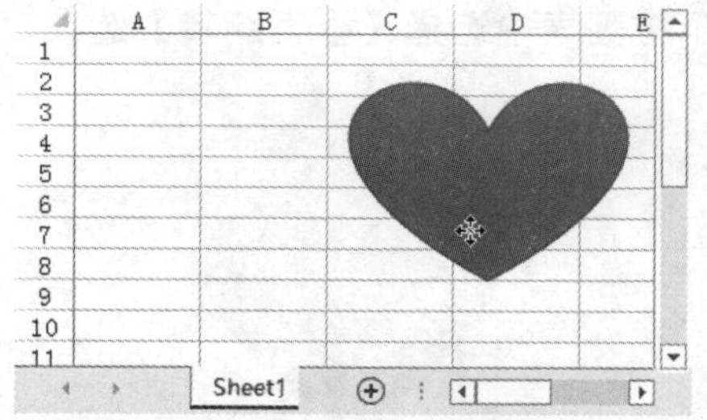

图8-14 移动形状

2. 复制形状

复制形状对象的具体步骤如下。

步骤 1 选中需要复制的形状对象，单击【开始】选项卡【剪贴板】选项组中的【复制】按钮，如图8-15所示。

步骤 2 将鼠标指针定位在要复制的位置处，然后单击【剪贴板】选项组中的【粘贴】按钮即可，如图8-16所示。

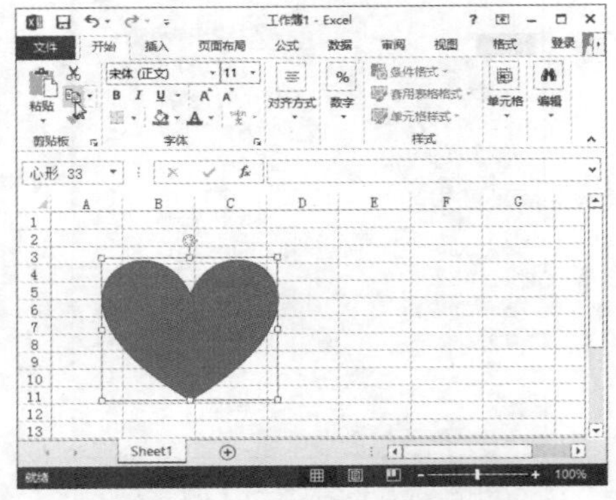

图8-15 选择复制的形状

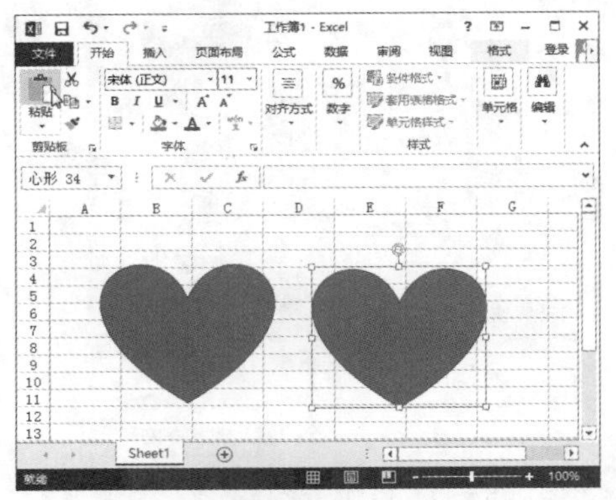

图8-16 复制形状

> **提示** 选中插入的形状，按住Ctrl键不放，同时按住鼠标左键拖动形状至目标位置，松开Ctrl键和鼠标左键，同样可以复制形状。

8.1.7 翻转和旋转形状

翻转形状只能进行水平翻转或垂直翻转，而旋转形状可以改变形状在工作表中的角度，以任意角度进行旋转。

1. 翻转形状

步骤 1 选中要进行翻转的形状，如图8-17所示。

步骤 2 单击【绘图工具】|【格式】选项卡下【排列】选项组中的【旋转】按钮，在弹出的下拉列表中选择【垂直翻转】选项，如图8-18所示。

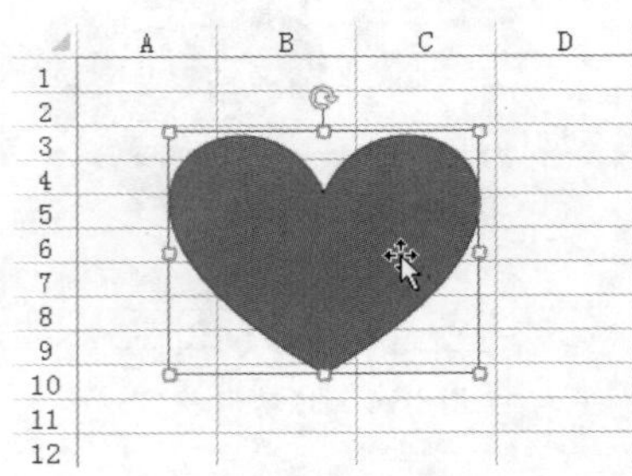

图8-17 选择形状

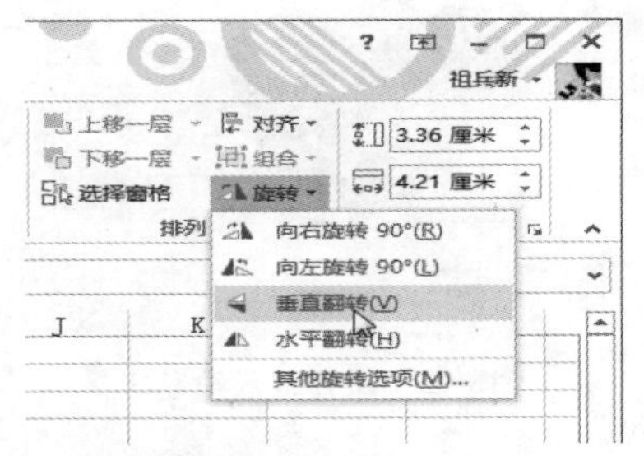

图8-18 选择【垂直翻转】选项

步骤 3 垂直翻转的最终效果如图8-19所示。

2. 旋转形状

步骤 1 选中形状，单击【绘图工具】|【格式】选项卡下【排列】选项组中的【旋转】按钮，在弹出的下拉列表中选择【其他旋转选项】选项，如图8-20所示。

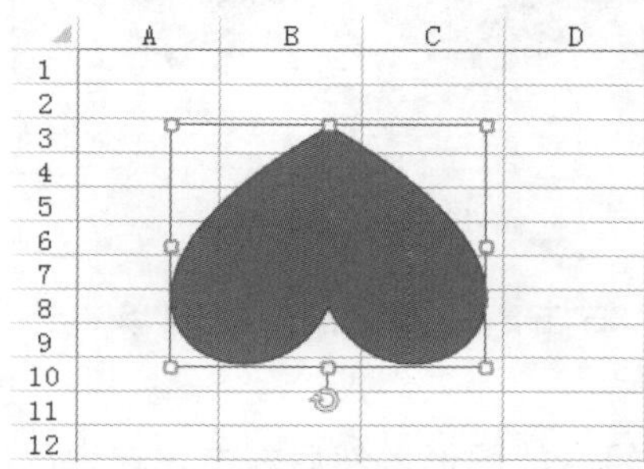

图8-19 垂直翻转的效果

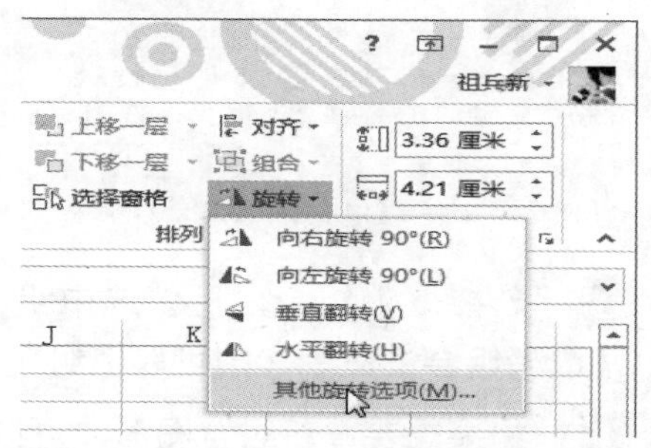

图8-20 选择【其他旋转选项】选项

步骤 2 弹出【设置形状格式】窗格，如图8-21所示。

步骤 3 在【设置形状格式】窗格中【大小属性】选项卡下【大小】选项组中【旋转】微调框中输入要旋转的度数，如“90°”，在空白处单击，则形状会顺时针旋转90°，如图8-22所示。

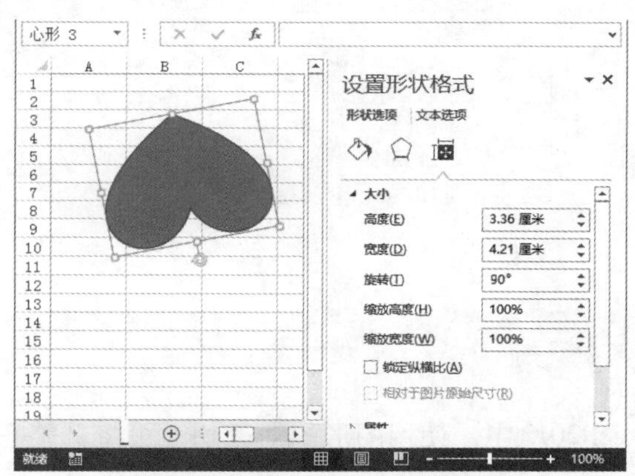

图8-21 【设置形状格式】窗格

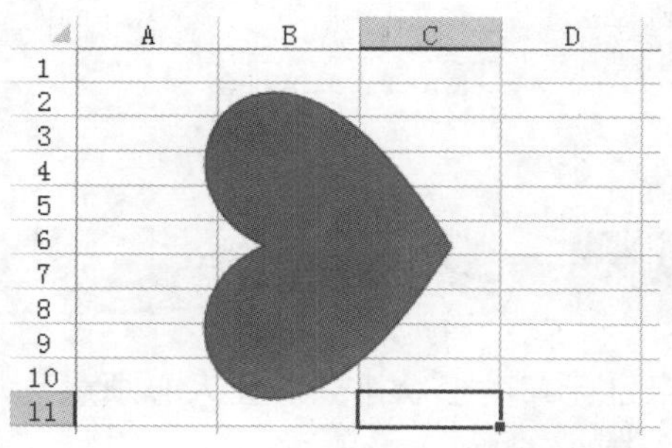

图8-22 旋转形状

8.1.8 组合形状对象

在Excel中，可以把两个或多个对象以组合的形式合并成单个对象，这种操作被称为组合操作。组合后的形状成为一个整体，对这组形状的操作就如同对一个形状进行操作一样。组合形状的具体步骤如下。

步骤 1 新建一个空白工作簿，插入笑脸形状和心形状，选择所有对象，然后右击，在弹出的快捷菜单中选择【组合】|【组合】命令即可，如图8-23所示。

步骤 2 选中的形状将被组合为一个形状，如图8-24所示。

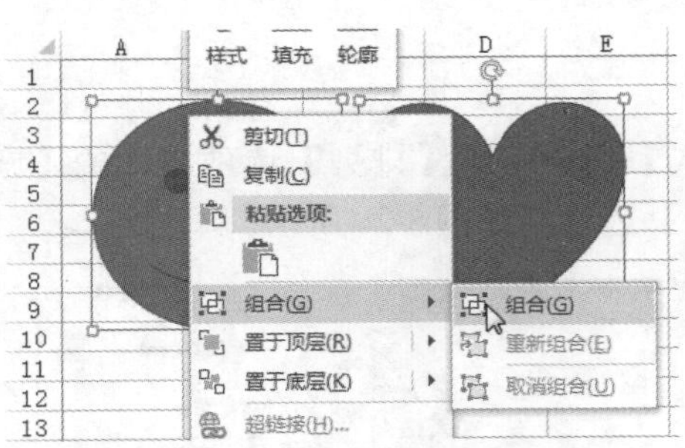

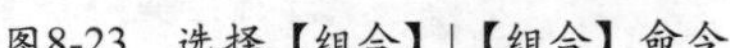
图8-23　选择【组合】|【组合】命令

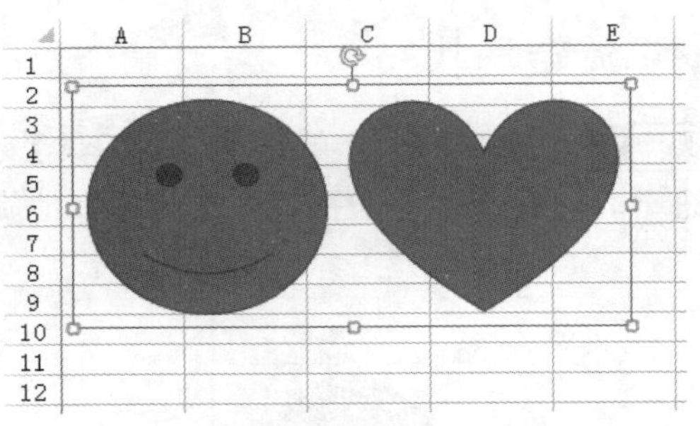

图8-24　组合形状

步骤 3 若要取消组合，可以选中组合后的图形，右击，在弹出的快捷菜单中选择【组合】|【取消组合】命令，则可取消组合，如图8-25所示。

步骤 4 如果想要重新组合图形，可以选择要重新组合的图形，然后右击，在弹出的快捷菜单中选择【组合】|【重新组合】命令，重新组合对象，如图8-26所示。

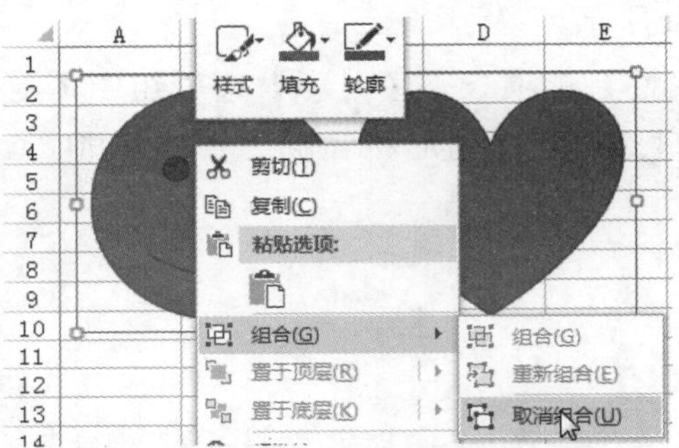

图8-25　取消组合

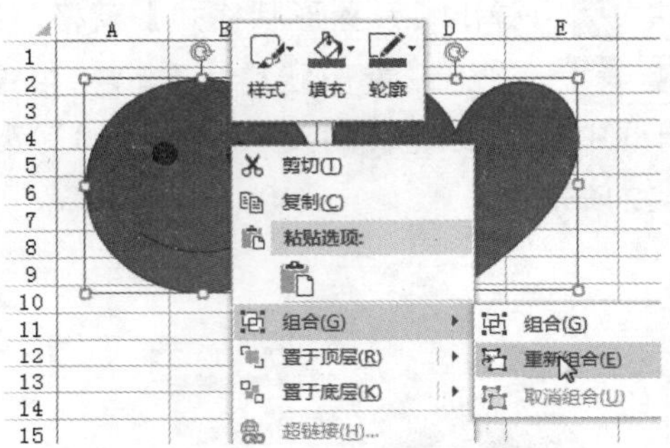

图8-26　重新组合形状

8.1.9 对齐形状对象

杂乱无章的形状排列总让人心烦意乱，在Excel 2013中，使用图形的对齐功能可将其整齐排列，具体的操作步骤如下。

步骤 1 在Excel工作表中插入多个形状，如图8-27所示。

步骤 2 选中插入的形状，单击【绘图工具】|【格式】选项卡下【排列】选项组中的【对齐】按钮，在弹出的下拉列表中选择【顶端对齐】选项，如图8-28所示。

步骤 3 选择后，选中的形状将以顶端对齐的形式排列，如图8-29所示。

常用对齐方式的介绍如下。

☆ 左对齐：以选中图形的最左端为基准，将所选图形全部对齐。

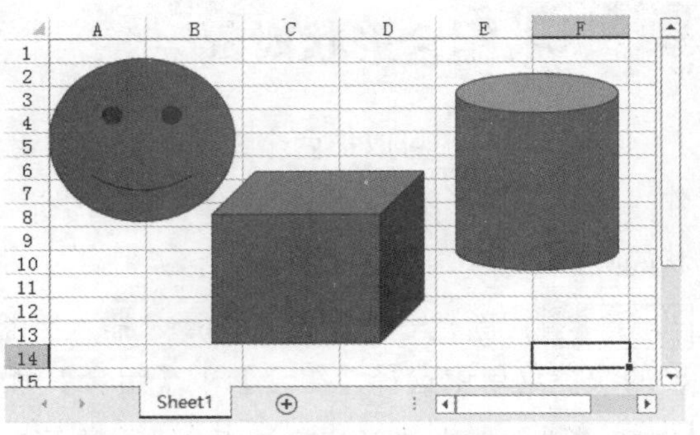

图8-27　插入多个形状

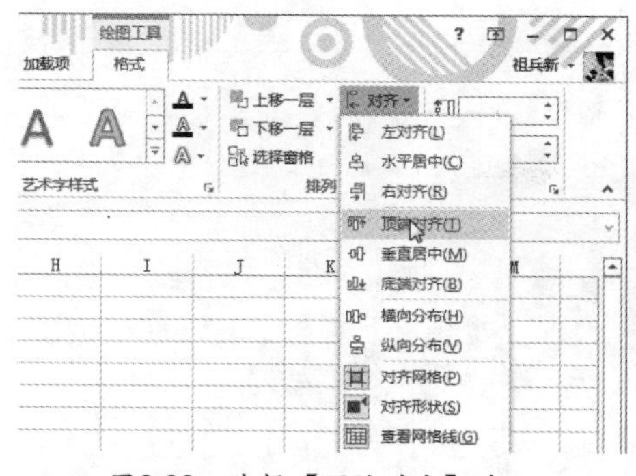

图8-28 选择【顶端对齐】选项

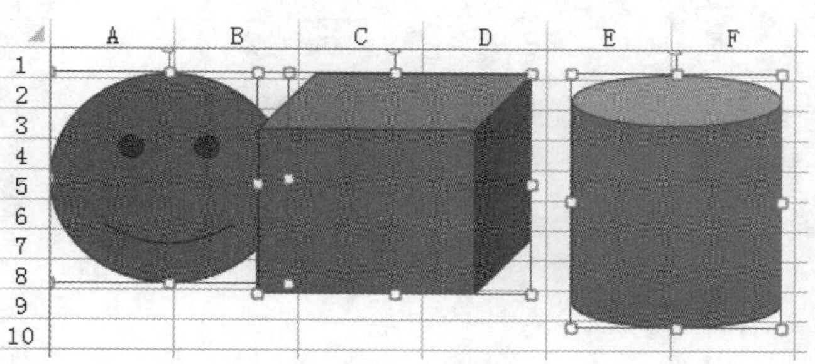

图8-29 顶端对齐形状

☆ 水平居中：将选中图形在所选图形区域中水平方向上居中对齐。

☆ 右对齐：以选中图形的最右端为基准，将所选图形全部对齐。

☆ 垂直居中：将选中图形在所选图形区域中竖直方向上居中对齐。

☆ 底端对齐：以选中图形的最底端为基准，将所选图形全部对齐。

8.1.10 设置形状样式

适当设置形状样式，可以使图形更具有说服力，设置形状样式的具体操作步骤如下。

步骤 1 在Excel工作表中插入一个形状，如图8-30所示。

步骤 2 选中形状，单击【绘图工具】|【格式】选项卡下【形状样式】选项组中的【其他】按钮，在弹出的下拉列表中选择【强烈效果-金色，强调颜色4】样式，效果如图8-31所示。

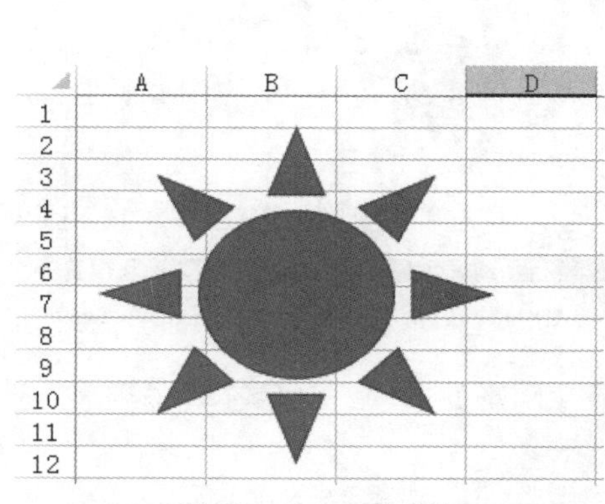

图8-30 插入一个形状

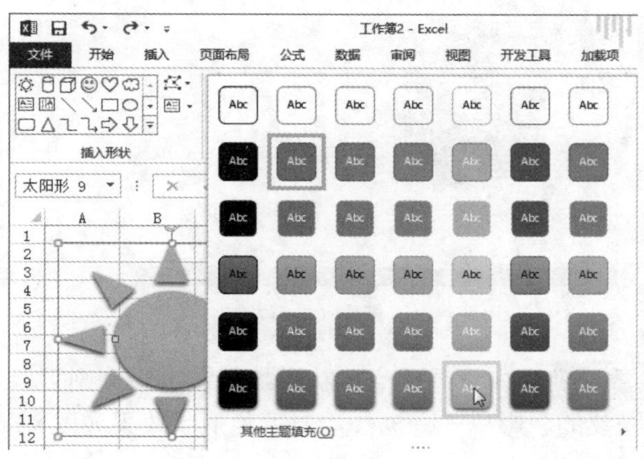

图8-31 选择形状样式

步骤 3 单击【绘图工具】|【格式】选项卡下【形状样式】组中的【形状轮廓】按钮，在弹出的下拉列表中选择【红色】轮廓，如图8-32所示。

步骤 4 最终效果如图8-33所示。

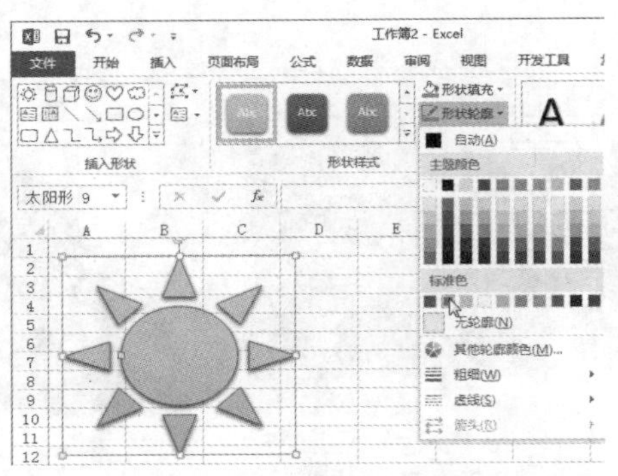

图8-32　改变形状轮廓的颜色

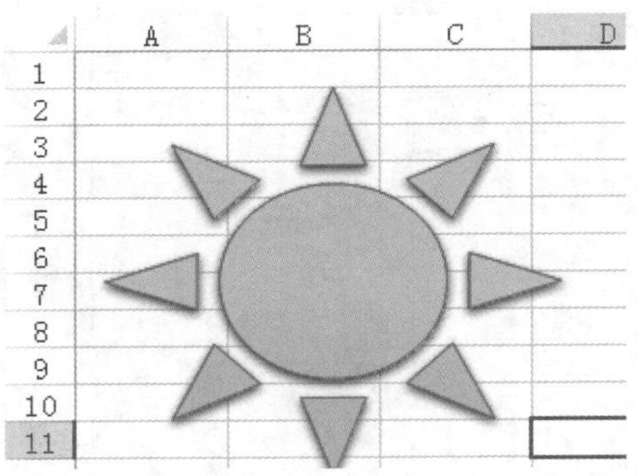

图8-33　最终显示效果

8.1.11 添加形状效果

为形状添加形状效果，如阴影和三维效果等，可以增强形状的立体感，起到强调形状视觉效果的作用。为形状添加效果的操作步骤如下。

步骤 1 选定要添加形状效果的形状，如图8-34所示。

步骤 2 在【绘图工具】|【格式】选项卡中，单击【形状样式】选项组中的【形状效果】按钮，在弹出的下拉列表中可以选择形状效果选项，包括预设、阴影、映像、发光等，如图8-35所示。

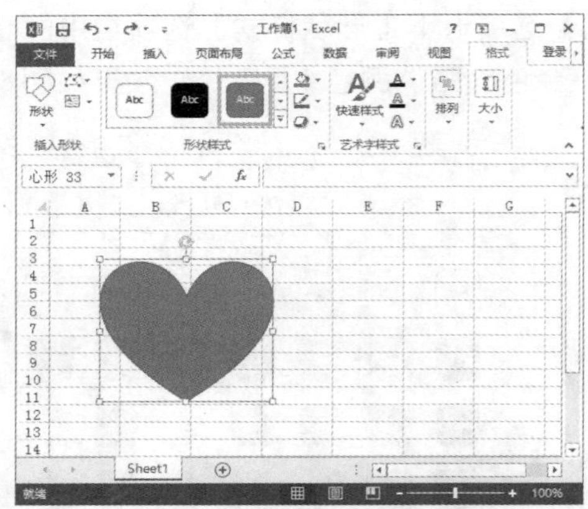

图8-34　选择插入的形状

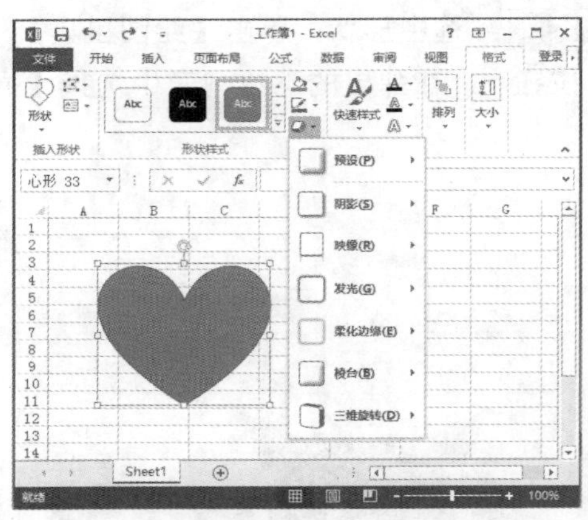

图8-35　【形状效果】下拉列表

步骤 3 如果想要为形状添加阴影效果，则可以选择【阴影】选项，然后在其子列表中选择需要的阴影样式，添加阴影后的形状效果如图8-36所示。

步骤 4 如果想要为形状添加预设效果，则可以选择【预设】选项，然后在其子列表中选择需要的预设样式，添加预设样式后的形状效果如图8-37所示。

提示

使用相同的方法，还可以为形状添加发光、映像、三维旋转等效果，这里不再赘述。

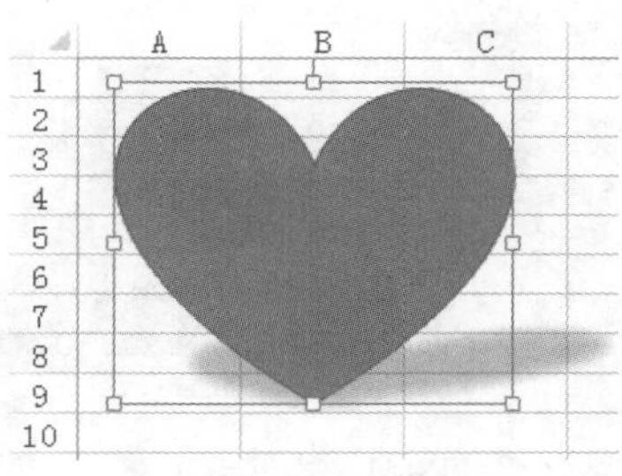

图8-36　添加阴影效果

图8-37　添加预设效果

8.2 使用SmartArt图形

SmartArt图形是数据信息的艺术表示形式，可以在多种不同的布局中创建SmartArt图形，以便快速、轻松、高效地表达信息。

8.2.1 创建SmartArt图形

在创建SmartArt图形之前，应清楚需要通过SmartArt图形表达什么信息以及是否希望信息以某种特定方式显示。创建SmartArt图形的具体操作步骤如下。

步骤 1　单击【插入】选项卡下【插图】选项组中的SmartArt按钮，弹出【选择SmartArt图形】对话框，如图8-38所示。

步骤 2　选择左侧列表中的【层次结构】选项，在右侧的列表框中选择【组织结构图】选项，单击【确定】按钮，如图8-39所示。

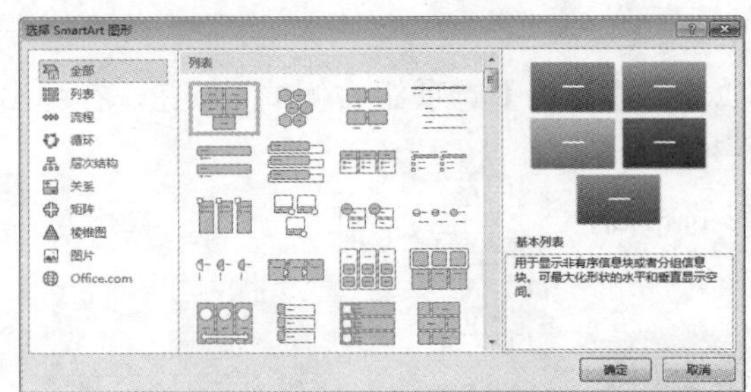

图8-38　【选择SmartArt图形】对话框

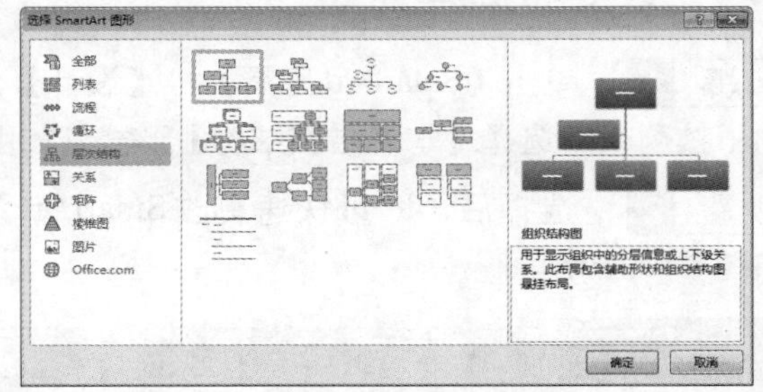

图8-39　选择要插入的结构

步骤 3　确定后，即可在工作表中插入选择的SmartArt图形，如图8-40所示。

步骤 4　在【在此处键入文字】窗格中添加如图8-41所示的内容，SmartArt图形会自动更新显示的内容。

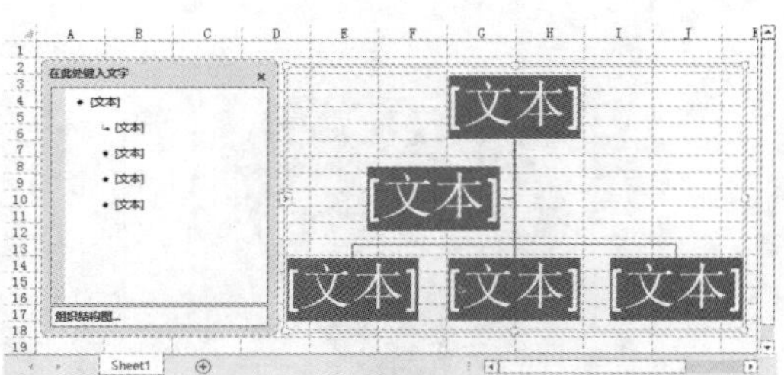

图8-40　插入形状

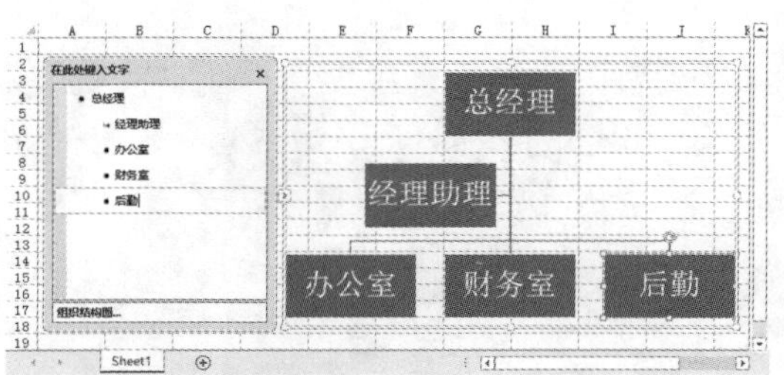

图8-41　输入文字

8.2.2 改变SmartArt图形的布局

可以通过改变SmartArt图形的布局来改变外观，以使图形更能体现出层次结构。

改变悬挂结构

步骤 1　选择SmartArt图形的最上层形状，在【设计】选项卡下的【创建图形】选项组中，单击【布局】按钮，在弹出的下拉列表中选择【左悬挂】选项，如图8-42所示。

步骤 2　选择后，即可改变SmartArt图形结构，如图8-43所示。

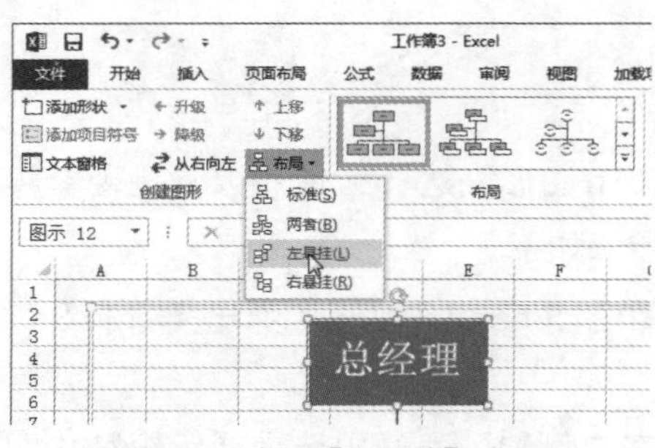

图8-42　选择【左悬挂】选项

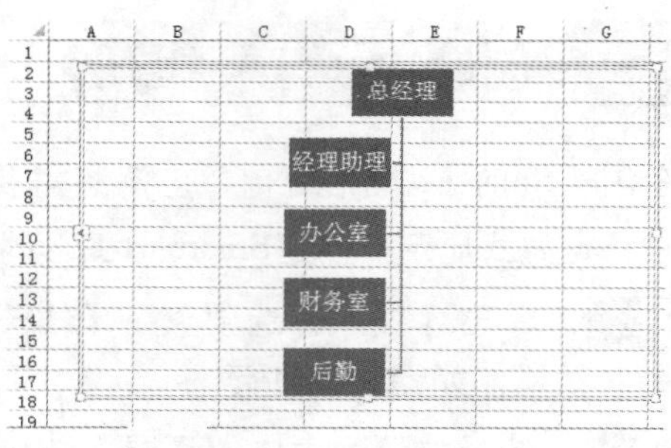

图8-43　改变悬挂结构

改变布局样式

步骤 1　单击【SmartArt工具】|【设计】选项卡下【布局】选项组右侧的按钮，在弹出的下拉列表中选择【水平层次结构】形式，如图8-44所示。

步骤 2　选择后，即可快速更改SmartArt图形的布局，如图8-45所示。

> **提示**　也可以在【布局】下拉列表中选择【其他布局】选项，打开【选择SmartArt图形】对话框，在其中选择需要的布局样式，如图8-46所示。

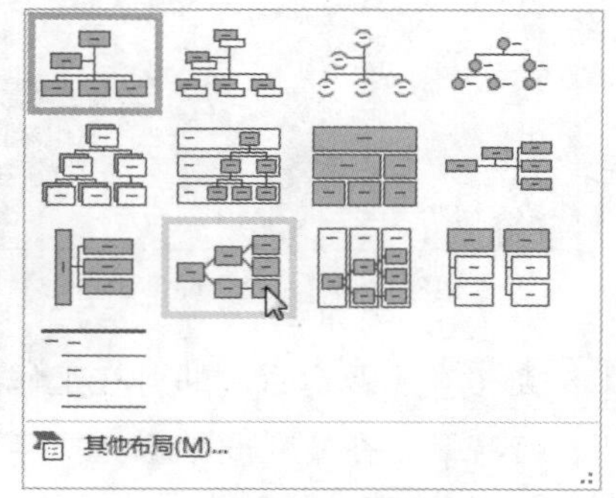

图8-44　选择布局样式

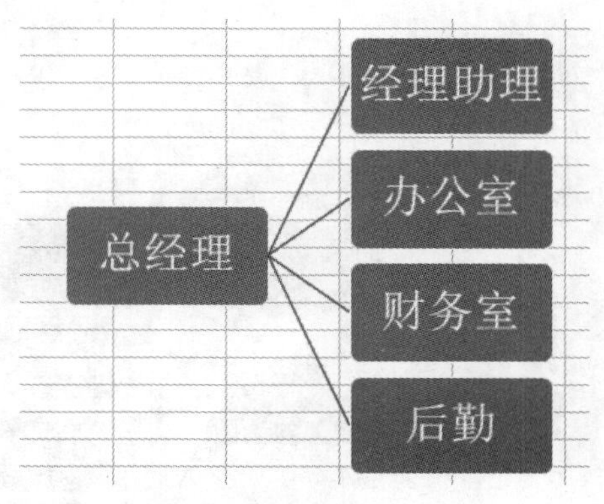

图8-45　快速更改布局样式

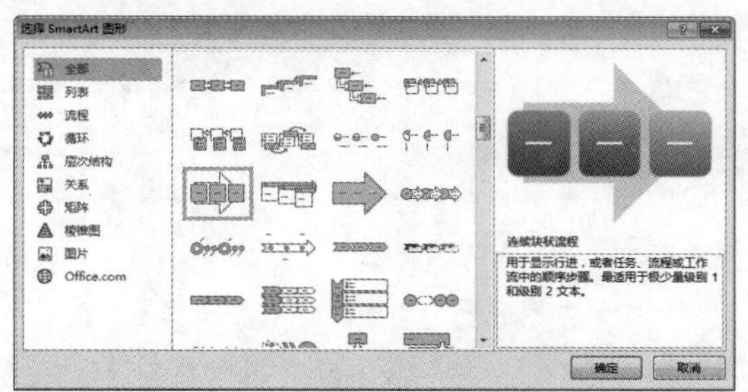

图8-46　【选择SmartArt图形】对话框

8.2.3 更改SmartArt图形的样式

用户可以通过更改SmartArt图形的样式使插入的SmartArt图形更加美观，具体操作步骤如下。

步骤 1　选中SmartArt图形，在【SmartArt工具】|【设计】选项卡下的【SmartArt样式】选项组中单击右侧的【其他】按钮，在弹出的下拉列表中选择【三维】组中的【优雅】类型样式，如图8-47所示。

步骤 2　选择后，即可更改SmartArt图形的样式，如图8-48所示。

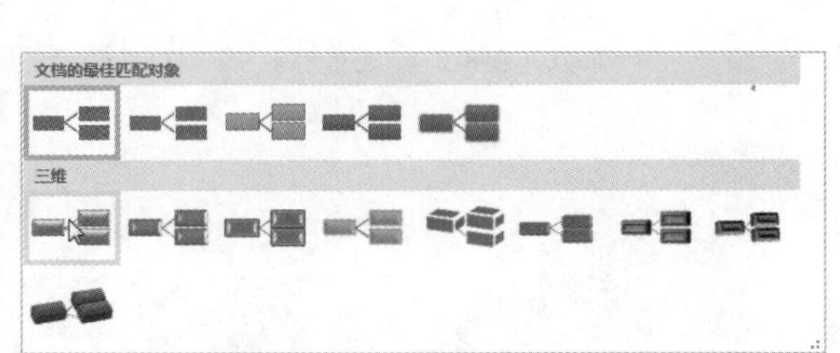

图8-47　选择形状样式

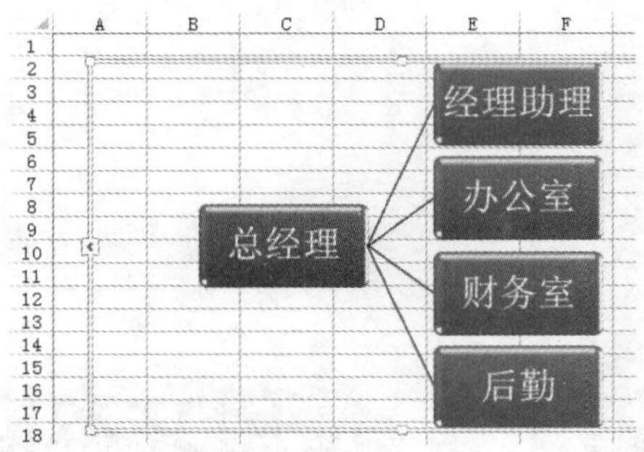

图8-48　应用形状样式

8.2.4 更改SmartArt图形的颜色

通过改变SmartArt图形的颜色可以使图形更加绚丽多彩，具体操作步骤如下。

步骤 1　选中需要更改颜色的SmartArt图形，单击【SmartArt工具】|【设计】选项卡下【SmartArt样式】选项组中的【更改颜色】按钮，在弹出的下拉列表中选择【彩色】选项组中的一种样式，如图8-49所示。

步骤 2　更改SmartArt图形颜色后的效果如图8-50所示。

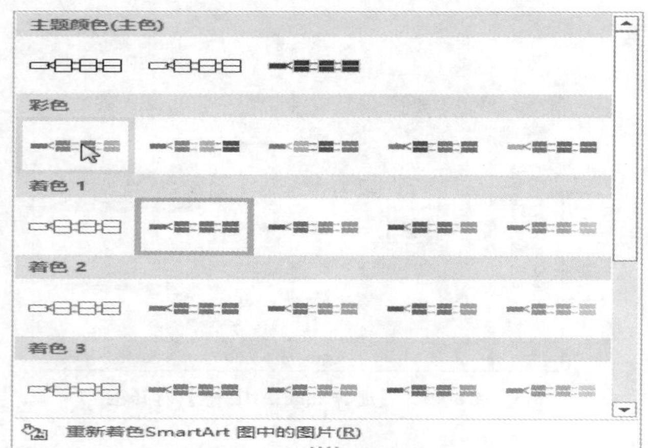

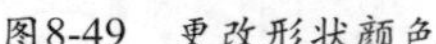

图8-49　更改形状颜色

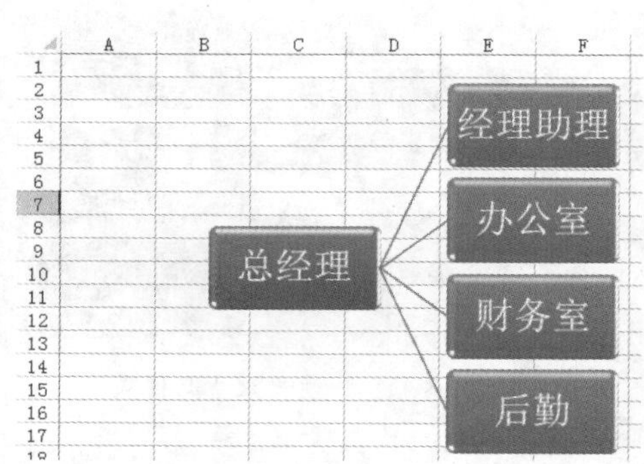

图8-50　更改颜色后的显示效果

8.2.5 调整SmartArt图形的大小

SmartArt图形作为一个对象，可以方便地调整其大小。选择SmartArt图形后，其周围将出现一个边框，将鼠标指针移动到边框上，当指针变为双向箭头时，拖曳鼠标即可调整其大小，如图8-51所示。

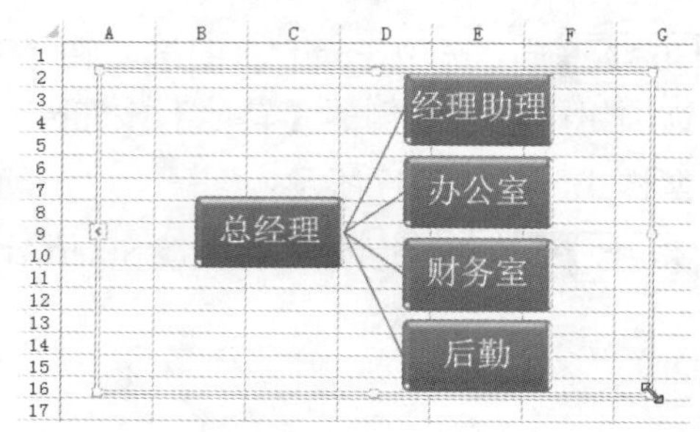

图8-51　改变形状大小

8.3 使用文本框

文本框是一种图形对象，作为一个存放文本或图形的独立窗口，可以放置在页面中的任意位置，用户还可以根据需要随意调整文本框的大小。

8.3.1 插入文本框

文本框分为横排和竖排两类，可以根据需要插入相应的文本框，具体操作步骤如下。

步骤 1　单击工作表中的任意单元格，单击【插入】选项卡下【文本】选项组中的【文本框】

按钮。如果要绘制横排文本框，在弹出的下拉列表中选择【横排文本框】选项，如图8-52所示。

步骤 2 返回到工作表中，鼠标指针变为十字形状↓，然后通过拖动来绘制所需大小的文本框，如图8-53所示。

步骤 3 如果要绘制竖排文本框，在弹出的下拉列表中选择【垂直文本框】选项，即可在工作表中绘制竖排文本框，如图8-54所示。

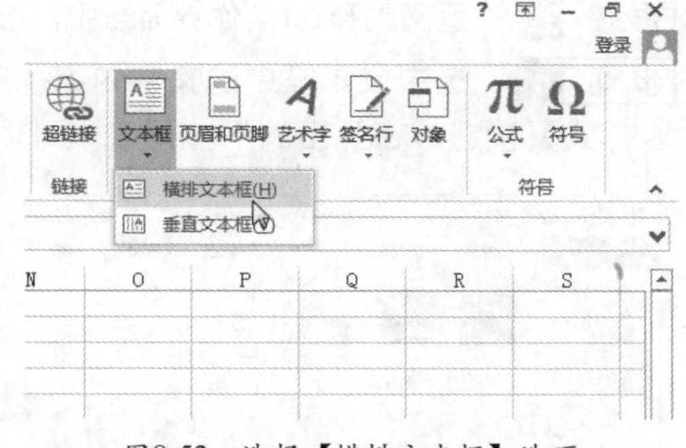

图8-52 选择【横排文本框】选项

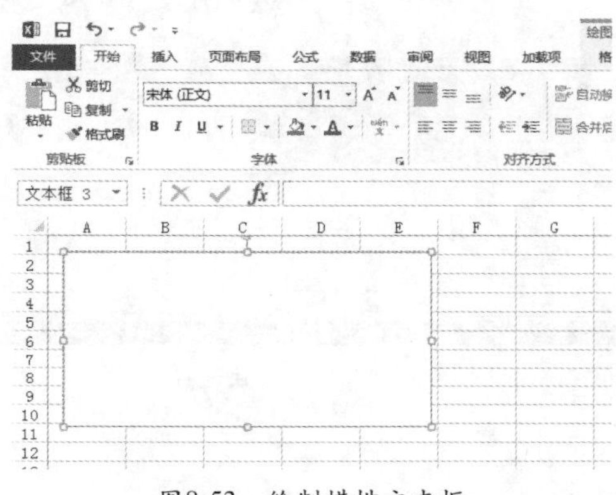

图8-53 绘制横排文本框

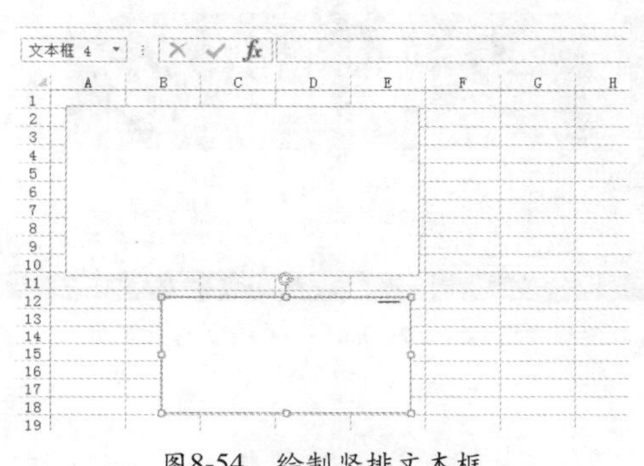

图8-54 绘制竖排文本框

8.3.2 设置文本框格式

创建文本框后，用户可以对文本框的格式进行设置，使其更加美观，具体操作步骤如下。

步骤 1 新建一个工作簿，创建一个横排文本框，然后在文本框中输入文本，如图8-55所示。

步骤 2 选中文本框，在【绘图工具】|【形状样式】选项卡中，用户可以设置文本框的形状样式，如图8-56所示。

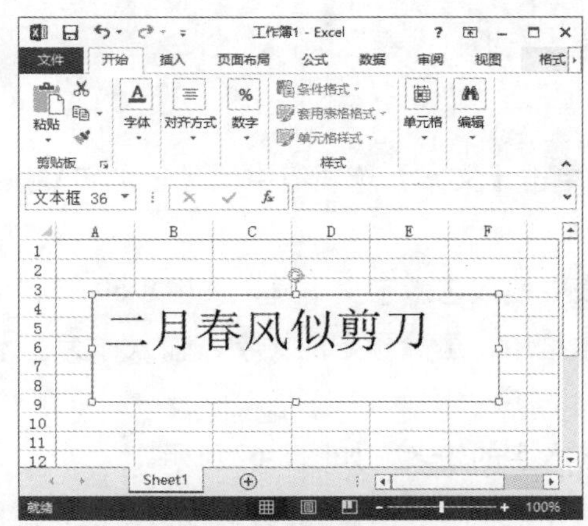

图8-55 在文本框中输入文本

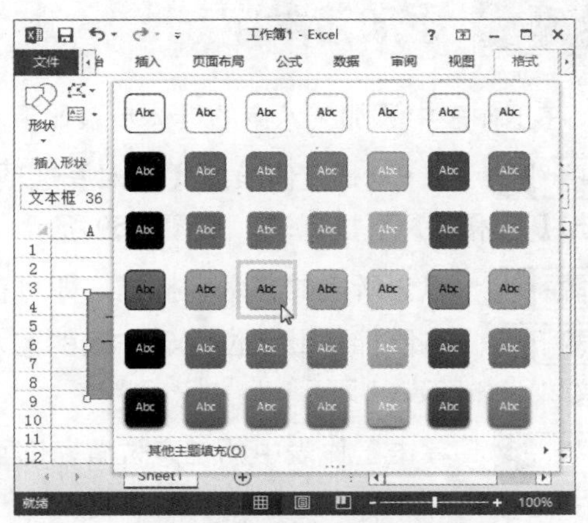

图8-56 选择形状样式

步骤 3 返回到Excel工作界面当中，可以看到添加形状样式后的文本框效果，如图8-57所示。

步骤 4 选中文本框中的文字内容，在【绘图工具】|【艺术字样式】选项卡中，单击【快速样式】按钮，在弹出的下拉列表中可以快速设置文本框中文字的样式，如图8-58所示。

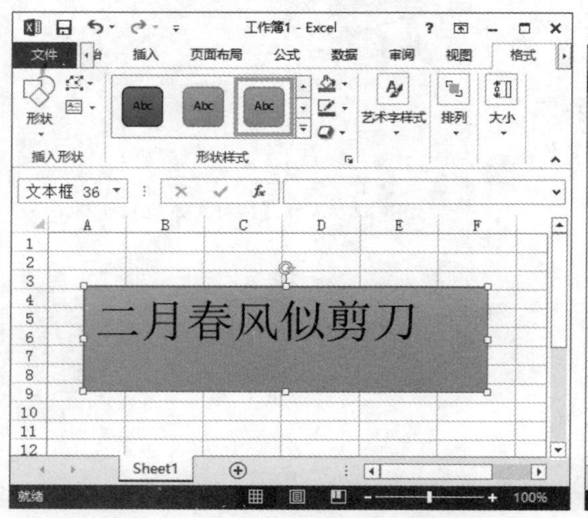
图8-57 应用形状样式后的效果

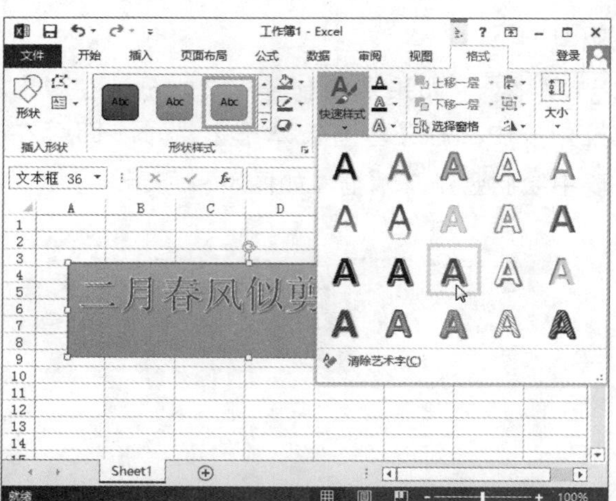
图8-58 选择文本快速样式

8.4 使用艺术字

在工作表中除了可以插入图形外，还可以插入艺术字、文本框和其他对象。艺术字是一个文字样式库，用户可以将艺术字添加到Excel文档中，制作出装饰性效果。

8.4.1 添加艺术字

在工作表中添加艺术字的具体步骤如下。

步骤 1 在Excel工作表的【插入】选项卡中，单击【文本】选项组中的【艺术字】按钮，弹出【艺术字】下拉列表，如图8-59所示。

步骤 2 单击所需的艺术字样式，即可在工作表中插入艺术字文本框，如图8-60所示。

步骤 3 将鼠标指针定位在工作表的艺术字文本框中，删除预定的文字，输入作为艺术字的文本，如图8-61所示。

步骤 4 单击工作表中的任意位置，即可完成艺术字的输入，如图8-62所示。

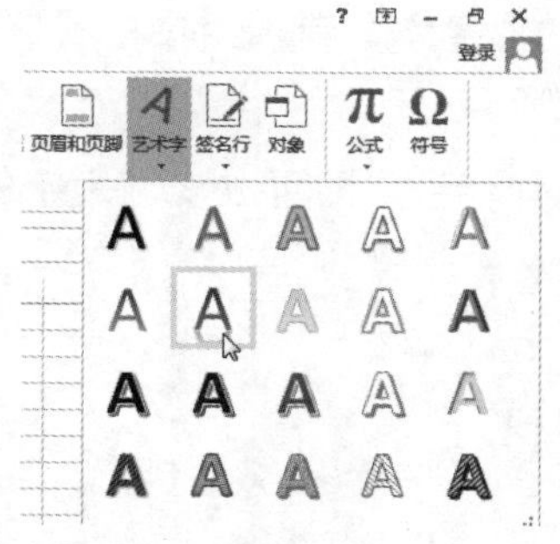
图8-59　选择艺术字样式

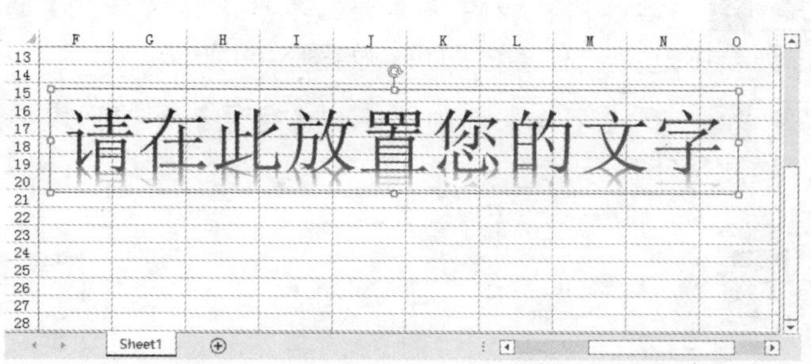

图8-60　艺术字文本框

图8-61　输入文字

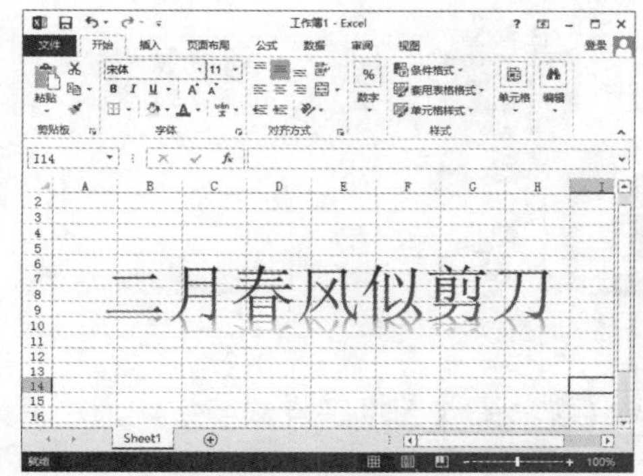

图8-62　完成艺术字的输入

8.4.2 修改艺术字文本

如果插入的艺术字有错误，只要在艺术字内部单击，即可进入字符编辑状态。按Delete键删除错误的字符，然后输入正确的字符即可，如图8-63所示。

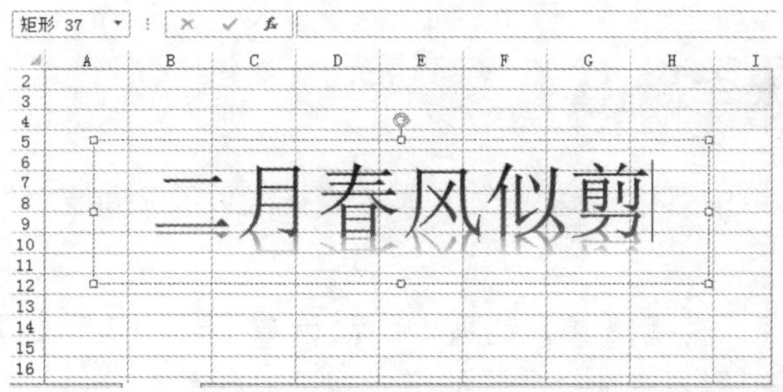

图8-63　修改艺术字

8.4.3 设置艺术字字体与字号

设置艺术字字体与字号和设置普通文本的字体字号一样，具体操作步骤如下。

步骤 1 选择需要设置字体的艺术字，在【开始】选项卡下【字体】选项组中的【字体】下拉列表中选择一种字体即可，如图8-64所示。

步骤 2 在【字体】选项组中的【字号】下拉列表中选择一种字号，即可改变艺术字的字号，如图8-65所示。

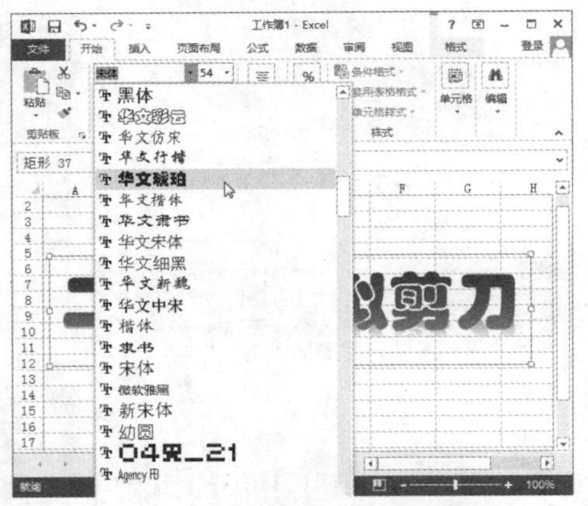

图8-64　选择艺术字的字体样式

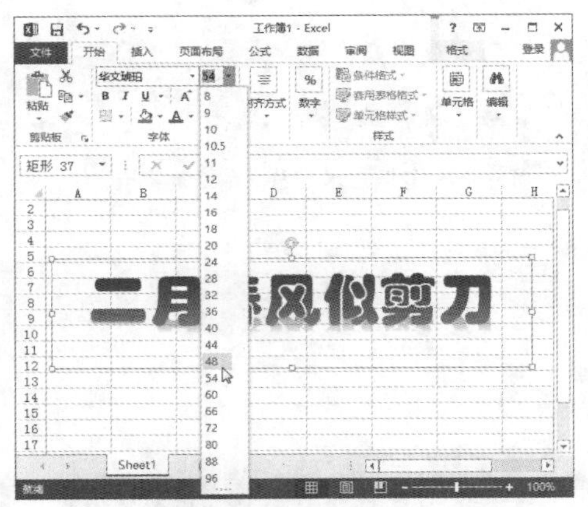

图8-65　设置艺术字大小

步骤 3 更改艺术字样式与字体大小后的显示效果如图8-66所示。

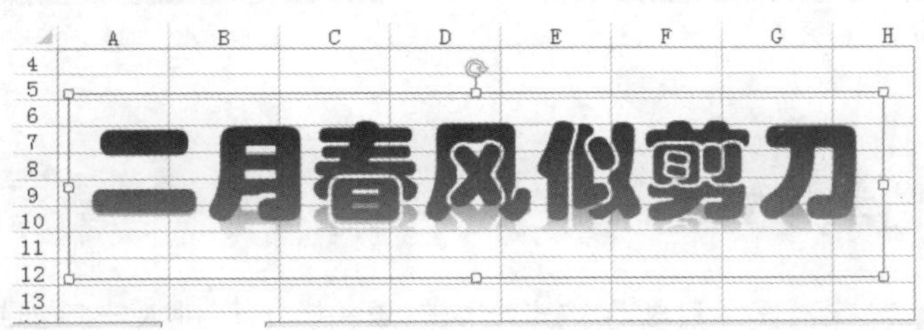

图8-66　艺术字的显示效果

8.4.4 设置艺术字样式

在【艺术字样式】组中可以快速更改艺术字的样式以及清除艺术字样式，具体操作步骤如下。

步骤 1 选择艺术字，在【格式】选项卡中，单击【艺术字样式】选项组中的【快速样式】按钮，在弹出的下拉列表中选择需要的样式即可，如图8-67所示。

步骤 2 设置颜色。选择艺术字，单击【艺术字样式】选项组中的【文本填充】按钮，可以自定义艺术字字体的填充样式与颜色，如图8-68所示。

步骤 3 填充效果。选择艺术字，单击【艺术字样式】选项组中的【文本轮廓】按钮，可以自定义艺术字字体的轮廓样式，如图8-69所示。

步骤 4 设置文字效果。单击【艺术字样式】选项组中的【文本效果】按钮，在弹出的下

拉列表中可以设置艺术字的阴影、映像、发光、棱台、三维旋转以及转换等效果，如图8-70所示。

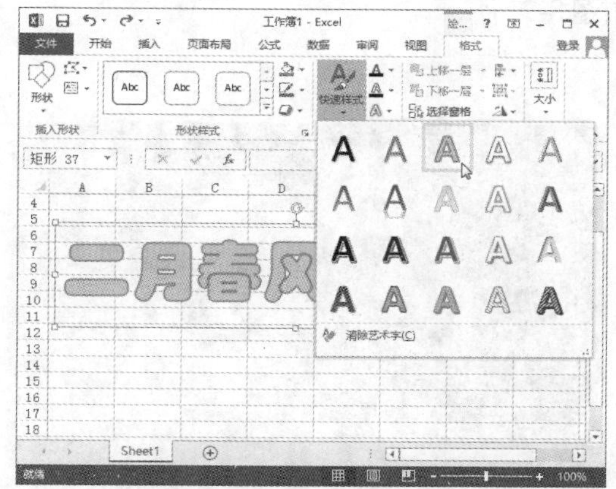

图8-67　选择艺术字样式

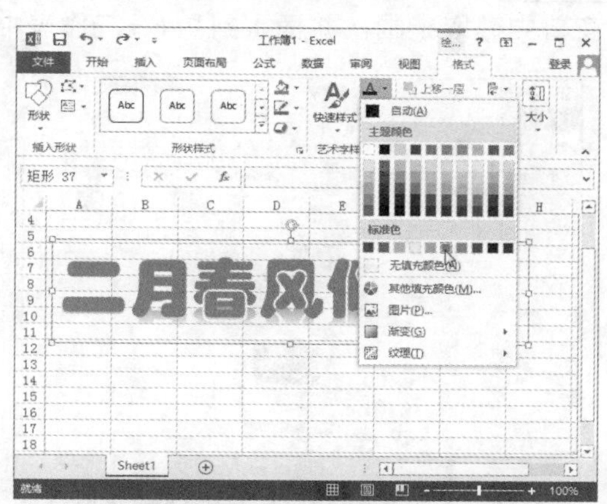

图8-68　设置艺术字的颜色

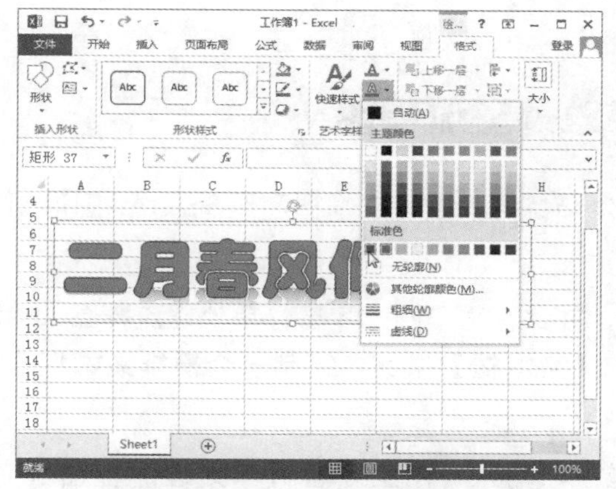

图8-69　设置艺术字的轮廓样式

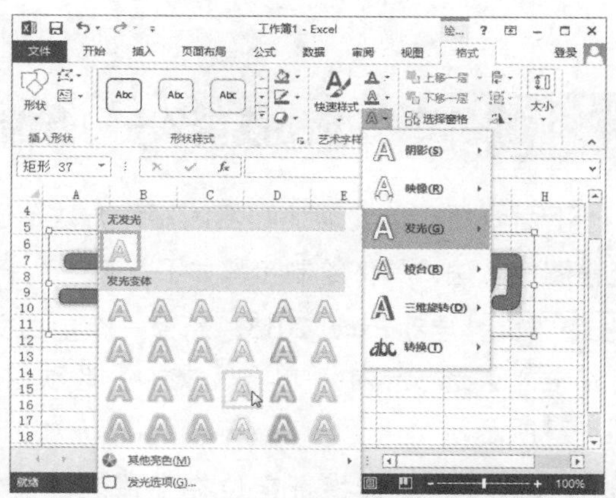

图8-70　设置艺术字的文本效果

8.5 高效办公技能实战

8.5.1 高效办公技能1——使用Excel进行屏幕截图

Excel 2013中自带屏幕截图功能，如果需要截取当前的操作，就不必使用第三方截图工具进行截图了，具体操作步骤如下。

步骤 1 在【插入】选项卡中，单击【插图】选项组中的【屏幕截图】按钮，弹出的下拉列表中显示了当前打开的窗口的截图，单击其中的一种即可将其插入工作表中，如图8-71所示。

步骤 2 如果要设置截取范围，选择下拉列表中的【屏幕剪辑】选项，即可使用十字光标在窗口中截取范围，并插入到Excel工作表中，如图8-72所示。

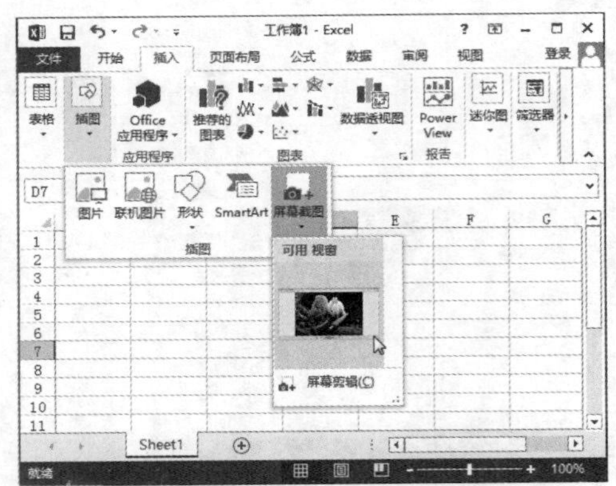

图8-71 选择【屏幕剪辑】选项

图8-72 屏幕截图图片

8.5.2 高效办公技能2——绘制订单处理流程图

下面介绍订单处理流程图的制作方法，通过本节练习，读者应掌握利用SmartArt图形制作流程图的方法，具体绘制步骤如下。

步骤 1 启动Excel 2013，新建一个空白文档，并保存为“网上零售订单处理流程图.xlsx”，在【插入】选项卡中，单击【文本】选项组中的【文本框】按钮，绘制一个横排文本框，如图8-73所示。

步骤 2 将鼠标指针定位在工作表的文本框中，输入“网上零售订单处理流程图”，并将字号设为【28】，套用【填充-白色，轮廓-着色2，清晰阴影-着色2】艺术字样式，并在【文本效果】|【映像】中，设置文本为【紧密映像，接触】效果，如图8-74所示。

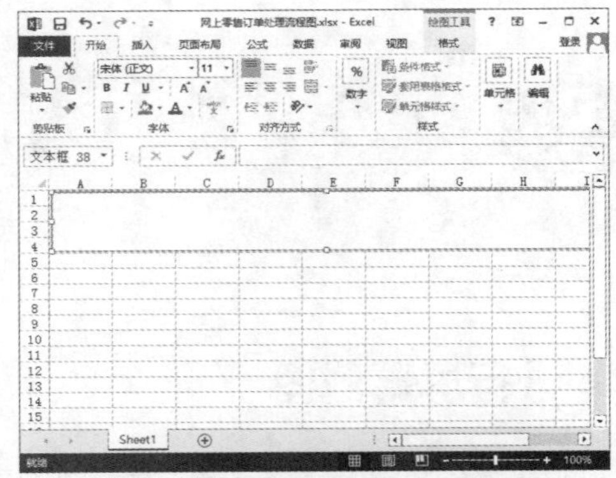

图8-73 绘制文本框

图8-74 输入文字并设置文字样式

步骤 3 在【插入】选项卡中，单击【插图】选项组中的SmartArt按钮，弹出【选择SmartArt图形】对话框，如图8-75所示。

步骤 4 选择【流程】选项，在右侧选择【垂直蛇形流程】样式，单击【确定】按钮，如图8-76所示。

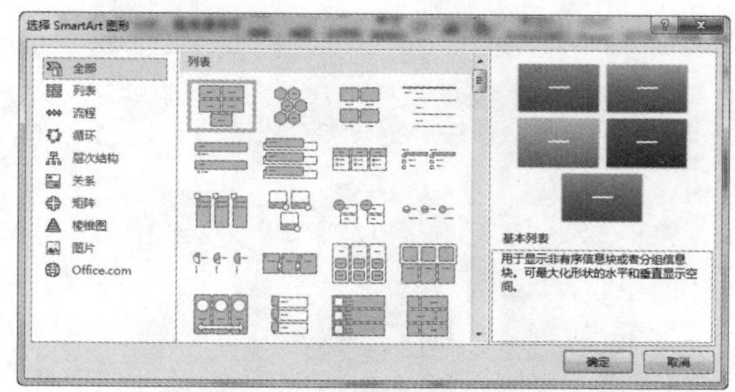

图8-75 【选择SmartArt图形】对话框

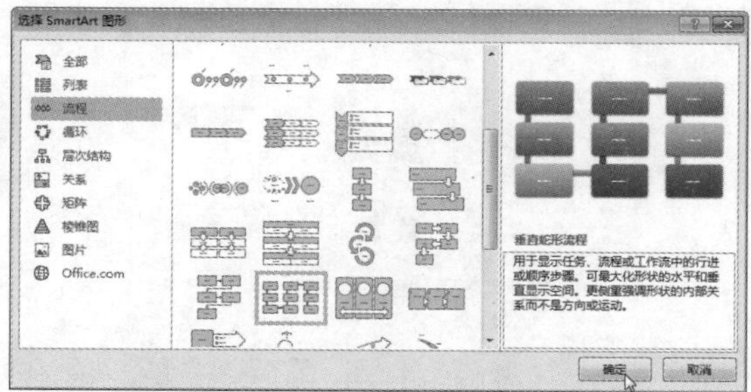

图8-76 选择要插入的形状

步骤 5 确定后，即可在工作表中插入SmartArt图形，并在图中【文本】文本框处输入文本内容，如图8-77所示。

步骤 6 选择【提交订单】形状，右击，在弹出的快捷菜单中选择【更改形状】命令，然后从其子菜单中选择【椭圆】命令，效果如图8-78所示。

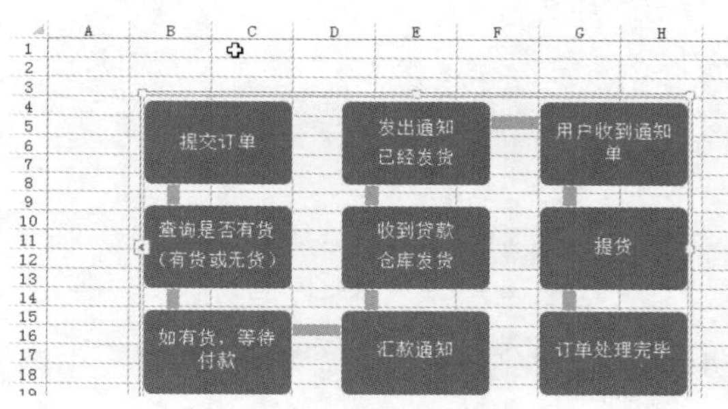

图8-77 输入文字

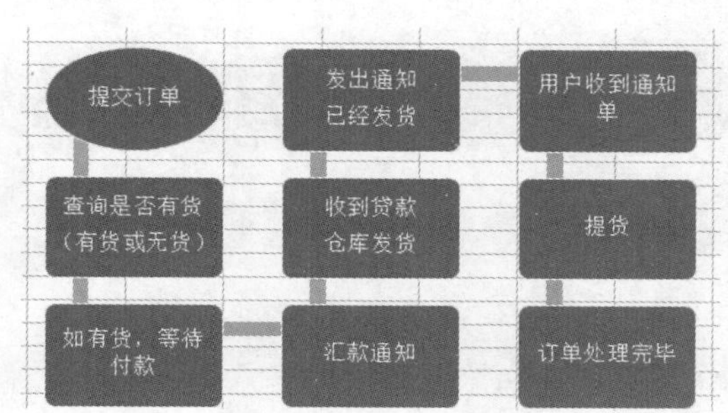

图8-78 改变【提交订单】形状

步骤 7 重复步骤6，修改【订单处理完毕】形状，如图8-79所示。

步骤 8 选择SmartArt图形，在【SmartArt工具】|【设计】选项卡中，单击【SmartArt样式】选项组中的按钮，在弹出的下拉列表中的【三维】栏中选择【优雅】图标，改变后的样式如图8-80所示。

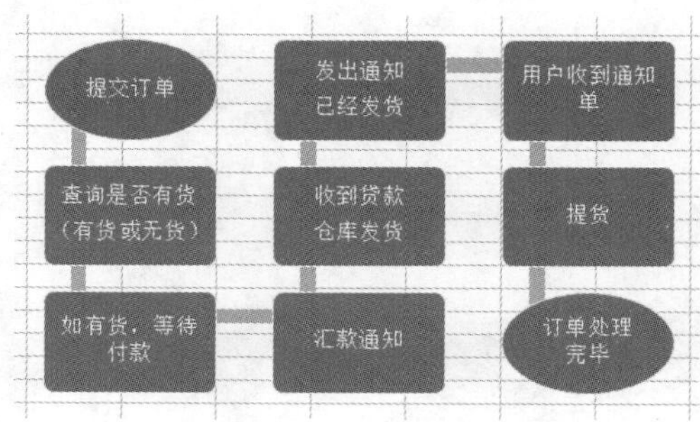

图8-79 改变【订单处理完毕】形状

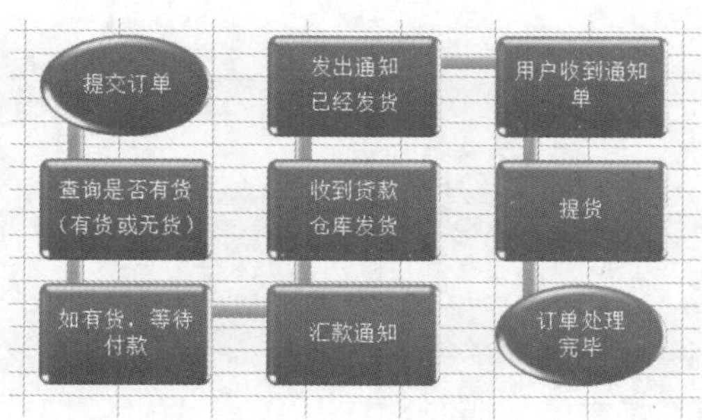

图8-80 添加形状样式

步骤 9 选择SmartArt图形，在【SmartArt工具】|【设计】选项卡中，单击【SmartArt

样式】选项组中的【更改颜色】按钮，在弹出的下拉列表中选择【彩色】选项中的一种样式，如图8-81所示。

步骤 10 选择样式后，最终效果如图8-82所示。

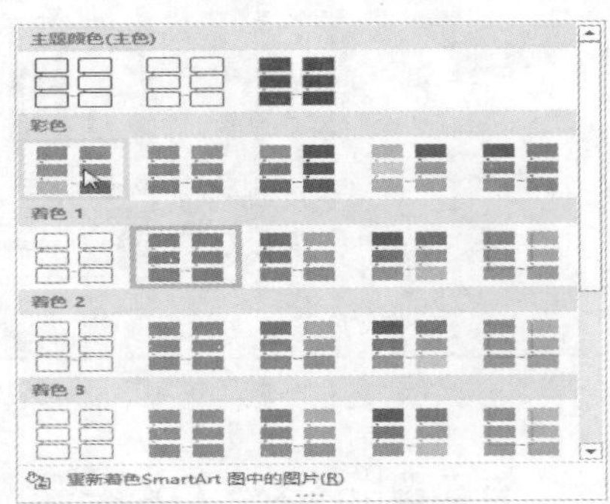

图8-81 添加形状颜色

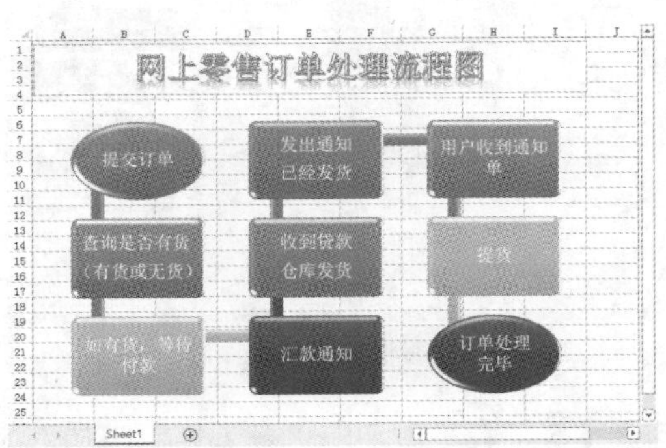

图8-82 最终的显示效果

8.6 疑难问题解答

问题1：如何旋转艺术字？

解答：选中需要旋转的艺术字，右击艺术字边框处，从弹出的快捷菜单中选择【大小和属性】命令，打开【设置形状格式】对话框，切换到【大小】设置界面中，在【旋转】微调框中设置旋转的角度，关闭【设置形状格式】对话框，返回到工作表中，此时艺术字即被旋转。

问题2：如何快速插入组织结构图？

解答：按Alt+N+M快捷键，打开【选择SmartArt图形】对话框，在其中选择要插入的图表类型，单击【确定】按钮，即可快速地在工作表中插入一个组织结构图。

使用图表分析工作表数据

本章导读

图表可以非常直观地反映工作表中数据之间的关系，用户可以方便地对比与分析数据。使用图表数据，可以使各数据更加清晰、直观和易懂，为使用数据提供了便利。本章将为读者介绍使用图表分析工作表数据的方法与技巧。

学习目标

◎ 了解创建图表的方法

◎ 了解图表的主要组成部分

◎ 掌握创建各类图表的方法

◎ 掌握创建迷你图的方法

◎ 掌握修改图表的方法

◎ 掌握美化图表的方法

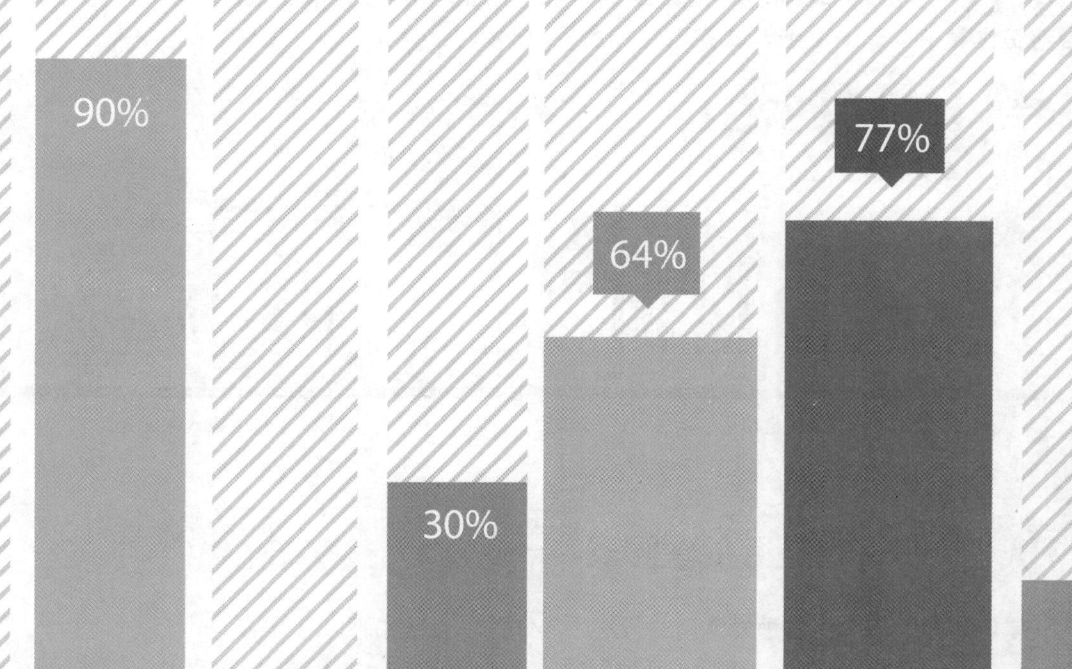

9.1 创建图表的方法

在Excel 2013之中，用户可以使用3种方法创建图表，分别是使用快捷键创建、使用功能区创建和使用图表向导创建，下面进行详细介绍。

9.1.1 使用快捷键创建图表

通过F11键或Alt+F1快捷键可以快速地创建图表。不同的是，前者可创建工作表图表，后者可创建嵌入式图表。其中，嵌入式图表就是与工作表数据在一起或者与其他嵌入式图表在一起的图表，而工作表图表是特定的工作表，只包含单独的图表。

使用快捷键创建图表的具体操作步骤如下。

步骤 1 打开随书光盘中的“素材\ch09\图书销售表.xlsx”文件，选择单元格区域A1:E7，如图9-1所示。

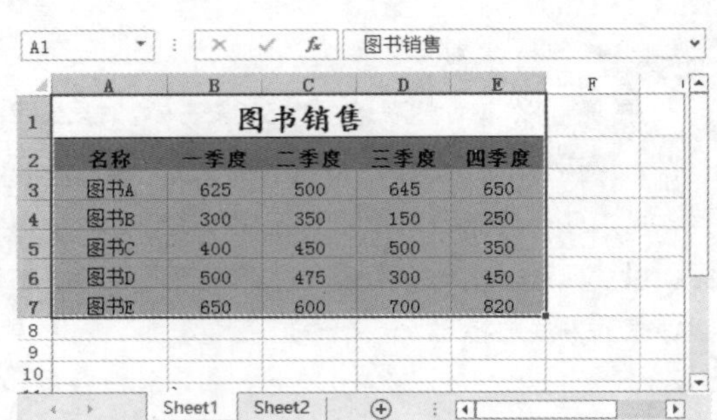

图书销售

名称	一季度	二季度	三季度	四季度
图书A	625	500	645	650
图书B	300	350	150	250
图书C	400	450	500	350
图书D	500	475	300	450
图书E	650	600	700	820

图9-1 选择单元格区域

步骤 2 按F11键，即可插入一个名为Chart1的工作表图表，并根据所选区域的数据创建该图表，如图9-2所示。

步骤 3 单击Sheet1标签，返回到工作表中，选择同样的区域，按Alt+F1快捷键，即可在当前工作表中创建一个嵌入式图表，如图9-3所示。

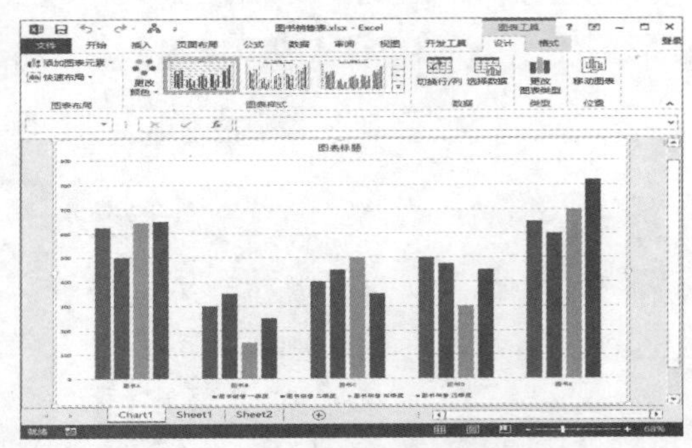

图9-2 创建图表

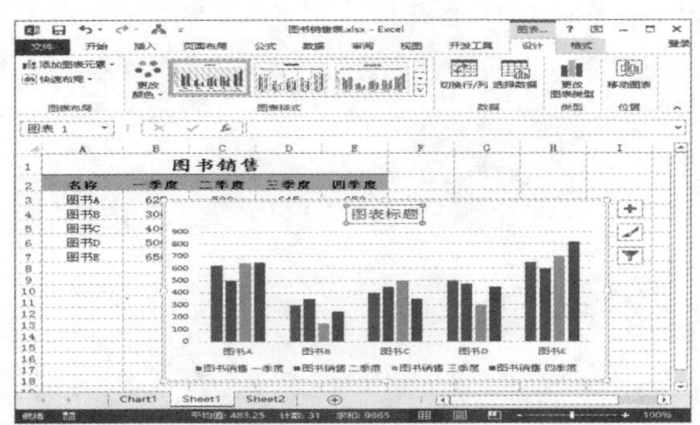

图9-3 创建嵌入式图表

9.1.2 使用功能区创建图表

使用功能区创建图表是最常用的方法，具体操作步骤如下。

步骤 1　打开随书光盘中的“素材\ch09\图书销售表.xlsx”文件，选择单元格区域A1:E7，在【插入】选项卡中，单击【图表】选项组的【柱形图】按钮，在弹出的下拉列表中选择【簇状柱形图】选项，如图9-4所示。

步骤 2　此时即可创建一个簇状柱形图，如图9-5所示。

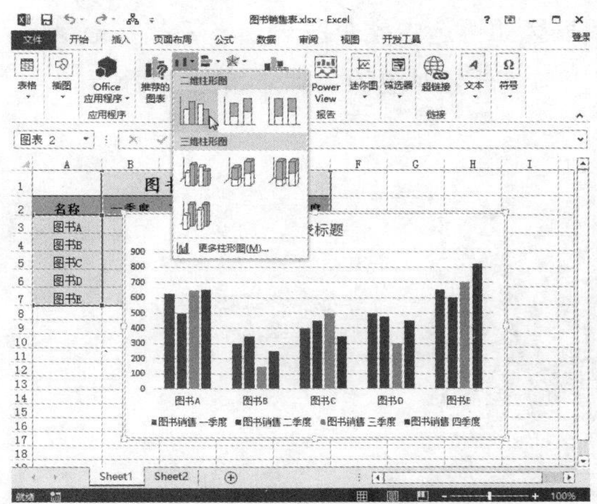

图9-4　选择图表类型

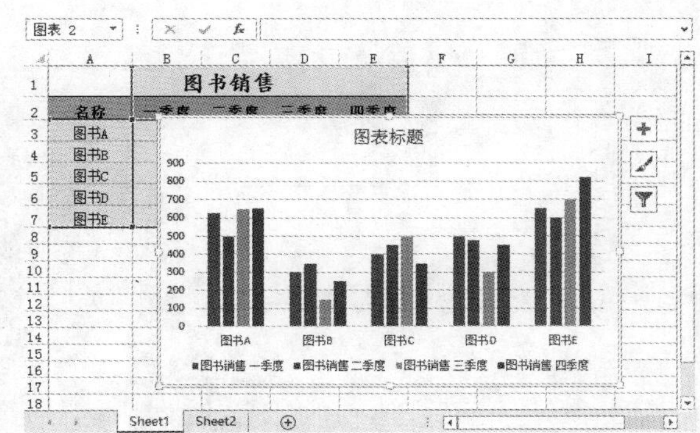

图9-5　创建柱形图

9.1.3 使用图表向导创建图表

使用图表向导也可以创建图表，具体操作步骤如下。

步骤 1　打开随书光盘中的“素材\ch06\图书销售表.xlsx”文件。选择单元格区域A1:E7，在【插入】选项卡中，单击【图表】选项组中的按钮，弹出【插入图表】对话框，如图9-6所示。

步骤 2　在该对话框中选择任意一种图表类型，单击【确定】按钮，即可在当前工作表中创建一个图表，如图9-7所示。

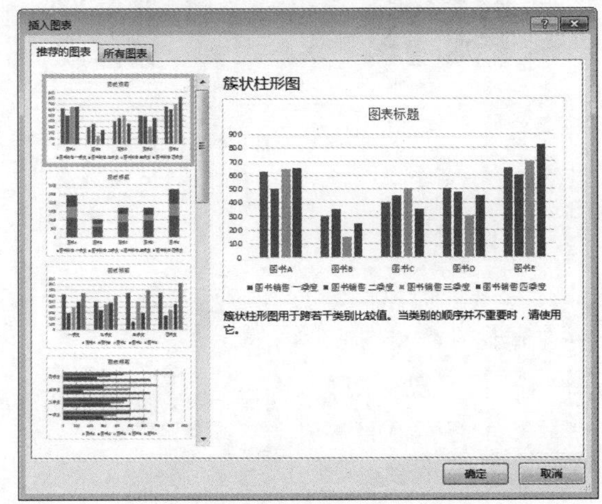

图9-6　【插入图表】对话框

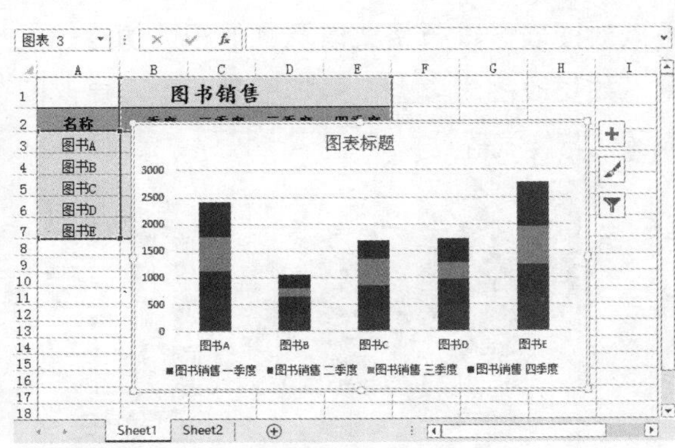

图9-7　创建图表

9.2 图表的组成

图表主要由绘图区、图表区、数据系列、网格线、图例、分类轴和数值轴等组成，其中，图表区和绘图区是最基本的，通过单击图表区即可选中整个图表。当将鼠标指针移至图表的各个不同组成部分时，系统就会自动弹出与该部分对应的名称，如图9-8所示。

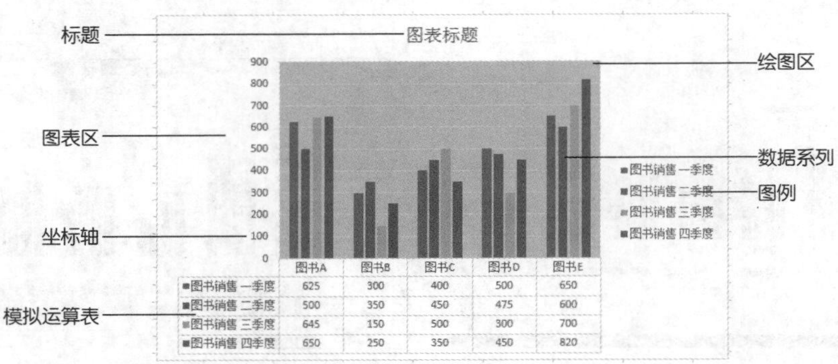

图9-8　图表的组成

9.2.1 图表区

整个图表以及图表中的数据称为图表区。在图表中，当鼠标指针停留在图表元素上方时，Excel会显示元素的名称，以方便用户查找图表元素，如图9-9所示。

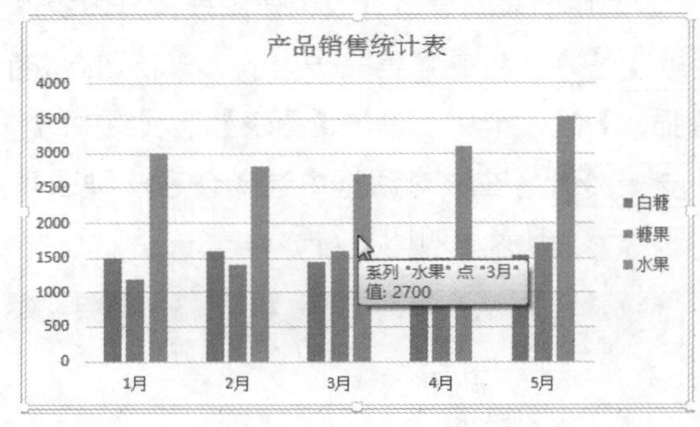

图9-9　图表区域

选择图表，Excel 2013的功能区中会显示【图表工具】|【设计】选项卡（见图9-10）和【图表工具】|【格式】选项卡（见图9-11）。在其中可以对图表区进行格式以及其他相关功能的设置，如更改图表类型、添加图表元素，更改图表颜色与样式等。

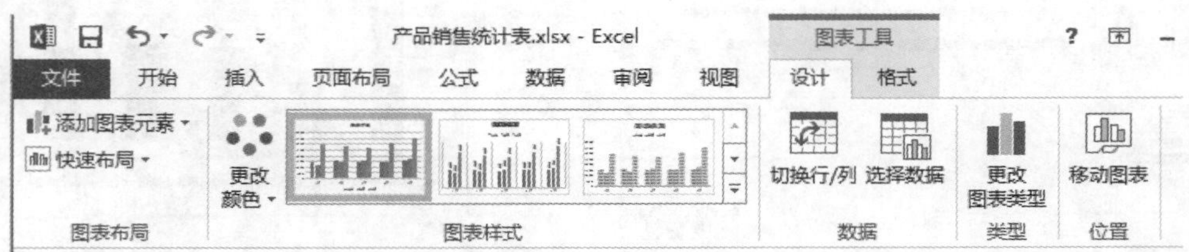

图9-10　【图表工具】|【设计】选项卡

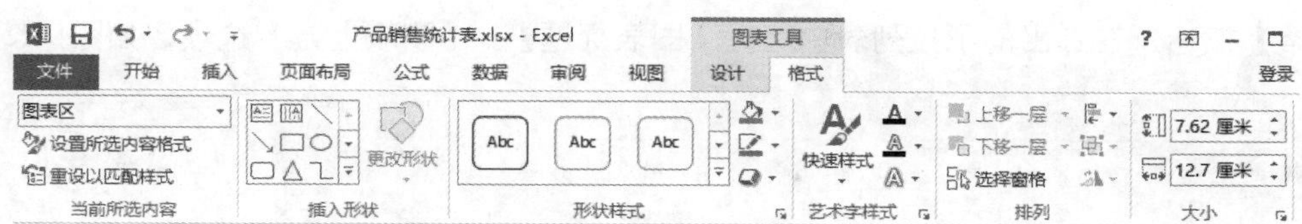

图9-11 【图表工具】|【格式】选项卡

9.2.2 绘图区

绘图区主要显示数据表中的数据，这些数据随着工作表中数据的更新而更新，更改绘图区数据的具体操作步骤如下。

步骤 1 打开随书光盘中的“素材\ch09\产品销售统计表.xlsx”文件，然后创建一个图表，如图9-12所示。

步骤 2 把表中白糖的1月份销量由1500改为3000，单击图表，图表的绘图区域也随之改变，如图9-13所示。

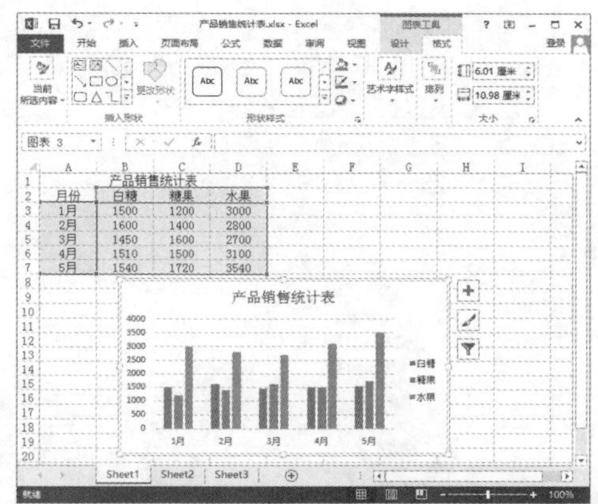

图9-12 创建一个图表

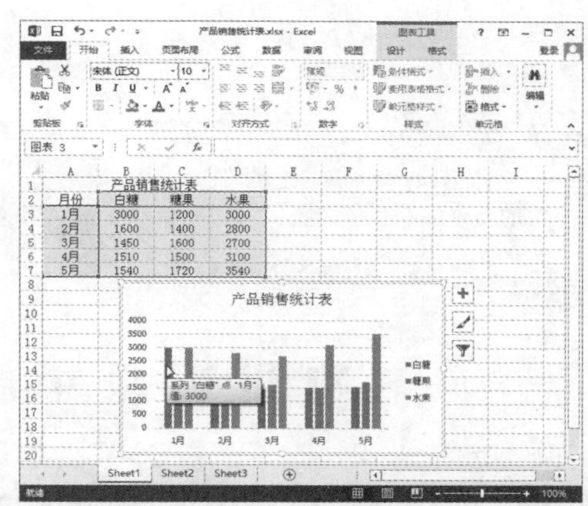

图9-13 改变数据

9.2.3 标题

图表标题是说明性的文本，可以自动与坐标轴对齐或在图表顶部居中，有图表标题和坐标轴标题两种。坐标轴标题通常表示能够在图表中显示的所有坐标轴。不过，有些图表类型（如雷达图）虽然有坐标轴，但不能显示坐标轴标题。

给图表添加标题的具体操作步骤如下。

步骤 1 打开随书光盘中的“素材\ch09\销售业绩统计表.xlsx”文件，并创建柱形图表，如图9-14所示。

步骤 2 选择图表，单击【图表工具】|【设计】选项卡下【图表布局】选项组中的【添加

图表元素】按钮，在弹出的下拉列表中选择【图表标题】|【图表上方】选项，如图9-15所示。

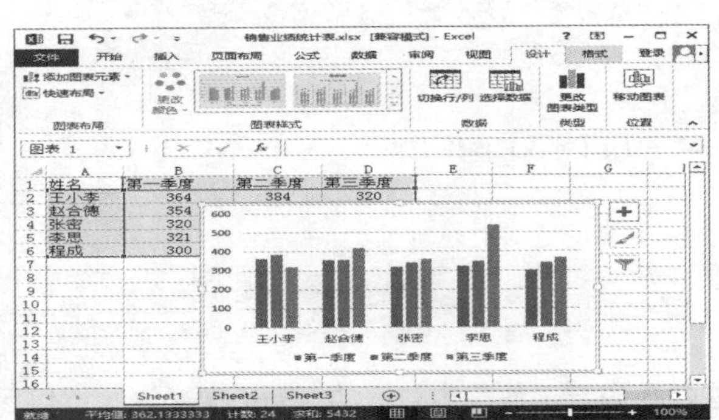
图9-14 创建一个图表

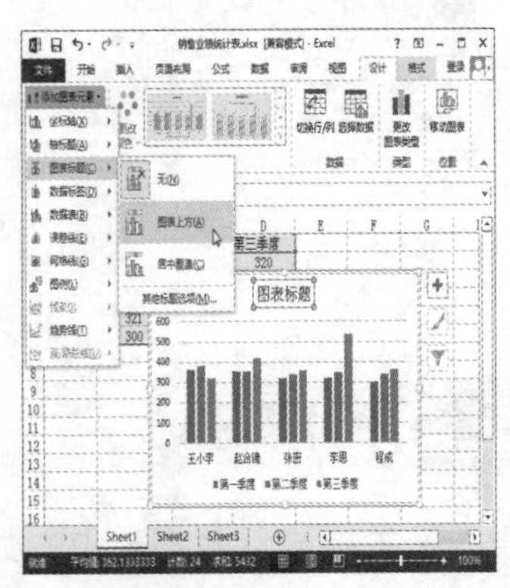
图9-15 选择【图表上方】选项

步骤 3 选择后即可在图表的上方添加一个【图表标题】文本框，在其中输入标题，这里输入“销售业绩统计表”，如图9-16所示。

步骤 4 如果要设置整个标题的格式，可以右击该标题，在弹出的快捷菜单中选择【图表标题格式】命令，打开【设置图表标题格式】窗格，在其中设置标题的填充效果、字体和对齐方式等，如图9-17所示。

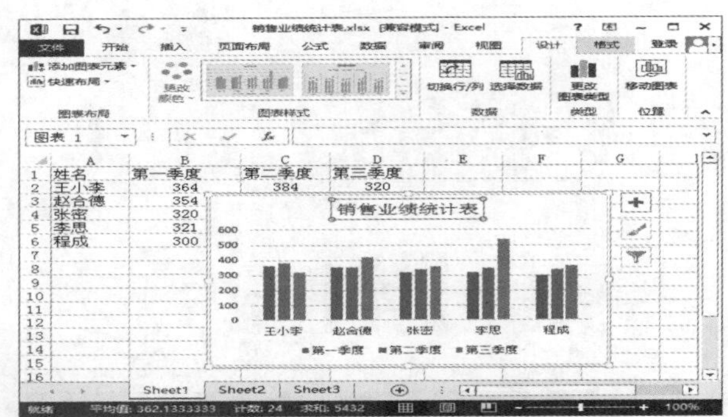
图9-16 添加图表标题

图9-17 设置图表标题格式

9.2.4 数据系列

在图表中绘制的相关数据系列来自工作表中的行和列。如果要快速标识图表中的数据，可以为图表的数据添加数据标签，在数据标签中可以显示系列名称、类别名称和百分比。

向图表中添加数据标签的操作步骤如下。

步骤 1 打开随书光盘中的“素材\ch09\销售业绩统计表.xlsx”文件，并创建柱形图表，如图9-18所示。

步骤 2 选中图表的数据系列并右击，在弹出的快捷菜单中选择【添加数据标签】|【添加数据标签】命令，如图9-19所示。

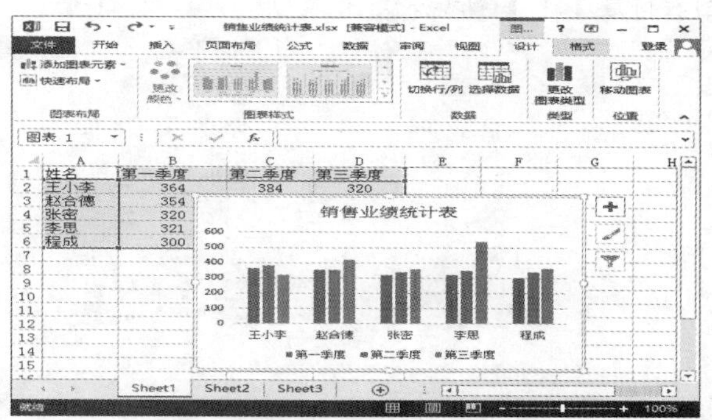

图9-18 创建一个图表

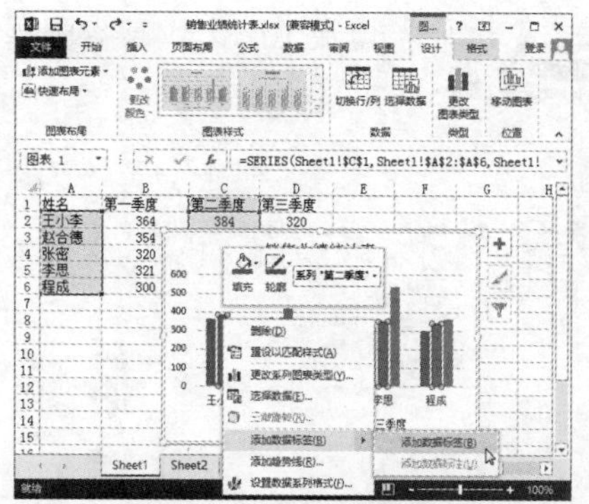

图9-19 选择【添加数据标签】命令

步骤 3 随即即可在选中的数据系列上面添加数据标签，如图9-20所示。

步骤 4 选中整个图表，单击【图表工具】|【设计】选项卡下【图表布局】选项组中的【添加图表元素】按钮，在弹出的下拉列表中选择【图表标签】选项，在其子列表中选择为所有数据系列添加数据标签，如图9-21所示。

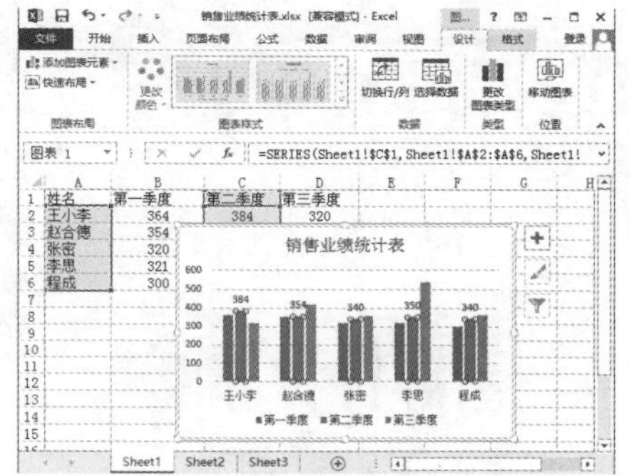

图9-20 添加数据标签

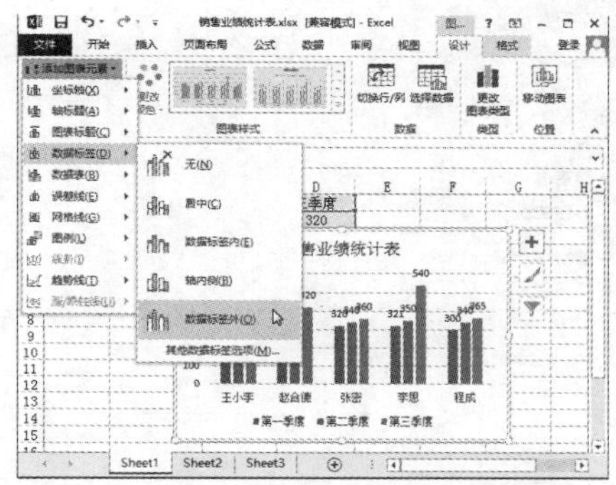

图9-21 添加所有数据系列的数据标签

提示 当不再需要显示数据标签时，可以将其删除。选中数据标签，按Delete键可将其全部删除。

9.2.5 坐标轴

坐标轴包含分类轴和数值轴，默认情况下，Excel会自动确定图表中坐标轴的刻度值，但也可以自定义刻度，以满足使用需要。

设置坐标轴的具体操作步骤如下。

步骤 1 打开随书光盘中的“素材\ch09\销售业绩统计表.xlsx”文件，并创建柱形图表，如图9-22所示，在图表区的垂直轴上右击，在弹出的快捷菜单中选择【设置坐标轴格式】命令。

步骤 2 打开【设置坐标轴格式】窗格，在【坐标轴选项】设置区域中对坐标轴的最大值、最小值等进行设置，如图9-23所示。

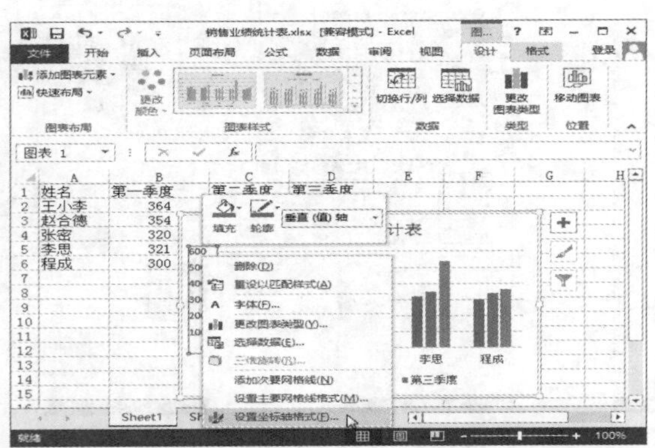
图9-22　选择【设置坐标轴格式】命令

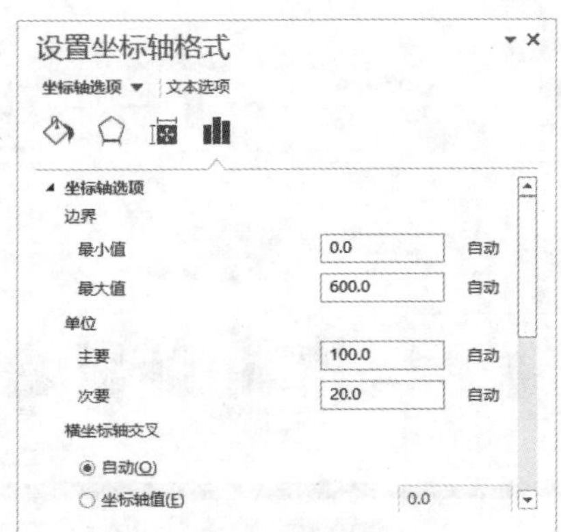
图9-23　【设置坐标轴格式】窗格

步骤 3　展开坐标轴的【标签】和【数字】设置区域，在其中可以对其相关参数进行设置，这里将坐标轴的数字类别设置为【货币】，如图9-24所示，随即可以在图表中看到坐标轴的刻度以货币格式显示，如图9-25所示。

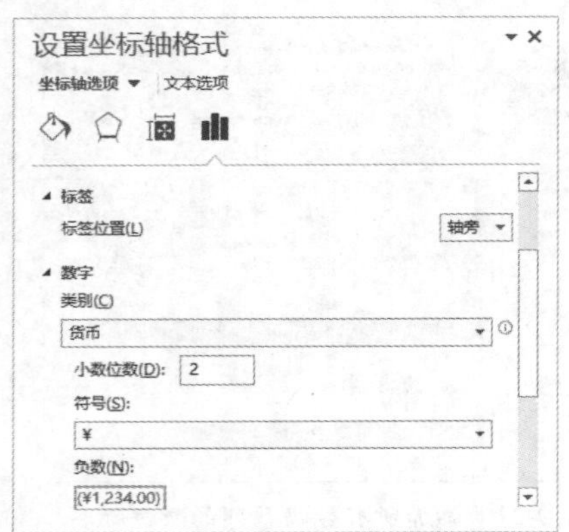
图9-24　设置数字类别

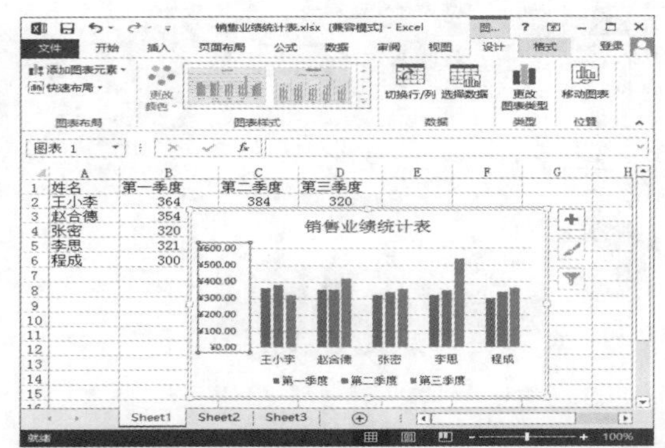
图9-25　坐标轴刻度以货币格式显示

9.2.6 图例

图例用方框表示，用于标识图表中的数据系列所指定的颜色或图案。创建图表后，图例以默认的颜色来显示图表中的数据系列。

设置图例的具体步骤如下。

步骤 1　打开随书光盘中的“素材\ch09\销售业绩统计表.xlsx”文件，并创建柱形图表，在图表区的图例上右击，在弹出的快捷菜单中选择【设置图例格式】命令，如图9-26所示。

步骤 2　打开【设置图例格式】窗格，在【图例选项】设置界面中选中【填充】设置区域中的【纯色填充】单选按钮，并在下方设置填充的颜色以及透明度，如图9-27所示。

步骤 3　单击【图例选项】按钮，打开【图例选项】设置界面，在其中可以更改图例的位置，这里选中【靠下】单选按钮，如图9-28所示。

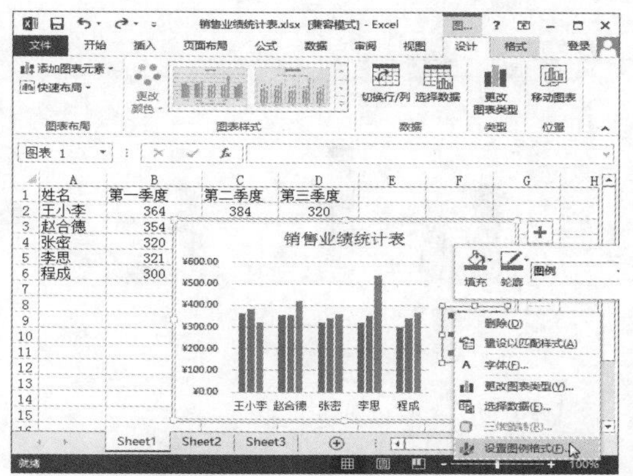

图9-26 设置图例格式

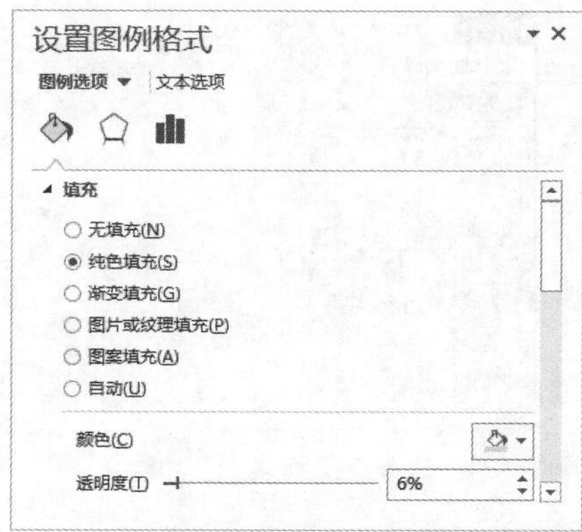

图9-27 【设置图例格式】窗格

步骤 4 返回到Excel工作表中，可以看到图表的图例发生了变化，如图9-29所示。

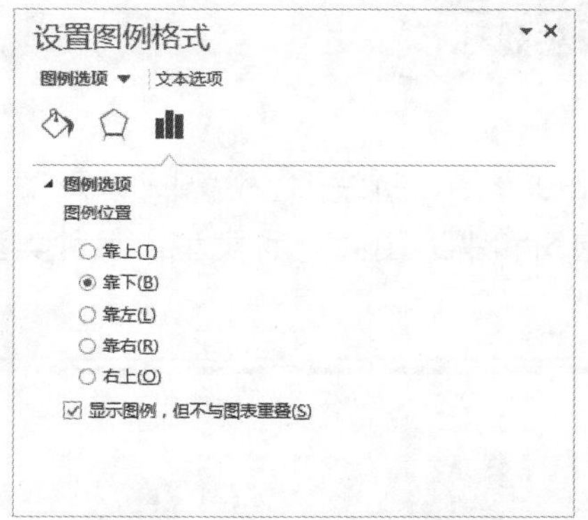

图9-28 选中【靠下】单选按钮

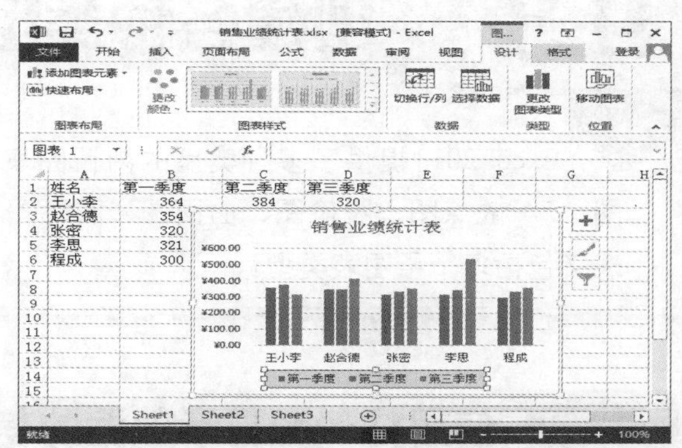

图9-29 靠下显示图例

9.2.7 模拟运算表

模拟运算表是反映图表中源数据的表格，默认的图表一般都不显示数据表，要想在图表中显示数据表，可按照如下操作步骤进行设置。

步骤 1 打开随书光盘中的“素材\ch09\数据表.xlsx”文件，如图9-30所示。

步骤 2 选中图表，然后单击【图表工具】|【设计】选项卡下【图表布局】选项组中的【快速布局】按钮，在弹出的下拉列表中选择【布局5】选项，如图9-31所示。

步骤 3 返回到Excel工作表中，可以看到图表的下方添加了模拟运算表，如图9-32所示。

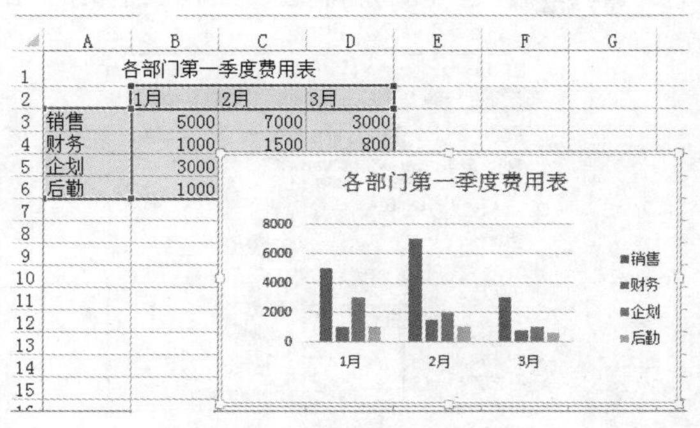

图9-30 打开素材文件

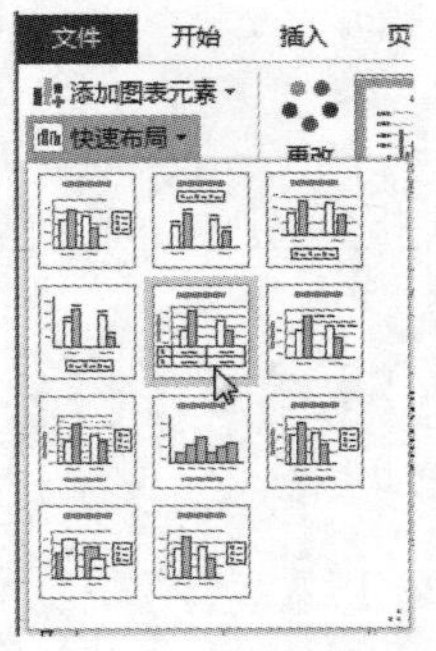
图9-31　选择布局样式

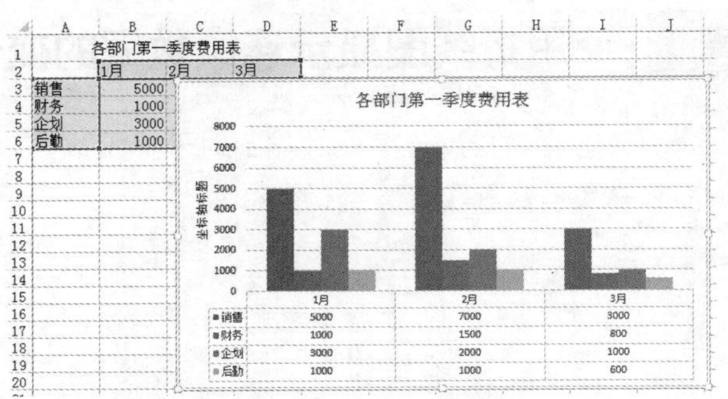
图9-32　添加模拟运算表

9.3 创建各种类型的图表

Excel 2013提供了多种类型的内置图表，包括柱形图、折线图、饼图、条形图、面积图、XY散点图、股价图、曲面图、圆环图、气泡图和雷达图共11种类型，每种类型的图表又包括多个子图表类型。

9.3.1 使用柱形图显示数据的差距

柱形图是最普通的图表类型之一。柱形图把每个数据显示为一个垂直柱体，高度与数值相对应，主要用于显示一段时间内的数据变化或比较各项之间的情况。

创建柱形图的操作步骤如下。

步骤 1　打开随书光盘中的“素材\ch09\在职人员学历统计表.xlsx”工作簿，选择A2:E6单元格区域，在【插入】选项卡中，单击【图表】选项组中的【插入柱形图】按钮，在弹出的下拉列表中选择任意一种柱形图类型，如图9-33所示。

步骤 2　选择后，即可在当前工作表中创建一个柱形图表，如图9-34所示。

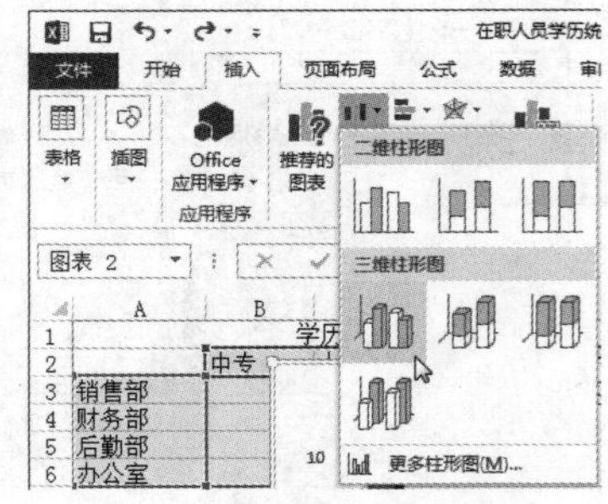
图9-33　选择柱形图样式

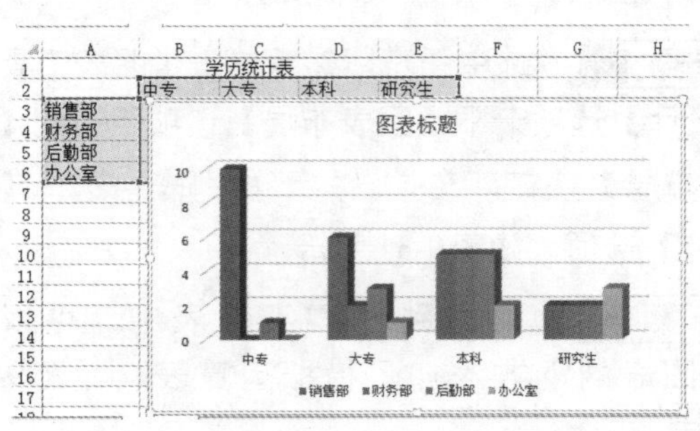
图9-34　创建柱形图

9.3.2 使用折线图显示连续数据的变化

折线图通常用来描绘连续的数据，对于标识数据趋势很有用，在折线图中，类别数据沿水平轴均匀分布，值数据沿垂直轴均匀分布。

创建折线图的操作步骤如下。

步骤 1 打开随书光盘中的“素材\ch09\农作物年产量表.xlsx”工作簿，并选择A2:D6单元格区域，在【插入】选项卡中，单击【图表】选项组中的【折线图】按钮，在弹出的下拉列表中选择【带标记的堆积折线图】选项，如图9-35所示。

步骤 2 选择后，即可在当前工作表中创建一个折线图表，如图9-36所示。

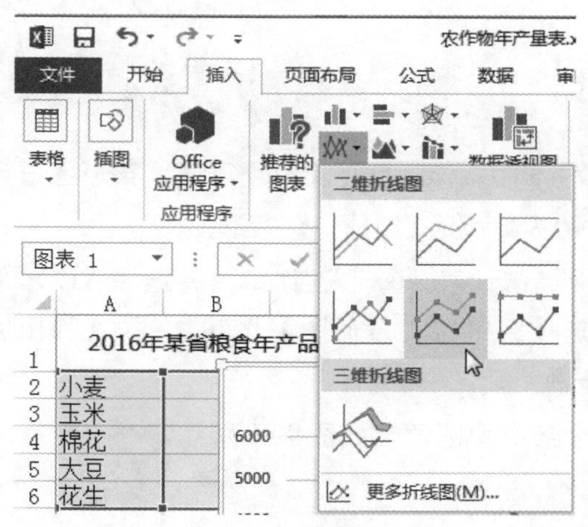

图9-35　选择折线图样式

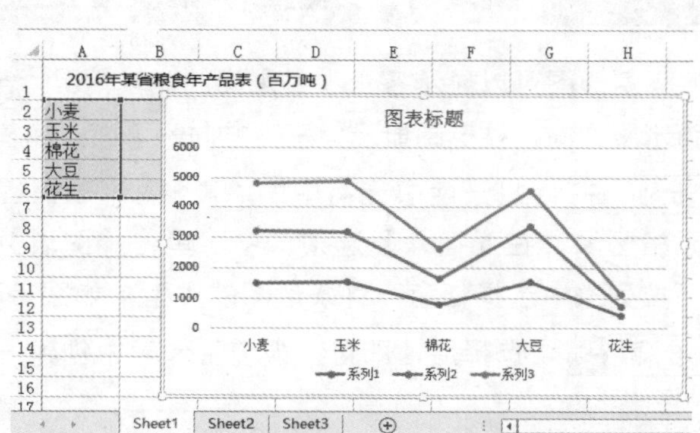

图9-36　创建折线图

9.3.3 使用饼图显示数据比例关系

饼图用于显示一个数据系列中各项的大小与各项总和的比例。在工作中如果遇到需要计算总费用或金额的各个部分构成比例的情况，可以使用饼图，以便直观地显示各个组成部分所占比例。

创建饼图的操作步骤如下。

步骤 1 打开随书光盘中的“素材\ch09\公司日常费用开支表.xlsx”工作簿，并选择A2:B9单元格区域，在【插入】选项卡中，单击【图表】选项组中的【饼图】按钮，在弹出的下拉列表中选择【三维饼图】选项，如图9-37所示。

步骤 2 选择后，即可在当前工作表中创建一个三维饼图图表，如图9-38所示。

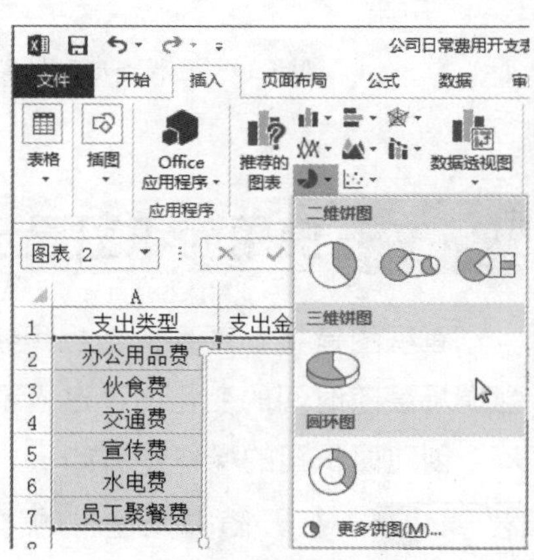

图9-37　选择饼图样式

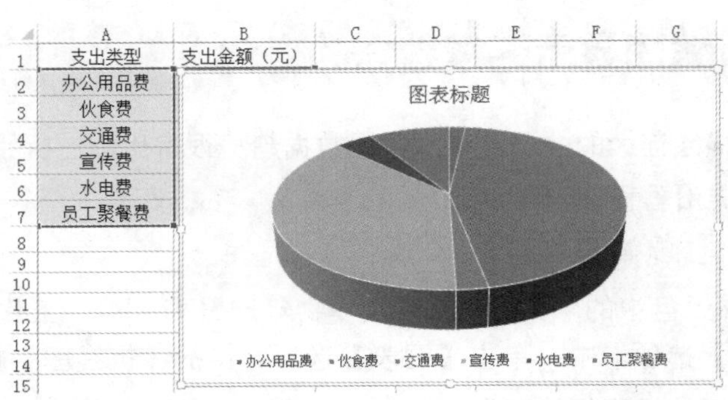

图9-38　创建饼图

9.3.4　使用条形图显示数据的差别

条形图可以显示各个项目之间的比较情况，与柱形图相似，但是又有所不同，条形图显示为水平方向，柱形图显示为垂直方向。下面以销售业绩表为例，创建一个条形图。

步骤 1　打开随书光盘中的“素材\ch09\销售业绩统计表.xlsx”工作簿，并选择A1:D6单元格区域，在【插入】选项卡中，单击【图表】选项组中的【条形图】按钮，在弹出的下拉列表中选择任意一种条形图的类型，如图9-39所示。

步骤 2　选择后，即可在当前工作表中创建一个条形图图表，如图9-40所示。

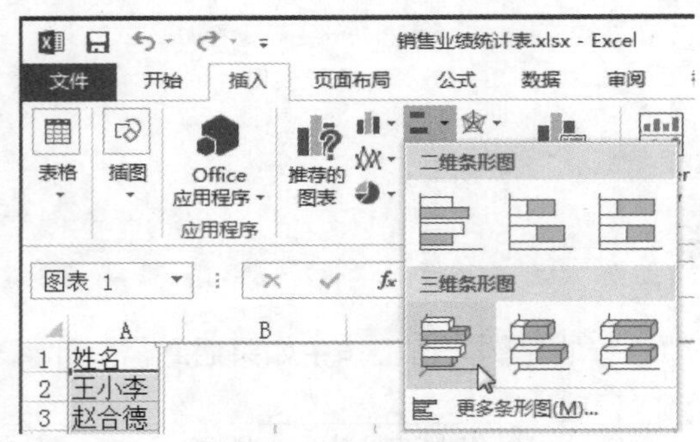

图9-39　选择条形图样式

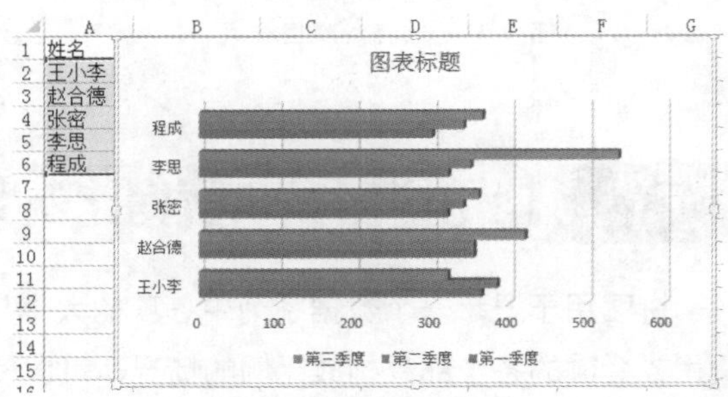

图9-40　创建条形图

9.3.5　使用面积图显示数据部分与整体的关系

面积图是将一系列的数据用线段连接起来，每条线以下的区域用不同的颜色填充。面积图强调幅度随时间的变化，通过显示所绘数据的总和，说明部分和整体的关系。

创建面积图的操作步骤如下。

步骤 1　打开随书光盘中的“素材\ch09\销售业绩统计表.xlsx”工作簿，并选择数据区域的任一单元格，在【插入】选项卡中，单击【图表】选项组中的【面积图】按钮，在弹出

的下拉列表中选择任意一种面积图的类型，如图9-41所示。

步骤 2　选择后，即可在当前工作表中创建一个面积图图表，如图9-42所示。

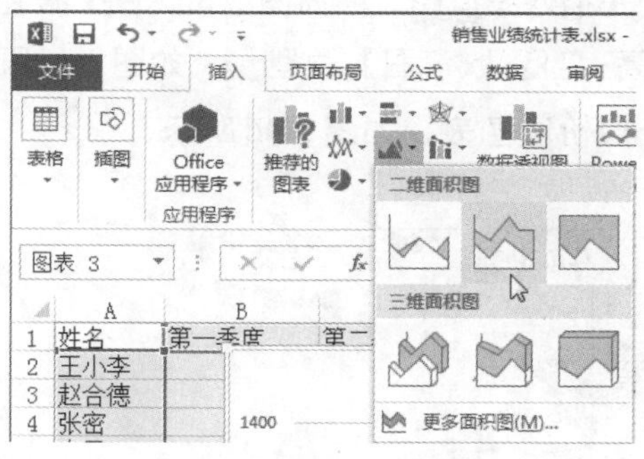

图9-41　选择面积图样式

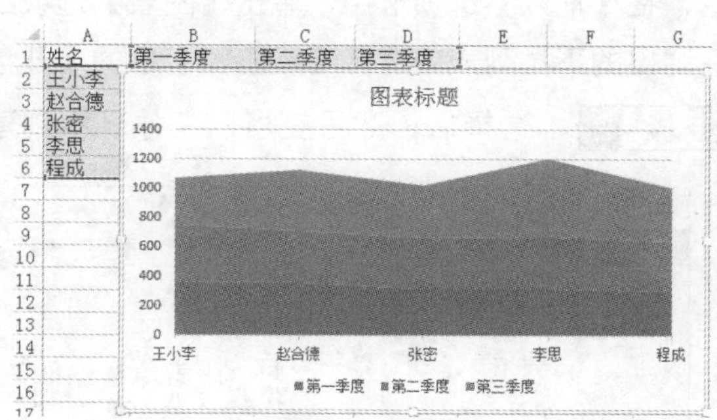

图9-42　创建面积图

9.3.6 使用散点图显示数据的分布

XY散点图用于比较几个数据系列中的数值，或者将两组数值显示为XY坐标系中的系列。XY散点图通常用来显示两个变量之间的关系。

以散点图描绘学生成绩情况的具体步骤如下。

步骤 1　打开随书光盘中的"素材\ch09\学生成绩统计表.xlsx"工作簿，并选择数据区域的任一单元格，在【插入】选项卡中，单击【图表】选项组中的【插入散点图（x，y）或气泡图】按钮，在弹出的下拉列表中选择任意一种散点图类型，如图9-43所示。

步骤 2　选择后，即可在当前工作表中创建一个散点图图表，如图9-44所示。

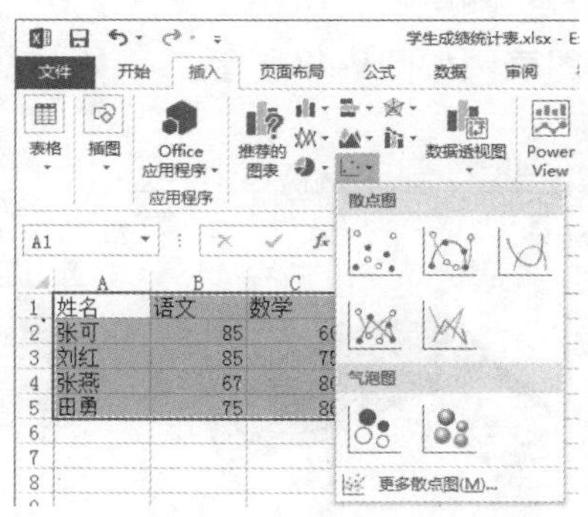

图9-43　选择散点图样式

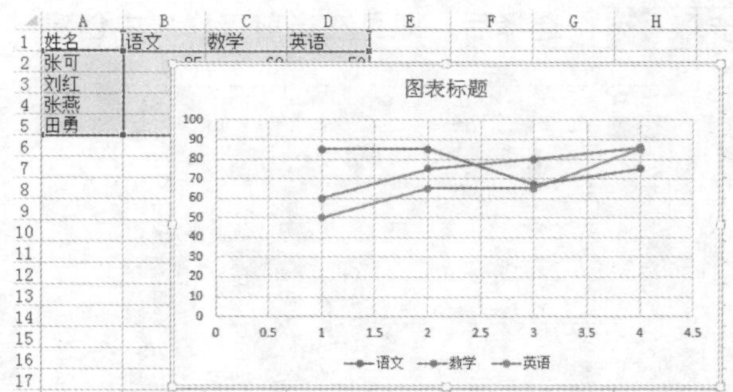

图9-44　创建散点图

9.3.7 使用股价图显示股价涨跌

股价图用来描绘股票的价格走势，对于显示股票市场信息非常有用。此外，股价图还可用于显示科学数据，例如，使用股价图显示每天或每年温度的波动。

使用股价图显示股价涨跌的具体步骤如下。

步骤 1 打开随书光盘中的“素材\ch09\股价表.xlsx”工作簿，并选择数据区域的任一单元格，在【插入】选项卡中，单击【图表】选项组中的【插入股价图、曲面图或雷达图】按钮，在弹出的下拉列表中选择【股价图】中的【开盘-盘高-盘低-收盘图】类型，如图9-45所示。

步骤 2 选择后，即可在当前工作表中创建一个股价图图表，如图9-46所示。

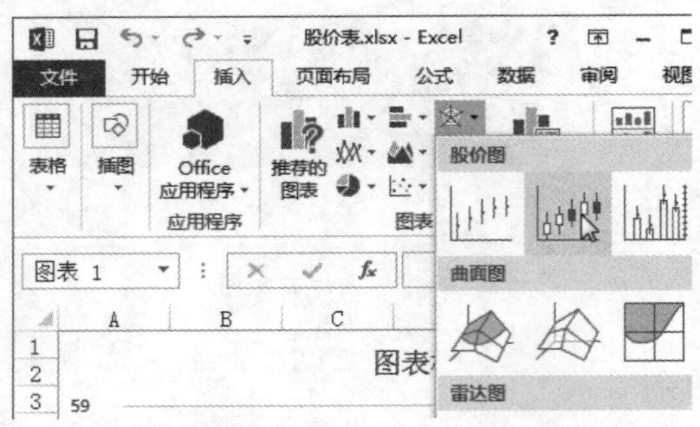

图9-45 选择股价图样式

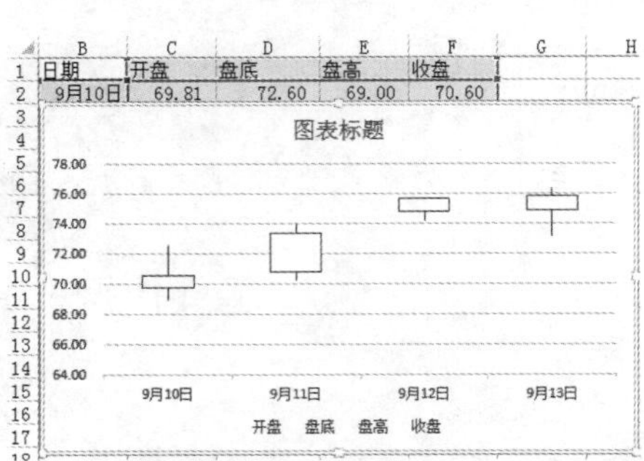

图9-46 创建股价图

9.3.8 使用曲面图显示数据

曲面图实际上是折线图和面积图的另一种形式，共有3个轴，分别代表分类、系列和数值，可以使用曲面图找到两组数据之间的最佳组合。创建一个成本分析曲面图的具体步骤如下。

步骤 1 打开随书光盘中的“素材\ch09\分析表.xlsx”工作簿，并选择数据区域的任一单元格，在【插入】选项卡中，单击【图表】选项组中的【插入股价图、曲面图或雷达图】按钮，在弹出的下拉列表中选择【曲面图】中的任一类型，如图9-47所示。

步骤 2 选择后，即可在当前工作表中创建一个曲面图表，如图9-48所示。

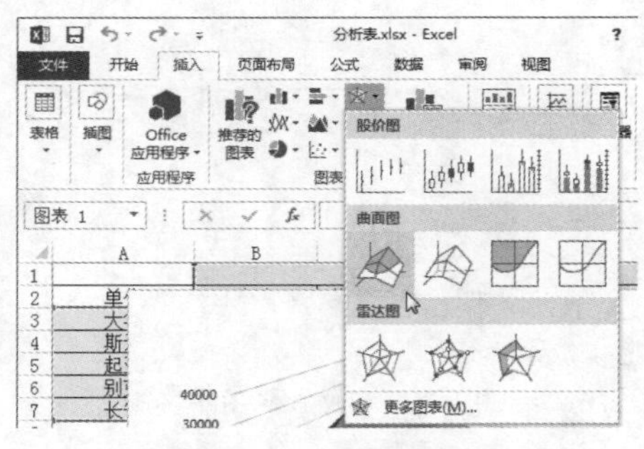

图9-47 选择曲面图样式

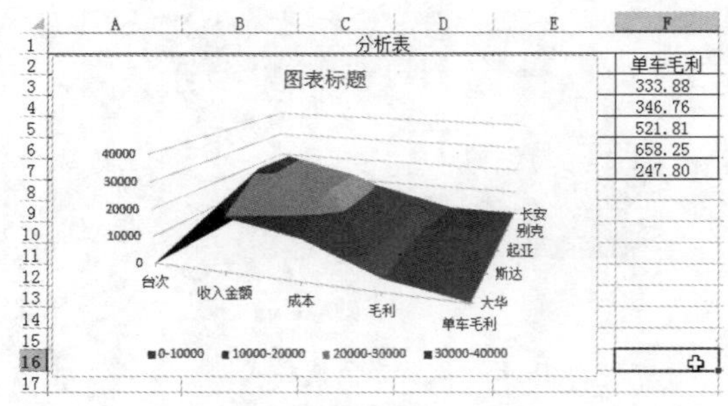

图9-48 创建曲面图

9.3.9 使用圆环图显示数据部分与整体间关系

圆环图的作用类似于饼图，用来显示部分与整体的关系，但它可以显示多个数据系列，并

且每个圆环代表一个数据系列。创建圆环图图表的具体步骤如下。

步骤 1　打开随书光盘中的“素材\ch09\学院人员统计表.xlsx”工作簿，并选择A2:C6单元格区域，在【插入】选项卡中，单击【图表】选项组中的【饼图】按钮，在弹出的下拉列表中选择【圆环图】选项，如图9-49所示。

步骤 2　选择后，即可在当前工作表中创建一个圆环图图表，如图9-50所示。

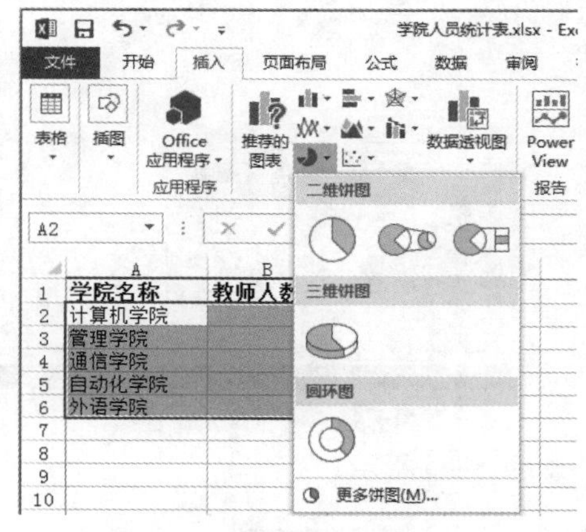

图9-49　选择环形图样式

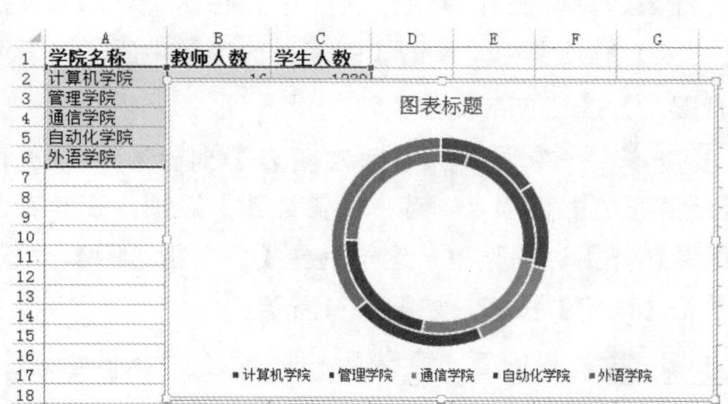

图9-50　创建环形图

9.3.10　使用气泡图显示数据分布情况

可以把气泡图当作显示一个额外数据系列的XY散点图，额外的数据系列以气泡的尺寸代表。与XY散点图一样，所有的轴线都是数值，没有分类轴线。创建气泡图的具体步骤如下。

步骤 1　打开随书光盘中的“素材\ch09\销售业绩统计表.xlsx”工作簿，并选择数据区域中的任一单元格，在【插入】选项卡中，单击【图表】选项组中的【插入散点图（x，y）或气泡图】按钮，在弹出的下拉列表中选择任意一种气泡图类型，如图9-51所示。

步骤 2　选择后，即可在当前工作表中创建一个气泡图图表，如图9-52所示。

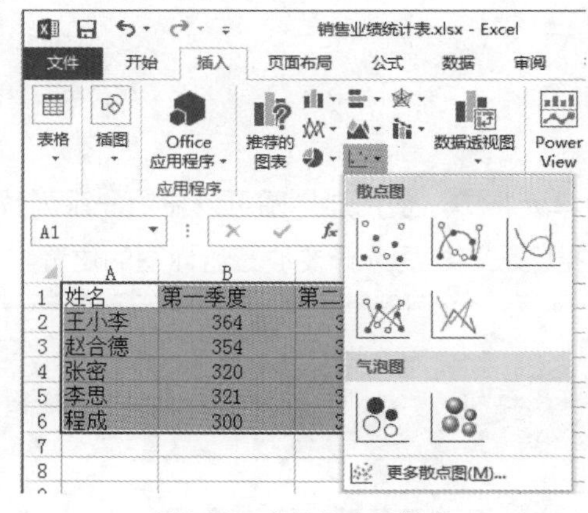

图9-51　选择气泡图样式

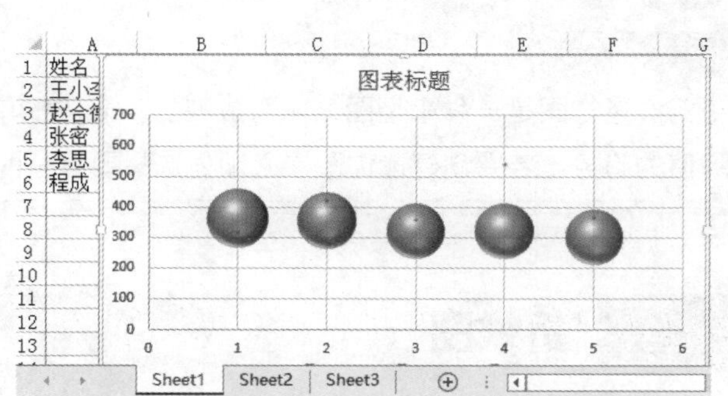

图9-52　创建气泡图

9.3.11 使用雷达图显示数据比例

雷达图是专门用来进行多指标体系比较分析的专业图表。从雷达图中可以看出指标的实际值与参照值的偏离程度，从而为分析者提供有益的信息。创建一个产品销售情况雷达图的具体步骤如下。

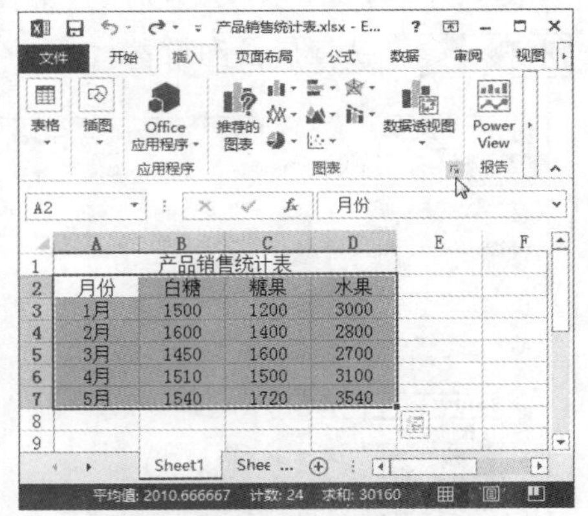

图9-53 选择单元格区域

步骤 1 打开随书光盘中的“素材\ch09\产品销售统计表.xlsx”工作簿，并选择单元格区域A2:D7，在【插入】选项卡中，单击【图表】选项组中的【查看所有图表】按钮，如图9-53所示。

步骤 2 在弹出的【插入图表】对话框中，选择【所有图表】选项卡，选择【雷达图】选项，在其右侧区域选择雷达图类型，这里选择【填充雷达图】类型，单击【确定】按钮，如图9-54所示。

步骤 3 返回工作表界面，即可看到插入的雷达图，如图9-55所示。

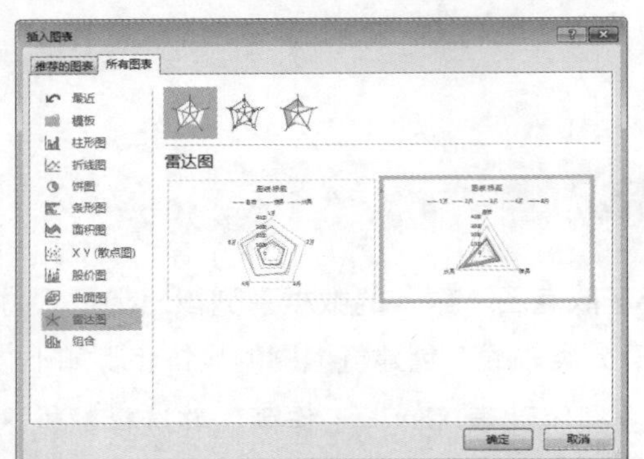

图9-54 选择雷达图样式

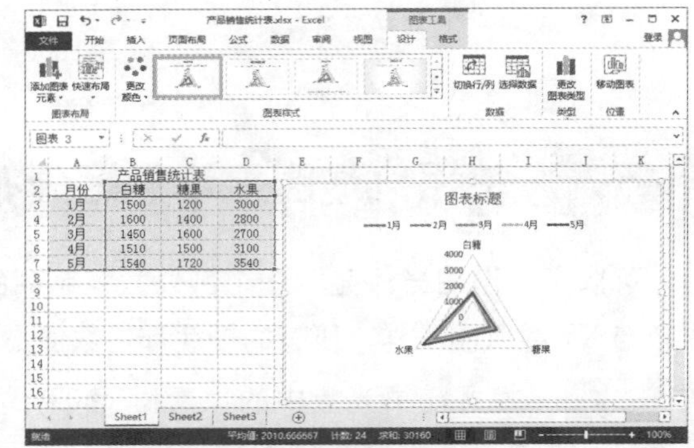

图9-55 创建雷达图

9.4 创建迷你图

迷你图是一种小型图表，可放在工作表内的单个单元格中，使用迷你图可以显示一系列数值的趋势。若要创建迷你图，必须先选择要分析的数据区域，然后选择要放置迷你图的位置。

9.4.1 折线图

在Excel 2013中提供了3种类型的迷你图：折线图、柱形图和盈亏图。下面介绍如何创建折

线图，具体操作步骤如下。

步骤 1 打开随书光盘中的“素材\ch09\图书销售表.xlsx”文件，在【插入】选项卡中，单击【迷你图】选项组的【折线图】按钮，如图9-56所示。

步骤 2 弹出【创建迷你图】对话框，将鼠标指针定位在【数据范围】右侧的选择框中，然后在工作表中拖动鼠标选择数据区域B3:E7，使用同样的方法，在【位置范围】选择框中设置放置迷你图的位置，如图9-57所示。

图9-56 单击【折线图】按钮

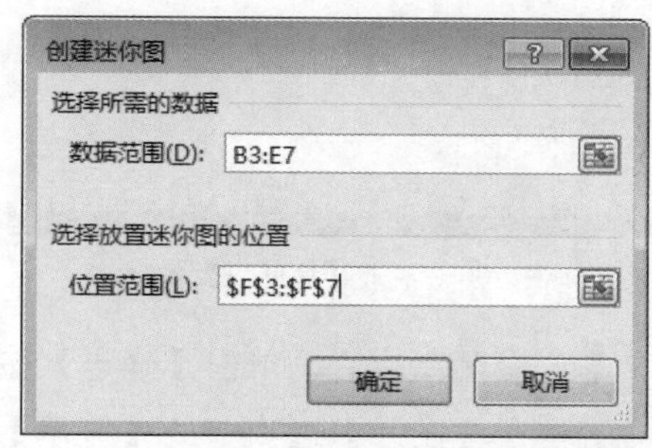

图9-57 【创建迷你图】对话框

步骤 3 设置完成后，单击【确定】按钮，迷你图即创建完成，如图9-58所示。

步骤 4 在【设计】选项卡的【显示】选项组中，选中【高点】和【低点】复选框，此时迷你图中将标识出数据区域的最高点及最低点，如图9-59所示。

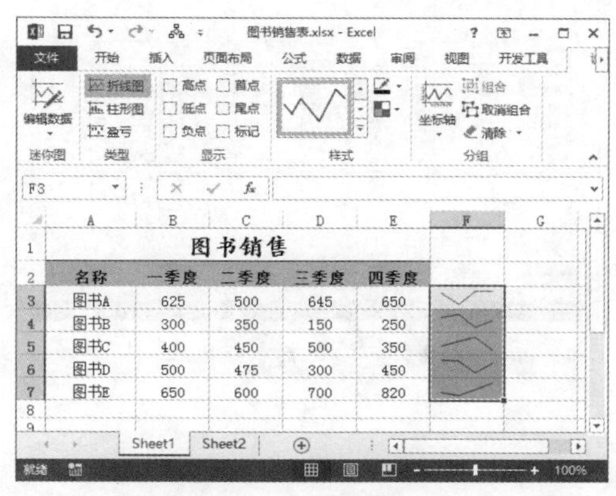

图9-58 创建迷你图

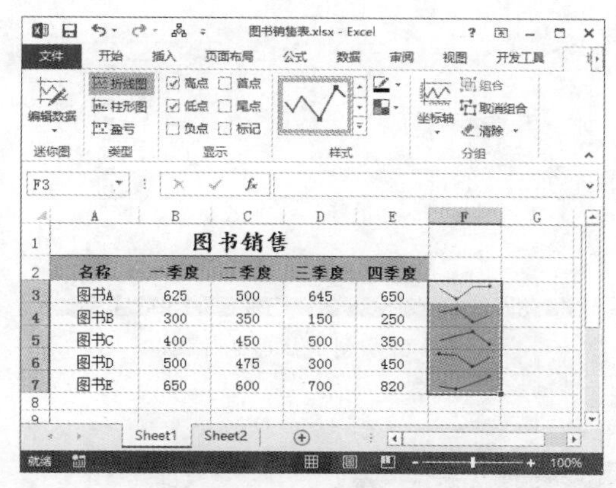

图9-59 添加最高点与最低点

9.4.2 柱形图

创建迷你柱形图的操作步骤如下。

步骤 1 打开随书光盘中的“素材\ch09\学生成绩统计表.xlsx”文件，在【插入】选项卡中，单击【迷你图】选项组的【柱形图】按钮，如图9-60所示。

步骤 2 弹出【创建迷你图】对话框，将鼠标指针定位在【数据范围】右侧的选择框中，然后在工作表中拖动鼠标选择数据区域C2:F9，使用同样的方法，在【位置范围】选择框中设置放置迷你图的位置，如图9-61所示。

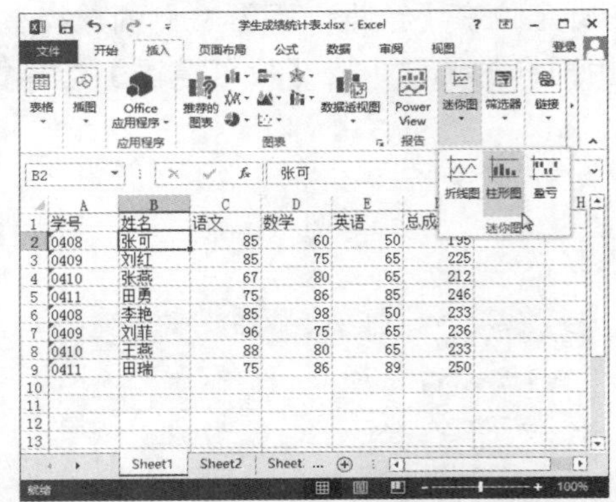
图9-60　单击【柱形图】按钮

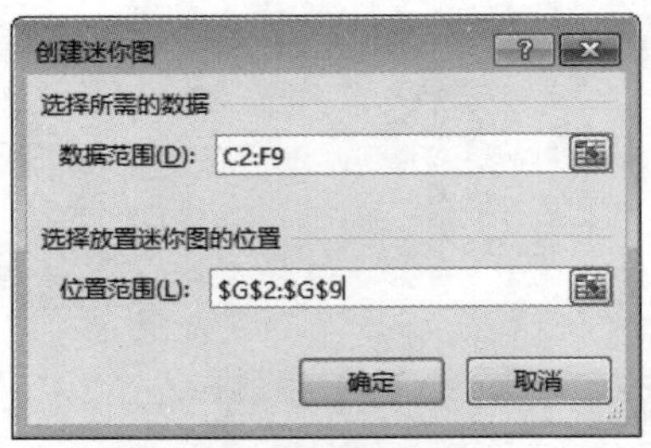

图9-61　【创建迷你图】对话框

步骤 3 设置完成后，单击【确定】按钮，迷你图即创建完成，如图9-62所示。

步骤 4 在【设计】选项卡的【显示】选项组中，选中【首点】和【尾点】复选框，此时迷你图中将标识出数据区域的首点及尾点，如图9-63所示。

图9-62　创建柱形迷你图

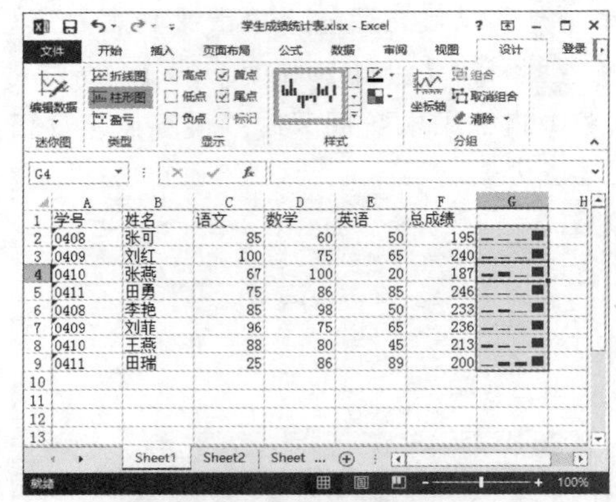
图9-63　添加首点与尾点

9.4.3 盈亏图

创建迷你盈亏图的操作步骤如下。

步骤 1 打开随书光盘中的“素材\ch09\收入分析表.xlsx”文件，在【插入】选项卡中，单击【迷你图】选项组的【盈亏】按钮，如图9-64所示。

步骤 2 弹出【编辑迷你图】对话框，将光标定位在【数据范围】右侧的选择框中，然后在工作表中拖动鼠标选择数据区域B3:F7，使用同样的方法，在【位置范围】选择框中设置放置迷你图的位置，如图9-65所示。

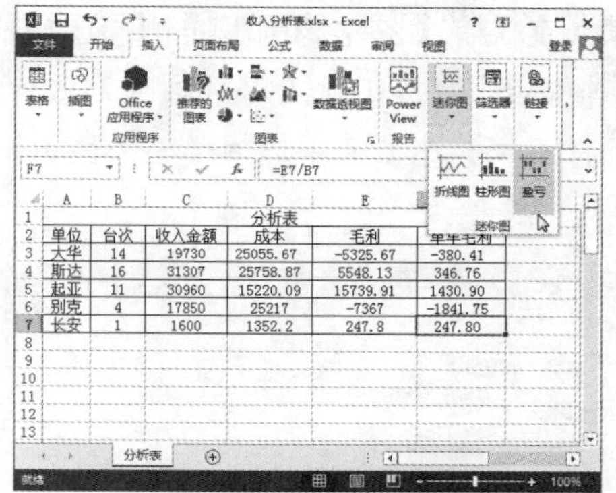

图9-64　选择盈亏图样式

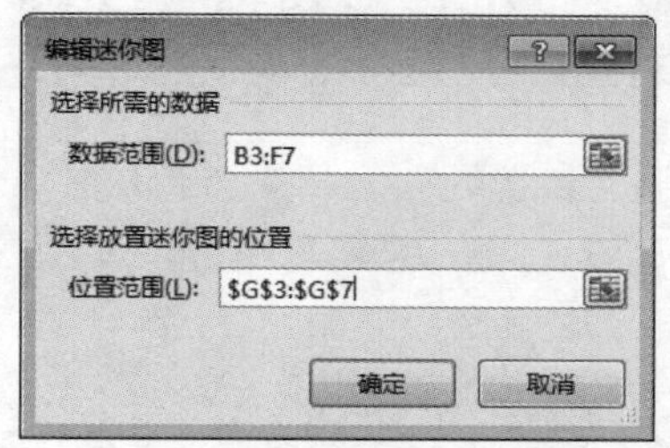

图9-65　【编辑迷你图】对话框

步骤 3　设置完成后，单击【确定】按钮，迷你图即创建完成，如图9-66所示。

步骤 4　在【设计】选项卡的【分组】选项组中，单击【取消组合】按钮，此时迷你图处于取消组合状态，如图9-67所示。

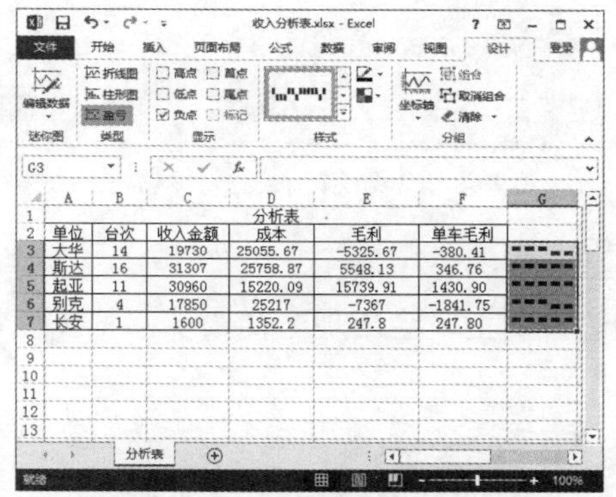

图9-66　创建盈亏迷你图

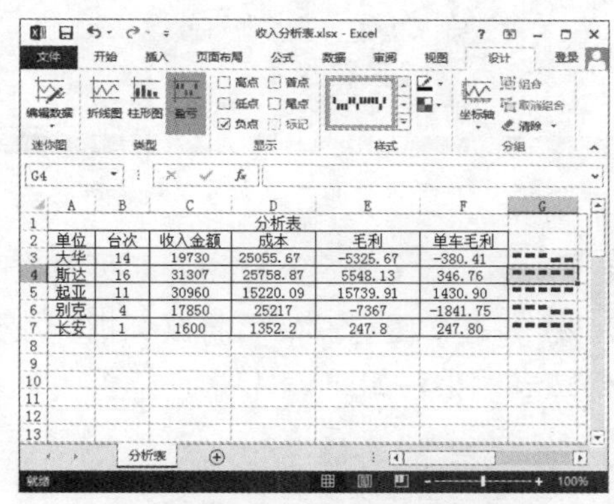

图9-67　取消迷你图的组合状态

9.5 修改图表

如果对创建的图表不满意，在Excel 2013中还可以对图表进行相应的修改。本节介绍修改图表的一些方法。

9.5.1 更改图表类型

在建立图表时已经选择了图表类型，但如果用户觉得创建后的图表不能直观地表达工作表中的数据，还可以更改图表类型。

步骤 1 打开需要更改图表的文件，选择需要更改类型的图表，然后选择【设计】选项卡，在【类型】选项组中单击【更改图表类型】按钮，如图9-68所示。

步骤 2 打开【更改图表类型】对话框，在【所有图表】选项卡中选择【柱形图】选项，然后在右侧界面中选择【簇状柱形图】选项，如图9-69所示。

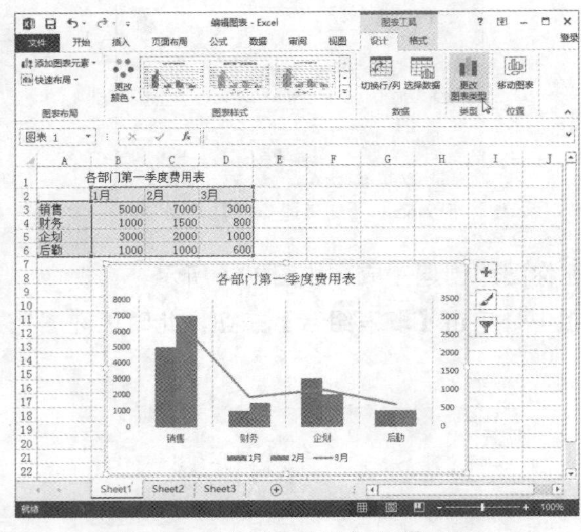

图9-68 单击【更改图表类型】按钮

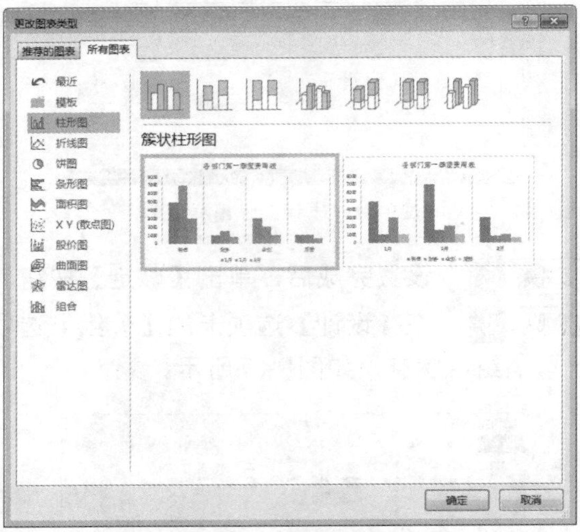

图9-69 【更改图表类型】对话框

步骤 3 单击【确定】按钮，即可更改图表的类型，如图9-70所示。

步骤 4 选择图标，然后将鼠标指针放到图表的边或角上，会出现方向箭头，拖曳鼠标即可改变图表大小，如图9-71所示。

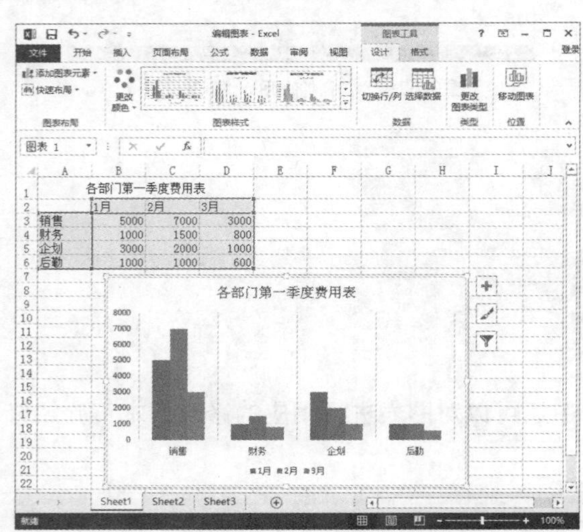

图9-70 更改图表的类型

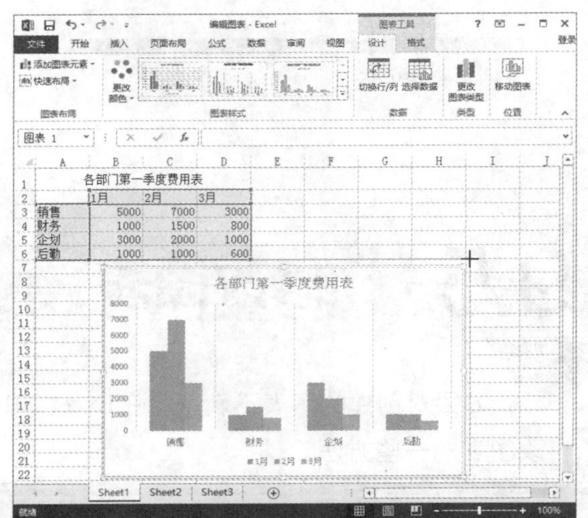

图9-71 更改图表的大小

步骤 5 选择要移动的图表，按住鼠标左键拖曳至满意的位置，如图9-72所示。

步骤 6 松开鼠标，即可移动图表的位置，如图9-73所示。

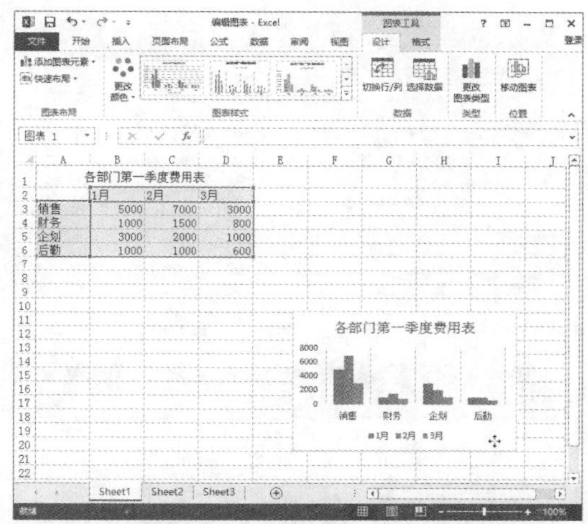

图9-72　移动图表

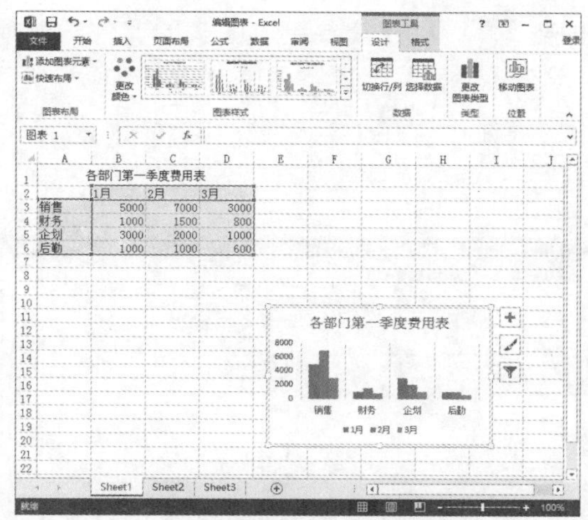

图9-73　更改图表的位置

9.5.2　在图表中添加数据

若用户已经创建了图表工作表，又需要添加一些数据，并在图表工作表中显示出来，可按如下步骤操作。

步骤 1　打开需要编辑图表的文件，在工作表中添加名称为“4月”的数据系列，如图9-74所示。

步骤 2　选择要添加数据的图表，单击【设计】选项卡下【数据】选项组中的【选择数据】按钮，如图9-75所示。

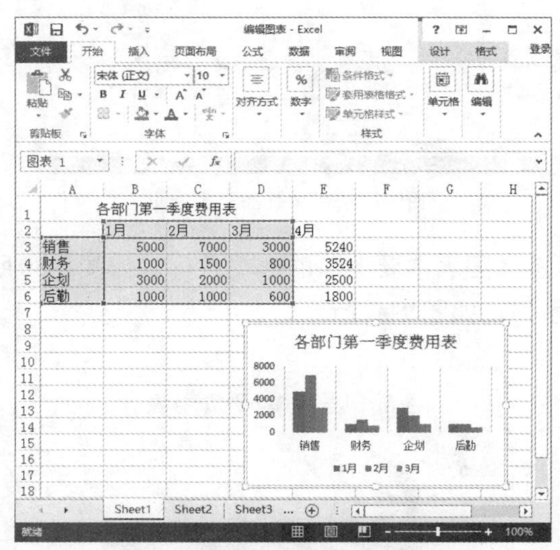

图9-74　添加图表数据

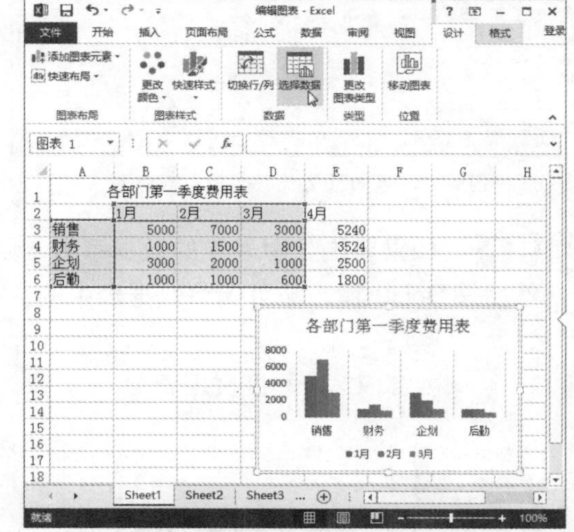

图9-75　单击【选择数据】按钮

步骤 3　打开【选择数据源】对话框，单击【图表数据区域】右侧的按钮，如图9-76所示。

步骤 4　在视图中选择包括4月在内的单元格，如图9-77所示。

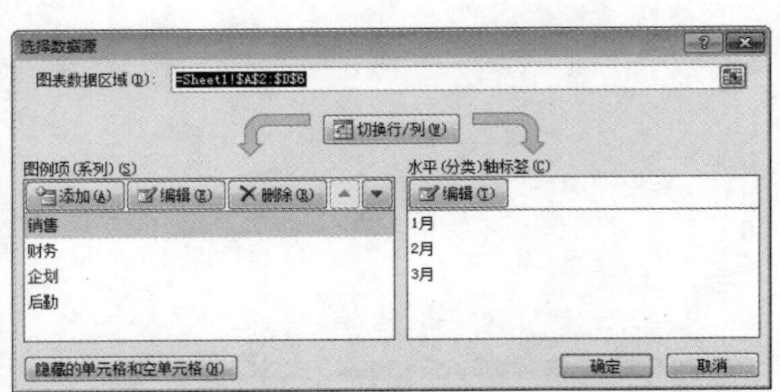
图9-76 【选择数据源】对话框

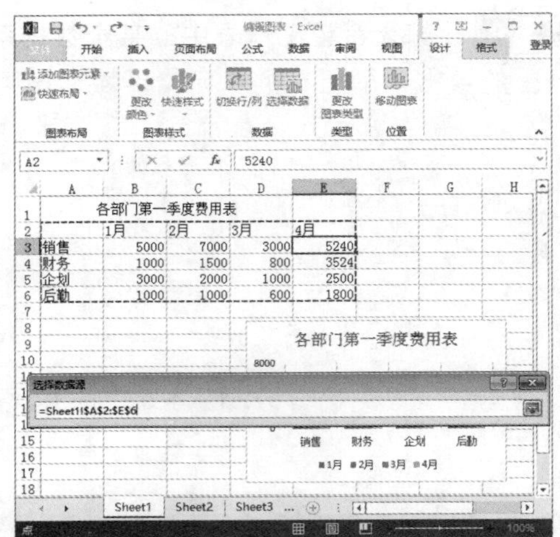
图9-77 选择数据源

步骤 5 单击按钮，返回【选择数据源】对话框，如图9-78所示。

步骤 6 单击【确定】按钮，即可将数据添加到图表中，如图9-79所示。

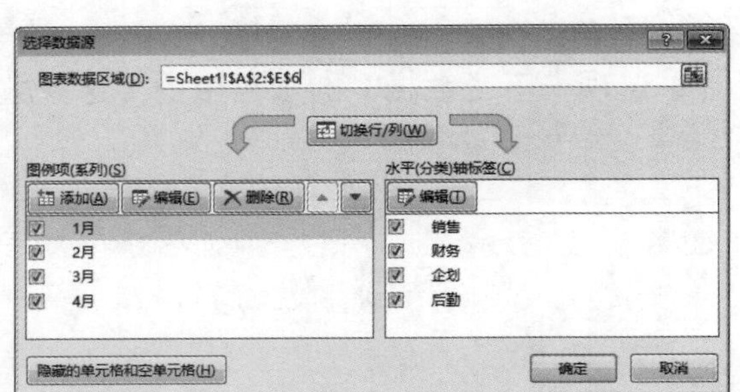
图9-78 返回【选择数据源】对话框

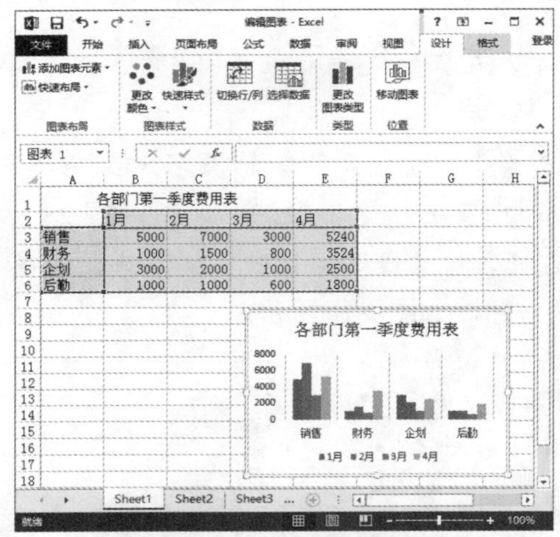
图9-79 添加数据到图表中

步骤 7 如果要删除图表中的数据系列，则可选择图表中要删除的数据系列，如图9-80所示，然后按Delete键，即可删除数据表中的数据系列，如图9-81所示。

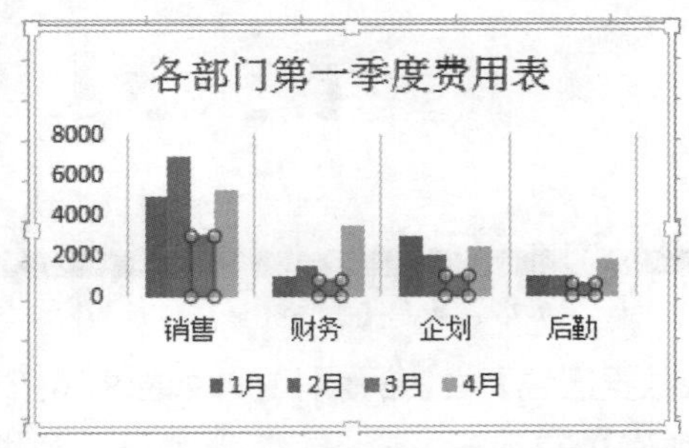

图9-80 选择要删除的数据系列

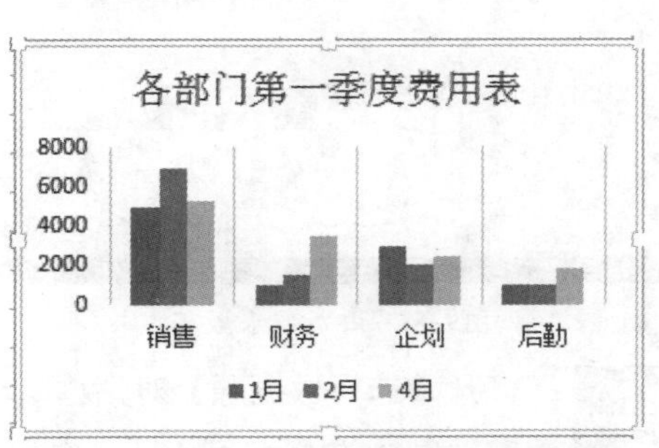

图9-81 删除图表中的数据系列

步骤 8　如果希望工作表中的某个数据系列与图表中的数据系列一起删除，则需要选中工作表中的数据系列所在的单元格区域，如图9-82所示，然后按Delete键即可，这时图表中的数据也被删除，如图9-83所示。

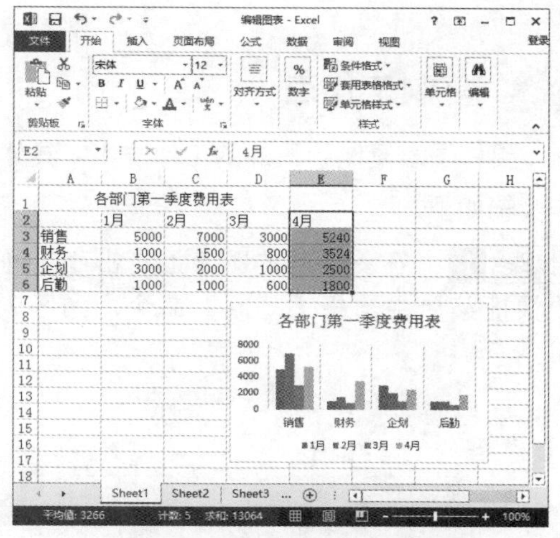

图9-82　选择数据表中的数据

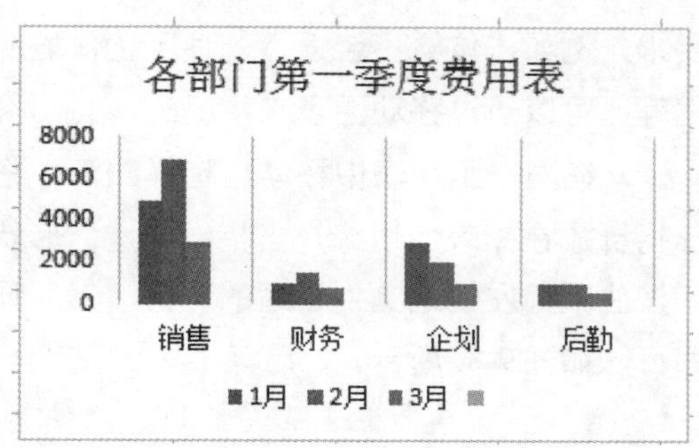

图9-83　删除数据后显示效果

9.5.3 调整图表的大小

可以对已创建的图表根据不同的需求调整大小，具体操作步骤如下。

步骤 1　选择图表，图表周围会显示浅绿色边框，同时出现8个控制点，鼠标指针变成⤡形状时单击并拖曳控制点，可以调整图表的大小，如图9-84所示。

步骤 2　如果要精确地调整图表的大小，在【格式】选项卡的【大小】选项组中，在【高度】和【宽度】微调框中输入图表的高度和宽度值，按Enter键确认即可，如图9-85所示。

提示　单击【格式】选项卡中【大小】选项组右下角的⧉按钮，在弹出的【设置图表区格式】窗格中【大小属性】选项卡下，可以设置图表的大小或缩放百分比，如图9-86所示。

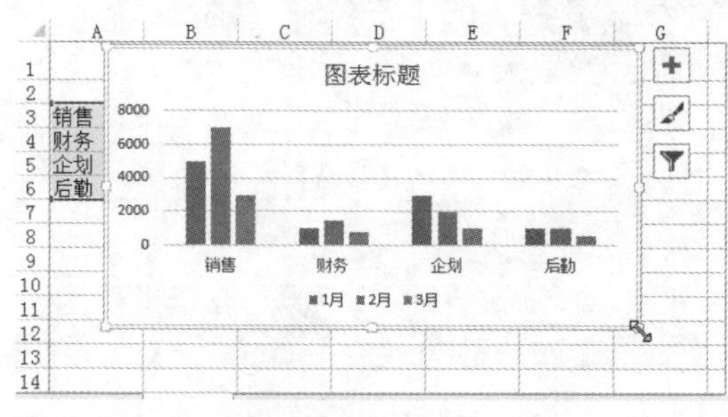

图9-84　调整图表的大小

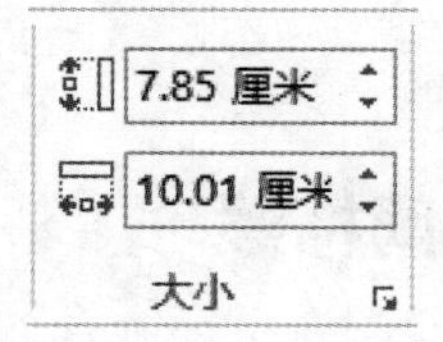

图9-85　【大小】选项组

图9-86　设置缩放比例

9.5.4 移动与复制图表

可以通过移动图表来改变图表的位置；可以通过复制图表，将图表添加到其他工作表中或其他文件中。

1. 移动图表

如果创建的嵌入式图表不符合工作表的布局要求，例如，位置不合适，遮住了工作表的数据等，可以通过移动图表来解决。

（1）在同一工作表中移动。选择图表，将鼠标指针放在图表的边缘，当指针变成形状时，按住鼠标左键拖曳到合适的位置，然后释放即可，如图9-87所示。

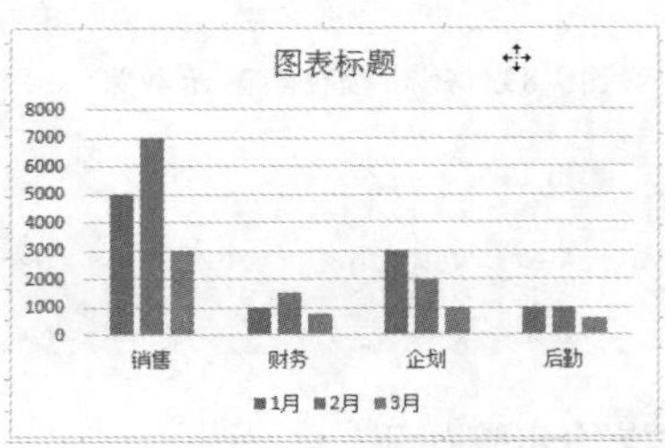

图9-87　选择要移动的图表

（2）移动图表到其他工作表中。选中图表，在【设计】选项卡中，单击【位置】选项组中的【移动图表】按钮，在弹出的【移动图表】对话框中选择图表要移动到的位置后，单击【确定】按钮即可，如图9-88所示。

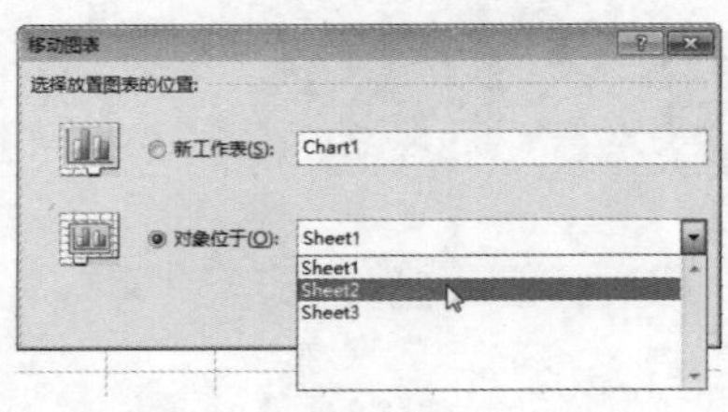

图9-88　【移动图表】对话框

2. 复制工作表

要将图表复制到另外的工作表中，具体操作步骤如下。

步骤 1 在要复制的图表上右击，在弹出的快捷菜单中选择【复制】命令，如图9-89所示。

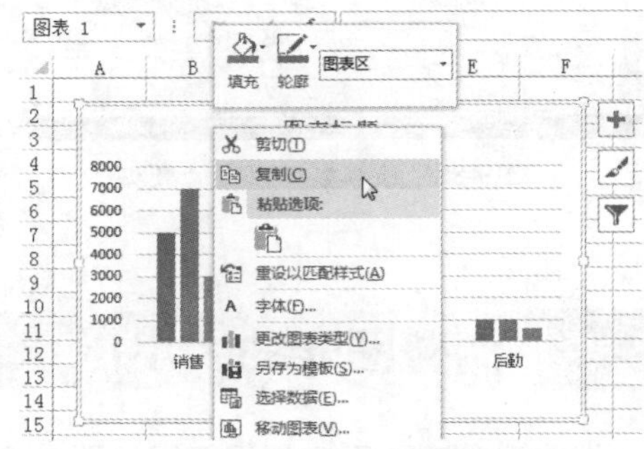

图9-89　选择【复制】命令

步骤 2 在新的工作表中右击，在弹出的快捷菜单中选择【粘贴】命令，即可将图表复制到新的工作表中，如图9-90所示。

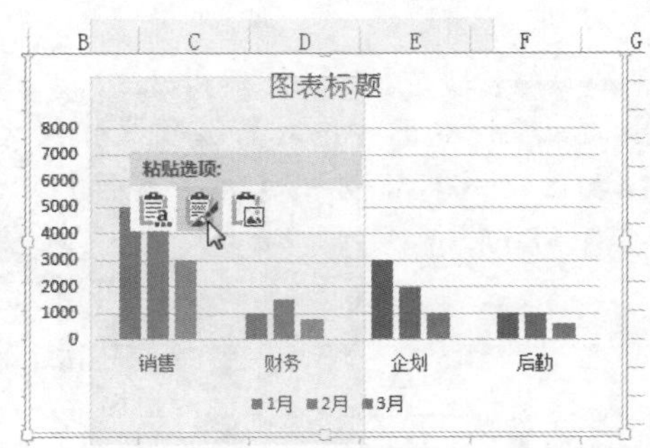

图9-90　选择【粘贴】命令

9.5.5 自定义图表的网格线

如果对默认的图表网格线不满意，可以自定义网格线，具体操作步骤如下。

步骤 1　打开随书光盘中的“素材\ch09\各部门第一季度费用表.xlsx”工作簿，并创建柱形图，如图9-91所示。

步骤 2　选中图表，单击【格式】选项卡中【当前所选内容】选项组中【图表区】右侧的▾按钮，在弹出的下拉列表中选择【垂直（值）轴主要网格线】选项，然后单击【设置所选内容格式】按钮，弹出【设置主要网格线格式】窗格，如图9-92所示。

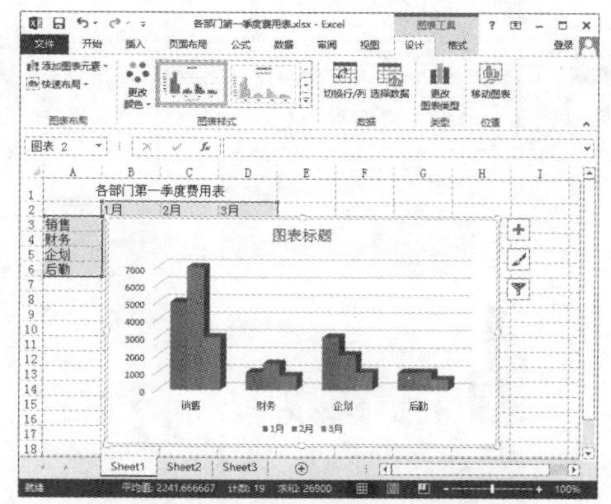
图9-91　创建柱形图图表

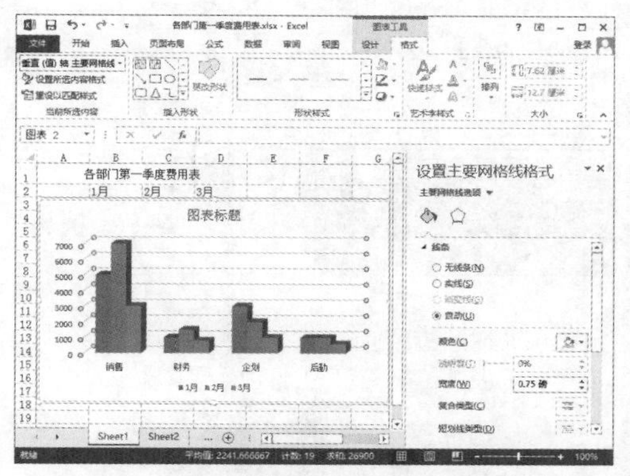
图9-92　设置主要网格线的格式

步骤 3　在【填充线条】选项卡下【线条】选项组中【颜色】下拉列表中设置颜色为【红色】，在【宽度】微调框中设置宽度为【1磅】，设置后的效果如图9-93所示。

步骤 4　选中【线条】区域中的【无线条】单选按钮，即可隐藏所有的网格线，如图9-94所示。

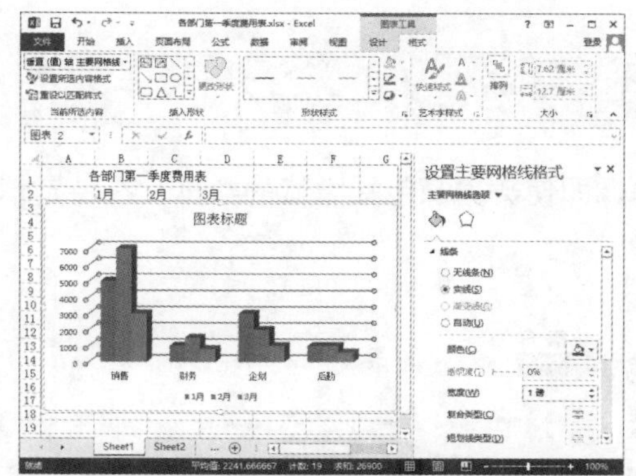
图9-93　设置网格线的颜色与宽度

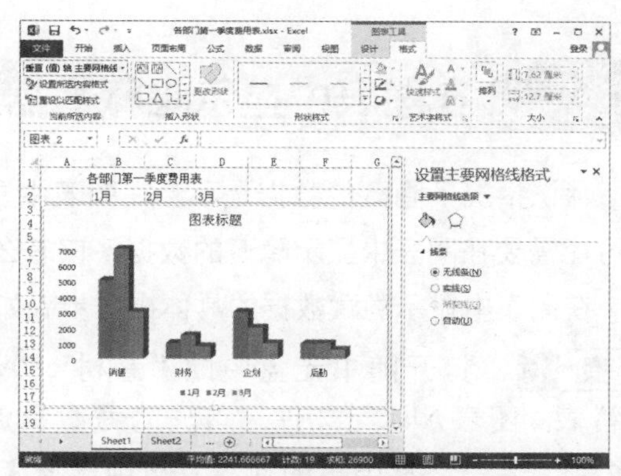
图9-94　取消网格线

9.5.6 显示与隐藏图表

如果在工作表中已创建了嵌入式图表，只需显示原始数据时，可把图表隐藏起来，具体操作步骤如下。

步骤 1　选择图表，在【格式】选项卡中，单击【排列】选项组中的【选择窗格】按钮，在Excel工作区中弹出【选择】窗格，单击【图表1】右侧的按钮，即可隐藏图表，如图9-95所示。

步骤 2　在【选择】窗格中单击【图表1】右侧的—按钮，图表就会显示出来，如图9-96所示。

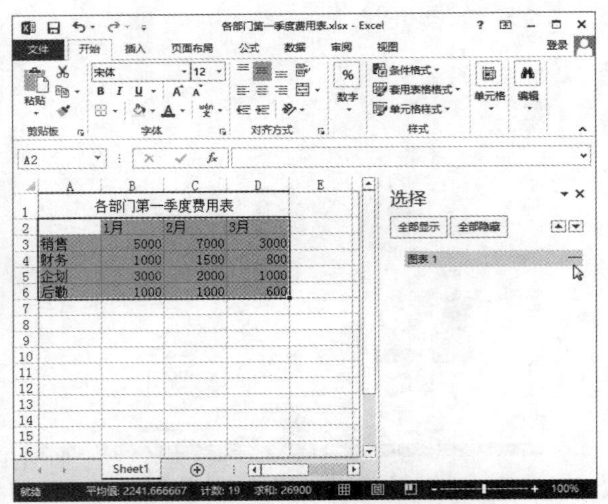
图9-95　隐藏图表

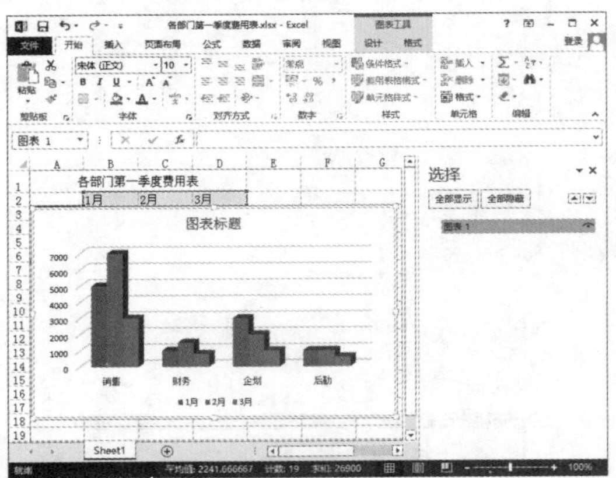
图9-96　显示图表

提示 如果工作表中有多个图表，可以单击【选择】窗格上方的【全部显示】或者【全部隐藏】按钮，显示或隐藏所有的图表。

9.5.7 在图表中显示隐藏数据

默认情况下隐藏的数据是不会在图表中显示的，即使数据源包括隐藏的数据。在特定情况下可能需要在图表中显示隐藏的数据，该怎么做呢？

在图表中显示隐藏数据的具体操作步骤如下。

步骤 1　打开随书光盘中的“素材\ch09\图书销售表--图表.xlsx”文件。首先隐藏数据源，选择C列，右击，在弹出的快捷菜单中选择【隐藏】命令，如图9-97所示。

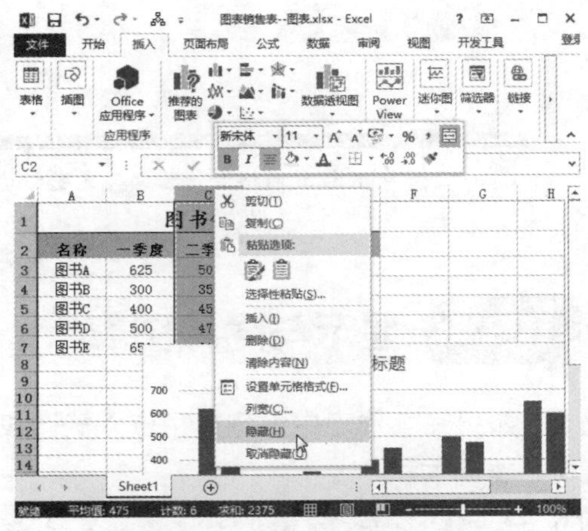
图9-97　选择【隐藏】命令

步骤 2　此时二季度的销售记录被隐藏，图表中与之有关的数据也随之隐藏起来，如图9-98所示。

步骤 3　接下来在图表中显示隐藏的数据。选中图表，右击，在弹出的快捷菜单中选择【选择数据】命令，如图9-99所示。

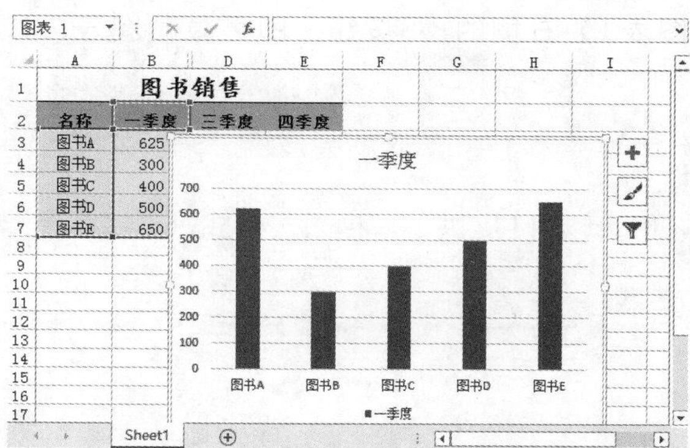

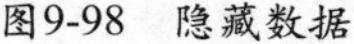

图9-98　隐藏数据

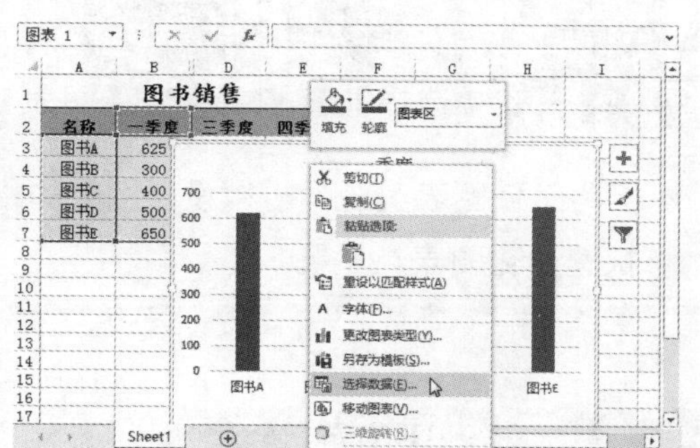

图9-99　选择【选择数据】命令

提示　在【设计】选项卡，单击【数据】选项组中的【选择数据】按钮，也可完成操作。

步骤 4　弹出【选择数据源】对话框，单击左下角的【隐藏的单元格和空单元格】按钮，如图9-100所示。

步骤 5　弹出【隐藏和空单元格设置】对话框，选中【显示隐藏行列中的数据】复选框，单击【确定】按钮，如图9-101所示。

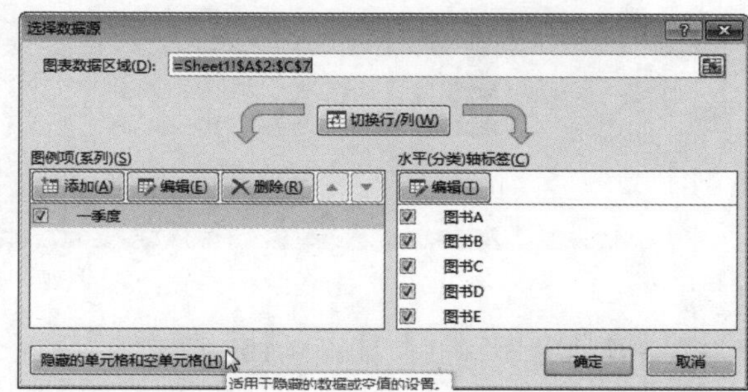

图9-100　【选择数据源】对话框

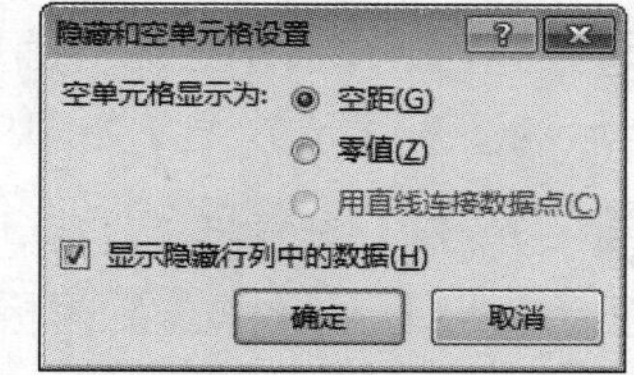

图9-101　【隐藏和空单元格设置】对话框

步骤 6　返回到【选择数据源】对话框，单击【确定】按钮，如图9-102所示。

步骤 7　此时隐藏列的数据在图表中显示出来，如图9-103所示。

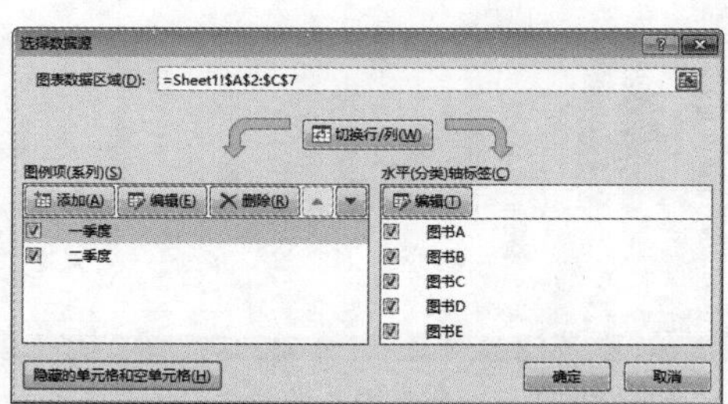

图9-102　返回【选择数据源】对话框

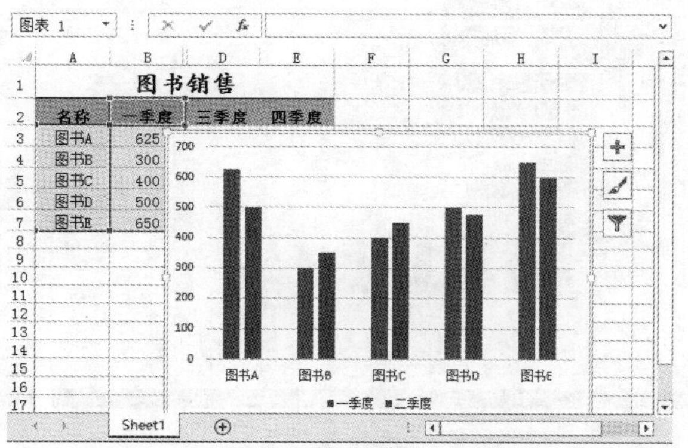

图9-103　隐藏列数据的显示

9.6 美化图表

为了使图表美观，可以设置图表的格式。Excel 2013提供了多种图表格式，直接套用即可快速美化图表。

9.6.1 使用图表样式

在Excel 2013中创建图表后，系统会根据创建的图表提供多种图表样式，对图表可以起到美化的作用。

步骤 1 打开需要美化的Excel文件，选中需要美化的图表，如图9-104所示。

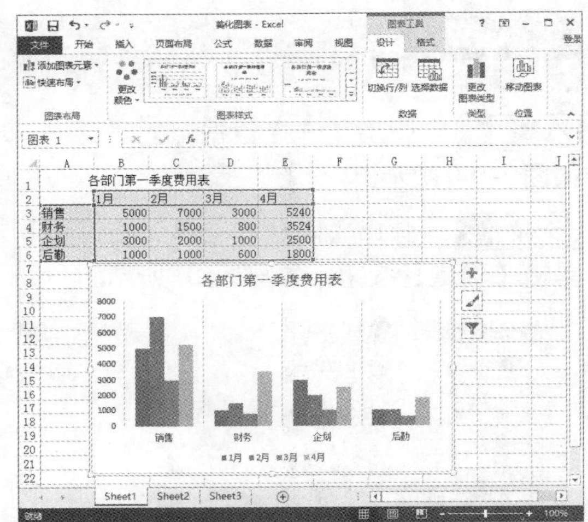

图9-104 选中要美化的图表

步骤 2 选择【布局】选项卡，在【图表样式】选项组中单击【更改颜色】按钮，在弹出的颜色面板中选择需要更改的颜色块，如图9-105所示。

步骤 3 返回到Excel工作界面中，可以看到更改颜色后的图表显示效果，如图9-106所示。

步骤 4 单击【图表样式】选项组中的【其他】按钮，打开【图表样式】面板，在其中选择需要的图表样式，如图9-107所示。

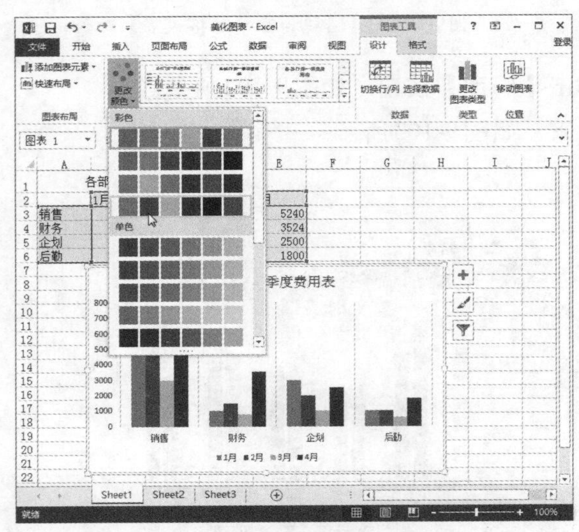

图9-105 选择图表样式

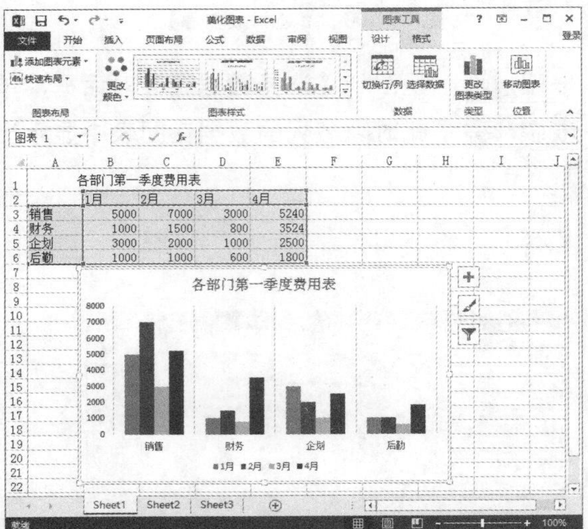

图9-106 更改图表的颜色

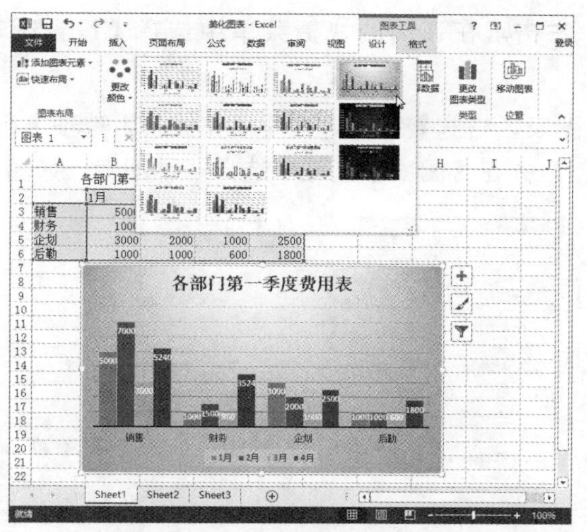

图9-107　选择图表样式

9.6.2　设置艺术字样式

用户可以为图表中的文字添加艺术字样式，从而美化图表，具体步骤如下。

步骤 1　选中图表中的标题，单击【格式】选项卡下【艺术字样式】选项组中的【快速样式】按钮，在弹出的下拉列表中选择一种艺术字样式，如图9-108所示。

步骤 2　选择后，即可为图表的标题添加艺术字样式效果，如图9-109所示。

图9-108　选择艺术字样式

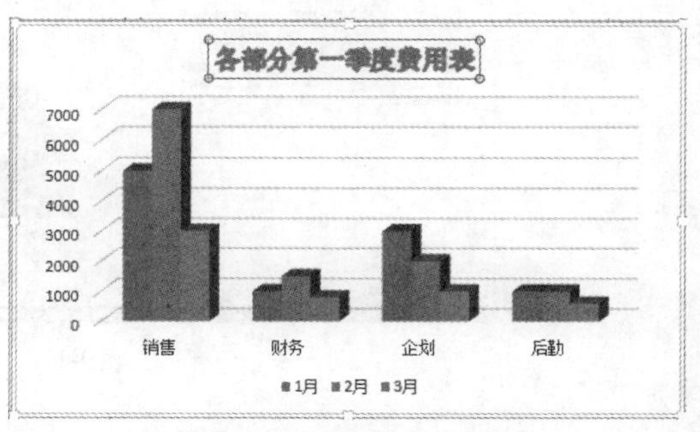

图9-109　添加艺术字效果

提示　当选中整个图表，设置艺术字样式时，可以为整个图表中的文字应用该艺术字样式。

9.6.3　设置填充效果

在【设置图表区格式】窗格中可以设置图表区域的填充效果来美化图表，具体步骤如下。

步骤 1 选中图表，右击，在弹出的快捷菜单中选择【设置图表区域格式】命令，如图9-110所示。

步骤 2 弹出【设置图表区格式】窗格，在【填充线条】选项卡下的【填充】选项组中选中【图案填充】单选按钮，并在【图案】区域中选择一种图案，如图9-111所示。

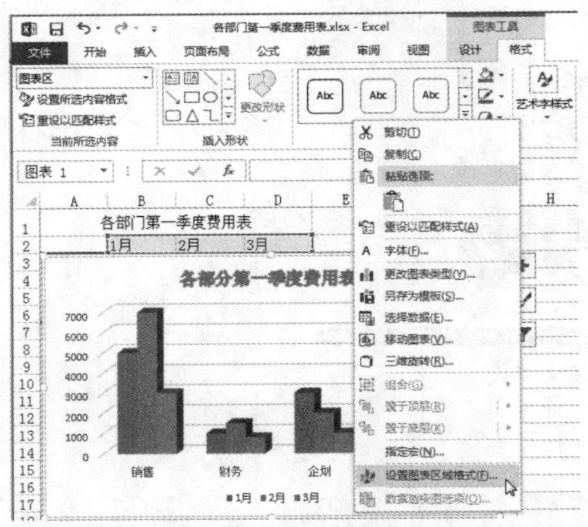

图9-110 选择【设置图表区域格式】命令

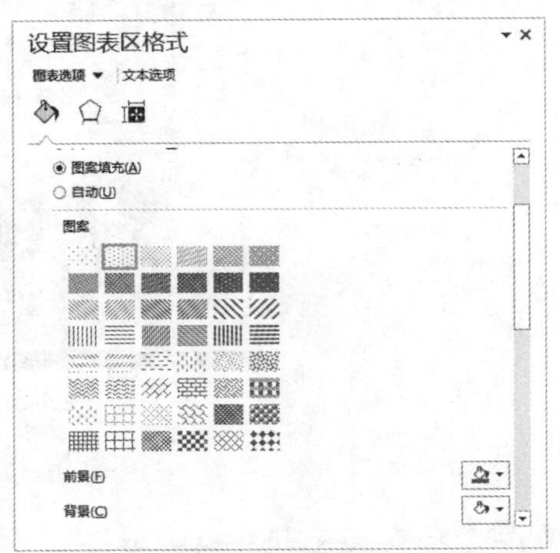

图9-111 选择填充的图案样式

步骤 3 关闭【设置图表区格式】窗格，图表最终效果如图9-112所示。

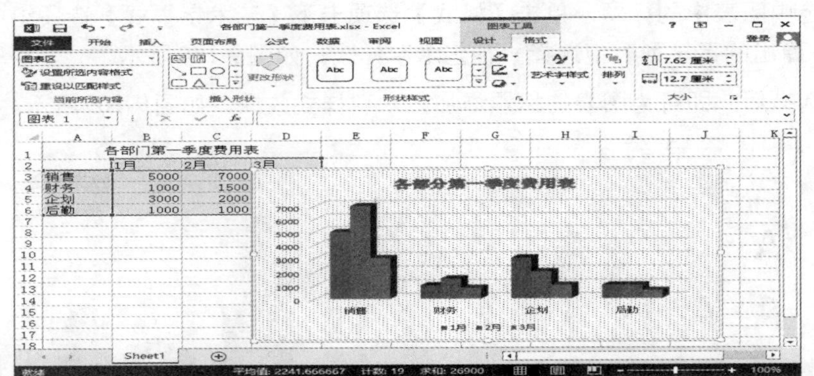

图9-112 填充图表背景

9.6.4 设置边框效果

设置边框效果的具体步骤如下。

步骤 1 选中图表，右击，在弹出的快捷菜单中选择【设置图表区域格式】命令，弹出【设置图表区格式】窗格，在【填充线条】选项卡下的【边框】选项组中选中【实线】单选按钮，在【颜色】下拉列表框中选择【红色】，设置【宽度】为【3磅】，如图9-113所示。

步骤 2 关闭【设置图表区格式】窗格，设置边框后的效果如图9-114所示。

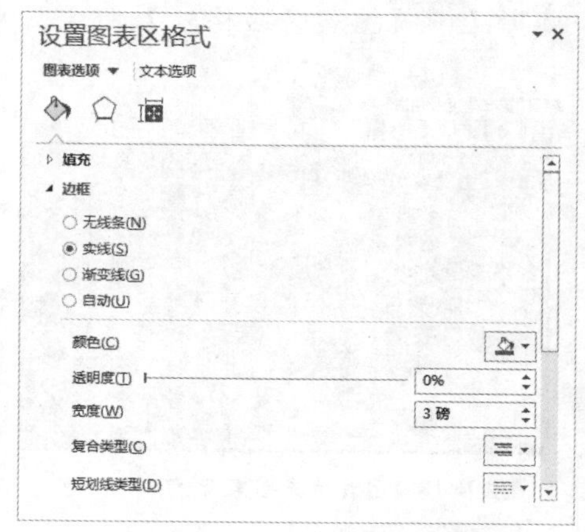

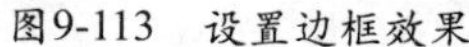

图9-113　设置边框效果

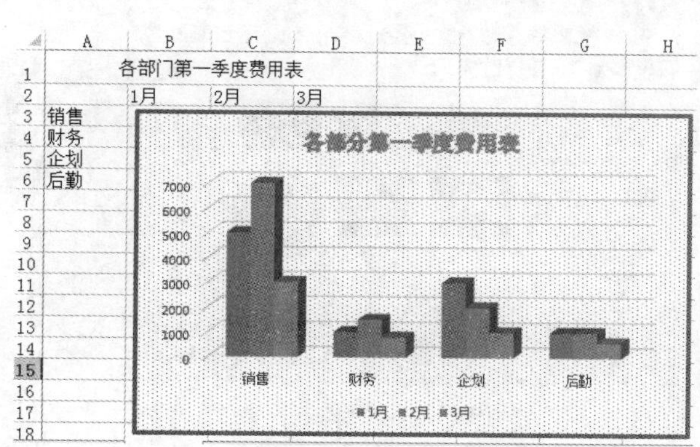

图9-114　添加图表的边框线

9.6.5 使用图片填充图表

使用图片填充图表的具体步骤如下。

步骤 1　打开随书光盘中的“素材\ch09\各部门第一季度费用表.xlsx”工作簿，并插入折线图表，右击，在弹出的快捷菜单中选择【设置图表区域格式】命令，如图9-115所示。

步骤 2　弹出【设置图表区格式】窗格，在【填充线条】选项卡下的【填充】选项组中选中【图片或纹理填充】单选按钮，单击【文件】按钮，如图9-116所示。

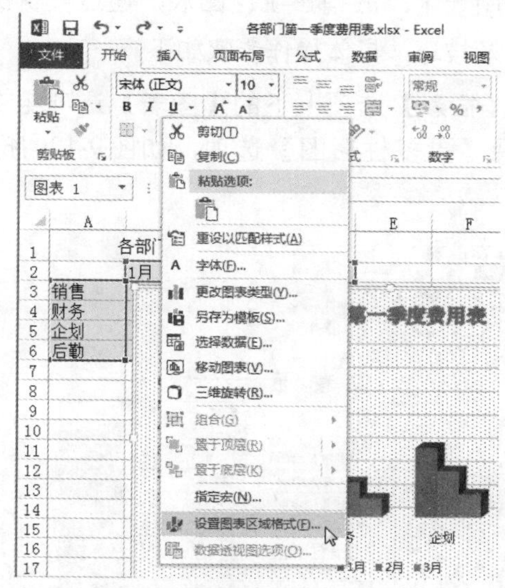

图9-115　选择【设置图表区域格式】命令

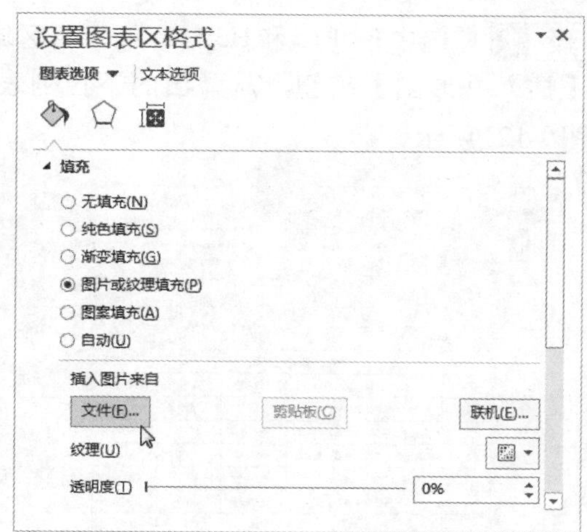

图9-116　单击【文件】按钮

步骤 3　弹出【插入图片】对话框，在其中选择需要的背景图片，单击【插入】按钮，如图9-117所示。

步骤 4　关闭【设置图表区格式】窗格，最终图片填充效果如图9-118所示。

图9-117　选择图片

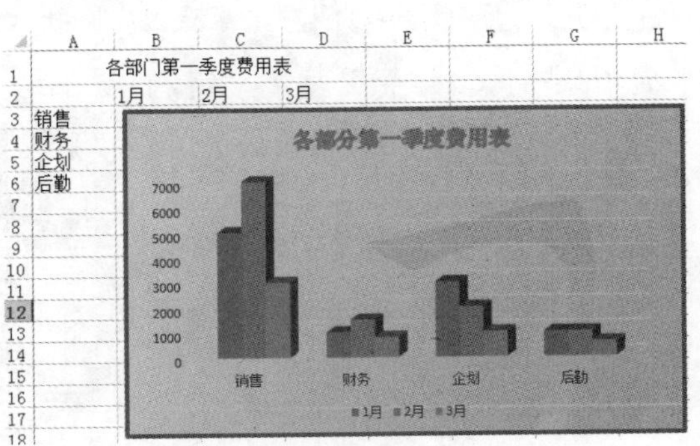

图9-118　图片填充图表背景

9.7 高效办公技能实战

9.7.1 高效办公技能1——绘制产品销售统计图表

这里以冰箱销量表为例，如图9-119所示，来绘制一个产品销售统计图表，通过实例的学习，有助于读者巩固使用图表分析工作表数据的方法及技巧，具体操作步骤如下。

步骤 1　选中F3:F15和H3:H15单元格区域，在【插入】选项卡下的【图表】选项组中单击【插入柱形图】按钮，从弹出的下拉列表中选择【更多柱形图】选项，如图9-120所示，如图9-121所示。

冰箱销量表

排名	冰箱厂家	冰箱名称	型号	销售数量
1	海尔有限公司	海尔	单门	30000
2	惠而浦（中国）股份有限公司	惠而浦	双门	29000
3	伊莱克斯（中国）电器有限公司	伊莱克斯	三门	24000
4	博西华制冷有限公司	西门子	单门	21100
5	苏州三星电子有限公司	三星	四门	19800
6	韩国LG集团	LG	双门	18000
7	海信容声（广东）冰箱有限公司	海信	多门	16400
8	松下电子产业株式会社	松下	多门	15500
9	美的集团有限公司	美的	三门	12000
10	海信容声（广东）冰箱有限公司	容声	四门	11150
11	TCL集团股份有限公司	TCL	单门	11000
12	康佳集团股份有限公司	康佳	双门	9980

图9-119　原始数据

图9-120　选择【更多柱形图】选项

步骤 2 打开【插入图表】对话框，从中选择需要插入的图表的类型，然后单击【确定】按钮，即可完成图表的创建，如图9-122所示。

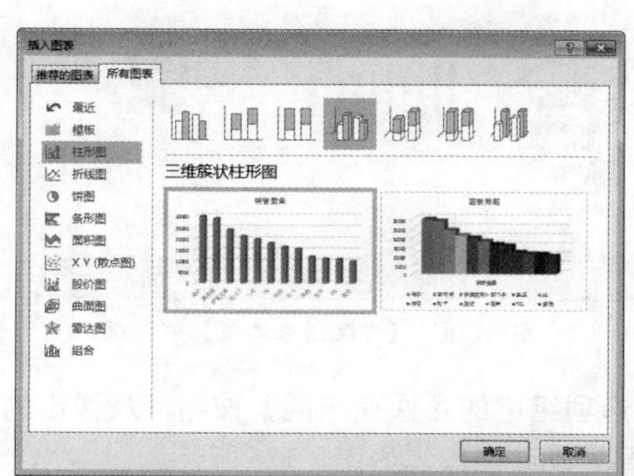

图9-121 【插入图表】对话框

图9-122 创建图表

步骤 3 至此，一张嵌入式图表创建完成。用户如果想创建一个图表工作表，只需右击创建好的图表，从弹出的快捷菜单中选择【移动图表】命令，即可打开【移动图表】对话框，如图9-123所示。

步骤 4 在该对话框中选中【新工作表】单选按钮，并在相应的文本框中输入相应的名称，单击【确定】按钮完成移动操作，实现图表工作表的创建，如图9-124所示。

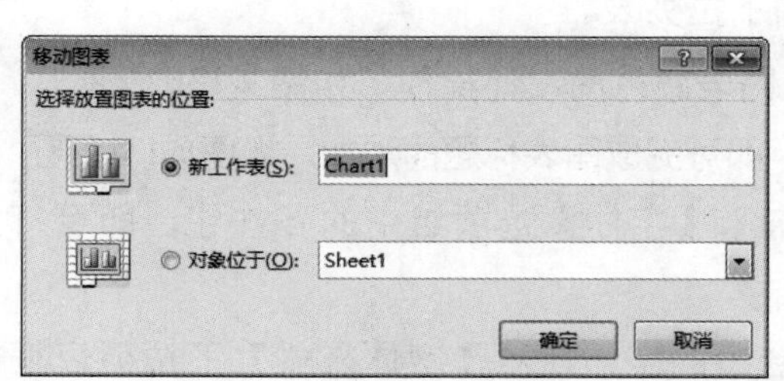

图9-123 【移动图表】对话框

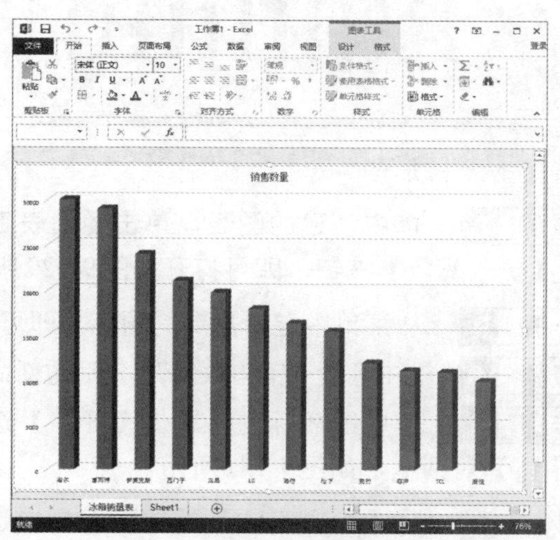

图9-124 创建图表

步骤 5 选中图表并右击图表区，从弹出的如图9-125所示的快捷菜单中选择【更改图表类型】命令，即可打开【更改图表类型】对话框，如图9-126所示。

步骤 6 选择需要更改的图表类型，并在右侧选择下属类型，然后单击【确定】按钮即可完成图表类型的更改操作，如图9-127所示。

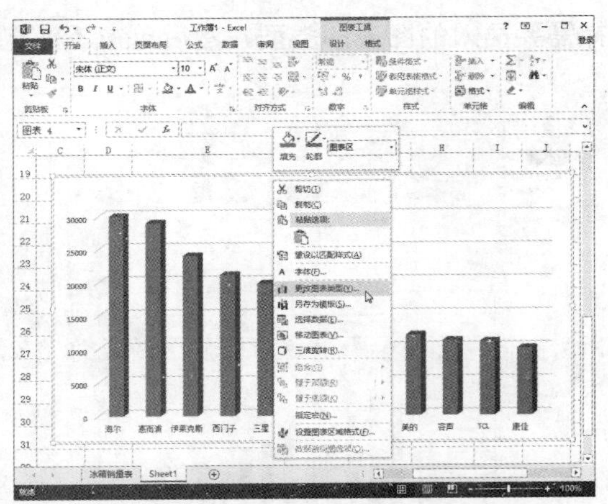
图9-125　选择【更改图表类型】命令

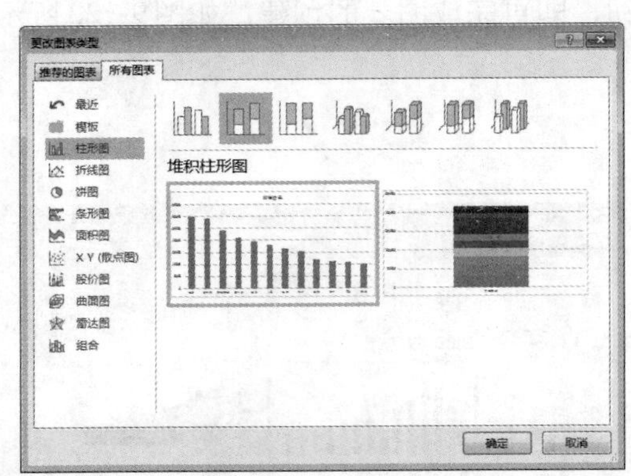
图9-126　【更改图表类型】对话框

步骤 7 单击【设计】选项卡下【图表布局】选项组中的【快速布局】按钮，从弹出的下拉列表中选择需要的布局样式，即可完成图表布局的设计操作，如图9-128所示。

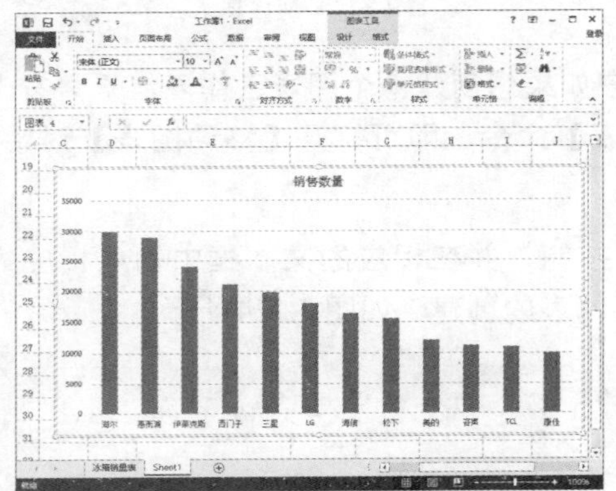

图9-127　图形更改结果显示

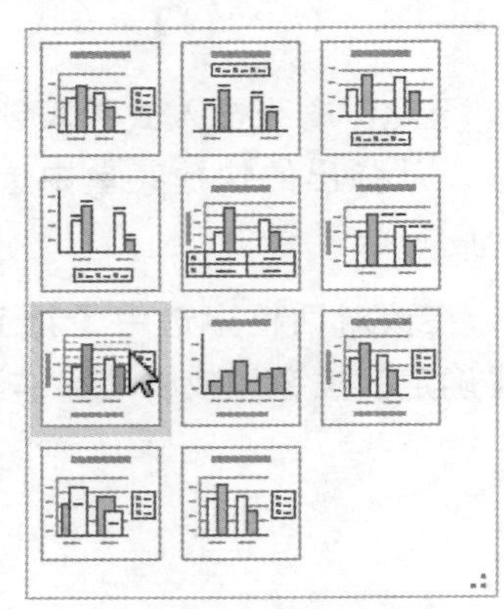
图9-128　设计图表布局

步骤 8 选中创建的图表，单击【图表工具】|【设计】选项卡下【图表样式】选项组中的【更改颜色】按钮，即可打开如图9-129所示的下拉列表。

步骤 9 从菜单中选择需要的颜色，即可完成图表颜色的设计操作，如图9-130所示。

步骤 10 选中标题“销售数量”，然后重新命名，即可完成图表标题的添加，如图9-131所示。

步骤 11 选中图表标题，单击【开始】选项卡下【字体】选项组中的按钮，即可打开【字体】对话框，如图9-132所示。

步骤 12 从【中文字体】下拉列表框中选择合适的字体，从【字体样式】下拉列表框中选择【常规】选项，在【大小】微调框中输入字号，然后单击【字体颜色】下拉按钮，从弹出的下拉列表中选择字体的颜色，最后单击【确定】按钮，即可完成图表字体的设置，如图9-133所示。

步骤 13 选中标题文本框并右击，从弹出的快捷菜单中选择【设置图表标题格式】命令，打开【设置图表标题格式】窗格，选择【填充】选项卡，进入【填充】设置界面，选中【纯色填充】单

选按钮，然后单击【颜色】下拉按钮，从弹出的下拉列表中选择合适的颜色，如图9-134所示。

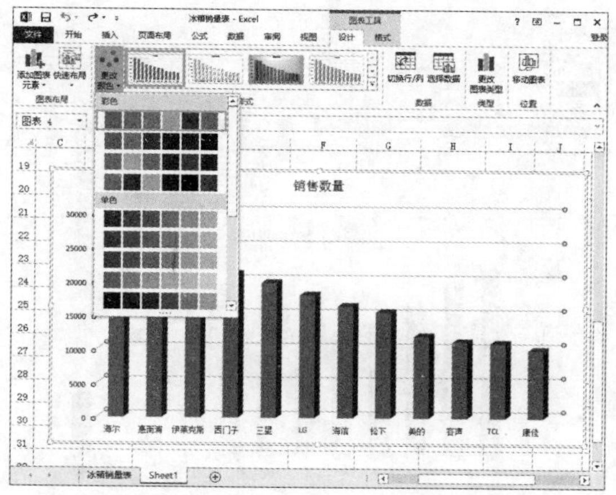

图9-129　【更改颜色】下拉列表

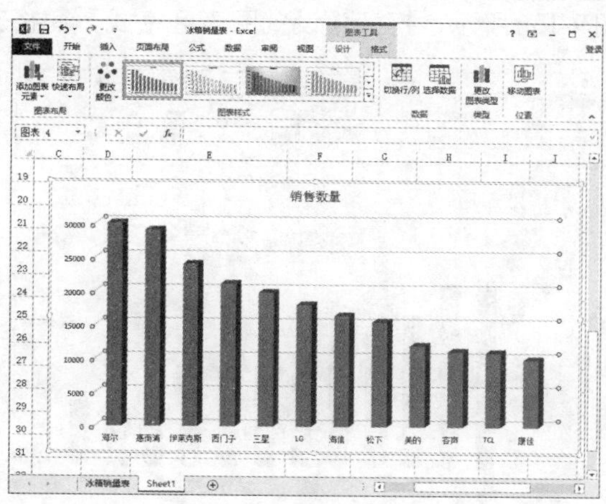

图9-130　设计图表颜色

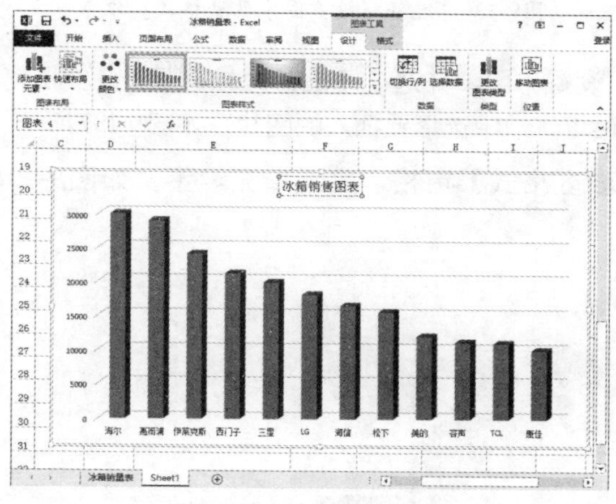

图9-131　添加图表标题

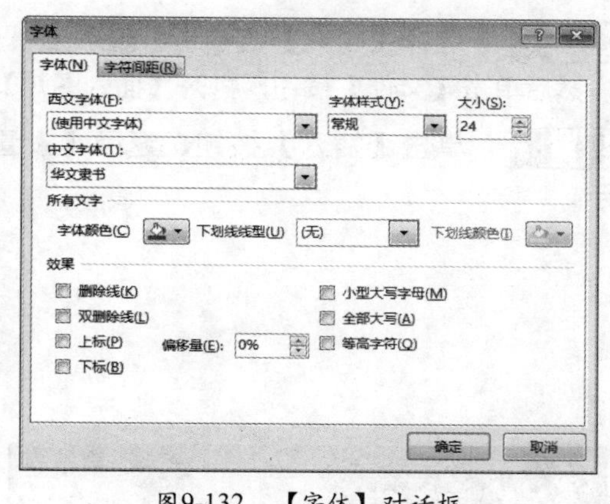

图9-132　【字体】对话框

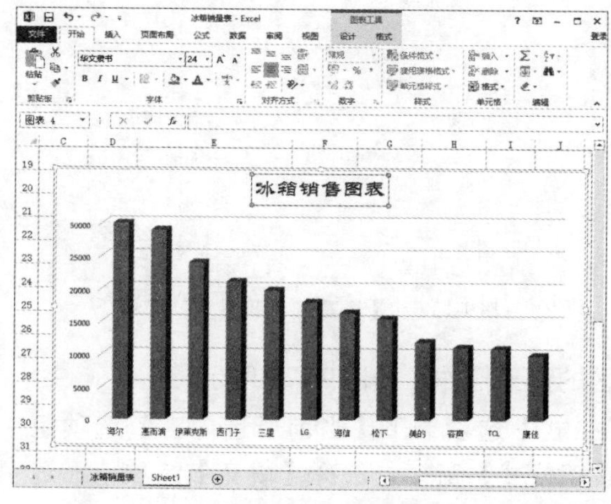

图9-133　设置图表标题字体

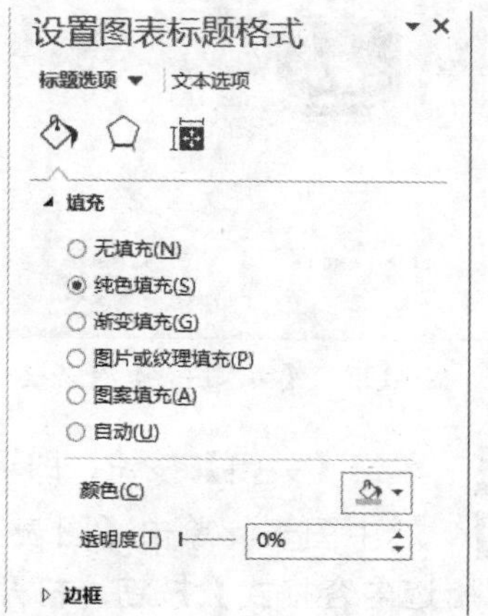

图9-134　【设置图表标题格式】窗格

步骤 14　设置完毕后，单击【关闭】按钮，即可完成图表标题的设置，如图9-135所示。

步骤 15　选中图表区，右击，从弹出的快捷菜单中选择【设置图表区域格式】命令，如图9-136所示，打开【设置图表区格式】窗格。

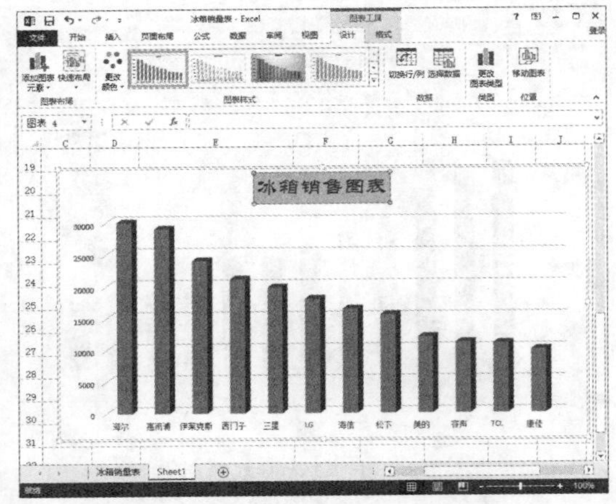

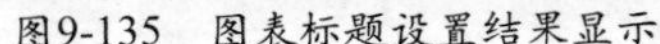
图9-135　图表标题设置结果显示

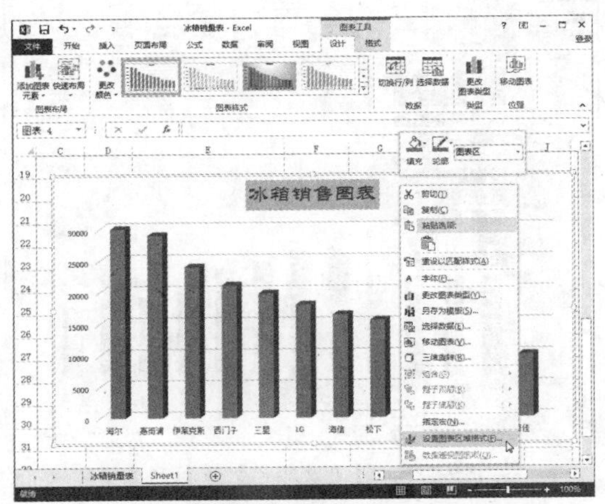

图9-136　选择【设置图表区域格式】命令

步骤 16　选择【填充】选项卡，进入【填充】设置界面，并选中【图片或纹理填充】单选按钮，然后单击【文件】按钮，打开【插入图片】对话框，从中选择要插入的图片，如图9-137所示。

步骤 17　单击【插入】按钮，返回【设置图表区格式】窗格，完成填充设置，如图9-138所示。

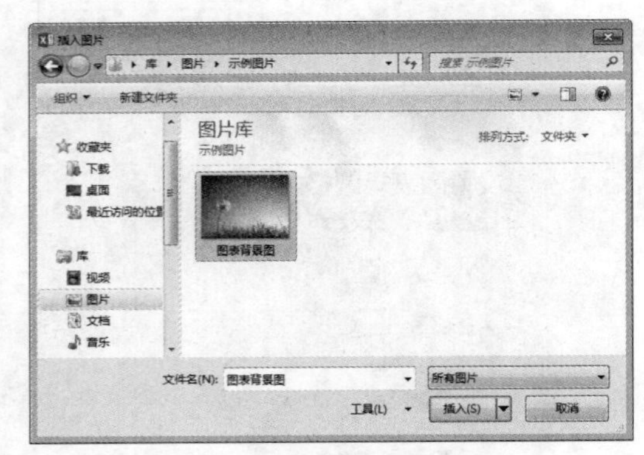

图9-137　【插入图片】对话框

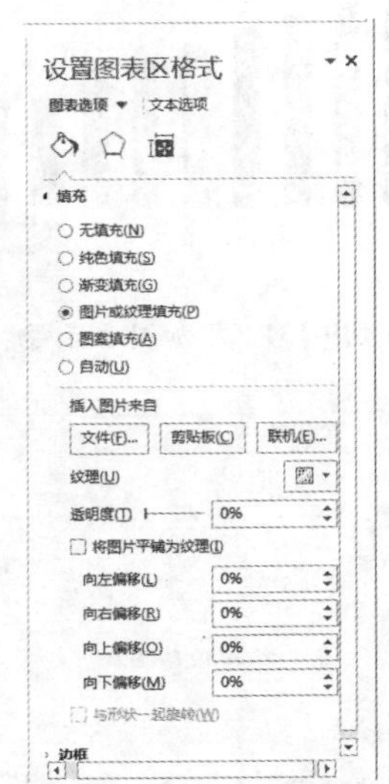

图9-138　【设置图表区格式】窗格

步骤 18　单击【关闭】按钮，即可完成图表区的设置操作，如图9-139所示。

步骤 19　选中图表，单击【图表工具】|【格式】选项卡下【当前所选内容】选项组中的【设置所选内容格式】按钮，打开【设置背景墙格式】窗格，选择【填充】选项卡，选中【渐变填充】单选按钮，然后单击【渐变光圈】选项组中的【颜色】下拉按钮，从弹出的下拉列表中选择所需的颜色，如图9-140所示。

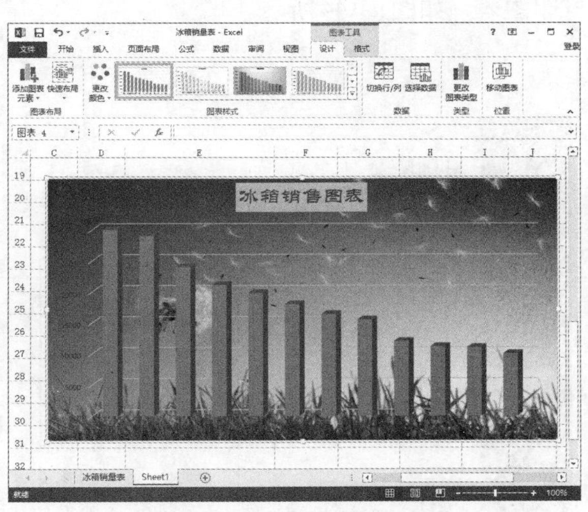

图9-139 图表区格式设置效果

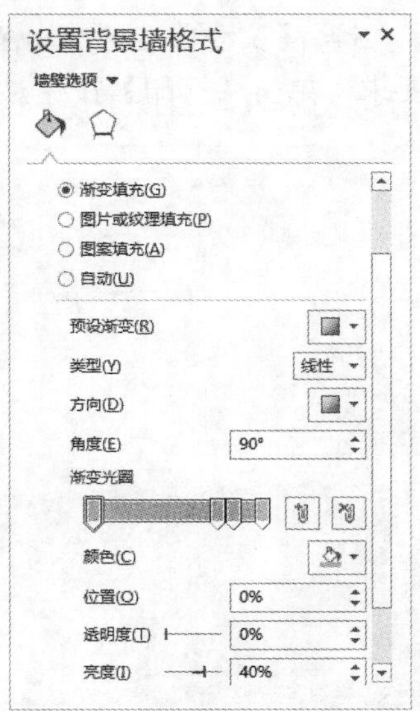

图9-140 【设置背景墙格式】窗格

步骤 20 单击【关闭】按钮，即可显示设置背景墙后的效果，至此，产品销售统计图表制作完成，如图9-141所示。

> 提示 此外，用户还可以选中背景区域，然后右击，从弹出的快捷菜单中选择【设置背景墙格式】命令，如图9-142所示，也可以打开【设置背景墙格式】窗格。

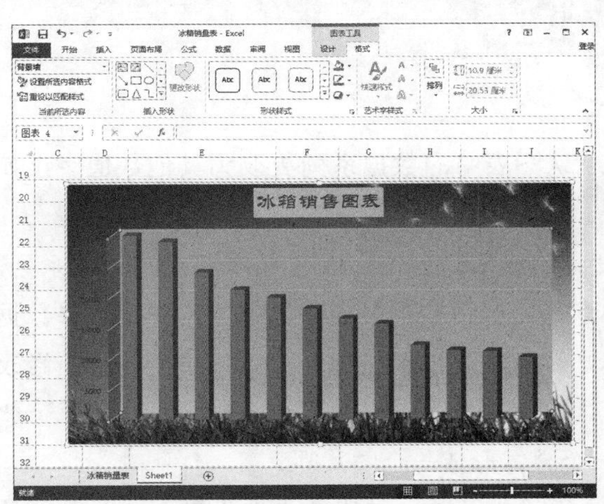

图9-141 背景墙设置效果

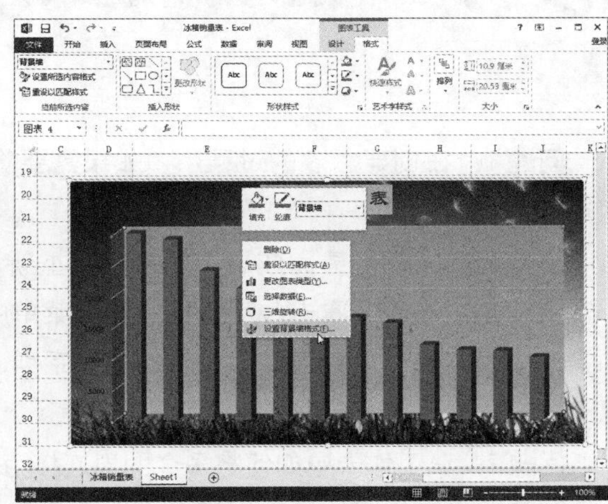

图9-142 选择【设置背景墙格式】命令

9.7.2 高效办公技能2——输出制作好的图表

图表创建好之后，用户可以在打印预览下查看最终效果图，然后对满意的图表进行打印。

步骤 1 打开一个创建好的图表文件，然后选择需要打印的图表，如图9-143所示。

步骤 2 选择【文件】选项卡，在打开的界面中选择【打印】命令，即可查看打印效果，如果符合要求，单击【打印】按钮，即可开始打印图表，如图9-144所示。

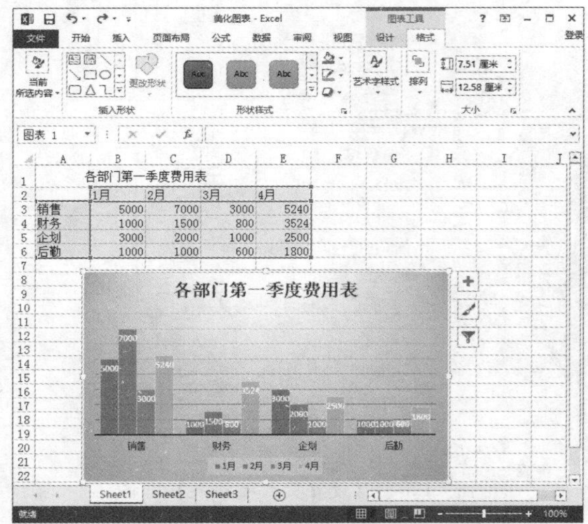

图9-143 选择要打印的图表

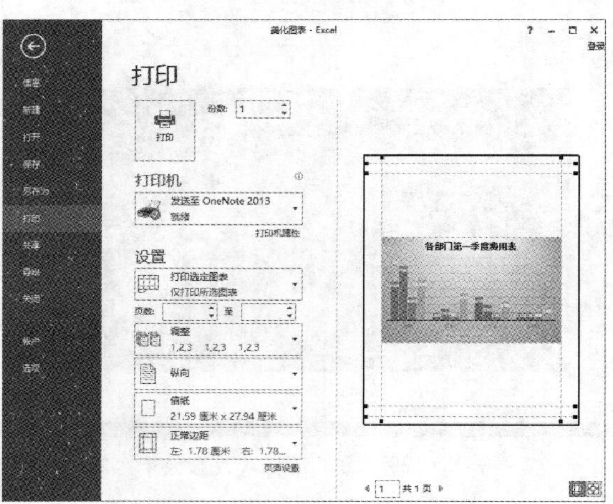

图9-144 打印预览

9.8 疑难问题解答

问题1：在创建图表的过程中，如果需要将默认图表中的数据系列更改为其他数值，该如何操作？

解答：在图表创建完成后，如果想要重新设置数据系列的值，或者是添加新的数据系列，都需要在选中图表后右击，从弹出的快捷菜单中选择【选择数据】命令，即可打开【选择数据源】对话框，在其中如果要添加新的数据系列，则单击【添加】按钮即可；如果需要重新修改已有的数据系列，则单击【编辑】按钮即可。

问题2：在工作表中如何将多个图表连接为一个整体形成一个图片呢？

解答：在工作表的操作界面中，按下Ctrl键或Shift键不放，依次单击选中需要连为整体的图表。然后右击，在弹出的快捷菜单中选择【组合】|【组合】命令，即可将选中的多个图表连接成一个图片，并且，此时形成的图片不具备图表的特征，如果用户需要恢复，则可以再次右击形成的图片，在弹出的快捷菜单中选择【组合】|【取消组合】命令即可。

第3篇

公式与函数

在Excel 2013中，应用公式有助于分析工作表中的数据，利用函数可以实现财务运算。本篇学习单元格和单元格区域的引用、公式和函数的使用方法。

单元格和单元格区域的引用

● **本章导读**

在Excel 工作表中，在单元格内使用公式或者函数对数据进行运算时，对单元格的引用必不可少，公式的灵活性是通过对单元格或者单元格区域的引用来实现的。本章将为读者介绍单元格和单元格区域的引用。

● **学习目标**

◎ 了解单元格引用的作用
◎ 掌握单元格引用的方法
◎ 掌握单元格引用的使用方法
◎ 掌握命名单元格的方法

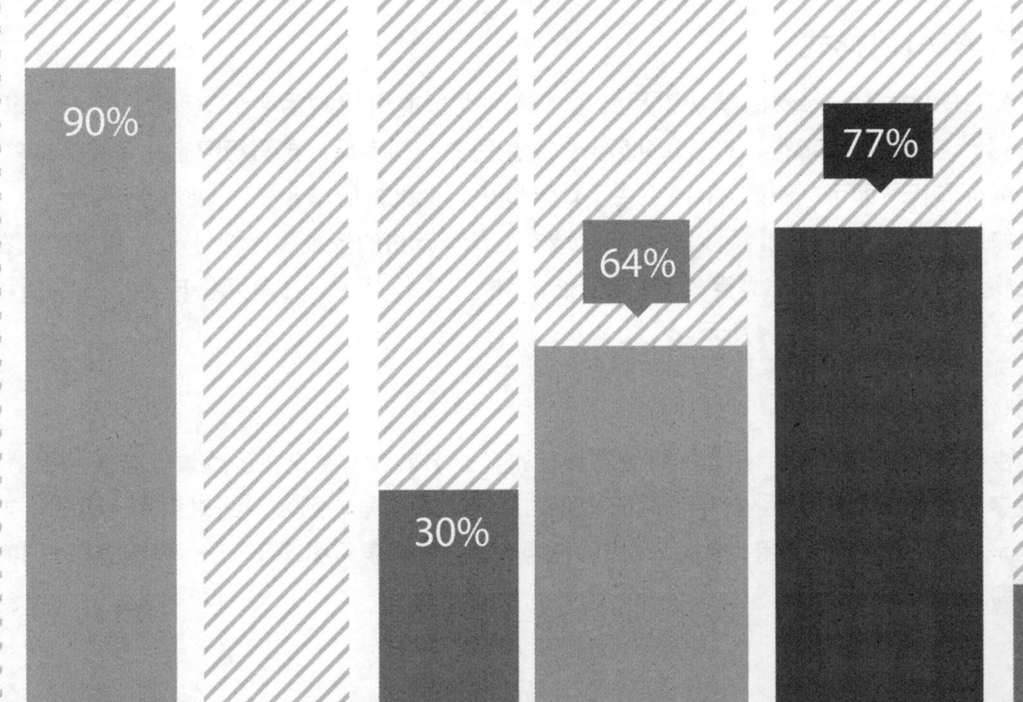

10.1 单元格引用

单元格引用就是对单元格地址的引用，即把单元格的数据和公式联系起来。

10.1.1 引用样式

单元格引用有不同的表示方法，既可以直接使用相应的地址表示，也可以用单元格的名字表示。用地址表示单元格引用有两种样式，一种是A1引用样式，如图10-1所示；另一种是R1C1引用样式，如图10-2所示。

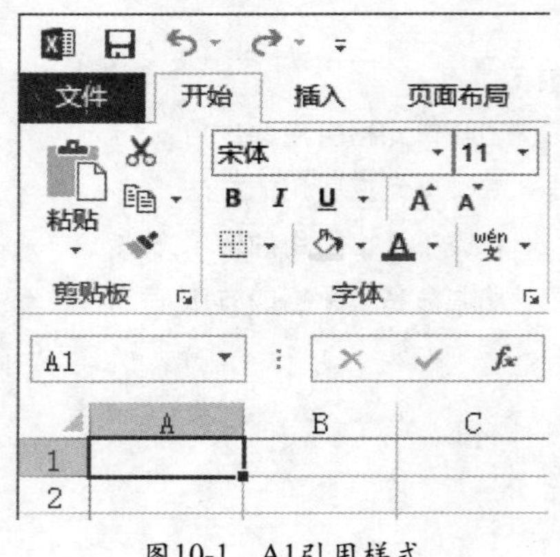

图10-1 A1引用样式

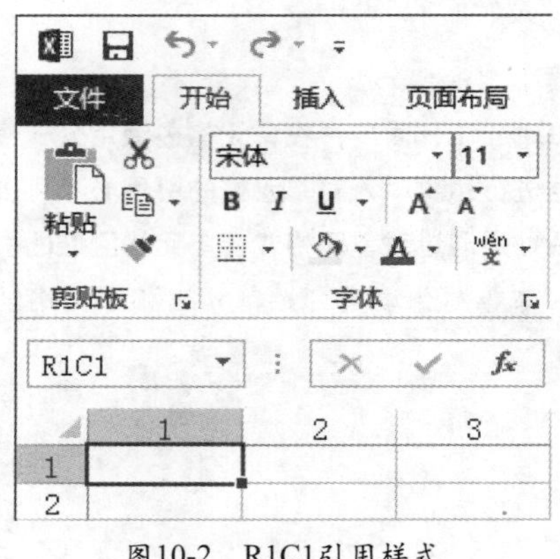

图10-2 R1C1引用样式

 1. A1引用样式

A1引用样式是Excel的默认引用类型。这种类型的引用是用字母表示列（A ～ XFD，共16384列），用数字表示行（1 ～ 1048576）。引用时先写列字母，再写行数字。若要引用单元格，输入列标和行号即可。例如，C10引用了C列和10行交叉处的单元格，如图10-3所示。

如果引用单元格区域，可以输入该区域左上角单元格的地址、比例号（:）和该区域右下角单元格的地址。例如，在“素材\ch10\工资表.xlsx”工作簿中，在单元格F2的公式中引用了单元格区域C2:E2，如图10-4所示。

 2. R1C1引用样式

在R1C1引用样式中，用R加行数字和C加列数字来表示单元格的位置。若表示相对引用，行数字和列数字都用中括号“[]”括起来；如果不加中括号，则表示绝对引用。例如，当前单元格是A1，则单元格引用为R1C1；加中括号R[1]C[1]则表示引用下面一行和右边一列的单元格，即B2。

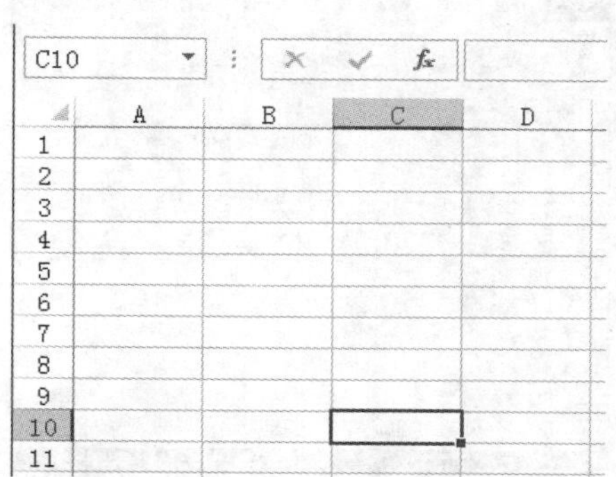

图10-3　引用单个单元格

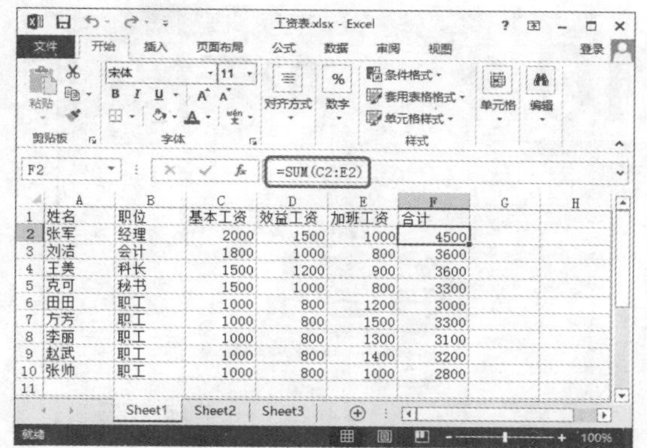

图10-4　引用单元格区域

提示 R代表Row，是行的意思；C代表Column，是列的意思。R1C1引用样式与A1引用样式中的绝对引用等价。

启用R1C1引用样式的具体步骤如下。

步骤 1 打开随书光盘中的“素材\ch10\工资表.xlsx”工作簿，如图10-5所示。

步骤 2 在Excel 2013中选择【文件】选项卡，在弹出的界面中选择【选项】命令，如图10-6所示。

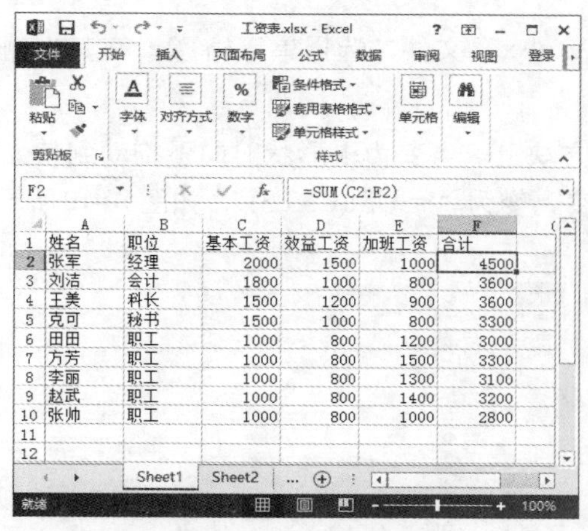

图10-5　打开素材文件

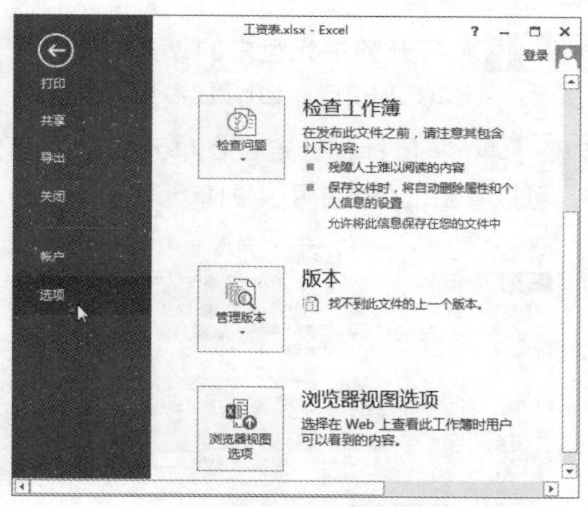

图10-6　【文件】工作界面

步骤 3 在弹出的【Excel选项】对话框的左侧选择【公式】选项，在右侧的【使用公式】区域中选中【R1C1引用样式】复选框，如图10-7所示。

步骤 4 单击【确定】按钮，即可启用R1C1引用样式。此时在“素材\ch10\工资表.xlsx”工作簿中，单元格R3C6公式中引用的单元格区域表示为“RC[-3]:RC[-1]”，如图10-8所示。

提示 在Excel工作表中，如果引用的是同一工作表中的数据，可以使用单元格地址引用；如果引用的是其他工作簿或工作表中的数据，可以使用名称来代表单元格、单元格区域、公式或值。

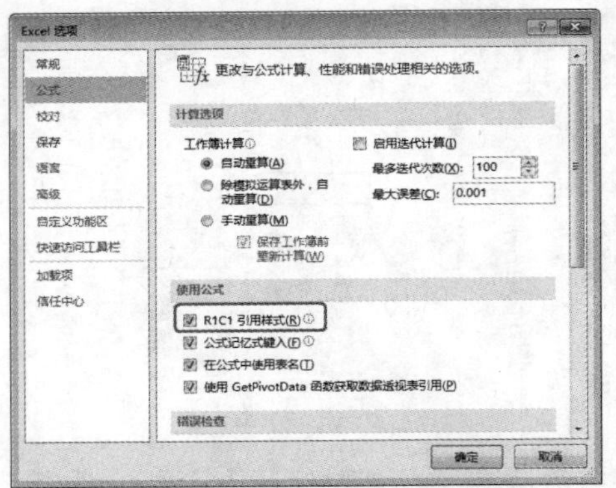

图10-7 【Excel选项】对话框

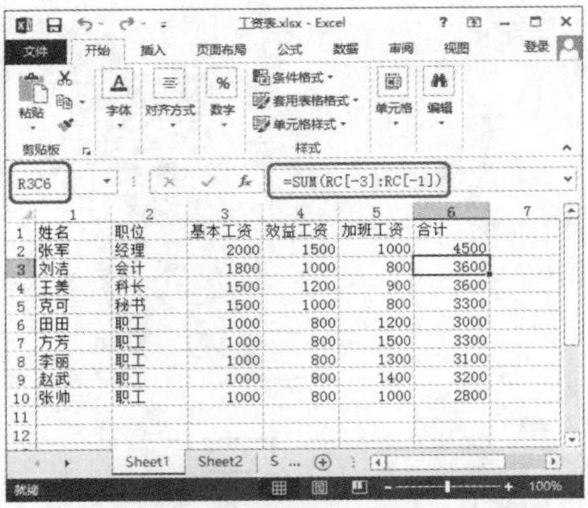

图10-8 R1C1引用样式

10.1.2 相对引用

相对引用是指单元格的引用会随公式所在单元格位置的变更而改变。复制公式时，系统不是把原来的单元格地址原样照搬，而是根据公式原来的位置和复制的目标位置来推算出公式中单元格地址相对原来位置的变化。默认情况下，公式使用的就是相对引用。下面演示其效果，具体操作步骤如下。

步骤 1 打开随书光盘中的“素材\ch10\工资表.xlsx”文件，选择单元格F2，在其中输入公式“=SUM(C2:E2)”，如图10-9所示。

步骤 2 将鼠标指针定位在单元格F2右下角的方块上，当变为**+**形状时向下拖动到单元格F3，可以看到，公式中引用的单元格地址会自动改变，变为“=SUM(C3:E3)”，如图10-10所示。

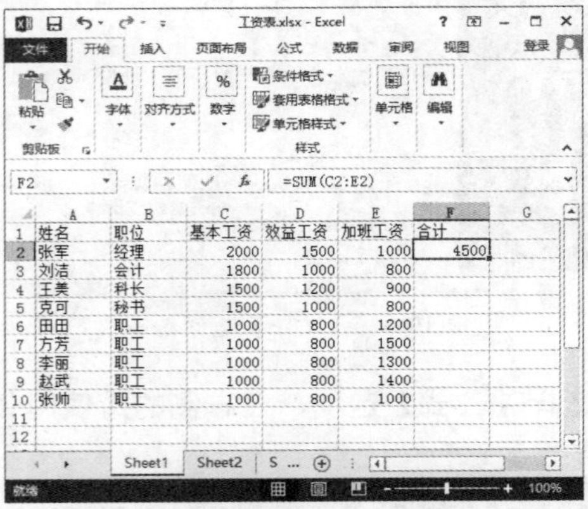

图10-9 输入公式

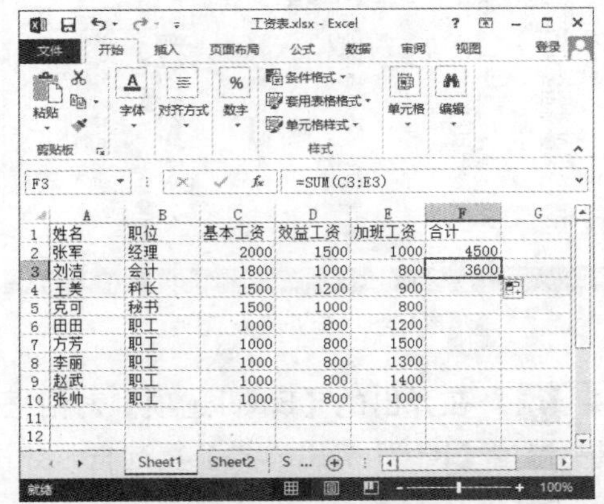

图10-10 向下引用公式

10.1.3 绝对引用

绝对引用是指在复制公式时，无论如何改变公式的位置，其引用单元格的地址都不会改变。

绝对引用的表示形式是在普通地址的前面加“$”，如C1单元格的绝对引用形式是$C$1。

步骤 1 打开随书光盘中的“素材\ch10\工资表.xlsx”工作簿，修改单元格F2中的公式为“=$C$2+$D$2+$E$2”，如图10-11所示。

步骤 2 移动鼠标指针到单元格F2的右下角，当指针变成✚形状时向下拖动至单元格F3，则单元格F3中的公式仍然为“=$C$2+$D$2+$E$2”，即表示这种公式为绝对引用，如图10-12所示。

F2 =$C$2+$D$2+$E$2

	A	B	C	D	E	F	G
1	姓名	职位	基本工资	效益工资	加班工资	合计	
2	张军	经理	2000	1500	1000	4500	
3	刘洁	会计	1800	1000	800		
4	王美	科长	1500	1200	900		
5	克可	秘书	1500	1000	800		
6	田田	职工	1000	800	1200		
7	方芳	职工	1000	800	1500		
8	李丽	职工	1000	800	1300		
9	赵武	职工	1000	800	1400		
10	张帅	职工	1000	800	1000		

图10-11 修改公式

F3 =$C$2+$D$2+$E$2

	A	B	C	D	E	F
1	姓名	职位	基本工资	效益工资	加班工资	合计
2	张军	经理	2000	1500	1000	4500
3	刘洁	会计	1800	1000	800	4500
4	王美	科长	1500	1200	900	
5	克可	秘书	1500	1000	800	
6	田田	职工	1000	800	1200	
7	方芳	职工	1000	800	1500	
8	李丽	职工	1000	800	1300	
9	赵武	职工	1000	800	1400	
10	张帅	职工	1000	800	1000	
11						
12						

Sheet1 Sheet2 S ...

图10-12 绝对引用公式

10.1.4 混合引用

除了相对引用和绝对引用，还有混合引用，也就是相对引用和绝对引用的共同引用。当需要固定行引用而改变列引用，或者固定列引用而改变行引用时，就要用到混合引用，即相对引用部分发生改变，绝对引用部分不变。例如，$B5、B$5都是混合引用。

步骤 1 打开随书光盘中的“素材\ch10\工资表.xlsx”工作簿，修改F2单元格中的公式为“=$C2+D$2+E2”，如图10-13所示。

步骤 2 移动鼠标指针到单元格F2的右下角，当指针变成✚形状时向下拖至单元格F3，则单元格F3中的公式变为“=$C3+D$2+E3”，如图10-14所示。

F2 =$C2+D$2+E2

	A	B	C	D	E	F
1	姓名	职位	基本工资	效益工资	加班工资	合计
2	张军	经理	2000	1500	1000	4500
3	刘洁	会计	1800	1000	800	
4	王美	科长	1500	1200	900	
5	克可	秘书	1500	1000	800	
6	田田	职工	1000	800	1200	
7	方芳	职工	1000	800	1500	
8	李丽	职工	1000	800	1300	
9	赵武	职工	1000	800	1400	
10	张帅	职工	1000	800	1000	
11						
12						

图10-13 修改公式

F3 =$C3+D$2+E3

	A	B	C	D	E	F
1	姓名	职位	基本工资	效益工资	加班工资	合计
2	张军	经理	2000	1500	1000	4500
3	刘洁	会计	1800	1000	800	4100
4	王美	科长	1500	1200	900	
5	克可	秘书	1500	1000	800	
6	田田	职工	1000	800	1200	
7	方芳	职工	1000	800	1500	
8	李丽	职工	1000	800	1300	
9	赵武	职工	1000	800	1400	
10	张帅	职工	1000	800	1000	
11						
12						

Sheet1 Sheet2 ...

图10-14 混合引用公式

提示 工作簿和工作表中的引用都是绝对引用，没有相对引用；在编辑栏中输入单元格地址后，可以按F4键切换“绝对引用”“混合引用”和“相对引用”这3个状态。

10.1.5 三维引用

三维引用是对跨工作表或工作簿中的两个工作表或者多个工作表中的单元格或单元格区域的引用。三维引用的形式为“工作表名!单元格地址”，进行三维引用的具体步骤如下。

步骤 1 打开随书光盘中的“素材\ch10\工资表.xlsx”工作簿，选择Sheet2工作表，并将鼠标指针定位在D2单元格中，如图10-15所示。

步骤 2 在单元格D2中输入公式“=”，然后切换到Sheet1工作表中，单击F2单元格，如图10-16所示。

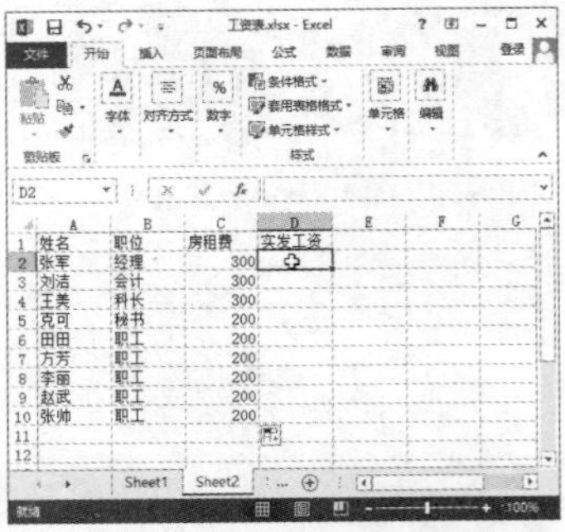

	A	B	C	D
1	姓名	职位	房租费	实发工资
2	张军	经理	300	
3	刘洁	会计	300	
4	王美	科长	300	
5	克可	秘书	200	
6	田田	职工	200	
7	方芳	职工	200	
8	李丽	职工	200	
9	赵武	职工	200	
10	张帅	职工	200	

图10-15 定位单元格

F2 =Sheet1!F2

	A	B	C	D	E	F
1	姓名	职位	基本工资	效益工资	加班工资	合计
2	张军	经理	2000	1500	1000	4500
3	刘洁	会计	1800	1000	800	3600
4	王美	科长	1500	1200	900	3600
5	克可	秘书	1500	1000	800	3300
6	田田	职工	1000	800	1200	3000
7	方芳	职工	1000	800	1500	3300
8	李丽	职工	1000	800	1300	3100
9	赵武	职工	1000	800	1400	3200
10	张帅	职工	1000	800	1000	2800

图10-16 选择工作表Sheet1中的单元格

步骤 3 将工作表切换到Sheet 2中，输入“-”，单击C2单元格，如图10-17所示。

步骤 4 单击编辑栏中的✔按钮，完成函数的输入，结果如图10-18所示。

SUM =Sheet1!F2-Sheet2!C2

	A	B	C	D
1	姓名	职位	房租费	实发工资
2	张军	经理	300	=Sheet1!F2-Sheet2!C2
3	刘洁	会计	300	
4	王美	科长	300	
5	克可	秘书	200	
6	田田	职工	200	
7	方芳	职工	200	
8	李丽	职工	200	
9	赵武	职工	200	
10	张帅	职工	200	

图10-17 选择工作表Sheet2中的单元格

D2 =Sheet1!F2-Sheet2!C2

	A	B	C	D
1	姓名	职位	房租费	实发工资
2	张军	经理	300	4200
3	刘洁	会计	300	
4	王美	科长	300	
5	克可	秘书	200	
6	田田	职工	200	
7	方芳	职工	200	
8	李丽	职工	200	
9	赵武	职工	200	
10	张帅	职工	200	

图10-18 计算数据

提示 在单元格D2的公式中，Sheet1!F2和Sheet2!C2两个单元格地址就使用了三维引用，分别引用了Sheet1中的F2单元格和Sheet2中的C2单元格。跨工作簿引用单元格或单元格区域时，引用对象的前面必须用“!”作为工作表分隔符，用中括号作为工作簿分隔符，其一般形式为“[工作簿名]工作表名!单元格地址”。

10.1.6 循环引用

当一个单元格内的公式直接或间接地引用了这个公式本身所在的单元格时，就称为循环引

用。在工作簿中使用循环引用时，在状态栏中会显示“循环引用”字样，并显示循环引用的单元格地址。

> **注意**　单元格中如果使用了循环引用，Excel 2013将无法自动计算其结果。此时可以先定位和取消循环引用，利用“迭代”功能设置循环引用中涉及的单元格循环次数。

进行循环引用的具体步骤如下。

步骤 1　打开随书光盘中的“素材\ch10\工资表.xlsx”工作簿，选择单元格F4，在编辑栏中输入函数公式“=SUM(C4:F4)”后单击✔按钮，如图10-19所示。

步骤 2　系统会弹出信息提示框，单击【确定】按钮，如图10-20所示。

SUM　=SUM(C4:F4)

	A	B	C	D	E	F	G
1	姓名	职位	基本工资	效益工资	加班工资	合计	
2	张军	经理	2000	1500	1000	4500	
3	刘洁	会计	1800	1000	800	3600	
4	王美	科长	1500	1200	900	=SUM(C4:F4)	
5	克可	秘书	1500	1000	800		
6	田田	职工	1000	800	1200		
7	方芳	职工	1000	800	1500		
8	李丽	职工	1000	800	1300		
9	赵武	职工	1000	800	1400		
10	张帅	职工	1000	800	1000		
11							
12							
13							

Sheet1　Sheet2

图10-19　输入公式

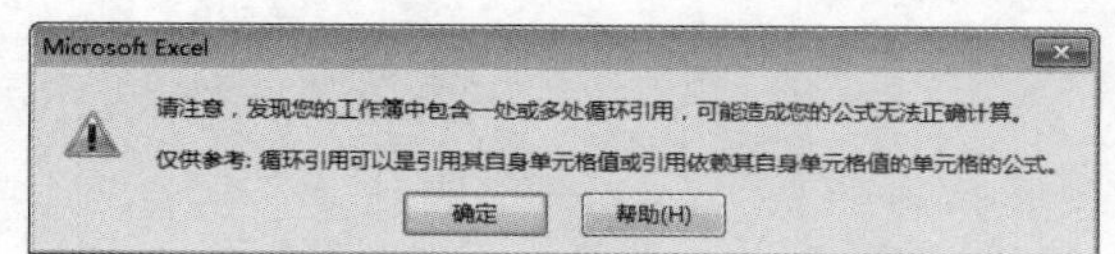

图10-20　信息提示框

步骤 3　工作表中显示计算结果为0，如图10-21所示。

步骤 4　选中任意单元格，如选中单元格F5，在【公式】选项卡中，单击【公式审核】选项组中【错误检查】按钮右侧的下拉按钮，在弹出的下拉列表中选择【循环引用】|$F$4选项，如图10-22所示。

F4　=SUM(C4:F4)

	A	B	C	D	E	F	G
1	姓名	职位	基本工资	效益工资	加班工资	合计	
2	张军	经理	2000	1500	1000	4500	
3	刘洁	会计	1800	1000	800	3600	
4	王美	科长	1500	1200	900	0	
5	克可	秘书	1500	1000	800		
6	田田	职工	1000	800	1200		
7	方芳	职工	1000	800	1500		
8	李丽	职工	1000	800	1300		
9	赵武	职工	1000	800	1400		
10	张帅	职工	1000	800	1000		
11							
12							
13							

Sheet1　Sheet2

图10-21　显示计算结果

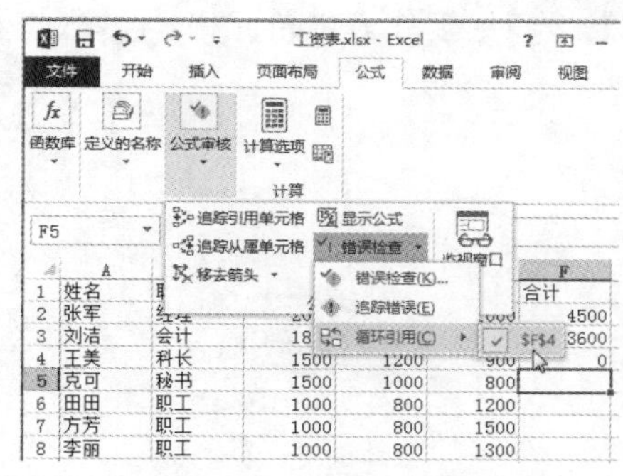

图10-22　选择$F$4选项

步骤 5　选择后，即定位到单元格F4中，如图10-23所示。

步骤 6　选择【文件】选项卡，在弹出的界面中选择【选项】命令，如图10-24所示。

步骤 7　弹出【Excel选项】对话框，在左侧的列表中选择【公式】选项，在右侧的【计算选项】区域中选中【启用迭代计算】复选框，在【最多迭代次数】微调框中输入迭代次数“1”，即重复计算的次数，然后单击【确定】按钮，如图10-25所示。

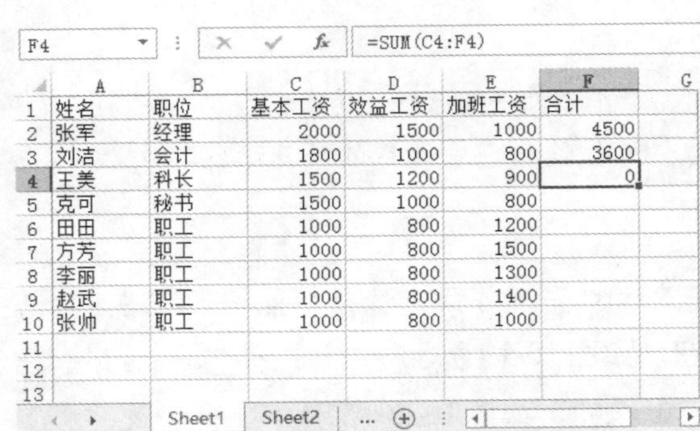

F4 =SUM(C4:F4)

	A	B	C	D	E	F	G
1	姓名	职位	基本工资	效益工资	加班工资	合计	
2	张军	经理	2000	1500	1000	4500	
3	刘洁	会计	1800	1000	800	3600	
4	王美	科长	1500	1200	900	0	
5	克可	秘书	1500	1000	800		
6	田田	职工	1000	800	1200		
7	方芳	职工	1000	800	1500		
8	李丽	职工	1000	800	1300		
9	赵武	职工	1000	800	1400		
10	张帅	职工	1000	800	1000		
11							
12							
13							

Sheet1 Sheet2

图10-23　定位到F4单元格

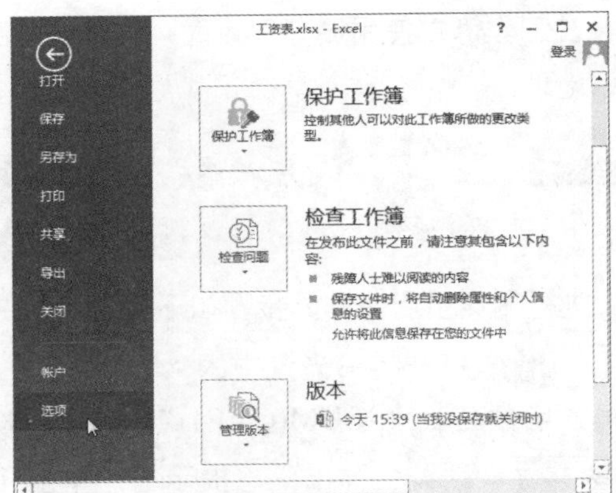

图10-24　选择【选项】命令

步骤 8　工作表中单元格F4的数据显示为3600，如图10-26所示。

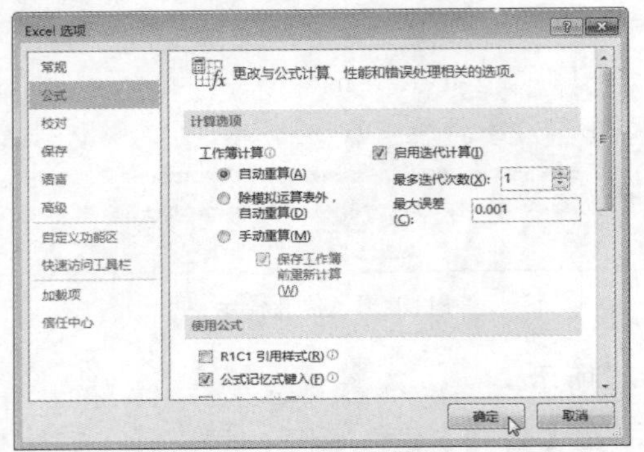

图10-25　【Excel选项】对话框

F4 =SUM(C4:F4)

	A	B	C	D	E	F	G
1	姓名	职位	基本工资	效益工资	加班工资	合计	
2	张军	经理	2000	1500	1000	4500	
3	刘洁	会计	1800	1000	800	3600	
4	王美	科长	1500	1200	900	3600	
5	克可	秘书	1500	1000	800		
6	田田	职工	1000	800	1200		
7	方芳	职工	1000	800	1500		
8	李丽	职工	1000	800	1300		
9	赵武	职工	1000	800	1400		
10	张帅	职工	1000	800	1000		
11							
12							

Sheet1 Sheet2 Sh ...

图10-26　在单元格F4中显示数据

步骤 9　在【Excel选项】对话框的【最多迭代次数】微调框中输入迭代次数“2”，单击【确定】按钮，工作表中单元格F4的数据显示为10800，如图10-27所示。

F4 =SUM(C4:F4)

	A	B	C	D	E	F	G
1	姓名	职位	基本工资	效益工资	加班工资	合计	
2	张军	经理	2000	1500	1000	4500	
3	刘洁	会计	1800	1000	800	3600	
4	王美	科长	1500	1200	900	10800	
5	克可	秘书	1500	1000	800		
6	田田	职工	1000	800	1200		
7	方芳	职工	1000	800	1500		
8	李丽	职工	1000	800	1300		
9	赵武	职工	1000	800	1400		
10	张帅	职工	1000	800	1000		
11							
12							

Sheet1 Sheet2 Sh ...

图10-27　迭代计算

提示

迭代次数越多，Excel计算工作表所需的时间越长。当设置【最多迭代次数】为1时，公式中计算次数是循环1次；设置【最多迭代次数】为2时，公式中计算次数是循环2次，依次类推。如果不改变默认的迭代设置，Excel将在100次迭代后，或者在两次相邻迭代得到的数值的变化小于0.001时，停止迭代运算。

10.2 使用引用

在定义公式时，要根据需要灵活地使用单元格的引用，以便准确、快捷地利用公式计算数据。

10.2.1 输入引用地址

可以直接输入引用地址，也可以用鼠标拖动提取地址，或者利用【折叠】按钮选择单元格区域。

1. 输入地址

输入公式时，可以直接输入引用地址，一般对公式进行修改时使用这种方法，如图10-28所示。

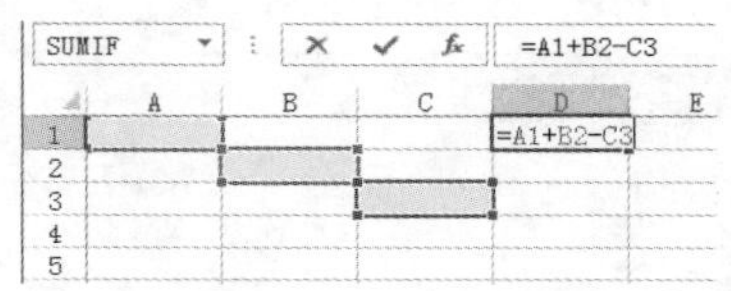

图10-28 输入地址

2. 提取地址

在编辑栏中需要输入单元格地址的位置处单击，然后在工作区拖动鼠标选择单元格区域，编辑栏中即可自动输入该单元格区域的地址，如图10-29所示。

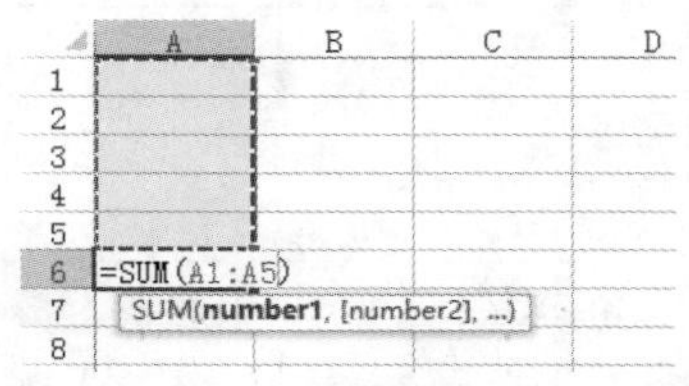

图10-29 提取地址

 3. 用【折叠】按钮输入

步骤 1 单击编辑栏中的 f_x 按钮，选择SUM函数，弹出SUM函数的【函数参数】对话框，如图10-30所示。

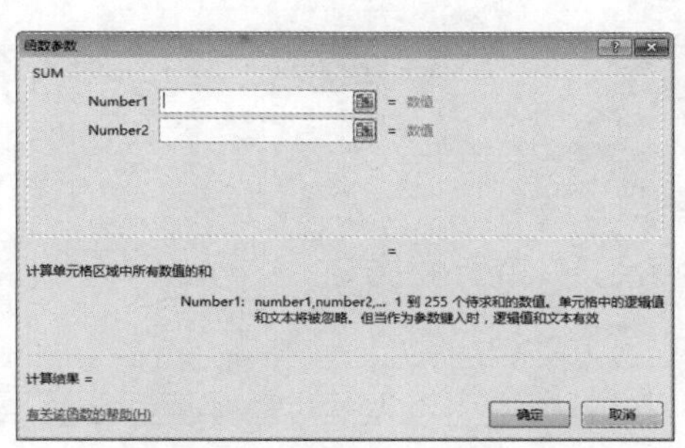

图10-30 【函数参数】对话框

步骤 2 单击单元格地址引用文本框右侧的【折叠】按钮，可以将对话框折叠起来，然后用鼠标选取单元格区域，如图10-31所示。

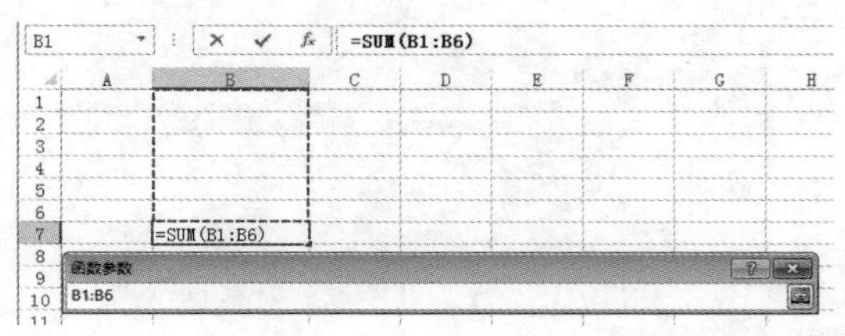

图10-31 选取单元格区域

步骤 3 单击右侧的【展开】按钮，可以再次显示对话框，同时提取的地址会自动填入文本框中，如图10-32所示。

使用【折叠】按钮输入引用地址的具体步骤如下。

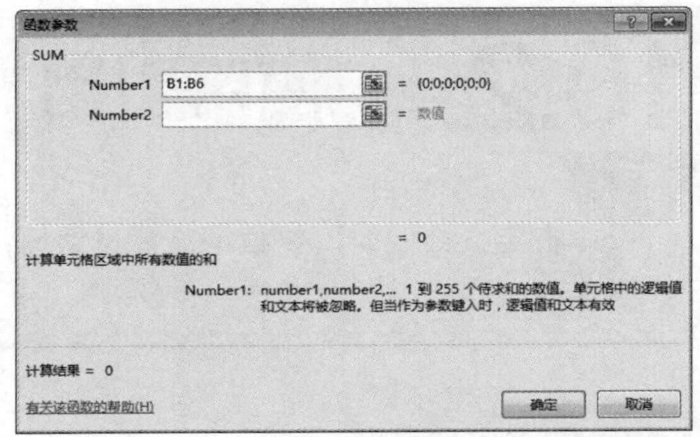

图10-32　自动提取单元格区域

步骤 1　打开随书光盘中的“素材\ch10\工资表.xlsx”工作簿，选择单元格F2，如图10-33所示。

步骤 2　单击编辑栏中的【插入函数】按钮 *fx*，弹出【插入函数】对话框，选择【选择函数】列表框中的SUM(求和函数)选项，单击【确定】按钮，如图10-34所示。

步骤 3　在弹出的【函数参数】对话框中，单击Number1文本框右侧的【折叠】按钮，如图10-35所示。

	A	B	C	D	E	F
1	姓名	职位	基本工资	效益工资	加班工资	合计
2	张军	经理	2000	1500	1000	
3	刘洁	会计	1800	1000	800	
4	王美	科长	1500	1200	900	
5	克可	秘书	1500	1000	800	
6	田田	职工	1000	800	1200	
7	方芳	职工	1000	800	1500	
8	李丽	职工	1000	800	1300	
9	赵武	职工	1000	800	1400	
10	张帅	职工	1000	800	1000	

图10-33　选择单元格F2

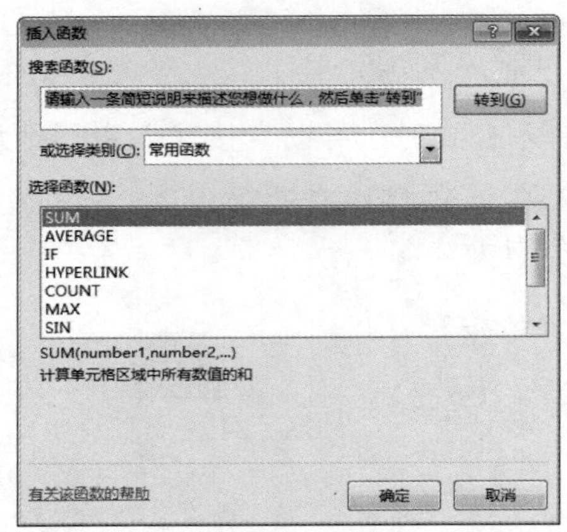

图10-34　【插入函数】对话框

步骤 4　此时【函数参数】对话框会折叠变小，在工作表中选择单元格区域C2:E2，该区域的引用地址将自动填充到折叠对话框的文本框中，如图10-36所示。

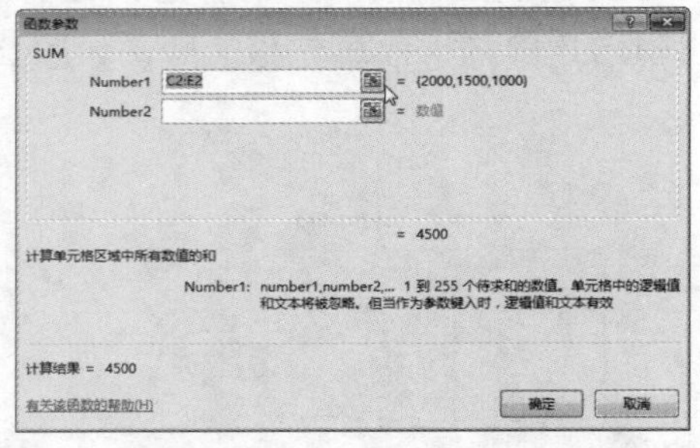

图10-35　【函数参数】对话框

图10-36　选择单元格区域

步骤 5　单击折叠对话框右侧的【展开】按钮，返回【函数参数】对话框，所选单元格区域的引用地址会自动填入Number1文本框中，如图10-37所示。

步骤 6　单击【确定】按钮，函数公式所计算出的数据即被输入到单元格F2中，如图10-38所示。

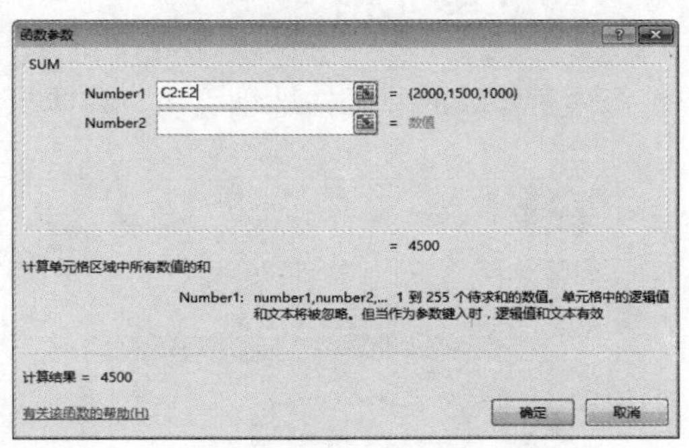

图10-37 选取单元格区域

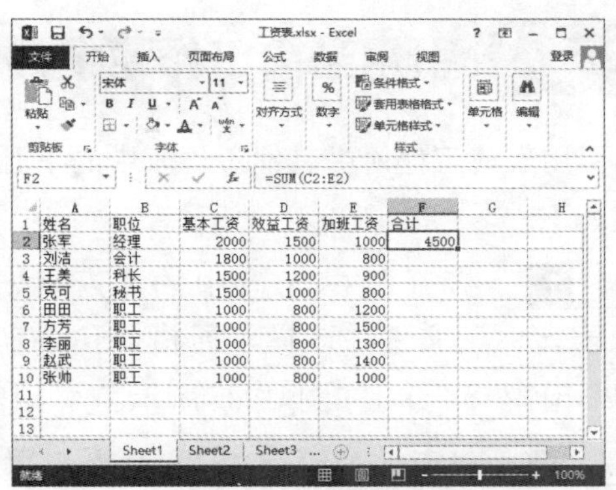

	A	B	C	D	E	F
1	姓名	职位	基本工资	效益工资	加班工资	合计
2	张军	经理	2000	1500	1000	4500
3	刘洁	会计	1800	1000	800	
4	王美	科长	1500	1200	900	
5	克可	秘书	1500	1000	800	
6	田田	职工	1000	800	1200	
7	方芳	职工	1000	800	1500	
8	李丽	职工	1000	800	1300	
9	赵武	职工	1000	800	1400	
10	张帅	职工	1000	800	1000	

图10-38 计算数据

10.2.2 引用当前工作表中的单元格

引用的使用分为4种情况，即引用当前工作表中的单元格、引用当前工作簿中其他工作表中的单元格、引用其他工作簿中的单元格和引用交叉区域。

引用当前工作表中的单元格地址的方法是在单元格中直接输入单元格的引用地址。

步骤 1 打开随书光盘中的“素材\ch10\费用表.xlsx”工作簿，选择单元格E3，如图10-39所示。

步骤 2 在单元格或编辑栏中输入“=”，如图10-40所示。

	A	B	C	D	E
1	各部门第一季度费用表				
2		1月	2月	3月	合计
3	销售	5000	7000	3000	
4	财务	1000	1500	800	
5	企划	3000	2000	1000	
6	后勤	1000	1000	600	

图10-39 选择单元格E3

	A	B	C	D	E
1	各部门第一季度费用表				
2		1月	2月	3月	合计
3	销售	5000	7000	3000	=
4	财务	1000	1500	800	
5	企划	3000	2000	1000	
6	后勤	1000	1000	600	

图10-40 输入“=”

步骤 3 选择单元格B3，在编辑栏中输入“+”；再选择单元格C3，在编辑栏中输入“+”；最后选择单元格D3，如图10-41所示。

步骤 4 按Enter键即可计算出结果，如图10-42所示。

SUM =B3+C3+D3

	A	B	C	D	E
1	各部门第一季度费用表				
2		1月	2月	3月	合计
3	销售	5000	7000	3000	=B3+C3+D3
4	财务	1000	1500	800	
5	企划	3000	2000	1000	
6	后勤	1000	1000	600	

图10-41 选择单元格并输入“+”

E3 =B3+C3+D3

	A	B	C	D	E
1	各部门第一季度费用表				
2		1月	2月	3月	合计
3	销售	5000	7000	3000	15000
4	财务	1000	1500	800	
5	企划	3000	2000	1000	
6	后勤	1000	1000	600	

图10-42 计算数据

10.2.3 引用当前工作簿中其他工作表中的单元格

引用当前工作簿中其他工作表中的单元格，即进行跨工作表的单元格地址引用，具体操作步骤如下。

步骤 1 打开随书光盘中的“素材\ch10\加班记录表.xlsx”文件，选择单元格C10，在其中输入“=SUM(F3:F8,”)，如图10-43所示。

图10-43 输入公式

步骤 2 单击【加班记录2】标签，切换到“加班记录2”工作表中，选中单元格F3，按住鼠标左键不放，拖动鼠标到单元格F8，释放鼠标，在编辑栏中可以看到，系统已自动输入引用地址为“加班记录2!F3:F8”，如图10-44所示。

步骤 3 按Enter键确认，系统自动返回到“加班记录1”工作表中，并计算出11月和12月这两个月加班费的总和，如图10-45所示。

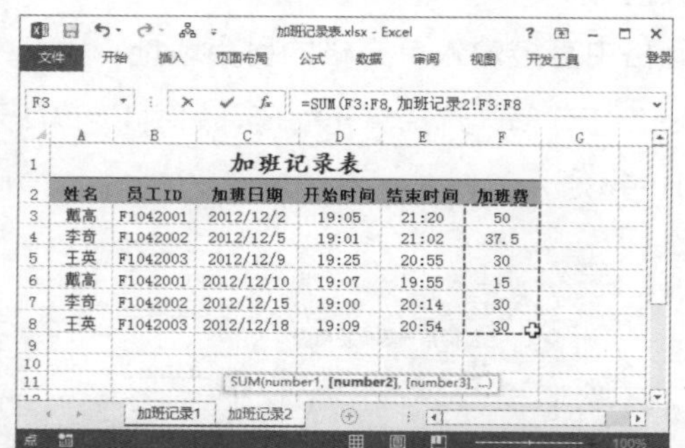

图10-44 选择单元格区域

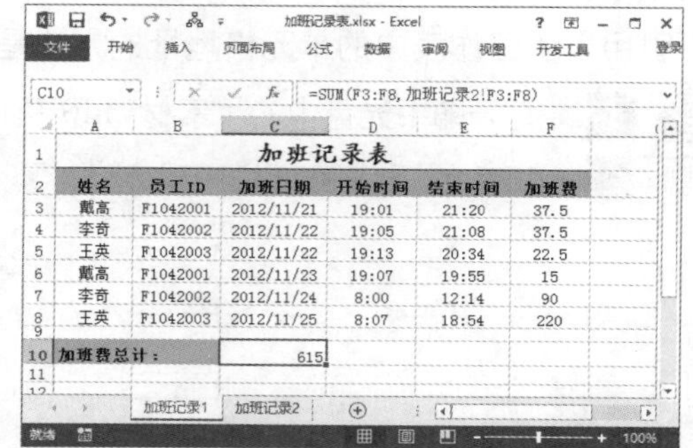

图10-45 计算数据

10.2.4 引用其他工作簿中的单元格

如果要引用其他工作簿中的单元格数据，首先需要保证引用的工作簿是打开的。对多个工作簿中的单元格数据进行引用的具体步骤如下。

步骤 1 新建一个空白工作表，并打开随书光盘中的“素材\ch10\费用表.xlsx”文件，在空白工作表中选择单元格A1，在编辑栏中输入“=”，如图10-46所示。

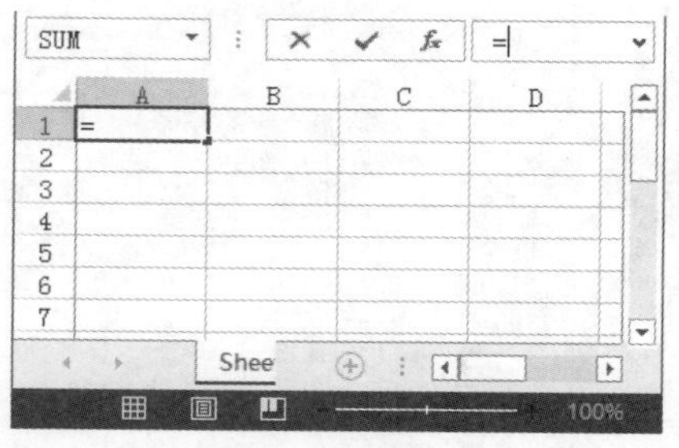

图10-46 在编辑栏中输入“=”

步骤 2 切换到“费用表.xlsx”工作簿，选择单元格B3，然后在编辑栏中输入“+”，选择单元格C3，再次在编辑栏中输入“+”，选择单元格D3，如图10-47所示。

步骤 3 按Enter键，即可在空白工作表中计算出

"费用表"中销售部的费用总和，如图10-48所示。

图10-47 选择单元格区域

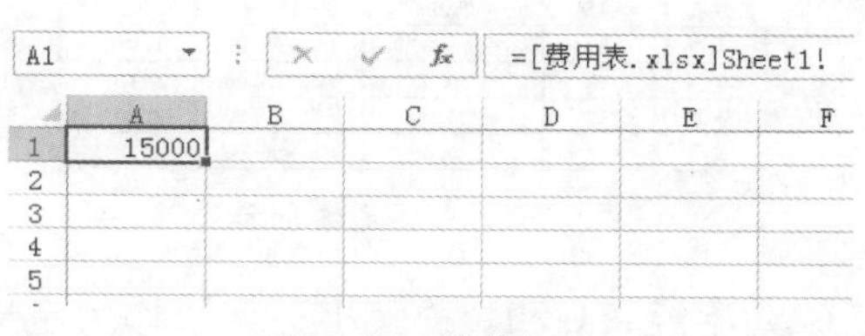

图10-48 计算数据

10.2.5 引用交叉区域

在工作表中定义多个单元格区域，或者两个区域之间有交叉的范围时，可以使用交叉运算符来引用单元格区域的交叉部分。例如，两个单元格区域A1:C8和C6:E11，二者的相交部分可以表示成"A1:C8 C6:E11"，如图10-49所示。

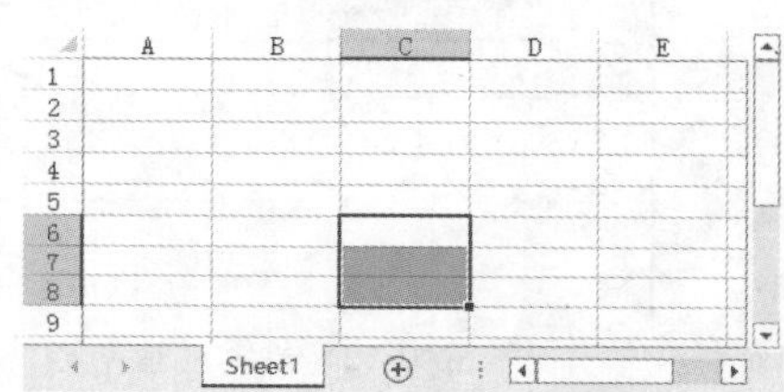

图10-49 引用交叉区域

10.3 单元格命名

在Excel工作簿中，可以为单元格或单元格区域定义一个名称。当在公式中引用这个单元格或单元格区域时，就可以使用该名称代替。

10.3.1 为单元格命名

在Excel编辑栏的名称框中输入名字后按Enter键，即可为单元格命名。

步骤 1 打开随书光盘中的"素材\ch10\销售提成表.xlsx"工作簿，选择单元格E3，在编辑栏的名称框中输入"王艳"后按Enter键，如图10-50所示。

步骤 2 在单元格F3中输入公式"=王艳"，按Enter键确认，即可计算该单元格中的数据，如图10-51所示。

为单元格命名时必须遵守以下几点规则。

（1）名称中的第1个字符必须是字母、汉字、下划线或反斜杠，其余字符可以是字母、汉字、数字、点和下划线，如图10-52所示。

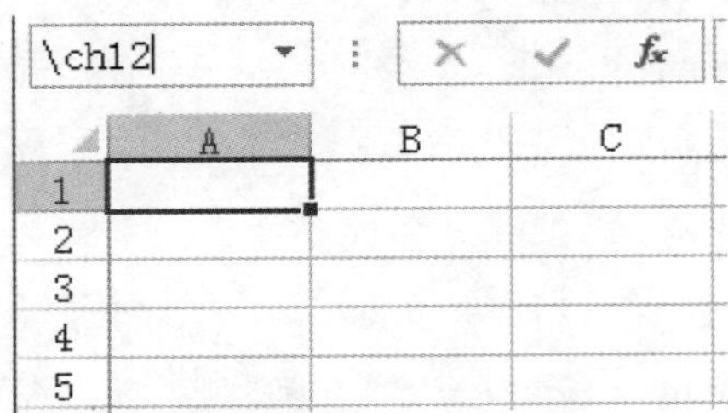

王艳 | =D3*0.12

姓名	销量	单价	销售额	提成金额
王艳	38	¥230.00	¥8,740.00	1,049
李娟	16	¥230.00	¥3,680.00	442
张军	32	¥230.00	¥7,360.00	883
吴飞	26	¥230.00	¥5,980.00	718

图10-50　为单元格命名

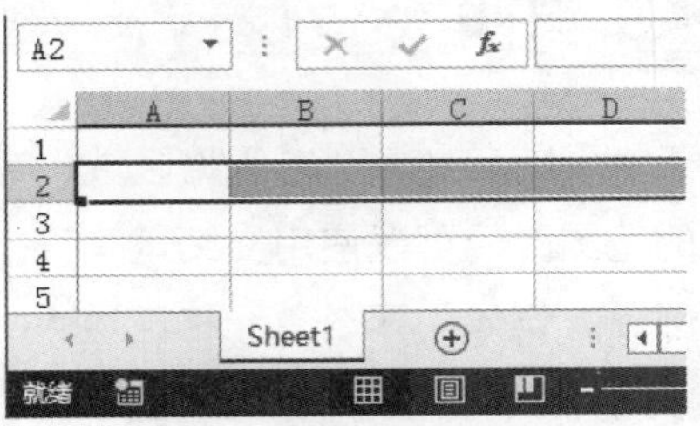

F3 | =王艳

单价	销售额	提成金额	
¥230.00	¥8,740.00	1,049	1,049
¥230.00	¥3,680.00	442	
¥230.00	¥7,360.00	883	
¥230.00	¥5,980.00	718	
¥230.00	¥4,140.00	497	

图10-51　通过单元格名计算数据

（2）不能将C和R的大小写字母作为定义的名称。在名称框中输入这些字母时，会将其作为当前单元格选择行或列的表示法。例如，选择单元格A2，在名称框中输入“R”，按Enter键，光标将定位到工作表的第2行上，如图10-53所示。

\ch12

图10-52　为单元格命名

A2

Sheet1

图10-53　选定第2行

（3）名称不能与单元格引用相同，例如，不能将单元格命名为“Z100”或“R1C1”。如果将A2单元格命名为“Z100”，按Enter键，将定位到Z100单元格中，如图10-54所示。

（4）不允许使用空格。如果要将名称中的单词分开，可以使用下划线或句点作为分隔符。例如，选择单元格C1，在名称框中输入“scoo hool”，按Enter键，则会弹出错误提示框，如图10-55所示。

（5）一个名称最多可以包含255个字符。

（6）Excel名称不区分大小写字母。例如，在单元格A1中创建了名称Smase，在单元格B2中创建名称smase后，Excel光标则会回到单元格A1中，而不能创建单元格B2的名称，如图10-56所示。

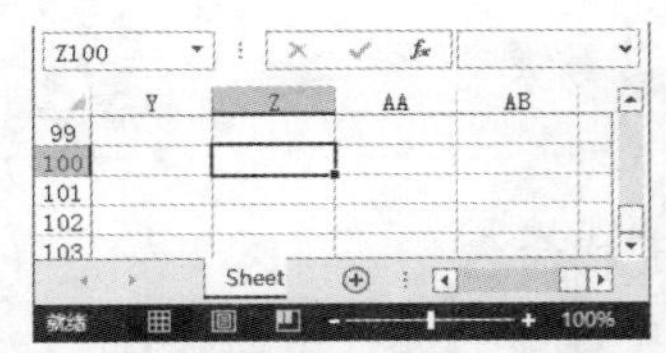

图10-54　名称不能与单元格引用相同

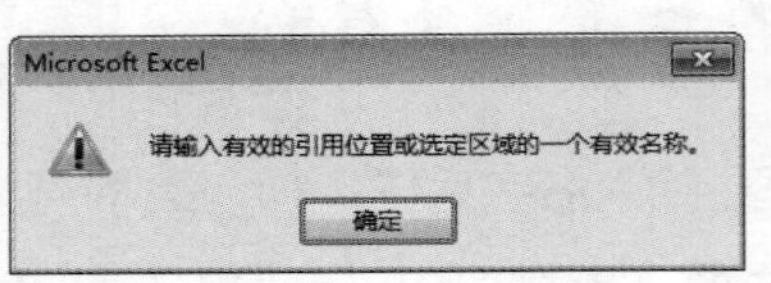

图10-55　错误提示框

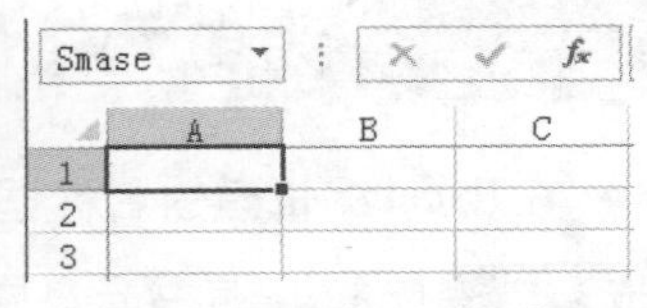

图10-56　选中A1单元格

10.3.2 为单元格区域命名

在Excel中也可以为单元格区域命名。

1. 在名称框中命名

利用名称框可以为当前单元格区域定义名称，具体操作步骤如下。

步骤 1　打开随书光盘中的“素材\ch10\销售提成表.xlsx”工作簿，选择需要命名的单元格区域E3:E10，如图10-57所示。

步骤 2　单击名称框，在名称框中输入“提成”，然后按Enter键，即可完成单元格区域名称的定义，如图10-58所示。

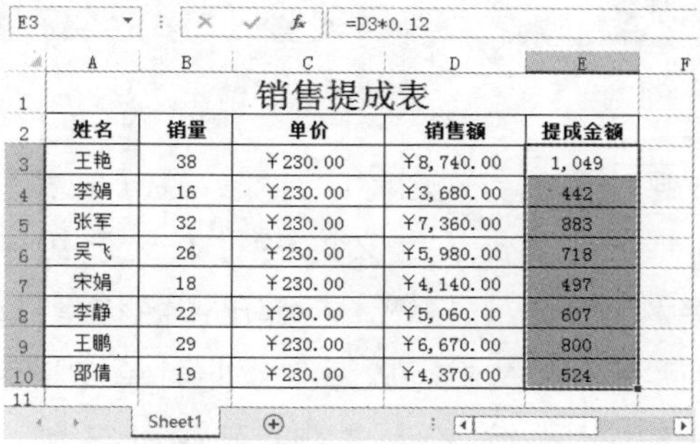

E3　=D3*0.12

销售提成表

姓名	销量	单价	销售额	提成金额
王艳	38	￥230.00	￥8,740.00	1,049
李娟	16	￥230.00	￥3,680.00	442
张军	32	￥230.00	￥7,360.00	883
吴飞	26	￥230.00	￥5,980.00	718
宋娟	18	￥230.00	￥4,140.00	497
李静	22	￥230.00	￥5,060.00	607
王鹏	29	￥230.00	￥6,670.00	800
邵倩	19	￥230.00	￥4,370.00	524

Sheet1

图10-57　选择要命名的单元格区域

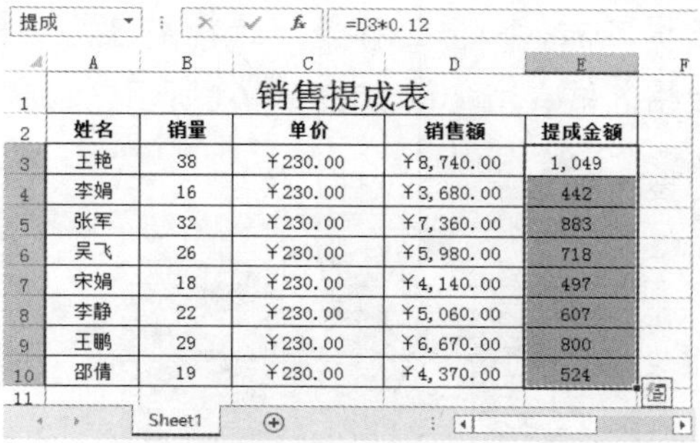

提成　=D3*0.12

销售提成表

姓名	销量	单价	销售额	提成金额
王艳	38	￥230.00	￥8,740.00	1,049
李娟	16	￥230.00	￥3,680.00	442
张军	32	￥230.00	￥7,360.00	883
吴飞	26	￥230.00	￥5,980.00	718
宋娟	18	￥230.00	￥4,140.00	497
李静	22	￥230.00	￥5,060.00	607
王鹏	29	￥230.00	￥6,670.00	800
邵倩	19	￥230.00	￥4,370.00	524

Sheet1

图10-58　输入名称

注意　如果输入的名称已经存在，则会立即选定该名称所包含的单元格或单元格区域，表明此命名是无效的，需要重新命名。通过名称框定义的名称的使用范围是本工作簿当前工作表。如果正在修改当前单元格中的内容，则不能为单元格命名。

2. 使用【新建名称】对话框命名

步骤 1　打开随书光盘中的“素材\ch10\销售提成表.xlsx”工作簿，选择需要命名的单元格区域E3:E10，在【公式】选项卡中，单击【定义的名称】选项组中的【定义名称】按钮，在弹出的【新建名称】对话框的【名称】文本框中输入“提成”，在【范围】下拉列表框中选择【工作簿】选项，单击【确定】按钮，如图10-59所示。

注意　在【备注】文本框中可以输入最多255个字符的说明性文字。

步骤 2　确定后即可完成命名操作，并返回工作表，如图10-60所示。

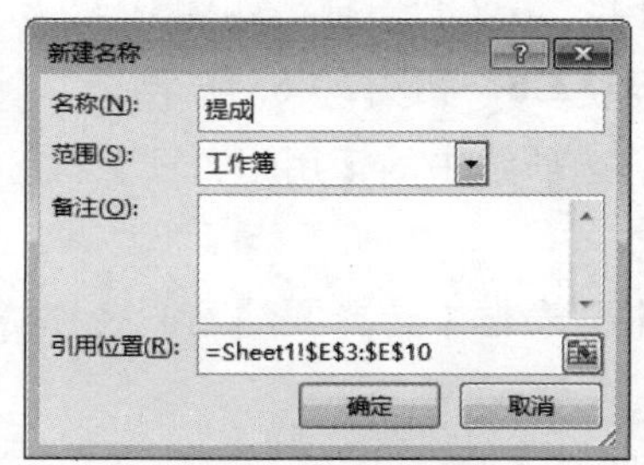

图10-59　【新建名称】对话框

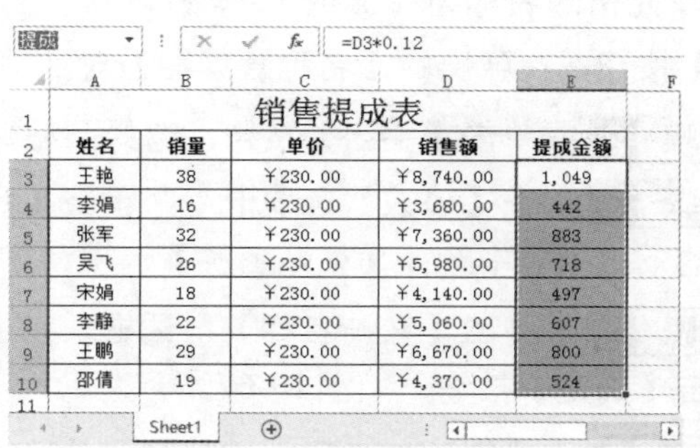
提成　=D3*0.12

销售提成表

姓名	销量	单价	销售额	提成金额
王艳	38	￥230.00	￥8,740.00	1,049
李娟	16	￥230.00	￥3,680.00	442
张军	32	￥230.00	￥7,360.00	883
吴飞	26	￥230.00	￥5,980.00	718
宋娟	18	￥230.00	￥4,140.00	497
李静	22	￥230.00	￥5,060.00	607
王鹏	29	￥230.00	￥6,670.00	800
邵倩	19	￥230.00	￥4,370.00	524

Sheet1

图10-60　完成命名操作

3. 以选定区域命名

工作表（或选定区域）的首行或每行的最左列通常含有标签以描述数据。若一个表格本身没有行标题和列标题，则可将这些选定的行和列标签转换为名称，具体操作步骤如下。

步骤 1 打开随书光盘中的“素材\ch10\销售提成表.xlsx”工作簿，选择需要命名的单元格区域A3:E10，如图10-61所示。

销售提成表				
姓名	销量	单价	销售额	提成
王艳	38	￥230.00	￥8,740.00	1,049
李娟	16	￥230.00	￥3,680.00	442
张军	32	￥230.00	￥7,360.00	883
吴飞	26	￥230.00	￥5,980.00	718
宋娟	18	￥230.00	￥4,140.00	497
李静	22	￥230.00	￥5,060.00	607
王鹏	29	￥230.00	￥6,670.00	800
邵倩	19	￥230.00	￥4,370.00	524

图10-61　选择单元格区域

步骤 2 在【公式】选项卡中，单击【定义的名称】选项组中的【根据所选内容创建】按钮，在弹出的【以选定区域创建名称】对话框中选中【首行】和【最左列】两个复选框，单击【确定】按钮，如图10-62所示。

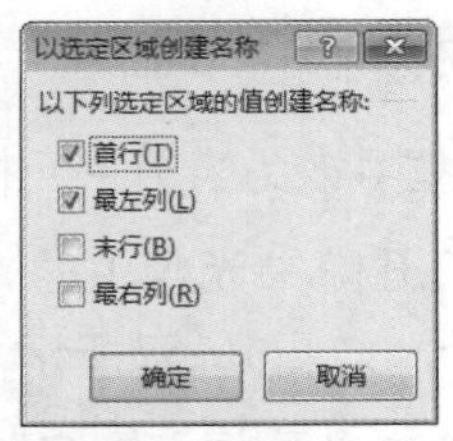

图10-62　【以选定区域创建名称】对话框

> **注意** 选择单元格区域时，必须选取一个矩形区域才有效。

步骤 3 完成名称的定义，在【公式】选项卡中，单击【定义的名称】选项组中的【名称管理器】按钮，将弹出【名称管理器】对话框，在其中可以看到，此时单元格区域B3:E10均被命名为左侧A列中的名称，如图10-63所示。

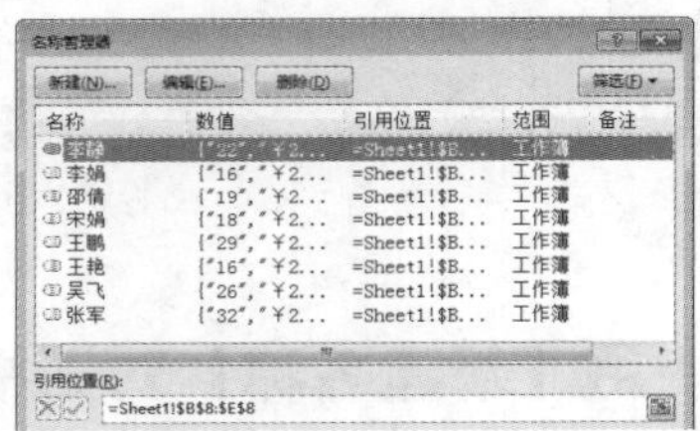

图10-63　【名称管理器】对话框

10.3.3 单元格命名的应用

为单元格、单元格区域、常量或公式定义好名称后，就可以在工作表中使用了，具体操作步骤如下。

步骤 1 打开随书光盘中的“素材\ch10\销售提成表.xlsx”工作簿，分别定义E3、E4、E5单元格的名称为“王艳”“李娟”和“张军”。单击【定义的名称】选项组中的【名称管理器】按钮，在弹出的【名称管理器】对话框中可以看到3个定义的名称，如图10-64所示。

步骤 2 单击【关闭】按钮，选择要粘贴名称的单元格G6，如图10-65所示。

步骤 3 在【公式】选项卡中，单击【定义的名称】选项组中的【用于公式】按钮，在弹出的下拉列表中选择【粘贴名称】选项，如图10-66所示。

步骤 4 弹出【粘贴名称】对话框，在【粘贴名称】列表框中选择要粘贴的名称“李娟”，单击【确定】按钮，如图10-67所示。

步骤 5 确定后，名称就被粘贴到单元格G6中，如图10-68所示。

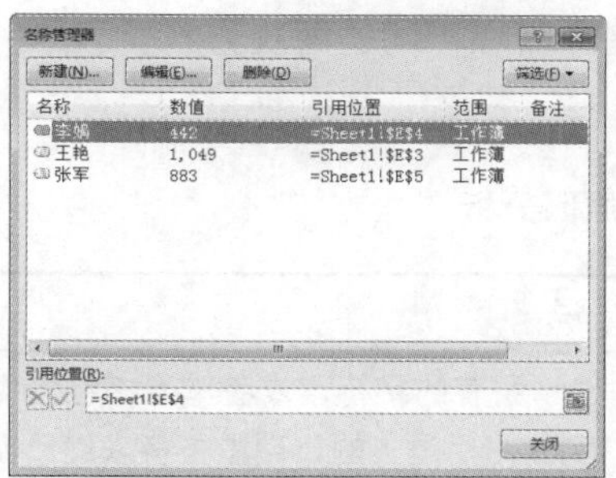

图10-64　【名称管理器】对话框

G6

	C	D	E	F	G	H
1	销售提成表					
2	单价	销售额	提成金额			
3	￥230.00	￥8,740.00	1,049			
4	￥230.00	￥3,680.00	442			
5	￥230.00	￥7,360.00	883			
6	￥230.00	￥5,980.00	718			
7	￥230.00	￥4,140.00	497			
8	￥230.00	￥5,060.00	607			
9	￥230.00	￥6,670.00	800			
10	￥230.00	￥4,370.00	524			
11						

图10-65　选择要粘贴名称的单元格

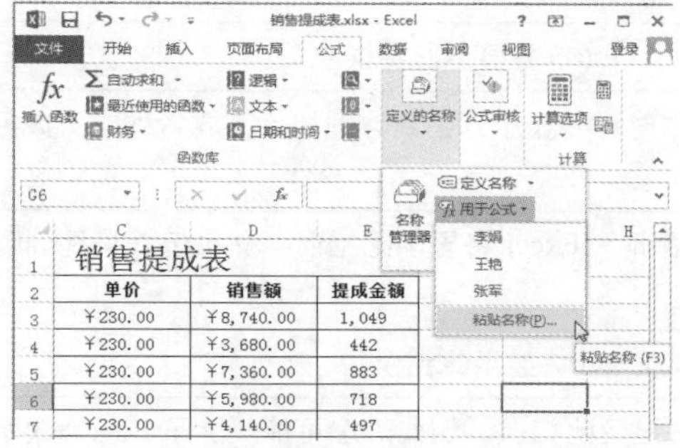

图10-66　选择【粘贴名称】选项

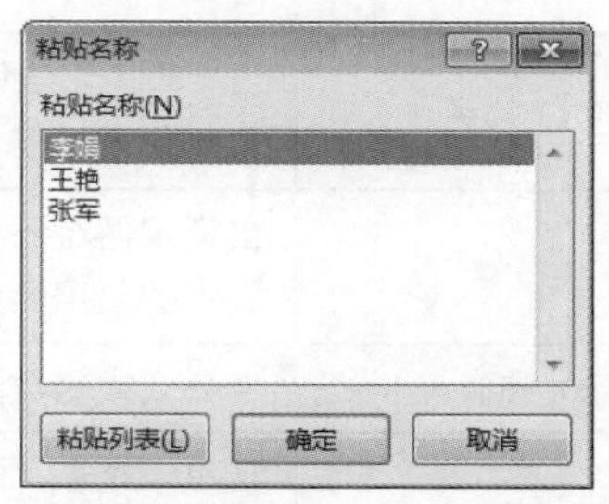

图10-67　【粘贴名称】对话框

步骤 6　按Enter键即可计算出名称为“李娟”的单元格中的数据，如图10-69所示。

SUM　=李娟

	C	D	E	F	G	H
1	销售提成表					
2	单价	销售额	提成金额			
3	￥230.00	￥8,740.00	1,049			
4	￥230.00	￥3,680.00	442			
5	￥230.00	￥7,360.00	883			
6	￥230.00	￥5,980.00	718		=李娟	
7	￥230.00	￥4,140.00	497			
8	￥230.00	￥5,060.00	607			
9	￥230.00	￥6,670.00	800			
10	￥230.00	￥4,370.00	524			
11						

图10-68　粘贴名称

G6　=李娟

	C	D	E	F	G	H
1	销售提成表					
2	单价	销售额	提成金额			
3	￥230.00	￥8,740.00	1,049			
4	￥230.00	￥3,680.00	442			
5	￥230.00	￥7,360.00	883			
6	￥230.00	￥5,980.00	718		442	
7	￥230.00	￥4,140.00	497			
8	￥230.00	￥5,060.00	607			
9	￥230.00	￥6,670.00	800			
10	￥230.00	￥4,370.00	524			
11						

图10-69　计算数据

10.4　高效办公技能实战

10.4.1　高效办公技能1——单元格引用错误原因分析

通过引用单元格计算工作表数据时，如果单元格引用错误或使用的公式无法正确地计算结果，Excel会显示错误值，每种错误类型都有不同的出错原因和不同的解决方法。表10-1中详细描述了这些错误的原因。

表10-1 单元格引用错误原因分析

显示的错误原因	说 明
##### 错误	当某列不足够宽而无法在单元格中显示所有的字符，或者单元格包含负的日期或时间值时，Excel 将显示此错误。例如，用过去的日期减去将来的日期的公式（如=06/15/2008-07/01/2008），将得到负的日期值
#DIV/0! 错误	当一个数除以零（0）或不包含任何值的单元格时，Excel 将显示此错误
#N/A 错误	当某个值不可用于函数或公式时，Excel 将显示此错误
#NAME? 错误	当 Excel 无法识别公式中的文本时，将显示此错误。例如，区域名称或函数名称可能拼写错误
#NULL! 错误	当指定两个不相交的区域的交集时，Excel 将显示此错误。交集运算符是分隔公式中的引用的空格字符
#NUM! 错误	当公式或函数包含无效数值时，Excel 将显示此错误
#REF! 错误	当单元格引用无效时，Excel 将显示此错误。例如，您可能删除了其他公式所引用的单元格，或者可能将已移动的单元格粘贴到其他公式所引用的单元格上
#VALUE! 错误	如果公式所包含的单元格有不同的数据类型，Excel 将显示此错误。如果启用了公式的错误检查，则屏幕提示会显示“公式中所用的某个值是错误的数据类型”。通常，通过对公式进行较少的更改即可修复此错误

10.4.2 高效办公技能2——制作销售统计报表

使用Excel 2013制作销售统计报表，可以帮助市场营销管理人员更好地分析产品销售情况，并根据销售统计报表制作完善的计划来提高公司的利润。制作产品销售统计报表的具体操作如下。

步骤 1 打开Excel 2013软件，单击【空白工作簿】图标，如图10-70所示。

步骤 2 在新建的空白工作簿的左下角Sheet1工作表标签处右击，从弹出的快捷菜单中选择【重命名】命令，如图10-71所示。

步骤 3 将Sheet1工作表重命名为“产品销售统计报表”，如图10-72所示。

步骤 4 选中A1单元格，在该单元格内输入表名，如这里输入“产品销售统计报表”，然后将字体设置为【黑体】，字号为16，如图10-73所示。

步骤 5 将鼠标指针放在A1单元格内，按住鼠标左键从左至右拖动，选中A1、B1、C1单元格，如图10-74所示。

步骤 6 单击【开始】选项卡下【对齐方式】选项组中的【合并后居中】按钮，如图10-75所示。

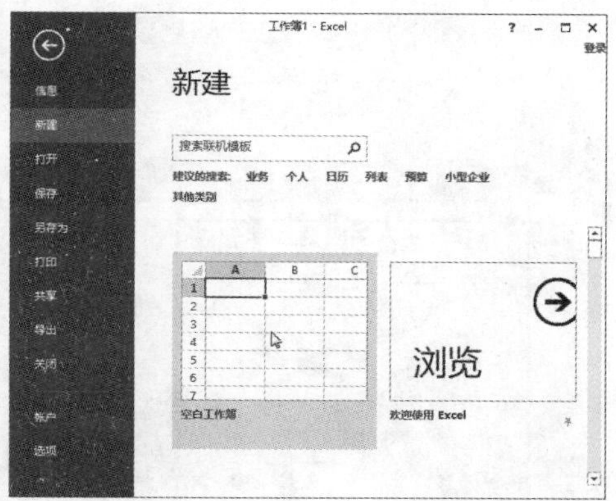

图10-70　单击【空白工作簿】图标

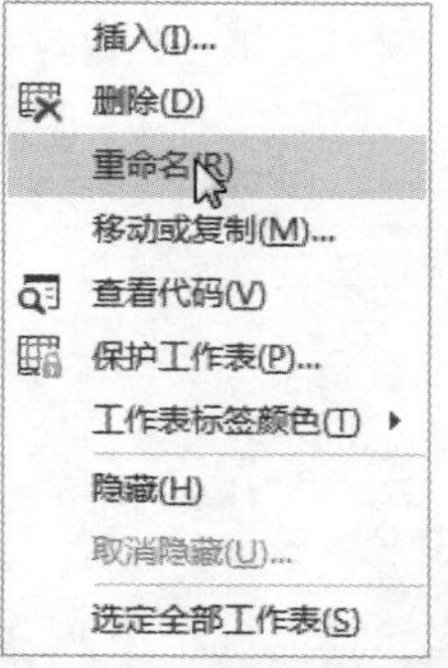

图10-71　选择【重命名】命令

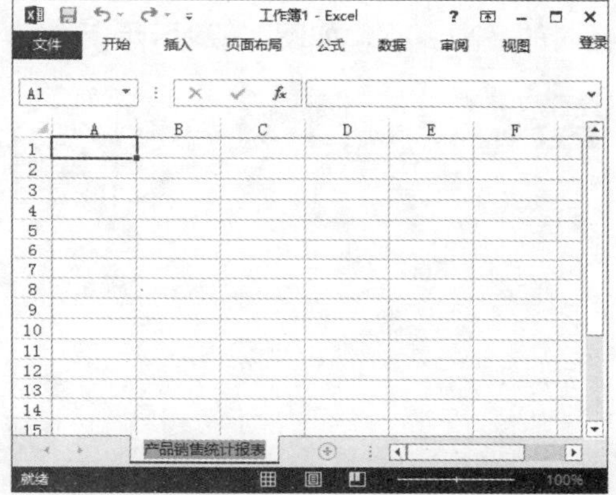

图10-72　重命名工作表

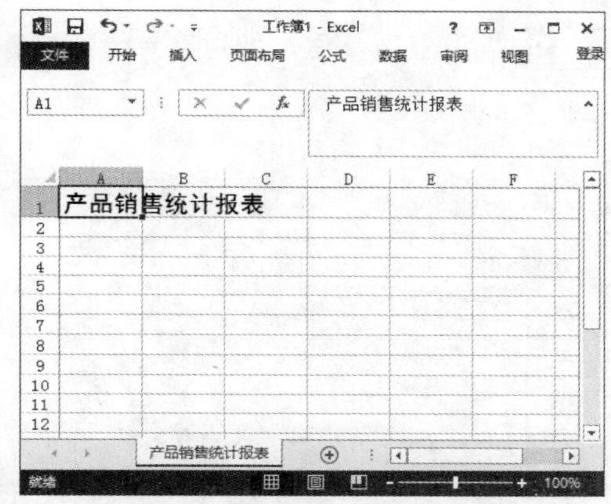

图10-73　输入报表标题

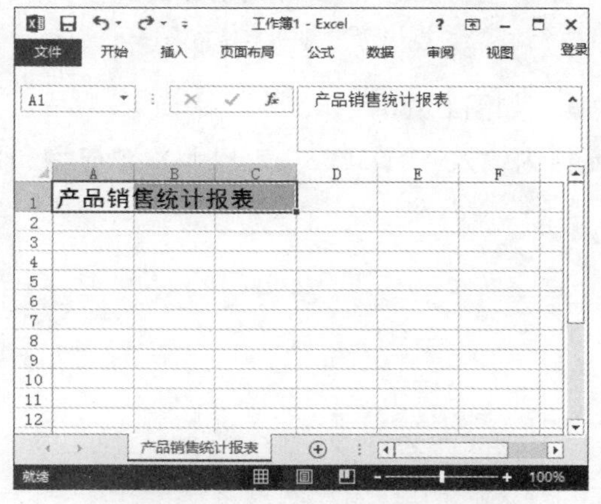

图10-74　选中A1:C1单元格区域

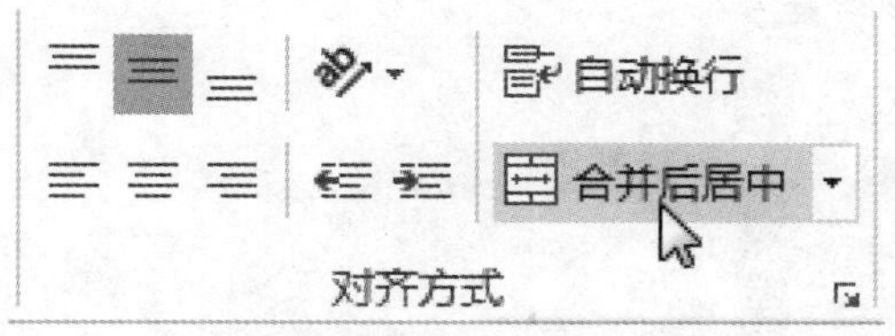

图10-75　单击【合并后居中】按钮

步骤 7　单击后，即可将选中的3个单元格合并成一个单元格，如图10-76所示。

步骤 8　按Ctrl+A快捷键选中所有单元格，然后将鼠标指针放在数字2和数字3之间的黑色分割线上，当鼠标指针变成双箭头形状时，如图10-77所示，按住鼠标左键向下拖动分割线来改变行高，如图10-78所示。

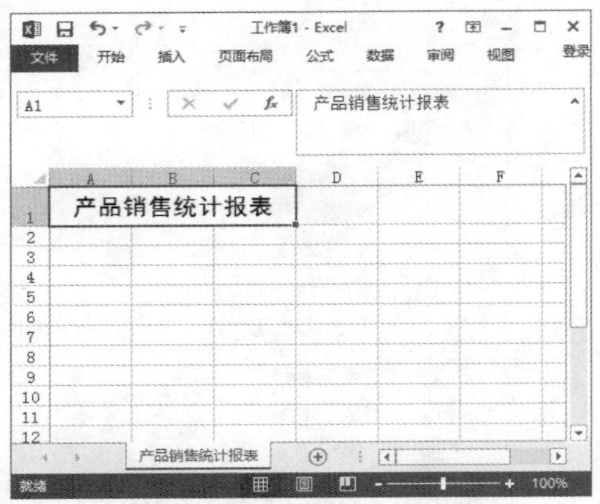

图10-76 标题显示效果

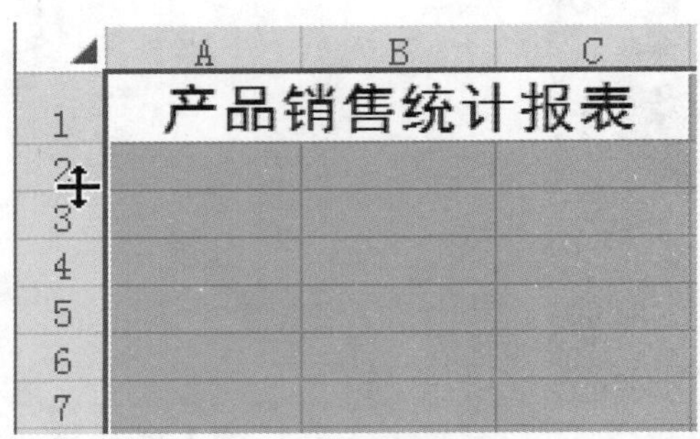

图10-77 选中所有单元格

步骤 9 设置行高后，即可在单元格内输入表格内的各项名称，如图10-79所示。

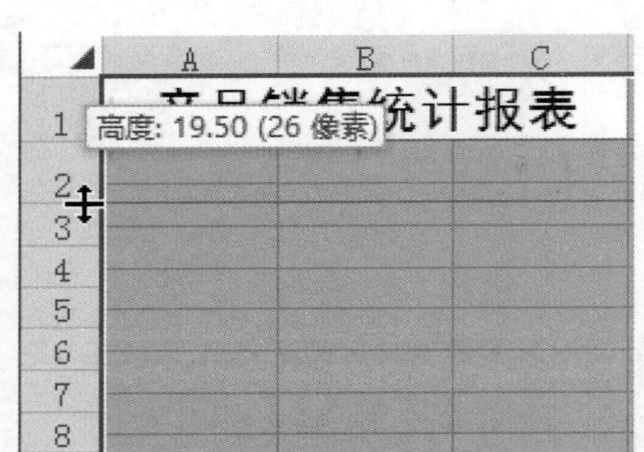

图10-78 调整单元格行高

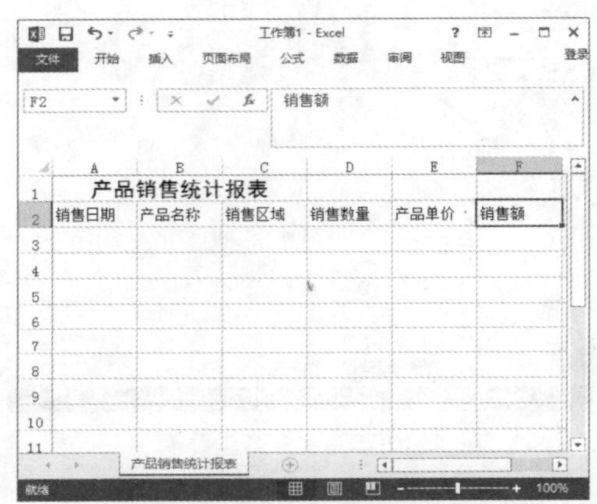

图10-79 输入表格信息

步骤 10 在各项名称下输入相关的产品销售数据，如图10-80所示。

步骤 11 求销售额。选中F3单元格，在该单元格内输入“=D3*E3”，此时D3单元格和E3单元格内的数据处于选中状态，如图10-81所示。

	A	B	C	D	E	F
1	产品销售统计报表					
2	销售日期	产品名称	销售区域	销售数量	产品单价	销售额
3	2015/8/3	电视	上海分部	83	3300	
4	2015/8/7	电视	大连分部	56	3300	
5	2015/8/11	电视	杭州分部	41	3300	
6	2015/8/23	电视	广东分部	76	3300	
7	2015/8/4	电脑	广州分部	146	5450	
8	2015/8/8	电脑	北京分部	311	5450	
9	2015/8/19	电脑	乌鲁木齐分部	149	5450	
10	2015/8/23	电脑	北京分部	212	5450	
11	2015/8/27	电脑	天津分部	254	5450	
12	2015/8/1	冰箱	乌鲁木齐分部	213	4000	
13	2015/8/6	冰箱	北京分部	361	4000	
14	2015/8/11	冰箱	上海分部	389	4000	
15	2015/8/15	冰箱	大连分部	231	4000	
16	2015/8/18	冰箱	广州分部	198	4000	
17	2015/8/27	冰箱	杭州分部	167	4000	

图10-80 输入销售数据

RANK =D3*E3

	A	B	C	D	E	F
1	产品销售统计报表					
2	销售日期	产品名称	销售区域	销售数量	产品单价	销售额
3	2015/8/3	电视	上海分部	83	3300	=D3*E3
4	2015/8/7	电视	大连分部	56	3300	
5	2015/8/11	电视	杭州分部	41	3300	
6	2015/8/23	电视	广东分部	76	3300	
7	2015/8/4	电脑	广州分部	146	5450	
8	2015/8/8	电脑	北京分部	311	5450	
9	2015/8/19	电脑	乌鲁木齐分部	149	5450	
10	2015/8/23	电脑	北京分部	212	5450	
11	2015/8/27	电脑	天津分部	254	5450	
12	2015/8/1	冰箱	乌鲁木齐分部	213	4000	

图10-81 输入公式

步骤 12　按Enter键，系统自动求出销售额，如图10-82所示。

步骤 13　重新选中F3单元格，将鼠标指针放在单元格右下角处，使其变成十字形形状，如图10-83所示。

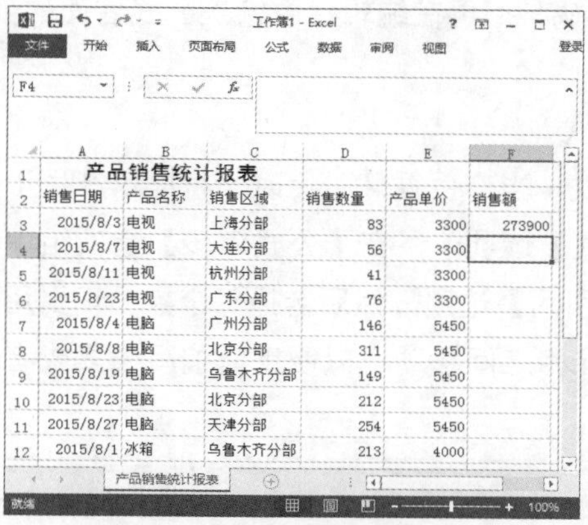

图10-82　计算销售额

图10-83　移动鼠标指针

步骤 14　此时按住鼠标左键向下拖动至F17单元格，如图10-84所示。

步骤 15　释放鼠标，系统会自动求出销售额，如图10-85所示。

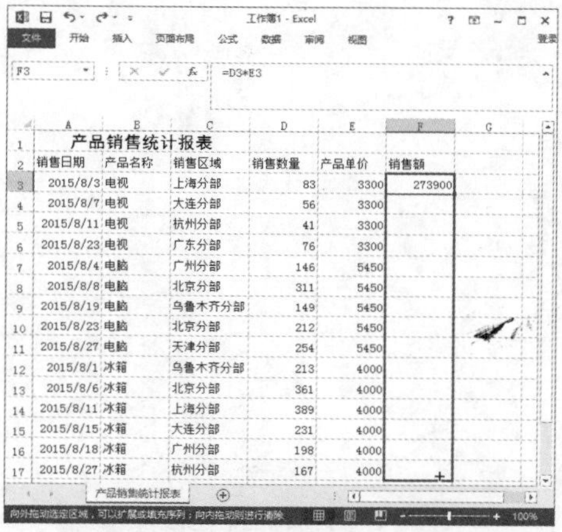

图10-84　复制公式到其他单元格

图10-85　计算出所有的销售额

10.5　疑难问题解答

问题1：如何实现跨表引用公式中表格名称的输入？

解答：公式中如果有跨表引用，在公式中只需要输入工作表的名称，如果直接输入工作表名称，Excel会认为输入的是错误信息，公式将不能运行。若在输入工作表名称时单击工作表标签，在公式中就会自动输入工作表的名称。例如，输入公式“=VLOOKUP（C2,科目代码!$A$2:$C$25,2,0)”，只需要先输入“= VLOOKUP（C2,”，单击“科目代码”工作表的标签，此时编辑栏中的公式变为“=VLOOKUP（C2,科目代码!”；再在编辑栏中输入公式后面的部分，即可成功实现跨表引用公式中表格名称。

问题2：如何利用【循环引用】选项查找引用公式？

解答：Excel不能通过普通计算求解循环引用公式，当产生循环引用时，将提示产生了循环引用，如果有意进行循环引用，则需要切换到【公式】选项卡，在【公式审核】选项组中单击【错误检查】按钮，从弹出的下拉列表中选择【循环引用】选项，然后选择每个被循环引用的单元格，双击追踪箭头，可以在循环引用所涉及的单元格之间移动，以便重新编写公式或者逻辑中止循环引用。

第11章 使用公式快速计算数据

● **本章导读**

公式和函数是Excel的重要组成部分，有着强大的计算功能，为用户分析和处理工作表中的数据提供了很大的方便。本章将为读者介绍公式的输入和使用。

● **学习目标**

◎ 了解公式的概念

◎ 掌握快速计算数据的方法

◎ 掌握输入公式的方法

◎ 掌握修改与编辑公式的方法

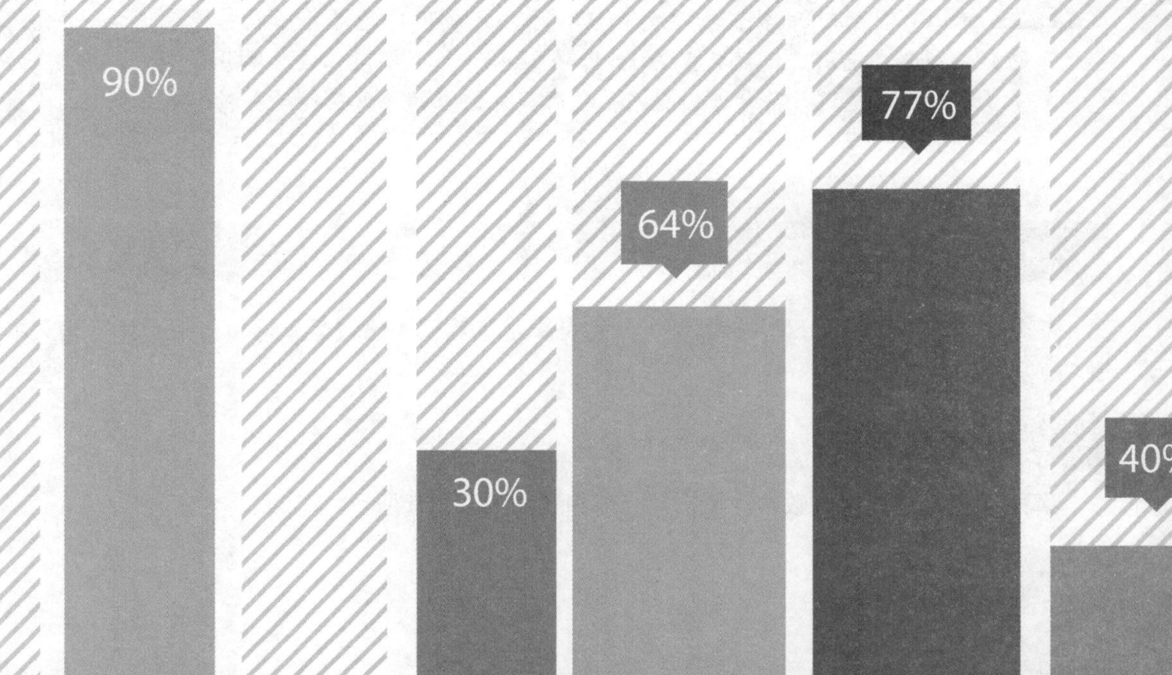

11.1 认识公式

在Excel 2013中，应用公式有助于分析工作表中的数据，例如，对数值进行加、减、乘、除等运算。

11.1.1 基本概念

公式就是一个等式，是由一组数据和运算符组成的序列。使用公式时必须以等号“=”开头，后面紧接数据和运算符，如图11-1所示为计算数据和的公式，如图11-2所示为计算两个数据的积的公式。

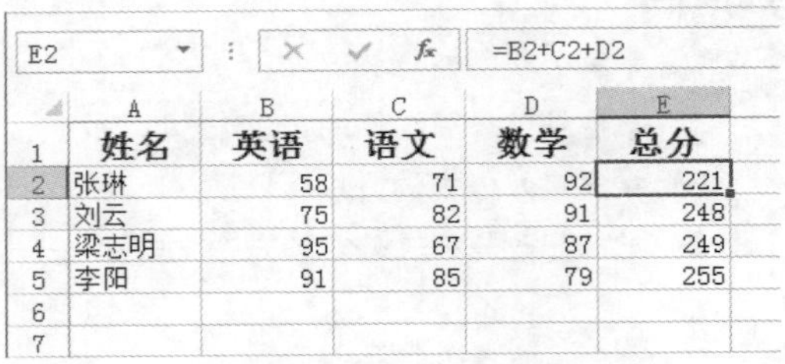

E2 =B2+C2+D2

	A	B	C	D	E
1	姓名	英语	语文	数学	总分
2	张琳	58	71	92	221
3	刘云	75	82	91	248
4	梁志明	95	67	87	249
5	李阳	91	85	79	255
6					
7					

图11-1　计算数据之和

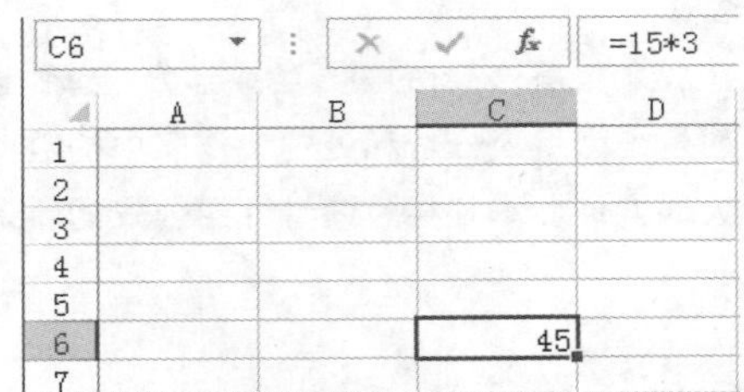

图11-2　计算两数之积

示例中体现了Excel公式的语法，即公式是由等号“=”、数据和运算符组成，数据可以是常数、单元格引用、单元格名称和工作表函数等。

提示　函数是Excel软件内置的一段程序，完成预定的计算功能，或者说是一种内置的公式。公式是用户根据数据的统计、处理和分析的实际需要，利用函数式、引用、常量等参数，通过运算符号连接起来，完成用户需求的计算功能的一种表达式值。

11.1.2 运算符

在Excel中，运算符分为4种类型，分别是算术运算符、比较运算符、引用运算符和文本运算符。

1. 算术运算符

算术运算符主要用于数学计算，其组成和含义如表11-1所示。

表11-1 算术运算符

算数运算符名称	含 义	示 例
+（加号）	加	6+8
–（减号）	减及负数	6–2或–5
/（斜杠）	除	8/2
*（星号）	乘	2*3
%（百分号）	百分比	45%
^（脱字符）	乘幂	2^3

2. 比较运算符

比较运算符主要用于数值比较，其组成和含义如表11-2所示。

表11-2 比较运算符

比较运算符名称	含 义	示 例
=（等号）	等于	A1=B2
>（大于号）	大于	A1>B2
<（小于号）	小于	A1<B2
>=（大于等于号）	大于等于	A1>=B2
<=（小于等于号）	小于等于	A1<=B2
<>（不等号）	不等于	A1<>B2

3. 引用运算符

引用运算符主要用于合并单元格区域，其组成和含义如表11-3所示。

表11-3 引用运算符

引用运算符名称	含 义	示 例
:（比号）	区域运算符，对两个引用之间包括这两个引用在内的所有单元格进行引用	A1:E1（引用从A1到E1的所有单元格）
,（逗号）	联合运算符，将多个引用合并为一个引用	SUM（A1:E1,B2:F2），表示将A1:E1和B2:F2这两个区域合并为一个
（空格）	交叉运算符，产生同时属于两个引用的单元格区域的引用	SUM（A1:F1 B1:B3），表示只有B1同时属于两个引用A1:F1和B1:B3

4. 文本运算符

文本运算符只有一个文本串连字符“&”，用于将两个或多个字符串连接起来，如表11-4所示。

表11-4　文本运算符

文本运算符名称	含　义	示　例
&（连字符）	将两个文本连接起来产生连续的文本	“好好”&“学习”产生“好好学习”

11.1.3 运算符优先级

如果一个公式中包含多种类型的运算符号，Excel则按表中的先后顺序进行运算。如果想改变公式中的运算优先级，可以使用括号“( )”实现，如表11-5所示为运算符的优先级。

表11-5　运算符的优先级

运算符（优先级从高到低）	说　明
:（比号）	域运算符
,（逗号）	联合运算符
（空格）	交叉运算符
-（负号）	例如-10
%（百分号）	百分比
^（脱字符）	乘幂
*和/	乘和除
+和-	加和减
&	文本运算符
=, >, <, >=, <=, <>	比较运算符

11.2 快速计算数据

在Excel 2013中不使用功能区中的选项也可以快速完成单元格的计算。

11.2.1 自动显示计算结果

自动计算就是对选定的单元格区域计算各种汇总数值，其中，自动求和的具体操作步骤如下。

步骤 1　新建一个空白工作簿，在其中输入相关数据内容，选择单元格区域C2:C6，如图11-3所示。

步骤 2　在状态栏上右击，在弹出的快捷菜单中选择【求和】命令，如图11-4所示。

步骤 3　此时任务栏中即可显示汇总求和的结果，如图11-5所示。

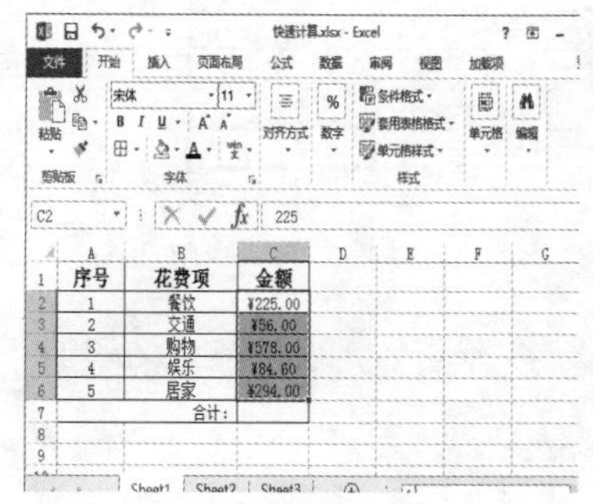

图11-3　选择单元格区域

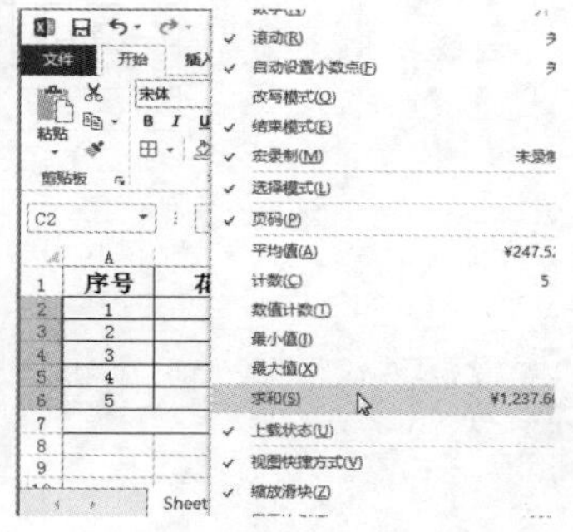

图11-4　选择【求和】命令

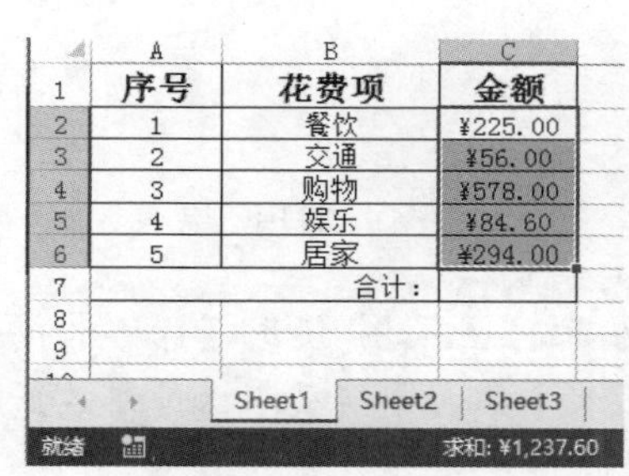

图11-5　汇总求和结果

11.2.2 自动计算数据总和

在日常工作中，最常用的计算是求和，Excel将其设定成工具按钮Σ，放在【开始】选项卡的【编辑】选项组中，该按钮可以自动设定对应的单元格区域的引用地址，具体操作步骤如下。

步骤 1　新建一个空白工作簿，在其中输入相关数据内容，选择单元格C7，如图11-6所示。

步骤 2　在【公式】选项卡中，单击【函数库】选项组中的【自动求和】按钮，如图11-7所示。

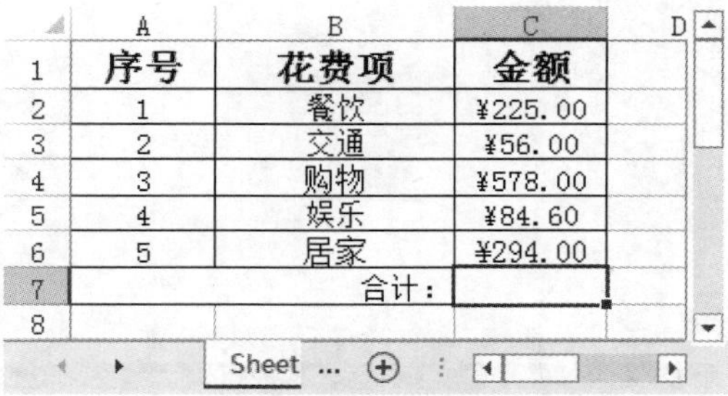

图11-6　选中单元格

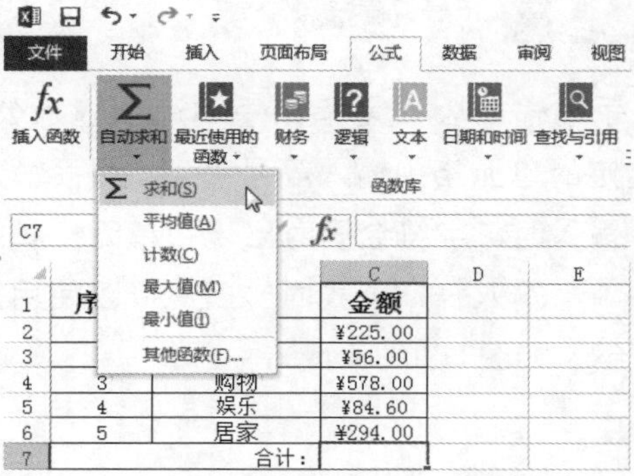

图11-7　单击【自动求和】按钮

步骤 3　求和函数SUM会出现在单元格C7中，并且有默认参数C2:C6，表示求该区域的数据总和，单元格区域C2:C6被闪烁的虚线框包围，在此函数的下方会自动显示有关该函数的格式及参数，如图11-8所示。

步骤 4　如果要使用默认的单元格区域，可以单击编辑栏上的【输入】按钮✔，或者按Enter键，即可在C7单元格中计算出C2:C6单元格区域中数值的和，如图11-9所示。

SUM　=SUM(C2:C6)

	A	B	C
1	序号	花费项	金额
2	1	餐饮	¥225.00
3	2	交通	¥56.00
4	3	购物	¥578.00
5	4	娱乐	¥84.60
6	5	居家	¥294.00
7			=SUM(C2:C6)

图11-8　使用求和函数

	A	B	C
1	序号	花费项	金额
2	1	餐饮	¥225.00
3	2	交通	¥56.00
4	3	购物	¥578.00
5	4	娱乐	¥84.60
6	5	居家	¥294.00
7		合计：	¥1,237.60

图11-9　计算单元格区域中数值的和

提示　使用【自动求和】按钮，不仅可以一次求出一组数据的总和，而且可以在多组数据中自动求出每组数据的总和。

11.3 输入公式

使用公式计算数据的首要条件就是在Excel表格中输入公式，常见的输入公式的方法有手动输入和单击输入两种，下面分别进行介绍。

11.3.1 手动输入

手动输入公式是指用手动逐步输入公式。在选定的单元格中输入等号“=”，后面输入公式。输入时，字符会同时出现在单元格和编辑栏中。当输入一个公式时，用户可以使用常用编辑键，如图11-10所示。

图11-10　手动输入公式

11.3.2 单击输入

单击输入更加简单、快速，不容易出问题。可以直接单击单元格引用，而不是完全靠手动输入。例如，要在单元格A3中输入公式“=A1+A2”，具体操作如下。

步骤 1　在Excel 2013中新建一个空白工作簿，在单元格A1中输入“23”，在单元格A2中输入“15”，并选择单元格A3，输入等号“=”，此时状态栏里会显示“输入”字样，如图11-11所示。

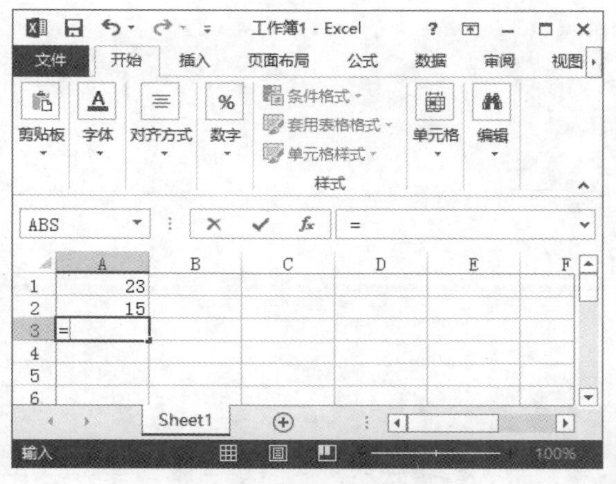

图11-11　输入“=”符号

步骤 2　单击单元格A1，此时A1单元格的周围会显示一个活动虚线框，同时单元格引用出现在单元格A3和编辑栏中，如图11-12所示。

图11-12　选中A1单元格

步骤 3　输入加号“+”，实线边框会代替虚线边框，状态栏里会再次出现“输入”字样，如图11-13所示。

步骤 4　单击单元格A2，将单元格A2添加到公式中，如图11-14所示。

步骤 5　单击编辑栏中的✓按钮，或按Enter键结束公式的输入，在A3单元格中即可计算出A1和A2单元格中值的和，如图11-15所示。

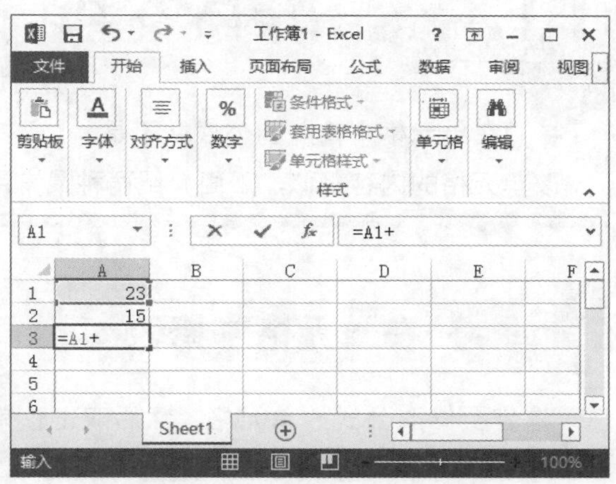

图11-13　输入“+”符号

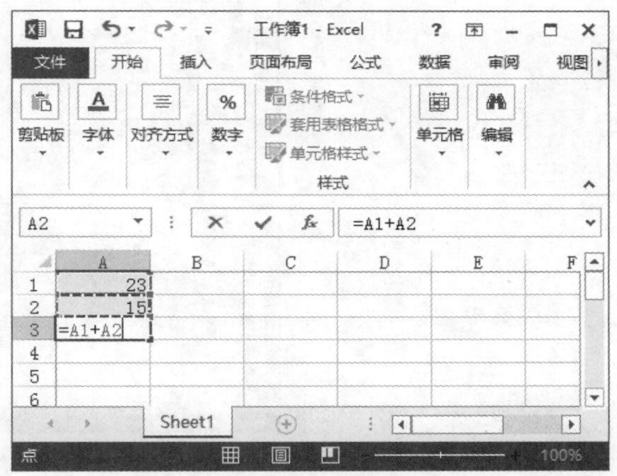

图11-14　选中A2单元格

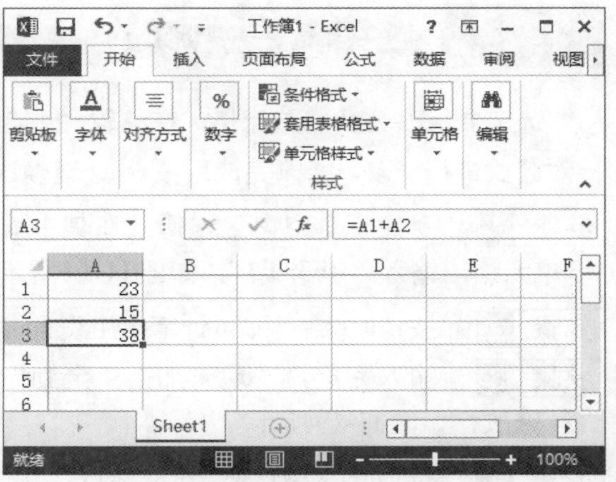

图11-15　计算单元格的和

11.4 修改公式

在单元格中输入的公式并不是一成不变的，有时也会需要修改。修改公式的方法与修改单元格的内容相似，下面介绍两种最常用的方法。

11.4.1 在单元格中修改

选定要修改公式的单元格，然后双击该单元格，进入编辑状态，此时单元格中会显示出公式，接下来就可以对公式进行修改，修改完成后按Enter键确认，即可快速修改公式，如图11-16所示。

图11-16　在单元格中修改公式

11.4.2 在编辑栏中修改

选定要修改公式的单元格，在编辑栏中会显示该单元格所使用的公式，然后在编辑栏内直接对公式进行修改，修改完成后按Enter键确认，即可快速修改公式，具体操作如下。

步骤 1　新建一个空白工作簿，在其中输入数据，并将其保存为“员工工资统计表”，在H3单元格中输入“=E3+F3”，如图11-17所示。

步骤 2　按Enter键，即可计算出工资的合计值，如图11-18所示。

步骤 3　输入完成，发现未加上“全勤”项，即可选中H3单元格，在编辑栏中对该公式进行修改，如图11-19所示。

步骤 4　按Enter键确认公式的修改，单元格内的数值则会发生相应的变化，如图11-20所示。

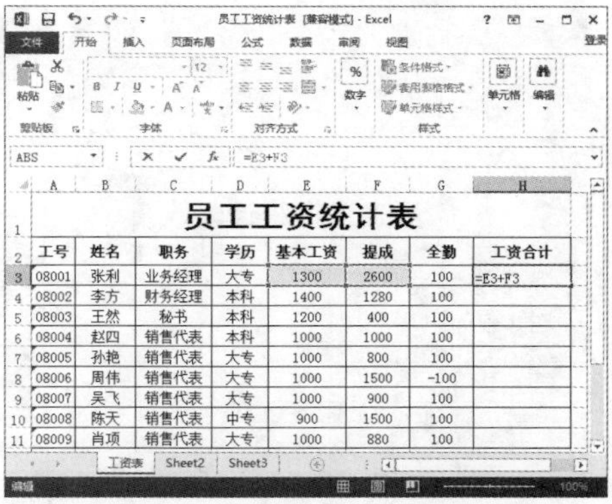

图11-17　输入公式

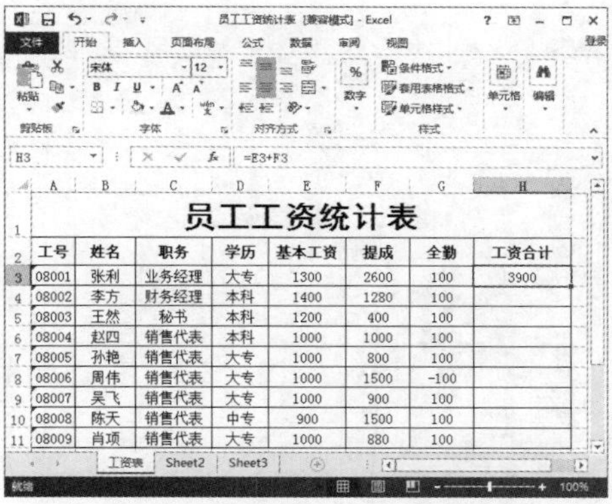

图11-18　计算工资合计值

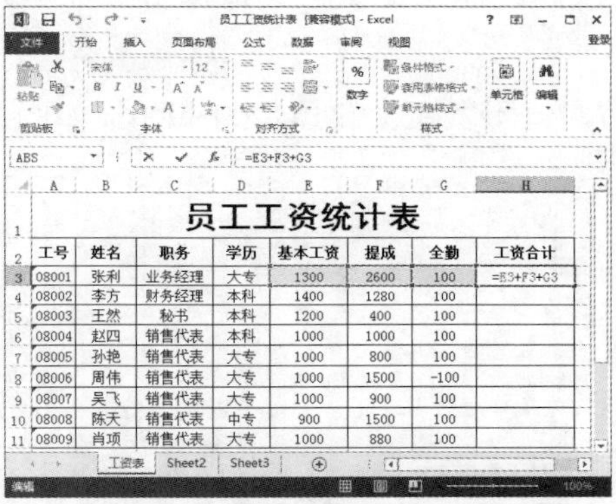

图11-19　修改公式

图11-20　计算出修改后的合计值

11.5 编辑公式

输入公式时，以等号“=”作为开头，以提示Excel单元格中含有公式而不是文本。在公式中可以包含各种算术运算符、常量、变量、函数、单元格地址等，本节介绍如何对公式进行编辑操作。

11.5.1 移动公式

移动公式是指将创建好的公式移动到其他单元格中，具体操作如下。

步骤 1 打开“员工工资统计表”文件，如图11-21所示。

步骤 2 在单元格H3中输入公式“=SUM(E3:G3)”，按Enter键即可求出“工资合计”数据，如图11-22所示。

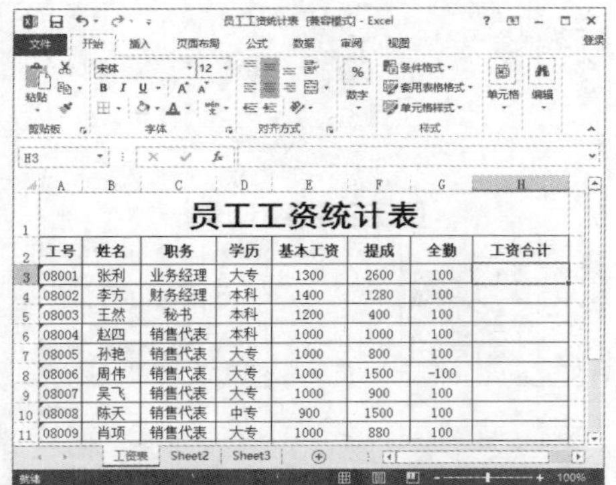

图11-21　打开文件

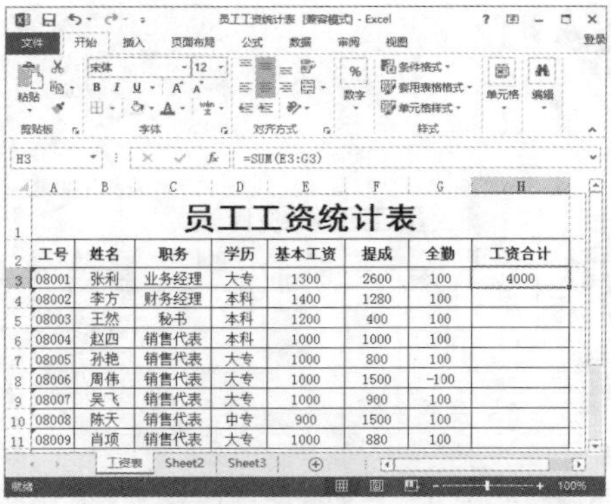

图11-22　输入公式求和

步骤 3　选择单元格H3，在该单元格的边框上按住鼠标左键，将其拖曳到其他单元格，如图11-23所示。

步骤 4　释放鼠标左键后即可移动公式，移动后，值不发生变化，仍为4000，如图11-24所示。

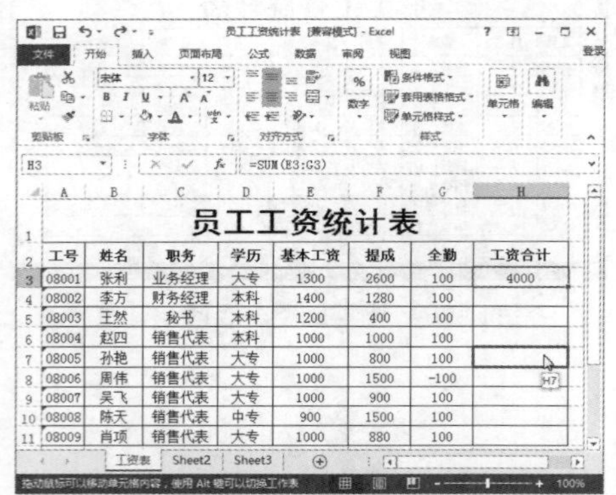

图11-23　选择并拖曳单元格

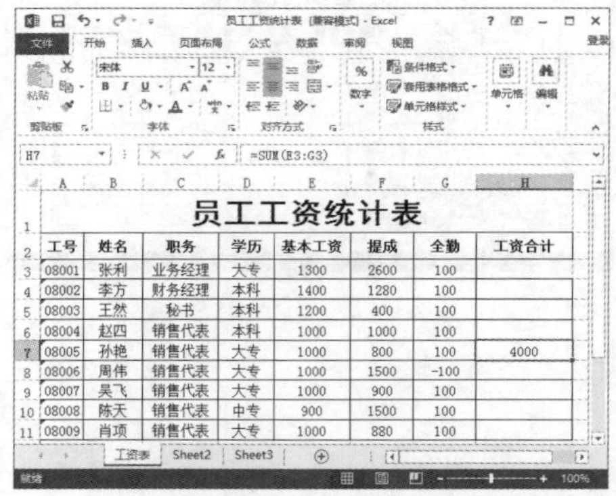

图11-24　移动公式后的值不变

> **提示**　在Excel 2013中移动公式时，无论使用哪一种单元格引用，公式内的单元格引用不会更改，即还保持原始的公式内容。

11.5.2 复制公式

复制公式就是把创建好的公式复制到其他单元格中，具体操作如下。

步骤 1　打开“员工工资统计表”文件，在单元格H3中输入公式“=SUM(E3:G3)”，按Enter键计算出“工资合计”数据，如图11-25所示。

步骤 2　选择H3单元格，在【开始】选项卡中，单击【剪贴板】选项组中的【复制】按钮，该单元格的边框显示为虚线，如图11-26所示。

步骤 3　选择单元格H6，单击【剪贴板】选项组中的【粘贴】按钮，即可将公式粘贴

到该单元格中。可以看到和移动公式不同的是，值发生了变化，E6单元格中显示的公式为“=SUM(E6:G6)”，即复制公式时，公式会根据单元格的引用情况发生变化，如图11-27所示。

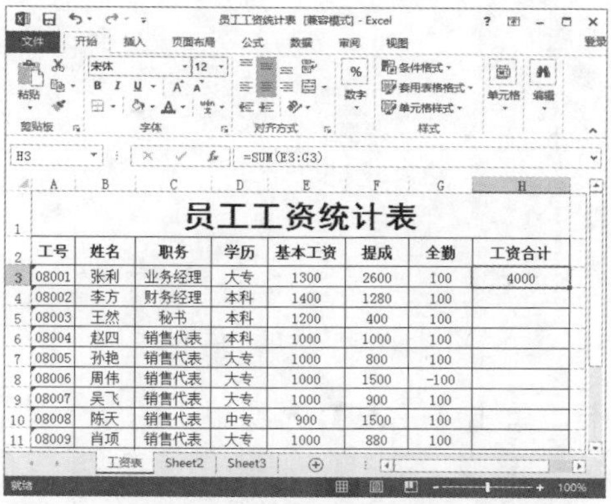

图11-25 计算工资合计

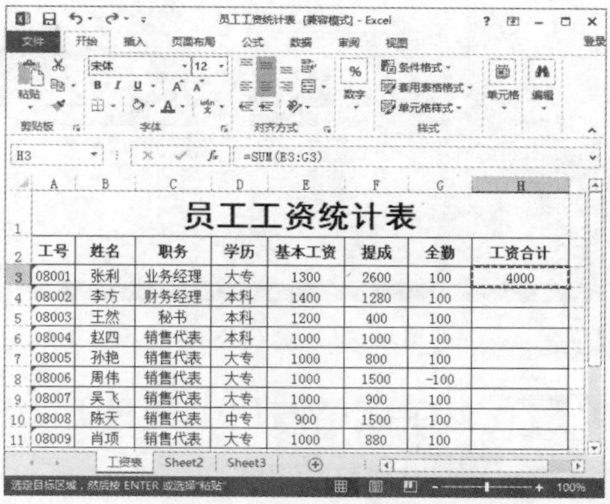

图11-26 复制公式

步骤 4 按Ctrl键或单击右侧的(Ctrl)图标，弹出如下选项，如图11-28所示。单击相应的按钮，即可应用粘贴格式、数值、公式、源格式、链接、图片等。若单击123按钮，则表示只粘贴数值，粘贴后H6单元格中的值仍为4000。

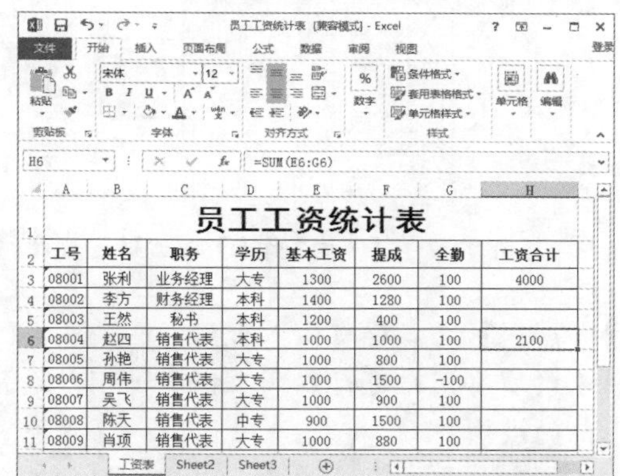

图11-27 粘贴公式

图11-28 【粘贴】面板

11.5.3 隐藏公式

在Excel中使用公式进行计算时，如果不小心改动了其中一个字母，那么结果可能有天壤之别。因此，为了保护创建的公式，在创建完成后，可以将其隐藏起来，具体操作步骤如下。

步骤 1 打开随书光盘中的“素材\ch11\工资发放表.xlsx”文件，选择单元格G3，在其中输入公式“=SUM(D3:F3)”，如图11-29所示。

步骤 2 接下来隐藏该公式。选择G3，右击，在弹出的快捷菜单中选择【设置单元格格式】命令，弹出【设置单元格格式】对话框，选择【保护】选项卡，选中【隐藏】复选框，单击【确定】按钮，如图11-30所示。

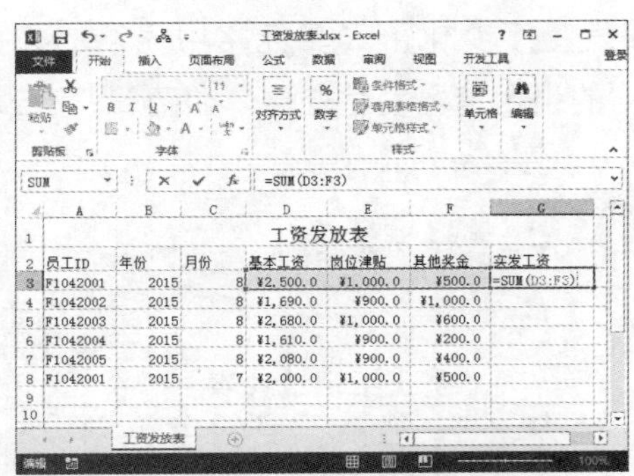
图11-29　输入公式

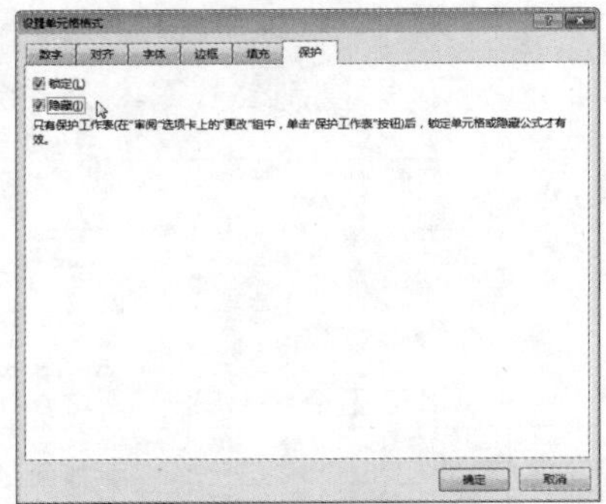
图11-30　【保护】选项卡

步骤 3　返回到工作表中，选择【审阅】选项卡，单击【更改】选项组中的【保护工作表】按钮，如图11-31所示。

步骤 4　弹出【保护工作表】对话框，单击【确定】按钮，如图11-32所示。

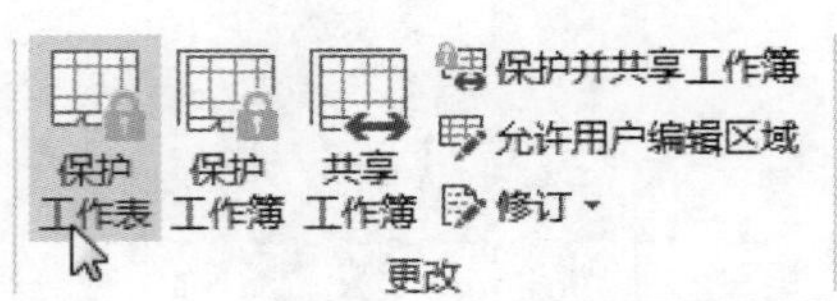

图11-31　【更改】选项组

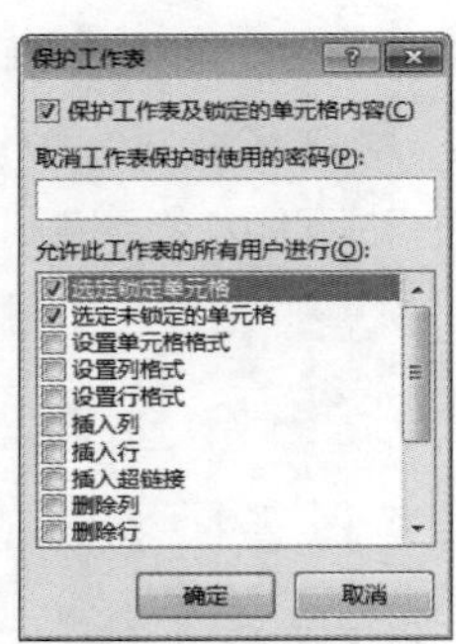

图11-32　【保护工作表】对话框

> **提示**　用户可以在【取消工作表保护时使用的密码】文本框中输入密码，这样可以防止其他人随意更改该项设置，在【允许此工作表的所有用户进行】列表框中还可以设置工作表处于保护状态时，用户对工作表可以进行的操作。

步骤 5　选择G3单元格，可以看到，编辑栏中是空白的，已经将公式隐藏起来，但可以查看其计算结果，如图11-33所示。

> **提示**　若要取消隐藏，选择【审阅】选项卡，单击【更改】选项组中的【撤销工作表保护】按钮即可，如图11-34所示。

图11-33　隐藏公式

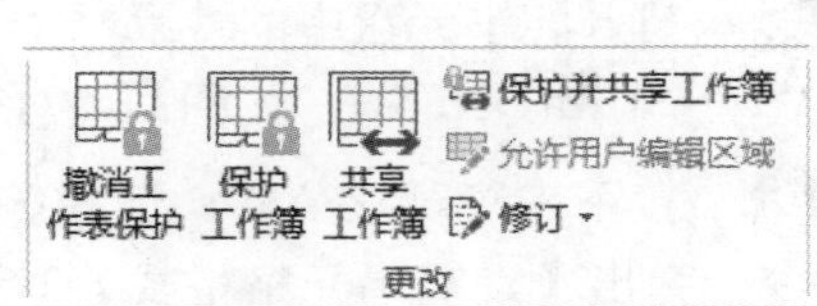

图11-34　撤销工作表保护

11.6 公式审核

公式审核可以调试复杂的公式，单独计算公式的各个部分。分步计算各个部分可以帮助用户验证计算是否正确。

11.6.1 什么情况下需要公式审核

在遇到下面的情况时经常需要审核公式。

（1）输入的公式出现错误提示时。

（2）输入公式的计算结果与实际需求不符时。

（3）需要查看公式各部分的计算结果时。

（4）逐步查看公式计算过程时。

11.6.2 公式审核的方法

在Excel 2013中，可以使用【公式求值】命令审核公式或者使用快捷键F9审核公式。

1. 使用【公式求值】命令审核

使用【公式求值】命令审核公式的具体操作步骤如下。

步骤 1 打开包含有公式的任意一个工作簿，选择A4单元格，单击【公式】选项卡下【公式审核】选项组中的【公式求值】按钮，如图11-35所示。

步骤 2 弹出【公式求值】对话框，在【引用】下显示引用的单元格。在【求值】显示框中可以看到求值公式，并且第一个表达式中“A1”下显示下划线，如图11-36所示。

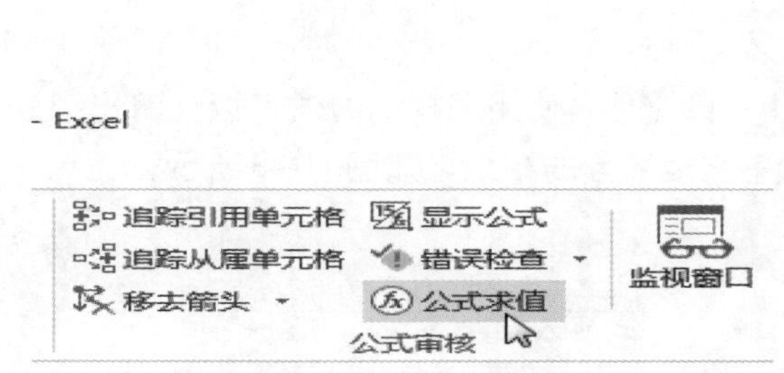

图11-35　【公式审核】选项组

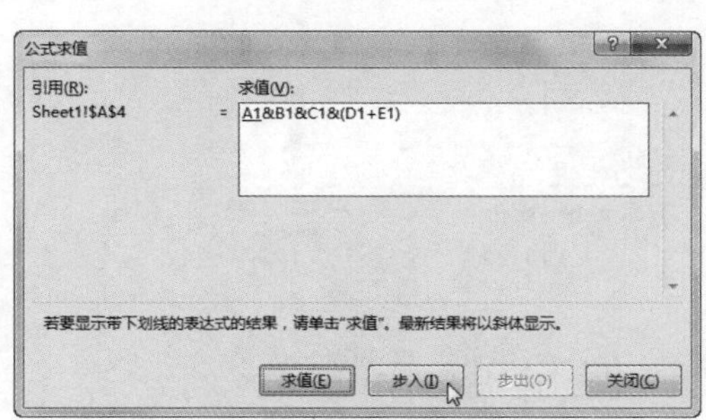

图11-36　【公式求值】对话框

步骤 3 单击【步入】按钮，即可将【求值】显示框分为两部分，下方显示“A1”的值，如图11-37所示。

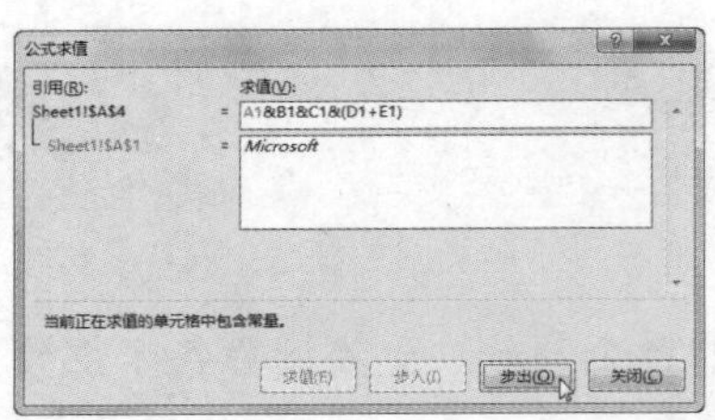

图11-37 【求值】显示框已分为两部分

步骤 4 单击【步出】按钮，即可在【求值】显示框中计算出表达式“A1”的结果，如图11-38所示。

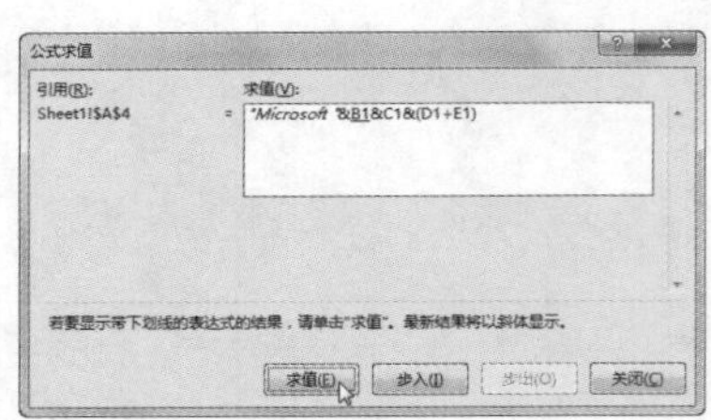

图11-38 显示求值结果

> **提示**
>
> 单击【求值】按钮将直接计算表达式的结果。单击【步入】按钮则首先显示表达式数据，再单击【步出】按钮计算表达式结果。

步骤 5 使用同样的方法单击【求值】或【步入】按钮，即可连续分步计算每个表达式的计算结果，如图11-39所示。

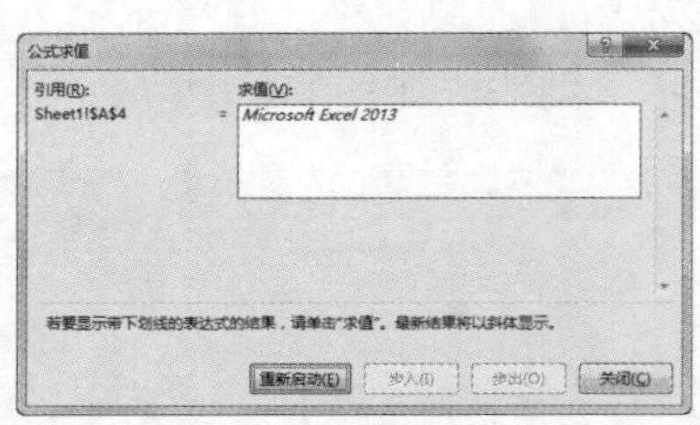

图11-39 连续分步计算数据

 使用F9键调试

使用【公式求值】命令可以分步计算结果，但不能计算任意部分的结果。如果要显示任意部分公式的计算结果，可以使用F9键进行审核。

步骤 1 打开包含有公式的任意一个工作簿，选择A4单元格，按F2键，即可在A4单元格中显示公式，如图11-40所示。

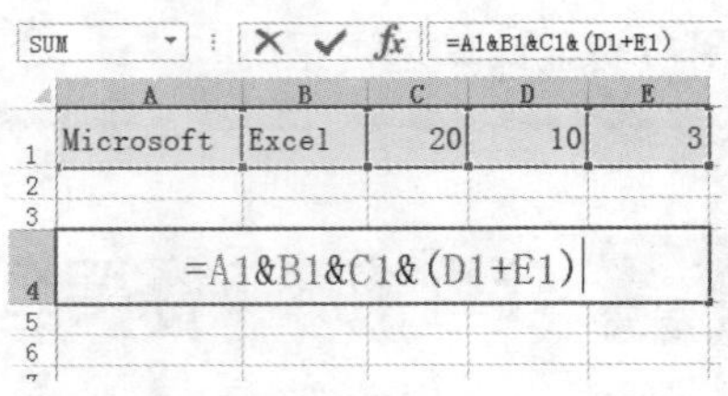

图11-40 显示单元格中公式

步骤 2 选择公式中的“A1&B1”，如图11-41所示。

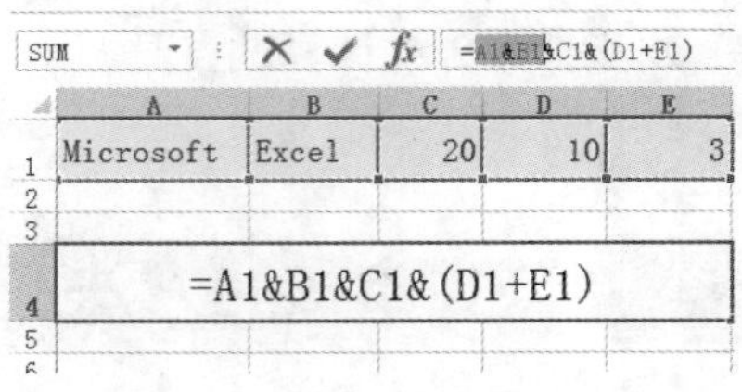

图11-41 选中公式

步骤 3 按F9键，即可计算出公式中“A1&B1”的计算结果，如图11-42所示。

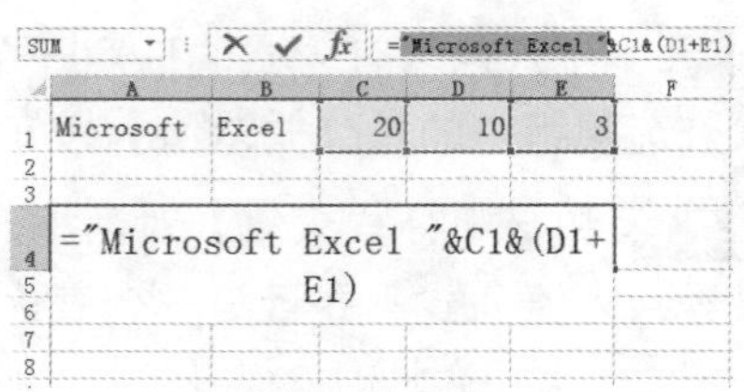

图11-42 显示计算结果

步骤 4 使用同样的方法可以计算出公式中其他部分的结果，如图11-43所示。

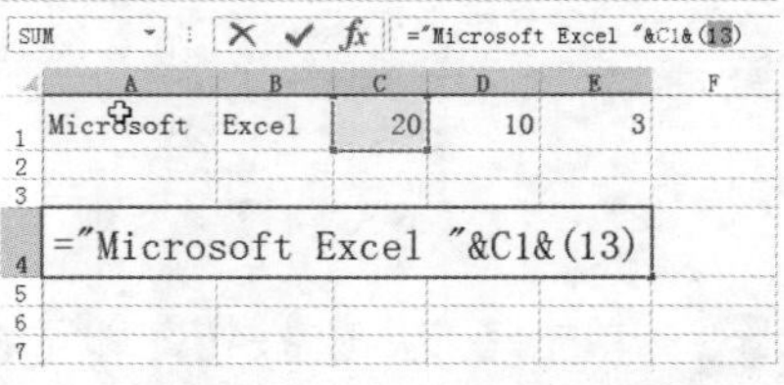

图11-43 显示其他公式的计算结果

> **提示** 使用F9键调试公式后，单击编辑栏中的【取消】按钮✕或按Ctrl+Z快捷键、Esc键均可退回到公式模式。如果按Enter键或单击编辑栏中的【输入】按钮✓，调试部分将会以计算结果代替公式显示。

11.7 高效办公技能实战

11.7.1 高效办公技能1——将公式转化为数值

当单元格中使用了公式后，其值会随着公式中所引用单元格值的改变而改变。若要单元格的值不发生这种改变，一种有效的解决办法是在单元格中由公式计算出值以后，将该公式转化为数值，具体操作步骤如下。

步骤 1 打开随书光盘中的“素材\ch11\工资发放表.xlsx”文件，在G3单元格中输入公式，然后按Enter键确认公式，此时系统将自动计算出结果，如图11-44所示。

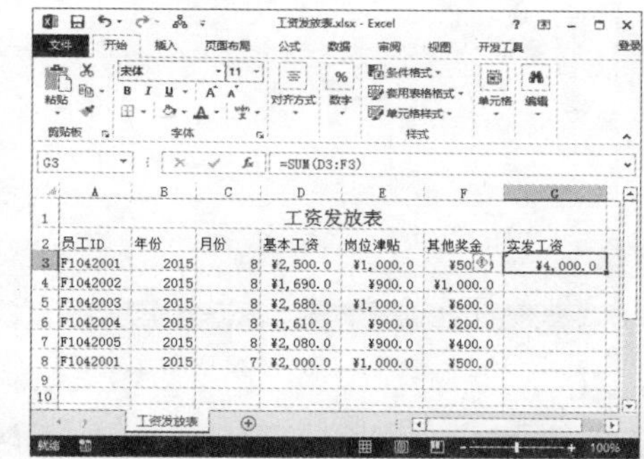

图11-44 计算数据

步骤 2 按Ctrl + C快捷键复制该单元格，再按Ctrl + V快捷键将复制的单元格粘贴在原位置，此时单元格右下角将出现Ctrl工具箱图标(Ctrl)。单击该图标右侧的下拉按钮，在弹出的下拉列表中选择【粘贴数值】区域中的【值和源格式】选项，如图11-45所示。

步骤 3 选择G3单元格，在编辑栏中可以看到，此时单元格的内容显示为数值，如图11-46所示。

图11-45 选择【值和源格式】选项

图11-46 公式已转换为数值

11.7.2 高效办公技能2——制作工资发放零钞备用表

目前，有一些企业在发放当月工资时，仍以现金的方式发放，如果员工比较多，每月事先准备好这些零钞就显得比较重要了。

制作工资发放零钞备用表的具体操作步骤如下。

步骤 1 创建工作簿并将其命名为“工资发放零钞备用表”，然后删除多余的工作表Sheet2和Sheet3，最后单击【保存】按钮，即可将该工作簿保存到计算机中，如图11-47所示。

步骤 2 输入表格标题和相关数据。在Sheet1工作表中选中A1单元格，在其中输入“2015年09月份工资发放零钞备用表”，然后参照相同的方法在表格中的其他单元格中输入相应的数据信息，如图11-48所示。

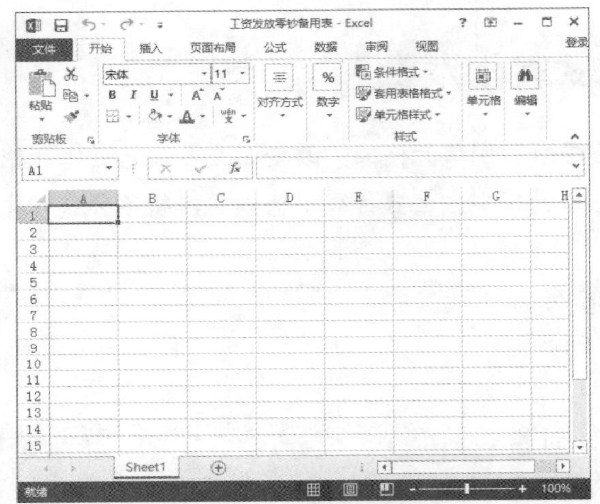

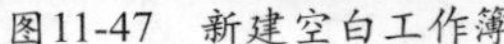
图11-47 新建空白工作簿

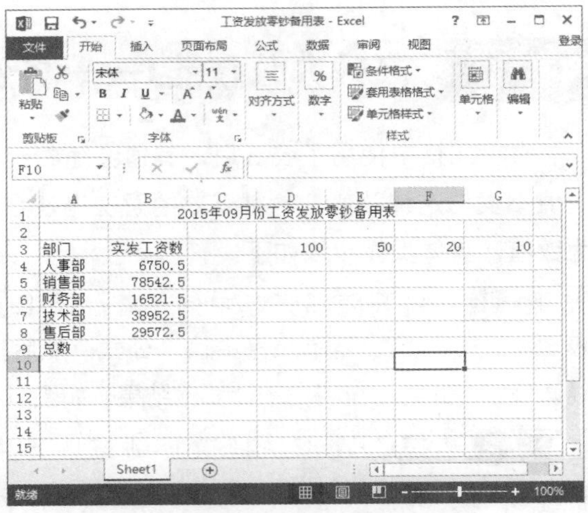

图11-48 输入相关数据

步骤 3 在表中选择D4单元格，并在其中输入公式“= INT(ROUNDUP(($B4-SUM($C$3:C$3*$C4:C4)),4)/D$3)”，然后按Ctrl+Shift+Enter快捷键，即可在D4单元格中显示输入的结果“67”，如图11-49所示。

步骤 4 复制公式。在Sheet1工作表中选中D4单元格并移动鼠标指针到该单元格的右下角，当鼠标指针变成十字形状时，按住鼠标左键不放向右拖曳至K4单元格，即可计算出“人事部”工资总额各个面值的数量，然后再用拖曳的方式复制公式到D5:K8单元格区域中，至此企业中各个部门工资总额的面值数量就计算出来了，如图11-50所示。

步骤 5 在Sheet1工作表中选中B9单元格，在其中输入公式“=SUM(B4:B8)”，然后按Enter键，即可在B9单元格中显示出计算的结果，如图11-51所示。

步骤 6 复制公式。在Sheet1工作表中选中B9单元格并移动鼠标指针到该单元格的右下角，当鼠标指针变成十字形状时按下鼠标左键不放向右拖曳至K9单元格，然后松开鼠标，即可得到各个面值数量的总和，最后参照调整表格小数位数的方法将D9:K9单元格区域中的数值调整为整数，最终的显示效果如图11-52所示。

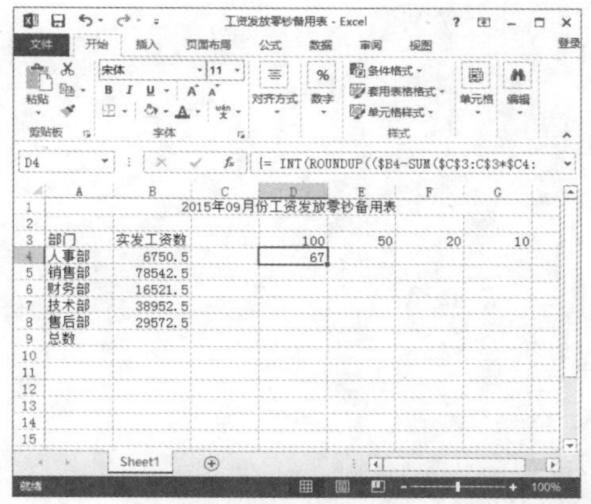

图11-49　输入公式计算数据

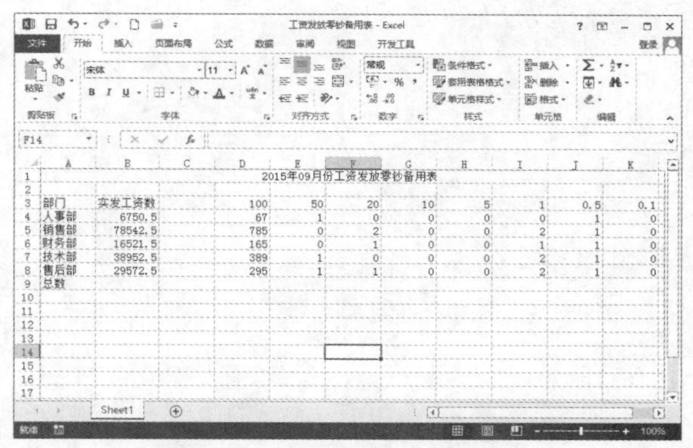

图11-50　复制公式计算数据

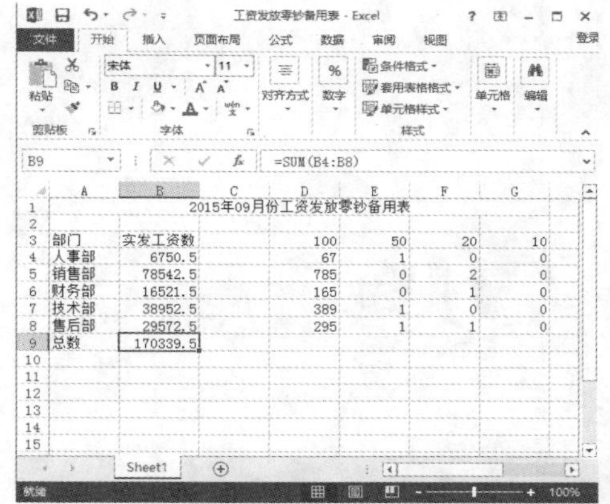

图11-51　输入公式计算数据

图11-52　最终显示效果

11.8 疑难问题解答

问题1：为什么输入公式后，某单元格内将会出现“#DIV/0！”的乱码字样？

解答：若公式中的除数为零或为空白单元格，就会出现以上这种情况。

问题2：为什么在输入公式中，会出现“# NAME ？”的错误信息？

解答：出现此情况一般是在公式中使用了Excel所不能识别的文本，例如，使用了不存在的名称。若想解决此问题，只需要切换到【公式】选项卡，然后在【定义的名称】选项组中单击【定义名称】下拉按钮，从弹出的下拉列表中选择【定义名称】选项，即可打开【定义名称】对话框。如果所需名称没有被列出，在【名称】文本框中输入相应的名称，再单击【确定】按钮即可。

第12章 Excel函数的应用

● **本章导读**

函数是Excel的预定义内置公式，熟练地掌握函数的用法，能够快速高效地处理数据和获取有用信息。本章将为读者介绍Excel函数的应用，通过本章的学习，读者能够熟练地使用函数来处理工作表中的数据。

● **学习目标**

◎ 掌握输入、复制与修改函数的方法

◎ 掌握常用函数的使用方法

◎ 掌握自定义函数的使用方法

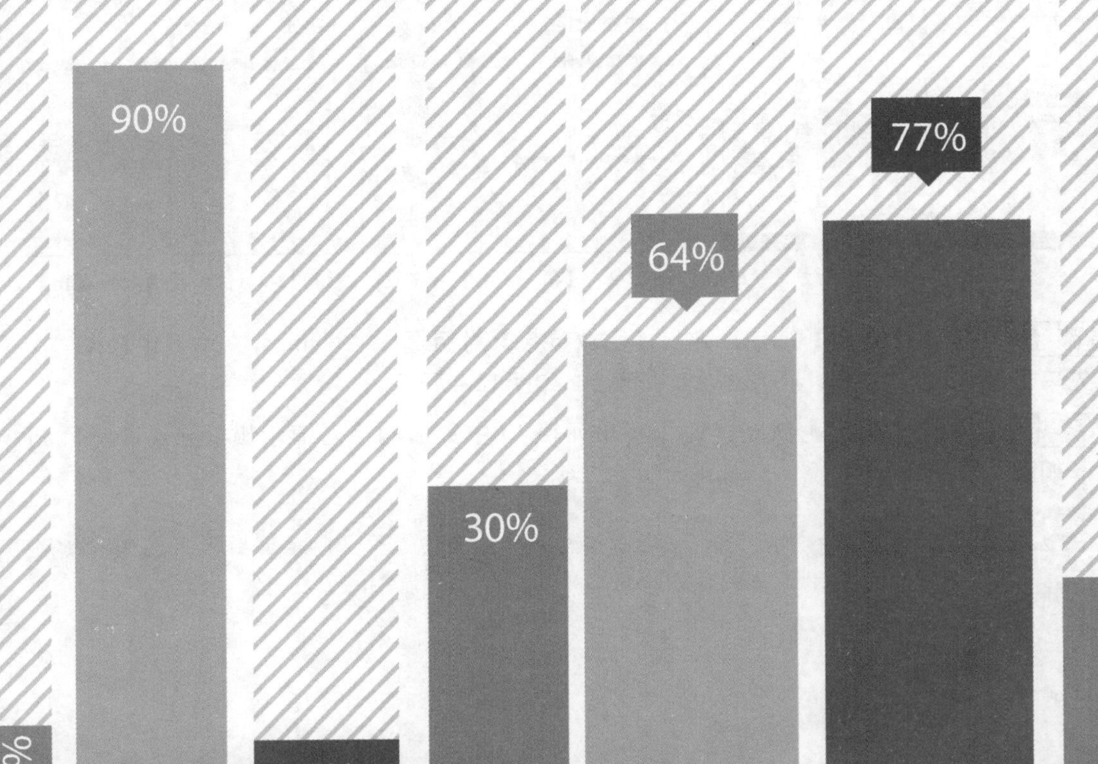

12.1 使用函数

Excel函数是一些已经定义好的公式，通过参数接收数据并返回结果，大多数情况下函数返回的是计算的结果，也可以返回文本、引用、逻辑值、数组或者工作表的信息。

12.1.1 输入函数

在Excel 2013中，输入函数的方法有手动输入和使用函数向导输入两种方法，其中，手动输入函数和输入普通的公式一样，这里不再重述，下面介绍使用函数向导输入函数，具体操作如下。

步骤 1 启动Excel 2013，新建一个空白文档，在单元格A1中输入“-100”，如图12-1所示。

步骤 2 选定A2单元格，在【公式】选项卡中，单击【函数库】选项组中的【插入函数】按钮，或者单击编辑栏上的【插入函数】按钮 fx，弹出【插入函数】对话框，如图12-2所示。

步骤 3 在【或选择类别】下拉列表框中选择【数学与三角函数】选项，在【选择函数】列表框中选择ABS选项（绝对值函数），列表框的下方会出现关于该函数功能的简单提示，如图12-3所示。

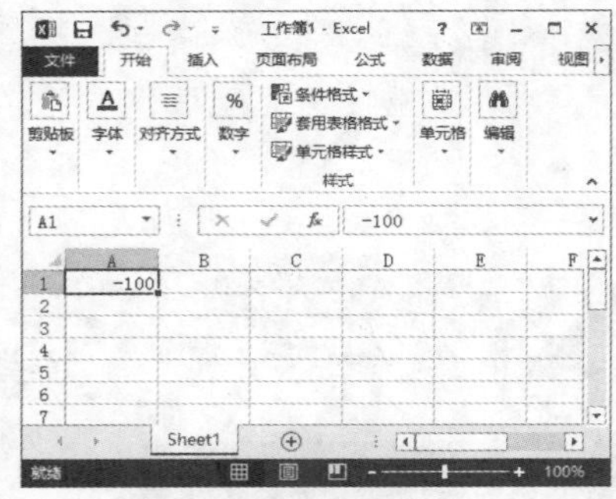

图12-1 输入数值

图12-2 【插入函数】对话框

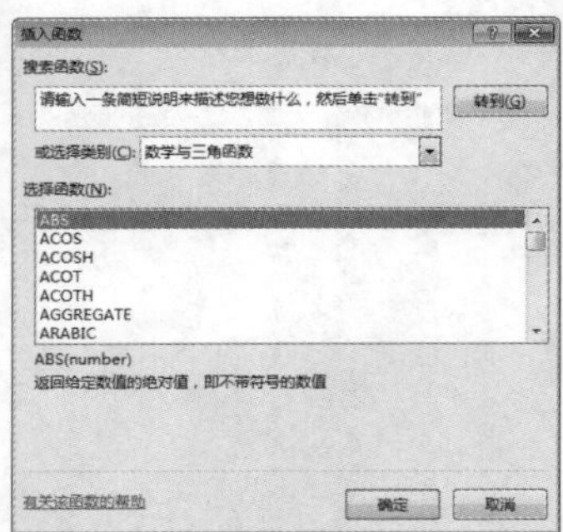

图12-3 选择要插入的函数类型

步骤 4 单击【确定】按钮，弹出【函数参数】对话框，在Number文本框中输入“A1”，或先单击Number文本框，再单击A1单元格，如图12-4所示。

步骤 5 单击【确定】按钮，即可将单元格A1中数值的绝对值求出，显示在单元格A2中，如图12-5所示。

提示 对于函数参数，可以直接输入数值、单元格或单元格区域引用，也可以使用鼠标在工作表中选定单元格或单元格区域。

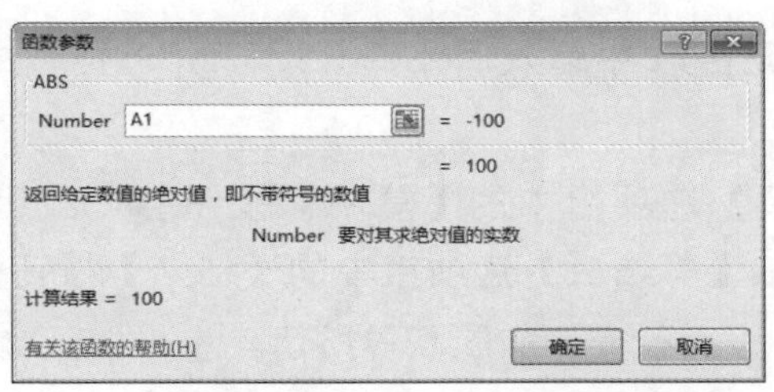

图12-4 【函数参数】对话框

图12-5 计算出数值

12.1.2 复制函数

函数的复制通常有两种情况，即相对复制和绝对复制。

1. 相对复制

所谓相对复制，就是将单元格中的函数表达式复制到一个新单元格中后，原来函数表达式中相对引用的单元格区域随新单元格的位置变化而做相应的调整，进行相对复制的具体操作如下。

步骤 1 新建一个空白工作簿，在其中输入数据，将其保存为“学生成绩统计表”文件，在单元格F2中输入“=SUM(C2:E2)”并按Enter键，计算总成绩，如图12-6所示。

步骤 2 选中F2单元格，然后选择【开始】选项卡，单击【剪贴板】选项组中的【复制】按钮，或者按Ctrl+C快捷键，选择F3:F13单元格区域，然后单击【剪贴板】选项组中的【粘贴】按钮，或者按Ctrl+V快捷键，即可将函数复制到目标单元格，计算出其他学生的总成绩，如图12-7所示。

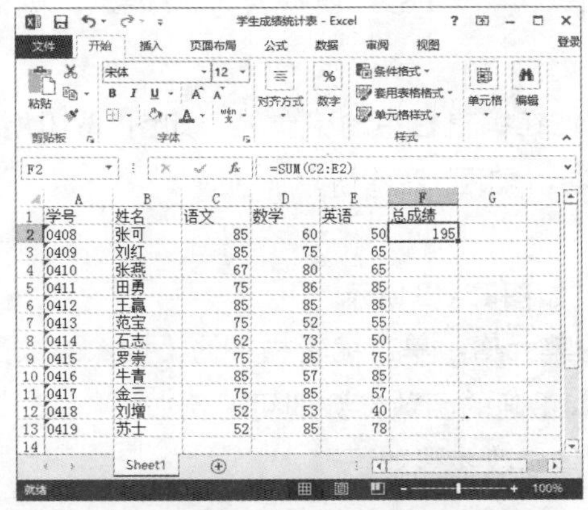

学号	姓名	语文	数学	英语	总成绩
0408	张可	85	60	50	195
0409	刘红	85	75	65	
0410	张燕	67	80	65	
0411	田勇	75	86	85	
0412	王赢	85	85	85	
0413	范宝	75	52	55	
0414	石志	62	73	50	
0415	罗崇	75	85	75	
0416	牛青	85	57	85	
0417	金三	75	85	57	
0418	刘增	52	53	40	
0419	苏士	52	85	78	

图12-6 计算总成绩

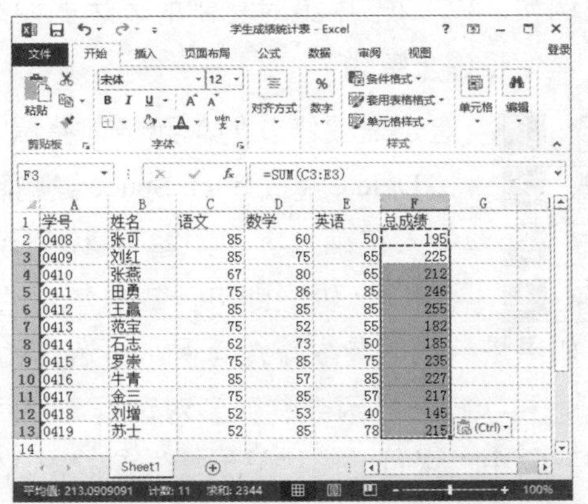

学号	姓名	语文	数学	英语	总成绩
0408	张可	85	60	50	195
0409	刘红	85	75	65	225
0410	张燕	67	80	65	212
0411	田勇	75	86	85	246
0412	王赢	85	85	85	255
0413	范宝	75	52	55	182
0414	石志	62	73	50	185
0415	罗崇	75	85	75	235
0416	牛青	85	57	85	227
0417	金三	75	85	57	217
0418	刘增	52	53	40	145
0419	苏士	52	85	78	215

图12-7 相对复制函数计算其他学生的总成绩

2. 绝对复制

所谓绝对复制，就是将单元格中的函数表达式复制到一个新单元格中后，原来函数表达式中绝对引用的单元格区域，不随新单元格的位置变化而做相应的调整，进行绝对复制的具体操作如下。

步骤 1 打开“学生成绩统计表”文件，在单元格F2中输入“=SUM($C$2:$E$2)”，并按Enter键，如图12-8所示。

步骤 2 在【开始】选项卡中，单击【剪贴板】选项组中的【复制】按钮，或者按Ctrl+C快捷键，选择F3:F13单元格区域，然后单击【剪贴板】选项组中的【粘贴】按钮，或者按Ctrl+V快捷键，可以看到函数和计算结果并没有改变，如图12-9所示。

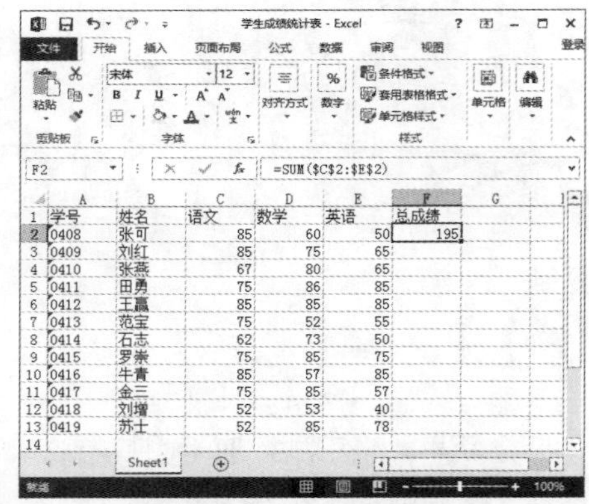

图12-8 计算总成绩

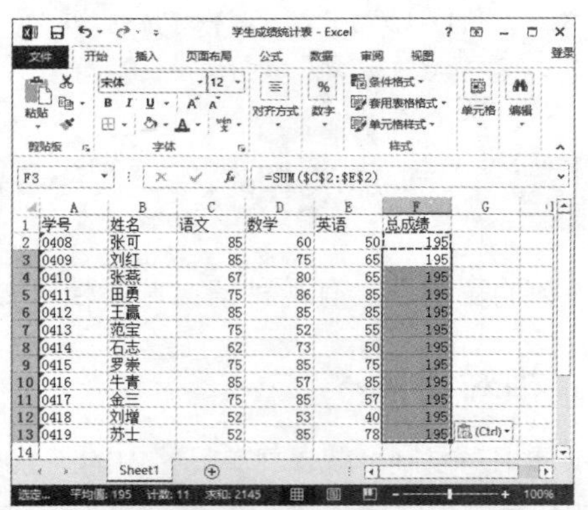

图12-9 绝对复制函数计算其他人员的总成绩

12.1.3 修改函数

如果要修改函数表达式，可以选定被修改函数所在的单元格，将鼠标指针定位在编辑栏中的错误处，利用Delete键或Back Space键删除错误内容，然后输入正确内容即可。

例如，12.1.2节中绝对复制的表达式如果输入错误，将“$E$2”误输入为“$E#2”，则需修改，具体操作步骤如下。

步骤 1 选定需要修改的单元格，将鼠标指针定位在编辑栏中的错误处，如图12-10所示。

步骤 2 按Delete键或Back Space键删除错误内容，如图12-11所示。

步骤 3 输入正确内容，如图12-12所示。

步骤 4 按Enter键，即可计算出学生的总成绩，如图12-13所示。

如果是函数的参数输入有误，可选定函数所在的单元格，单击编辑栏中的【插入函数】按钮fx，再次打开【函数参数】对话框，然后重新输入正确的函数参数即可。例如，将12.1.2节绝对复制中“张可”的“总成绩”参数输入错误，具体修改步骤如下。

步骤 1 选定函数所在的单元格，单击编辑栏中的【插入函数】按钮fx，打开【函数参数】对话框，如图12-14所示。

步骤 2 单击Number1选择框右边的选择区域按钮，然后选择正确的参数即可，如图12-15所示。

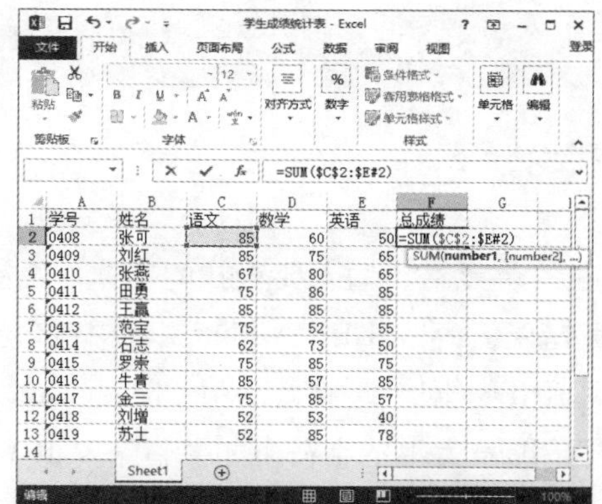

图12-10　找到错误信息

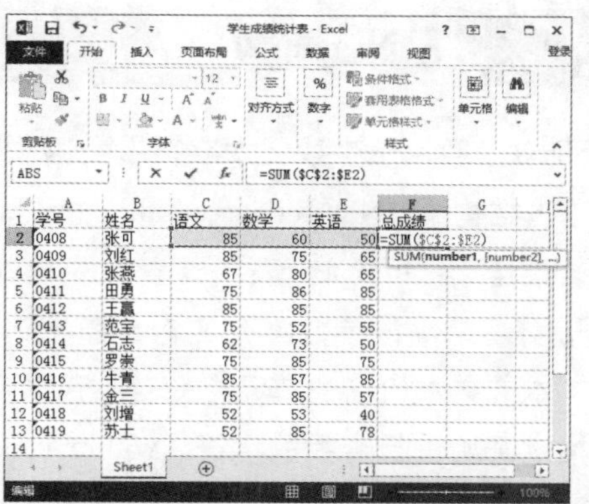

图12-11　删除错误信息

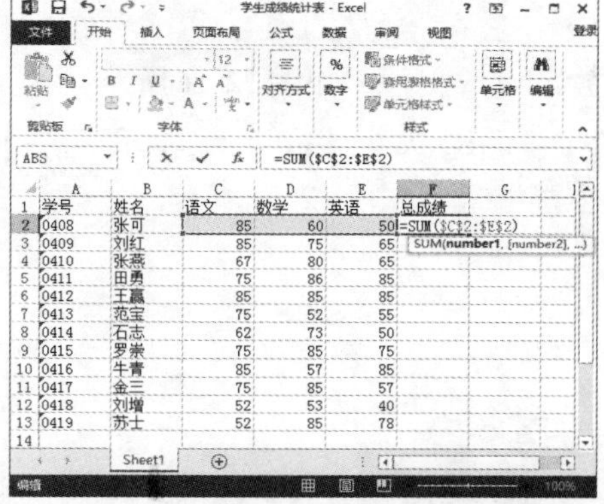

图12-12　输入正确内容

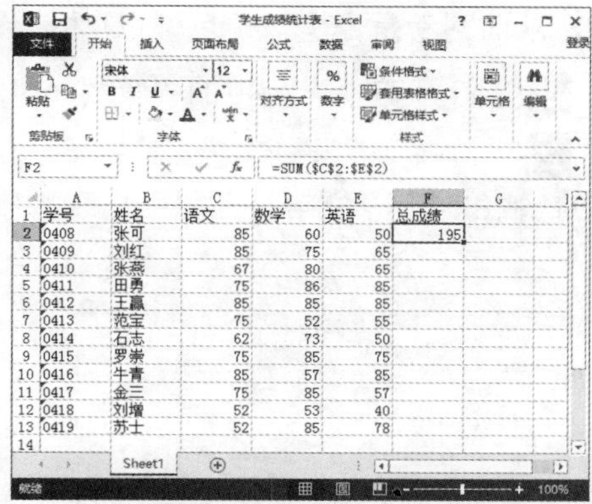

图12-13　计算数值

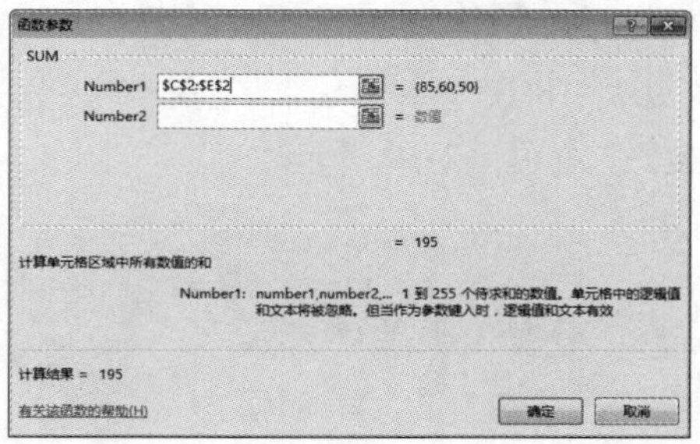

图12-14　【函数参数】对话框

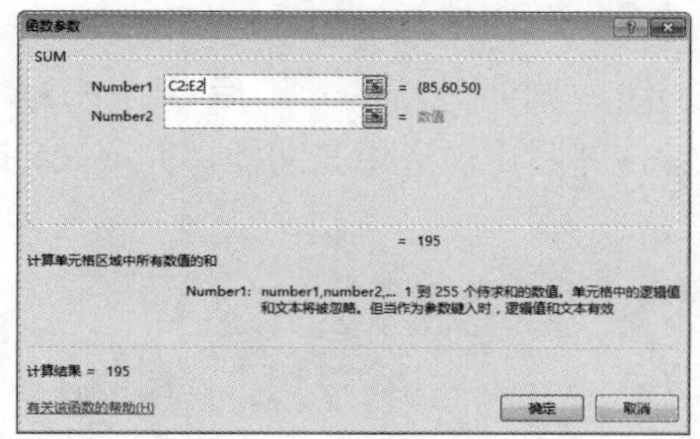

图12-15　选择正确的参数

12.2 文本函数

文本函数是在公式中处理字符串的函数。例如，使用文本函数可以转换大小写、确定字符串的长度、提取文本中的特定字符等。下面通过实例介绍几种常用的文本函数。

12.2.1 FIND函数

FIND函数用于查找文本字符串。语法以及参数的含义如下。

语法结构：FIND(find_text,within_text,[start_num])。

参数含义：find_text表示要查找的文本或文本所在的单元格，输入要查找的文本时需要用双引号引起来，该参数不允许包含通配符，否则返回错误值#VALUE!；within_text中包含要查找的文本或文本所在的单元格，若不包含find_text，则FIND返回错误值“#VALUE!”；start_num用于指定开始进行查找的字符。within_text中的首字符是编号为1的字符，如果省略start_num，则假定其值为1。

例如，若要统计员工的出生年代是否在20世纪80年代，则需要查找身份证号码的第9位是否为8，从而判断是否是“80后”，具体操作步骤如下。

步骤 1 打开随书光盘中的“素材\ch12\FIND函数.xlsx”文件，如图12-16所示。

步骤 2 选择单元格F3，在其中输入公式“=FIND("8",E3,9)”，按Enter键，即可在E3单元格中查找出从第9位字符开始，出现数字8的起始位置编号，如图12-17所示。

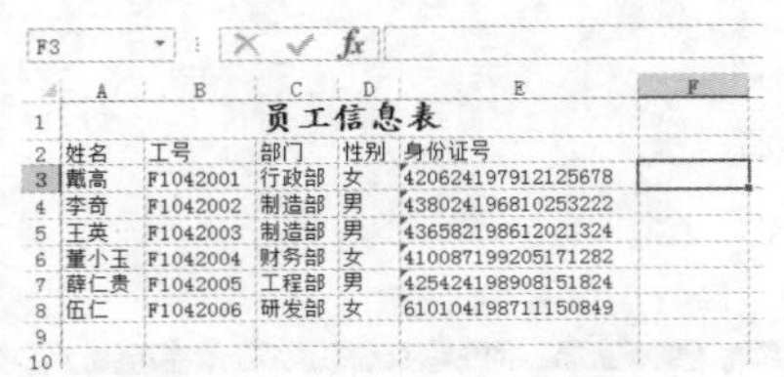

图12-16 打开素材文件

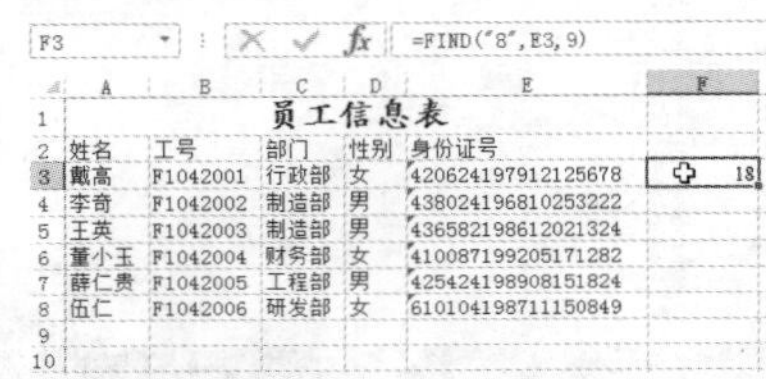

图12-17 输入公式

步骤 3 利用填充柄的快速填充功能，完成其他单元格的操作，如图12-18所示。

步骤 4 判断是否是“80后”。在G3单元格中输入“=IF(F3=9,"80后","不是80后")”，按Enter键，并利用快速填充功能，完成其他单元格的操作，如图12-19所示。

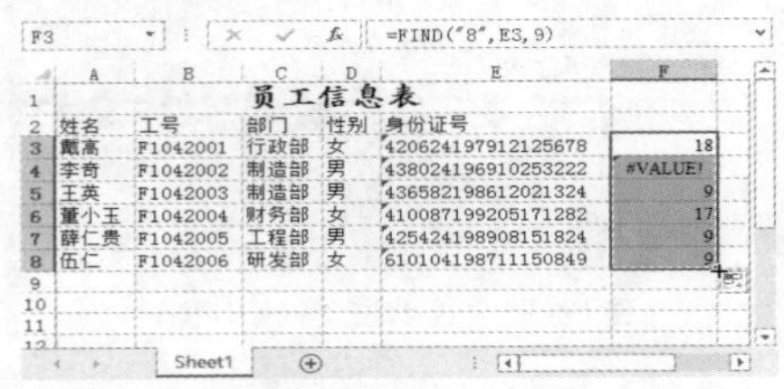

图12-18 快速填充公式

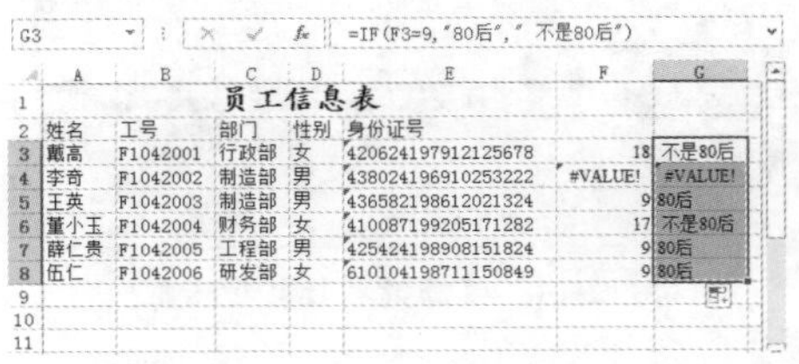

图12-19 输入公式并计算结果

> **提示** 通过IF函数判断F3单元格中数据是否为9，若是9，则为“80后”。

12.2.2 SEARCH函数

SEARCH函数是用于查找字符串字符起始位置（不区分大小写）的函数。以字符为单位，

查找文本字符串在另一个字符串中出现的起始位置编号。搜索不区分大小写，但区分重音。语法以及参数的含义如下。

语法结构：SEARCH(<find_text>, <within_text>[, [<start_num>][, <NotFoundValue>]])。

参数含义：find_text表示要查找的文本，可以在该参数中使用通配符，即可以使用问号（?）和星号（*），问号匹配任何单个字符，星号匹配任何字符序列，如果想要查找实际的问号或星号，则在字符前输入代字号（~）；within_text，在其中搜索find_text的文本或包含文本的列；start_num表示在within_text中开始搜索的字符位置，如果省略，则为1；NotFoundValue表示找不到find_text值时返回的值。

假设有一个新楼盘，分为A户型和B户型，现在需要将A户型的单价上调50元，这就需要查找带“A”的单元格，判断是否是A户型，如果是，则将其单价增加50，否则显示原价，具体操作步骤如下。

步骤 1　打开随书光盘中的“素材\ch12\SEARCH函数.xlsx”文件，如图12-20所示。

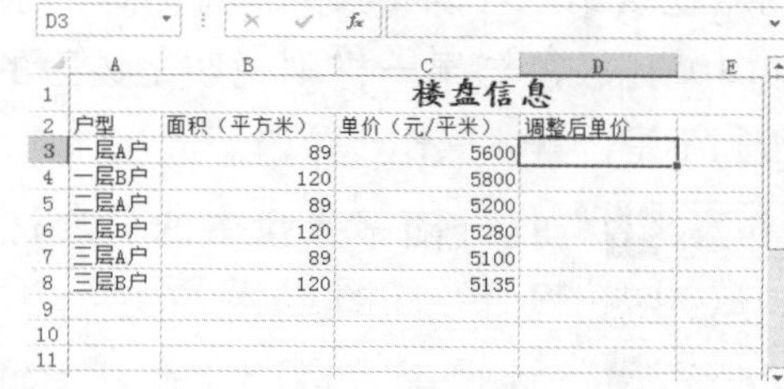

	A	B	C	D
1	楼盘信息			
2	户型	面积（平方米）	单价（元/平米）	调整后单价
3	一层A户	89	5600	
4	一层B户	120	5800	
5	二层A户	89	5200	
6	二层B户	120	5280	
7	三层A户	89	5100	
8	三层B户	120	5135	

图12-20　打开素材文件

步骤 2　选择单元格D3，在其中输入公式“=IF(ISERROR(SEARCH("A",A3)),C3,C3+50)”，按Enter键，即可判断A3是否显示A户型，若是A户型，则单价上调50元，如图12-21所示。

提示　首先使用ISERROR函数判断括号内的公式是否出错，若出错则返回TRUE，若没有出错则返回FALSE，再使用IF函数进行条件判断。

步骤 3　利用填充柄的快速填充功能，完成其他单元格的操作，如图12-22所示。

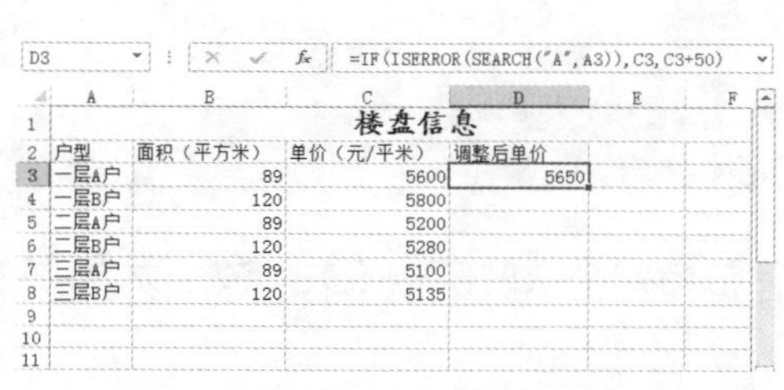

D3　=IF(ISERROR(SEARCH("A",A3)),C3,C3+50)

	A	B	C	D
1	楼盘信息			
2	户型	面积（平方米）	单价（元/平米）	调整后单价
3	一层A户	89	5600	5650
4	一层B户	120	5800	
5	二层A户	89	5200	
6	二层B户	120	5280	
7	三层A户	89	5100	
8	三层B户	120	5135	

图12-21　输入公式

D3　=IF(ISERROR(SEARCH("A",A3)),C3,C3+50)

	A	B	C	D
1	楼盘信息			
2	户型	面积（平方米）	单价（元/平米）	调整后单价
3	一层A户	89	5600	5650
4	一层B户	120	5800	5800
5	二层A户	89	5200	5250
6	二层B户	120	5280	5280
7	三层A户	89	5100	5150
8	三层B户	120	5135	5135

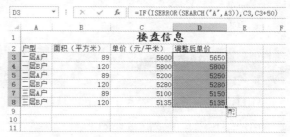

图12-22　快速填充数据

提示　FIND和SEARCH函数都可用于在指定的文本字符串中查找另一个文本字符串出现的起始位置。不同的是，前者区分大小写，且不支持通配符，后者不区分大小写，且支持通配符。

12.2.3　LEFT函数

LEFT函数用于返回文本值中最左边的字符函数。根据所指定的字符数，LEFT返回文本字符串中第一个字符或前几个字符。语法结构以及参数的含义如下。

语法结构：LEFT(text,num_chars)。

参数含义：text表示包含要提取的字符的文本字符串，或对包含文本的列的引用；num_chars表示希望LEFT提取的字符的数目，如果省略，则为1。

想要从单元格数据中提取指定个数的字符，使用LEFT函数即可实现。例如，身份证号码的前6位代表的是常住地区的区位代码，若知道中原市高新区的区位代码为410105，要找出该区的常住居民，可以将其身份证号码的前6位取出与410105比较，结果一样则说明是该区的常住居民，否则不是，具体操作步骤如下。

步骤 1 打开随书光盘中的“素材\ch12\LEFT函数.xlsx”文件，如图12-23所示。

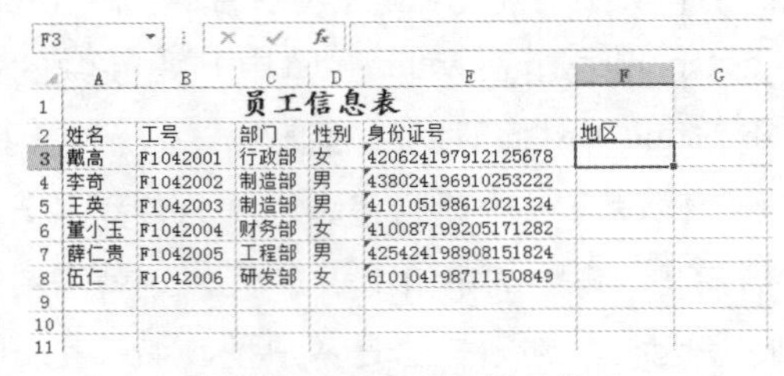

员工信息表

姓名	工号	部门	性别	身份证号	地区
戴高	F1042001	行政部	女	420624197912125678	
李奇	F1042002	制造部	男	438024196910253222	
王英	F1042003	制造部	男	410105198612021324	
董小玉	F1042004	财务部	女	410087199205171282	
薛仁贵	F1042005	工程部	男	425424198908151824	
伍仁	F1042006	研发部	女	610104198711150849	

图12-23　打开素材文件

步骤 2 选择单元格F3，在其中输入公式“=IF(LEFT(E3,6)="410105",”中原市高新区",""）”，如图12-24所示，按Enter键，即可查到是否为该区的常住居民。

步骤 3 利用填充柄的快速填充功能，完成其他单元格的操作，如图12-25所示。

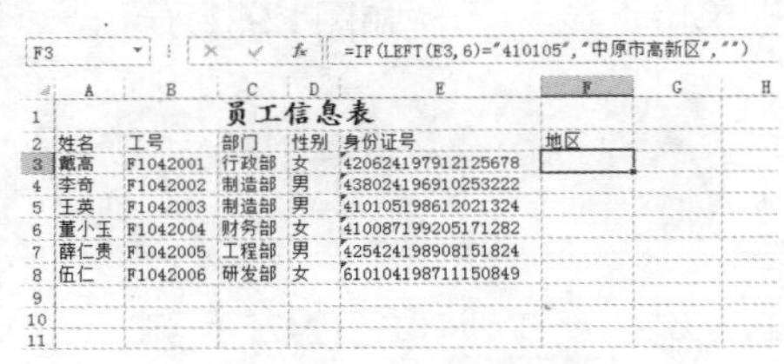

=IF(LEFT(E3,6)="410105","中原市高新区","")

员工信息表

姓名	工号	部门	性别	身份证号	地区
戴高	F1042001	行政部	女	420624197912125678	
李奇	F1042002	制造部	男	438024196910253222	
王英	F1042003	制造部	男	410105198612021324	
董小玉	F1042004	财务部	女	410087199205171282	
薛仁贵	F1042005	工程部	男	425424198908151824	
伍仁	F1042006	研发部	女	610104198711150849	

图12-24　输入公式

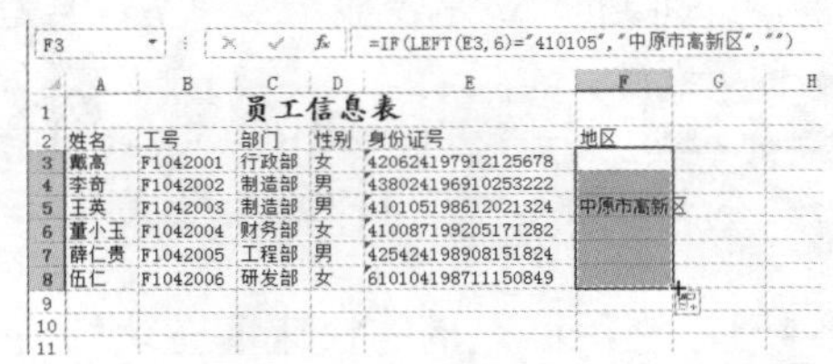

=IF(LEFT(E3,6)="410105","中原市高新区","")

员工信息表

姓名	工号	部门	性别	身份证号	地区
戴高	F1042001	行政部	女	420624197912125678	
李奇	F1042002	制造部	男	438024196910253222	
王英	F1042003	制造部	男	410105198612021324	中原市高新区
董小玉	F1042004	财务部	女	410087199205171282	
薛仁贵	F1042005	工程部	男	425424198908151824	
伍仁	F1042006	研发部	女	610104198711150849	

图12-25　快速填充数据

12.2.4 MID函数

MID函数用于返回文本字符串中从指定位置开始的特定个数的字符函数，该函数由用户指定。语法结构以及参数的含义如下。

语法结构：MID(text,start_num,num_chars)。

参数含义：text指包含要提取的字符的文本字符串，也可以是单元格引用；start_num表示字符串中要提取字符的起始位置；num_chars表示MID从文本中返回字符的个数。

说明：如果start_num大于文本长度，则MID返回空文本（""）；如果start_num小于文本长度，但start_num加上num_chars超过了文本的长度，则MID只返回至多到文本末尾的字符；如果start_num小于1，则MID返回错误值“#VALUE!”；如果num_chars为负数，则MID返回错误值“#VALUE!”。

使用MID函数可以从身份证号码中提取出出生日期，具体操作步骤如下。

步骤 1 打开随书光盘中的“素材\ch12\MID函数.xlsx”文件，如图12-26所示。

步骤 2 选择单元格F3，在其中输入公式“=IF(LEN(E3)=15,"19"&MID(E3,7,6),MID(E3,7,8))”，按Enter键，即可提取该居民的出生日期，如图12-27所示。

> **提示** 使用LEN函数计算字符串的长度，若为15位，则提取第7～12位，并在提取的字符串前面添加19，否则就在18位数中提取第7～14位。

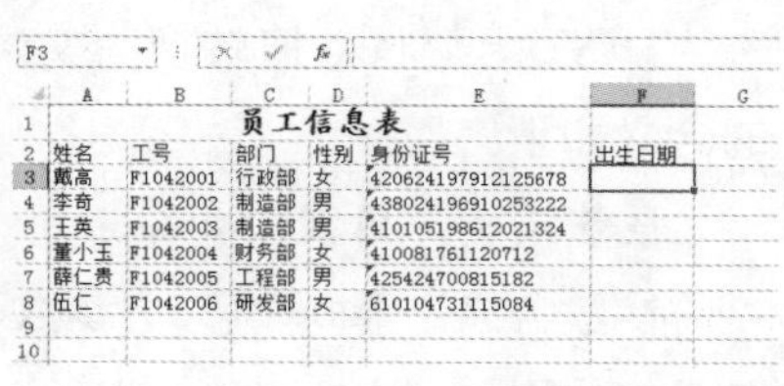

	A	B	C	D	E	F
1	员工信息表					
2	姓名	工号	部门	性别	身份证号	出生日期
3	戴高	F1042001	行政部	女	420624197912125678	
4	李奇	F1042002	制造部	男	438024196910253222	
5	王英	F1042003	制造部	男	410105198612021324	
6	董小玉	F1042004	财务部	女	410081761120712	
7	薛仁贵	F1042005	工程部	男	425424700815182	
8	伍仁	F1042006	研发部	女	610104731115084	

图12-26 打开素材文件

步骤 3 利用填充柄的快速填充功能，提取出其他人的出生日期，如图12-28所示。

F3 =IF(LEN(E3)= 15,"19"&MID(E3,7,6),MID(E3,7,8))

	A	B	C	D	E	F
1	员工信息表					
2	姓名	工号	部门	性别	身份证号	出生日期
3	戴高	F1042001	行政部	女	420624197912125678	19791212
4	李奇	F1042002	制造部	男	438024196910253222	
5	王英	F1042003	制造部	男	410105198612021324	
6	董小玉	F1042004	财务部	女	410081761120712	
7	薛仁贵	F1042005	工程部	男	425424700815182	
8	伍仁	F1042006	研发部	女	610104731115084	

图12-27 输入公式

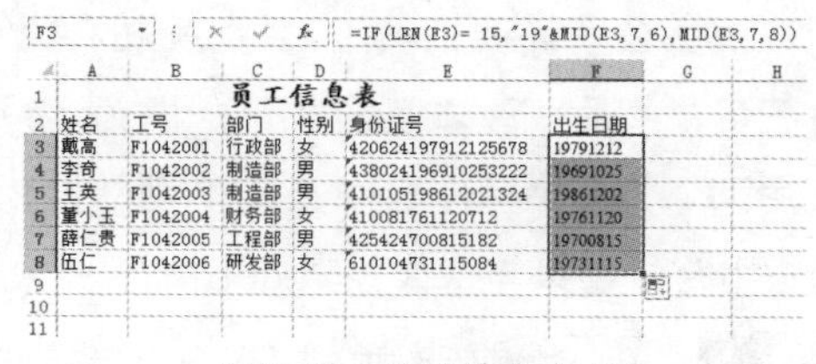

F3 =IF(LEN(E3)= 15,"19"&MID(E3,7,6),MID(E3,7,8))

	A	B	C	D	E	F
1	员工信息表					
2	姓名	工号	部门	性别	身份证号	出生日期
3	戴高	F1042001	行政部	女	420624197912125678	19791212
4	李奇	F1042002	制造部	男	438024196910253222	19691025
5	王英	F1042003	制造部	男	410105198612021324	19861202
6	董小玉	F1042004	财务部	女	410081761120712	19761120
7	薛仁贵	F1042005	工程部	男	425424700815182	19700815
8	伍仁	F1042006	研发部	女	610104731115084	19731115

图12-28 快速填充公式

12.2.5 LEN函数

LEN函数用于返回文本字符串中的字符数，语法结构以及参数的含义如下。

语法结构：LEN(text)。

参数含义：text表示要查找其长度的文本，或包含文本的列。空格作为字符计数。

如果身份证号码是15位，则最后一位表示性别。如果是18位，则第17位表示性别。奇数表示“男”，偶数表示“女”。这里使用LEN函数提取性别信息，具体操作步骤如下。

步骤 1 打开随书光盘中的“素材\ch12\LEN函数.xlsx”文件，如图12-29所示。

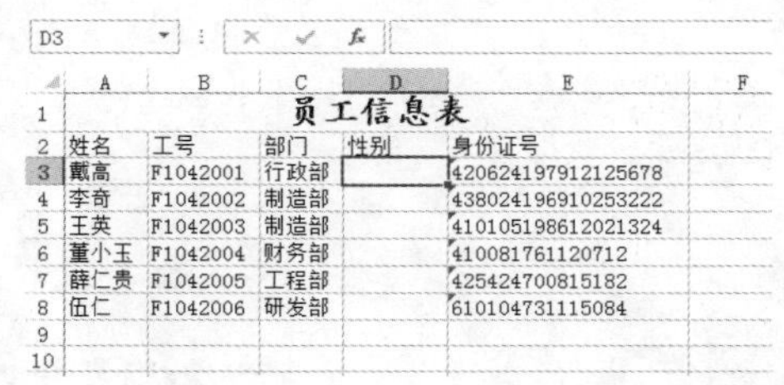

	A	B	C	D	E
1	员工信息表				
2	姓名	工号	部门	性别	身份证号
3	戴高	F1042001	行政部		420624197912125678
4	李奇	F1042002	制造部		438024196910253222
5	王英	F1042003	制造部		410105198612021324
6	董小玉	F1042004	财务部		410081761120712
7	薛仁贵	F1042005	工程部		425424700815182
8	伍仁	F1042006	研发部		610104731115084

图12-29 打开素材文件

步骤 2 选择单元格D3，在其中输入公式“=IF (MOD(IF(LEN(E3)=15,MID(E3,15,1),MID(E3,17,1)),2)=0,"女","男")”，按Enter键，即可完成性别信息的提取，如图12-30所示。

步骤 3 利用填充柄的快速填充功能，提取出其他人的性别信息，如图12-31所示。

D3 =IF(MOD(IF(LEN(E3)=15,MID(E3,15,1),MID(E3,17,1)),2)=0,"女","男")

	A	B	C	D	E
1	员工信息表				
2	姓名	工号	部门	性别	身份证号
3	戴高	F1042001	行政部	男	420624197912125678
4	李奇	F1042002	制造部		438024196910253222
5	王英	F1042003	制造部		410105198612021324
6	董小玉	F1042004	财务部		410081761120712
7	薛仁贵	F1042005	工程部		425424700815182
8	伍仁	F1042006	研发部		610104731115084

图12-30 输入公式

D3 =IF(MOD(IF(LEN(E3)=15,MID(E3,15,1),MID(E3,17,1)),2)=0,"女","男")

	A	B	C	D	E
1	员工信息表				
2	姓名	工号	部门	性别	身份证号
3	戴高	F1042001	行政部	男	420624197912125678
4	李奇	F1042002	制造部	女	438024196910253222
5	王英	F1042003	制造部	女	410105198612021324
6	董小玉	F1042004	财务部	女	410081761120712
7	薛仁贵	F1042005	工程部	女	425424700815182
8	伍仁	F1042006	研发部	女	610104731115084

图12-31 快速填充公式

12.2.6 TEXT函数

TEXT函数将数值转换为文本，并使用特殊格式字符串指定显示格式。语法结构以及参数的含义如下：

语法结构：TEXT(value,format_text)。

参数含义：value为必选参数，表示数值或计算结果为数值的公式，也可以是对包含数值的单元格的引用；format_text为必选参数，是用引号括起来的文本字符串的数字格式。

假设员工的总工资由基本工资和计件工资组成，每件10元，那么公司需要把员工每月完成的件数转换为具体的计件工资，然后和基本工资相加，即为该月的总工资。这里使用TEXT函数将件数由数值类型转换为文本格式，并添加货币符号，具体操作步骤如下。

步骤 1 打开随书光盘中的“素材\ch12\TEXT函数.xlsx”文件，如图12-32所示。

工资发放表

姓名	工号	基本工资	完成件数	总工资
戴高	F1042001	2500	100	
李奇	F1042002	1690	150	
王英	F1042003	2680	160	
董小玉	F1042004	1610	170	
薛仁贵	F1042005	2080	120	
伍仁	F1042006	2000	130	

图12-32　打开素材文件

步骤 2 选择单元格E3，在其中输入公式“=TEXT(C3+D3*10,"￥#.00")”，按Enter键，即可计算出总工资，如图12-33所示。

步骤 3 利用填充柄的快速填充功能，计算其他人的总工资，如图12-34所示。

=TEXT(C3+D3*10,"￥#.00")

工资发放表

姓名	工号	基本工资	完成件数	总工资
戴高	F1042001	2500	100	￥3500.00
李奇	F1042002	1690	150	
王英	F1042003	2680	160	
董小玉	F1042004	1610	170	
薛仁贵	F1042005	2080	120	
伍仁	F1042006	2000	130	

图12-33　输入公式

=TEXT(C3+D3*10,"￥#.00")

工资发放表

姓名	工号	基本工资	完成件数	总工资
戴高	F1042001	2500	100	￥3500.00
李奇	F1042002	1690	150	￥3190.00
王英	F1042003	2680	160	￥4280.00
董小玉	F1042004	1610	170	￥3310.00
薛仁贵	F1042005	2080	120	￥3280.00
伍仁	F1042006	2000	130	￥3300.00

图12-34　快速填充数据

12.3 日期与时间函数

在利用Excel处理问题时，经常会用到日期和时间函数来处理所有与日期和时间有关的运算。下面通过实例介绍几种常用的日期和时间函数。

12.3.1 DATE函数

DATE函数返回特定日期的年、月、日，给出指定数值的日期。语法结构以及参数含义如下。

语法结构：DATE(year,month,day)。

参数含义：year为必选参数，表示指定的年份数值（小于9999）；month为必选参数，表示指定的月份数值（不大于12）；day为必选参数，表示指定的天数。

假设某超市在2011年7月～2011年11月对各种饮料进行了促销活动，若想统计每种饮料的促销天数，则可以使用DATE函数进行计算，具体操作步骤如下。

步骤 1 打开随书光盘中的“素材\ch12\DATE函数.xlsx”文件，如图12-35所示。

促销信息							
	开始日期			结束日期			
名称	年份	月份	天数	年份	月份	天数	促销天数
娃哈哈	2011	7	7	2011	11	20	
王老吉	2011	8	1	2011	11	25	
百事可乐	2011	7	19	2011	11	25	
雪碧	2011	7	12	2011	11	24	
脉动	2011	8	11	2011	11	12	
汇源	2011	8	9	2011	11	8	

图12-35 打开素材文件

步骤 2 选择单元格H4，在其中输入公式“=DATE(E4,F4,G4)−DATE(B4,C4,D4)”，按Enter键，即可计算出促销天数，如图12-36所示。

步骤 3 利用填充柄的快速填充功能，计算其他饮料的促销天数，如图12-37所示。

=DATE(E4,F4,G4)-DATE(B4,C4,D4)

促销信息							
	开始日期			结束日期			
名称	年份	月份	天数	年份	月份	天数	促销天数
娃哈哈	2011	7	7	2011	11	20	136
王老吉	2011	8	1	2011	11	25	
百事可乐	2011	7	19	2011	11	25	
雪碧	2011	7	12	2011	11	24	
脉动	2011	8	11	2011	11	12	
汇源	2011	8	9	2011	11	8	

图12-36 输入公式

=DATE(E4,F4,G4)-DATE(B4,C4,D4)

促销信息							
	开始日期			结束日期			
名称	年份	月份	天数	年份	月份	天数	促销天数
娃哈哈	2011	7	7	2011	11	20	136
王老吉	2011	8	1	2011	11	25	116
百事可乐	2011	7	19	2011	11	25	129
雪碧	2011	7	12	2011	11	24	135
脉动	2011	8	11	2011	11	12	93
汇源	2011	8	9	2011	11	8	91

图12-37 快速填充公式

12.3.2 YEAR函数

YEAR函数返回一个日期数据对应的年份，返回值的范围为1900～9999间的整数。语法结构以及参数含义如下。

语法结构：YEAR(serial_number)。

参数含义：serial_number为必选参数，表示一个日期值或引用含有日期的单元格，其中包含需要查找年份的日期。如果该参数以非日期形式输入，则返回错误值“#VALUE！”。

公司每年都有新来的员工和离职的员工，可以利用YEAR函数统计员工在本公司的工作年限，具体操作步骤如下。

步骤 1 打开随书光盘中的“素材\ch12\YEAR函数.xlsx”文件，如图12-38所示。

步骤 2 选择单元格D3，在其中输入公式“=YEAR(TODAY())−YEAR(C3)”，按Enter键，此时显示的为日期，而不是年限值，接下来设置其数据类型。在【开始】选项卡中，单击【数字】选项组右下角的按钮，弹出【设置单元格格式】对话框，选择【数字】选项卡，在【分类】列表框中选择【常规】选项，如图12-39所示。

步骤 3 单击【确定】按钮，即可显示出正确的工作年限，如图12-40所示。

D3

	A	B	C	D
1	统计工作年限			
2	姓名	工号	入职日期	工作年限
3	戴高	F1042001	2012/11/25	
4	李奇	F1042002	2011/3/5	
5	王英	F1042003	2010/5/9	
6	董小玉	F1042004	2013/5/29	
7	薛仁贵	F1042005	2011/8/29	
8	伍仁	F1042006	2014/12/24	
9				

图12-38　打开素材文件

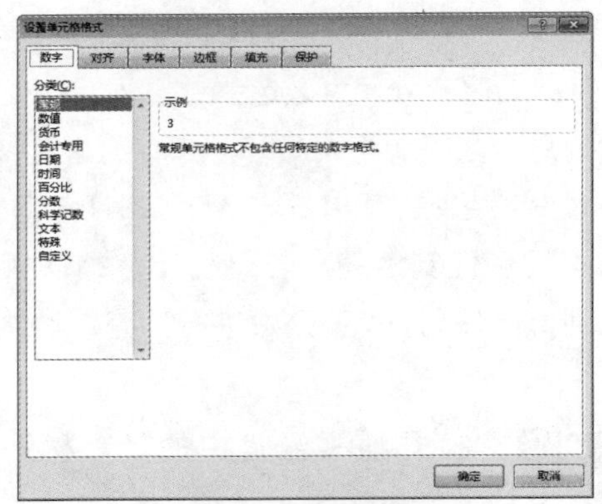

图12-39　【设置单元格格式】对话框

> **提示**　使用TODAY函数获取系统当前的日期，再使用YEAR函数提取系统当前的年份。

步骤 4　利用填充柄的快速填充功能，统计其他员工的工作年限，如图12-41所示。

D3　=YEAR(TODAY())-YEAR(C3)

	A	B	C	D	E
1	统计工作年限				
2	姓名	工号	入职日期	工作年限	
3	戴高	F1042001	2012/11/25	3	
4	李奇	F1042002	2011/3/5		
5	王英	F1042003	2010/5/9		
6	董小玉	F1042004	2013/5/29		
7	薛仁贵	F1042005	2011/8/29		
8	伍仁	F1042006	2014/12/24		
9					

图12-40　输入公式计算工作年限

D3　=YEAR(TODAY())-YEAR(C3)

	A	B	C	D	E
1	统计工作年限				
2	姓名	工号	入职日期	工作年限	
3	戴高	F1042001	2012/11/25	3	
4	李奇	F1042002	2011/3/5	4	
5	王英	F1042003	2010/5/9	5	
6	董小玉	F1042004	2013/5/29	2	
7	薛仁贵	F1042005	2011/8/29	4	
8	伍仁	F1042006	2014/12/24	1	
9					

图12-41　快速填充数据

> **提示**　使用MONTH和DAY函数可以分别返回一个日期数据对应的月份和日期，其用法与YEAR函数类似。

12.3.3 WEEKDAY函数

WEEKDAY函数返回指定日期对应的星期数。语法结构以及参数含义如下。

语法结构：WEEKDAY(serial_number,[return_type])。

参数含义：serial_number为必选参数，代表指定的日期或引用含有日期的单元格；return_type为可选参数，代表星期的表示方式，当Sunday（星期日）为1、Saturday（星期六）为7时，该参数为1；当Monday（星期一）为1、Sunday（星期日）为7时，该参数为2（这种情况符合中国人的习惯）。

要计算某个日期对应的星期数，须使用WEEKDAY函数，具体操作步骤如下。

步骤 1　打开随书光盘中的“素材\ch12\WEEKDAY函数.xlsx”文件，如图12-42所示。

步骤 2　选择单元格B4，在其中输入公式“=WEEKDAY(DATE($B$1,$B$2,A4),2)”，按Enter键，即可计算出2015年11月1日对应的星期数，如图12-43所示。

B4

	A	B	C	D
1	年份:	2015		
2	月份:	11		
3	日期	星期	日期	星期
4	1		8	
5	2		9	
6	3		10	
7	4		11	
8	5		12	
9	6		13	
10	7		14	
11				

图12-42 打开素材文件

B4 =WEEKDAY(DATE($B$1,$B$2,A4),2)

	A	B	C	D	E
1	年份:	2015			
2	月份:	11			
3	日期	星期	日期	星期	
4	1	7	8		
5	2		9		
6	3		10		
7	4		11		
8	5		12		
9	6		13		
10	7		14		

图12-43 输入公式

提示 在B4单元格中输入公式时，系统会自动给出return_type参数对应的各数字类型的含义，用户可作为参考，如图12-44所示。

步骤 3 利用填充柄的快速填充功能，计算出其他日期对应的星期数，如图12-45所示。

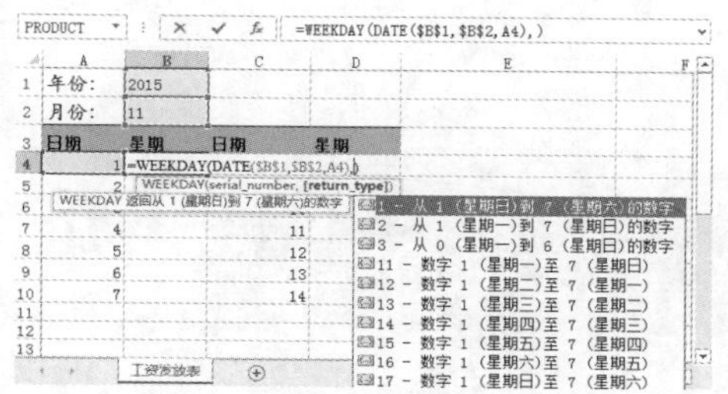

PRODUCT =WEEKDAY(DATE($B$1,$B$2,A4),)

	A	B	C	D
1	年份:	2015		
2	月份:	11		
3	日期	星期	日期	星期
4	1	=WEEKDAY(DATE($B$1,$B$2,A4),)		
5	2			
6				
7	4		11	
8	5		12	
9	6		13	
10	7		14	

图12-44 查看各个参数的含义

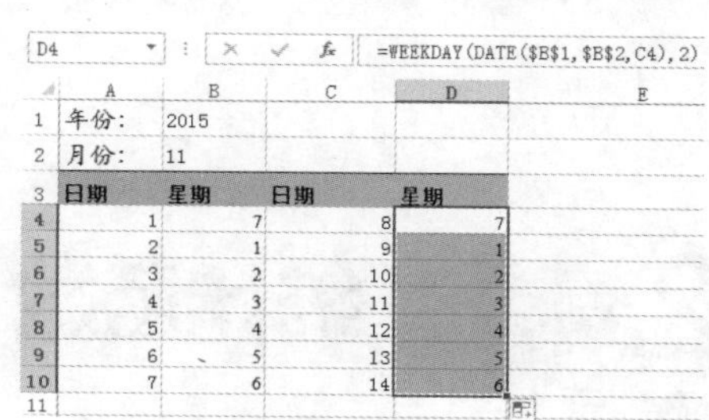

D4 =WEEKDAY(DATE($B$1,$B$2,C4),2)

	A	B	C	D	E
1	年份:	2015			
2	月份:	11			
3	日期	星期	日期	星期	
4	1	7	8	7	
5	2	1	9	1	
6	3	2	10	2	
7	4	3	11	3	
8	5	4	12	4	
9	6	5	13	5	
10	7	6	14	6	
11					

图12-45 快速填充公式

提示 使用TEXT函数，也可以返回日期对应的星期数。例如，在单元格B4中输入公式"=TEXT(B4,"aaaa")"，即可返回"星期日"。

12.3.4 HOUR函数

HOUR函数用于计算某个时间值或代表时间的序列编号对应的小时数。语法结构以及参数含义如下。

语法结构：HOUR(serial_number)。

参数含义：serial_number是必选参数，表示需要计算小时数的时间，该参数的数据格式是所有Excel可以识别的时间格式。

根据停车的开始时间和结束时间计算停车的时间，不足1小时则舍去，这里使用HOUR函数进行计算，具体操作步骤如下。

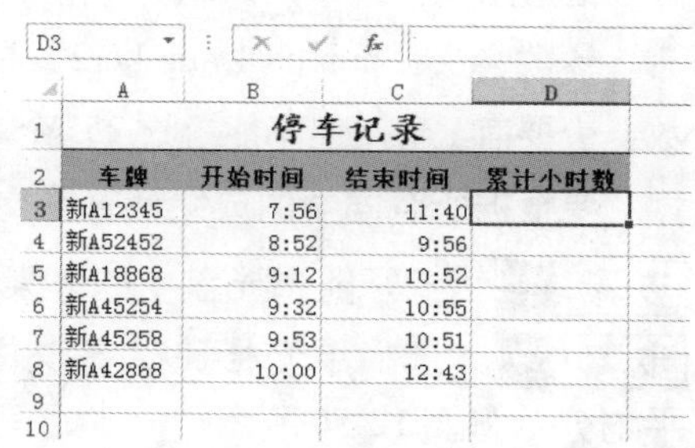

D3

	A	B	C	D
1	停车记录			
2	车牌	开始时间	结束时间	累计小时数
3	新A12345	7:56	11:40	
4	新A52452	8:52	9:56	
5	新A18868	9:12	10:52	
6	新A45254	9:32	10:55	
7	新A45258	9:53	10:51	
8	新A42868	10:00	12:43	
9				
10				

图12-46 打开素材文件

步骤 1 打开随书光盘中的"素材\ch12\HOUR函数.xlsx"文件，如图12-46所示。

步骤 2 选择单元格D3，在其中输入公式“=HOUR(C3-B3)”，按Enter键，即可计算出停车的累计小时数，如图12-47所示。

步骤 3 利用填充柄的快速填充功能，计算其他车辆的停车累计小时数，如图12-48所示。

D3 =HOUR(C3-B3)

	A	B	C	D
1	停车记录			
2	车牌	开始时间	结束时间	累计小时数
3	新A12345	7:56	11:40	3
4	新A52452	8:52	9:56	
5	新A18868	9:12	10:52	
6	新A45254	9:32	10:55	
7	新A45258	9:53	10:51	
8	新A42868	10:00	12:43	

图12-47 输入公式

D3 =HOUR(C3-B3)

	A	B	C	D
1	停车记录			
2	车牌	开始时间	结束时间	累计小时数
3	新A12345	7:56	11:40	3
4	新A52452	8:52	9:56	1
5	新A18868	9:12	10:52	1
6	新A45254	9:32	10:55	1
7	新A45258	9:53	10:51	0
8	新A42868	10:00	12:43	2

图12-48 快速填充数据

> **提示** 使用MINUTE和SECOND函数分别可以计算一个时间值对应的分钟数和秒数，其用法与HOUR函数类似。

12.4 统计函数

统计函数是对数据进行统计分析以及筛选的函数。此类函数的出现方便了Excel用户从复杂的数据中筛选出有效的数据。下面通过实例介绍几种常用的统计函数。

12.4.1 AVERAGE函数

AVERAGE函数又称为求平均值函数，用于计算选中区域中所有包含数值的单元格的平均值。语法结构以及参数的含义如下。

语法结构：AVERAGE(number1,number2,...)。

参数含义：number1,number2,...是需要求平均值的数值或引用单元格（单元格区域），该参数至少要有1个，但不能超过255个。

要根据所有同学的成绩计算平均分，须使用AVERAGE函数，具体操作步骤如下。

步骤 1 打开随书光盘中的“素材\ch12\AVERAGE函数.xlsx”文件，如图12-49所示。

步骤 2 选择单元格B9，在其中输入公式“=AVERAGE(B3:B8)”，按Enter键，即可得到平均分，如图12-50所示。

步骤 3 设置数据类型。选择B9单元格，在【开始】选项卡中，单击【数字】选项组右下角的按钮，弹出【设置单元格格式】对话框，选择【数字】选项卡，在【分类】列表框中选择【数值】选项，在右侧设置【小数位数】为0，如图12-51所示。

	A	B
1	高考成绩表	
2	姓名	总分
3	戴高	650
4	李奇	643
5	王英	582
6	董小玉	590
7	薛仁贵	642
8	伍仁	573
9	平均分	

图12-49 打开素材文件

B9 =AVERAGE(B3:B8)

	A	B	C
1	高考成绩表		
2	姓名	总分	
3	戴高	650	
4	李奇	643	
5	王英	582	
6	董小玉	590	
7	薛仁贵	642	
8	伍仁	573	
9	平均分	613.333333	

图12-50 输入公式

步骤 4 单击【确定】按钮，设置后的结果如图12-52所示。

图12-51 【设置单元格格式】对话框

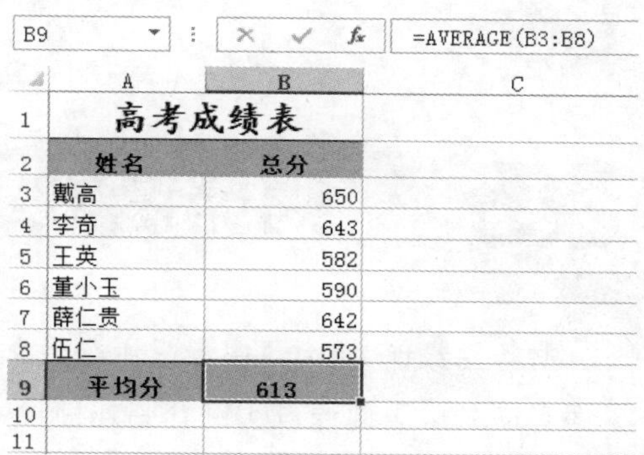

B9 =AVERAGE(B3:B8)

	A	B	C
1	高考成绩表		
2	姓名	总分	
3	戴高	650	
4	李奇	643	
5	王英	582	
6	董小玉	590	
7	薛仁贵	642	
8	伍仁	573	
9	平均分	613	

图12-52 显示计算结果

12.4.2 COUNT函数

假设某公司的考勤表中记录了员工是否缺勤，若要统计缺勤的总人数，则须使用COUNT函数。有关COUNT函数的语法结构和参数含义介绍如下。

语法结构：COUNT(value1,value2,...)。

参数含义：value1,value2,...表示可以包含或引用各种类型数据的1～255个参数，但只有数值型的数据才被计算。

具体操作步骤如下。

步骤 1 新建一个空白文档，在其中输入相关数据，如图12-53所示。

步骤 2 在单元格C2中输入公式“=COUNT(B2:B10)”，按Enter键，即可得到缺勤总人数，如图12-54所示。

提示 表格中的“正常”表示不缺勤，“0”表示缺勤。

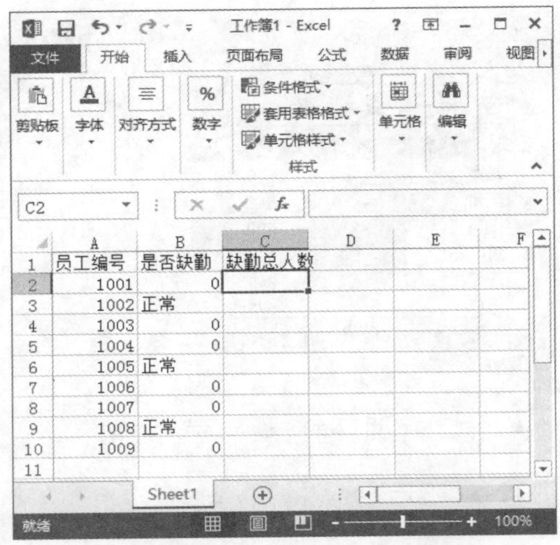
图12-53　输入相关数据

图12-54　输入公式计算数据

12.5 财务函数

财务函数作为Excel中最常用函数之一，为财务和会计核算（记账、算账和报账）提供了诸多便利。下面通过实例介绍几种常用的财务函数。

12.5.1 PMT函数

假设张三于2014年年底向银行贷款了20万元购房，年利率为5.5%，要求按等额本息方式，每月的月末还款，十年内还清，若要计算张三每月的总还款额，则须使用PMT函数。有关PMT函数的介绍如下。

语法结构：PMT(rate,nper,pv,[fv],[type])。

参数含义：rate是必选参数，表示贷款期间内的贷款利率；nper是必选参数，表示该项贷款的付款总期数；pv也是必选参数，表示现值或一系列未来付款的当前值的累积和，也叫本金；fv是可选参数，表示未来值，或最后一次付款后希望得到的现金余额，如果省略则默认为0；type是可选参数，表示付款时间的类型，如果是0，表示各期付款时间为期末，如果是1，表示为期初。

具体操作步骤如下。

步骤 1 打开随书光盘中的“素材\ch12\PMT函数.xlsx”文件，如图12-55所示。

步骤 2 选择单元格B6，在其中输入公式“=PMT(B3/12, B4,B2, ,0)”，按Enter键，即可计算出每月应还款金额，如图12-56所示。

	A	B
1	计算每期还款金额	
2	贷款总额：	¥200,000.00
3	年利率：	5.50%
4	还款期数：	120
5	付款时间类型：	月末
6	每月应还款金额	
7		

图12-55　打开素材文件

=PMT(B3/12, B4,B2, ,0)

	A	B	C
1	计算每期还款金额		
2	贷款总额：	¥200,000.00	
3	年利率：	5.50%	
4	还款期数：	120	
5	付款时间类型：	月末	
6	每月应还款金额	¥-2,170.53	
7			
8			

图12-56　输入公式

12.5.2 DB函数

DB函数的主要功能为使用固定余额递减法，计算资产在一定期间内的折旧值。有关DB函数的介绍如下。

语法结构：DB(cost,salvage,life,period,[month])。

参数含义：cost是必选参数，表示资产原值；salvage是必选参数，表示资产在折旧末尾时的价值，即残值；life是必选参数，表示折旧期限；period是必选参数，表示需要计算折旧的时期，period必须使用与life相同的单位；month是可选参数，表示购买固定资产后第一年的月份数，若省略则默认为12。

假设某公司2014年10月购入一台大型机器A，购买价格为60万元，折旧期限为6年，资产残值为11万元，使用DB函数可以计算这台机器每一年的折旧值，具体操作步骤如下。

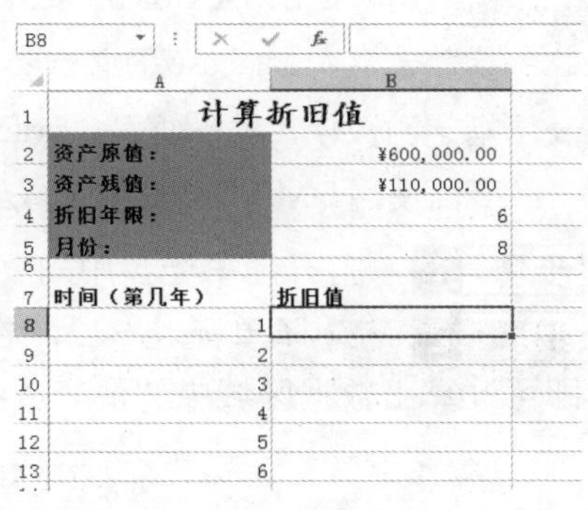

	A	B
1	计算折旧值	
2	资产原值：	¥600,000.00
3	资产残值：	¥110,000.00
4	折旧年限：	6
5	月份：	8
6		
7	时间（第几年）	折旧值
8	1	
9	2	
10	3	
11	4	
12	5	
13	6	

图12-57　打开素材文件

步骤 1 打开随书光盘中的“素材\ch12\DB函数.xlsx”文件，如图12-57所示。

步骤 2 选择单元格B8，在其中输入公式“=DB($B$2, $B$3,$B$4,A8,$B$5)”，按Enter键，即可计算出该机器第一年的折旧值，如图12-58所示。

步骤 3 利用填充柄的快速填充功能，计算其他年限的折旧值，如图12-59所示。

=DB($B$2, $B$3,$B$4,A8,$B$5)

	A	B	C
1	计算折旧值		
2	资产原值：	¥600,000.00	
3	资产残值：	¥110,000.00	
4	折旧年限：	6	
5	月份：	8	
6			
7	时间（第几年）	折旧值	
8	1	¥98,400.00	
9	2		
10	3		
11	4		
12	5		
13	6		

图12-58　输入公式

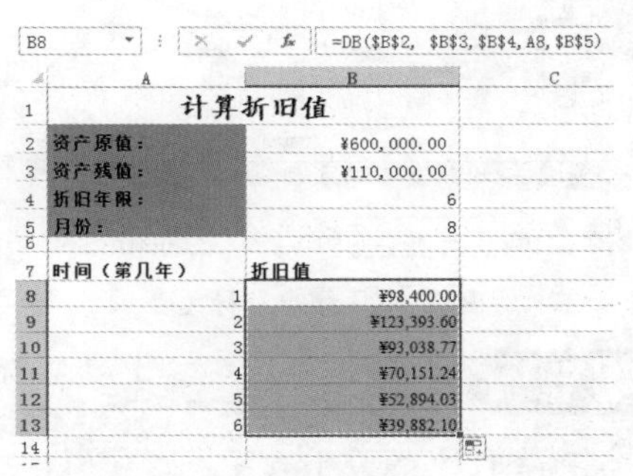

=DB($B$2, $B$3,$B$4,A8,$B$5)

	A	B	C
1	计算折旧值		
2	资产原值：	¥600,000.00	
3	资产残值：	¥110,000.00	
4	折旧年限：	6	
5	月份：	8	
6			
7	时间（第几年）	折旧值	
8	1	¥98,400.00	
9	2	¥123,393.60	
10	3	¥93,038.77	
11	4	¥70,151.24	
12	5	¥52,894.03	
13	6	¥39,882.10	
14			

图12-59　快速填充数据

提示 固定余额递减法，是指依据固定资产的估计使用年限，按公式计算出折旧率，每一年以固定资产的现有价值乘以折旧率来计算其当年的折旧额。

12.6 数据库函数

数据库函数是通过对存储在数据清单或数据库中的数据进行分析，并判断其是否符合特定条件的函数。下面通过实例介绍几种常用的数据库函数。

12.6.1 DMAX函数

DMAX函数返回数据库中满足指定条件的记录字段中的最大数字。有关DMAX函数的介绍如下。

语法结构：DMAX(database,field,criteria)。

参数含义：database是必选参数，表示构成列表或数据库的单元格区域；field是必选参数，表示指定函数使用的数据列；criteria是必选参数，表示一组包含给定条件的单元格区域。

下面使用DMAX函数统计成绩表中成绩最高的学生的成绩，具体操作步骤如下。

步骤 1 打开随书光盘中的“素材\ch12\DMAX函数.xlsx”文件，如图12-60所示。

步骤 2 选择单元格B12，在其中输入公式“=DMAX(A2:D8,4,A10:D11)”，按Enter键，即可计算出数据区域中的最高成绩，如图12-61所示。

B12

	A	B	C	D
1	学生成绩表			
2	姓名	语文	数学	总成绩
3	戴高	90	96	186
4	李奇	93	89	182
5	王英	87	86	173
6	董小玉	79	99	178
7	薛仁贵	89	64	153
8	伍仁	97	85	182
9				
10	姓名	语文	数学	总成绩
11				
12	最高成绩			

图12-60 打开素材文件

B12 =DMAX(A2:D8,4,A10:D11)

	A	B	C	D
1	学生成绩表			
2	姓名	语文	数学	总成绩
3	戴高	90	96	186
4	李奇	93	89	182
5	王英	87	86	173
6	董小玉	79	99	178
7	薛仁贵	89	64	153
8	伍仁	97	85	182
9				
10	姓名	语文	数学	总成绩
11				
12	最高成绩	186		

图12-61 输入公式

提示 与DMAX函数相对应的是DMIN函数，该函数将返回数据库中满足指定条件的记录字段中的最小数字。

12.6.2 DSUM函数

DSUM函数返回数据库中满足指定条件的记录字段中的数字之和，有关DSUM函数的介绍如下。

语法结构：DSUM(database,field,criteria)。

参数含义：database是必选参数，表示构成列表的单元格区域；field是必选参数，表示指定函数使用的数据列；criteria是必选参数，表示一组包含给定条件的单元格区域。

假设在某公司中有两个销售小组A组和B组，需要分别计算出各组的销售总量以及两组销售总量之和，这里使用DSUM函数进行计算，具体操作步骤如下。

步骤 1 打开随书光盘中的"素材\ch12\DSUM函数.xlsx"文件，如图12-62所示。

步骤 2 选择单元格C12，在其中输入公式"=DSUM($A$2:$C$8,3,A10:C11)"，按Enter键，即可计算出A组的销售总量，如图12-63所示。

C12

	A	B	C	D
1	员工销售表			
2	姓名	销售小组	销售量	
3	戴高	A组	353	
4	李奇	B组	579	
5	王英	A组	245	
6	董小玉	A组	256	
7	薛仁贵	B组	346	
8	伍仁	B组	254	
9				
10	姓名	销售小组	销售量	
11		A组		
12	A组的销售总量：			
13				
14	姓名	销售小组	销售量	
15		B组		
16	B组的销售总量：			
17				
18	姓名	销售小组	销售量	
19				
20	所有小组的销售总量：			

图12-62　打开素材文件

C12　=DSUM($A$2:$C$8, 3,A10:C11)

	A	B	C	D	E
1	员工销售表				
2	姓名	销售小组	销售量		
3	戴高	A组	353		
4	李奇	B组	579		
5	王英	A组	245		
6	董小玉	A组	256		
7	薛仁贵	B组	346		
8	伍仁	B组	254		
9					
10	姓名	销售小组	销售量		
11		A组			
12	A组的销售总量：		854		
13					
14	姓名	销售小组	销售量		
15		B组			
16	B组的销售总量：				
17					
18	姓名	销售小组	销售量		
19					
20	所有小组的销售总量：				

图12-63　输入公式计算A组销售总量

步骤 3 选择单元格C12，按Ctrl+C快捷键，再选择单元格C16，按Ctrl+V快捷键，将公式复制粘贴到单元格C16中，按Enter键，即可计算出B组的销售总量，如图12-64所示。

步骤 4 重复步骤3，将公式复制到单元格C20中，即可计算出所有员工的销售总量，如图12-65所示。

C16　=DSUM($A$2:$C$8, 3,A14:C15)

	A	B	C	D	E
1	员工销售表				
2	姓名	销售小组	销售量		
3	戴高	A组	353		
4	李奇	B组	579		
5	王英	A组	245		
6	董小玉	A组	256		
7	薛仁贵	B组	346		
8	伍仁	B组	254		
9					
10	姓名	销售小组	销售量		
11		A组			
12	A组的销售总量：		854		
13					
14	姓名	销售小组	销售量		
15		B组			
16	B组的销售总量：		1179		
17					
18	姓名	销售小组	销售量		
19					
20	所有小组的销售总量：				

图12-64　复制公式计算B组销售总量

C20　=DSUM($A$2:$C$8, 3,A18:C19)

	A	B	C	D	E
1	员工销售表				
2	姓名	销售小组	销售量		
3	戴高	A组	353		
4	李奇	B组	579		
5	王英	A组	245		
6	董小玉	A组	256		
7	薛仁贵	B组	346		
8	伍仁	B组	254		
9					
10	姓名	销售小组	销售量		
11		A组			
12	A组的销售总量：		854		
13					
14	姓名	销售小组	销售量		
15		B组			
16	B组的销售总量：		1179		
17					
18	姓名	销售小组	销售量		
19					
20	所有小组的销售总量：		2033		

图12-65　复制公式计算所有小组销售总量

> **提示** 使用SUM函数也可以轻松计算出所有员工的销售总量，但使用DSUM函数不仅能完成该功能，还能计算出满足指定条件的员工的销售总量。

12.6.3 DAVERAGE函数

DAVERAGE函数返回数据库中满足指定条件的记录字段中的数字平均值。有关DAVERAGE函数的介绍如下。

语法结构：DAVERAGE(database,field,criteria)。

参数含义：database是必选参数，表示构成数据的单元格区域；field是必选参数，表示指定函数使用的数据列；criteria是必选参数，表示一组包含给定条件的单元格区域。

假设在某公司中有两个销售小组A组和B组，需要计算出A组员工的平均销售量，这里使用DAVERAGE函数进行计算，具体操作步骤如下。

步骤 1 打开随书光盘中的“素材\ch12\DAVERGE函数.xlsx”文件，如图12-66所示。

步骤 2 选择单元格C12，在其中输入公式“=DAVERAGE(A2:C8,3,A10:C11)”，按Enter键，即可计算出A组员工的平均销售量，如图12-67所示。

C12

	A	B	C	D
1	员工销售表			
2	姓名	销售小组	销售量	
3	戴高	A组	353	
4	李奇	B组	579	
5	王英	A组	245	
6	董小玉	A组	256	
7	薛仁贵	B组	346	
8	伍仁	B组	254	
9				
10	姓名	销售小组	销售量	
11		A组		
12	A组的平均销售量：			
13				

图12-66 打开素材文件

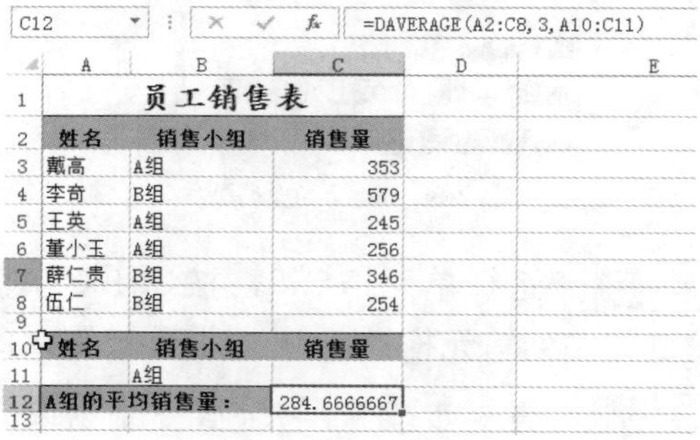

C12 =DAVERAGE(A2:C8,3,A10:C11)

	A	B	C	D	E
1	员工销售表				
2	姓名	销售小组	销售量		
3	戴高	A组	353		
4	李奇	B组	579		
5	王英	A组	245		
6	董小玉	A组	256		
7	薛仁贵	B组	346		
8	伍仁	B组	254		
9					
10	姓名	销售小组	销售量		
11		A组			
12	A组的平均销售量：		284.6666667		
13					

图12-67 输入公式

12.6.4 DCOUNT函数

DCOUNT函数返回数据库的指定字段中，满足指定条件并且包含数字的单元格个数。有关DCOUNT函数的介绍如下。

语法结构：DCOUNT(database,field,criteria)。

参数含义：database是必选参数，表示构成列表的单元格区域；field是必选参数，表示指定函数使用的数据列；criteria是必选参数，表示一组包含给定条件的单元格区域。

使用DCOUNT函数可以从员工信息表中统计男、女员工的人数，具体操作步骤如下。

步骤 1 打开随书光盘中的“素材\ch12\DCOUNT函数.xlsx”文件，如图12-68所示。

步骤 2 选择单元格C12，在其中输入公式“=DCOUNT($A$2:$C$8,2,A10:C11)”，按Enter键，即可计算出公司女员工的数量，如图12-69所示。

步骤 3 选择单元格C12，按Ctrl+C快捷键，再选择单元格C16，按Ctrl+V快捷键，将公式复制粘贴到单元格C16中，按Enter键，即可计算出公司男员工的数量，如图12-70所示。

C12

	A	B	C	D
1	员工信息表			
2	姓名	工号	性别	
3	戴高	1	女	
4	李奇	2	男	
5	王英	3	女	
6	董小玉	4	女	
7	薛仁贵	5	女	
8	伍仁	6	男	
9				
10	姓名	工号	性别	
11			女	
12	女员工的人数：			
13				
14	姓名	工号	性别	
15			男	
16	男员工的人数：			

图12-68 打开素材文件

C12 =DCOUNT($A$2:$C$8,2,A10:C11)

	A	B	C	D	E
1	员工信息表				
2	姓名	工号	性别		
3	戴高	1	女		
4	李奇	2	男		
5	王英	3	女		
6	董小玉	4	女		
7	薛仁贵	5	女		
8	伍仁	6	男		
9					
10	姓名	工号	性别		
11			女		
12	女员工的人数：		4		
13					
14	姓名	工号	性别		
15			男		
16	男员工的人数：				

图12-69 输入公式

C16 =DCOUNT($A$2:$C$8,2,A14:C15)

	A	B	C	D	E
1	员工信息表				
2	姓名	工号	性别		
3	戴高	1	女		
4	李奇	2	男		
5	王英	3	女		
6	董小玉	4	女		
7	薛仁贵	5	女		
8	伍仁	6	男		
9					
10	姓名	工号	性别		
11			女		
12	女员工的人数：		4		
13					
14	姓名	工号	性别		
15			男		
16	男员工的人数：		2		

图12-70 复制公式

12.7 逻辑函数

逻辑函数是进行条件匹配、真假值判断或进行多重复合检验的函数。下面通过实例介绍几种常用的逻辑函数。

12.7.1 IF函数

IF函数根据逻辑判断的真假结果，返回相对应的内容。有关IF函数的介绍如下。

语法结构：IF(Logical,[Value_if_true],[Value_if_false])。

参数含义：Logical是必选参数，表示逻辑判断表达式；Value_if_true是可选参数，表示当判断条件为逻辑真（TRUE）时的显示内容，如果忽略该参数，则返回0；Value_if_false是可选参数，表示当判断条件为逻辑假（FALSE）时的显示内容，如果忽略该参数，若其前面有逗号“,”，则默认返回0；若没有，则返回FALSE。

假设学生的总成绩大于等于160分判断为合格，否则为不合格，这里使用IF函数进行判断，具体操作步骤如下。

步骤 1 打开随书光盘中的“素材\ch12\IF函数.xlsx”文件，如图12-71所示。

步骤 2 选择单元格E3，在其中输入公式“=IF(D3>=160,"合格","不合格")”，按Enter键，即可判断成绩是否合格，如图12-72所示。

学生成绩表

姓名	语文	数学	总成绩	是否合格
戴高	90	96	186	
李奇	67	89	156	
王英	87	70	157	
董小玉	79	86	165	
薛仁贵	89	65	154	
伍仁	97	85	182	

图12-71　打开素材文件

步骤 3 利用填充柄的快速填充功能，完成对其他学生的成绩的判断，如图12-73所示。

=IF(D3>=160,"合格","不合格")

学生成绩表

姓名	语文	数学	总成绩	是否合格
戴高	90	96	186	合格
李奇	67	89	156	
王英	87	70	157	
董小玉	79	86	165	
薛仁贵	89	65	154	
伍仁	97	85	182	

图12-72　输入公式

=IF(D3>=160,"合格","不合格")

学生成绩表

姓名	语文	数学	总成绩	是否合格
戴高	90	96	186	合格
李奇	67	89	156	不合格
王英	87	70	157	不合格
董小玉	79	86	165	合格
薛仁贵	89	65	154	不合格
伍仁	97	85	182	合格

图12-73　快速填充公式

12.7.2 AND函数

AND函数返回逻辑值。如果所有的参数值均为逻辑真（TRUE），则返回逻辑真，反之返回逻辑假（FALSE）。有关AND函数的介绍如下。

语法结构：AND(logical1,logical2,...)。

参数含义：logical1,logical2,logical3,...表示待测试的条件值或表达式，最多为255个。

假设某公司规定，员工每季度的销售量均大于100为完成工作量，否则为没有完成，这里使用AND函数进行判断，具体操作步骤如下。

步骤 1 打开随书光盘中的“素材\ch12\AND函数.xlsx”文件，如图12-74所示。

销售信息表

姓名	第1季度	第2季度	第3季度	第4季度	是否完成工作量
戴高	102	103	200	150	
李奇	92	150	128	120	
王英	61	96	140	130	
董小玉	105	125	150	95	
薛仁贵	120	120	101	158	
伍仁	180	250	140	100	

图12-74　打开素材文件

步骤 2 选择单元格F3，在其中输入公式“=AND(B3>100,C3>100,D3>100,E3>100)”，按Enter键，即可判断出该员工是否完成了工作量，如图12-75所示。

> **提示** 若显示为TRUE，表示该员工完成了工作量；若显示为FALSE，则表示没有完成。

步骤 3 利用填充柄的快速填充功能，判断其他员工工作量的完成情况，如图12-76所示。

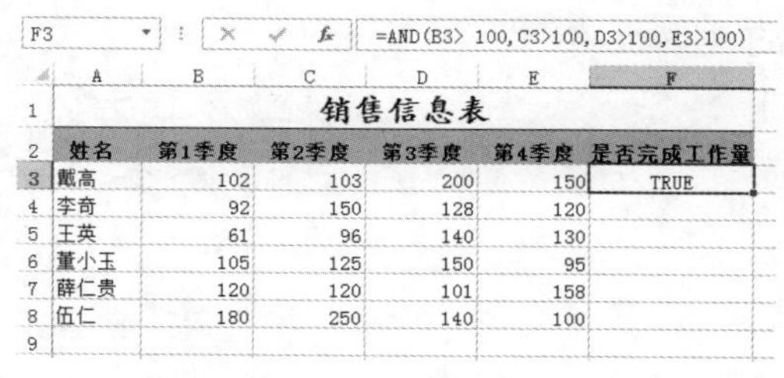

F3 =AND(B3> 100,C3>100,D3>100,E3>100)

销售信息表					
姓名	第1季度	第2季度	第3季度	第4季度	是否完成工作量
戴高	102	103	200	150	TRUE
李奇	92	150	128	120	
王英	61	96	140	130	
董小玉	105	125	150	95	
薛仁贵	120	120	101	158	
伍仁	180	250	140	100	

图12-75 输入公式

F3 =AND(B3> 100,C3>100,D3>100,E3>100)

销售信息表					
姓名	第1季度	第2季度	第3季度	第4季度	是否完成工作量
戴高	102	103	200	150	TRUE
李奇	92	150	128	120	FALSE
王英	61	96	140	130	FALSE
董小玉	105	125	150	95	FALSE
薛仁贵	120	120	101	158	TRUE
伍仁	180	250	140	100	FALSE

图12-76 快速填充公式

12.7.3 NOT函数

NOT函数的功能为对参数值求反，有关NOT函数的介绍如下。

语法结构：NOT(logical)。

参数含义：logical是必选参数，表示计算出TRUE或FALSE的逻辑值或逻辑表达式。

下面使用NOT函数判断输入的年龄是否大于0，若小于0，则给出提示信息，具体操作步骤如下。

步骤 1 打开随书光盘中的“素材\ch12\NOT函数.xlsx”文件，如图12-77所示。

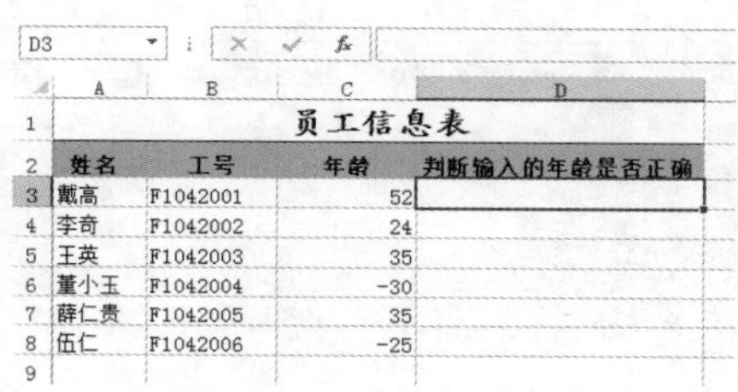

员工信息表			
姓名	工号	年龄	判断输入的年龄是否正确
戴高	F1042001	52	
李奇	F1042002	24	
王英	F1042003	35	
董小玉	F1042004	-30	
薛仁贵	F1042005	35	
伍仁	F1042006	-25	

图12-77 打开素材文件

步骤 2 选择单元格D3，在其中输入公式“=IF(NOT(C3>0),"年龄不能小于0",C3)”，按Enter键，即可完成判断，如图12-78所示。

步骤 3 利用填充柄的快速填充功能，判断其他员工的年龄是否输入正确，如图12-79所示。

D3 =IF(NOT(C3>0),"年龄不能小于0",C3)

员工信息表			
姓名	工号	年龄	判断输入的年龄是否正确
戴高	F1042001	52	52
李奇	F1042002	24	
王英	F1042003	35	
董小玉	F1042004	-30	
薛仁贵	F1042005	35	
伍仁	F1042006	-25	

图12-78 输入公式

D3 =IF(NOT(C3>0),"年龄不能小于0",C3)

员工信息表			
姓名	工号	年龄	判断输入的年龄是否正确
戴高	F1042001	52	52
李奇	F1042002	24	24
王英	F1042003	35	35
董小玉	F1042004	-30	年龄不能小于0
薛仁贵	F1042005	35	35
伍仁	F1042006	-25	年龄不能小于0

图12-79 快速填充公式

12.7.4 OR函数

OR函数用于返回逻辑值。如果所有的参数值均为假（FALSE），则返回逻辑假；反之，返回逻辑值真（TRUE）。有关OR函数的介绍如下。

语法结构：OR(logical1,logical2,...)。

参数含义：logical1,logical2,...表示待测试的条件值或表达式，最多为255个。

假设规定某项比赛共有3次机会，只要有1次的成绩大于9.0分即为优秀，可获得奖励，这里使用OR函数进行判断，具体操作步骤如下。

步骤 1 打开随书光盘中的“素材\ch12\OR函数.xlsx”文件，如图12-80所示。

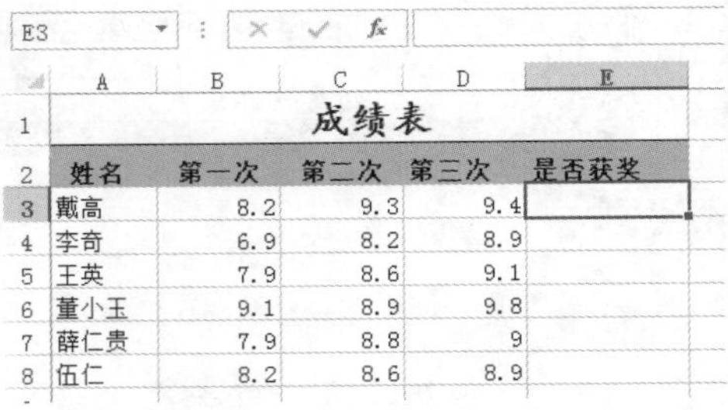

E3

	A	B	C	D	E
1	成绩表				
2	姓名	第一次	第二次	第三次	是否获奖
3	戴高	8.2	9.3	9.4	
4	李奇	6.9	8.2	8.9	
5	王英	7.9	8.6	9.1	
6	董小玉	9.1	8.9	9.8	
7	薛仁贵	7.9	8.8	9	
8	伍仁	8.2	8.6	8.9	

图12-80 打开素材文件

步骤 2 选择单元格E3，在其中输入公式“=OR(B3>9, C3>9,D3>9)”，按Enter键，即可完成是否获奖的判断，如图12-81所示。

> **提示** 若显示为TRUE，表示该员工可获奖；若显示为FALSE，则表示不能获奖。

步骤 3 利用填充柄的快速填充功能，判断其他员工的获奖情况，如图12-82所示。

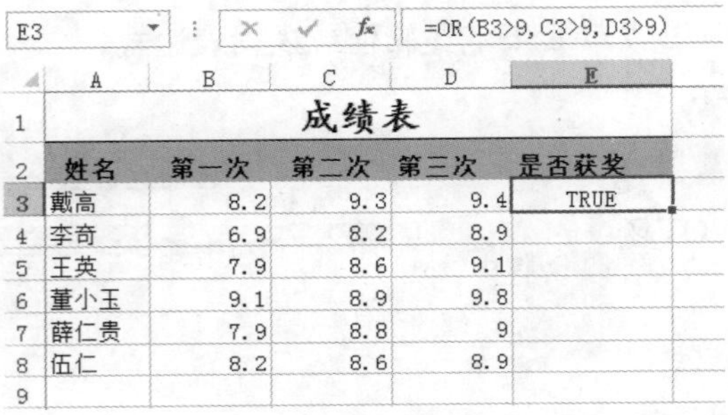

E3 =OR(B3>9, C3>9, D3>9)

	A	B	C	D	E
1	成绩表				
2	姓名	第一次	第二次	第三次	是否获奖
3	戴高	8.2	9.3	9.4	TRUE
4	李奇	6.9	8.2	8.9	
5	王英	7.9	8.6	9.1	
6	董小玉	9.1	8.9	9.8	
7	薛仁贵	7.9	8.8	9	
8	伍仁	8.2	8.6	8.9	
9					

图12-81 输入公式

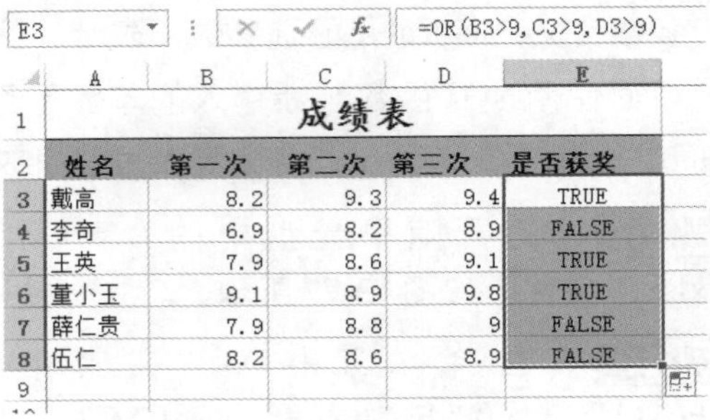

E3 =OR(B3>9, C3>9, D3>9)

	A	B	C	D	E
1	成绩表				
2	姓名	第一次	第二次	第三次	是否获奖
3	戴高	8.2	9.3	9.4	TRUE
4	李奇	6.9	8.2	8.9	FALSE
5	王英	7.9	8.6	9.1	TRUE
6	董小玉	9.1	8.9	9.8	TRUE
7	薛仁贵	7.9	8.8	9	FALSE
8	伍仁	8.2	8.6	8.9	FALSE
9					

图12-82 快速填充公式

12.8 查找与引用函数

查找与引用函数的主要功能是查询各种信息，在数据量很多的工作表中，该类函数非常有用。下面通过实例介绍几种常用的查找与引用函数。

12.8.1 AREAS函数

AREAS函数返回引用中包含的区域个数。区域是指连续的单元格区域或某个单元格。有关AREAS函数的介绍如下。

语法结构：AREAS(reference)。

参数含义：reference是必选参数，表示对某个单元格或单元格区域的引用，可包含多个单元格区域。

假设某公司在全国各地都设有分销处，下面使用AREAS函数来统计其区域的总数，具体操作步骤如下。

步骤 1　打开随书光盘中的“素材\ch12\AREAS函数.xlsx”文件，如图12-83所示。

步骤 2　选择单元格B8，在其中输入公式“=AREAS((A2:B3,D2:E3,A5:B6,D5:E6))”，按Enter键，即可统计相应的区域总数，如图12-84所示。

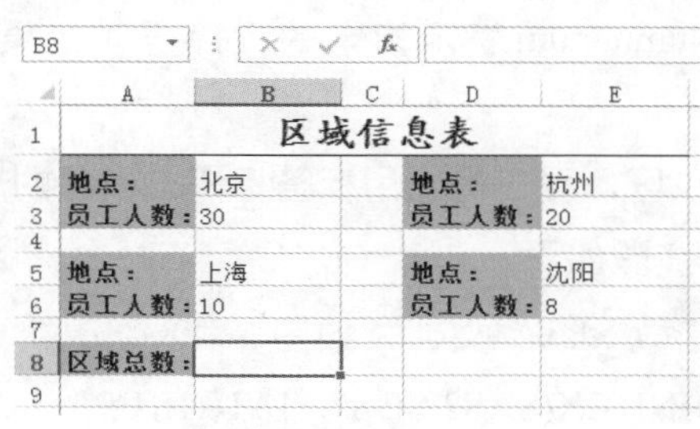

图12-83　打开素材文件

图12-84　输入公式

12.8.2 CHOOSE函数

CHOOSE函数根据给定的索引值，从参数串中选出相应的值或操作。有关CHOOSE函数的介绍如下。

语法结构：CHOOSE(index_num,value1,value2,...)。

参数含义：index_num是必选参数，表示指定所选参数序号的参数值；value1,value2,...中，value1是必选参数，后续的参数是可选参数，可以是1～254个数值参数，函数CHOOSE将基于index_num参数，从中选择一个数值或一项进行的操作。

假设将学生的成绩分为4个等级：A、B、C和D。等级划分条件为：大于90的成绩为A级，大于80且小于等于90的成绩为B级，大于70且小于等于80的成绩为C级，小于等于70的为D级，具体操作步骤如下。

步骤 1　打开随书光盘中的“素材\ch12\CHOOSE函数.xlsx”文件，如图12-85所示。

图12-85　打开素材文件

步骤 2　选择单元格C3，在其中输入公式“=CHOOSE(IF(B3>90,1,IF(B3>80,2, IF(B3>70,3,4))),"A","B","C","D")”，按Enter键，即可判断该学生的成绩等级，如图12-86所示。

步骤 3　利用填充柄的快速填充功能，判断其他学生的成绩等级，如图12-87所示。

图12-86　输入公式

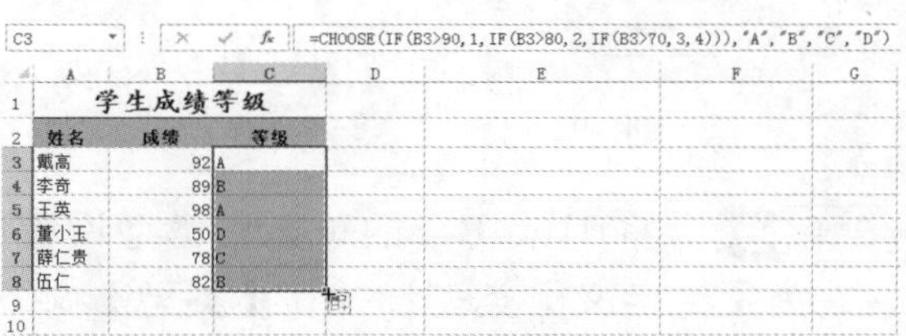

图12-87　快速填充公式

12.8.3 INDEX函数

INDEX函数返回指定单元格或单元格区域中的值或值的引用。有关INDEX函数的介绍如下。

语法结构：INDEX(array,row_num,[column_num])。

参数含义：array是必选函数，表示单元格区域或数组常量；row_num表示指定的行序号（如果省略row_num，则必须有column_num）；column_num表示指定的列序号（如果省略column_num，则必须有row_num）。

假设某超市在周末将推出打折商品，将其放到特价区，现在需要用标签标识出商品的原价、折扣和现价等，这里使用INDEX函数制作，具体操作步骤如下。

步骤 1 打开随书光盘中的“素材\ch12\INDEX函数.xlsx”文件，如图12-88所示。

步骤 2 选择单元格B10，在其中输入公式“=INDEX($A$2:$D$7,MATCH(B9,A2:A7,0),B1)”，按Enter键，即可显示香蕉的原价，如图12-89所示。

B10

	A	B	C	D
1	1	2	3	4
2	名称	原价	折扣	现价
3	苹果	¥10.0	8.0折	¥8.00
4	香蕉	¥8.0	8.5折	¥6.80
5	牛肉	¥50.0	9.4折	¥47.00
6	挂面	¥6.0	7.0折	¥4.20
7	月饼	¥5.0	8.9折	¥4.45
9	名称：	香蕉		
10	原价：			
11	折扣：			
12	现价：			

图12-88 打开素材文件

B10 =INDEX($A$2:$D$7,MATCH(B9,A2:A7,0),B1)

	A	B	C	D	E
1	1	2	3	4	
2	名称	原价	折扣	现价	
3	苹果	¥10.0	8.0折	¥8.00	
4	香蕉	¥8.0	8.5折	¥6.80	
5	牛肉	¥50.0	9.4折	¥47.00	
6	挂面	¥6.0	7.0折	¥4.20	
7	月饼	¥5.0	8.9折	¥4.45	
9	名称：	香蕉			
10	原价：	8			
11	折扣：				
12	现价：				

图12-89 输入公式计算原价

步骤 3 选择单元格B11，在其中输入公式“=INDEX($A$2:$D$7,MATCH(B9,A2:A7,0),C1)”，按Enter键，即可显示香蕉的折扣，如图12-90所示。

步骤 4 选择单元格B12，在其中输入公式“=INDEX($A$2:$D$7,MATCH(B9,A2:A7,0),D1)”，按Enter键，即可显示香蕉的现价，如图12-91所示。

B11 =INDEX($A$2:$D$7,MATCH(B9,A2:A7,0),C1)

	A	B	C	D	E
1	1	2	3	4	
2	名称	原价	折扣	现价	
3	苹果	¥10.0	8.0折	¥8.00	
4	香蕉	¥8.0	8.5折	¥6.80	
5	牛肉	¥50.0	9.4折	¥47.00	
6	挂面	¥6.0	7.0折	¥4.20	
7	月饼	¥5.0	8.9折	¥4.45	
9	名称：	香蕉			
10	原价：	8			
11	折扣：	8.5			
12	现价：				

图12-90 输入公式计算折扣

B12 =INDEX($A$2:$D$7,MATCH(B9,A2:A7,0),D1)

	A	B	C	D	E
1	1	2	3	4	
2	名称	原价	折扣	现价	
3	苹果	¥10.0	8.0折	¥8.00	
4	香蕉	¥8.0	8.5折	¥6.80	
5	牛肉	¥50.0	9.4折	¥47.00	
6	挂面	¥6.0	7.0折	¥4.20	
7	月饼	¥5.0	8.9折	¥4.45	
9	名称：	香蕉			
10	原价：	8			
11	折扣：	8.5			
12	现价：	6.8			

图12-91 输入公式计算现价

步骤 5 将B10、B12的单元格类型设置为【货币】，小数位数为1，然后将单元格B11设置为【自定义】类型，并在【类型】文本框中输入“0.0'折'”，单击【确定】按钮，如图12-92所示。

步骤 6 制作商品的标签。打印表格后，将图12-93中选中的范围剪切下来即可形成打折商品标签。

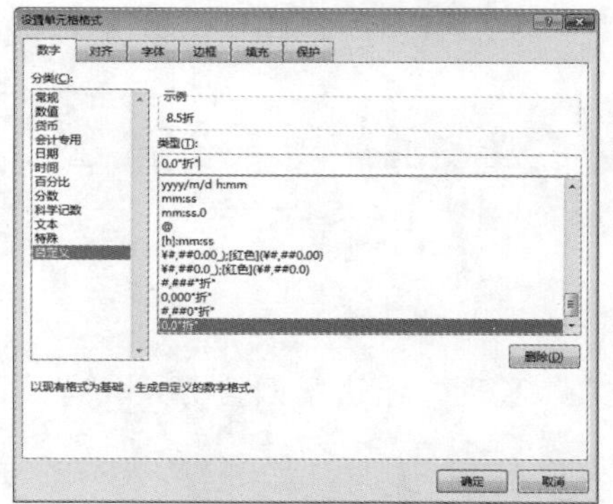

图12-92 设置数据格式

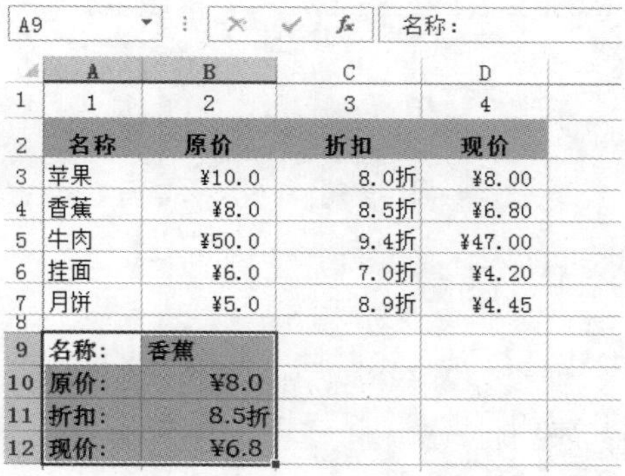

A9 名称：

	A	B	C	D
1	1	2	3	4
2	名称	原价	折扣	现价
3	苹果	¥10.0	8.0折	¥8.00
4	香蕉	¥8.0	8.5折	¥6.80
5	牛肉	¥50.0	9.4折	¥47.00
6	挂面	¥6.0	7.0折	¥4.20
7	月饼	¥5.0	8.9折	¥4.45
8				
9	名称：	香蕉		
10	原价：	¥8.0		
11	折扣：	8.5折		
12	现价：	¥6.8		

图12-93 完成商品标签的制作

12.9 其他函数

Excel 2013还提供了一些其他类型的函数，例如，数学与三角函数、工程函数、信息函数等，下面分别介绍。

12.9.1 数学与三角函数

数学函数是大家最熟悉的一类函数，可用于进行常见的数学运算，而三角函数就是涉及三角运算的各类函数。它们主要用于进行数学方面的计算，例如，对数字取整、计算单元格区域中的数值总和、计算数值的绝对值等。

1. ABS函数

ABS函数返回相应数值或引用单元格中数值的绝对值。有关ABS函数的介绍如下。

语法结构：ABS(number)。

参数含义：number是必选参数，表示需要求绝对值的数值或引用的单元格。

计算单元格中数值的绝对值，具体操作步骤如下。

步骤 1 启动Excel 2013，新建一个空白文档。在A1中输入一个数值“-8”，然后选择单元格B1，在其中输入公式“=ABS(A1)”，如图12-94所示。

步骤 2 按Enter键，计算出数值-8的绝对值，如图12-95所示。

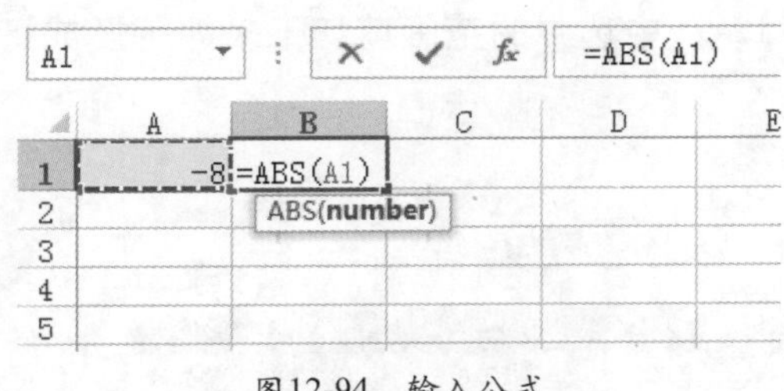

图12-94　输入公式

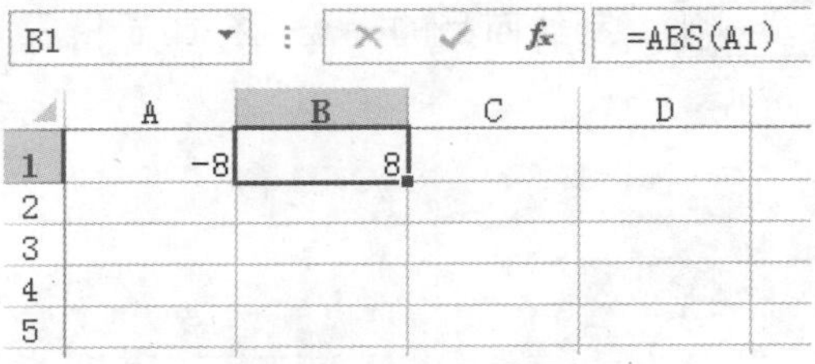

图12-95　计算结果

2. INT函数

INT函数返回实数向下取整后的整数值。该函数在取整时，不进行四舍五入。有关INT函数的介绍如下。

语法结构：INT(number)。

参数含义：number是必选参数，表示需要取整的数值或包含数值的引用单元格。

取整单元格的值的具体操作步骤如下。

步骤 1 启动Excel 2013，新建一个空白文档。在A1单元格中输入一个数值“9.56”，然后选择单元格B1，在其中输入公式“=INT(A1)”，如图12-96所示。

步骤 2 按Enter键，计算出将数值9.56向下取整后的整数值，如图12-97所示。

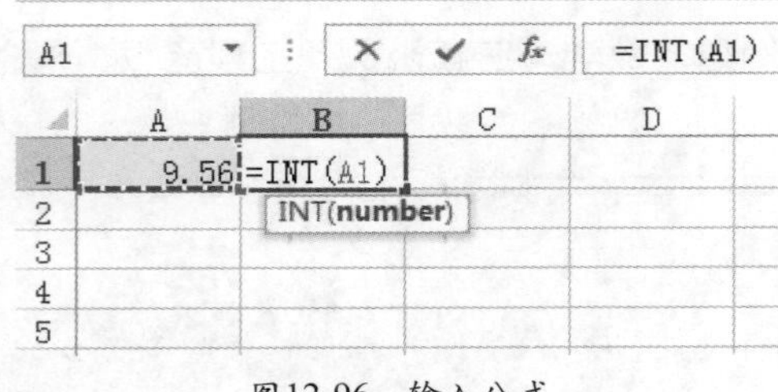

图12-96　输入公式

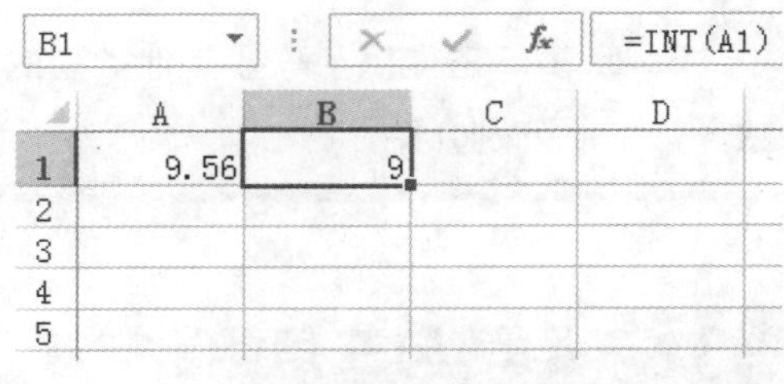

图12-97　计算结果

3. MOD函数

MOD函数返回两数相除的余数，结果的正负号与除数相同。有关MOD函数的介绍如下。

语法结构：MOD(number,divisor)。

参数含义：number是必选参数，表示被除数；divisor是必选参数，表示除数。

计算两数相除的具体操作步骤如下。

步骤 1 启动Excel 2013，新建一个空白文档。选择单元格A1，在其中输入公式“= MOD(15,4)”，如图12-98所示。

步骤 2 按Enter键，计算出15与4相除后的余数，如图12-99所示。

4. SIN函数

SIN函数计算角度的正弦值。有关SIN函数的介绍如下。

语法结构：SIN(number)。

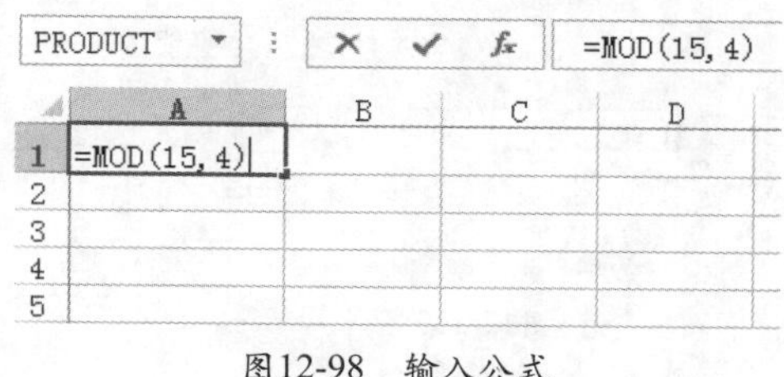

图12-98 输入公式

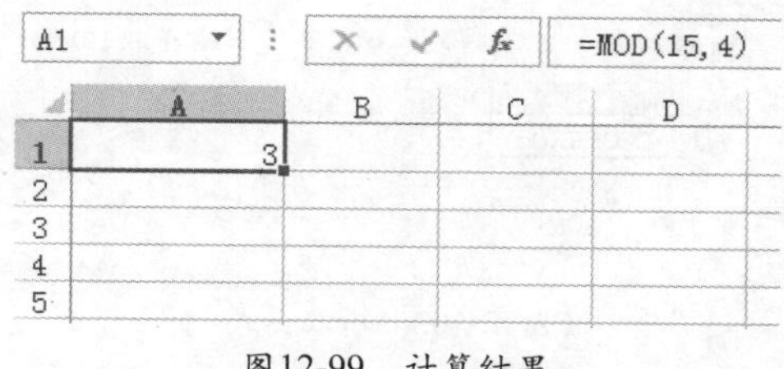

图12-99 计算结果

参数含义：number是必选参数，表示需要计算的角度。

计算角度的正弦值的操作步骤如下。

步骤 1 启动Excel 2013，新建一个空白文档。选择单元格A1，在其中输入公式“=SIN(30*PI()/180)”，如图12-100所示。

步骤 2 按Enter键，计算出30°的正弦值，如图12-101所示。

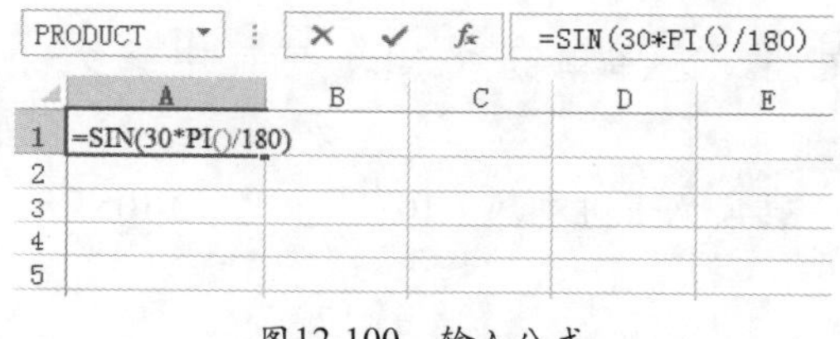

图12-100 输入公式

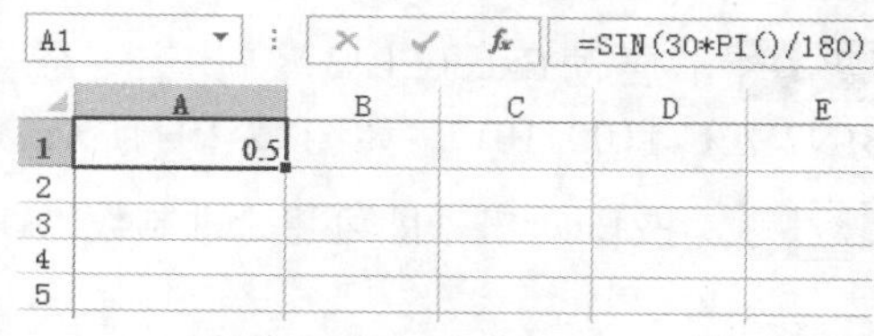

图12-101 计算结果

> **提示** 公式中的函数PI是一种无参数函数，将返回圆周率π，其目的是将角度转换成弧度。

12.9.2 工程函数

工程函数主要用于解决一些数学问题，例如，进制转换、复数运算、误差函数计算等。合理地使用工程函数，可以极大地简化程序。

1. DEC2BIN函数

DEC2BIN函数能够将十进制数转换为二进制数。有关DEC2BIN函数的介绍如下。

语法结构：DEC2BIN(number,[places])。

参数含义：number是必选参数，表示待转换的十进制整数；places是可选参数，表示要使用的字符数，如果省略，则函数将使用最小字符数。

具体操作步骤如下。

步骤 1 启动Excel 2013，新建一个空白文档。选择单元格A1，在其中输入公式“=DEC2BIN(15)”，如图12-102所示。

步骤 2 按Enter键，即可将十进制数“15”转换为二进制数“1111”，如图12-103所示。

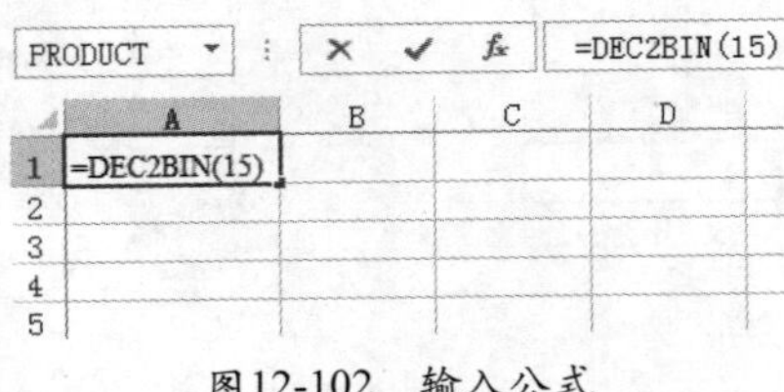

图12-102　输入公式

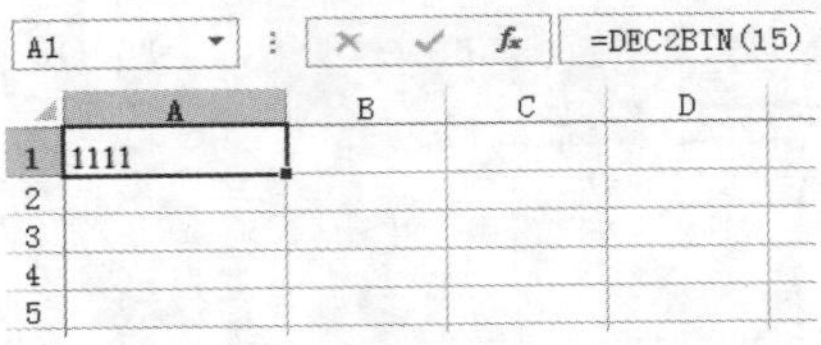

图12-103　计算结果

2. BIN2DEC函数

BIN2DEC函数能够将二进制数转换为十进制数。如果参数不是一个有效的二进制数，函数将返回错误值“#NUM！”。有关BIN2DEC函数的介绍如下。

语法结构：BIN2DEC(number)。

参数含义：number是必选参数，表示待转换的二进制数。

具体操作步骤如下。

步骤 1 启动Excel 2013，新建一个空白文档。选择单元格A1，在其中输入公式“=BIN2DEC(1100110)”，如图12-104所示。

步骤 2 按Enter键，即可将二进制数“1100110”转换为十进制数“102”，如图12-105所示。

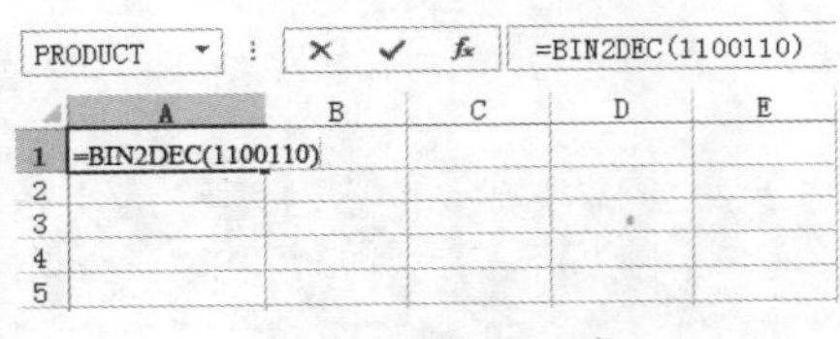

图12-104　输入公式

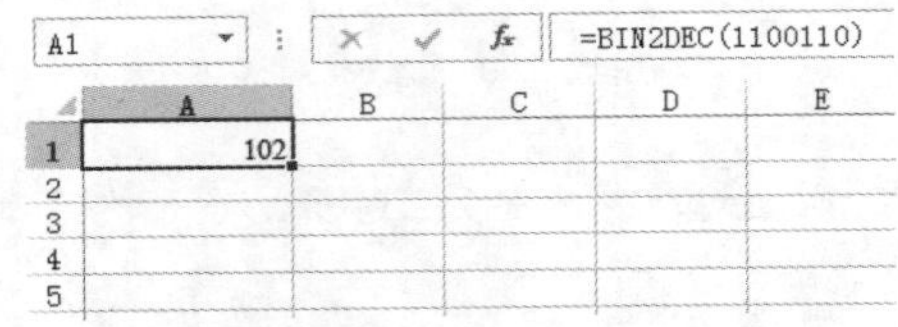

图12-105　计算结果

3. IMSUM函数

IMSUM函数返回以x+yi或x+yj文本格式表示的两个或多个复数的和。有关IMSUM函数的介绍如下。

语法结构：IMSUM(inumber1,[inumber2],...)。

参数含义：inumber1, inumber2,... 中inumber1是必选参数，后续都是可选参数，可以是1～255个需要相加的复数，复数的格式为a+bi（如3+4i）。

具体操作步骤如下。

步骤 1 启动Excel 2013，新建一个空白文档。选择单元格A1，在其中输入公式“=IMSUM("6-2i","5+8i")”，如图12-106所示。

步骤 2 按Enter键，即可计算出两个复数的和，如图12-107所示。

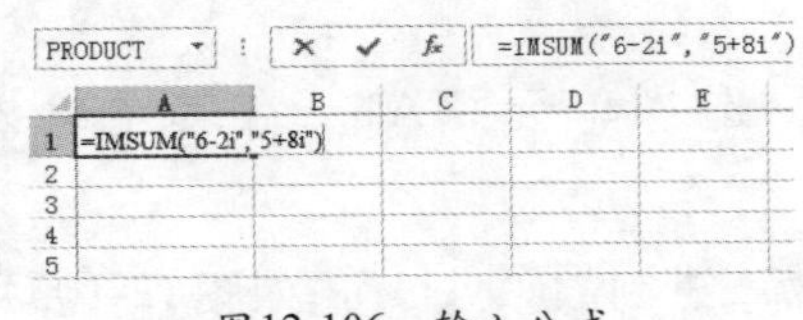
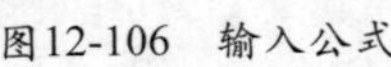
图12-106　输入公式

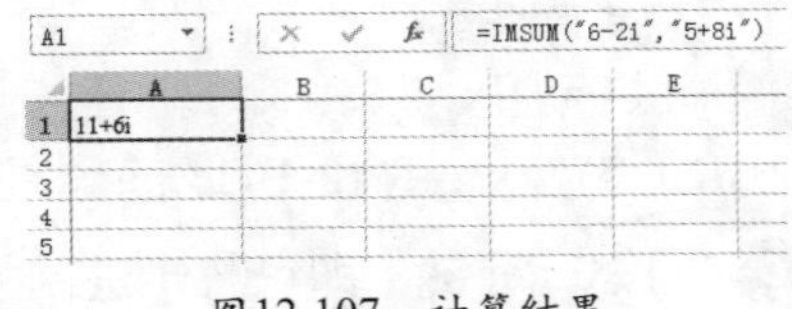

图12-107　计算结果

12.9.3 信息函数

信息函数用来获取单元格内容信息，可以使单元格在满足条件时返回逻辑值，从而获取单元格的信息，还可以确定存储在单元格中内容的格式、位置、错误类型等信息。

1. CELL函数

CELL函数能够返回所引用单元格的格式、位置或内容等信息。有关CELL函数的介绍如下。

语法结构：CELL(info_type,[reference])。

参数含义：info_type是必选参数，表示一个文本值，用于指定要返回的单元格信息的类型；reference是可选参数，表示要查找相关信息的单元格或者单元格区域，如果省略，则将info_type参数中指定的信息返回给最后更改的单元格。

具体操作步骤如下。

步骤 1 打开随书光盘中的“素材\ch12\CELL函数.xlsx”文件，如图12-108所示。

C10

	A	B	C	D	E	F	G
1	工资发放表						
2	员工ID	年份	月份	基本工资	岗位津贴	其他奖金	实发工资
3	F1042001	2015	8	¥2,500.0	¥1,000.0	¥500.0	
4	F1042002	2015	8	¥1,690.0	¥900.0	¥1,000.0	
5	F1042003	2015	8	¥2,680.0	¥1,000.0	¥600.0	
6	F1042004	2015	8	¥1,610.0	¥900.0	¥200.0	
7	F1042005	2015	8	¥2,080.0	¥900.0	¥400.0	
8	F1042001	2015	7	¥2,000.0	¥1,000.0	¥500.0	
9							
10	单元格G3是否为空						
11	单元格D3的内容						

图12-108 打开素材文件

步骤 2 选择单元格C10，在其中输入公式“=CELL("type",G3)”，如图12-109所示。

步骤 3 按Enter键，即可返回单元格G3中数据类型相对应的文本值，若显示为b，则表示该单元格为空，如图12-110所示。

步骤 4 选择单元格C11，在其中输入公式“=CELL("contents",D3)”，如图12-111所示。

PRODUCT =CELL("type",G3)

	A	B	C	D	E	F	G
1	工资发放表						
2	员工ID	年份	月份	基本工资	岗位津贴	其他奖金	实发工资
3	F1042001	2015	8	¥2,500.0	¥1,000.0	¥500.0	
4	F1042002	2015	8	¥1,690.0	¥900.0	¥1,000.0	
5	F1042003	2015	8	¥2,680.0	¥1,000.0	¥600.0	
6	F1042004	2015	8	¥1,610.0	¥900.0	¥200.0	
7	F1042005	2015	8	¥2,080.0	¥900.0	¥400.0	
8	F1042001	2015	7	¥2,000.0	¥1,000.0	¥500.0	
9							
10	单元格G3是否为空		=CELL("type",G3)				
11	单元格D3的内容						

图12-109 输入公式

C10 =CELL("type",G3)

	A	B	C	D	E	F	G
1	工资发放表						
2	员工ID	年份	月份	基本工资	岗位津贴	其他奖金	实发工资
3	F1042001	2015	8	¥2,500.0	¥1,000.0	¥500.0	
4	F1042002	2015	8	¥1,690.0	¥900.0	¥1,000.0	
5	F1042003	2015	8	¥2,680.0	¥1,000.0	¥600.0	
6	F1042004	2015	8	¥1,610.0	¥900.0	¥200.0	
7	F1042005	2015	8	¥2,080.0	¥900.0	¥400.0	
8	F1042001	2015	7	¥2,000.0	¥1,000.0	¥500.0	
9							
10	单元格G3是否为空		b				
11	单元格D3的内容						

图12-110 计算结果

步骤 5 按Enter键，即可返回单元格D3的值，如图12-112所示。

PRODUCT =CELL("contents",D3)

	A	B	C	D	E	F	G
1	工资发放表						
2	员工ID	年份	月份	基本工资	岗位津贴	其他奖金	实发工资
3	F1042001	2015	8	¥2,500.0	¥1,000.0	¥500.0	
4	F1042002	2015	8	¥1,690.0	¥900.0	¥1,000.0	
5	F1042003	2015	8	¥2,680.0	¥1,000.0	¥600.0	
6	F1042004	2015	8	¥1,610.0	¥900.0	¥200.0	
7	F1042005	2015	8	¥2,080.0	¥900.0	¥400.0	
8	F1042001	2015	7	¥2,000.0	¥1,000.0	¥500.0	
9							
10	单元格G3是否为空		b				
11	单元格D3的内容		=CELL("contents",D3)				

图12-111 输入公式

C11 =CELL("contents",D3)

	A	B	C	D	E	F	G
1	工资发放表						
2	员工ID	年份	月份	基本工资	岗位津贴	其他奖金	实发工资
3	F1042001	2015	8	¥2,500.0	¥1,000.0	¥500.0	
4	F1042002	2015	8	¥1,690.0	¥900.0	¥1,000.0	
5	F1042003	2015	8	¥2,680.0	¥1,000.0	¥600.0	
6	F1042004	2015	8	¥1,610.0	¥900.0	¥200.0	
7	F1042005	2015	8	¥2,080.0	¥900.0	¥400.0	
8	F1042001	2015	7	¥2,000.0	¥1,000.0	¥500.0	
9							
10	单元格G3是否为空		b				
11	单元格D3的内容		2500				

图12-112 计算结果

▶ 提示　CELL函数的参数info_type有多种类型，不同的类型将返回不同的结果，以上只是展示了其中两种类型的用法。

2. TYPE函数

TYPE函数能够以整数形式返回参数的数据类型。如果检测对象是数值，则返回1；如果是文本，则返回2；如果是逻辑值，则返回4；如果是公式，则返回8；如果是误差值，则返回16；如果是数组，则返回64。有关TYPE函数的介绍如下。

语法结构：TYPE(value)。

参数含义：value是必选参数，可以为任意Microsoft Excel数据或引用的单元格。

具体操作步骤如下。

步骤 1 启动Excel 2013，新建一个空白文档。选择单元格A1，在其中输入公式“=TYPE({1,2,2,3})”，如图12-113所示。

步骤 2 按Enter键，即可返回“{1,2,2,3}”的数据类型“64”，表示它是一个数组，如图12-114所示。

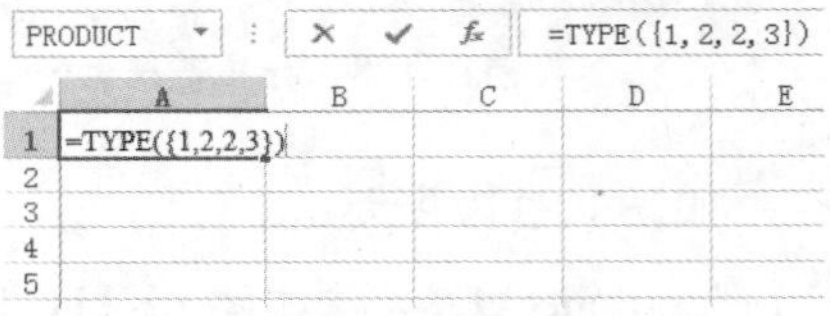

图12-113　输入公式

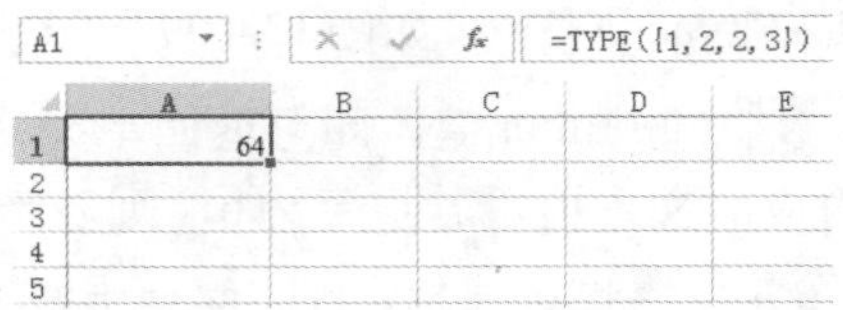

图12-114　计算结果

步骤 3 选择单元格A2，在其中输入公式“=TYPE("hello world")”，如图12-115所示。

步骤 4 按Enter键，即可返回“"hello world"”的数据类型“2”，表示它是一个文本，如图12-116所示。

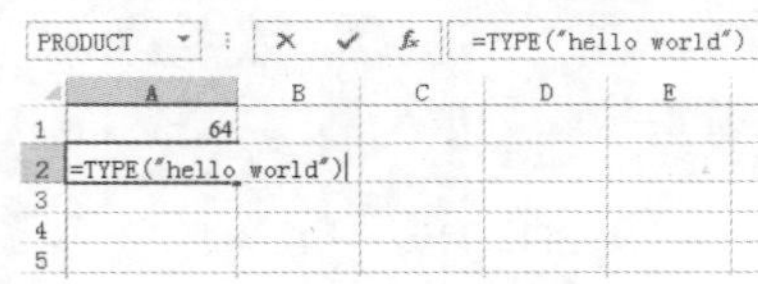

图12-115　输入公式

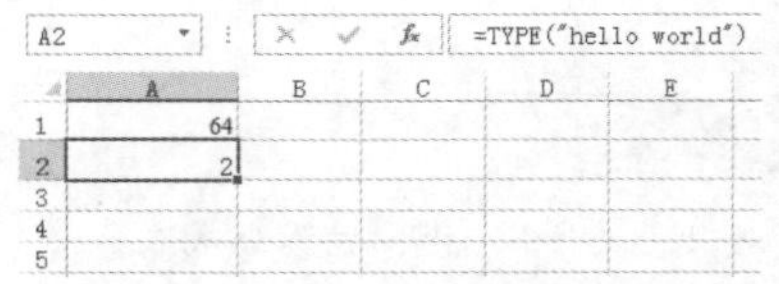

图12-116　计算结果

12.10 用户自定义函数

在Excel中，除了能直接使用内置的函数来统计、处理和分析工作表中的数据外，还可以利用其内置的VBA功能，自定义函数来完成特定的功能。

12.10.1 创建自定义函数

下面利用VBA编辑器自定义一个函数，该函数可通过包含链接的网站名称，从中提取出链接网址，具体操作步骤如下。

步骤 1 打开随书光盘中的“素材\ch12\自定义函数.xlsx”文件，A列中显示了包含链接的网站名称，需要在B列中提取出链接，如图12-117所示。

步骤 2 选择【文件】选项卡，进入工作界面，选择左侧的【另存为】命令，进入【另存为】界面，在右侧选择【计算机】选项，然后单击【浏览】按钮，如图12-118所示。

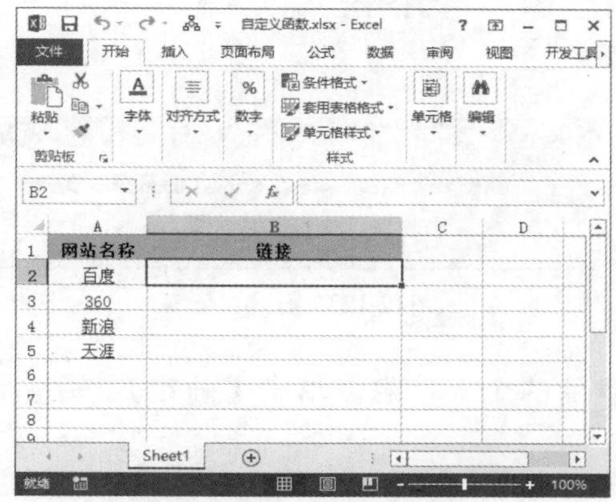

图12-117 打开素材文件

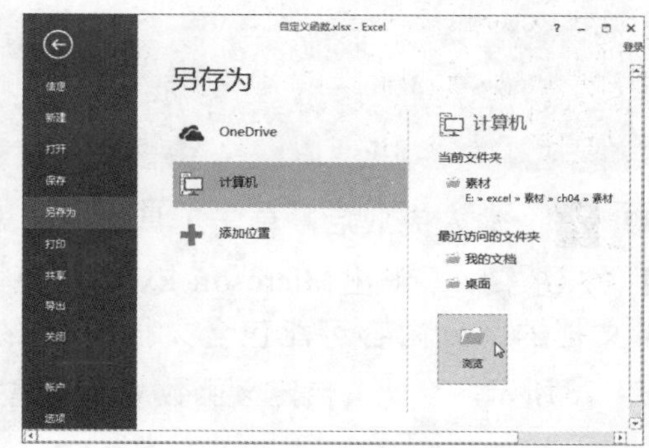

图12-118 【另存为】界面

步骤 3 弹出【另存为】对话框，单击【保存类型】下拉列表框右侧的下拉按钮，在弹出的下拉列表中选择【Excel启用宏的工作簿（*.xlsm)】选项，然后单击【保存】按钮，如图12-119所示。

步骤 4 返回到工作表中，选择【开发工具】选项卡，单击【代码】选项组中的Visual Basic按钮，如图12-120所示。

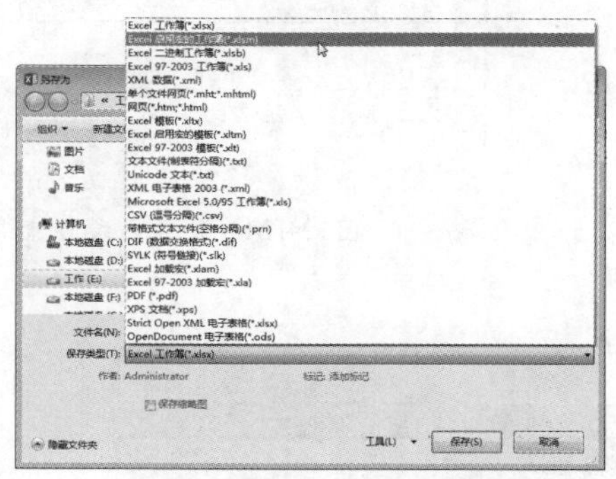

图12-119 选择保存类型

图12-120 【代码】选项组

步骤 5 打开Visual Basic编辑器，选择【插入】|【模块】命令，如图12-121所示。

步骤 6 此时将插入一个新模块，并进入新模块的编辑窗口，在窗口中输入以下代码，如图12-122所示。

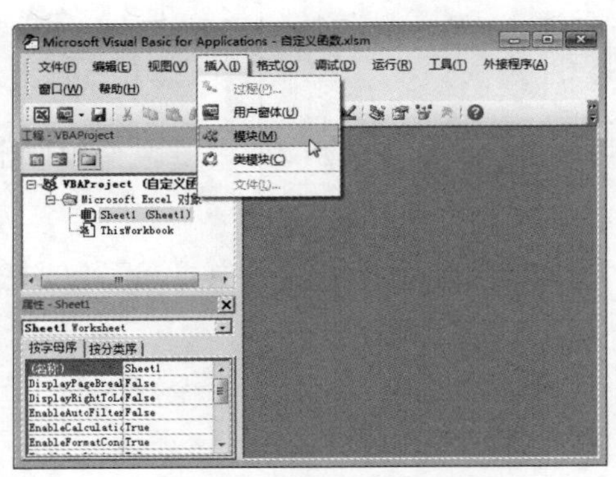
图12-121 选择【模块】命令

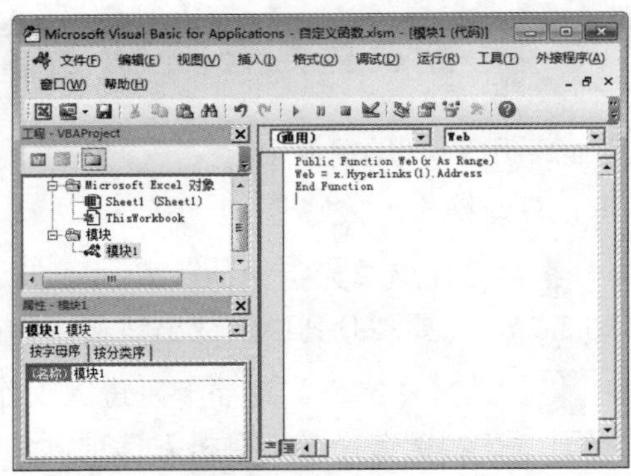

图12-122 输入代码

```
Public Function Web(x As Range)
Web = x.Hyperlinks(1).Address
End Function
```

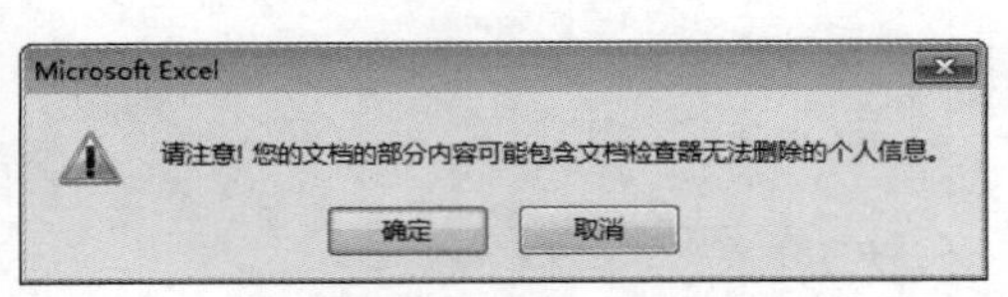

图12-123 信息提示框

步骤 7 输入完成后，单击工具栏中的【保存】按钮，弹出Microsoft Excel对话框，提示文档的部分内容可能包含文档检查器无法删除的个人信息，单击【确定】按钮，如图12-123所示。至此，自定义函数Web创建完毕。

12.10.2 使用自定义函数

下面利用创建的自定义函数提取链接网址，具体操作步骤如下。

步骤 1 接12.10.2节的操作步骤，返回到工作表中，选择B2单元格，在其中输入公式“=Web(A2)”，如图12-124所示。

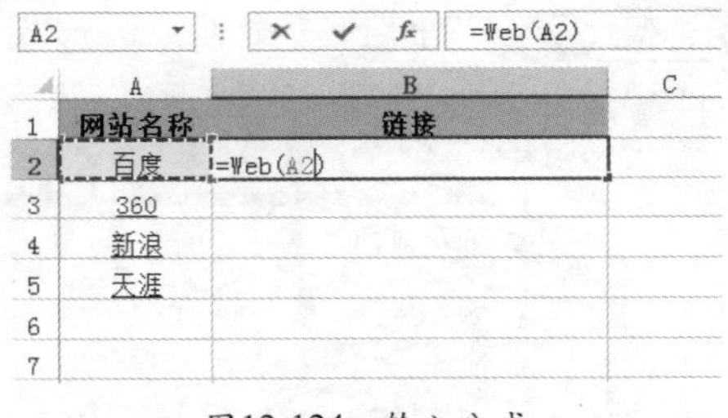

图12-124 输入公式

步骤 2 按Enter键，即可提取出单元格A2中包含的链接网址，如图12-125所示。

步骤 3 利用填充柄的快速填充功能，提取其他网站的链接网址，如图12-126所示。

B2 =Web(A2)

	A	B	C
1	网站名称	链接	
2	百度	https://www.baidu.com/	
3	360		
4	新浪		
5	天涯		
6			
7			
8			

图12-125 提取链接网址

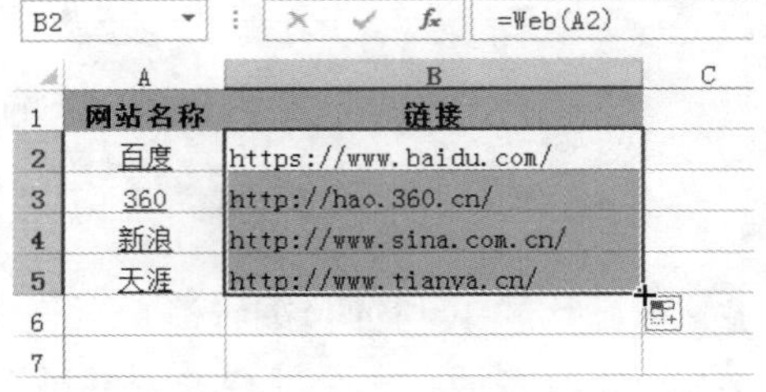

图12-126 快速填充公式提取其他链接网址

12.11 高效办公技能实战

12.11.1 高效办公技能1——制作贷款分析表

本实例介绍贷款分析表的制作方法，具体操作步骤如下。

步骤 1 新建一个空白文件，在其中输入相关数据，如图12-127所示。

步骤 2 在单元格B5中输入公式“=SYD($B$2, $B$2*$H$2,$F$2,A5)”，按Enter键，即可计算出该项设备第一年的折旧额，如图12-128所示。

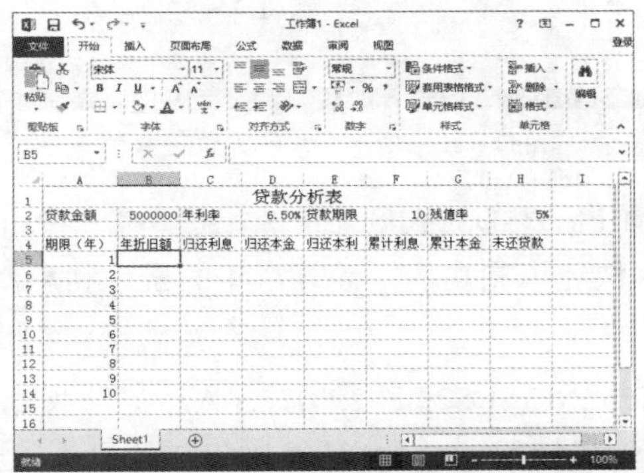

图12-127 输入相关数据

图12-128 输入公式计算数据

步骤 3 利用快速填充功能，计算该项每年的折旧额，如图12-129所示。

步骤 4 选择单元格C5，输入公式“=IPMT($D$2, A5,$F$2,$B$2)”，按Enter键，即可计算出该项第一年的归还利息，然后利用快速填充功能，计算每年的归还利息，如图12-130所示。

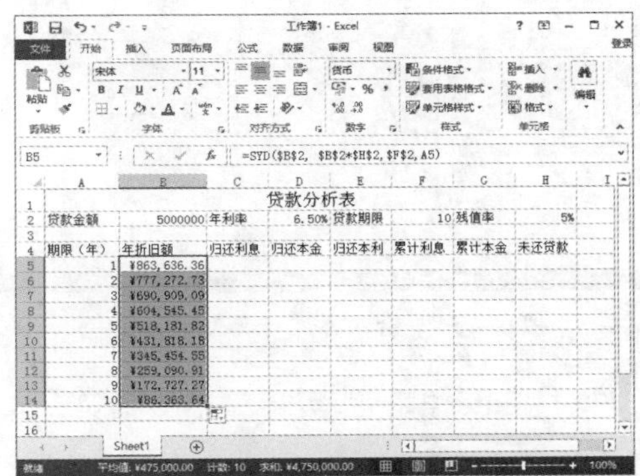

图12-129 复制公式计算年折旧额

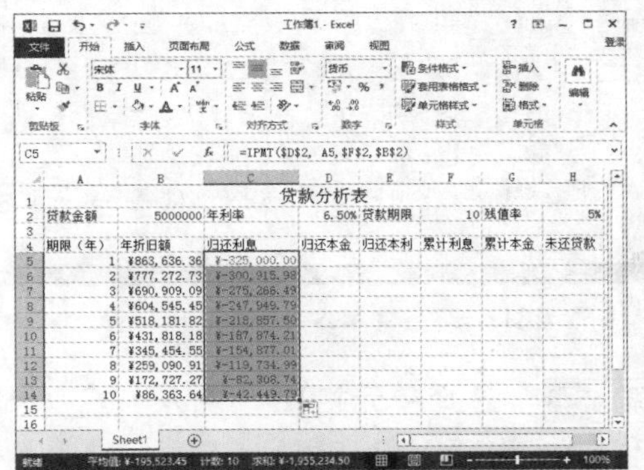

图12-130 输入公式计算归还利息

步骤 5 选择单元格D5，输入公式“=PPMT($D$2, A5,$F$2,$B$2)”，按Enter键，即可计

算出该项第一年的归还本金，然后利用快速填充功能，计算每年的归还本金，如图12-131所示。

步骤 6 选择单元格E5，输入公式“=PMT($D$2, $F$2,$B$2)”，按Enter键，即可计算出该项第一年的归还本利，然后利用快速填充功能，计算每年的归还本利，如图12-132所示。

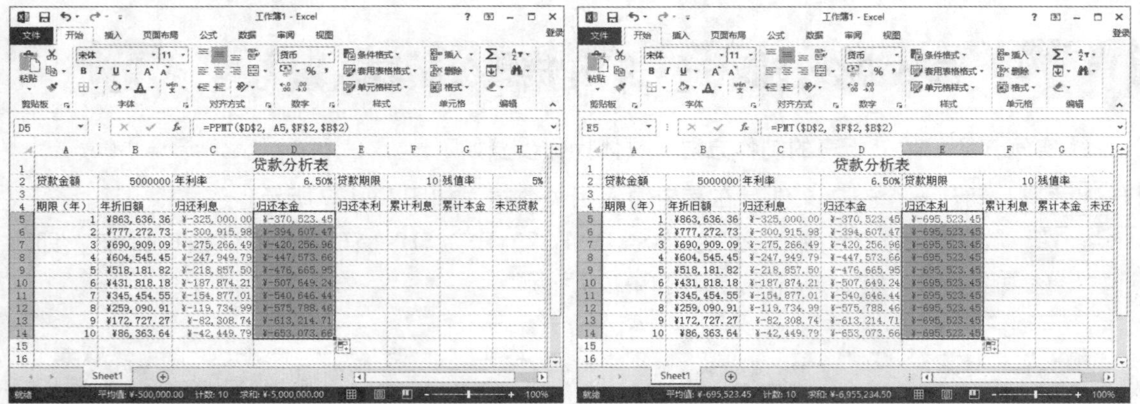

图12-131　输入公式计算归还本金　　图12-132　输入公式计算归还本利

步骤 7 选择单元格F5，输入公式“=CUMIPMT($D$2,$F$2,$B$2,1,A5,0)”，按Enter键，即可计算出该项第一年的累计利息，然后利用快速填充功能，计算每年的累计利息，如图12-133所示。

步骤 8 选择单元格G5，输入公式“=CUMPRINC($D$2,$F$2,$B$2,1,A5,0)”，按Enter键，即可计算出该项第一年的累计本金，然后利用快速填充功能，计算出每年的累计本金，如图12-134所示。

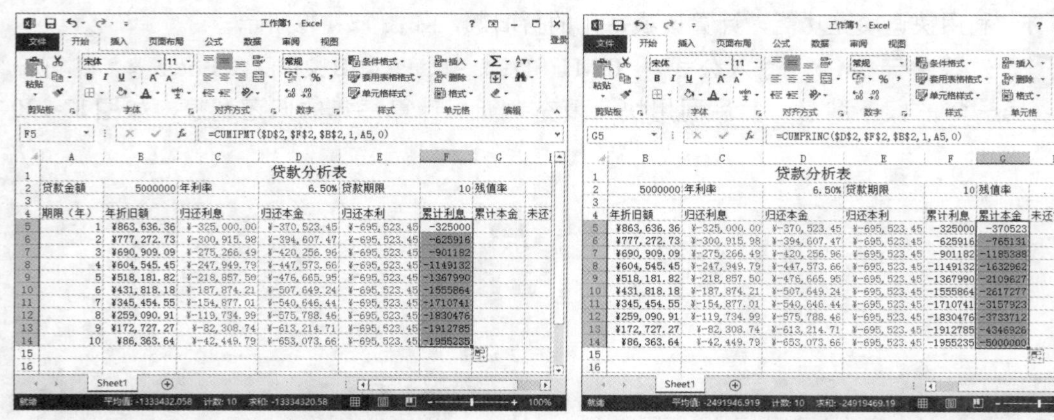

图12-133　输入公式计算累计利息　　图12-134　输入公式计算累计本金

步骤 9 选择单元格H5，输入公式“=$B$2+G5”，按Enter键，即可计算出该项第一年的未还贷款，如图12-135所示。

步骤 10 利用快速填充功能，计算每年的未还贷款，如图12-136所示。

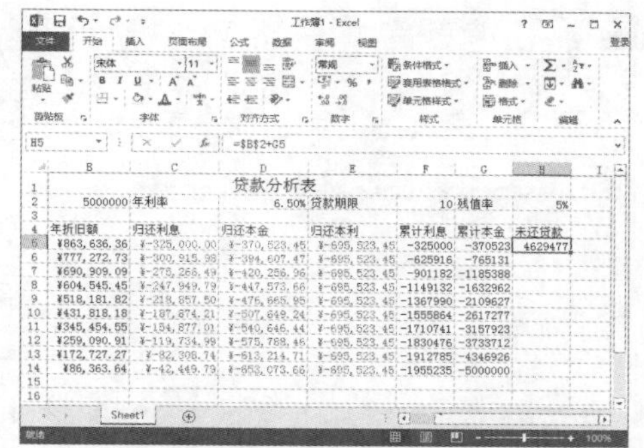

图12-135 输入公式计算未还贷款

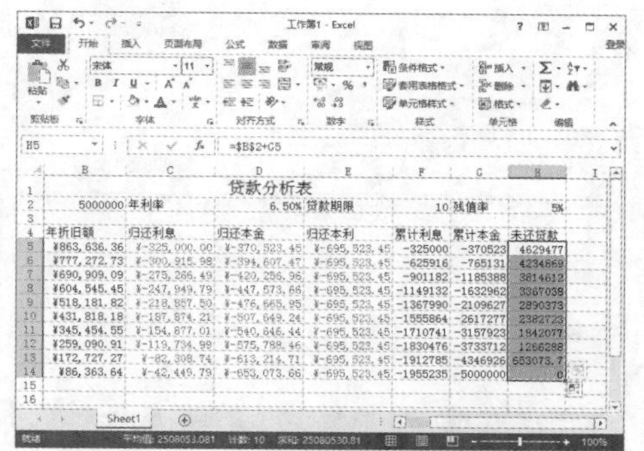

图12-136 计算其他年份的未还贷款额

12.11.2 高效办公技能2——制作员工加班统计表

员工加班统计表主要利用公式和函数进行计算。本实例加班费用的计算标准为：工作日期间晚上6点以后每小时15元，星期六和星期日加班每小时20元，严格执行打卡制度。如果加班时间在30分钟以上计1小时，30分钟以下计0.5小时。具体操作步骤如下。

步骤 1 新建一个空白文档，在其中输入相关数据信息，如图12-137所示。

步骤 2 单击行号2，选择第2行整行，在【开始】选项卡中，单击【样式】选项组中的【单元格样式】按钮，在弹出的下拉列表中选择一种样式，如图12-138所示。

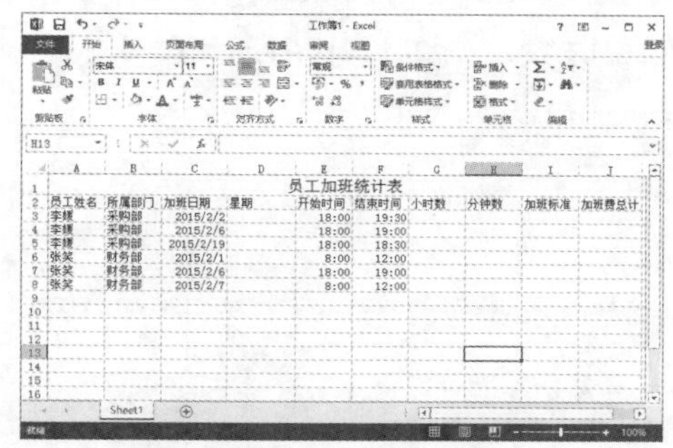

图12-137 输入数据信息

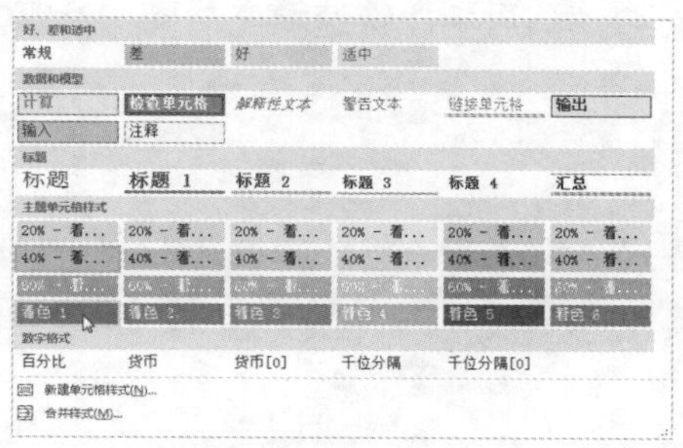

图12-138 选择单元格样式

步骤 3 选择后，即可为标题行添加一种样式，如图12-139所示。

步骤 4 选择单元格D3，在编辑栏中输入公式“=WEEKDAY(C3,1)”，按Enter键，显示返回值为2，如图12-140所示。

步骤 5 选择D3:D8单元格区域，右击，在弹出的快捷菜单中选择【设置单元格格式】命令，打开【设置单元格格式】对话框，在其中选择【数字】选项卡，更改“星期”列单元格格式的【分类】为【日期】，设置【类型】为【星期三】，如图12-141所示。

步骤 6 单击【确定】按钮，单元格D3即显示为“星期一”，如图12-142所示。

步骤 7 利用快速填充功能，复制单元格D3的公式到其他单元格中，计算其他时间对应的星期数，如图12-143所示。

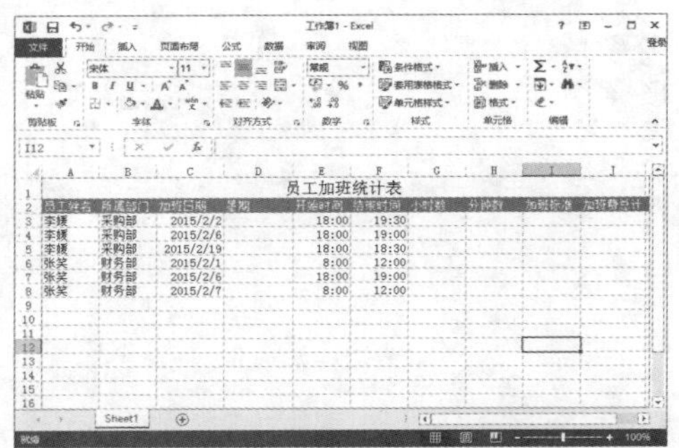
图12-139　为标题行添加样式

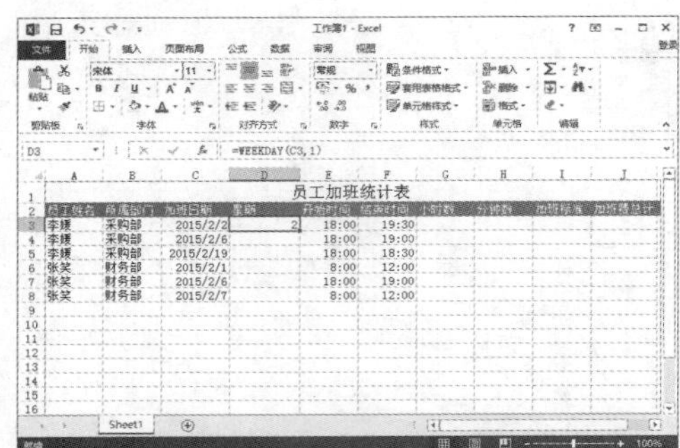
图12-140　输入公式计算数据（1）

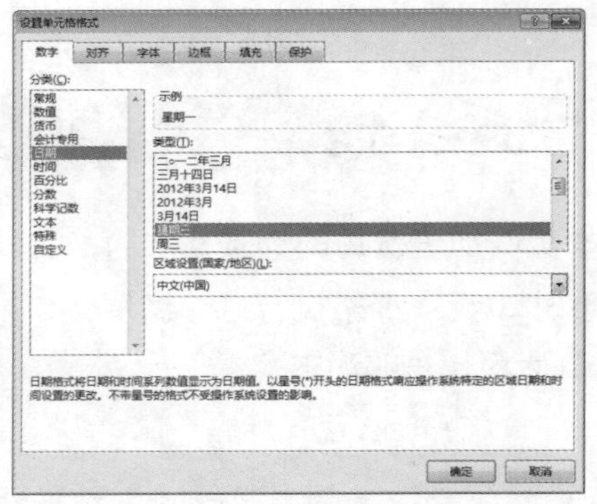
图12-141　【设置单元格格式】对话框

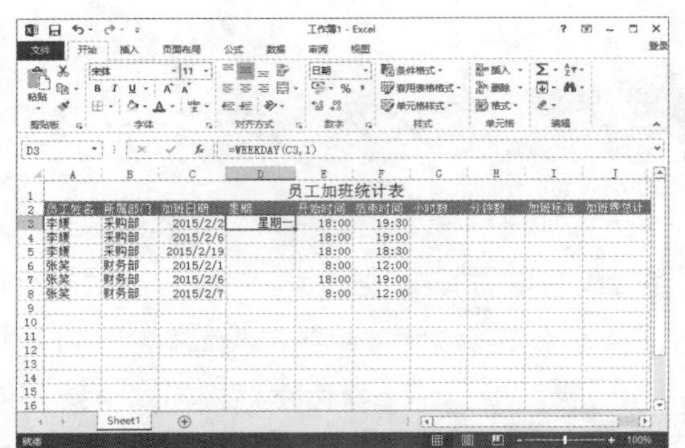
图12-142　以星期类型显示数据

步骤 8　选择单元格H3，在其中输入公式“=HOUR(F3−E3)”，按Enter键，即可显示加班的小时数，然后利用快速填充功能，计算其他时间的小时数，如图12-144所示。

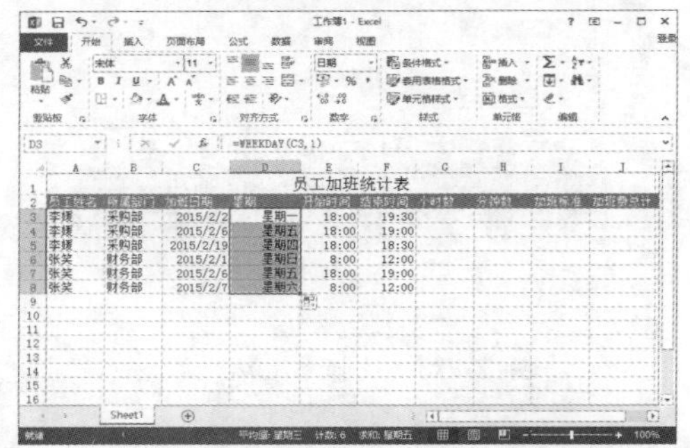
图12-143　复制公式计算数据

图12-144　输入公式计算数据（2）

步骤 9　选择单元格H3，在其中输入公式“=MINUTE(F3−E3)”，按Enter键，即可显示加班的分钟数，然后利用快速填充功能，计算其他时间的分钟数，如图12-145所示。

步骤 10　选择单元格I3，在其中输入公式“=IF(OR(D3=7,D3=1),"20","15")”，按Enter键，即可显示“加班标准”的数据，利用快速填充功能，填上其他时间的“加班标准”，如图12-146所示。

步骤 11　加班费等于加班的总小时乘以加班标准。选择单元格J3，在其中输入公式“=(G3+IF(H3=0,0,IF(H3>30,1,0.5)))*J3”，按Enter键，即可显示加班费总计数据，如图12-147所示。

步骤 12　利用快速填充功能，计算其他时间的“加班费总计”，如图12-148所示。

图12-145 输入公式计算数据（3）

图12-146 输入公式计算数据（4）

图12-147 输入公式计算数据（5）

图12-148 复制公式计算数据

12.12 疑难问题解答

问题1：在使用函数获取日期的过程中，为什么在单元格中输入公式并按下Enter键确定后，其返回的数据不是正确的日期呢？

解答：在使用公式得到“开始使用日期”数据时，有时可能不能返回日期值，而是返回一串数字，这段数字是日期在Excel中对应的序号，如果要想以日期的形式显示数值，则需要重新将该单元格的格式设置为日期类别以正确显示日期，具体的操作很简单，可以先选中该单元格，并右击，从弹出的快捷菜单中选择【设置单元格格式】命令，在打开的【设置单元格格式】对话框中，将系统默认的类型【常规】重新设置为【日期】即可。

问题2：在使用Excel函数计算数据的过程中，经常会用到一些函数公式，那么如何在Excel工作表中将计算公式显示出来，以方便公式的核查呢？

解答：在Excel工作界面中首先选中需要以公式显示的任意单元格，然后选择【公式】选项卡，在打开的工具栏中选择【公式审核】工具栏，再单击其中的【显示公式】按钮，即可将Excel工作界面中的单元格以公式方式显示出来，而如果想要恢复单元格的显示方式，则再单击一次【显示公式】按钮即可。

第4篇

高效分析数据

对于工作表中的大量数据，用户需要根据实际工作的需要进行筛选、排序、分类和汇总，同时可以设置数据的有效性、用透视表做专业的数据分析等操作。

数据的筛选与排序

● **本章导读**

使用Excel 2013可以对表格中的数据进行简单分析，通过Excel的排序功能可以将数据表中的内容按照特定的规则排序；使用筛选功能可以将满足用户条件的数据单独显示；使用条件格式功能可以直观地突出显示重要值。本章将为读者介绍数据筛选与排序的方法与技巧。

● **学习目标**

◎ 掌握数据筛选的方法
◎ 掌握数据排序的方法
◎ 掌握条件格式的使用
◎ 掌握使用单元格效果的方法
◎ 掌握使用单元格数据条的方法

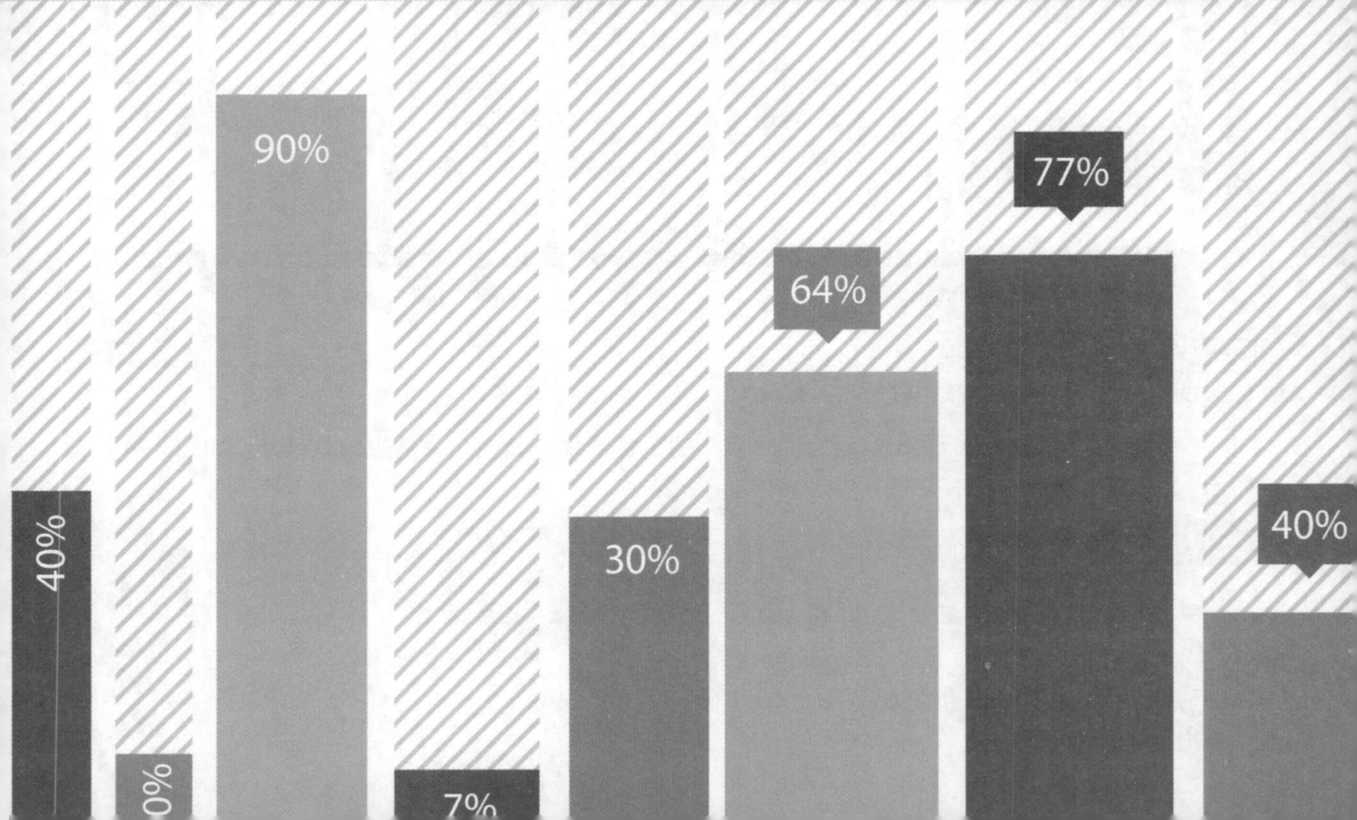

13.1 数据的筛选

Excel 2013提供了多种排序方法，用户可以根据需要进行单条件排序或多条件排序，也可以按照行、列排序，还可以根据需要自定义排序。

13.1.1 单条件筛选

单条件筛选是将符合一项条件的数据筛选出来。例如，在销售表中，要将产品为冰箱的销售记录筛选出来，具体操作步骤如下。

步骤 1 打开随书光盘中的“素材\ch13\销售表.xlsx”文件，将鼠标指针定位在数据区域内任意单元格中，如图13-1所示。

步骤 2 在【数据】选项卡中，单击【排序和筛选】选项组中的【筛选】按钮，进入自动筛选状态，此时在标题行每列的右侧都会出现一个下拉按钮，如图13-2所示。

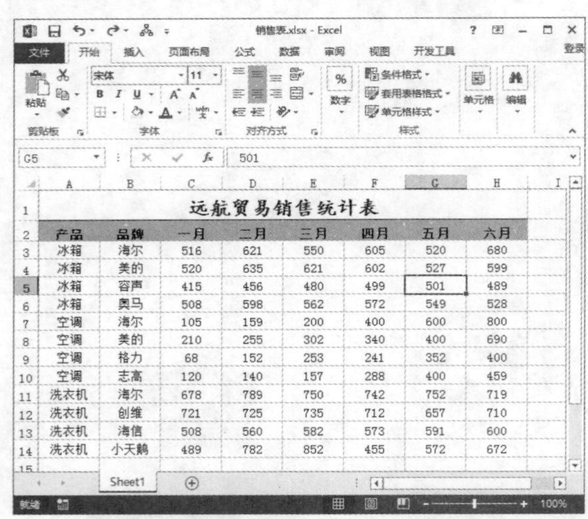

远航贸易销售统计表

产品	品牌	一月	二月	三月	四月	五月	六月
冰箱	海尔	516	621	550	605	520	680
冰箱	美的	520	635	621	602	527	599
冰箱	容声	415	456	480	499	501	489
冰箱	奥马	508	598	562	572	549	528
空调	海尔	105	159	200	400	600	800
空调	美的	210	255	302	340	400	690
空调	格力	68	152	253	241	352	400
空调	志高	120	140	157	288	400	459
洗衣机	海尔	678	789	750	742	752	719
洗衣机	创维	721	725	735	712	657	710
洗衣机	海信	508	560	582	573	591	600
洗衣机	小天鹅	489	782	852	455	572	672

图13-1 打开素材文件

图13-2 单击【筛选】按钮

步骤 3 单击“产品”列右侧的下拉按钮，在弹出的下拉列表中取消选中【全选】单选按钮，选中【冰箱】复选框，然后单击【确定】按钮，如图13-3所示。

步骤 4 此时系统将筛选出产品为“冰箱”的销售记录，其他记录则被隐藏起来，如图13-4所示。

提示 进行筛选操作后，在列标题右侧的下拉按钮上将显示漏斗图标，将鼠标指针定位在漏斗图标上，即可显示出相应的筛选条件。

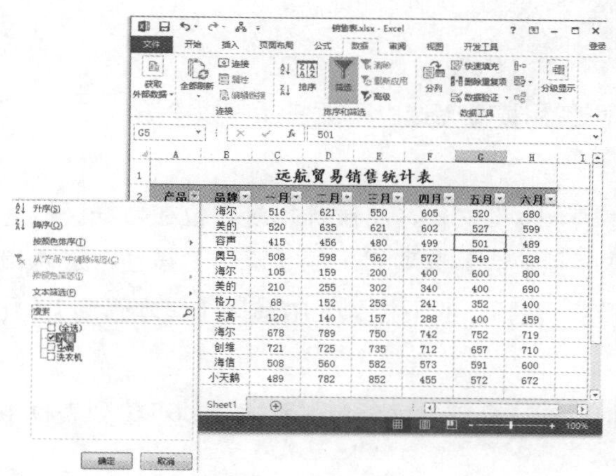

图13-3 设置单条件筛选

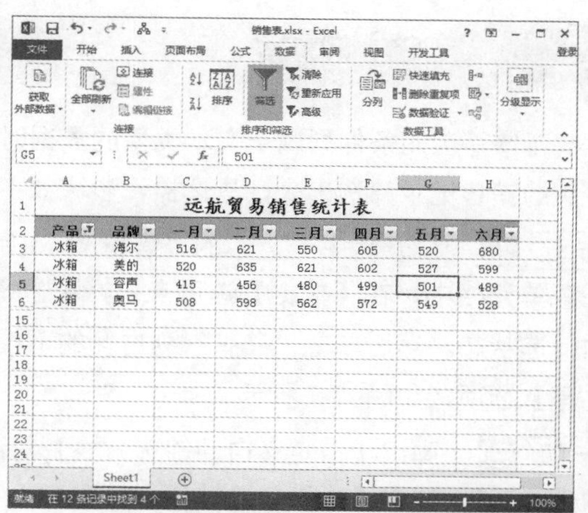

图13-4 筛选出符合条件的记录

13.1.2 多条件筛选

多条件筛选是将符合多个条件的数据筛选出来。例如，将销售表中品牌分别为“海尔”和“美的”的销售记录筛选出来，具体操作步骤如下。

步骤 1 重复13.1.1节步骤1和步骤2，单击“品牌”列右侧的下拉按钮，在弹出的下拉列表中取消选中【全选】单选按钮，选中【海尔】和【美的】复选框，然后单击【确定】按钮，如图13-5所示。

步骤 2 此时系统将筛选出品牌为“海尔”和“美的”的销售记录，其他记录则被隐藏起来，如图13-6所示。

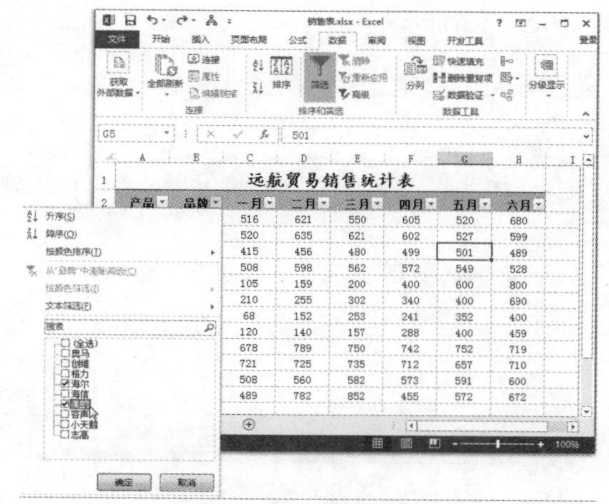

图13-5 设置多条件筛选

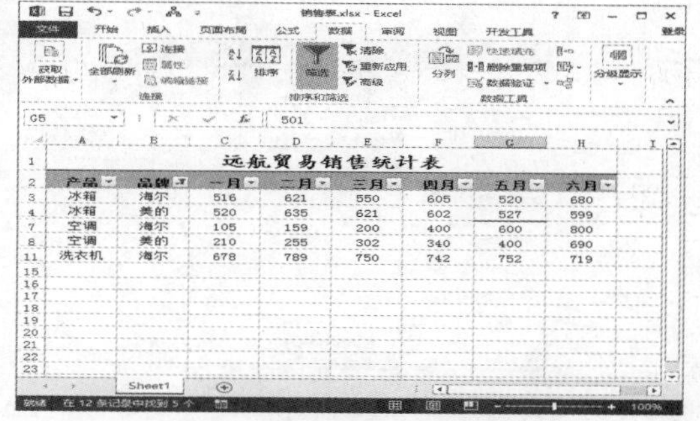

图13-6 筛选出符合条件的记录

提示 若要清除筛选，在【数据】选项卡中，单击【排序和筛选】选项组中的【清除】按钮即可。

13.1.3 模糊筛选

当要筛选的条件列属于文本类型的数据时，可使用模糊筛选。下面将品牌以“美”或“创”开头的销售记录筛选出来，具体操作步骤如下。

步骤 1 打开随书光盘中的“素材\ch13\销售表.xlsx”文件，将鼠标指针定位在数据区域内任意单元格中，在【数据】选项卡中，单击【排序和筛选】选项组中的【筛选】按钮，进入自动筛选状态。然后单击“品牌”列右侧的下拉按钮，在弹出的下拉列表中选择【文本筛选】|【开头是】选项，如图13-7所示。

步骤 2 弹出【自定义自动筛选方式】对话框，在【品牌】区域第一栏右侧的下拉列表框中输入“美”，选中【或】单选按钮，如图13-8所示。

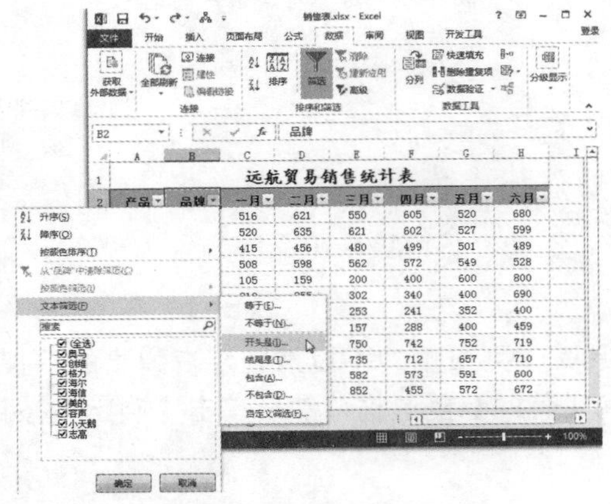

图13-7 选择【开头是】选项

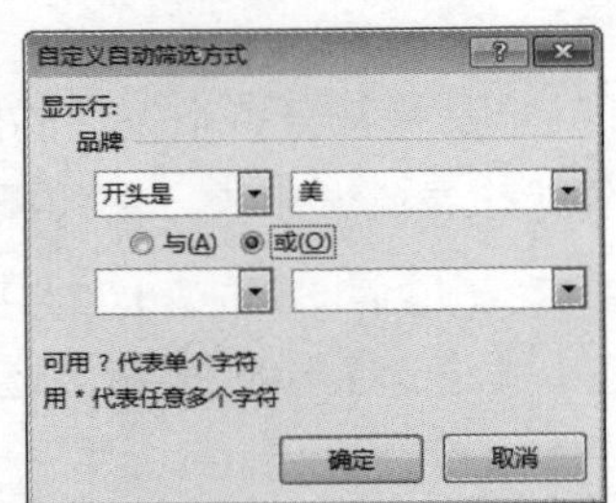

图13-8 设置【品牌】区域中第一栏的条件

步骤 3 单击第二栏左侧的下拉按钮，在弹出的下拉列表中选择【开头是】选项，在右侧的下拉列表框中输入“创”，然后单击【确定】按钮，如图13-9所示。

步骤 4 此时系统将筛选出品牌以“美”或“创”开头的销售记录，如图13-10所示。

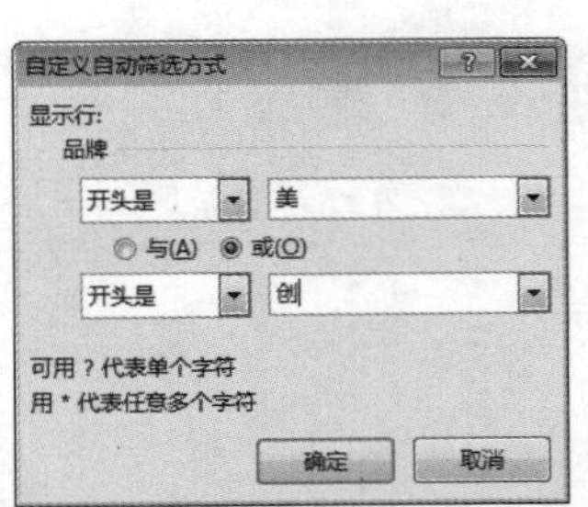

图13-9 设置【品牌】区域中第二栏的条件

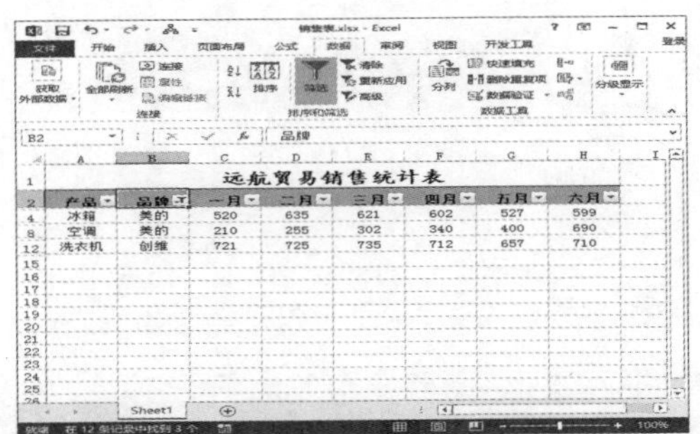

图13-10 筛选出符合条件的记录

提示 对于文本类型的数据，可使用的自定义筛选方式有等于、不等于、开头是、结尾是、包含和不包含等。无论选择哪一个选项，都将弹出【自定义自动筛选方式】对话框，在其中设置相应的筛选条件即可。

13.1.4 范围筛选

当要筛选的条件列属于数字或日期类型的数据时，可使用范围筛选。下面将二月份销售量在400和600之间的记录筛选出来，具体操作步骤如下。

步骤 1 打开随书光盘中的“素材\ch13\销售表.xlsx”文件，将鼠标指针定位在数据区域内任意单元格，在【数据】选项卡中，单击【排序和筛选】选项组中的【筛选】按钮，进入自动筛选状态，然后单击“二月”列右侧的下拉按钮，在弹出的下拉列表中选择【数字筛选】|【介于】选项，如图13-11所示。

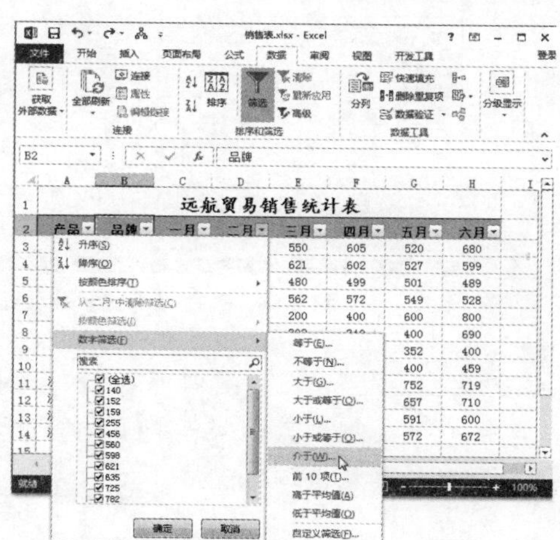

图13-11　选择【介于】选项

步骤 2 弹出【自定义自动筛选方式】对话框，在【二月】区域第一栏右侧的下拉列表框中输入“400”，在第二栏右侧的下拉列表框中输入“600”，然后单击【确定】按钮，如图13-12所示。

步骤 3 此时系统将筛选出二月份销售量介于400和600之间的销售记录，如图13-13所示。

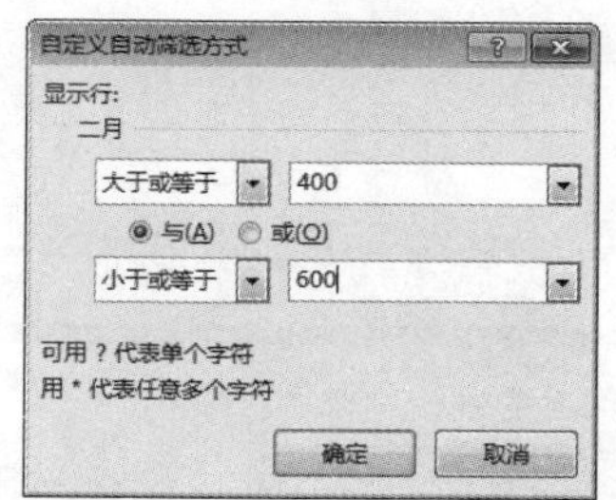

图13-12　设置【二月】区域中的筛选条件

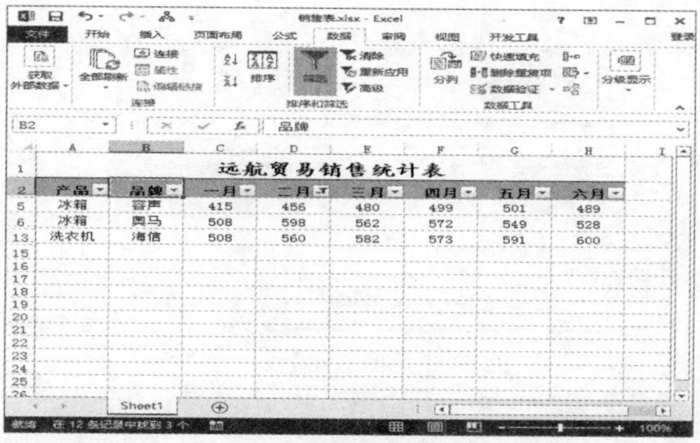

图13-13　筛选出符合条件的记录

13.1.5 高级筛选

如果要对多个数据列设置复杂的筛选条件，需要使用Excel提供的高级筛选功能。例如，将一月份和二月份销售量均大于500的记录筛选出来，具体操作步骤如下。

步骤 1 打开随书光盘中的“素材\ch13\销售表.xlsx”文件，在单元格区域J2:K3中分别输入字段名和筛选条件，然后在【数据】选项卡中，单击【排序和筛选】选项组中的【高级】按钮，如图13-14所示。

步骤 2 弹出【高级筛选】对话框，选中【在原有区域显示筛选结果】单选按钮，在【列表区域】选择框中选择单元格区域A2:H14，如图13-15所示。

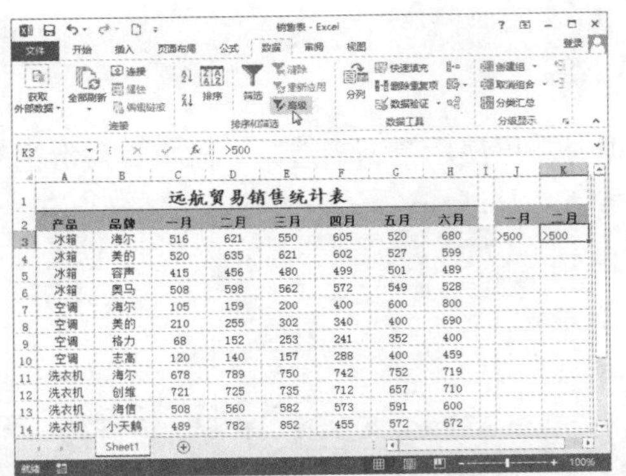

图13-14　单击【高级】按钮

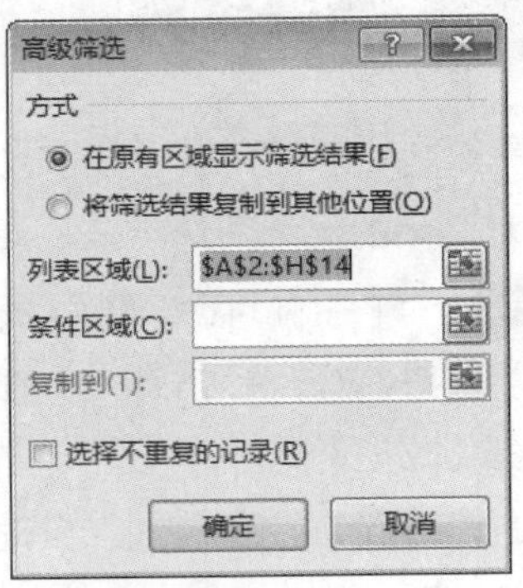

图13-15　【高级筛选】对话框

提示 若在【高级筛选】对话框中选中【将筛选结果复制到其他位置】单选按钮，则【复制到】选择框将呈高亮显示，在其中选择单元格区域，筛选的结果即复制到所选的单元格区域中。

步骤 3 在【条件区域】选择框中选择单元格区域J2:K3，单击【确定】按钮，如图13-16所示。

步骤 4 此时系统将在选定的列表区域中筛选出符合条件的记录，如图13-17所示。

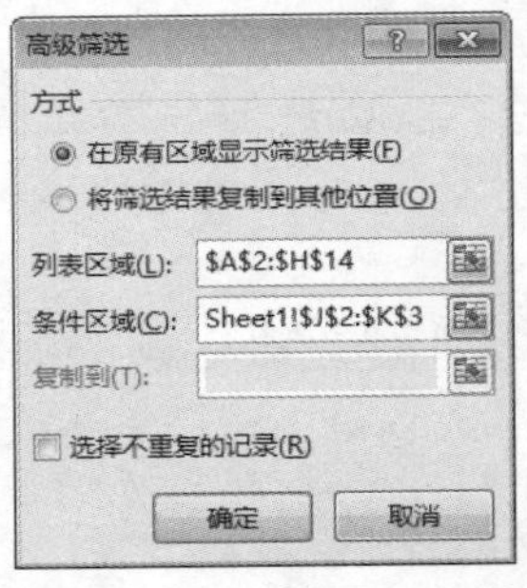

图13-16　设置【条件区域】

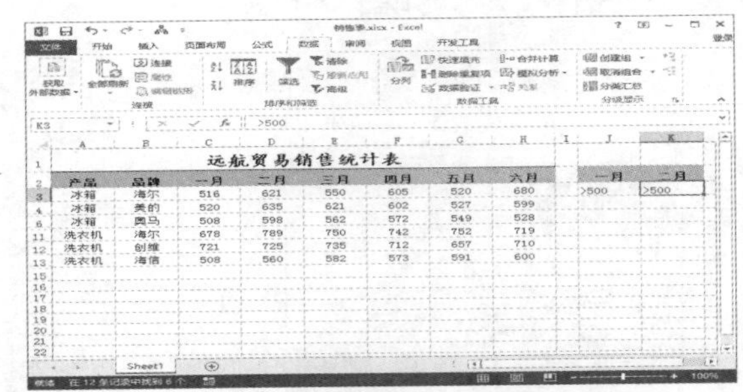

图13-17　筛选出符合条件的记录

提示 在设置【条件区域】时，一定要包含【条件区域】的字段名。

由上可知，在使用高级筛选功能之前，应先建立一个条件区域，用来指定筛选的数据必须满足的条件，并且在条件区域中要求包含作为筛选条件的字段名。

13.2 数据的排序

Excel 2013提供了多种排序方法，用户可以根据需要进行单条件排序或多条件排序，也可以按照行、列排序，还可以根据需要自定义排序。

13.2.1 单条件排序

单条件排序是依据一个条件对数据进行排序。例如，要对销售表中的“一月”销售量进行升序排序，具体操作步骤如下。

步骤 1　打开随书光盘中的“素材\ch13\销售表.xlsx”文件，将鼠标指针定位在“一月”列中的任意单元格中，如图13-18所示。

步骤 2　在【数据】选项卡中，单击【排序和筛选】选项组中的【升序】按钮，即可对该列进行升序排序，如图13-19所示。

图13-18　打开素材文件

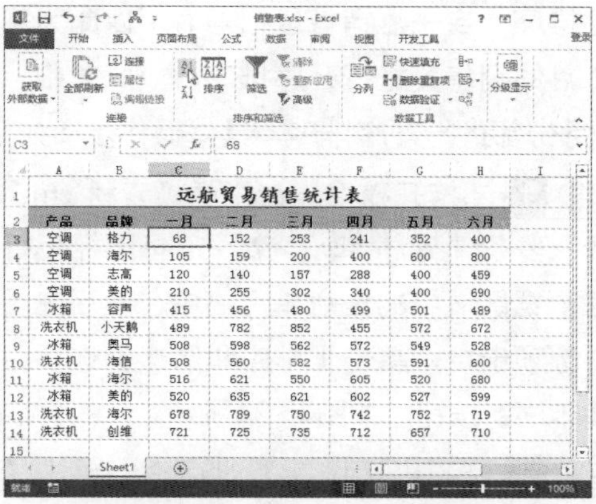

图13-19　单击【升序】按钮

提示　若单击【降序】按钮，即可对该列进行降序排序。

此外，将鼠标指针定位在要排序列的任意单元格中，右击，在弹出的快捷菜单中选择【排序】|【升序】或【排序】|【降序】命令，也可快速排序，如图13-20所示。或者在【开始】选项卡的【编辑】选项组中，单击【排序和筛选】下拉按钮，在弹出的下拉列表中选择【升序】或【降序】选项，同样可以进行排序，如图13-21所示。

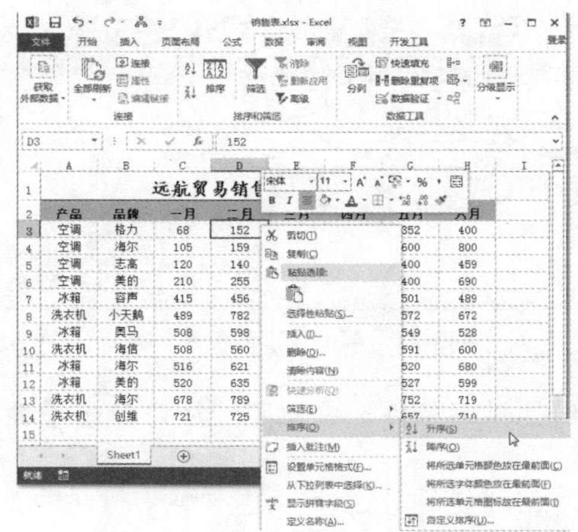

图13-20　选择【排序】|【升序】命令

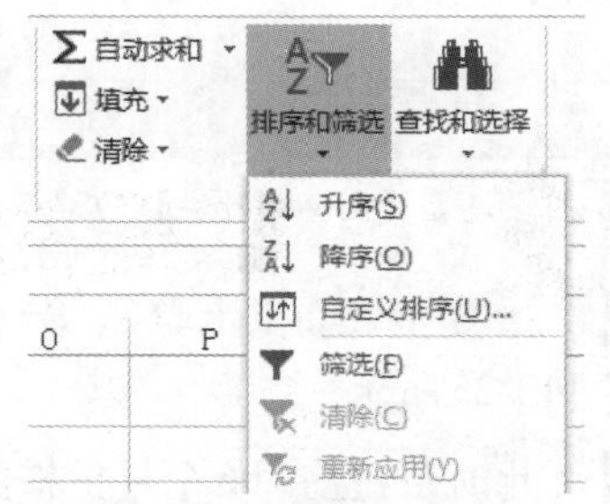

图13-21　【排序和筛选】下拉列表

提示 由于数据表中有多列数据，如果仅对一列或几列排序，则会打乱整个数据表中数据的对应关系，因此应谨慎使用排序操作。

13.2.2 多条件排序

多条件排序是依据多个条件对数据表进行排序。例如，要对销售表中一月的销售量进行升序排序，当一月销售量相等时，以此为基础对二月的销售量进行升序排序，以此类推，对6个月份都进行升序排序，具体操作步骤如下。

步骤 1 打开随书光盘中的“素材\ch13\销售表--多条件排序.xlsx”文件，将鼠标指针定位在数据区域中的任意单元格中，然后在【数据】选项卡中，单击【排序和筛选】选项组中的【排序】按钮，如图13-22所示。

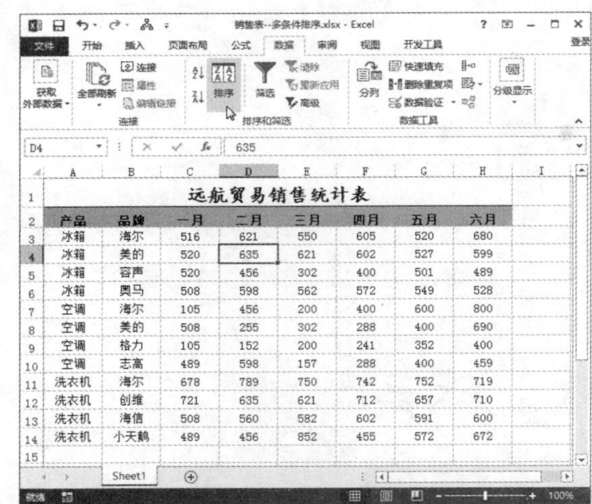

远航贸易销售统计表

产品	品牌	一月	二月	三月	四月	五月	六月
冰箱	海尔	516	621	550	605	520	680
冰箱	美的	520	635	621	602	527	599
冰箱	容声	520	456	302	400	501	489
冰箱	奥马	508	598	562	572	549	528
空调	海尔	105	456	200	400	600	800
空调	美的	508	255	302	288	400	690
空调	格力	105	152	200	241	352	400
空调	志高	489	598	157	288	400	459
洗衣机	海尔	678	789	750	742	752	719
洗衣机	创维	721	635	621	712	657	710
洗衣机	海信	508	560	582	602	591	600
洗衣机	小天鹅	489	456	852	455	572	672

图13-22 单击【排序】按钮

步骤 2 弹出【排序】对话框，单击【主要关键字】右侧的下拉按钮，在弹出的下拉列表中选择【一月】选项，使用同样的方法，设置【排序依据】和【次序】分别为【数值】和【升序】，如图13-23所示。

提示 右击，在弹出的快捷菜单中选择【排序】|【自定义排序】命令，也可弹出【排序】对话框。

步骤 3 单击【添加条件】按钮，将添加一个【次要关键字】，如图13-24所示。

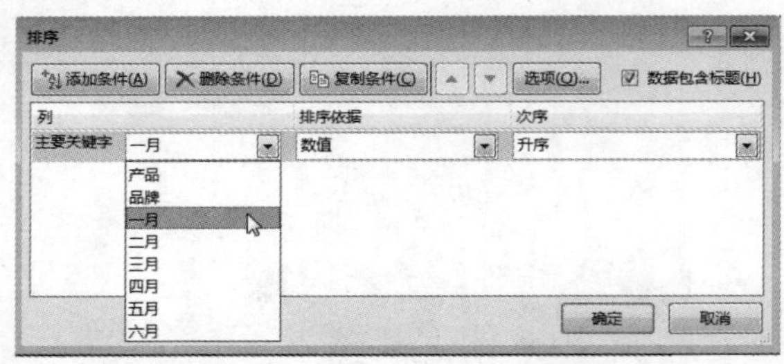

图13-23 设置【主要关键字】的排序条件

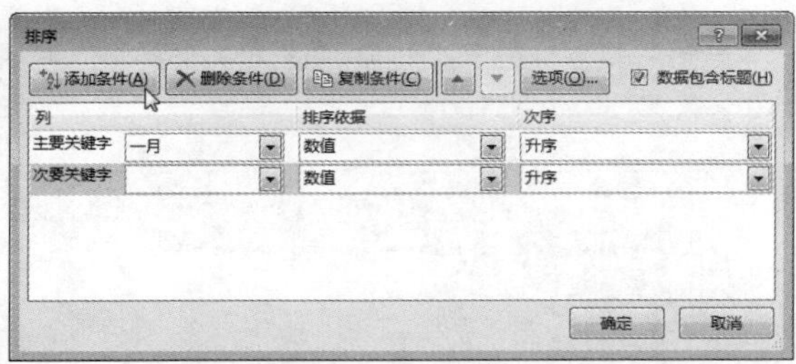

图13-24 单击【添加条件】按钮

步骤 4 重复步骤2和步骤3，分别设置6个月份的排序条件，设置完成后，单击【确定】按钮，如图13-25所示。

步骤 5 此时系统将对6个月份按数值进行升序排序，如图13-26所示。

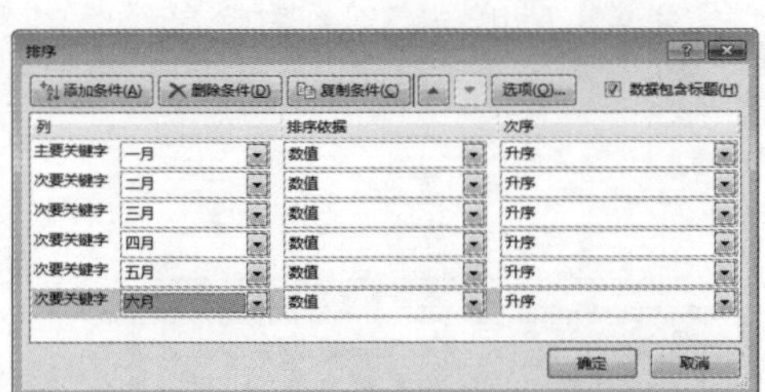

图13-25　设置其余【次要关键字】的排序条件

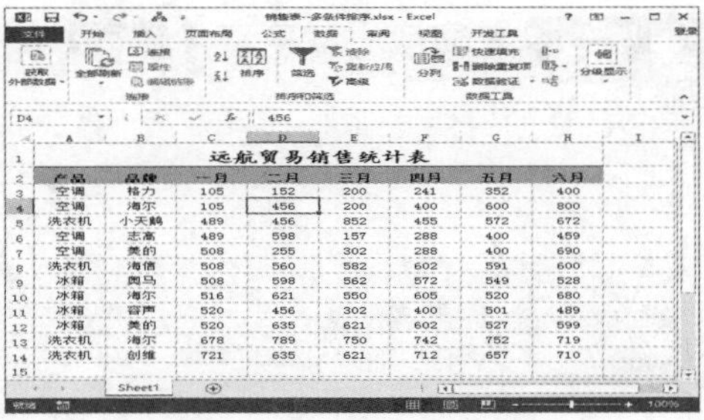

图13-26　完成多条件排序

13.2.3 按行排序

在Excel 2013中，所有的排序默认是对列进行排序。用户可通过设置，使其对行进行排序，具体操作步骤如下。

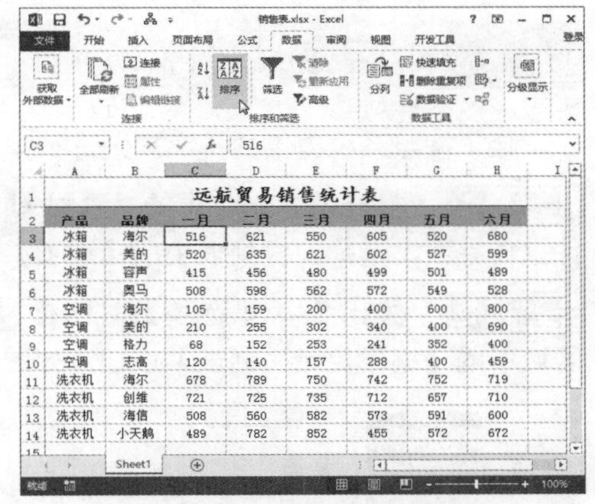

图13-27　单击【排序】按钮

步骤 1　打开随书光盘中的“素材\ch13\销售表.xlsx”文件，将鼠标指针定位在数据区域中的任意单元格中，在【数据】选项卡中，单击【排序和筛选】选项组中的【排序】按钮，如图13-27所示。

步骤 2　弹出【排序】对话框，单击【选项】按钮，如图13-28所示。

步骤 3　弹出【排序选项】对话框，选中【按行排序】单选按钮，单击【确定】按钮，如图13-29所示。

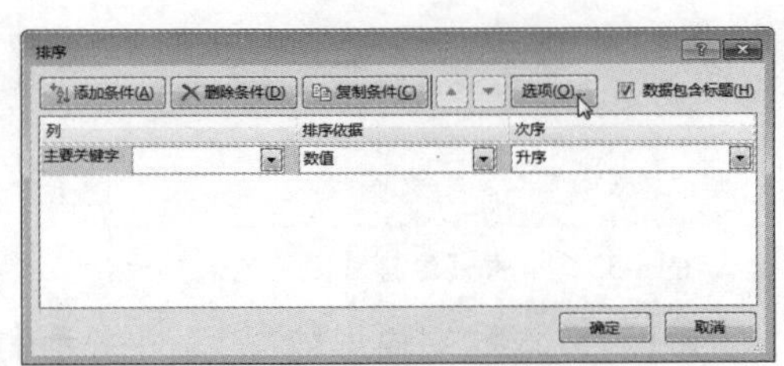

图13-28　单击【选项】按钮

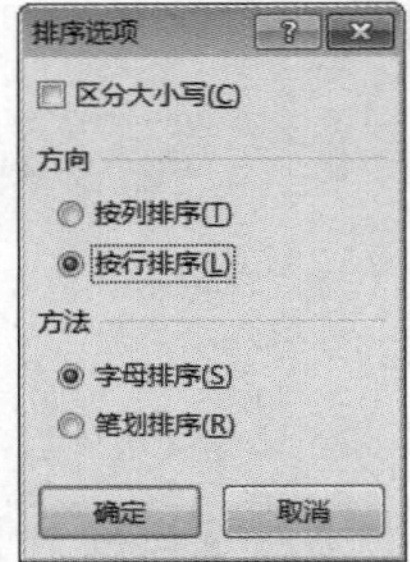

图13-29　选中【按行排序】单选按钮

> **提示**　若选中【区分大小写】复选框，排序将区分大小写。若选中【笔划排序】单选按钮，在对汉字进行排序时，将按笔划进行排序。

步骤 4　返回到【排序】对话框，单击【主要关键字】右侧的下拉按钮，在弹出的下拉列表中可选择对第几行进行排序，例如，选择【行4】。使用同样的方法，设置右侧的【排序依据】和【次序】参数，如图13-30所示。

步骤 5 设置完成后，单击【确定】按钮。此时系统将对第4行按数值进行升序排序，如图13-31所示。

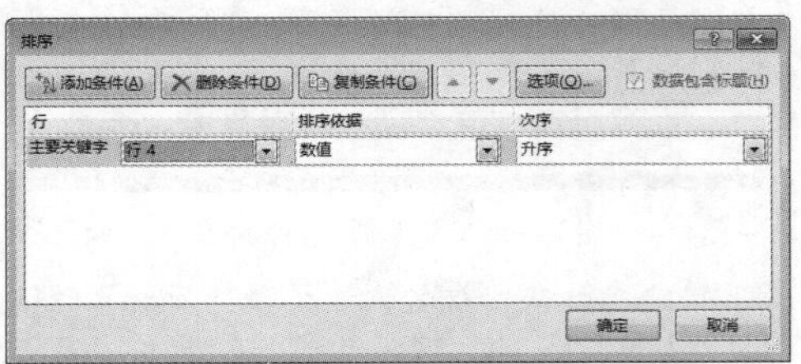
图13-30 设置【主要关键字】的排序条件

图13-31 完成按行排序

13.2.4 自定义排序

除了按照系统提供的排序规则进行排序外，用户还可自定义排序，具体操作步骤如下。

步骤 1 打开随书光盘中的“素材\ch13\工资表.xlsx”文件，选择【文件】选项卡，进入文件操作界面，选择左侧列表中的【选项】命令，如图13-32所示。

步骤 2 弹出【Excel选项】对话框，在左侧选择【高级】选项，然后在右侧单击【常规】区域中的【编辑自定义列表】按钮，如图13-33所示。

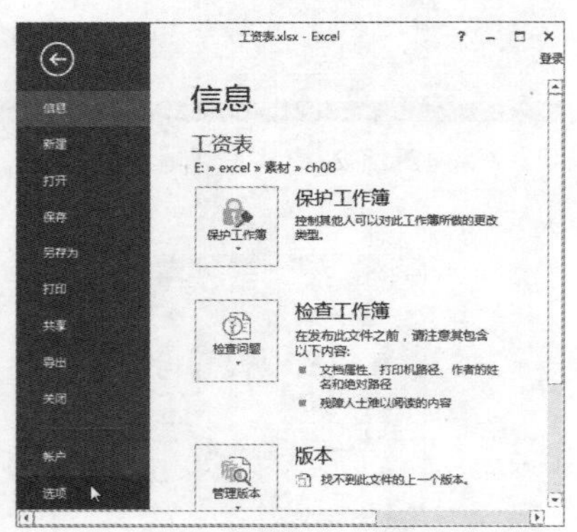
图13-32 选择【选项】命令

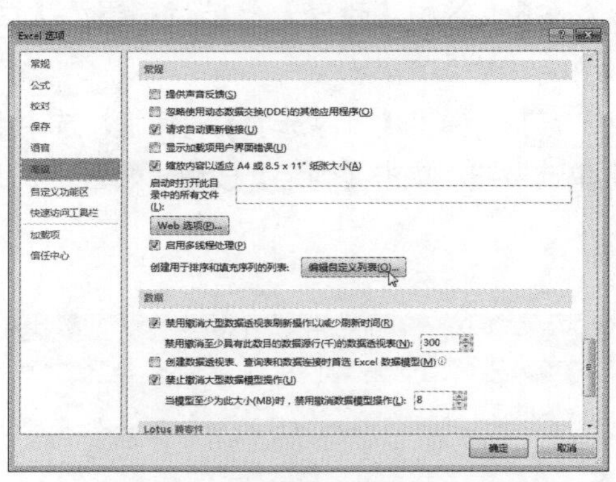
图13-33 单击【编辑自定义列表】按钮

步骤 3 弹出【自定义序列】对话框，在【输入序列】文本框中输入如图13-34所示的序列，然后单击【添加】。

步骤 4 添加完成后，依次单击【确定】按钮，返回到工作表中，将鼠标指针定位在数据区域内的任意单元格中，在【数据】选项卡中，单击【排序和筛选】选项组中的【排序】按钮，如图13-35所示。

步骤 5 弹出【排序】对话框，单击【主要关键字】右侧的下拉按钮，在弹出的下拉列表中选择【部门】选项，然后在【次序】下拉列表中选择【自定义序列】选项，如图13-36所示。

步骤 6 弹出【自定义序列】对话框，在【自定义序列】列表框中选择相应的序列，然后单击【确定】按钮，如图13-37所示。

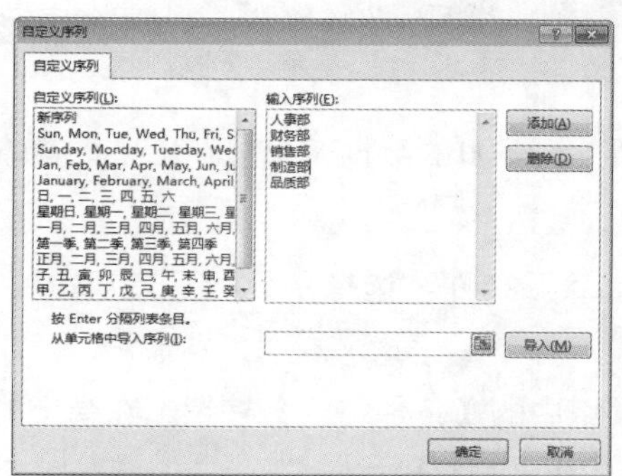

图13-34　输入自定义的序列

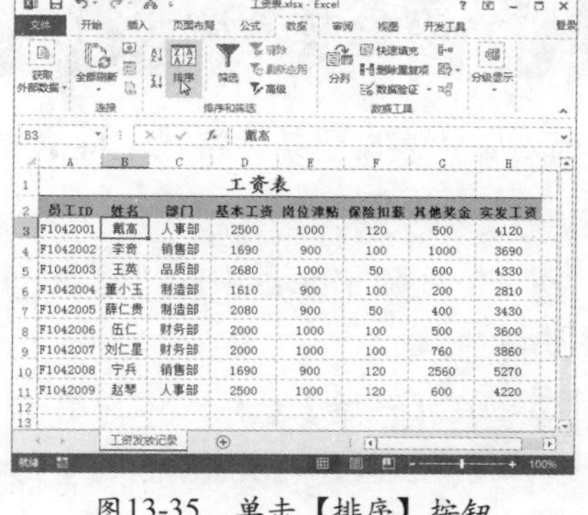

图13-35　单击【排序】按钮

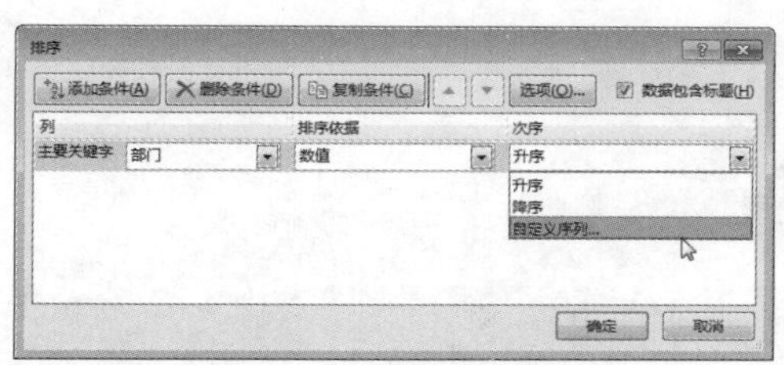

图13-36　设置【主要关键字】的排序条件

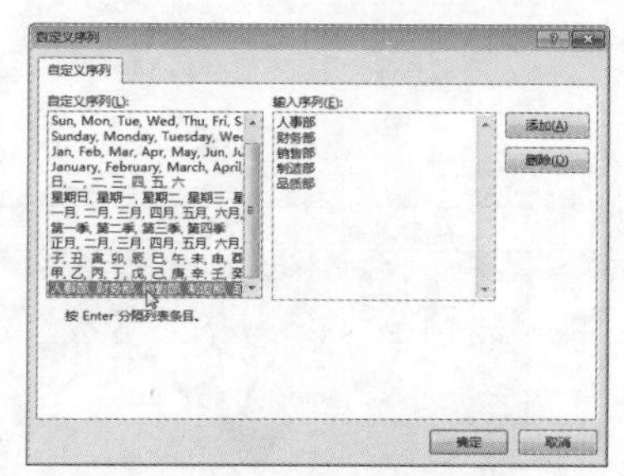

图13-37　选择自定义序列

步骤 7　返回到【排序】对话框，可以看到【次序】下拉列表框已经设置为自定义的序列，单击【确定】按钮，如图13-38所示。

步骤 8　此时系统将按照自定义的序列对数据进行排序，如图13-39所示。

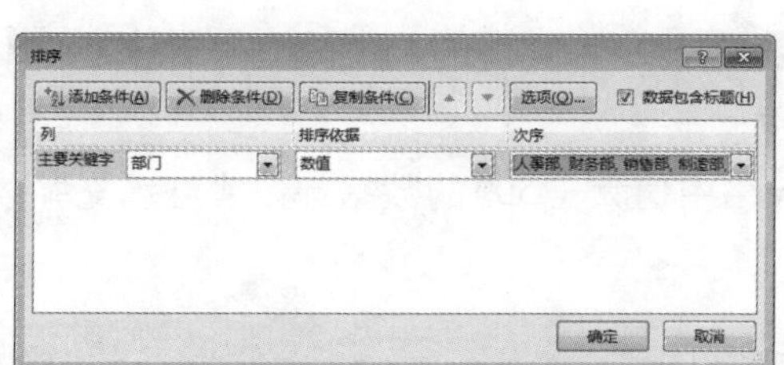

图13-38　单击【确定】按钮

图13-39　完成自定义排序

13.3 使用条件格式

在Excel 2013中可以使用条件格式，将符合条件的数据突出显示出来。条件格式是指基于条件来更改单元格的格式，即当所选的单元格符合条件时，会自动应用预先设置的格式，若不符合条件，则不改变当前的格式。

13.3.1 设定条件格式

下面对销售表设置条件格式，将6个月份中销售量大于500的数据突出显示出来，具体操作步骤如下。

步骤 1 打开随书光盘中的“素材\ch13\销售表.xlsx”文件，选择单元格区域C3:H14，如图13-40所示。

步骤 2 在【开始】选项卡中，单击【样式】选项组中的【条件格式】按钮，在弹出的下拉列表中选择【突出显示单元格规则】|【大于】选项，如图13-41所示。

远航贸易销售统计表

产品	品牌	一月	二月	三月	四月	五月	六月
冰箱	海尔	516	621	550	605	520	680
冰箱	美的	520	635	621	602	527	599
冰箱	容声	415	456	480	499	501	489
冰箱	奥马	508	598	562	572	549	528
空调	海尔	105	159	200	400	600	800
空调	美的	210	255	302	340	400	690
空调	格力	68	152	253	241	352	400
空调	志高	120	140	157	288	400	459
洗衣机	海尔	678	789	750	742	752	719
洗衣机	创维	721	725	735	712	657	710
洗衣机	海信	508	560	582	573	591	600
洗衣机	小天鹅	489	782	852	455	572	672

图13-40 选择单元格区域

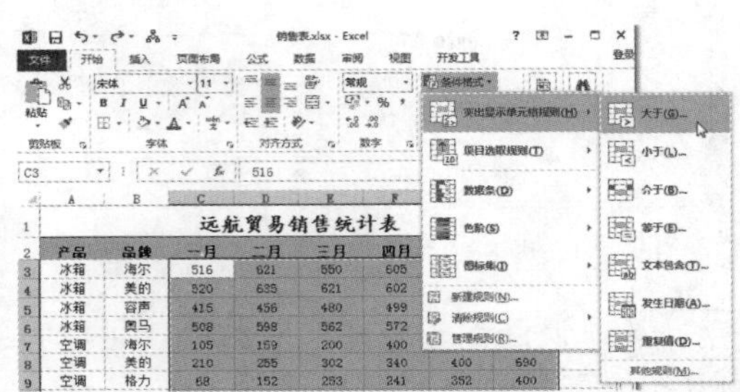

图13-41 选择条件格式

步骤 3 弹出【大于】对话框，在左侧的选择框内输入“500”，单击【设置为】下拉列表框右侧的下拉按钮，在弹出的下拉列表中选择【浅红填充色深红色文本】选项，单击【确定】按钮，如图13-42所示。

步骤 4 此时选定的区域将应用条件格式，单元格中值大于500的数据都以浅红填充并以深红色文本显示，如图13-43所示。

图13-42 【大于】对话框

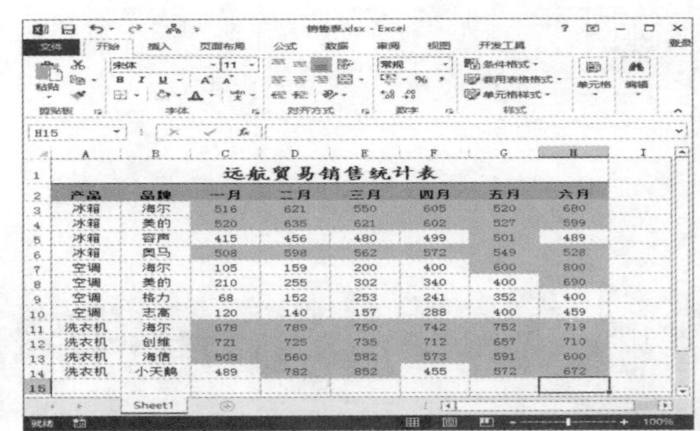

图13-43 应用条件格式

以上只是条件格式中的一项格式规则，用户还可设置数据条、色阶或图标集等来设定条件格式，在下面小节中将具体介绍。

13.3.2 管理条件格式

选择设置条件格式的区域，在【开始】选项卡中，单击【样式】选项组中的【条件格式】按钮，在弹出的下拉列表中选择【管理规则】选项，如图13-44所示。

弹出【条件格式规则管理器】对话框，在该对话框中列出了所选区域的条件格式，单击【新建规则】、【编辑规则】和【删除规则】按钮，即可新建、编辑和删除设置的条件规则，如图13-45所示。

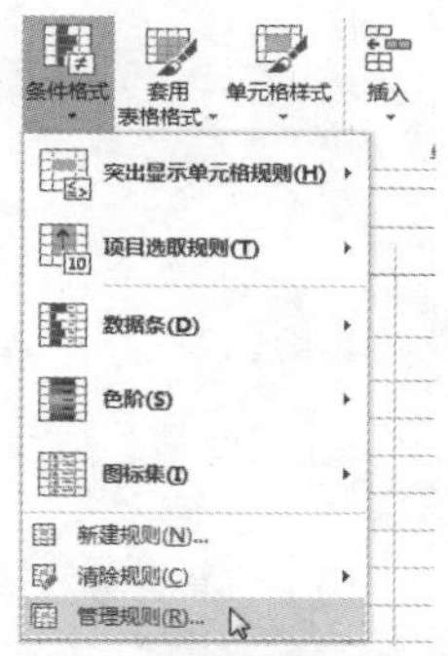

图13-44　选择【管理规则】选项

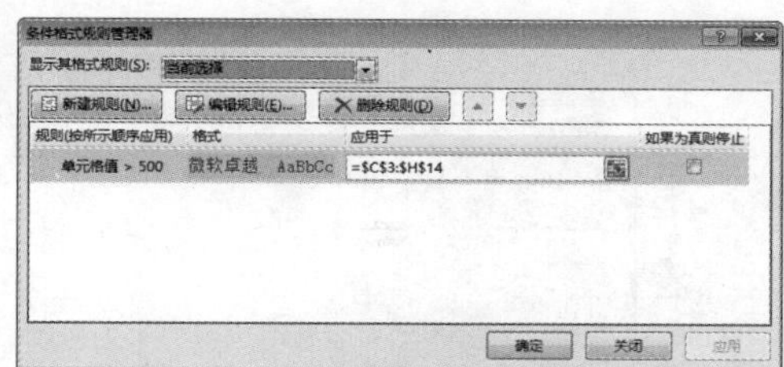

图13-45　【条件格式规则管理器】对话框

13.3.3 清除条件格式

若要清除条件格式，在如图13-45所示的对话框中选中某个条件规则，单击【删除规则】按钮，即可删除规则。此外，选择设置条件格式的区域，在【开始】选项卡中，单击【样式】选项组中的【条件格式】按钮，在弹出的下拉列表中选择【清除规则】|【清除所选单元格的规则】选项，即可清除选择区域中的条件规则，若选择【清除整个工作表的规则】选项，则可清除此工作表中所有设置的条件规则，如图13-46所示。

图13-46　清除规则

13.4 突出显示单元格效果

使用Excel 2013的条件格式功能，可以突出显示符合条件规则的单元格或单元格区域。例如，在一个学生成绩统计表中，可以使用条件格式功能突出显示成绩不及格的学生信息。

13.4.1 突出显示成绩不及格的学生

假设成绩低于70分是不及格，要突出显示这些成绩不及格的学生，具体操作步骤如下。

步骤 1 打开随书光盘中的“素材\ch13\二(5)班期中成绩表.xlsx”文件，选择单元格区域B3:D15，如图13-47所示。

步骤 2 在【开始】选项卡中，单击【样式】选项组中的【条件格式】按钮，在弹出的下拉列表中选择【突出显示单元格规则】|【小于】选项，如图13-48所示。

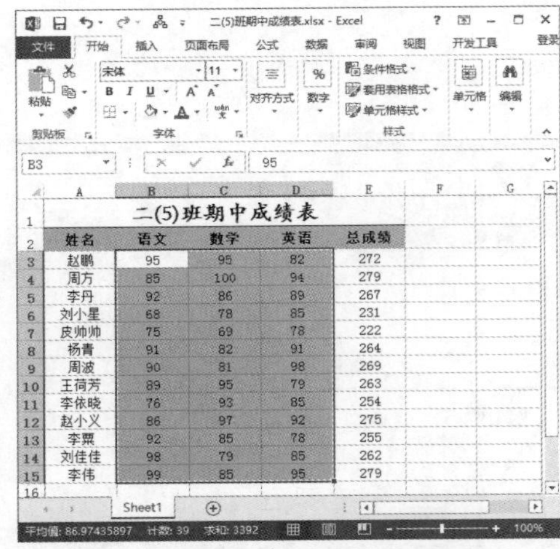

图13-47 选择单元格区域

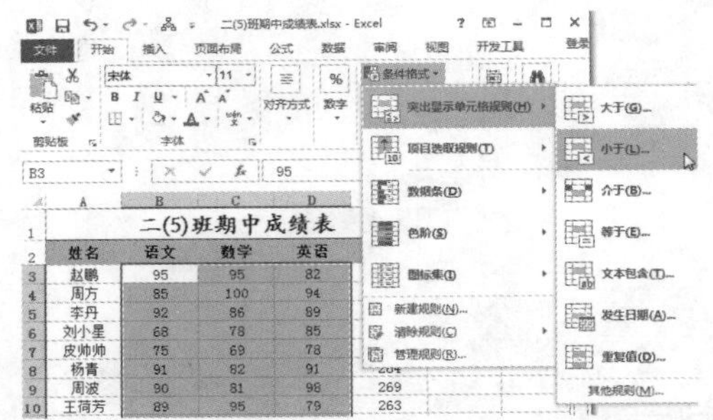

图13-48 选择条件格式

步骤 3 弹出【小于】对话框，在左侧的选择框内输入“70”，单击【设置为】下拉列表框右侧的下拉按钮，在弹出的下拉列表中选择【绿填充色深绿色文本】选项，单击【确定】按钮，如图13-49所示。

步骤 4 此时选定的区域将应用条件格式，突出显示成绩不及格的学生，如图13-50所示。

图13-49 【小于】对话框

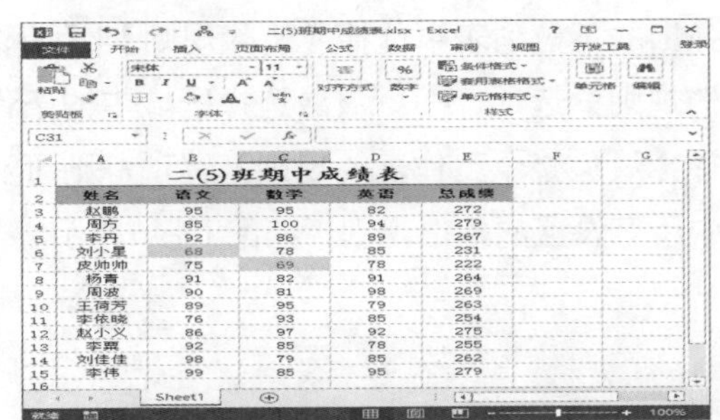

图13-50 应用条件格式

13.4.2 突出显示本月的销售额

假设在销售表中存放着每个月份的销售记录，要突出显示当前月份的记录，具体操作步骤如下。

步骤 1 打开随书光盘中的“素材\ch13\宜居连锁销售表.xlsx”文件，选择单元格区域A3:A14，如图13-51所示。

步骤 2 在【开始】选项卡中，单击【样式】选项组中的【条件格式】按钮，在弹出的下拉列表中选择【突出显示单元格规则】|【发生日期】选项，如图13-52所示。

宜居连锁销售表				
时间	一分店	二分店	三分店	总销售额
2015/1/1	516	621	550	1687
2015/2/1	520	635	621	1776
2015/3/1	415	456	480	1351
2015/4/1	508	598	562	1668
2015/5/1	105	159	200	464
2015/6/1	210	255	302	767
2015/7/1	68	152	253	473
2015/8/1	120	140	157	417
2015/9/1	678	789	750	2217
2015/10/1	721	725	735	2181
2015/11/1	562	524	255	1341
2015/12/1	568	242	288	1098

图13-51 选择单元格区域

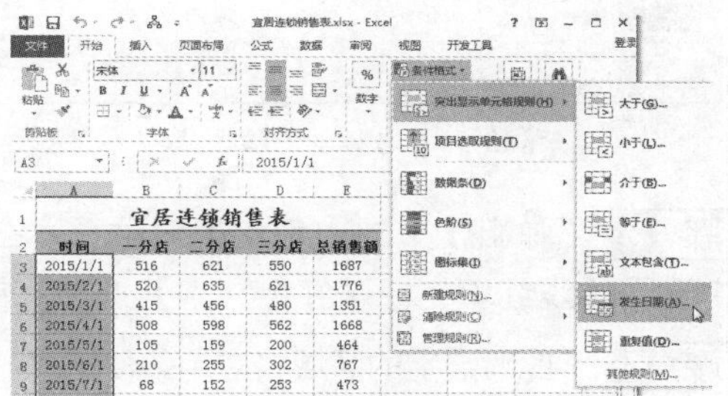

图13-52 选择条件格式

步骤 3 弹出【发生日期】对话框，在左侧的下拉列表框中选择【本月】选项，在【设置为】下拉列表框中选择【黄填充色深黄色文本】选项，单击【确定】按钮，如图13-53所示。

步骤 4 此时选定的区域将应用条件格式，突出显示本月的销售记录，如图13-54所示。

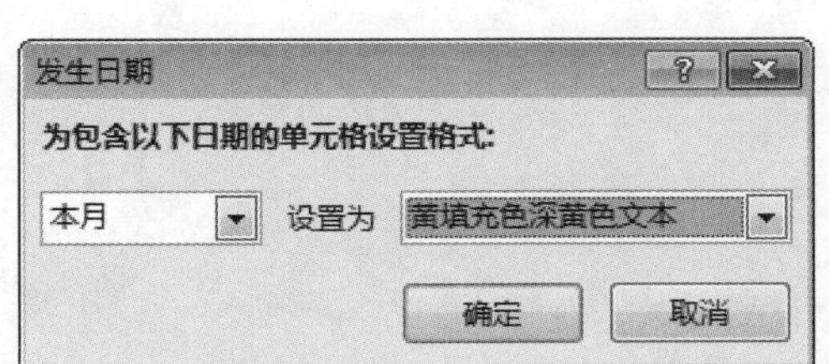

图13-53 【发生日期】对话框

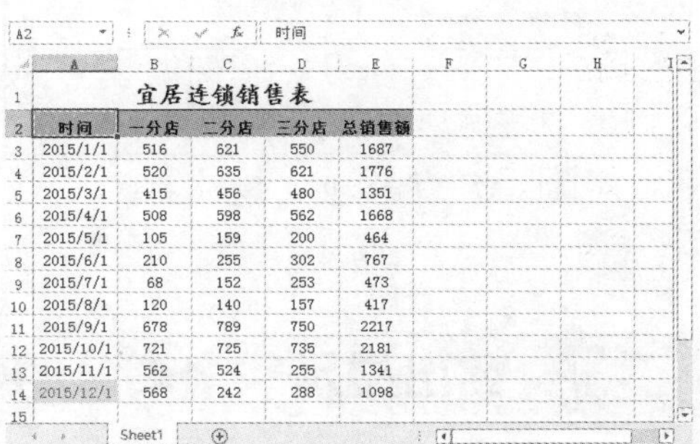

宜居连锁销售表				
时间	一分店	二分店	三分店	总销售额
2015/1/1	516	621	550	1687
2015/2/1	520	635	621	1776
2015/3/1	415	456	480	1351
2015/4/1	508	598	562	1668
2015/5/1	105	159	200	464
2015/6/1	210	255	302	767
2015/7/1	68	152	253	473
2015/8/1	120	140	157	417
2015/9/1	678	789	750	2217
2015/10/1	721	725	735	2181
2015/11/1	562	524	255	1341
2015/12/1	568	242	288	1098

图13-54 应用条件格式

13.4.3 突出显示姓名中包含“赵”的记录

下面在成绩表中突出显示姓名中包含“赵”的记录，具体操作步骤如下。

步骤 1 打开随书光盘中的“素材\ch13\二(5)班期中成绩表.xlsx”文件，选择单元格区域A3:A15，如图13-55所示。

步骤 2 在【开始】选项卡中，单击【样式】选项组中的【条件格式】按钮，在弹出的下拉列表中选择【突出显示单元格规则】|【文本包含】选项，如图13-56所示。

图13-55　选择单元格区域

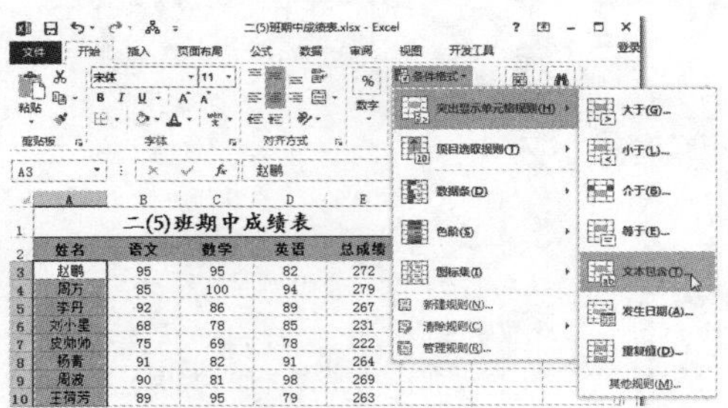

图13-56　选择条件格式

步骤 3　弹出【文本中包含】对话框，在左侧选择框内输入“赵”，在【设置为】下拉列表框中选择【浅红填充色深红色文本】选项，单击【确定】按钮，如图13-57所示。

步骤 4　此时选定的区域将应用条件格式，突出显示姓名中包含“赵”的文本，如图13-58所示。

图13-57　【文本中包含】对话框

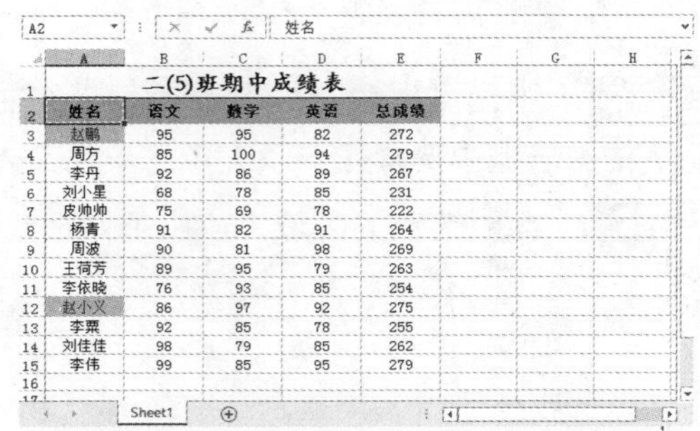

图13-58　应用条件格式

13.4.4 突出显示10个高分的学生

下面在成绩表中突出显示总成绩排名前10的学生，具体操作步骤如下。

步骤 1　打开随书光盘中的“素材\ch13\二(5)班期中成绩表.xlsx”文件，选择单元格区域E3:E15，如图13-59所示。

步骤 2　在【开始】选项卡中，单击【样式】选项组中的【条件格式】按钮，在弹出的下拉列表中选择【项目选取规则】|【前10项】选项，如图13-60所示。

步骤 3　弹出【前10项】对话框，保持默认选项不变，单击【确定】按钮，如图13-61所示。

步骤 4　此时选定的区域将应用条件格式，突出显示总成绩排名前10的学生，如图13-62所示。

提示　若在【前10项】对话框中的左侧微调框内输入其他的值，例如，输入“3”，系统将突出显示总成绩为前3名的学生。

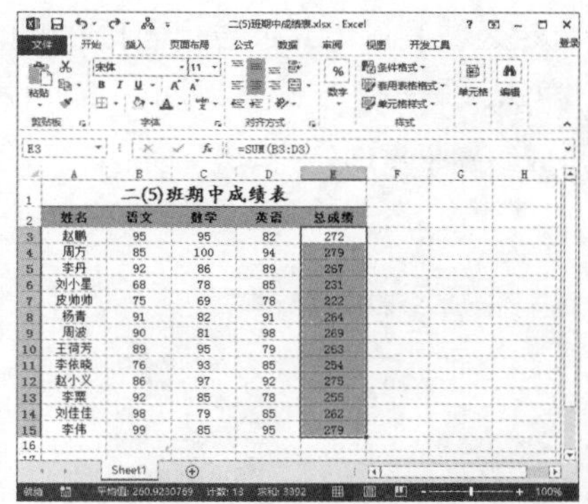

图13-59　选择单元格区域

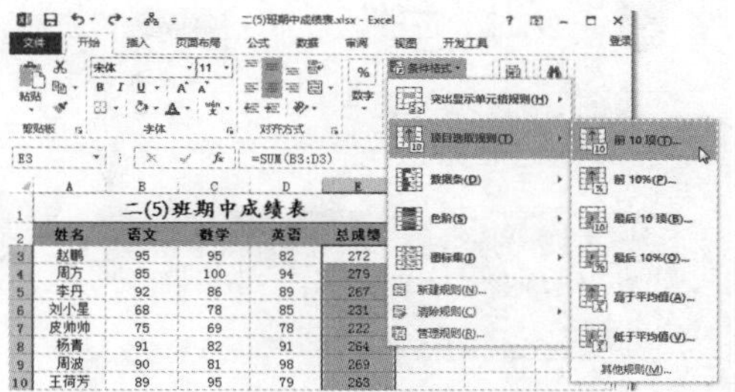

图13-60　选择条件格式

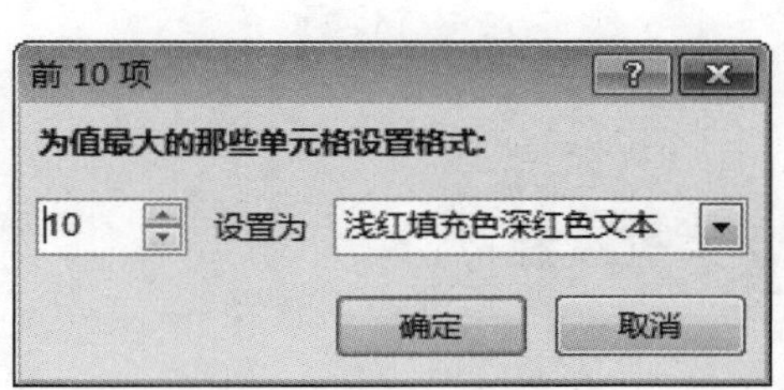

图13-61　【前10项】对话框

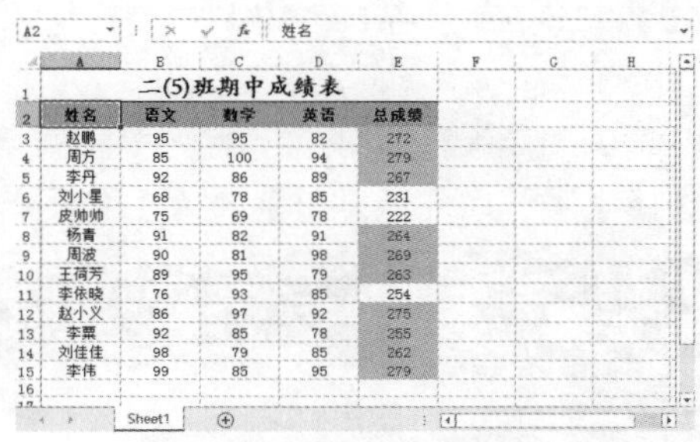

图13-62　应用条件格式

13.4.5 突出显示总成绩高于平均分的学生

下面在成绩表中突出显示总成绩高于平均分的学生，具体操作步骤如下。

步骤 1 打开随书光盘中的“素材\ch13\二(5)班期中成绩表.xlsx”文件，选择单元格区域E3:E15，如图13-63所示。

步骤 2 在【开始】选项卡中，单击【样式】选项组中的【条件格式】按钮，在弹出的下拉列表中选择【项目选取规则】|【高于平均值】选项，如图13-64所示。

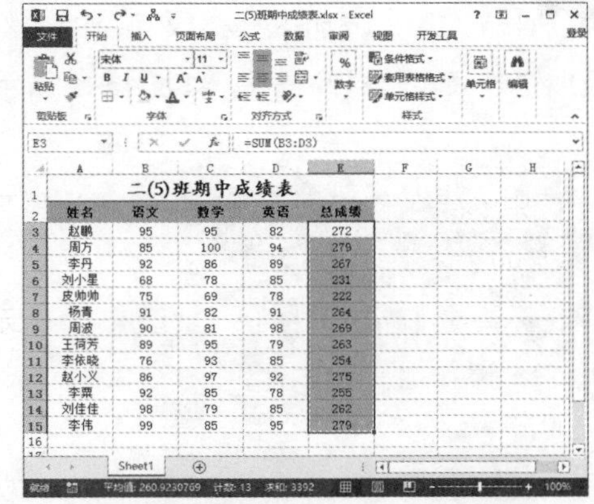

图13-63　选择单元格区域

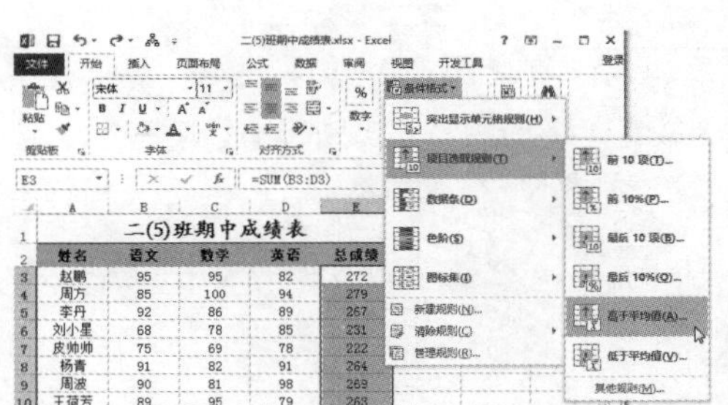

图13-64　选择条件格式

步骤 3 弹出【高于平均值】对话框，单击【针对选定区域设置为】下拉列表框右侧的下拉按钮，在弹出的下拉列表中选择【浅红色填充】选项，单击【确定】按钮，如图13-65所示。

步骤 4 此时选定的区域将应用条件格式，突出显示总成绩高于平均分的学生，如图13-66所示。

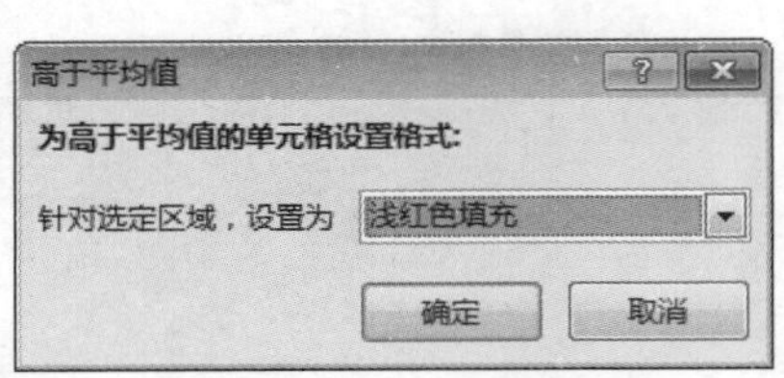

图13-65 【高于平均值】对话框

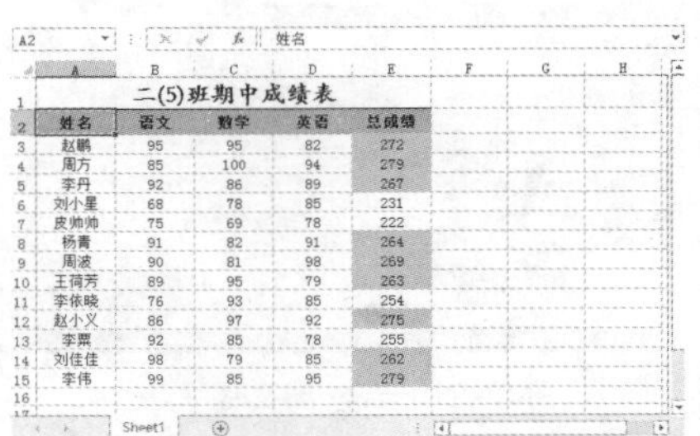

图13-66 应用条件格式

13.5 套用单元格数据条格式

使用数据条，可以查看某个单元格相对于其他单元格的值。数据条的长度代表单元格中的值。数据条越长，表示值越高；数据条越短，表示值越低。在观察大量数据中的较高值和较低值时，数据条尤其有用。

13.5.1 用蓝色数据条显示成绩

下面在成绩表中，用蓝色数据条突出显示总成绩，具体操作步骤如下。

步骤 1 打开随书光盘中的“素材\ch13\二(5)班期中成绩表.xlsx”文件，选择单元格区域E3:E15，在【开始】选项卡中，单击【样式】选项组中的【条件格式】按钮，在弹出的下拉列表中选择【数据条】|【蓝色数据条】选项，如图13-67所示。

步骤 2 此时总成绩将会以蓝色数据条显示，并且成绩越高，数据条越长，如图13-68所示。

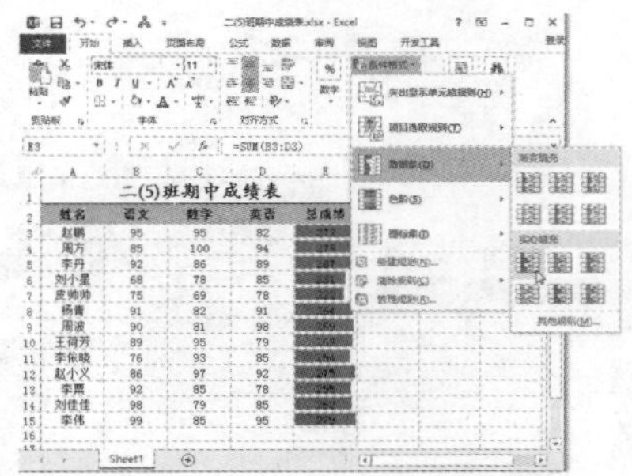

图13-67 选择数据条格式

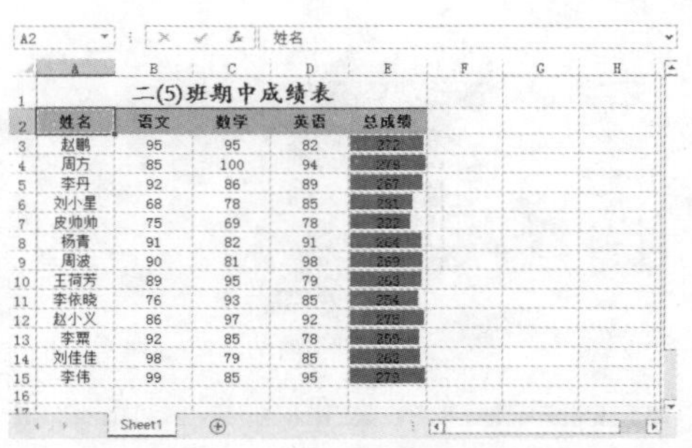

图13-68 应用数据条格式

13.5.2 用红色数据条显示工资

下面在工资表中，用红色数据条突出显示实发工资，具体操作步骤如下。

步骤 1 打开随书光盘中的“素材\ch13\工资表.xlsx”文件，选择单元格区域H3:H11，在【开始】选项卡中，单击【样式】选项组中的【条件格式】按钮，在弹出的下拉列表中选择【数据条】|【红色数据条】选项，如图13-69所示。

步骤 2 此时实发工资将以红色数据条显示，并且工资越高，数据条越长，如图13-70所示。

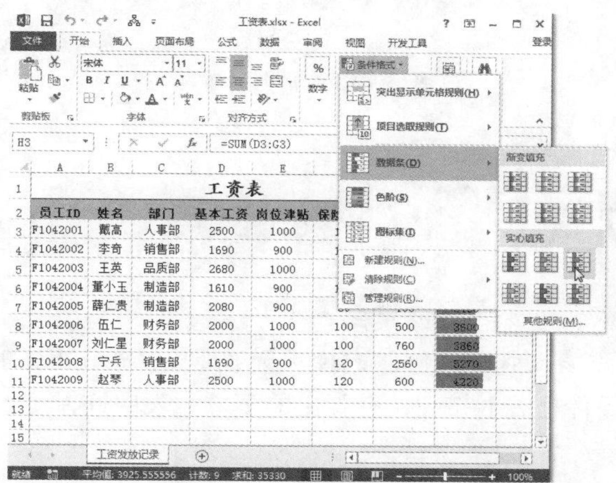

图13-69　选择数据条格式

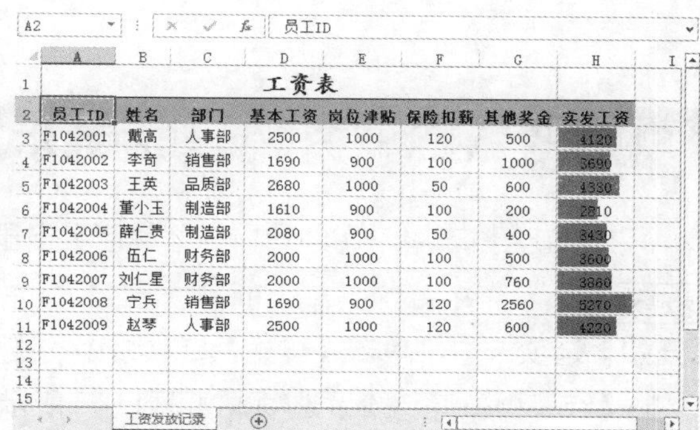

图13-70　应用数据条格式

13.6 套用单元格颜色格式

颜色刻度作为一种直观的指示，可以让用户了解数据的分布和变化。

13.6.1 用绿—黄—红颜色显示成绩

下面在成绩表中，用绿—黄—红颜色突出显示成绩，具体操作步骤如下。

步骤 1 打开随书光盘中的“素材\ch13\二(5)班期中成绩表.xlsx”文件，选择单元格区域B3:D15，在【开始】选项卡中，单击【样式】选项组中的【条件格式】按钮，在弹出的下拉列表中选择【色阶】|【绿—黄—红色阶】选项，如图13-71所示。

步骤 2 此时选定的区域将会以绿—黄—红色阶显示，如图13-72所示。

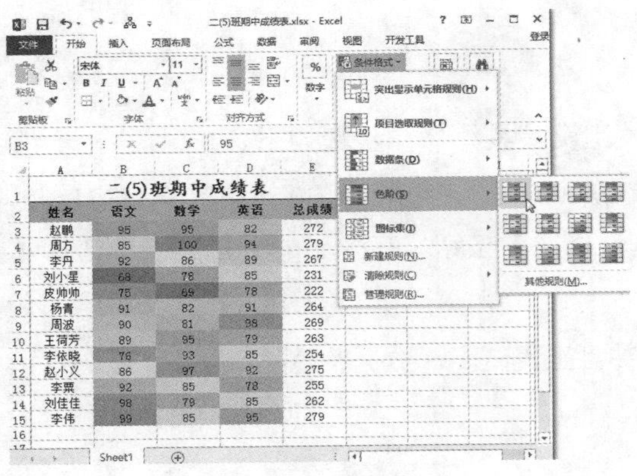

图13-71　选择色阶样式

图13-72　应用色阶样式

13.6.2 用红—白—蓝颜色显示工资

下面在工资表中，用红—白—蓝颜色突出显示工资，具体操作步骤如下。

步骤 1　打开随书光盘中的“素材\ch13\工资表.xlsx”文件，选择单元格区域D3:G11，在【开始】选项卡中，单击【样式】选项组中的【条件格式】按钮，在弹出的下拉列表中选择【色阶】|【红—白—蓝色阶】选项，如图13-73所示。

步骤 2　此时选定的区域将会以红—白—蓝色阶显示，如图13-74所示。

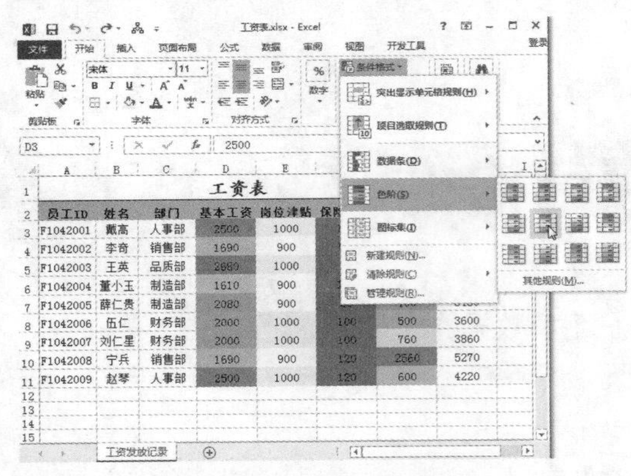

图13-73　选择色阶样式

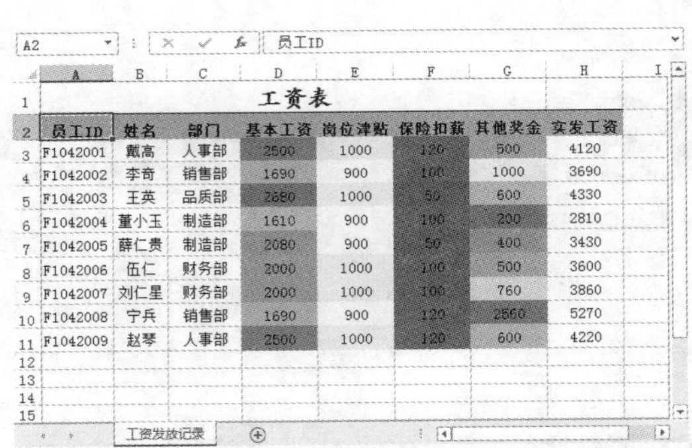

图13-74　应用色阶样式

13.6.3 用绿—黄颜色显示销售额

下面在销售表中，用绿—黄颜色突出显示销售量，具体操作步骤如下。

步骤 1　打开随书光盘中的“素材\ch13\销售表.xlsx”文件，选择单元格区域C3:H14，在【开始】选项卡中，单击【样式】选项组中的【条件格式】按钮，在弹出的下拉列表中选择【色阶】|【绿—黄色阶】选项，如图13-75所示。

步骤 2 此时选定的区域将会以绿—黄色阶显示，如图13-76所示。

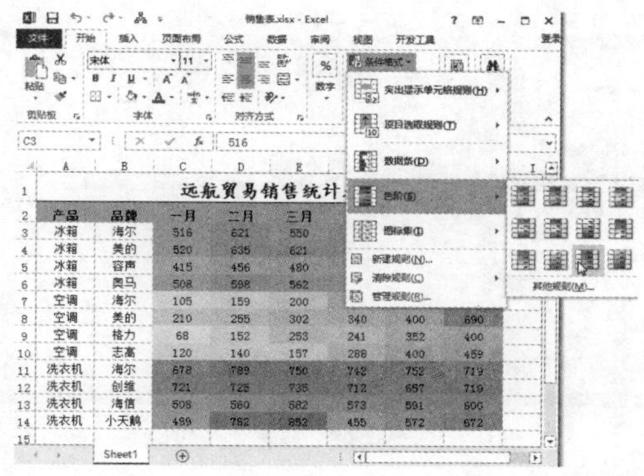
图13-75 选择色阶样式

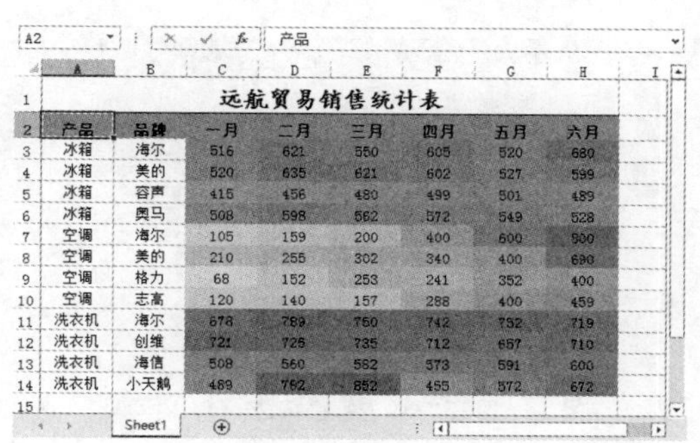
图13-76 应用色阶样式

13.7 高效办公技能实战

13.7.1 高效办公技能1——使用通配符筛选数据

通常情况下，通配符“?”表示任意一个字符，“*”表示任意多个字符。“?”和“*”都需要在英文输入状态下输入，使用通配符可以对数据进行筛选，下面将品牌为两个字，且以“海”开头的销售记录筛选出来，具体操作步骤如下。

步骤 1 打开随书光盘中的“素材\ch13\销售表.xlsx”文件，将鼠标指针定位在数据区域内任意单元格中，在【数据】选项卡中，单击【排序和筛选】选项组中的【筛选】按钮，进入自动筛选状态，然后单击“品牌”列右侧的下拉按钮，在弹出的下拉列表中选择【文本选项】|【自定义筛选】选项，如图13-77所示。

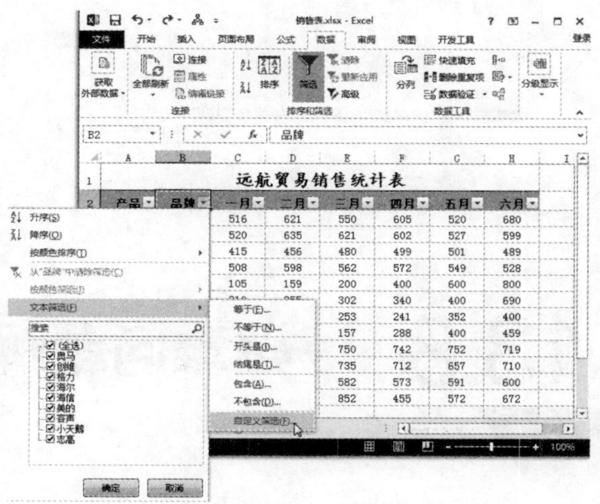
图13-77 选择【自定义筛选】选项

步骤 2 弹出【自定义自动筛选方式】对话框，在【品牌】区域第一栏右侧的下拉列表框中输入“海?”，然后单击【确定】按钮，如图13-78所示。

步骤 3 此时系统将筛选出符合条件的销售记录，如图13-79所示。

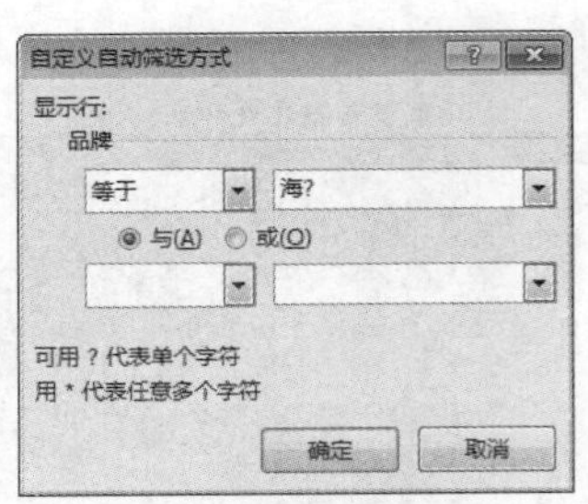

图13-78 设置筛选条件

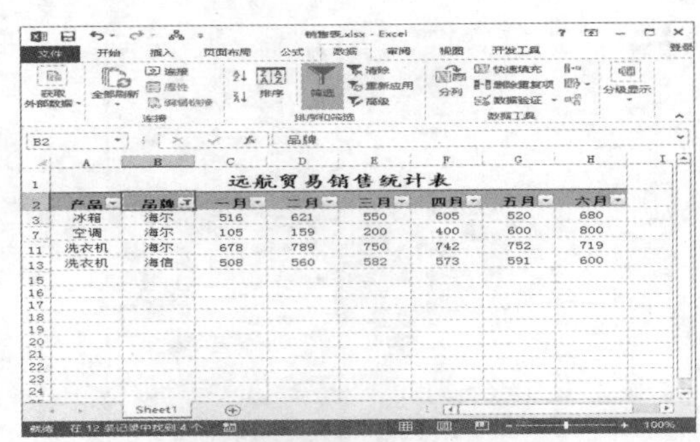

远航贸易销售统计表							
产品	品牌	一月	二月	三月	四月	五月	六月
冰箱	海尔	516	621	550	605	520	680
空调	海尔	105	159	200	400	600	800
洗衣机	海尔	678	789	750	742	752	719
洗衣机	海信	508	560	582	573	591	600

图13-79 筛选出符合条件的记录

13.7.2 高效办公技能2——用三色交通灯显示销售业绩

下面在销售表中，用三色交通灯突出显示销售量，具体操作步骤如下。

步骤 1 打开随书光盘中的“素材\ch13\销售表.xlsx”文件，选择单元格区域C3:H14，在【开始】选项卡中，单击【样式】选项组中的【条件格式】按钮，在弹出的下拉列表中选择【图标集】|【三色交通灯】选项，如图13-80所示。

步骤 2 此时选定的区域将会以三色交通灯显示，如图13-81所示。

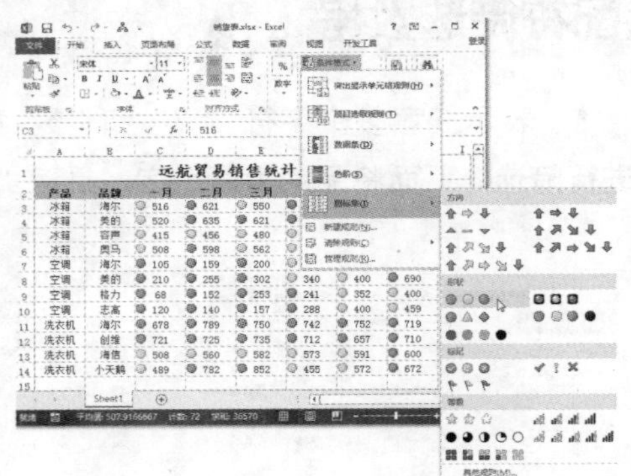

图13-80 选择图标集样式

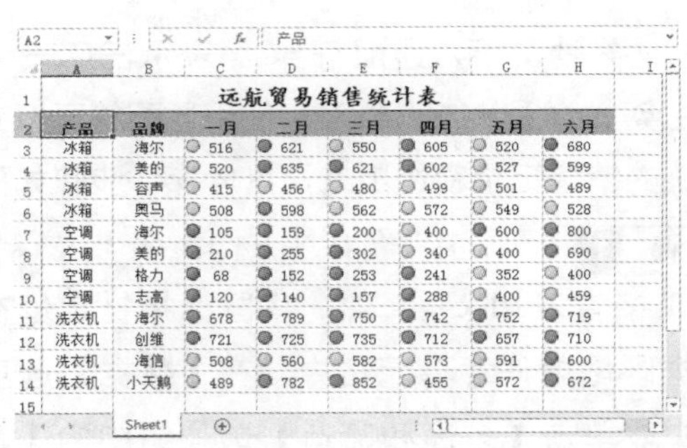

远航贸易销售统计表							
产品	品牌	一月	二月	三月	四月	五月	六月
冰箱	海尔	516	621	550	605	520	680
冰箱	美的	520	635	621	602	527	599
冰箱	容声	415	456	480	499	501	489
冰箱	奥马	508	598	562	572	549	528
空调	海尔	105	159	200	400	600	800
空调	美的	210	255	302	340	400	690
空调	格力	68	152	253	241	352	400
空调	志高	120	140	157	288	400	459
洗衣机	海尔	678	789	750	742	752	719
洗衣机	创维	721	725	735	712	657	710
洗衣机	海信	508	560	582	573	591	600
洗衣机	小天鹅	489	782	852	455	572	672

图13-81 应用图标集样式

13.8 疑难问题解答

问题1：如何将高级筛选的结果输出到其他的工作表中？

解答：如果要将高级筛选的结果输出到其他工作表中，只需要切换至进行高级筛选的某个

工作表，然后在【数据】选项卡下的【排序和筛选】选项组中，单击【高级】按钮，即可弹出【高级筛选】对话框，选中【将筛选结果复制到其他位置】单选按钮，在【列表区域】、【条件区域】以及【复制到】区域中分别输入相应的内容后，单击【确定】按钮即可。

问题2：在数据透视图中，如何根据具体的数值实现数据的筛选？

解答：首先选中数据透视图，然后在【数据透视表字段列表】窗格中，单击【销售量】字段右侧的下拉按钮，从弹出的下拉列表中选择【值筛选】|【小于】选项，即可弹出【值筛选】对话框；在【显示符合以下条件的项目】区域的相应文本框中输入用于筛选的数值，最后单击【确定】按钮返回工作表中，即可看到数据的筛选结果。

定制数据的有效性

- **本章导读**

　　为了避免输入错误的数据，Excel提供了数据有效性的功能。使用此功能，可以提示用户如何输入、显示输错后的提示警告，以及以下拉列表的形式帮助用户选择数据。本章将为读者介绍如何定制数据的有效性。

- **学习目标**

◎ 掌握设置数据有效性的方法

◎ 掌握检测数据有效性的方法

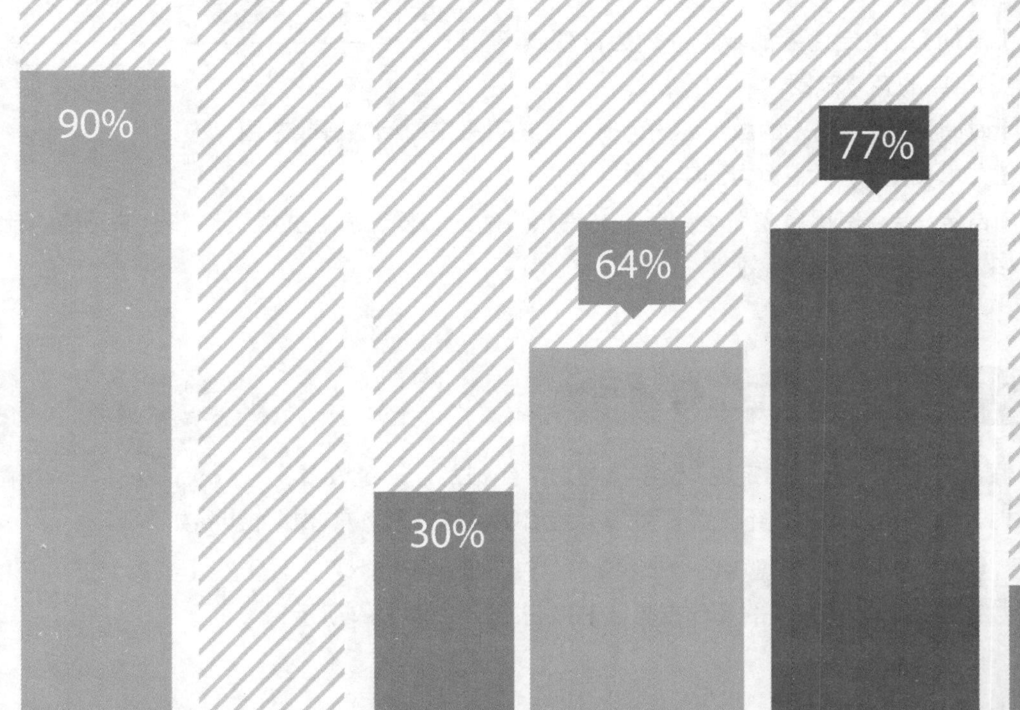

14.1 设置数据验证规则

Excel 2013提供了数据验证功能，通过设置数据验证规则，可以为单元格设置有效的数据范围，从而限制用户只能输入特定范围内的数据，极大地减小了数据处理操作的复杂性，有效地预防输入错误的数据。

14.1.1 验证允许的数据格式类型

在【数据验证】对话框的【设置】选项卡的【允许】下拉列表框中可以看到，允许验证多种类型的数据格式，包括整数、小数、序列、日期等类型，如图14-1所示。

☆【任何值】：默认选项，对输入的数据不作任何限制，表示不使用数据验证。

☆【整数】：限定输入的数值必须为整数，还可限定整数的有效范围。例如，限制只能输入介于1～100之间的整数。

☆【小数】：限定输入的数值必须为数字或小数，还可限定数字或小数的范围。

☆【序列】：限定用户必须从指定的列表框中进行选择。

☆【日期】：限定输入的数据必须为日期，还可限定日期的有效范围。

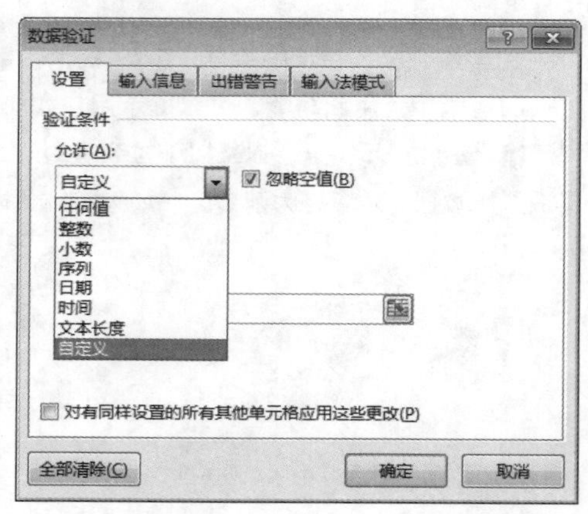

图14-1 【允许】下拉列表框

☆【时间】：限定输入的数据必须为时间，还可限定时间的有效范围。

☆【文本长度】：限定数据的字符数（长度）。

☆【自定义】：使用自定义类型时，允许用户输入公式、表达式或引用其他单元格的计算值，来限定输入数据的有效性。

14.1.2 设置员工工号的长度

假设员工工号是由固定的8位字符与数字组成的，通过设置工号的验证条件，可以限定在输入时，如果输入的位数不正确，系统会给出错误的提示，具体操作步骤如下。

步骤 1 打开随书光盘中的“素材\ch14\员工信息表.xlsx”文件，在【数据】选项卡中，单击【数据工具】选项组中的【数据验证】按钮，如图14-2所示。

步骤 2　弹出【数据验证】对话框，在【设置】选项卡的【验证条件】区域的【允许】下拉列表框中选择【文本长度】选项，如图14-3所示。

步骤 3　在【数据】下拉列表框中选择【等于】选项，在【长度】选择框中输入“8”，然后单击【确定】按钮，如图14-4所示。

步骤 4　返回到工作表，假设在A3单元格中输入“F104001”（共7位），按Enter键，将会弹出错误提示框，如图14-5所示。

步骤 5　在单元格区域A3:A11中输入8位的工号时，不会弹出错误提示框，如图14-6所示。

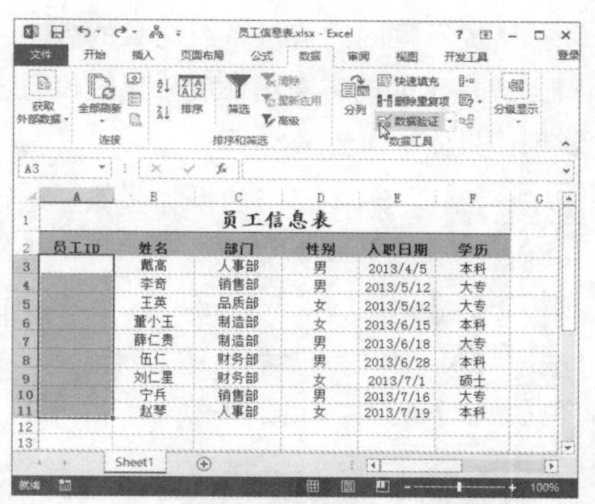

图14-2　单击【数据验证】按钮

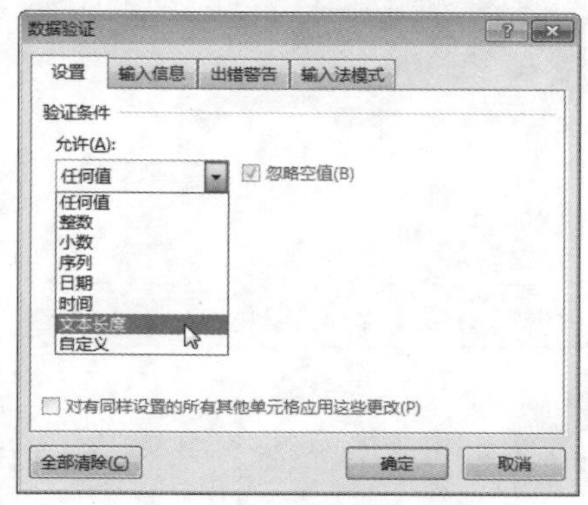

图14-3　选择【文本长度】选项

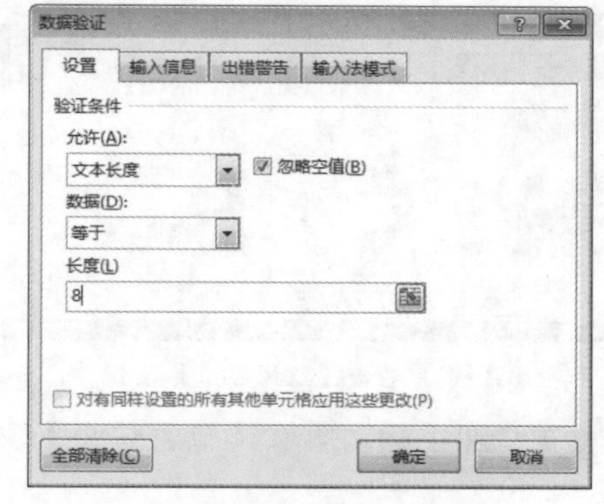

图14-4　设置【数据】和【长度】

图14-5　弹出错误提示框

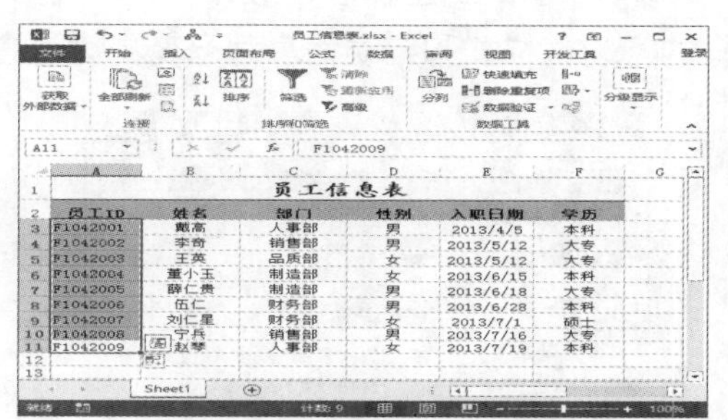

图14-6　不会弹出错误提示框

提示　数据验证能够进行复制操作，即复制含有数据验证的单元格后，数据验证这一特性也会被复制，粘贴后的单元格将自动套用相同的数据验证的规则。

14.1.3　设置输入错误时的警告信息

在14.1.2节中，当输入的文本不符合验证条件时，将会弹出如图14-7所示的错误提示框。

该提示框的内容是系统内置的内容，如何才能使警告或提示的内容更具体呢？通过设置出错警告即可实现，具体操作步骤如下。

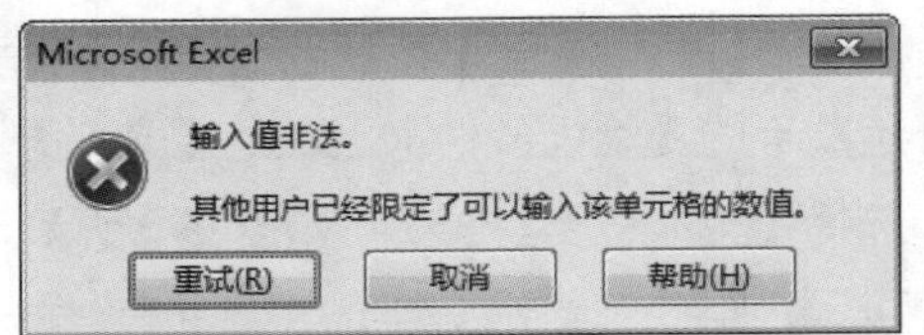

图14-7　错误提示框

步骤 1　接14.1.2节的操作步骤，选择单元格区域A3:A11，在【数据】选项卡中，单击【数据工具】选项组中的【数据验证】按钮，如图14-8所示。

步骤 2　弹出【数据验证】对话框，选择【出错警告】选项卡，在【样式】下拉列表框中选择【警告】选项，如图14-9所示。

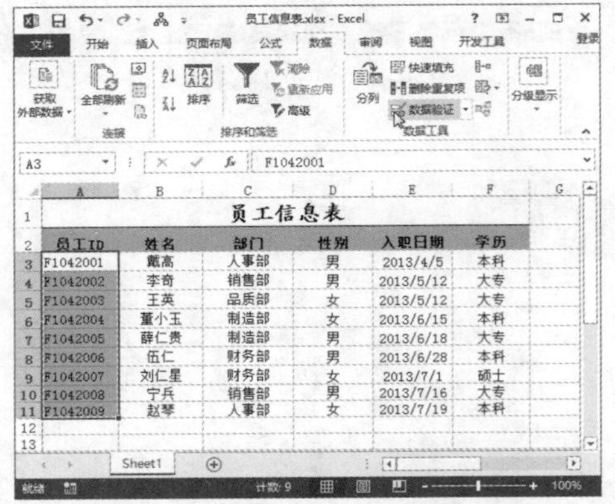
图14-8　单击【数据验证】按钮

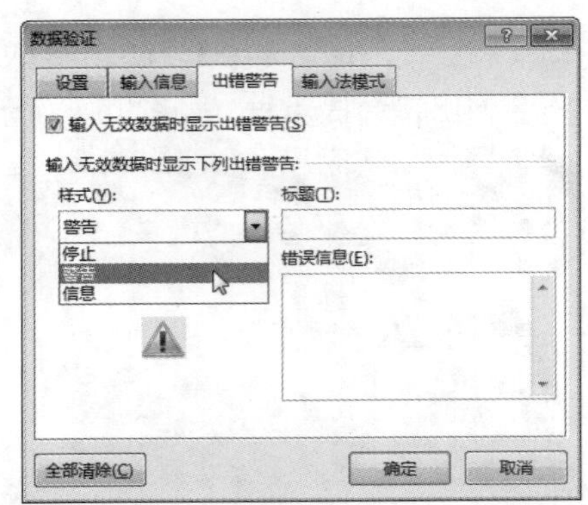
图14-9　选择【警告】选项

步骤 3　在【标题】和【错误信息】文本框中输入如图14-10所示的内容，然后单击【确定】按钮。

步骤 4　返回到工作表，假设在A3中输入“F1042”，按Enter键，将会弹出错误提示框，提示框的标题、样式和错误信息都已变更为设置的模式，如图14-11所示。

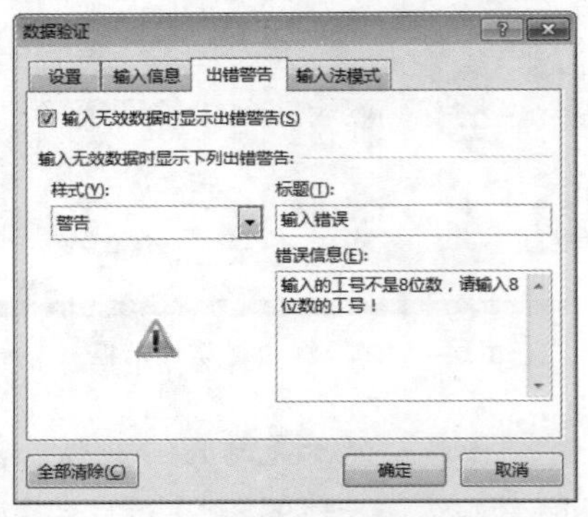
图14-10　设置标题和错误信息

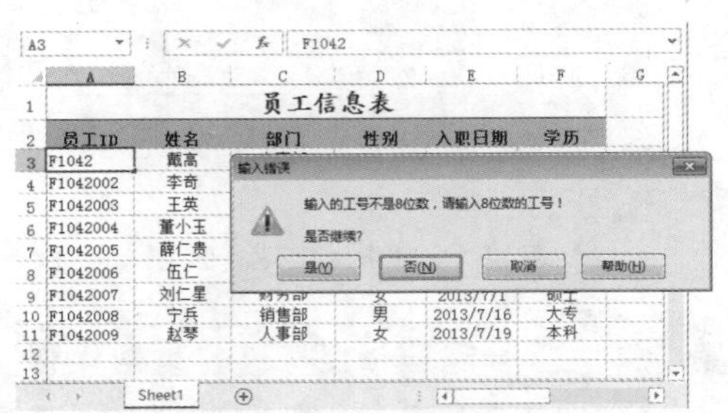
图14-11　提示框的标题、样式及内容已改变

14.1.4 设置输入前的提示信息

在输入数据前，如果系统能够提示输入什么样的数据才是符合要求的，那么出错率将会大

大降低。例如，输入工号前，提示用户应输入8位数的工号，具体操作步骤如下。

步骤 1　打开随书光盘中的“素材\ch14\员工信息表.xlsx”文件，选择单元格区域A3:A11，在【数据】选项卡中，单击【数据工具】选项组中的【数据验证】按钮，如图14-12所示。

步骤 2　弹出【数据验证】对话框，选择【输入信息】选项卡，在【标题】和【输入信息】文本框中分别输入“工号”和“请输入8位数的工号”，然后单击【确定】按钮，如图14-13所示。

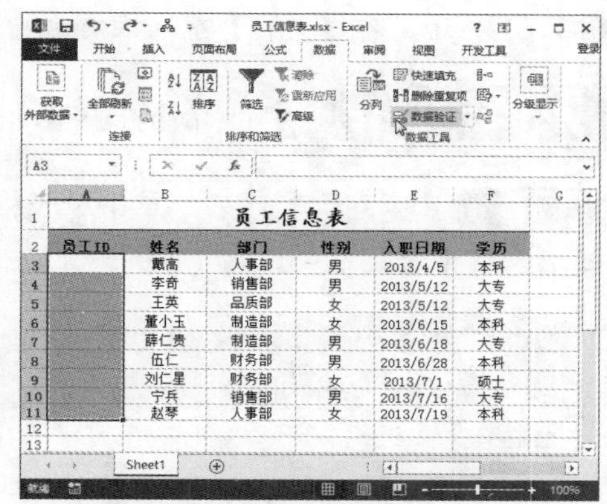

图14-12　单击【数据验证】按钮

步骤 3　返回到工作表，当选择单元格A3时，就会出现如图14-14所示的提示信息。

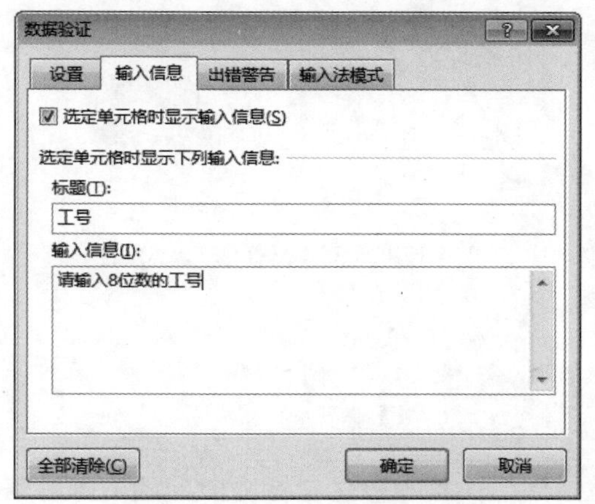

图14-13　设置标题和输入信息

图14-14　选择单元格时会出现提示信息

14.1.5　添加员工性别列表

通过设置数据验证条件，还可以在单元格中添加下拉列表框，用户只需选择某个选项，即可完成输入，具体操作步骤如下。

步骤 1　打开随书光盘中的“素材\ch14\员工信息表.xlsx”文件，将单元格区域D3:D11中原本的内容删除，然后选择该区域，在【数据】选项卡中，单击【数据工具】选项组中的【数据验证】按钮，如图14-15所示。

步骤 2　弹出【数据验证】对话框，在【设置】选项卡【验证条件】区域的【允许】下拉列表框中选择

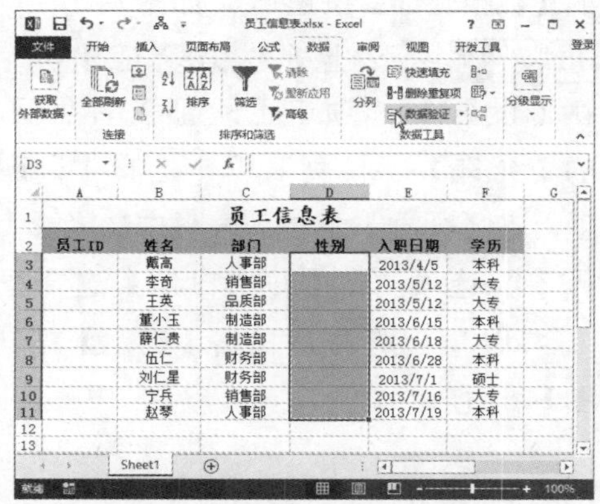

图14-15　单击【数据验证】按钮

【序列】选项，在【来源】选择框中输入“男,女”，然后单击【确定】按钮，如图14-16所示。

提示 “男,女”中间的逗号必须是英文状态下的逗号。

步骤 3 返回到工作表，单击单元格D3时，其右侧会出现下拉按钮，单击该下拉按钮，会弹出含有【男】、【女】选项的列表，选择其中某个选项，即可完成输入，如图14-17所示。

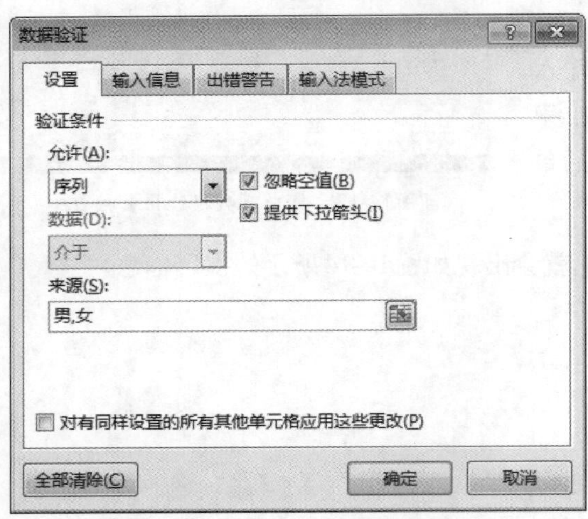

图14-16 设置【验证条件】区域

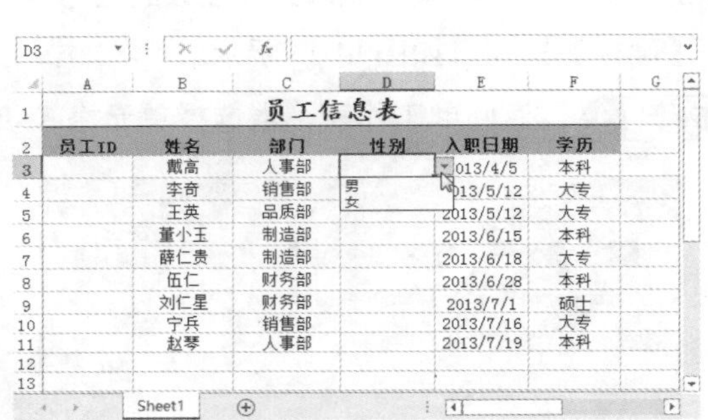

图14-17 单元格会出现下拉列表

14.1.6 设置入职日期范围

数据验证也可用于限定单元格的内容是日期或时间，还可限制该日期或时间的范围。下面在员工信息表中，限定入职日期列的日期必须大于2013/1/1，具体操作步骤如下。

步骤 1 打开随书光盘中的“素材\ch14\员工信息表.xlsx”文件，将单元格区域E3:E11中原本的内容删除，然后选择该区域，在【数据】选项卡中，单击【数据工具】选项组中的【数据验证】按钮，如图14-18所示。

步骤 2 弹出【数据验证】对话框，在【设置】选项卡【验证条件】区域中的【允许】下拉列表框中选择【日期】选项，在【数据】下拉列表框中选择【大于或等于】选项，在【开始日期】选择框中输入“2013/1/1”，然后单击【确定】按钮，如图14-19所示。

图14-18 单击【数据验证】按钮

步骤 3　返回到工作表，假设在单元格E3中输入“2012/4/5”，该日期超过了限定的范围，按Enter键后，将会弹出错误提示框，如图14-20所示。

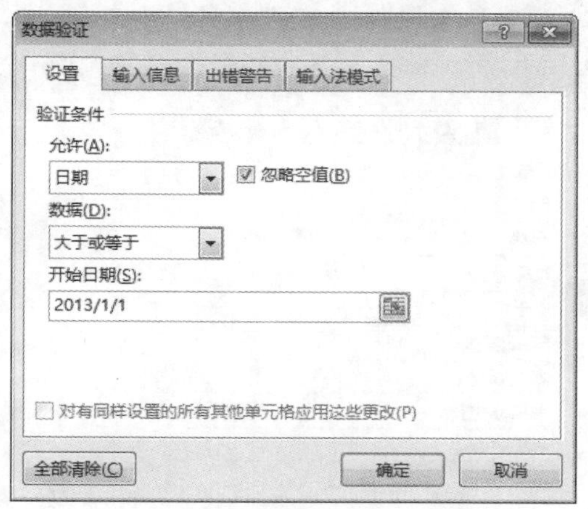

图14-19　设置【验证条件】区域

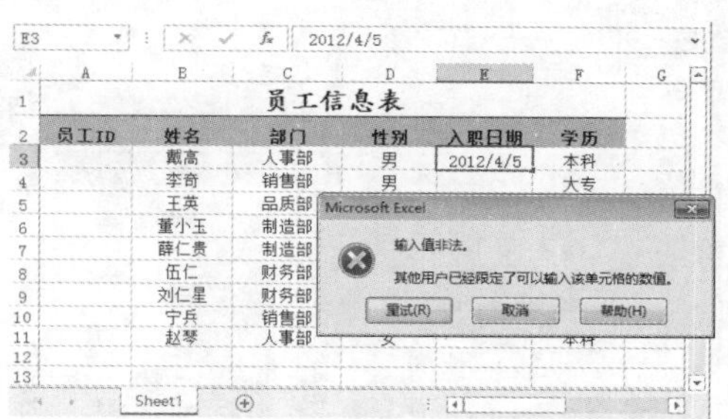

图14-20　若日期超过限定范围则弹出提示框

14.2　检测无效的数据

如果在单元格中已经输入了数据，那么在设置了数据验证规则后，如何快速检测这些数据是否符合条件呢？Excel 2013提供的圈定无效数据的功能即可解决该问题。

14.2.1　圈定无效数据

设置圈定无效数据时，系统会自动地将不符合验证规则的数据用红色的椭圆标识出来，以便于查找和修改，具体操作步骤如下。

步骤 1　打开随书光盘中的“素材\ch14\员工信息表.xlsx”文件，选择单元格区域E3:E11，在【数据】选项卡中，单击【数据工具】选项组中的【数据验证】按钮，如图14-21所示。

步骤 2　弹出【数据验证】对话框，在【设置】选项卡的【允许】和【数据】下拉列表框中分别选择【日期】和【介于】选项，在【开始日期】和【结束日期】选择框中分别输入“2013/5/30”和“2013/6/30”，然后单击【确定】按钮，如图14-22所示。

步骤 3　返回到工作表，现在已设置了验证条件，下面开始圈定无效数据。选择单元格区域E3:E11，在【数据】选项卡的【数据工具】选项组中，单击【数据验证】的下拉按钮，在弹出的下拉列表中选择【圈释无效数据】选项，如图14-23所示。

步骤 4　此时选定区域中的无效数据将会以红色的椭圆标识出来，如图14-24所示。

提示 因设置入职日期为介于2013/5/30和2013/6/30之间的日期，不在此范围内的日期则被标识出来。

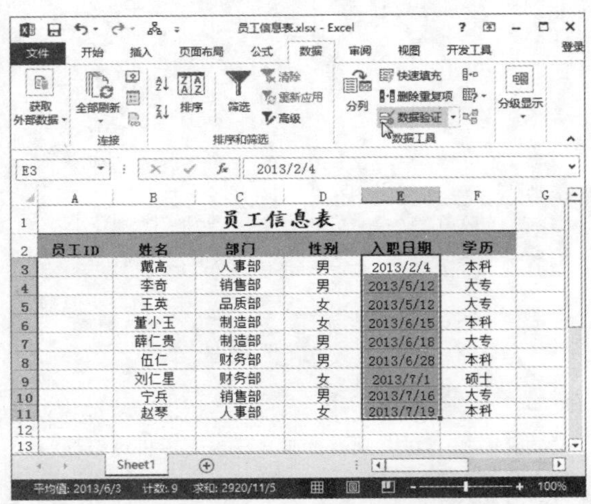
图14-21　单击【数据验证】按钮

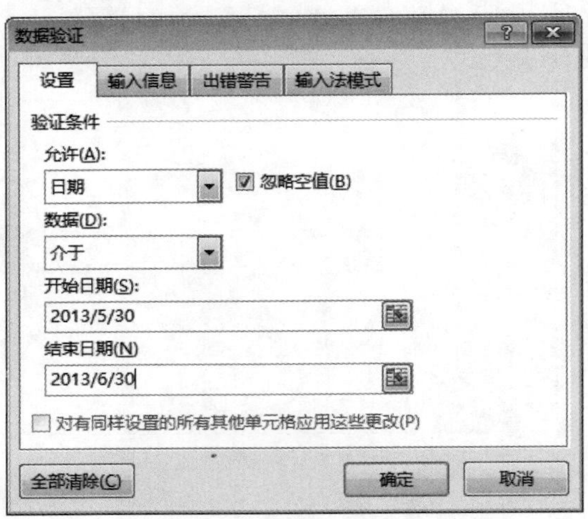
图14-22　设置【验证条件】区域

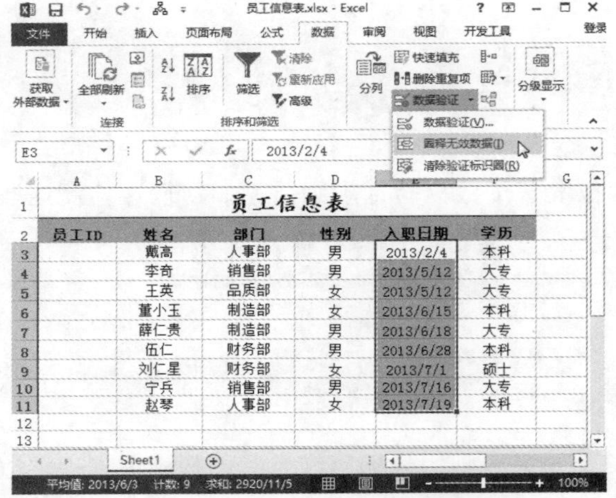
图14-23　选择【圈释无效数据】选项

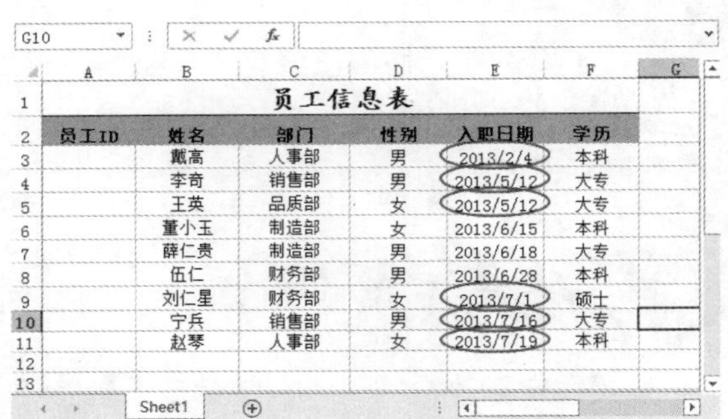
图14-24　无效数据以红色的椭圆标识出来

14.2.2 清除圈定数据

圈定了无效数据以后，若将其修改为正确的数据，则标识圈会自动清除。此外，若要直接清除红色的椭圆标识圈，具体操作方法如下。

步骤 1 接14.2.1节的操作步骤，选择单元格区域E3:E11，在【数据】选项卡的【数据工具】选项组中，单击【数据验证】下拉按钮，在弹出的下拉列表中选择【清除验证标识圈】选项，如图14-25所示。

步骤 2　此时选定区域中红色的椭圆标识圈将会自动清除，如图14-26所示。

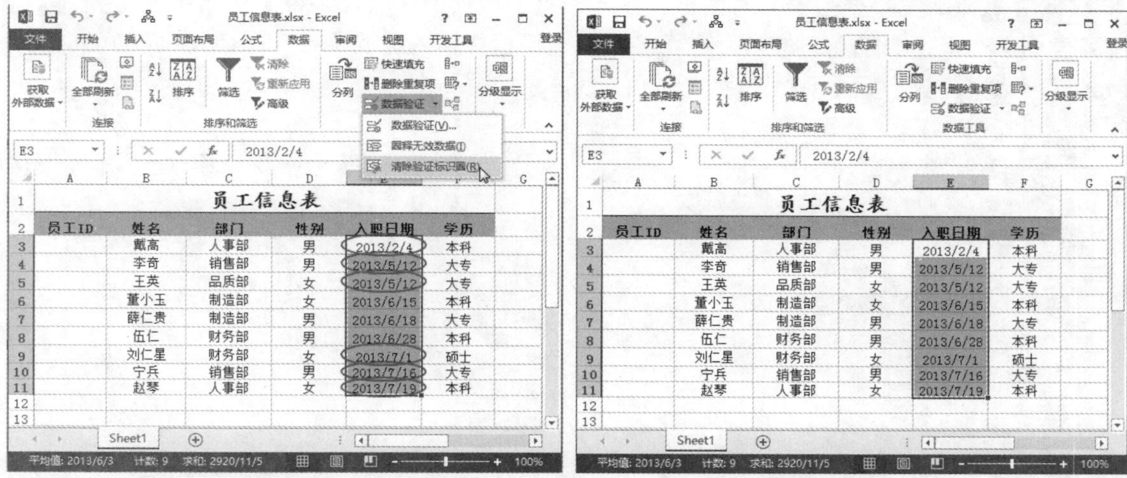

图14-25　选择【清除验证标识圈】选项　　　图14-26　椭圆标识圈将自动清除

14.3 高效办公技能实战

14.3.1 高效办公技能1——设置身份证号的数据验证

本节将介绍如何设置身份证号的数据验证规则，通过本节的学习，读者可以回顾本章前面的知识要点，掌握如何设置数据验证条件、出错警告等方法。

下面设置身份证号列，限定输入的身份证号必须是15位或者18位，且必须确保输入数据的唯一性，具体操作步骤如下。

步骤 1　设置数字格式。打开随书光盘中的“素材\ch14\验证身份证号.xlsx”文件，选择单元格区域C3:C11，在【开始】选项卡的【数字】选项组中，单击【数字格式】右侧的下拉按钮，在弹出的下拉列表中选择【文本】选项，如图14-27所示。

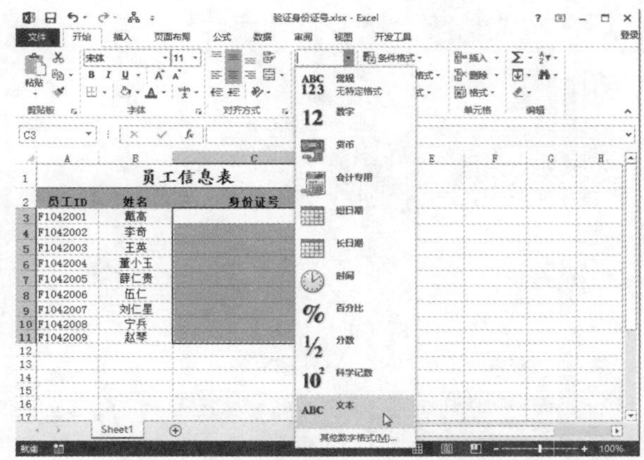

图14-27　选择【文本】选项

步骤 2　设置数据验证规则。选择单元格C3，在【数据】选项卡中，单击【数据工具】选项组中的【数据验证】按钮，如图14-28所示。

步骤 3　弹出【数据验证】对话框，在【设置】选项卡【验证条件】区域中的【允许】下拉列表框中选择【自定义】选项，在【公式】选择框中输入公式“=AND(COUNTIF(C:C,C3)=1,OR(LEN(C3)=15,LEN(C3)=18))”，如图14-29所示。

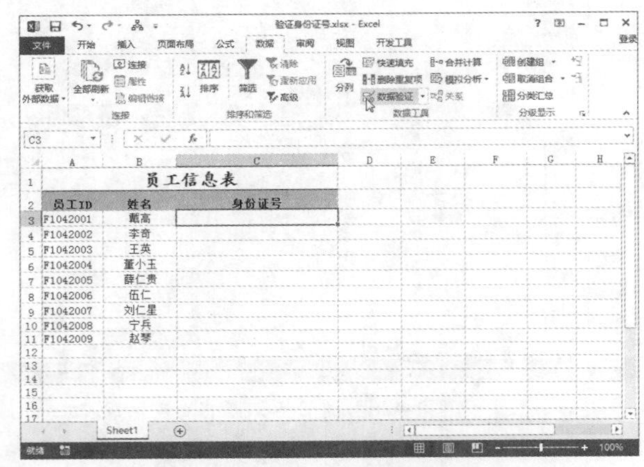

图14-28　单击【数据验证】按钮

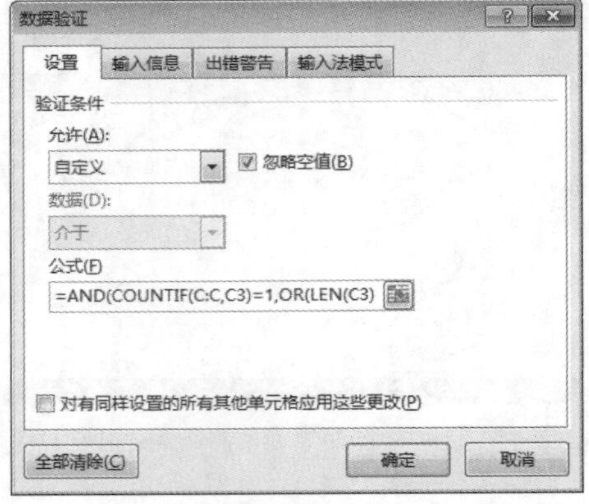

图14-29　设置【验证条件】区域

> **提示**
> COUNTIF函数是用于统计C列中与C3单元格内容相同的单元格个数。

步骤 4　选择【出错警告】选项卡，在【样式】下拉列表框中选择【警告】选项，在【标题】和【错误信息】文本框中输入如图14-30所示的内容，然后单击【确定】按钮。

步骤 5　返回到工作表，利用填充柄的填充功能，快速填充其他单元格，如图14-31所示。

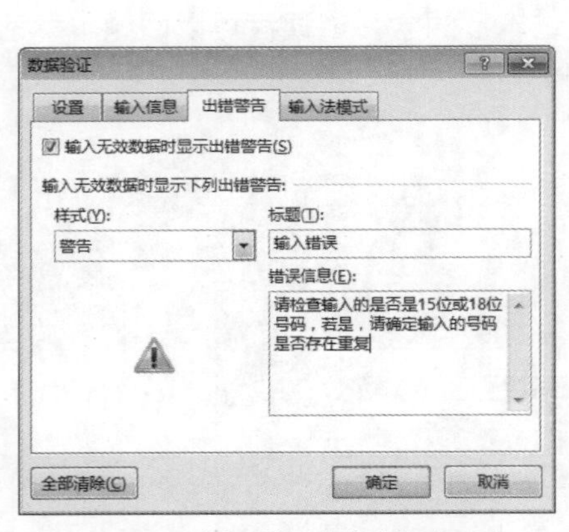

图14-30　选择【出错警告】选项卡

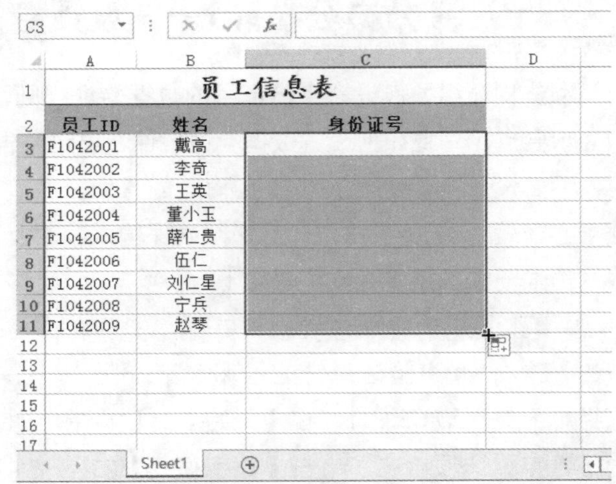

图14-31　填充其他单元格

> **提示**
> 快速填充时，填充后的单元格将自动套用C3单元格中的数据验证规则。

步骤 6 设置完成，下面开始进行验证。假设在C3单元格中输入“420521“，不是15位或18数的范围内，按Enter键后，将会弹出错误提示框，如图14-32所示。

步骤 7 假设在C3单元格中输入一个有效的身份证号，若在C4单元格中输入相同的号码，同样会弹出错误提示框，如图14-33所示。

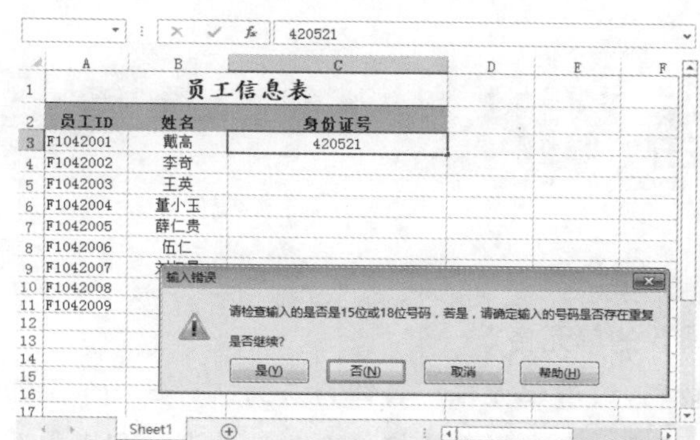

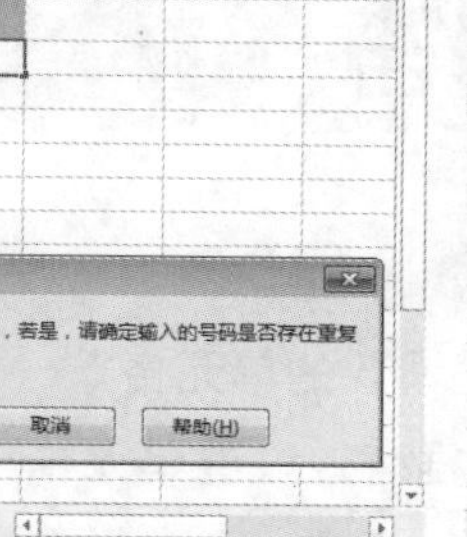

图14-32 若输入的数据位数错误则弹出提示框

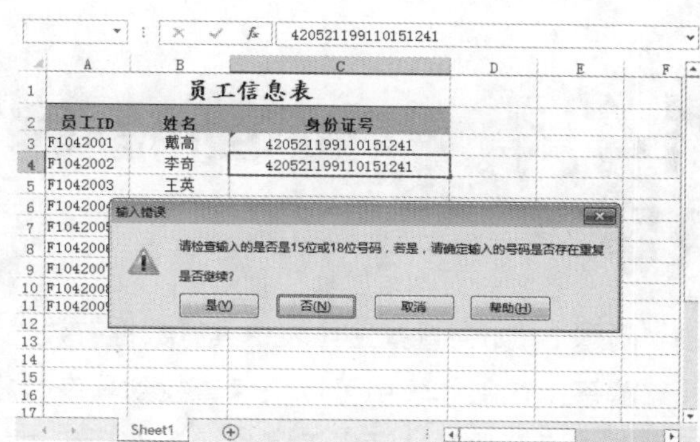

图14-33 若输入相同的数据则弹出提示框

14.3.2 高效办公技能2——清除数据验证设置

在设置了数据验证后，如果不再需要数据验证，可以清除这些设置，具体操作步骤如下。

步骤 1 选择要清除数据验证的单元格区域，在【数据】选项卡中，单击【数据工具】选项组中的【数据验证】按钮，如图14-34所示。

步骤 2 弹出【数据验证】对话框，单击【全部清除】按钮，即可清除所选区域所有的数据验证设置，包括在【输入信息】、【出错警告】等选项卡中的设置，如图14-35所示。

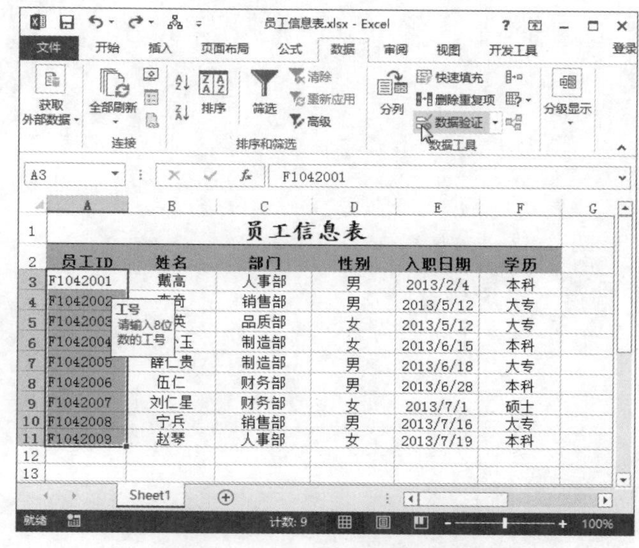

图14-34 单击【数据验证】按钮

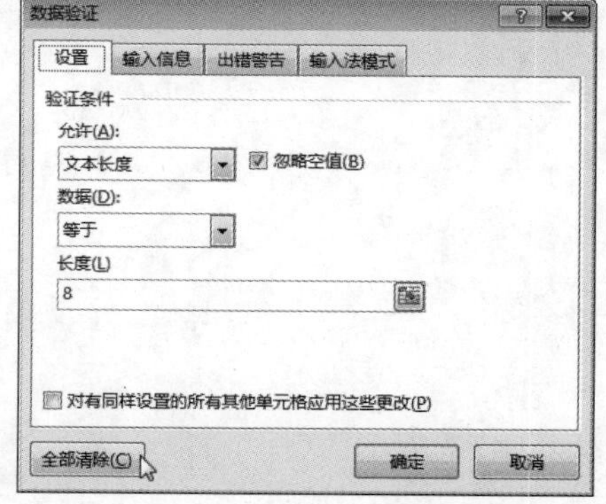

图14-35 单击【全部清除】按钮

提示 如果在【允许】下拉列表框中选择【任何值】选项，也可以清除任何现有的数据验证设置。

14.4 疑难问题解答

问题1：如何查找工作表中具有数据有效性设置的单元格？

解答：在工作表中可以快速查找到具有数据有效性的单元格，具体方法为：打开一个工作簿，单击【开始】选项卡下【编辑】选项组中的【查找和选择】按钮，在弹出的下拉列表中选择【数据验证】选项，这样工作表中具有数据有效性的单元格区域将被选中。

问题2：如何同时在不相邻的单元格中输入相同的内容？

解答：在Excel 2013中，除了可以同时在相邻单元格中输入相同内容，在不相邻单元格中同时输入也可以实现。具体的方法为：单击第一个要输入信息的单元格，按住Ctrl键，用鼠标依次选中要输入相同内容的单元格，选完后松开Ctrl键，输入所需内容，并按Ctrl+Enter快捷键结束，此时所有选中的单元格中输入了相同的内容。

数据的分类汇总与合并计算

- **本章导读**

使用分类汇总功能，可以将大量的数据分类后进行汇总计算，并显示各级别的汇总信息；使用合并计算功能，可以将多张工作表或工作簿中的数据统一到一张工作表中，并合并计算相同类别的数据。

- **学习目标**

◎ 掌握数据分类汇总的方法

◎ 了解数据合并计算的方法

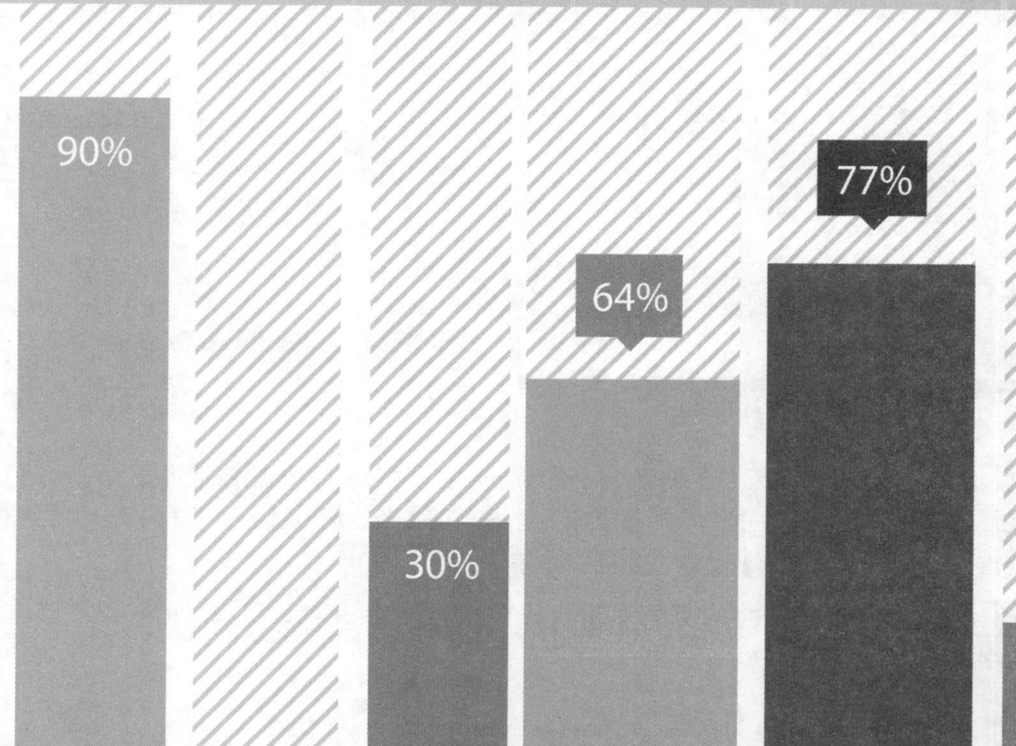

15.1 数据的分类汇总

分类汇总是对数据清单中的数据进行分类，在分类的基础上汇总数据。进行分类汇总时，用户无须创建公式，系统会自动对数据进行求和、求平均值和计数等运算。但是，在进行分类汇总工作之前，需要对数据进行排序，即分类汇总是在有序的数据基础上实现的。

15.1.1 简单分类汇总

要进行分类汇总的数据列表，要求每一列数据都要有列标题。Excel将依据列标题来决定如何创建分类，以及进行何种计算。下面在工资表中，依据发薪日期进行分类，并且统计出每个月所有部门实发工资的总和，具体操作步骤如下。

步骤 1 打开随书光盘中的“素材\ch15\工资表.xlsx”文件，将鼠标指针定位在D列中的任意单元格，在【数据】选项卡中，单击【排序和筛选】选项组中的【升序】按钮，对该列进行升序排序，如图15-1所示。

步骤 2 排序完成后，在【数据】选项卡中，单击【分级显示】选项组中的【分类汇总】按钮，如图15-2所示。

工资表

员工ID	姓名	部门	发薪日期	基本工资	保险扣薪	其他奖金	实发工资
F1042001	李奇	人事部	2015/6/1	¥1,690	¥100	¥1,000	¥2,790
F1042002	王英	人事部	2015/6/1	¥2,680	¥50	¥600	¥3,330
F1042003	薛仁贵	财务部	2015/6/1	¥2,080	¥50	¥400	¥2,530
F1042004	刘仁星	财务部	2015/6/1	¥2,000	¥100	¥760	¥2,860
F1042005	宁兵	销售部	2015/6/1	¥1,690	¥120	¥2,560	¥4,370
F1042006	赵琴	销售部	2015/6/1	¥2,500	¥120	¥600	¥3,220
F1042001	李奇	人事部	2015/7/1	¥1,690	¥100	¥900	¥2,690
F1042002	王英	人事部	2015/7/1	¥2,680	¥50	¥600	¥3,330
F1042003	薛仁贵	财务部	2015/7/1	¥2,080	¥50	¥500	¥2,630
F1042004	刘仁星	财务部	2015/7/1	¥2,000	¥100	¥760	¥2,860
F1042005	宁兵	销售部	2015/7/1	¥1,690	¥120	¥1,520	¥3,330
F1042006	赵琴	销售部	2015/7/1	¥2,500	¥120	¥1,055	¥3,675

图15-1 单击【升序】按钮

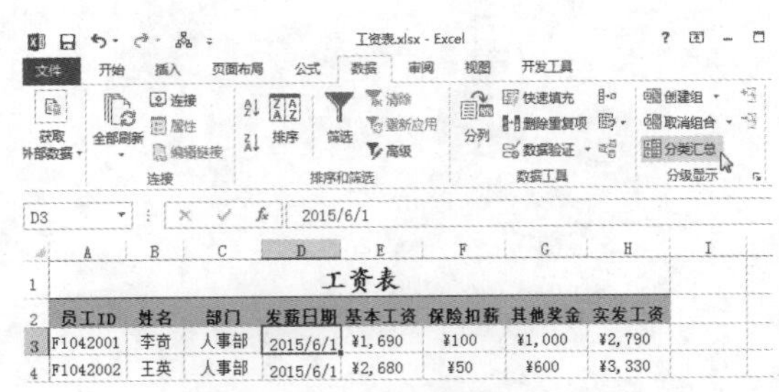

工资表

员工ID	姓名	部门	发薪日期	基本工资	保险扣薪	其他奖金	实发工资
F1042001	李奇	人事部	2015/6/1	¥1,690	¥100	¥1,000	¥2,790
F1042002	王英	人事部	2015/6/1	¥2,680	¥50	¥600	¥3,330

图15-2 单击【分类汇总】按钮

步骤 3 弹出【分类汇总】对话框，在【分类字段】下拉列表框中选择【发薪日期】选项，在【汇总方式】下拉列表框中选择【求和】选项，在【选定汇总项】列表框中选中【实发工资】复选框，然后单击【确定】按钮，如图15-3所示。

步骤 4 此时工资表将依据发薪日期进行分类汇总，并统计出每月的实发工资总和，如图15-4所示。

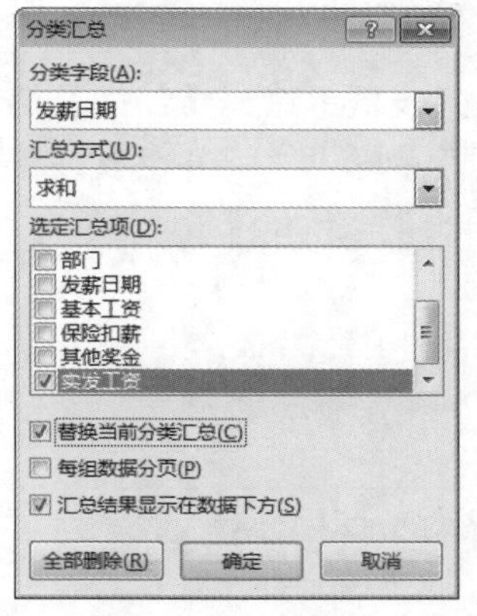

图15-3 在【分类汇总】对话框中设置条件

员工ID	姓名	部门	发薪日期	基本工资	保险扣薪	其他奖金	实发工资
F1042001	李奇	人事部	2015/6/1	¥1,690	¥100	¥1,000	¥2,790
F1042002	王英	人事部	2015/6/1	¥2,680	¥50	¥600	¥3,330
F1042003	薛仁贵	财务部	2015/6/1	¥2,080	¥50	¥400	¥2,530
F1042004	刘仁星	财务部	2015/6/1	¥2,000	¥100	¥760	¥2,860
F1042005	宁兵	销售部	2015/6/1	¥1,690	¥120	¥2,560	¥4,370
F1042006	赵琴	销售部	2015/6/1	¥2,500	¥120	¥600	¥3,220
			2015/6/1 汇总				¥19,100
F1042001	李奇	人事部	2015/7/1	¥1,690	¥100	¥900	¥2,690
F1042002	王英	人事部	2015/7/1	¥2,680	¥50	¥600	¥3,330
F1042003	薛仁贵	财务部	2015/7/1	¥2,080	¥50	¥500	¥2,630
F1042004	刘仁星	财务部	2015/7/1	¥2,000	¥100	¥760	¥2,860
F1042005	宁兵	销售部	2015/7/1	¥1,690	¥120	¥1,520	¥3,330
F1042006	赵琴	销售部	2015/7/1	¥2,500	¥120	¥1,055	¥3,675
			2015/7/1 汇总				¥18,515
			总计				¥37,615

图15-4 简单分类汇总的结果

提示 汇总方式除了求和以外，还有最大值、最小值、计数、乘积、方差等，用户可根据需要进行选择。

15.1.2 多重分类汇总

多重分类汇总是指依据两个或更多个分类项，对工作表中的数据进行分类汇总。下面在工资表中，先依据发薪日期汇总出每月的实发工资情况，再依据部门汇总出每个部门的实发工资情况，具体操作步骤如下。

步骤 1 打开随书光盘中的“素材\ch15\工资表.xlsx”文件，将鼠标指针定位在数据区域内的任意单元格，在【数据】选项卡中，单击【排序和筛选】选项组中的【排序】按钮，如图15-5所示。

步骤 2 弹出【排序】对话框，设置【主要关键字】为【发薪日期】，【排序依据】和【次序】分别为【数值】和【升序】，然后单击【添加条件】按钮，并设置【次要关键字】为【部门】，单击【确定】按钮，如图15-6所示。

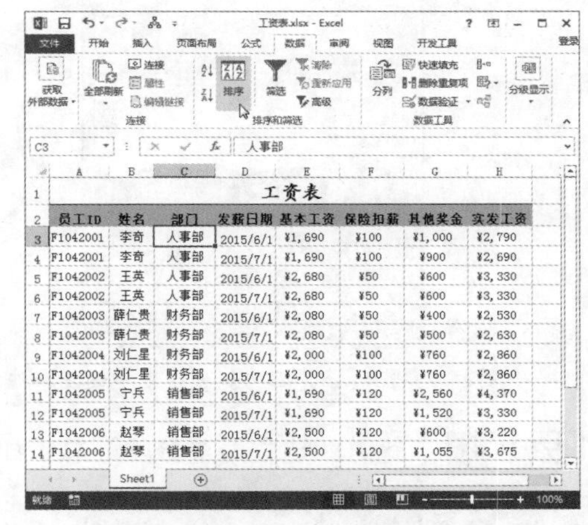

员工ID	姓名	部门	发薪日期	基本工资	保险扣薪	其他奖金	实发工资
F1042001	李奇	人事部	2015/6/1	¥1,690	¥100	¥1,000	¥2,790
F1042001	李奇	人事部	2015/7/1	¥1,690	¥100	¥900	¥2,690
F1042002	王英	人事部	2015/6/1	¥2,680	¥50	¥600	¥3,330
F1042002	王英	人事部	2015/7/1	¥2,680	¥50	¥600	¥3,330
F1042003	薛仁贵	财务部	2015/6/1	¥2,080	¥50	¥400	¥2,530
F1042003	薛仁贵	财务部	2015/7/1	¥2,080	¥50	¥500	¥2,630
F1042004	刘仁星	财务部	2015/6/1	¥2,000	¥100	¥760	¥2,860
F1042004	刘仁星	财务部	2015/7/1	¥2,000	¥100	¥760	¥2,860
F1042005	宁兵	销售部	2015/6/1	¥1,690	¥120	¥2,560	¥4,370
F1042005	宁兵	销售部	2015/7/1	¥1,690	¥120	¥1,520	¥3,330
F1042006	赵琴	销售部	2015/6/1	¥2,500	¥120	¥600	¥3,220
F1042006	赵琴	销售部	2015/7/1	¥2,500	¥120	¥1,055	¥3,675

图15-5 单击【排序】按钮

步骤 3 返回到工作表，接下来设置分类汇总。将鼠标指针定位在数据区域内的任意单元格，在【数据】选项卡中，单击【分级显示】选项组中的【分类汇总】按钮，如图15-7所示。

步骤 4 弹出【分类汇总】对话框，在【分类字段】下拉列表框中选择【发薪日期】选项，在【汇总方式】下拉列表框中选择【求和】选项，在【选定汇总项】列表框中选中【实发工资】复选框，然后单击【确定】按钮，如图15-8所示。

步骤 5 此时已建立了简单分类汇总，再次单击【分级显示】选项组中的【分类汇总】按钮，如图15-9所示。

步骤 6 弹出【分类汇总】对话框，在【分类字段】下拉列表框中选择【部门】选项，在【汇总方式】下拉列表框中选择【求和】选项，在【选定汇总项】列表框中选中【实发工资】复选框，取消选中【替换当前分类汇总】复选框，单击【确定】按钮，如图15-10所示。

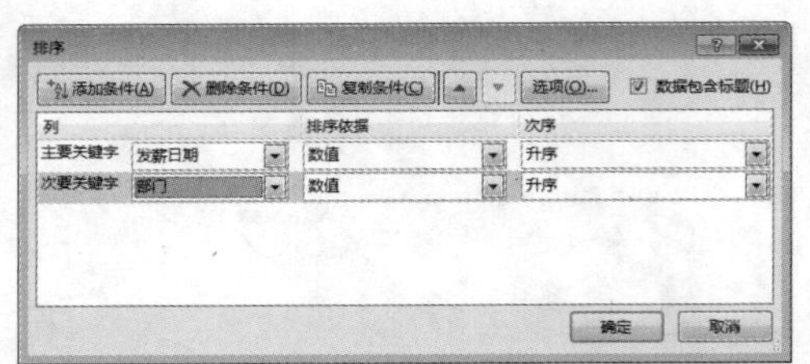

图15-6 设置【主要关键字】和【次要关键字】参数

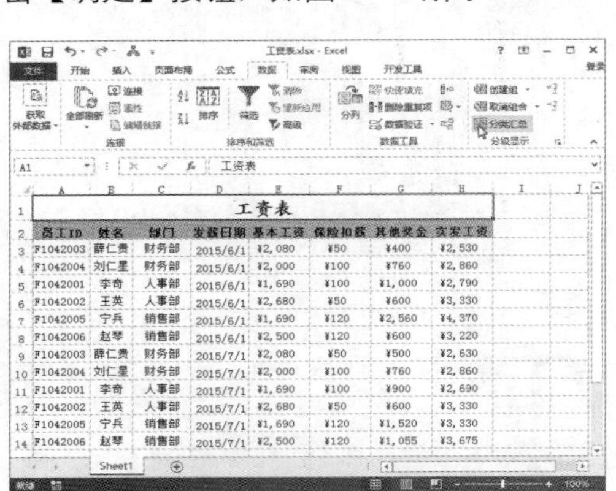

图15-7 单击【分类汇总】按钮

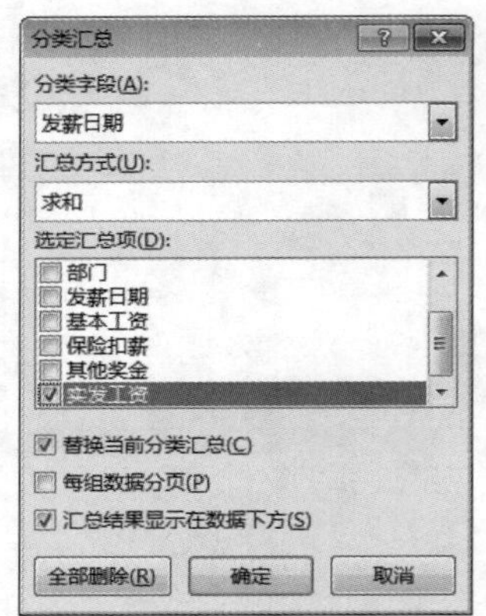

图15-8 在【分类汇总】对话框中设置条件

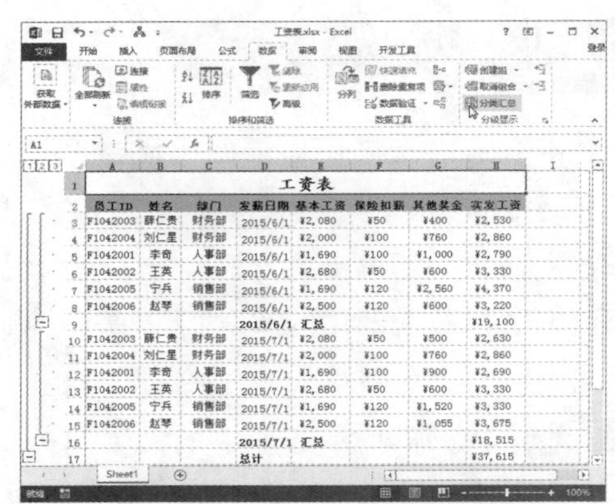

图15-9 再次单击【分类汇总】按钮

步骤 7 此时即建立两重分类汇总，如图15-11所示。

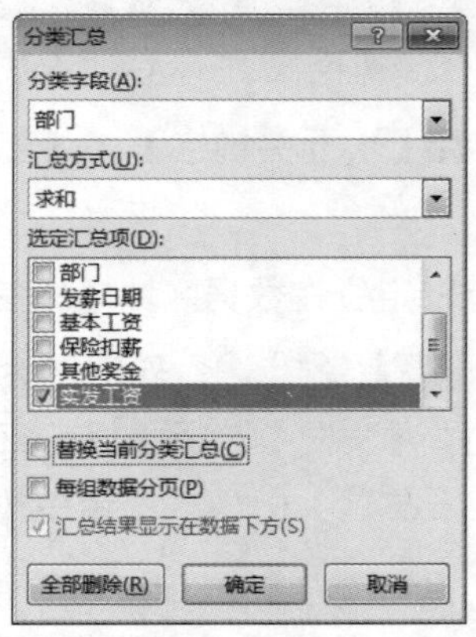

图15-10 【分类汇总】对话框

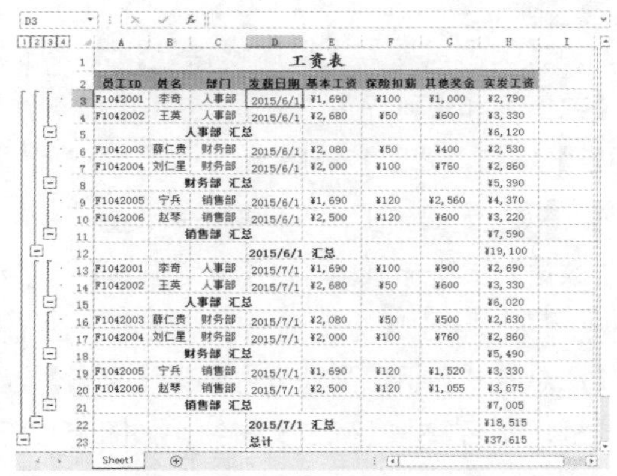

图15-11 两重分类汇总的结果

提示 建立分类汇总后，如果修改明细数据，汇总数据将会自动更新。

15.1.3 分级显示数据

建立了分类汇总后，工作表中的数据是分级显示的，并在左侧显示级别。例如，15.1.2节中建立两重分类汇总后，在工作表的左侧列表中显示了四级分类，如图15-12所示。

单击1按钮，则显示一级数据，即汇总项的总和，如图15-13所示。

单击2按钮，则显示一级和二级数据，即对总计和发薪日期汇总，如图15-14所示。

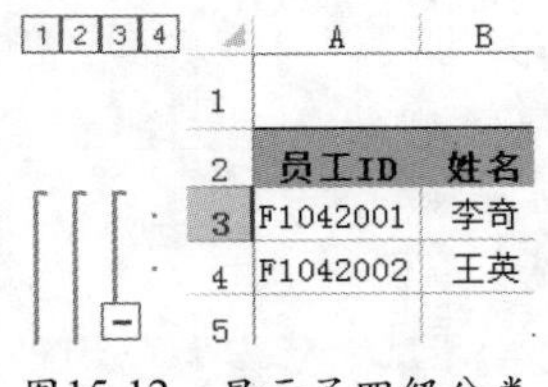

图15-12 显示了四级分类

图15-13 显示一级分类汇总

单击3按钮，则显示一、二、三级数据，即对总计、发薪日期和部门汇总，如图15-15所示。

单击4按钮，则显示所有汇总的详细信息，如图15-16所示。

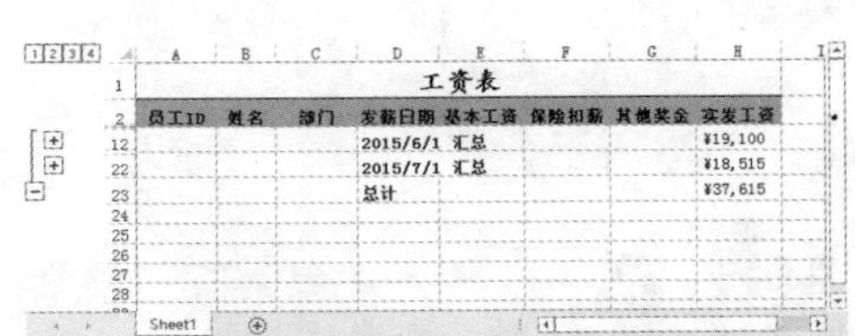

图15-14 显示二级分类汇总

图15-15 显示三级分类汇总

提示 单击左侧列表中的+按钮或-按钮，将显示或隐藏明细数据。或者在【数据】选项卡中，单击【分级显示】选项组中的【显示明细数据】和【隐藏明细数据】按钮，也可以显示或隐藏明细数据，如图15-17所示。

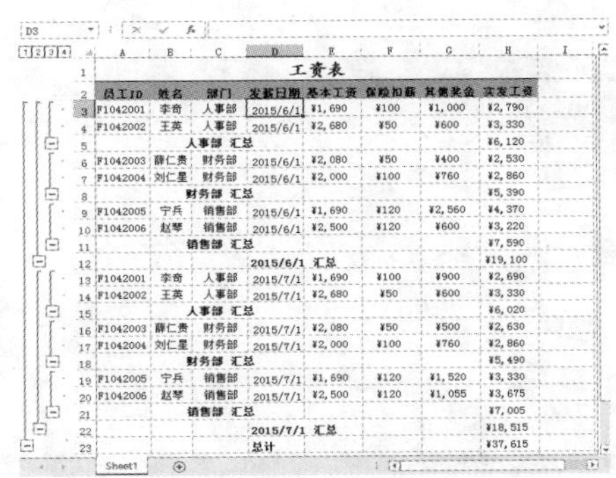

图15-16 显示四级分类汇总

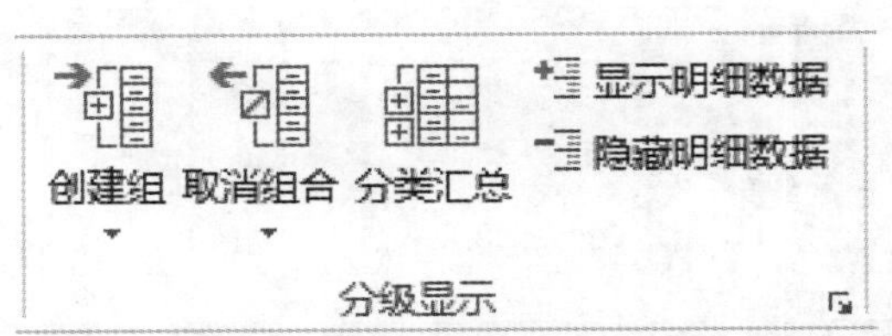

图15-17 【分级显示】选项组

15.1.4 清除分类汇总

如果不再需要分类汇总，可以将其清除，具体操作步骤如下。

步骤 1 将鼠标指针定位在数据区域内的任意单元格，在【数据】选项卡中，单击【分级显示】选项组中的【分类汇总】按钮，如图15-18所示。

步骤 2 弹出【分类汇总】对话框，单击【全部删除】按钮，然后单击【确定】按钮，如图15-19所示。

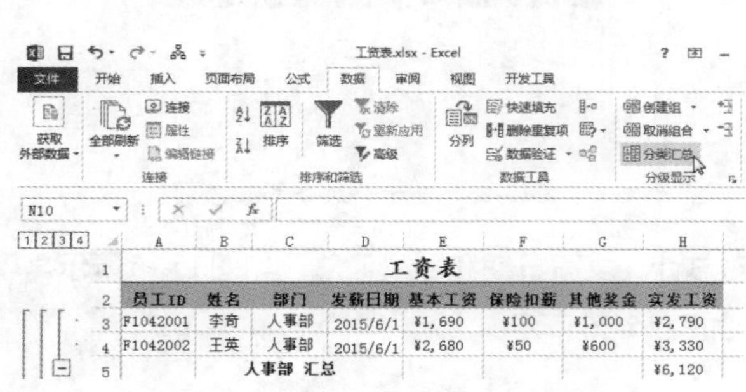

图15-18 单击【分类汇总】按钮

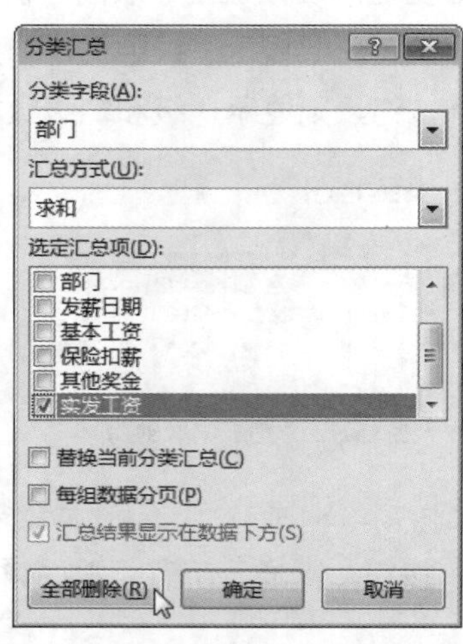

图15-19 单击【全部删除】按钮

步骤 3 此时将清除工作表中所有的分类汇总，如图15-20所示。

> **提示** 在【数据】选项卡的【分类汇总】选项组中，单击【取消组合】右侧的下拉按钮，在弹出的下拉列表中选择【清除分级显示】选项，可清除左侧的分类列表，但不会删除分类汇总数据，如图15-21所示。

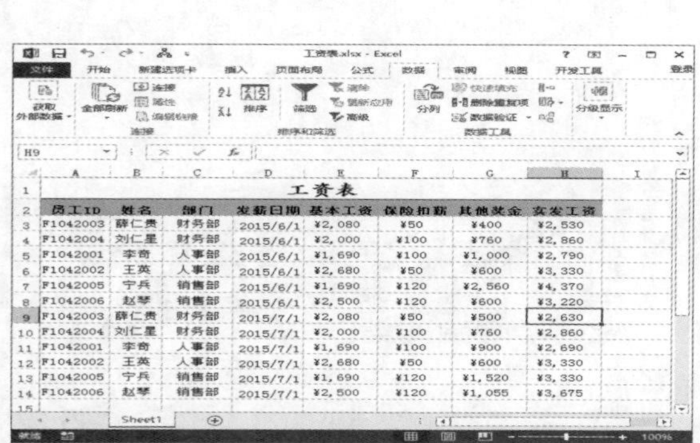

图15-20 清除工作表中所有的分类汇总

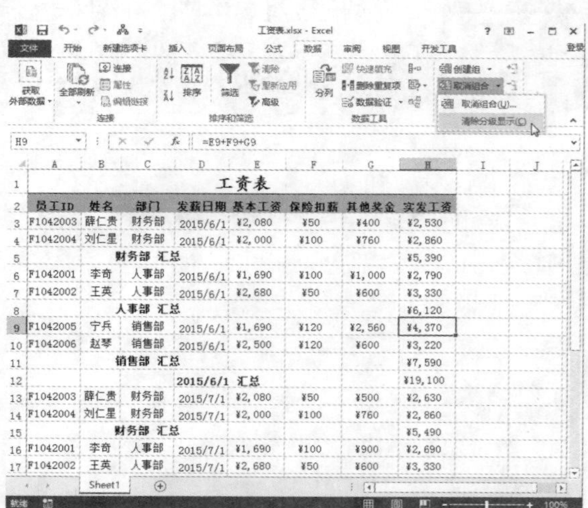

图15-21 选择【清除分级显示】选项

15.2 数据的合并计算

在日常工作中，经常使用Excel表来统计数据，当工作表过多时，可能需要在各工作表之间不停地切换，这样不仅烦琐，且容易出错。Excel 2013提供的合并计算功能可完美地解决这一问题，使用该功能可以将多个格式相同的工作表合并到一个主表中，以便于对数据进行更新和汇总。

15.2.1 按位置合并计算

当多个数据源区域中的数据是按照相同的顺序排列并使用相同的行和列标签时，可使用按位置合并计算。下面将销售表中3个工作表合并到一个总表中，并计算出总销售数量和总销售额，具体操作步骤如下。

步骤 1 打开随书光盘中的“素材\ch15\小米手机销售表.xlsx”文件，选择单元格区域D3:E7，在【公式】选项卡中，单击【定义的名称】选项组中的【定义名称】按钮，如图15-22所示。

步骤 2 弹出【新建名称】对话框，在【名称】文本框中输入“一月”，单击【确定】按钮，如图15-23所示。

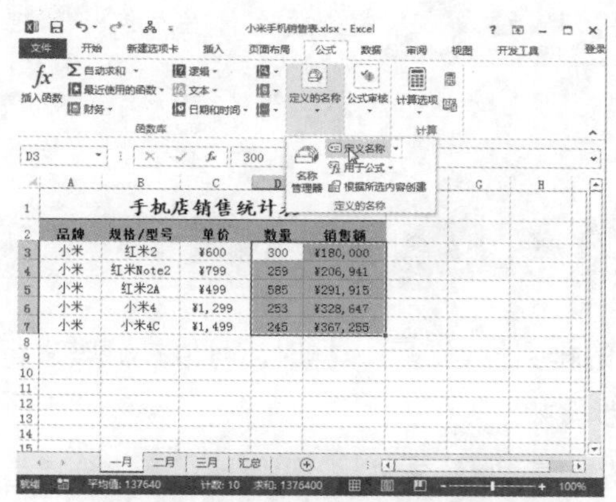

图15-22　单击【定义名称】按钮

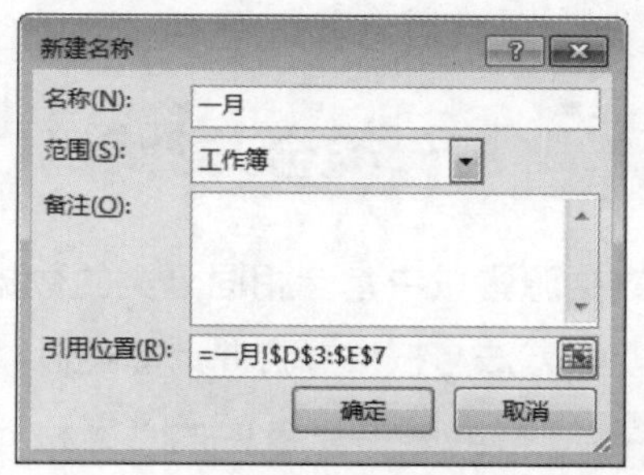

图15-23　在【名称】文本框中输入名称

步骤 3 分别切换到“二月”和“三月”工作表，重复步骤1和步骤2，为这两个工作表中的相同单元格区域新建名称，然后单击“汇总”标签，切换到“汇总”工作表，选择单元格D3，在【数据】选项卡中，单击【数据工具】选项组中的【合并计算】按钮，如图15-24所示。

步骤 4 弹出【合并计算】对话框，在【引用位置】选择框中输入“一月”，单击【添加】按钮，如图15-25所示。

步骤 5 此时在【所有引用位置】列表框中显示出添加的名称，重复步骤4，添加“二月”和“三月”，如图15-26所示。

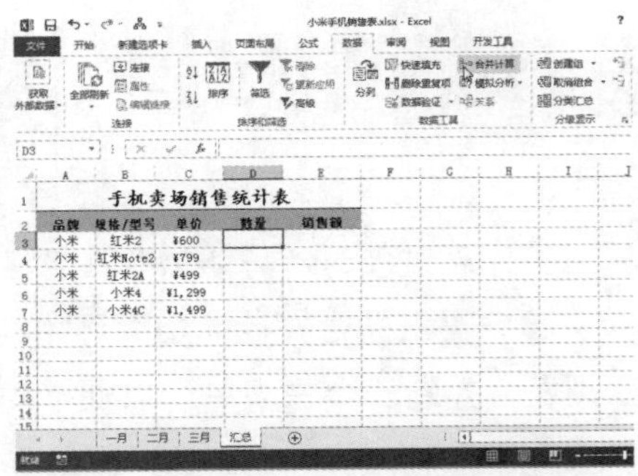
图15-24　单击【合并计算】按钮

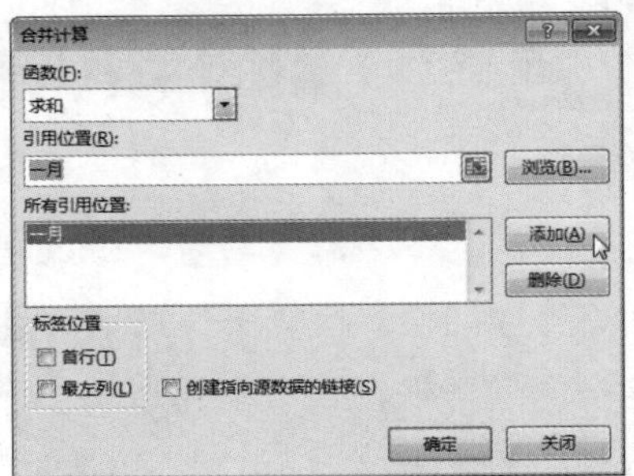
图15-25　单击【添加】按钮

步骤 6　单击【确定】按钮，返回到工作表，此时“汇总”工作表中将统计出前3个月的总数量及总销售额，如图15-27所示。

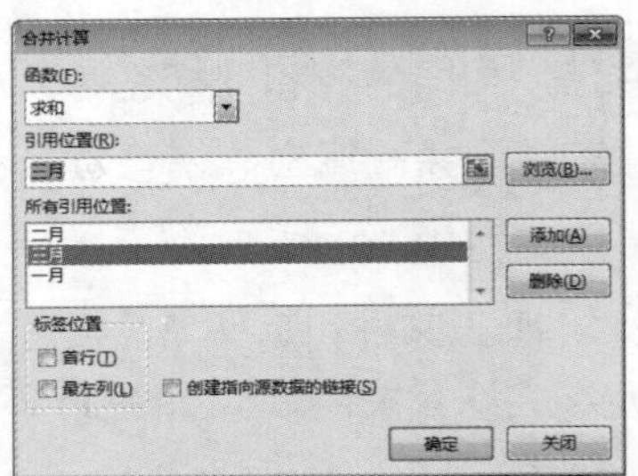
图15-26　添加其余的名称

图15-27　按位置合并计算后的结果

> **提示**　在合并前要确保每个数据区域都采用列表格式，每列都具有标签，同一列中包含相似的数据，并且在列表中没有空行或空列。

15.2.2 按分类合并计算

当数据源区域中包含相同分类的数据，但数据的排列位置却不一样时，可以按分类进行合并计算，其方法与按位置合并计算类似，具体操作步骤如下。

步骤 1　打开随书光盘中的“素材\ch15\手机销售表.xlsx”文件，可以看到，“一分店”和“二分店”工作表中数据的排列位置不一样，但包含相同分类的数据，如图15-28和图15-29所示。

手机店销售统计表

日期	名称	单价	数量	销售额
2015/5/1	华为	¥1,799	25	¥44,975
2015/5/1	中兴	¥1,055	54	¥56,970
2015/5/1	三星	¥2,455	25	¥61,375
2015/5/1	酷派	¥1,088	10	¥10,880
2015/5/2	华为	¥1,799	25	¥44,975
2015/5/2	中兴	¥1,055	74	¥78,070
2015/5/2	三星	¥2,455	42	¥103,110
2015/5/2	酷派	¥1,088	17	¥18,496
2015/5/3	小米	¥1,699	42	¥71,358
2015/5/3	华为	¥1,799	24	¥43,176

图15-28　“一分店”工作表中的数据

手机店销售统计表

日期	名称	单价	数量	销售额
2015/5/1	小米	¥1,699	45	¥76,455
2015/5/1	华为	¥1,799	25	¥44,975
2015/5/1	三星	¥2,455	25	¥61,375
2015/5/2	中兴	¥1,055	74	¥78,070
2015/5/2	三星	¥2,455	42	¥103,110
2015/5/2	酷派	¥1,088	17	¥18,496
2015/5/3	小米	¥1,699	42	¥71,358
2015/5/3	华为	¥1,799	24	¥43,176
2015/5/3	中兴	¥1,055	15	¥15,825
2015/5/3	三星	¥2,455	15	¥36,825
2015/5/3	酷派	¥1,088	47	¥51,136

图15-29　“二分店”工作表中的数据

步骤 2　单击“汇总”标签，切换到“汇总”工作表，选择单元格A1，在【数据】选项卡中，单击【数据工具】选项组中的【合并计算】按钮，如图15-30所示。

步骤 3　弹出【合并计算】对话框，将鼠标指针定位在【引用位置】选择框中，然后选择“一分店”工作表中的单元格区域B2:E12，单击【添加】按钮，如图15-31所示。

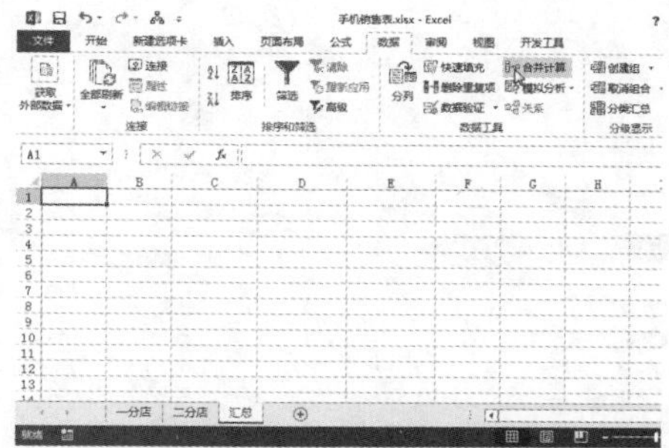

图15-30　单击【合并计算】按钮

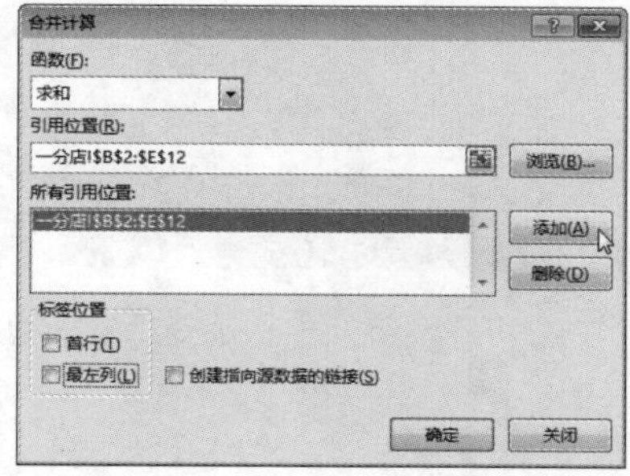

图15-31　添加“一分店”数据

步骤 4　使用同样的方法，添加“二分店”工作表中的单元格区域B2:E13，然后选中【首行】和【最左列】复选框，单击【确定】按钮，如图15-32所示。

步骤 5　此时系统将两个工作表快速合并到“汇总”工作表中，并对各项进行求和运算，选中“单价”列，按Delete键删除，最终效果如图15-33所示。

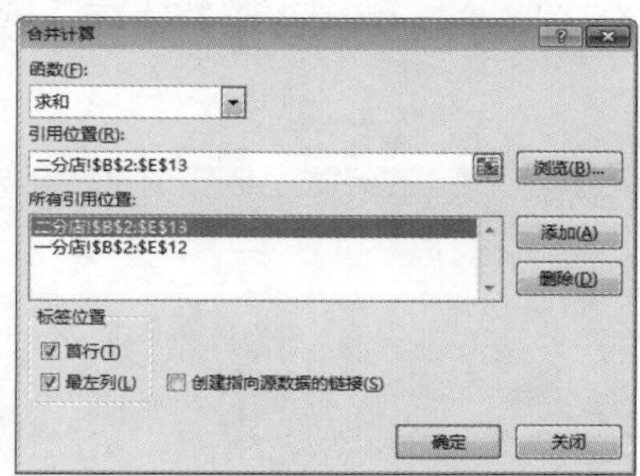

图15-32　添加“二分店”数据

图15-33　按分类合并计算的结果

15.3　高效办公技能实战

15.3.1　高效办公技能1——分类汇总材料采购表

下面介绍一个综合实例——创建材料采购表。通过本节的学习，读者可掌握如何利用记录单在表格中添加记录，以及对数据进行排序和分类汇总的方法，具体操作步骤如下。

步骤 1 打开随书光盘中的“素材\ch15\材料采购表.xlsx”文件，如图15-34所示。

步骤 2 将鼠标指针定位在功能区中，右击，在弹出的快捷菜单中选择【自定义功能区】命令，如图15-35所示。

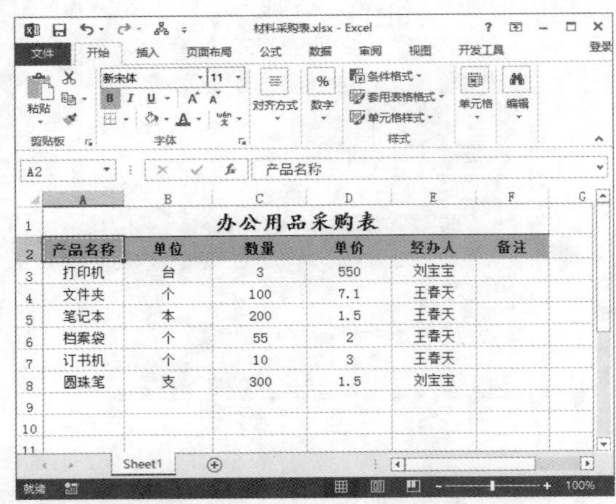

图15-34　打开材料采购表

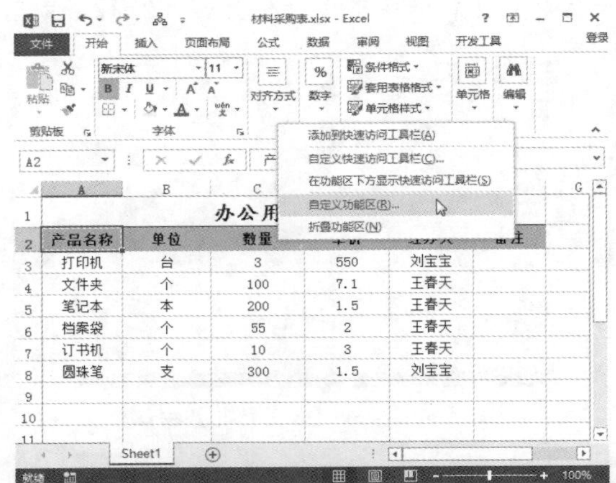

图15-35　选择【自定义功能区】命令

步骤 3 弹出【Excel选项】对话框，单击【新建选项卡】按钮，新建一个选项卡，同时系统将自动新建一个组，如图15-36所示。

步骤 4 在【从下列位置选择命令】下拉列表框中选择【不在功能区中的命令】选项，然后在下面的列表框中选择【记录单】选项，如图15-37所示。

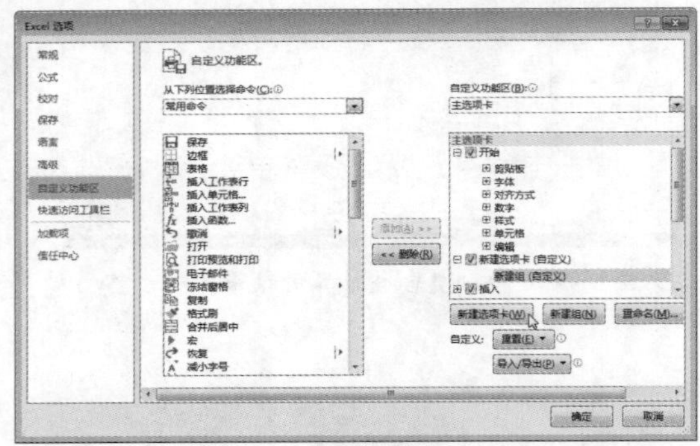

图15-36　单击【新建选项卡】按钮

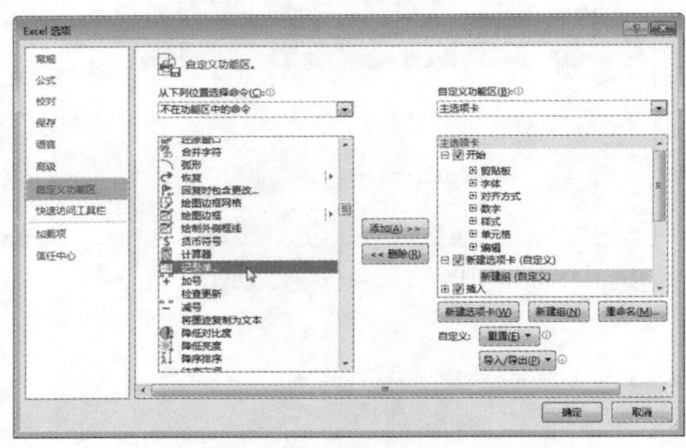

图15-37　选择【记录单】选项

步骤 5 单击【添加】按钮，将【记录单】添加到【新建选项卡】下的【新建组】中，然后单击【确定】按钮，如图15-38所示。

步骤 6 返回工作表，选择单元格A9，在【新建选项卡】选项卡中，单击【新建组】选项组中的【记录单】按钮，如图15-39所示。

步骤 7 弹出Sheet1对话框，通过该对话框，用户可添加新记录并查看已存在的记录，单击【新建】按钮，如图15-40所示。

步骤 8 此时将出现空白记录，在对应的文本框中输入数据，按Enter键或再次单击【新建】按钮即可添加新记录，然后单击【关闭】按钮，如图15-41所示。

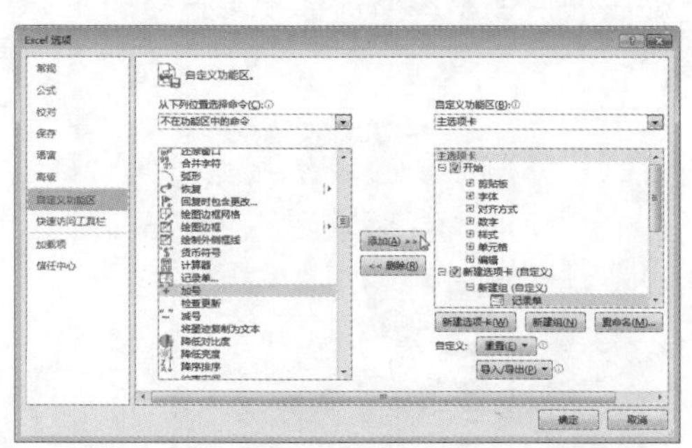

图15-38　将【记录单】添加到【新建组】中

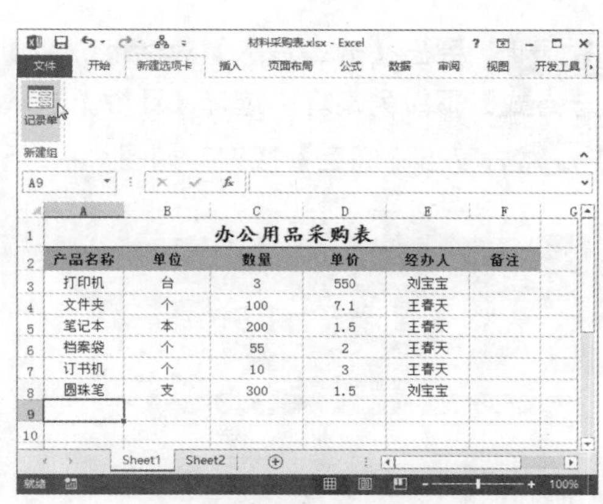

图15-39　单击【记录单】按钮

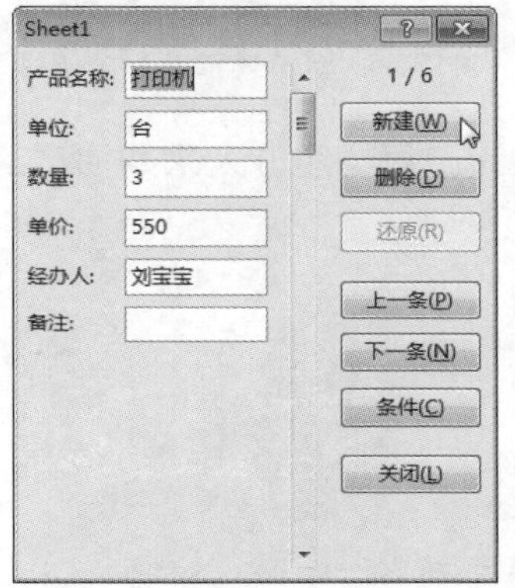

图15-40　单击【新建】按钮

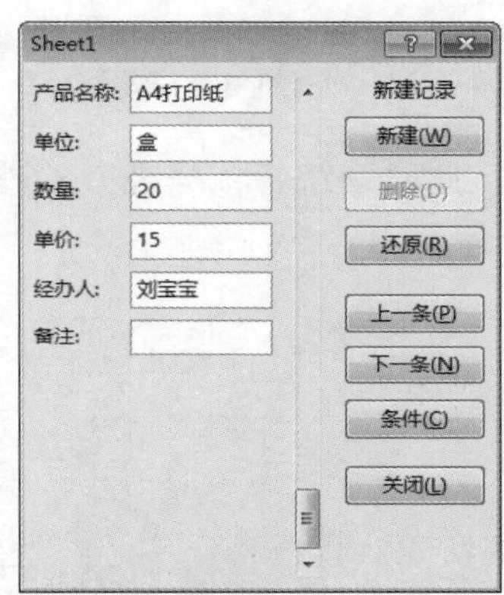

图15-41　在空白记录中输入数据

步骤 9　此时工作表中将添加一条新记录，如图15-42所示。

步骤 10　依据经办人对数据进行分类汇总。将鼠标指针定位在E列中任意单元格，在【数据】选项卡中，单击【排序和筛选】选项组中的【升序】按钮，对其进行排序，如图15-43所示。

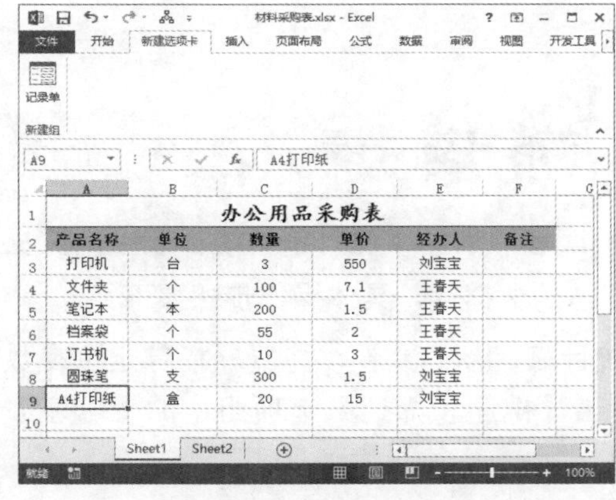

图15-42　添加一条新记录

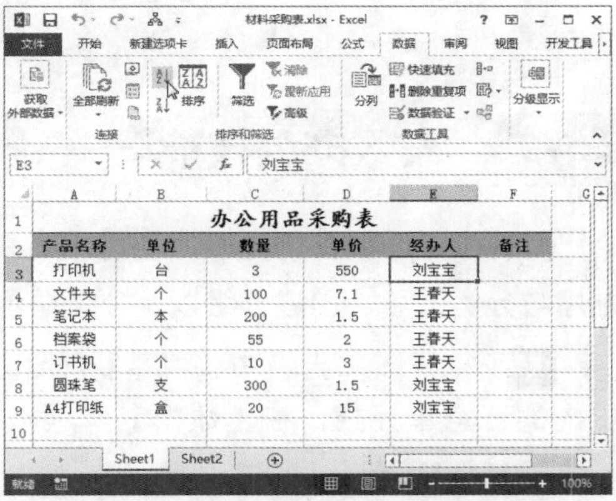

图15-43　单击【升序】按钮

步骤 11　操作完成后，在【数据】选项卡中，单击【分级显示】选项组中的【分类汇总】按钮，如图15-44所示。

步骤 12 弹出【分类汇总】对话框，在【分类字段】下拉列表框中选择【经办人】选项，在【汇总方式】下拉列表框中选择【计数】选项，在【选定汇总项】列表框中选中【产品名称】复选框，然后单击【确定】按钮，如图15-45所示。

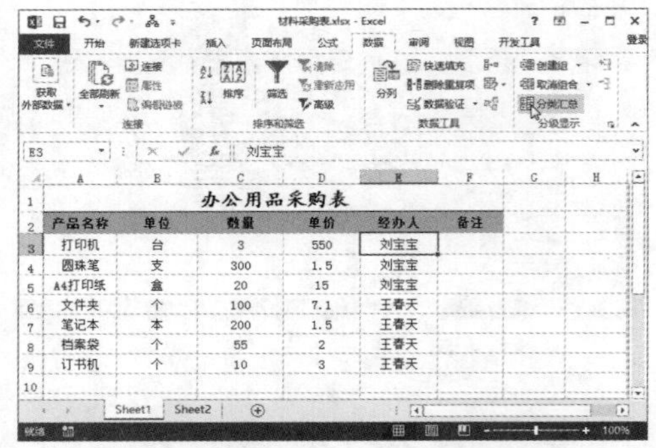

图15-44 单击【分类汇总】按钮

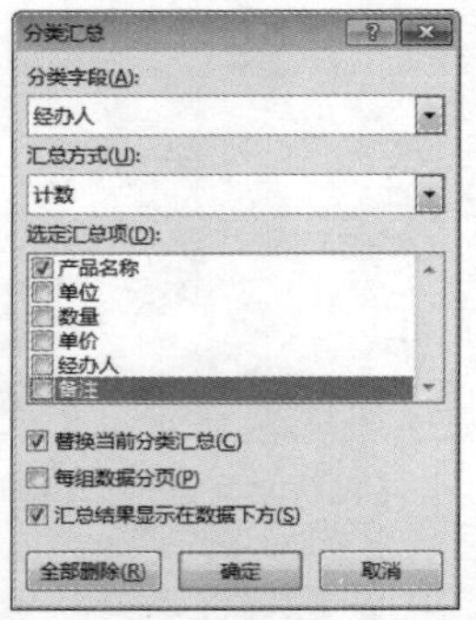

图15-45 【分类汇总】对话框

步骤 13 此时系统将依据经办人进行分类汇总，并统计出每位经办人采购的产品种类，如图15-46所示。

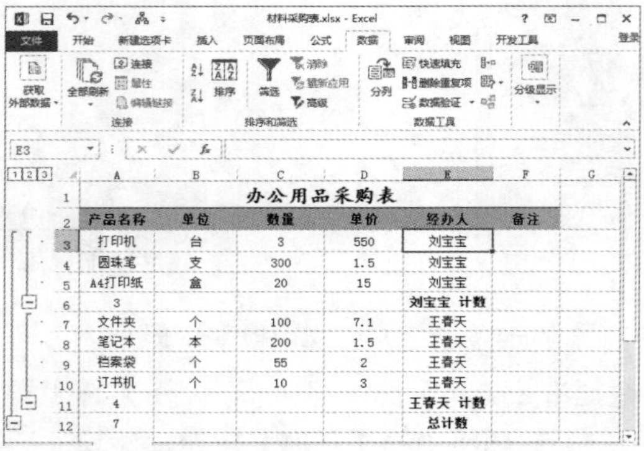

图15-46 分类汇总后的结果

15.3.2 高效办公技能2——分类汇总销售统计表

下面制作一个销售统计表，通过本节的学习，读者可掌握如何对销售统计表中的数据进行排序与分类汇总，创建分组以及分级显示分类汇总的数据等，具体操作步骤如下。

步骤 1 打开随书光盘中的“素材\ch15\销售统计表.xlsx”文件，将鼠标指针定位在数据区域内的任意单元格，在【数据】选项卡中，单击【排序和筛选】选项组中的【排序】按钮，如图15-47所示。

步骤 2 弹出【排序】对话框，设置【主要关键字】为【城市】，【排序依据】和【次序】分别为【数值】和【升序】，然后单击【添加条件】按钮，并设置【次要关键字】为【部门】，单击【确定】按钮，如图15-48所示。

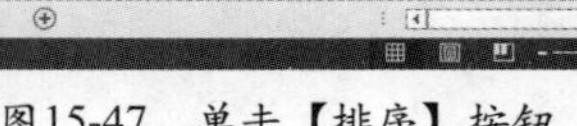

图15-47　单击【排序】按钮

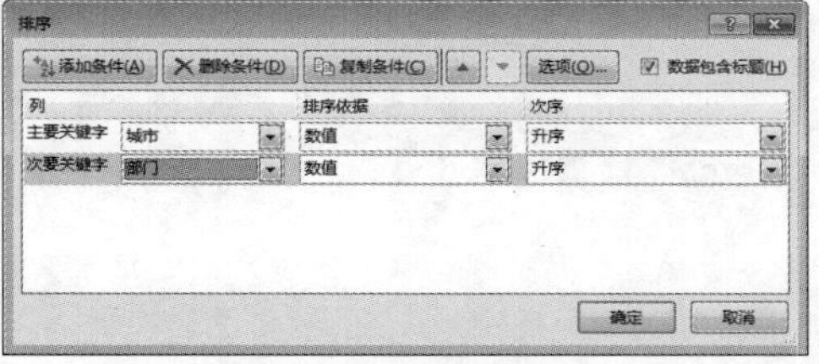

图15-48　设置【主要关键字】和【次要关键字】参数

步骤 3　完成排序后，将鼠标指针定位在数据区域内的任意单元格，在【数据】选项卡中，单击【分级显示】选项组中的【分类汇总】按钮，如图15-49所示。

步骤 4　弹出【分类汇总】对话框，在【分类字段】下拉列表框中选择【城市】选项，在【汇总方式】下拉列表框中选择【求和】选项，在【选定汇总项】列表框中选中【总销售额】复选框，然后单击【确定】按钮，如图15-50所示。

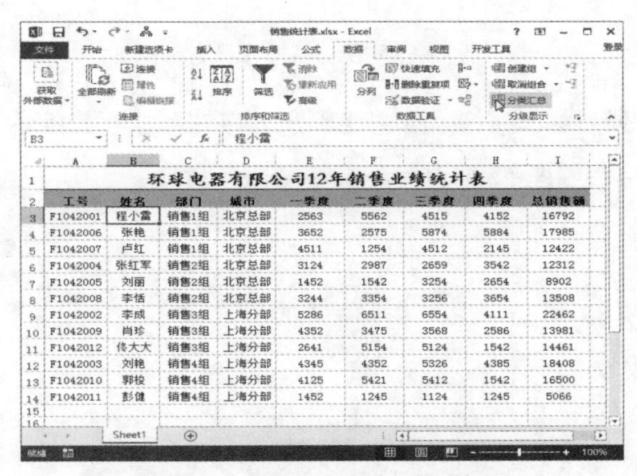

图15-49　单击【分类汇总】按钮

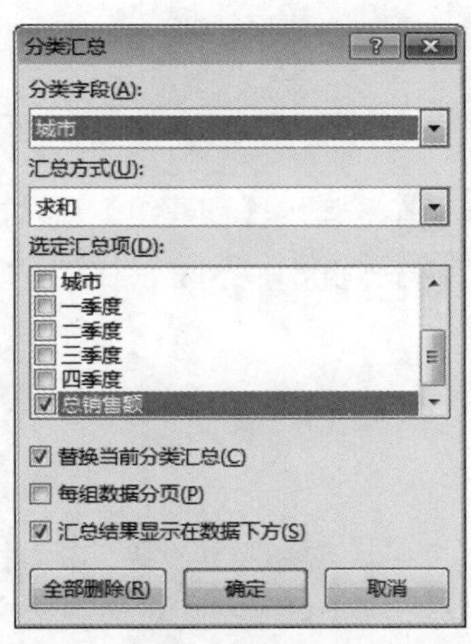

图15-50　【分类汇总】对话框

步骤 5　此时已建立了简单分类汇总，再次单击【分级显示】选项组中的【分类汇总】按钮，如图15-51所示。

步骤 6　弹出【分类汇总】对话框，在【分类字段】下拉列表框中选择【部门】选项，在【汇总方式】下拉列表框中选择【求和】选项，在【选定汇总项】列表框中选中【总销售额】复选框，取消选中【替换当前分类汇总】复选框，然后单击【确定】按钮，如图15-52所示。

步骤 7　此时即建立两重分类汇总，如图15-53所示。

步骤 8　选择单元格区域E2:H2，在【数据】选项卡中，单击【分级显示】选项组中的【创建组】按钮，如图15-54所示。

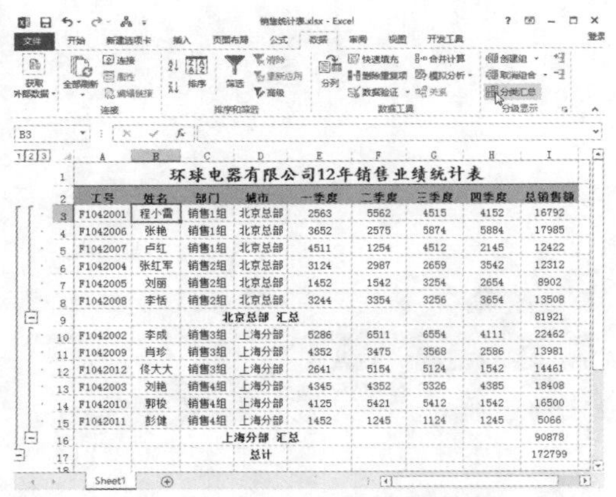

图15-51　再次单击【分类汇总】按钮

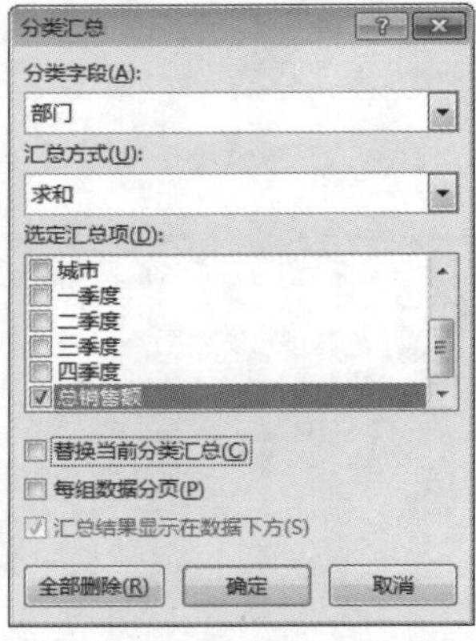

图15-52　【分类汇总】对话框

图15-53　建立两重分类汇总

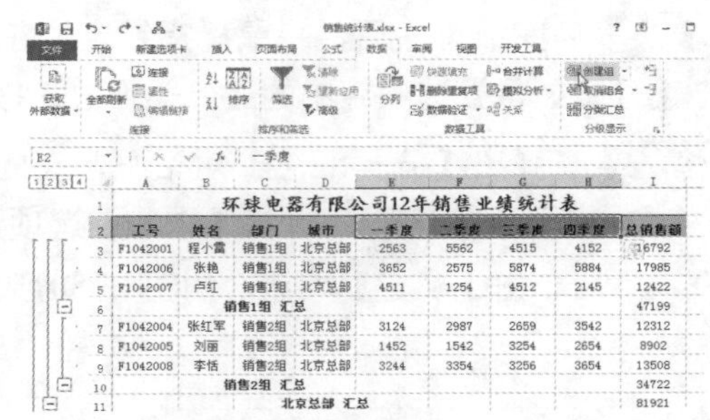

图15-54　单击【创建组】按钮

步骤 9　弹出【创建组】对话框，选中【列】单选按钮，单击【确定】按钮，如图15-55所示。

步骤 10　此时将为E～H列创建一个分组，如图15-56所示。

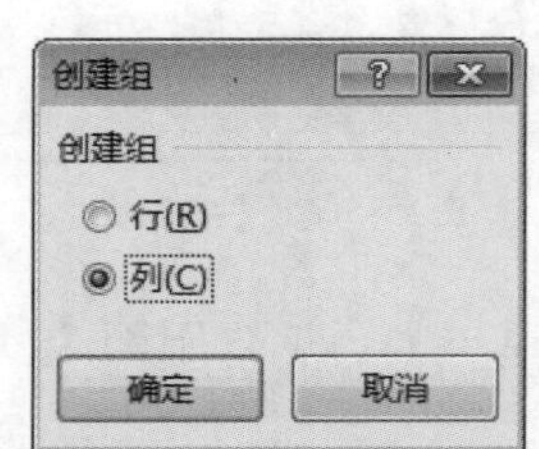

图15-55　选中【列】单选按钮

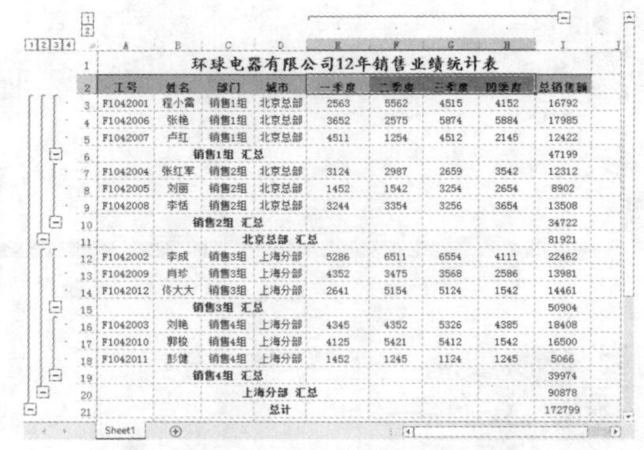

图15-56　为E～H列创建一个分组

提示　用户可以将工作表中的数据创建成多个组进行显示，除了上面在列方向上创建分组外，还可以在行方向上创建分组。

步骤 11　在列方向上创建分组后，单击上方的⊟按钮，如图15-57所示。

步骤 12　此时将隐藏组中的列，如图15-58所示。

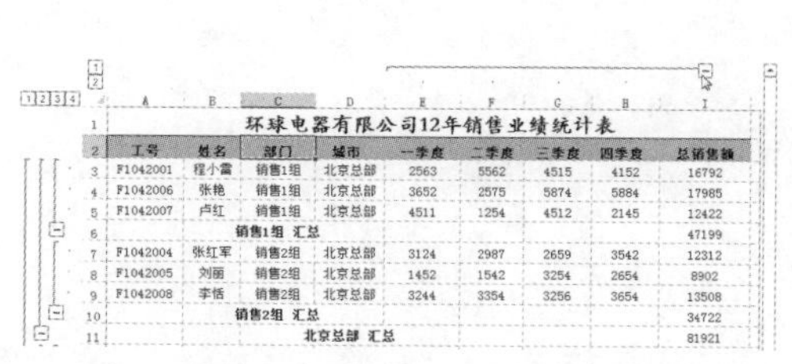

图15-57 单击上方的⊟按钮

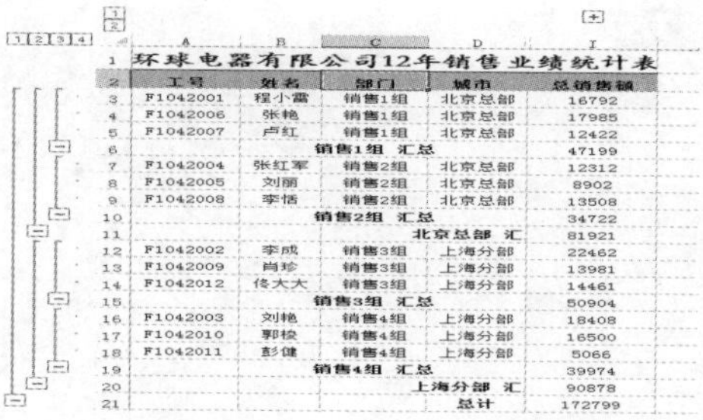

图15-58 隐藏组中的列

步骤 13 单击工作表左侧列表中的2按钮，显示一级和二级数据，即对“总计”和“城市”进行汇总，如图15-59所示。

步骤 14 单击工作表左侧列表中的3按钮，则显示一、二、三级数据，即对“总计”“城市”和“部门”进行汇总，如图15-60所示。

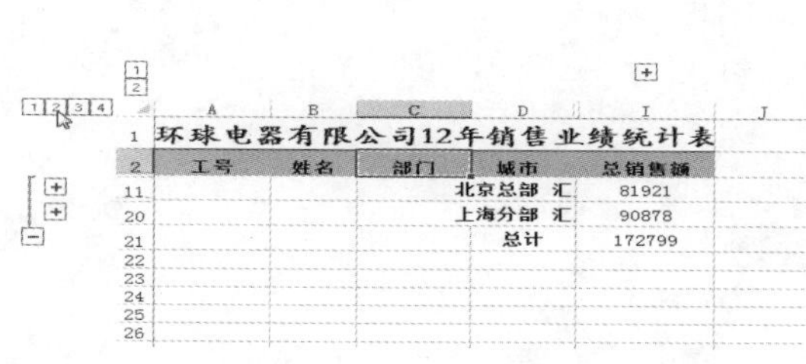

图15-59 显示二级分类汇总

图15-60 显示三级分类汇总

15.4 疑难问题解答

问题1：在进行多重分类汇总操作时，为什么会出现操作失败的现象？

解答：出现这种情况的原因在于，在【分类汇总】对话框中选中【替换当前分类汇总】复选框，这样是在进行一次普通的分类汇总，所以要进行多重分类汇总，必须在【分类汇总】对话框中取消选中【替换当前分类汇总】复选框。

问题2：用户如何利用Excel 2013中提供的合并计算功能实现数据的汇总操作？

解答：首先打开一张工作表，切换至【数据】选项卡，在【数据工具】选项组中，单击【合并计算】按钮，即可打开【合并计算】对话框，然后在【函数】下拉列表框中选择一种合适的运算方式，再输入所有需要引用的数据源，最后单击【确定】按钮，即可完成数据的合并计算。

数据透视表与数据透视图

本章导读

使用数据透视表可以汇总、分析、查询和提供需要的数据，使用数据透视图可以在数据透视表中可视化此需要的数据，并且可以方便地查看、比较模式和趋势。本章将为读者介绍如何创建数据透视表与数据透视图。

学习目标

◎ 掌握创建数据透视表的方法
◎ 掌握创建数据透视图的方法
◎ 掌握编辑数据透视表的方法
◎ 掌握编辑数据透视图的方法

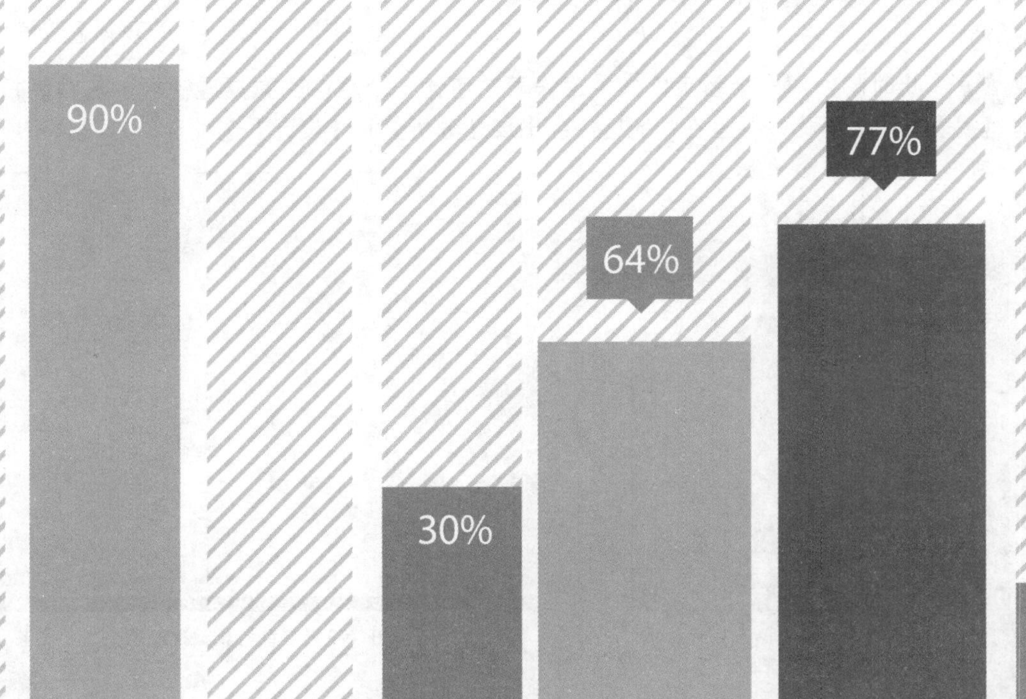

16.1 创建数据透视表

数据透视表是一种可以深入分析数值数据，进行快速汇总大量数据的交互式报表。用来创建数据透视表的数据源可以是当前工作表中的数据，也可以来源于外部数据。

16.1.1 手动创建数据透视表

数据透视表要求数据源的格式是矩形数据库，并且通常情况下，数据源中要包含用于描述数据的字段和要汇总的值或数据。下面利用电器销售表作为数据源生成数据透视表，显示出每种产品以及产品中包含的各品牌的年度总销售额，具体操作步骤如下。

步骤 1 打开随书光盘中的“素材\ch16\电器销售表.xlsx”文件，在【插入】选项卡中，单击【表格】选项组中的【数据透视表】按钮，如图16-1所示。

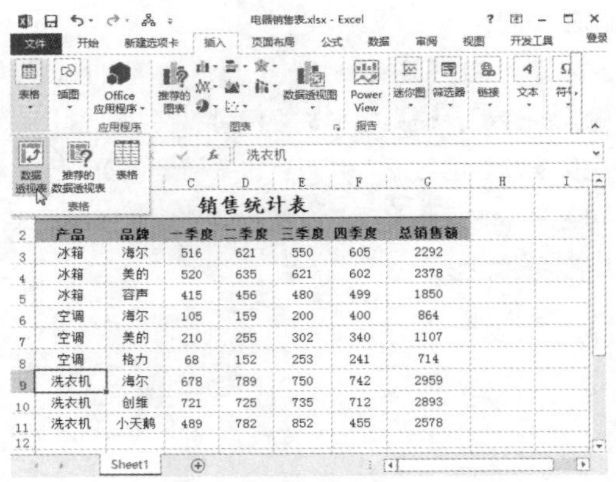

图16-1 单击【数据透视表】按钮

步骤 2 弹出【创建数据透视表】对话框，选中【选择一个表或区域】单选按钮，将鼠标指针定位在【表/区域】右侧的文本框中，然后在工作表中选择单元格区域A2:G11作为数据源，在下方选中【新工作表】单选按钮，单击【确定】按钮，如图16-2所示。

步骤 3 此时将创建一个新工作表，工作表中包含一个空白的数据透视表，在右侧将出现【数据透视表字段】窗格，并且在功能区中会出现【分析】和【设计】选项卡，如图16-3所示。

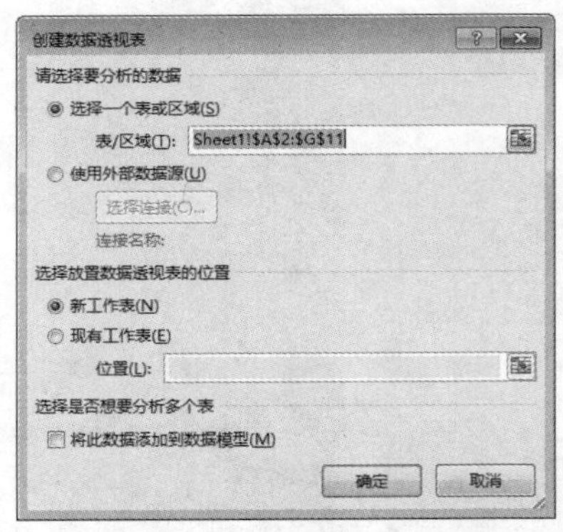

图16-2 【创建数据透视表】对话框

图16-3 空白的数据透视表

提示 在【创建数据透视表】对话框中，用户还可选择外部数据作为数据源。此外，既可以选择将数据透视表放置在新工作表中，也可放置在当前工作表中。

步骤 4 接下来添加字段。在【数据透视表字段】窗格中，从【选择要添加到报表的字段】区域中选择“产品”字段，按住鼠标左键不放，将其拖动到下方的【行】列表框中，如图16-4所示。

步骤 5 使用同样的方法，将“品牌”字段也拖动到【行】列表框中，然后将“总销售额”字段拖动到【∑值】列表框中，在左侧可以看到添加字段后的数据透视表，如图16-5所示。

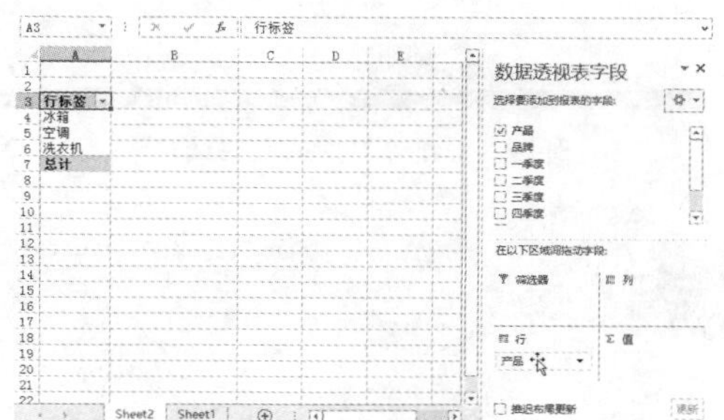

图16-4　将“产品”字段拖动到【行】列表框中

图16-5　手动创建的数据透视表

16.1.2 自动创建数据透视表

Excel 2013新引入了“推荐的数据透视表”功能，通过该功能，系统将快速扫描数据，并列出可供选择的数据透视表，用户只需选择其中一种，即可自动创建数据透视表，具体操作步骤如下。

步骤 1 打开随书光盘中的“素材\ch16\电器销售表.xlsx”文件，将鼠标指针定位在数据区域内的任意单元格，在【插入】选项卡中，单击【表格】选项组中的【推荐的数据透视表】按钮，如图16-6所示。

步骤 2 弹出【推荐的数据透视表】对话框，在左侧列表框中选择需要的类型，在右侧可预览效果，然后单击【确定】按钮，如图16-7所示。

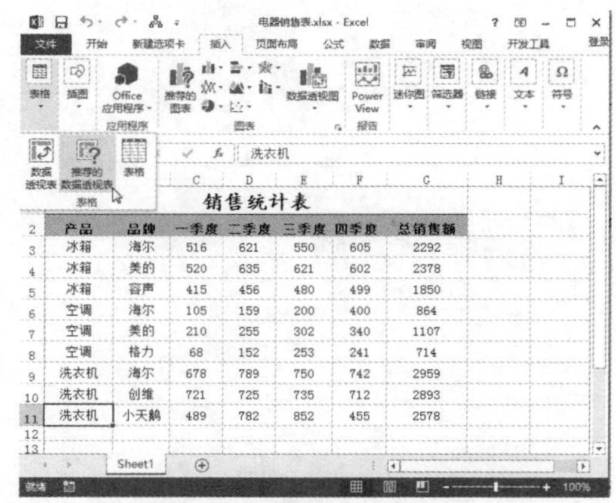

图16-6　单击【推荐的数据透视表】按钮

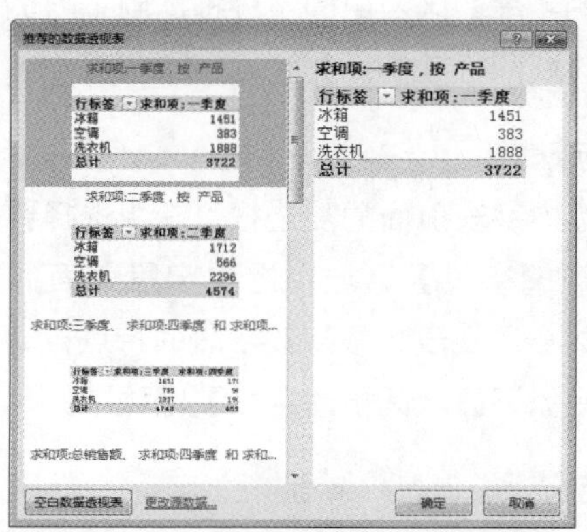

图16-7　在左侧列表框中选择需要的类型

步骤 3　此时系统将自动创建所选的数据透视表，如图16-8所示。

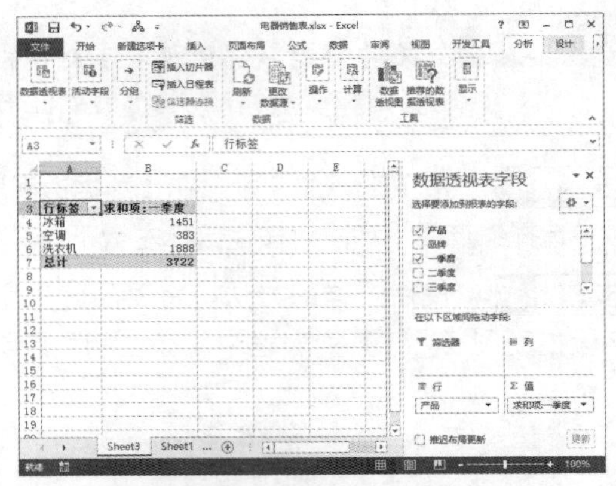

图16-8　自动创建的数据透视表

16.2 编辑数据透视表

创建数据透视表以后，就可以对其进行编辑了，对数据透视表的编辑包括修改其布局、添加或删除字段、格式化表中的数据，以及对透视表进行复制和删除等。

16.2.1 设置数据透视表字段

设置数据透视表字段包括添加字段、移动字段、删除字段、设置字段等，下面分别介绍。

1. 添加字段

通常情况下，主要有3种方法添加字段。

▶ **方法1：**

拖动字段。用户可直接将【选择要添加到报表的字段】区域中的字段拖动到下方的【在以下区域间拖动字段】区域中。

▶ **方法2：**

选中字段前面的复选框。在【选择要添加到报表的字段】区域中选中字段前面的复选框，数据透视表会根据该字段的特点自动添加到【在以下区域间拖动字段】区域中。

▶ **方法3：**

通过右击鼠标添加。选择要添加的字段，右击，在弹出的快捷菜单中选择要添加到的区域，即可添加该字段，如图16-9所示。

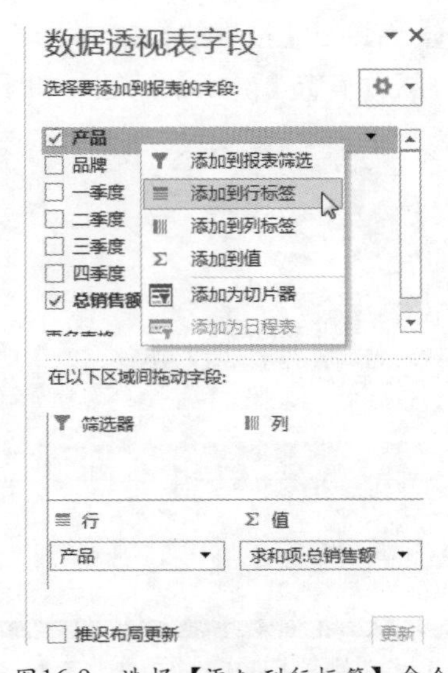

图16-9　选择【添加到行标签】命令

2. 移动字段

用户不仅可以在数据透视表的区域间移动字段，还可在同一区域中移动字段，具体操作步骤如下。

步骤 1 打开随书光盘中的“素材\ch16\电器销售表--数据透视表.xlsx”文件，如图16-10所示。

步骤 2 在【数据透视表字段】窗格中，选择【行】列表框中的“产品”字段，将其拖动到“品牌”字段的下方，此时数据透视表的布局会自动发生改变，如图16-11所示。

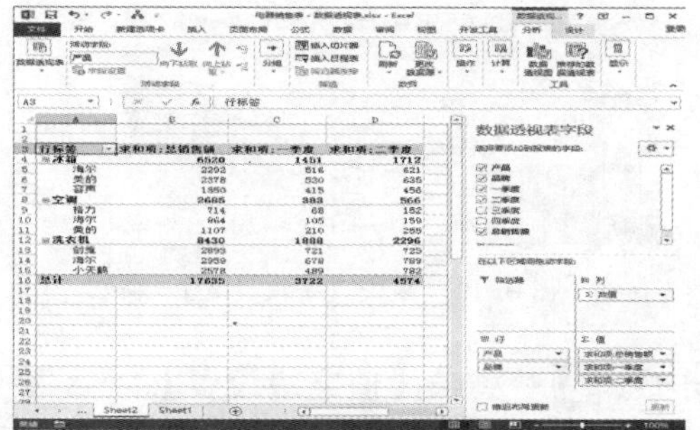

图16-10　打开素材文件

图16-11　将“产品”字段拖动到【行】列表框中

步骤 3 在【∑值】列表框中单击“总销售额”字段，在弹出的下拉列表中选择【移至末尾】选项，如图16-12所示。

步骤 4 选择后，“总销售额”字段移动到【∑值】列表框的末尾，此时数据透视表的布局会自动发生改变，如图16-13所示。

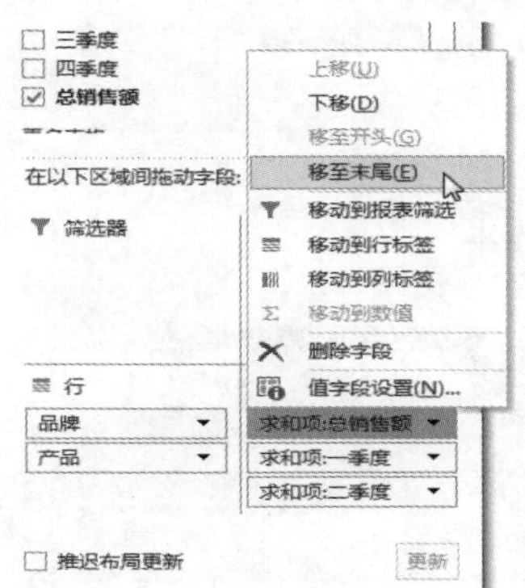

图16-12　选择【移至末尾】选项

图16-13　数据透视表的布局发生改变

以上介绍了在同一区域中移动字段的两种方法，若要在区域间移动字段，将字段直接拖动到其他的区域中，或者选择字段，在弹出的下拉列表中选择【移动到行标签】、【移动到列标签】等选项，都可在区域间移动字段，方法与上述类似，这里不再赘述。

3. 删除字段

通常情况下，主要有两种方法添加字段。

▶ **方法1：**

在窗格中选中要删除的字段，直接将其拖动到区域外，可删除该字段，如图16-14所示。

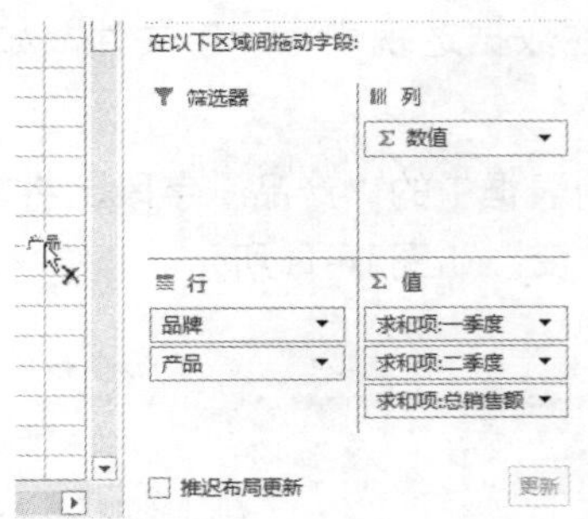

图16-14　拖动删除字段

▶ **方法2：**

在【在以下区域间拖动字段】区域中单击要删除的字段，在弹出的下拉列表中选择【删除字段】选项，即可删除该字段，如图16-15所示。

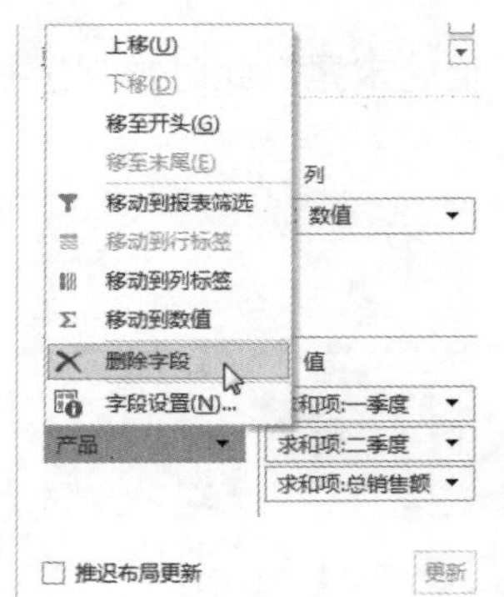

图16-15　选择【删除字段】选项

4. 设置字段

设置字段包括重命名字段、设置字段的数字格式、设置字段的汇总和筛选方式、设置布局和打印等。例如，在电器销售表中，若需要数据透视表显示每季度的销售平均值，而非总和，就需要设置字段，具体操作步骤如下。

步骤 1　打开随书光盘中的“素材\ch16\电器销售表--数据透视表.xlsx”文件，选择单元格B3，在【分析】选项卡中，单击【活动字段】选项组中的【字段设置】按钮，如图16-16所示。

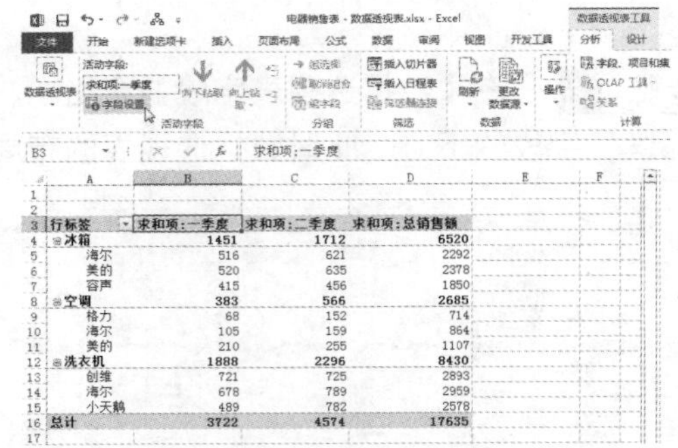

图16-16　单击【字段设置】按钮

步骤 2　弹出【值字段设置】对话框，在【自定义名称】文本框中输入新名称“一季度平均值”，在【值字段汇总方式】列表框中选择【平均值】选项，单击【数字格式】按钮，如图16-17所示。

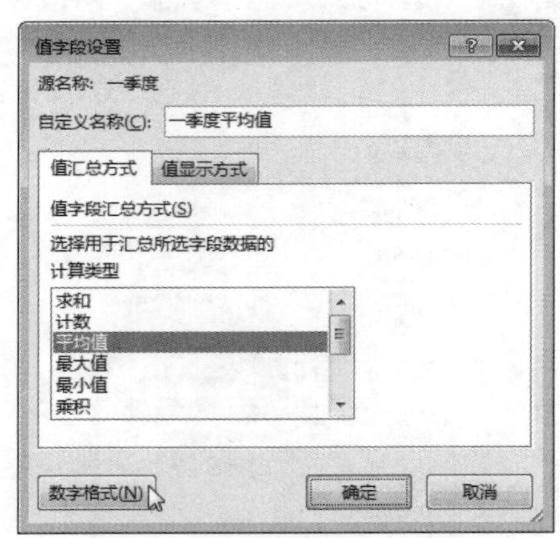

图16-17　【值字段设置】对话框

步骤 3　弹出【设置单元格格式】对话框，选择【分类】列表框中的【数值】选项，在右侧将【小数位数】设置为0，如图16-18所示。

步骤 4　依次单击【确定】按钮，返回到工作表，此时数据透视表将显示一季度的销售平均值，如图16-19所示。

图16-18　【设置单元格格式】对话框

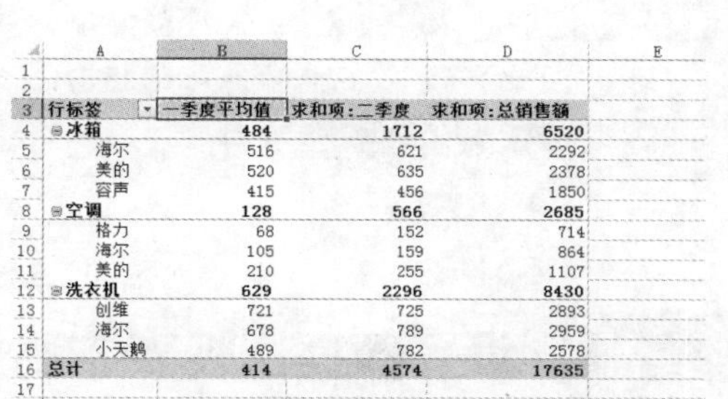

图16-19　显示销售平均值

步骤 5　使用同样的方法，设置“二季度”和“总销售额”字段，将其汇总方式设置为【平均值】，并设置数字格式，如图16-20所示。

步骤 6　在【数据透视表字段】窗格中，单击【行】列表框中的“产品”字段，在弹出的下拉列表中选择【字段设置】选项，如图16-21所示。

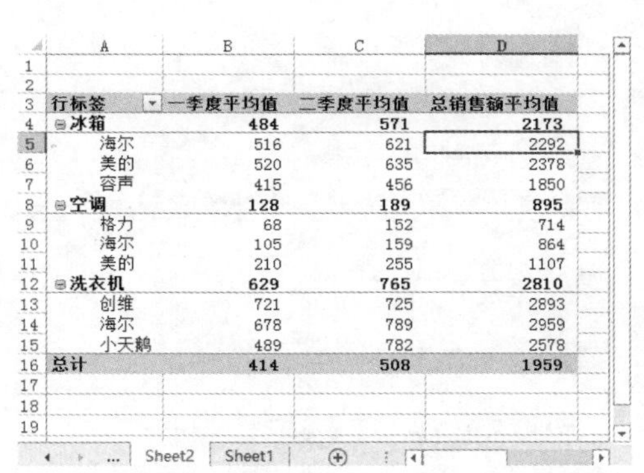

图16-20　添加其他季度的平均值

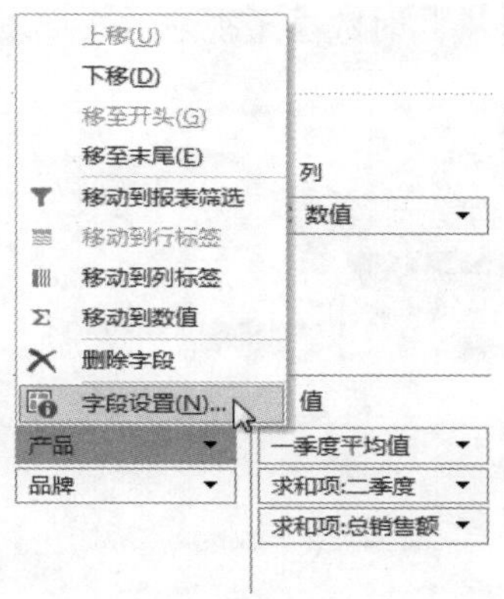

图16-21　选择【字段设置】选项

步骤 7　弹出【字段设置】对话框，选择【布局和打印】选项卡，在【布局】区域中选中【以表格形式显示项目标签】单选按钮，单击【确定】按钮，如图16-22所示。

步骤 8　返回到工作表中，此时数据透视表已发生改变，如图16-23所示。

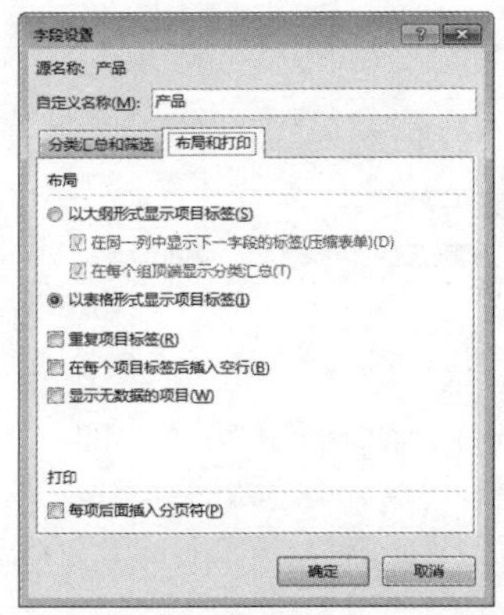

图16-22　【字段设置】对话框

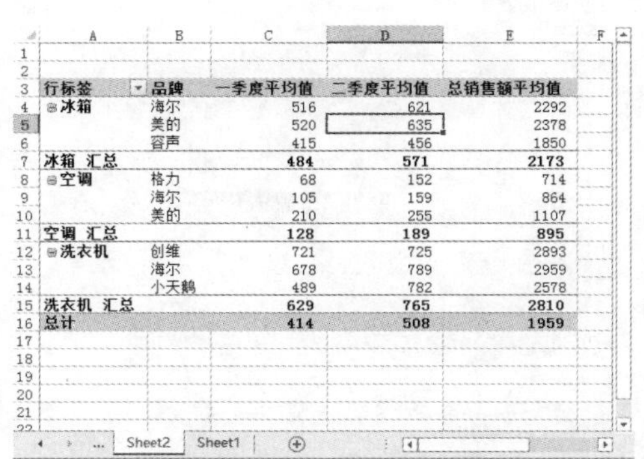

图16-23　数据透视表发生变化

> **提示** 报表中【∑值】列表框中的字段称为值字段，其他3个列表框中的字段称为字段，因此当设置字段时，对话框分别为【值字段设置】和【字段设置】，且两种类型的字段可设置的选项也不同。

16.2.2 设置数据透视表布局

在添加或设置字段时数据透视表的布局会自动变化。此外，还可通过功能区来设置数据透视表布局，具体操作步骤如下。

步骤 1 打开随书光盘中的“素材\ch16\电器销售表--数据透视表.xlsx”文件，将鼠标指针定位在数据透视表中，在【设计】选项卡中，单击【布局】选项组中的【分类汇总】按钮，在弹出的下拉列表中选择【在组的底部显示所有分类汇总】选项，如图16-24所示。

步骤 2 此时数据透视表的布局发生改变，如图16-25所示。

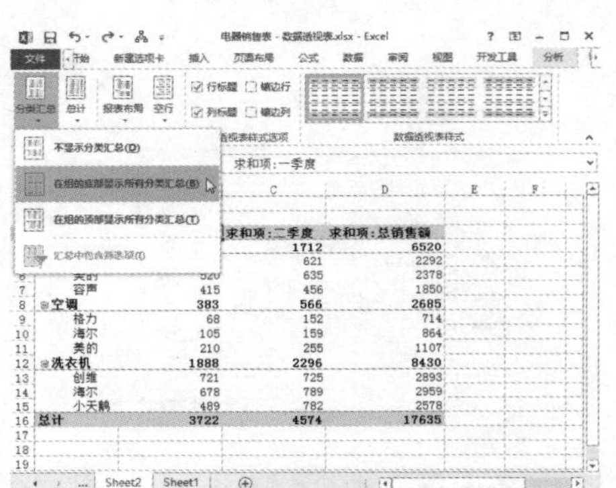

图16-24 【分类汇总】下拉列表

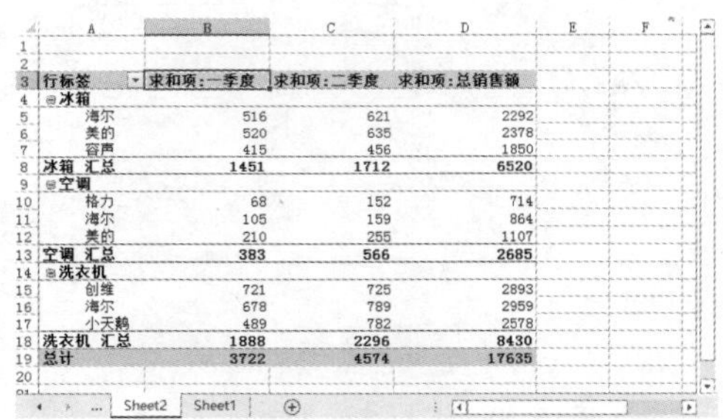

图16-25 数据透视表发生变化

步骤 3 在【设计】选项卡中，单击【布局】选项组中的【报表布局】按钮，在弹出的下拉列表中选择【以压缩形式显示】选项，如图16-26所示。

步骤 4 此时数据透视表的布局再次发生改变，如图16-27所示。

图16-26 选择【以压缩形式显示】选项

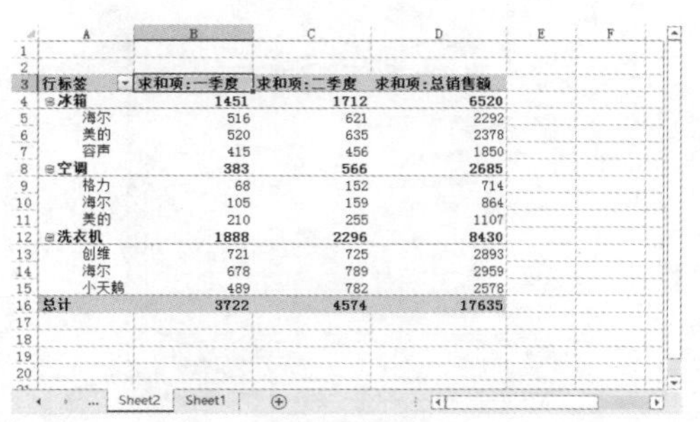

图16-27 数据透视表布局发生变化

16.2.3 设置数据透视表样式

在Excel 2013中，系统提供了多种预定义的数据透视表样式，用户只需选择其中一种，即可快速应用该样式，从而使数据透视表更加美观，具体操作步骤如下。

步骤 1 打开随书光盘中的“素材\ch16\电器销售表--数据透视表.xlsx”文件，将鼠标指针定位在数据透视表中，在【设计】选项卡中，单击【数据透视表样式】选项组中的【其他】按钮，在弹出的列表框中选择【中等深浅】区域中的【数据透视表样式中等深浅13】选项，如图16-28所示。

图16-28　选择数据透视表的样式

步骤 2 此时数据透视表的样式发生改变，如图16-29所示。

行标签	求和项:一季度	求和项:二季度	求和项:总销售额
⊟冰箱	1451	1712	6520
海尔	516	621	2292
美的	520	635	2378
容声	415	456	1850
⊟空调	383	566	2685
格力	68	152	714
海尔	105	159	864
美的	210	255	1107
⊟洗衣机	1888	2296	8430
创维	721	725	2893
海尔	678	789	2959
小天鹅	489	782	2578
总计	3722	4574	17635

图16-29　应用数据透视表的样式

提示

用户还可以在【浅色】或【深色】区域中选择需要的样式。

16.2.4 刷新数据透视表数据

当修改数据源中的数据时，数据透视表不会自动更新，用户必须进行更新操作才能刷新数据透视表。通常情况下，主要有两种方法可以刷新数据透视表，分别介绍如下。

▶方法1：

通过功能区。将鼠标指针定位在数据透视表中，在【选项】选项卡中，单击【数据】选项组中的【刷新】按钮，或单击【刷新】下拉按钮，在弹出的下拉列表中选择【刷新】或【全部刷新】选项，即可刷新数据透视表，如图16-30所示。

图16-30　选择【刷新】选项

▶方法2：

通过右击鼠标。将鼠标指针定位在数据透视表中的任意单元格，右击，在弹出的快捷菜单中选择【刷新】命令，即可刷新数据透视表，如图16-31所示。

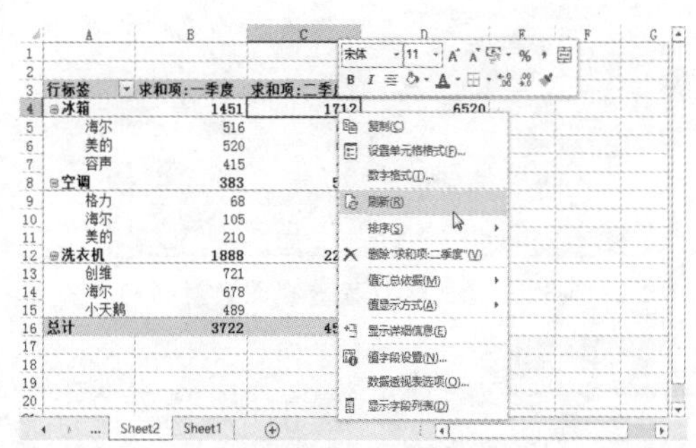

图16-31　选择【刷新】命令

16.3 创建数据透视图

与数据透视表一样，数据透视图也是交互式的。它是另一种数据表现形式，主要使用图表来描述数据的特性。如果用户熟悉在Excel中创建图表的方法，那么创建数据透视图将不会有任何困难。下面介绍两种创建数据透视图的方法。

16.3.1 利用源数据创建

下面以电器销售表中的数据作为源数据，创建数据透视图，具体操作步骤如下。

步骤 1 打开随书光盘中的“素材\ch16\电器销售表.xlsx”文件，将鼠标指针定位在数据区域中的任意单元格，在【插入】选项卡中，单击【图表】选项组中的【数据透视图】按钮，如图16-32所示。

销售统计表						
产品	品牌	一季度	二季度	三季度	四季度	总销售额
冰箱	海尔	516	621	550	605	2292
冰箱	美的	520	635	621	602	2378
冰箱	容声	415	456	480	499	1850
空调	海尔	105	159	200	400	864
空调	美的	210	255	302	340	1107
空调	格力	68	152	253	241	714
洗衣机	海尔	678	789	750	742	2959
洗衣机	创维	721	725	735	712	2893
洗衣机	小天鹅	489	782	852	455	2578

图16-32 单击【数据透视图】按钮

步骤 2 弹出【创建数据透视图】对话框，选中【选择一个表或区域】单选按钮，将鼠标指针定位在【表/区域】右侧的选择框中，然后在工作表中选择单元格区域A2:G11作为数据源，在下方选中【新工作表】单选按钮，单击【确定】按钮，如图16-33所示。

步骤 3 此时将创建一个新工作表，工作表中包含一个空白的数据透视图，在右侧将出现【数据透视图字段】窗格，并且在功能区中会出现【分析】、【设计】和【格式】选项卡，如图16-34所示。

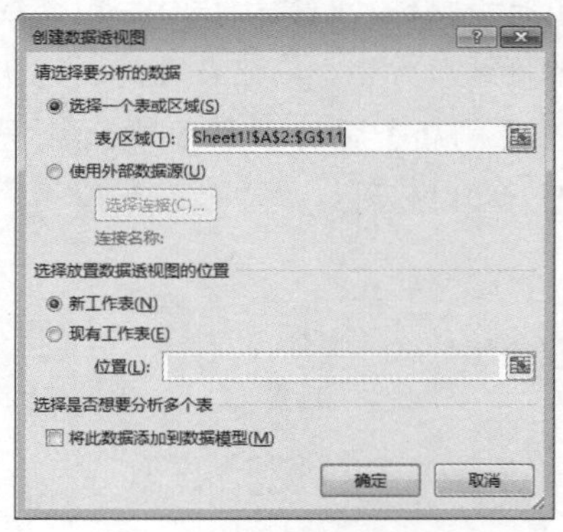

图16-33 【创建数据透视图】对话框

图16-34 空白的数据透视图

提示 创建数据透视图时会默认创建数据透视表，如果将数据透视表删除，透视图也随之转化为普通图表。

步骤 4 接下来添加字段。在【数据透视图字段】窗格中，从【选择要添加到报表的字段】区域中选中【产品】、【品牌】和【总销售额】3个复选框，系统将根据该字段的特点将其自动添加到下方的【在以下区域间拖动字段】区域中，如图16-35所示。

步骤 5 此时将根据添加的字段创建相应的数据透视图，如图16-36所示。

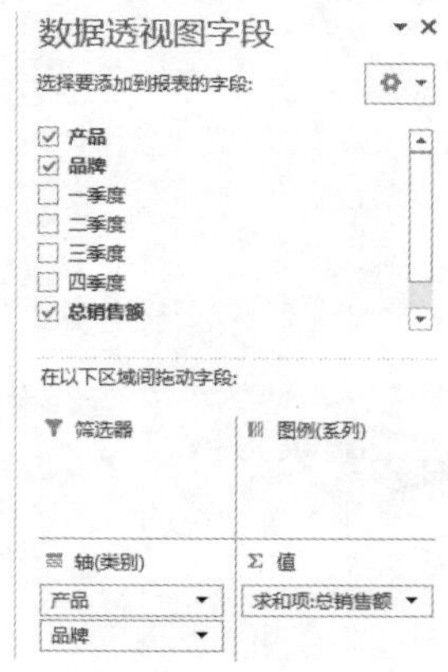

图16-35 添加字段

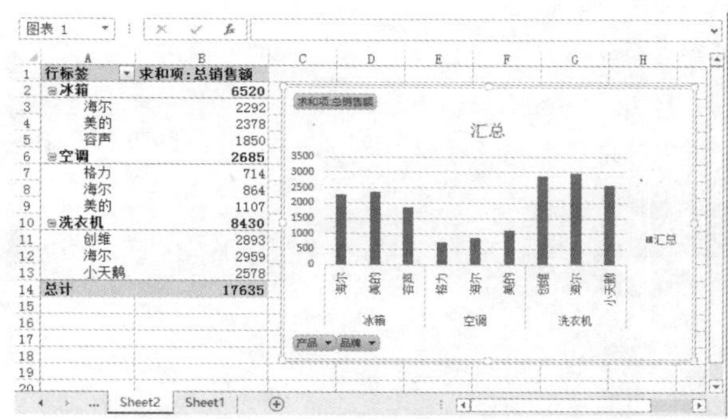

图16-36 创建的数据透视图

16.3.2 利用数据透视表创建

下面利用数据透视表创建数据透视图，具体操作步骤如下。

步骤 1 打开随书光盘中的“素材\ch16\电器销售表--数据透视表.xlsx”文件，将鼠标指针定位在数据透视表中，在【分析】选项卡中，单击【工具】选项组中的【数据透视图】按钮，如图16-37所示。

步骤 2 弹出【插入图表】对话框，选择需要的图表类型，单击【确定】按钮，如图16-38所示。

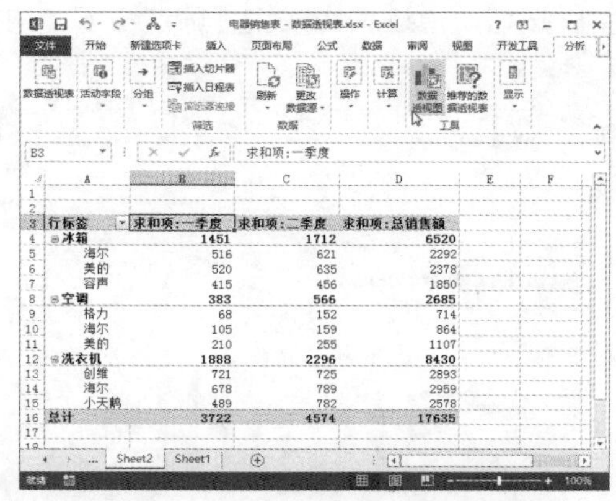

图16-37 单击【数据透视图】按钮

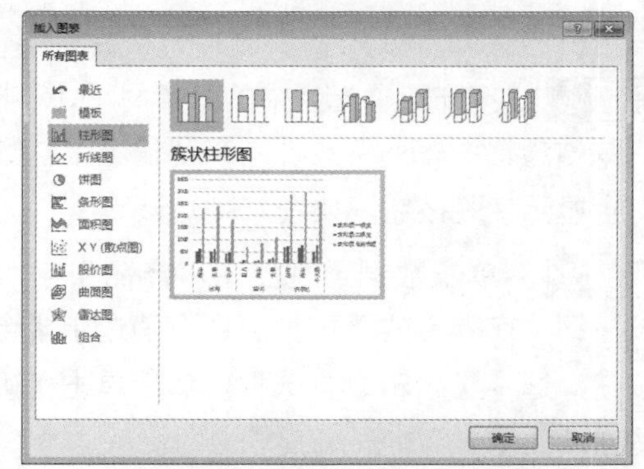

图16-38 【插入图表】对话框

步骤 3 此时将利用数据透视表创建一个数据透视图，如图16-39所示。

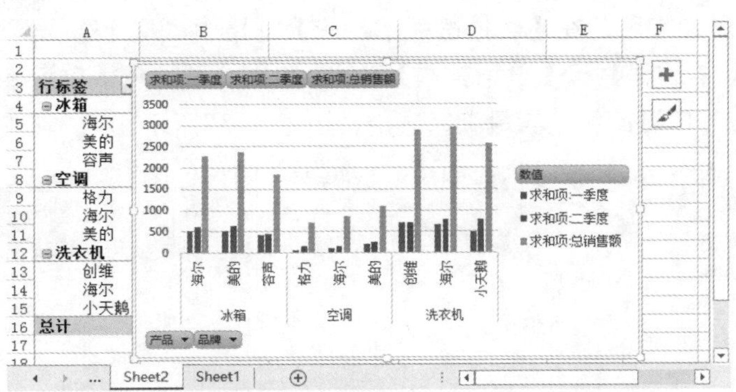

图16-39　创建数据透视图

提示　用户不能创建XY散点图、气泡图和股价图等类型的数据透视图。

16.4 编辑数据透视图

除少部分以外，在Excel中创建的数据透视图与普通图表基本类似，都具有图形的基本元素，因此其格式设置方法也是类似的，包括更改图表的类型、添加图表元素、切换行/列、应用图表样式等。

16.4.1 使用字段按钮

与普通图表不同的是，数据透视图中包含一些字段按钮，通过这些按钮可筛选图表中的数据，具体操作步骤如下。

步骤 1　打开随书光盘中的“素材\ch16\电器销售表--数据透视图.xlsx”文件，默认情况下，数据透视图中会显示字段按钮，如图16-40所示。

步骤 2　单击数据透视图中“产品”字段右侧的下拉按钮，在弹出的下拉列表中取消选中【全选】单选按钮，选中【冰箱】复选框，然后单击【确定】单选按钮，如图16-41所示。

步骤 3　此时数据透视图中只显示出冰箱的销售情况，如图16-42所示。

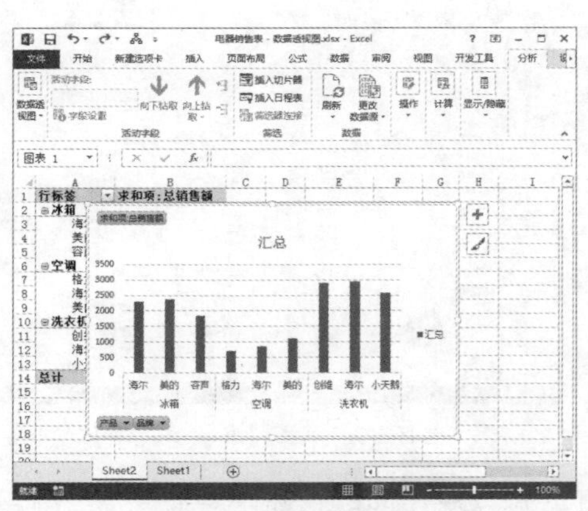

图16-40　打开素材文件

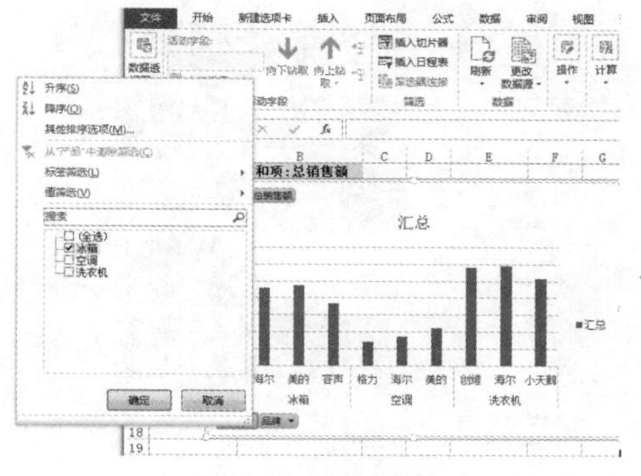

图16-41　设置字段

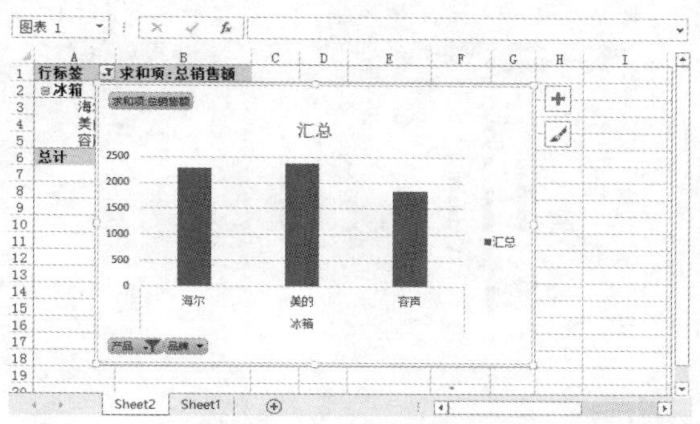

图16-42　数据透视图

步骤 4　若要隐藏字段按钮，选中数据透视图，在【分析】选项卡的【显示/隐藏】选项组中，单击【字段按钮】下拉按钮，在弹出的下拉列表中选择【全部隐藏】选项，如图16-43所示。

步骤 5　此时将隐藏全部的字段按钮，如图16-44所示。

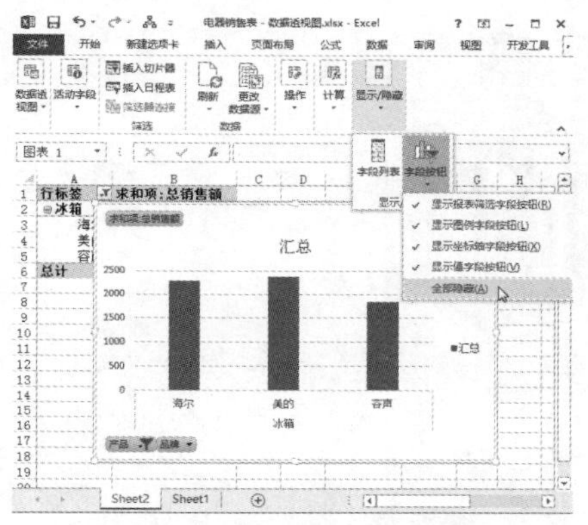

图16-43　选择【全部隐藏】选项

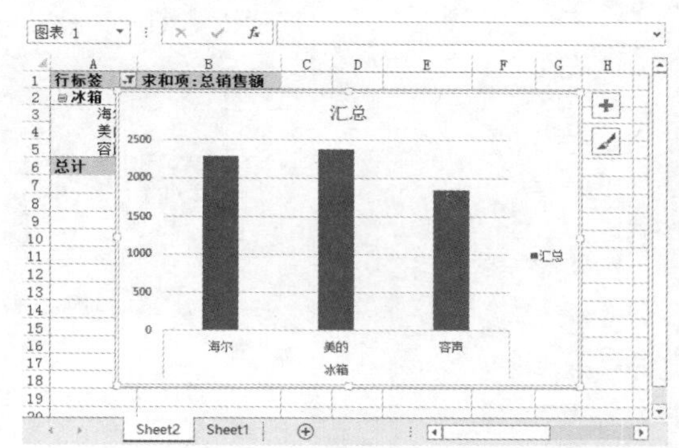

图16-44　隐藏字段按钮

提示

数据透视表和数据透视图是双向连接起来的，当一个发生结构或数据变化时，另一个也会发生同样的变化。

16.4.2 设置数据透视图格式

数据透视图的格式设置方法与普通图表设置的方法几乎相同，下面以设置背景色为例简单介绍，具体操作步骤如下。

步骤 1　打开随书光盘中的“素材\ch16\电器销售表--数据透视图.xlsx”文件，选中数据透视图，右击，在弹出的快捷菜单中选择【设置图表区域格式】命令，如图16-45所示。

步骤 2　在界面右侧弹出【设置图表区格式】窗格，选择【填充线条】选项卡，展开【填充】选项，在下方选中【图片或纹理填充】单选按钮，然后单击【纹理】右侧的下拉按钮，在弹出的下拉列表中选择需要的纹理类型，如图16-46所示。

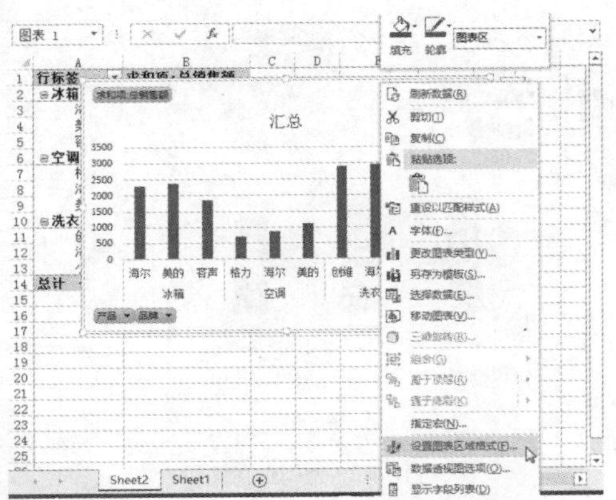
图16-45　选择【设置图表区域格式】命令

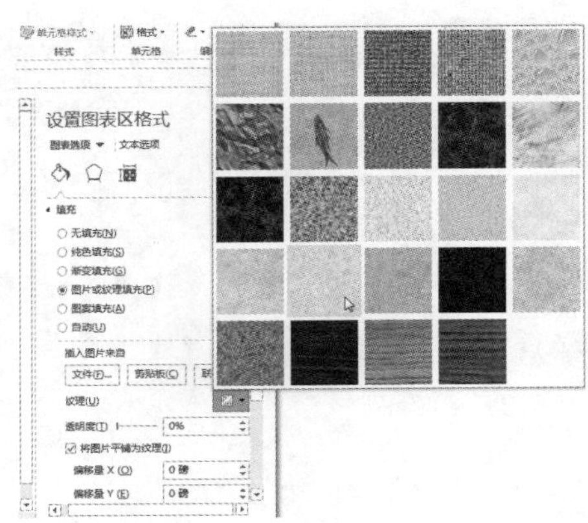
图16-46　设置填充样式

步骤 3　此时数据透视图的背景色将发生变化，如图16-47所示。

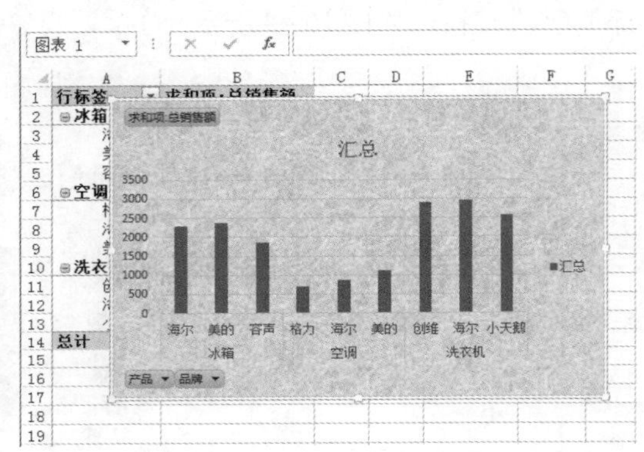
图16-47　数据透视图的背景已变化

16.5 高效办公技能实战

16.5.1 高效办公技能1——移动与清除数据透视表

创建数据透视表后，用户可将其移动到当前工作表的其他位置或者新工作表中，若不再需要该表，还可进行清除操作，具体操作步骤如下。

步骤 1　打开随书光盘中的"素材\ch16\电器销售表--数据透视表.xlsx"文件，将鼠标指针定位在数据透视表中，在【分析】选项卡中，单击【操作】选项组中的【移动数据透视表】按钮，如图16-48所示。

步骤 2　弹出【移动数据透视表】对话框，选中【新工作表】单选按钮，单击【确定】按钮，如图16-49所示。

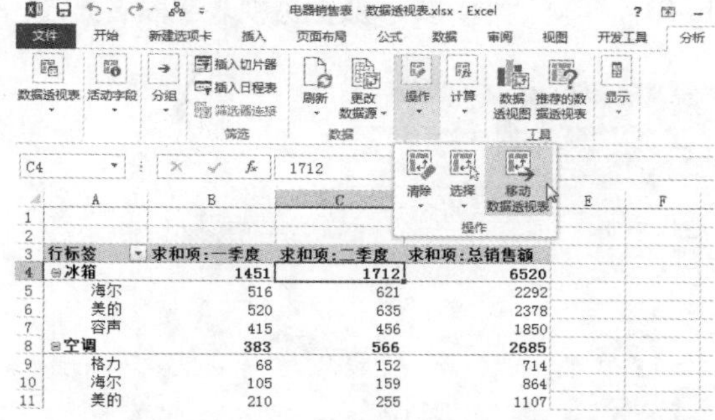

图16-48　单击【移动数据透视表】按钮

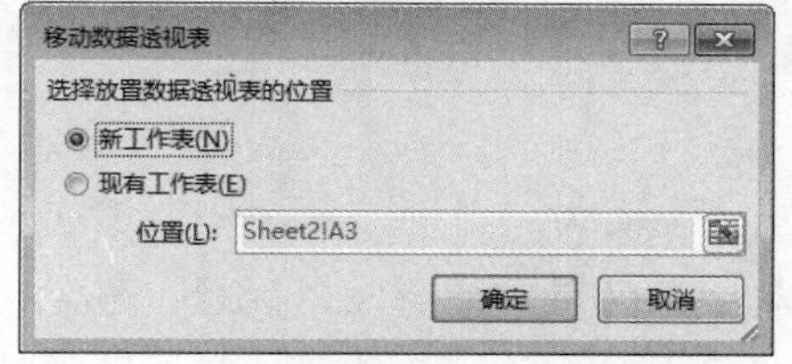

图16-49　【移动数据透视表】对话框

> **提示**　若选中【现有工作表】单选按钮，然后在【位置】文本框中选择放置的位置，即可将数据透视表移动到当前工作表的其他位置。

步骤 3　此时数据透视表将会移动到一个新工作表中，如图16-50所示。

步骤 4　接下来清除数据透视表。将鼠标指针定位在数据透视表中，在【分析】选项卡中，单击【操作】选项组中的【清除】按钮，在弹出的下拉列表中选择【全部清除】选项，如图16-51所示。

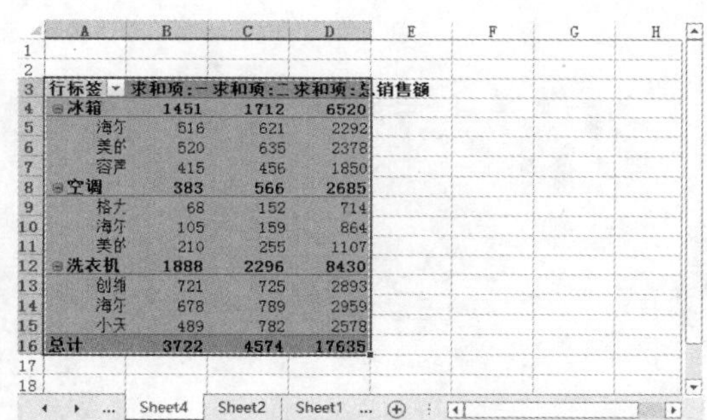

图16-50　移动数据透视表

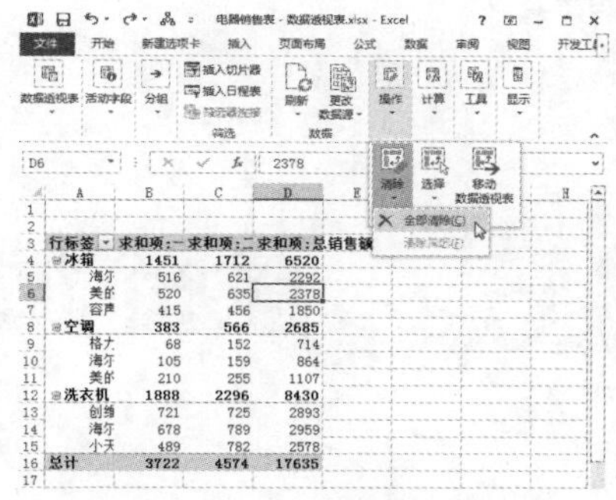

图16-51　选择【全部清除】选项

步骤 5　此时将清除数据透视表，如图16-52所示。

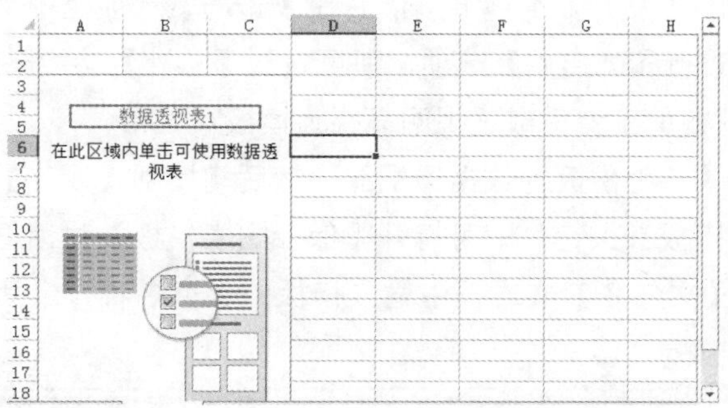

图16-52　清除数据透视表

16.5.2 高效办公技能2——解决数据透视表字段名无效的问题

在Excel中创建数据透视表时，经常会出现如图16-53所示对话框，提示数据透视表字段名无效。

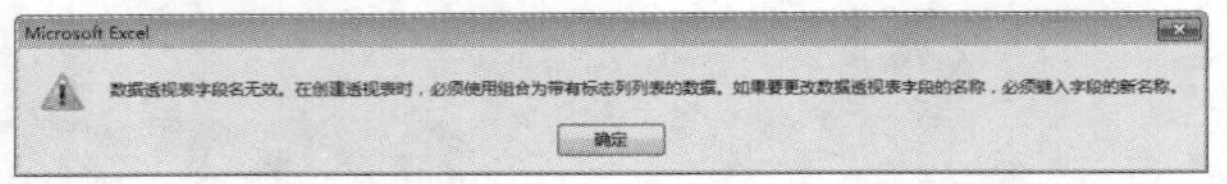

图16-53　信息提示框

主要原因为：当用于创建数据透视表的单元格区域的首行没有标题、有空单元格或者有合并了的单元格时，通常会出现数据透视表字段名无效的错误提示。例如，图16-54中，单元格区域中的G2为空单元格，因此会出现错误。

要想解决这个问题，用户只需将标题行中没有标题或为空的单元格添加标题，或者将合并的单元格拆分成单个单元格，并为每个单元格添加标题，即可解决该问题。

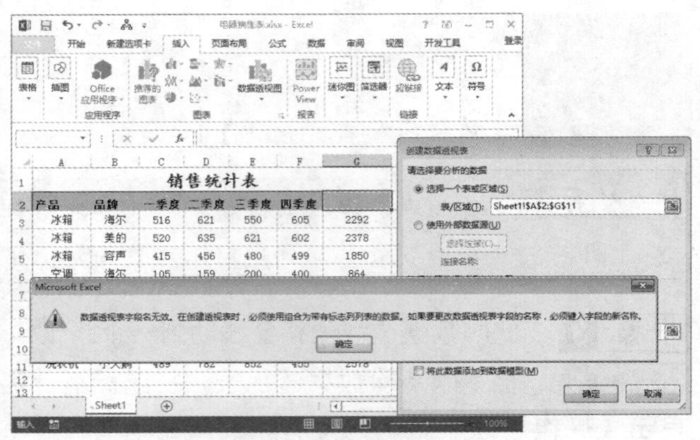

图16-54　更改数据格式

16.6 疑难问题解答

问题1：在数据透视表的最后会自动显示出总计，如何根据实际需要启动总计？

解答：首先打开相应的数据透视表，选中数据区域中的任意一个单元格，然后切换到【数据透视表工具】菜单下的【设计】选项卡，最后在【布局】选项组中单击【总计】按钮，从弹出的下拉列表中选择【对行和列启用】选项，即可看到【总计】功能已经被启用了。

问题2：如何将设置好的工资提成透视图另存为模板？

解答：首先选中要保存为模板的数据透视图，然后切换到【设计】选项卡，在【类型】选项组中，单击【另存为模板】按钮，即可打开【保存图表模板】对话框，系统默认的保存位置为Charts文件夹下，在【文件名】文本框中输入模板的保存名称，最后单击【保存】按钮，即可将数据透视图另存为模板。

第5篇

行业应用案例

Excel 2013具有的强大办公处理功能在各行各业都有广泛的应用，包括会计工作、人力资源管理、行政管理和工资管理等行业，本篇将通过职业案例来进一步学习Excel 2013的强大功能。

△ 第17章　Excel在会计工作中的应用

△ 第18章　Excel在人力资源管理中的应用

△ 第19章　Excel在行政管理中的应用

△ 第20章　Excel在工资管理中的应用

Excel在会计工作中的应用

● **本章导读**

利用Excel建立会计科目表、凭证表、账簿和分类账目后，繁杂的会计核算工作就会变得非常简单快捷、正确可靠。本章主要介绍Excel在会计工作中的应用方法。

● **学习目标**

◎ 掌握会计科目表的创建方法

◎ 掌握日记账簿的创建方法

◎ 熟悉会计行业中其他表格的创建方法

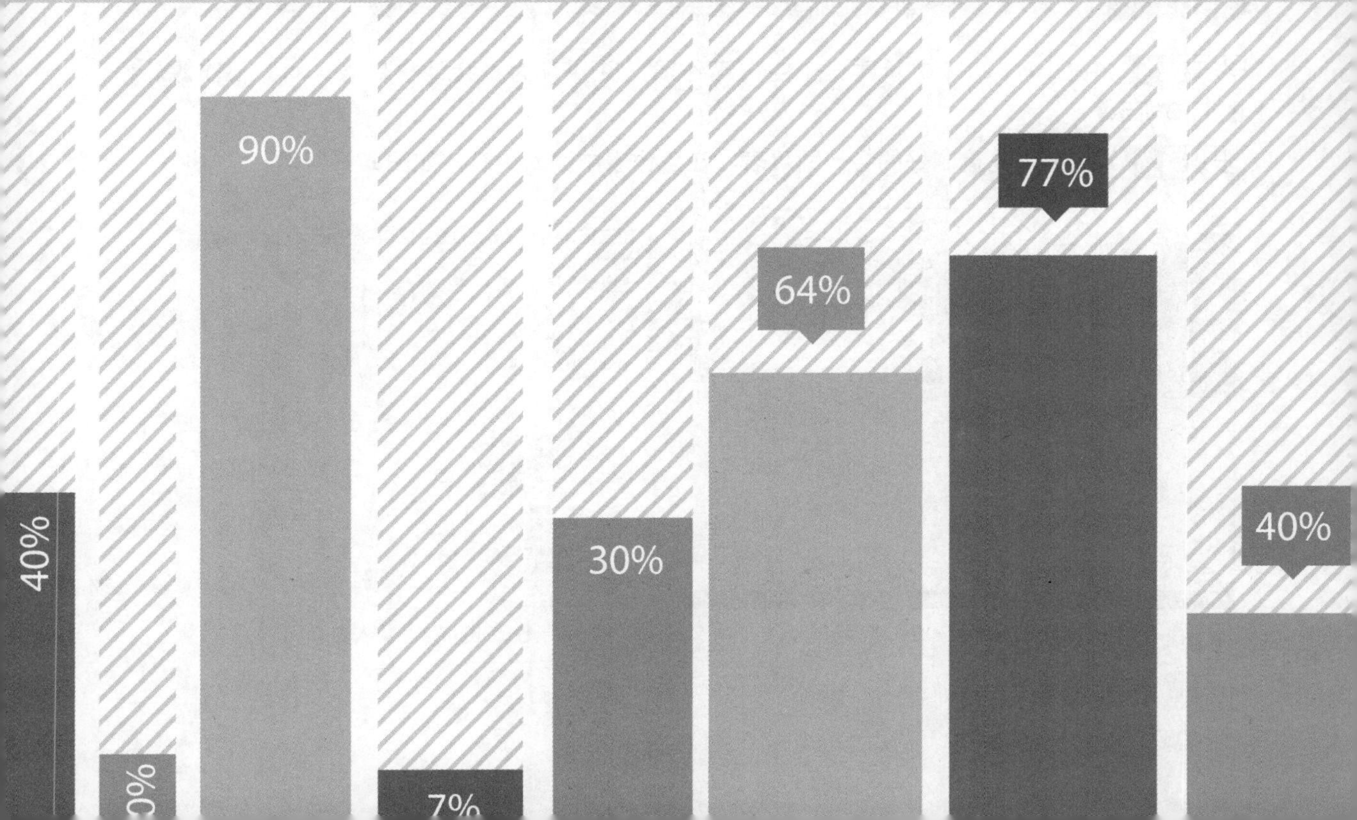

17.1 建立会计科目表

企业在开展具体的会计业务之前，首先要根据其经济业务设置会计科目表。企业的会计科目表通常包括总账科目和明细科目。

会计科目表是对会计对象的具体内容进行项目的分类核算，一般按会计要素分为资产类科目、负债类科目、所有者权益类科目、成本类科目和损益类科目5大类，如图17-1所示。

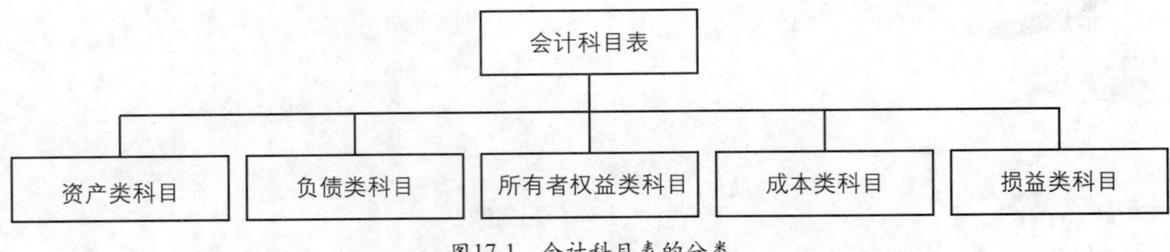

图17-1　会计科目表的分类

会计科目一般包括一级科目、二级科目和明细科目等，内容包括科目编号、总账科目、科目级次和借贷方向等。财务部门设定好科目后，才能利用Excel 2013创建会计科目表。

17.1.1 建立表格

步骤 1 在Excel 2013中新建一个空白工作簿，并保存为“会计科目表.xlsx”工作簿，如图17-2所示。

步骤 2 根据事先编制好的会计科目表，在工作表中输入内容，如图17-3所示。

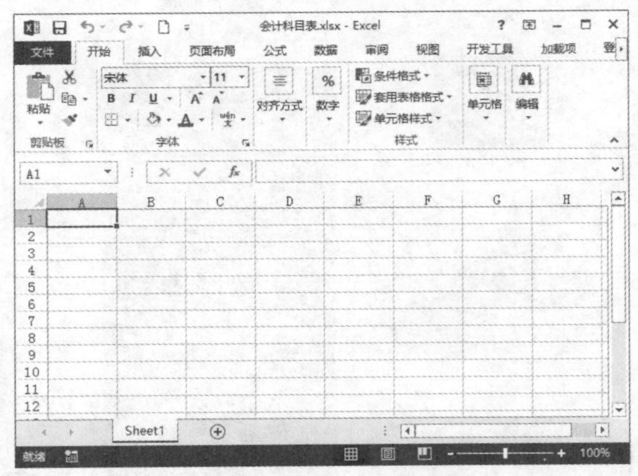

图17-2　新建空白工作簿

科目编号	总账科目	明细科目	余额方向	科目级次	期初余额（借）	期初余额（贷）
1001	现金					
1002	银行存款					
100201	银行存款	建行				
100202	银行存款	工行				
1009	其他货币资金					
1101	短期投资					
110101	短期投资	股票				
110102	短期投资	债券				
110103	短期投资	基金				
110110	短期投资	其他				
1102	短期投资跌价准备					
1111	应收票据					
1121	应收股利					
1122	应收利息					
1131	应收账款					
1131	应收账款	长江公司				
1131	应收账款	黄河公司				
1131	应收账款	水利公司				
1133	其他应收款					
1141	坏账准备					
1151	预付账款					
1161	应收补贴款					
1201	材料采购					
1211	材料					

图17-3　输入内容

17.1.2 设置数据有效性条件

步骤 1 调整单元格的宽度，并选择单元格区域D2:D162，如图17-4所示。

步骤 2 在【数据】选项卡中单击【数据工具】选项组中的【数据验证】按钮，在弹出的下拉列表中选择【数据验证】选项，如图17-5所示。

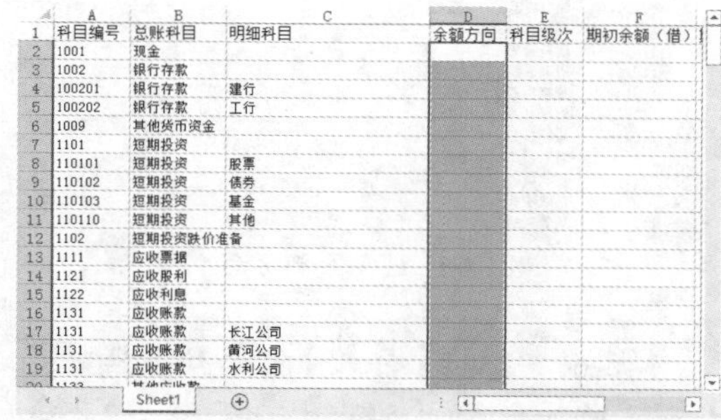

图17-4　选择单元格区域

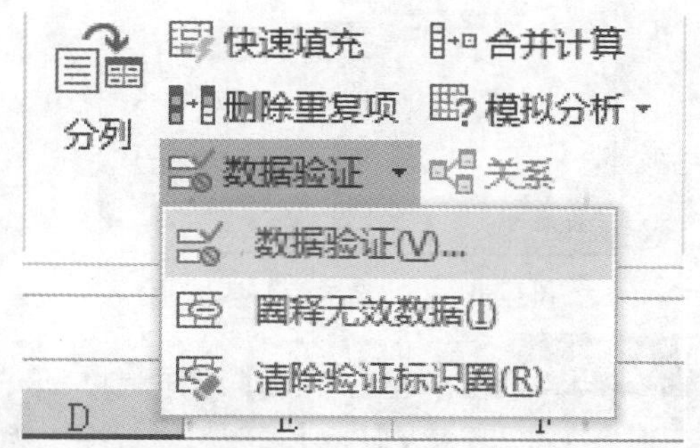

图17-5　选择【数据验证】选项

步骤 3 弹出【数据验证】对话框，选择【设置】选项卡，在【允许】下拉列表框中选择【序列】选项，在【来源】选择框中输入“借,贷”，如图17-6所示。

> **注意** 输入来源内容时，各序列项间必须用英文状态下的逗号隔开，否则不能以序列显示。

步骤 4 设置输入信息。选择【输入信息】选项卡，在【标题】文本框中输入“选择余额方向”，在【输入信息】文本框中输入“从下拉列表中选择该科目的余额方向!”，如图17-7所示。

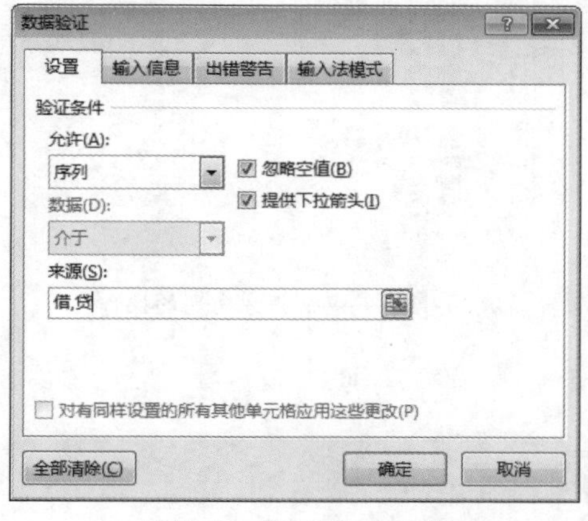

图17-6　【设置】选项卡

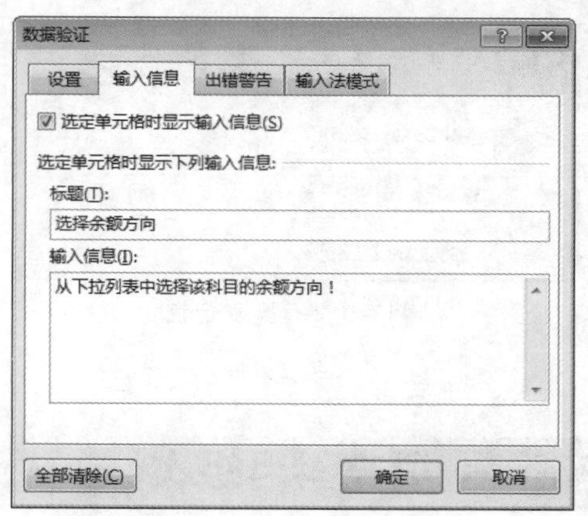

图17-7　【输入信息】选项卡

步骤 5 设置出错信息。选择【出错警告】选项卡，在【标题】文本框中输入“出错了”，在【错误信息】文本框中输入“余额方向只有‘借’和‘贷’!”，然后单击【确定】按钮，如图17-8所示。

步骤 6 设置后，选择“余额方向”列中的单元格时，会给出提示信息；单击单元格后面的下拉按钮，会弹出含有【借】和【贷】选项的下拉列表以供选择，如图17-9所示。当输入的内容不在已定义的范围时，则会给出警告信息，如图17-10所示。

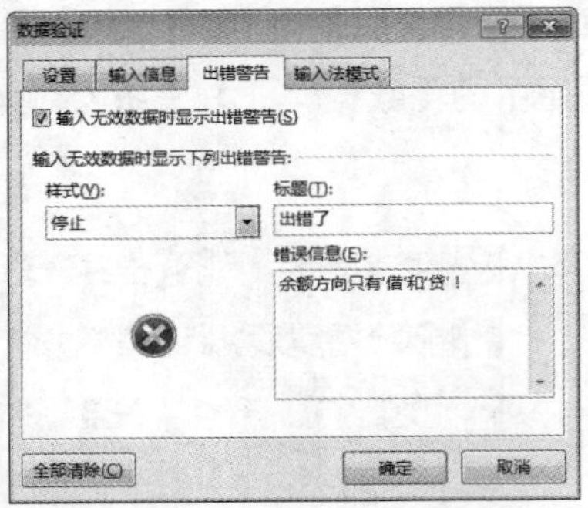

图17-8　【出错警告】选项卡

	A	B	C	D	E
1	科目编号	总账科目	明细科目	余额方向	科目级次
2	1001	现金			
3	1002	银行存款			
4	100201	银行存款	建行		
5	100202	银行存款	工行		
6	1009	其他货币资金			
7	1101	短期投资			
8	110101	短期投资	股票		
9	110102	短期投资	债券		
10	110103	短期投资	基金		
11	110110	短期投资	其他		
12	1102	短期投资跌价准备			
13	1111	应收票据			
14	1121	应收股利			
15	1122	应收利息			

图17-9　选择余额方向

> **提示**
>
> 在【数据验证】对话框中，【出错警告】选项卡下的【样式】下拉列表框中有【停止】、【信息】和【警告】3种输入无效数据时的响应方式。【停止】选项表示阻止输入无效数据，【信息】选项表示显示可输入无效数据的信息，【警告】选项表示可显示警告信息。

步骤 7　单击【余额方向】列单元格右侧的下拉按钮，在弹出的下拉列表中选择【借】或【贷】选项，完成【余额方向】列中所有余额方向的选择操作，如图17-11所示。

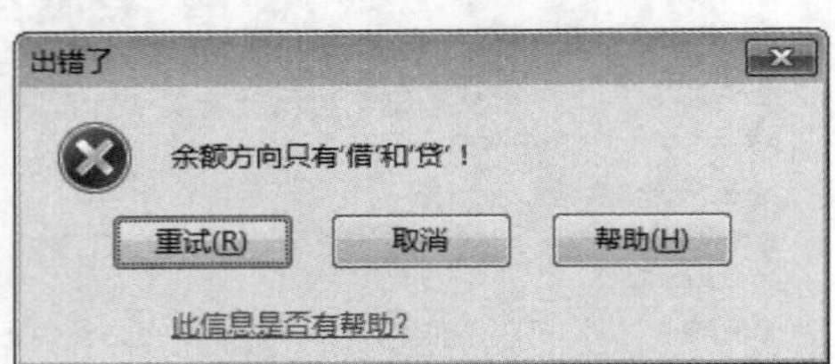

图17-10　信息提示框

	A	B	C	D	E
1	科目编号	总账科目	明细科目	余额方向	科目级次
2	1001	现金		借	
3	1002	银行存款		借	
4	100201	银行存款	建行	借	
5	100202	银行存款	工行	借	
6	1009	其他货币资金		借	
7	1101	短期投资		借	
8	110101	短期投资	股票	借	
9	110102	短期投资	债券	借	
10	110103	短期投资	基金	借	
11	110110	短期投资	其他	借	
12	1102	短期投资跌价准备		贷	
13	1111	应收票据		借	
14	1121	应收股利		借	
15	1122	应收利息		借	
16	1131	应收账款		借	
17	1131	应收账款	长江公司	借	
18	1131	应收账款	黄河公司	借	
19	1131	应收账款	水利公司	借	
20	1133	其他应收款		借	
21	1141	坏账准备		贷	
22	1151	预付账款		借	
23	1161	应收补贴款		借	

图17-11　完成余额方向列的操作

17.1.3 填充科目级次

步骤 1　选择单元格区域E2:E162，如图17-12所示。

步骤 2　在【数据】选项卡中单击【数据工具】选项组中的【数据验证】按钮，在弹出的下拉列表中选择【数据验证】选项，在弹出的【数据验证】对话框中选择【设置】选项卡，在【允许】下拉列表框中选择【序列】选项，在【来源】选择框中输入“1,2”，然后单击【确定】按钮，如图17-13所示。

图17-12 选择科目级次列

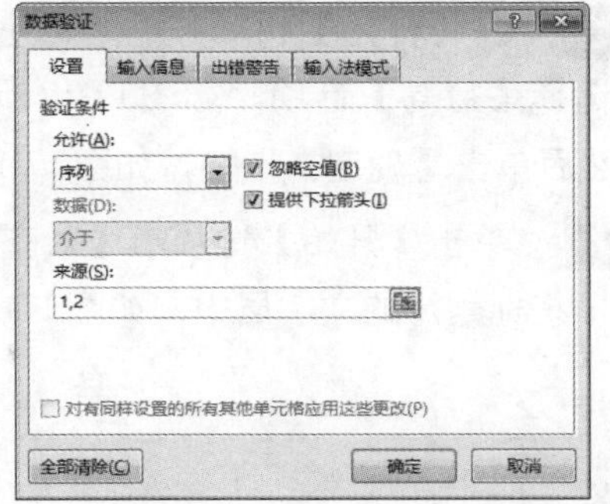

图17-13 【设置】选项卡

步骤 3 返回工作表，选择单元格E2，单击右侧的下拉按钮，在弹出的下拉列表中选择科目级次，以同样的方法完成本列所有科目级次的填充，如图17-14所示。

图17-14 选择科目级次

17.1.4 设置表头字段

步骤 1 选择A1:G1单元格区域，在【开始】选项卡【字体】选项组中的【字体】下拉列表框中选择【黑体】选项，在【字号】下拉列表框中选择14选项，然后单击【加粗】按钮 B 并调整各列列宽，使文字显示完全，如图17-15所示。

步骤 2 在【开始】选项卡中，单击【字体】选项组中的【填充颜色】按钮，在弹出的下拉列表中选择【蓝色、着色1、淡色40%】选项，如图17-16所示。

图17-15 设置字体样式

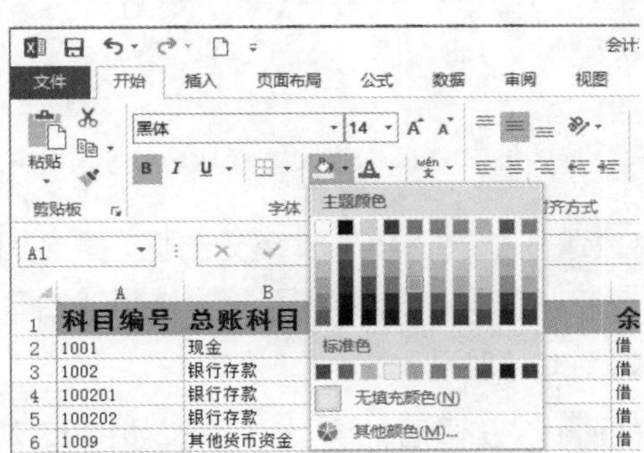

图17-16 填充单元格背景

步骤 3 在【开始】选项卡中，单击【单元格】选项组中的【格式】按钮，在弹出的下拉列表中选择【行高】选项，如图17-17所示，弹出【行高】对话框，在【行高】文本框中输入“25”，然后单击【确定】按钮，如图17-18所示。

步骤 4 单击【开始】选项卡【对齐方式】选项组中的【垂直居中】按钮和【水平居中】按钮，将标题行的文字居中，如图17-19所示。

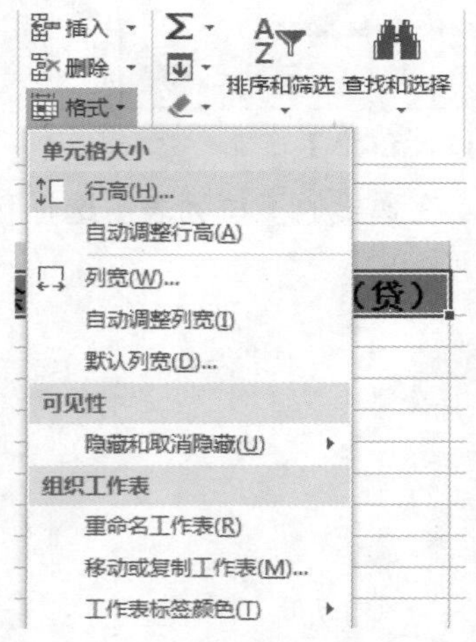

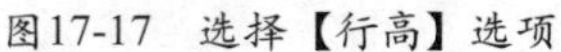
图17-17 选择【行高】选项

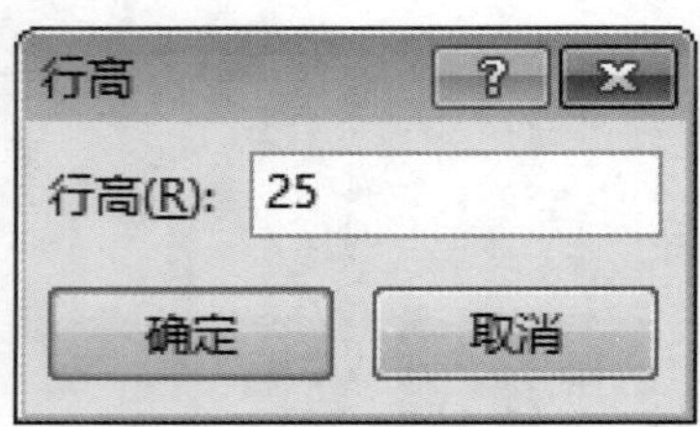

图17-18 【行高】对话框

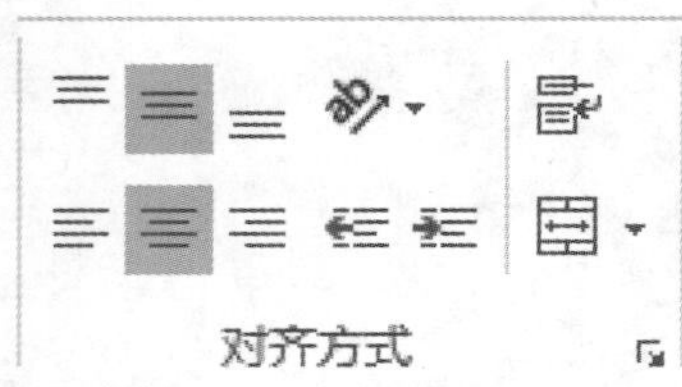

图17-19 【对齐方式】选项组

17.1.5 设置文本区域

步骤 1 选择单元格区域A2:G162，设置字号为“11”，并单击【开始】选项卡【对齐方式】选项组中的【垂直居中】按钮和【水平居中】按钮，将选择的文字对齐，如图17-20所示。

步骤 2 在【开始】选项卡中，单击【单元格】选项组中的【格式】按钮，在弹出的下拉列表中选择【行高】选项，在弹出的【行高】对话框的【行高】文本框中输入“18”，然后单击【确定】按钮，如图17-21所示。

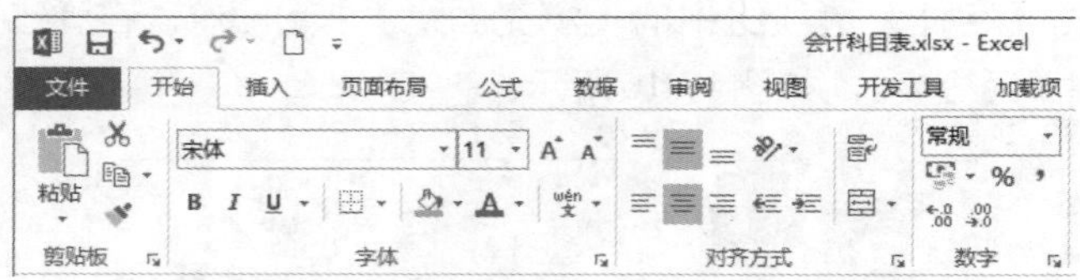

图17-20 设置文本区域的字号与对齐方式

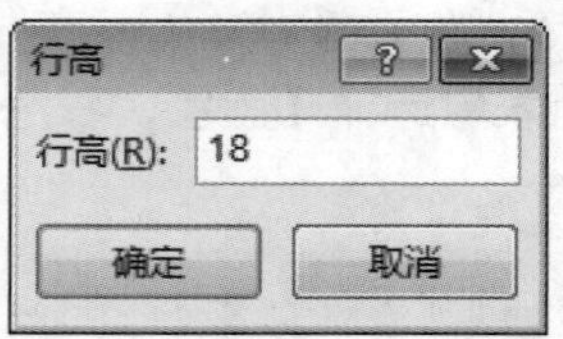

图17-21 【行高】对话框

步骤 3 选择A1:G162单元格区域，在【开始】选项卡中，单击【单元格】选项组中的【格式】按钮，在弹出的下拉列表中选择【自动调整列宽】选项，使单元格数据区域的列宽自动调整，如图17-22所示。

步骤 4 设置后的会计科目表如图17-23所示，单击快速工具栏中的【保存】按钮，保存工作簿。

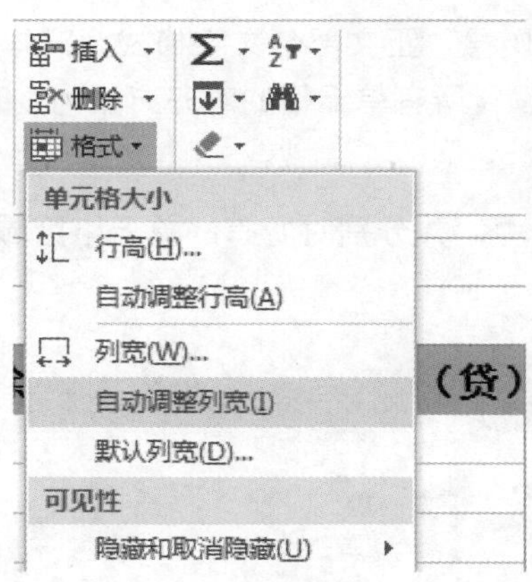

图17-22　选择【自动调整列宽】选项

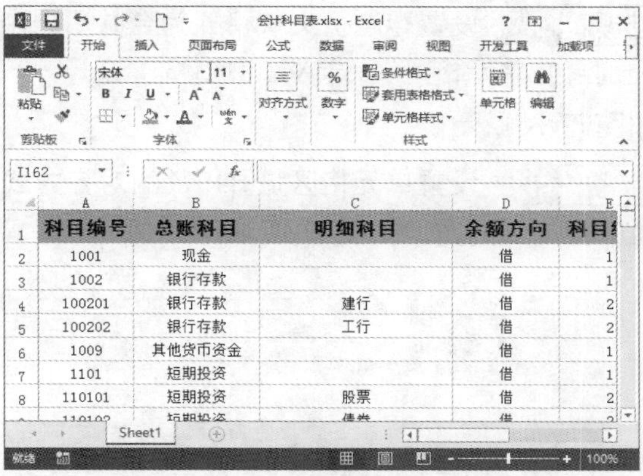

图17-23　保存工作簿

17.2 建立会计凭证表

会计凭证是记录经济业务、明确经济责任、按一定格式编制的据以登记会计账簿的书面证明。会计凭证主要包括凭证名称、编制凭证的日期及编号、接受凭证单位的名称、经济业务的数量和金额、填制凭证单位的名称和有关人员的签章等。

17.2.1 建立表格

步骤 1　新建一个工作簿，保存为“会计凭证表.xlsx”工作簿，如图17-24所示。

步骤 2　向工作表中输入凭证表中的标题、单位、摘要等信息，如图17-25所示。

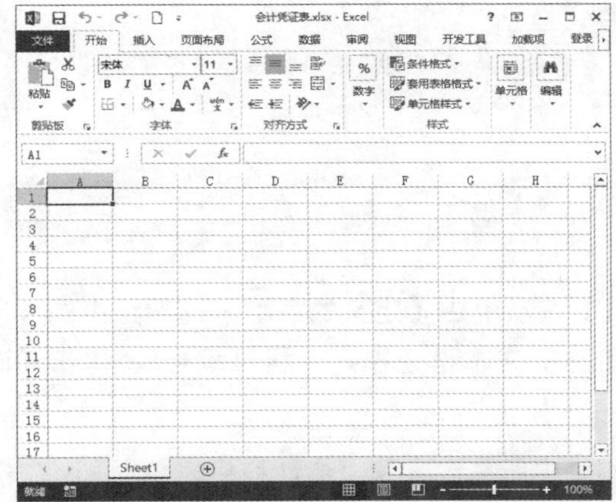

图17-24　新建空白工作簿

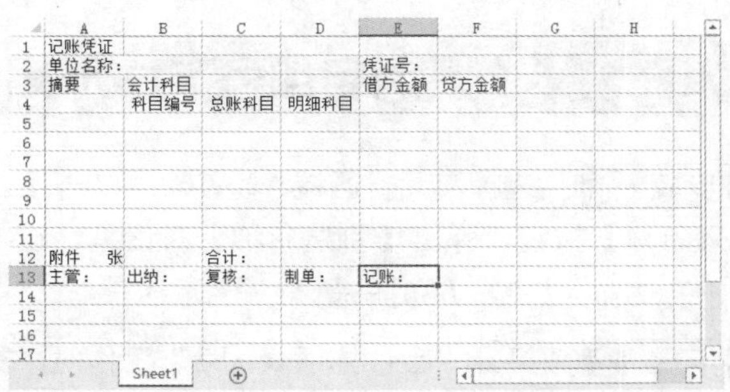

图17-25　输入数据信息

步骤 3 设置标题行文字格式为合并后居中、黑体、16号，正文部分文字格式为宋体、11号，分别合并单元格区域A3:A4、B3:D3、E3:E4、F3:F4，并设置所有单元格的对齐方式为垂直居中，如图17-26所示。

步骤 4 设置单元格区域B4:D4的对齐方式为水平居中，并分别对所有的单元格区域设置合适的行高和列宽，如图17-27所示。

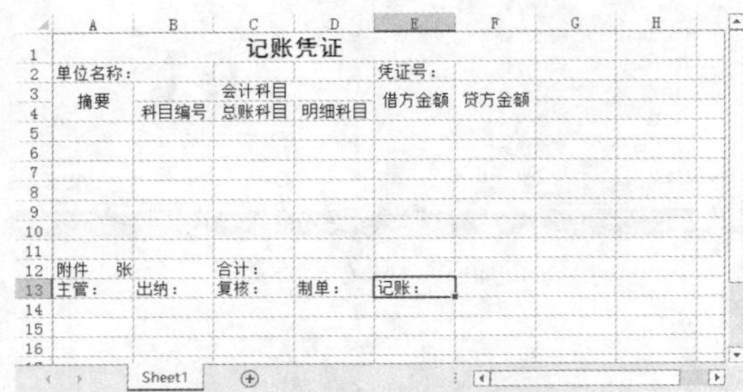

图17-26　合并单元格

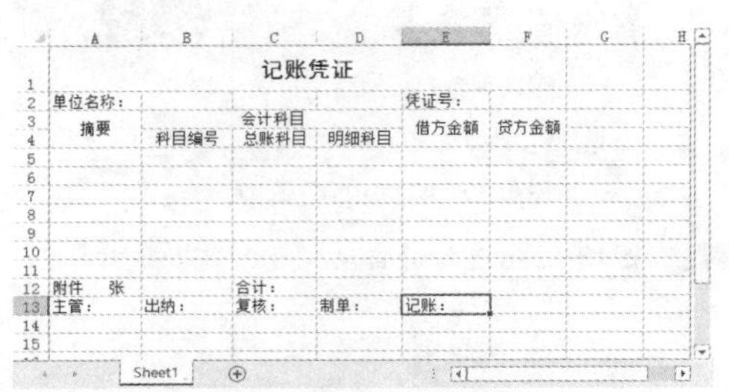

图17-27　设置单元格的对齐方式

步骤 5 选择单元格区域A3:F11，在【开始】选项卡中，单击【字体】选项组的【边框】按钮田右侧的下拉按钮，在弹出的下拉列表中选择【所有框线】选项，如图17-28所示。

步骤 6 设计的会计凭证表如图17-29所示。

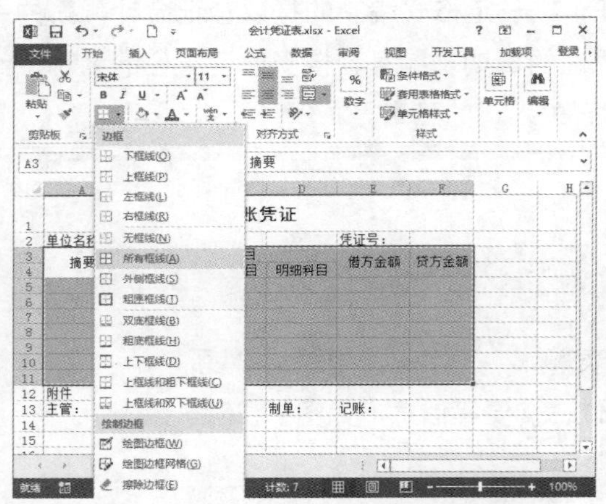

图17-28　选择【所有框线】选项

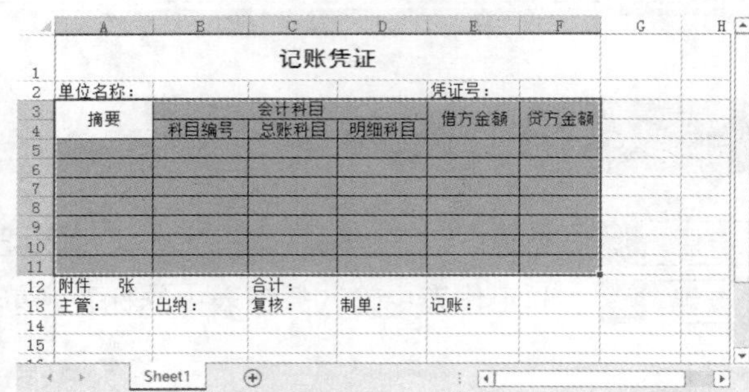

图17-29　为表格添加框线

17.2.2 创建科目编号下拉列表框

步骤 1 选择单元格区域A2:A162，单击【公式】选项卡中【定义的名称】选项组中的【定义名称】按钮，弹出【新建名称】对话框，在【名称】文本框中输入“科目编号”，单击【确定】按钮，如图17-30所示。

步骤 2 打开“会计凭证表.xlsx”工作簿，复制表中所有内容到“会计科目表数据.xlsx”工作簿的Sheet2工作表中，然后选择单元格区域B5:B11，如图17-31所示。

步骤 3　在【数据】选项卡中，单击【数据工具】选项组中的【数据验证】按钮，在弹出的下拉列表中选择【数据验证】选项，弹出【数据验证】对话框，如图17-32所示。

步骤 4　选择【设置】选项卡，在【允许】下拉列表框中选择【序列】选项，在【来源】选择框中输入“=科目编号”，然后单击【确定】按钮，如图17-33所示。

步骤 5　返回工作表，即在“科目编号”列的数据区域设置了科目编号的下拉列表，如图17-34所示。

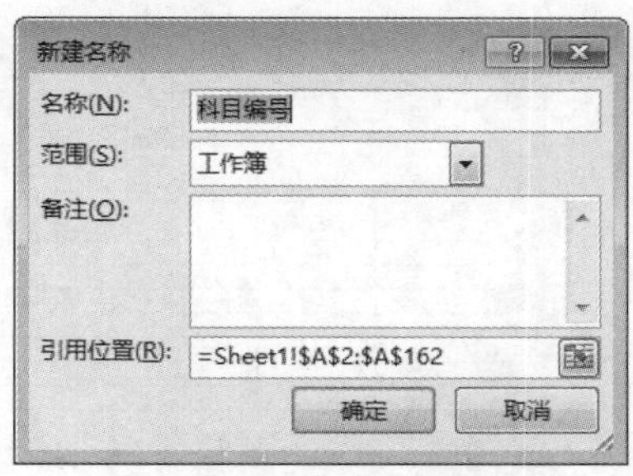

图17-30　【新建名称】对话框

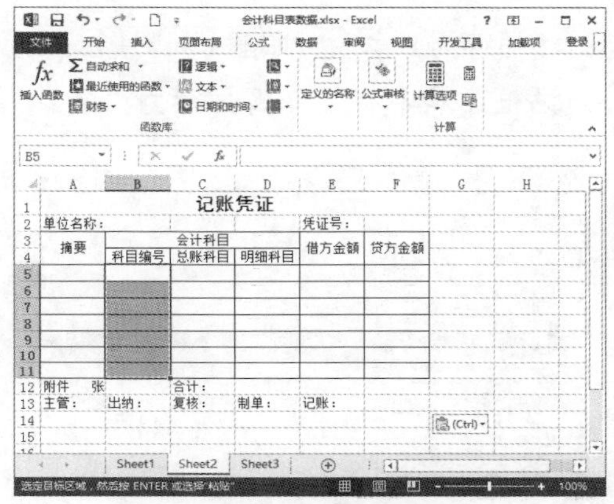

图17-31　选择单元格区域

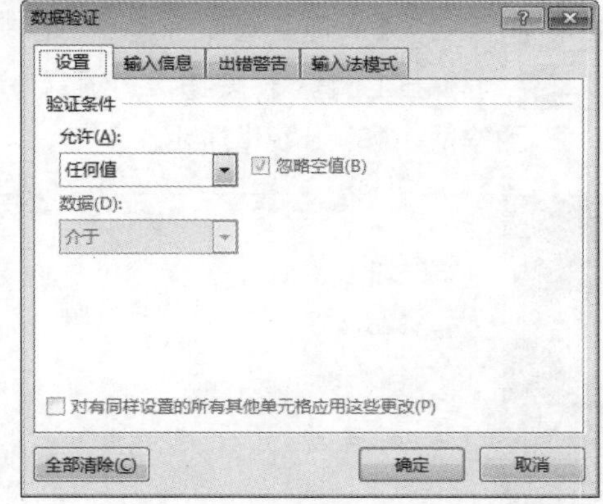

图17-32　【数据验证】对话框

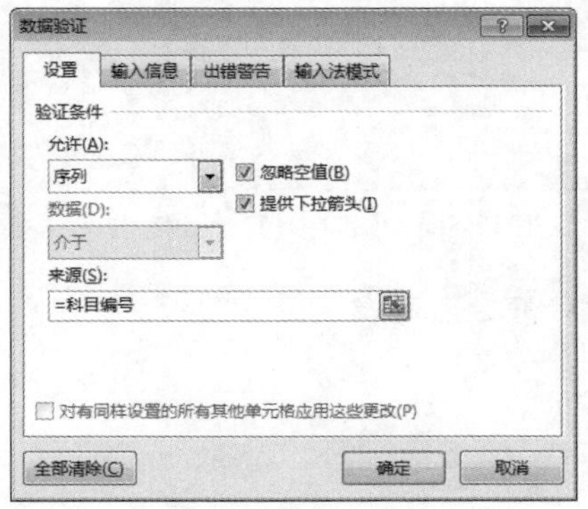

图17-33　设置来源

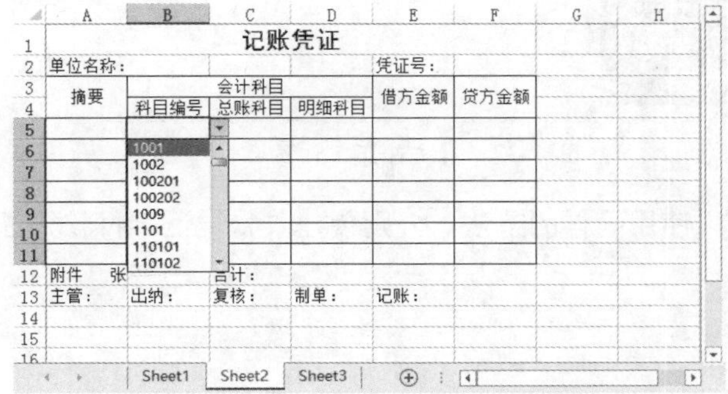

图17-34　设置科目编号下拉列表

17.2.3 输入凭证数据

步骤 1　在单元格C2中输入函数“=TODAY（）”，按Enter键，得到当前系统的日期，如图17-35所示。

步骤 2　在Sheet2工作表中依次输入“购买设备”和“付租金”的会计科目及相应的借贷方发生额，如图17-36所示。

图17-35　获取记账凭证的日期

图17-36　输入借贷发生数据

步骤 3　选择【文件】选项卡，在工作界面中选择【另存为】命令，如图17-37所示。

步骤 4　单击【浏览】按钮，打开【另存为】对话框，从中将工作簿另存为“会计凭证表.xlsx”工作簿，如图17-38所示。

图17-37　【文件】工作界面

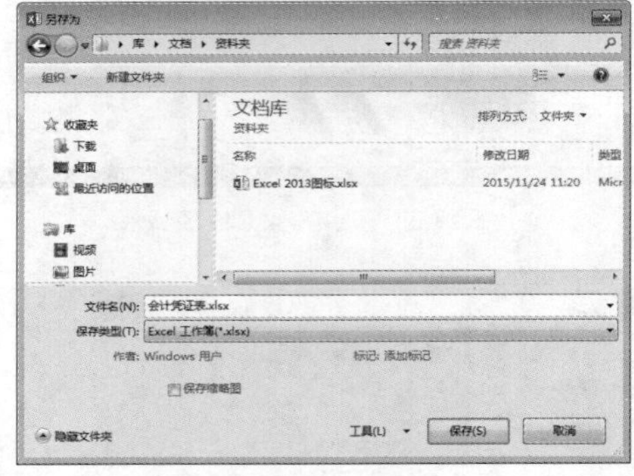

图17-38　【另存为】对话框

使用同样的方法，分别创建收款凭证、付款凭证和转账凭证，并设置格式即可。

17.3 建立日记账簿

日记账簿又称序时账簿，是指按照经济业务发生的时间先后顺序，逐日、逐笔连续记录经济业务的账簿。日记账簿按其记录的内容不同，分为普通日记账和特种日记账两种。常见的日记账有现金日记账和银行存款日记账，简称日记账。

现金日记账一般有3栏式和多栏式两种格式类型，3栏式现金日记账的表头一般包括日期、凭证号数、摘要、对应科目、收入、支出及结余等项目。

17.3.1 建立表格

步骤 1 在Excel 2013中新建一个空白工作簿，并保存为“现金日记账.xlsx”工作簿，如图17-39所示。

步骤 2 双击工作表Sheet1的标签，重命名为“现金日记账”，如图17-40所示。

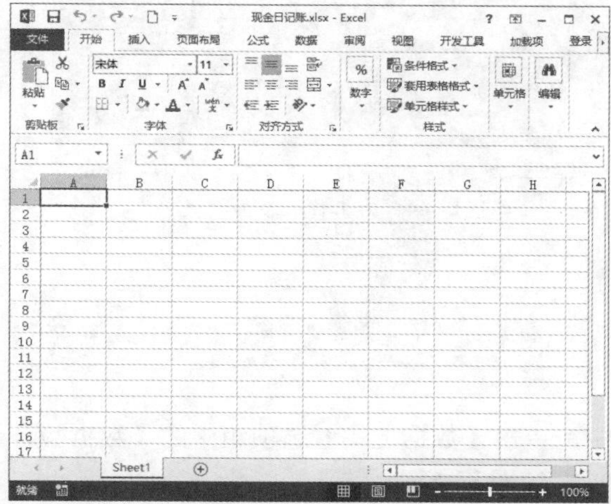

图17-39 新建空白工作表

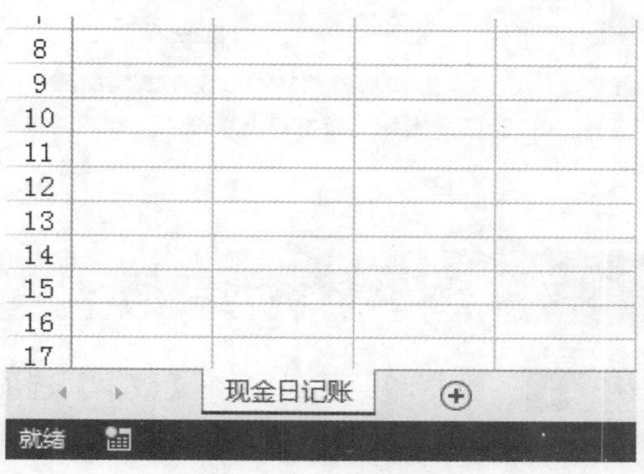

图17-40 重命名工作表

17.3.2 输入数据

步骤 1 在工作表中输入日记账表头的所有数据信息，如图17-41所示。

步骤 2 根据需要设置单元格的对齐方式、自动换行以及合并后居中，并调整各列的列宽，如图17-42所示。

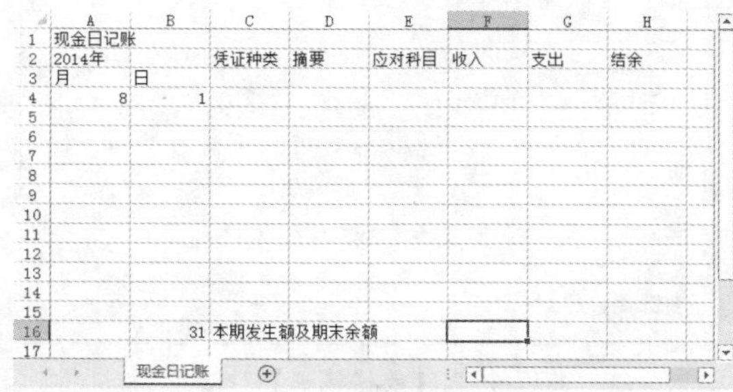

图17-41 输入数据信息

图17-42 设置单元格格式

步骤 3 选择单元格区域A2:H16，在【开始】选项卡中，单击【字体】选项组中【边框】按钮右侧的下拉按钮，在弹出的下拉列表中选择【所有框线】选项，如图17-43所示。

步骤 4 选择后，工作表中除标题行外的单元格区域则均设置了框线，如图17-44所示。

图17-43 选择【所有框线】选项

图17-44 为工作表添加框线

17.3.3 设置数据有效性

步骤 1 选择单元格C4，在【数据】选项卡中，单击【数据工具】选项组中的【数据验证】按钮，在弹出的下拉列表中选择【数据验证】选项，如图17-45所示。

步骤 2 弹出【数据验证】对话框，选择【设置】选项卡，在【允许】下拉列表框中选择【序列】选项，在【来源】选择框中输入“银收,银付,现收,现付,转”，然后单击【确定】按钮，如图17-46所示。

图17-45 选择【数据验证】选项

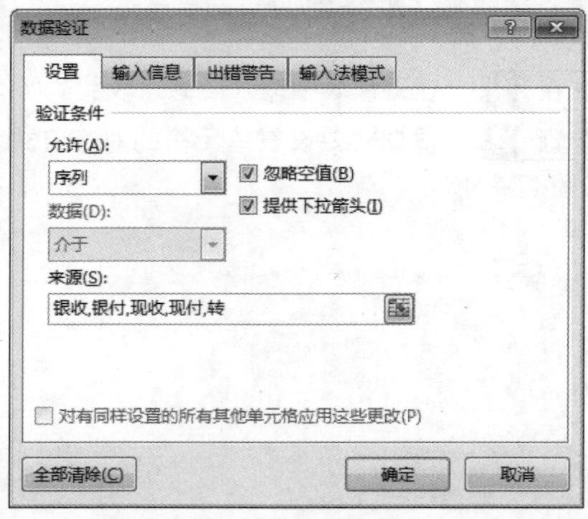

图17-46 【数据验证】对话框

步骤 3 返回工作表，在单元格C4右侧会出现下拉按钮，输入数据时可以单击下拉按钮，从弹出的下拉列表中选择凭证种类，如图17-47所示。

步骤 4 选择单元格C4，将鼠标指针放在单元格的右下角，当指针变成“+”形状时向下拖曳鼠标，在单元格区域C5:C15中填充复制单元格C4的格式，如图17-48所示。

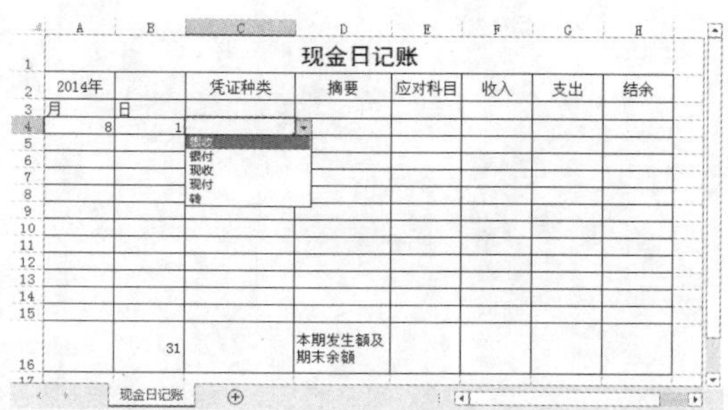

现金日记账							
2014年		凭证种类	摘要	应对科目	收入	支出	结余
月	日						
8	1						
	31		本期发生额及期末余额				

图17-47 选择凭证种类

现金日记账							
2014年		凭证种类	摘要	应对科目	收入	支出	结余
月	日						
8	1						
	31		本期发生额及期末余额				

图17-48 填充单元格

17.3.4 设置数据信息提示

步骤 1 输入数据，如图17-49所示。

步骤 2 选择单元格I16，输入公式"=IF(F16=(G16+H16),"","借贷不平！")"。如果借贷不平衡，就会显示"借贷不平！"的提示，如图17-50所示。

现金日记账							
2014年		凭证种类	摘要	对应科目	收入	支出	结余
月	日						
8	1		期初余额				100
	1	银付	提取现金	银行存款	20000		20100
	1	现收	罚款收入	营业外收入	30		20130
	1	现付	发放工资	应付工资		20000	130
	1	现付	购买办公用品	管理费用		20	110
	31		本期发生额及期末余额		81000	80900	200

图17-49 输入相关数据

现金日记账								
2014年		凭证种类	摘要	对应科目	收入	支出	结余	
月	日							
8	1		期初余额				100	
	1	银付	提取现金	银行存款	20000		20100	
	1	现收	罚款收入	营业外收入	30		20130	
	1	现付	发放工资	应付工资		20000	130	
	1	现付	购买办公用品	管理费用		20	110	
	31		本期发生额及期末余额		81000	80900	200	=IF(F16=(G16+H16),"","借贷不平!")

图17-50 输入公式

步骤 3 按Enter键，在单元格I16中已经显示出"借贷不平！"的提示，如图17-51所示。

步骤 4 在单元格H16中更改数据"200"为"100"，由于借方和贷方的金额相等，所以在单元格I16中没有任何显示，如图17-52所示。

现金日记账								
2014年		凭证种类	摘要	对应科目	收入	支出	结余	
月	日							
8	1		期初余额				100	
	1	银付	提取现金	银行存款	20000		20100	
	1	现收	罚款收入	营业外收入	30		20130	
	1	现付	发放工资	应付工资		20000	130	
	1	现付	购买办公用品	管理费用		20	110	
	31		本期发生额及期末余额		81000	80900	200	借贷不平!

图17-51 信息提示

I16 =IF(F16=(G16+H16),"","借贷不平!")

现金日记账								
2014年		凭证种类	摘要	对应科目	收入	支出	结余	
月	日							
8	1		期初余额				100	
	1	银付	提取现金	银行存款	20000		20100	
	1	现收	罚款收入	营业外收入	30		20130	
	1	现付	发放工资	应付工资		20000	130	
	1	现付	购买办公用品	管理费用		20	110	
	31		本期发生额及期末余额		81000	80900	100	

图17-52 修改数据

第18章 Excel在人力资源管理中的应用

● **本章导读**

人才是企业最重要的资源，只有重视人才的培养、管理，才能使企业有长远、持续的发展，由此才出现了人力资源管理部门。人力资源管理部门在公司正常运作中起着至关重要的作用，在人力资源管理中，经常需要设计各种表格以实现信息的管理、统计、筛选等，本章将为读者介绍有关人力资源方面的表格的制作。

● **学习目标**

◎ 熟悉人力资源招聘流程表的设计方法

◎ 熟悉员工基本资料登记表的设计方法

◎ 熟悉员工年假表的设计方法

◎ 熟悉出勤管理表的设计方法

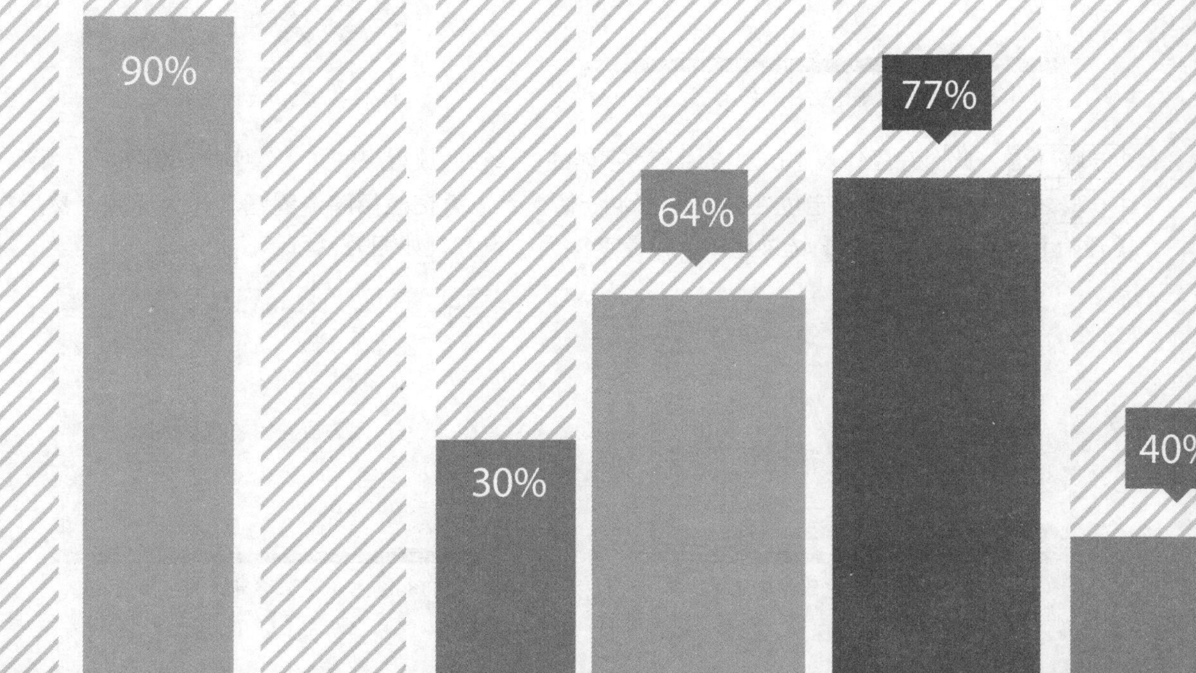

18.1 设计人力资源招聘流程表

招聘工作流程一般是由公司的人力资源部制定，主要目的是规范公司的人员招聘行为，保障公司及招聘人员的权益。通常情况下，人力资源招聘流程一般包括招聘计划、招聘、应聘、面试、录用等几个环节。

18.1.1 插入艺术字

艺术字是一种预定义的使文字突出显示的快捷方法，通过使用艺术字，可增强表格的视觉效果，使其更具吸引力。下面插入艺术字作为表格的标题，具体操作步骤如下。

步骤 1 启动Excel 2013，新建一个空白工作簿，如图18-1所示。

步骤 2 在【插入】选项卡中，单击【文本】选项组中的【艺术字】按钮，在弹出的下拉列表中选择需要的样式，如图18-2所示。

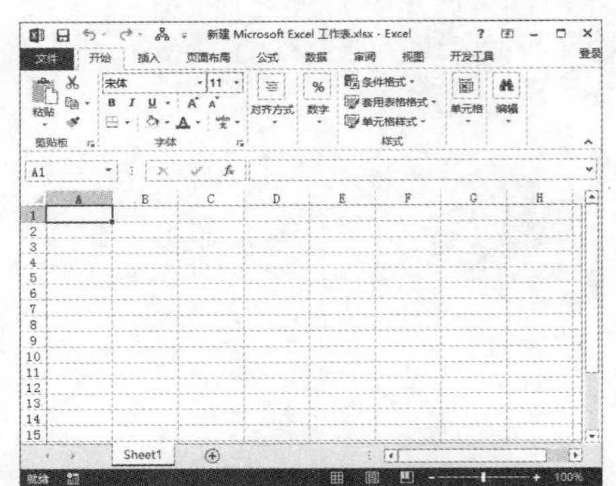

图18-1 新建空白工作簿

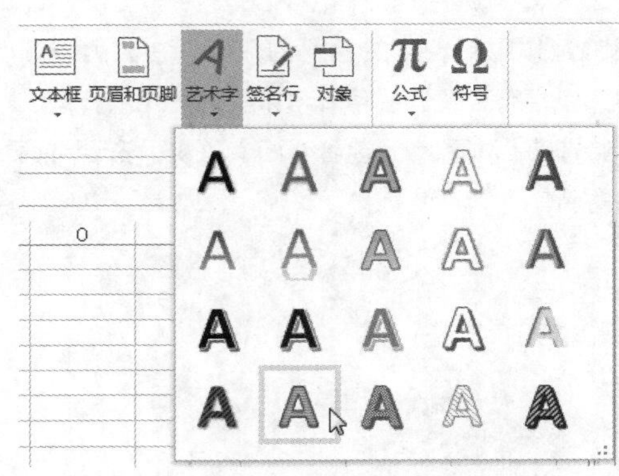

图18-2 选择需要的样式

步骤 3 此时在工作表中出现应用艺术字体的“请在此放置您的文字”字样，如图18-3所示。

步骤 4 将鼠标指针定位在艺术字框中，输入“人力资源招聘流程图”作为标题，然后在【开始】选项卡的【字体】选项组中，设置字体大小为32，如图18-4所示。

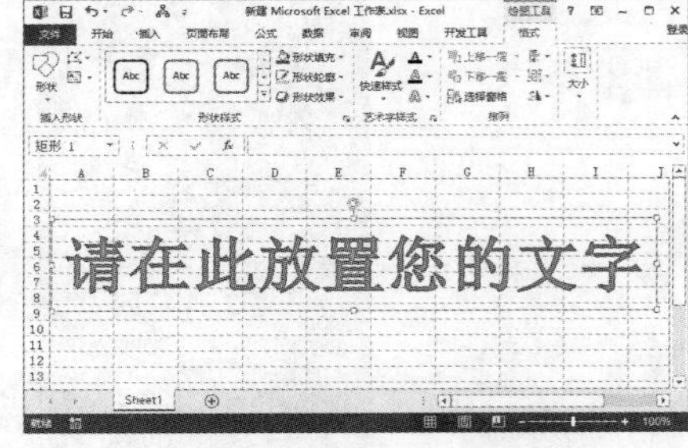

图18-3 出现艺术字输入框

图18-4 输入艺术字并设置字体大小

18.1.2 制作流程图

制作好标题后，接下来需要将招聘流程制作成流程图，具体操作步骤如下。

步骤 1 在【插入】选项卡中，单击【插图】选项组中的【形状】按钮，在弹出的下拉列表中选择【流程图】区域中的【过程】选项，如图18-5所示。

步骤 2 此时鼠标指针变为十字形状，在适当的位置按下鼠标左键，拖动鼠标，即可插入一个过程图，如图18-6所示。

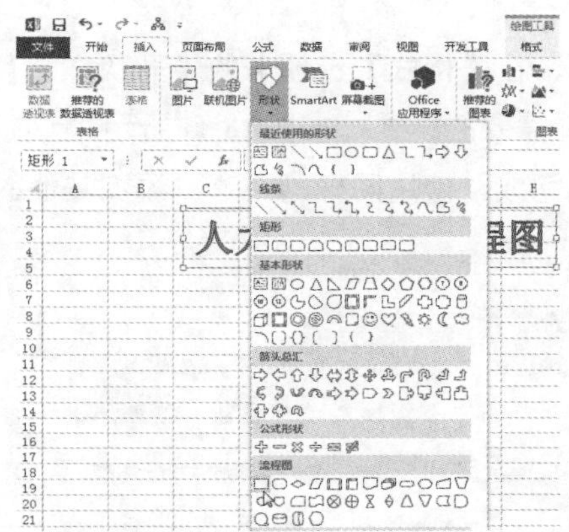

图18-5 选择【流程图】区域中的【过程】选项

图18-6 插入过程图

步骤 3 设置过程图的样式。选中过程图，在【格式】选项卡的【形状样式】选项组中，单击【其他】按钮，在弹出的下拉列表中选择需要的样式，如图18-7所示。

步骤 4 此时过程图的样式发生改变，再次选中过程图，输入“用人部门提出申请”，如图18-8所示。

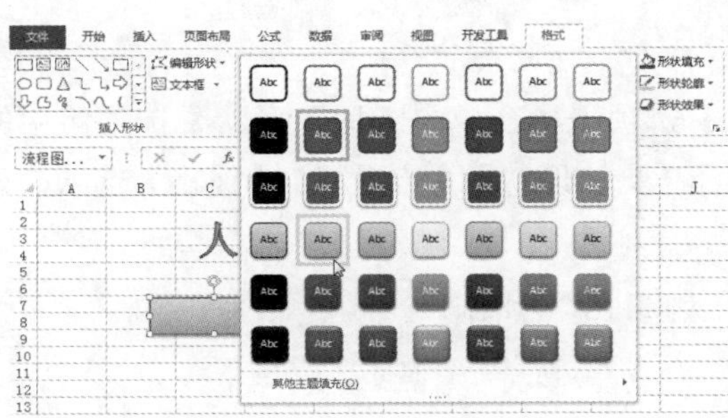

图18-7 设置过程图的样式

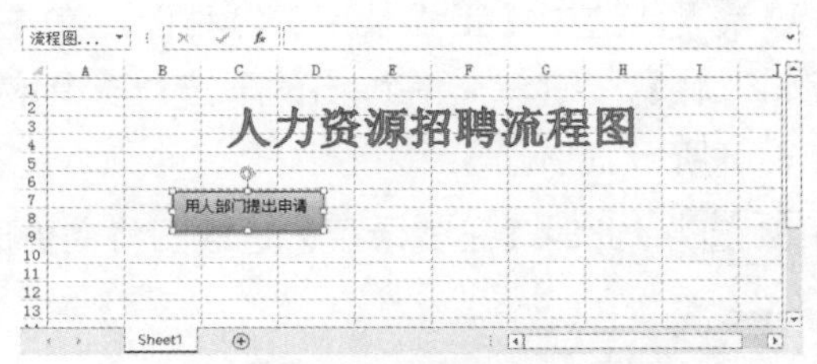

图18-8 在过程图中输入文本

步骤 5 设置输入文本的格式。选中过程图，在【开始】选项卡的【字体】选项组中，设置文本的字体为“微软雅黑”、字号为“12”，在【对齐方式】选项组中设置对齐方式为【垂直居中】和【居中】，如图18-9所示。

步骤 6 插入箭头连接符。在【插入】选项卡中，单击【插图】选项组中的【形状】按钮，在弹出的下拉列表中选择【线条】区域中的【箭头】选项↘，然后将鼠标指针定位在过程图右侧，按下鼠标左键拖动，即可插入一个箭头连接符，如图18-10所示。

图18-9 设置输入文本的格式

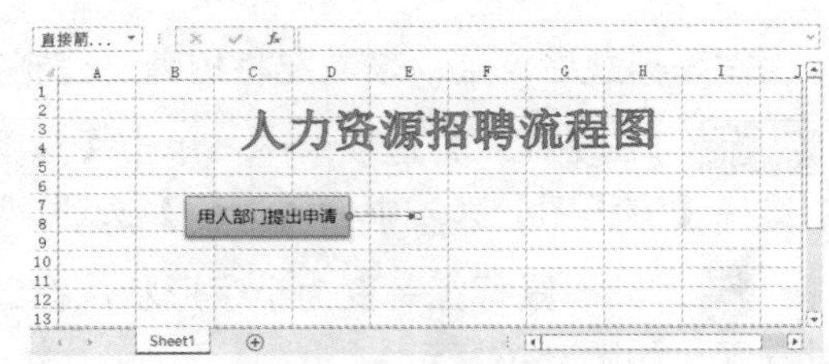

图18-10 插入箭头连接符

步骤 7 设置箭头连接符的样式。选中箭头连接符，在【格式】选项卡的【形状样式】选项组中，单击【其他】按钮，在弹出的下拉列表中选择需要的样式，如图18-11所示。

步骤 8 此时一个完整的过程图及箭头连接符创建完成。使用同样的方法，添加其他的过程图和连接符，如图18-12所示。

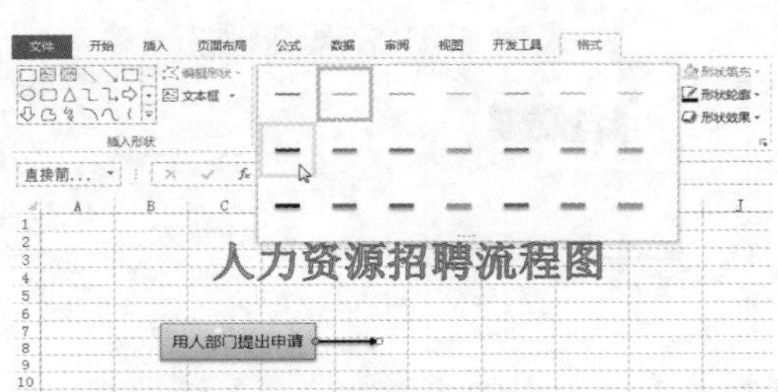

图18-11 设置箭头连接符的样式

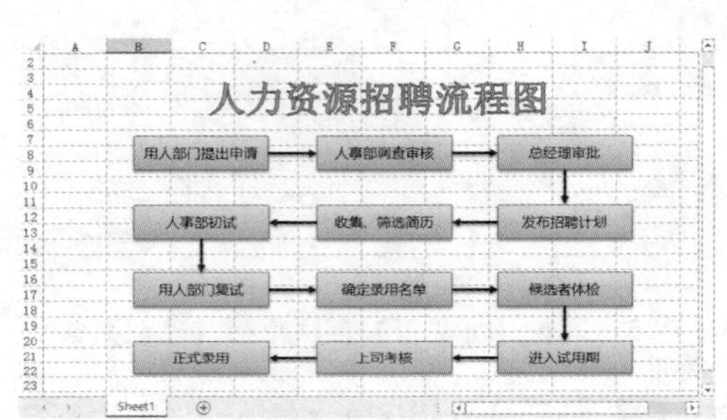

图18-12 添加其他的过程图和连接符

提示 按住Ctrl键不放，分别选中过程图和箭头连接符，然后将其复制粘贴到同一个工作表中，更改过程图中的文字，即可快速创建过程图和连接符。注意箭头连接符两端需要分别与过程图两侧连接。

步骤 9 选中【正式录用】过程图，在【格式】选项卡中，单击【插入形状】选项组中的【编辑形状】按钮，在弹出的下拉列表中依次选择【更改形状】|【流程图】|【终止】选项，如图18-13所示。

步骤 10 此时【正式录用】过程图将变更形状，如图18-14所示。

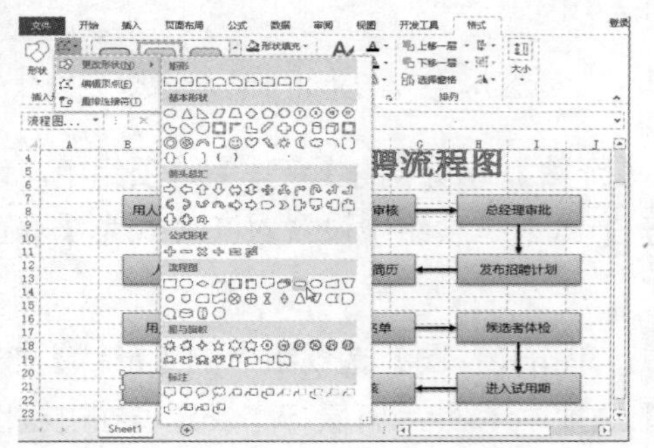

图18-13 选择【流程图】区域中的【终止】选项

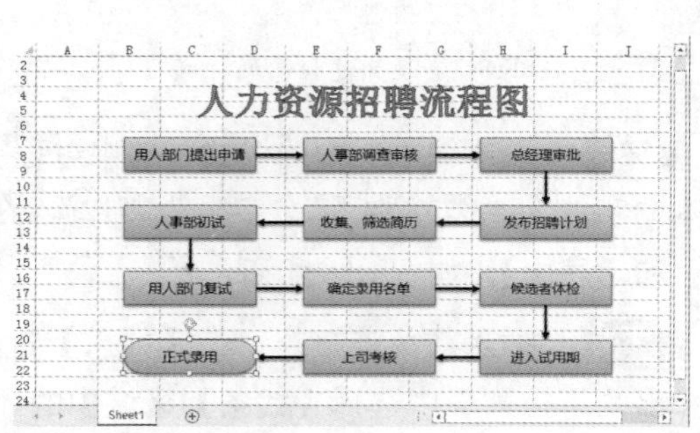

图18-14 更改形状为终止形状

18.1.3 保存流程表

流程图制作完成后，接下来需要保存工作表，具体操作步骤如下。

步骤 1 选择【文件】选项卡，进入文件操作界面，在左侧选择【另存为】命令，然后在右侧单击【浏览】按钮，如图18-15所示。

步骤 2 弹出【另存为】对话框，选择工作表在计算机中的保存位置，然后在【文件名】下拉列表框中输入名称“人力资源招聘流程表.xlsx”，单击【保存】按钮，如图18-16所示。

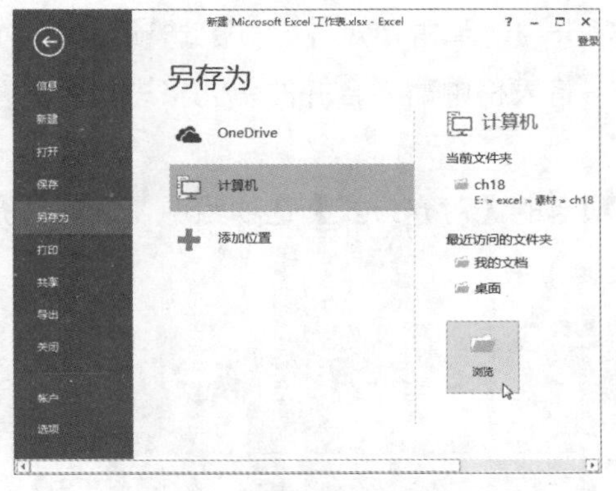

图18-15 单击【浏览】按钮

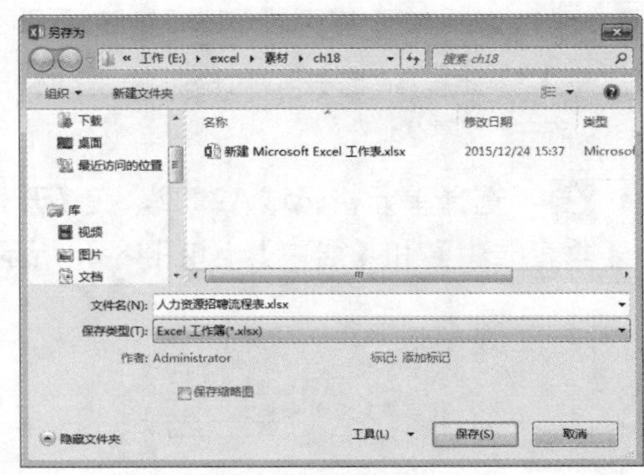

图18-16 保存工作表

至此，人力资源招聘流程表全部制作完成。

18.2 设计员工基本资料登记表

员工基本资料登记表主要用于登记员工个人信息，包括姓名、出生日期、教育经历、工作经历等，方便企业建立相关人事档案，提高人事管理的质量和效率。

18.2.1 建立员工基本资料登记表

下面将建立员工基本资料登记表的初版，具体操作步骤如下。

步骤 1 启动Excel 2013，新建一个空白工作簿，在表格中输入相应的文本内容，如图18-17所示。

步骤 2 选择单元格区域A1:I1，在【开始】选项卡的【字体】选项组中，设置字体为“楷体”、字号为“20”，并加粗，在【对齐方式】选项组中设置对齐方式为【垂直居中】和【居中】，单击【合并后居中】按钮，合并单元格区域，如图18-18所示。

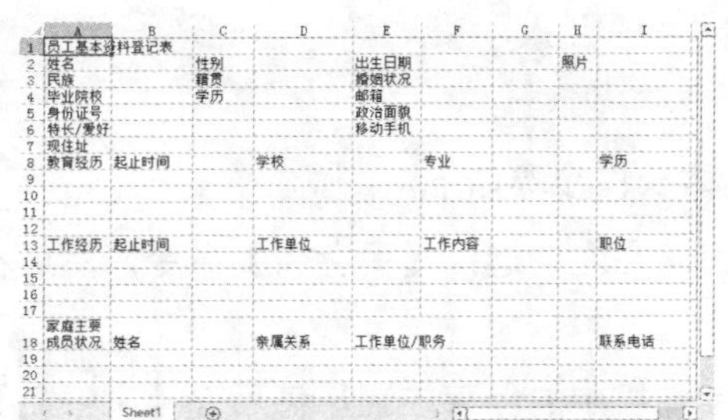

图18-17　新建空白工作簿并输入文本内容

图18-18　设置标题的格式

步骤 3　选择单元格区域F2:G2，在【开始】选项卡中，单击【对齐方式】选项组中的【合并后居中】按钮，合并单元格。使用同样的方法，将表格中需要合并的单元格进行合并，如图18-19所示。

步骤 4　选择单元格区域A2:I22，在【开始】选项卡的【对齐方式】选项组中，设置对齐方式为【垂直居中】和【居中】，如图18-20所示。

图18-19　将表格中需要合并的单元格进行合并

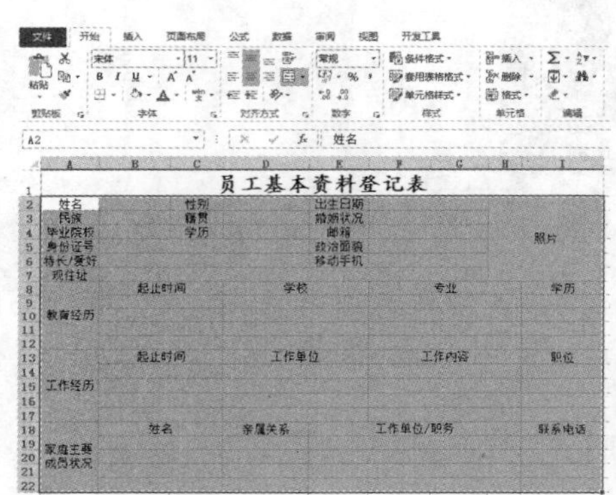

图18-20　设置对齐方式为【垂直居中】和【居中】

步骤 5　将鼠标指针定位在第2行的行首，向下拖动鼠标，选中第2～22行，然后将鼠标指针定位在第2行与第3行的中间线处，此时指针变为✢形状，按下鼠标左键可以查看当前的行高为13.5，如图18-21所示。

步骤 6　按住鼠标左键不放向下拖动，当行高变为18时释放鼠标，此时所有选定行的高度都变为18，如图18-22所示。

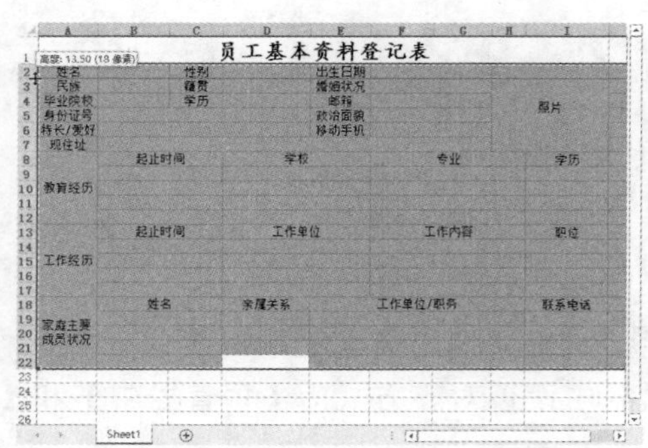

图18-21　选中第2～22行

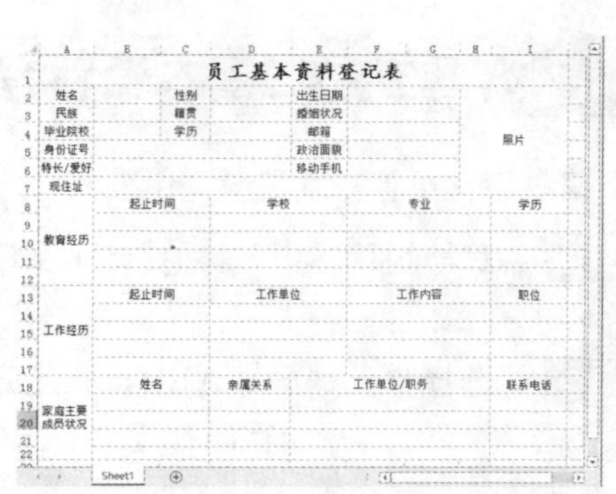

图18-22　将选定行的高度变为18

18.2.2 设置边框与填充

当表格内容较多时，可以为表格添加边框和填充效果，使内容能够突出显示，具体操作步骤如下。

步骤 1 接18.2.1节的操作步骤，选择单元格区域A1:I22，在【开始】选项卡中，单击【字体】选项组右下角的 ↘ 按钮，如图18-23所示。

步骤 2 弹出【设置单元格格式】对话框，选择【边框】选项卡，在【线条】区域的【样式】列表框中选择粗直线，单击【预置】区域的【外边框】按钮，如图18-24所示。

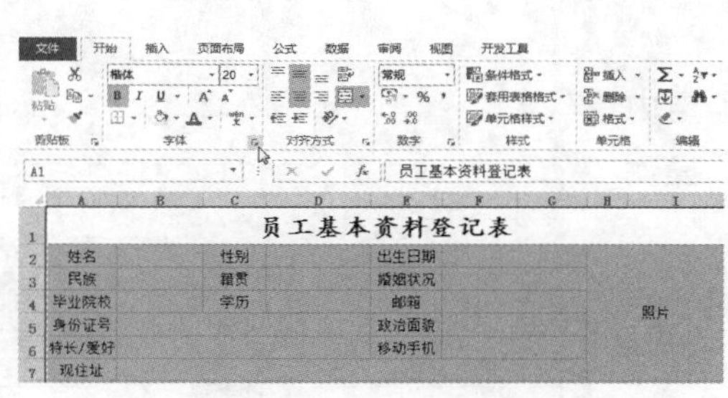

图18-23 单击 ↘ 按钮

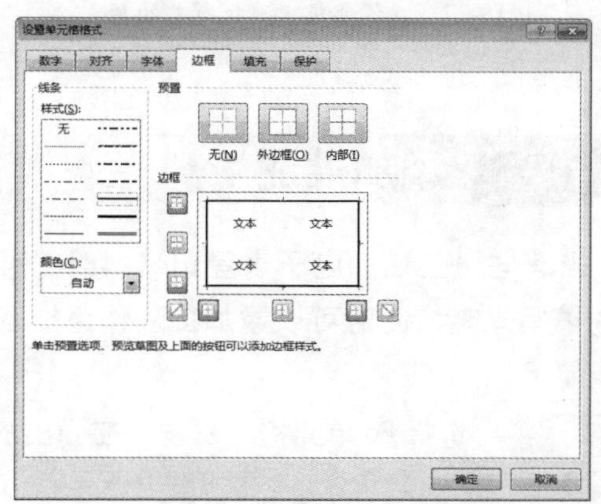

图18-24 选择粗直线作为外边框

步骤 3 在【线条】区域的【样式】列表框中选择细直线，单击【预置】区域的【内部】按钮，如图18-25所示。

步骤 4 单击【确定】按钮，即为表格添加了边框，如图18-26所示。

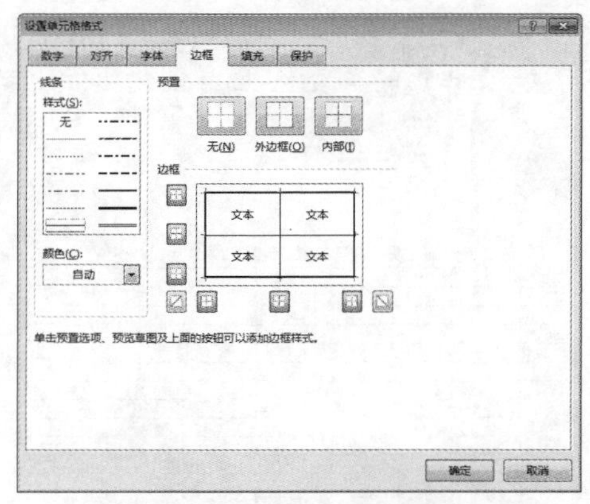

图18-25 选择细直线作为内部框线

员工基本资料登记表					
姓名		性别		出生日期	照片
民族		籍贯		婚姻状况	
毕业院校		学历		邮箱	
身份证号				政治面貌	
特长/爱好				移动手机	
现住址					
教育经历	起止时间	学校	专业		学历
工作经历	起止时间	工作单位	工作内容		职位
家庭主要成员状况	姓名	亲属关系	工作单位/职务		联系电话

图18-26 为表格添加边框

步骤 5 选择单元格区域B9:I12，在【开始】选项卡的【字体】选项组中，单击【填充填色】 右侧的下拉按钮，在弹出的调色板中选择所需的颜色作为背景色，如图18-27所示。

步骤 6 使用同样的方法，为其他单元格区域添加填充色，如图18-28所示。

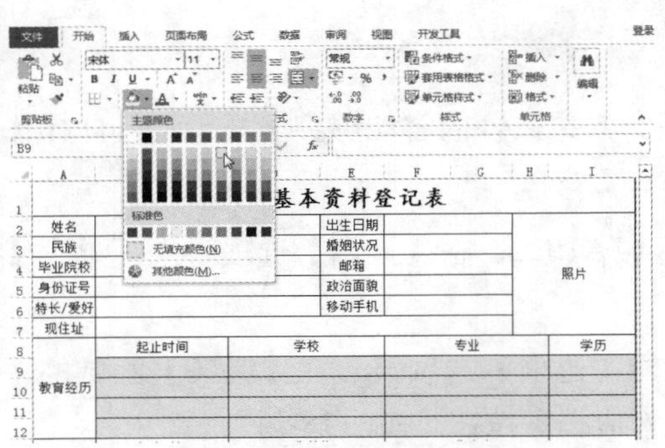
图18-27　在调色板中选择所需的颜色

图18-28　为其他单元格区域添加填充色

18.2.3 添加批注

当有些员工使用电子表登记资料时，可能不确定内容的填写规范，此时可以添加批注作为提示，具体操作步骤如下。

步骤 1　选择F5单元格，右击，在弹出的快捷菜单中选择【插入批注】命令，如图18-29所示。

图18-29　选择【插入批注】命令

步骤 2　此时F5单元格右上角出现红色三角符号，并弹出批注提示框，在框内输入批注内容“党员、团员或群众”，如图18-30所示。

步骤 3　使用同样的方法，为单元格B8添加批注，如图18-31所示。

> **提示**　批注添加完成后，将鼠标指针定位在添加了批注的单元格上，会自动弹出批注信息，默认情况下，将会隐藏批注提示框。

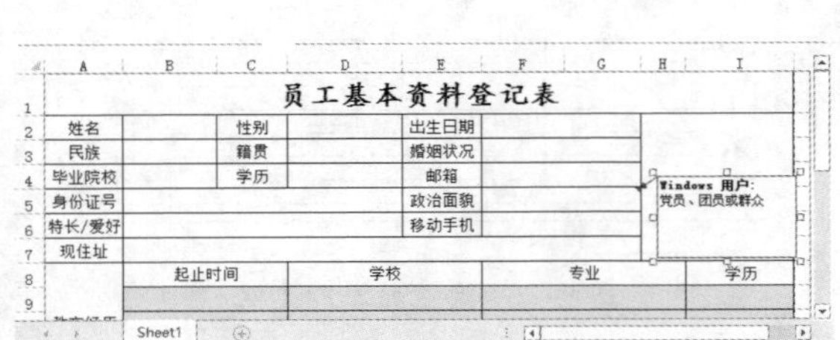
图18-30　在批注提示框中输入批注内容

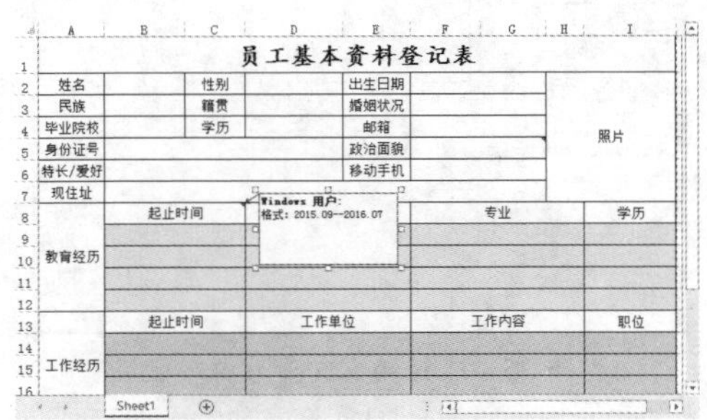
图18-31　为单元格B8添加批注

操作完成后，保存工作表并将其命名为“员工基本资料登记表”。至此，员工基本资料登记表全部制作完成。

18.3 设计员工年假表

按照国家相关法律法规，工作达到一定年限的员工可以享受相应天数的年假。对于员工而言，拥有年假制度更能提高工作积极性，为企业创造更大的价值。假设某公司制定的年假规则如图18-32所示。注意，工龄为10年以上的员工，年假均为12天。下面以此为标准设计员工年假表。

年假规则	
工龄	年假（天）
0	0
1	5
2	6
3	7
4	9
5	10
6	10
7	11
8	11
9	12
10	12

图18-32　年假规则

18.3.1 建立表格

下面建立表格，输入基础数据，并设置格式，具体操作步骤如下。

步骤 1　启动Excel 2013，新建一个空白工作簿，在表格中输入相应的文本内容，如图18-33所示。

步骤 2　选择单元格区域A1:G1，在【开始】选项卡的【字体】选项组中，设置字体为“楷体”、字号为“20”，并加粗，在【对齐方式】选项组中设置对齐方式为【垂直居中】和【水平居中】，单击【合并后居中】按钮，合并单元格区域，如图18-34所示。

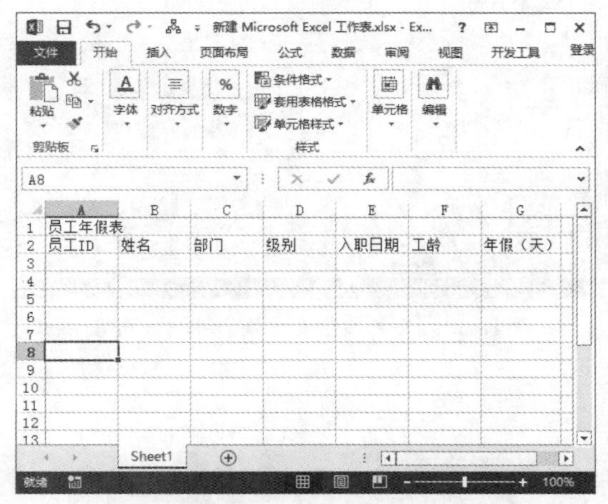

图18-33　新建空白工作簿并输入文本内容

图18-34　设置表格标题的格式

步骤 3　选择单元格区域A2:G2，在【开始】选项卡的【字体】选项组中，设置字号为“12”，填充颜色为【橄榄色】，在【对齐方式】选项组中设置对齐方式为【垂直居中】和【水平居中】，如图18-35所示。

步骤 4　选择单元格区域A3:G12，在【开始】选项卡的【对齐方式】选项组中，设置对齐方式为【垂直居中】和【水平居中】，然后在A～E列中输入基础数据，如图18-36所示。

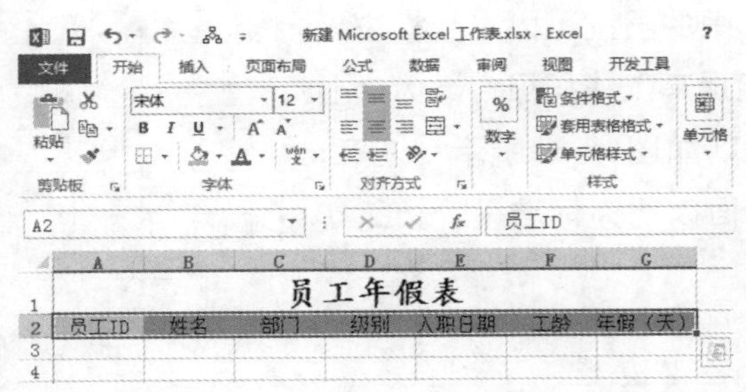
图18-35　设置单元格区域A2:G2的格式

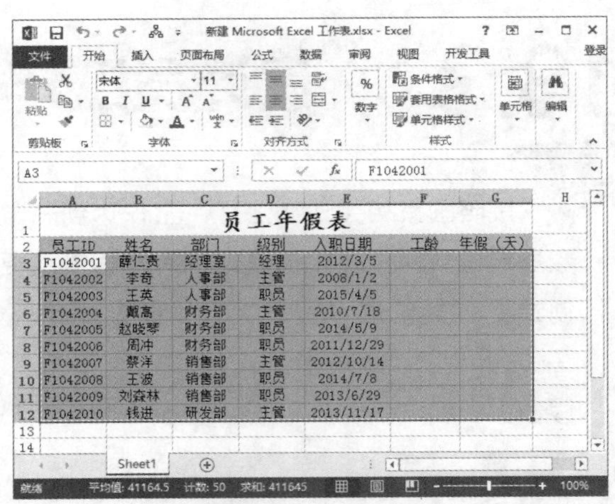
图18-36　设置单元格区域A3:G12的格式

步骤 5　单击下方的⊕按钮，添加一个新工作表，将鼠标指针定位在新工作表的标签上，右击，在弹出的快捷菜单中选择【重命名】命令，如图18-37所示。

步骤 6　输入新名称“年假规则”，然后输入具体的内容，并使用步骤2和步骤4的方法设置格式，如图18-38所示。

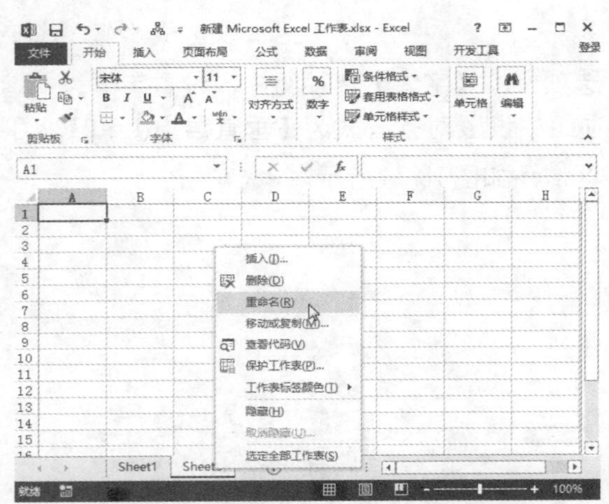
图18-37　选择【重命名】命令

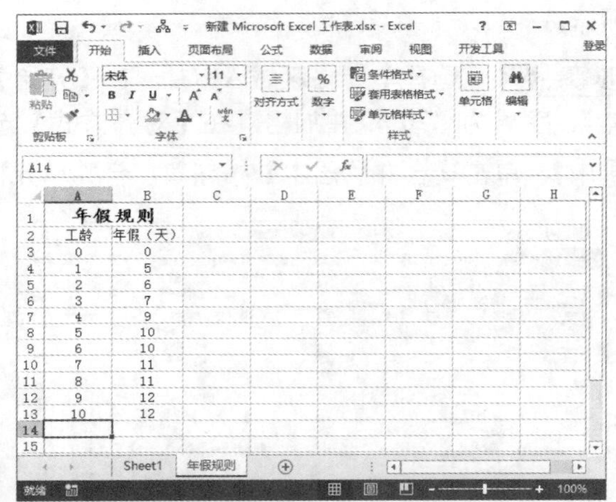
图18-38　为新工作表重命名并输入内容

18.3.2 计算工龄

工作表建立完成后，接下来计算员工工龄，具体操作步骤如下。

步骤 1　单击Sheet1标签，切换到Sheet1工作表，选择单元格F3，在其中直接输入公式“=YEAR(NOW())-YEAR(E3)-IF(DATE(YEAR(E3), MONTH(NOW()),DAY(NOW()))<=E3,1,0)”，如图18-39所示。

步骤 2　按Enter键确认，此时计算结果默认以日期格式显示，如图18-40所示。

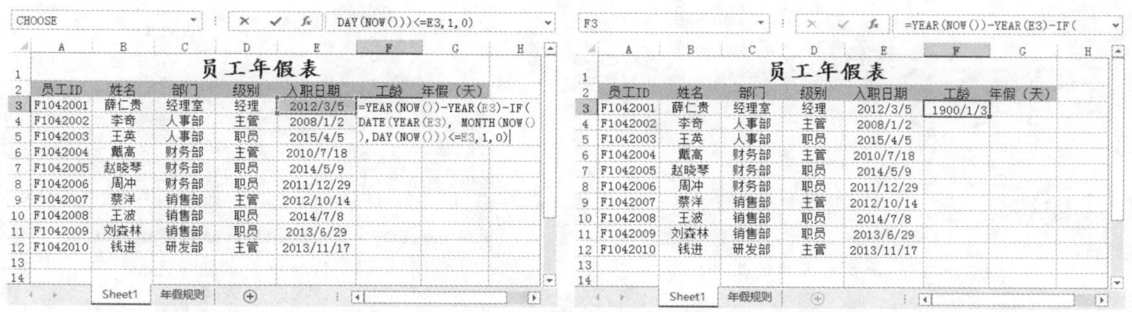

图18-39　在单元格F3中输入公式　　　　图18-40　计算结果以日期格式显示

> **提示**　在公式中使用NOW函数获取系统当前的日期时间，使用YEAR函数获取日期中的年份，通过当前的年份减去员工入职年份，即可得到工龄。但是并没有考虑到工龄未满1年的情况，因此后面接着使用DATE函数获取日期，该日期由入职年份以及当前的月份和日期组成，然后使用IF函数判断获取的日期是否小于或等于入职日期，若小于或等于，则工龄须减去1年。

步骤 3　设置单元格的格式。选择单元格F3，右击，在弹出的快捷菜单中选择【设置单元格格式】命令，如图18-41所示。

步骤 4　弹出【设置单元格格式】对话框，选择【数字】选项卡，在【分类】列表框中选择【数值】选项，在右侧设置小数位数为“0”，如图18-42所示。

图18-41　选择【设置单元格格式】命令

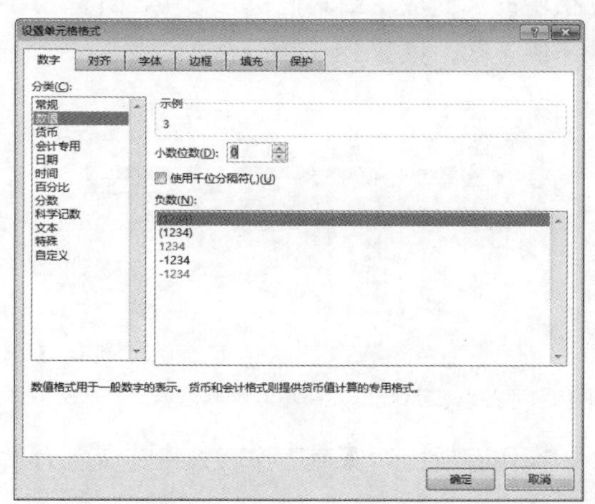

图18-42　选择【数值】选项并设置小数位数为“0”

步骤 5　单击【确定】按钮，即可计算出正确的工龄，单元格F3中显示的计算结果为3，如图18-43所示。

步骤 6　利用填充柄的快速填充功能，将F3单元格中的公式应用到其他单元格中，计算每位员工的工龄，如图18-44所示。

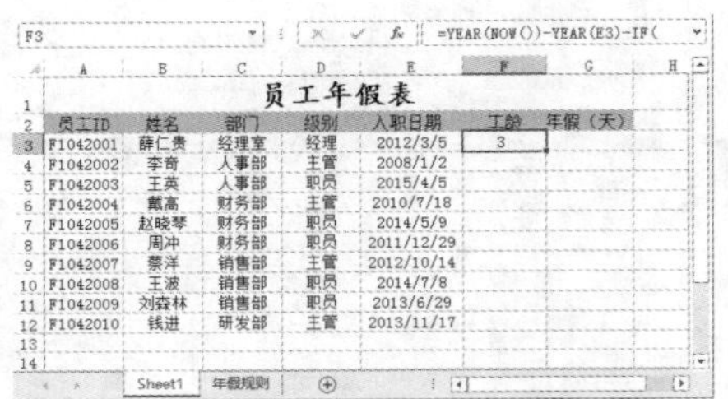
图18-43　计算出正确的工龄

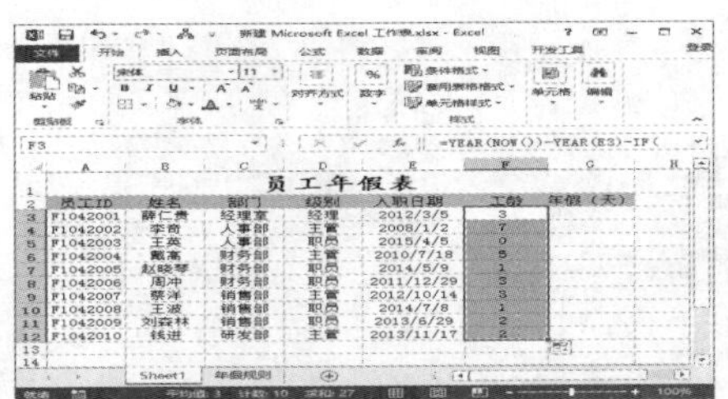
图18-44　快速填充其他单元格

18.3.3 计算年假天数

工龄计算完成后，接下来根据年假规则，计算年假天数，具体操作步骤如下。

步骤 1 选择单元格G3，在其中输入公式"=VLOOKUP (F3,年假规则!A$3:B$13,2)"，如图18-45所示。

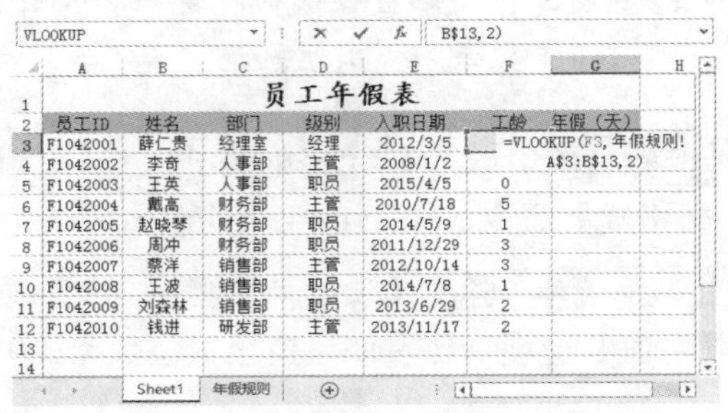
图18-45　在单元格G3中输入公式

步骤 2 按Enter键确认，即可计算出该员工的年假天数为7天，如图18-46所示。

步骤 3 利用填充柄的快速填充功能，将G3单元格中的公式应用到其他单元格中，计算每位员工的年假天数，如图18-47所示。

图18-46　计算出年假天数

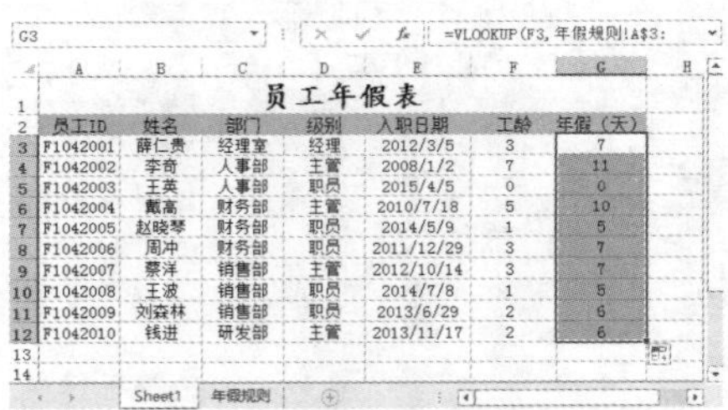
图18-47　快速填充其他单元格

操作完成后，保存工作表并将其命名为"员工年假表"。至此，员工年假表全部制作完成。

18.4 设计出勤管理表

出勤管理表用于管理公司员工每天上班的出勤状态，包括出勤、事假、病假、旷工等情况，是员工领取工资的凭证，因此出勤管理表在人力资源管理中占有重要的地位。

18.4.1 新建出勤管理表

下面建立表格，输入基础数据，并设置格式，具体操作步骤如下。

步骤 1 启动Excel 2013，新建一个空白工作簿，在表格中输入相应的文本内容，并调整列宽，如图18-48所示。

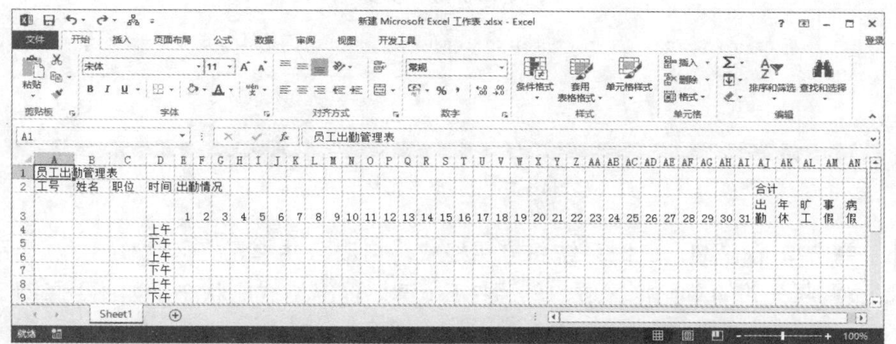

图18-48 新建空白工作簿并输入文本内容

提示 在单元格区域AJ3:AN3中输入内容时，按Alt+Enter快捷键，可实现自动换行。

步骤 2 选择单元格区域A1:AN1，在【开始】选项卡的【字体】选项组中，设置字体为【楷体】、字号为“20”，并加粗，在【对齐方式】选项组中设置对齐方式为【垂直居中】和【水平居中】，单击【合并后居中】按钮，合并单元格区域，如图18-49所示。

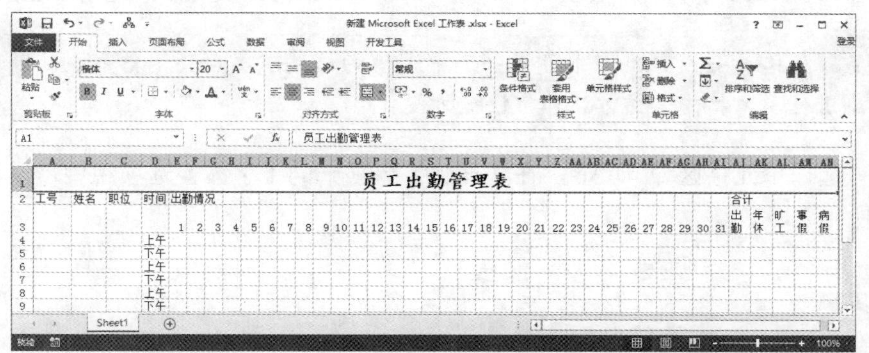

图18-49 设置表格标题的格式

步骤 3 选择单元格区域A2:A3，在【开始】选项卡中，单击【对齐方式】选项组中的【合并后居中】按钮，合并单元格区域。使用同样的方法，分别合并单元格区域B2:B3、C2:C3、D2:D3、E2:AI2和AJ2:AN2，如图18-50所示。

步骤 4 选择单元格区域A4:A5，在【开始】选项卡中，单击【对齐方式】选项组中的【合并后居中】按钮，合并单元格区域，然后双击【剪贴板】选项组中的【格式刷】按钮，此时鼠标指针变为刷子形状，如图18-51所示。

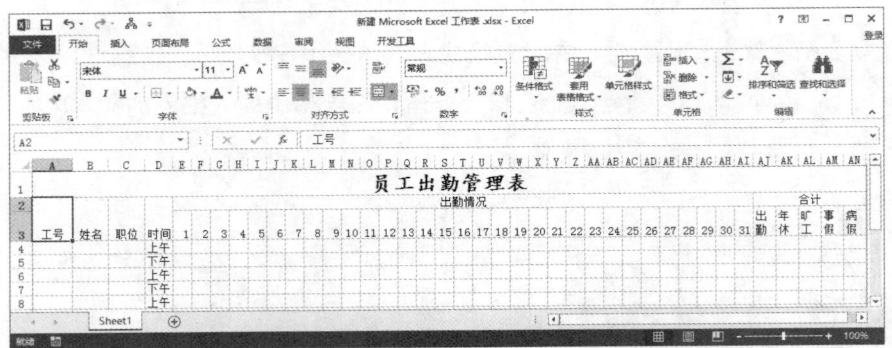
图18-50　合并单元格区域

步骤 5　单击单元格B4，此时系统将应用格式，自动合并单元格区域B4:B5，使用同样的方法，合并其他需要合并的单元格区域，然后按Esc键，退出格式刷状态，如图18-52所示。

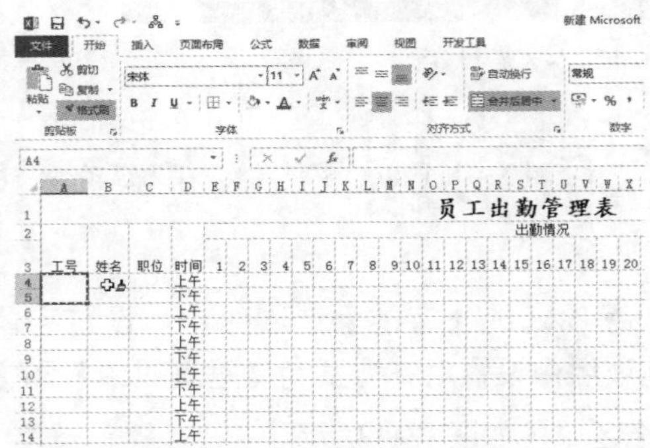
图18-51　双击【格式刷】按钮

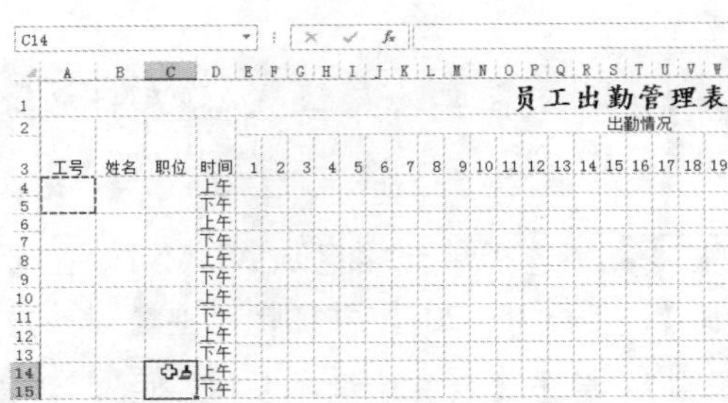
图18-52　使用格式刷合并单元格区域

提示　当格式一致时，可先设置一个单元格的格式，然后利用格式刷，将格式快速应用到其他单元格中，该方法非常快捷方便。

步骤 6　选择单元格区域AJ:AN，在【开始】选项卡的【字体】选项组中，设置字号为9，如图18-53所示。

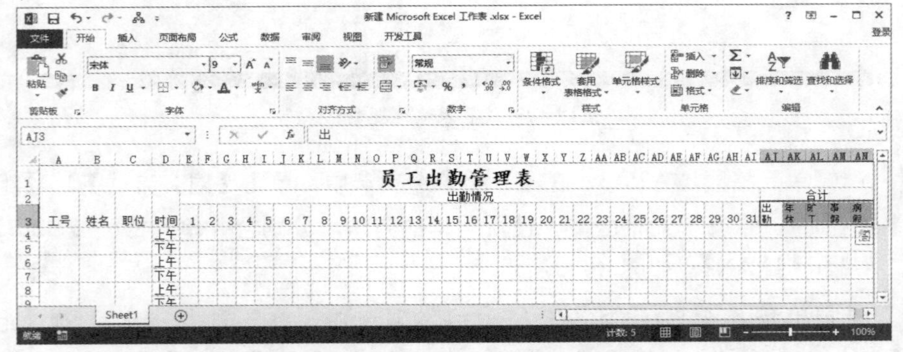
图18-53　设置单元格区域AJ:AN的字号大小

步骤 7　选择单元格区域A2:AN3，在【开始】选项卡的【对齐方式】选项组中，设置对齐方式为【垂直居中】和【水平居中】，如图18-54所示。

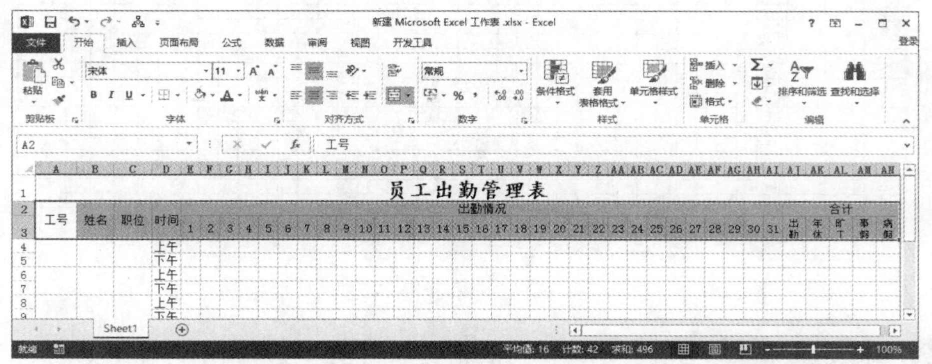

图18-54　设置单元格区域A2:AN3的对齐方式

18.4.2 添加表格边框及补充信息

18.4.1节已初步设计好出勤管理表，下面为其添加边框以及一些补充信息，具体操作步骤如下。

步骤 1　选择单元格区域A1:AN19，在【开始】选项卡中，单击【字体】选项组右下角的 按钮，弹出【设置单元格格式】对话框，选择【边框】选项卡，在【线条】区域的【样式】列表框中选择粗直线，单击【预置】区域的【外边框】按钮，如图18-55所示。

步骤 2　在【线条】区域的【样式】列表框中选择细直线，单击【预置】区域的【内部】按钮，如图18-56所示。

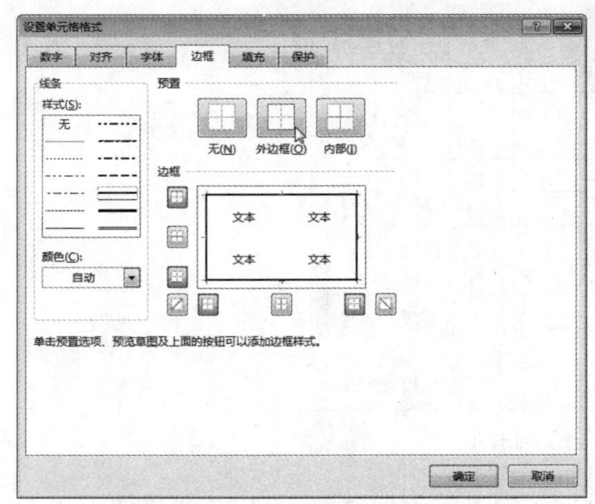

图18-55　选择粗直线作为外边框

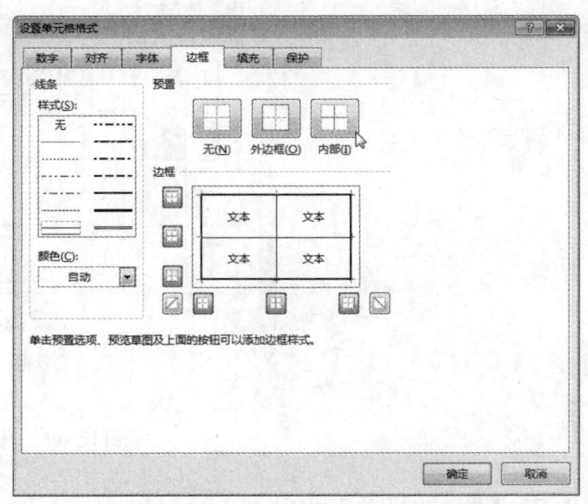

图18-56　选择细直线作为内部框线

步骤 3　单击【确定】按钮，即为表格添加了边框，如图18-57所示。

员工出勤管理表

工号	姓名	职位	时间	出勤情况																															合计				
				1	2	3	4	5	6	7	8	9	10	11	12	13	14	15	16	17	18	19	20	21	22	23	24	25	26	27	28	29	30	31	出勤	年休	旷工	事假	病假
			上午																																				
			下午																																				
			上午																																				
			下午																																				
			上午																																				
			下午																																				
			上午																																				
			下午																																				
			上午																																				
			下午																																				
			上午																																				
			下午																																				
			上午																																				
			下午																																				
			上午																																				
			下午																																				

图18-57　为表格添加边框

步骤 4　接下来添加一些补充信息，使表格更加完整。在表格下方输入如图18-58所示的内容。

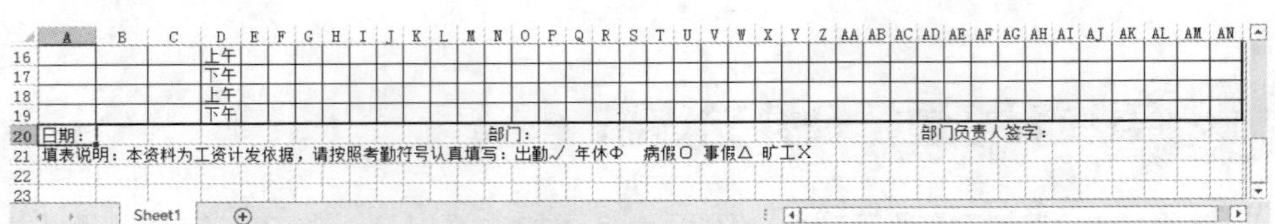

图18-58　在表格下方添加一些补充信息

提示

当输入考勤符号时，在【插入】选项卡中，单击【符号】选项组中的【符号】按钮Ω，弹出【符号】对话框，在列表框中选择需要的符号，单击【插入】按钮即可，如图18-59所示。注意，各考勤符号可由用户自行定义。

图18-59　【符号】对话框

步骤 5　选择单元格区域A20:M20，在【开始】选项卡中，单击【对齐方式】选项组中的【合并后居中】按钮，合并单元格区域，然后单击【对齐方式】选项组中的【左对齐】按钮，使其靠左对齐。使用同样的方法，分别设置单元格区域N20:AC20和AD20:AN20，如图18-60所示。

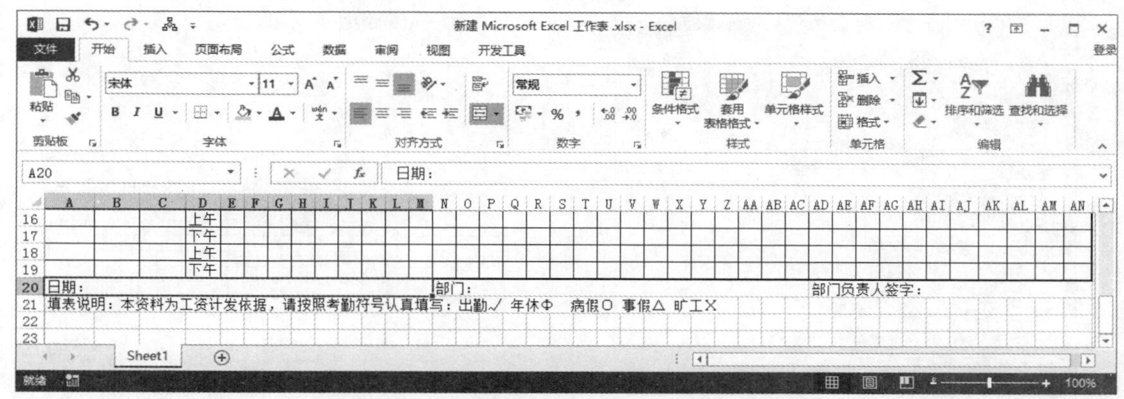

图18-60 设置补充信息的格式

18.4.3 设置数据验证

为了便于在电子表格中录入出勤信息，可以为表格添加数据验证，具体操作步骤如下。

步骤 1 在单元格区域AP3:AQ8中输入出勤状态及对应符号，并设置格式，如图18-61所示。

步骤 2 选择单元格区域E4:AI19，在【数据】选项卡中，单击【数据工具】选项组中的【数据验证】按钮，如图18-62所示。

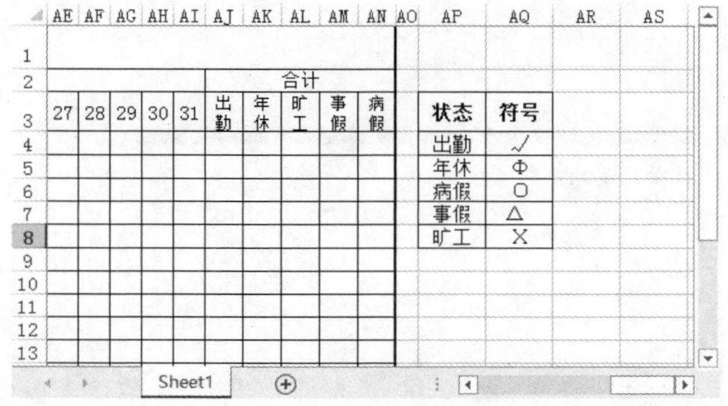

图18-61 在单元格区域AP3:AQ8中输入出勤状态及对应符号

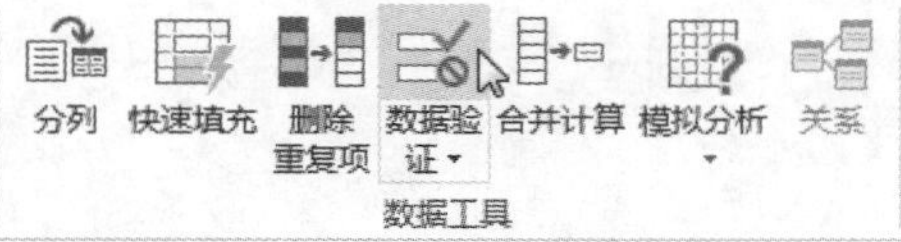

图18-62 单击【数据验证】按钮

步骤 3 弹出【数据验证】对话框，在【设置】选项卡的【允许】下拉列表框中选择【序列】选项，将鼠标指针定位在【来源】选择框中，拖动鼠标选择单元格区域AQ4:AQ8，此时系统将自动使用绝对引用，设置完成后，单击【确定】按钮，如图18-63所示。

步骤 4 返回到工作表，单击选定区域中的任意单元格，其右侧会出现下拉按钮，单击该下拉按钮，在弹出的下拉列表中选择相应的符号即可完成输入，如图18-64所示。

步骤 5 操作完成后，保存工作表并将其命名为“出勤管理表”。至此，出勤管理表全部制作完成，如图18-65所示。

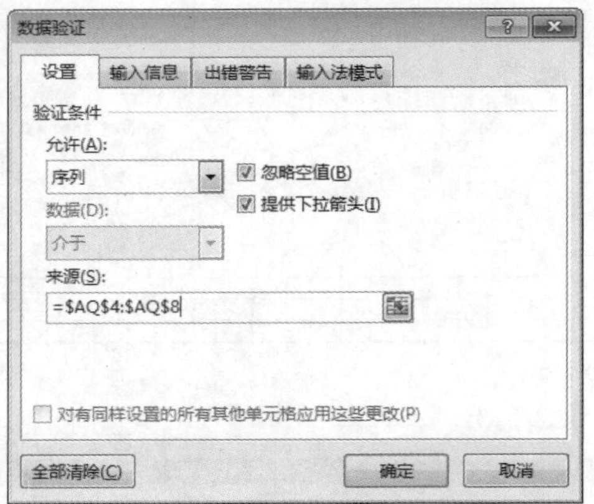

图18-63 设置验证条件

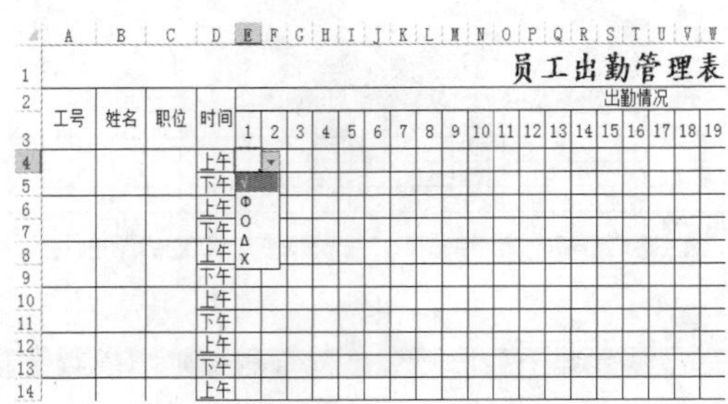

图18-64 在单元格右侧会出现下拉按钮

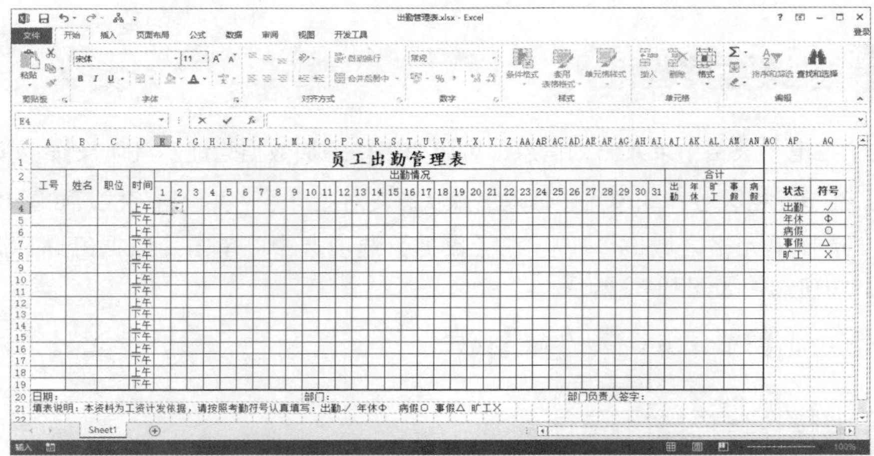

图18-65 已制作完成的出勤管理表

Excel在行政管理中的应用

- **本章导读**

Excel在行政管理行业中应用非常广泛，特别是表格样式的设计和数据的筛选等，本章将为读者介绍如何设计会议记录表、员工通讯录和来客登记表等，通过本章的学习，读者可以比较轻松地完成行政管理中的常见工作。

- **学习目标**

◎ 掌握会议记录表的设计方法
◎ 掌握员工通讯录的设计方法
◎ 掌握来客登记表的设计方法
◎ 掌握办公用品领用登记表的设计方法

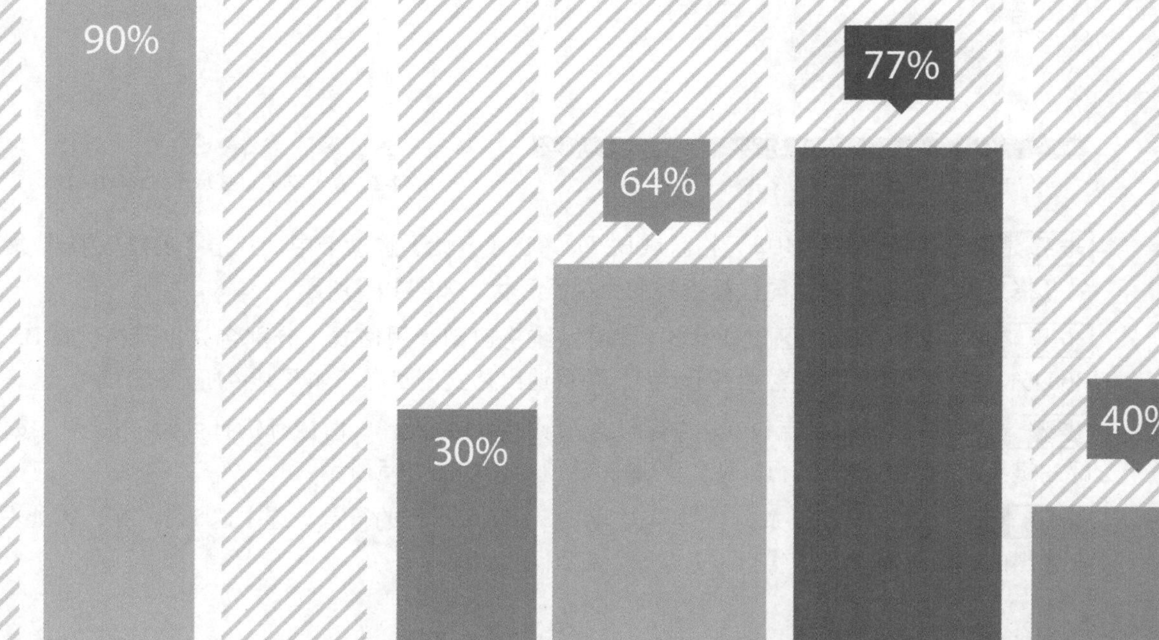

19.1 设计会议记录表

在日常工作中难免会遇到一些大大小小的会议，例如，通过会议来进行某个工作的分配、某个文件精神的传达或某个议题的讨论等，这时就需要用到会议记录表，该表将真实地记录会议的全貌，主要包括会议主题、时间、地点、出席人员、会议内容等。

19.1.1 新建会议记录表

下面将建立表格，输入基础数据，合并单元格，并调整行高和列宽，具体操作步骤如下。

步骤 1 启动Excel 2013，新建一个空白工作簿，在表格中输入相应的文本内容，如图19-1所示。

步骤 2 选择单元格区域A1:D1，在【开始】选项卡中，单击【对齐方式】选项组中的【合并后居中】按钮，合并单元格区域，使用同样的方法，合并单元格区域B2:D2，如图19-2所示。

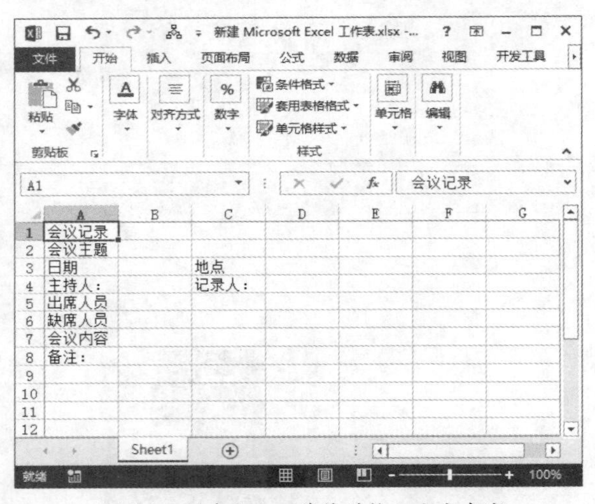
图19-1　新建空白工作簿并输入文本内容

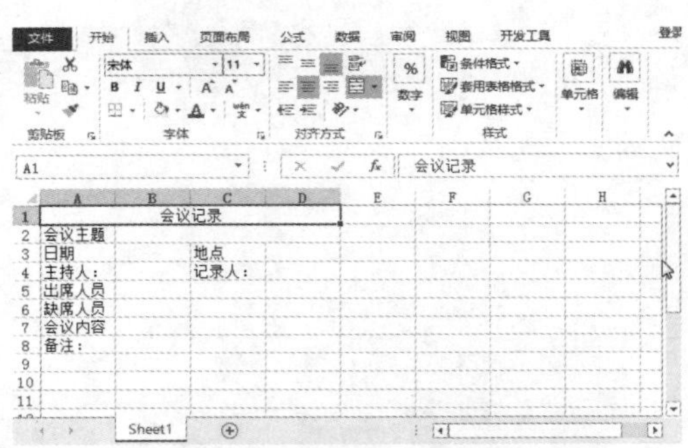
图19-2　合并单元格区域A1:D1和B2:D2

步骤 3 选择合并后的单元格区域B2:D2，在【开始】选项卡中，双击【剪贴板】选项组中的【格式刷】按钮，此时鼠标指针变为刷子形状，如图19-3所示。

步骤 4 选择单元格区域B5:D8，此时系统将自动套用格式，分别合并单元格区域B5:D5、B6:D6、B7:D7和B8:D8，然后按Esc键，即可退出格式刷状态，如图19-4所示。

步骤 5 将鼠标指针定位在第1行与第2行的中间线处，此时鼠标指针变为╪形状，按住鼠标左键不放向下拖动，当行高变为30时释放鼠标，如图19-5所示。

步骤 6 按住Ctrl键不放，依次单击第2、3、4、6、8行的行首，选中这5行，在行首处右击，在弹出的快捷菜单中选择【行高】命令，如图19-6所示。

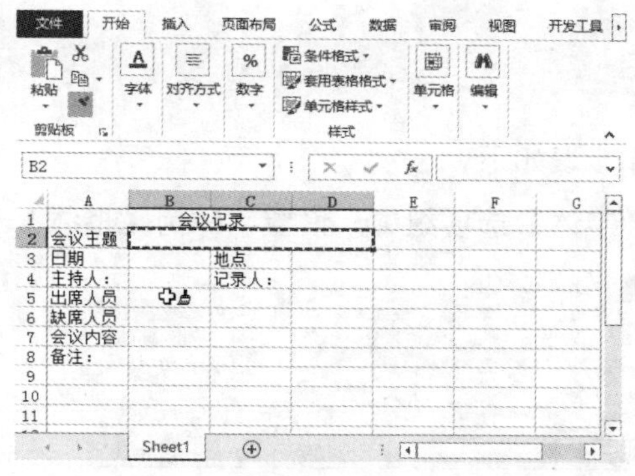

图19-3 双击【格式刷】按钮

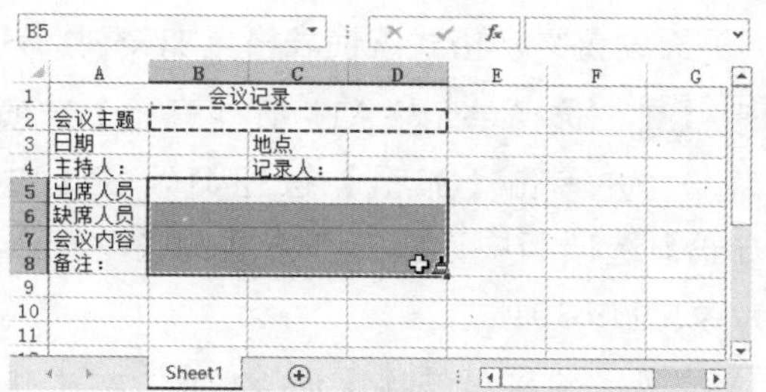

图19-4 使用格式刷合并单元格区域

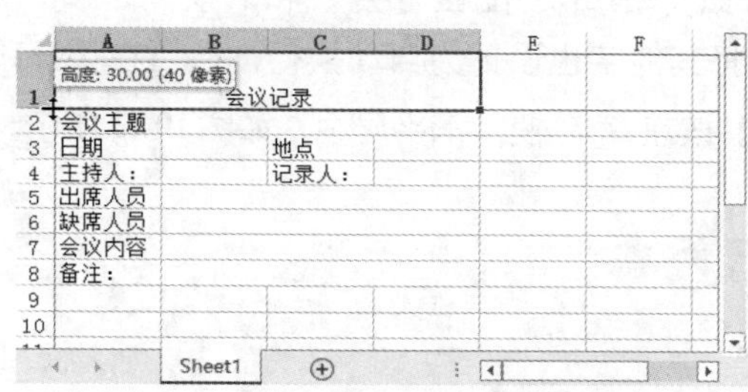

图19-5 调整第1行的行高

图19-6 选择【行高】命令

步骤 7 弹出【行高】对话框，在【行高】文本框中输入“24”，单击【确定】按钮，如图19-7所示。

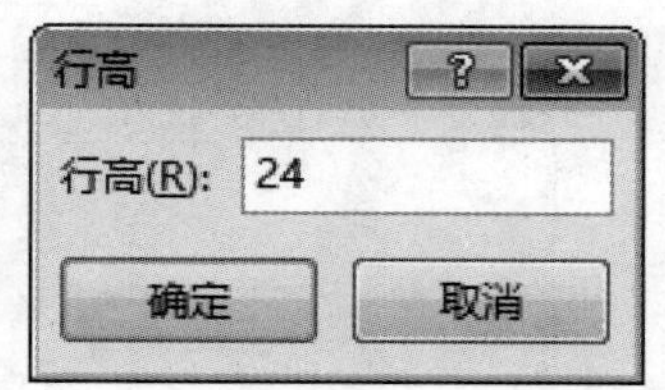

图19-7 在【行高】文本框中设置行高

步骤 8 使用上述方法，将第5行的行高设置为“50”，第7行的行高设置为“200”，如图19-8所示。

步骤 9 按住Ctrl键不放，依次单击B列和D列的列首，选中这两列，将鼠标指针定位在B列与C列的中间线处，此时鼠标指针变为✛形状，按住鼠标左键不放向右拖动，当列宽变为25时释放鼠标，如图19-9所示。

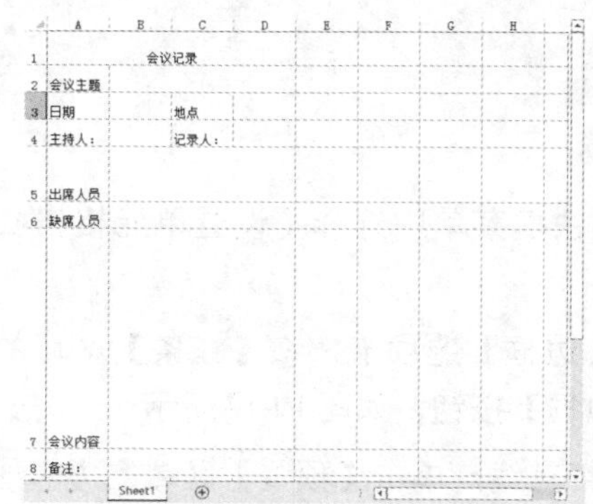

图19-8 设置第5行和第7行的行高

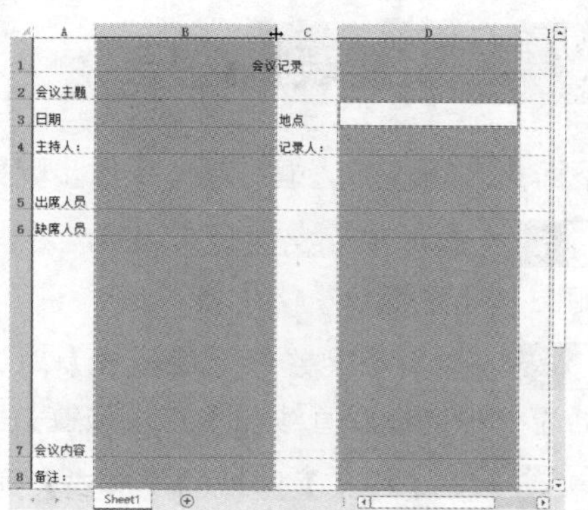

图19-9 设置B列和D列的列宽

19.1.2 设置文字格式

下面设置文字格式，使表格更加美观，具体操作步骤如下。

步骤 1 选择单元格A1，在【开始】选项卡的【字体】选项组中，设置字体为【楷体】、字号为22，并单击【加粗】按钮 **B**，在【对齐方式】选项组中设置对齐方式为【垂直居中】，如图19-10所示。

图19-10 设置表格标题的格式

步骤 2 选择单元格区域A2:D8，在【开始】选项卡的【字体】选项组中，设置字号为12，在【对齐方式】选项组中设置对齐方式为【垂直居中】，如图19-11所示。

步骤 3 双击单元格A7，进入可编辑状态，将鼠标指针定位在“会”和“议”之间，按Alt+Enter快捷键，将其自动换行，使用同样的方法，将其他字也设置为自动换行，然后在【开始】选项卡中，单击【对齐方式】选项组中的【水平居中】按钮 ≡，使其水平居中，如图19-12所示。

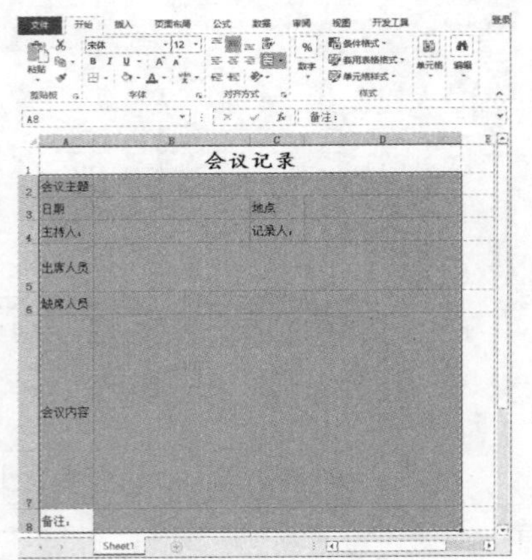
图19-11 设置单元格区域A2:D8的格式

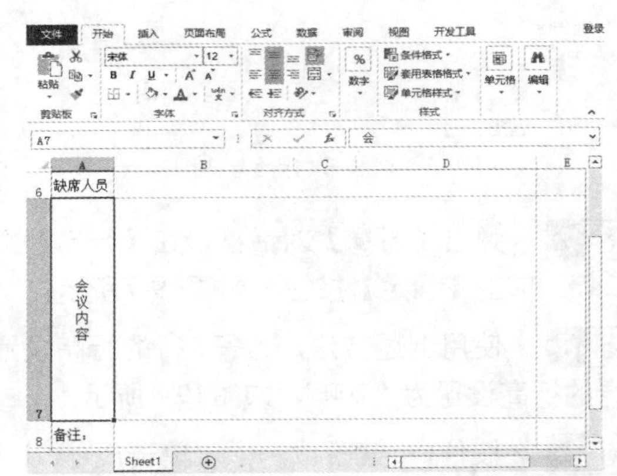
图19-12 使单元格A7的内容自动换行并设置水平居中

19.1.3 设置表格边框

下面为表格添加边框，具体操作步骤如下。

步骤 1 选择单元格区域A2:D8，右击，在弹出的快捷菜单中选择【设置单元格格式】命令，如图19-13所示。

步骤 2 弹出【设置单元格格式】对话框，选择【边框】选项卡，在【线条】区域的【样式】列表框中选择双直线，单击【预置】区域的【外边框】按钮，如图19-14所示。

步骤 3 在【线条】区域的【样式】列表框中选择细直线，单击【预置】区域的【内部】按钮，然后在【边框】区域中预览设置的边框样式，如图19-15所示。

图19-13　选择【设置单元格格式】命令

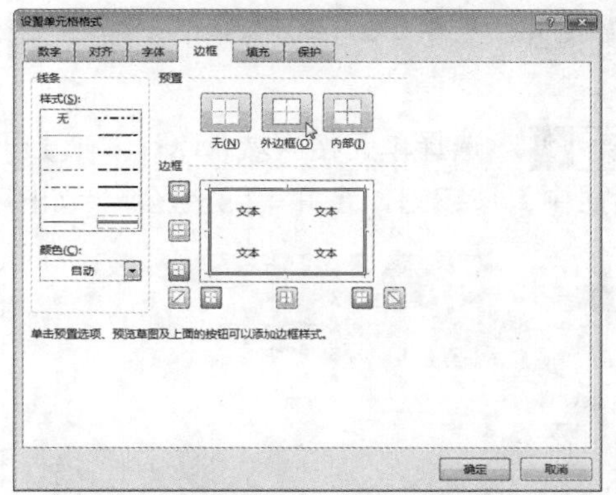

图19-14　选择双直线作为外边框

步骤 4　单击【确定】按钮，即为表格添加了相应的边框，如图19-16所示。

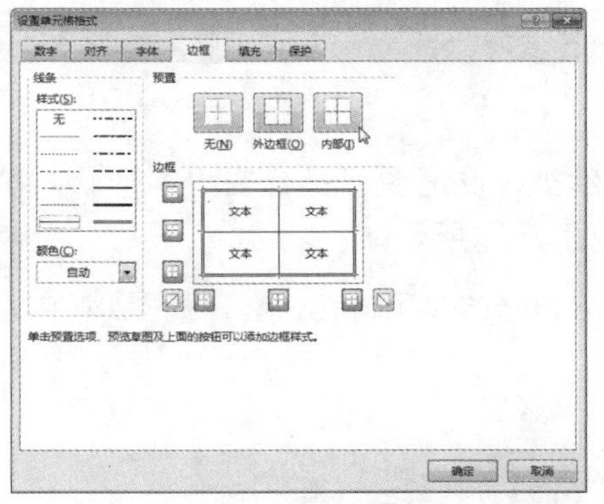

图19-15　选择细直线作为内部框线

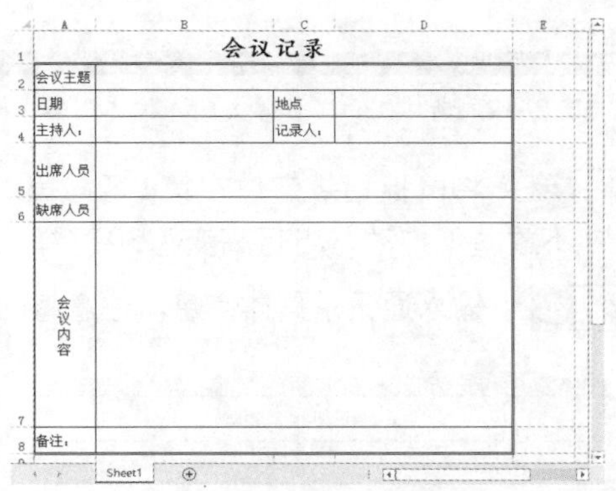

图19-16　为表格添加边框

操作完成后，保存工作表并将其命名为“会议记录表”。至此，会议记录表全部制作完成。

19.2 设计员工通讯录

为了便于员工在工作中及时联系和沟通，一般每个公司甚至每个部门都有自己的员工通讯录，因此制作一个简洁实用的通讯录便成了行政部门常见的工作任务。通常情况下，通讯录包括员工的部门、姓名、联系手机、座机、邮箱等信息。

19.2.1 新建员工通讯录

下面将建立表格，输入基础数据，合并单元格，并调整行高，具体操作步骤如下。

步骤 1 启动Excel 2013，新建一个空白工作簿，在表格中输入相应的文本内容，如图19-17所示。

步骤 2 选择单元格区域A1:G1，在【开始】选项卡中，单击【对齐方式】选项组中的【合并后居中】按钮，合并单元格区域，如图19-18所示。

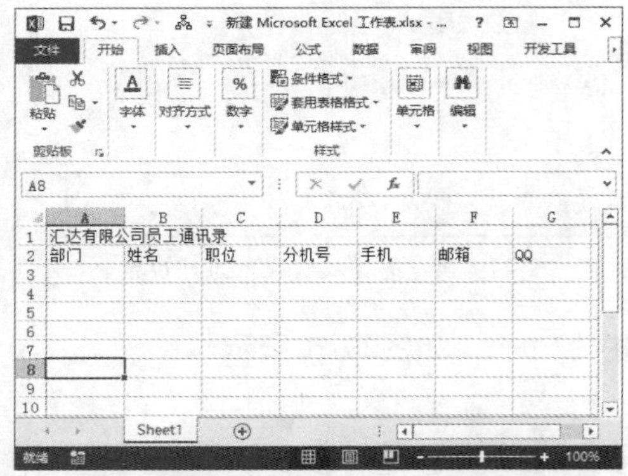

图19-17 新建空白工作簿并输入文本内容

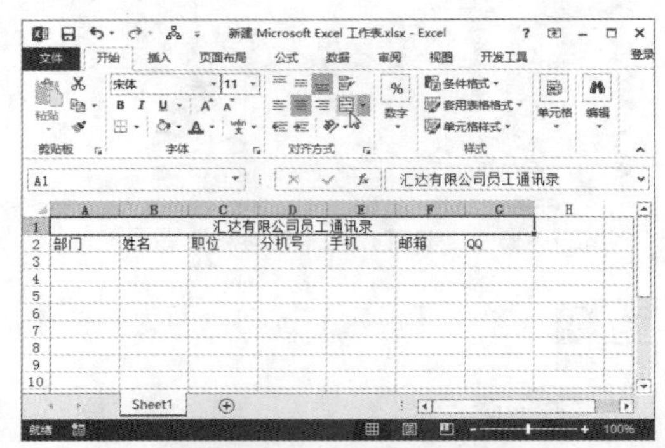

图19-18 合并单元格区域A1:G1

步骤 3 将鼠标指针定位在第1行与第2行的中间线处，此时鼠标指针变为✛形状，按住鼠标左键不放向下拖动，当行高变为30时释放鼠标，如图19-19所示。

步骤 4 输入通讯录具体信息，注意将同部门、同分机号的员工排在一起，如图19-20所示。

	A	B	C	D	E	F	G
1	汇达有限公司员工通讯录						
2	部门	姓名	职位	分机号	手机	邮箱	QQ
3							
4							
5							
6							
7							
8							
9							
10							
11							
12							
13							

图19-19 调整第1行的行高

	A	B	C	D	E	F	G
1	汇达有限公司员工通讯录						
2	部门	姓名	职位	分机号	手机	邮箱	QQ
3	经理室	薛仁	总经理	76542655			
4	人事部	李奇	人事经理	76542678			
5		王英	人事专员	76542645			
6	财务部	戴高	财务经理	76542649			
7		赵晓	会计	76542668			
8		周冲	出纳				
9	销售部	蔡洋	销售经理	76542672			
10		王波	销售员	76542689			
11		刘森	销售员				
12	研发部	钱进	工程师	76542646			
13							

图19-20 输入通讯录具体信息

> **提示** 在输入手机号时，若系统以科学记数形式显示，是因为列宽不够，要想显示全部的手机号码，调整该列的宽度即可。

步骤 5 将鼠标指针定位在第2行的行首，按住鼠标左键不放向下拖动直到第12行，即可选中这些行，在行首处右击，在弹出的快捷菜单中选择【行高】命令，如图19-21所示。

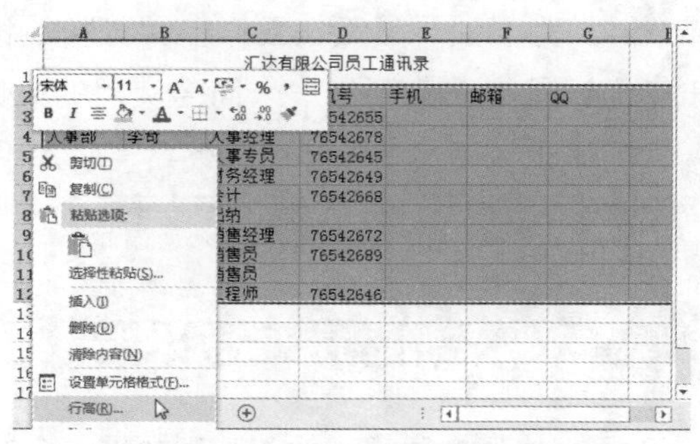

图19-21 选择【行高】命令

步骤 6 弹出【行高】对话框，在【行高】文本框中输入“22”，单击【确定】按钮，如图19-22所示。

步骤 7 此时第2～12行的行高将发生改变，

如图19-23所示。

通讯录的内容基本填充完成，各行政部门可以结合自身情况调整表格。

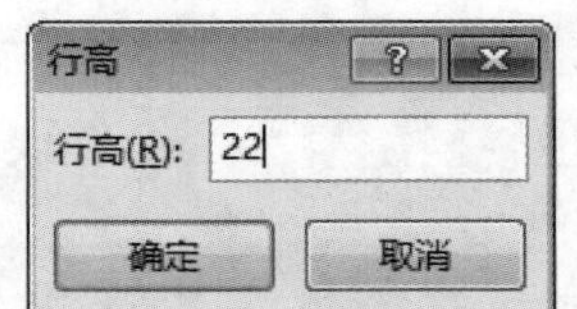

图19-22　在【行高】文本框中设置行高

图19-23　调整第2～12行的行高

19.2.2 设置字体格式

下面设置文字格式，使表格更加美观，具体操作步骤如下。

步骤 1　选择单元格区域A1:G1，在【开始】选项卡的【字体】选项组中，设置字体为【楷体】、字号为20，并单击【加粗】按钮 **B**，在【对齐方式】选项组中设置对齐方式为【垂直居中】和【水平居中】，如图19-24所示。

步骤 2　选择单元格区域A4:A5，在【开始】选项卡中，单击【对齐方式】选项组中的【合并后居中】按钮，合并单元格区域，使用同样的方法，合并单元格区域A6:A8、A9:A11、D7:D8和D10:D11，如图19-25所示。

图19-24　设置表格标题的格式

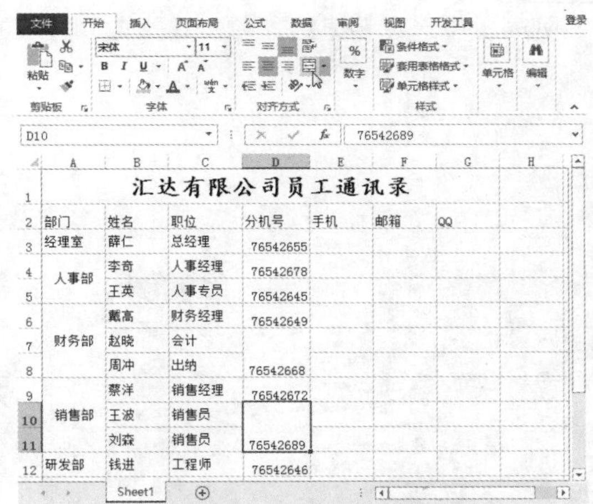

图19-25　合并需要合并的单元格区域

步骤 3　选择单元格区域A2:G2，在【开始】选项卡的【字体】选项组中，设置字体为【微软雅黑】、字号为11、填充颜色为【红色】，并单击【加粗】按钮 **B**，在【对齐方式】选项组中设置对齐方式为【垂直居中】和【水平居中】，如图19-26所示。

步骤 4 选择单元格区域A3:G12，使用步骤3的方法设置字体为【微软雅黑】、字号为11，对齐方式为【垂直居中】和【水平居中】，如图19-27所示。

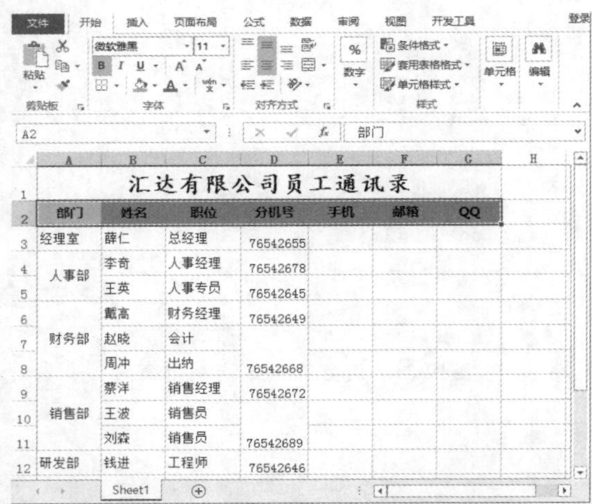

图19-26 设置单元格区域A2:G2的格式

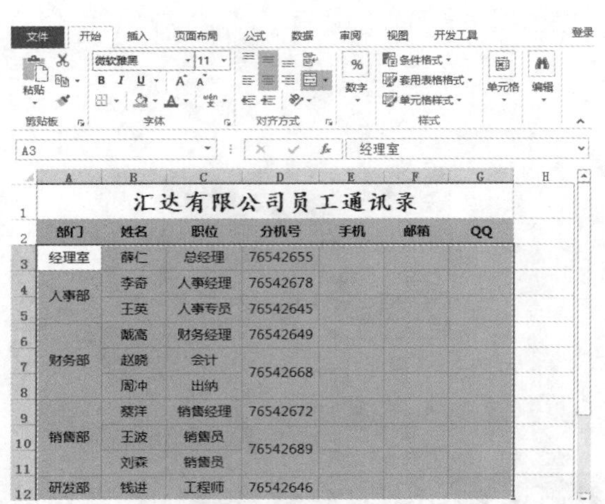

图19-27 设置单元格区域A3:G12的格式

19.2.3 设置表格边框与底纹

下面为表格添加边框和底纹，具体操作步骤如下。

步骤 1 选择单元格区域A2:G12，右击，在弹出的快捷菜单中选择【设置单元格格式】命令，如图19-28所示。

步骤 2 弹出【设置单元格格式】对话框，选择【边框】选项卡，在【线条】区域的【样式】列表框中选择粗直线，单击【预置】区域的【外边框】按钮，如图19-29所示。

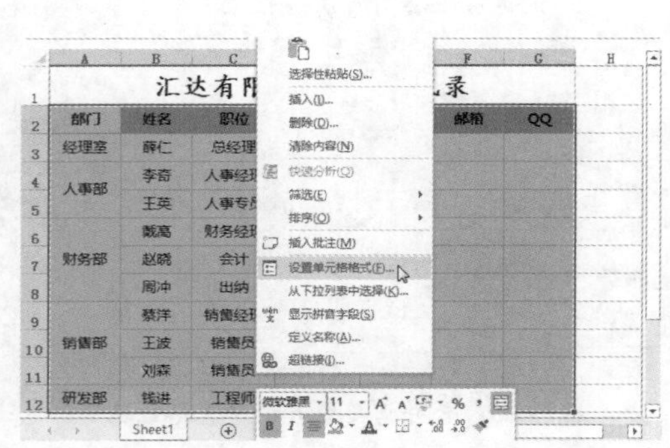

图19-28 选择【设置单元格格式】命令

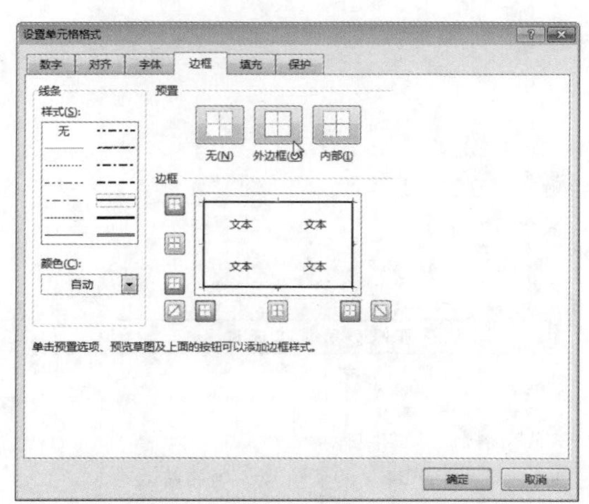

图19-29 选择粗直线作为外边框

步骤 3 在【线条】区域的【样式】列表框中选择细直线，单击【预置】区域的【内部】按钮，然后在【边框】区域中预览设置的边框样式，如图19-30所示。

步骤 4 单击【确定】按钮，选择单元格区域A3:G12，重复步骤1，在弹出的【设置单元格格式】对话框中选择【填充】选项卡，单击【图案颜色】右侧的下拉按钮，在弹出的调色板中选择需要的颜色，然后在【图案样式】的下拉列表中选择需要的样式，如图19-31所示。

步骤 5 单击【确定】按钮，即可为选定区域添加底纹，如图19-32所示。

操作完成后，保存工作表并将其命名为“员工通讯录”。至此，员工通讯录全部制作完成。

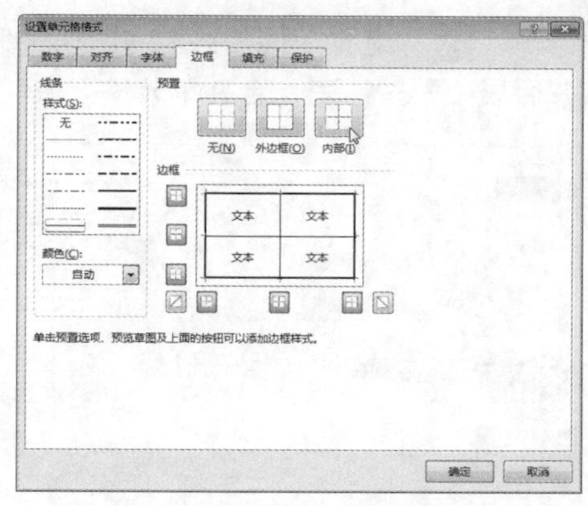

图19-30　选择细直线作为内部框线

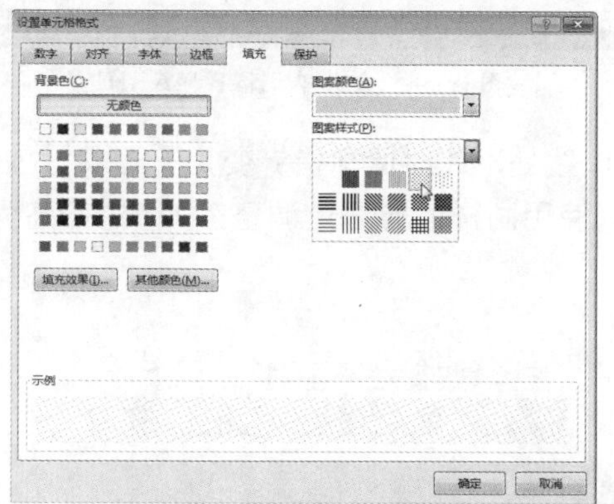

图19-31　设置填充颜色和样式

汇达有限公司员工通讯录

部门	姓名	职位	分机号	手机	邮箱	QQ
经理室	薛仁	总经理	76542655			
人事部	李奇	人事经理	76542678			
	王英	人事专员	76542645			
财务部	戴高	财务经理	76542649			
	赵晓	会计	76542668			
	周冲	出纳				
销售部	蔡洋	销售经理	76542672			
	王波	销售员	76542689			
	刘森	销售员				
研发部	钱进	工程师	76542646			

图19-32　为选定区域添加底纹

19.3 设计来客登记表

为了规范公司的管理，当外部机构或人员来访时，通常需要进行登记，主要登记来访时间、姓名、拜访何人、来访事由等信息，所以行政管理部门需要设计相应的访客登记表。

19.3.1 新建来客登记表

下面将建立表格，输入基础数据，合并单元格，并调整行高，具体操作步骤如下。

步骤 1 启动Excel 2013，新建一个空白工作簿，在表格中输入相应的文本内容，如图19-33所示。

步骤 2 选择单元格区域A1:H1，在【开始】选项卡中，单击【对齐方式】选项组中的【合并后居中】按钮，合并单元格区域，如图19-34所示。

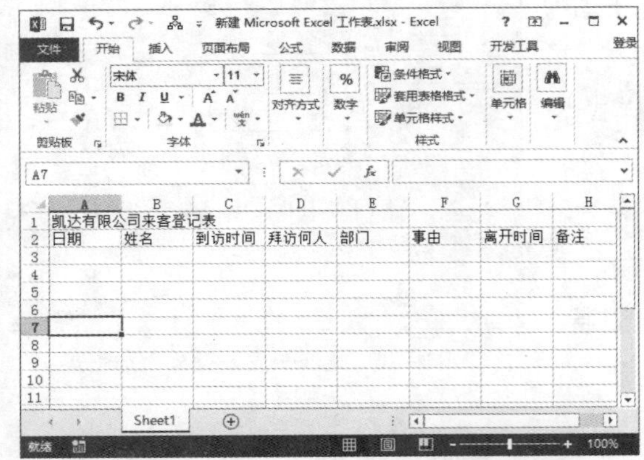

图19-33 新建空白工作簿并输入文本内容

图19-34 合并单元格区域A1:H1

步骤 3 将鼠标指针定位在第1行与第2行的中间线处，此时鼠标指针变为✛形状，按住鼠标左键不放向下拖动，当行高变为30时释放鼠标，使用同样的方法，调整第2行的行高为18，如图19-35所示。

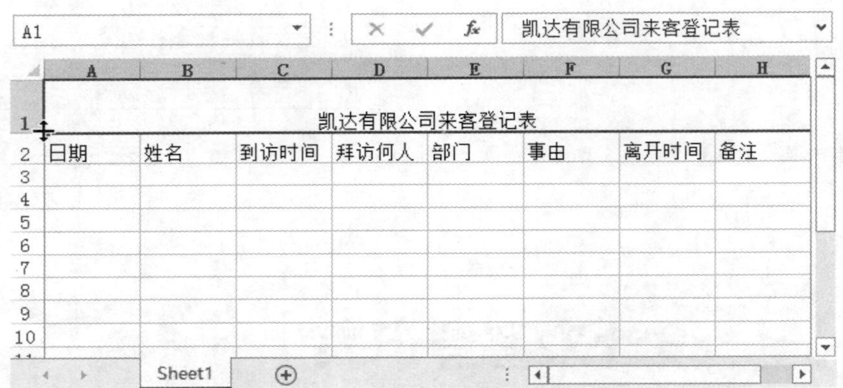

图19-35 调整第1行和第2行的行高

19.3.2 设置单元格格式

下面设置文字格式，使表格更加美观，具体操作步骤如下。

步骤 1 选择单元格A1，在【开始】选项卡的【字体】选项组中，设置字体为【华文行楷】、字号为22，在【对齐方式】选项组中设置对齐方式为【垂直居中】，如图19-36所示。

步骤 2 选择单元格区域A2:H2，在【开始】选项卡的【字体】选项组中，设置字体为【微软雅黑】、字号为11、填充颜色为【紫色】，在【对齐方式】选项组中设置对齐方式为【垂直居中】和【水平居中】，如图19-37所示。

图19-36 设置表格标题的格式

图19-37 设置单元格区域A2:H2的格式

19.3.3 添加边框

下面为表格添加边框，具体操作步骤如下。

步骤 1 选择单元格区域A2:H15，在【开始】选项卡的【字体】选项组中，单击【边框】按钮右侧的下拉按钮，在弹出的下拉列表中选择【边框】区域中的【所有框线】选项，如图19-38所示。

步骤 2 此时即为选定区域添加了边框，如图19-39所示。

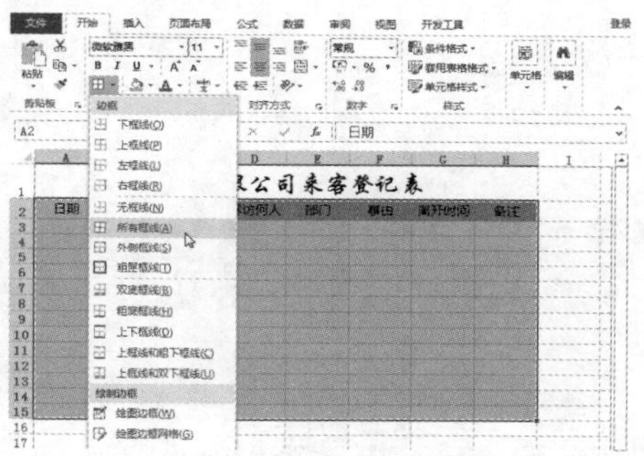

图19-38 选择【所有框线】选项

图19-39 为选定区域添加边框

提示 当需要选择范围较大的单元格区域时，可以使用Shift键快速选择。例如，选择单元格区域A2:H15，先选中起始单元格A2，然后按住Shift键不放，单击最后一个单元格H15，即可快速选择单元格区域A2:H15。

操作完成后，保存工作表并将其命名为“来客登记表”。至此，来客登记表全部制作完成。

19.4 设计办公用品领用登记表

制作一份办公用品使用情况统计表，有利于管理办公用品，做到事半功倍。

19.4.1 新建表格

下面将建立表格并设置相应的格式，具体操作步骤如下。

步骤 1 启动Excel 2013，新建一个空白工作簿，在表格中输入相应的文本内容，如图19-40所示。

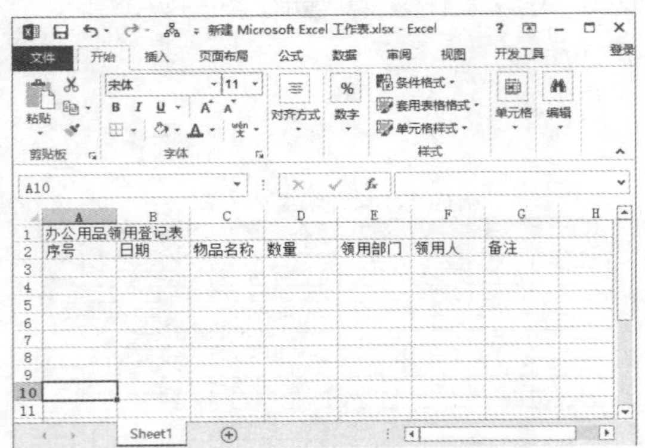

图19-40 新建空白工作簿并输入文本内容

步骤 2 选择单元格区域A1:G1，在【开始】选项卡的【字体】选项组中，设置字体为【华文楷体】、字号为20，在【对齐方式】选项组中设置对齐方式为【垂直居中】和【水平居中】，单击【合并后居中】按钮，合并单元格区域，如图19-41所示。

步骤 3 选择单元格区域A2:G2，使用步骤2的方法，设置字体为【华文中宋】、字号为12，对齐方式为【垂直居中】和【水平居中】，如图19-42所示。

步骤 4 将鼠标指针定位在第2行的行首，向下拖动鼠标，选中第2～15行，然后将鼠标指针定位在第2行与第3行的中间线处，此时鼠标指针变为┿形状，按住鼠标左键不放向下拖动，当行高变为18时释放鼠标，此时所有选定行的高度都变为18，如图19-43所示。

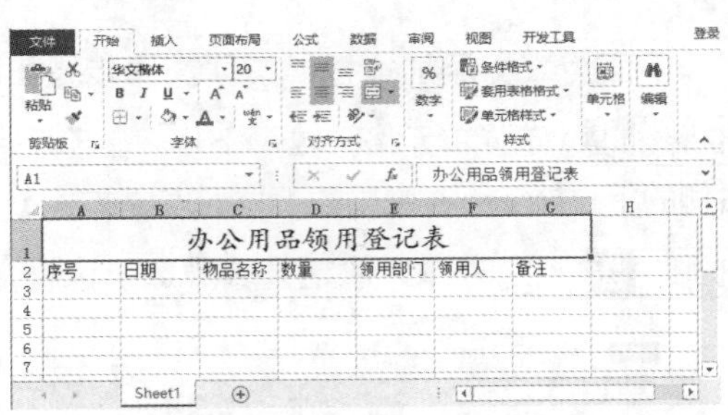

图19-41 设置单元格区域A1:G1的格式

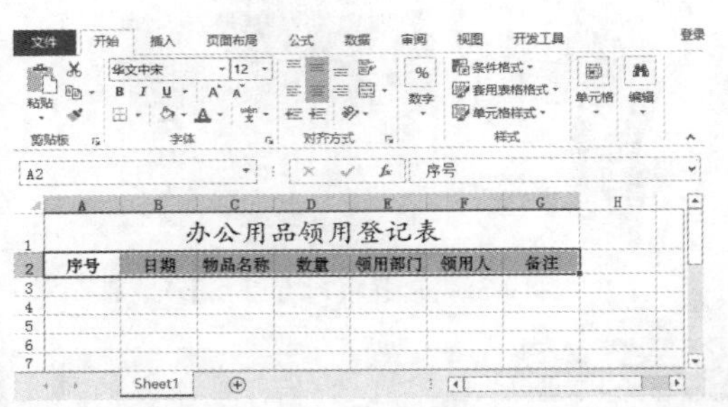

图19-42 设置单元格区域A2:G2的格式

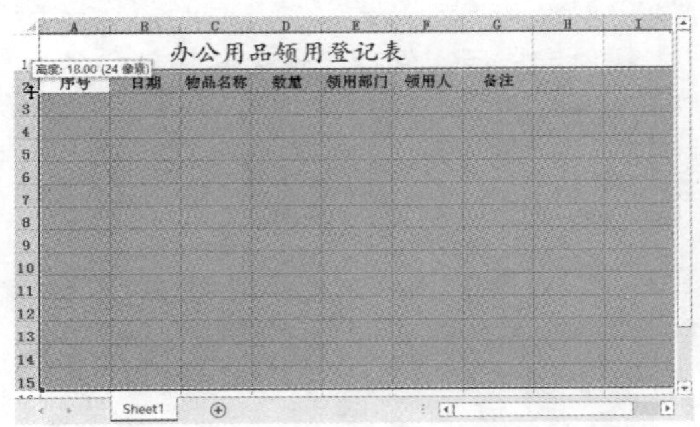

图19-43 调整第2～15行的行高

步骤 5 将鼠标指针定位在A列的列首，向右拖动鼠标，选中A～G列，然后将鼠标指针定位在A列与B列的中间线处，此时鼠标指针变为✛形状，按住鼠标左键不放向右拖动，当列宽变为10时释放鼠标，此时所有选定列的宽度都变为10，如图19-44所示。

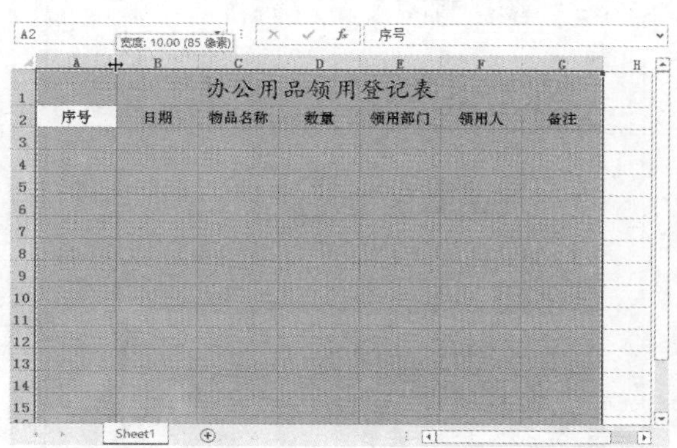

图19-44　调整A～G列的列宽

步骤 6 选择单元格区域A3:A15，使用步骤2的方法，设置对齐方式为【垂直居中】和【水平居中】。然后在单元格A3中输入“1”，利用填充柄的填充功能，快速填充至单元格A15，其右侧会出现【自动填充选项】按钮，单击该按钮，在弹出的下拉列表中选中【填充序列】单选按钮，如图19-45所示。

图19-45　在单元格区域A3:A15输入序号并设置格式

步骤 7 选择单元格区域A2:G15，在【开始】选项卡的【字体】选项组中，单击【边框】按钮右侧的下拉按钮，在弹出的下拉列表中选择【边框】区域中的【所有框线】选项，如图19-46所示。

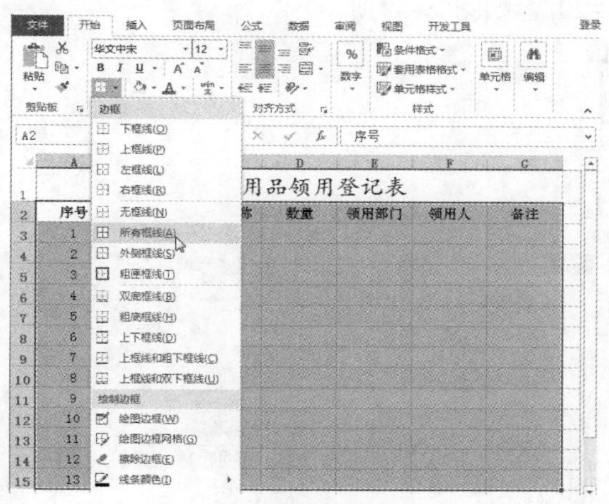

图19-46　选择【所有框线】选项

步骤 8 此时即为选定区域添加了边框，如图19-47所示。

图19-47　为选定区域添加边框

19.4.2 设置数据验证

假设公司规定领用物品的数量每次不能超过20，所以需要设置数据验证，具体操作步骤如下。

步骤 1 选择单元格区域D3:D15，在【数据】选项卡中，单击【数据工具】选项组中的【数据验证】按钮，如图19-48所示。

步骤 2 弹出【数据验证】对话框，选择【设置】选项卡，在【允许】下拉列表框中选择【整数】选项，在【数据】下拉列表框中选择【小于或等于】选项，在【最大值】选择框中输入“20”，如图19-49所示。

图19-48　单击【数据验证】按钮

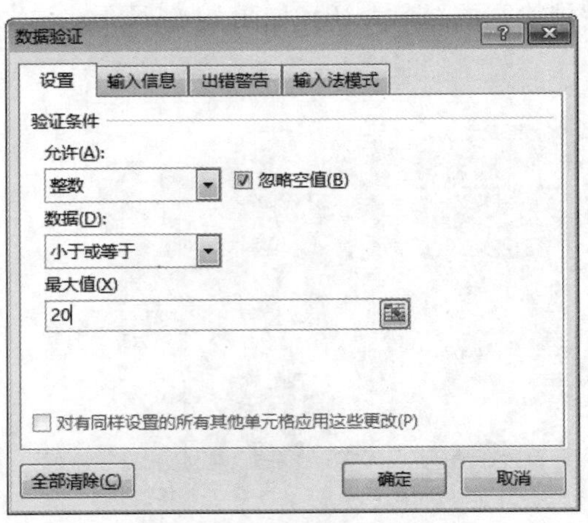

图19-49　设置验证条件

步骤 3 选择【输入信息】选项卡，选中【选定单元格时显示输入信息】复选框，在【标题】和【输入信息】文本框中输入提示信息，如图19-50所示。

步骤 4 选择【出错警告】选项卡，选中【输入无效数据时显示出错警告】复选框，在【样式】下拉列表框中选择【警告】选项，在【标题】和【错误信息】文本框中输入警告信息，如图19-51所示。

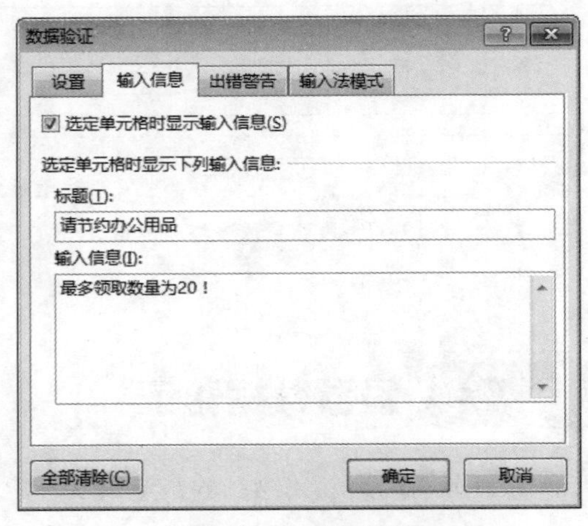

图19-50　设置提示信息

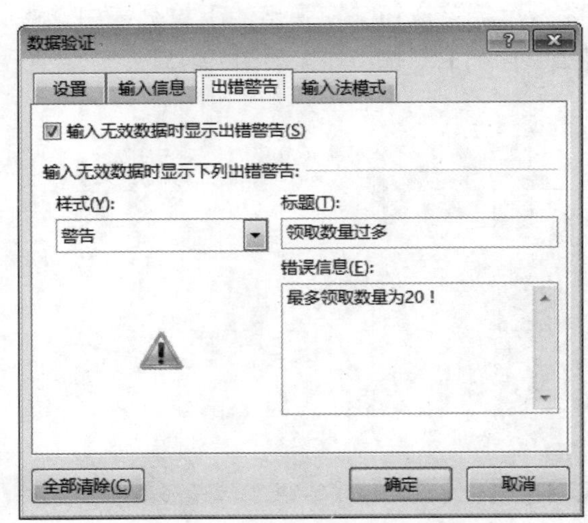

图19-51　设置警告信息

步骤 5 单击【确定】按钮，数据验证设置完成。单击单元格D3，下方会出现一个信息提示框，如图19-52所示。

步骤 6 假设在单元格D3中输入“23”，按Enter键，会弹出警告框，单击【否】按钮，可以重新输入数据，如图19-53所示。

图19-52 单击单元格时会出现一个信息提示框

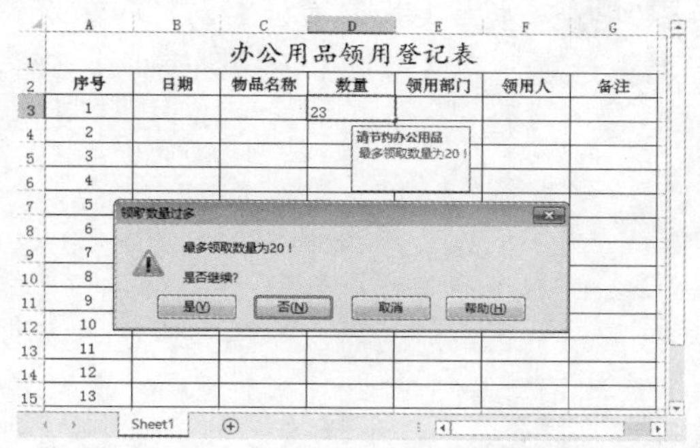

图19-53 输入错误数据时会弹出警告框

至此，就完成了办公用品领用登记表的制作。

Excel在工资管理中的应用

- **本章导读**

在企业中，每个月都需要统计员工的工资，而且一般大的企业手工计算员工工资工作量都非常大，如果方法不当，会浪费很多时间，而如果能使用Excel函数对工资进行管理，则可以提高工作效率，节约财力和人力。本章将为读者介绍Excel在工资管理中的应用。

- **学习目标**

◎ 企业员工销售业绩奖金管理

◎ 企业员工福利待遇管理

◎ 企业员工考勤管理

◎ 统计员工当月实发工资

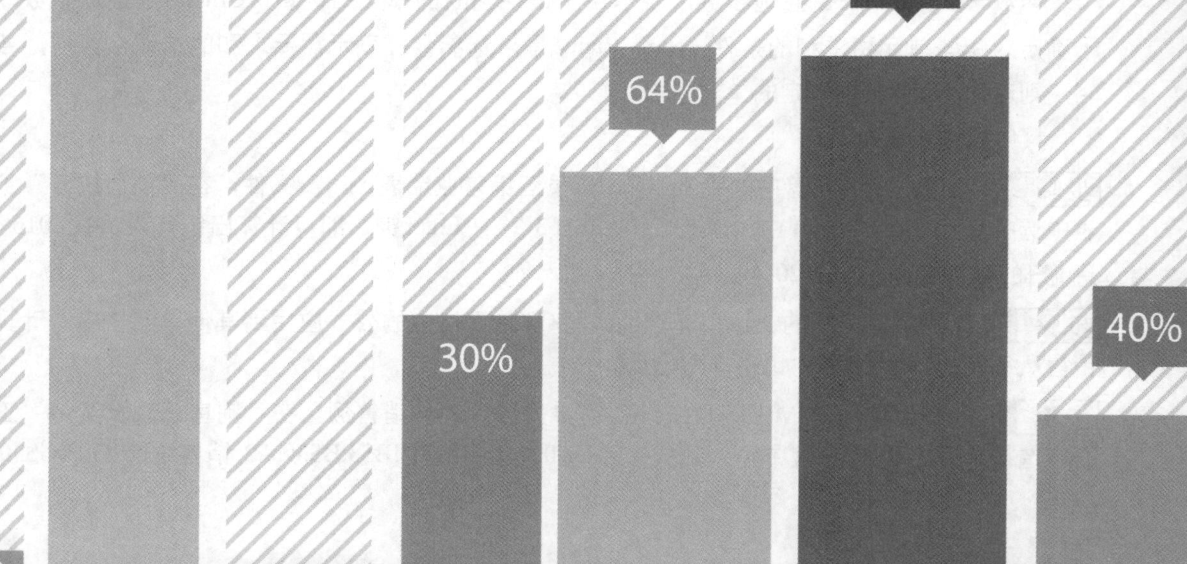

20.1 企业员工销售业绩奖金管理

为了高效准确地统计出销售人员的销售业绩，可以使用Excel强大的函数分析功能对员工的销售信息进行统计、分析，进而管理好销售人员业绩奖金的发放。在统计之前，需要先建立相应的员工销售业绩表，该表包含两个工作表：销售统计（见图20-1）和销售总额及奖金（见图20-2）。

图20-1 “销售统计”工作表

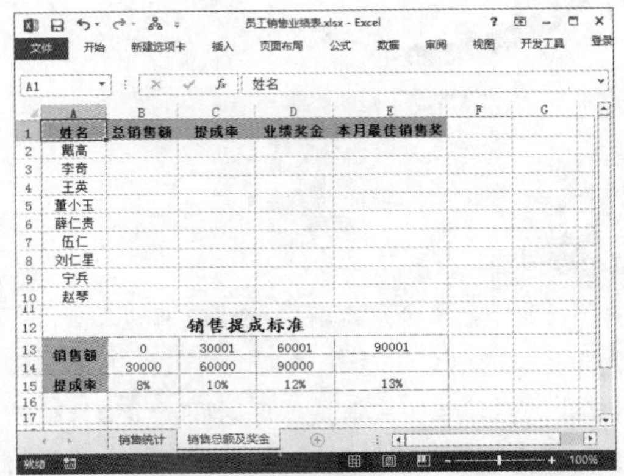

图20-2 “销售总额及奖金”工作表

20.1.1 统计销售员当月的总销售额

在统计每位销售员当月的总销售额时，需要用到SUMIF函数，有关该函数的介绍如下。

语法结构：SUMIF(Range,Criteria,[Sum_Range])。

功能介绍：计算符合指定条件的单元格区域内的数值和。

参数含义：Range是必选参数，表示用于条件判断的单元格区域；Criteria是必选参数，用于确定对哪些单元格求和的条件；Sum_Range是可选参数，表示需要求和的单元格区域，若省略，则对Range参数中指定的单元格求和。

具体操作步骤如下。

步骤 1 打开随书光盘中的“素材\ch20\员工销售业绩表.xlsx”文件，在“销售统计”工作表中选择单元格G3，在其中输入公式“=E3*F3”，按Enter键，即可计算出销售人员在2016年3月1日的销售金额，如图20-3所示。

步骤 2 利用填充柄的快速填充功能，将G3单元格中的公式应用到其他单元格中，计算各销售员每天的销售金额，如图20-4所示。

步骤 3 下面使用SUMIF函数统计各销售员当月的总销售额。在“销售总额及奖金”工作表中选择单元格B2，在其中输入公式“=SUMIF(销售统计!B$3:B$30,A2,销售统计!G$3:G$30)”，

按Enter键，即可计算出销售人员“戴高”在3月份的总销售额，如图20-5所示。

图20-3　输入公式计算销售金额

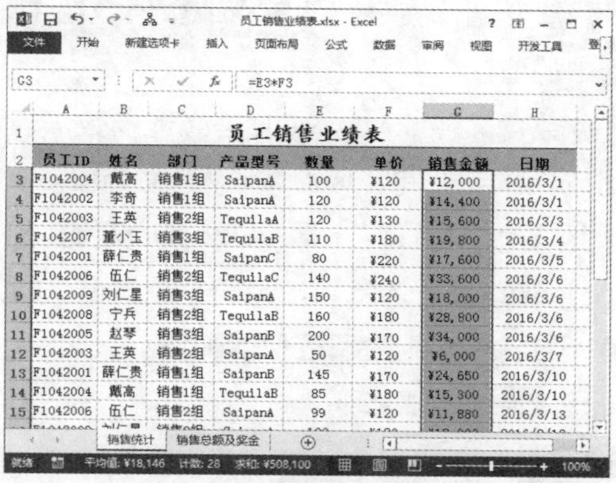

图20-4　快速复制公式填充数据

步骤 4　利用填充柄的快速填充功能，计算各销售员在3月份的总销售额，如图20-6所示。

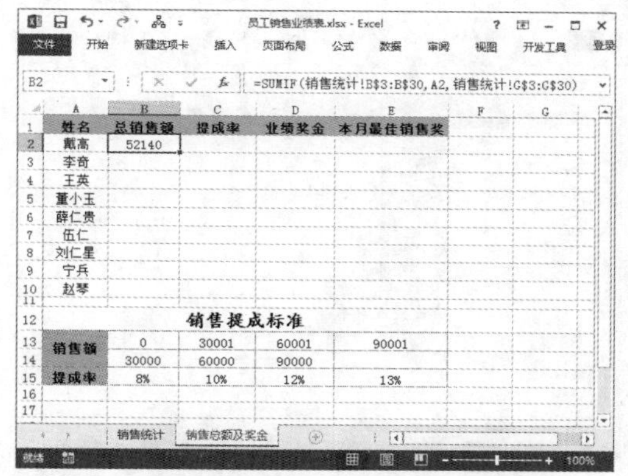

图20-5　输入公式计算总销售额

图20-6　快速复制公式填充数据

20.1.2　计算每位销售员的业绩奖金提成率

通常情况下，销售人员的业绩奖金是按照不同的提成比率计算的，而提成比率将随着销售额的提高而提高，为了计算销售人员的业绩奖金，每个公司都应该有一个销售提成标准。某公司制定的销售提成标准如图20-7所示。

销售提成标准				
销售额	0	30001	60001	90001
	30000	60000	90000	
提成率	8%	10%	12%	13%

图20-7　销售提成标准

在制定好销售提成标准后，就可以利用HLOOKUP函数根据销售员的总销售额查找到对应的提成率了，有关HLOOKUP函数的介绍如下。

语法结构：HLOOKUP(lookup_value,table_array,row_index_num,[range_lookup])。

功能介绍：在表格的首行或数值数组中查找指定的数值，然后返回表格和数组中指定行所在列中的值。

参数含义：lookup_value是必选参数，表示要在表格的第一行中查找的数值，可以是数值、引用或文本字符串；table_array是必选参数，表示需要在其中查找数据的数据表，可以是区域或区域名称的引用；row_index_num是必选参数，表示table_array中待返回的匹配值的行号；range_lookup是可选参数，为一个逻辑值，指定希望HLOOKUP函数查找精确匹配值还是近似匹配值，若省略，则返回近似匹配值。

具体操作步骤如下。

步骤 1 在“销售总额及奖金”工作表中选择单元格C2，在其中输入公式“=HLOOKUP(B2,B$13:E$15,3)”，按Enter键，即可计算出销售人员“戴高”3月份的提成率，如图20-8所示。

步骤 2 利用填充柄的快速填充功能，计算各销售员3月份的提成率，如图20-9所示。

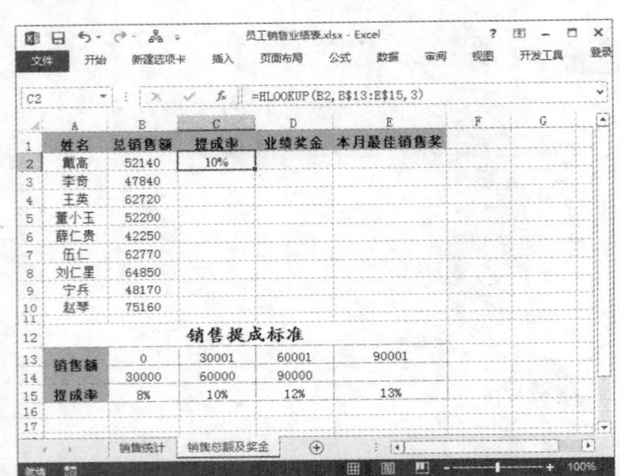

图20-8 输入公式计算提成率

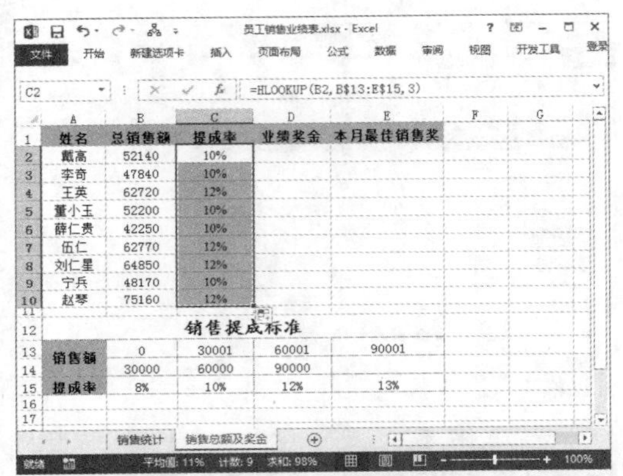

图20-9 提成率计算结果显示

> **提示** 当比较值位于数据表格的首行时，如果要向下查看指定的行数，则使用HLOOKUP函数。当比较值位于数据表格的左边一列时，则使用VLOOKUP函数。其中，HLOOKUP中的H代表“行”，即HLOOKUP表示按行查找，而VLOOKUP表示按列查找。

20.1.3 计算每位销售员当月的业绩奖金额

确定了各销售员的提成率以后，就可以很方便地计算出各销售员当月的业绩奖金了，其计算公式为：业绩奖金=本月总销售额 × 奖金提成率。

具体操作步骤如下。

步骤 1 在“销售总额及奖金”工作表中选择单元格D2，在其中输入公式“=B2*C2”，按Enter键，即可计算出销售人员“戴高”3月份的业绩奖金，如图20-10所示。

步骤 2 利用填充柄的快速填充功能，计算各销售员3月份的业绩奖金，如图20-11所示。

图20-10 计算一位销售员的业绩奖金额

图20-11 计算每位销售员的业绩奖金额

20.1.4 评选本月最佳销售奖的归属者

某些企业为了鼓励销售人员的工作积极性，会每个月根据总销售额评选出当月的最佳销售奖，并给予一定的经济奖励，假设奖励300元，这里使用MAX函数进行判断，有关MAX函数的介绍如下。

语法结构：MAX(number1,number2,...)。

功能介绍：返回一组值中的最大值。

参数含义：number1,number2,...中，number1是必选参数，其余是可选参数，表示要从中查找出最大值的1～255个数字。

具体操作步骤如下。

步骤 1 在“销售总额及奖金”工作表中选择单元格E2，在其中输入公式“=IF(MAX(B$2:B$10)=B2,300,"")”，按Enter键，若单元格中没有返回任何信息，则说明该销售人员不符合奖励的条件，如图20-12所示。

步骤 2 利用填充柄的快速填充功能，将E2单元格的公式应用到其他单元格中，计算出本月最佳销售奖的获得者，并显示出具体的奖金信息，如图20-13所示。

图20-12 评选本月最佳销售奖金归属

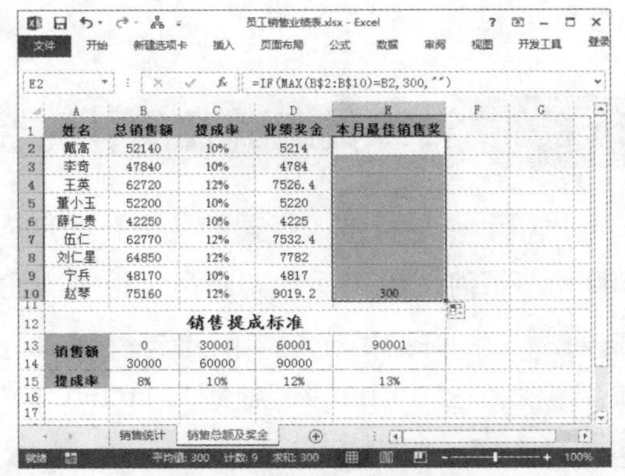

图20-13 最佳销售奖的归属者

20.2 企业员工福利待遇管理

在企业中员工福利待遇的好坏是凝聚企业员工最有效的方法之一，员工的福利主要包括住房补贴、伙食补贴、交通补贴、医疗补贴等。当然，根据公司的规模和制度的不同，员工的福利管理也不尽相同，假设某公司以职位级别来衡量员工的福利待遇，其标准如表20-1所示。

表20-1　福利待遇标准

职位级别	住房补贴	伙食补贴	交通补贴	医疗补贴
经理	700	400	400	600
主管	600	300	300	500
职员	500	200	200	400

确定了相关的福利待遇标准后，还需建立相应的员工福利待遇管理表，如图20-14所示。

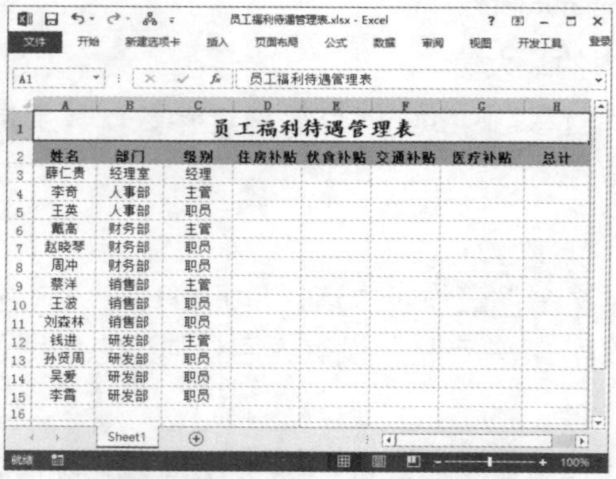
员工福利待遇管理表.xlsx - Excel
员工福利待遇管理表
姓名 部门 级别 住房补贴 伙食补贴 交通补贴 医疗补贴 总计
薛仁贵 经理室 经理
李奇 人事部 主管
王英 人事部 职员
戴高 财务部 主管
赵晓琴 财务部 职员
周冲 财务部 职员
蔡洋 销售部 主管
王波 销售部 职员
刘森林 销售部 职员
钱进 研发部 主管
孙贤周 研发部 职员
吴爱 研发部 职员
李霞 研发部 职员
Sheet1

图20-14　员工福利待遇管理表

20.2.1 计算员工的住房补贴金额

根据福利待遇标准，经理的住房补贴是700元，主管的住房补贴为600元，职员的住房补贴为500元，下面使用IF函数判断员工相应的住房补贴金额，具体操作步骤如下。

步骤 1 打开随书光盘中的“素材\ch20\员工福利待遇管理表.xlsx”文件，选择单元格D3，在其中输入公式“=IF(C3="经理",700,IF(C3="主管",600,500))”，按Enter键，即可计算该员工的住房补贴金额，如图20-15所示。

步骤 2 利用填充柄的快速填充功能，将D3单元格中的公式应用到其他单元格中，计算每位员工的住房补贴金额，如图20-16所示。

图20-15 计算经理的住房补贴金额

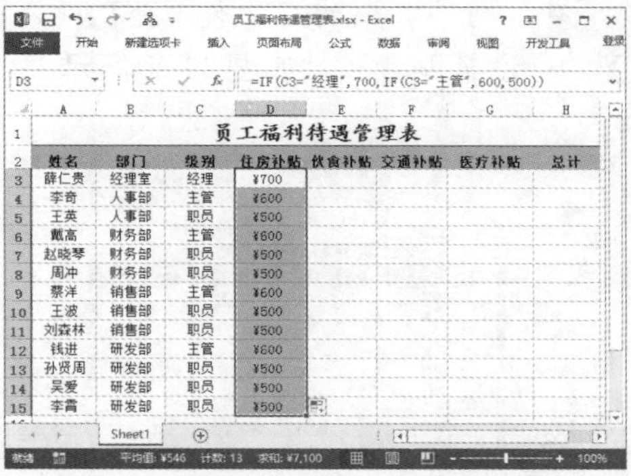

图20-16 计算所有员工的住房补贴金额

20.2.2 计算员工的伙食补贴金额

员工的伙食补贴是企业员工福利待遇管理的主要组成部分，计算伙食补贴金额和计算住房补贴的原理是一样的，也需要用到IF函数，具体操作步骤如下。

步骤 1 选择单元格E3，在其中输入公式“=IF(C3="经理",400,IF(C3="主管",300,200))”，按Enter键，即可计算该员工的伙食补贴金额，如图20-17所示。

步骤 2 利用填充柄的快速填充功能，将E3单元格中的公式应用到其他单元格中，计算每位员工的伙食补贴金额，如图20-18所示。

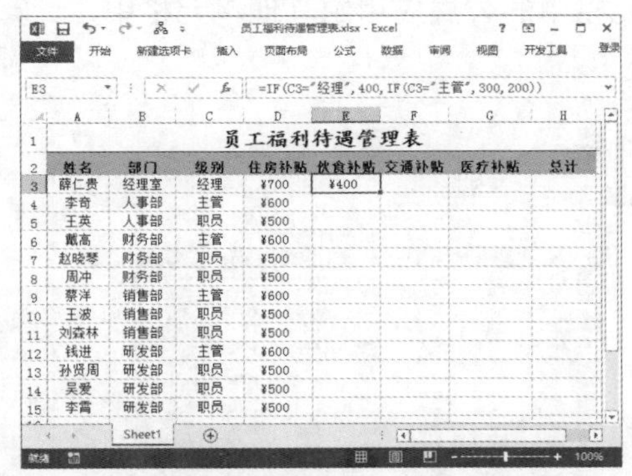

图20-17 计算经理的伙食补贴金额

图20-18 计算所有员工的伙食补贴金额

20.2.3 计算员工的交通补贴金额

员工的交通补贴是企业为了补偿员工，尤其是销售人员在与客户接触的过程中所用到的交通费用而设立的，计算员工交通补贴金额的具体操作步骤如下。

步骤 1 选择单元格F3，在其中输入公式“=IF(C3="经理",400,IF(C3="主管",300,200))”，按Enter键，即可计算该员工的交通补贴金额，如图20-19所示。

步骤 2 利用填充柄的快速填充功能，将F3单元格中的公式应用到其他单元格中，计算每位员工的交通补贴金额，如图20-20所示。

图20-19 计算经理的交通补贴金额

员工福利待遇管理表

姓名	部门	级别	住房补贴	伙食补贴	交通补贴	医疗补贴	总计
薛仁贵	经理室	经理	¥700	¥400	¥400		
李奇	人事部	主管	¥600	¥300	¥300		
王英	人事部	职员	¥500	¥200	¥200		
戴高	财务部	主管	¥600	¥300	¥300		
赵晓琴	财务部	职员	¥500	¥200	¥200		
周冲	财务部	职员	¥500	¥200	¥200		
蔡洋	销售部	主管	¥600	¥300	¥300		
王波	销售部	职员	¥500	¥200	¥200		
刘森林	销售部	职员	¥500	¥200	¥200		
钱进	研发部	主管	¥600	¥300	¥300		
孙贤周	研发部	职员	¥500	¥200	¥200		
吴爱	研发部	职员	¥500	¥200	¥200		
李青	研发部	职员	¥500	¥200	¥200		

图20-20 计算所有员工的交通补贴金额

20.2.4 计算员工的医疗补贴金额

员工的医疗补贴是企业在自己的员工有疾病时，适当地为员工拿出的一部分医疗费用。计算员工医疗补贴金额的具体操作步骤如下。

步骤 1 选择单元格G3，在其中输入公式“=IF(C3="经理",600,IF(C3="主管",500,400))”，按Enter键，即可计算该员工的医疗补贴金额，如图20-21所示。

步骤 2 利用填充柄的快速填充功能，将G3单元格中的公式应用到其他单元格中，计算每位员工的医疗补贴金额，如图20-22所示。

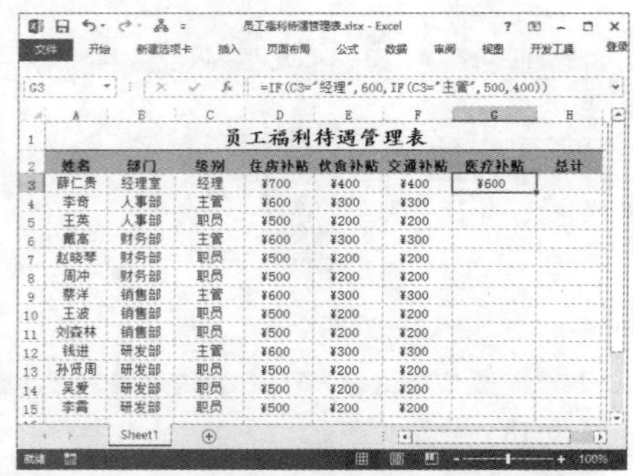

员工福利待遇管理表

姓名	部门	级别	住房补贴	伙食补贴	交通补贴	医疗补贴	总计
薛仁贵	经理室	经理	¥700	¥400	¥400	¥600	
李奇	人事部	主管	¥600	¥300	¥300		
王英	人事部	职员	¥500	¥200	¥200		
戴高	财务部	主管	¥600	¥300	¥300		
赵晓琴	财务部	职员	¥500	¥200	¥200		
周冲	财务部	职员	¥500	¥200	¥200		
蔡洋	销售部	主管	¥600	¥300	¥300		
王波	销售部	职员	¥500	¥200	¥200		
刘森林	销售部	职员	¥500	¥200	¥200		
钱进	研发部	主管	¥600	¥300	¥300		
孙贤周	研发部	职员	¥500	¥200	¥200		
吴爱	研发部	职员	¥500	¥200	¥200		
李青	研发部	职员	¥500	¥200	¥200		

图20-21 计算经理的医疗补贴金额

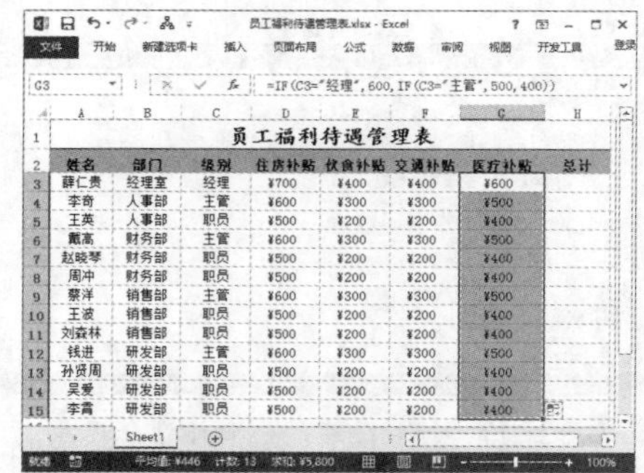

员工福利待遇管理表

姓名	部门	级别	住房补贴	伙食补贴	交通补贴	医疗补贴	总计
薛仁贵	经理室	经理	¥700	¥400	¥400	¥600	
李奇	人事部	主管	¥600	¥300	¥300	¥500	
王英	人事部	职员	¥500	¥200	¥200	¥400	
戴高	财务部	主管	¥600	¥300	¥300	¥500	
赵晓琴	财务部	职员	¥500	¥200	¥200	¥400	
周冲	财务部	职员	¥500	¥200	¥200	¥400	
蔡洋	销售部	主管	¥600	¥300	¥300	¥500	
王波	销售部	职员	¥500	¥200	¥200	¥400	
刘森林	销售部	职员	¥500	¥200	¥200	¥400	
钱进	研发部	主管	¥600	¥300	¥300	¥500	
孙贤周	研发部	职员	¥500	¥200	¥200	¥400	
吴爱	研发部	职员	¥500	¥200	¥200	¥400	
李青	研发部	职员	¥500	¥200	¥200	¥400	

图20-22 计算所有员工的医疗补贴金额

20.2.5 合计员工的总福利金额

在计算出每位员工的住房补贴、伙食补贴、交通补贴和医疗补贴金额后，使用SUM函数就可以计算出每位员工的总福利金额，具体操作步骤如下。

步骤 1 选择单元格H3，在其中输入公式“=SUM(D3:G3)”，按Enter键，即可计算该员工的总福利补贴金额，如图20-23所示。

步骤 2 利用填充柄的快速填充功能，将H3单元格中的公式应用到其他单元格中，计算每位员工的总福利补贴金额，如图20-24所示。

员工福利待遇管理表							
姓名	部门	级别	住房补贴	伙食补贴	交通补贴	医疗补贴	总计
薛仁贵	经理室	经理	¥700	¥400	¥400	¥600	¥2,100
李奇	人事部	主管	¥600	¥300	¥300	¥500	
王英	人事部	职员	¥500	¥200	¥200	¥400	
戴高	财务部	主管	¥600	¥300	¥300	¥500	
赵晓琴	财务部	职员	¥500	¥200	¥200	¥400	
周冲	财务部	职员	¥500	¥200	¥200	¥400	
蔡洋	销售部	主管	¥600	¥300	¥300	¥500	
王波	销售部	职员	¥500	¥200	¥200	¥400	
刘森林	销售部	职员	¥500	¥200	¥200	¥400	
钱进	研发部	主管	¥600	¥300	¥300	¥500	
孙贤周	研发部	职员	¥500	¥200	¥200	¥400	
吴爱	研发部	职员	¥500	¥200	¥200	¥400	
李霄	研发部	职员	¥500	¥200	¥200	¥400	

图20-23　计算经理的总福利补贴金额

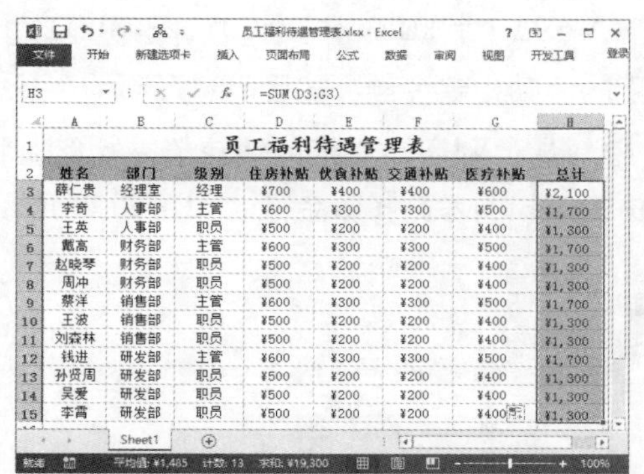

员工福利待遇管理表							
姓名	部门	级别	住房补贴	伙食补贴	交通补贴	医疗补贴	总计
薛仁贵	经理室	经理	¥700	¥400	¥400	¥600	¥2,100
李奇	人事部	主管	¥600	¥300	¥300	¥500	¥1,700
王英	人事部	职员	¥500	¥200	¥200	¥400	¥1,300
戴高	财务部	主管	¥600	¥300	¥300	¥500	¥1,700
赵晓琴	财务部	职员	¥500	¥200	¥200	¥400	¥1,300
周冲	财务部	职员	¥500	¥200	¥200	¥400	¥1,300
蔡洋	销售部	主管	¥600	¥300	¥300	¥500	¥1,700
王波	销售部	职员	¥500	¥200	¥200	¥400	¥1,300
刘森林	销售部	职员	¥500	¥200	¥200	¥400	¥1,300
钱进	研发部	主管	¥600	¥300	¥300	¥500	¥1,700
孙贤周	研发部	职员	¥500	¥200	¥200	¥400	¥1,300
吴爱	研发部	职员	¥500	¥200	¥200	¥400	¥1,300
李霄	研发部	职员	¥500	¥200	¥200	¥400	¥1,300

图20-24　计算所有员工的总福利补贴金额

20.3 企业员工考勤扣款与全勤奖管理

企业员工考勤扣款与全勤奖管理是工资管理的重要组成部分，反映了员工当月的请假、旷工等情况，并以此为根据，按照公司管理条例给予适当的奖励或处罚。假设某公司制定的考勤扣款计算标准如图20-25所示。

制定了相关的考勤扣款计算标准后，还须建立相应的员工考勤管理表，如图20-26所示。该表有助于企业财务部门在统计实发工资时，方便地统计和提取考勤方面扣除和奖励的金额。

考勤扣款计算标准	
出勤情况	扣款（元/天）
全勤	0
病假	15
事假	30
旷工	60

图20-25　考勤扣款计算标准

员工考勤管理表					
姓名	部门	请假天数	请假种类	考勤扣款	全勤奖
薛仁贵	经理室			¥0	¥100
李奇	人事部	1	病假	¥15	
王英	人事部			¥0	¥100
戴高	财务部	2	事假	¥60	
赵晓琴	财务部	1.5	病假	¥23	
周冲	财务部	1	旷工	¥60	
蔡洋	销售部			¥0	¥100
王波	销售部			¥0	¥100
刘森林	销售部			¥0	¥100
钱进	研发部	3	事假	¥90	
孙贤周	研发部			¥0	¥100
吴爱	研发部	2.5	事假	¥75	
李霄	研发部			¥0	¥100

考勤扣款计算标准	
出勤情况	扣款（元/天）
全勤	0
病假	15
事假	30
旷工	60

图20-26　员工考勤管理表

20.3.1 计算员工考勤扣款金额

员工的考勤管理主要包括事假、病假、旷工等情况，根据考勤扣款计算标准，下面使用IF函数计算员工相应的考勤扣款金额，具体操作步骤如下。

步骤 1 打开随书光盘中的“素材\ch20\员工考勤管理表.xlsx”文件，选择单元格E3，在其中输入公式“=IF(D3=B$20,C3*C$20,IF(D3=B$21,C3*C$21,C3*C$22))”，按Enter键，即可计算该员工的考勤扣款金额，如图20-27所示。

步骤 2 利用填充柄的快速填充功能，将E3单元格中的公式应用到其他单元格中，计算每位员工应扣的考勤扣款金额，如图20-28所示。

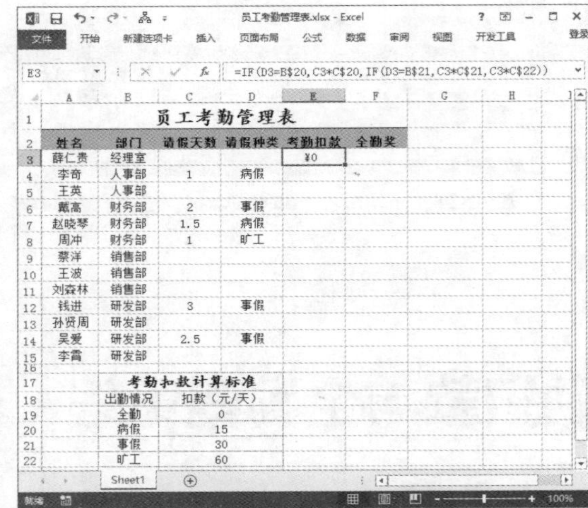

员工考勤管理表

姓名	部门	请假天数	请假种类	考勤扣款	全勤奖
薛仁贵	经理室			¥0	
李奇	人事部	1	病假		
王英	人事部				
戴高	财务部	2	事假		
赵晓琴	财务部	1.5	病假		
周冲	财务部	1	旷工		
蔡洋	销售部				
王波	销售部				
刘森林	销售部				
钱进	研发部	3	事假		
孙贤周	研发部				
吴爱	研发部	2.5	事假		
李霄	研发部				

考勤扣款计算标准

出勤情况	扣款（元/天）
全勤	0
病假	15
事假	30
旷工	60

图20-27 计算一位员工的考勤扣款金额

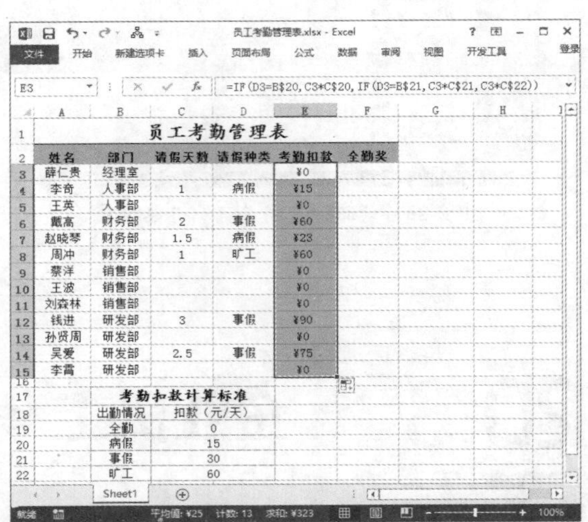

员工考勤管理表

姓名	部门	请假天数	请假种类	考勤扣款	全勤奖
薛仁贵	经理室			¥0	
李奇	人事部	1	病假	¥15	
王英	人事部			¥0	
戴高	财务部	2	事假	¥60	
赵晓琴	财务部	1.5	病假	¥23	
周冲	财务部	1	旷工	¥60	
蔡洋	销售部			¥0	
王波	销售部			¥0	
刘森林	销售部			¥0	
钱进	研发部	3	事假	¥90	
孙贤周	研发部			¥0	
吴爱	研发部	2.5	事假	¥75	
李霄	研发部			¥0	

考勤扣款计算标准

出勤情况	扣款（元/天）
全勤	0
病假	15
事假	30
旷工	60

图20-28 计算其他员工应扣的考勤金额

20.3.2 评选哪些员工获得本月的全勤奖

某些企业为了鼓励员工更好地为公司服务，专门设立了全勤奖，当员工本月无任何请假、旷工等情况时就可以获得该奖，假设全勤奖的奖金为100元。下面使用IF函数判断员工的考勤扣款是否为0，若为0，则说明该员工可获得全勤奖，具体操作步骤如下。

步骤 1 选择单元格F3，在其中输入公式“=IF(E3=0,100,"")”，按Enter键，即可计算该员工是否可获取全勤奖，并显示出具体的奖励金额，如图20-29所示。

步骤 2 利用填充柄的快速填充功能，将F3单元格中的公式应用到其他单元格中，计算其他员工是否可获得全勤奖，如图20-30所示。

员工考勤管理表

姓名	部门	请假天数	请假种类	考勤扣款	全勤奖
薛仁贵	经理室			¥0	¥100
李奇	人事部	1	病假	¥15	
王英	人事部			¥0	
戴高	财务部	2	事假	¥60	
赵晓琴	财务部	1.5	病假	¥23	
周冲	财务部	1	旷工	¥60	
蔡洋	销售部			¥0	
王波	销售部			¥0	
刘森林	销售部			¥0	
钱进	研发部	3	事假	¥90	
孙贤周	研发部			¥0	
吴爱	研发部	2.5	事假	¥75	
李霄	研发部			¥0	

考勤扣款计算标准

出勤情况	扣款（元/天）
全勤	0
病假	15
事假	30
旷工	60

图20-29　计算一位员工是否可获全勤奖

员工考勤管理表

姓名	部门	请假天数	请假种类	考勤扣款	全勤奖
薛仁贵	经理室			¥0	¥100
李奇	人事部	1	病假	¥15	
王英	人事部			¥0	¥100
戴高	财务部	2	事假	¥60	
赵晓琴	财务部	1.5	病假	¥23	
周冲	财务部	1	旷工	¥60	
蔡洋	销售部			¥0	¥100
王波	销售部			¥0	¥100
刘森林	销售部			¥0	¥100
钱进	研发部	3	事假	¥90	
孙贤周	研发部			¥0	¥100
吴爱	研发部	2.5	事假	¥75	
李霄	研发部			¥0	¥100

考勤扣款计算标准

出勤情况	扣款（元/天）
全勤	0
病假	15
事假	30
旷工	60

图20-30　评选其他员工的全勤奖

20.4 统计员工当月实发工资

员工的实发工资就是实际发到员工手中的金额，通常情况下，实发工资是应发工资减去应扣工资后的金额，应发工资主要包括基本工资、加班费、全勤奖、技术津贴、行政奖励、职务津贴、工龄奖金、绩效奖、其他补助等，应扣工资主要包括社会保险、考勤扣款、行政处罚、代缴税款等。

因此，若要计算实发工资，需要先建立员工工资表，该表应包含基本工资、职位津贴与业绩奖金、福利、考勤等基本工作表，通过这些包含着基础数据的工作表，才能统计出实发工资，如图20-31所示。

员工实发工资清单

工号	姓名	部门	级别	基本工资	职位津贴	业绩奖金	福利待遇	满勤奖	应发工资	考勤扣款	个人所得税	应扣工资	实发工资
F1042001	薛仁贵	经理室	经理										
F1042002	李奇	人事部	主管										
F1042003	王英	人事部	职员										
F1042004	戴高	财务部	主管										
F1042005	赵晓琴	财务部	职员										
F1042006	周冲	财务部	职员										
F1042007	蔡洋	销售部	主管										
F1042008	王波	销售部	职员										
F1042009	刘森林	销售部	职员										
F1042010	钱进	研发部	主管										
F1042011	孙贤周	研发部	职员										
F1042012	吴爱	研发部	职员										
F1042013	李霄	研发部	职员										

图20-31　员工实发工资表

20.4.1 获取员工相关的应发金额

下面使用VLOOKUP函数计算员工的应发工资，有关VLOOKUP函数的介绍如下。

语法结构：VLOOKUP(lookup_value,table_array,col_index_num,[range_lookup])。

功能介绍：按行查找，返回表格中指定列所在行的值。

参数含义：lookup_value是必选参数，表示要在表格的第一列中查找的数值，可以是数值、引用或文本字符串；table_array是必选参数，表示需要在其中查找数据的数据表；col_index_num是必选参数，表示table_array中待返回的匹配值的列号；range_lookup是可选参数，为一个逻辑值，指定希望VLOOKUP函数查找精确匹配值还是近似匹配值，若省略，则返回近似匹配值。

具体操作步骤如下。

步骤 1 打开随书光盘中的“素材\ch20\员工工资表.xlsx”文件，包括“基本工资”工作表（见图20-32）、“职位津贴与业绩奖金”工作表（见图20-33）、“福利”工作表（见图20-34）、“考勤”工作表（见图20-35）以及“实发工资”工作表等。

员工基本工资表

工号	姓名	部门	级别	基本工资
F1042001	薛仁贵	经理室	经理	4500
F1042002	李奇	人事部	主管	3500
F1042003	王英	人事部	职员	3000
F1042004	戴高	财务部	主管	3500
F1042005	赵晓琴	财务部	职员	3000
F1042006	周冲	财务部	职员	3000
F1042007	蔡洋	销售部	主管	3500
F1042008	王波	销售部	职员	3000
F1042009	刘森林	销售部	职员	3000
F1042010	钱进	研发部	主管	3500
F1042011	孙贤周	研发部	职员	3000
F1042012	吴爱	研发部	职员	3000
F1042013	李霄	研发部	职员	3000

图20-32 基本工资表

员工职位津贴与业绩奖金表

工号	姓名	部门	级别	职位津贴	业绩奖金	总计
F1042001	薛仁贵	经理室	经理	2500	2000	4500
F1042002	李奇	人事部	主管	1800	1500	3300
F1042003	王英	人事部	职员	1000	1000	2000
F1042004	戴高	财务部	主管	1800	1500	3300
F1042005	赵晓琴	财务部	职员	1000	1000	2000
F1042006	周冲	财务部	职员	1000	1000	2000
F1042007	蔡洋	销售部	主管	1800	1500	3300
F1042008	王波	销售部	职员	1000	1000	2000
F1042009	刘森林	销售部	职员	1000	1000	2000
F1042010	钱进	研发部	主管	1800	1500	3300
F1042011	孙贤周	研发部	职员	1000	1000	2000
F1042012	吴爱	研发部	职员	1000	1000	2000
F1042013	李霄	研发部	职员	1000	1000	2000

图20-33 职位津贴与业绩奖金表

员工福利待遇管理表

工号	姓名	部门	级别	住房补贴	饮食补贴	交通补贴	医疗补贴	总计
F1042001	薛仁贵	经理室	经理	700	¥400	¥400	¥600	2100
F1042002	李奇	人事部	主管	600	¥300	¥300	¥500	1700
F1042003	王英	人事部	职员	500	¥200	¥200	¥400	1300
F1042004	戴高	财务部	主管	600	¥300	¥300	¥500	1700
F1042005	赵晓琴	财务部	职员	500	¥200	¥200	¥400	1300
F1042006	周冲	财务部	职员	500	¥200	¥200	¥400	1300
F1042007	蔡洋	销售部	主管	600	¥300	¥300	¥500	1700
F1042008	王波	销售部	职员	500	¥200	¥200	¥400	1300
F1042009	刘森林	销售部	职员	500	¥200	¥200	¥400	1300
F1042010	钱进	研发部	主管	600	¥300	¥300	¥500	1700
F1042011	孙贤周	研发部	职员	500	¥200	¥200	¥400	1300
F1042012	吴爱	研发部	职员	500	¥200	¥200	¥400	1300
F1042013	李霄	研发部	职员	500	¥200	¥200	¥400	1300

图20-34 福利表

员工考勤管理表

姓名	部门	请假天数	请假种类	考勤扣款	全勤奖
薛仁贵	经理室			¥0	¥100
李奇	人事部	1	病假	¥15	¥0
王英	人事部			¥0	¥100
戴高	财务部	2	事假	¥60	¥0
赵晓琴	财务部	1.5	病假	¥23	¥0
周冲	财务部	1	旷工	¥60	¥0
蔡洋	销售部			¥0	¥100
王波	销售部			¥0	¥100
刘森林	销售部			¥0	¥100
钱进	研发部	3	事假	¥90	¥0
孙贤周	研发部			¥0	¥100
吴爱	研发部	2.5	事假	¥75	¥0
李霄	研发部			¥0	¥100

考勤扣款计算标准

出勤情况	每天扣款（元）
全勤	0
病假	15
事假	30
旷工	60

图20-35 考勤表

步骤 2 获取基本工资金额。在“实发工资”工作表中选择单元格E3，在其中输入公式“=VLOOKUP(A3,基本工资!$A$3:$E$15,5)”，按Enter键，即可从“基本工资”工作表中查找并

获取员工“薛仁贵”的基本工资金额，如图20-36所示。

步骤 3　利用填充柄的快速填充功能，将E3单元格中的公式应用到其他单元格中，获取其他员工的基本工资金额，如图20-37所示。

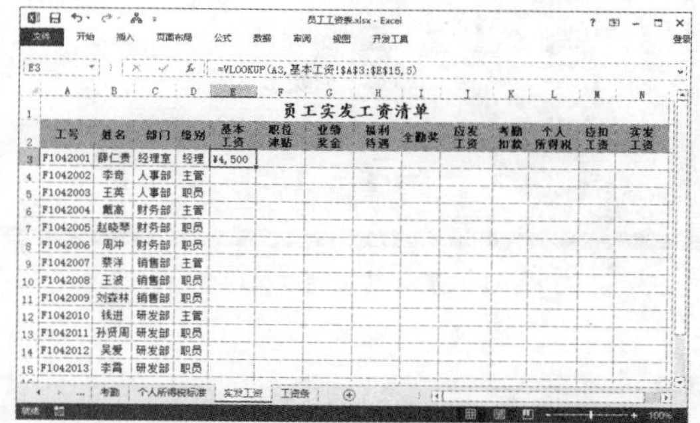

图20-36　输入公式计算一名基本工资金额

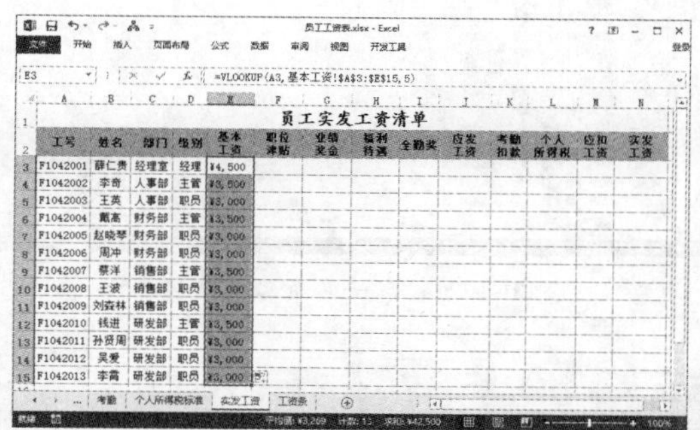

图20-37　获取其他员工的基本工资

步骤 4　获取职位津贴金额。在“实发工资”工作表中选择单元格F3，在其中输入公式“=VLOOKUP(A3,职位津贴与业绩奖金!$A$3:$G$15,5)”，按Enter键，即可从“职位津贴与业绩奖金”工作表中查找并获取员工“薛仁贵”的职位津贴金额，如图20-38所示。

步骤 5　利用填充柄的快速填充功能，将F3单元格中的公式应用到其他单元格中，获取其他员工的职位津贴金额，如图20-39所示。

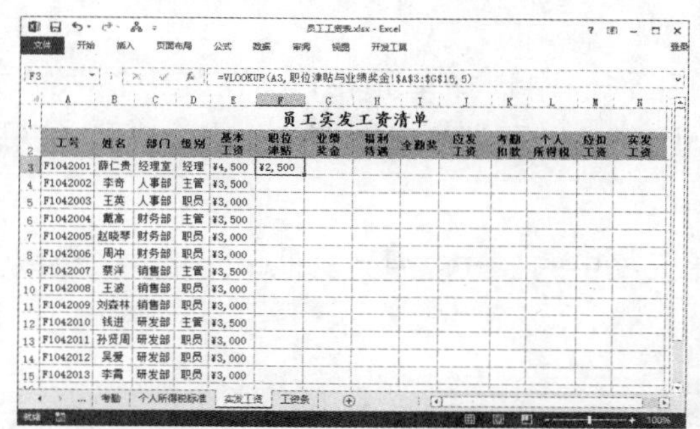

图20-38　获取一名员工的职位津贴

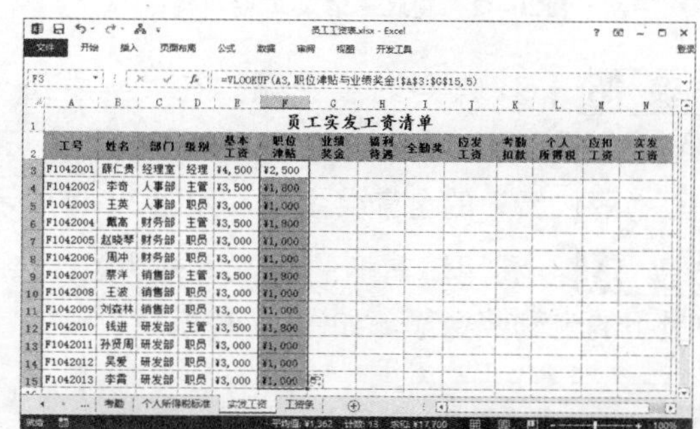

图20-39　获取其他员工的职位津贴

步骤 6　获取业绩奖金金额。在“实发工资”工作表中选择单元格G3，在其中输入公式“=VLOOKUP(A3,职位津贴与业绩奖金!$A$3:$G$15,6)”，按Enter键，即可从“职位津贴与业绩奖金”工作表中查找并获取员工“薛仁贵”的业绩奖金金额，如图20-40所示。

步骤 7　利用填充柄的快速填充功能，将G3单元格中的公式应用到其他单元格中，获取其他员工的业绩奖金金额，如图20-41所示。

步骤 8　获取福利待遇金额。在“实发工资”工作表中选择单元格H3，在其中输入公式“=VLOOKUP(A3,福利!$A$3:$I$15,9)”，按Enter键，即可从“福利”工作表中查找并获取员工“薛仁贵”的福利待遇金额，如图20-42所示。

步骤 9　利用填充柄的快速填充功能，将H3单元格中的公式应用到其他单元格中，获取其他员工的福利待遇金额，如图20-43所示。

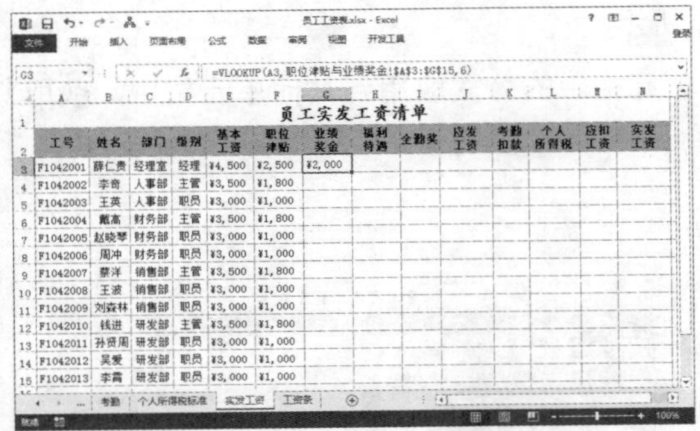

图20-40 获取一名员工业绩奖金

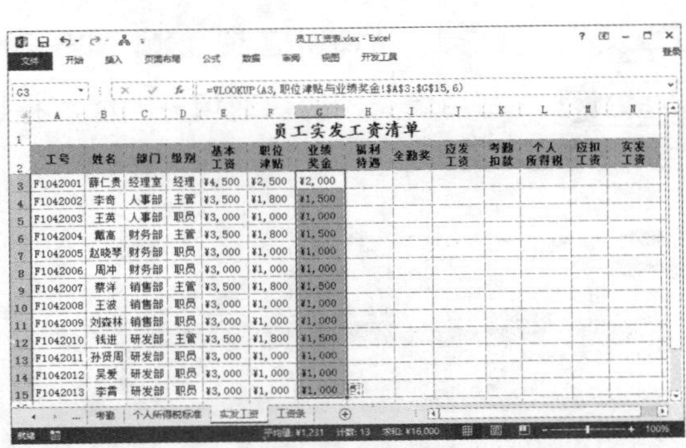

图20-41 获取其他员工的业绩奖金

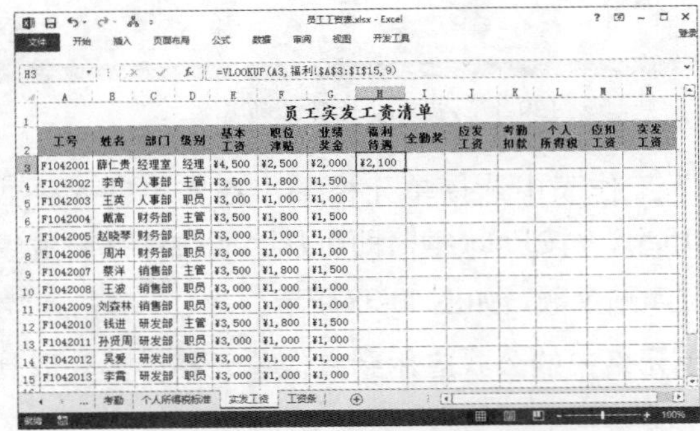

图20-42 获取一名员工福利待遇

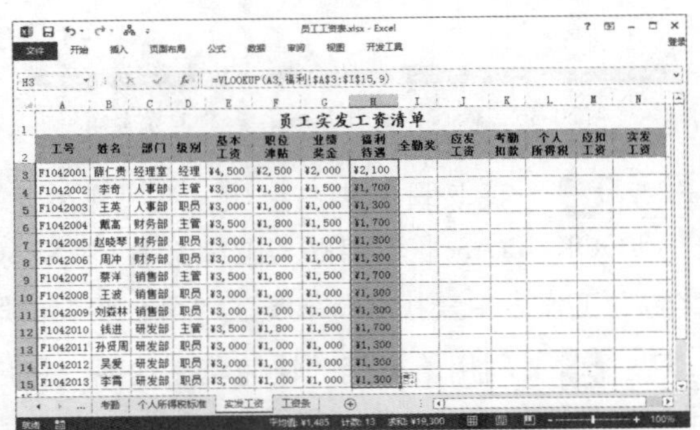

图20-43 获取其他员工的福利待遇

步骤 10 获取全勤奖金额。在“实发工资”工作表中选择单元格I3，在其中输入公式“=VLOOKUP(B3,考勤!A$3:F$15,6,FALSE)”，按Enter键，即可从“考勤”工作表中查找并获取员工“薛仁贵”的全勤奖金额，如图20-44所示。

步骤 11 利用填充柄的快速填充功能，将I3单元格中的公式应用到其他单元格中，获取其他员工的全勤奖金额，如图20-45所示。

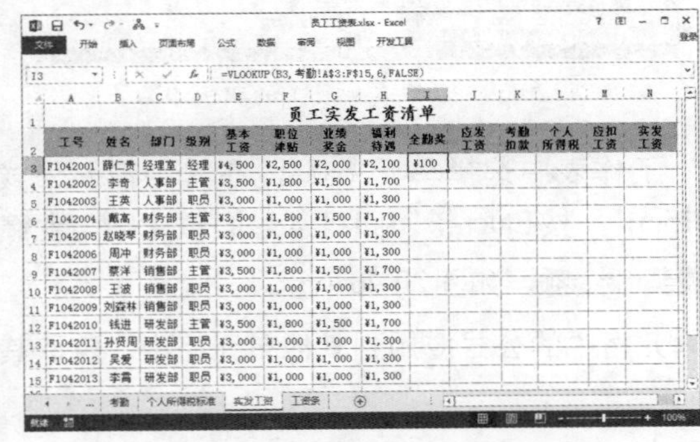

图20-44 获取一名员工全勤奖金额

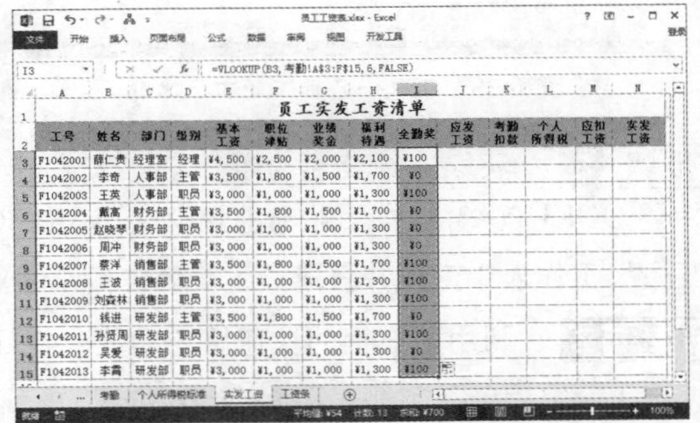

图20-45 获取其他员工的全勤奖金额

步骤 12 计算应发工资金额。在“实发工资”工作表中选择单元格J3，在其中输入公式“=SUM(E3:I3)”，按Enter键，即可计算出员工“薛仁贵”的应发工资金额，如图20-46所示。

步骤 13 利用填充柄的快速填充功能，将J3单元格中的公式应用到其他单元格中，计算其他员工的应发工资金额，如图20-47所示。

图20-46 获取一名员工应发工资金额

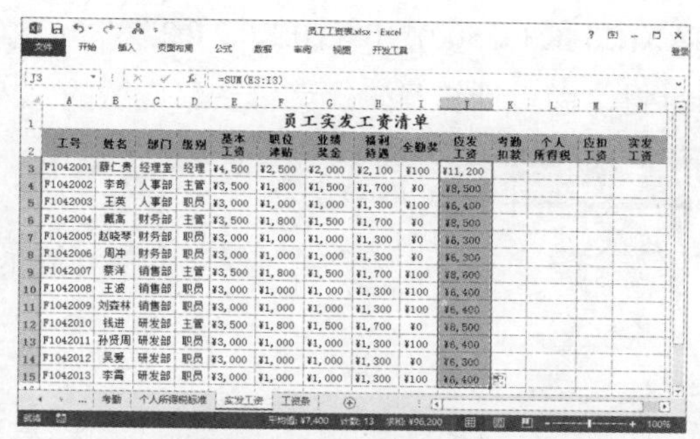

图20-47 获取其他员工的应发工资金额

20.4.2 计算应扣个人所得税金额

个人所得税是国家相关法律法规规定的，在月收入达到一定金额后需要向国家税务部门缴纳的一部分税款。计算公式为：应缴个人所得税=（月应税收入-3500）*税率-速算扣除数。具体的应缴个人所得税标准如图20-48所示。

应缴个人所得税标准			
起征点	3500		
应纳税所得额	月应税收入-起征点		
级数	含税级距	税率	速算扣除数
1	不超过1500元	0.03	0
2	超过1500元～4500元的部分	0.1	105
3	超过4500元～9000元的部分	0.2	555
4	超过9000元～35000元的部分	0.25	1005
5	超过35000元～55000元的部分	0.3	2755
6	超过55000元～80000元的部分	0.35	5505
7	超过80000元的部分	0.45	13505

图20-48 应缴个人所得税标准

提示 月应税收入是指在工资应得基础上，减去按标准扣除的养老保险、医疗保险和住房公积金等免税项目后的金额，本例中没有包含养老保险等，因此这里月应税收入等于应发工资减去考勤扣款后的金额。注意，这里规定考勤扣款为税前扣除，该项可由公司自行决定是税前扣除还是税后扣除。

若要计算应扣个人所得税，首先应获取考勤扣款，从而计算出月应税收入，然后依据上述公式计算个人所得税，具体操作步骤如下。

步骤 1 获取考勤扣款。在“实发工资”工作表中选择单元格K3，在其中输入公式“=VLOOKUP(B3,考勤!A$3:F$15,5,FALSE)”，按Enter键，即可从“考勤”工作表中查找并获取员工“薛仁贵”的考勤扣款金额，如图20-49所示。

步骤 2 利用填充柄的快速填充功能，将K3单元格中的公式应用到其他单元格中，获取其他员工的考勤扣款金额，如图20-50所示。

步骤 3 计算个人所得税。在“实发工资”工作表中选择单元格L3，在其中输入公式“=ROUND

(MAX((J3-K3-3500)*{0.03,0.1,0.2,0.25,0.3,0.35,0.45}-{0,105,555,1005,2755,5505, 13505},0),2)”，按Enter键，即可计算员工“薛仁贵”应缴的个人所得税，如图20-51所示。

> **提示** ROUND函数可将数值四舍五入，后面的“2”表示四舍五入后保留两位小数。

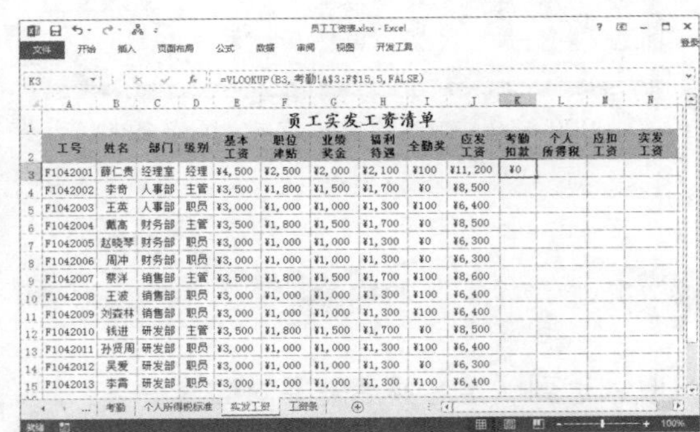

图20-49　填充一名员工的考勤扣款金额

图20-50　填充其他员工的考勤扣款金额

步骤 4 利用填充柄的快速填充功能，将L3单元格中的公式应用到其他单元格中，计算其他员工应缴的个人所得税，如图20-52所示。

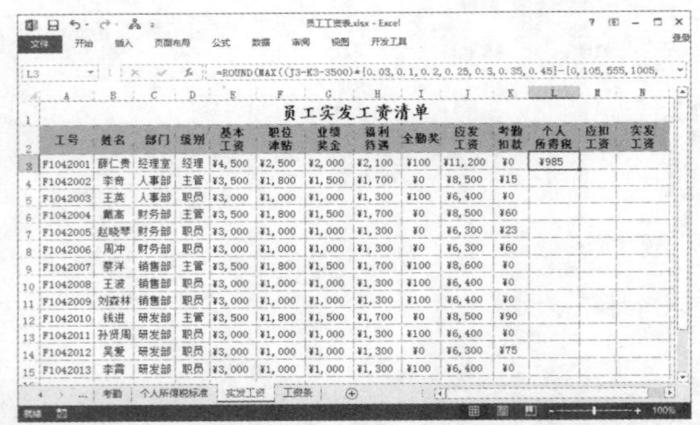

图20-51　计算员工“薛仁贵”当月的应扣个人所得税

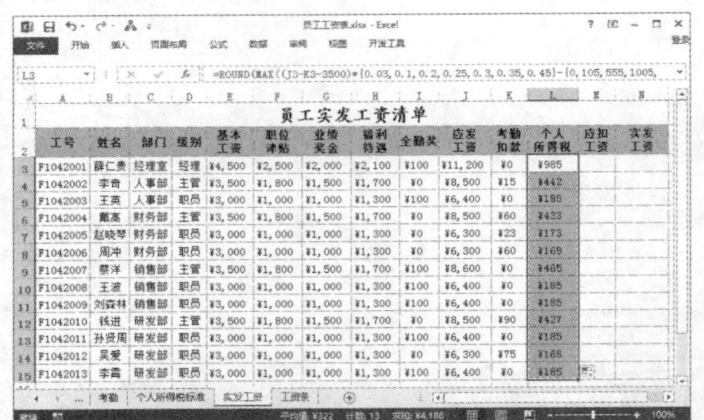

图20-52　计算其他员工的当月应扣个人所得税

20.4.3 计算每位员工当月实发工资金额

在统计出影响员工当月实发工资的相关因素金额后，可以很容易地统计出员工当月实发工资，具体操作步骤如下。

步骤 1 计算员工的应扣工资。在“实发工资”工作表中选择单元格M3，在其中输入公式“=SUM(K3:L3)”，按Enter键，即可计算出员工“薛仁贵”当月的应扣工资，如图20-53所示。

步骤 2 利用填充柄的快速填充功能，将M3单元格中的公式应用到其他单元格中，计算其他员工当月的应扣工资，如图20-54所示。

步骤 3 计算员工的实发工资。在“实发工资”工作表中选择单元格N3，在其中输

入公式“=J3-M3”，按Enter键，即可计算出员工“薛仁贵”当月的实发工资，如图20-55所示。

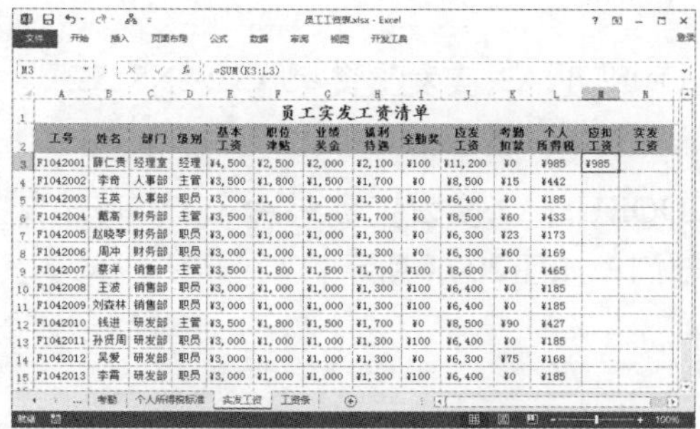

图20-53 计算员工“薛仁贵”的应扣工资

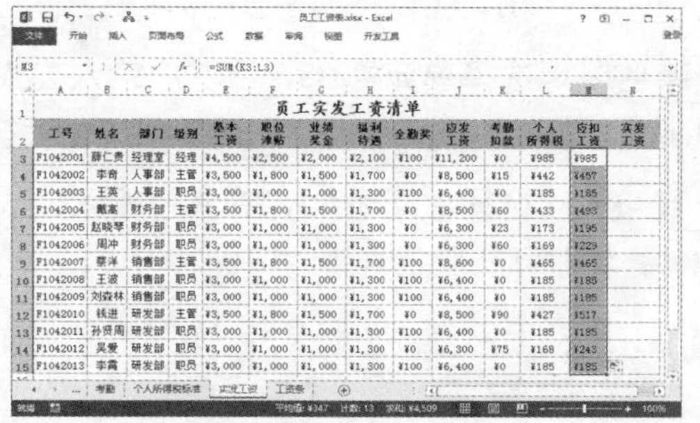

图20-54 计算其他员工的应扣工资

步骤 4 利用填充柄的快速填充功能，将N3单元格中的公式应用到其他单元格中，计算其他员工当月的实发工资，如图20-56所示。

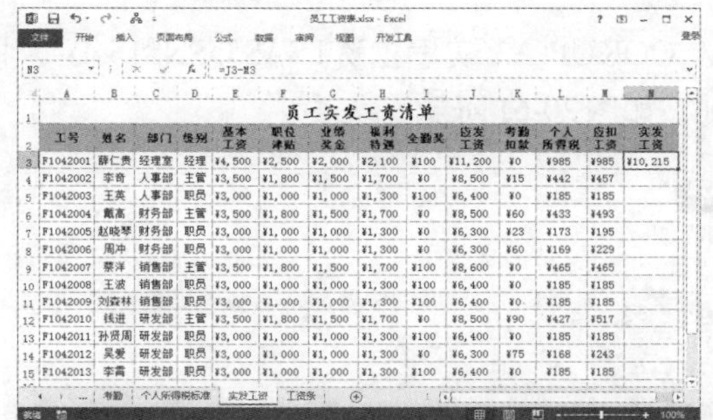

图20-55 计算员工“薛仁贵”当月的实发工资

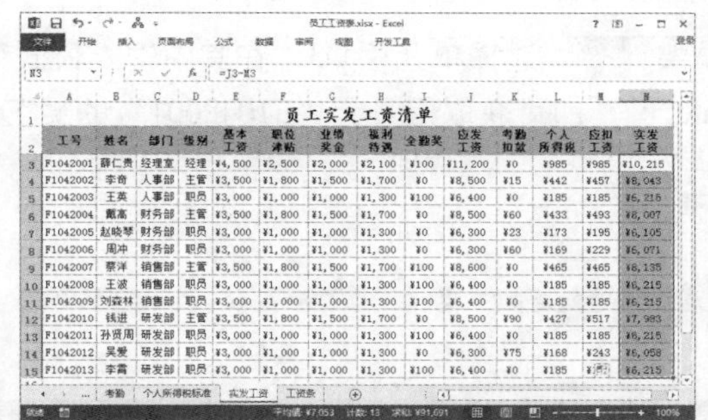

图20-56 计算其他员工的当月实发工资

20.4.4 创建每位员工的工资条

大多数公司在发工资时，会发给员工相应的工资条，这样员工可以一目了然地知道当月自己的工资明细情况。在创建工资条前，先在员工工资表中建立“工资条”工作表，如图20-57所示。注意，在建立该工作表后，将单元格区域E3:N3的格式设置为货币格式。

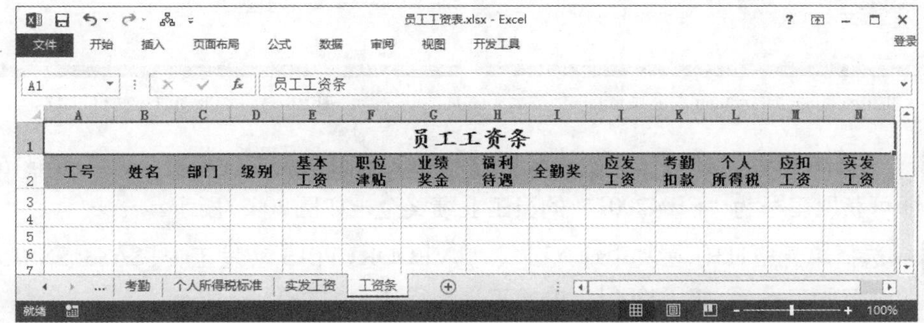

图20-57 工资条工作表

下面使用VLOOKUP函数获取每位员工相对应的工资信息，具体操作步骤如下。

步骤 1 获取工号为“F1042001”的员工工资条信息。在“工资条”工作表的A3单元格中输入工号“F1042001”，如图20-58所示。

步骤 2 选择单元格B3，在其中输入公式“=VLOOKUP(A3,实发工资！$A$3: $N$15,2)”，按Enter键，即可获取工号为“F1042001”的员工姓名，如图20-59所示。

步骤 3 选择单元格C3，在其中输入公式“=VLOOKUP(A3,实发工资！$A$3: $N$15,3)”，按Enter键，即可获取工号为“F1042001”的员工所属部门，如图20-60所示。

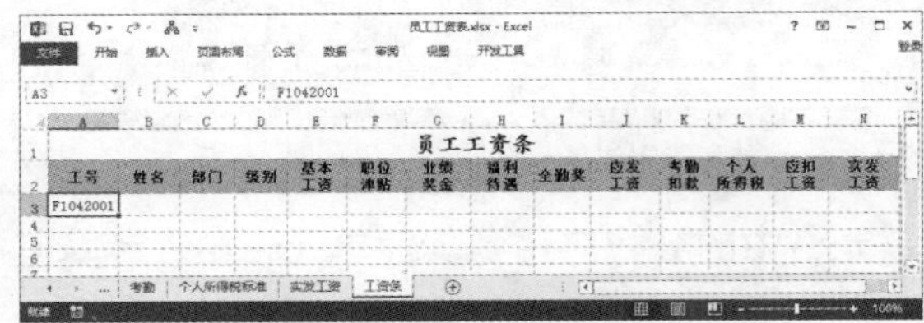

图20-58　输入工号

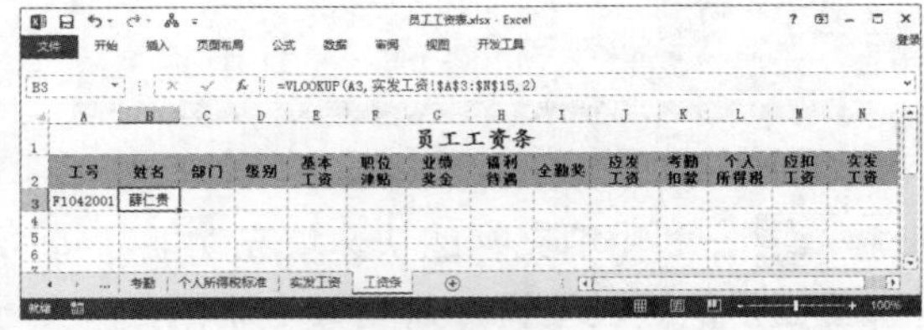

图20-59　获取员工的姓名

步骤 4 选择单元格D3，在其中输入公式“=VLOOKUP(A3,实发工资！$A$3: $N$15,4)”，按Enter键，即可获取工号为“F1042001”的员工级别，如图20-61所示。

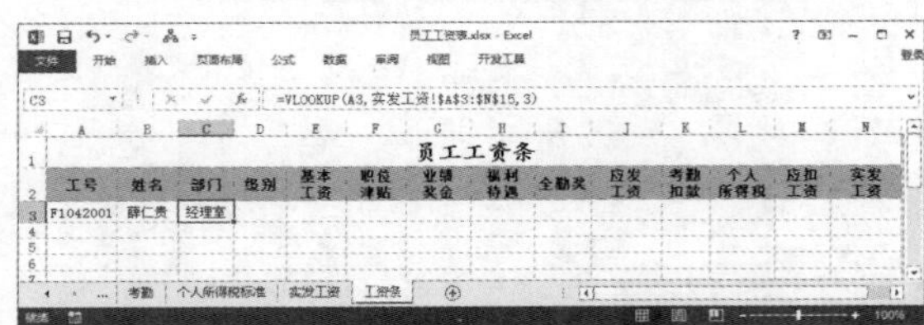

图20-60　获取员工所属部门

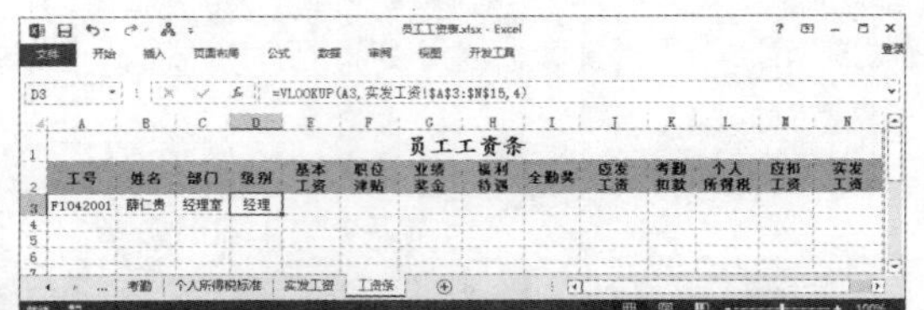

图20-61　获取员工的级别

步骤 5 选择单元格E3，在其中输入公式“=VLOOKUP(A3,实发工资！$A$3: $N$15,5)”，按Enter键，即可获取工号为“F1042001”的员工基本工资，如图20-62所示。

步骤 6 选择单元格F3，在其中输入公式“=VLOOKUP(A3,实发工资！$A$3: $N$15,6)”，按Enter键，即可获取工号为“F1042001”的员工职位津贴，如图20-63所示。

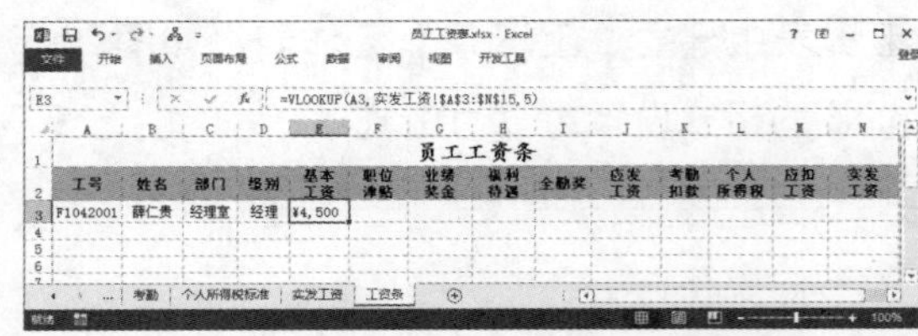

图20-62　获取员工的基本工资

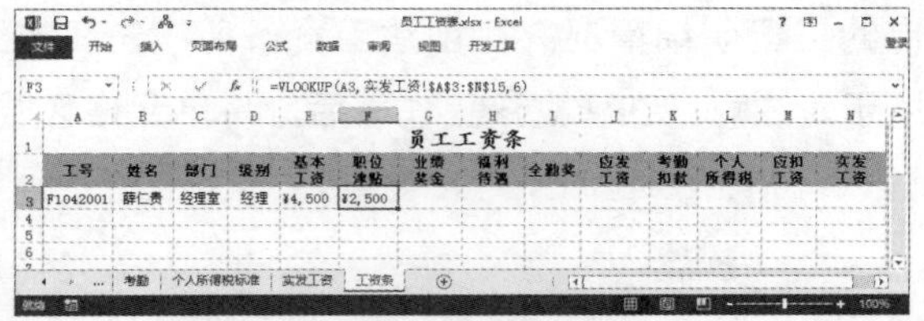

图20-63　获取员工的职位津贴

步骤 7 选择单元格G3，在其中输入公式“=VLOOKUP(A3,实发工资！$A$3: $N$15,7)”，按Enter键，即可获取工号为“F1042001”的员工业绩奖金，如图20-64所示。

步骤 8 选择单元格H3，在其中输入公式“=VLOOKUP(A3,实发工资！$A$3: $N$15,8)”，按Enter键，即可获取工号为“F1042001”的员工福利待遇，如图20-65所示。

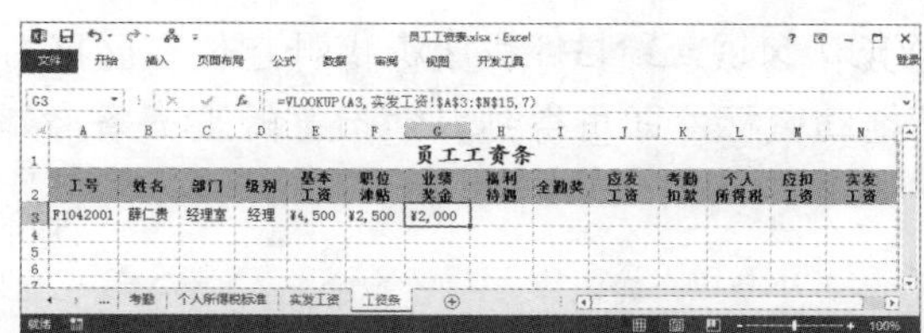
图20-64　获取员工的业绩奖金

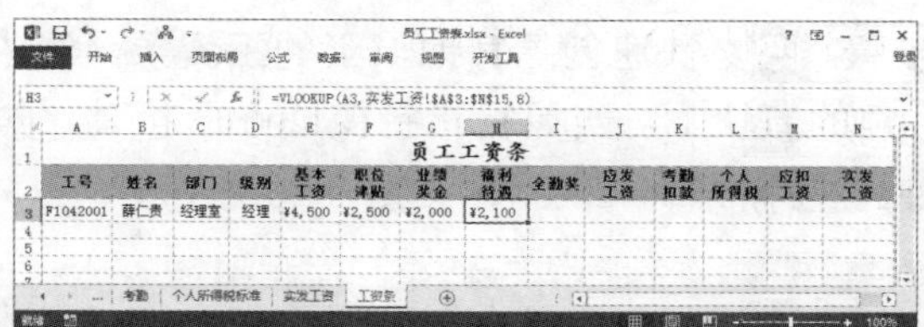
图20-65　获取员工的福利待遇

步骤 9　选择单元格I3，在其中输入公式“=VLOOKUP(A3,实发工资！$A$3: $N$15,9)”，按Enter键，即可获取工号为“F1042001”的员工全勤奖，如图20-66所示。

步骤 10　选择单元格J3，在其中输入公式“=VLOOKUP(A3,实发工资！$A$3: $N$15,10)”，按Enter键，即可获取工号为“F1042001”的员工应发工资，如图20-67所示。

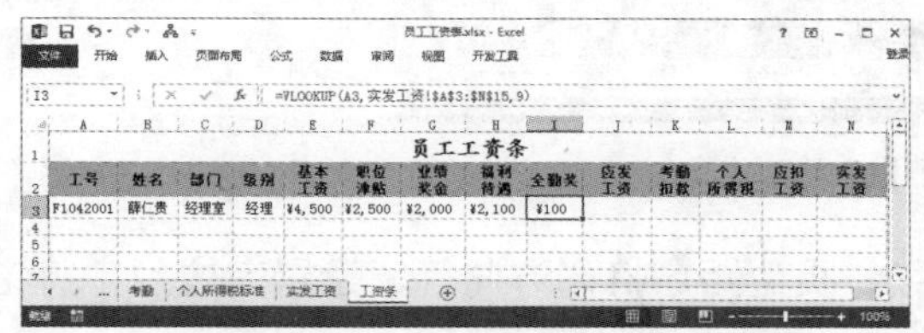
图20-66　获取员工的全勤奖

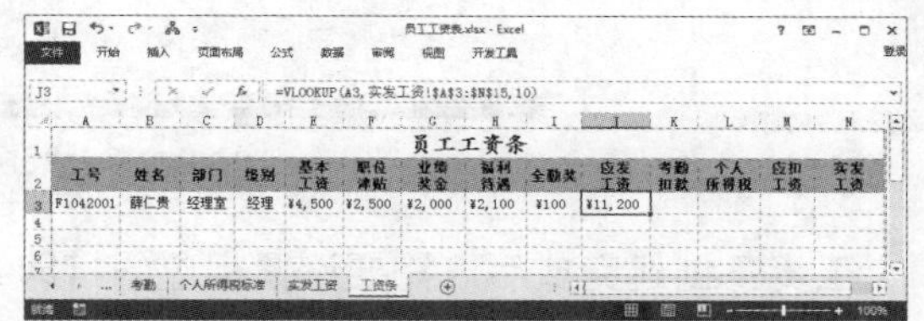
图20-67　获取员工的应发工资

步骤 11　选择单元格K3，在其中输入公式“=VLOOKUP(A3,实发工资！$A$3: $N$15,11)”，按Enter键，即可获取工号为“F1042001”的员工考勤扣款，如图20-68所示。

步骤 12　选择单元格L3，在其中输入公式“=VLOOKUP(A3,实发工资！$A$3: $N$15,12)”，按Enter键，即可获取工号为“F1042001”的员工个人所得税，如图20-69所示。

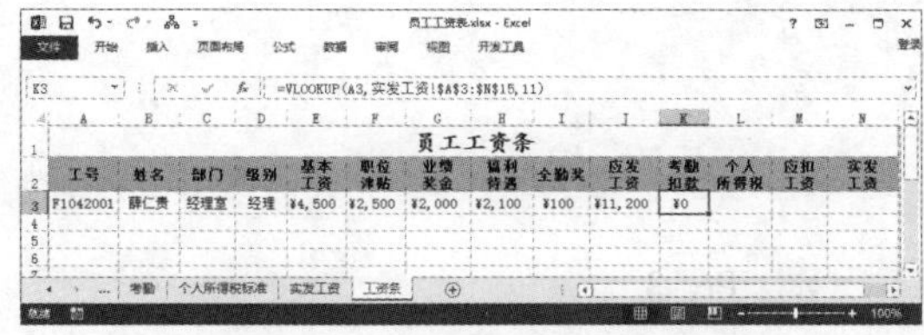
图20-68　获取员工的考勤扣款

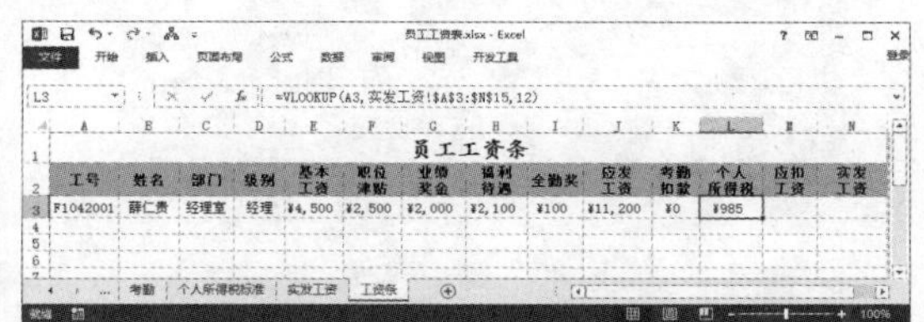
图20-69　获取员工个人所得税

步骤 13　选择单元格M3，在其中输入公式“=VLOOKUP(A3,实发工资！$A$3: $N$15,13)”，按Enter键，即可获取工号为“F1042001”的员工应扣工资，如图20-70所示。

步骤 14　选择单元格N3，在其中输入公式“=VLOOKUP(A3,实发工资！$A$3: $N$15,14)”，按Enter键，即可获取工号为“F1042001”的员工实发工资，如图20-71所示。

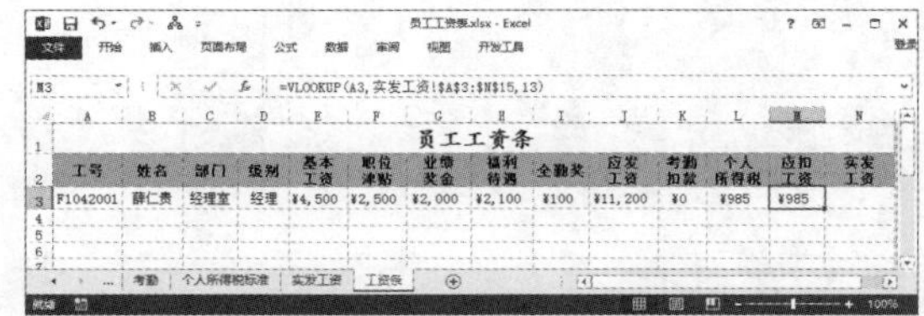
图20-70　获取员工的应扣工资

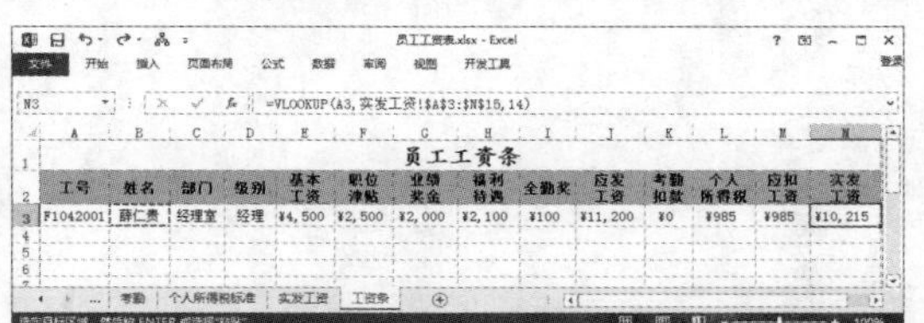
图20-71　获取员工的实发工资

步骤 15 快速创建其他员工的工资条。选中单元格区域A2:N3，将鼠标指针定位在区域右下角的方块上，当鼠标指针变成➕形状时，向下拖动鼠标，即可得到其他员工的工资条，如图20-72所示。

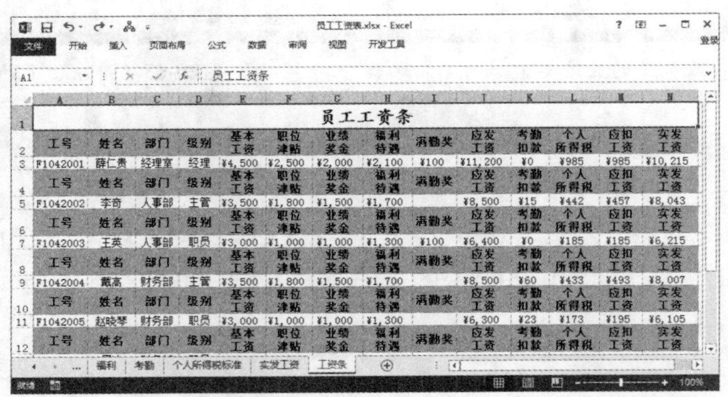

图20-72 获取所有员工的工资条

工资条创建完成后，需要设置相应的打印纸张、页边距、打印方向等，设置完成后，将工资条打印出来，并裁剪成一张张的小纸条，即可得到每位员工的工资条。

第6篇

高手办公秘籍

高效办公正是被各个公司所追逐的目标和要求，也是对计算机办公人员最基本的技能要求。本篇将学习和探讨Excel 2013中提高工作效率的方法、Excel 2013与其他组件的协同办公、Excel 2013数据的共享与安全、Excel 2013在移动设备中的办公技巧。

使用宏的自动化功能提升工作效率

- **本章导读**

宏是可以执行任意次数的一个操作或一组操作，宏的最大优点是，如果需要在Excel中重复执行多个任务，就可以通过录制一个宏来自动执行这些任务。本章为读者介绍使用宏自动化处理数据的方法。

- **学习目标**

◎ 了解宏的基本概念

◎ 掌握宏的基本操作

◎ 掌握管理宏的方法

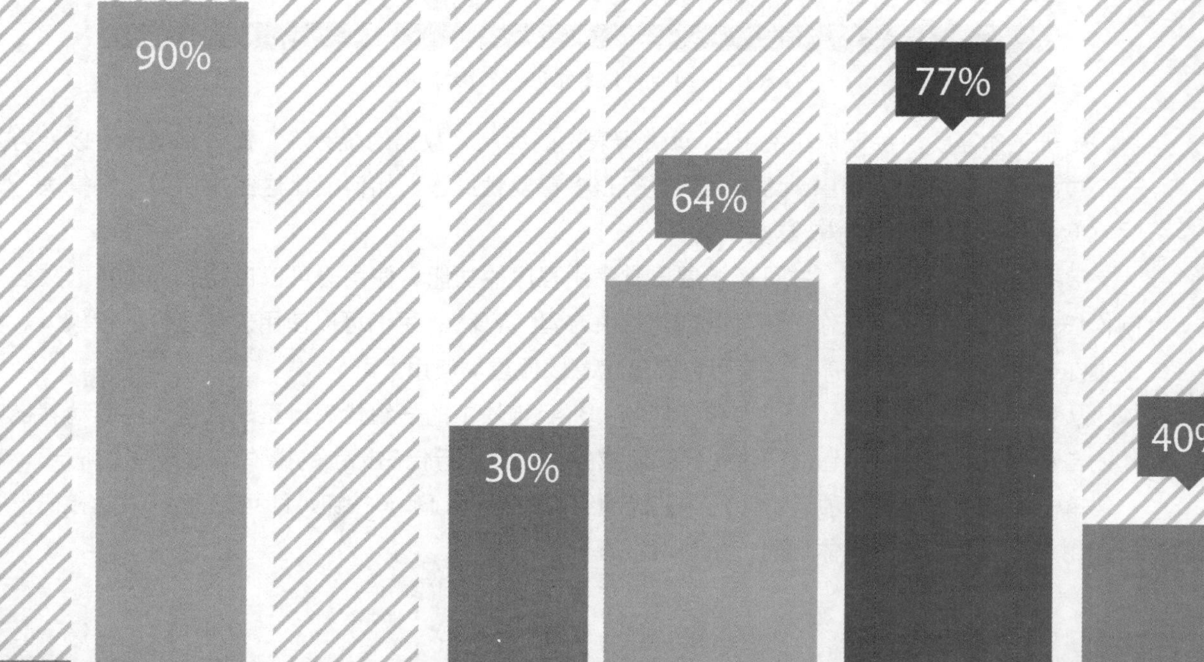

21.1 宏的基本概念

宏是通过一次单击就可以应用的命令集，几乎可以自动完成用户在程序中执行的任何操作，甚至还可以执行用户认为不可能实现的任务。

21.1.1 什么是宏

在Excel的【视图】选项卡中单击【宏】按钮，在弹出的下拉列表中包含常见的宏操作，如图21-1所示。

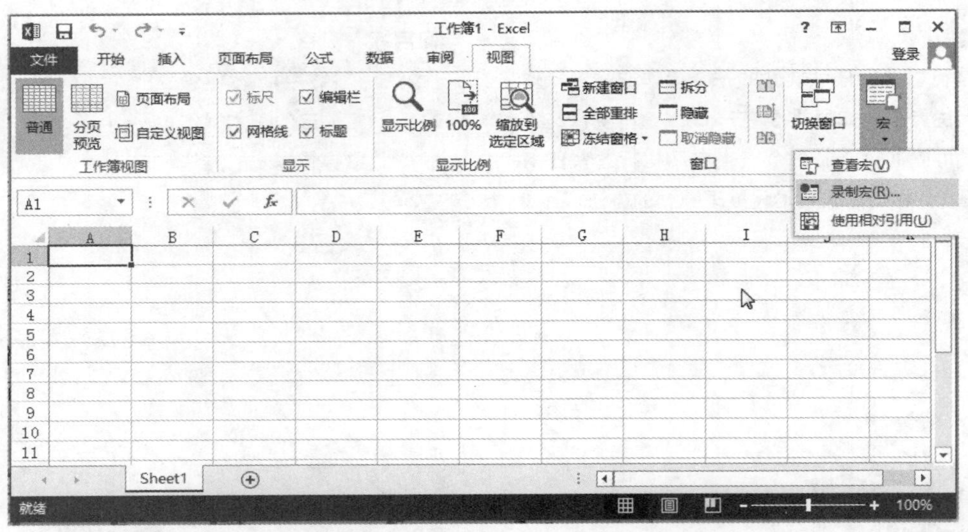

图21-1　【视图】选项卡中的【宏】按钮

由于工作需要，每天都在使用Excel进行表格的编制、数据的统计等，每一种操作可以称为一个过程。而在这个过程中，经常需要进行很多重复性操作，如何能让这些操作自动重复执行呢？ Excel中的宏恰好能解决这类问题。

宏不仅可以节省时间，并可以扩展日常使用程序的功能。使用宏可以自动执行重复的文档制作任务，简化烦冗的操作，还可以创建解决方案。VBA高手们可以使用宏创建包括模板、对话框在内的自定义外接程序，甚至可以存储信息以便重复使用。

从更专业的角度来说，宏是保存在Visual Basic模块中的一组代码，正是这些代码驱动着操作的自动执行。当单击按钮时，这些代码组成的宏就会执行代码记录的操作，如图21-2所示。

单击【开发工具】选项卡中【代码】选项组中的Visual Basic按钮，即可打开VBA的代码窗口，用户可以看到宏的具体代码，如图21-3所示。

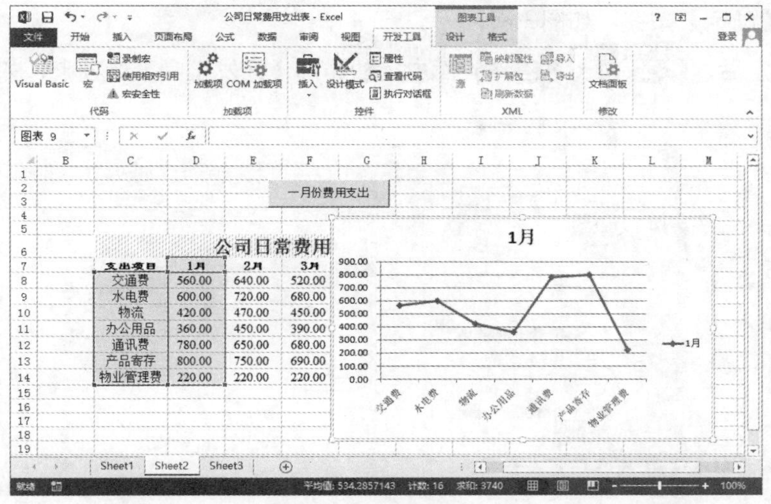

图21-2　单击按钮执行宏操作

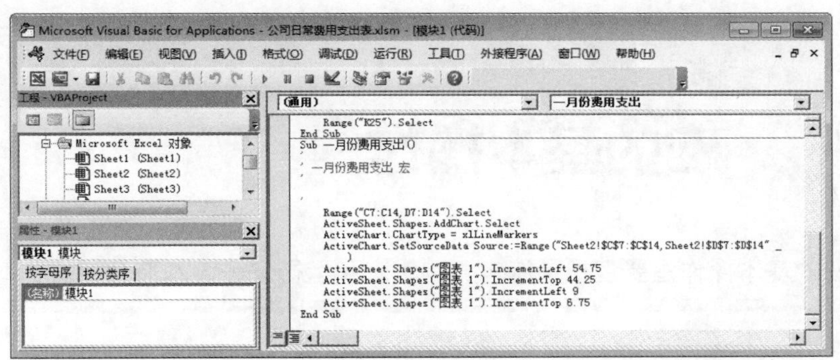

图21-3　宏的代码

21.1.2 宏的开发工具

创建宏的过程中，需要用到Excel 2013的【开发工具】选项卡。默认情况下，【开发工具】选项卡并不显示。下面讲述如何添加【开发工具】选项卡，具体操作步骤如下。

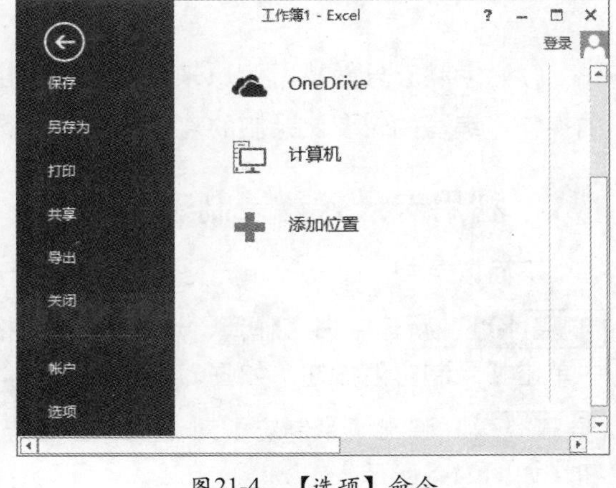

图21-4　【选项】命令

步骤 1　启动Excel 2013，选择【文件】选项卡，在打开的工作界面中选择【选项】命令，即可打开如图21-4所示的界面。

步骤 2　弹出【Excel选项】对话框，在左侧列表框中选择【自定义功能区】选项，在右侧的【自定义功能区】窗格中选中【开发工具】

复选框，单击【确定】按钮，如图21-5所示。

步骤 3 确定后，即可在Excel工作界面中成功添加【开发工具】选项卡，如图21-6所示。

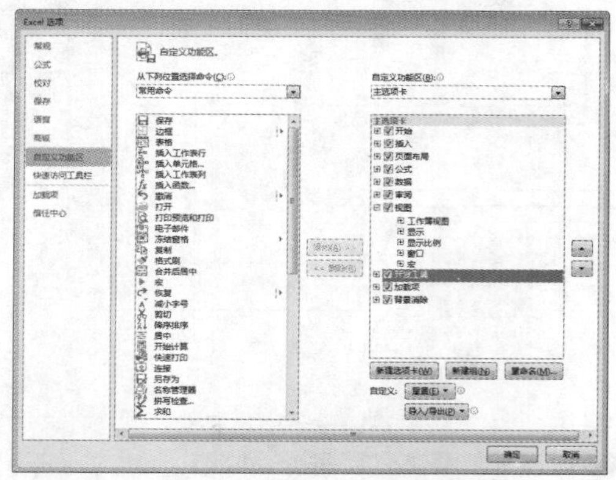

图21-5 【Excel选项】对话框

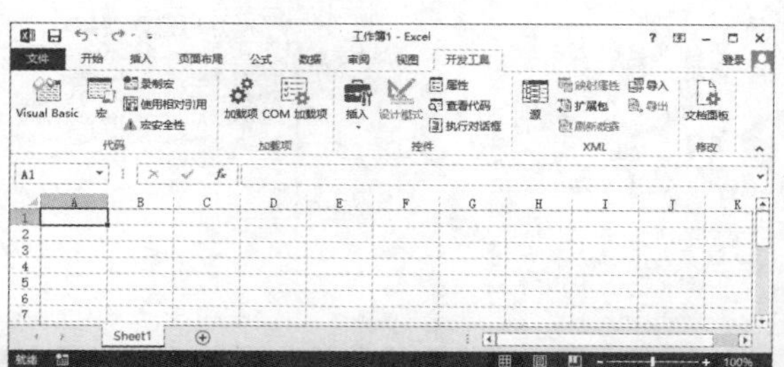

图21-6 【开发工具】选项卡

21.2 宏的基本操作

对于宏的基本操作主要包括录制宏、编辑宏和运行宏等，本节介绍宏的基本操作。

21.2.1 录制宏

在Excel中制作宏的方法有两种，一种是利用宏录入器录制宏，另一种是在VBA程序编辑窗口中直接手动输入代码编写宏。录制宏和编写宏有以下两点区别。

（1）录制宏是用录制的方法形成自动执行的宏，而编写宏是在VBA编辑器中手动输入VBA代码。

（2）录制宏只能执行和原来完全相同的操作，而编写的宏可以识别不同的情况以执行不同的操作。编写的宏要比录制的宏在处理复杂操作时更加灵活。

1. 利用宏录入器录制宏

下面以录制一个修改单元格底纹为例进行讲解，具体操作步骤如下。

步骤 1 新建空白工作簿，选择A1单元格，选择【开发工具】选项卡，在【代码】选项组中单击【录制宏】按钮，如图21-7所示。

步骤 2 弹出【录制宏】对话框，在【宏名】文本框中输入“修改底纹”，单击【确定】按钮，如图21-8所示。

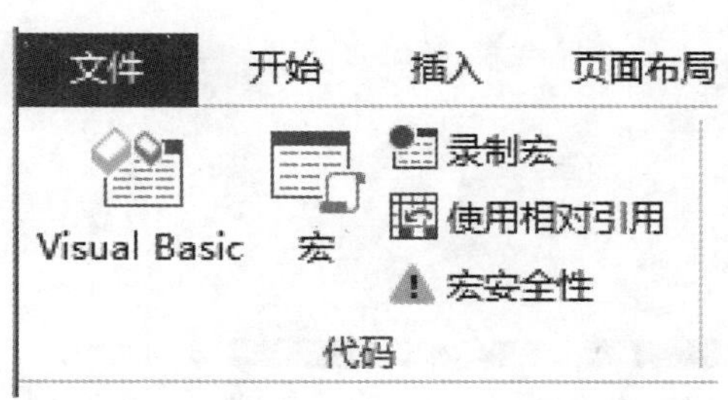

图21-7　单击【录制宏】按钮

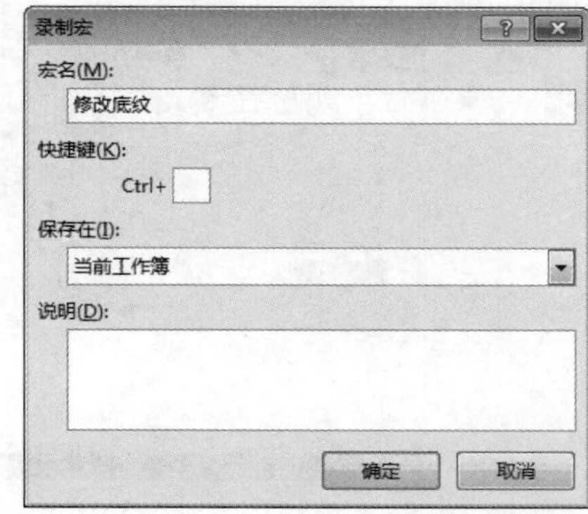

图21-8　【录制宏】对话框

提示

在【保存在】下拉列表框中共有3个选项，各个选项的含义如下。

☆ 【当前工作簿】选项：表示只有当前工作簿打开时，录制的宏才可以使用。

☆ 【新工作簿】选项：表示录制的宏只能在新工作簿中使用。

☆ 【个人宏工作簿】选项：表示录制的宏可以在多个工作簿中使用。

步骤 3　右击A1单元格，在弹出的快捷菜单中选择【设置单元格格式】命令，如图21-9所示。

步骤 4　弹出【设置单元格格式】对话框。选择【填充】选项卡，然后设置背景颜色为红色、图案颜色为绿色，单击【确定】按钮，如图21-10所示。

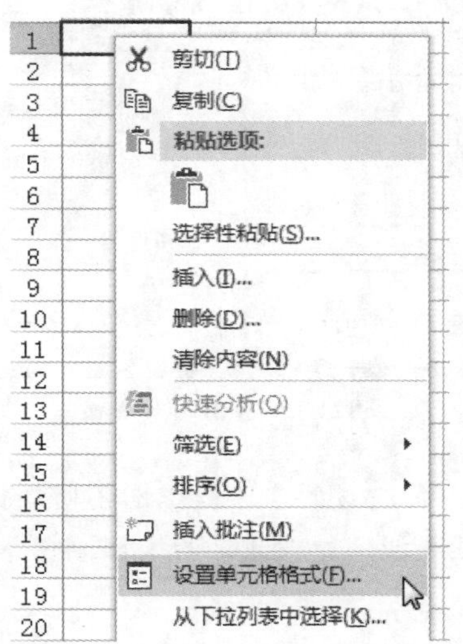

图21-9　【设置单元格格式】命令

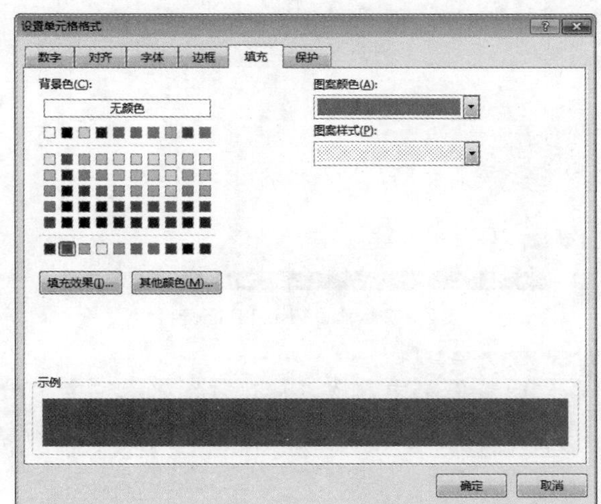

图21-10　【设置单元格格式】对话框

步骤 5　确定后，即可看到A1单元格的底纹颜色发生了变化，单击【代码】选项组中的【停止录制】按钮，即可完成宏的录制，如图21-11所示。

注意

如果用户忘记停止宏的录制，系统将继续录制用户接下来的所有操作，直到关闭工作簿或退出Excel应用程序为止。

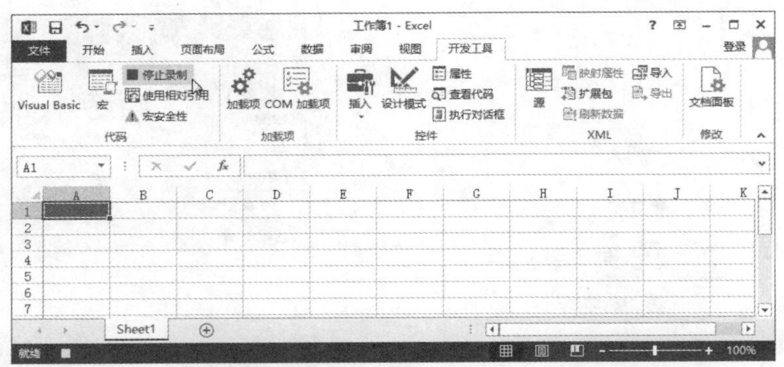
图21-11　单击【停止录制宏】按钮

2. 直接在VBE环境中输入代码

用户可以直接在VBE环境中输入宏代码，具体操作步骤如下。

步骤 1　选择【开发工具】选项卡，在【代码】选项组中单击Visual Basic按钮，如图21-12所示。

步骤 2　单击后，即可进入VBE环境，用户可快速输入相关宏代码，如图21-13所示。

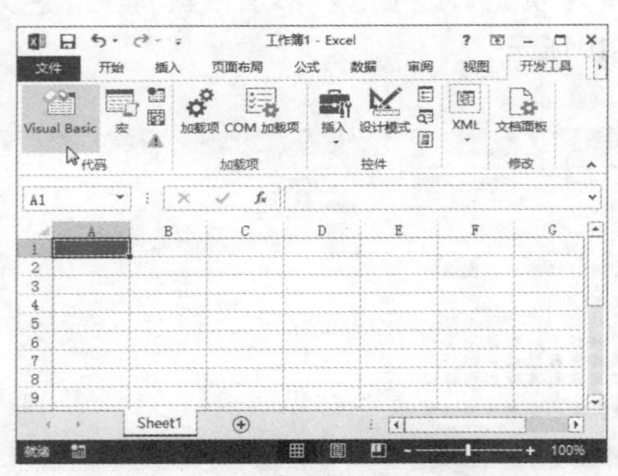
图21-12　单击Visual Basic按钮

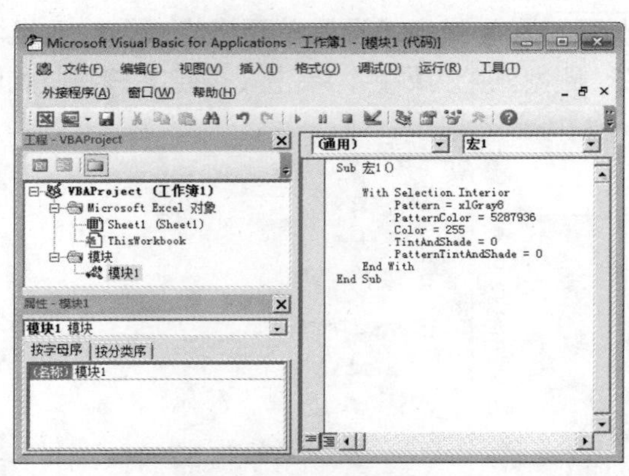

图21-13　VBE环境界面

> **提示**
> 录制宏只能执行和原来完全相同的操作，而编写的宏可以识别不同的情况以执行不同的操作。可见编写的宏要比录制的宏更能灵活地处理复杂的操作。

21.2.2 编辑宏

在创建好一个宏之后，要想对其进行修改，可以进入VBE编辑窗口中查看其相应的代码信息。查看录制的宏代码的具体操作步骤如下。

步骤 1　打开含有录制宏的工作簿，选择【开发工具】选项卡，在【代码】选项组中单击【宏】按钮，如图21-14所示。

步骤 2　弹出【宏】对话框，选择需要查看代码的宏，单击【编辑】按钮，如图21-15所示。

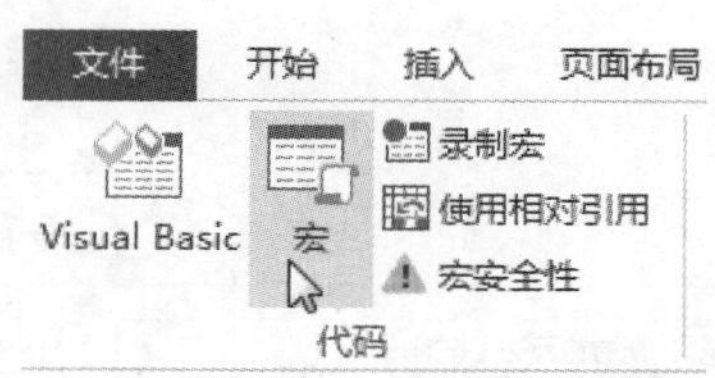

图21-14　单击【宏】按钮

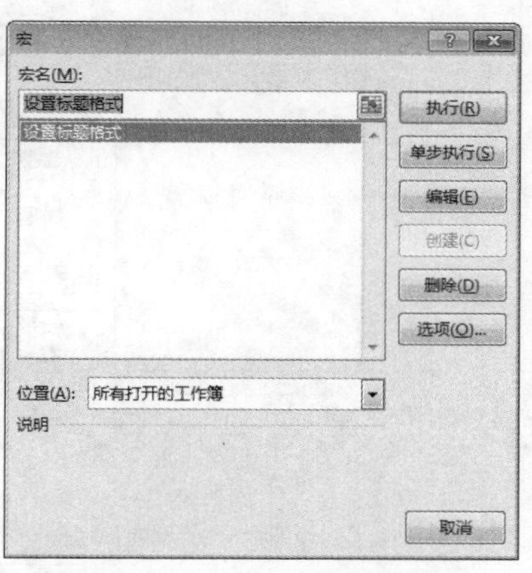

图21-15　【宏】对话框

步骤 3　进入VBE编辑环境，即可查看宏的相关代码，如图21-16所示。

步骤 4　如果想删除宏，用户可以在步骤2中单击【删除】按钮，弹出警告对话框，单击【是】按钮，即可删除不需要的宏，如图21-17所示。

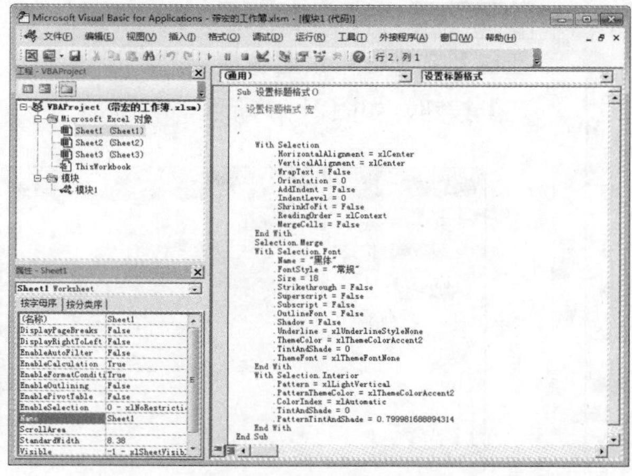

图21-16　VBE环境

图21-17　警告对话框

21.2.3 运行宏

宏录制成功后，即可验证宏的正确性，在Excel 2013中，用户可以采用多种方法快捷运行宏。

1. 使用【宏】对话框运行宏

通过【宏】对话框运行宏的具体操作步骤如下。

步骤 1　在【开发工具】选项卡的【代码】选项组中单击【宏】按钮，可打开【宏】对话框，选择需要运行的宏，单击【执行】按钮，如图21-18所示。

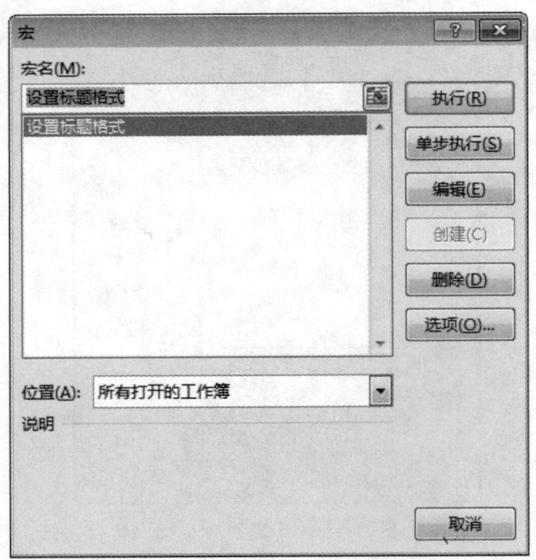

图21-18 【宏】对话框

步骤 2 单击【执行】按钮后，可看到运行宏后的效果，可以看出此宏的目的是设置表格的标题格式，如图21-19所示。

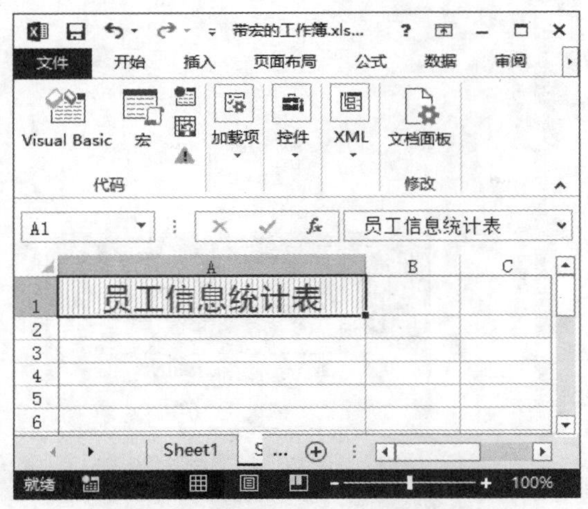

图21-19 运行宏后的效果

2. 使用快捷键运行宏

在Excel 2013中，用户可以为每一个宏指定一个快捷键，从而提高运行宏的效率，具体操作步骤如下。

步骤 1 打开包含宏的工作簿，在【开发工具】选项卡的【代码】选项组中单击【宏】按钮，打开【宏】对话框，选择需要添加快捷键的宏，单击【选项】按钮，如图21-20所示。

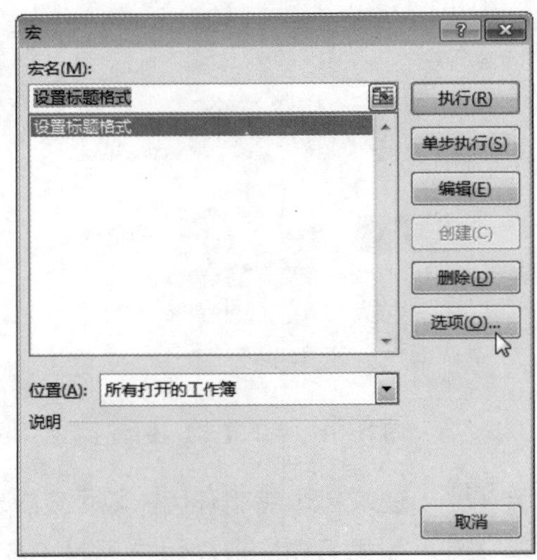

图21-20 【宏】对话框

步骤 2 弹出【宏选项】对话框，在【快捷键】文本框中设置快捷键的字母，单击【确定】按钮，如图21-21所示。

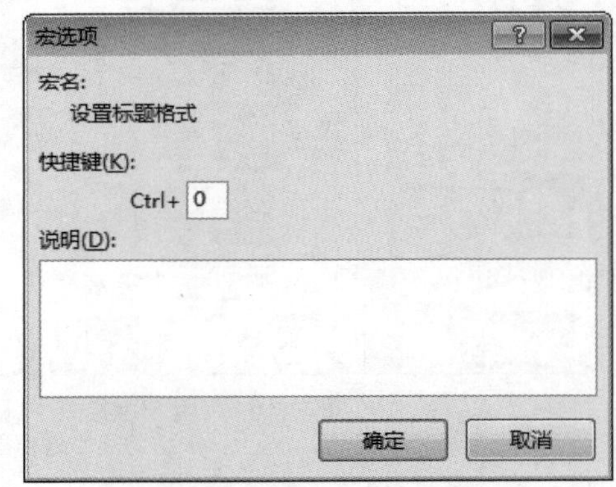

图21-21 【宏选项】对话框

3. 使用快速访问工具栏运行宏

对于经常使用的宏，用户可以将其放在快速访问工具栏中，这样可以提高工作效率，具体操作步骤如下。

步骤 1 打开包含宏的工作簿，选择【文件】选项卡，在打开的工作界面中选择【选

项】命令，如图21-22所示。

步骤 2　弹出【Excel选项】对话框，在【从下列位置选择命令】下拉列表框中选择【宏】选项，如图21-23所示。

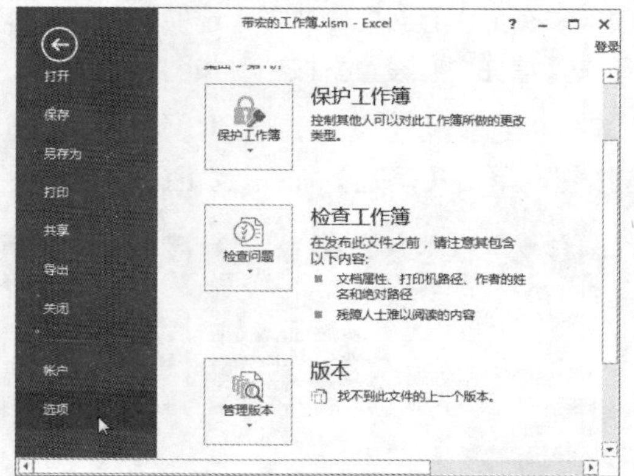

图21-22　选择【选项】命令

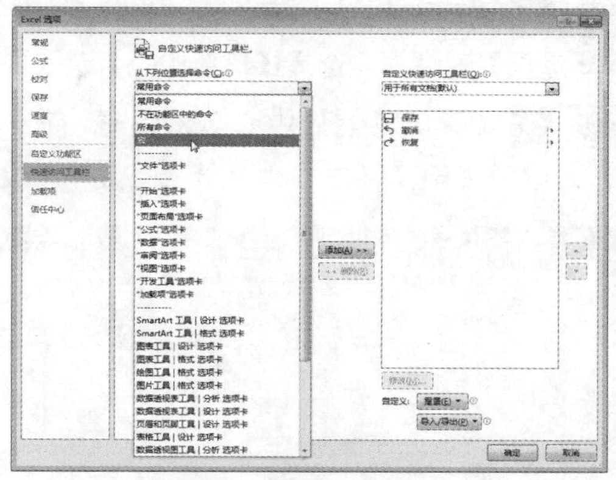

图21-23　选择【宏】选项

步骤 3　选择需要添加的宏名称，此处选择【设置标题格式】，单击【添加】按钮，然后单击【确定】按钮，如图21-24所示。

步骤 4　此时在快速访问工具栏上即可看到新添加的【设置标题格式】按钮，单击此按钮即可运行宏，如图21-25所示。

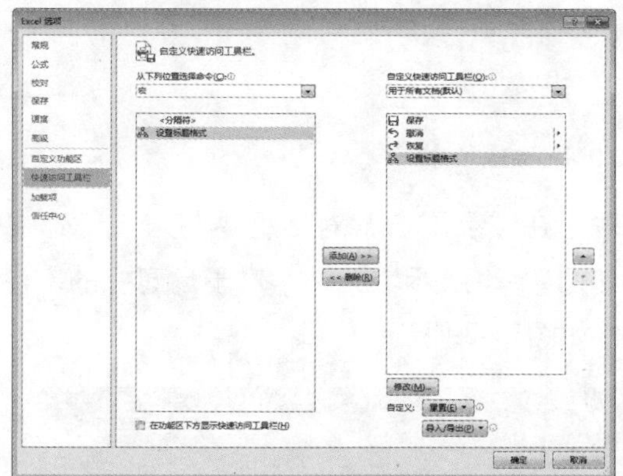

图21-24　添加宏

图21-25　将宏添加到工具栏

21.3 管理宏

在宏创建完毕后，还需要对宏进行相关管理操作，如提高宏的安全性、自动启动宏和宏出现错误时的处理等。

21.3.1 提高宏的安全性

包含宏的工作簿更容易感染病毒，所以用户需要提高宏的安全性,具体操作步骤如下。

步骤 1 打开包含宏的工作簿，选择【文件】选项卡，在工作界面左侧选择【选项】命令，打开【Excel选项】对话框，选择【信任中心】选项，然后单击【信任中心设置】按钮，如图21-26所示。

步骤 2 弹出【信任中心】对话框，在左侧列表框中选择【宏设置】选项，然后在【宏设置】区域中选中【禁用无数字签署的所有宏】单选按钮，单击【确定】按钮，如图21-27所示。

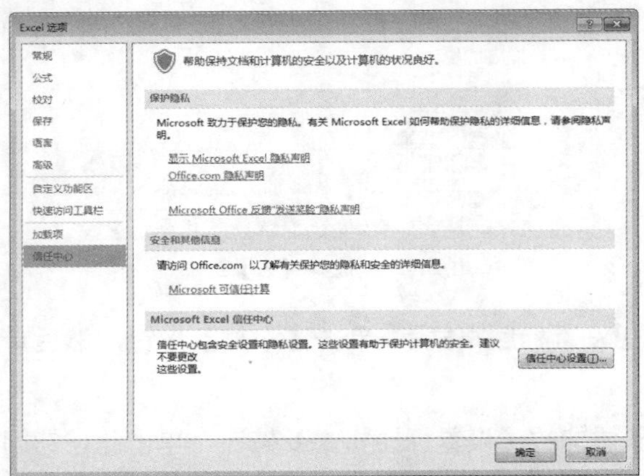

图21-26 【Excel选项】对话框

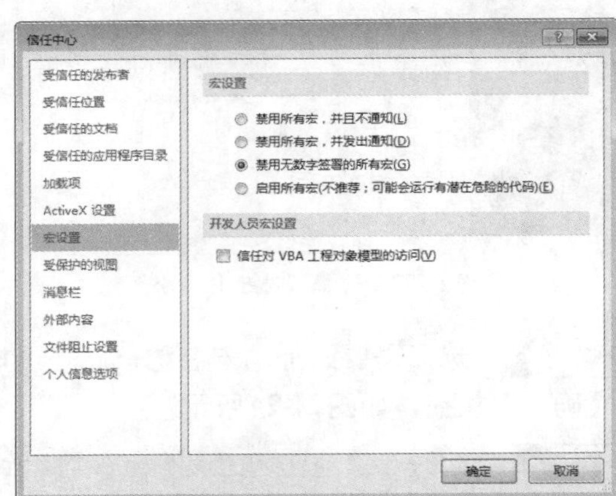

图21-27 宏的代码

21.3.2 自动启动宏

默认情况下，宏需要用户手动启动。录制宏时，在【录制宏】对话框中将宏名称命名为“Auto_Open”，即可在工作簿运行时自动启动宏，如图21-28所示。另外，对于创建好的宏，在VBE环境中直接修改宏名称为“Auto_Open”即可，如图21-29所示。

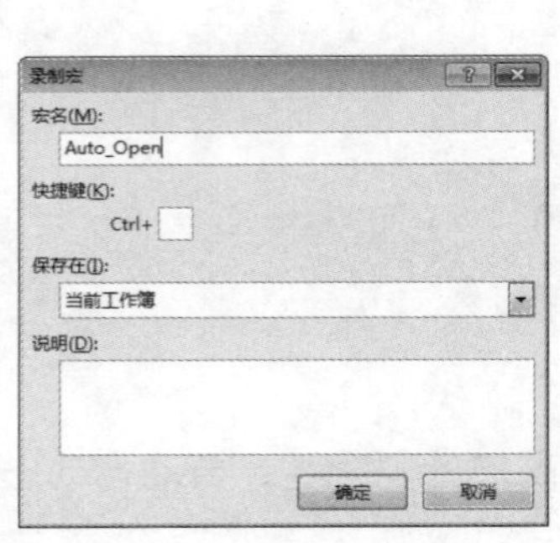

图21-28 【录制宏】对话框

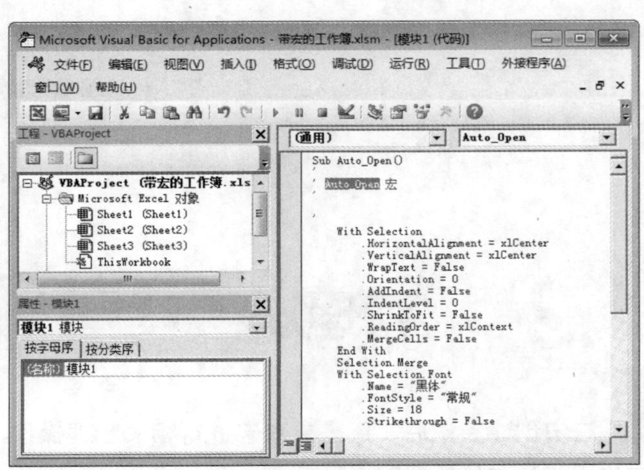

图21-29 修改宏名称

21.3.3 宏出现错误时的处理方法

若正在运行的宏出现错误，指定的方法不能用于指定的对象，其中原因很多，包括参数包含无效值、方法不能在实际环境中应用、外部链接文件发生错误和安全设置等。

其中，前3种问题，用户根据提示检查代码和文件即可解决。安全设置问题比较常见，用户可以单击【开发工具】选项卡【宏】选项组中的【宏安全性】按钮，在弹出的【信任中心】对话框中选中【信任对VBA工程对象模型的访问】复选框，然后单击【确定】按钮即可，如图21-30所示。

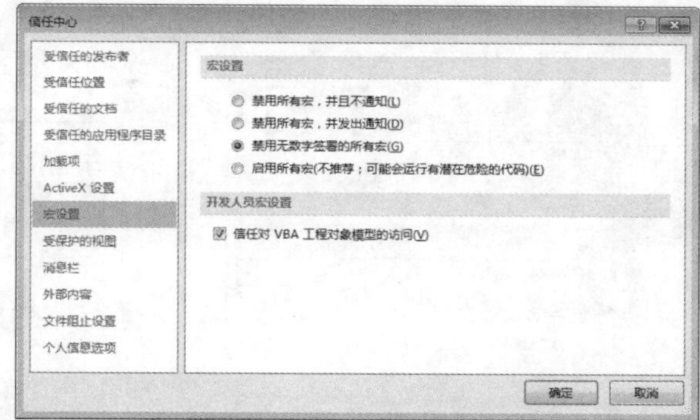

图21-30　【信任中心】对话框

21.4 高效办公技能实战

21.4.1 高效办公技能1——录制自动排序的宏

在实际工作中，只需把在Excel工作表内的操作过程录制下来，便可以解决一些重复性的工作，大大提高工作效率。下面介绍如何录制自动排序的宏，具体操作步骤如下。

步骤 1 新建一个空白表格，在其中输入相关数据，然后选择【开发工具】选项卡，在【代码】选项组中单击【录制宏】按钮，如图21-31所示。

步骤 2 弹出【录制宏】对话框，在【宏名】文本框中输入“数据排序”，单击【确定】按钮，如图21-32所示。

步骤 3 选择A2:H9单元格区域，然后选择【数据】选项卡，在【排序和筛选】选项组中单击【排序】按钮，如图21-33所示。

步骤 4 弹出【排序】对话框，设置【主要关键字】为【总计】，然后单击【添加条件】按钮，设置【次要关键字】为【1

公司日常费用支出表							
支出项目	1月	2月	3月	4月	5月	6月	总计
物业管理费	220.00	220.00	220.00	220.00	220.00	220.00	1320.00
办公用品	360.00	450.00	390.00	420.00	460.00	390.00	2470.00
物流	420.00	470.00	450.00	380.00	410.00	360.00	2490.00
交通费	560.00	640.00	520.00	600.00	680.00	580.00	3580.00
水电费	600.00	720.00	680.00	590.00	610.00	700.00	3900.00
通讯费	780.00	650.00	680.00	710.00	720.00	690.00	4230.00
产品寄存	800.00	750.00	690.00	740.00	720.00	680.00	4380.00

图21-31　单击【录制宏】按钮

月】，单击【确定】按钮，如图21-34所示。

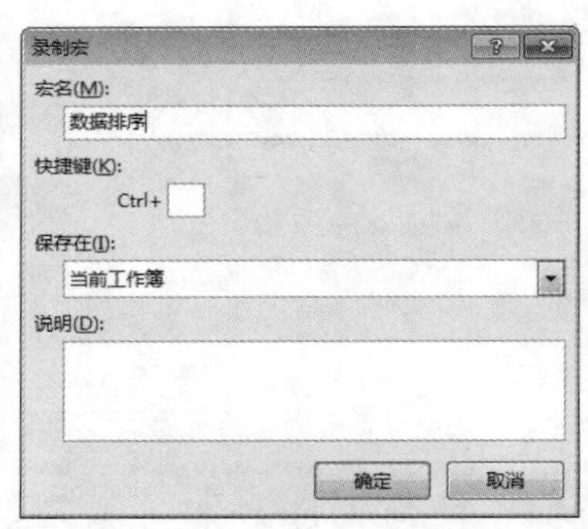

图21-32　宏的代码

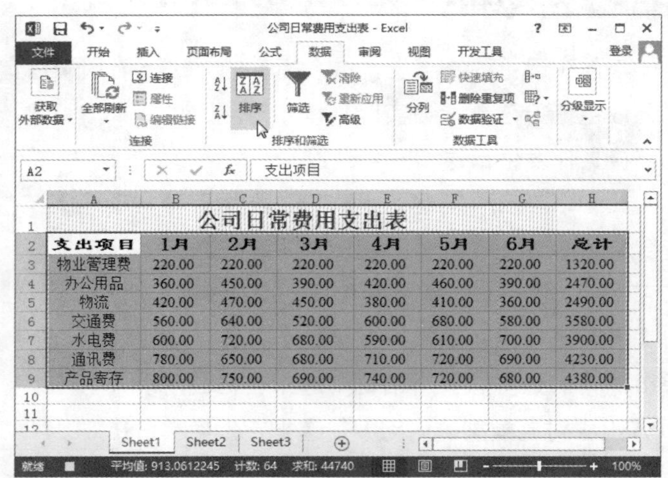

公司日常费用支出表

支出项目	1月	2月	3月	4月	5月	6月	总计
物业管理费	220.00	220.00	220.00	220.00	220.00	220.00	1320.00
办公用品	360.00	450.00	390.00	420.00	460.00	390.00	2470.00
物流	420.00	470.00	450.00	380.00	410.00	360.00	2490.00
交通费	560.00	640.00	520.00	600.00	680.00	580.00	3580.00
水电费	600.00	720.00	680.00	590.00	610.00	700.00	3900.00
通讯费	780.00	650.00	680.00	710.00	720.00	690.00	4230.00
产品寄存	800.00	750.00	690.00	740.00	720.00	680.00	4380.00

图21-33　单击【排序】按钮

步骤 5　单击【代码】选项组中的【停止录制】按钮，即可完成数据排序宏的录制，如图21-35所示。

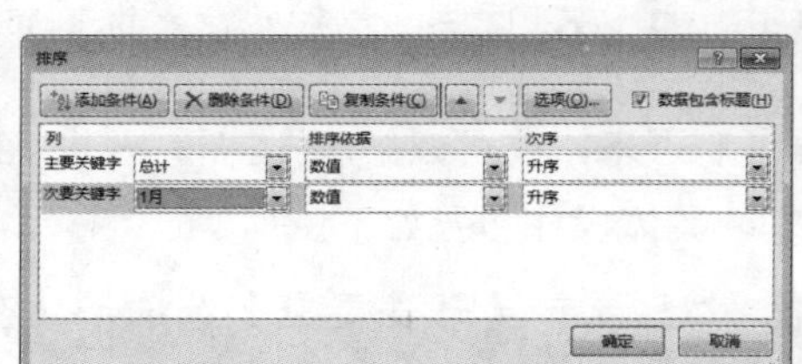

图21-34　【排序】对话框

公司日常费用支出表

支出项目	1月	2月	3月	4月	5月	6月	总计
物业管理费	220.00	220.00	220.00	220.00	220.00	220.00	1320.00
办公用品	360.00	450.00	390.00	420.00	460.00	390.00	2470.00
物流	420.00	470.00	450.00	380.00	410.00	360.00	2490.00
交通费	560.00	640.00	520.00	600.00	680.00	580.00	3580.00
水电费	600.00	720.00	680.00	590.00	610.00	700.00	3900.00
通讯费	780.00	650.00	680.00	710.00	720.00	690.00	4230.00
产品寄存	800.00	750.00	690.00	740.00	720.00	680.00	4380.00

图21-35　完成数据排序宏的录制

21.4.2 高效办公技能2——保存带宏的工作簿

默认情况下，带有宏的工作簿不能保存，需要用户自定义加载宏的方法来解决，具体操作步骤如下。

步骤 1　打开含有宏的工作簿，选择【文件】选项卡，在工作界面左侧选择【另存为】命令，如图21-36所示。

步骤 2　打开【另存为】对话框，从中选择保存路径后，在【保存类型】下拉列表框中选择

【Excel启用宏的工作簿】选项，单击【保存】按钮，即可自定义加载宏文件的过程，如图21-37所示。

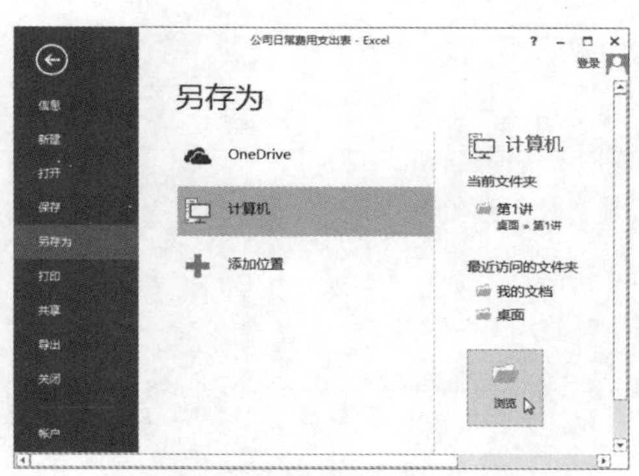

图21-36　选择【另存为】命令

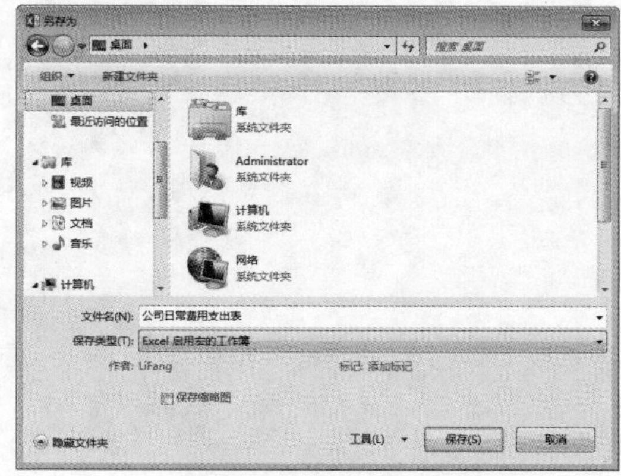

图21-37　【另存为】对话框

21.5 疑难问题解答

问题1：为什么在受保护的工作表中无法使用宏？

解答：出现这种情况的原因在于，宏命令在工作表保护前是可以使用的，但是选择保护后，其他一切正常，只是宏命令不能使用。在这种情况下，如果想使用宏命令，则需要先解除对工作表的保护。

问题2：打开重装系统前的Excel文件时会提示丢失VBA和ActiveX控件，为什么？

解答：打开Excel文件时，提示丢失VBA和ActiveX控件以及任何与可编程序相关的功能，出现此种情况就不能对该文件进行编程了，例如宏。原来已经有宏的文件就不能继续使用了。相当于已经屏蔽了宏的功能，此时需要重新插入VBA和ActiveX控件。

Excel 2013与其他组件的协同办公

● **本章导读**

Excel 2013是Office办公组件中的一个，Excel 2013与其他组件的协同办公主要包括Word与Excel之间的协作和Excel与PowerPoint之间的协作。本章将为读者介绍Excel 2013与其他组件之间的协同办公。

● **学习目标**

◎ 掌握Word与Excel之间的协作技巧与方法

◎ 掌握Excel与PowerPoint之间的协作技巧与方法

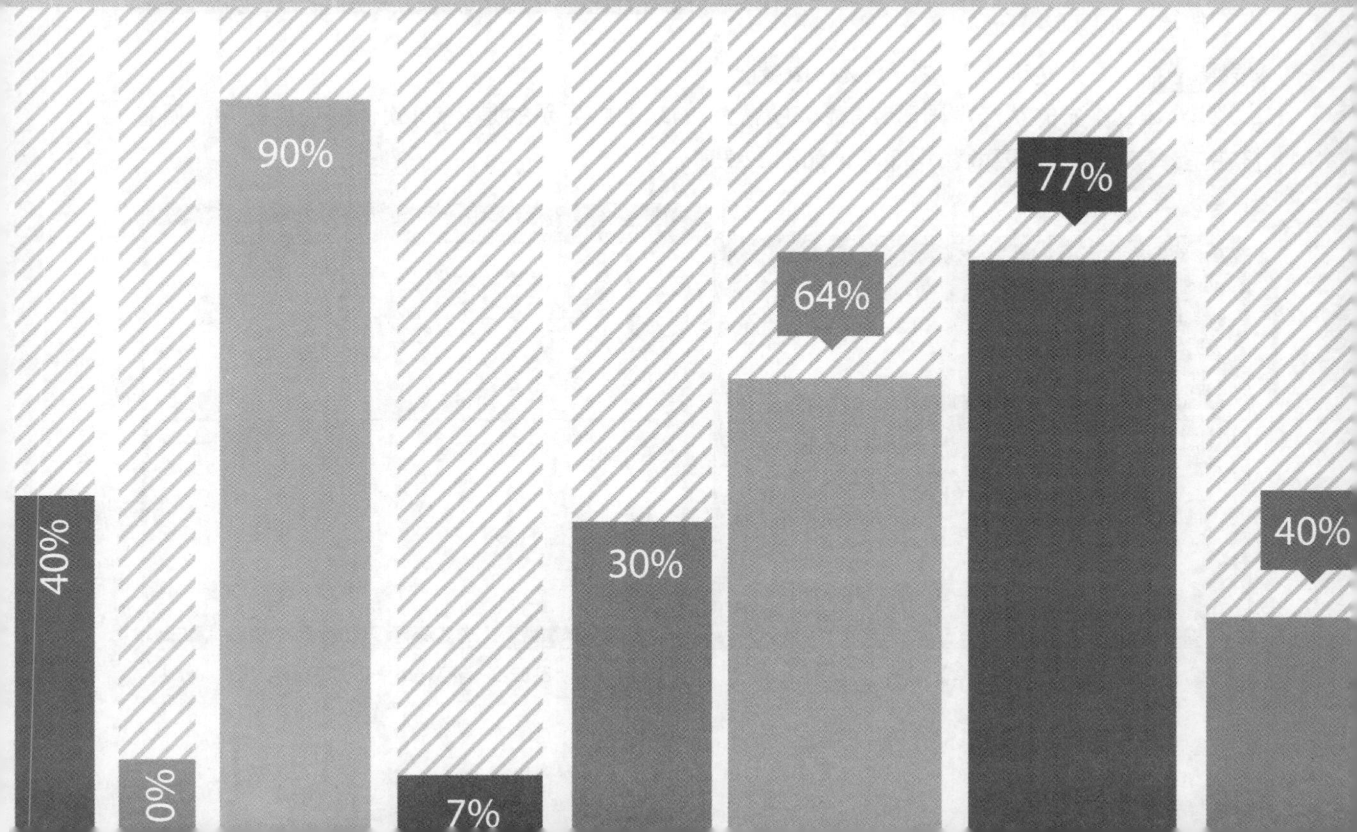

22.1 Word与Excel之间的协作

Word与Excel都是现代化办公所必不可少的工具，熟练掌握Word与Excel的协同办公技能可以说是每个办公人员所必需的。

22.1.1 在Word文档中创建Excel工作表

在Office 2013的Word组件中提供了创建Excel工作表的功能，这样就可以直接在Word中创建Excel工作表，而不用在两个软件之间来回切换进行工作了。

在Word文档中创建Excel工作表的具体操作步骤如下。

步骤 1 在Word 2013的工作界面中选择【插入】选项卡，在打开的功能界面中单击【文本】选项组中的【对象】按钮，如图22-1所示。

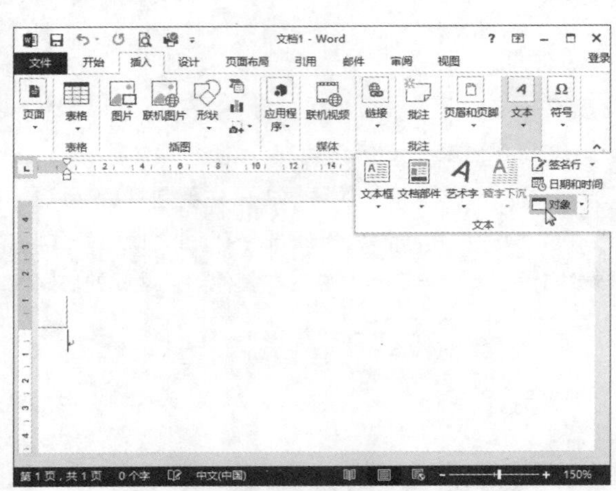

图22-1 单击【对象】按钮

步骤 2 弹出【对象】对话框，在【对象类型】列表框中选择【Microsoft Excel工作表】选项，如图22-2所示。

步骤 3 单击【确定】按钮，文档中就会出现Excel工作表的状态，同时当前窗口最上方的功能区显示的是Excel软件的功能区，然后直接在工作表中输入需要的数据即可，如图22-3所示。

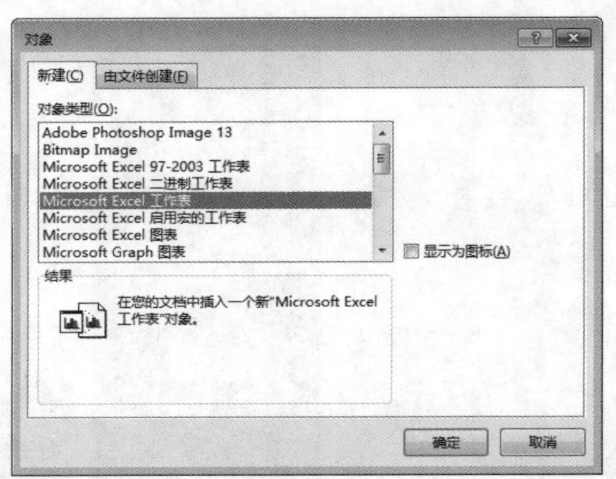

图22-2 【对象】对话框

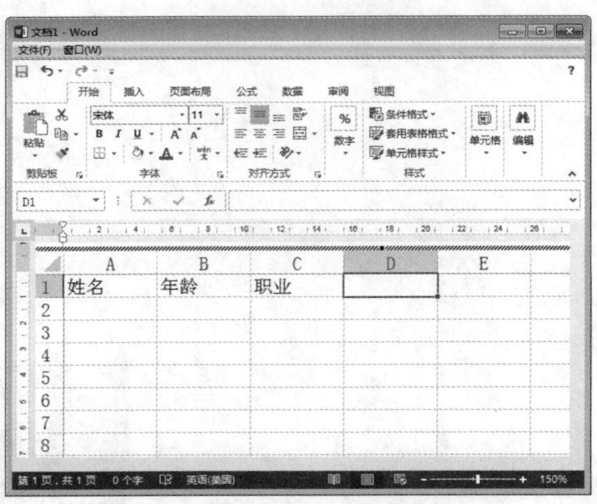

图22-3 在Word中创建Excel

22.1.2 在Word中调用Excel工作表

除了可以在Word中创建Excel工作表之外，还可以在Word中调用已经创建好的工作表，具体操作步骤如下。

步骤 1 打开Word软件，在其工作界面中选择【插入】选项卡，在打开的功能界面中单击【文本】选项组中的【对象】按钮，弹出【对象】对话框，在其中选择【由文件创建】选项卡，如图22-4所示。

步骤 2 单击【浏览】按钮，在弹出的【浏览】对话框中选择需要插入的Excel文件，这里选择随书光盘中的“素材\ch22\销售统计表.xlsx”文件，单击【插入】按钮，如图22-5所示。

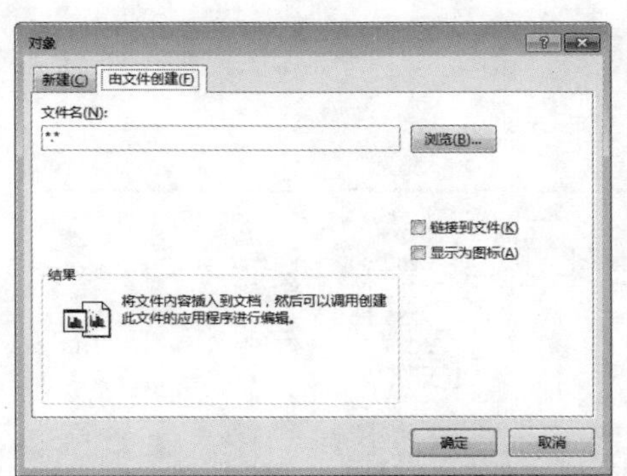

图22-4　【由文件创建】选项卡

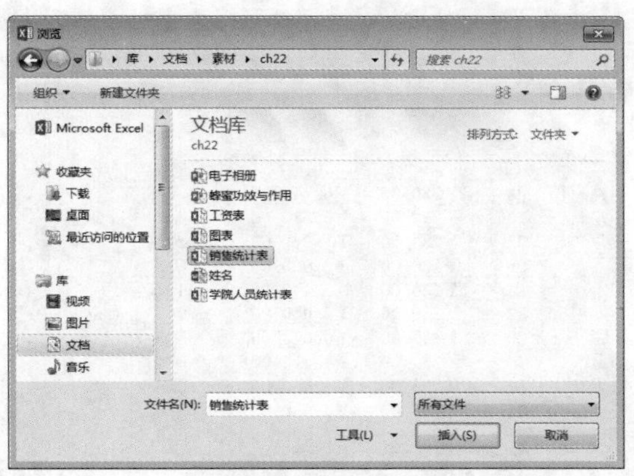

图22-5　【浏览】对话框

步骤 3 返回【对象】对话框，单击【确定】按钮，即可将Excel工作表插入Word文档中，如图22-6所示。

步骤 4 插入Excel工作表以后，可以通过工作表四周的控制点调整工作表的位置及大小，如图22-7所示。

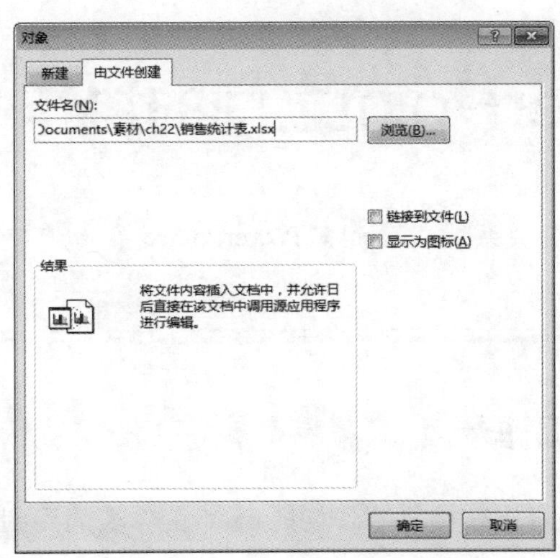

图22-6　【对象】对话框

姓名	销量	单价	销售额	提成
王艳	38	¥230.00	¥8,740.00	1,049
李娟	16	¥230.00	¥3,680.00	442
张军	32	¥230.00	¥7,360.00	883
吴飞	26	¥230.00	¥5,980.00	718
宋娟	18	¥230.00	¥4,140.00	497
李静	22	¥230.00	¥5,060.00	607
王鹏	29	¥230.00	¥6,670.00	800
邵倩	19	¥230.00	¥4,370.00	524
周天	30	¥230.00	¥6,900.00	828
郝燕	21	¥230.00	¥4,830.00	580
郑光	21	¥230.00	¥4,830.00	580
彭军帅	26	¥230.00	¥5,980.00	718

图22-7　在Word中调用Excel工作表

22.1.3 在Word文档中编辑Excel工作表

在Word中除了可以创建和调用Excel工作表之外，还可以对创建或调用的Excel工作表进行编辑操作，具体操作步骤如下。

步骤 1 参照调用Excel工作表的方法在Word中插入一个需要编辑的工作表，如图22-8所示。

步骤 2 修改姓名为“王艳”的员工的销售数量，例如，将“38”修改为“42”，这时双击插入的工作表，进入工作表编辑状态，然后选择“38”所在的单元格并选中文字，在其中直接输入“42”即可，如图22-9所示。

姓名	销量	单价	销售额	提成
王艳	38	￥230.00	￥8,740.00	1,049
李娟	16	￥230.00	￥3,680.00	442
张军	32	￥230.00	￥7,360.00	883
吴飞	26	￥230.00	￥5,980.00	718
宋娟	18	￥230.00	￥4,140.00	497
李静	22	￥230.00	￥5,060.00	607
王鹏	29	￥230.00	￥6,670.00	800
邵倩	19	￥230.00	￥4,370.00	524
周天	30	￥230.00	￥6,900.00	828
郝燕	21	￥230.00	￥4,830.00	580
郑光	21	￥230.00	￥4,830.00	580

图22-8 打开要编辑的Excel工作表

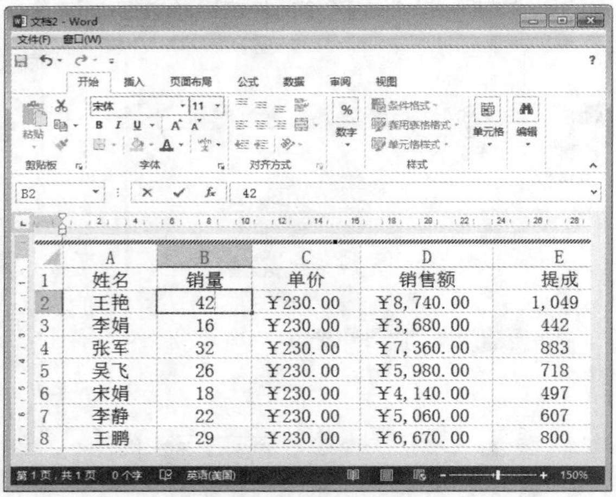

	A	B	C	D	E
1	姓名	销量	单价	销售额	提成
2	王艳	42	￥230.00	￥8,740.00	1,049
3	李娟	16	￥230.00	￥3,680.00	442
4	张军	32	￥230.00	￥7,360.00	883
5	吴飞	26	￥230.00	￥5,980.00	718
6	宋娟	18	￥230.00	￥4,140.00	497
7	李静	22	￥230.00	￥5,060.00	607
8	王鹏	29	￥230.00	￥6,670.00	800

图22-9 修改表格中的数据

提示 参照相同的方法可以编辑工作表中其他单元格的数值。

22.2 Excel和PowerPoint之间的协作

除了Word和Excel之间存在着相互的协同办公关系外，Excel与PowerPoint之间也存在着信息的相互共享与调用关系。

22.2.1 在PowerPoint中调用Excel工作表

在使用PowerPoint进行放映讲解的过程中，用户可以直接将制作好的Excel工作表调用到PowerPoint软件中进行放映，具体操作步骤如下。

步骤 1　打开随书光盘中的“素材\ch22\学院人员统计表.xlsx”文件，如图22-10所示。

步骤 2　将需要复制的数据区域选中，然后右击，在弹出的快捷菜单中选择【复制】命令，如图22-11所示。

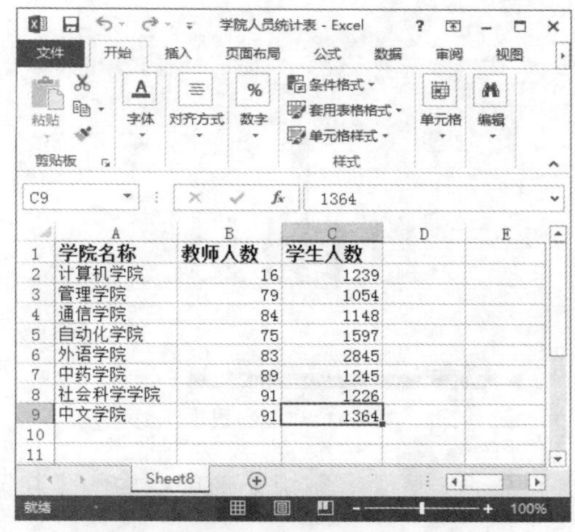

图22-10　打开素材文件

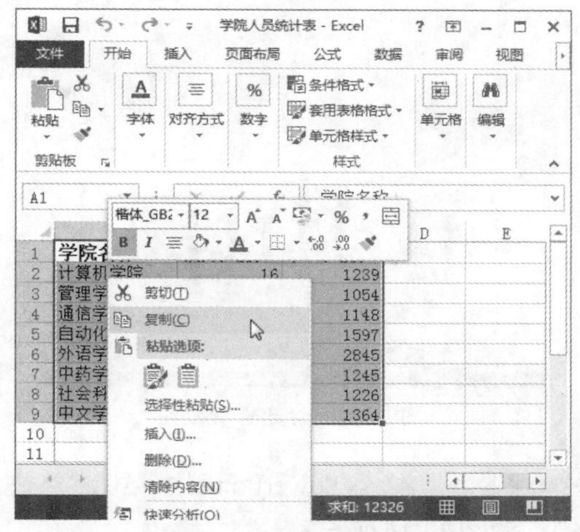

图22-11　选择【复制】命令

步骤 3　切换到PowerPoint软件中，单击【开始】选项卡下【剪贴板】选项组中的【粘贴】按钮，如图22-12所示。

步骤 4　最终效果如图22-13所示。

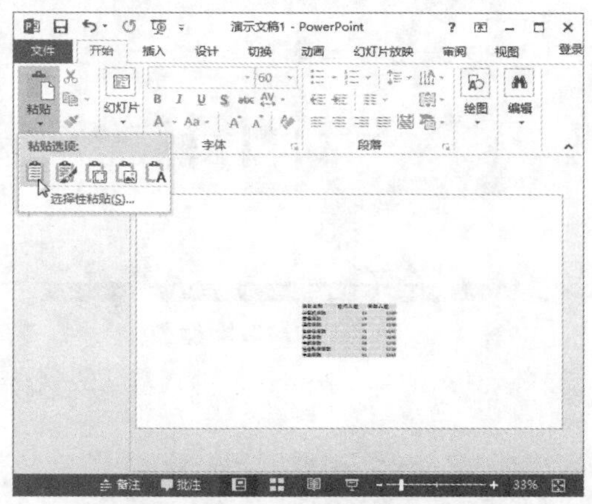

图22-12　点击【粘贴】按钮

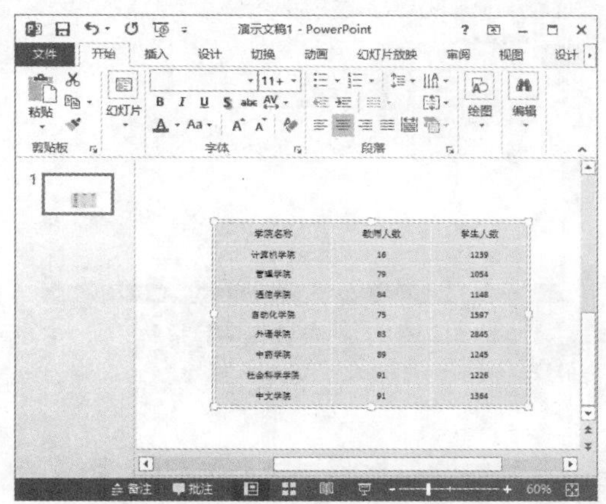

图22-13　粘贴工作表

22.2.2　在PowerPoint中调用Excel图表

用户也可以在PowerPoint中播放Excel图表，将Excel图表复制到PowerPoint中的具体操作步骤如下。

步骤 1　打开随书光盘中的“素材\ch22\图表.xlsx”文件，如图22-14所示。

步骤 2 选中需要复制的图表，然后右击，在弹出的快捷菜单中选择【复制】命令，如图22-15所示。

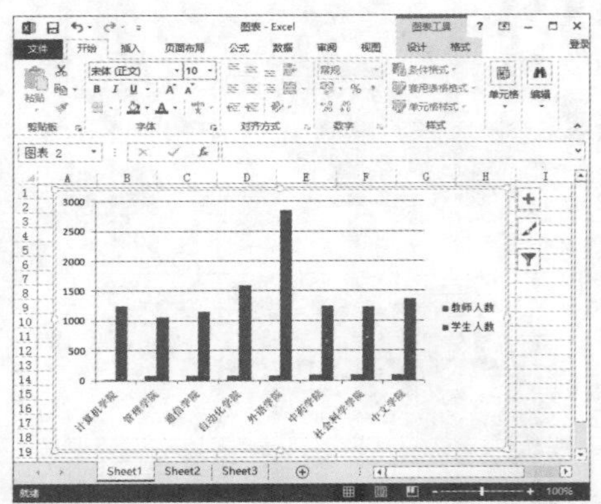
图22-14 打开素材文件

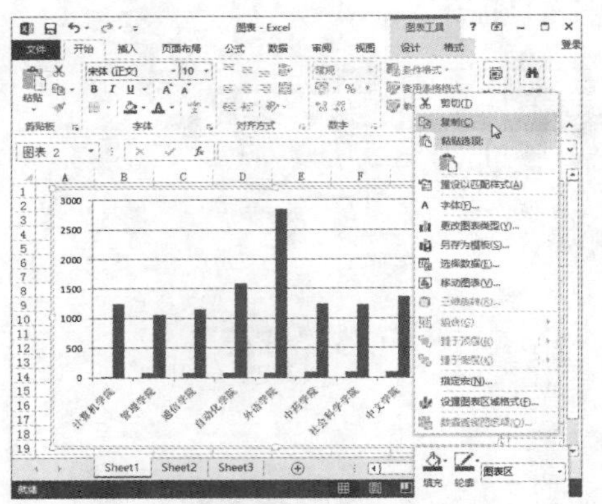
图22-15 复制图表

步骤 3 切换到PowerPoint软件中，单击【开始】选项卡下【剪贴板】选项组中的【粘贴】按钮，如图22-16所示。

步骤 4 最终效果如图22-17所示。

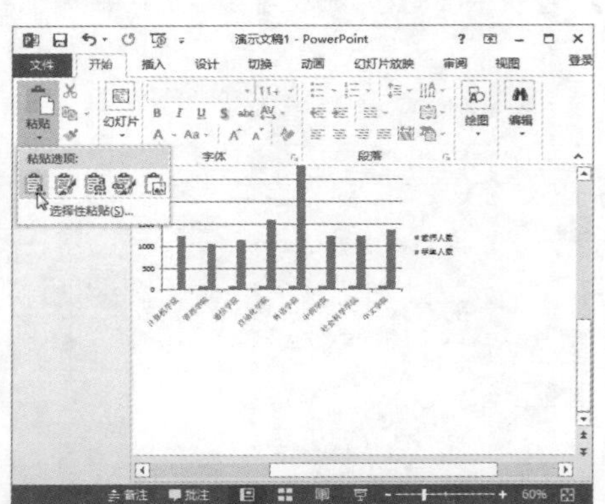
图22-16 单击【粘贴】按钮

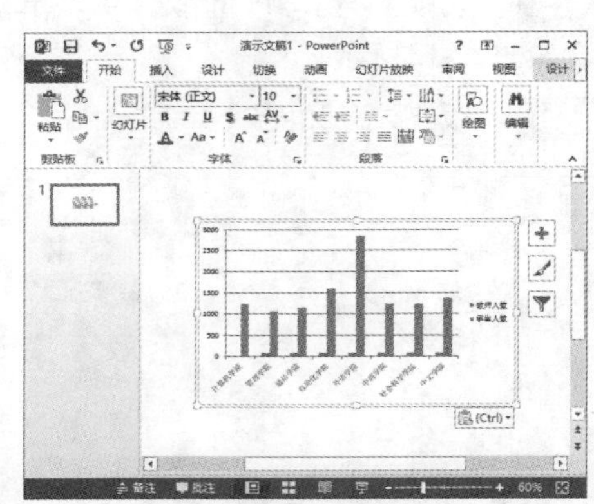
图22-17 粘贴图表

22.3 高效办公技能实战

22.3.1 高效办公技能1——逐个打印工资条

本实例介绍如何使用Word和Excel组合逐个打印工资条。作为公司财务人员，能够熟练并

快速打印工资条是一项基本技能，首先需要将所有员工的工资都输入到Excel中进行计算，然后就可以使用Word与Excel的联合功能制作每一位员工的工资条，最后打印即可。具体操作步骤如下。

步骤 1　打开随书光盘中的“素材\ch22\工资表.xlsx”文件，如图22-18所示。

步骤 2　新建一个Word文档，并按“工资表.xlsx”文件格式创建表格，如图22-19所示。

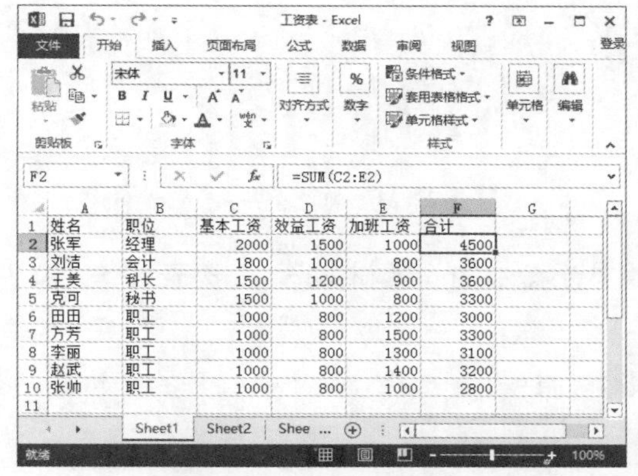

姓名	职位	基本工资	效益工资	加班工资	合计
张军	经理	2000	1500	1000	4500
刘洁	会计	1800	1000	800	3600
王美	科长	1500	1200	900	3600
克可	秘书	1500	1000	800	3300
田田	职工	1000	800	1200	3000
方芳	职工	1000	800	1500	3300
李丽	职工	1000	800	1300	3100
赵武	职工	1000	800	1400	3200
张帅	职工	1000	800	1000	2800

图22-18　打开素材文件

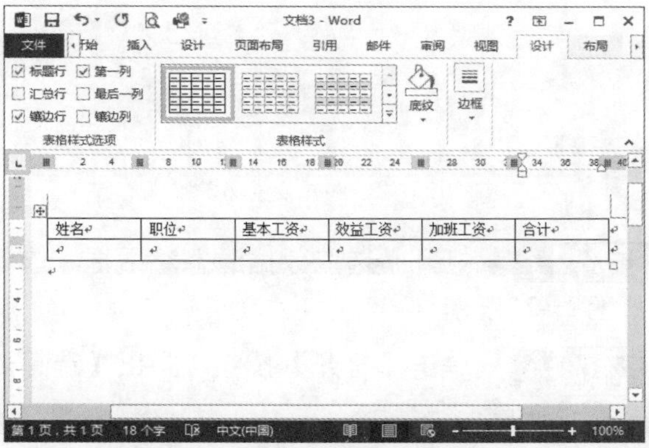

图22-19　创建表格

步骤 3　选择Word文档中【邮件】选项卡下【开始邮件合并】选项组中的【开始邮件合并】按钮，在弹出的下拉列表中选择【邮件合并分步向导】选项，如图22-20所示。

步骤 4　在窗口的右侧弹出【邮件合并】窗格，选中【信函】单选按钮，如图22-21所示。

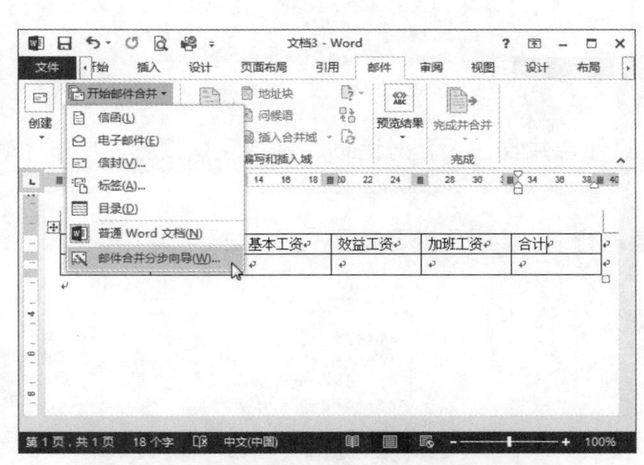

图22-20　选择【邮件合并分步向导】选项

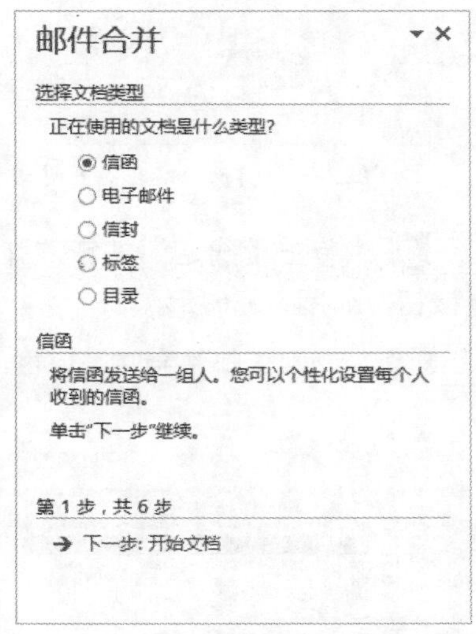

图22-21　【邮件合并】窗格

步骤 5　单击【下一步：开始文档】按钮，进入邮件合并第2步，保持默认选项，如图22-22所示。

步骤 6　单击【下一步：选择收件人】按钮，在“第3步，共6步”界面中，单击【浏览】超链接，如图22-23所示。

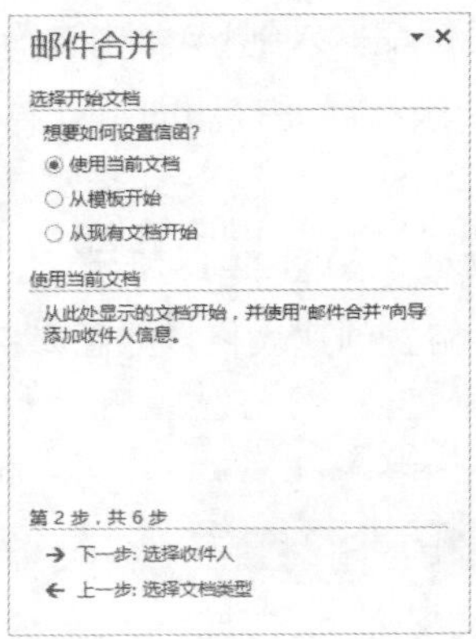

图22-22　邮件合并第2步

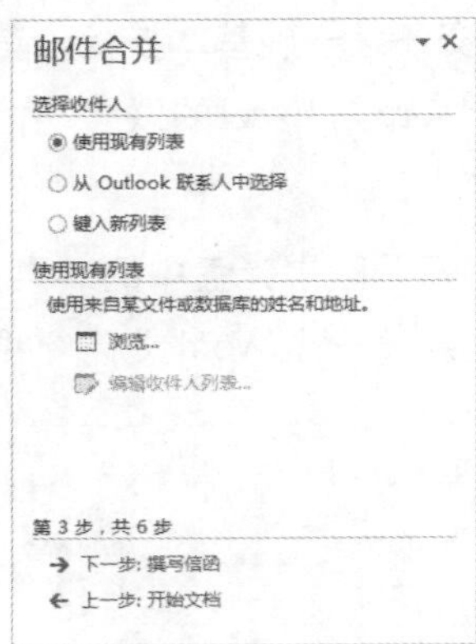

图22-23　邮件合并第3步

步骤 7　打开【选取数据源】对话框，选择随书光盘中的“素材\ch22\工资表.xlsx”文件，如图22-24所示。

步骤 8　单击【打开】按钮，弹出【选择表格】对话框，选择步骤1中打开的工作表，如图22-25所示。

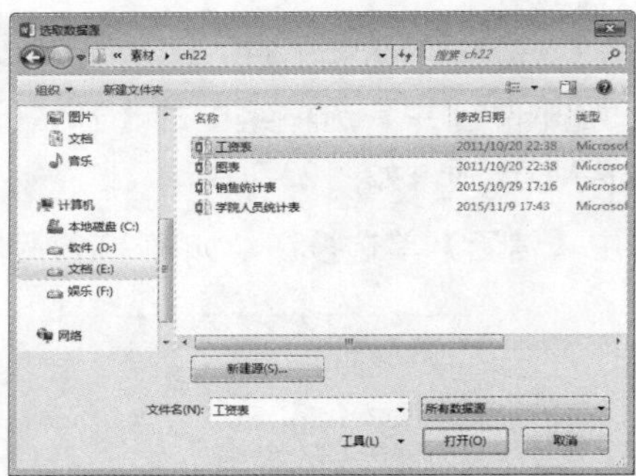

图22-24　【选取数据源】对话框

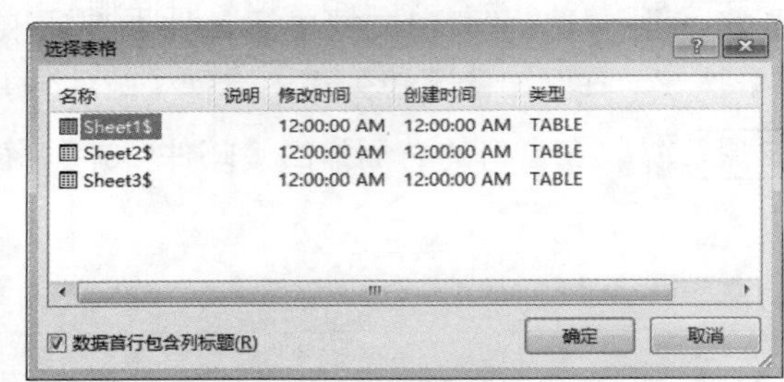

图22-25　【选择表格】对话框

步骤 9　单击【确定】按钮，弹出【邮件合并收件人】对话框，保持默认设置，单击【确定】按钮，如图22-26所示。

步骤 10　返回【邮件合并】窗格，连续进行下一步操作直至最后一步，如图22-27所示。

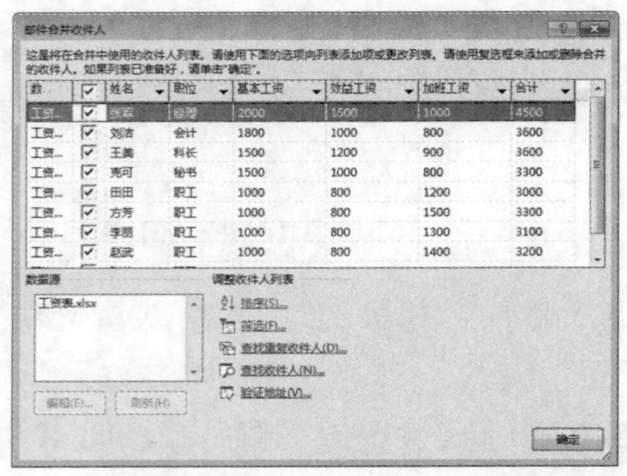

图22-26　【邮件合并收件人】对话框

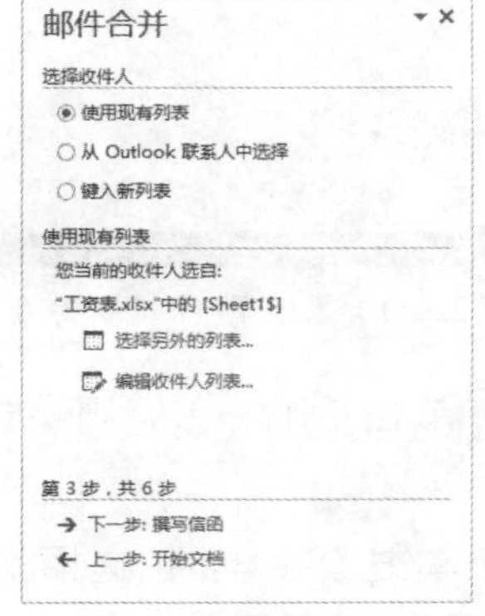

图22-27　邮件合并第3步

步骤 11　选择【邮件】选项卡下【编写和插入域】选项组中的【插入合并域】按钮，并选择【姓名】选项，如图22-28所示。

步骤 12　根据表格标题设计，依次将第1条“工资表.xlsx”文件中的数据填充至表格中，如图22-29所示。

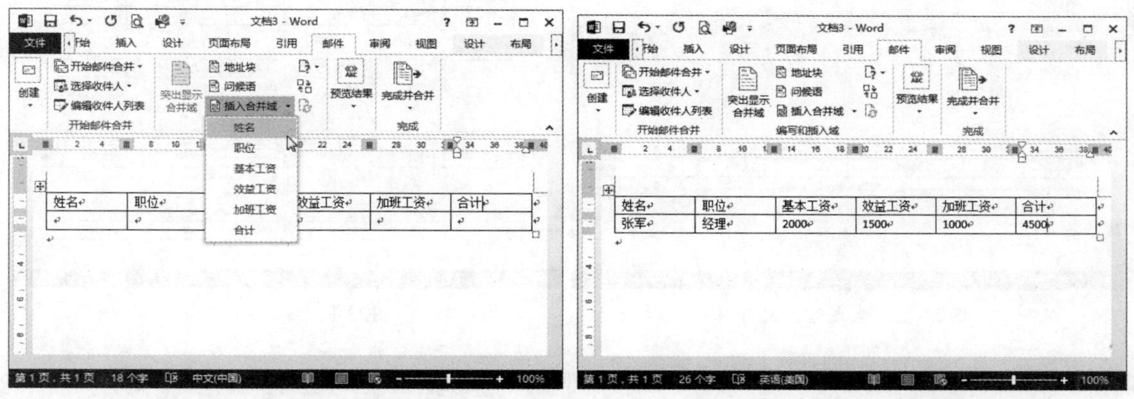

图22-28　选择【姓名】选项　　　　图22-29　插入合并域的其他内容

步骤 13　单击【邮件合并】窗格中的【编辑单个信函】超链接，如图22-30所示。

步骤 14　打开【合并到新文档】对话框，选中【全部】单选按钮，如图22-31所示。

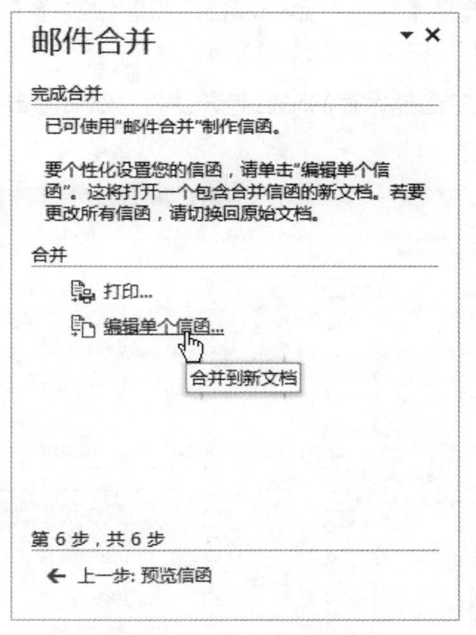

图22-30　邮件合并第6步

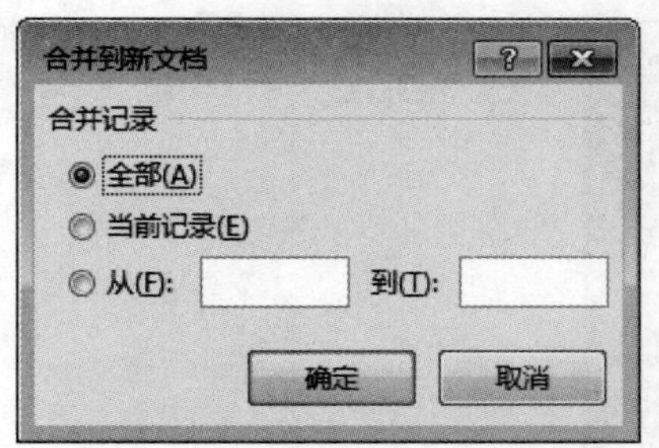

图22-31　【合并到新文档】对话框

步骤 15　单击【确定】按钮，新生成一个信函文档，该文档中对每一个员工的工资分页显示，如图22-32所示。

步骤 16　删除文档中的分页符号，将员工工资条放置在一页中，然后就可以保存并打印工资条了，如图22-33所示。

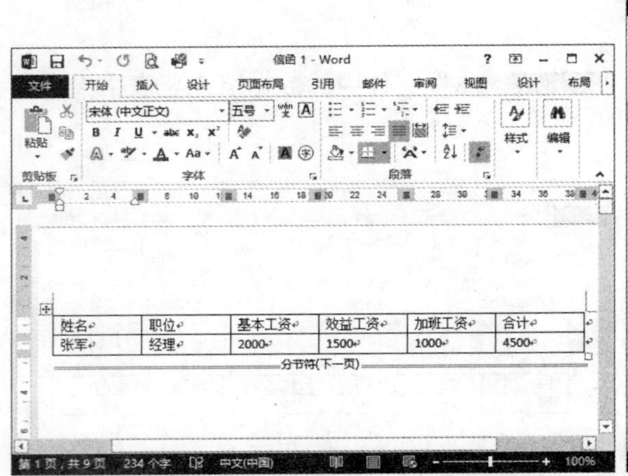

图22-32　生成信函文件

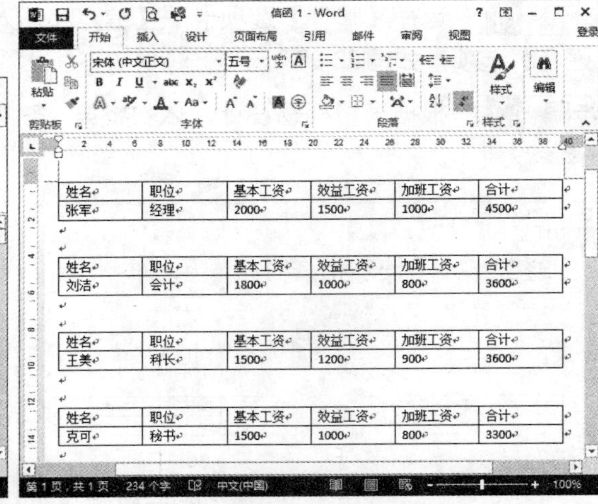

图22-33　保存工资条

22.3.2 高效办公技能2——将工作簿创建为PDF文件

通过Excel 2013，可以很方便地将工作簿创建为PDF文件，操作步骤如下。

步骤 1　选择【文件】选项卡，在工作界面中选择【导出】命令，在中间区域选择【创建PDF/XPS文档】选项，在右侧单击【创建PDF/XPS】按钮，如图22-34所示。

步骤 2　弹出【发布为PDF或XPS】对话框，从中选择保存的路径和文件名，然后单击【发布】按钮即可，如图22-35所示。

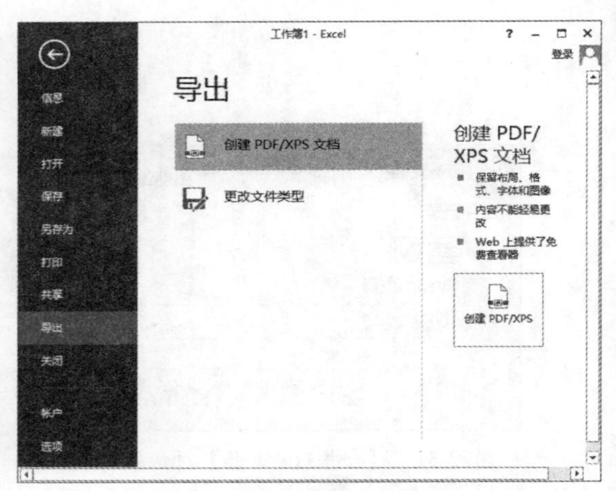

图22-34　【导出】界面

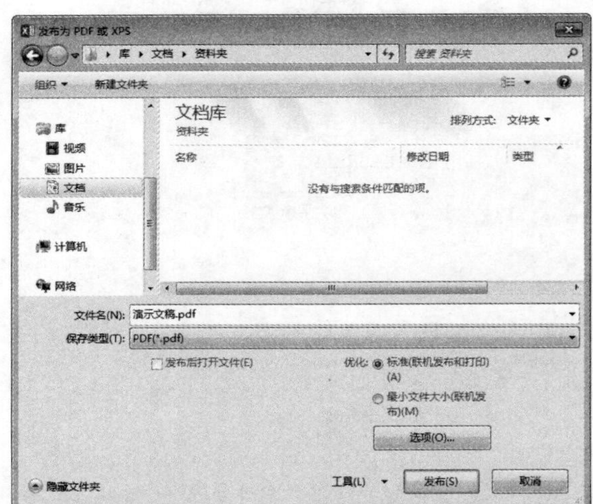

图22-35　【发布为PDF或XPS】对话框

22.4 疑难问题解答

问题1： 如何才能使表格具有相同风格的外观？

解答： 为了使表格具有相同风格的外观，可以复制设置好的单元格，然后通过【选择性粘贴】方式应用在其他单元格中。右击需要设置外观的单元格，在弹出的快捷菜单中选择【选择性粘贴】命令，打开【选择性粘贴】对话框，并选中【格式】单选按钮，单击【确定】按钮即可将表格设置为统一的外观。另外，还可以使用格式刷使表格的外观风格统一。

问题2： 如何在低版本的Excel中打开Excel 2013文件？

解答： Excel 2013制作的文件后缀名为.xlsx，而以前版本的Excel文件后缀名为.xls，用Excel 2013制作的文件在以前版本的Excel中是打不开的。那么怎样实现这一功能呢？其具体的操作方法为：在Excel 2013中，选择【文件】选项卡，从打开的界面中选择【选项】命令，打开【Excel选项】对话框，在左侧窗格中选择【保存】选项，切换到【保存】面板中，在【保存工作簿】选项组中单击【将文件保存为此格式】复选框右边的下拉按钮，从其下拉列表中选择【Excel 97-2003工作簿（*.xls)】选项，单击【确定】按钮，这样，以后用Excel 2013制作的文件在低版本的Excel中都能打开了。

第23章 Excel 2013数据的共享与安全

● **本章导读**

保护工作表是为了防止与编辑工作表无关的人员更改工作表中的数据内容，对于使用Excel办公的人员来说，保护数据是一项很重要的工作，在实际工作中，应该养成对重要数据进行保护的好习惯，以免带来不必要的损失。本章将为读者介绍Excel 2013数据的安全与共享。

● **学习目标**

◎ 掌握Excel 2013共享的方法

◎ 掌握保护Excel工作簿的方法

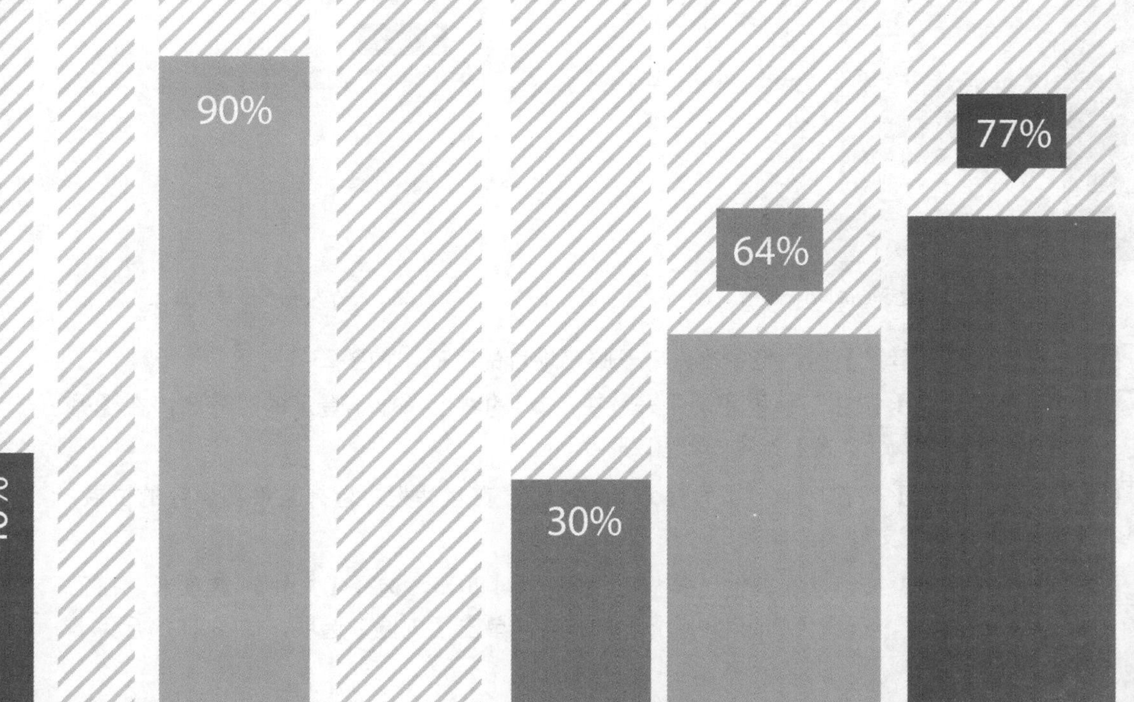

23.1 Excel 2013的共享

Excel 2013为用户提供了多种共享数据的方法，使用这些方法，用户可以将Excel数据保存到云端OneDrive、通过电子邮件共享、在局域网中共享等。

23.1.1 将工作簿保存到云端OneDrive

云端OneDrive是由微软公司推出的一项云存储服务，用户可以通过自己的Microsoft账户登录，并上传自己的图片、文档等到OneDrive中存储。无论身在何处，用户都可以访问OneDrive上的所有内容。

将文档保存到云端OneDrive的具体操作步骤如下。

步骤 1 打开需要保存到云端OneDrive的工作簿。选择【文件】选项卡，在打开的工作界面中选择【另存为】命令，在【另存为】区域选择OneDrive选项，如图23-1所示。

步骤 2 单击【登录】按钮，弹出【登录】窗格，输入与Excel一起使用的账户的电子邮箱地址，单击【下一步】按钮，如图23-2所示。

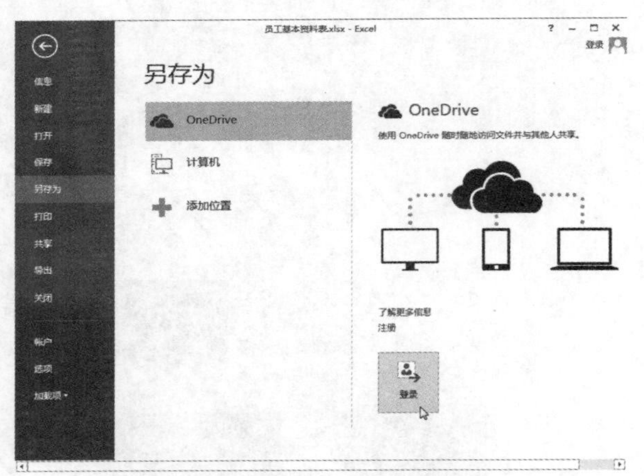

图23-1 选择OneDrive选项

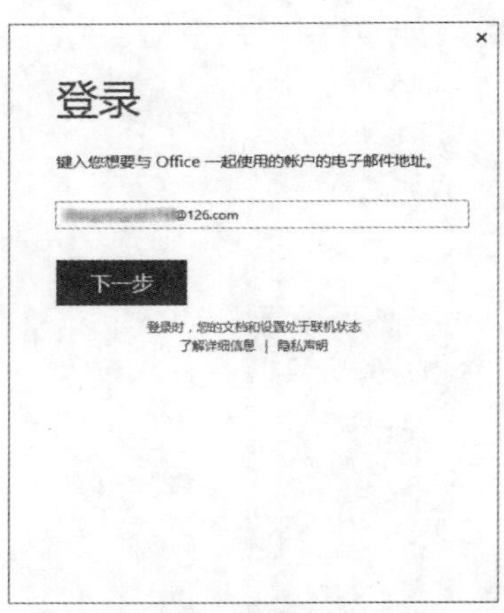

图23-2 输入电子邮箱地址

步骤 3 在弹出的【登录】对话框中输入电子邮箱地址的密码，如图23-3所示。

步骤 4 单击【登录】按钮，即可登录账号，在Excel的右上角显示登录的账号名，在【另存为】区域选择【OneDrive-个人】选项，如图23-4所示。

步骤 5 单击【浏览】按钮，弹出【另存为】对话框，在对话框中选择文件要保存的位置，这里选择并打开【文档】文件夹，如图23-5所示。

步骤 6 单击【保存】按钮，在其他计算机上打开Excel 2013，选择【文件】|选项卡，在工作界面选择【打开】命令，选择【OneDrive-个人】选项，单击【浏览】选项，如图23-6所示。

图23-3　单击【登录】按钮

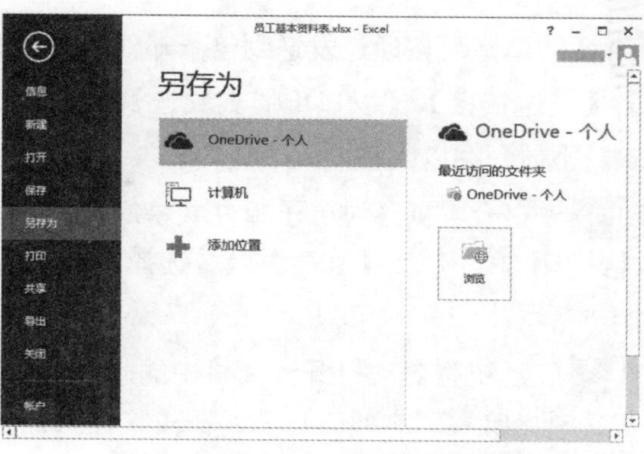

图23-4　选择【OneDrive-个人】选项

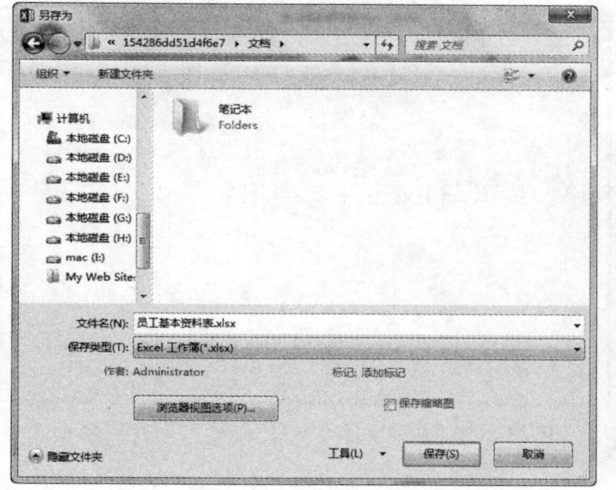

图23-5　【另存为】对话框

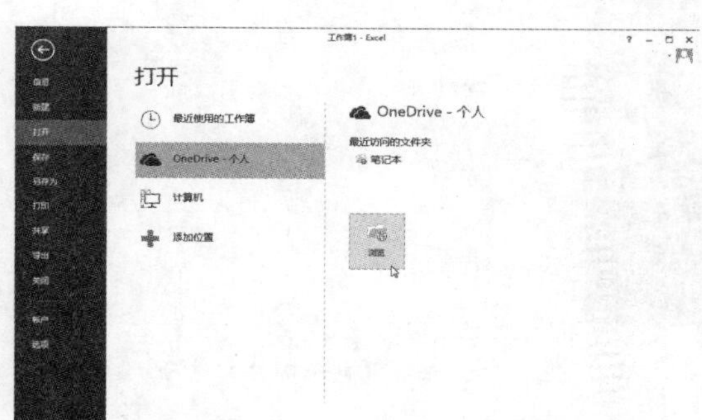

图23-6　单击【浏览】按钮

步骤 7　等软件从系统获取信息后，弹出【打开】对话框，即可选择保存在OneDrive端的工作簿，如图23-7所示。

图23-7　【打开】对话框

23.1.2 通过电子邮件共享

Excel 2013还可以通过发送到电子邮件的方式进行共享。发送到电子邮件主要有【作为附件发送】、【发送链接】、【以PDF形式发送】、【以XPS形式发送】和【以Internet传真形式发送】5种形式，下面介绍以附件形式进行邮件发送的方法，具体操作步骤如下。

步骤 1 打开需要通过电子邮件共享的工作簿。选择【文件】选项卡，在打开的工作界面中选择【共享】命令，在【共享】区域选择【电子邮件】选项，然后单击【作为附件发送】按钮，如图23-8所示。

步骤 2 系统将自动打开计算机中的邮件客户端，弹出【员工基本资料表.xlsx- 写邮件】窗口，在其中可以看到添加的附件，在【收件人】文本框中输入收件人的邮箱，单击【发送】按钮即可将文档作为附件发送，如图23-9所示。

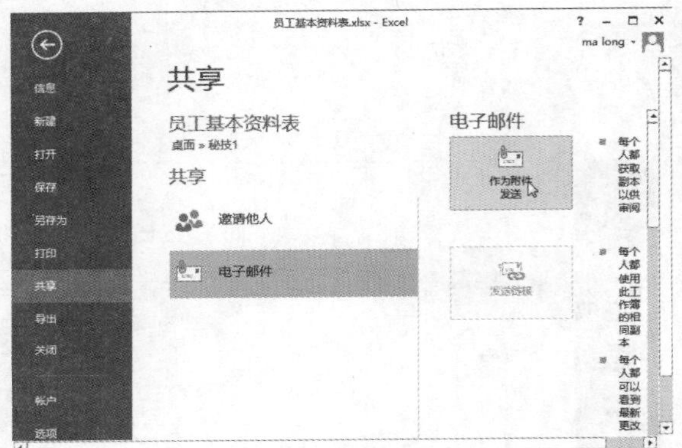

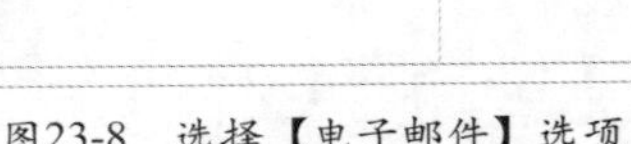
图23-8　选择【电子邮件】选项

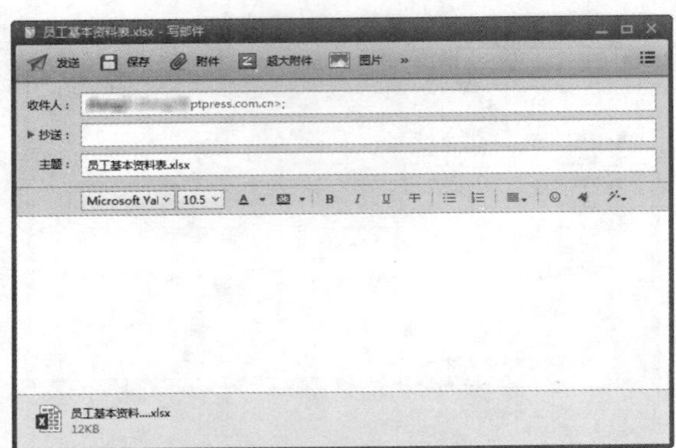

图23-9　【员工基本资料表.xlsx-写邮件】窗口

23.1.3 向存储设备中传输

用户还可以将Office 2013文档传输到存储设备中，具体操作步骤如下。

步骤 1 将存储设备U盘插入计算机的USB接口中，打开需要向存储设备中传输的工作簿。选择【文件】选项卡，在打开的工作界面中选择【另存为】命令，在【另存为】区域选择【计算机】选项，然后单击【浏览】按钮，如图23-10所示。

步骤 2 弹出【另存为】对话框，选择文档的存储位置为存储设备，这里选择【可移动磁盘(G:)】中的【工作簿】文件夹，单击【保存】按钮，如图23-11所示。

> **提示** 将存储设备插入计算机的USB接口后，双击桌面上的【计算机】图标，在弹出的【计算机】窗口中可以看到插入的存储设备，本例中存储设备的名称为【可移动磁盘 (G:)】，如图23-12所示。

步骤 3 打开存储设备，即可看到保存的文档，如图23-13所示。

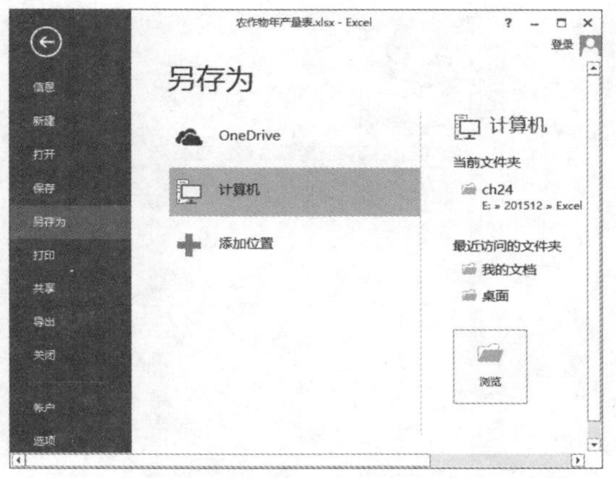

图23-10　选择【计算机】选项

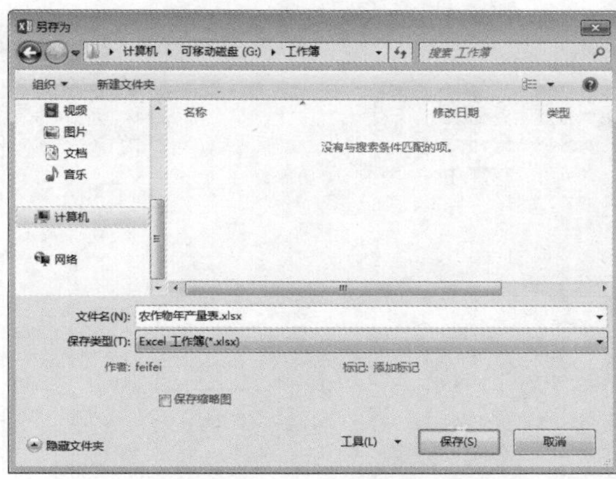

图23-11　【另存为】对话框

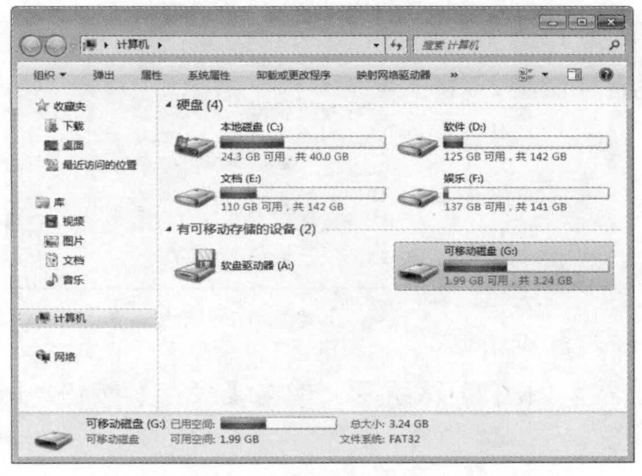

图23-12　选择移动存储盘

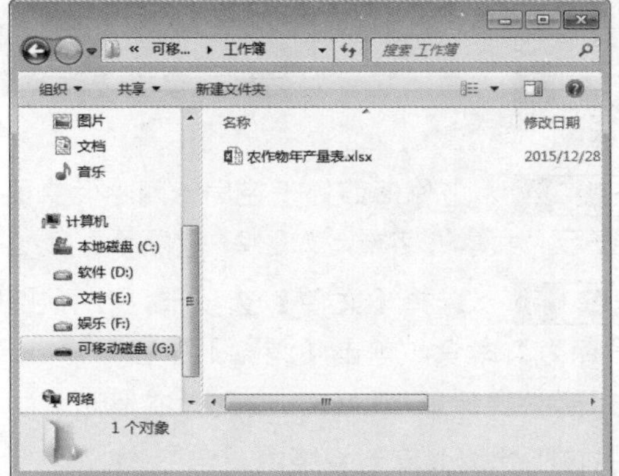

图23-13　查看保存的文档

提示　用户可以复制文档，打开存储设备粘贴也可以将文档传输到存储设备中。在本例中的存储设备为U盘，如果使用其他存储设备，操作过程类似，这里不再赘述。

23.1.4　在局域网中共享工作簿

局域网是在一个局部的范围内（如一个学校、公司和机关内），将各种计算机、外部设备和数据库等互相连接起来组成的计算机通信网。局域网可以实现文件管理、应用软件共享、打印机共享、扫描仪共享、工作组内的日程安排、电子邮件和传真通信服务等功能。

步骤 1　打开需要在局域网中共享的工作簿，单击【审阅】选项卡下【更改】选项组中的【共享工作簿】按钮，如图23-14所示。

步骤 2　弹出【共享工作簿】对话框，在其中选中【允许多用户同时编辑，同时允许工作簿合并】复选框，单击【确定】按钮，如图23-15所示。

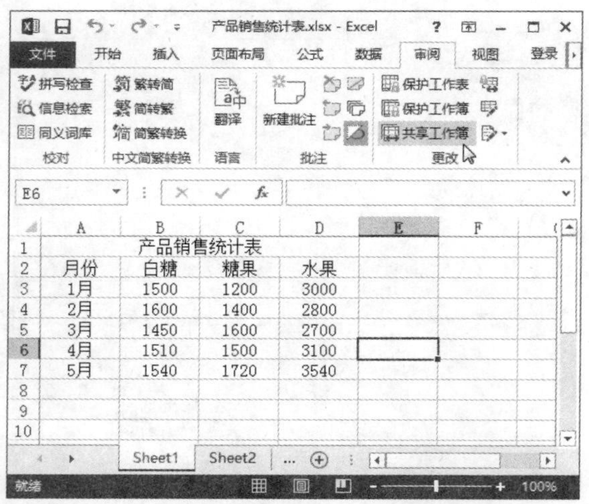

图23-14　共享工作簿

图23-15　【共享工作簿】对话框

步骤 3　弹出提示对话框，单击【确定】按钮，如图23-16所示。

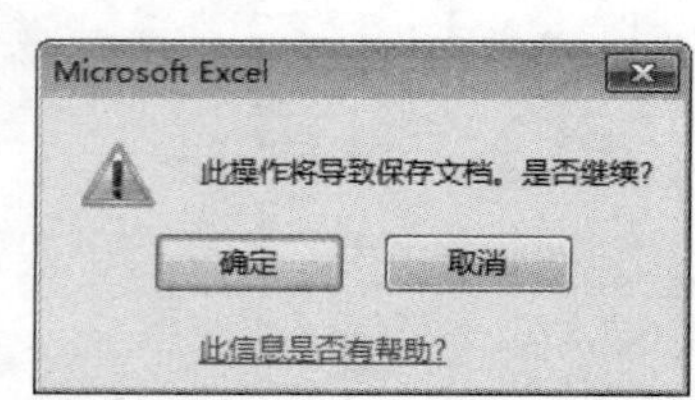

图23-16　信息提示框

步骤 4　工作簿即处于在局域网中共享的状态，在工作簿上方显示“共享”字样，如图23-17所示。

步骤 5　选择【文件】选项卡，在弹出的工作界面中选择【另存为】命令，单击【浏览】按钮，弹出【另存为】对话框，在对话框的地址栏中输入该文件在局域网中的位置，如图23-18所示。单击【保存】按钮，即可将该工作簿共享到网络中。

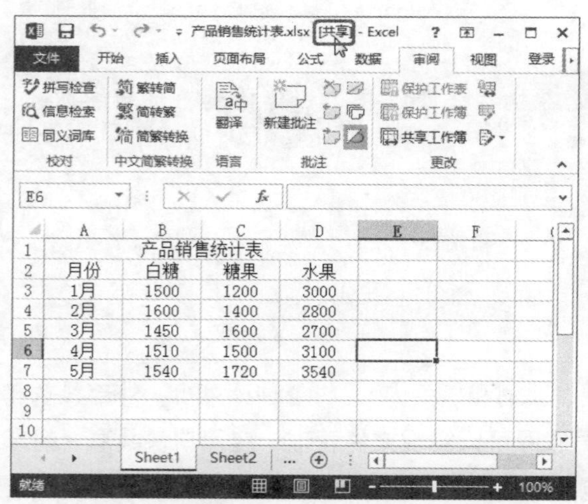

图23-17　“共享”提示信息

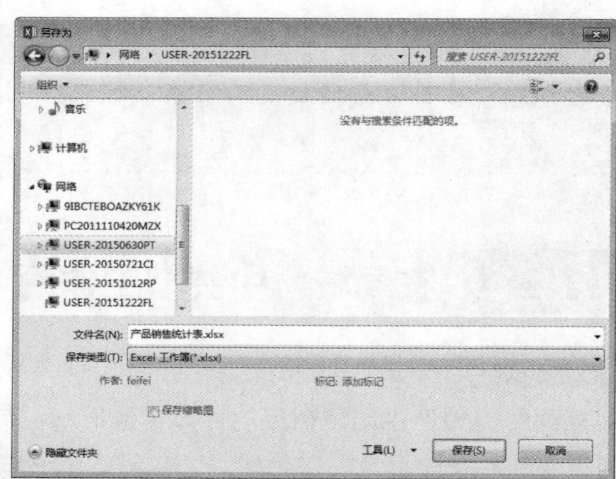

图23-18　【另存为】对话框

提示　将文件的所在位置通过电子邮件发送给共享该工作簿的用户，用户通过该文件在局域网中的位置即可找到该文件。在共享文件时，局域网必须处于可共享状态。

23.2 保护Excel工作簿

数据的安全始终是大家关心的问题，设置工作表的保护，能有效地防止误操作造成工作表数据丢失的情况发生。

23.2.1 标记为最终状态

【标记为最终状态】选项可将文档设置为只读，以防止审阅者或读者无意中更改文档。在将文档标记为最终状态后，输入、编辑命令以及校对标记都会禁用或关闭，文档的状态属性会设置为【最终】，具体操作步骤如下。

步骤 1 打开需要标记为最终状态的工作簿。选择【文件】选项卡，在打开的工作界面中选择【信息】命令，在【信息】区域单击【保护工作簿】按钮，在弹出的下拉列表中选择【标记为最终状态】选项，如图23-19所示。

步骤 2 弹出Microsoft Excel对话框，单击【确定】按钮，如图23-20和图23-21所示。

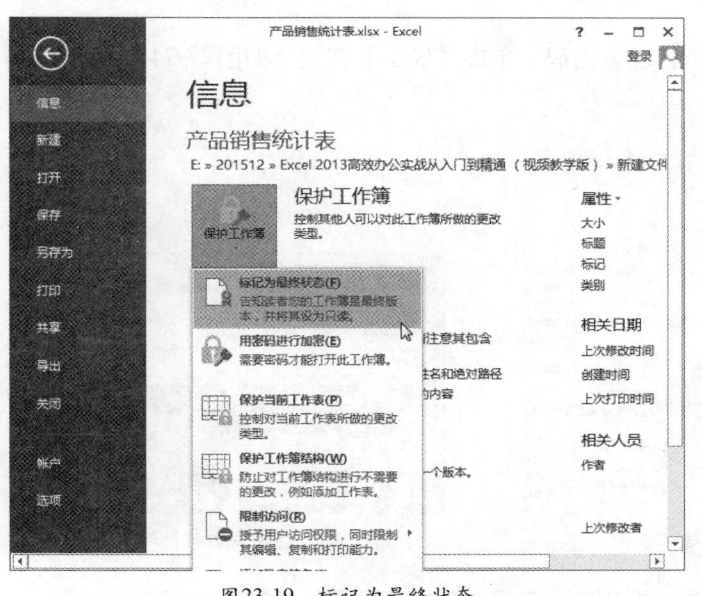

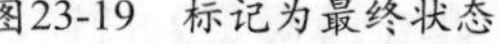
图23-19　标记为最终状态

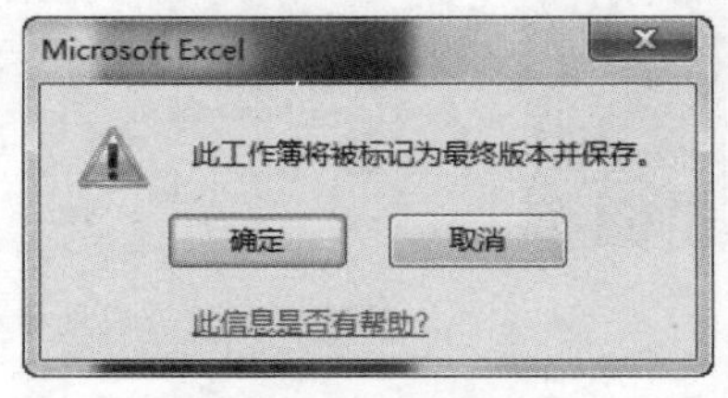

图23-20　信息提示框

步骤 3 返回Excel页面，该文档即被标记为最终状态，以只读形式显示，如图23-22所示。

> **提示** 单击页面上方的【仍然编辑】按钮，可以对文档进行编辑。

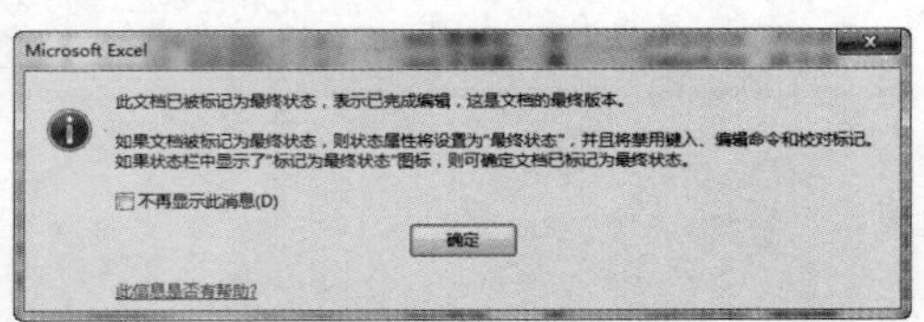

图23-21　信息提示框

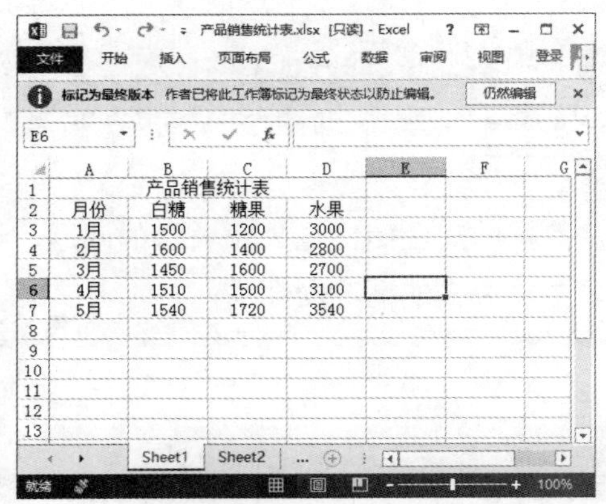

图23-22　只读形式显示

23.2.2 用密码进行加密

用密码加密工作簿的具体步骤如下。

步骤 1 打开需要进行加密的工作簿，选择【文件】选项卡，在打开的工作界面中选择【信息】命令，在【信息】区域单击【保护工作簿】按钮，在弹出的下拉列表中选择【用密码进行加密】选项，如图23-23所示。

步骤 2 弹出【加密文档】对话框，输入密码，单击【确定】按钮，如图23-24所示。

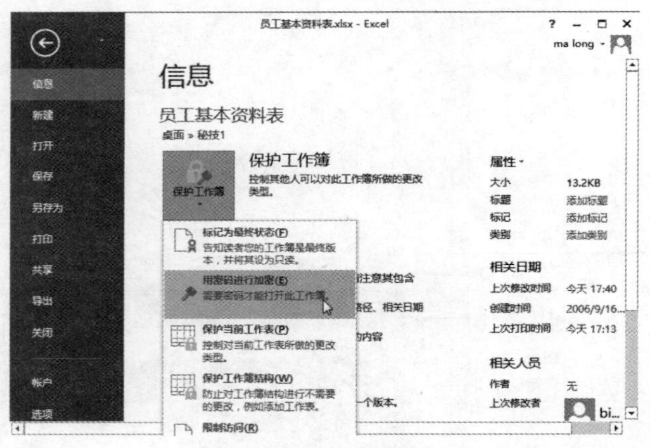

图23-23　用密码进行加密

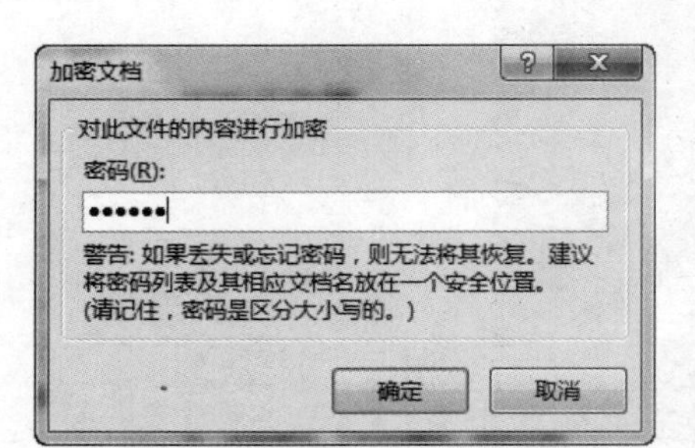

图23-24　【加密文档】对话框

步骤 3 弹出【确认密码】对话框，再次输入密码，单击【确定】按钮，如图23-25所示。

步骤 4 确定后，即可为文档使用密码进行加密。在【信息】区域内显示已加密，如图23-26所示。

步骤 5 再次打开文档时，将弹出【密码】对话框，输入密码后单击【确定】按钮，即可打开工作簿，如图23-27所示。

步骤 6 如果要取消加密，在【信息】区域单击【保护工作簿】按钮，在弹出的下拉列表中

选择【用密码进行加密】选项，弹出【加密文档】对话框，清除文本框中的密码，单击【确定】按钮，即可取消工作簿的加密，如图23-28所示。

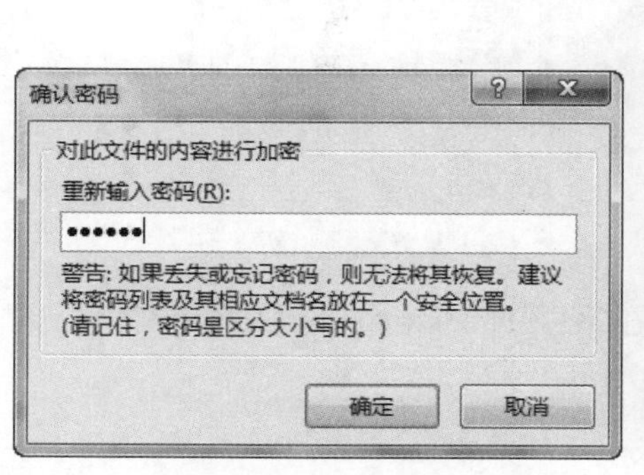

图23-25 输入密码

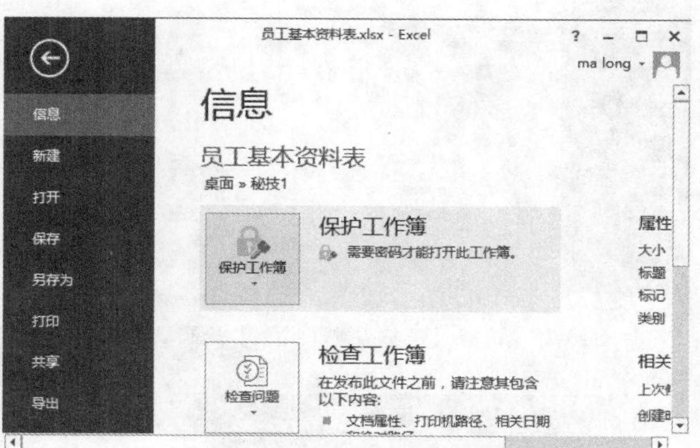

图23-26 加密完成

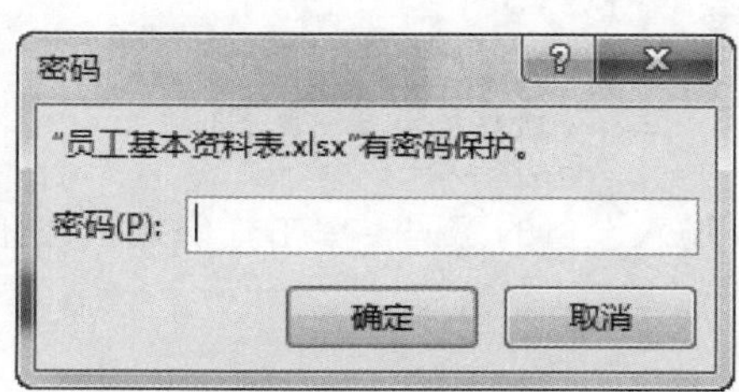

图23-27 【密码】对话框

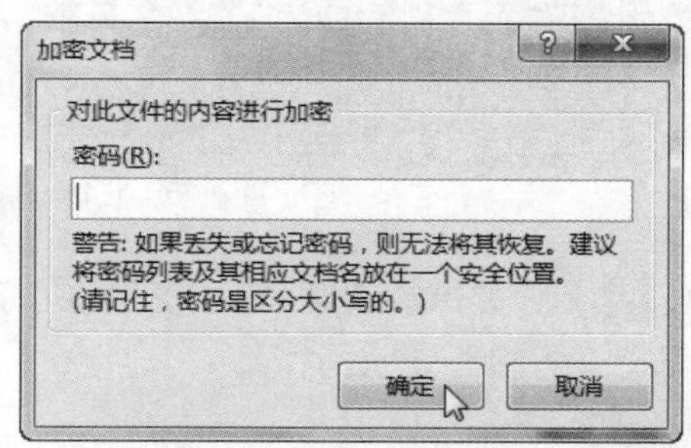

图23-28 取消密码

23.2.3 保护当前工作表

除了对工作簿加密，用户也可以对工作簿中的某个工作表进行保护，防止其他用户对其进行操作，具体操作步骤如下。

步骤 1 打开需要保护当前工作表的工作簿，选择【文件】选项卡，在打开的工作界面中选择【信息】命令，在【信息】区域单击【保护工作簿】按钮，在弹出的下拉列表中选择【保护当前工作表】选项，如图23-29所示。

步骤 2 弹出【保护工作表】对话框，系统默认选中【保护工作表及锁定的单元格内容】复选框，也可以在【允许此工作表的所有用户进行】列表框中选择允许修改的选项，如图23-30所示。

步骤 3 弹出【确认密码】对话框，在此输入密码，单击【确定】按钮，如图23-31所示。

步骤 4 返回Excel工作表中，双击任一单元格进行数据修改，则会弹出如图23-32所示的对话框。

步骤 5 如果要取消对工作表的保护，可选择【信息】命令，然后在【保护工作簿】选项中，单击【取消保护】超链接，如图23-33所示。

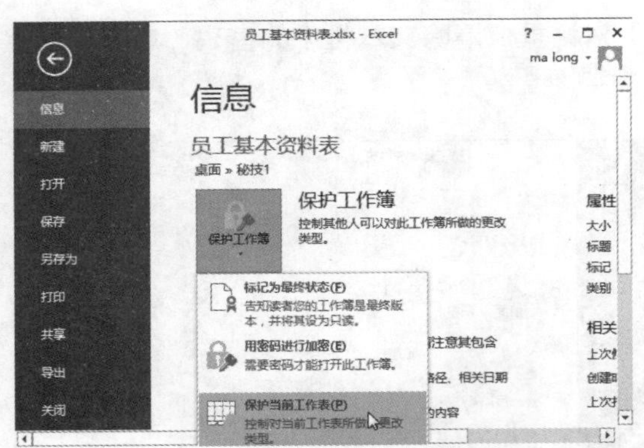

图23-29　选择【保护当前工作表】选项

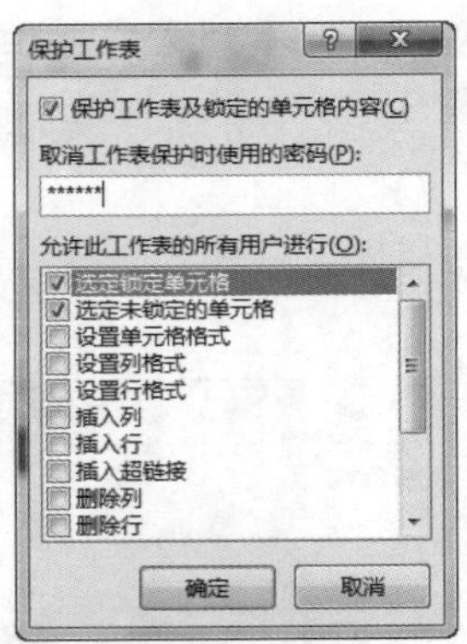

图23-30　【保护工作表】对话框

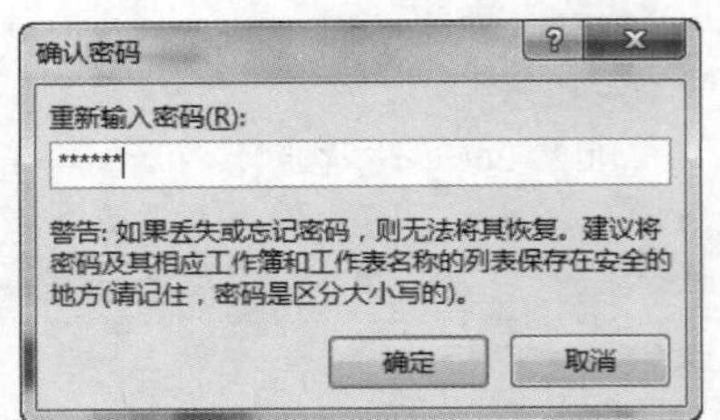

图23-31　输入密码

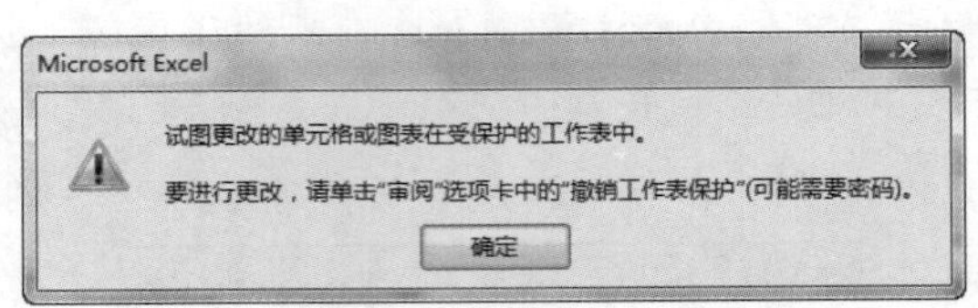

图23-32　信息提示框

步骤 6　在弹出的【撤销工作表保护】对话框中，输入设置的密码，单击【确定】按钮即可取消保护，如图23-34所示。

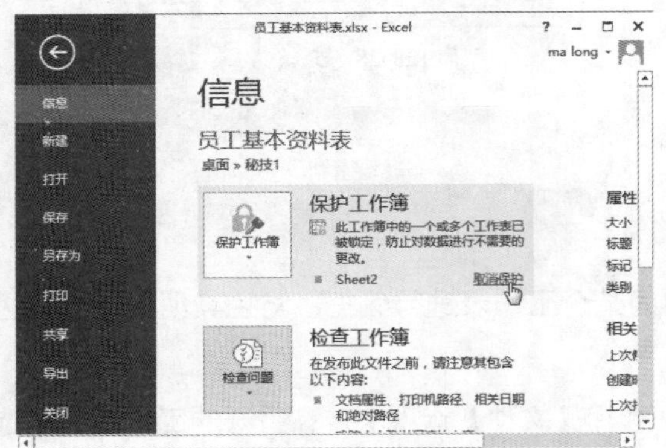

图23-33　单击【取消保护】超链接

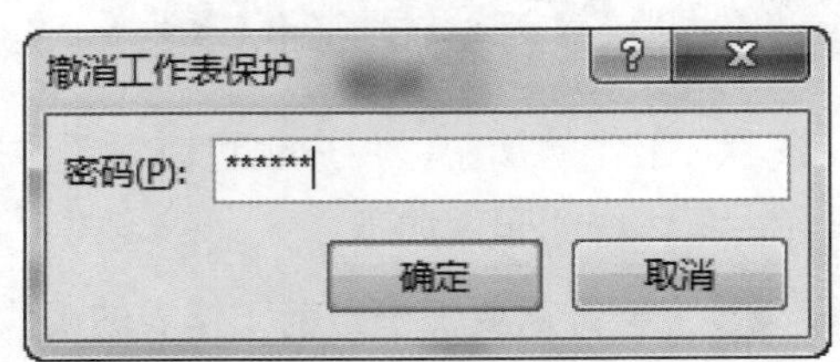

图23-34　输入密码

23.2.4 不允许在单元格中输入内容

保护单元格的实质就是不允许在被保护的单元格中输入数据，具体操作步骤如下。

步骤 1　选定要保护的单元格，右击，在弹出的快捷菜单中选择【设置单元格格式】命令，弹出【设置单元格格式】对话框，如图23-35所示。

步骤 2　在【保护】选项卡中选中【锁定】复选框，单击【确定】按钮，如图23-36所示。

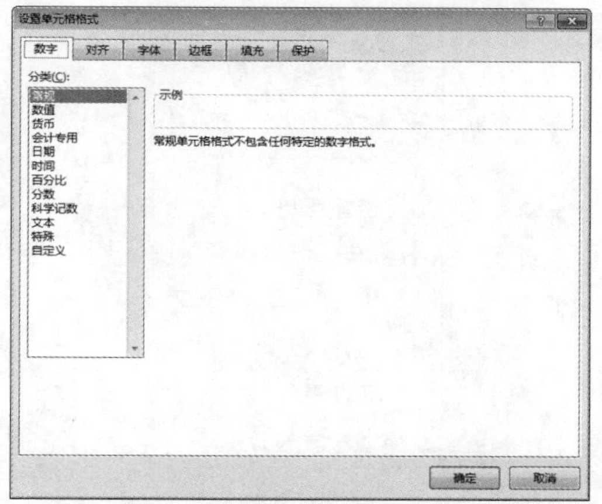

图23-35　【设置单元格格式】对话框

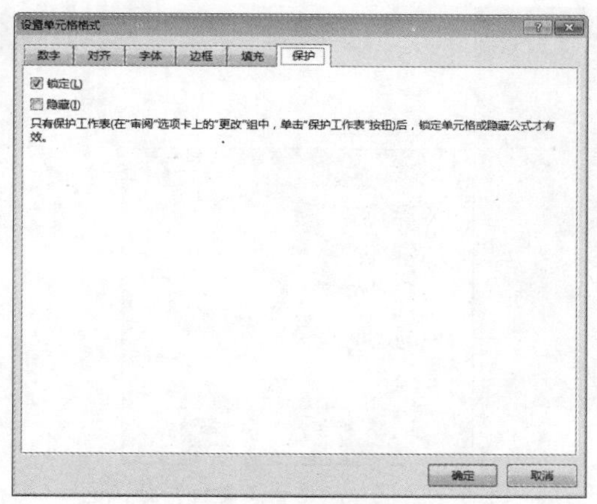

图23-36　【保护】选项卡

步骤 3　单击【审阅】选项卡的【更改】选项组中的【保护工作表】按钮，弹出【保护工作表】对话框，在其中进行相关参数的设置，如图23-37所示。

步骤 4　单击【确定】按钮，这样在受保护的单元格区域中输入数据时，就会提示如图23-38所示的内容。

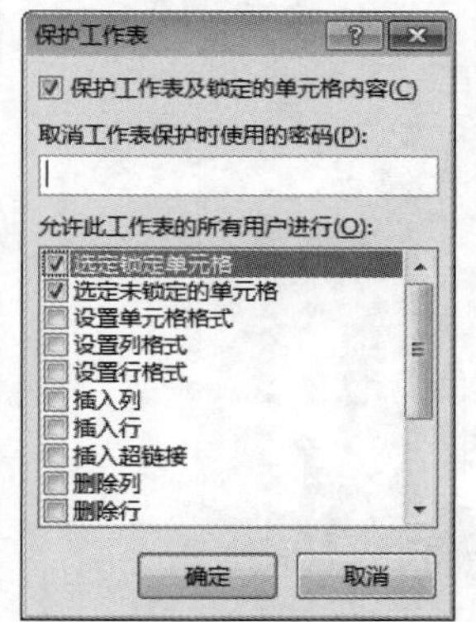

图23-37　【保护工作表】对话框

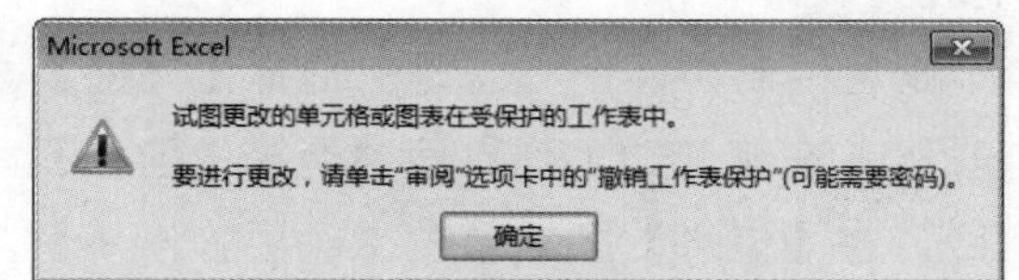

图23-38　信息提示框

步骤 5　单击【审阅】选项卡的【更改】选项组中的【撤销工作表保护】按钮，即可撤销保护，然后就可以在这些单元格中输入数据了。

23.2.5　不允许插入或删除工作表

可以通过保护工作簿的方式防止他人修改工作表，具体操作步骤如下。

步骤 1　单击【审阅】选项卡【更改】选项组中的【保护工作簿】按钮，弹出【保护结构和窗口】对话框，在其中选中【结构】复选框，如图23-39所示。

步骤 2　单击【确定】按钮，保护结构。在工作表标签上右击，在弹出的快捷菜单中大部分命令是灰色的，即不能对工作表进行操作，如图23-40所示。

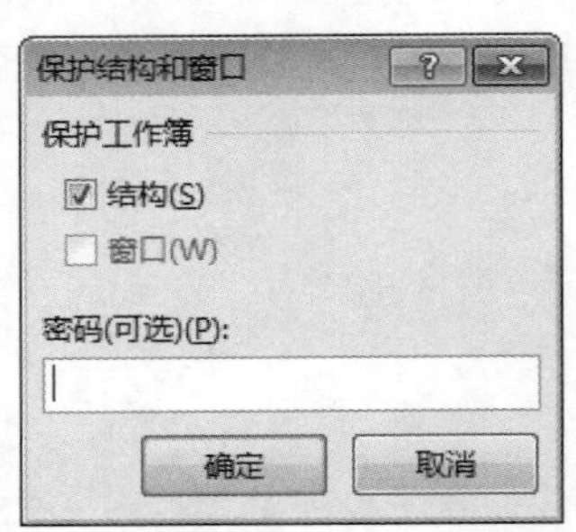

图23-39　【保护结构和窗口】对话框

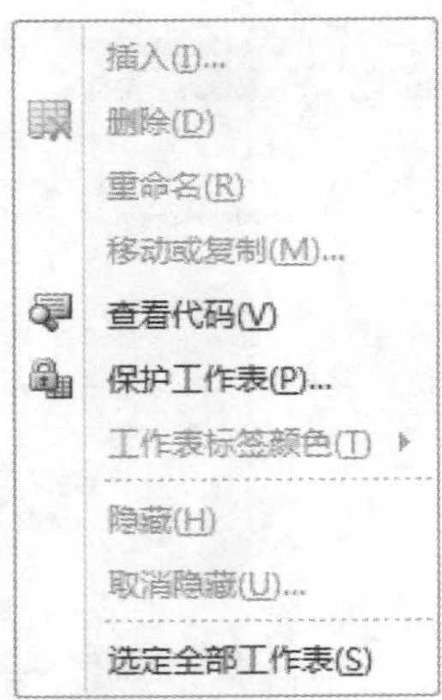

图23-40　快捷菜单

23.2.6 限制访问工作簿

限制访问指通过使用Excel 2013中提供的信息权限管理（IRM）来限制对文档、工作簿和演示文稿中内容的访问权限，同时限制对其编辑、复制和打印。用户通过对文档、工作簿、演示文稿和电子邮件等设置访问权限，可以防止未经授权的用户打印、转发和复制敏感信息，保证文档、工作簿、演示文稿等的安全。

设置限制访问的方法是：选择【文件】选项卡，在打开的工作界面中选择【信息】命令，在【信息】区域单击【保护工作簿】按钮，在弹出的下拉列表中选择【限制访问】选项，如图23-41所示。

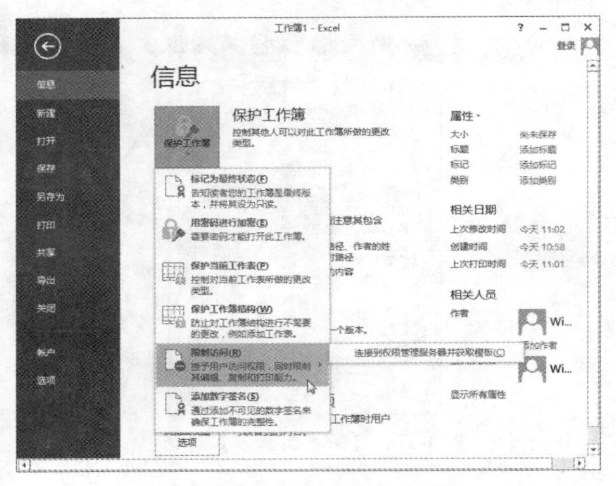

图23-41　选择【限制访问】选项

23.2.7 添加数字签名

数字签名是电子邮件、宏或电子文档等数字信息上的一种经过加密的电子身份验证戳，用于确认宏或文档来自数字签名本人且未经更改。添加数字签名可以确保文档的完整性，从而保证文档的安全。用户可以在Microsoft官网上获得数字签名。

添加数字签名的方法是：选择【文件】选项卡，在打开的工作界面中选择【信息】命令，在【信息】区域单击【保护工作簿】按钮，在弹出的下拉列表中选择【添加数字签名】选项，如图23-42所示。

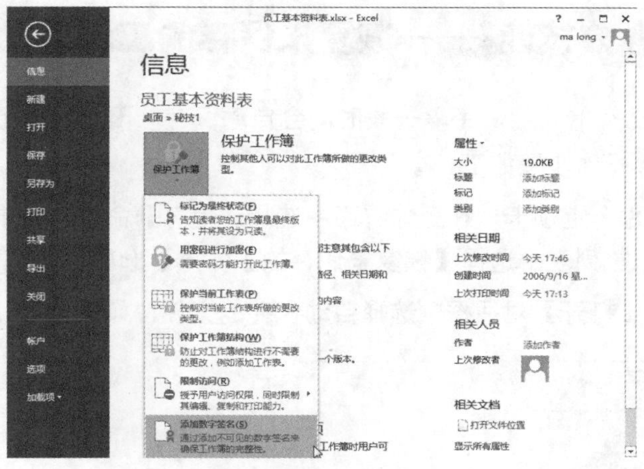

图23-42 选择【添加数字签名】选项

23.3 高效办公技能实战

23.3.1 高效办公技能1——检查文档的兼容性

Excel 2013中的部分元素在早期的版本中是不兼容的，如新的图表样式等。在保存工作簿时，可以先检查文档的兼容性，如果不兼容，更改为兼容的元素即可，具体操作步骤如下。

步骤 1 选择【文件】选项卡，在工作界面中选择【信息】命令，在中间区域单击【检查问题】按钮，在弹出的下拉列表中选择【检查兼容性】选项，如图23-43所示。

步骤 2 在打开的【Microsoft Excel-兼容性检查器】对话框中显示兼容性检查的结果，如图23-44所示。

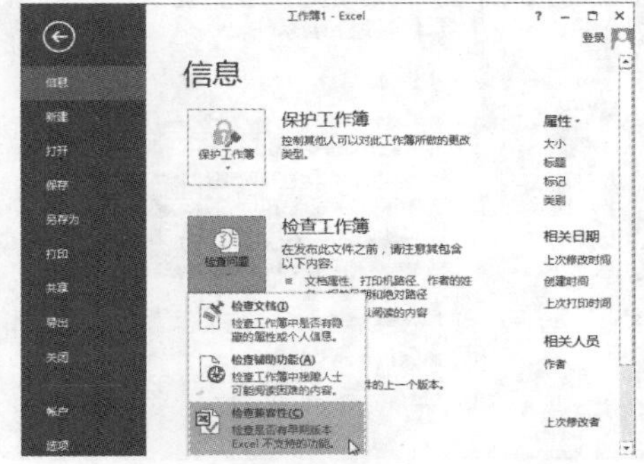

图23-43 选择【检查兼容性】选项

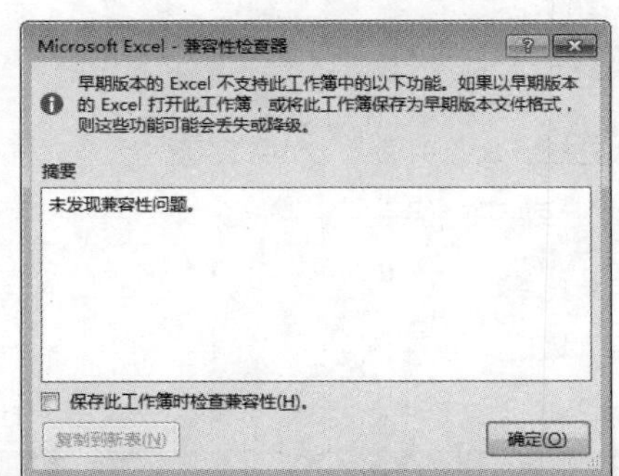

图23-44 【Microsoft Excel-兼容性检查器】对话框

23.3.2 高效办公技能2——恢复未保存的工作簿

Excel提供有自动保存的功能，每隔一段时间会自动保存，因此用户可以通过自动保存的文件来恢复工作簿，具体操作步骤如下。

步骤 1 选择【文件】选项卡，在工作界面中选择【信息】命令，在中间区域单击【管理版本】按钮，在弹出的下拉列表中选择【恢复未保存的工作簿】选项，如图23-45所示。

步骤 2 在弹出的【打开】对话框中选择自动保存的文件，如图23-46所示。

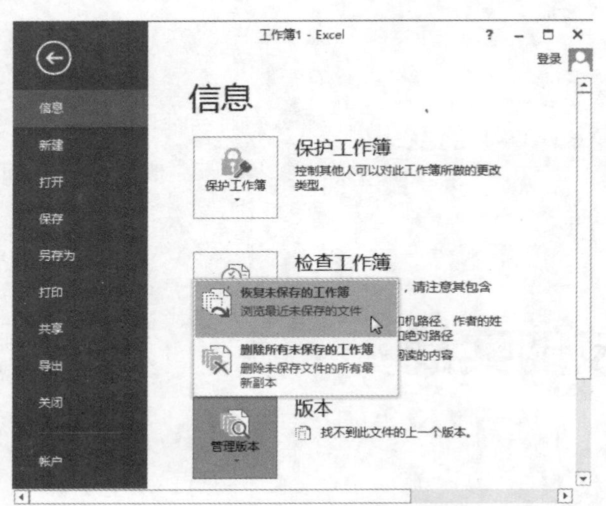

图23-45 恢复未保存的工作簿

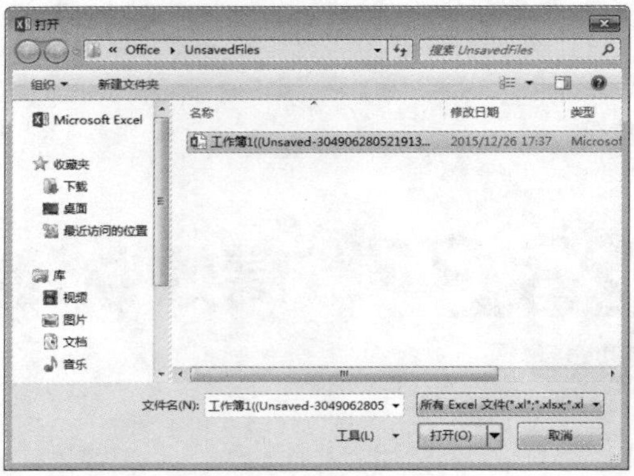

图23-46 【打开】对话框

步骤 3 单击【打开】按钮，即可恢复未保存的文件，然后单击【另存为】按钮，将恢复的文件保存即可，如图23-47所示。

步骤 4 自动保存时间间隔可以在【Excel选项】对话框中的【保存】选项中设置，如图23-48所示。

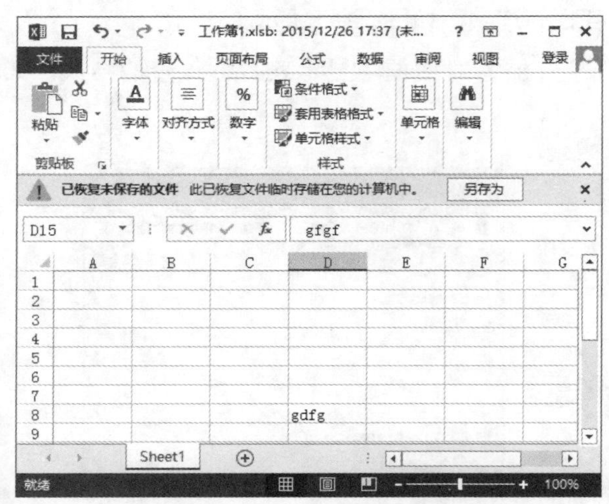

图23-47 恢复未保存的文件

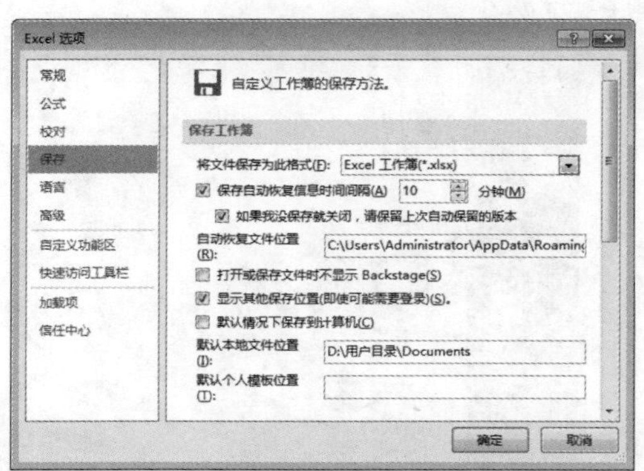

图23-48 【Excel选项】对话框

23.4 疑难问题解答

问题1：为什么有时打开局域网共享文件夹中的工作簿后，不能改写里面的相应数据呢？

解答：局域网中的共享文件夹，应为其他用户可更改模式，否则其中的工作簿将为只读形式，用户只能读取却不能对其进行更改。

问题2：当多个用户对共享工作簿进行了编辑时，需要显示修订的信息，为什么只能在原工作表中显示，却不能在“历史记录”工作表中显示呢？

解答：解决这个问题的方法其实很简单，只需要在【突出显示修订】对话框中进行其他设置，同时选中【在屏幕上突出显示修订】和【在新工作表上显示修订】复选框，那么软件将在原工作表中突出显示修订的信息，同时也会出现在“历史记录”工作表中。

Excel 2013在移动设备中的办公技能

- **本章导读**

移动办公使得工作更简单、更节省时间，只需要一部智能手机或者平板电脑就可以随时随地进行办公。本章将为读者介绍如何在移动设备中进行办公。

- **学习目标**

◎ 了解哪些设备可以实现移动办公

◎ 掌握在移动设备中打开Office文档的方法

◎ 掌握使用手机进行移动办公的方法

◎ 掌握使用平板电脑进行移动办公的方法

◎ 掌握使用手机发送办公文档的方法

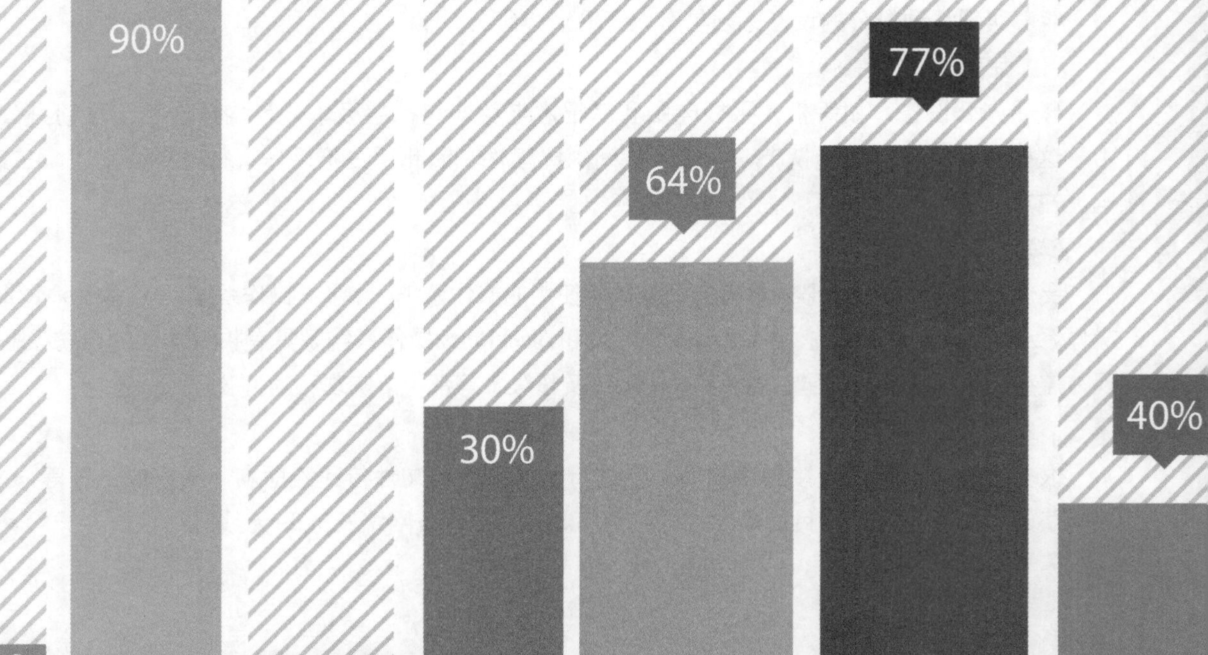

24.1 哪些设备可以实现移动办公

无论是智能手机，还是笔记本电脑，或者平板电脑等，只要支持办公所使用的操作软件，均可以实现移动办公。

首先，先来了解一下移动办公的优势。

（1）操作便利简单。

移动办公只需要一部智能手机、笔记本电脑或者平板电脑，便于携带、操作简单，也不用拘泥于办公室里，即使下班也可以方便地处理一些紧急事务。

（2）处理事务高效快捷。

移动办公，使办公人员无论是出差在外，还是正在上班的路上，甚至是休假时间，都可以及时审批公文、浏览公告、处理个人事务等。这种办公模式将许多不可利用的时间有效利用起来，不知不觉中就提高了工作效率。

（3）功能强大且灵活。

由于移动信息产品发展得很快，以及移动通信网络的日益优化，所以很多要在计算机上处理的工作都可以通过移动办公的终端来完成，移动办公的功能堪比计算机办公。同时，针对不同行业领域的业务需求，可以对移动办公进行专业的定制开发，灵活多变地根据自身需求自由设计移动办公的功能。

移动办公通过多种接入方式与企业的各种应用进行连接，将办公的范围无限扩大，真正地实现了移动着的办公模式。移动办公的优势在于可以帮助企业提高员工的办事效率，还能帮助企业从根本上降低营运的成本，进一步推动企业的发展。

能够实现移动办公的设备必须具有以下几点特征。

（1）完美的便携性。

移动办公设备，如手机、平板电脑和笔记本电脑（包括超级本）等均适合用于移动办公，由于这些设备较小、便于携带、打破了空间的局限性，因此用户不用一直待在办公室里，在家里、在车上都可以办公。

（2）系统支持。

要想实现移动办公，必须具有办公软件所使用的操作系统，如iOS操作系统、Windows Mobile操作系统、Linux操作系统、Android操作系统和BlackBerry操作系统等具有扩展功能的系统设备。现在流行的苹果手机、三星智能手机、iPad以及超级本等都可以实现移动办公。

（3）网络支持。

很多工作都需要在连接网络的情况下进行，如将办公文件传递给朋友、同事或上司等，所以网络的支持必不可少。目前最常用的网络有2G网络、3G网络及WiFi无线网络等。

24.2 在移动设备中打开Office文档

在移动设备中办公，需要有适合的软件以供办公使用。如果制作报表、修改文档等，则需要Office办公软件，有些智能手机中自带办公软件，而有些手机则需要下载第三方软件。下面以在三星手机中安装WPS Office办公软件为例，介绍如何在移动设备中打开Office文档，具体操作步骤如下。

步骤 1 在移动设备中搜索并下载WPS Office移动版，在搜索结果中点击【安装】按钮，如图24-1所示。

步骤 2 安装完成之后，在手机界面中单击软件图标打开软件，会弹出授权提示，点击【同意】按钮，如图24-2所示。

图24-1 点击【安装】按钮

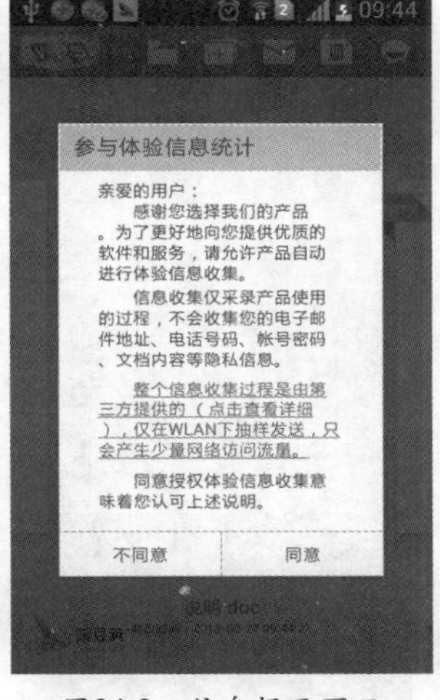

图24-2 信息提示页面

步骤 3 此时即可打开该软件，如图24-3所示。

步骤 4 点击WPS按钮，可打开该文档，并查看使用该移动办公软件的说明，然后即可使用该软件了，如图24-4所示。

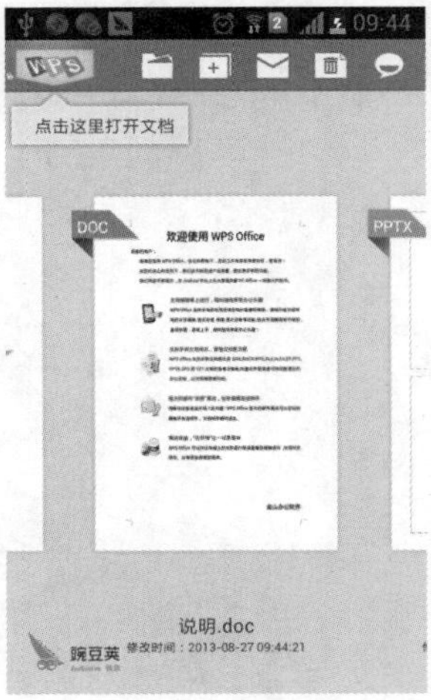

图24-3 打开软件

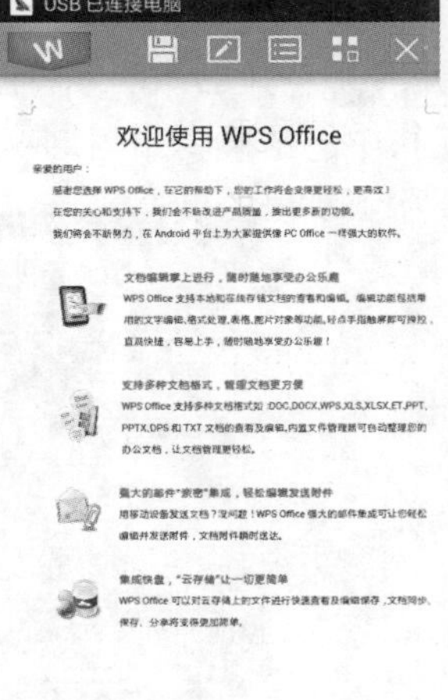

图24-4 欢迎使用页面

提示 不同手机使用的办公软件可能有所不同，如iPhone中经常使用的是Office Plus办公软件、iPad使用iWork系列办公套件等，这里不再一一赘述。

24.3 使用手机移动办公

下面以使用安卓设备制作销售报表为例介绍使用手机移动办公，具体操作步骤如下。

步骤 1 在手机中打开“销售报表.xlsx”文件，双击单元格C3，在弹出的提示框中选择【编辑】选项，弹出键盘，如图24-5所示。

步骤 2 将数据填入单元格区域C2:C6中，如图24-6所示。

步骤 3 点击F3单元格，再点击【数据】区域的【自动求和】按钮，在弹出的下拉列表中选择【求和】选项，如图24-7所示。

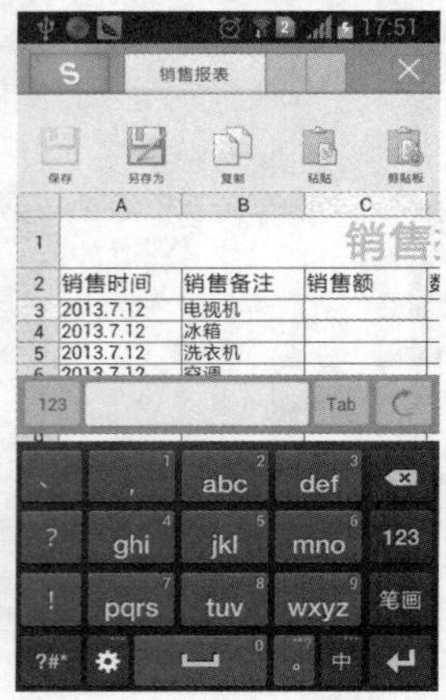

图24-5　打开销售报表

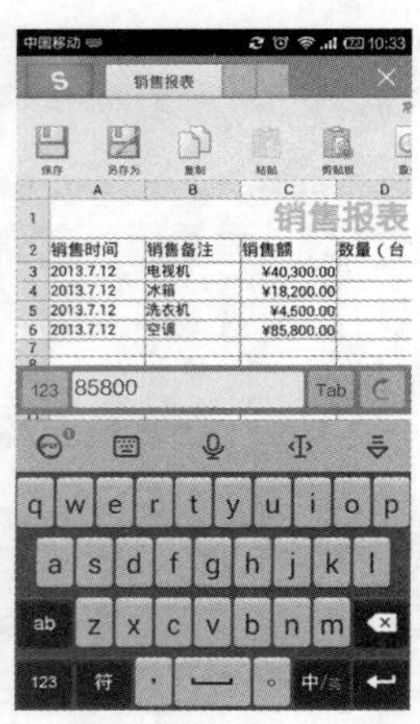

图24-6　输入数据

图24-7　选择【求和】选项

步骤 4 弹出如图24-8所示公式，点击单元格C2、C3、C4、C5和C6。点击Tab按钮求出F3单元格中的结果，如图24-9所示。

图24-8　选择单元格

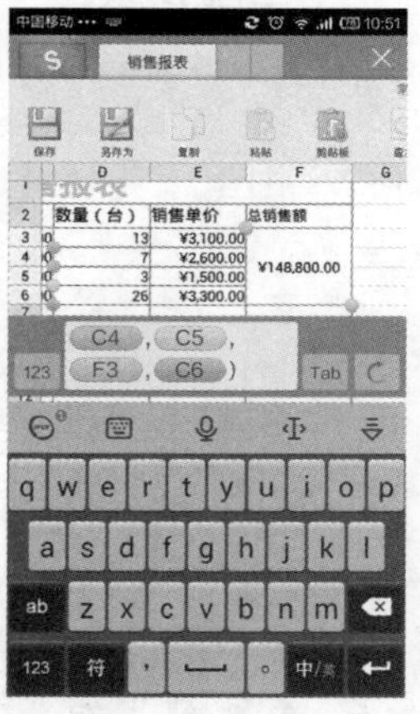

图24-9　计算得出结果

步骤 5 选中单元格区域B2:C6，点击【编辑】区域中的【插入】按钮，在弹出的下拉列表

中选择【图表】选项，如图24-10所示。

步骤 6　选择一种图表类型，如图24-11所示。

步骤 7　点击右上角的【确定】按钮，插入图表，效果如图24-12所示，将其保存即可。

图24-10　选择【图表】选项

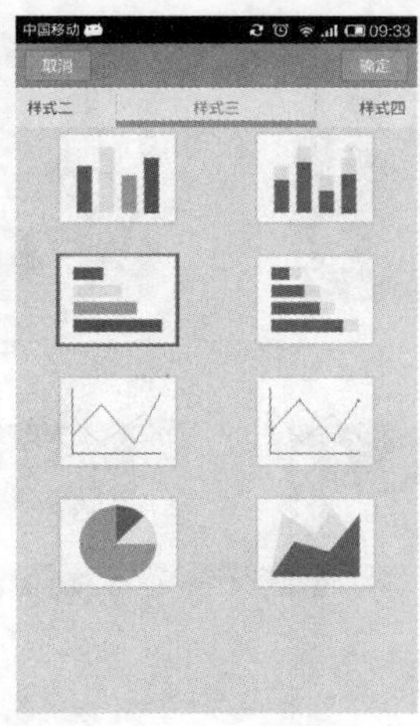
图24-11　选择图表类型

图24-12　插入图表

24.4 使用平板电脑办公

使用平板电脑编辑文档越来越被很多用户接受，其实用性远远高于手机。平板电脑在办公中应用的范围越来越广，给人们带来了很大的便利。

步骤 1　在iTunes或App Store中搜索并下载Pages应用程序，完成安装，如图24-13所示。

图24-13　下载并安装Pages程序

步骤 2　点击iPad桌面上的Pages程序图标，如图24-14所示。

步骤 3　此时，即可进入程序界面，点击【添加】按钮，弹出下拉列表，选择【创建文稿】选项，如图24-15所示。

步骤 4　此时进入选取模板界面，点击【空白】模板，即可创建空白文档，如图24-16所示。

步骤 5　在文档中输入标题，长按编辑区屏幕，弹出快捷菜单栏，选择【全选】命令，如图24-17所示。

步骤 6　选中标题并弹出子菜单栏。设置标题【字体】为【黑体-简】，【字号】为18，【对齐方式】为【居中】，如图24-18所示。

步骤 7　另起一行输入文档的正文内容，文档完成后，退出该应用程序，文档会自动保存，如图24-19所示。

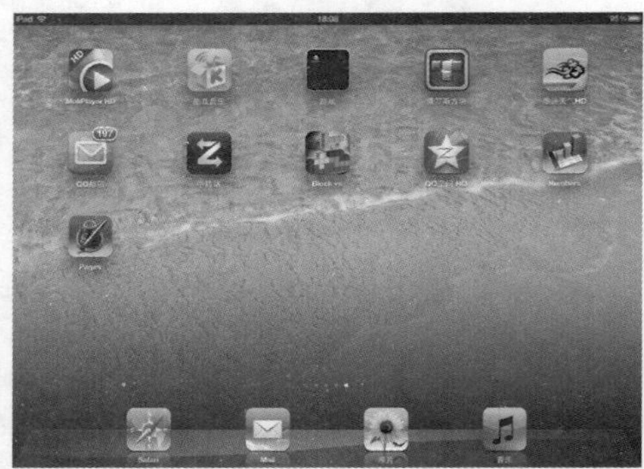

图24-14　点击Pages程序图标

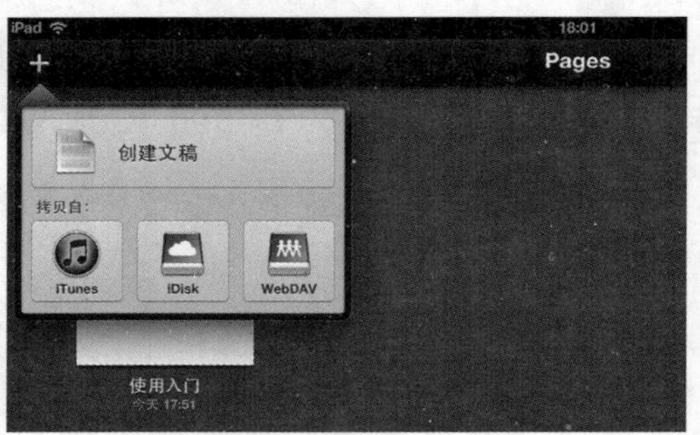

图24-15　选择【创建文稿】选项

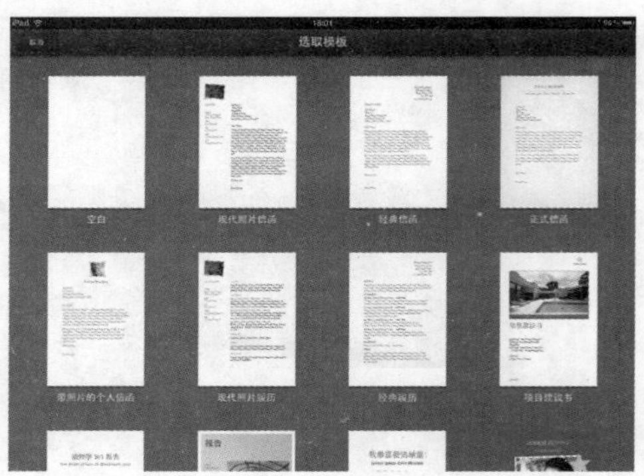

图24-16　选取文稿模板

图24-17　选择输入的标题

图24-18　设置标题文字的格式

图24-19　输入文档正文

24.5 使用邮箱发送办公文档

使用手机、平板电脑可以将编辑好的文档发送给同事或者好友，这里以手机为例进行简单介绍。

步骤 1　在手机中打开WPS Office办公软件，将要发送的文件显示在屏幕上，点击屏幕上方的邮件图标✉，在弹出的列表中点击【邮件发送】按钮，如图24-20所示。

步骤 2　弹出如图24-21所示提示，选择【电子邮件】选项。

图24-20　点击【邮件发送】按钮

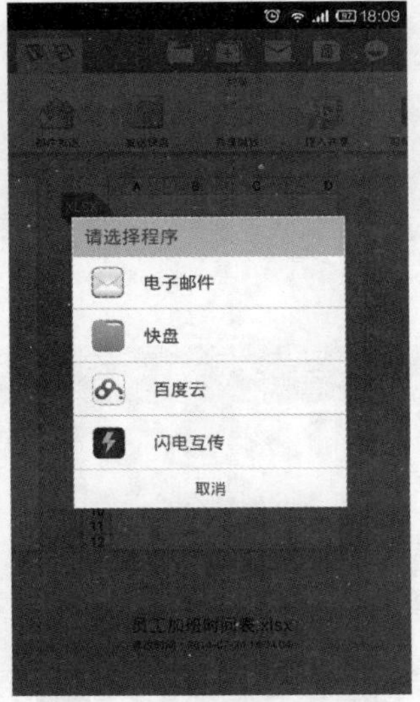

图24-21　【请选择程序】界面

步骤 3　输入邮箱账号和密码，点击【登录】按钮，如图24-22所示。

步骤 4　输入收件人的邮箱，并对要发送的邮件进行编辑，如输入主题等，点击右上角的【发送】按钮即可将其发送至对方邮箱，如图24-23所示。

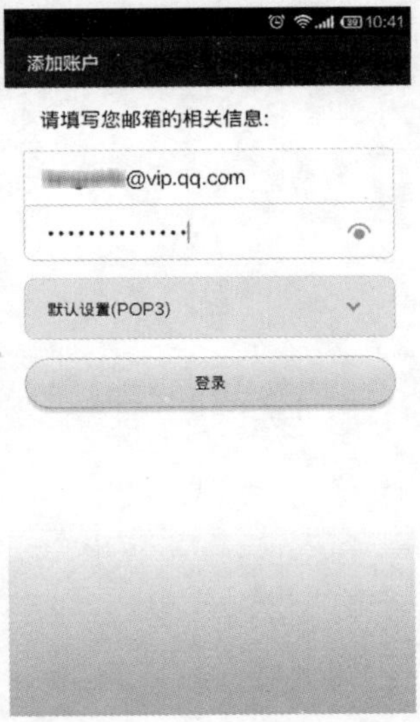

图24-22　输入邮箱地址与密码

图24-23　发送邮件